Rudolf Trostel

Mathematische Grundlagen der Technischen Mechanik II

Vektor- und Tensoranalysis

Beiträge zur Theoretischen Mechanik

Mathematische Grundlagen der Technischen Mechanik I
Vektor- und Tensoralgebra,
von Rudolf Trostel

Mathematische Grundlagen der Technischen Mechanik II, Vektor- und Tensoranalysis,
von Rudolf Trostel

Methode der Finiten Elemente und der Randelemente
von Peter Lorenz, Victor Poterasu und Nicu Mihalache

Kontinuumsmechanik, i.V.,
von Rudolf Trostel

Materialgleichungen spezieller Medien, i.V.,
von Rudolf Trostel

Rudolf Trostel

Mathematische Grundlagen
der Technischen Mechanik II

Vektor- und Tensoranalysis

Mit 80 Bildern

vieweg

Prof. Dr.-Ing. Rudolf Trostel
Fachbereich 9 – Physikalische Ingenieurwissenschaft
2. Institut für Mechanik
Technische Universität Berlin
Jebenstraße 1
Berlin

Der Verlag Vieweg ist ein Unternehmen der Bertelsmann Fachinformation GmbH.

Gedruckt auf säurefreiem Papier

ISBN 978-3-322-96134-1 ISBN 978-3-322-96268-3 (eBook)
DOI 10.1007/978-3-322-96268-3

Vorwort

Der vorliegende Text ist aus, in Teilen ergänzten bzw. aktualisierten, aber auch gekürzten Fassungen meiner Vorlesungsmanuskripte hervorgegangen, mit denen ich seit Anfang der 60er Jahre den Vorlesungs- (und in Teilen auch Übungs-)zyklus der Veranstaltungen Mech. VI, VIII bestritten habe. Entsprechend dem aus Verständnisgründen erforderlichen curricularen Vorgehen ist der Text in vier Hauptkapitel gegliedert, wobei in Kap. I, II (§§ 2 - 6) die analytischen Grundlagen referiert werden als Hilfsmittel zur Beschreibung der in Kap. IV (§§ 8 - 10) dargestellten physikalischen Grundtatsachen der Kontinuumstheorie.
Angesichts der in der "Berliner Mechanik" noch unter der sachkundigen Führung von Prof. Dr.-Ing. I. Szabò favorisierten Energieprinzipien (§10) war auch ein Beitrag zur Variationsrechnung (§7) unentbehrlich, desgl. ein Ergänzungsparagraph (E1), wo man exemplarisch Einblick nehmen kann, in die Konstruktionsweise sog. "Theorien zweiter Ordnung", die etwa im modernen Membranbau sog. "pneumatischer Hüllen" unverzichtbar sind.
Trotz der in Kap. IV (etwa angesichts der Stoff-Fülle in [31]) auferlegten Beschränkung auf die - nach Ansicht des Autors - wichtigsten Befunde[1] ist ein umfangreiches Druckwerk entstanden, zu dessen Gelingen meine Mitarbeiter, Frau Isa Ottmers, Frau Gisela Schmidt und insbesondere Herr Dipl.-Ing. Joachim Villwock große Mühe aufgewendet haben. Hierfür sei ihnen, insbesondere aber Herrn Villwock und Herrn Priv.-Doz. Dr.-Ing. Dipl.-math. C. Alexandru, der wegen vertragsbedingten Ausscheidens leider nur noch in der Anfangsphase beteiligt sein konnte, für ihre sachkundigen Beratungen herzlichst gedankt. Mein Dank gilt aber auch dem Verlag Vieweg, der angesichts meiner Terminüberschreitungen betr. die Manuskriptabgabe viel Nachsicht bewiesen hat.

Berlin, im Juli 1996

---

[1] so wurden hier z. B. detailliertere Materialgleichungsanalysen (wie etwa in [34]) ausgespart.

Inhalt

§ 1 Einleitung

Mit dem vorliegenden Manuskript soll die Methodik der an unserem Institut (von mir aber auch von Mitarbeitern in Form von Dissertationen u. anderen Publikationen) betriebenen Arbeit einem weiteren Kreis an der Kontinuumsmechanik inkl. Thermodynamik theoretisch Interessierter vorgestellt werden. Sie basiert, wie auch schon in [1] verdeutlicht, wesentlich auf der Verwendung koordinateninvarianter Operationen auch in Feldtheorien und stellt daher analytische Beschreibungen in Termen des ∇-Operators in den Vordergrund, ohne allerdings zu versäumen, die jeweils entsprechenden koordinatenvarianten Repräsentationen zu referieren. Die Favorisierung einer möglichst koordinateninvarianten Analysis entspricht einerseits dem Bemühen, für die in praktisch allen physikalischen Kontinuumstheorien gleichartigen analytischen Erfordernisse[1)] möglichst einfache Notationen zu erreichen, darüber hinaus aber auch der Tatsache, daß Eindeutigkeits- und Darstellungssätze (vgl. § 4) - nach Ansicht des Autors - koordinateninvariant besonders übersichtlich zu formulieren sind. Da dies letztlich auch für auf (gekrümmten) Flächen definierte Felder gilt (vgl. § 6.3), wurde auch in der "Flächentheorie" (§ 5, § 6) eine möglichst koordinateninvariante Notation angestrebt, die - das ist zuzugeben! - vom formalen Aufwand her gesehen, im Einzelfall durchaus "unökonomisch" erscheinen kann.

Die in § 6 notierten Ergänzungen (s. h. die Formeln (6.18 - 20) sowie § 6.7.3), die eigentlich für mit technischen Schalentheorien befaßte Ingenieure bedeutungslos sind, wurden in das Manuskript mit der Intention aufgenommen, das Grundkonzept der Riemannschen Geometrie zu veranschaulichen und hiermit die Ergänzungen in § 2.7 verstehbarer zu machen, mit denen man üblicherweise die Verträglichkeitsbedingungen der klassischen Kontinuumstheorie erzeugt. Da jedoch Letztere, wie (3.41), (8.36 - 38) zeigen, durchaus aber auch "klassisch", d.h. ohne Bezugnahme auf in der Riemannschen Geometrie definierte Begriffe realisierbar sind, können die in diesem Absatz genannten Ergänzungen für den allein an klassischer Kontinuumstheorie Interessierten ohne Verständniseinbußen übergangen werden.

---

1) etwa im Rahmen einer Bilanzierung am Massenelement eine als Divergenz (div) bezeichnete "Überschußbildung" von durch die Elementenoberfläche zu– bzw. abgeführter Fließ–Entitäten vornehmen zu müssen etc.

Die Einteilung des Manuskriptes in vier Hauptkapitel, wovon im Letzten die Grundtatsachen der Kontinuumsmechanik einschl. Thermodynamik referiert werden, bedeutet indessen nicht einen Verzicht auf Behandlung von Teilproblemen aus der Mechanik in den beiden analytischen Hauptkapiteln. Vielmehr dienen in den Kapiteln I, II vielzählig eingestreute Beispiele für ein Verständnis analytischer Konsequenzen jeweils "an Ort und Stelle". Sofern die Beispiele nicht unmittelbar aus den Grundtatsachen in Kapitel IV erschließbare Befunde benutzen, wurden Letztere durch entsprechende Fachliteratur-Zitate abgesichert.

Als abschließender organisatorischer Hinweis soll noch vermerkt werden, daß mit dem im Manuskript gelegentlich zitierten "Band III dieser Reihe" das noch in Jahresfrist vom Vieweg-Verlag herauszugebende Druckwerk unter dem Titel "Materialgleichungen spezieller Medien" gemeint ist.

I Analytische Grundlagen für das Rechnen im dreidimensionalen Euklidischen Raum

§2 Koordinatendarstellungen, Lokalbasen

2.1 Allgemeine Netze

Lokalisierungen von Punkten P im dreidimensionalen Raum werden mittels dreier skalarer Parameter (sog. Koordinaten) q^j (j = 1...3) vorgenommen. Sie scheinen im "Euklidischen Falle" als Variable in einer vektorwertigen Funktion

$$\overrightarrow{OP} = \hat{\mathbb{r}}(P) = \mathbb{r}(q^1,q^2,q^3) \tag{2.1}$$

mit der Bedeutung des sog. "Ortsvektors" ($\hat{\mathbb{r}}$) auf, der die relative Lage von P gegenüber einem "Koordinatenursprung" (O) kennzeichnet. Die durch

$$\mathbb{r}_{[1]}(q^1) = \mathbb{r}(q^1,q_c^2,q_c^3) \quad \text{mit} \quad q_c^2 = \text{const.},\ q_c^3 = \text{const.},$$
$$\mathbb{r}_{[2]}(q^2) = \mathbb{r}(q_c^1,q^2,q_c^3) \quad \text{mit} \quad q_c^1 = \text{const.},\ q_c^3 = \text{const.},$$
$$\mathbb{r}_{[3]}(q^3) = \mathbb{r}(q_c^1,q_c^2,q^3) \quad \text{mit} \quad q_c^1 = \text{const.},\ q_c^2 = \text{const.}$$

erhältlichen (Raum-)kurven heißen "Koordinaten-Linien" (q^1,- q^2, bzw. q^3-Linien), die den Raum in Form eines i. allg. schiefwinkligen dreidimensionalen Netzes überspannen. Daher bilden die per

$$\hat{\mathbb{g}}_j(P) = \mathbb{g}_j(q^1,q^2,q^3) = \frac{\partial \mathbb{r}}{\partial q^j},\quad j = 1...3, \tag{2.2a}$$

zu erzeugenden Tangentenvektoren an die Koordinatenlinien in einem "Netzpunkte" $P(q^1,q^2,q^3)$ ein i. allg. nicht orthogonales (und selbstverständlich auch nicht einheitsnormiertes [1]) Vektortripel, das als (Lokal-)Basis zur Darstellung von Vektoren und Tensoren für

$$\sqrt{g} = [\mathbb{g}_1\mathbb{g}_2\mathbb{g}_3] \neq 0 \tag{2.2c}$$

brauchbar ist, was Kolinearität bzw. Komplanarität der Basis ausschließt [2].

Denkt man sich (2.1) per

$$\hat{\mathbb{r}}(P) = \sum_{j=1}^{3} \hat{x}_{\langle j\rangle}(P)\, \mathbb{e}_{\langle j\rangle} \tag{2.3}$$

unter Benutzung einer (globalen) kartesischen Orthonormalbasis $\langle \mathbb{e}_{\langle j\rangle}\rangle$ (mit $|\mathbb{e}_{\langle j\rangle}|=1$) äquivalent

---

[1] wozu man im Sinne von

$$\mathbb{e}_j = \mathbb{g}_j/|\mathbb{g}_j| = \mathbb{g}_j/\sqrt{\mathbb{g}_j\cdot\mathbb{g}_j} = \mathbb{g}_j/\sqrt{g_{jj}},\quad j = 1...3 \quad |\mathbb{e}_j| = 1 \tag{2.2b}$$

die Tangentenvektoren durch ihre Beträge zu dividieren hätte.

[2] vgl. [1]

durch die drei skalaren Zuordnungen

$$\hat{x}_{\langle j\rangle}(P) = x_{\langle j\rangle}(q^1,q^2,q^3) = \mathbb{r}\cdot\mathbb{e}_{\langle j\rangle}\,,\quad j = 1...3, \tag{2.3a}$$

und hiermit die Tangentenvektoren einer allgemeinen Basis $\langle \mathbb{g}_{\langle j\rangle}\rangle$ durch

$$\mathbb{g}_j = \frac{\partial\mathbb{r}}{\partial q^j} = \sum_{k=1}^{3} \frac{\partial x_{\langle k\rangle}}{\partial q^j}\,\mathbb{e}_{\langle k\rangle}\,,\quad j = 1...3, \tag{2.3b}$$

repräsentiert, so ist deren Spatprodukt als

$$\sqrt{g} = \begin{vmatrix} x_{\langle 1\rangle,1} & x_{\langle 2\rangle,1} & x_{\langle 3\rangle,1} \\ x_{\langle 1\rangle,2} & x_{\langle 2\rangle,2} & x_{\langle 3\rangle,2} \\ x_{\langle 1\rangle,3} & x_{\langle 2\rangle,3} & x_{\langle 3\rangle,3} \end{vmatrix}\,,\quad x_{\langle j\rangle,k} = \frac{\partial x_{\langle j\rangle}}{\partial q^k} \tag{2.3c}$$

auszudrücken[3] und als Funktionaldeterminante zu deuten, die notwendig nicht verschwinden darf, um Eindeutigkeit der Lokalisierung räumlicher Positionen P mittels eines Koordinatennetzes $< q^1,q^2,q^3 >$ sicherzustellen[4].
Unter Benutzung des Determinanten—Multiplikationssatzes (vgl. [1],(2.38b)) ist

$$\sqrt{g}^{\,2} = g = \begin{vmatrix} x_{\langle 1\rangle,1} & x_{\langle 2\rangle,1} & x_{\langle 3\rangle,1} \\ x_{\langle 1\rangle,2} & x_{\langle 2\rangle,2} & x_{\langle 3\rangle,2} \\ x_{\langle 1\rangle,3} & x_{\langle 2\rangle,3} & x_{\langle 3\rangle,3} \end{vmatrix} \begin{vmatrix} x_{\langle 1\rangle,1} & x_{\langle 2\rangle,1} & x_{\langle 3\rangle,1} \\ x_{\langle 1\rangle,2} & x_{\langle 2\rangle,2} & x_{\langle 3\rangle,2} \\ x_{\langle 1\rangle,3} & x_{\langle 2\rangle,3} & x_{\langle 3\rangle,3} \end{vmatrix}$$

$$\equiv \begin{vmatrix} x_{\langle 1\rangle,1} & x_{\langle 2\rangle,1} & x_{\langle 3\rangle,1} \\ x_{\langle 1\rangle,2} & x_{\langle 2\rangle,2} & x_{\langle 3\rangle,2} \\ x_{\langle 1\rangle,3} & x_{\langle 2\rangle,3} & x_{\langle 3\rangle,3} \end{vmatrix} \begin{vmatrix} x_{\langle 1\rangle,1} & x_{\langle 1\rangle,2} & x_{\langle 1\rangle,3} \\ x_{\langle 2\rangle,1} & x_{\langle 2\rangle,2} & x_{\langle 2\rangle,3} \\ x_{\langle 3\rangle,1} & x_{\langle 3\rangle,2} & x_{\langle 3\rangle,3} \end{vmatrix}$$

$$\equiv \begin{vmatrix} \Sigma x^2_{\langle j\rangle,1}\,, & \Sigma x_{\langle j\rangle,1}x_{\langle j\rangle,2} & \cdots \\ \vdots & & \vdots \\ \cdots & \cdots & \Sigma x^2_{\langle j\rangle,3} \end{vmatrix} \equiv \begin{vmatrix} g_{11} & g_{12} & g_{13} \\ g_{21} & g_{22} & g_{23} \\ g_{31} & g_{23} & g_{33} \end{vmatrix} =$$

$$= \det(g_{jk}) \quad \text{mit } g_{jk} = \frac{\partial\mathbb{r}}{\partial q^j}\cdot\frac{\partial\mathbb{r}}{\partial q^k} = g_{kj} \tag{2.4a,b}$$

zu erreichen, also die Funktionaldeterminante in Termen der sog. metrischen Fundamentalgrößen g_{jk}, $j,k = 1...3$, auszudrücken. Letztere scheinen, zusammen mit entsprechenden Koordinatendifferentialen, in den Beträgen allgemeiner Linien—Flächen— bzw. Volumenelemente auf.

Die durch

$$\mathbb{r} = \mathbb{r}^{[1]}(q^2,q^3) = \mathbb{r}(q^1_c,q^2,q^3) \quad \text{mit } q^1_c = \text{const.}$$

$$\mathbb{r} = \mathbb{r}^{[2]}(q^1,q^3) = \mathbb{r}(q^1,q^2_c,q^3) \quad \text{mit } q^2_c = \text{const.}$$

$$\mathbb{r} = \mathbb{r}^{[3]}(q^1,q^2) = \mathbb{r}(q^1,q^2,q^3_c) \quad \text{mit } q^3_c = \text{const.}$$

definierten Flächen heißen Koordinatenflächen, deren in einem Punkte $P(q^1,q^2,q^3)$ anfal-

---

3) Hierin wurden die Vektoren $\mathbb{g}_j$ als Zeilenvektoren geschrieben. In einer Spaltenvektor—Notation entsteht selbstverständlich dasselbe Resultat.

4) Ergibt sich für $\sqrt{g}$ ein positiver Wert, heißen Tangentenvektorbasis $\langle\mathbb{g}_j\rangle$ und kartesische Basis $\langle\mathbb{e}_{\langle j\rangle}\rangle$ "gleichorientiert", stellen also beide etwa ein "Rechtssystem" im Sinne der "Rechtsschraubenkonvention" dar.

lende lokale Tangentialebenen beschrieben werden können durch die Paare der daselbst definierten Tangentenvektoren $(\mathfrak{g}_2,\mathfrak{g}_3)$, $(\mathfrak{g}_3,\mathfrak{g}_1)$, $(\mathfrak{g}_1,\mathfrak{g}_2)$ oder aber durch die als jeweilige Tangentialebenen-Normalen fungierenden (ebenfalls nicht einheitsnormierten) Vektoren

$$\mathfrak{g}^1 = \frac{\mathfrak{g}_2 \times \mathfrak{g}_3}{[\mathfrak{g}_1\mathfrak{g}_2\mathfrak{g}_3]}, \quad \mathfrak{g}^2 = \frac{\mathfrak{g}_3 \times \mathfrak{g}_1}{[\mathfrak{g}_1\mathfrak{g}_2\mathfrak{g}_3]}, \quad \mathfrak{g}^3 = \frac{\mathfrak{g}_1 \times \mathfrak{g}_2}{[\mathfrak{g}_1\mathfrak{g}_2\mathfrak{g}_3]} \tag{2.5a}$$

der sog. Gradientenvektorbasis (vgl. [1], §E1), die im Sinne von

$$\mathfrak{g}_j \cdot \mathfrak{g}^k \equiv g_{j.}^{.k} = \delta_{\langle jk\rangle} = \begin{cases} 0 \text{ für } j \neq k \\ 1 \text{ für } j = k \end{cases} \tag{2.5b}$$

zur Tangentenvektorbasis orthogonal ist.
Gleichwertig mit (2.5a) sind

$$\mathfrak{g}^k = \epsilon^{ijk}\, \mathfrak{g}_i \times \mathfrak{g}_j \overset{5)}{=} \epsilon_{\langle ijk\rangle}\, \mathfrak{g}_i \times \mathfrak{g}_j / \sqrt{g} \overset{6)}{=} \sum_{j=1}^{3} g^{kj}\mathfrak{g}_j \tag{2.5c}$$

zuzüglich der dualen Beziehungen

$$\mathfrak{g}_k = \epsilon_{\langle ijk\rangle} \sqrt{g}\, \mathfrak{g}^i \times \mathfrak{g}^j \overset{7)}{=} \sum_{j=1}^{3} g_{kj}\mathfrak{g}^j \quad \text{mit} \quad \epsilon^{ijk} = \epsilon_{\langle ijk\rangle} / \sqrt{g} \tag{2.5d,e}$$

und der alternierenden Größe $\epsilon_{\langle ijk\rangle}$ mit den Werten

$$\epsilon_{\langle ijk\rangle} = \begin{cases} +1 \text{ sofern } i\,,j,k \text{ eine zyklische Permutation der Ziffern } 1,2,3 \text{ darstellen} \\ -1 \quad \text{"} \quad \text{"} \quad \text{"} \quad \text{nicht-"} \quad \text{"} \quad \text{"} \quad \text{"} \quad \text{"} \quad \text{"} \\ 0 \quad \text{"} \quad \text{zwei oder alle drei Indexziffern gleich sind,} \end{cases}$$

sowie [8]

$$g_{jk} = \mathfrak{g}_j \cdot \mathfrak{g}_k, \quad g^{jk} = \mathfrak{g}^j \cdot \mathfrak{g}^k. \tag{2.5f,g}$$

Die zwei infinitesimal benachbarte Raumpunkte $P(q^1,q^2,q^3)$, $P'(q^1+dq^1,q^2+dq^2,q^3+dq^3)$ verbindende "gerichtete Strecke" $\hat{\mathbb{r}}(P') - \hat{\mathbb{r}}(P) = d\hat{\mathbb{r}}_{P\to P'}$, heißt Linienelement(-envektor). In der Darstellung

$$d\hat{\mathbb{r}}_{P\to P'} = \sum_{j=1}^{3} \frac{\partial \mathbb{r}}{\partial q^j}\, dq^j = \sum_{j=1}^{3} \mathfrak{g}_j dq^j \equiv d\mathbb{r} \tag{2.6a}$$

kommt zum Ausdruck, $d\hat{\mathbb{r}}_{P\to P'}$ als "gerichtete Raumdiagonale" eines in P installierten Parallelepipeds auffassen zu können mit in Richtung der Tangentenvektoren $\hat{\mathfrak{g}}_j(P)$ gemessenen "gerichteten Kantenlängen" $d\mathbb{r}_{[j]} = \mathfrak{g}_j\, dq^j$, $j = 1 \ldots 3$, womit für den Linienelementenbetrag

---

5) mit $i \neq j \neq k$

6) vgl. [1], [E.1.8a]

7) vgl. [1], [E.1.7a]

8) vgl. [1], [E.1.7b,8b]

$$|d\hat{\mathbb{r}}_{P\to P'}| = |d\mathbb{r}| = ds = \sqrt{d\mathbb{r}\cdot d\mathbb{r}} = \sqrt{\sum_{j,k=1}^{3} \mathfrak{g}_j\cdot\mathfrak{g}_k\, dq^j dq^k} = \sqrt{\sum_{j,k=1}^{3} g_{jk}\, dq^j dq^k} \tag{2.6b}$$

erhalten wird.

Flächenelementenvektoren $d\mathbb{f}_{\alpha\beta}$ werden mit zwei, ein infinitesimales Parallelogramm definierenden Linienelementen $d\mathbb{r}_\alpha$, $d\mathbb{r}_\beta$ durch die als "Vektorprodukt" bezeichnete Operation

$$d\mathbb{f}_{\alpha\beta} = d\mathbb{r}_\alpha \times d\mathbb{r}_\beta = |d\mathbb{f}_{\alpha\beta}|\, \mathbb{e}_{f_{\alpha\beta}}, \quad |\mathbb{e}_{f_{\alpha\beta}}| = 1, \tag{2.7a}$$

(vgl. [1], §1) beschrieben mit der im Sinne der Rechtsschraubenkonvention definierten, zur Parallelogrammfläche senkrechten "Einheitsnormalen" $\mathbb{e}_{f_{\alpha\beta}}$ und dem als "Flächeninhalt" definierten Flächenelementenbetrag $|d\mathbb{f}_{\alpha\beta}| = \sqrt{d\mathbb{f}_{\alpha\beta}\cdot d\mathbb{f}_{\alpha\beta}} \equiv df_{\alpha\beta}$, der wegen

$$d\mathbb{f}_{\alpha\beta}\cdot d\mathbb{f}_{\alpha\beta} = (d\mathbb{r}_\alpha\times d\mathbb{r}_\beta)\cdot(d\mathbb{r}_\alpha\times d\mathbb{r}_\beta) \overset{9)}{\equiv} \left[(d\mathbb{r}_\alpha\times d\mathbb{r}_\beta)\times d\mathbb{r}_\alpha\right]\cdot d\mathbb{r}_\beta \equiv$$
$$\overset{10)}{\equiv} \left[d\mathbb{r}_\beta(d\mathbb{r}_\alpha\cdot d\mathbb{r}_\alpha) - d\mathbb{r}_\alpha(d\mathbb{r}_\alpha\cdot d\mathbb{r}_\beta)\right]\cdot d\mathbb{r}_\beta = (d\mathbb{r}_\alpha\cdot d\mathbb{r}_\alpha)(d\mathbb{r}_\beta\cdot d\mathbb{r}_\beta) - (d\mathbb{r}_\alpha\cdot d\mathbb{r}_\beta)^2 \tag{2.7b}$$

in Termen von Linienelementen-Skalarprodukten ausgedrückt werden kann. Mit der Notation (2.6a) für Linienelemente entsteht die mit Tangentenvektoren und Koordinatendifferentialen ausgedrückte Version

$$d\mathbb{f}_{\alpha\beta} = \sum_{i,j=1}^{3} \mathfrak{g}_i\times\mathfrak{g}_j\, dq^i_\alpha\, dq^j_\beta, \tag{2.7c}$$

die, mit $\mathfrak{g}_i\times\mathfrak{g}_j = -\mathfrak{g}_j\times\mathfrak{g}_i$ in der Form

$$d\mathbb{f}_{\alpha\beta} \equiv df_{\alpha\beta}\mathbb{e}_f = (dq^2_\alpha dq^3_\beta - dq^3_\alpha dq^2_\beta)\, \mathfrak{g}_2\times\mathfrak{g}_3 + (dq^3_\alpha dq^1_\beta - dq^1_\alpha dq^3_\beta)\, \mathfrak{g}_3\times\mathfrak{g}_1 +$$
$$+ (dq^1_\alpha dq^2_\beta - dq^2_\alpha dq^1_\beta)\, \mathfrak{g}_1\times\mathfrak{g}_2 = \sum_{k=1}^{3} d\mathbb{f}_{\alpha\beta\langle k\rangle} = \sum_{k=1}^{3} df_{\alpha\beta\langle k\rangle}\mathbb{e}_{fk}, \tag{2.7d}$$

$$\mathbb{e}_{fk} = \frac{\mathfrak{g}_{k+1}\times\mathfrak{g}_{k+2}}{|\mathfrak{g}_{k+1}\times\mathfrak{g}_{k+2}|} \overset{(2.5a)}{\equiv} \mathfrak{g}^k/\sqrt{\mathfrak{g}^k\cdot\mathfrak{g}^k} \equiv \mathfrak{g}^k/\sqrt{g^{kk}} \overset{11)}{=} \frac{\sqrt{g}}{\sqrt{g_{k+1,k+1}g_{k+2,k+2} - g^2_{k+1,k+2}}}\, \mathfrak{g}^k, \tag{2.7e}$$

geschrieben, den Flächen-Projektionssatz verifiziert, wonach ein Flächenelementenvektor in

---

9) Man benutze [1], (1.17b).

10) Man verwende den Entwicklungssatz für zweifache Vektorprodukte nach [1], (1.20a).

11) Hierin sind die Index—Additionen "in der Elementenmenge $\{1,2,3\}$ zyklisch" zu verstehen. Für k=2 etwa sind k+1=3, k+2=1 usw. Zur Realisierung dieser Formel rechne man $g^{kk} = \mathfrak{g}^k\cdot\mathfrak{g}^k$ unter Benutzung von (2.5a) konkret aus.

einer zu (2.6a) analogen Weise als vektorwertige Summe dreier Teilgrößen $d\mathbf{f}_{\alpha\beta\langle k\rangle}$ aufgebaut werden kann, die die Bedeutung "gerichteter Flächenprojektionen"[12] auf die drei im Punkte $P(q^1,q^2,q^3)$ durch $(\mathfrak{g}_2,\mathfrak{g}_3)$, $(\mathfrak{g}_3,\mathfrak{g}_1)$, $(\mathfrak{g}_1,\mathfrak{g}_2)$ definierten (lokalen) Tangentialebenen an die Koordinatenflächen q^1=const., q^2=const., q^3=const. haben. Für die in (2.7d) aufscheinenden Flächeninhalte bekommt man unter Beachtung von (2.5b), insbesondere von

$$\mathbf{e}_{fk}\cdot\mathfrak{g}_k = \mathfrak{g}^k\cdot\mathfrak{g}_k/\sqrt{g^{kk}} = 1/\sqrt{g^{kk}} \tag{2.7f}$$

die in [1], (E 1.27 ff) im Zusammenhang mit der Darstellung des Spannungstensors erarbeitete Beziehung

$$df_{\alpha\beta\langle k\rangle} = \sqrt{g^{kk}}\, d\mathbf{f}_{\alpha\beta}\cdot\mathfrak{g}_k = df_{\alpha\beta}(\mathbf{e}_{f_{\alpha\beta}}\cdot\mathfrak{g}_k)\sqrt{g^{kk}}\,. \tag{2.7g}$$

In Termen von Gradientenvektoren ist übrigens (2.7c) der Formulierung

$$d\mathbf{f}_{\alpha\beta} = \sqrt{g}\sum_{i,j,k=1}^{3}\epsilon_{\langle ijk\rangle}\mathfrak{g}^k dq^i_\alpha dq^j_\beta = \sum_{i,j,k=1}^{3}\epsilon_{ijk}\,\mathfrak{g}^k dq^i_\alpha dq^j_\beta \tag{2.7h}$$

gleichwertig.

In (2.7) sind als Spezialfälle die Darstellungen für aus gerichteten Koordinaten-Linienelementen $d\mathbf{r}_{[k+1]} = \mathfrak{g}_{k+1}dq^{k+1}$, $d\mathbf{r}_{[k+2]} = \mathfrak{g}_{k+2}dq^{k+2}$ bildbare Koordinatenflächen-Elemente

$$d\mathbf{f}^{[k]} = d\mathbf{f}_{\alpha\beta}\Big|_{\substack{\alpha=k+1\\ \beta=k+2}} \overset{(2.7a)}{=} \mathfrak{g}_{k+1}\times\mathfrak{g}_{k+2}\, dq^{k+1}dq^{k+2} = \sqrt{g}\;\mathfrak{g}^k\, dq^{k+1}dq^{k+2} \tag{2.8a}$$

mit

$$\left|d\mathbf{f}^{[k]}\right| = \sqrt{g}\sqrt{\mathfrak{g}^k\cdot\mathfrak{g}^k}\; dq^{k+1}dq^{k+2} = \sqrt{g}\;\sqrt{g^{kk}}\, dq^{k+1}dq^{k+2} =$$

$$\overset{(2.7e)}{=} \sqrt{g_{k+1,k+1}g_{k+2,k+2} - g^2_{k+1,k+2}}\; dq^{k+1}dq^{k+2} \tag{2.8b}$$

enthalten. Der Inhalt eines Parallelepipeds, dessen gerichtete Kanten drei Linienelemente

$$d\mathbf{r}_\alpha = \sum_{i=1}^{3}\mathfrak{g}_i\, dq^i_\alpha\,,\quad d\mathbf{r}_\beta = \sum_{j=1}^{3}\mathfrak{g}_j\, dq^j_\beta\,,\quad d\mathbf{r}_\gamma = \sum_{k=1}^{3}\mathfrak{g}_k\, dq^k_\gamma \tag{2.9a-c}$$

sind, ergibt sich als

$$dV = [d\mathbf{r}_\alpha\, d\mathbf{r}_\beta\, d\mathbf{r}_\gamma] \equiv \sum_{i,j,k=1}^{3}(\mathfrak{g}_i\times\mathfrak{g}_j)\cdot\mathfrak{g}_k\, dq^i_\alpha\, dq^j_\beta\, dq^k_\gamma \equiv$$

---

12) D. s. diejenigen gerichteten Flächenelemente, die durch die in die jeweilige Koordinatenflächen-Tangentialebene fallenden gerichteten Komponenten der ($d\mathbf{f}_{\alpha\beta}$ erzeugenden) Linienelemente $d\mathbf{r}_\alpha$, $d\mathbf{r}_\beta$ aufgespannt werden. So ist etwa

$$d\mathbf{f}_{\alpha\beta\langle 1\rangle} = (dq^2_\alpha\, dq^3_\beta - dq^3_\alpha\, dq^2_\beta)\mathfrak{g}_2\times\mathfrak{g}_3 \equiv (dq^2_\alpha\,\mathfrak{g}_2 + dq^3_\alpha\,\mathfrak{g}_3)\times(dq^2_\beta\,\mathfrak{g}_2 + dq^3_\beta\,\mathfrak{g}_3)$$

der Vektor desjenigen Flächenelementes, das durch die beiden in die (lokale) Koordinaten—Tangentialfläche q^1=const. fallenden Anteile $dq^2_\alpha\,\mathfrak{g}_2 + dq^3_\alpha\,\mathfrak{g}_3$ bzw. $dq^2_\beta\,\mathfrak{g}_2 + dq^3_\beta\,\mathfrak{g}_3$ von $d\mathbf{r}_\alpha$ bzw. $d\mathbf{r}_\beta$ gebildet wird usw.

$$\equiv \sqrt{g} \sum_{i,j,k=1}^{3} \epsilon_{\langle ijk\rangle} dq_{\alpha}^{i}\, dq_{\beta}^{j}\, dq_{\gamma}^{k} \equiv^{13)} \sqrt{g} \begin{vmatrix} dq_{\alpha}^{1} & dq_{\alpha}^{2} & dq_{\alpha}^{3} \\ dq_{\beta}^{1} & dq_{\beta}^{2} & dq_{\beta}^{3} \\ dq_{\gamma}^{1} & dq_{\gamma}^{2} & dq_{\gamma}^{3} \end{vmatrix} \tag{2.9d}$$

und zwar als positiver Wert, wenn die Vektoren $(d\mathbb{r}_{\alpha}, d\mathbb{r}_{\beta}, d\mathbb{r}_{\gamma})$ und $(\mathfrak{g}_1, \mathfrak{g}_2, \mathfrak{g}_3)$ "gleichorientierte Systeme" im Sinne von

$$\frac{[d\mathbb{r}_{\alpha}\ d\mathbb{r}_{\beta}\ d\mathbb{r}_{\gamma}]}{[\mathfrak{g}_1\ \mathfrak{g}_2\ \mathfrak{g}_3]} > 0 \tag{2.9e}$$

darstellen. Volumenelemente können, der Invarianz einer 3×3-Determinante hinsichtlich zyklischer Vertauschung "paralleler Reihen" wegen, in dreifach verschiedener Weise als Skalarprodukte von "Grundflächen-Elementen" mit "Höhenelementen" dargestellt werden

$$\begin{aligned} dV &= (d\mathbb{r}_{\alpha} \times d\mathbb{r}_{\beta}) \cdot d\mathbb{r}_{\gamma} = d\mathbb{f}_{\alpha\beta} \cdot d\mathbb{r}_{\gamma} \\ &= (d\mathbb{r}_{\beta} \times d\mathbb{r}_{\gamma}) \cdot d\mathbb{r}_{\alpha} = d\mathbb{f}_{\beta\gamma} \cdot d\mathbb{r}_{\alpha} \\ &= (d\mathbb{r}_{\gamma} \times d\mathbb{r}_{\alpha}) \cdot d\mathbb{r}_{\beta} = d\mathbb{f}_{\gamma\alpha} \cdot d\mathbb{r}_{\beta}\,, \end{aligned} \tag{2.9f}$$

und für den Spezialfall eines aus drei Koordinaten-Linienelementen $d\mathbb{r}_{[j]} = \mathfrak{g}_j\, dq^j$, j=1..3 bestehenden Spates folgt aus (2.9d) mit

$$\begin{aligned} dq_{\alpha}^{1} &= dq^{1}\,, \quad dq_{\alpha}^{2} = dq_{\alpha}^{3} = 0 \\ dq_{\beta}^{2} &= dq^{2}\,, \quad dq_{\beta}^{1} = dq_{\beta}^{3} = 0 \\ dq_{\gamma}^{3} &= dq^{3}\,, \quad dq_{\gamma}^{1} = dq_{\gamma}^{2} = 0 \end{aligned} \tag{2.10a-c}$$

als Formel für das "koordinatenorientierte Volumenelement"

$$dV = \sqrt{g}\, dq^1 dq^2 dq^3\,. \tag{2.10d}$$

Für

2.2 (Lokal-) Orthogonale Netze

mit

$$\frac{\partial\mathbb{r}}{\partial q_j} \cdot \frac{\partial\mathbb{r}}{\partial q_k} = \mathfrak{g}_j \cdot \mathfrak{g}_k = 0 \text{ für } j \neq k \tag{2.11a}$$

benutzt man zweckmäßig einheitsnormierte Vektoren

$$\mathbb{e}_{\langle j\rangle} = \mathfrak{g}_j \,/\, \sqrt{\mathfrak{g}_j \cdot \mathfrak{g}_j} = \mathfrak{g}_j / \sqrt{g_{jj}} = \mathfrak{g}^j \,/\, \sqrt{\mathfrak{g}^j \cdot \mathfrak{g}^j} = \mathfrak{g}^j / \sqrt{g^{jj}}\,, \tag{2.11b}$$

(j,k=1..3), die in jedem Punkte $P(q_{\langle 1\rangle}, q_{\langle 2\rangle}, q_{\langle 3\rangle})$[14] eine (lokale) Orthonormalbasis $\langle \mathbb{e}_j \rangle$ installieren.

---

[13] Man beachte, daß die Summendarstellung den "Determinanten—Entwicklungssatz" beschreibt.

[14] Für orthogonale Netze sollen hinfort die Koordinatenbezeichnungen $q_{\langle j\rangle}$ verwendet werden.

Man bekommt in Spezialisierung für den Betrag des Linienelementes nach (2.6b),

$$|d\mathbb{r}|^2 = ds^2 = \sum_{j=1}^{3} g_{\langle jj\rangle} dq_{\langle j\rangle} \quad \text{mit} \quad g_{\langle jj\rangle} = \left[\frac{\partial\mathbb{r}}{\partial q_{\langle j\rangle}}\right]^2, \; j=1..3, \tag{2.12a,b}$$

für das Flächenelement nach (2.7a)

$$d\mathbb{f}_{\alpha\beta} = \sum_{k=1}^{3} df_{\alpha\beta\langle k\rangle}\, \mathbb{e}_{fk} \tag{2.13a}$$

mit

$$\mathbb{e}_{fk} = \mathbb{e}_{\langle k\rangle}, \quad df_{\alpha\beta\langle k\rangle} = d\mathbb{f}_{\alpha\beta} \cdot \mathbb{e}_{\langle k\rangle}, \; k=1..3, \tag{2.13b,c}$$

und speziell für "koordinatenorientierte Flächenelemente" aus (2.8b)

$$|d\mathbb{f}^{[k]}| = \sqrt{g_{\langle k+1,k+1\rangle}\, g_{\langle k+2,k+2\rangle}}\, dq_{\langle k+1\rangle}\, dq_{\langle k+2\rangle}, \tag{2.14a}$$

für das "koordinatenorientierte Volumenelement" aus (2.10d)

$$dV = \sqrt{g_{\langle 11\rangle} g_{\langle 22\rangle} g_{\langle 33\rangle}}\, dq_{\langle 1\rangle} dq_{\langle 2\rangle} dq_{\langle 3\rangle}. \tag{2.14b}$$

2.3 Koordinatentransformationen

sind umkehrbar-eindeutige Zuordnungen

$$\overset{*}{q}{}^j = \overset{*}{\varphi}{}^j(q^1,q^2,q^3) \quad , \quad q^j = \varphi^j(\overset{*}{q}{}^1,\overset{*}{q}{}^2,\overset{*}{q}{}^3), \; j=1..3, \tag{2.15a,b}$$

zwischen als Koordinaten aufzufassenden Variablen-Tripeln, wozu

$$\Delta_{\overset{*}{q},q} = \begin{vmatrix} \frac{\partial\overset{*}{\varphi}{}^1}{\partial q^1} & \frac{\partial\overset{*}{\varphi}{}^1}{\partial q^2} & \frac{\partial\overset{*}{\varphi}{}^1}{\partial q^3} \\ \frac{\partial\overset{*}{\varphi}{}^2}{\partial q^1} & \frac{\partial\overset{*}{\varphi}{}^2}{\partial q^2} & \frac{\partial\overset{*}{\varphi}{}^2}{\partial q^3} \\ \frac{\partial\overset{*}{\varphi}{}^3}{\partial q^1} & \frac{\partial\overset{*}{\varphi}{}^3}{\partial q^2} & \frac{\partial\overset{*}{\varphi}{}^3}{\partial q^3} \end{vmatrix} \equiv \left[\begin{vmatrix} \frac{\partial\varphi^1}{\partial\overset{*}{q}{}^1} & \frac{\partial\varphi^1}{\partial\overset{*}{q}{}^2} & \frac{\partial\varphi^1}{\partial\overset{*}{q}{}^3} \\ \frac{\partial\varphi^2}{\partial\overset{*}{q}{}^1} & \frac{\partial\varphi^2}{\partial\overset{*}{q}{}^2} & \frac{\partial\varphi^2}{\partial\overset{*}{q}{}^3} \\ \frac{\partial\varphi^3}{\partial\overset{*}{q}{}^1} & \frac{\partial\varphi^3}{\partial\overset{*}{q}{}^2} & \frac{\partial\varphi^3}{\partial\overset{*}{q}{}^3} \end{vmatrix}\right]^{-1} \neq 0 \tag{2.15c}$$

erforderlich ist. Die Erfordernis (2.15c) besagt, daß sowohl die Tangentenvektoren an das "q^j-Netz",

$$\mathbb{g}_j = \partial\mathbb{r}/\partial q^j \quad , \quad \mathbb{r} = \mathbb{r}(q^1,q^2,q^3) = \hat{\mathbb{r}}(P), \tag{2.16a,b}$$

als auch Diejenigen

$$\overset{*}{\mathbb{g}}_j = \partial\overset{*}{\mathbb{r}}/\partial\overset{*}{q}{}^j, \; j=1..3, \tag{2.16c,d}$$

mit

$$\hat{\mathbb{r}}(P) = \overset{*}{\mathbb{r}}(\overset{*}{q}{}^1,\overset{*}{q}{}^2,\overset{*}{q}{}^3) \left[= \mathbb{r}(q^1,q^2,q^3) = \mathbb{r}\left[\varphi^1(\overset{*}{q}{}^1,\overset{*}{q}{}^2,\overset{*}{q}{}^3), \varphi^2(\overset{*}{q}{}^1,\overset{*}{q}{}^2,\overset{*}{q}{}^3), \varphi^3(\overset{*}{q}{}^1,\overset{*}{q}{}^2,\overset{*}{q}{}^3)\right]\right],$$

die als Tangentenvektoren an das "$\overset{*}{q}{}^j$-Netz" anfallen, brauchbare Basen mit

$$\sqrt{g} = [\,\mathfrak{g}_1\,\mathfrak{g}_2\,\mathfrak{g}_3\,] \neq 0 \quad , \sqrt{\overset{*}{g}} = [\,\overset{*}{\mathfrak{g}}_1\,\overset{*}{\mathfrak{g}}_2\,\overset{*}{\mathfrak{g}}_3\,] \neq 0 \tag{2.17}$$

sein sollen. Weil mit der Formel für das totale Differential unter Benutzung von

$$d\overset{*}{q}{}^j = \sum_{k=1}^{3} \frac{\partial \overset{*}{\varphi}{}^j}{\partial q^k}\, dq^k \tag{2.18}$$

für Linienelemente

$$\hat{d\mathbb{r}} = \sum_{j=1}^{3} \frac{\partial \overset{*}{\mathbb{r}}}{\partial \overset{*}{q}{}^j}\, d\overset{*}{q}{}^j \overset{(2.16c)}{=} \sum_{j=1}^{3} \overset{*}{\mathfrak{g}}_j\, d\overset{*}{q}{}^j \overset{(2.18)}{=} \sum_{j,k=1}^{3} \overset{*}{\mathfrak{g}}_j \frac{\partial \overset{*}{\varphi}{}^j}{\partial q^k}\, dq^k \equiv$$

$$\overset{(2.16a)}{\equiv} \sum_{k=1}^{3} \frac{\partial \mathbb{r}}{\partial q^k}\, dq^k = \sum_{k=1}^{3} \mathfrak{g}_k\, dq^k \tag{2.18a}$$

d.h. - man führe Koeffizientenvergleich hinsichtlich der Koordinatendifferentiale dq^k durch - als Transformationsformeln zweier Tangentenvektorbasen die Beziehungen

$$\mathfrak{g}_k = \sum_{j=1}^{3} \frac{\partial \overset{*}{\varphi}{}^j}{\partial q^k}\, \overset{*}{\mathfrak{g}}_j \quad , k=1..3, \tag{2.18b}$$

anfallen, ist

$$\sqrt{g} \equiv [\mathfrak{g}_1\,\mathfrak{g}_2\,\mathfrak{g}_3] = \left[\sum_{i=1}^{3} \frac{\partial \overset{*}{\varphi}{}^i}{\partial q^1}\, \overset{*}{\mathfrak{g}}_i, \sum_{j=1}^{3} \frac{\partial \overset{*}{\varphi}{}^j}{\partial q^2}\, \overset{*}{\mathfrak{g}}_j, \sum_{k=1}^{3} \frac{\partial \overset{*}{\varphi}{}^k}{\partial q^3}\, \overset{*}{\mathfrak{g}}_k \right] =$$

$$= \sum_{i,j,k=1}^{3} [\overset{*}{\mathfrak{g}}_i\,\overset{*}{\mathfrak{g}}_j\,\overset{*}{\mathfrak{g}}_k]\, \frac{\partial \overset{*}{\varphi}{}^i}{\partial q^1} \frac{\partial \overset{*}{\varphi}{}^j}{\partial q^2} \frac{\partial \overset{*}{\varphi}{}^k}{\partial q^3} \equiv$$

$$\overset{15)}{\equiv} \sqrt{\overset{*}{g}} \underbrace{\sum_{i,j,k=1}^{3} \epsilon_{\langle ijk\rangle} \frac{\partial \overset{*}{\varphi}{}^i}{\partial q^1} \frac{\partial \overset{*}{\varphi}{}^j}{\partial q^2} \frac{\partial \overset{*}{\varphi}{}^k}{\partial q^3}} \overset{16)}{\equiv} \sqrt{\overset{*}{g}}\; \Delta_{\underset{q,q}{*}} \quad , \tag{2.18c}$$

und solchermaßen die Forderung (2.15c) (erste Version) als Folge der Forderungen (2.17) leicht zu identifizieren: Da sowohl $\sqrt{g} \neq 0$ als auch $\sqrt{\overset{*}{g}} \neq 0$ gefordert werden müssen, können brauchbare Koordinatentransformationen nur Solche mit nicht verschwindender Funktionaldeterminante $\Delta_{\underset{q,q}{*}}$ sein. Deren Vorzeichen entscheidet, ob die Basissysteme $[\mathfrak{g}_j]$ und $[\overset{*}{\mathfrak{g}}_j]$ gleich orientiert sind ($\Delta_{\underset{q,q}{*}} > 0$) oder nicht ($\Delta_{\underset{q,q}{*}} < 0$).

Die zweite Version von (2.15c) ergibt sich, wenn man, von

---

15) mit $\sqrt{\overset{*}{g}} = [\overset{*}{\mathfrak{g}}_1\,\overset{*}{\mathfrak{g}}_2\,\overset{*}{\mathfrak{g}}_3]$.

16) Man beachte, daß die gestrichelte Summe gerade die Entwicklungsregel der Funktionaldeterminante (2.15c) (in der ersten Version) repräsentiert.

$$d\hat{\mathbf{r}} = \sum_{j=1}^{3} \overset{*}{\mathbf{g}}_j \, d\overset{*}{q}^j \equiv \sum_{k=1}^{3} \mathbf{g}_k \, dq^k \tag{2.19a}$$

ausgehend, nunmehr die Koordinatendifferentiale dq^k per

$$dq^k = \sum_{j=1}^{3} \frac{\partial \varphi^k}{\partial \overset{*}{q}^j} \, d\overset{*}{q}^j \tag{2.19b}$$

ausdrückt. Es entstehen die zu (2.18b) inversen Transformationsbeziehungen

$$\overset{*}{\mathbf{g}}_j = \sum_{k=1}^{3} \frac{\partial \varphi^k}{\partial \overset{*}{q}^j} \, \mathbf{g}_k \tag{2.19c}$$

und analog (2.18c)

$$\sqrt{\overset{*}{g}} = [\overset{*}{\mathbf{g}}_1 \, \overset{*}{\mathbf{g}}_2 \, \overset{*}{\mathbf{g}}_3] = \sqrt{g} \, \Delta_{q,\overset{*}{q}} \quad \text{mit} \quad \Delta_{q,\overset{*}{q}} = \sum_{i,j,k=1}^{3} \epsilon_{\langle ijk \rangle} \frac{\partial \varphi^i}{\partial \overset{*}{q}^1} \frac{\partial \varphi^j}{\partial \overset{*}{q}^2} \frac{\partial \varphi^k}{\partial \overset{*}{q}^3} \tag{2.19d,e}$$

und damit in Kombination von (2.19d) und (2.18c)

$$\Delta_{q,\overset{*}{q}} = \Delta^{-1}_{\overset{*}{q},q} \; . \tag{2.19f}$$

Die Relationen (2.18,18b) und die als zu (2.18,18b) inversen Darstellungen (2.19b,c) sind strukturell gleich aufgebaut. Dieses "Forminvarianzprinzip" wird auch in den Transformationsformalien für Gradientenvektoren deutlich. Benutzt man

$$d\hat{\mathbf{r}} \cdot \mathbf{g}^k \overset{17)}{=} dq^k , \quad k = 1...3, \tag{2.20a}$$

so gilt entsprechend nach (2.19a)

$$d\hat{\mathbf{r}} \cdot \overset{*}{\mathbf{g}}^j = d\overset{*}{q}^j , \quad j = 1...3, \tag{2.20b}$$

wobei, (2.20b) weiter verfolgend,

$$d\hat{\mathbf{r}} \cdot \overset{*}{\mathbf{g}}^j \overset{(2.20b)}{=} d\overset{*}{q}^j \overset{(2.18)}{=} \sum_{k=1}^{3} \frac{\partial \overset{*}{\varphi}^j}{\partial q^k} \, dq^k \overset{(2.20a)}{=} \sum_{k=1}^{3} \frac{\partial \overset{*}{\varphi}^j}{\partial q^k} (d\hat{\mathbf{r}} \cdot \mathbf{g}^k)$$

bzw.

$$d\hat{\mathbf{r}} \cdot \left[\overset{*}{\mathbf{g}}^j - \sum_{k=1}^{3} \frac{\partial \overset{*}{\varphi}^j}{\partial q^k} \, \mathbf{g}^k \right] = 0,$$

also das Transformationsgesetz

$$\overset{*}{\mathbf{g}}^j = \sum_{k=1}^{3} \frac{\partial \overset{*}{\varphi}^j}{\partial q^k} \, \mathbf{g}^k , \quad j = 1...3, \tag{2.20c}$$

erhalten wird, dessen inverse Variante in der zu (2.20c) forminvarianten Struktur

$$\mathbf{g}^j = \sum_{k=1}^{3} \frac{\partial \varphi^j}{\partial \overset{*}{q}^k} \, \overset{*}{\mathbf{g}}^k , \quad j = 1...3, \tag{2.20d}$$

anfällt, die man, von (2.20a) ausgehend, über die Identitäten

17) Man multipliziere (2.18a) mit den entsprechenden Gradientenvektoren.

$$\hat{d\mathbb{r}} \cdot \mathfrak{g}^j \overset{(2.20a)}{=} dq^j \overset{(2.19b)}{=} \sum_{k=1}^{3} \frac{\partial \varphi^j}{\partial \overset{*}{q}^k} d\overset{*}{q}^k \overset{(2.20b)}{=} \sum_{k=1}^{3} \frac{\partial \varphi^j}{\partial \overset{*}{q}^k} (\hat{d\mathbb{r}} \cdot \overset{*}{\mathfrak{g}}^k)$$

bzw.

$$d\mathbb{r} \cdot \left[\mathfrak{g}^j - \sum_{k=1}^{3} \frac{\partial \varphi^j}{\partial \overset{*}{q}^k} \overset{*}{\mathfrak{g}}^k\right] = 0$$

erreicht. Die, das Bisherige zusammenfassend, durch

$$d\overset{*}{q}^j = \sum_{k=1}^{3} \frac{\partial \overset{*}{\varphi}^j}{\partial q^k} dq^k \quad \text{mit den inversen Zuordnungen} \quad dq^j = \sum_{k=1}^{3} \frac{\partial \varphi^j}{\partial \overset{*}{q}^k} d\overset{*}{q}^k$$

$$\overset{*}{\mathfrak{g}}^j = \sum_{k=1}^{3} \frac{\partial \overset{*}{\varphi}^j}{\partial q^k} \mathfrak{g}^k \quad \text{"} \quad \mathfrak{g}^j = \sum_{k=1}^{3} \frac{\partial \varphi^j}{\partial \overset{*}{q}^k} \overset{*}{\mathfrak{g}}^k$$

$$\overset{*}{\mathfrak{g}}_j = \sum_{k=1}^{3} \frac{\partial \varphi^k}{\partial \overset{*}{q}^j} \mathfrak{g}_k \quad \text{"} \quad \mathfrak{g}_j = \sum_{k=1}^{3} \frac{\partial \overset{*}{\varphi}^k}{\partial q^j} \overset{*}{\mathfrak{g}}_k \qquad (2.21a\text{-}c)$$

mit φ^j, $\overset{*}{\varphi}^j$ nach (2.15a,b) unter den Bedingungen (2.15c) gekennzeichneten Transformationsformalien lassen erkennen, daß sich Koordinatendifferentiale (dq^j, $d\overset{*}{q}^j$) wie Gradientenvektoren, also (zu Gradientenvektoren) "kogredient" [2] transformieren, im Gegensatz zu Tangentenvektoren, deren Transformationseigenschaft man sinngemäß als zu Derjenigen der Gradientenvektoren "kontragredient" bezeichnet. Entsprechendes gilt für die Koordinatenableitungen beliebiger Feldgrößen

$$\hat{Z} = Z(q^1,q^2,q^3) \equiv \overset{*}{Z}(\overset{*}{q}^1,\overset{*}{q}^2,\overset{*}{q}^3), \qquad (2.22a)$$

für die - gleichartig wie (2.21c) -

$$\frac{\partial \overset{*}{Z}}{\partial \overset{*}{q}^j} = \sum_{k=1}^{3} \frac{\partial \varphi^k}{\partial \overset{*}{q}^j} \frac{\partial Z}{\partial q^k}, \quad \frac{\partial Z}{\partial q^j} = \sum_{k=1}^{3} \frac{\partial \overset{*}{\varphi}^k}{\partial q^j} \frac{\partial \overset{*}{Z}}{\partial \overset{*}{q}^k}, \qquad (2.22b,c)$$

also ein zu den Gradientenvektor-Transformationen kontragredientes Transformationsverhalten festgestellt wird, wie man - beispielhaft etwa für (2.22c) - mittels

$$d\hat{Z} = \sum_{j=1}^{3} \frac{\partial Z}{\partial q^j} dq^j \equiv \sum_{k=1}^{3} \frac{\partial \overset{*}{Z}}{\partial \overset{*}{q}^k} d\overset{*}{q}^k \overset{(2.18)}{=} \sum_{j,k=1}^{3} \frac{\partial \overset{*}{\varphi}^k}{\partial q^j} \frac{\partial \overset{*}{Z}}{\partial \overset{*}{q}^k} dq^j \qquad (2.22d)$$

und Koeffizientenvergleich hinsichtlich der Koordinatendifferentiale dq^j, $j = 1...3$, sogleich verifiziert[18])

Die Bezeichnungsweisen "kogredient" bzw. "kontragredient" umreißen (in [2]), dies sollte noch verdeutlicht werden, "abgelöst" von den Begriffen der Gradienten— bzw. Tangentenvektor—Transformationseigenschaften, den Befund, ob sich Größen "gleichartig" transformieren oder nicht. In dieser Terminologie sind also Koordinatenableitungen nach (2.22b,c) "zu den Gradientenvektoren kontragrediente" und "zu

---

18) wobei hier zunächst noch offen bleibt, wie man bei der Ableitung vektor— bzw. tensorwertiger Feldgrößen $\hat{Z}$, sofern man Letztere wieder auf Lokalbasen $(\langle \mathfrak{g}_j \rangle, \langle \mathfrak{g}^j \rangle)$ bezüglich darstellen will, prozedual vorzugehen hat. S. h. die nächste Ziffer dieses Paragraphen.

den Tangentenvektoren kogrediente Größen". Mit den Bezeichnungen "ko– bzw. kontravariant" wird, vereinfachend, das Transformationsverhalten beliebiger Größen in Bezug auf das Tangentenvektor–Transformationsverhalten "zur Norm erhoben": Größen, die sich wie Tangentenvektoren transformieren, heißen "kovariant", ansonsten "kontravariant". Aber (auch) diese Bezeichnungsweise ist zunächst (für vektor– bzw. tensorwertige Feldfunktionen) durchaus mißverständlich, wie etwa die Notation

$$\hat{\mathbb{a}} \equiv \mathbb{a} = \sum_{j=1}^{3} a_j \mathbb{g}^j \tag{2.23a}$$

für einen Vektor zeigt. Mit

$$\hat{\mathbb{a}} \equiv \overset{*}{\mathbb{a}} = \sum_{k=1}^{3} \overset{*}{a}_k \overset{*}{\mathbb{g}}^k \overset{(2.21b)}{=} \sum_{j,k=1}^{3} \overset{*}{a}_k \frac{\partial \overset{*}{\varphi}^k}{\partial q^j} \mathbb{g}^j \overset{(2.23a)}{\equiv} \sum_{j=1}^{3} a_j \mathbb{g}^j$$

sind demgemäß

$$a_j = \sum_{k=1}^{3} \frac{\partial \overset{*}{\varphi}^k}{\partial q^j} \overset{*}{a}_k \text{ , und entsprechend } \overset{*}{a}_j = \sum_{k=1}^{3} \frac{\partial \varphi^k}{\partial \overset{*}{q}^j} a_j \text{ ,} \tag{2.23b,c}$$

d.h. dessen skalare Komponenten(–Feldfunktionen) a_j kovariante Größen (vgl. das Transformationsverhalten (2.21c)), so daß $\hat{\mathbb{a}}$ in der Repräsentation $\mathbb{a}$ nach (2.23a) — als Produkt zweier zueinander kontragredienter Größensysteme! — hinsichtlich der Einordnungsmöglichkeit als "ko– bzw. kontravariante" Größe einer zusätzlichen Verfügung bedarf. Letztere soll hinfort — im Sinne einer Harmonisierung mit einer in [3] vorgesehenen Bezeichnungsweise — darin bestehen, Vektoren als "ko–" bzw. "kontravariant" zu bezeichnen, wenn ihre skalaren Komponenten sich wie Tangenten– bzw. wie Gradientenvektoren transformieren. Kurz bezeichnet heißen danach

$$\sum_{j=1}^{3} a_j \mathbb{g}^j \quad \text{bzw.} \quad \sum_{j=1}^{3} a^j \mathbb{g}_j \tag{2.24a,b}$$

"ko–" bzw. "kontravarianter" Vektor, indem man für den Fall (2.24b) noch vermerkt, daß die Komponenten a^j wegen

$$\sum_{j=1}^{3} a^j \mathbb{g}_j \equiv \sum_{k=1}^{3} \overset{*}{a}^k \overset{*}{\mathbb{g}}_k \overset{(2.21c)}{=} \sum_{j,k=1}^{3} \overset{*}{a}^k \frac{\partial \varphi^j}{\partial \overset{*}{q}^k} \mathbb{g}_j \text{ ,}$$

bzw.

$$a^j = \sum_{k=1}^{3} \frac{\partial \varphi^j}{\partial \overset{*}{q}^k} \overset{*}{a}^k \text{ , } \quad j = 1...3 \text{ ,}$$

d. h. wie Gradientenvektoren zu transformierende, also "kontravariante" Größen sind.

Im Hinblick auf (2.24a,b) gleichwertig ist, einen Vektor als "kovariant" bzw. "kontravariant" (dargestellt) zu bezeichnen, wenn seine Komponentendarstellung auf eine (lokale) Gradienten– bzw. Tangentenvektor–Basis $\langle \mathbb{g}^j \rangle$ bzw. $\langle \mathbb{g}_j \rangle$ Bezug nimmt (vgl. a. [1]).

Wie die Herleitungsprozeduren, die zu (2.21,22) geführt haben, zeigen, gehören die bei der Darstellung (koordinaten–)invarianter Größen in Form einfacher Produkte anfallenden Faktoren zu zueinander kontragredienten Größensystemen. So sind etwa Tangentenvektoren $(\mathbb{g}_j)$ kovariante Größen, weil die Koordinatendifferentiale (dq^j) kontravariante Transformationseigenschaften haben und so wegen

$$d\hat{\mathbb{r}} = \sum_{j=1}^{3} \overset{*}{\mathbb{g}}_j d\overset{*}{q}^j \overset{(2.21a,c)}{=} \sum_{j,k,\beta=1}^{3} \frac{\partial \varphi^\beta}{\partial \overset{*}{q}^j} \frac{\partial \overset{*}{\varphi}^j}{\partial q^k} \mathbb{g}_\beta \, dq^k = \text{[19]}$$

---

19) Man führe Indexvertauschung j ⇔ k durch.

$$\equiv \sum_{j,k,\beta=1}^{3} \frac{\partial\varphi^{\beta}}{\partial \overset{*}{q}{}^{k}}\frac{\partial \overset{*}{\varphi}{}^{k}}{\partial q^{j}}\mathfrak{g}_{\beta}\, dq^{j} \overset{(2.30c')}{=} \sum_{j=1}^{3} \mathfrak{g}_{j}\, dq^{j}$$

die Koordinateninvarianz des Linienelements ($\widehat{d\mathbb{r}}$) gewährleistet wird. Aus demselben Grunde sind Koordinatenableitungen nach (2.22) kovariante Größen[20], weil sie als Faktoren in Form einfacher Produkte mit den kontravarianten Koordinatendifferentialen (dq^j) das (koordinaten—)invariante totale Differential $\hat{dZ}$ definieren sollen usw.

Ko— bzw. kontragrediente Transformationseigenschaften zweier Größen unmittelbar deutlich zu machen, ist u. a. der Sinn der in der Ricci—Notation geübten Verfahrensweise, Indizes "hoch" bzw. "tief" zu setzen. Gleichgesetzte Indizes bedeuten gleichartige Transformationseigenschaften, also zueinander kogrediente Größensysteme, ungleich gesetzte Indizes zueinander Kontragrediente (vgl. die Notation (2.19a) für (invariante) Linienelemente). Dabei sind die skalaren Komponenten eines Vektors zu den zugehörigen Basisvektoren stets kontragredient[21], wobei dieser Sachverhalt allein aus der Invarianz des Vektors und dem Transformationsverhalten der jeweils benutzten Basis erschließbar ist[22]. So ist die Frage, wie sich bei Koordinatenwechseln skalare Komponenten von Vektoren und Tensoren transformieren, letztlich beantwortet mit der Angabe der Transformationsbeziehungen (2.21b,c), die ein Problem einer linearen Abbildung[23]

---

20) daher auch als sog. "kovariante Ableitungen" bezeichnet.

21) Entsprechendes gilt, sinngemäß erweitert, für Tensoren.

22) Setzt man z. B. $$\hat{\mathbb{a}} = \mathbb{a} = \sum_{j=1}^{3} a^{j}\mathfrak{g}_{j} \equiv \overset{*}{\mathbb{a}} = \sum_{k=1}^{3} \overset{*}{a}{}^{k}\overset{*}{\mathfrak{g}}_{k} \overset{(2.19c)}{=} \sum_{j,k=1}^{3} \overset{*}{a}{}^{k}\frac{\partial\varphi^{j}}{\partial\overset{*}{q}{}^{k}}\mathfrak{g}_{j} \tag{2.25a}$$

so bekommt man nach Koeffizientenvergleich hinsichtlich der Tangentenvektoren ($\mathfrak{g}_j$) das kontravariante Transformationsverhalten (vgl. (2.21b))

$$a^{j} = \sum_{j=1}^{3} \frac{\partial\varphi^{j}}{\partial\overset{*}{q}{}^{k}}\overset{*}{a}{}^{k} \Leftrightarrow \overset{*}{a}{}^{j} = \sum_{j=1}^{3} \frac{\partial\overset{*}{\varphi}{}^{j}}{\partial q^{k}} a^{k} \tag{2.25b}$$

der skalaren Komponenten als Folge davon, daß man in (2.25a) das (kovariante) Tangentenvektor—Transformationsgesetz (2.19c) eingesetzt hat. Entsprechend ist für die Komponenten a_j eines als $\hat{\mathbb{a}} = \mathbb{a} = \sum_{j=1}^{3} a_{j}\mathfrak{g}^{j}$ dargestellten Vektors wegen

$$\hat{\mathbb{a}} = \mathbb{a} = \sum_{j=1}^{3} a_{j}\mathfrak{g}^{j} \equiv \overset{*}{\mathbb{a}} = \sum_{k=1}^{3} \overset{*}{a}_{k}\overset{*}{\mathfrak{g}}{}^{k} \overset{(2.20c)}{=} \sum_{j,k=1}^{3} \overset{*}{a}_{k}\frac{\partial\overset{*}{\varphi}{}^{k}}{\partial q^{j}}\mathfrak{g}^{j} \tag{2.25c}$$

kovariantes Verhalten (vgl. (2.21c) festzustellen:

$$a_{j} = \sum_{j=1}^{3} \frac{\partial\overset{*}{\varphi}{}^{k}}{\partial q^{j}}\overset{*}{a}_{k} \Leftrightarrow \overset{*}{a}_{j} = \sum_{j=1}^{3} \frac{\partial\varphi^{k}}{\partial\overset{*}{q}{}^{j}} a_{k} . \tag{2.25d}$$

23) gekennzeichnet durch die Ableitungstupel $\partial\overset{*}{\varphi}{}^{j}/\partial q^{k}$ bzw. $\partial\varphi^{j}/\partial\overset{*}{q}{}^{k}$, die per

$$\overset{*}{\varphi}{}^{j}_{.k} = \frac{\partial\overset{*}{\varphi}{}^{j}}{\partial q^{k}} = \overset{*}{\mathfrak{g}}{}^{j}\cdot\mathfrak{g}_{k}, \quad \varphi^{j}_{.\overset{*}{k}} = \frac{\partial\varphi^{j}}{\partial\overset{*}{q}{}^{k}} = \mathfrak{g}^{j}\cdot\overset{*}{\mathfrak{g}}_{k}$$

(vgl. (2.21c,b)) als Basisvektor—Skalarprodukte auszudrücken sind.

$$\left\{\begin{array}{c}\langle \mathfrak{g}_j\rangle \\ \langle \mathfrak{g}^j\rangle\end{array}\right\} \Leftrightarrow \left\{\begin{array}{c}\langle \overset{*}{\mathfrak{g}}_j\rangle \\ \langle \overset{*}{\mathfrak{g}}{}^j\rangle\end{array}\right\} \tag{2.26}$$

substantiieren ([1],§E1.6), gekennzeichnet durch einen als (lokale) Konfigurationsänderungsgröße zu interpretierenden zweistufigen Operator

$$\Phi = \sum_{\alpha=1}^{3} \mathfrak{g}^{\alpha} \circ \overset{*}{\mathfrak{g}}_{\alpha}, \tag{2.26a}$$

der Tangentenvektoren $\mathfrak{g}_j$ per

$$\overset{*}{\mathfrak{g}}_j = \mathfrak{g}_j \cdot \Phi\,, \quad j = 1...3, \tag{2.26b}$$

in Tangentenvektoren $\overset{*}{\mathfrak{g}}_j$ und (folglich) Gradientenvektoren $\mathfrak{g}^j$ per

$$\overset{*}{\mathfrak{g}}{}^j = \mathfrak{g}^j \cdot \Phi^{T^{-1}}, \quad j = 1...3, \tag{2.26c}$$

in Gradientenvektoren $\overset{*}{\mathfrak{g}}{}^j$ "deformiert", wobei (2.26c) Konsequenz der in [1],(2.39a) angegebenen Identität

$$(\mathbb{a} \cdot \mathbb{F}) \times (\mathbb{b} \cdot \mathbb{F}) \overset{24)}{=} (\mathbb{a} \times \mathbb{b}) \cdot \mathbb{F}^{T^{-1}} (\mathbb{F})_3 \tag{2.27}$$

sowie von (2.5a) ist, wo beschrieben wird, wie man aus Tangentenvektoren die dualen Gradientenvektoren erzeugt[25]. Ersetzt man in (2.26a) $\overset{*}{\mathfrak{g}}_{\alpha}$, $\alpha = 1...3$, nach Maßgabe von (2.21c) durch Tangentenvektoren der Basis $\mathfrak{g}_j$, so entsteht für Φ die in Termen der Ableitungen der Koordinaten—Transformationsfunktionen (2.15b) ausgedrückte Komponentendarstellung

$$\Phi = \sum_{j,k=1}^{3} \frac{\partial \varphi^k}{\partial \overset{*}{q}{}^j} \mathfrak{g}^j \circ \mathfrak{g}_k \equiv \sum_{j,k=1}^{3} \varphi_{*\,j\cdot}^{\;\cdot k} \mathfrak{g}^j \circ \mathfrak{g}_k \tag{2.28a}$$

bzw. gleichwertig
$$\Phi = \sum_{k=1}^{3} \mathfrak{g}^k \circ \overset{*}{\mathfrak{g}}_k \overset{(2.21b)}{=} \sum_{j,k=1}^{3} \frac{\partial \varphi^k}{\partial \overset{*}{q}{}^j} \overset{*}{\mathfrak{g}}{}^j \circ \overset{*}{\mathfrak{g}}_k \equiv \sum_{j,k=1}^{3} \varphi_{*\,j\cdot}^{\;\cdot k} \overset{*}{\mathfrak{g}}{}^j \circ \overset{*}{\mathfrak{g}}_k \tag{2.28b}$$

mit <u>gleichen</u> skalaren Komponenten in beiden Darstellungen (vgl. h. a. [1], §E1.6). Weil nach [1],(2.31a)

$$\left[\sum_{j=1}^{3} \mathbb{a}^j \circ \mathbb{b}_j\right]^{-1} = \sum_{j=1}^{3} \mathbb{b}^j \circ \mathbb{a}_j \tag{2.29a}$$

und demgemäß
$$\Phi^{T^{-1}} \equiv \left[\Big(\sum_{\alpha=1}^{3} \mathfrak{g}^{\alpha} \circ \overset{*}{\mathfrak{g}}_{\alpha}\Big)^{-1}\right]^T \equiv \left[\sum_{\alpha=1}^{3} \overset{*}{\mathfrak{g}}{}^{\alpha} \circ \mathfrak{g}_{\alpha}\right]^T = \sum_{\alpha=1}^{3} \mathfrak{g}_{\alpha} \circ \overset{*}{\mathfrak{g}}{}^{\alpha} \tag{2.29b}$$

---

24) Hierin bedeuten $\mathbb{a}$, $\mathbb{b}$ Vektoren, $\mathbb{F}$ einen zweistufigen Tensor.

25) Man benutze

$$\overset{*}{\mathfrak{g}}{}^j \overset{(2.5a)}{=} \frac{\overset{*}{\mathfrak{g}}_{j+1} \times \overset{*}{\mathfrak{g}}_{j+2}}{[\overset{*}{\mathfrak{g}}_1 \overset{*}{\mathfrak{g}}_2 \overset{*}{\mathfrak{g}}_3]} = \frac{(\mathfrak{g}_{j+1} \cdot \Phi) \times (\mathfrak{g}_{j+2} \cdot \Phi)}{[\mathfrak{g}_1 \cdot \Phi\,, \mathfrak{g}_2 \cdot \Phi, \mathfrak{g}_3 \cdot \Phi]} \overset{(2.27)}{\equiv} \frac{(\mathfrak{g}_{j+1} \times \mathfrak{g}_{j+2}) \cdot \Phi^{T^{-1}} (\Phi)_3}{((\mathfrak{g}_1 \times \mathfrak{g}_2) \cdot \Phi^{T^{-1}}) \cdot \Phi^T \cdot \mathfrak{g}_3 (\Phi)_3} =$$

$$= \frac{\mathfrak{g}_{j+1} \times \mathfrak{g}_{j+2}}{[\mathfrak{g}_1 \mathfrak{g}_2 \mathfrak{g}_3]} \cdot \Phi^{T^{-1}} \overset{(2.5a)}{\equiv} \mathfrak{g}^j \cdot \Phi^{T^{-1}}.$$

gilt, also mit $\overset{*}{\mathbf{g}}{}^{\alpha}$, $\alpha = 1...3$, nach (2.21b) die Darstellung

$$\Phi^{T^{-1}} = \sum_{j,k=1}^{3} \frac{\partial \overset{*}{\varphi}{}^{j}}{\partial q^{k}} \mathbf{g}_{j} \circ \mathbf{g}^{k} = \sum_{j,k=1}^{3} \overset{*}{\varphi}{}^{j}_{.k}\, \mathbf{g}_{j} \circ \mathbf{g}^{k} \tag{2.29c}$$

gelten muß und gleichwertig mit gleichen skalaren Komponenten die Repräsentation

$$\Phi^{T^{-1}} \overset{(2.21c,29b)}{=} \sum_{j,k=1}^{3} \frac{\partial \overset{*}{\varphi}{}^{j}}{\partial q^{k}} \overset{*}{\mathbf{g}}_{j} \circ \overset{*}{\mathbf{g}}{}^{k} = \sum_{j,k=1}^{3} \overset{*}{\varphi}{}^{j}_{.k}\, \overset{*}{\mathbf{g}}_{j} \circ \overset{*}{\mathbf{g}}{}^{k}, \tag{2.29d}$$

müssen aufgrund der algebraischen Identität

$$\Phi \cdot \Phi^{-1} \overset{(2.28a,29c)}{\equiv} \left(\sum_{j,k=1}^{3} \frac{\partial \varphi^{k}}{\partial \overset{*}{q}{}^{j}} \overset{*}{\mathbf{g}}{}^{j} \circ \mathbf{g}_{k} \right) \cdot \left(\sum_{\alpha,\beta=1}^{3} \frac{\partial \overset{*}{\varphi}{}^{\beta}}{\partial q^{\alpha}} \mathbf{g}^{\alpha} \circ \overset{*}{\mathbf{g}}_{\beta} \right) =$$

$$=^{26)} \sum_{j,\beta=1}^{3} \left(\sum_{k=1}^{3} \frac{\partial \varphi^{k}}{\partial \overset{*}{q}{}^{j}} \frac{\partial \overset{*}{\varphi}{}^{\beta}}{\partial q^{k}} \right) \overset{*}{\mathbf{g}}{}^{j} \circ \overset{*}{\mathbf{g}}_{\beta} \equiv \mathbb{E} =^{27)} \sum_{j=1}^{3} \overset{*}{\mathbf{g}}{}^{j} \circ \overset{*}{\mathbf{g}}_{j} \tag{2.30a}$$

die Ableitungen der Koordinatenfunktionen den Identitäten

$$\sum_{k=1}^{3} \frac{\partial \varphi^{k}}{\partial \overset{*}{q}{}^{j}} \frac{\partial \overset{*}{\varphi}{}^{\beta}}{\partial q^{k}} = \begin{cases} 0 \text{ für } j \neq \beta \\ 1 \text{ für } j = \beta \end{cases} \tag{2.30b}$$

genügen, die man andererseits auch als Konsequenz der Kettenregel identifizieren kann: Denn mit

$$\overset{*}{q}{}^{\beta} = \overset{*}{\varphi}{}^{\beta}(q^1,q^2,q^3) = \overset{*}{\varphi}{}^{\beta}\left[\varphi^1(\overset{*}{q}{}^1,\overset{*}{q}{}^2,\overset{*}{q}{}^3),\varphi^2(\overset{*}{q}{}^1,\overset{*}{q}{}^2,\overset{*}{q}{}^3),\varphi^3(\overset{*}{q}{}^1,\overset{*}{q}{}^2,\overset{*}{q}{}^3)\right]$$

folgt in der Tat

$$\frac{\partial \overset{*}{q}{}^{\beta}}{\partial \overset{*}{q}{}^{j}} = \sum_{k=1}^{3} \frac{\partial \overset{*}{\varphi}{}^{\beta}}{\partial q^{k}} \frac{\partial \varphi^{k}}{\partial \overset{*}{q}{}^{j}} \equiv \begin{cases} 0 \text{ für } \beta \neq j \\ 1 \text{ für } \beta = j \end{cases} \tag{2.30c}$$

(vgl. (2.30b)).[28]
Aufgrund der mit (2.26) vollzogenen "Algebraisierung" der (sich auf erste Ableitungen der Koordinaten—Transformations—Funktionen beziehenden) Transformationsformalien ist auch eine Darstellungsmöglichkeit der Funktionaldeterminante (2.15c) in Termen des Konfigurationsänderungs-operators Φ zu erwarten. In der Tat ergibt sich denn auch $\Delta_{q,\overset{*}{q}}$ als die dritte Invariante von Φ:

---

26) Man beachte $\mathbf{g}_{\alpha} \cdot \mathbf{g}^{\beta} = \begin{cases} 0 \text{ für } \alpha \neq \beta \\ 1 \;\;\text{"}\;\; \alpha = \beta \end{cases}$

27) Es ist dies eine gemischtvariante Form des zweistufigen Einheitsoperators (vgl. [1], §E1).

28) Entsprechend ergibt

$$\Phi^{-1} \cdot \Phi = \mathbb{E} = \sum_{j=1}^{3} \mathbf{g}_{j} \circ \mathbf{g}^{j}$$

die analog zu verifizierenden Identitäten

$$\left[\frac{\partial q^{\beta}}{\partial q^{j}} = \right] \sum_{k=1}^{3} \frac{\partial \varphi^{\beta}}{\partial \overset{*}{q}{}^{k}} \frac{\partial \overset{*}{\varphi}{}^{k}}{\partial q^{j}} = \begin{cases} 0 \text{ für } \beta \neq j \\ 1 \text{ für } \beta = j \end{cases}. \tag{2.30c'}$$

$$(\Phi)_3 \overset{29)}{=} \frac{[\mathfrak{g}_1\cdot\Phi\,,\mathfrak{g}_2\cdot\Phi\,,\mathfrak{g}_3\cdot\Phi]}{[\mathfrak{g}_1\mathfrak{g}_2\mathfrak{g}_3]} \overset{(2.26b)}{=} \frac{[\overset{*}{\mathfrak{g}}_1\overset{*}{\mathfrak{g}}_2\overset{*}{\mathfrak{g}}_3]}{[\mathfrak{g}_1\mathfrak{g}_2\mathfrak{g}_3]} \overset{(2.21c)}{=} \sum_{i,j,k=1}^{3} \frac{\partial\varphi^i}{\partial\overset{*}{q}{}^1}\frac{\partial\varphi^j}{\partial\overset{*}{q}{}^2}\frac{\partial\varphi^k}{\partial\overset{*}{q}{}^3}\frac{[\mathfrak{g}_i\mathfrak{g}_j\mathfrak{g}_k]}{[\mathfrak{g}_1\mathfrak{g}_2\mathfrak{g}_3]}$$

$$\overset{30)}{=} \sum_{i,j,k=1}^{3} \epsilon_{\langle ijk\rangle}\frac{\partial\varphi^i}{\partial\overset{*}{q}{}^1}\frac{\partial\varphi^j}{\partial\overset{*}{q}{}^2}\frac{\partial\varphi^k}{\partial\overset{*}{q}{}^3} \overset{(2.15c)}{=} \overset{-1}{\Delta^*_{q,q}} \overset{(2.19f)}{=} \Delta_{q,\overset{*}{q}}. \qquad (2.30d)$$

Auf weitere Detaillierungen betr. die Transformationsformalien für zwei– bzw. höherstufige Tensoren kann hier unter Hinweis auf [1],§E1 verzichtet werden.
Hier soll nur noch vermerkt werden, daß gemischtvariante Darstellungen von (stets geradzahlig–stufigen) Permutationstensoren und daher speziell auch von Einheitsoperatoren bzw. Transponierern — unabhängig davon, ob sie sich auf das System $[\mathfrak{g}_j,\mathfrak{g}^j]$ bzw. auf ein "transformiertes System" $[\overset{*}{\mathfrak{g}}_j,\overset{*}{\mathfrak{g}}{}^j]$ beziehen — gleiche skalare Maßzahlen kennzeichnen. Insofern ist übrigens damit auch die generelle Koordinateninvarianz der genannten Größen bewiesen[31]. Für den zweistufigen Einheitstensor ist dies unter Benutzung von (2.26b,c) sogleich ersichtlich, indem man z.B. unter Benutzung von $\mathbb{E} = \sum_{j=1}^{3} \mathfrak{g}^j\circ\mathfrak{g}_j$

$$\Big[\overset{*}{\mathbb{E}} =\Big]\ \sum_{j=1}^{3} \overset{*}{\mathfrak{g}}{}^j\circ\overset{*}{\mathfrak{g}}_j = \Phi^{-1}\cdot\Big[\sum_{j=1}^{3}\mathfrak{g}^j\circ\mathfrak{g}_j\Big]\cdot\Phi = \Phi^{-1}\cdot\mathbb{E}\cdot\Phi = \Phi^{-1}\cdot\Phi \equiv \mathbb{E} = \sum_{j=1}^{3}\mathfrak{g}^j\circ\mathfrak{g}_j$$

feststellt, für z.B. den vierstufigen Operator $\overset{\langle 4\rangle}{\mathbb{E}} = \sum_{i,j=1}^{3} \mathfrak{g}^i\circ\mathfrak{g}^j\circ\mathfrak{g}_j\circ\mathfrak{g}_i = \sum_{i=1}^{3}\mathfrak{g}^i\circ\mathbb{E}\circ\mathfrak{g}_i$,

indem man, z.B. von

$$\Big[\overset{\langle 4\rangle *}{\mathbb{E}} =\Big]\ \sum_{i=1}^{3}\overset{*}{\mathfrak{g}}{}^i\circ\mathbb{E}\circ\overset{*}{\mathfrak{g}}_i \equiv \sum_{i=1}^{3}\overset{*}{\mathfrak{g}}{}^i\circ\mathbb{E}\circ\overset{*}{\mathfrak{g}}_i \overset{(2.26b,c)}{=} \Phi^{-1}\cdot\overset{\langle 4\rangle}{\mathbb{E}}\cdot\Phi$$

ausgehend, die algebraische Identität

$$\overset{\langle 4\rangle}{\mathbb{E}}\cdot\Phi = (\Phi\circ\mathbb{E})\cdots\overset{\langle 6\rangle}{\mathbb{E}}_T$$

mit dem sechsstufigen Transponierer $\overset{\langle 6\rangle}{\mathbb{E}}_T$ (vgl. [1] (E4.21)) ausnutzt, und so schließlich in der Tat

$$\overset{\langle 4\rangle *}{\mathbb{E}} = \Phi^{-1}\cdot(\Phi\circ\mathbb{E})\cdots\overset{\langle 6\rangle}{\mathbb{E}}_T \equiv (\Phi^{-1}\cdot\Phi\circ\mathbb{E})\cdots\overset{\langle 6\rangle}{\mathbb{E}}_T = (\mathbb{E}\circ\mathbb{E})\cdots\overset{\langle 6\rangle}{\mathbb{E}}_T \equiv \overset{\langle 4\rangle}{\mathbb{E}}$$

feststellt usw.. Schematischer, dafür aber formal aufwendiger sind solcherart Nachweise unter Benutzung der Komponentendarstellungen (2.28b,29c) zu erbringen. Für z.B. einen Permutationstensor

$$\overset{\langle 6\rangle}{\mathbb{P}}_{2\leftrightarrow 3} = \sum_{i,j,k=1}^{3} \mathfrak{g}^i\circ\mathfrak{g}^j\circ\mathfrak{g}^k\circ\mathfrak{g}_k\circ\mathfrak{g}_i\circ\mathfrak{g}_j\ ,$$

---

29) Man benutze [1],(2.37b), indem man z. B. $\mathfrak{x}_j = \mathfrak{g}_j$, $j = 1...3$ setzt.

30) Man beachte $[\mathfrak{g}_i\mathfrak{g}_j\mathfrak{g}_k] = \epsilon_{\langle ijk\rangle}[\mathfrak{g}_1\mathfrak{g}_2\mathfrak{g}_3]$ und schließlich, daß die letzte Summendarstellung von (2.30d) gerade die Entwicklungsregel für die Determinante $\overset{-1}{\Delta^*_{q,q}}$ nach (2.51c) beschreibt.

31) ein notwendiger Befund angesichts der Tatsache, daß Stellungs–Permutationen von Vektoren innerhalb tensorieller Produkte koordinateninvariante Operationen sein müssen.

der per $\quad \mathbb{a}\circ\mathbb{b}\circ\mathbb{c} \cdots \overset{<6>}{\mathbb{P}}_{2\leftrightarrow 3} = \mathbb{a}\circ\mathbb{c}\circ\mathbb{b}$

eine Platzvertauschung des zweiten und dritten Vektors in einer Triade vollzieht, bekommt man mit

$$\overset{*}{\mathfrak{g}}{}^{i} \overset{(2.26c)}{=} \mathfrak{g}^{i}\cdot\Phi^{T^{-1}} \overset{(2.29c)}{=} \mathfrak{g}^{i}\cdot\sum_{\alpha,\lambda=1}^{3}\frac{\partial\overset{*}{\varphi}{}^{\alpha}}{\partial q^{\lambda}}\mathfrak{g}_{\alpha}\circ\mathfrak{g}^{\lambda} = \sum_{\lambda=1}^{3}\frac{\partial\overset{*}{\varphi}{}^{i}}{\partial q^{\lambda}}\mathfrak{g}^{\lambda},$$

$$\overset{*}{\mathfrak{g}}{}^{j} = \sum_{\mu=1}^{3}\frac{\partial\overset{*}{\varphi}{}^{j}}{\partial q^{\mu}}\mathfrak{g}^{\mu}, \qquad \overset{*}{\mathfrak{g}}{}^{k} = \sum_{\nu=1}^{3}\frac{\partial\overset{*}{\varphi}{}^{k}}{\partial q^{\nu}}\mathfrak{g}^{\nu},$$

$$\overset{*}{\mathfrak{g}}_{i} \overset{(2.26b)}{=} \mathfrak{g}_{i}\cdot\Phi \overset{(2.28a)}{=} \mathfrak{g}_{i}\cdot\sum_{\beta,\alpha=1}^{3}\frac{\partial\varphi^{\alpha}}{\partial\overset{*}{q}{}^{\beta}}\mathfrak{g}^{\beta}\circ\mathfrak{g}_{\alpha} = \sum_{\alpha=1}^{3}\frac{\partial\varphi^{\alpha}}{\partial\overset{*}{q}{}^{i}}\mathfrak{g}_{\alpha},$$

$$\overset{*}{\mathfrak{g}}_{j} = \sum_{\beta=1}^{3}\frac{\partial\varphi^{\beta}}{\partial\overset{*}{q}{}^{j}}\mathfrak{g}_{\beta}, \qquad \overset{*}{\mathfrak{g}}_{k} = \sum_{\gamma=1}^{3}\frac{\partial\varphi^{\gamma}}{\partial\overset{*}{q}{}^{k}}\mathfrak{g}_{\gamma}$$

zunächst
$$\overset{<6>*}{\mathbb{P}}_{2\leftrightarrow 3} = \sum_{i,j,k=1}^{3}\overset{*}{\mathfrak{g}}{}^{i}\circ\overset{*}{\mathfrak{g}}{}^{j}\circ\overset{*}{\mathfrak{g}}{}^{k}\circ\overset{*}{\mathfrak{g}}_{k}\circ\overset{*}{\mathfrak{g}}_{i}\circ\overset{*}{\mathfrak{g}}_{j} =$$

$$= \sum \mathfrak{g}^{\lambda}\circ\mathfrak{g}^{\mu}\circ\mathfrak{g}^{\nu}\circ\mathfrak{g}_{\gamma}\circ\mathfrak{g}_{\alpha}\circ\mathfrak{g}_{\beta}\frac{\partial\overset{*}{\varphi}{}^{i}}{\partial q^{\lambda}}\frac{\partial\overset{*}{\varphi}{}^{j}}{\partial q^{\mu}}\frac{\partial\overset{*}{\varphi}{}^{k}}{\partial q^{\nu}}\frac{\partial\varphi^{\alpha}}{\partial\overset{*}{q}{}^{i}}\frac{\partial\varphi^{\beta}}{\partial\overset{*}{q}{}^{j}}\frac{\partial\varphi^{\gamma}}{\partial\overset{*}{q}{}^{k}},$$

wobei über sämtliche Indizes $(\lambda,\mu,\nu;\alpha,\beta,\gamma;i,j,k)$ von 1...3 zu summieren ist, und daraus schließlich wegen

$$\sum_{i=1}^{3}\frac{\partial\overset{*}{\varphi}{}^{i}}{\partial q^{\lambda}}\frac{\partial\varphi^{\alpha}}{\partial\overset{*}{q}{}^{i}} \overset{(2.30c')}{\equiv} \frac{\partial q^{\alpha}}{\partial q^{\lambda}} = \begin{cases}0 & \text{für } \alpha\neq\lambda\\ 1 & \text{"}\quad \alpha=\lambda\end{cases}, \quad \sum_{j=1}^{3}\frac{\partial\overset{*}{\varphi}{}^{j}}{\partial q^{\mu}}\frac{\partial\varphi^{\beta}}{\partial\overset{*}{q}{}^{j}} \overset{(2.30c')}{\equiv} \frac{\partial q^{\beta}}{\partial q^{\mu}} = \begin{cases}0 & \text{für } \beta\neq\mu\\ 1 & \text{"}\quad \beta=\mu\end{cases},$$

$$\sum_{k=1}^{3}\frac{\partial\overset{*}{\varphi}{}^{k}}{\partial q^{\nu}}\frac{\partial\varphi^{\gamma}}{\partial\overset{*}{q}{}^{k}} \overset{(2.30c')}{\equiv} \frac{\partial q^{\gamma}}{\partial q^{\nu}} = \begin{cases}0 & \text{für } \gamma\neq\nu\\ 1 & \text{"}\quad \gamma=\nu\end{cases}$$

in der Tat
$$\overset{<6>*}{\mathbb{P}}_{2\leftrightarrow 3} = \sum_{\lambda,\mu,\nu=1}^{3}\mathfrak{g}^{\lambda}\circ\mathfrak{g}^{\mu}\circ\mathfrak{g}^{\nu}\circ\mathfrak{g}_{\nu}\circ\mathfrak{g}_{\lambda}\circ\mathfrak{g}_{\mu} \equiv \overset{<6>}{\mathbb{P}}_{2\leftrightarrow 3}.$$

Der letztere Nachweis erhellt übrigens, daß die "Komponenteninvarianz" von gemischtvariant dargestellten Permutationsoperatoren Folge deren jeweils "paariger Struktur" [32] ist. Daher erweist sich auch z.B. die Repräsentation (vgl. [1], §6.4.1)

$$\mathfrak{E} = -\,\mathbb{E}\times\mathbb{E} = -\sum_{i,j=1}^{3}\mathfrak{g}^{i}\circ\mathfrak{g}_{i}\times\mathfrak{g}_{j}\circ\mathfrak{g}^{j}$$

für den dreistufigen Permutationstensor $(\mathfrak{E})$ als komponenteninvariante Anweisung,

$$\overset{*}{\mathfrak{E}} = -\,\overset{*}{\mathbb{E}}\times\overset{*}{\mathbb{E}} = \sum_{i,j=1}^{3}\overset{*}{\mathfrak{g}}{}^{i}\circ\overset{*}{\mathfrak{g}}_{i}\times\overset{*}{\mathfrak{g}}_{j}\circ\overset{*}{\mathfrak{g}}{}^{j} \overset{33)}{\equiv} -\,\mathbb{E}\times\mathbb{E} \equiv -\sum_{i,j=1}^{3}\mathfrak{g}^{i}\circ\mathfrak{g}_{i}\times\mathfrak{g}_{j}\circ\mathfrak{g}^{j} \equiv \mathfrak{E},$$

---

32) Es treten jeweils beide dualen Basisvektoren $(\mathfrak{g}^{\lambda},\mathfrak{g}_{\lambda})$ bzw. $(\mathfrak{g}^{\mu},\mathfrak{g}_{\mu})$ bzw. $(\mathfrak{g}^{\nu},\mathfrak{g}_{\nu})$ auf.

33) Man beachte $\overset{*}{\mathbb{E}} = \mathbb{E}$

der $\mathcal{E}$–Tensor also als "koordinateninvariant", ein einleuchtender Befund angesicht der durch Letzteren per $-\mathbb{a}\cdot\mathcal{E}\cdot\mathbb{b} = \mathbb{a}\cdot\mathbb{E}\times\mathbb{E}\cdot\mathbb{b} \equiv \mathbb{a}\times\mathbb{b}$ definierten bezugssysteminvarianten Vektorprodukt–Operation. Diese Ziffer beschließend, soll noch die Frage nach der Existenz von zu den ("kontravarianten") Koordinaten q^j $(j = 1...3)$ kontragredienten Koordinaten[34] $\overset{*}{q}{}^k = q_k$ $(k = 1...3)$ aufgeworfen werden, die die Eigenschaft haben müßten, daß deren Tangentenvektoren $\overset{*}{\mathfrak{g}}_k$ $(k = 1...3)$ proportional sein müßten zu den Gradientenvektoren $\mathfrak{g}^j$ nach (2.5a). Mit dieser Forderung, d. h. mit

$$\overset{*}{\mathfrak{g}}_j \overset{(2.26b)}{=} \mathfrak{g}_j\cdot\Phi \overset{!}{=} \lambda_{jj}\mathfrak{g}^j, \tag{2.31a}$$

worin λ_{jj} drei von Null verschiedene Skalare[35] bedeuten, identifizierte man nach (2.26a) zunächst

$$\Phi = \sum_{j=1}^{3} \mathfrak{g}^\alpha \circ \overset{*}{\mathfrak{g}}_\alpha = \sum_{\alpha=1}^{3} \lambda_{\alpha\alpha}\, \mathfrak{g}^\alpha \circ \mathfrak{g}^\alpha = \Phi^T, \tag{2.31b}$$

d. h.

$$\Phi^{-1} = \Phi^{T^{-1}} = \sum_{\alpha=1}^{3} \mathfrak{g}_\alpha \circ \mathfrak{g}_\alpha/\lambda_{\alpha\alpha} \tag{2.31c}$$

und damit desweiteren (folgerichtig)

$$\overset{*}{\mathfrak{g}}{}^j \overset{(2.26c)}{=} \mathfrak{g}^j\cdot\Phi^{T^{-1}} = \mathfrak{g}_j/\lambda_{jj}, \tag{2.31d}$$

d. h. auch Proportionalität der Gradientenvektoren des "kovarianten" Koordinatennetzes $\overset{*}{q}{}^k = q_k$ $(k = 1...3)$ mit den Tangentenvektoren $\mathfrak{g}_j$ nach (2.3b) und extrahierte schließlich aus

$$\Phi^{T^{-1}} \overset{(2.31c)}{=} \sum_{j=1}^{3} \frac{\mathfrak{g}_j \circ \mathfrak{g}_j}{\lambda_{jj}} \overset{36)}{=} \sum_{j,k=1}^{3} \frac{g_{jk}}{\lambda_{jj}}\, \mathfrak{g}_j \circ \mathfrak{g}^k \overset{(2.29c)}{=} \sum_{j,k=1}^{3} \frac{\partial \overset{*}{\varphi}{}^j}{\partial q^k}\, \mathfrak{g}_j \circ \mathfrak{g}^k$$

neun Differentialgleichungen

$$\frac{\partial \overset{*}{\varphi}{}^j}{\partial q^k} = \frac{g_{jk}}{\lambda_{jj}}, \quad j,k = 1...3, \tag{2.31e}$$

aus denen sich die (umkehrbar eindeutigen) Zuordnungen

$$\overset{*}{q}{}^j = q_j = \overset{*}{\varphi}{}^j(q^1,q^2,q^3)$$

integrieren lassen müßten. Da hierzu jedoch die neun Integrabilitätsbedingungen

$$\left[\frac{\partial^2 \overset{*}{\varphi}{}^j}{\partial q^\alpha \partial q^\beta} = \right] \frac{\partial}{\partial q^\beta}\left[\frac{g_{j\alpha}}{\lambda_{\alpha\alpha}}\right] = \frac{\partial}{\partial q^\alpha}\left[\frac{g_{j\beta}}{\lambda_{\beta\beta}}\right], \quad j = 1...3,\ \alpha \neq \beta,\ \alpha,\beta = 1...3,$$

---

[34] die dementsprechend als "kovariante Koordinaten" zu bezeichnen wären

[35] Setzt man (2.31e) in (2.15c) ein, so entsteht

$$\underset{q,q}{\Delta_*} = \frac{1}{\lambda_{11}\lambda_{22}\lambda_{33}} \begin{pmatrix} g_{11} & g_{12} & g_{13} \\ g_{12} & g_{22} & g_{23} \\ g_{13} & g_{23} & g_{33} \end{pmatrix}, \text{ weswegen für } \underset{q,q}{\Delta_*} \neq 0$$

die Größen λ_{jj} $(j = 1...3)$ von Null verschieden sein müssen.

[36] Man benutze $\mathfrak{g}_j = \sum_{k=1}^{3} (\mathfrak{g}_j\cdot\mathfrak{g}_k)\mathfrak{g}^k = \sum_{k=1}^{3} g_{jk}\mathfrak{g}^k$.

befriedigt werden müßten, wozu die drei Freiwerte λ_{jj} (j = 1...3) nicht ausreichen, existiert also i. allg. zu einem Koordinatennetz $\langle q^j \rangle$ kein "kontragredientes" Koordinatennetz $\langle \overset{*}{q}{}^j = q_j \rangle$ [2] und damit nicht die Möglichkeit per

$$\hat{\mathbf{r}}(P) = \mathbf{r}(q^1,q^2,q^3) = \bar{\mathbf{r}}(q_1,q_2,q_3)$$

Raumpunkte P gleichzeitig wahlweise durch zwei (schiefwinklige) Netze zueinander "kontragredienter Koordinatenlinien" lokalisieren zu können, weswegen man, um dies auszudrücken, in der allerdings immer möglichen Linienelementen—Notation

$$d\hat{\mathbf{r}} = d\mathbf{r} = \sum_{j=1}^{3} \mathbf{g}_j \, dq^j \equiv \sum_{j=1}^{3} \mathbf{g}^j \, dq_j' \tag{2.31f}$$

im zweiten Falle (gestrichelt) die "kovarianten Differentiale"

$$dq_j' =^{37)} \sum_{k=1}^{3} (\mathbf{g}_j \cdot \mathbf{g}_k) \, dq^k = \sum_{k=1}^{3} g_{jk} \, dq^k, \; j=1..3 \; , \tag{2.31g}$$

zweckmäßig besonders (etwa, wie hier vorgeschlagen, durch einen Akzentstrich) kennzeichnet.
Der Fall orthogonaler Netze $\mathbf{r}_{[j]} = \mathbf{r}(q_j, q_{j+1,c}, q_{j+2,c})$, j = 1...3, mit

$$\mathbf{g}_j \cdot \mathbf{g}_k = g_{jk} = \begin{cases} 0 & \text{für } j \neq k \\ g_{jj} & \text{für } j = k \end{cases} \tag{2.31h}$$

ist triviale Ausnahme, weil hierfür

$$\frac{\partial \overset{*}{\varphi}{}^j}{\partial q^k} \overset{(2.31\,e,h)}{=} 0 \text{ für } j \neq k \; , \tag{2.31i}$$

also

$$\overset{*}{q}{}^j = q_j = \overset{*}{\varphi}{}^j(q^j) \; , \quad q^j = \varphi^j(q_j) \; , \; j=1..3 \; , \tag{2.31k}$$

und insbesondere für die Wahl $\lambda_{jj} = g_{jj}$, j = 1...3, abgesehen von Konstanten,

$$q_j = q^j \; , \; j = 1...3, \tag{2.31l}$$

entsteht, was besagt, daß in diesem Falle "ko"— und "kontra"—variante Koordinatenlinien zusammenfallen.

2.4 Ableitungen von Basisvektoren ($\mathbf{g}_j$, $\mathbf{g}^j$) nach Raumkoordinaten (q^k)

werden bei der Darstellung von Ableitungen von extensiven Größen benötigt und daher hier vorbereitend gesondert untersucht. Grundgedanke für die Erzeugung entsprechender Strukturen ist, daß

1) sich einerseits die in einem Raumpunkt $P(q^1,q^2,q^3)$ in Betracht zu nehmenden Tangenten- bzw. Gradientenvektoren $\hat{\mathbf{g}}_j(P) = \mathbf{g}_j(q^1,q^2,q^3)$ bzw. $\hat{\mathbf{g}}^j(P) = \mathbf{g}^j(q^1,q^2,q^3)$ von denjenigen Werten $\hat{\mathbf{g}}_j(P')$, $\hat{\mathbf{g}}^j(P')$ an einem P infinitesimal benachbarten Punkte P' mit

$$d\hat{\mathbf{r}}_{P \to P'} = \mathbf{g}_k \, dq^k \tag{2.32a}$$

---

37) Man multipliziere (2.31f) skalar mit $\mathbf{g}_j$.

(ebenfalls) nur in der Größenordnung des Koordinatendifferentials (dq^k) unterscheiden und daß

2) die Differenzgrößen

$$\left.\begin{matrix} \mathfrak{g}_j(P') - \mathfrak{g}_j(P) \\ \mathfrak{g}^j(P') - \mathfrak{g}^j(P) \end{matrix}\right\} \equiv \partial_k \left\{ \begin{matrix} \mathfrak{g}_j \\ \mathfrak{g}^j \end{matrix} \right\} \equiv \left\{ \begin{matrix} \partial\mathfrak{g}_j/\partial q^k \\ \partial\mathfrak{g}^j/\partial q^k \end{matrix} \right\} dq^k \tag{2.32b}$$

- als Vektoren im dreidimensionalen Raum - in Komponenten hinsichtlich der in P installierten Lokalbasen $\langle \mathfrak{g}_j \rangle$ bzw. $\langle \mathfrak{g}^j \rangle$ dargestellt werden können sollen. So entstehen mit entsprechenden skalaren Koordinatenfunktionen Γ zunächst Strukturen von der Form

$$\partial_k \mathfrak{g}_j \equiv \frac{\partial \mathfrak{g}_j}{\partial q^k} dq^k = \sum_{i=1}^{3} \Gamma_{ijk}\, \mathfrak{g}^i\, dq^k = \sum_{i=1}^{3} \Gamma^{i}_{\cdot jk}\, \mathfrak{g}_i\, dq^k ,$$

$$\partial_k \mathfrak{g}^j \equiv \frac{\partial \mathfrak{g}^j}{\partial q^k} dq^k = \sum_{i=1}^{3} \Gamma^{\cdot j \cdot}_{i \cdot k}\, \mathfrak{g}^i\, dq_k = \sum_{i=1}^{3} \Gamma^{ij\cdot}_{\cdot\cdot k}\, \mathfrak{g}_i\, dq^k , \tag{2.32c,d}$$

je nachdem, ob die Komponentendarstellung der Basisvektoränderungen auf die in P installierte Gradienten- oder Tangentenvektorbasis bezogen wird, d.h.[38]

$$\frac{\partial \mathfrak{g}_j}{\partial q^k} = \sum_{i=1}^{3} \Gamma_{ijk}\, \mathfrak{g}^i = \underline{\sum_{i=1}^{3} \Gamma^{i}_{\cdot jk}\, \mathfrak{g}_i} \ , \quad \frac{\partial \mathfrak{g}^j}{\partial q^k} = \sum_{i=1}^{3} \Gamma^{\cdot j}_{i \cdot k}\, \mathfrak{g}^i = \underline{\sum_{i=1}^{3} \Gamma^{ij\cdot}_{\cdot\cdot k}\, \mathfrak{g}_i} \tag{2.33a,b}$$

mit - man benutze (2.5b) -

$$\Gamma_{ijk} = \mathfrak{g}_i \cdot \frac{\partial \mathfrak{g}_j}{\partial q^k}, \quad \Gamma^{i}_{\cdot jk} = \mathfrak{g}^i \cdot \frac{\partial \mathfrak{g}_j}{\partial q^k}, \quad \Gamma^{ij\cdot}_{\cdot\cdot k} = \mathfrak{g}^i \cdot \frac{\partial \mathfrak{g}^j}{\partial q^k}, \quad \Gamma^{\cdot j \cdot}_{i \cdot k} = \mathfrak{g}_i \cdot \frac{\partial \mathfrak{g}^j}{\partial q^k}, \tag{2.33c-f}$$

wobei die in (2.33a) aufscheinenden Größen Christoffel-Symbole erster Art, die in (2.33b) benutzten Größen Christoffel-Symbole zweiter Art genannt werden.

Bei der nun anstehenden Aufgabe, die in (2.33c-f) gelisteten vier Komplexe von Γ-Symbolen durch Ableitungen der "metrischen Fundamentalgrößen" (g_{jk}) auszudrücken, stellt man zunächst fest, daß man die Symbole nach (2.33c,d) bzw. (2.33e,f) wechselweise durch "Überschiebung mit dem kontra- bzw. kovarianten Maßtensor" (im Sinne einer Bezeich

[38] bei den in (2.33c,d) notierten "Γ—Symbolen" bedeutet der erste Index (i) den Summationsindex, der dritte Index die "Ableitungsrichtung", d.h. die Bezeichnung derjenigen Koordinate (q^k), nach der differenziert wird, während der zweite Index durch seine Stellung anzeigt, ob ein Tangentenvektor ($\mathfrak{g}_j$) (tiefgestellter Index j) oder ein Gradientenvektor ($\mathfrak{g}^j$) (hochgestellter Index j) abgeleitet wird.

nungsweise in [3]) auseinander hervorbringen kann[39],

$$\Gamma^{i}_{.jk} = \sum_{\mu=1}^{3} g^{i\mu}\,\Gamma_{\mu jk} \iff \Gamma_{ijk} = \sum_{\mu=1}^{3} g_{i\mu}\,\Gamma^{\mu..}_{.jk}, \tag{2.34a,b}$$

$$\Gamma^{ij}_{..k} = \sum_{\mu=1}^{3} g^{i\mu}\,\Gamma^{.j.}_{\mu.k} \iff \Gamma^{.j.}_{i.k} = \sum_{\mu=1}^{3} g_{i\mu}\,\Gamma^{\mu j.}_{..k}, \tag{2.34c,d}$$

womit sich die Recherchen bereits auf je einen, die Symbole erster bzw. zweiter Art repräsentierenden Komplex reduzieren.

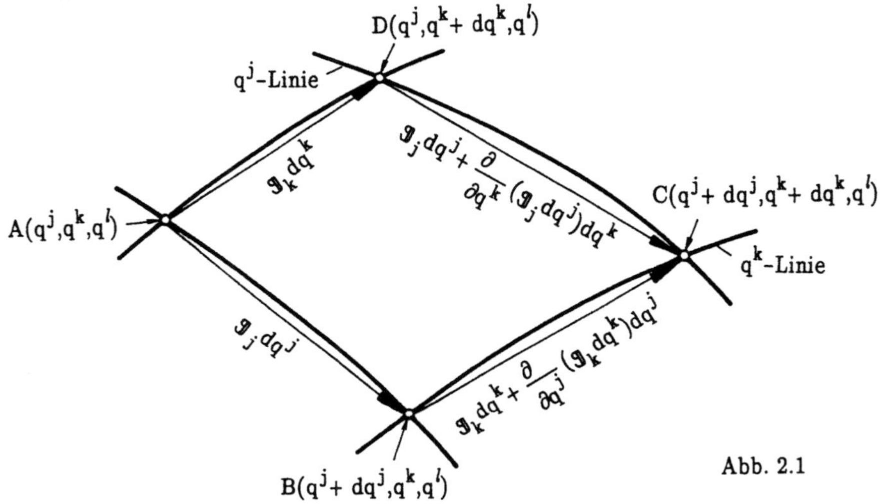

Abb. 2.1

---

[39] vgl. h. die in [1],§E1 referierte Vorgehensweise. Im Falle von (2.34a) setzt man in die erste Version von (2.33a)

$$\mathfrak{g}^{\mu} \equiv \mathfrak{g}^{\mu}\cdot \mathbb{E} = \mathfrak{g}^{\mu}\cdot \sum_{i=1}^{3} \mathfrak{g}^{i} \circ \mathfrak{g}_{i} = \sum_{i=1}^{3} (\mathfrak{g}^{\mu}\cdot \mathfrak{g}^{i})\, \mathfrak{g}_{i} = \sum_{i=1}^{3} g^{i\mu}\, \mathfrak{g}_{i}$$

ein, bekommt also $\sum_{\mu=1}^{3} \Gamma_{\mu jk}\, \mathfrak{g}^{\mu} = \sum_{i=1}^{3} \Big[\sum_{\mu=1}^{3} g^{i\mu}\, \Gamma_{\mu jk} \Big]\, \mathfrak{g}_{i}$

und durch Gleichsetzen mit der zweiten Version von (2.33a) (unterstrichelt) und Koeffizientenvergleich hinsichtlich $\mathfrak{g}_i$ in der Tat (2.34a). Die Verifizierung von (2.34c) verläuft analog. Im Falle von (2.34b) – und analog (2.34d) – wird in der zweiten Version von (2.33a)

$$\mathfrak{g}_{\mu} \equiv \mathfrak{g}_{\mu}\cdot \mathbb{E} = \mathfrak{g}_{\mu}\cdot \sum_{i=1}^{3} \mathfrak{g}_{i} \circ \mathfrak{g}^{i} = \sum_{i=1}^{3} g_{i\mu}\, \mathfrak{g}^{i}$$

gesetzt, dergestalt $\sum_{\mu=1}^{3} \Gamma^{\mu}_{.jk}\, \mathfrak{g}_{\mu} = \sum_{i=1}^{3} \Big[\sum_{\mu=1}^{3} g_{i\mu}\, \Gamma^{\mu}_{.jk} \Big]\, \mathfrak{g}^{i}$

identifiziert, mit der ersten Version von (2.33a) gleichgesetzt und Koeffizientenvergleich hinsichtlich $\mathfrak{g}^i$ vollzogen.

Zwecks Reduktion der Christoffelsymbole erster Art bemerkt man zunächst, daß sie hinsichtlich ihrer beiden hinteren Indizes symmetrisch sind als Folge der Forderung, daß der gerichtete Umfang eines von zwei Paaren infinitesimal benachbarter Koordinatenlinien eingeschlossenen Koordinaten–Flächenelementes ABCD (Abb. 2.1) verschwinden muß:

$$\overrightarrow{AB} + \overrightarrow{BC} + \overrightarrow{CD} + \overrightarrow{DA} = 0\,. \tag{2.35a}$$

Einsetzen von

$$\overrightarrow{AB} = \mathbf{g}_j \cdot dq^j, \quad \overrightarrow{BC} = \mathbf{g}_k dq^k + \frac{\partial}{\partial q^j}(\mathbf{g}_k dq^k) dq^j \equiv \mathbf{g}_k dq^k + \frac{\partial \mathbf{g}_k}{\partial q^j} dq^j dq^k\,,$$

$$\overrightarrow{CD} = -\left[\mathbf{g}_j dq^j + \frac{\partial \mathbf{g}_j}{\partial q^k} dq^j dq^k\right], \quad \overrightarrow{DA} = -\mathbf{g}_k dq^k$$

ergibt dann zunächst

$$\partial \mathbf{g}_j / \partial q^k = \partial \mathbf{g}_k / \partial q^j\,, \; j,k = 1 \ldots 3\,, \tag{2.35b}$$

und eingedenk (2.33c) sowie (2.34a) in der Tat

$$\Gamma_{ijk} = \Gamma_{ikj} \quad \text{sowie} \quad \Gamma^{i}_{.jk} = \Gamma^{i}_{.kj}\,. \tag{2.35c,d}$$

Neben (2.35c,d) dient schließlich die aus

$$\frac{\partial}{\partial q^k}(\mathbf{g}_i \cdot \mathbf{g}_j) \left[\overset{(2.5f)}{\equiv} \frac{\partial g_{ij}}{\partial q^k}\right] = \frac{\partial \mathbf{g}_i}{\partial q^k} \cdot \mathbf{g}_j + \mathbf{g}_i \cdot \frac{\partial \mathbf{g}_j}{\partial q^k}$$

unter Benutzung von (2.33a) (erste Version) erhältliche Beziehung

$$\mathbf{g}_j \cdot \sum_{\alpha=1}^{3} \Gamma_{\alpha ik} \mathbf{g}^{\alpha} + \mathbf{g}_i \cdot \sum_{\alpha=1}^{3} \Gamma_{\alpha jk} \mathbf{g}^{\alpha} \overset{(2.5b)}{\equiv} \Gamma_{jik} + \Gamma_{ijk} = \frac{\partial g_{ij}}{\partial q^k} \tag{2.36a}$$

zur gesuchten Reduktion. Denn man bekommt aus (2.36a) mit den Indexvertauschungen (i durch k) bzw. (j durch k) zunächst

$$\Gamma_{jki} + \Gamma_{kji} = \frac{\partial g_{kj}}{\partial q^i} \; \text{bzw.} \; \Gamma_{kij} + \Gamma_{ikj} = \frac{\partial g_{ik}}{\partial q^j} \tag{2.36b,c}$$

und desweiteren, indem man die Gln. (2.36a) und (2.36c) addiert und davon Gl. (2.36b) abzieht, die Relation

$$\Gamma_{jik} + \Gamma_{ijk} + \Gamma_{kij} + \Gamma_{ikj} - \Gamma_{jki} - \Gamma_{kji} = \frac{\partial g_{ij}}{\partial q^k} + \frac{\partial g_{ik}}{\partial q^j} - \frac{\partial g_{kj}}{\partial q^i}\,,$$

die mit Rücksicht auf (2.35c), also wegen

$$\Gamma_{jik} - \Gamma_{jki} = 0, \quad \Gamma_{ijk} + \Gamma_{ikj} = 2\Gamma_{ijk}, \quad \Gamma_{kij} - \Gamma_{kji} = 0$$

schließlich zu

$$\Gamma_{ijk} = \frac{1}{2}\left[\frac{\partial g_{ij}}{\partial q^k} + \frac{\partial g_{ik}}{\partial q^j} - \frac{\partial g_{kj}}{\partial q^i}\right] \overset{(2.33c)}{=} \mathbf{g}_i \cdot \frac{\partial \mathbf{g}_j}{\partial q^k} =^{40)} \frac{\partial \mathbf{r}}{\partial q^i} \cdot \frac{\partial^2 \mathbf{r}}{\partial q^j\, \partial q^k} \tag{2.37}$$

führt. Die Reduktion der Christoffel–Symbole zweiter Art betreibt man am einfachsten von der

---

40) Man benutze $\mathbf{g}_j = \partial \mathbf{r} / \partial q^j$. In der letzten Darstellung von (2.37) ist übrigens die Symmetrie der Werte Γ_{ijk} hinsichtlich ihrer beiden hinteren Indizes (und damit die Forderung (2.35a)) als Folge des Schwarzschen Satzes von der Vertauschbarkeit der Differentiationsreihenfolge zu erschließen, indem man den Befund benutzt, daß sich die Tangentenvektoren im Sinne von (2.2a) aus einem "vektorwertigen Potential" $\mathbf{r}(q^1,q^2,q^3)$ ableiten lassen. In der Riemannschen Geometrie, wo ein "Ortsvektor–Potential" nicht angegeben werden kann, wird nichtsdestoweniger (2.35a) aufrechterhalten und damit für die Werte Γ_{ijk} die in Termen der Ableitungen der metrischen Fundamentalgrößen ausgedrückte Version von (2.37).

Ausschöpfung der als Folge der Orthogonalitätsbedingungen (2.5b) formulierbaren Identität

$$\frac{\partial}{\partial q^k}(\mathfrak{g}_i \cdot \mathfrak{g}^j) = \frac{\partial \mathfrak{g}_i}{\partial q^k} \cdot \mathfrak{g}^j + \mathfrak{g}_i \cdot \frac{\partial \mathfrak{g}^j}{\partial q^k} = 0 \tag{2.38a}$$

her, die mit (2.33d,f)

$$\mathfrak{g}_i \cdot \frac{\partial \mathfrak{g}^j}{\partial q^k} \overset{(2.33f)}{=} \Gamma_{i.k}^{\cdot j \cdot} = -\mathfrak{g}^j \cdot \frac{\partial \mathfrak{g}_i}{\partial q^k} \overset{(2.33d)}{=} -\Gamma^j_{.ik} \overset{(2.34a)}{\equiv} -\sum_{\mu=1}^{3} g^{j\mu}\,\Gamma_{\mu ik}, \tag{2.38b}$$

also die Darstellung der Christoffelsymbole zweiter Art in Termen der Symbole erster Art und metrischen Fundamentalgrößen liefert. Wegen $\Gamma^j_{.ik} = \Gamma^j_{.ki}$ nach (2.35d) sind die Symbole zweiter Art $(\Gamma_{i.k}^{\cdot j \cdot})$ hinsichtlich der ersten und letzten Indexziffern symmetrisch.

Weil

$$\mathfrak{g}^j \cdot \frac{\partial \mathfrak{g}_j}{\partial q^k} \overset{41)}{=} \frac{\mathfrak{g}_{j+1} \times \mathfrak{g}_{j+2}}{\sqrt{g}} \cdot \frac{\partial \mathfrak{g}_j}{\partial q^k} \equiv \frac{1}{\sqrt{g}}\left[\frac{\partial}{\partial q^k}[\mathfrak{g}_1 \mathfrak{g}_2 \mathfrak{g}_3] - \frac{\partial \mathfrak{g}_{j+1}}{\partial q^k} \cdot (\mathfrak{g}_{j+2} \times \mathfrak{g}_j) - \frac{\partial \mathfrak{g}_{j+2}}{\partial q^k} \cdot (\mathfrak{g}_j \times \mathfrak{g}_{j+1})\right]$$
$$= \frac{\partial\sqrt{g}\,/\partial q^k}{\sqrt{g}} - \frac{\partial \mathfrak{g}_{j+1}}{\partial q^k} \cdot \mathfrak{g}^{j+1} - \frac{\partial \mathfrak{g}_{j+2}}{\partial q^k} \cdot \mathfrak{g}^{j+2}$$

ist, identifiziert man die im Zusammenhang mit Divergenzbildungen nützliche Identität

$$\sum_{\alpha=1}^{3} \mathfrak{g}^\alpha \cdot \frac{\partial \mathfrak{g}_\alpha}{\partial q^k} = \sum_{\alpha=1}^{3} \Gamma^\alpha_{.\alpha k} \equiv \sum_{\alpha=1}^{3} \Gamma^\alpha_{.k\alpha} = \frac{\partial\sqrt{g}\,/\partial q^k}{\sqrt{g}} = \frac{\partial(\ln\sqrt{g})}{\partial q^k} \tag{2.38c}$$

als einen Aspekt des Befundes, daß die gerichtete Oberfläche eines von Koordinaten–Flächenelementen begrenzten elementaren Parallelepipeds verschwinden muß[42], während Rotorbildungen unter Benutzung der letztlich auf (2.35b, 38a) basierenden weiteren Identität

$$\sum_{\alpha=1}^{3} \mathfrak{g}^\alpha \times \frac{\partial \mathfrak{g}^k}{\partial q^\alpha} = 0 \tag{2.38d}$$

---

[41] vgl. Fußn. 11

[42] Mit den Koordinaten–Flächenelementen

$d\mathfrak{f}_{[12]} = \mathfrak{g}_1 \times \mathfrak{g}_2 dq^1 dq^2 = \sqrt{g}\,\mathfrak{g}^3 dq^1 dq^2$, $d\mathfrak{f}_{[23]} = \sqrt{g}\,\mathfrak{g}^1 dq^2 dq^3$, $d\mathfrak{f}_{[31]} = \sqrt{g}\,\mathfrak{g}^2 dq^3 dq^1$

hat man danach

$$\frac{1}{\sqrt{g}} \sum_{\alpha=1}^{3} \frac{\partial}{\partial q^\alpha}(\sqrt{g}\,\mathfrak{g}^\alpha) = \sum_{\alpha=1}^{3} \mathfrak{g}^\alpha \frac{\partial(\ln\sqrt{g})}{\partial q^\alpha} + \sum_{\alpha=1}^{3} \frac{\partial \mathfrak{g}^\alpha}{\partial q^\alpha} = 0 \tag{2.38c'}$$

zu fordern und erhält so nach Skalarmultiplikation mit $\mathfrak{g}_k$ in der Tat

$$\frac{\partial(\ln\sqrt{g})}{\partial q^k} = -\sum_{\alpha=1}^{3} \frac{\partial \mathfrak{g}^\alpha}{\partial q^\alpha} \cdot \mathfrak{g}_k \overset{(2.38a)}{\equiv} \sum_{\alpha=1}^{3} \mathfrak{g}^\alpha \cdot \frac{\partial \mathfrak{g}_k}{\partial q^\alpha} \overset{(2.35b)}{\equiv} \sum_{\alpha=1}^{3} \mathfrak{g}^\alpha \cdot \frac{\partial \mathfrak{g}_\alpha}{\partial q^k}$$

vereinfacht werden können.[43]
Bildet man

$$\frac{\partial}{\partial q^l}\left[\frac{\partial \mathbf{g}_j}{\partial q^k}\right] \overset{(2.33a)}{=} \frac{\partial}{\partial q^l}\left[\sum_{i=1}^{3}\Gamma_{ijk}\,\mathbf{g}^i\right] = \sum_{i=1}^{3}\left[\frac{\partial\Gamma_{ijk}}{\partial q^l}\,\mathbf{g}^i + \Gamma_{ijk}\,\frac{\partial\mathbf{g}^i}{\partial q^l}\right] =$$

$$\overset{(2.33b)}{=} \sum_{i=1}^{3} \frac{\partial\Gamma_{ijk}}{\partial q^l}\,\mathbf{g}^i + \sum_{i,\nu=1}^{3} \Gamma_{ijk}\,\Gamma^{\cdot i \cdot}_{\nu . l}\,\mathbf{g}^\nu \equiv {}^{44)}$$

$$\sum_{i=1}^{3}\left[\frac{\partial\Gamma_{ijk}}{\partial q^l} + \sum_{\nu=1}^{3}\Gamma_{\nu jk}\,\Gamma^{\cdot\nu\cdot}_{i.l}\right]\mathbf{g}^i \overset{(2.38b)}{=} \sum_{i=1}^{3}\left[\frac{\partial\Gamma_{ijk}}{\partial q^l} - \sum_{\nu=1}^{3}\Gamma_{\nu jk}\,\Gamma^{\nu}_{.il}\right]\mathbf{g}^i$$

und entsprechend — man vertausche k durch l —

$$\frac{\partial}{\partial q^k}\left[\frac{\partial \mathbf{g}_j}{\partial q^l}\right] = \sum_{i=1}^{3}\left[\frac{\partial\Gamma_{ijl}}{\partial q^k} - \sum_{\nu=1}^{3}\Gamma_{\nu jl}\,\Gamma^{\nu}_{.ik}\right]\mathbf{g}^i ,$$

so entsteht

$$\left[\frac{\partial}{\partial q^l}\frac{\partial}{\partial q^k} - \frac{\partial}{\partial q^k}\frac{\partial}{\partial q^l}\right]\mathbf{g}_j = \sum_{i=1}^{3}\left[\frac{\partial\Gamma_{ijk}}{\partial q^l} - \frac{\partial\Gamma_{ijl}}{\partial q^k} - \sum_{\nu=1}^{3}\left(\Gamma_{\nu jk}\,\Gamma^{\nu}_{.il} - \Gamma_{\nu jl}\,\Gamma^{\nu}_{.ik}\right)\right]\mathbf{g}^i , \qquad (2.39a)$$

woraus man, weil sich im (hier dreidimensionalen) Euklidischen Raum die Basisvektoren $(\mathbf{g}_j)$ per (2.2a) aus einem "vektorwertigen (Ortsvektor—) Potential" $\hat{\mathbf{r}}(P) = \mathbf{r}(q^1,q^2,q^3)$ ableiten lassen und demzufolge aufgrund des Schwarzschen Satzes

$$\left[\frac{\partial}{\partial q^l}\frac{\partial}{\partial q^k} - \frac{\partial}{\partial q^k}\frac{\partial}{\partial q^l}\right]\mathbf{g}_j = \left[\frac{\partial}{\partial q^l}\frac{\partial}{\partial q^k} - \frac{\partial}{\partial q^k}\frac{\partial}{\partial q^l}\right]\frac{\partial\mathbf{r}}{\partial q^j} = \frac{\partial^3\mathbf{r}}{\partial q^l\partial q^k\partial q^j} - \frac{\partial^3\mathbf{r}}{\partial q^k\partial q^l\partial q^j} = 0 \qquad (2.39b)$$

⟨ 4 ⟩

gelten muß, das generelle Verschwinden des Riemann—Christoffelschen Krümmungstensors $\mathcal{H}$ — im vorliegenden Falle repräsentiert durch die Forderung nach Verschwinden dessen "kovarianter Komponenten" — folgern kann:

$$\kappa_{ijkl} = \mathbf{g}_i\cdot\left[\left[\frac{\partial}{\partial q^k}\frac{\partial}{\partial q^l} - \frac{\partial}{\partial q^l}\frac{\partial}{\partial q^k}\right]\mathbf{g}_j\right] = \frac{\partial\Gamma_{ijl}}{\partial q^k} - \frac{\partial\Gamma_{ijk}}{\partial q^l} - \sum_{\nu=1}^{3}\left[\Gamma_{\nu jl}\,\Gamma^{\nu}_{.ik} - \Gamma_{\nu jk}\,\Gamma^{\nu}_{.il}\right] = 0,$$

i,j,k,l=1...3 . (2.39c)

Von Null verschiedene Krümmungstensoren kennzeichnen die Analysis in sog. gekrümmten, verschwindender Krümmungstensor Diejenige in Euklidischen Mannigfaltigkeiten. Da im letzteren Falle als Folge von (2.39c) Gültigkeit der "Integrabilitätsbedingungen"

$$\frac{\partial}{\partial q^k}\left[\frac{\partial\lambda}{\partial q^l}\right] - \frac{\partial}{\partial q^l}\left[\frac{\partial\lambda}{\partial q^k}\right] = 0 , \quad k,l=1...3 \qquad (2.39d)$$

sowohl für skalare Felder $\lambda(q^1,q^2,q^3)$ als allgemein auch für Vektorfelder $\mathbf{w}(q^1,q^2,q^3)$, d. h.

---

43) Dies erkennt man mittels der Identitäten—Abfolge

$$\mathbf{g}^\mu\cdot\sum_{\alpha=1}^{3}\mathbf{g}^\alpha\times\frac{\partial\mathbf{g}^k}{\partial q^\alpha} \equiv \sum_{\alpha=1}^{3}(\mathbf{g}^\mu\times\mathbf{g}^\alpha)\cdot\frac{\partial\mathbf{g}^k}{\partial q^\alpha} = (\mathbf{g}^\mu\times\mathbf{g}^{\mu+1})\cdot\frac{\partial\mathbf{g}^k}{\partial q^{\mu+1}} + (\mathbf{g}^\mu\times\mathbf{g}^{\mu+2})\cdot\frac{\partial\mathbf{g}^k}{\partial q^{\mu+2}} =$$

$$\overset{(2.5d,e)}{=} \frac{1}{\sqrt{g}}\left[\mathbf{g}_{\mu+2}\cdot\frac{\partial\mathbf{g}^k}{\partial q^{\mu+1}} - \mathbf{g}_{\mu+1}\cdot\frac{\partial\mathbf{g}^k}{\partial q^{\mu+2}}\right] \overset{(2.38a)}{=} -\frac{1}{\sqrt{g}}\,\mathbf{g}^k\cdot\left[\frac{\partial\mathbf{g}_{\mu+2}}{\partial q^{\mu+1}} - \frac{\partial\mathbf{g}_{\mu+1}}{\partial q^{\mu+2}}\right] \overset{(2.35b)}{=} 0$$

44) Man führe im zweiten Term Indexvertauschung (i durch ν) durch.

$$\frac{\partial}{\partial q^k}\left[\frac{\partial v}{\partial q^l}\right] - \frac{\partial}{\partial q^l}\left[\frac{\partial v}{\partial q^k}\right] = 0\,, \quad k,l=1...3 \tag{2.39e}$$

erschlossen werden kann, folgert man mittels des Stokesschen Satzes (vgl. § 3.2.2), daß im Euklidischen Falle nicht nur skalare sondern allgemein Vektor(— und Tensor—)felder [45] per Linienintegration ihrer Inkremente wegunabhängig ermittelt werden können, womit (2.39d,e) als notwendige Bedingung für Eindeutigkeit im Raum definierter skalarer bzw. vektor— und tensorwertiger Funktionen anzusehen sind. Für nicht verschwindende Raumkrümmung gelten die Integrabilitätsbedingungen nur noch für skalare Felder, Linienintegrationen der Inkremente von vektor— bzw. tensorwertigen Feldern längs, zwei Raumpunkte $P_j = P_j(q_j^1,q_j^2,q_j^3)$, j = 1,2 verbindender, Kurven hängen dann von der Kurvenwahl ab. Daß im Falle global verschwindender Raumkrümmung stets (verallgemeinerte kartesische) Koordinatenraster existieren mit global konstanten Basisvektoren und demzufolge verschwindenden Γ—Werten, ist schon von Riemann bewiesen worden[46].

2.5 Ergänzungen zu Ziffer 2.4

Eine kompakte — und damit übersichtlichere — Notation der Befunde (2.33—2.39) gelingt analog (2.26)ff unter dem Gesichtspunkt, die in verschiedenen Raumpunkten definierten Basisvektoren durch Konfigurations—Transformationen hervorzubringen, dergestalt, daß man sich die in einem Punkte $P(q^1,q^2,q^3)$ anzutreffenden Basisvektoren $(\mathfrak{g}_j(q^1,q^2,q^3))$ bzw. $(\mathfrak{g}^j(q^1,q^2,q^3))$ aus entsprechenden in einem Punkte $P_c(q^{1c},q^{2c},q^{3c})$ definierten Büscheln $\langle \mathfrak{g}_j(q^{1c},q^{2c},q^{3c}) = \mathfrak{g}_{jc}\rangle$ bzw. $\langle \mathfrak{g}^j(q^{1c},q^{2c},q^{3c}) = \mathfrak{g}^j{}_c\rangle$ per Konfigurationstransformation erzeugt denkt:[47]

$$\mathfrak{g}_j = \mathfrak{g}_{jc}\cdot \Psi(q^1,q^2,q^3)\,, \quad \mathfrak{g}^j \overset{48)}{=} \mathfrak{g}_c^j \cdot \Psi^{T^{-1}}\,, \; j = 1...3. \tag{2.40a,b}$$

Dann sind zunächst einerseits die Transformationsbeziehungen (2.33a) kompakter als

$$\frac{\partial \mathfrak{g}_j}{\partial q^k} = \mathfrak{g}_{jc}\cdot \frac{\partial \Psi}{\partial q^k} \overset{(2.40a)}{=} \mathfrak{g}_j\cdot \Psi^{-1}\cdot \frac{\partial \Psi}{\partial q^k} \equiv \mathfrak{g}_j\cdot \mathbf{\Gamma}_{[k]}\,, \; j,k= 1...3, \tag{2.41a}$$

zu notieren, wobei man mittels

$$\mathfrak{g}_i\cdot \frac{\partial \mathfrak{g}_j}{\partial q^k} \overset{(2.33c)}{=} \Gamma_{ijk} \overset{(2.41a)}{=} \mathfrak{g}_j\cdot \mathbf{\Gamma}_{[k]}\cdot \mathfrak{g}_i$$

die Christoffelsymbole erster Art als "kovariante Komponenten" des (koordinatenvarianten) Operators

$$\mathbf{\Gamma}_{[k]} = \sum_{i,j=1}^{3} \Gamma_{ijk}\, \mathfrak{g}^j \circ \mathfrak{g}^i \tag{2.41b}$$

identifiziert, während andererseits für einen in einem zu (2.41a) analogen Ansatz

---

[45] Sie müssen selbstverständlich zweimal differenzierbar sein

[46] S. h. etwa [28], §18. Die "Umkehrung" der letzteren Aussage ist trivial: Im Falle kartesischer Koordinatenraster verschwinden sämtliche Γ—Werte und damit auch der Krümmungstensor im Sinne von (2.39c), womit (2.39e) hinausläuft auf die Forderung nach Gültigkeit der Integrabilitätsbedingungen für die Komponentenfunktionen eines Vektorfeldes, die im Zusammenhang mit dessen Zerlegung nach global—konstanten Basisrichtungen anfallen.

[47] Diese Vorstellung wird übrigens für den Fall des (hier dann dreidimensionalen) Riemannschen Raumes mit der Einschränkung auf infinitesimal benachbarte Punkte P, P_c übernommen, womit die die Zusammenhänge zwischen den Christoffelsymbolen und den metrischen Fundamentalgrößen beschreibenden Formalien (2.41—50) auch für diesen Fall erhalten bleiben.

[48] Man erinnere sich an die bereits in (2.26b,c) festgestellten "dualen Transformationseigenschaften" für Tangenten— bzw. Gradientenvektoren

$$\frac{\partial \mathfrak{g}^j}{\partial q^k} = \mathfrak{g}^j \cdot \tilde{\mathbf{\Gamma}}_{[k]}\,, \quad j,k = 1...3 \tag{2.42a}$$

aufscheinenden Operator $\tilde{\mathbf{\Gamma}}_{[k]}$ mittels

$$\frac{\partial}{\partial q^\alpha}\left[\mathfrak{g}_j \cdot \mathfrak{g}^k\right] \equiv 0 = \frac{\partial \mathfrak{g}_j}{\partial q^\alpha} \cdot \mathfrak{g}^k + \mathfrak{g}_j \cdot \frac{\partial \mathfrak{g}^k}{\partial q^\alpha}$$

$$\overset{(2.41a,42a)}{=} \mathfrak{g}_j \cdot \mathbf{\Gamma}_{[\alpha]} \cdot \mathfrak{g}^k + \mathfrak{g}_j \cdot \left[\mathfrak{g}^k \cdot \tilde{\mathbf{\Gamma}}_{[\alpha]}\right] = \mathfrak{g}_j \cdot \left[\mathbf{\Gamma}_{[\alpha]} + \tilde{\mathbf{\Gamma}}^T_{[\alpha]}\right] \cdot \mathfrak{g}^k\,,$$

d. h.

$$\tilde{\mathbf{\Gamma}}^T_{[\alpha]} = -\,\mathbf{\Gamma}_{[\alpha]}\,, \quad \alpha = 1...3, \tag{2.42b}$$

und damit schließlich aus (2.42a) — als "Kompakt—Notation" von (2.33b) — die Transformationsbeziehungen

$$\frac{\partial \mathfrak{g}^j}{\partial q^k} = -\,\mathfrak{g}^j \cdot \mathbf{\Gamma}^T_{[k]}\,, \quad j,k = 1...3, \tag{2.42c}$$

aufzudecken sind. Die hiermit erreichbaren Identitäten

$$\frac{\partial \mathfrak{g}^j}{\partial q^k} \overset{(2.42c)}{=} -\,\mathfrak{g}^j \cdot \mathbf{\Gamma}^T_{[k]} \overset{(2.41b)}{=} -\,\mathfrak{g}^j \cdot \sum_{\alpha,\beta=1}^{3} \Gamma_{\alpha\beta k}\, \mathfrak{g}^\alpha \circ \mathfrak{g}^\beta = -\sum_{\alpha,\beta=1}^{3} g^{j\alpha}\, \Gamma_{\alpha\beta k}\, \mathfrak{g}^\beta \tag{2.42d}$$

und demgemäß $$\mathfrak{g}_i \cdot \frac{\partial \mathfrak{g}^j}{\partial q^k} \overset{(2.33f)}{=} \Gamma^{\cdot j \cdot}_{i \cdot k} \overset{(2.42d)}{=} -\sum_{\alpha=1}^{3} g^{j\alpha}\, \Gamma_{\alpha ik} \qquad i,j,k = 1...3,$$

sind Formel (2.38b) gleichwertig[49], die die Symbole zweiter Art durch Diejenigen erster Art auszudrücken erlaubte. Für den Fall, daß $\mathbf{\Gamma}_{[k]}$ bzw. $\partial\mathbf{\Psi}/\partial q^k$ invertierbar sind, findet man aus (2.40b)

$$\frac{\partial \mathfrak{g}^j}{\partial q^k} = \mathfrak{g}^j_c \cdot \frac{\partial \mathbf{\Psi}^T}{\partial q^k}^{-1} \equiv \mathfrak{g}^j_c \cdot \mathbf{\Psi}^{T^{-1}} \cdot \mathbf{\Psi}^T \cdot \frac{\partial \mathbf{\Psi}^T}{\partial q^k}^{-1} \overset{(2.40b)}{=} \mathfrak{g}^j \cdot \mathbf{\Psi}^T \cdot \frac{\partial \mathbf{\Psi}^T}{\partial q^k}^{-1} \equiv$$

$$\equiv \mathfrak{g}^j \cdot \left[\left(\mathbf{\Psi}^{-1} \cdot \frac{\partial \mathbf{\Psi}}{\partial q^k}\right)^{-1}\right]^T \overset{(2.41a)}{=} \mathfrak{g}^j \cdot \left(\mathbf{\Gamma}^T_{[k]}\right)^{-1} \overset{(2.42c)}{\equiv} -\mathfrak{g}^j \cdot \mathbf{\Gamma}^T_{[k]}, \tag{2.42e}$$

also $$\mathbf{\Gamma}^{-1}_{[k]} = -\,\mathbf{\Gamma}_{[k]}\,, \quad k = 1...3.$$

Auch der Zusammenhang (2.37) läßt sich kompakt notieren, was hier aus Raumgründen nur noch im Ergebnis angegeben werden soll. Danach lassen sich die in einem dreistufigen (koordinatenvarianten) Operator

$$\overset{\langle 3\rangle}{\mathbf{\Gamma}} = \sum_{k=1}^{3} \mathfrak{g}^k \circ \mathbf{\Gamma}_{[k]} = \sum_{i,j,k=1}^{3} \Gamma_{ijk}\, \mathfrak{g}^k \circ \mathfrak{g}^j \circ \mathfrak{g}^i \quad \text{mit} \quad \mathbf{\Gamma}_{[k]} = \mathfrak{g}_k \cdot \overset{\langle 3\rangle}{\mathbf{\Gamma}} \tag{2.43a,b}$$

konzentrierten Christoffelsymbole in Termen einer in der Form

$$\mathbf{\nabla} \circ \mathbb{E} = \sum_{k=1}^{3} \mathfrak{g}^k \circ \frac{d\mathbb{E}}{dq^k} \equiv \sum_{i,j,k=1}^{3} \frac{\partial g_{ij}}{\partial q^k}\, \mathfrak{g}^k \circ \mathfrak{g}^j \circ \mathfrak{g}^i \tag{2.43c}$$

---

49) Formel (2.38c') gleichwertig ist dann die Kompakt—Notation

$$\sum_{\alpha=1}^{3} \mathfrak{g}^\alpha \frac{\partial(\ln\sqrt{g})}{\partial q^\alpha} = -\sum_{\alpha=1}^{3} \frac{\partial \mathfrak{g}^\alpha}{\partial q^\alpha} \overset{(2.42c)}{=} \sum_{\alpha=1}^{3} \mathfrak{g}^\alpha \cdot \mathbf{\Gamma}^T_{[\alpha]} \tag{2.42c'}$$

die Koordinatenableitungen der metrischen Fundamentalgrößen konzentrierenden (koordinatenvarianten) Größe ($\boldsymbol{\nabla}\circ\mathbb{E}$) als

$$\overset{\langle 3\rangle}{\boldsymbol{\Gamma}} \overset{50)}{=} \frac{1}{2}\,\boldsymbol{\nabla}\circ\mathbb{E}\cdot\cdot\cdot\left(\overset{\langle 6\rangle}{\mathbb{E}} - \overset{\langle 6\rangle}{\mathbb{E}}_T + \overset{\langle 6\rangle}{\mathbb{E}}_T\cdot\cdot\overset{\langle 4\rangle}{\mathbb{E}}_T\right) \equiv \frac{1}{2}\left[\boldsymbol{\nabla}\circ\mathbb{E} - \mathbb{E}\circ\boldsymbol{\nabla} + (\mathbb{E}\circ\boldsymbol{\nabla})\cdot\cdot\overset{\langle 4\rangle}{\mathbb{E}}_T\right] \equiv$$

$$\equiv \frac{1}{2}\left[\boldsymbol{\nabla}\circ\mathbb{E} - (\mathbb{E}\circ\boldsymbol{\nabla})\cdot\cdot\left(\overset{\langle 4\rangle}{\mathbb{E}} - \overset{\langle 4\rangle}{\mathbb{E}}_T\right)\right] \equiv \frac{1}{2}\left(\overset{\langle 4\rangle}{\mathbb{E}} + \overset{\langle 4\rangle}{\mathbb{E}}_T\right)\cdot\cdot\left(\boldsymbol{\nabla}\circ\mathbb{E} - \frac{1}{2}\,\mathbb{E}\circ\boldsymbol{\nabla}\right), \qquad (2.43d)$$

d. h. als ein Permutationsaggregat von $\boldsymbol{\nabla}\circ\mathbb{E}$ ausdrücken. Sämtliche Formeln (2.43), wie auch die zu (2.43d) inverse, den sog. Satz von Ricci implementierende Beziehung[51]

$$\boldsymbol{\nabla}\circ\mathbb{E} = \overset{\langle 3\rangle}{\boldsymbol{\Gamma}}\cdot\cdot\left(\overset{\langle 4\rangle}{\mathbb{E}} + \overset{\langle 4\rangle}{\mathbb{E}}_T\right) \qquad (2.43e)$$

gelten — mit n anstelle von 3 in (2.43a—c) — für beliebige Dimensionen (n).

Vermerkt werden soll schließlich noch, daß Ableitungen nach den Bogenlängen (s_k) der Koordinatenlinien mit den "Koordinaten-Ableitungen" wegen

$$ds_k = \sqrt{g_{kk}}\,dq^k \qquad (2.44a)$$

in der Form

$$\frac{\partial}{\partial q^k} = \sqrt{g_{kk}}\,\frac{\partial}{\partial s_k} \qquad (2.44b)$$

zusammenhängen, weswegen anstelle von (2.41a,42c)

$$\frac{\partial \mathbf{g}_j}{\partial s_k} = \mathbf{g}_j\cdot\bar{\boldsymbol{\Gamma}}_{[k]}\,, \quad \frac{\partial \mathbf{g}^j}{\partial s_k} = -\,\mathbf{g}^j\cdot\bar{\boldsymbol{\Gamma}}^T_{[k]} \qquad (2.44c)$$

mit

$$\bar{\boldsymbol{\Gamma}}_{[k]} \equiv \sum_{i,j=1}^{3} \bar{\Gamma}_{ijk}\,\mathbf{g}^j\circ\mathbf{g}^i = \boldsymbol{\Gamma}_{[k]}/\sqrt{g_{kk}} \quad \text{d. h.} \quad \bar{\Gamma}_{ijk} = \Gamma_{ijk}/\sqrt{g_{kk}} \qquad (2.44d,e)$$

geschrieben werden muß. Für

2.5.1 Spezialisierung auf Orthogonalkoordinaten ($q_{\langle j\rangle}$),

wofür man zweckmäßig auf normierte Einheitsvektoren

$$\mathbf{e}_{\langle j\rangle} = \mathbf{g}_j/\sqrt{g_{jj}} = \frac{\partial \mathbf{r}}{\partial q_{\langle j\rangle}}\Big/\sqrt{g_{jj}} = \frac{\partial \mathbf{r}}{\partial s_{\langle j\rangle}} \qquad (2.45a)$$

zurückgreift, hat man

---

50) Hierin bedeuten die durch

$$\overset{\langle 6\rangle}{\mathbb{E}}\cdot\cdot\cdot\mathbf{a}\circ\mathbf{b}\circ\mathbf{c} \equiv \mathbf{a}\circ\mathbf{b}\circ\mathbf{c}\cdot\cdot\cdot\overset{\langle 6\rangle}{\mathbb{E}} = \mathbf{a}\circ\mathbf{b}\circ\mathbf{c}\,, \quad \overset{\langle 6\rangle}{\mathbb{E}}_T\cdot\cdot\cdot\mathbf{a}\circ\mathbf{b}\circ\mathbf{c} \equiv \mathbf{a}\circ\mathbf{b}\circ\mathbf{c}\cdot\cdot\cdot\overset{\langle 6\rangle}{\mathbb{E}}_T = \mathbf{c}\circ\mathbf{b}\circ\mathbf{a}$$

definierten Größen $\overset{\langle 6\rangle}{\mathbb{E}}, \overset{\langle 6\rangle}{\mathbb{E}}_T$ die Tensoren der sechsstufigen Einheit bzw. des sechsstufigen Transponierers, vgl. [1] (E4.21), $\overset{\langle 4\rangle}{\mathbb{E}}_T$ den durch $\overset{\langle 4\rangle}{\mathbb{E}}_T\cdot\cdot\mathbf{a}\circ\mathbf{b} \equiv \mathbf{a}\circ\mathbf{b}\cdot\cdot\overset{\langle 4\rangle}{\mathbb{E}}_T = \mathbf{b}\circ\mathbf{a}$ definierten vierstufigen Transponierer.

51) wonach die (sog. absolute) Ableitung des Einheitsoperators verschwinden muß:

$$\partial\mathbb{E}/\partial q^k = 0 \overset{(2.42e,43c)}{=} d\mathbb{E}/dq^k - \boldsymbol{\Gamma}_{[k]} - \boldsymbol{\Gamma}^T_{[k]}\,. \qquad (2.43e')$$

$$g_{\langle jk\rangle} = \frac{\partial \mathbb{r}}{\partial q_{\langle j\rangle}} \cdot \frac{\partial \mathbb{r}}{\partial q_{\langle k\rangle}} = 0 \text{ für } j \neq k\,, \tag{2.45b}$$

was bedeutet, daß — weil sämtliche Orthonormalbasen $\langle \mathbb{e}_{\langle j\rangle}\rangle$ durch reine Drehungen auseinander hervorgebracht werden — in Spezialisierung von (2.41a) mit Rotationsoperatoren $(\mathbb{\Gamma}_{[k]} = \mathbb{\Gamma}^{(\mathbb{R})}_{\langle k\rangle})$ bzw. (im Falle dreier Dimensionen) mit drei Darbouxschen Vektoren $(\boldsymbol{\psi}_{\langle k\rangle})$

$$\frac{\partial \mathbb{e}_{\langle j\rangle}}{\partial q_{\langle k\rangle}} = \mathbb{e}_{\langle j\rangle} \cdot \mathbb{\Gamma}^{(\mathbb{R})}_{\langle k\rangle} \equiv \boldsymbol{\psi}_{\langle k\rangle} \times \mathbb{e}_{\langle j\rangle} \tag{2.46a}$$

entsteht, für deren Darstellung in Termen von Ableitungen der metrischen Fundamentalgrößen nach (2.37) $g_{\langle jj\rangle} = (\partial \mathbb{r}/\partial q_{\langle j\rangle})^2$, $j = 1...3$,

$$\begin{aligned}
\boldsymbol{\psi}_{\langle 1\rangle} &\overset{52)}{=} \frac{(\sqrt{g_{\langle 11\rangle}})_3}{\sqrt{g_{\langle 33\rangle}}}\mathbb{e}_{\langle 2\rangle} - \frac{(\sqrt{g_{\langle 11\rangle}})_2}{\sqrt{g_{\langle 22\rangle}}}\mathbb{e}_{\langle 3\rangle} = \frac{\partial(\sqrt{g_{\langle 11\rangle}})}{\partial s_{\langle 3\rangle}}\mathbb{e}_{\langle 2\rangle} - \frac{\partial(\sqrt{g_{\langle 11\rangle}})}{\partial s_{\langle 2\rangle}}\mathbb{e}_{\langle 3\rangle}\,,\\
\boldsymbol{\psi}_{\langle 2\rangle} &= \frac{(\sqrt{g_{\langle 22\rangle}})_1}{\sqrt{g_{\langle 11\rangle}}}\mathbb{e}_{\langle 3\rangle} - \frac{(\sqrt{g_{\langle 22\rangle}})_3}{\sqrt{g_{\langle 33\rangle}}}\mathbb{e}_{\langle 1\rangle} = \frac{\partial(\sqrt{g_{\langle 22\rangle}})}{\partial s_{\langle 1\rangle}}\mathbb{e}_{\langle 3\rangle} - \frac{\partial(\sqrt{g_{\langle 22\rangle}})}{\partial s_{\langle 3\rangle}}\mathbb{e}_{\langle 1\rangle}\,,\\
\boldsymbol{\psi}_{\langle 3\rangle} &= \frac{(\sqrt{g_{\langle 33\rangle}})_2}{\sqrt{g_{\langle 22\rangle}}}\mathbb{e}_{\langle 1\rangle} - \frac{(\sqrt{g_{\langle 33\rangle}})_1}{\sqrt{g_{\langle 11\rangle}}}\mathbb{e}_{\langle 2\rangle} = \frac{\partial(\sqrt{g_{\langle 33\rangle}})}{\partial s_{\langle 2\rangle}}\mathbb{e}_{\langle 1\rangle} - \frac{\partial(\sqrt{g_{\langle 33\rangle}})}{\partial s_{\langle 1\rangle}}\mathbb{e}_{\langle 2\rangle}\,,
\end{aligned} \tag{2.46b}$$

d. h.[53]

$$\boldsymbol{\psi}_{\langle k\rangle} = \frac{\partial(\sqrt{g_{\langle kk\rangle}})}{\partial s_{\langle k+2\rangle}}\mathbb{e}_{\langle k+1\rangle} - \frac{\partial(\sqrt{g_{\langle kk\rangle}})}{\partial s_{\langle k+1\rangle}}\mathbb{e}_{\langle k+2\rangle}\,, \tag{2.46c}$$

erhalten wird. Letztere, wie auch die Darstellungen der Größen $\mathbb{\Gamma}^{(\mathbb{R})}_{\langle k\rangle}$, nämlich

$$\mathbb{\Gamma}^{(\mathbb{R})}_{\langle 1\rangle} = \sum_{i,j=1}^{3} \Gamma^{(\mathbb{R})}_{\langle ji1\rangle}\mathbb{e}_{\langle i\rangle} \circ \mathbb{e}_{\langle j\rangle} = -\,\mathbb{E}\times\boldsymbol{\psi}_{\langle 1\rangle} \overset{54)}{\hat{=}} \begin{pmatrix} 0 & -\frac{\partial(\sqrt{g_{\langle 11\rangle}})}{\partial s_{\langle 2\rangle}} & -\frac{\partial(\sqrt{g_{\langle 11\rangle}})}{\partial s_{\langle 3\rangle}} \\ \frac{\partial(\sqrt{g_{\langle 11\rangle}})}{\partial s_{\langle 2\rangle}} & 0 & 0 \\ \frac{\partial(\sqrt{g_{\langle 11\rangle}})}{\partial s_{\langle 3\rangle}} & 0 & 0 \end{pmatrix}$$

---

52) mit $(\sqrt{g_{\langle jj\rangle}})_k = \partial(\sqrt{g_{\langle jj\rangle}})/\partial q_{\langle k\rangle}$

53) Betr. die Index—Additionen vgl. Fußn. 11 dieses Paragraphen.

54) Komponentendarstellung hinsichtlich der lokalen Orthonormalbasis $\langle \mathbb{e}_{\langle j\rangle}\rangle$ nach (2.45a)

$$\mathbf{\Gamma}^{(\mathbb{R})}_{\langle 2\rangle} = \sum_{i,j=1}^{3} \Gamma^{(\mathbb{R})}_{\langle ji2\rangle} \mathbb{e}_{\langle i\rangle} \overset{\circ}{} \mathbb{e}_{\langle j\rangle} = - \mathbb{E}\times\boldsymbol{\psi}_{\langle 2\rangle} \,\hat{=}^{64)} \begin{pmatrix} 0 & \dfrac{\partial(\sqrt{g_{\langle 22\rangle}})}{\partial s_{\langle 1\rangle}} & 0 \\ -\dfrac{\partial(\sqrt{g_{\langle 22\rangle}})}{\partial s_{\langle 1\rangle}} & 0 & -\dfrac{\partial(\sqrt{g_{\langle 22\rangle}})}{\partial s_{\langle 3\rangle}} \\ 0 & \dfrac{\partial(\sqrt{g_{\langle 22\rangle}})}{\partial s_{\langle 3\rangle}} & 0 \end{pmatrix}$$

$$\mathbf{\Gamma}^{(\mathbb{R})}_{\langle 3\rangle} = \sum_{i,j=1}^{3} \Gamma^{(\mathbb{R})}_{\langle ji3\rangle} \mathbb{e}_{\langle i\rangle} \overset{\circ}{} \mathbb{e}_{\langle j\rangle} = - \mathbb{E}\times\boldsymbol{\psi}_{\langle 3\rangle} \,\hat{=}^{64)} \begin{pmatrix} 0 & 0 & \dfrac{\partial(\sqrt{g_{\langle 33\rangle}})}{\partial s_{\langle 1\rangle}} \\ 0 & 0 & \dfrac{\partial(\sqrt{g_{\langle 33\rangle}})}{\partial s_{\langle 2\rangle}} \\ -\dfrac{\partial(\sqrt{g_{\langle 33\rangle}})}{\partial s_{\langle 1\rangle}} & -\dfrac{\partial(\sqrt{g_{\langle 33\rangle}})}{\partial s_{\langle 2\rangle}} & 0 \end{pmatrix} \tag{2.47a-c}$$

weisen insgesamt lediglich sechs wertemäßig verschiedene (sog. physikalische) Γ–Symbole

$$\Gamma^{(\mathbb{R})}_{\langle kjk\rangle} = - \Gamma^{(\mathbb{R})}_{\langle jkk\rangle} = \frac{\partial(\sqrt{g_{\langle kk\rangle}})}{\partial s_{\langle j\rangle}} = \frac{(\sqrt{g_{\langle kk\rangle}})_{j}}{\sqrt{g_{\langle jj\rangle}}} =$$

$$= \frac{1}{\sqrt{g_{\langle jj\rangle}g_{\langle kk\rangle}}} \frac{\partial \mathbb{r}}{\partial q_{\langle k\rangle}} \cdot \frac{\partial^2 \mathbb{r}}{\partial q_{\langle j\rangle}\partial q_{\langle k\rangle}}, \quad j,k=1..3,\ j\neq k \tag{2.48}$$

auf. Die (2.44) entsprechenden Formalien bei Ableitungen nach den Koordinatenlinien–Bogenlängen lauten

$$\frac{\partial \mathbb{e}_{\langle j\rangle}}{\partial s_{\langle k\rangle}} = \mathbb{e}_{\langle j\rangle} \cdot \bar{\mathbf{\Gamma}}^{(\mathbb{R})}_{\langle k\rangle} = - \bar{\boldsymbol{\psi}}_{\langle k\rangle} \times \mathbb{e}_{\langle j\rangle} \tag{2.49a}$$

mit

$$\bar{\boldsymbol{\psi}}_{\langle k\rangle} = \boldsymbol{\psi}_{\langle k\rangle}/\sqrt{g_{\langle kk\rangle}} =^{55)} \frac{(\sqrt{g_{\langle kk\rangle}})_{k+2}}{\sqrt{g_{\langle kk\rangle}g_{\langle k+2\rangle\langle k+2\rangle}}} \mathbb{e}_{\langle k+1\rangle} - \frac{(\sqrt{g_{\langle kk\rangle}})_{k+1}}{\sqrt{g_{\langle kk\rangle}g_{\langle k+1,k+1\rangle}}} \mathbb{e}_{\langle k+2\rangle} \tag{2.49b}$$

bzw.

$$\bar{\mathbf{\Gamma}}^{(\mathbb{R})}_{\langle k\rangle} = \mathbf{\Gamma}^{(\mathbb{R})}_{\langle k\rangle} \,/\, \sqrt{g_{\langle kk\rangle}}\,, \tag{2.49c}$$

also

---

55) Betr. die Index–Additionen vgl. Fußn. 11) dieses Paragraphen

$$\bar{\mathbf{\Gamma}}^{(\mathbb{R})}_{\langle 1\rangle} \mathrel{\hat{=}} \begin{pmatrix} 0 & -\dfrac{(\sqrt{g_{\langle 11\rangle}})_2}{\sqrt{g_{\langle 11\rangle}g_{\langle 22\rangle}}} & -\dfrac{(\sqrt{g_{\langle 11\rangle}})_3}{\sqrt{g_{\langle 11\rangle}g_{\langle 33\rangle}}} \\ \dfrac{(\sqrt{g_{\langle 11\rangle}})_2}{\sqrt{g_{\langle 11\rangle}g_{\langle 22\rangle}}} & 0 & 0 \\ \dfrac{(\sqrt{g_{\langle 11\rangle}})_3}{\sqrt{g_{\langle 11\rangle}g_{\langle 33\rangle}}} & 0 & 0 \end{pmatrix} \langle \mathbb{e}_{\langle j\rangle} \rangle ,$$

$$\bar{\mathbf{\Gamma}}^{(\mathbb{R})}_{\langle 2\rangle} \mathrel{\hat{=}} \begin{pmatrix} 0 & \dfrac{(\sqrt{g_{\langle 22\rangle}})_1}{\sqrt{g_{\langle 11\rangle}g_{\langle 22\rangle}}} & 0 \\ -\dfrac{(\sqrt{g_{\langle 22\rangle}})_1}{\sqrt{g_{\langle 11\rangle}g_{\langle 22\rangle}}} & 0 & -\dfrac{(\sqrt{g_{\langle 22\rangle}})_3}{\sqrt{g_{\langle 22\rangle}g_{\langle 33\rangle}}} \\ 0 & \dfrac{(\sqrt{g_{\langle 22\rangle}})_3}{\sqrt{g_{\langle 22\rangle}g_{\langle 33\rangle}}} & 0 \end{pmatrix} \langle \mathbb{e}_{\langle j\rangle} \rangle ,$$

$$\bar{\mathbf{\Gamma}}^{(\mathbb{R})}_{\langle 3\rangle} \mathrel{\hat{=}} \begin{pmatrix} 0 & 0 & \dfrac{(\sqrt{g_{\langle 33\rangle}})_1}{\sqrt{g_{\langle 33\rangle}g_{\langle 11\rangle}}} \\ 0 & 0 & \dfrac{(\sqrt{g_{\langle 33\rangle}})_2}{\sqrt{g_{\langle 33\rangle}g_{\langle 22\rangle}}} \\ -\dfrac{(\sqrt{g_{\langle 33\rangle}})_1}{\sqrt{g_{\langle 33\rangle}g_{\langle 11\rangle}}} & -\dfrac{(\sqrt{g_{\langle 33\rangle}})_2}{\sqrt{g_{\langle 33\rangle}g_{\langle 22\rangle}}} & 0 \end{pmatrix} \langle \mathbb{e}_{\langle j\rangle} \rangle . \qquad (2.50a\text{-}d)$$

2.6 Ableitung von Vektoren und Tensoren

Nimmt man bei der Komponentendarstellung eines Vektorfeldes in der Form $\mathbb{v}(q^1,q^2,q^3)$

$$\mathbb{v} = \sum_{j=1}^{3} v_j \mathbb{g}^j = \sum_{j=1}^{3} v^j \mathbb{g}_j \qquad (2.51)$$

auf die jeweils örtliche Basis $\langle \mathbb{g}^j \rangle$ bzw. $\langle \mathbb{g}_j \rangle$ Bezug, so muß bei dessen Differentiation nach einer Koordinate (q^k) sowohl die Feldveränderlichkeit der skalaren Komponenten als auch Diejenige der Basisvektoren beachtet werden. So entstehen beispielsweise die "ko- bzw. kontravarianten" Versionen

$$\frac{\partial \mathbb{v}}{\partial q^k}=\sum_{j=1}^{3}\left[\frac{\partial v_j}{\partial q^k}\mathfrak{g}^j+v_j\frac{\partial \mathfrak{g}^j}{\partial q^k}\right]\overset{(2.33b)}{=}\sum_{j=1}^{3}\left[\frac{\partial v_j}{\partial q^k}+\sum_{\mu=1}^{3}v_\mu\Gamma^{\cdot\mu\cdot}_{j.k}\right]\mathfrak{g}^j\equiv$$

$$\equiv\frac{\partial \mathbb{v}}{\partial q^k}\cdot\mathbb{E}=\sum_{j=1}^{3}\left[\frac{\partial \mathbb{v}}{\partial q^k}\cdot\mathfrak{g}_j\right]\mathfrak{g}^j \tag{2.51a}$$

bzw.
$$\frac{\partial \mathbb{v}}{\partial q^k}=\sum_{j=1}^{3}\left[\frac{\partial v^j}{\partial q^k}\mathfrak{g}_j+v^j\frac{\partial \mathfrak{g}_j}{\partial q^k}\right]\overset{(2.33a)}{=}\sum_{j=1}^{3}\left[\frac{\partial v^j}{\partial q^k}+\sum_{\mu=1}^{3}v^\mu\Gamma^{j}_{.\mu k}\right]\mathfrak{g}_j$$

$$\equiv\frac{\partial \mathbb{v}}{\partial q^k}\cdot\mathbb{E}=\sum_{j=1}^{3}\left[\frac{\partial \mathbb{v}}{\partial q^k}\cdot\mathfrak{g}^j\right]\mathfrak{g}_j \tag{2.51b}$$

mit den in der Form

$$\mathfrak{g}_j\cdot\frac{\partial \mathbb{v}}{\partial q^k}=\frac{\partial v_j}{\partial q^k}+\sum_{\mu=1}^{3}v_\mu\Gamma^{\cdot\mu\cdot}_{j.k}, \tag{2.51c}$$

$$\mathfrak{g}^j\cdot\frac{\partial \mathbb{v}}{\partial q^k}=\frac{\partial v^j}{\partial q^k}+\sum_{\mu=1}^{3}v^\mu\Gamma^{j}_{.\mu k}\equiv\sum_{\alpha=1}^{3}g^{j\alpha}\left[\mathfrak{g}_\alpha\cdot\frac{\partial \mathbb{v}}{\partial q^k}\right] \tag{2.51d}$$

notierbaren ko- bzw. kontravarianten Komponenten des Vektors $\partial\mathbb{v}/\partial q^k$, wobei letztere Umformung Ergebnis der Prozedur ist, aus den "kovarianten Komponenten" mittels "Überschiebung mit dem kontravarianten Maßtensor" die "kontravarianten Komponenten" gleichermaßen gewinnen zu können.

Eine entsprechende Vorgehensweise kennzeichnet die Ableitungsprozeduren an höherstufigen extensiven Größen, worin sämtliche aufscheinenden tensoriellen Produkte der Basisgrößen im Sinne der Produktregel zu behandeln sind. So ist etwa ein "kovariant dargestellter" zweistufiger Tensor

$$\mathbb{Y}=\sum_{i,j=1}^{3}y_{ij}\,\mathfrak{g}^i\circ\mathfrak{g}^j \tag{2.52a}$$

in der Form

$$\frac{\partial \mathbb{Y}}{\partial q^k}=\sum_{i,j=1}^{3}\left\{\frac{\partial y_{ij}}{\partial q^k}\mathfrak{g}^i\circ\mathfrak{g}^j+y_{ij}\left[\frac{\partial \mathfrak{g}^i}{\partial q^k}\circ\mathfrak{g}^j+\mathfrak{g}^i\circ\frac{\partial \mathfrak{g}^j}{\partial q^k}\right]\right\} \tag{2.52b}$$

abzuleiten, was etwa unter Benutzung von

$$\sum_{i=1}^{3}y_{ij}\frac{\partial \mathfrak{g}^i}{\partial q^k}\equiv\sum_{\mu=1}^{3}y_{\mu j}\frac{\partial \mathfrak{g}^\mu}{\partial q^k}\overset{(2.33b)}{=}\sum_{i,\mu=1}^{3}y_{\mu j}\Gamma^{\cdot\mu\cdot}_{i.k}\,\mathfrak{g}^i,$$

$$\sum_{j=1}^{3}y_{ij}\frac{\partial \mathfrak{g}^j}{\partial q^k}\equiv\sum_{\mu=1}^{3}y_{i\mu}\frac{\partial \mathfrak{g}^\mu}{\partial q^k}\overset{(2.33b)}{=}\sum_{j,\mu=1}^{3}y_{i\mu}\Gamma^{\cdot\mu\cdot}_{j.k}\,\mathfrak{g}^j,$$

die Darstellung

$$\frac{\partial \mathbb{Y}}{\partial q^k} = \sum_{i,j=1}^{3} \left[\mathbb{g}_i \cdot \frac{\partial \mathbb{Y}}{\partial q^k} \cdot \mathbb{g}_j\right] \mathbb{g}^i \circ \mathbb{g}^j \tag{2.52c}$$

mit den kovarianten Komponenten

$$\mathbb{g}_i \cdot \frac{\partial \mathbb{Y}}{\partial q^k} \cdot \mathbb{g}_j = \frac{\partial y_{ij}}{\partial q^k} + \sum_{\mu=1}^{3} y_{\mu j}\,\Gamma^{\cdot\mu\cdot}_{i.k} + \sum_{\mu=1}^{3} y_{i\mu}\,\Gamma^{\cdot\mu\cdot}_{j.k} \tag{2.52d}$$

ergibt. "Andersartig-variante" Darstellungen können durch entsprechendes "Überschieben" mit "kontra- bzw. kovarianten Maßtensoren" hergestellt werden usw..
Die Formeln (2.51,52) behalten Gültigkeit auch im Falle von n $(\neq 3)$ Dimensionen[56], überdies auch im Falle der Betrachtnahme im Riemannschen Raum definierter Funktionen, allerdings dann mit der Verabredung, die Ableitungsgrößen $\partial \mathbb{v}/\partial q^k$, $\partial \mathbb{Y}/\partial q^k$ als im jeweiligen Euklidischen Tangentialraum definiert zu verstehen, was man — durch die Symbole $\eth \mathbb{v}/\eth q^k$, $\eth \mathbb{Y}/\eth q^k$ angedeutet — als Prozedur der sog. "absoluten Ableitungen" bezeichnet (vgl.[57]). Für

2.6.1 orthogonale Koordinatennetze $\langle q_{\langle j\rangle}\rangle$

ergeben sich vereinfachte und kompakter darzustellende Prozeduren. Für Vektoren in der Darstellung

$$\mathbb{v} = \sum_{j=1}^{3} v_{\langle j\rangle}\,\mathbb{e}_{\langle j\rangle} \tag{2.53}$$

hat man

$$\frac{\partial \mathbb{v}}{\partial q_{\langle k\rangle}} = \sum_{j=1}^{3}\left[\frac{\partial v_{\langle j\rangle}}{\partial q_{\langle k\rangle}}\,\mathbb{e}_{\langle j\rangle} + v_{\langle j\rangle}\,\frac{\partial \mathbb{e}_{\langle j\rangle}}{\partial q_{\langle k\rangle}}\right] \overset{(2.46a)}{=} \frac{\mathrm{d}\mathbb{v}}{\mathrm{d}q^k} + \mathbb{v}\cdot \mathbf{\Gamma}^{(\mathbb{R})}_{\langle k\rangle} = \frac{\mathrm{d}\mathbb{v}}{\mathrm{d}q_{\langle k\rangle}} + \boldsymbol{\psi}_{\langle k\rangle} \times \mathbb{v} \tag{2.53a}$$

mit der sog. "Komponentenableitung"

$$\frac{\mathrm{d}\mathbb{v}}{\mathrm{d}q_{\langle k\rangle}} = \sum_{j=1}^{3} \frac{\partial v_{\langle j\rangle}}{\partial q_{\langle k\rangle}}\,\mathbb{e}_{\langle k\rangle}\,, \tag{2.53b}$$

womit letztlich als Komponentendarstellung von (2.53a) unter Beachtung von $\Gamma^{(\mathbb{R})}_{jjk} = 0$

$$\begin{aligned}\frac{\partial \mathbb{v}}{\partial q_{\langle k\rangle}} = \Bigg[&\frac{\partial v_{\langle 1\rangle}}{\partial q_{\langle k\rangle}} + \Gamma^{(\mathbb{R})}_{\langle 12k\rangle} v_{\langle 2\rangle} + \Gamma^{(\mathbb{R})}_{\langle 13k\rangle} v_{\langle 3\rangle}; \frac{\partial v_{\langle 2\rangle}}{\partial q_{\langle k\rangle}} + \Gamma^{(\mathbb{R})}_{\langle 21k\rangle} v_{\langle 1\rangle} + \Gamma^{(\mathbb{R})}_{\langle 23k\rangle} v_{\langle 3\rangle};\\ &\frac{\partial v_{\langle 3\rangle}}{\partial q_{\langle k\rangle}} + \Gamma^{(\mathbb{R})}_{\langle 31k\rangle} v_{\langle 1\rangle} + \Gamma^{(\mathbb{R})}_{\langle 32k\rangle} v_{\langle 2\rangle}\Bigg] \langle \mathbb{e}_{\langle j\rangle}\rangle\end{aligned} \tag{2.53c}$$

hervorgebracht wird. Für zweistufige Tensoren in der Darstellung

---

[56] Die Summationen sind dann — anstelle von 1...3 — über die Indexmenge 1...n$(\neq 3)$ vorzunehmen.

[57] Zu veranschaulichen ist dies am Beispiel der (gekrümmten) Fläche als zweidimensionaler Riemannscher Raum, wo die jeweiligen "Euklidischen Tangentialräume" die an die Fläche gelegten Tangentialebenen—Elemente sind, vgl. §6.

$$\mathbb{Y} = \sum_{i,j=1}^{3} y_{\langle ij\rangle}\, \mathbb{e}_{\langle i\rangle} \circ \mathbb{e}_{\langle j\rangle} \tag{2.54}$$

bekommt man entsprechend für deren Ableitung

$$\frac{\partial \mathbb{Y}}{\partial q_{\langle k\rangle}} \overset{(2.46a)}{=} \frac{d\mathbb{Y}}{dq_{\langle k\rangle}} + \mathbf{\Gamma}^{(\mathbb{R})T}_{\langle k\rangle} \cdot \mathbb{Y} + \mathbb{Y} \cdot \mathbf{\Gamma}^{(\mathbb{R})}_{\langle k\rangle} = \frac{d\mathbb{Y}}{dq_{\langle k\rangle}} + \boldsymbol{\psi}_{\langle k\rangle} \times \mathbb{Y} - \mathbb{Y} \times \boldsymbol{\psi}_{\langle k\rangle} \tag{2.54a}$$

mit der Komponentenableitung

$$\frac{d\mathbb{Y}}{dq_{\langle k\rangle}} = \sum_{i,j=1}^{3} \frac{\partial y_{\langle ij\rangle}}{\partial q_{\langle k\rangle}}\, \mathbb{e}_{\langle i\rangle} \circ \mathbb{e}_{\langle j\rangle}\,, \tag{2.54b}$$

so daß als Komponentendarstellung für (2.54a) schließlich

$$\mathbb{e}_{\langle i\rangle} \cdot \frac{\partial \mathbb{Y}}{\partial q_{\langle k\rangle}} \cdot \mathbb{e}_{\langle j\rangle} = \frac{\partial y_{\langle ij\rangle}}{\partial q_{\langle k\rangle}} + \sum_{\mu=1}^{3} \left[\Gamma^{(\mathbb{R})}_{\langle i\mu k\rangle} y_{\langle \mu j\rangle} - \Gamma^{(\mathbb{R})}_{\langle \mu j k\rangle} y_{\langle i\mu\rangle} \right], \quad i,j = 1 \ldots 3, \tag{2.54c}$$

erreicht wird usw.

2.7 Funktionsweise und Struktur des Krümmungstensors, Kompatibilitätsbedingungen der klassischen Kontinuumstheorie

werden, der besseren Übersichtlichkeit wegen, hier ebenfalls unter Rückgriff auf Kompakt—Notationen recherchiert, wobei das Folgende, wenn nicht ausdrücklich vermerkt, auch für beliebige Raumdimensionen ($n \neq 3$) gilt.
Unter Benutzung der Ableitungsregel

$$\frac{\partial \mathbf{\Gamma}_{[k]}}{\partial q^l} = \frac{\partial}{\partial q^l} \sum_{i,j=1}^{(n=)3} \Gamma_{ijk}\, \mathbb{g}^j \circ \mathbb{g}^i = \sum_{i,j=1}^{(n=)3} \left[\frac{\partial \Gamma_{ijk}}{\partial q^l} \mathbb{g}^j \circ \mathbb{g}^i + \Gamma_{ijk} \left[\frac{\partial \mathbb{g}^j}{\partial q^l} \circ \mathbb{g}^i + \mathbb{g}^j \circ \frac{\partial \mathbb{g}^i}{\partial q^l} \right] \right] =$$

$$\overset{(2.42c)}{=} \frac{d\mathbf{\Gamma}_{[k]}}{dq^l} - \mathbf{\Gamma}_{[l]} \cdot \mathbf{\Gamma}_{[k]} - \mathbf{\Gamma}_{[k]} \cdot \mathbf{\Gamma}^T_{[l]}\,, \tag{2.55a}$$

worin mit $d\mathbf{\Gamma}_{[k]}/dq^l$ die koordinatenvariante Operation

$$\frac{d\mathbf{\Gamma}_{[k]}}{dq^l} = \sum_{i,j=1}^{(n=)3} \frac{\partial \Gamma_{ijk}}{\partial q^l}\, \mathbb{g}^j \circ \mathbb{g}^i, \quad k,l=1\ldots3 \tag{2.55b}$$

abgekürzt wurde, bekommt man mit

$$\frac{\partial}{\partial q^l} \left[\frac{\partial \mathbb{g}_j}{\partial q^k} \right] \overset{(2.41a)}{=} \frac{\partial}{\partial q^l} (\mathbb{g}_j \cdot \mathbf{\Gamma}_{[k]}) = \frac{\partial \mathbb{g}_j}{\partial q^l} \cdot \mathbf{\Gamma}_{[k]} + \mathbb{g}_j \cdot \frac{\partial \mathbf{\Gamma}_{[k]}}{\partial q^l} =$$

$$\overset{(2.41a,55a)}{=} \mathbb{g}_j \cdot \left[\frac{d\mathbf{\Gamma}_{[k]}}{dq^l} - \mathbf{\Gamma}_{[k]} \cdot \mathbf{\Gamma}^T_{[l]} \right] \tag{2.55c}$$

als Kompakt—Notation von (2.39a)

$$\left[\frac{\partial}{\partial q^k} \frac{\partial}{\partial q^l} - \frac{\partial}{\partial q^l} \frac{\partial}{\partial q^k} \right] \mathbb{g}_j = \mathbb{g}_j \cdot \left[\frac{d\mathbf{\Gamma}_{[l]}}{dq^k} - \frac{d\mathbf{\Gamma}_{[k]}}{dq^l} - (\mathbf{\Gamma}_{[l]} \cdot \mathbf{\Gamma}^T_{[k]} - \mathbf{\Gamma}_{[k]} \cdot \mathbf{\Gamma}^T_{[l]}) \right], \quad i,j,k,l=1\ldots(n=)3 \tag{2.55d}$$

bzw. anstelle von (2.39c)

$$\mathbb{g}_i \cdot \left[\left[\frac{\partial}{\partial q^k} \frac{\partial}{\partial q^l} - \frac{\partial}{\partial q^l} \frac{\partial}{\partial q^k} \right] \mathbb{g}_j \right] = \kappa_{ijkl} = \tag{2.55e}$$

$$= \mathfrak{g}_j \cdot \left[\frac{d\boldsymbol{\Gamma}_{[l]}}{dq^k} - \frac{d\boldsymbol{\Gamma}_{[k]}}{dq^l} - (\boldsymbol{\Gamma}_{[l]}\cdot\boldsymbol{\Gamma}^T_{[k]} - \boldsymbol{\Gamma}_{[k]}\cdot\boldsymbol{\Gamma}^T_{[l]})\right]\cdot\mathfrak{g}_i \; (\overset{(2.39c)}{=}{}^{58)}\, 0), \qquad i,j,k,l=1...(n=)3$$

und schließlich anstelle von (2.39e) — man benutze in (2.55d) $\mathbb{v} = \Sigma v^j \mathfrak{g}_j$ anstelle von $\mathfrak{g}_j$ und beachte für die skalaren Komponentenfunktionen v^j die Integrabilitätsbedingungen (2.39d) —

$$\left[\frac{\partial}{\partial q^k}\frac{\partial}{\partial q^l} - \frac{\partial}{\partial q^l}\frac{\partial}{\partial q^k}\right]\mathbb{v} = \mathbb{v}\cdot\left[\frac{d\boldsymbol{\Gamma}_{[l]}}{dq^k} - \frac{d\boldsymbol{\Gamma}_{[k]}}{dq^l} - (\boldsymbol{\Gamma}_{[l]}\cdot\boldsymbol{\Gamma}^T_{[k]} - \boldsymbol{\Gamma}_{[k]}\cdot\boldsymbol{\Gamma}^T_{[l]})\right] \; (\overset{(2.39e)}{=}\; 0),$$

k,l=1..(n=)3, (2.56a)

was unter Hervorhebung der Ableitungsrichtungen $(\mathfrak{g}_k,\mathfrak{g}_l)$ identisch in

$$\left[\frac{\partial}{\partial q^k}\frac{\partial}{\partial q^l} - \frac{\partial}{\partial q^l}\frac{\partial}{\partial q^k}\right]\mathbb{v} =$$

$$= \mathbb{v}\cdot\left\{(\mathfrak{g}_k\circ\mathfrak{g}_l)\cdot\cdot \underline{\sum_{\alpha,\beta=1}^{(n=)3} \mathfrak{g}^\alpha\circ\mathfrak{g}^\beta\circ\left[\frac{d\boldsymbol{\Gamma}_{[\alpha]}}{dq^\beta} - \frac{d\boldsymbol{\Gamma}_{[\beta]}}{dq^\alpha} - (\boldsymbol{\Gamma}_{[\alpha]}\cdot\boldsymbol{\Gamma}^T_{[\beta]} - \boldsymbol{\Gamma}_{[\beta]}\cdot\boldsymbol{\Gamma}^T_{[\alpha]})\right]}\right\} \; (\overset{(2.39e)}{=}\; 0) \tag{2.56b}$$

umgeformt werden kann und den Schluß erlaubt, daß im Euklidischen Falle die den Riemann—Christoffeltensor repräsentierende, in (2.56b) unterstrichelte Größe

$$\overset{\langle 4\rangle}{\mathscr{H}} = \sum_{\alpha,\beta=1}^{(n=)3} \mathfrak{g}^\alpha\circ\mathfrak{g}^\beta\circ\underline{\left[\frac{d\boldsymbol{\Gamma}_{[\alpha]}}{dq^\beta} - \frac{d\boldsymbol{\Gamma}_{[\beta]}}{dq^\alpha} - (\boldsymbol{\Gamma}_{[\alpha]}\cdot\boldsymbol{\Gamma}^T_{[\beta]} - \boldsymbol{\Gamma}_{[\beta]}\cdot\boldsymbol{\Gamma}^T_{[\alpha]})\right]}\Bigg\} \equiv$$

$$\equiv \sum_{\alpha,\beta,\gamma,\delta=1}^{(n=)3} \kappa_{\alpha\beta\gamma\delta}\, \mathfrak{g}^\alpha\circ\mathfrak{g}^\beta\circ\mathfrak{g}^\gamma\circ\mathfrak{g}^\delta \tag{2.57a}$$

verschwinden muß, deren nach der Prozedur

$$\kappa_{\alpha\beta\gamma\delta} = (\mathfrak{g}_\delta\circ\mathfrak{g}_\gamma\circ\mathfrak{g}_\beta\circ\mathfrak{g}_\alpha)\cdot\cdot\cdot\cdot \overset{\langle 4\rangle}{\mathscr{H}}, \quad \alpha,\beta,\gamma,\delta=1..(n=)3, \tag{2.57b}$$

in Termen der Christoffelsymbole ausgedrückten kovarianten Komponenten, wie man leicht prüft, mit der Repräsentation nach (2.39c) identisch sind. Daß es sich bei $\overset{\langle 4\rangle}{\mathscr{H}}$ nach (2.57a) in der Tat um einen Operator von der Qualität eines vierstufigen Tensors[59] handelt, kann in konkreter Rechnung durch entsprechenden Nachweis der Gültigkeit der Komponenten—Transformationsformeln, jetzt für den Fall

$$n = 3, \quad \overset{*}{\kappa}_{ijkl} = \sum_{\alpha,\beta,\gamma,\delta=1}^{3} \kappa_{\alpha\beta\gamma\delta}\, \frac{\partial\overset{*}{\varphi}^\alpha}{\partial q^i}\frac{\partial\overset{*}{\varphi}^\beta}{\partial q^j}\frac{\partial\overset{*}{\varphi}^\gamma}{\partial q^k}\frac{\partial\overset{*}{\varphi}^\delta}{\partial q^l}$$

im Zusammenhang mit allgemeinen Basiswechseln $\mathfrak{g}^j \Longrightarrow \overset{*}{\mathfrak{g}}^j$ erbracht werden bzw. — gleichwertig — dadurch, daß man feststellt, daß die Struktur (2.57a) forminvariant für alle Koordinatensysteme ist, also etwa mit $\overset{*}{q}^j$ anstelle q^j, j=1..3, gleichermaßen

$$\overset{\langle 4\rangle}{\mathscr{H}} = \overset{\langle 4\rangle *}{\mathscr{H}} = \sum_{\alpha,\beta=1}^{3} \overset{*}{\mathfrak{g}}^\alpha\circ\overset{*}{\mathfrak{g}}^\beta\circ\left[\frac{d\overset{*}{\boldsymbol{\Gamma}}_{[\alpha]}}{d\overset{*}{q}^\beta} - \frac{d\overset{*}{\boldsymbol{\Gamma}}_{[\beta]}}{d\overset{*}{q}^\alpha} - (\overset{*}{\boldsymbol{\Gamma}}_{[\alpha]}\cdot\overset{*}{\boldsymbol{\Gamma}}^T_{[\beta]} - \overset{*}{\boldsymbol{\Gamma}}_{[\beta]}\cdot\overset{*}{\boldsymbol{\Gamma}}^T_{[\alpha]})\right] \tag{2.57c}$$

---

58) im "Euklidischen Falle"

59) im Euklidischen Falle des Null—Tensors.

gelten muß, worin die Christoffelsymbole im Sinne von (2.37,43d) nunmehr durch die metrischen Fundamentalgrößen $\overset{*}{g}_{ij} = \overset{*}{\mathfrak{g}}_i \cdot \overset{*}{\mathfrak{g}}_j$ ausgedrückt zu denken sind.

Für den letzteren Nachweis multipliziert man Gleichung (2.56b) etwa mit $\dfrac{\partial\varphi^\alpha}{\partial\overset{*}{q}^\mu}\dfrac{\partial\varphi^\beta}{\partial\overset{*}{q}^\nu}$ und summiert die so entstehenden Identitäten über k,l=1...3, womit wegen

$$\sum_{k,l=1}^{3} \mathfrak{g}_k \circ \mathfrak{g}_l \frac{\partial\varphi^k}{\partial\overset{*}{q}^\mu}\frac{\partial\varphi^l}{\partial\overset{*}{q}^\nu} \overset{(2.21c)}{=} \overset{*}{\mathfrak{g}}_\mu \circ \overset{*}{\mathfrak{g}}_\nu \tag{2.58a}$$

sowie

$$\sum_{k,l=1}^{3} \frac{\partial\varphi^k}{\partial\overset{*}{q}^\mu}\frac{\partial\varphi^l}{\partial\overset{*}{q}^\nu}\left[\frac{\partial}{\partial q^k}\frac{\partial}{\partial q^l} - \frac{\partial}{\partial q^l}\frac{\partial}{\partial q^k}\right]\mathsf{w} \overset{60)}{\equiv} \left[\frac{\partial}{\partial\overset{*}{q}^\mu}\frac{\partial}{\partial\overset{*}{q}^\nu} - \frac{\partial}{\partial\overset{*}{q}^\nu}\frac{\partial}{\partial\overset{*}{q}^\mu}\right]\mathsf{w} \tag{2.58b}$$

einerseits

$$\left[\frac{\partial}{\partial\overset{*}{q}^\mu}\frac{\partial}{\partial\overset{*}{q}^\nu} - \frac{\partial}{\partial\overset{*}{q}^\nu}\frac{\partial}{\partial\overset{*}{q}^\mu}\right]\mathsf{w} \overset{(2.56b)}{=} \mathsf{w}\cdot\left\{(\overset{*}{\mathfrak{g}}_\mu \circ \overset{*}{\mathfrak{g}}_\nu)\cdot\cdot \overset{<4>}{\mathscr{R}}\right\} \tag{2.58c}$$

entsteht, was man andererseits gleichsetzt mit der Identität

$$\left[\frac{\partial}{\partial\overset{*}{q}^\mu}\frac{\partial}{\partial\overset{*}{q}^\nu} - \frac{\partial}{\partial\overset{*}{q}^\nu}\frac{\partial}{\partial\overset{*}{q}^\mu}\right]\mathsf{w} = \mathsf{w}\cdot\left\{(\overset{*}{\mathfrak{g}}_\mu \circ \overset{*}{\mathfrak{g}}_\nu)\cdot\cdot \overset{<4>*}{\mathscr{R}}\right\}, \tag{2.58d}$$

die man analog (2.56b) hätte folgern können, wenn man zur Herleitung von (2.56b) von vornherein Koordinaten $\overset{*}{q}^j$ (j=1...3) benutzt hätte.
Der solchermaßen formal verifizierte auf den ersten Blick merkwürdige Befund, in Termen koordinatenvariant definierter Größen $(\mathfrak{g}^\alpha,\ \mathbf{\Gamma}_{[\alpha]},\ \mathrm{d}\mathbf{\Gamma}_{[\alpha]}/\mathrm{d}q^\beta)$ nach der Prozedur (2.57) eine (im nicht–Euklidischen Falle von Null verschiedene) invariante Größe konstruieren zu können, läßt sich durchaus aber auch als "raumphysikalische Notwendigkeit" interpretieren im Zusammenhang mit der Konstruktion einer Geometrie, wo wenigstens für skalare Felder λ die Integrabilitätsbedingungen (2.39d) erhalten bleiben sollen. Bevor dieser Gesichtspunkt nochmals aufgegriffen wird, soll hier die unter Benutzung der vierstufigen koordinatenvarianten Operation

$$\mathbf{\nabla}\circ\mathbf{\nabla}\circ\mathbb{E} = \sum_{\alpha,\beta,i,j=1}^{(n=)3} \frac{\partial^2 g_{ij}}{\partial q^\alpha \partial q^\beta}\,\mathfrak{g}^\alpha \circ \mathfrak{g}^\beta \circ \mathfrak{g}^j \circ \mathfrak{g}^i \tag{2.59a}$$

bzw. deren Permutation

$$\mathbf{\nabla}\circ\mathbb{E}\circ\mathbf{\nabla} \equiv (\mathbf{\nabla}\circ\mathbf{\nabla}\circ\mathbb{E})\cdots \overset{<6>}{\mathbb{E}}_T = \sum_{\alpha,\beta,i,j=1}^{(n=)3} \frac{\partial^2 g_{ij}}{\partial q^\alpha \partial q^\beta}\,\mathfrak{g}^\alpha \circ \mathfrak{g}^i \circ \mathfrak{g}^j \circ \mathfrak{g}^\beta \tag{2.59b}$$

---

60) Bezeichnen $\mathsf{w}(q^1,q^2,q^3)$ bzw. $\overset{*}{\mathsf{w}}(\overset{*}{q}^1,\overset{*}{q}^2,\overset{*}{q}^3)$ die je nach den verwendeten Koordinaten anfallenden Feldfunktionen eines Vektorfeldes $\hat{\mathsf{w}}(P) = \mathsf{w}(q^1,q^2,q^3) = \overset{*}{\mathsf{w}}(\overset{*}{q}^1,\overset{*}{q}^2,\overset{*}{q}^3)$, so gilt nach der Kettenregel

$$\frac{\partial\overset{*}{\mathsf{w}}}{\partial\overset{*}{q}^\nu} = \sum_{l=1}^{3}\frac{\partial\mathsf{w}}{\partial q^l}\frac{\partial\varphi^l}{\partial\overset{*}{q}^\nu} \qquad \frac{\partial}{\partial\overset{*}{q}^\mu}\left[\frac{\partial\overset{*}{\mathsf{w}}}{\partial\overset{*}{q}^\nu}\right] = \sum_{k,l=1}^{3}\left[\frac{\partial}{\partial q^k}\left[\frac{\partial\mathsf{w}}{\partial q^l}\right]\frac{\partial\varphi^k}{\partial\overset{*}{q}^\mu}\frac{\partial\varphi^l}{\partial\overset{*}{q}^\nu}\right] + \sum_{l=1}^{3}\frac{\partial\mathsf{w}}{\partial q^l}\frac{\partial^2\varphi^l}{\partial\overset{*}{q}^\mu\partial\overset{*}{q}^\nu}$$

und entsprechend $$\frac{\partial}{\partial\overset{*}{q}^\nu}\left[\frac{\partial\overset{*}{\mathsf{w}}}{\partial\overset{*}{q}^\mu}\right] = \sum_{k,l=1}^{3}\left[\frac{\partial}{\partial q^l}\left[\frac{\partial\mathsf{w}}{\partial q^k}\right]\frac{\partial\varphi^k}{\partial\overset{*}{q}^\mu}\frac{\partial\varphi^l}{\partial\overset{*}{q}^\nu}\right] + \sum_{k=1}^{3}\frac{\partial\mathsf{w}}{\partial q^k}\frac{\partial^2\varphi^k}{\partial\overset{*}{q}^\nu\partial\overset{*}{q}^\mu}$$

und damit – die zweiten Koordinatenableitungen der Transformations–Funktionen $\varphi^l(\overset{*}{q}^1,\overset{*}{q}^2,\overset{*}{q}^3)$ heben sich heraus! – in der Tat die Identität (2.58b), bei deren Notation – wie dies üblicherweise geschieht – auf die unterschiedlichen Funktionsbezeichnungen (w bzw. $\overset{*}{\mathsf{w}}$) verzichtet wurde.

wohl weitestgehend formal verdichtete Version

$$2\overset{\langle 4\rangle}{\mathscr{H}} = (\overset{\langle 4\rangle}{\mathbb{E}} - \overset{\langle 4\rangle}{\mathbb{E}}_T)\cdot\cdot\left[\boldsymbol{\nabla}\circ\mathbb{E}\circ\boldsymbol{\nabla} + (\overset{\langle 3\rangle}{\boldsymbol{\Gamma}}\cdot\overset{\langle 3\rangle}{\boldsymbol{\Gamma}}^T)\cdots\overset{\langle 6\rangle}{\mathbb{E}}_T\right]\cdot\cdot(\overset{\langle 4\rangle}{\mathbb{E}} - \overset{\langle 4\rangle}{\mathbb{E}}_T)$$

$$\equiv (\overset{\langle 4\rangle}{\mathbb{E}} - \overset{\langle 4\rangle}{\mathbb{E}}_T)\cdot\cdot\left[\boldsymbol{\nabla}\circ\mathbb{E}\circ\boldsymbol{\nabla} + \overset{\langle 6\rangle}{\mathbb{E}}_T\cdots(\overset{\langle 3\rangle}{\boldsymbol{\Gamma}}\cdot\overset{\langle 3\rangle}{\boldsymbol{\Gamma}}^T)\right]\cdot\cdot(\overset{\langle 4\rangle}{\mathbb{E}} - \overset{\langle 4\rangle}{\mathbb{E}}_T) \equiv 2\overset{\langle 4\rangle}{\mathscr{H}}^T \qquad (2.59c)$$

referiert werden, an der ersichtlich ist, daß der Krümmungstensor

a) hinsichtlich der beiden vorderen bzw. der beiden hinteren Faktoren (im Sinne von $\overset{\langle 4\rangle}{\mathscr{H}} = -\overset{\langle 4\rangle}{\mathbb{E}}_T\cdot\cdot\overset{\langle 4\rangle}{\mathscr{H}} = -\overset{\langle 4\rangle}{\mathscr{H}}\cdot\cdot\overset{\langle 4\rangle}{\mathbb{E}}_T = \overset{\langle 4\rangle}{\mathbb{E}}_T\cdot\cdot\overset{\langle 4\rangle}{\mathscr{H}}\cdot\cdot\overset{\langle 4\rangle}{\mathbb{E}}_T$) antisymmetrisch und des weiteren

b) transpositionsinvariant (im Sinne von $\overset{\langle 4\rangle}{\mathscr{H}} = \overset{\langle 4\rangle}{\mathscr{H}}^T = \overset{\langle 4\rangle}{\mathscr{H}}\cdots\cdot\overset{\langle 8\rangle}{\mathbb{E}}_T$) ist[61],

womit etwa unter Benutzung zweistufiger Permutationstensoren

$$\overset{\langle 2\rangle}{\mathfrak{E}}^{[ij]} = \sqrt{g_{[ij]}}\,(\mathfrak{g}^i\circ\mathfrak{g}^j - \mathfrak{g}^j\circ\mathfrak{g}^i) \equiv -\overset{\langle 2\rangle}{\mathfrak{E}}^{[ij]T}, \quad i,j = 1,\dots,n \qquad (2.61)$$

mit $g_{[ij]} = g_{ii}g_{jj} - g_{ij}^2 = 1/g^{[ij]}$, $g^{[ij]} = g^{ii}g^{jj} - g^{ij^2}$ (vgl. [1], (E5.17c) mit n = 2) für den Riemann–Tensor

$$\overset{\langle 4\rangle}{\mathscr{H}} \overset{62)}{\equiv} \frac{1}{4}(\overset{\langle 4\rangle}{\mathbb{E}} - \overset{\langle 4\rangle}{\mathbb{E}}_T)\cdot\cdot\overset{\langle 4\rangle}{\mathscr{H}}\cdot\cdot(\overset{\langle 4\rangle}{\mathbb{E}} - \overset{\langle 4\rangle}{\mathbb{E}}_T) = \frac{1}{4}\sum_{\alpha,\beta,\gamma,\delta=1}^{3}\bar{\kappa}_{\alpha\beta\gamma\delta}\,\overset{\langle 2\rangle}{\mathfrak{E}}^{[\alpha\beta]}\circ\overset{\langle 2\rangle}{\mathfrak{E}}^{[\gamma\delta]} \qquad (2.62a)$$

mit

$$\bar{\kappa}_{\alpha\beta\gamma\delta} = \kappa_{\alpha\beta\gamma\delta}\sqrt{g^{[\alpha\beta]}\,g^{[\gamma\delta]}}, \qquad (2.62b)$$

also angesichts von (2.60) hinsichtlich transpositions–symmetrischer Basistetraden $(\overset{\langle 2\rangle}{\mathfrak{E}}^{[\alpha\beta]}\circ\overset{\langle 2\rangle}{\mathfrak{E}}^{[\gamma\delta]} + \overset{\langle 2\rangle}{\mathfrak{E}}^{[\gamma\delta]}\circ\overset{\langle 2\rangle}{\mathfrak{E}}^{[\alpha\beta]})$ orientierte, $\left\{\frac{1}{2}\begin{bmatrix}n\\2\end{bmatrix}\left[\begin{bmatrix}n\\2\end{bmatrix}+1\right]\right\}$ - gliedrige Aggregate erreicht werden können,[63] etwa im Falle von n = 3 bzw. n = 2 Dimensionen die Aggregate

$$\overset{\langle 4\rangle}{\mathscr{H}} = \overset{\langle 4\rangle}{\mathscr{H}}_{(3)} = \bar{\kappa}_{1212}\,\overset{\langle 2\rangle}{\mathfrak{E}}^{[12]}\circ\overset{\langle 2\rangle}{\mathfrak{E}}^{[12]} + \bar{\kappa}_{2323}\,\overset{\langle 2\rangle}{\mathfrak{E}}^{[23]}\circ\overset{\langle 2\rangle}{\mathfrak{E}}^{[23]} + \bar{\kappa}_{3131}\,\overset{\langle 2\rangle}{\mathfrak{E}}^{[31]}\circ\overset{\langle 2\rangle}{\mathfrak{E}}^{[31]} +$$

$$+\bar{\kappa}_{1223}\left[\overset{\langle 2\rangle}{\mathfrak{E}}^{[12]}\circ\overset{\langle 2\rangle}{\mathfrak{E}}^{[23]} + \overset{\langle 2\rangle}{\mathfrak{E}}^{[23]}\circ\overset{\langle 2\rangle}{\mathfrak{E}}^{[12]}\right] + \bar{\kappa}_{2331}\left[\overset{\langle 2\rangle}{\mathfrak{E}}^{[23]}\circ\overset{\langle 2\rangle}{\mathfrak{E}}^{[31]} + \overset{\langle 2\rangle}{\mathfrak{E}}^{[31]}\circ\overset{\langle 2\rangle}{\mathfrak{E}}^{[23]}\right] +$$

---

61) was wegen a) $\kappa_{\alpha\beta\gamma\delta} = -\kappa_{\beta\alpha\gamma\delta} = -\kappa_{\alpha\beta\delta\gamma} = \kappa_{\beta\alpha\delta\gamma},\ \kappa_{\alpha\alpha\gamma\gamma} = 0,\ \kappa_{\alpha\beta\gamma\gamma} = 0$ (2.60a–c)

und wegen b) $\kappa_{\alpha\beta\gamma\delta} = \kappa_{\delta\gamma\beta\alpha}$ (2.60d)

bedeutet.

62) Diese Identität ist Konsequenz von (2.60a–c)

63) entsprechend der im Falle von n Dimensionen insgesamt $\begin{bmatrix}n\\2\end{bmatrix} = n(n-1)/2$ notierbaren Permutatoren

$$\overset{\langle 2\rangle}{\mathfrak{E}}^{[\alpha\beta]} = -\overset{\langle 2\rangle}{\mathfrak{E}}^{[\alpha\beta]T} \equiv -\overset{\langle 2\rangle}{\mathfrak{E}}^{[\beta\alpha]}, \quad \alpha,\beta = 1\dots n$$

hat man es in der Tat mit einer Anzahl

$$N_0(n) = \frac{1}{2}\begin{bmatrix}n\\2\end{bmatrix}\left[\begin{bmatrix}n\\2\end{bmatrix}+1\right] \qquad (2.62c)$$

von symmetrischen Aggregaten $(\overset{\langle 2\rangle}{\mathfrak{E}}^{[\alpha\beta]}\circ\overset{\langle 2\rangle}{\mathfrak{E}}^{[\gamma\delta]} + \overset{\langle 2\rangle}{\mathfrak{E}}^{[\gamma\delta]}\circ\overset{\langle 2\rangle}{\mathfrak{E}}^{[\alpha\beta]})$ zu tun, womit N_0 dann gleichzeitig auch die aufgrund von (2.60a–d) anfallende Obergrenze der wertemäßig voneinander unabhängigen Krümmungsskalare darstellt.

$$+\bar{\kappa}_{3112}\left[\overset{<2>}{\mathfrak{E}}{}^{[31]}\circ\overset{<2>}{\mathfrak{E}}{}^{[12]}+\overset{<2>}{\mathfrak{E}}{}^{[12]}\circ\overset{<2>}{\mathfrak{E}}{}^{[31]}\right] \tag{2.63a}$$

mit nur sechs zahlenmäßig verschiedenen Krümmungsparametern bzw.

$$\overset{<4>}{\mathcal{H}} = \overset{<4>}{\mathcal{H}}_{(2)} = \bar{\kappa}_{1212}\,\overset{<2>}{\mathfrak{E}}{}^{[12]}\circ\overset{<2>}{\mathfrak{E}}{}^{[12]} = \mathrm{K}\,\overset{<2>}{\mathfrak{E}}{}^{[12]}\circ\overset{<2>}{\mathfrak{E}}{}^{[12]}\,, \tag{2.63b}$$

wobei im letzteren Falle mit der Gaußschen Krümmung K der in der jeweiligen Tangentialebene definierte Krümmungstensor einer (gekrümmten) Fläche beschrieben wird (vgl. (6.20f)).
Betreffend die nach (2.62c) als Folge der Symmetriebedingungen (2.60) anfallende Obergrenze $\mathrm{N}_0(\mathrm{n})$ voneinander unabhängiger Krümmungsskalare soll noch ergänzt werden, daß sie nur in den Fällen von zwei bzw. drei Dimensionen auch die tatsächliche Anzahl $\mathrm{N}(\mathrm{n})$ wertemäßig verschiedener Krümmungskomponenten angibt, weil die etwa nach [4], [10] aus

$$\mathrm{N}(\mathrm{n}) = \mathrm{n}^2(\mathrm{n}^2-1)/12 \tag{2.64a}$$

berechenbare Anzahl wertemäßig verschiedener Skalare ab $\mathrm{n} = 4$ Dimensionen die Obergrenze $\mathrm{N}_0(\mathrm{n})$ unterschreitet. Es ist dies Ausdruck des Befundes, daß neben den Symmetriebedingungen (2.60) weitere $\mathrm{N}_0-\mathrm{N}$ — ab $\mathrm{n} = 4$ durch (2.60) nicht mehr abgedeckte ! — Symmetriebedingungen von der Form

$$\underline{\kappa_{ijkl}} + \kappa_{iklj} + \kappa_{iljk} \overset{(2.39c)}{=} \mathfrak{g}_i\cdot\left\{\left[\frac{\partial}{\partial q^k}\frac{\partial}{\partial q^l}-\frac{\partial}{\partial q^l}\frac{\partial}{\partial q^k}\right]\mathfrak{g}_j + \right.$$

$$+\left[\frac{\partial}{\partial q^l}\frac{\partial}{\partial q^j}-\frac{\partial}{\partial q^j}\frac{\partial}{\partial q^l}\right]\mathfrak{g}_k+\left.\left[\frac{\partial}{\partial q^j}\frac{\partial}{\partial q^k}-\frac{\partial}{\partial q^k}\frac{\partial}{\partial q^j}\right]\mathfrak{g}_l\right\} = \mathfrak{g}_i\cdot\left\{\frac{\partial}{\partial q^k}\left[\frac{\partial\mathfrak{g}_j}{\partial q^l}-\frac{\partial\mathfrak{g}_l}{\partial q^j}\right]+\right.$$

$$\left.+\frac{\partial}{\partial q^j}\left[\frac{\partial\mathfrak{g}_l}{\partial q^k}-\frac{\partial\mathfrak{g}_k}{\partial q^l}\right]+\frac{\partial}{\partial q^l}\left[\frac{\partial\mathfrak{g}_k}{\partial q^j}-\frac{\partial\mathfrak{g}_j}{\partial q^k}\right]\right\} \overset{(2.35b)}{=} 0\,,\quad i,j,k,l=1\ldots n \tag{2.64b}$$

festzustellen sind[64].
Angesichts der mit (2.64a) doch erheblichen Komponentenreduktion stellt sich die Frage nach der Möglichkeit, durch geeignetes Arrangement die letztlich verbleibenden wertemäßig verschiedenen Krümmungskomponenten und damit das Raumkrümmungsphänomen in niedrigeren als vierstufig–tensorwertigen Operatoren konzentrieren zu können. Eine Konzentration etwa in symmetrische zweistufige Tensoren, wie dies (2.63a,b) naheliegt, ist indessen nur für (n =) zwei bzw. drei Dimensionen möglich, weil an

$$\mathrm{n}^2(\mathrm{n}^2-1)/12 \overset{65)}{>} \mathrm{n}(\mathrm{n}+1)/2,\ \text{d. h. } \mathrm{n}(\mathrm{n}-1)/6 > 1$$

ersichtlich wird, daß ab $\mathrm{n} = 4$ die Anzahl der Krümmungstensorkomponenten Diejenigen eines symmetrischen zweistufigen Tensors übersteigt. Im Falle von zwei bzw. drei Dimensionen sind vollständig repräsentative zweistufige Reduktionen der Ricci– bzw. der Einsteintensor ($\overset{<2>}{\mathcal{H}}{}^{(\mathrm{R})}$ bzw. $\overset{<2>}{\mathcal{H}}{}^{(\mathrm{E})}$). Für den dreidimensionalen Fall nutzt man den Befund, daß "Flächentensoren" ($\overset{<2>}{\mathfrak{E}}{}^{[\alpha\beta]}$) durch deren

---

[64] Z. B. im Falle $\mathrm{n} = 4$, d. h. $\left[\begin{matrix}\mathrm{n}\\2\end{matrix}\right] = 6$ mit $\mathrm{N}_0 = 21$, $\mathrm{N} = 20$, d. h. $\mathrm{N}_0-\mathrm{N} = 1$ findet man aus den Identitäten vom Typ (2.64b) weitere, durch die Symmetrieeigenschaften (2.60) nicht abgedeckte Bedingungen, die sich aber sämtlich durch <u>eine</u> weitere Bedingung, nämlich z. B. durch $\kappa_{1234} + \kappa_{1342} + \kappa_{1423} = 0$ erfüllen lassen.

[65] $\mathrm{n}(\mathrm{n}+1)/2$ ist die Anzahl voneinander unabhängiger Komponenten eines symmetrischen zweistufigen Tensors im n–dimensionalen Vektorraum.

"vektorwertige Ergänzungen" (zum "Raumtensor" ($\overset{\langle 3\rangle}{\mathfrak{E}}$)) äquivalent repräsentiert werden können [1], was sich in[66)]

$$\mathfrak{g}^{\alpha}\circ\mathfrak{g}^{\alpha+1}-\mathfrak{g}^{\alpha+1}\circ\mathfrak{g}^{\alpha}=-\underset{(3)}{\mathbb{E}}\times(\mathfrak{g}^{\alpha}\times\mathfrak{g}^{\alpha+1})=-\underset{(3)}{\mathbb{E}}\times\mathfrak{g}_{\alpha+2}/\sqrt{g}=-\underset{(3)}{\mathbb{E}}\times\underset{(3)}{\mathbb{E}}\cdot\mathfrak{g}_{\alpha+2}/\sqrt{g}=$$
$$=\overset{\langle 3\rangle}{\mathfrak{E}}\cdot\mathfrak{g}_{\alpha+2}/\sqrt{g}\equiv\mathfrak{g}_{\alpha+2}\cdot\overset{\langle 3\rangle}{\mathfrak{E}}/\sqrt{g}\,,\qquad\sqrt{g}=[\mathfrak{g}_1\mathfrak{g}_2\mathfrak{g}_3]\tag{2.65a}$$

bzw.

$$\overset{\langle 2\rangle[\alpha,\alpha+1]}{\mathfrak{E}}=\mathfrak{g}_{\alpha+2}\cdot\overset{\langle 3\rangle}{\mathfrak{E}}\Big/\sqrt{g\,g^{[\alpha,\alpha+1]}}\equiv\left[\overset{\langle 3\rangle}{\mathfrak{E}}\Big/\sqrt{g\,g^{[\alpha,\alpha+1]}}\right]\cdot\mathfrak{g}_{\alpha+2}\tag{2.65b}$$

ausdrückt, womit man schließlich aus (2.63a)

$$\underset{(3)}{\overset{\langle 4\rangle}{\mathscr{H}}}=\overset{\langle 3\rangle}{\mathfrak{E}}\cdot\underset{(3)}{\overset{\langle 2\rangle}{\mathscr{H}}}{}^{(E)}\cdot\overset{\langle 3\rangle}{\mathfrak{E}}\tag{2.65c}$$

mit dem $\underset{(3)}{\overset{\langle 4\rangle}{\mathscr{H}}}$ "erzeugenden" Einsteintensor

$$\underset{(3)}{\overset{\langle 2\rangle}{\mathscr{H}}}{}^{(E)}\equiv\underset{(3)}{\overset{\langle 2\rangle}{\mathscr{H}}}{}^{(E)T}\overset{67)}{=}\overset{\langle 3\rangle}{\mathfrak{E}}\cdot\cdot\underset{(3)}{\overset{\langle 4\rangle}{\mathscr{H}}}\cdot\cdot\overset{\langle 3\rangle}{\mathfrak{E}}/4=$$
$$=\frac{1}{g}\Big[\kappa_{1212}\,\mathfrak{g}_3\circ\mathfrak{g}_3+\kappa_{2323}\,\mathfrak{g}_1\circ\mathfrak{g}_1+\kappa_{3131}\,\mathfrak{g}_2\circ\mathfrak{g}_2+\kappa_{1223}\,(\mathfrak{g}_1\circ\mathfrak{g}_3+\mathfrak{g}_3\circ\mathfrak{g}_1)+$$
$$+\kappa_{2331}\,(\mathfrak{g}_2\circ\mathfrak{g}_1+\mathfrak{g}_1\circ\mathfrak{g}_2)+\kappa_{3112}\,(\mathfrak{g}_3\circ\mathfrak{g}_2+\mathfrak{g}_2\circ\mathfrak{g}_3)\Big]\,,\tag{2.65d}$$

auffindet,[68)] der mit dem durch $\underset{(3)}{\overset{\langle 2\rangle}{\mathscr{H}}}{}^{(R)}=\overset{\langle 4\rangle}{\mathbb{E}}\cdot\cdot\cdot\underset{(3)}{\overset{\langle 4\rangle}{\mathscr{H}}}$ definierten Ricci–Tensor in der Form

$$\underset{(3)}{\overset{\langle 2\rangle}{\mathscr{H}}}{}^{(R)}\equiv\underset{(3)}{\overset{\langle 2\rangle}{\mathscr{H}}}{}^{(R)^T}=\overset{\langle 4\rangle}{\mathbb{E}}\cdot\cdot\cdot\underset{(3)}{\overset{\langle 4\rangle}{\mathscr{H}}}=\overset{\langle 4\rangle}{\mathbb{E}}\cdot\cdot\cdot\left[\overset{\langle 3\rangle}{\mathfrak{E}}\cdot\underset{(3)}{\overset{\langle 2\rangle}{\mathscr{H}}}{}^{(E)}\cdot\overset{\langle 3\rangle}{\mathfrak{E}}\right]\equiv$$
$$\equiv\left[\underset{(3)}{\overset{\langle 4\rangle}{\mathbb{E}}}\cdot\cdot\overset{\langle 3\rangle}{\mathfrak{E}}\right]\cdot\cdot\left[\underset{(3)}{\overset{\langle 2\rangle}{\mathscr{H}}}{}^{(E)}\cdot\overset{\langle 3\rangle}{\mathfrak{E}}\right]\equiv\overset{\langle 3\rangle}{\mathfrak{E}}\cdot\cdot\left[\underset{(3)}{\overset{\langle 2\rangle}{\mathscr{H}}}{}^{(E)}\cdot\overset{\langle 3\rangle}{\mathfrak{E}}\right]\overset{69)}{=}\left[\underset{(3)}{\overset{\langle 2\rangle}{\mathscr{H}}}{}^{(E)}-\Big(\underset{(3)}{\overset{\langle 2\rangle}{\mathscr{H}}}{}^{(E)}\Big)_1\mathbb{E}\right]\tag{2.66a}$$

---

66) Mit im Zykel 1→2→3→1... zyklisch zu verstehenden Indexadditionen, was etwa für $\alpha=2$ die Indizes $\alpha+1=2+1=3$ und $\alpha+2=2+2=3+1\to 1$ ergibt usw..

Die rechts gesetzten Indizierungen $_{(3)}$ an $\underset{(3)}{\mathbb{E}}$, $\underset{(3)}{\overset{\langle 4\rangle}{\mathbb{E}}}$ usw. sollen andeuten, daß die entsprechenden Operationen im jeweiligen dreidimensionalen (Euklidischen Tangential–)Raum zu verstehen sein sollen.

67) Man benutze $\overset{\langle 3\rangle}{\mathfrak{E}}\cdot\cdot\overset{\langle 3\rangle}{\mathfrak{E}}=-2\underset{(3)}{\mathbb{E}}$

68) der mit $\overset{\langle 4\rangle}{\mathscr{H}}$ in der Version (2.59c) unter Benutzung von Vektorprodukt–Operationen, d. h. mit $\overset{\langle 3\rangle}{\mathfrak{E}}=-\mathbb{E}\times\mathbb{E}$ – die auf den dreidimensionalen Fall hinweisende Indizierung (3) wurde fortgelassen – letztlich in der Form

$$8\,\overset{\langle 2\rangle}{\mathscr{H}}{}^{(E)}=\boldsymbol{\nabla}\times\mathbb{E}\times\boldsymbol{\nabla}+\mathbb{E}\times\mathbb{E}\cdot\cdot\left[\overset{\langle 6\rangle}{\mathbb{E}}_T\cdot\cdot\cdot\Big(\overset{\langle 3\rangle}{\boldsymbol{\Gamma}}\cdot\overset{\langle 3\rangle}{\boldsymbol{\Gamma}}{}^T\Big)\right]\cdot\cdot\mathbb{E}\times\mathbb{E}\tag{2.65e}$$

dargestellt werden kann.

69) Man benutze mit $\overset{\langle 3\rangle}{\mathfrak{E}}=-\mathbb{E}\times\mathbb{E}$ die Identität $(\mathbb{a}\circ\mathbb{b})\cdot\overset{\langle 3\rangle}{\mathfrak{E}}=-(\mathbb{a}\circ\mathbb{b})\cdot\mathbb{E}\times\mathbb{E}=-\mathbb{a}\circ\mathbb{b}\times\mathbb{E}$ und $\overset{\langle 3\rangle}{\mathfrak{E}}\cdot\cdot\left[(\mathbb{a}\circ\mathbb{b})\cdot\overset{\langle 3\rangle}{\mathfrak{E}}\right]=(\mathbb{E}\times\mathbb{E})\cdot\cdot(\mathbb{a}\circ\mathbb{b}\times\mathbb{E})\equiv(\mathbb{E}\times\mathbb{a})\cdot(\mathbb{E}\times\mathbb{b})\equiv(\mathbb{E}\times\mathbb{a})\times\mathbb{b}=\mathbb{b}\circ\mathbb{a}-\mathbb{E}(\mathbb{a}\cdot\mathbb{b})$ (vgl. [1],(2.52b)).

bzw.

$$\overset{\langle 2\rangle}{\mathscr{H}}{}^{(\mathrm{E})}_{(3)} = \overset{\langle 2\rangle}{\mathscr{H}}{}^{(\mathrm{R})}_{(3)} - \frac{1}{2}\Big(\overset{\langle 2\rangle}{\mathscr{H}}{}^{(\mathrm{R})}_{(3)}\Big)_1 \mathbb{E}_{(3)} \tag{2.66b}$$

zusammenhängt, weswegen auch der Ricci–Tensor den Krümmungszustand eines dreidimensionalen Riemannschen Raumes vollständig repräsentiert:

$$\overset{\langle 4\rangle}{\mathscr{H}}_{(3)} \overset{(2.65c)}{=} \overset{\langle 3\rangle}{\mathfrak{E}} \cdot \overset{\langle 2\rangle}{\mathscr{H}}{}^{(\mathrm{E})}_{(3)} \cdot \overset{\langle 3\rangle}{\mathfrak{E}} \overset{(2.66b)}{=} \overset{\langle 3\rangle}{\mathfrak{E}} \cdot \Big[\overset{\langle 2\rangle}{\mathscr{H}}{}^{(\mathrm{R})}_{(3)} - \frac{1}{2}\Big(\overset{\langle 2\rangle}{\mathscr{H}}{}^{(\mathrm{R})}_{(3)}\Big)_1 \mathbb{E}\Big] \cdot \overset{\langle 3\rangle}{\mathfrak{E}} \,. \tag{2.66c}$$

Eine auf den zweidimensionalen Fall bezogene (2.66a) analoge Verjüngungsoperation liefert

$$\overset{\langle 2\rangle}{\mathscr{H}}{}^{(\mathrm{R})}_{(2)} = \overset{\langle 4\rangle}{\mathbb{E}}_{(2)} \cdots \overset{\langle 4\rangle}{\mathscr{H}}_{(2)} \overset{(2.63b)}{=} K\, \overset{\langle 2\rangle}{\mathfrak{E}}{}^{[12]} \cdot \overset{\langle 2\rangle}{\mathfrak{E}}{}^{[12]} = -K\, \mathbb{E}_{(2)} \,, \tag{2.66d}$$

also einen zum (in der jeweiligen Tangentialebene an die Fläche definierten) lokal–planaren Einheitstensor ($\mathbb{E}_{(2)}$) proportionalen Operator.

Indem hier noch die kovarianten Komponentendarstellungen von Ricci– und Einstein–Tensor in Abhängigkeit von den kovarianten Krümmungstensor–Komponenten $\kappa_{\alpha\beta\gamma\delta}$ notiert werden sollen, die man mit

$$\overset{\langle 2\rangle}{\mathscr{H}}{}^{(\mathrm{R})}_{(3)} = \overset{\langle 4\rangle}{\mathbb{E}}_{(3)} \cdots \overset{\langle 4\rangle}{\mathscr{H}}_{(3)} = \overset{\langle 4\rangle}{\mathbb{E}}_{(3)} \cdots \sum_{\alpha,\beta,\gamma,\delta=1}^{3} \kappa_{\alpha\beta\gamma\delta}\, \mathfrak{g}^{\alpha}\circ\mathfrak{g}^{\beta}\circ\mathfrak{g}^{\gamma}\circ\mathfrak{g}^{\delta} \equiv$$

$$\equiv \sum_{\alpha,\beta,\gamma,\delta=1}^{3} \kappa_{\alpha\beta\gamma\delta} (\mathfrak{g}^{\alpha}\circ\mathfrak{g}^{\beta})\cdot(\mathfrak{g}^{\gamma}\circ\mathfrak{g}^{\delta}) = \sum_{\alpha,\delta=1}^{3}\Big[\sum_{\beta,\gamma=1}^{3} \kappa_{\alpha\beta\gamma\delta}\, g^{\beta\gamma}\Big] \mathfrak{g}^{\alpha}\circ\mathfrak{g}^{\delta} \equiv \sum_{\alpha,\delta=1}^{3} \kappa^{(\mathrm{R})}_{\alpha\delta}\, \mathfrak{g}^{\alpha}\circ\mathfrak{g}^{\delta}$$

als

$$\kappa^{(\mathrm{R})}_{\alpha\delta} = \sum_{\beta,\gamma=1}^{3} \kappa_{\alpha\beta\gamma\delta}\, g^{\beta\gamma} \,, \quad \kappa^{(\mathrm{E})}_{\alpha\delta} = \sum_{\beta,\gamma=1}^{3} \kappa_{\alpha\beta\gamma\delta}\, g^{\beta\gamma} - \frac{\kappa}{2} g_{\alpha\delta} \,, \tag{2.67a,b}$$

mit der als "Raumkrümmung" bezeichneten (ersten) Invarianten

$$\kappa = \Big(\overset{\langle 2\rangle}{\mathscr{H}}{}^{(\mathrm{R})}_{(3)}\Big)_1 = \mathbb{E}_{(3)} \cdot\cdot \overset{\langle 2\rangle}{\mathscr{H}}{}^{(\mathrm{R})}_{(3)} \equiv \overset{\langle 4\rangle}{\mathbb{E}}_{(3)} \cdots\cdot \overset{\langle 4\rangle}{\mathscr{H}}_{(3)} \equiv \Big(\overset{\langle 4\rangle}{\mathscr{H}}\Big)_1 = \sum_{\alpha,\beta,\gamma,\delta=1}^{3} \kappa_{\alpha\beta\gamma\delta}\, g^{\beta\gamma} g^{\alpha\delta} \tag{2.67c}$$

erhält, und desweiteren die Notation von $\overset{\langle 2\rangle}{\mathscr{H}}{}^{(\mathrm{R})}$ in Termen der Γ–Symbole,

$$\overset{\langle 2\rangle}{\mathscr{H}}{}^{(\mathrm{R})}_{(3)} \overset{(2.57a)}{=} \sum_{\alpha,\beta=1}^{3} (\mathfrak{g}^{\alpha}\circ\mathfrak{g}^{\beta}) \cdot \Big[\frac{d\mathbf{\Gamma}_{[\alpha]}}{dq^{\beta}} - \frac{d\mathbf{\Gamma}_{[\beta]}}{dq^{\alpha}} - (\mathbf{\Gamma}_{[\alpha]}\cdot\mathbf{\Gamma}^{T}_{[\beta]} - \mathbf{\Gamma}_{[\beta]}\cdot\mathbf{\Gamma}^{T}_{[\alpha]})\Big] \,, \tag{2.67d}$$

soll nochmals betont werden, daß eine solcherart vollständige Reduktion der Raumkrümmungsverhältnisse auf zweistufige symmetrische Tensoren nur für den Fall von zwei bzw. drei Raumdimensionen möglich ist[70].

Ersetzt man in der nach (2.56b) erhältlichen Darstellung

---

70) Was denn auch für die klassische Kontinuumstheorie mit der für Euklidische Mannigfaltigkeiten geltenden Aussagen $\overset{\langle 2\rangle}{\mathscr{H}}{}^{(\mathrm{R})}_{(3)} = 0$ bzw. $\overset{\langle 2\rangle}{\mathscr{H}}{}^{(\mathrm{E})}_{(3)}$ einfachster Ansatzpunkt zur Konstruktion der symmetrisch–zweistufigen tensorwertigen sog. "Verträglichkeitsbedingungen" in Termen des Greenschen bzw. Almansischen Verzerrungstensors ist (s. h. die Details am Ende dieser Ziffer). Grundgedanke ist dabei, daß das Kontinuum sowohl in seiner Bezugs– als auch in seiner Momentankonfiguration Objekt der dreidimensionalen Euklidischen Geometrie ist und daher insbesondere für die an die Koordinatenlinien sowohl in der ("unverformten") Bezugs– als auch in der Momentankonfiguration legbaren Tangentenvektoren ($\mathfrak{g}_j$ bzw. $\overline{\mathfrak{g}}_j$) die Integrabilitätsbedingungen $\Big[\frac{\partial}{\partial q^k}\frac{\partial}{\partial q^l} - \frac{\partial}{\partial q^l}\frac{\partial}{\partial q^k}\Big]\begin{Bmatrix}\mathfrak{g}_j\\ \overline{\mathfrak{g}}_j\end{Bmatrix} = 0$ gelten müssen.

$$\left[\frac{\partial}{\partial q^k}\frac{\partial}{\partial q^l}-\frac{\partial}{\partial q^l}\frac{\partial}{\partial q^k}\right]\mathbb{v}=\mathbb{v}\cdot\left\{\mathfrak{g}_k\circ\mathfrak{g}_l\cdot\cdot\overset{<4>}{\mathscr{H}}\right\} \tag{2.68}$$

einerseits die Dyade $\mathfrak{g}_k\circ\mathfrak{g}_l$ durch die Einheits–Plangröße

$$\overset{<2>(E)}{\mathfrak{f}}_{[kl]}=\frac{1}{2\sqrt{g_{[kl]}}}(\mathfrak{g}_k\circ\mathfrak{g}_l-\mathfrak{g}_l\circ\mathfrak{g}_k)=\overset{<2>}{\mathfrak{E}}_{[kl]}/2\,,\ g_{[kl]}=g_{kk}g_{ll}-g_{kl}^2\,, \tag{2.68a,b}$$

die eine Einheitsfläche in der durch die Vektoren $\mathfrak{g}_k$, $\mathfrak{g}_l$ definierten Ebenen beschreibt,[71] weswegen aufgrund von $\overset{<4>}{\mathscr{H}}\equiv(\overset{<4>}{\mathbb{E}}-\overset{<4>}{\mathbb{E}}_T)\cdot\cdot\overset{<4>}{\mathscr{H}}/2$ (vgl. (2.60a)) die Identität

$$\mathfrak{g}_k\circ\mathfrak{g}_l\cdot\cdot\overset{<4>}{\mathscr{H}}\equiv\mathfrak{g}_k\circ\mathfrak{g}_l\cdot\cdot(\overset{<4>}{\mathbb{E}}-\overset{<4>}{\mathbb{E}}_T)\cdot\cdot\overset{<4>}{\mathscr{H}}/2\equiv(\mathfrak{g}_k\circ\mathfrak{g}_l-\mathfrak{g}_l\circ\mathfrak{g}_k)\cdot\cdot\overset{<4>}{\mathscr{H}}/2=$$

$$\overset{(2.68b)}{=}\sqrt{g_{[kl]}}\;\overset{<2>(E)}{\mathfrak{f}}_{[kl]}\cdot\cdot\overset{<4>}{\mathscr{H}} \tag{2.68c}$$

herzustellen ist und beachtet desweiteren, daß

$$\frac{1}{\sqrt{g_{[kl]}}}\left[\frac{\partial}{\partial q^k}\frac{\partial}{\partial q^l}-\frac{\partial}{\partial q^l}\frac{\partial}{\partial q^k}\right]\mathbb{v}=\lim_{\Delta f_{[kl]}\to 0}\frac{1}{\Delta f_{[kl]}}\oint_{\Delta l(\Delta f_{[kl]})}d\mathbb{v}\equiv\frac{D\mathbb{v}}{Df_{[kl]}} \tag{2.68d}$$

bedeutet, d. h. denjenigen Grenzwert, den man erhält, wenn man die Funktionszuwächse $(d\mathbb{v})$ längs des Umfanges eines Elementarvierecks mit den Kantenlängen $d\mathbb{r}_k=\mathfrak{g}_k dq^k$, $d\mathbb{r}_l=\mathfrak{g}_l dq^l$ integriert und das solchermaßen anfallende Resultat durch den Inhalt $(df_{[kl]}=\sqrt{g_{[kl]}}\,dq^k dq^l)$ der "umfahrenen Fläche" dividiert[72], so entsteht gleichwertig mit (2.68)

$$\frac{D\mathbb{v}}{Df_{[kl]}}=\mathbb{v}\cdot\left[\overset{<2>(E)}{\mathfrak{f}}_{[kl]}\cdot\cdot\overset{<4>}{\mathscr{H}}\right], \tag{2.68e}$$

bzw. mit

$$d\overset{<2>}{\mathfrak{f}}_{[kl]}=df_{[kl]}\overset{<2>(E)}{\mathfrak{f}}_{[kl]}=\sqrt{g_{[kl]}}\,dq^k dq^l\,\overset{<2>(E)}{\mathfrak{f}}_{[kl]}$$

die differentielle Identität

$$D_{[kl]}\mathbb{v}\equiv\frac{D\mathbb{v}}{Df_{[kl]}}df_{[kl]}=\oint_{\Delta l(\Delta f_{[kl]})}d\mathbb{v}=\left[\frac{\partial}{\partial q^k}\frac{\partial}{\partial q^l}-\frac{\partial}{\partial q^l}\frac{\partial}{\partial q^k}\right]\mathbb{v}\,dq^k dq^l=$$

---

71) Mit dem durch

$$(-1)^{\frac{2\times 1}{2}}\overset{<2>(E)}{\mathfrak{f}}_{[kl]}\cdot\cdot\overset{<2>}{\mathfrak{E}}_{[kl]}\equiv\overset{<2>(E)}{\mathfrak{f}}_{[kl]}\cdot\cdot\overset{<2>\,T}{\mathfrak{E}}_{[kl]}=1$$

definierten Flächenelementenbetrag (vgl.[1],(E.5.34b)).

72) Wählt man die Richtungen $(\mathfrak{g}_k,\mathfrak{g}_l)$ so, daß man $\mathfrak{g}_k$ durch Drehung entgegengesetzt dem Uhrzeiger–Drehsinn in $\mathfrak{g}_l$ verbringen muß, so ist unter $\oint d\mathbb{v}$ die Summation der Vektorinkremente längs der Umfangslinie $\Delta l(\Delta f_{[kl]})$ dergestalt zu verstehen, daß bei der "Umfahrung" das Flächenelement $(\Delta f_{[kl]})$ stets links liegt.

$$= \mathbb{v}\cdot\left[d\overset{\langle 2\rangle}{\mathbb{f}}_{[kl]}\cdot\cdot\overset{\langle 4\rangle}{\mathcal{H}}\right], \tag{2.68f}$$

was uns — allerdings mit der durch $\partial/\partial q^k$ bezeichneten sog. "absoluten Differentiations–Anweisung" und mit von Null verschiedenen Werten $D_{[kl]}\mathbb{v}$ — in konkreter Rechnung (zumindest) für den anschaulich noch zugänglichen zweidimensionalen Fall in §6 (vgl. (6.20d)) wieder begegnen wird.

Im Fall von $\overset{\langle 4\rangle}{\mathcal{H}} \neq 0$ besagt (2.68f), daß Linienintegrale $\int\limits_{\Delta l_{P_1\to P_2}} d\mathbb{v}$ von dem zwei Punkte P_1, P_2 verbindenden Integrationsweg $\Delta l_{P_1\to P_2}$ abhängen; und zwar in spezieller Weise insofern, als das Ergebnis der Linienintegration längs eines infinitesimalen (als Berandung eines am Raumpunkte P aufgespannten Flächenelementes $df_{[kl]}$ auffaßbaren) "Umlaufes" zu deuten ist als Folge einer (zur Elementenfläche $df_{[kl]}$ proportionalen) infinitesimalen Drehung des Feldvektors $\hat{\mathbb{v}}(P)$.

In letzterem Befund, den man wegen $\overset{\langle 4\rangle}{\mathcal{H}} = -\overset{\langle 4\rangle}{\mathcal{H}}\cdot\cdot\overset{\langle 4\rangle}{\mathbb{E}}_T$ und damit

$$\overset{\langle 2\rangle[E]}{\mathbb{f}}_{[kl]}\cdot\cdot\overset{\langle 4\rangle}{\mathcal{H}} = -\overset{\langle 2\rangle[E]}{\mathbb{f}}_{[kl]}\cdot\cdot\overset{\langle 4\rangle}{\mathcal{H}}\cdot\cdot\overset{\langle 4\rangle}{\mathbb{E}}_T \equiv -\left[\overset{\langle 2\rangle[E]}{\mathbb{f}}_{[kl]}\cdot\cdot\overset{\langle 4\rangle}{\mathcal{H}}\right]\cdot\cdot\overset{\langle 4\rangle}{\mathbb{E}}_T = -\left[\overset{\langle 2\rangle[E]}{\mathbb{f}}_{[kl]}\cdot\cdot\overset{\langle 4\rangle}{\mathcal{H}}\right]^T \tag{2.69}$$

in der Form

$$D_{[kl]}\mathbb{v} \equiv df_{[kl]}\mathbb{v}\cdot\left[\overset{\langle 2\rangle[E]}{\mathbb{f}}_{[kl]}\cdot\cdot\overset{\langle 4\rangle}{\mathcal{H}}\right] \equiv \mathbb{v}\cdot d\mathbf{\Omega}_{[kl]} \tag{2.69a}$$

mit

$$d\mathbf{\Omega}_{[kl]} = df_{[kl]}\overset{\langle 2\rangle[E]}{\mathbb{f}}_{[kl]}\cdot\cdot\overset{\langle 4\rangle}{\mathcal{H}} = d\mathbb{f}_{[kl]}\cdot\cdot\overset{\langle 4\rangle}{\mathcal{H}} \overset{(2.69)}{\equiv} -d\mathbf{\Omega}^T_{[kl]} \tag{2.69b}$$

konkret erschließt[73], verdeutlicht sich das Grundkonzept der Analysis im Riemannschen Raum, wo die Integrabilitätsbedingungen

---

73) Mit der für Versoren gültigen Identität $\mathbb{R}^T\cdot\mathbb{R} = \mathbb{E}$, d. h. — man benutze $d\mathbb{E} = 0$ — $\mathbb{R}^T\cdot d\mathbb{R} = -d\mathbb{R}^T\cdot\mathbb{R} = -(\mathbb{R}^T\cdot d\mathbb{R})^T = d\mathbf{\Omega}$ bekommt man aus $\mathbb{y} = \mathbb{x}_0\cdot\mathbb{R}$ als Transformationsgesetze für infinitesimale (Vektor–)Drehungen

$$d\mathbb{y} = \mathbb{x}_0\cdot d\mathbb{R} \equiv \mathbb{x}_0\cdot\mathbb{R}\cdot\mathbb{R}^T\cdot d\mathbb{R} = \mathbb{y}\cdot d\mathbf{\Omega} \quad \text{mit} \quad d\mathbf{\Omega} = -d\mathbf{\Omega}^T.$$

In der Tat kommen hier übrigens nur Drehungen in Frage, wenn man von verunstetigenden Umklappungen absieht. Im Falle dreier Dimensionen kann man unter Benutzung der Vektorprodukt–Notation $\overset{\langle 4\rangle}{\mathbb{E}} - \overset{\langle 4\rangle}{\mathbb{E}}_T = -\mathbb{E}\times\mathbb{E}\times\mathbb{E} = -\overset{\langle 3\rangle}{\mathfrak{E}}\cdot\overset{\langle 3\rangle}{\mathfrak{E}}$ sowie

$d\overset{\langle 2\rangle}{\mathbb{f}}_{[kl]} = -\mathbb{E}\times d\mathbb{f}_{[kl]}/2 = d\mathbb{f}_{[kl]}\cdot\overset{\langle 3\rangle}{\mathfrak{E}}/2$ mit dem Flächenelementen–Vektor $d\mathbb{f}_{[kl]}$ schreiben und bekommt anstelle von (2.69a) mit $\overset{\langle 4\rangle}{\mathcal{H}} \equiv \overset{\langle 4\rangle}{\mathcal{H}}\cdot\cdot(\overset{\langle 4\rangle}{\mathbb{E}} - \overset{\langle 4\rangle}{\mathbb{E}}_T)/2 = -\overset{\langle 4\rangle}{\mathcal{H}}\cdot\cdot(\overset{\langle 3\rangle}{\mathfrak{E}}\cdot\overset{\langle 3\rangle}{\mathfrak{E}})/2$

$$D_{[kl]}\mathbb{v} = -\frac{1}{2}\mathbb{v}\cdot\left[d\mathbb{f}_{[kl]}\cdot\overset{\langle 3\rangle}{\mathfrak{E}}\cdot\cdot\overset{\langle 4\rangle}{\mathcal{H}}\cdot\cdot\overset{\langle 3\rangle}{\mathfrak{E}}\cdot\overset{\langle 3\rangle}{\mathfrak{E}}\right] \overset{(2.65d)}{=} -2\mathbb{v}\cdot\left[d\mathbb{f}_{[kl]}\cdot\overset{\langle 2\rangle[E]}{\mathcal{H}}\cdot\overset{\langle 3\rangle}{\mathfrak{E}}\right]$$

$$\equiv 2\mathbb{v}\times\left[d\mathbb{f}_{[kl]}\cdot\overset{\langle 2\rangle[E]}{\mathcal{H}}\right] \equiv \mathbb{v}\times d\omega_{[kl]} \tag{2.69c}$$

mit einem zum Flächenelementeninhalt proportionalen infinitesimalen Drehwinkel $d\omega_{[kl]}$.

$$\sqrt{g_{[kl]}}\,\frac{D\lambda}{Df_{[kl]}} = \left[\frac{\partial}{\partial q^k}\frac{\partial}{\partial q^l} - \frac{\partial}{\partial q^l}\frac{\partial}{\partial q^k}\right]\lambda = 0 \qquad (2.70)$$

nur noch für skalare Felder $\hat{\lambda}(P) = \lambda(q^1,q^2,...)$ gelten[74], wobei gerade die Bedingungen (2.70) den mit (2.69) beschriebenen durch Raumkrümmung bewirkten Dreh—Effekt plausibel machen. Notiert man nämlich ein Vektorfeld in der Form

$$\mathbb{v} \equiv |\mathbb{v}|\ \mathbb{v}/|\mathbb{v}| \equiv |\mathbb{v}|\ \mathbb{e}_v,$$

d. h. als Produkt eines skalaren Feldes ($|\mathbb{v}|$) und eines Einheitsvektorfeldes ($\mathbb{e}_v$) und benutzt die Identität

$$\frac{D\mathbb{v}}{Df_{[kl]}} = \frac{D}{Df_{[kl]}}\left[|\mathbb{v}|\mathbb{e}_v\right] \equiv \frac{D|\mathbb{v}|}{Df_{[kl]}}\mathbb{e}_v + |\mathbb{v}|\frac{D\mathbb{e}_v}{Df_{[kl]}}, \qquad (2.70b)$$

so erkennt man angesichts des für das Feld $|\mathbb{v}|$ gültigen Befundes (2.70a)

$$\frac{D\mathbb{v}}{Df_{[kl]}} = |\mathbb{v}|\frac{D\mathbb{e}_v}{Df_{[kl]}}, \quad D_{[kl]}\mathbb{v} = |\mathbb{v}|\ D_{[kl]}\mathbb{e}_v, \qquad (2.70c,d)$$

was bedeutet, daß $D_{[kl]}\mathbb{v}$, wenn nicht Null, allenfalls Ergebnis der infinitesimalen Änderung $(D_{[kl]}\mathbb{e}_v)$ eines Einheitsvektors und damit in der Tat Ergebnis allenfalls einer infinitesimalen Drehung sein kann.

$\langle 4 \rangle$

Die auf den ersten Blick für $\mathscr{H} \neq 0$ sicherlich befremdlichen Aussagen (2.68c,d, 2.69a,b) sind als auf beliebige Dimensionen bezogene Verallgemeinerungen eines Befundes anzusehen, der für gekrümmte Flächen, d. h. zweidimensionale Mannigfaltigkeiten in konkreter Rechnung erbracht werden kann (vgl. (6.19b,c)).

Die Forderung nach Verschwinden des Krümmungstensors bzw. des Letzteren, im Falle dreidimensionaler Mannigfaltigkeiten "erzeugenden" Einsteintensors ist, wie schon erwähnt, Schlüssel für die Formulierung der Verträglichkeitsbedingungen der klassischen Kontinuumsmechanik, die man als eine Solche für "permanent in den dreidimensionalen Euklidischen Raum ($\mathscr{V}_3$) eingebettete" Körper auffaßt[75]

Sowohl für eine — durch $\mathbb{r}(P,t_0) = \mathbb{r}(q^1,q^2,q^3)$ gekennzeichnete — sog. "Bezugskonfiguration" als auch für eine — mit dem (Lagrangeschen) Feld $\mathbb{u}(q^1,q^2,q^3,t)$ der Verschiebungen $\mathbb{u}(P,t)$ durch

$$\mathbb{r}(P,t) \equiv \bar{\mathbb{r}}(q^1,q^2,q^3,t) = \mathbb{r}(q^1,q^2,q^3) + \mathbb{u}(q^1,q^2,q^3,t)$$

definierte Momentankonfiguration muß danach gelten, daß sich in einfach zusammenhängenden Bereichen stetig differenzierbare (Lagrangesche) Vektor— bzw. Tensorfelder $\overset{\langle p \rangle}{\mathbb{A}}(q^1,q^2,q^3,t)$ durch pfadunabhängige Linienintegration ihrer Inkremente ermitteln lassen müssen. Um der Forderung nach

---

74) was man übrigens unter Benutzung der auch für die Operation D/Df (mittels $\mathbb{v}^+ = \lambda\mathbb{v}$ anstelle von $\mathbb{v}$ nach (2.68b) verifizierbaren) "Produktregel" $D(\lambda\mathbb{v})/Df = \mathbb{v}(D\lambda/Df) + \lambda(D\mathbb{v}/Df)$ leicht nachweist. Danach muß

$$\frac{D(\lambda\mathbb{v})}{Df_{[kl]}} \equiv \frac{D\lambda}{Df_{[kl]}}\mathbb{v} + \lambda\frac{D\mathbb{v}}{Df_{[kl]}} \overset{*)}{=} \lambda\mathbb{v}\cdot\left[\overset{\langle 2\rangle}{\underset{[kl]}{\mathbb{f}}}{}^{(E)}\cdot\cdot\overset{\langle 4\rangle}{\mathscr{H}}\right] \overset{(2.68c)}{=} \lambda\frac{D\mathbb{v}}{df_{[kl]}}, \qquad (2.70a)$$

d. h. in der Tat $$\sqrt{g_{[kl]}}\,\frac{D\lambda}{Df_{[kl]}} = \left[\frac{\partial}{\partial q^k}\frac{\partial}{\partial q^l} - \frac{\partial}{\partial q^l}\frac{\partial}{\partial q^k}\right]\lambda = 0 \text{ sein.}$$

Dabei wurde für die auf *) folgende Formel (2.68c) mit $\lambda\mathbb{v}$ anstelle von $\mathbb{v}$ benutzt.

75) worunter man eine Menge "stetig—dicht" liegender materieller Punkte P versteht, deren Kennzeichnung durch drei Koordinaten (und ggf. die Zeit) solcherart Objekte zum Gegenstand der Analysis machen.

Verschwinden des Linienintegrals der Inkremente längs des Umfanges jeden Flächenelementes $d\bar{f}_{[kl]}$ in der Kontinuums–Momentankonfiguration, d. h.

$$\oint_{d\bar{f}_{[kl]}} d\mathbb{A}^{\langle p\rangle} = 0$$

bzw. — gleichwertig — der Forderung nach Verschwinden des Einsteintensors nach (2.65d) zu entsprechen, müssen jetzt zunächst die Fundamentalgrößen und — darauf aufbauend — die Γ–Symbole unter Benutzung der an die "verformten Koordinatenlinien" gelegten Basisvektoren $(\bar{\mathfrak{g}}_j, \bar{\mathfrak{g}}_k)$ (Abb. 2.2) ermittelt werden, wobei man Letztere unter Benutzung des sog. (lokalen) Konfigurationstensors (vgl. §8)

$$\mathbb{F}(q^1,q^2,q^3,t) = \sum_{j=1}^{3} \mathfrak{g}^j \circ \bar{\mathfrak{g}}_j \text{ mit } \mathbb{F}^{-1} = \sum_{j=1}^{3} \bar{\mathfrak{g}}^j \circ \mathfrak{g}_j \qquad (2.71a,b)$$

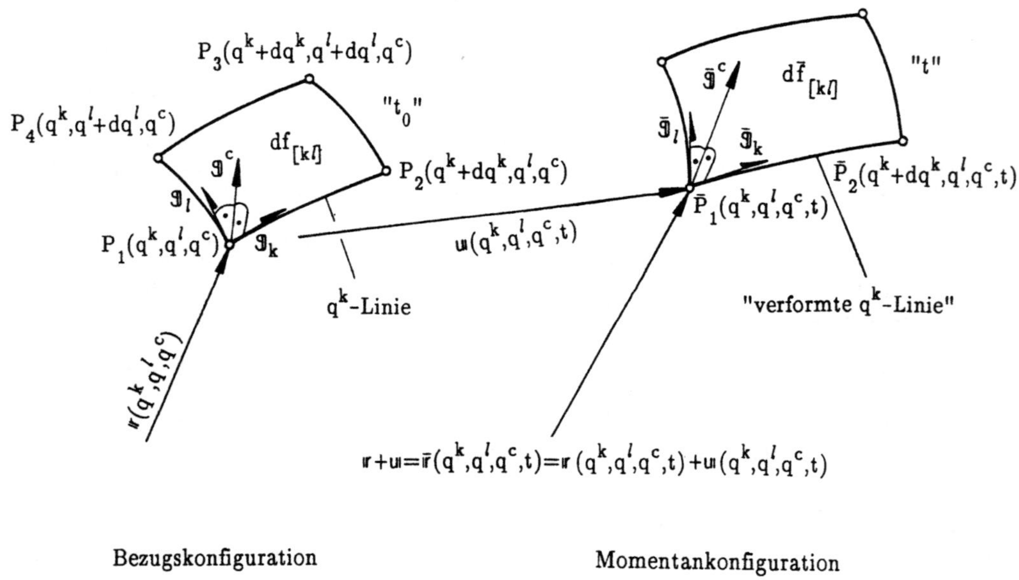

Abb. 2.2

in der Form

$$\bar{\mathfrak{g}}_j = \mathfrak{g}_j \cdot \mathbb{F}, \quad \bar{\mathfrak{g}}^j = \mathfrak{g}^j \cdot \mathbb{F}^{T^{-1}} \qquad (2.71c,d)$$

mit den entsprechenden Größen $(\mathfrak{g}_j, \mathfrak{g}^j)$ der Bezugskonfiguration verknüpfen kann[76]. Demnach ist jetzt

mit $$\bar{g}_{ij} = \bar{\mathfrak{g}}_i \cdot \bar{\mathfrak{g}}_j = \mathfrak{g}_i \cdot \mathbb{F} \cdot \mathbb{F}^T \cdot \mathfrak{g}_j \overset{77)}{\equiv} \mathfrak{g}_i \cdot (\mathbb{E} + 2\mathbb{D}^{(G)}) \cdot \mathfrak{g}_j = g_{ij} + 2d_{ij}^{(G)} \qquad (2.72a)$$

anstelle von $\mathbb{E} = \sum g_{ij}\, \mathfrak{g}^i \circ \mathfrak{g}^j$ von der Version

---

76) die in §8 mit $\hat{\mathfrak{g}}_j$, $\hat{\mathfrak{g}}^j$ bezeichnet worden sind.

77) $\mathbb{D}^{(G)} = (\mathbb{F} \cdot \mathbb{F}^T - \mathbb{E})/2$ bezeichnet den Greenschen Verzerrungstensor, vgl §8.

$$(\mathbb{E} =^{78)})\bar{\mathbb{E}} = \sum_{i,j=1}^{3} \bar{g}_{ij}\bar{\mathfrak{g}}^j\circ\bar{\mathfrak{g}}^i = \sum_{i,j=1}^{3} g_{ij}\bar{\mathfrak{g}}^j\circ\bar{\mathfrak{g}}^i + 2\sum_{i,j=1}^{3} d_{ij}^{(G)}\bar{\mathfrak{g}}^j\circ\bar{\mathfrak{g}}^i \overset{(2.71d)}{=} \mathbb{F}^{-1}\cdot(\mathbb{E}+2\mathbb{D}^{(G)})\cdot\mathbb{F}^{T^{-1}} \tag{2.72b}$$

auszugehen, worin
$$\mathbb{D}^{(G)} = \sum_{i,j=1}^{3} d_{ij}^{(G)}\, \mathfrak{g}^j\circ\, \mathfrak{g}^i \tag{2.72c}$$

die auf die Basis $(\mathfrak{g}^j)$ der Bezugskonfiguration bezogene Darstellung des Greenschen Verzerrungstensors bezeichnet.
Unter Benutzung der vierstufigen Größe

$$\overset{<4>}{\mathbb{F}} = \sum_{j=1}^{3}\mathfrak{g}^j\circ\mathbb{F}\circ\bar{\mathfrak{g}}_j = \sum_{j,k=1}^{3}\mathfrak{g}^j\circ\,\mathfrak{g}^k\circ\,\bar{\mathfrak{g}}_k\circ\,\bar{\mathfrak{g}}_j \quad \text{mit} \tag{2.73a}$$

$$\overset{<4>}{\mathbb{F}}{}^{-1}\,{}^{79)} = \sum_{j=1}^{3}\bar{\mathfrak{g}}^j\circ\mathbb{F}^{-1}\circ\,\mathfrak{g}_j = \sum_{j,k=1}^{3}\bar{\mathfrak{g}}^j\circ\,\bar{\mathfrak{g}}^k\circ\,\mathfrak{g}_k\circ\,\mathfrak{g}_j \tag{2.73b}$$

hat man anstelle von (2.43c)

$$\bar{\mathbf{V}}\circ\bar{\mathbb{E}} = \sum_{i,j,k}\bar{\mathfrak{g}}^k\circ\,\bar{\mathfrak{g}}^j\circ\,\bar{\mathfrak{g}}^i\,\frac{\partial\bar{g}_{ij}}{\partial q^k} = \overset{<4>}{\mathbb{F}}{}^{-1}\cdot\cdot\sum_{i,j,k}\mathfrak{g}^k\circ\,\mathfrak{g}^j\circ\,\mathfrak{g}^i\,\frac{\partial\bar{g}_{ij}}{\partial q^k}\cdot\mathbb{F}^{T^{-1}} =$$
$$= \overset{<4>}{\mathbb{F}}{}^{-1}\cdot\cdot\,(\mathbf{V}\circ\mathbb{E} + 2\mathbf{V}\circ\mathbb{D}^{(G)})\cdot\mathbb{F}^{T^{-1}} \tag{2.73c}$$

zu verwenden und entsprechend

$$\bar{\mathbf{V}}\circ\bar{\mathbb{E}}\circ\bar{\mathbf{V}} = \overset{<4>}{\mathbb{F}}{}^{-1}\cdot\cdot(\mathbf{V}\circ\mathbb{E}\circ\mathbf{V} + 2\,\mathbf{V}\circ\mathbb{D}^{(G)}\circ\,\mathbf{V})\cdot\cdot\,\overset{<4>}{\mathbb{F}}{}_T^{-1} \tag{2.73d}$$

sowie
$$\overset{<\bar{3}>}{\mathbf{\Gamma}} = \overset{<4>}{\mathbb{F}}{}^{-1}\cdot\cdot(\overset{<3>}{\mathbf{\Gamma}} + \overset{<3>}{\mathbf{\Gamma}}_D)\cdot\mathbb{F}^{T^{-1}} \tag{2.74a}$$

mit
$$\overset{<3>}{\mathbf{\Gamma}}_D\,{}^{80)} = (\mathbf{V}\circ\mathbb{D}^{(G)})\cdot\cdot\cdot(\overset{<6>}{\mathbb{E}} - \overset{<6>}{\mathbb{E}}_T + \overset{<6>}{\mathbb{E}}_T\cdot\cdot\,\overset{<4>}{\mathbb{E}}_T) \tag{2.74b}$$

sowie[81)]

$$\overset{<\bar{3}>}{\mathbf{\Gamma}}\cdot\overset{<\bar{3}>}{\mathbf{\Gamma}}_T \overset{(2.74a)}{=} \overset{<4>}{\mathbb{F}}{}^{-1}\cdot\cdot(\overset{<3>}{\mathbf{\Gamma}} + \overset{<3>}{\mathbf{\Gamma}}_D)\cdot(\mathbb{E} + 2\mathbb{D}^{(G)})^{-1}\cdot(\overset{<3>}{\mathbf{\Gamma}} + \overset{<3>}{\mathbf{\Gamma}}_D)^T\cdot\cdot\,\overset{<4>}{\mathbb{F}}{}_T^{-1}\,, \tag{2.74c}$$

---

78) Selbstverständlich bezeichen $\mathbb{E}$ und $\bar{\mathbb{E}}$ denselben (Einheits–)Operator.

79) mit $\overset{<4>}{\mathbb{F}}\cdot\cdot\overset{<4>}{\mathbb{F}}{}^{-1} = \sum\mathfrak{g}^j\circ\mathbb{F}\cdot\mathbb{F}^{-1}\circ\,\mathfrak{g}_j = \sum\mathfrak{g}^j\circ\mathbb{E}\circ\,\mathfrak{g}_i = \sum\mathfrak{g}^j\circ\,\mathfrak{g}^k\circ\,\mathfrak{g}_k\circ\,\mathfrak{g}_j = \overset{<4>}{\mathbb{E}} \equiv$
$\equiv \overset{<4>}{\mathbb{F}}{}_1^{-1}\cdot\cdot\overset{<4>}{\mathbb{F}} = \sum\bar{\mathfrak{g}}^j\circ\,\bar{\mathfrak{g}}^k\circ\,\bar{\mathfrak{g}}_k\circ\,\bar{\mathfrak{g}}_j$

80) Man setze in (2.43d) $\bar{\mathbf{V}}\circ\bar{\mathbb{E}}$ anstelle von $\mathbf{V}\circ\mathbb{E}$ und benutze in der so enstehenden Formel anschließend (2.72a). Der Wert $\overset{<3>}{\mathbf{\Gamma}}$ in (2.74a) bedeutet wieder den Wert nach (2.43d)

81) Man benutze $\mathbb{F}^{T^{-1}}\cdot\mathbb{F}^{-1} = (\mathbb{F}\cdot\mathbb{F}^T)^{-1} \equiv (\mathbb{E}+ 2\mathbb{D}^{(G)})^{-1}$

$$\overset{\langle\bar 6\rangle}{\mathbb{E}}_T\cdot\cdot\cdot(\overset{\langle\bar 3\rangle}{\boldsymbol{\Gamma}}\cdot\overset{\langle\bar 3\rangle}{\boldsymbol{\Gamma}}^T) = \overset{\langle 4\rangle}{\mathbb{F}}^{-1}\cdot\cdot\left\{\overset{\langle 6\rangle}{\mathbb{E}}\cdot\cdot\cdot\left[(\overset{\langle 3\rangle}{\boldsymbol{\Gamma}}+\overset{\langle 3\rangle}{\boldsymbol{\Gamma}}_D^T)\cdot(\mathbb{E}+2\mathbb{D}^{(G)})^{-1}\cdot(\overset{\langle 3\rangle}{\boldsymbol{\Gamma}}+\overset{\langle 3\rangle}{\boldsymbol{\Gamma}}_D)^T\right]\right\}\cdot\cdot\overset{\langle 4\rangle}{\mathbb{F}}^{T^{-1}} \tag{2.74d}$$

und schließlich

$$\overset{\langle\bar 3\rangle}{\mathfrak{E}} =^{82)} \frac{1}{\sqrt{[\bar{\mathfrak{g}}_1\bar{\mathfrak{g}}_2\bar{\mathfrak{g}}_3]}}\begin{vmatrix}\bar{\mathfrak{g}}_1 & \bar{\mathfrak{g}}_1 & \bar{\mathfrak{g}}_1\\ \bar{\mathfrak{g}}_2 & \bar{\mathfrak{g}}_2 & \bar{\mathfrak{g}}_2\\ \bar{\mathfrak{g}}_3 & \bar{\mathfrak{g}}_3 & \bar{\mathfrak{g}}_3\end{vmatrix} = \frac{1}{\sqrt{F_3}}\mathbb{F}^T\cdot\overset{\langle 3\rangle}{\mathfrak{E}}\cdot\cdot\overset{\langle 4\rangle}{\mathbb{F}} = \frac{1}{\sqrt{F_3}}\overset{\langle 4\rangle}{\mathbb{F}}^T\cdot\cdot\overset{\langle 3\rangle}{\mathfrak{E}}\cdot\mathbb{F}\,, \tag{2.75}$$

so daß man nun unter Benutzung von $\overset{\langle 4\rangle}{\mathbb{F}}\cdot\cdot\overset{\langle 4\rangle}{\mathbb{F}}^{-1} = \overset{\langle 4\rangle}{\mathbb{F}}^{T^{-1}}\cdot\cdot\overset{\langle 4\rangle}{\mathbb{F}}^T = \overset{\langle 4\rangle}{\mathbb{E}}$ den Befund feststellt, daß die im Sinne von (2.65d) gebildete zweistufige Größe

$$8F_3\overset{\langle\bar 2\rangle}{\mathscr{H}}^{(E)} = \mathbb{F}^T\cdot\overset{\langle 3\rangle}{\mathfrak{E}}\cdot\cdot\Big\{\boldsymbol{\nabla}\circ\mathbb{E}\circ\boldsymbol{\nabla}+2\,\boldsymbol{\nabla}\circ\mathbb{D}^{(G)}\circ\boldsymbol{\nabla}+$$
$$+\overset{\langle 6\rangle}{\mathbb{E}}_T\cdot\cdot\cdot\left[(\overset{\langle 3\rangle}{\boldsymbol{\Gamma}}+\overset{\langle 3\rangle}{\boldsymbol{\Gamma}}_D^T)\cdot(\mathbb{E}+2\mathbb{D}^{(G)})^{-1}\cdot(\overset{\langle 3\rangle}{\boldsymbol{\Gamma}}+\overset{\langle 3\rangle}{\boldsymbol{\Gamma}}_D)^T\right]\Big\}\cdot\cdot\overset{\langle 3\rangle}{\mathfrak{E}}\cdot\mathbb{F} \tag{2.76a}$$

verschwinden muß, ebenso wie die Größe $\overset{\langle 2\rangle}{\mathscr{H}}^{(E)}$ nach (2.65d), weshalb man die Forderung nach Verschwinden der Struktur (2.76a) auf

$$\overset{\langle 3\rangle}{\mathfrak{E}}\cdot\cdot\Big\{2\boldsymbol{\nabla}\circ\mathbb{D}^{(G)}\circ\boldsymbol{\nabla}+\overset{\langle 6\rangle}{\mathbb{E}}\cdot\cdot\cdot\left[(\overset{\langle 3\rangle}{\boldsymbol{\Gamma}}+\overset{\langle 3\rangle}{\boldsymbol{\Gamma}}_D^T)\cdot(\mathbb{E}+2\mathbb{D}^{(G)})^{-1}\cdot(\overset{\langle 3\rangle}{\boldsymbol{\Gamma}}+\overset{\langle 3\rangle}{\boldsymbol{\Gamma}}_D)^T-\overset{\langle 3\rangle}{\boldsymbol{\Gamma}}\cdot\overset{\langle 3\rangle}{\boldsymbol{\Gamma}}^T\right]\Big\}\cdot\cdot\overset{\langle 3\rangle}{\mathfrak{E}}=0 \tag{2.76b}$$

verkürzen kann bzw. auf

$$\overset{\langle 3\rangle}{\mathfrak{E}}\cdot\cdot\Big\{\nabla\circ\mathbb{D}^{(G)}\circ\nabla+\frac{1}{2}\overset{\langle 6\rangle}{\mathbb{E}}\cdot\cdot\cdot\left[\overset{\langle 3\rangle}{\boldsymbol{\Gamma}}_D\cdot(\mathbb{E}+2\mathbb{D}^{(G)})^{-1}\cdot\overset{\langle 3\rangle}{\boldsymbol{\Gamma}}_D^T\right]\Big\}\cdot\cdot\overset{\langle 3\rangle}{\mathfrak{E}}=0 \tag{2.77a}$$

oder

$$\nabla\times\mathbb{D}^{(G)}\times\nabla+\frac{1}{2}\,\mathbb{E}\times\mathbb{E}\cdot\cdot\Big\{\overset{\langle 6\rangle}{\mathbb{E}}_T\cdot\cdot\cdot\left[\overset{\langle 3\rangle}{\boldsymbol{\Gamma}}_D\cdot(\mathbb{E}+2\mathbb{D}^{(G)})^{-1}\cdot\overset{\langle 3\rangle}{\boldsymbol{\Gamma}}_D^T\right]\Big\}\cdot\cdot\mathbb{E}\times\mathbb{E}=0 \tag{2.77b}$$

mit

$$\overset{\langle 3\rangle}{\boldsymbol{\Gamma}}_D=\nabla\circ\mathbb{D}^{(G)}\cdot\cdot\cdot(\overset{\langle 6\rangle}{\mathbb{E}}-\overset{\langle 6\rangle}{\mathbb{E}}_T+\overset{\langle 6\rangle}{\mathbb{E}}_T\cdot\cdot\overset{\langle 4\rangle}{\mathbb{E}}_T)\equiv\nabla\circ\mathbb{D}^{(G)}+(\mathbb{D}^{(G)}\times\nabla)\times\mathbb{E}\,, \tag{2.77c}$$

sofern man global–konstante Basisvektoren, d. h. gerade Koordinatenlinien mit $\overset{\langle 3\rangle}{\boldsymbol{\Gamma}}=0$ in Betracht nimmt. Weil in diesem Falle aber

---

82) Man benutze $[\bar{\mathfrak{g}}_1\bar{\mathfrak{g}}_2\bar{\mathfrak{g}}_3]=(\mathfrak{g}_1\cdot\mathbb{F})\times(\mathfrak{g}_2\cdot\mathbb{F})\cdot(\mathfrak{g}_3\cdot\mathbb{F})=[\mathfrak{g}_1\mathfrak{g}_2\mathfrak{g}_3]\,F_3$ mit der dritten Invarianten $F_3=(\mathbb{F})_3$ der lokalen Konfigurationsgröße $\mathbb{F}$. In (2.75) bedeutet (vgl. [1], (E.1.22d))

$$\overset{\langle 3\rangle}{\mathfrak{E}}=\frac{1}{\sqrt{[\mathfrak{g}_1\mathfrak{g}_2\mathfrak{g}_3]}}\begin{vmatrix}\mathfrak{g}_1 & \mathfrak{g}_1 & \mathfrak{g}_1\\ \mathfrak{g}_2 & \mathfrak{g}_2 & \mathfrak{g}_2\\ \mathfrak{g}_3 & \mathfrak{g}_3 & \mathfrak{g}_3\end{vmatrix}$$

die Darstellung des dreistufigen Permutationstensors in Termen der Tangentenvektorbasis $(\mathfrak{g}_j)$ der Bezugskonfiguration. Selbstverständlich ist der Permutationstensor ein (bezugsbasis–) invarianter Operator, so daß (2.75) mit der Setzung $\overset{\langle\bar 3\rangle}{\mathfrak{E}}=\overset{\langle 3\rangle}{\mathfrak{E}}$ eine in Termen von $\mathbb{F}$ ausgedrückte Identität darstellt.

$$\nabla\circ \mathbb{D}^{(G)} = \sum \mathfrak{g}^k\circ \frac{\partial d_{ij}^{(G)}}{\partial q^k}\, \mathfrak{g}^j\circ\mathfrak{g}^i \equiv \sum \mathfrak{g}^k\circ \frac{\partial}{\partial q^k}\left[d_{ij}^{(G)}\, \mathfrak{g}^j\circ\mathfrak{g}^i\right] = \sum \mathfrak{g}^k\circ \frac{\partial \mathbb{D}^{(G)}}{\partial q^k} \equiv \nabla\circ \mathbb{D}^{(G)} \quad (2.78)$$

usw. ist, also die Differentiationen folgenlos auch auf die Basisvektoren von $\mathbb{D}^{(G)}$ erstreckt werden dürfen, wurde in (2.77,78) anstelle von ∇ das Ableitungssymbol ∇ (vgl § 3.1) verwendet. Da letztere Operation aber koordinateninvariant ist (vgl. § 3.1), stellt (2.77a bzw. b) mit $\overset{<3>}{\mathbf{\Gamma}}_D$ nach (2.77c) die koordinateninvariante Version der Verträglichkeitsbedingungen der Kontinuumsmechanik in Termen des Greenschen Verzerrungstensors dar. Eine entsprechende Überlegung liefert als Version der Verträglichkeitsbedingungen in Termen des Almansischen Verzerrungstensors $\mathbb{D}^{(A)}$ (s. a. [5])

$$\bar{\nabla}\times\mathbb{D}^{(A)}\times\bar{\nabla} - \frac{1}{2}\,\mathbb{E}\times\mathbb{E}\cdot\cdot\left\{\overset{<6>}{\mathbb{E}_T}\cdots\left[\overset{<3>}{\mathbf{\Gamma}_A}\cdot(\mathbb{E} - 2\mathbb{D}^{(A)})^{-1}\cdot \overset{<3>}{\mathbf{\Gamma}_A}{}^T\right]\right\}\cdot\cdot\,\mathbb{E}\times\mathbb{E} = 0 \quad (2.79a)$$

mit

$$\overset{<3>}{\mathbf{\Gamma}}_A = \bar{\nabla}\circ\mathbb{D}^{(A)}\cdots(\overset{<6>}{\mathbb{E}} - \overset{<6>}{\mathbb{E}_T} + \overset{<6>}{\mathbb{E}_T}\cdot\cdot\overset{<4>}{\mathbb{E}_T}) \equiv \bar{\nabla}\circ\mathbb{D}^{(A)} + (\mathbb{D}^{(A)}\times\bar{\nabla})\times\mathbb{E} \quad (2.79b)$$

und dem sog. "räumlichen Operator"[83]

$$\bar{\nabla} = \mathbb{F}^{-1}\cdot\nabla\,. \quad (2.79c)$$

Im Zusammenhang mit einer Analyse auf der Basis der Entwicklung einer "Cesaroschen Formel" gibt Krawietz [6] als notwendige Bedingung dafür, daß Kontinuumsverschiebungen $\mathbb{u}(q^1,q^2,q^3,t)$ durch pfadunabhängige Linienintegrationen über Inkremente $(\partial_{\mathbb{r}}\mathbb{u})$ ermittelbar sein sollen, das Verschwinden einer vierstufigen Größe an, die in der vorliegenden Notation als

$$\overset{<4>}{\mathscr{H}}{}^{(K)} = \overset{<3>}{\mathfrak{E}}\cdot\left\{\nabla\times\mathbb{D}^{(G)}\times\nabla + \frac{1}{2}\overset{<3>}{\mathfrak{E}}\cdot\cdot\left[\overset{<6>}{\mathbb{E}_T}\cdots\left[\overset{<3>}{\mathbf{\Gamma}_D}\cdot(\mathbb{E} + 2\mathbb{D}^{(G)})^{-1}\cdot\overset{<3>}{\mathbf{\Gamma}_D}{}^T\right]\right]\cdot\cdot\overset{<3>}{\mathfrak{E}}\right\}\cdot\overset{<3>}{\mathfrak{E}} \quad (2.80)$$

zu bezeichnen ist.

---

83) vgl. §8.1, und zwar dort mit der Bezeichnung $\hat{\nabla}$ anstelle von $\bar{\nabla}$.

§3 Koordinateninvariante Differentiationsoperationen

3.1 Nabla-Operator

Für eine differenzierbare skalare vektor- bzw. tensorwertige Funktion $\Phi(\mathbb{r})$ wird deren (durch Kreuzkreis angedeutetes) beliebiges Produkt (z.B. Skalar-, Vektorprodukt, dyadisches Produkt) mit dem vektorwertigen Operator ∇ (Nabla) in der (koordinateninvarianten) Form

$$\nabla\otimes\Phi = \lim_{\Delta V\to 0}\frac{1}{\Delta V}\oiint_{\Delta f(\Delta V)} \mathbb{n}\otimes\Phi\, df = \lim_{\Delta V\to 0}\frac{1}{\Delta V}\oiint_{\Delta f(\Delta V)} d\mathbb{f}\otimes\Phi \qquad (3.1)$$

als eine, einem Raumpunkte $P(\mathbb{r})$ zukommende (Feld-) Größe definiert, wobei die Limesbildung das Zusammenziehen eines einfach begrenzten ("sternförmigen") Volumenelementes ΔV auf den betreffenden "Konvergenzpunkt" $P(\mathbb{r})$ bedeuten soll[1].

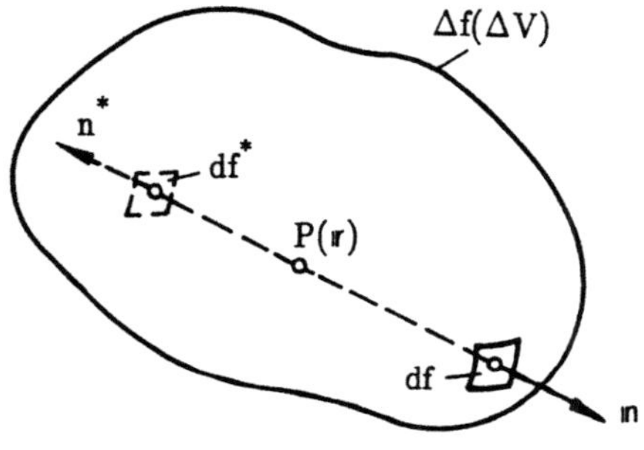

Abb. 3.1

Von der Qualität her bedeutet die Operation (3.1) eine Art "räumlicher Differenzenbildung", da wegen der jeweils verschiedenen Vorzeichen der Normalen ($\mathbb{n}$) an zwei sich gegenüberliegenden Oberflächenelementen df bzw. df^* bei der Oberflächen-Integration Funktionswerte-Differenzen $\Phi(df)-\Phi(df^*)$ summiert werden.

Koordinatenvariante Darstellungen des ∇–Operators werden aus (3.1) unter der Voraussetzung der Differenzierbarkeit von $\Phi(\mathbb{r})$ unter Verwendung koordinatenorientierter (parallelepipediger) Volumenelemente gewonnen, wobei die in (3.1) verlangte Oberflächenintegration unter Vernachlässigung von von höherer Ordnung kleinen Gliedern durch entsprechende Summationen längs der 6 (koordinatenorientierten) Oberflächenelemente von ΔV ersetzt wird und die anteiligen Änderungen der längs der Koordinatenflächenelemente definierten Funktionen durch deren erste Differentiale abgegolten werden.

So ersetzt man also[2] die längs $df'_{[1]}$ von Abb. 3.2 zu vollziehende Oberflächenintegration durch

$$\left[\sqrt{g}\,\mathbb{g}^1\otimes\Phi\,dq^2dq^3\right]_{q^1+\frac{dq^1}{2},\,q^2,\,q^3} = \sqrt{g}\,\mathbb{g}^1\otimes\Phi\,dq^2dq^3 + \frac{1}{2}\frac{\partial}{\partial q^1}\left[\sqrt{g}\,\mathbb{g}^1\otimes\Phi\right]dq^1dq^2dq^3$$

und Diejenige längs der Oberfläche $df''_{[1]}$ durch

---

1) $\Delta f(\Delta V)$ bzw. $\mathbb{n}$ bedeuten die Oberfläche von ΔV bzw. die Vektoren der äußeren Oberflächennormalen (Abb. 3.1). Als einfach begrenzt wird ein Volumen bezeichnet, wenn es durch eine einzige (zusammenhängende) Oberfläche begrenzt ist. (So hat etwa eine Hohlkugel ein zweifach begrenztes Volumen). Mit der Forderung, "sternförmige Volumenelemente" sternförmig zusammenzuziehen meint man, den Prozeß $\Delta V\to 0$ durch gleichzeitiges Schrumpfen aller drei Linearabmessungen von ΔV zu bewerkstelligen, da ansonsten durch die Prozedur (3.1) einem Raumpunkte $P(\mathbb{r})$ eine (Feld–) Größe $\nabla\otimes\Phi$ nicht zuzuordnen wäre.

2) Man benutze $d\mathbb{f}_{[1]} = \mathbb{g}_2\times\mathbb{g}_3\,dq^2dq^3 = \sqrt{g}\,\mathbb{g}^1\,dq^2dq^3$

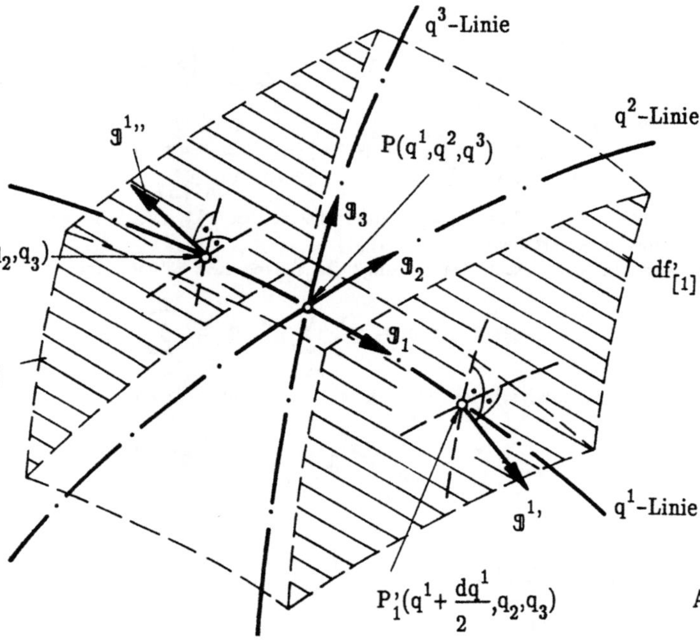

Abb. 3.2

$$- \left[\sqrt{g}\, \mathfrak{g}^1 \otimes \Phi\, dq^2 dq^3\right]_{q^1-\frac{dq^1}{2},q^2,q^3} = - \sqrt{g}\, \mathfrak{g}^1 \otimes \Phi\, dq^2 dq^3 + \frac{1}{2}\frac{\partial}{\partial q^1}\left[\sqrt{g}\, \mathfrak{g}^1 \otimes \Phi\right] dq^1 dq^2 dq^3,$$

erhält dergestalt als Ergebnis der Oberflächenintegration längs zweier gegenüberliegender Teiloberflächen $df'_{[1]}$, $df''_{[1]}$ den Wert

$$\frac{\partial}{\partial q^1}\left[\sqrt{g}\, \mathfrak{g}^1 \otimes \Phi\right] dq^1 dq^2 dq^3$$

und dementsprechend als Ergebnis der in (3.1) geforderten Oberflächenintegration bis auf von höherer als dritter Ordnung kleine Größen

$$\oiint_{\Delta f(\Delta V)} d\mathfrak{f} \otimes \Phi = \sum_{j=1}^{3} \frac{\partial}{\partial q^j}\left[\sqrt{g}\, \mathfrak{g}^j \otimes \Phi\right] dq^1 dq^2 dq^3 ,$$

so daß schließlich mit

$$\Delta V \to dV = \sqrt{g}\, dq^1 dq^2 dq^3$$

aus (3.1) die koordinatenvariante Darstellung

$$\nabla \otimes \Phi = \frac{1}{\sqrt{g}} \sum_{j=1}^{3} \frac{\partial}{\partial q^j}\left[\sqrt{g}\, \mathfrak{g}^j \otimes \Phi\right] \tag{3.2a}$$

erreicht wird. Ausdifferenzieren nach der Produktregel ergibt die äquivalente Darstellung

$$\nabla \otimes \Phi = \left[\frac{1}{\sqrt{g}} \sum_{j=1}^{3} \frac{\partial}{\partial q^j}\left[\sqrt{g}\, \mathfrak{g}^j\right]\right] \otimes \Phi + \sum_{j=1}^{3} \mathfrak{g}^j \otimes \frac{\partial \Phi}{\partial q^j} \equiv \sum_{j=1}^{3} \mathfrak{g}^j \otimes \frac{\partial \Phi}{\partial q^j} , \tag{3.2b}$$

und somit für den ∇–Operator die Repräsentation

$$\nabla = \sum_{j=1}^{3} \mathfrak{g}^j \frac{\partial}{\partial q^j} \equiv \sum_{j=1}^{3} \mathfrak{g}^j \nabla_j \quad \text{mit} \quad \nabla_j = \partial / \partial q^j , \tag{3.2c}$$

indem man
$$\frac{1}{\sqrt{g}}\sum_{j=1}^{3}\frac{\partial}{\partial q^j}\left[\sqrt{g}\,\mathbf{g}^j\right] \equiv \frac{1}{\sqrt{g}}\sum_{j=1}^{3}\frac{\partial}{\partial q^j}\left[\sqrt{g}\,\mathbf{g}^j\cdot\mathbb{E}\right] \equiv$$
$$\overset{(3.1)^{3)}}{\equiv} \lim_{\Delta V\to 0}\frac{1}{\Delta V}\oiint_{\Delta f(\Delta V)} d\mathbf{f}\cdot\mathbb{E} = \lim_{\Delta V\to 0}\frac{1}{\Delta V}\oiint_{\Delta f(\Delta V)} d\mathbf{f} \equiv^{3)\,4)} \nabla\cdot\mathbb{E} \equiv 0, \tag{3.2d}$$
also Verschwinden des in (3.2b) gestrichelten Terms bedenkt, weil die gerichtete Oberfläche jeden geschlossenen Polyeders verschwindet (vgl. [1],§1).
Als entsprechende "kontravariante Darstellung" des ∇–Operators fällt die mit
$$\mathbf{g}^j \equiv \mathbf{g}^j\cdot\mathbb{E} = \mathbf{g}^j\cdot\sum_{\mu=1}^{3}\mathbf{g}^\mu\circ\mathbf{g}_\mu = \sum_{\mu=1}^{3} g^{\mu j}\mathbf{g}_\mu$$
erhältliche (mit dem "kontravarianten Maßtensor" "überschobene") Form
$$\nabla = \sum_{j,\mu=1}^{3} g^{\mu j}\mathbf{g}_\mu \nabla_j\,, \quad \nabla_j = \partial/\partial q^j\,, \tag{3.2e}$$
an, und für

3.1.1 Orthogonalkoordinaten

spezialisieren sich (3.2a,b) zu
$$\nabla\otimes\Phi = \frac{1}{\sqrt{g}}\sum_{j=1}^{3}\frac{\partial}{\partial q_{\langle j\rangle}}\left[\sqrt{\frac{g}{g_{\langle jj\rangle}}}\,\mathbf{e}_{\langle j\rangle}\otimes\Phi\right] \equiv \sum_{j=1}^{3}\frac{\mathbf{e}_{\langle j\rangle}}{\sqrt{g_{\langle jj\rangle}}}\otimes\frac{\partial\Phi}{\partial q_{\langle j\rangle}}\,, \tag{3.3a}$$
d. h.
$$\nabla = \sum_{j=1}^{3}\frac{\mathbf{e}_{\langle j\rangle}}{\sqrt{g_{\langle jj\rangle}}}\frac{\partial}{\partial q_{\langle j\rangle}} \equiv \sum_{j=1}^{3}\frac{\mathbf{e}_{\langle j\rangle}}{\sqrt{g_{\langle jj\rangle}}}\nabla_{\langle j\rangle} = \sum_{j=1}^{3}\mathbf{e}_{\langle j\rangle}\frac{\partial}{\partial s_{\langle j\rangle}}\,, \tag{3.3b}$$
wie man mit $\mathbf{g}^j = \mathbf{e}_{\langle j\rangle}\sqrt{g^{\langle jj\rangle}} = \mathbf{e}_{\langle j\rangle}/\sqrt{g_{\langle jj\rangle}}$ aus (3.2a,b) sogleich erschließt.
Der ∇–Operator hat algebraisch die Qualität eines Vektors (in Euklidischen Mannigfaltigkeiten auch im Hinblick auf mehrfache Anwendungen, vgl. §3.4), analytisch die Qualität einer Differentiationsanweisung, woraus die unter §§ 3.3.4, 3.4 aufgelisteten Rechenregeln resultieren.

---

[3] Man ersetze in (3.2a) Φ durch den Einheitstensor $\mathbb{E}$ und die beliebige Multiplikation $\otimes$ durch die skalare.

[4] ein aufgrund des Satzes von Ricci (vgl.(2.43e')) einleuchtendes Resultat. Mit (3.2d) wird dann übrigens auch die Identität
$$\sqrt{g}\,\nabla\cdot\mathbb{E} \overset{(3.2a)}{=} \sum_{j=1}^{3}\frac{\partial}{\partial q^j}(\sqrt{g}\,\mathbf{g}^j) = 0, \text{ also } \sum_{j=1}^{3}\mathbf{g}^j\frac{\partial\sqrt{g}}{\partial q^j} \equiv \nabla\sqrt{g} = -\sqrt{g}\sum_{j=1}^{3}\frac{\partial\mathbf{g}^j}{\partial q^j} =$$
$$\overset{(2.42c)}{=} \sqrt{g}\sum_{j=1}^{3}\mathbf{g}^j\cdot\mathbf{\Gamma}^T_{[j]}\,, \text{ d. h. } \sum_{j=1}^{3}\mathbf{g}^j\cdot\mathbf{\Gamma}^T_{[j]} = \frac{1}{\sqrt{g}}\nabla\sqrt{g} = \nabla(\ln\sqrt{g}) \tag{3.2d'}$$
(vgl. (2.42c')) ausgedrückt.

3.2 Integralsätze

3.2.1 Gaußsche Integralsätze

werden aus der mit $\Delta V \to dV \to 0$ bis auf von höherer als von dritter Ordnung kleine Glieder zu (3.1) äquivalenten Beziehung

$$\nabla\otimes\Phi\, dV =^{5)} \oint\!\!\!\oint_{df(dV)} \mathbf{n}'\otimes \Phi\, df' = \oint\!\!\!\oint_{df(dV)} d\mathbf{f}'\otimes \Phi \tag{3.4a}$$

entwickelt. Summiert man sämtliche für die Volumenelemente dV eines (hier zunächst als einfach begrenzt angesehenen) Volumens V niederzuschreibenden Beziehungen von der Form (3.4a), so erhält man mit Rücksicht darauf, daß die (jeweils äußeren) Oberflächennormalen zweier benachbarter Volumenelemente (etwa dV_1 und dV_2 in Abb. 3.3) längs ihrer Berührungsflächen df'_{12} und df'_{21} ($= df'_{12}$)

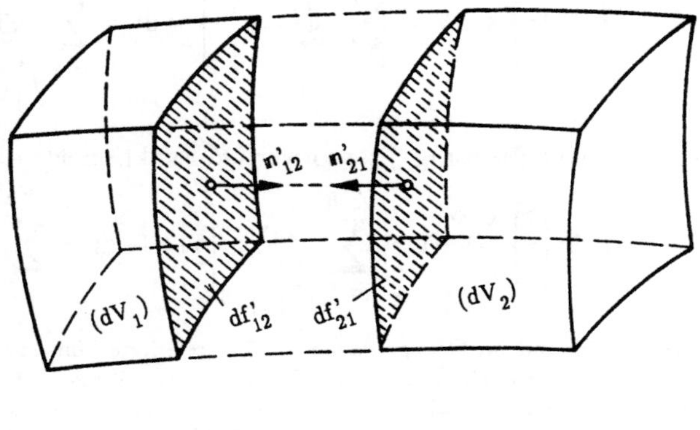

Abb. 3.3

jeweils entgegengesetzt gerichtet sind ($\mathbf{n}'_{12} = -\mathbf{n}'_{21}$), so daß sich - für stetig vorausgesetzte Funktionen $\Phi(\mathbf{r})$! - sämtliche Beiträge der "inneren Oberflächen" gegenseitig aufheben, also auf der rechten Seite von (3.4a) allein die Summation über die Oberfläche f(V) des Gesamtvolumens (V) verbleibt, den Gaußschen Integralsatz

$$\int_{(V)} \nabla\otimes\Phi\, dV = \oint\!\!\!\oint_{f(V)} \mathbf{n}\otimes\Phi\, df = \oint\!\!\!\oint_{f(V)} d\mathbf{f}\otimes\Phi \tag{3.4b}$$

als unmittelbare Folge der Definitionsgleichung (3.1) für den ∇-Operator. Die entsprechende Verallgemeinerung für mehrfach (n_B-fach)-begrenzte Volumina (B) lautet

$$\int_{(B)} \nabla\otimes\Phi\, dV = \sum_{j=1}^{n_B} \oint\!\!\!\oint_{f_j^*(B)} \mathbf{n}\otimes\Phi\, df = \sum_{j=1}^{n_B} \oint\!\!\!\oint_{f_j^*(B)} d\mathbf{f}\otimes\Phi \tag{3.4c}$$

mit den jeweiligen Teilintegralen längs der einzelnen Oberflächen $f_j^*(B)$, $j = 1 \ldots n_B$, deren

---

5) worin $d\mathbf{f}'$ die Oberflächen–Subelemente der dV (einfach–)begrenzenden Oberfläche df bedeuten sollen.

jeweiligen Normalen ($\mathbb{n}$) äußere Normalen sein, d. h. "aus dem Innern von B" herausweisen müssen.

Beispiele für Gaußsche Sätze nach (3.4b,c) sind

a) für eine skalare Funktion $\Phi(\mathbb{r})$

$$\int_{(B)} \nabla\Phi\, dV = \sum_{j=1}^{n_B} \oint\!\!\oint_{f_j^*(B)} \mathbb{n}\Phi\, df = \sum_{j=1}^{n_B} \oint\!\!\oint_{f_j^*(B)} d\mathbb{f}\Phi \,, \tag{3.5a}$$

b) für eine vektorwertige Funktion $\Phi(\mathbb{r}) = \mathbb{v}(\mathbb{r})$

$$\int_{(B)} \nabla \begin{Bmatrix} \circ \\ \times \\ \cdot \end{Bmatrix} \mathbb{v}\, dV = \sum_{j=1}^{n_B} \oint\!\!\oint_{f_j^*(B)} \mathbb{n} \begin{Bmatrix} \circ \\ \times \\ \cdot \end{Bmatrix} \mathbb{v}\, df = \sum_{j=1}^{n_B} \oint\!\!\oint_{f_j^*(B)} d\mathbb{f} \begin{Bmatrix} \circ \\ \times \\ \cdot \end{Bmatrix} \mathbb{v} \,, \tag{3.5b}$$

c) für eine (n-stufig-) tensorwertige Funktion $\Phi(\mathbb{r}) = \overset{\langle n \rangle}{\mathbb{A}}(\mathbb{r})$

$$\int_{(B)} \nabla \begin{Bmatrix} \circ \\ \times \\ \cdot \end{Bmatrix} \overset{\langle n \rangle}{\mathbb{A}}\, dV = \sum_{j=1}^{n_B} \oint\!\!\oint_{f_j^*(B)} \mathbb{n} \begin{Bmatrix} \circ \\ \times \\ \cdot \end{Bmatrix} \overset{\langle n \rangle}{\mathbb{A}}\, df = \sum_{j=1}^{n_B} \oint\!\!\oint_{f_j^*(B)} d\mathbb{f} \begin{Bmatrix} \circ \\ \times \\ \cdot \end{Bmatrix} \overset{\langle n \rangle}{\mathbb{A}} \,. \tag{3.5c}$$

Die in (3.2) und im Gefolge davon in (3.4) referierte "Linksanwendung" des ∇–Operators auf eine Feldgröße Φ insofern, als ∇ in durch $\otimes$ beschriebene Weise mit dem vektorwertigen "Linksfaktor" von Φ algebraisch verknüpft wird, ist nicht die einzig mögliche Variante. Sämtliche übrige Varianten lassen sich jedoch leicht aus ihrer "Linksanwendungs–Variante" durch "Vorschalten" (mit anschließender "Rückgängigmachung") von Permutationstensoren realisieren. Soll etwa an einer n–stufig–tensorwertigen Feldgröße

$$\Phi = \overset{\langle n \rangle}{\Phi} = \mathbb{a}_1 \circ \ldots \circ \mathbb{a}_{p-1} \circ \mathbb{a}_p \circ \mathbb{a}_{p+1} \circ \ldots \circ \mathbb{a}_n \tag{3.6a}$$

die als

$$\nabla_{[p]} \circ \overset{\langle n \rangle}{\Phi} \overset{6)}{=} \mathbb{a}_1 \circ \ldots \circ \mathbb{a}_{p-1} \circ \mathbb{a}_p \circ \nabla \circ \mathbb{a}_{p+1} \circ \ldots \circ \mathbb{a}_n \tag{3.6b}$$

zu beschreibende Operation durchgeführt werden, so kann man mittels eines geeigneten Permutationstensors, etwa des "2p–stufigen Transponierers $\overset{\langle 2p \rangle}{\mathbb{E}_T}$ " (vgl. [1]) per

$$\overset{\langle 2p \rangle}{\mathbb{E}_T} \underset{(p)}{\underbrace{\cdots}} \overset{\langle n \rangle}{\Phi} = \mathbb{a}_p \circ \mathbb{a}_{p-1} \circ \mathbb{a}_{p-2} \circ \ldots \circ \mathbb{a}_2 \circ \mathbb{a}_1 \circ \mathbb{a}_{p+1} \circ \ldots \circ \mathbb{a}_n$$

an $\overset{\langle n \rangle}{\Phi}$ zunächst eine Faktoren–Umordnung durchführen, die den mit ∇ zu verbindenden "Vektorfaktor" ($\mathbb{a}_p$) nach "links vorn" verschiebt, anschließend die "Linksanwendung" vollziehen,

$$\nabla \circ \left[\overset{\langle 2p \rangle}{\mathbb{E}_T} \underset{(p)}{\underbrace{\cdots}} \overset{\langle n \rangle}{\Phi} \right] = \nabla \circ \mathbb{a}_p \circ \mathbb{a}_{p-1} \circ \ldots \circ \mathbb{a}_2 \circ \mathbb{a}_1 \circ \mathbb{a}_{p+1} \circ \ldots \circ \mathbb{a}_n \,,$$

6) Der Index [p] soll andeuten, daß der ∇–Operator hinter den Faktor $\mathbb{a}_p$ "eingepaßt" werden soll. Seine "analytische Wirkungsweise" bezieht sich selbstverständlich auf alle – i. allg. ebenfalls als Feldgrößen aufzufassende – Faktoren $\mathbb{a}_j(\mathbb{r})$, j = 1...n.

und schließlich die in (3.6b) gewünschte Faktoren–Reihenfolge – mittels $\overset{\langle 2(p+1)\rangle}{\mathbb{E}_T}$ herstellen:

$$\nabla_{[p]} \circ \overset{\langle n\rangle}{\Phi} = \overset{\langle 2(p+1)\rangle}{\mathbb{E}_T} \underbrace{\cdots\cdots}_{(p+1)} \left[\nabla \circ \overset{\langle 2p\rangle}{\mathbb{E}_T} \underbrace{\cdots}_{(p)} \overset{\langle n\rangle}{\Phi}\right] \equiv \overset{\langle 2(p+1)\rangle}{\mathbb{E}_T} \underbrace{\cdots\cdots}_{(p+1)} \left[\nabla \circ \overset{\langle 2p\rangle}{\mathbb{E}_T} \underbrace{\cdots}_{(p)} \overset{\downarrow\;\langle n\rangle}{\Phi}\right], \; n \geq 1 \,,\; p \leq n. \tag{3.6c}$$

Weil Permutationstensoren Konstanten sind[7], bezieht sich in (3.6c) die in ∇ implementierte "analytische Anweisung" selbstverständlich alleine auf die Feldgröße $\overset{\langle n\rangle}{\Phi}$, was in der zweiten Version von (3.6c) durch den $\overset{\langle n\rangle}{\Phi}$ übergesetzten Pfeil hervorgehoben wurde. Analog (3.6c) verifiziert man

$$\nabla_{[p]} \cdot \overset{\langle n\rangle}{\Phi} \equiv \mathbb{a}_1 \circ \ldots \circ \mathbb{a}_{p-1} \circ (\mathbb{a}_p \cdot \nabla) \circ \mathbb{a}_{p+1} \circ \ldots \circ \mathbb{a}_n = \overset{\langle 2(p-1)\rangle}{\mathbb{E}_T} \underbrace{\cdots\cdots}_{(p-1)} \left[\nabla \cdot \overset{\langle 2p\rangle}{\mathbb{E}_T} \underbrace{\cdots}_{(p)} \overset{\downarrow\;\langle n\rangle}{\Phi}\right], \tag{3.6d}$$

$$\nabla_{[p]} \times \overset{\langle n\rangle}{\Phi} \equiv \mathbb{a}_1 \circ \ldots \circ \mathbb{a}_{p-1} \circ \mathbb{a}_p \times \nabla \circ \mathbb{a}_{p+1} \circ \ldots \circ \mathbb{a}_n = - \overset{\langle 2p\rangle}{\mathbb{E}_T} \underbrace{\cdots}_{(p)} \left[\nabla \times \overset{\langle 2p\rangle}{\mathbb{E}_T} \underbrace{\cdots}_{(p)} \overset{\downarrow\;\langle n\rangle}{\Phi}\right]. \tag{3.6e}$$

Hauptsächliche Anwendungen sind "randliche Operationen", d. h. die durch

$$\nabla \otimes \overset{\langle n\rangle}{\Phi} \quad \text{bzw.} \quad \overset{\langle n\rangle}{\Phi} \otimes \nabla \tag{3.7a,b}$$

gekennzeichneten Links– bzw. Rechtsanwendungen, die hier im Folgenden im Vordergrund stehen werden. Für deren wechselweise Zusammenhänge gilt[8]

$$\left[\nabla \circ \overset{\langle n\rangle}{\Phi}\right]^T = \overset{\langle n\rangle}{\Phi}{}^T \circ \nabla \,, \quad \left[\nabla \cdot \overset{\langle n\rangle}{\Phi}\right]^T = \overset{\langle n\rangle}{\Phi}{}^T \cdot \nabla \,, \tag{3.7c–e}$$

$$\left[\nabla \times \overset{\langle n\rangle}{\Phi}\right]^T \equiv \left[(\nabla \times \mathbb{E}) \cdot \overset{\langle n\rangle}{\Phi}\right]^T \overset{9)}{\equiv} \overset{\langle n\rangle}{\Phi}{}^T \cdot (\mathbb{E} \times \nabla)^T \equiv - \overset{\langle n\rangle}{\Phi}{}^T \times \nabla \,,$$

wonach man bei konträrer Anwendung das entsprechende Feld $\overset{\langle n\rangle}{\Phi}$ (ggf. zuzüglich Vorzeichenänderung) zu transponieren hat. So bekommt man anstelle von (3.4c) gleichwertig

$$\int_{(B)} \Phi \otimes \nabla \, dV = \sum_{j=1}^{n_B} \oiint_{f_j^*(B)} \Phi \otimes d\mathbb{f} = \sum_{j=1}^{n_B} \oiint_{f_j^*(B)} \Phi \otimes \mathbb{n} \, df \,, \tag{3.7f}$$

indem man sich zunächst (3.4c) transponiert denkt und hernach Φ^T durch Φ ersetzt.
Die Integralsätze (3.4b,c) gelten unverändert auch für Funktionen Φ, die stetig aber nur noch stückweise differenzierbar sind (bis auf Unstetigkeitsflächen U_1, wo Koordinatenableitungen von Φ eindeutig nicht mehr existieren). Wendet man nämlich in solchen Fällen die Sätze (3.4b,c) zunächst auf die durch die Unstetigkeitsflächen U_1 abgegrenzten offenen bzw. halboffenen räumlichen Intervalle an (in denen

---

[7] Die Eigenschaft, in einem Tensorprodukt eine bestimmte Faktoren–Umstellung vorzunehmen, ist überall gleich. Dies ist übrigens auch die Substanz des Satzes von Ricci.

[8] Man benutze die algebraische Identität $\left[\overset{\langle m\rangle}{\mathbb{A}} \underbrace{\cdots}_{(p)} \overset{\langle n\rangle}{\mathbb{B}}\right]^T = \overset{\langle n\rangle}{\mathbb{B}}{}^T \underbrace{\cdots}_{(p)} \overset{\langle m\rangle}{\mathbb{A}}{}^T$ für n,m $\geq$ p

[9] Man benutze $(\mathbb{E} \times \mathbb{a})^T = - \mathbb{E} \times \mathbb{a} = - \mathbb{a} \times \mathbb{E}$

Ableitungen existieren), so entstehen jeweils beiderseits der Unstetigkeitsflächen U_1 anfallende Randintegrale mit Integranden $\mathbb{n}_U \otimes \Phi$ verschiedenen Vorzeichens, die sich für stetige Felder Φ bei der Addition sämtlicher Gleichungen von der Form (3.4b,c) herausheben, so daß letztlich in der Tat für den Gesamtbereich (B) wieder die Formulierungen (3.4b,c) verbleiben. Ebenfalls unverändert bleiben die Sätze (3.4b,c) im Falle skalarer Anwendungen gültig für nur noch stückweise stetige Funktionen Φ, sofern man längs diesbezüglicher Unstetigkeitsflächen U_0 (mit der Flächennormalen $\mathbb{n}_U$) wenigstens Stetigkeit der "Normalkomponenten" $\mathbb{n}_U \cdot \Phi$, d. h. Gültigkeit des "Reaktionsprinzips" unterstellen darf[10]. Ist auch dies – etwa bei sog. "Stoßfrontproblemen" – nicht mehr möglich, müssen die in (3.4b,c) notierten Oberflächenintegrale arrondiert werden durch entsprechende, über die Unstetigkeitsflächen U_0 erstreckte Flächenintegrale, in denen die Differenzen $\mathbb{n}_U \cdot (\Phi_+ - \Phi_-) \equiv [\mathbb{n}_U \cdot \Phi]$ (sog. "Sprunggrößen") als Integranden aufscheinen.

Während man mit Gaußschen Integralsätzen Volumen- in Oberflächenintegrale umwandeln kann, dienen

3.2.2 Stokessche Integralsätze

zur Reduktion von Flächenintegralen auf Linienintegrale längs der jeweiligen Flächenberandung. Für eine einfach begrenzte (und damit gleichermaßen eine sog. "einfach zusammenhängende" Hauben-)Fläche nach Abb. 3.4a gilt mit durch $\otimes$ angedeuteten beliebigen Produktbildungen

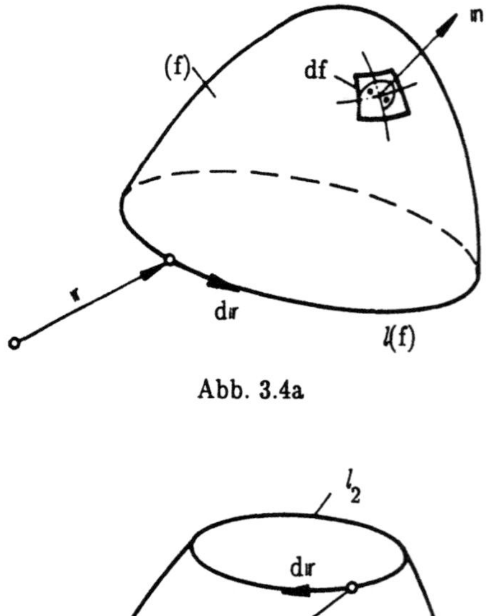

Abb. 3.4a

$$\int_{(f)} (\mathbb{E}^T \cdot\cdot\, \mathbb{n} \circ \mathbb{\nabla}) \otimes \overset{\downarrow}{\Phi}\, df = \int_{(f)} (\mathbb{n} \times \mathbb{\nabla}) \otimes \overset{\downarrow}{\Phi}\, df =$$

$$= \int_{(f)} (d\mathbb{f} \times \mathbb{\nabla}) \otimes \Phi = \circlearrowleft\!\oint_{l(f)} d\mathbb{r} \otimes \Phi\,, \qquad (3.8a)$$

wobei durch $\circlearrowleft\!\oint$ angedeutet werden soll, daß man bei der Linienintegration in "rechtshändigem Sinne" vorgehen, also in Umfangsrichtung derart fortschreiten soll, daß dabei die Haubenfläche stets "links" liegt. Im Falle mehrfach (n_Z-fach) begrenzter bzw. zusammen

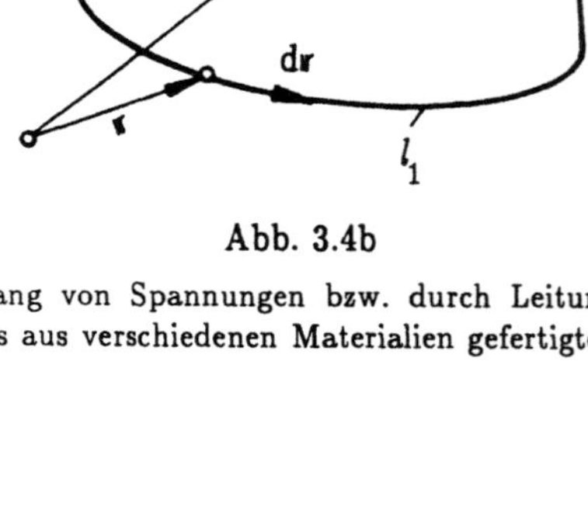

Abb. 3.4b

---

[10] Man denke etwa an die Forderung nach stetigem Übergang von Spannungen bzw. durch Leitung übertragenen Wärmemengen längs der Begrenzungsflächen eines aus verschiedenen Materialien gefertigten "Verbundkörpers".

hängender Flächen[11] gilt anstelle von (3.6a) allgemeiner

$$\int_{(f)} (\mathbb{n}\times\nabla)\otimes\overset{\downarrow}{\Phi}\,df = \int_{(f)} (d\mathbb{f}\times\nabla)\otimes\overset{\downarrow}{\Phi} = \sum_{k=1}^{n_Z} \circlearrowleft\!\oint_{l_k(f)} d\mathbb{r}\otimes\Phi \tag{3.8b}$$

bzw. im Falle einer "Rechtsanwendungs-Version"

$$\int_{(f)} \overset{\downarrow}{\Phi}\otimes(\nabla\times\mathbb{n})df = \int_{(f)} \overset{\downarrow}{\Phi}\otimes(\nabla\times d\mathbb{f}) = -\sum_{k=1}^{n_Z} \circlearrowleft\!\oint_{l_k(f)} \Phi\otimes d\mathbb{r} = \sum_{k=1}^{n_Z} \circlearrowright\!\oint_{l_k(f)} \Phi\otimes d\mathbb{r}\,, \tag{3.8c}$$

wobei durch $\circlearrowleft\!\oint$ bzw. durch $\circlearrowright\!\oint$ angedeutet sein soll, die Randlinien-Integrationsrichtungen so zu wählen, daß bei Fortschritt die Fläche stets links bzw. rechts liegt[12].

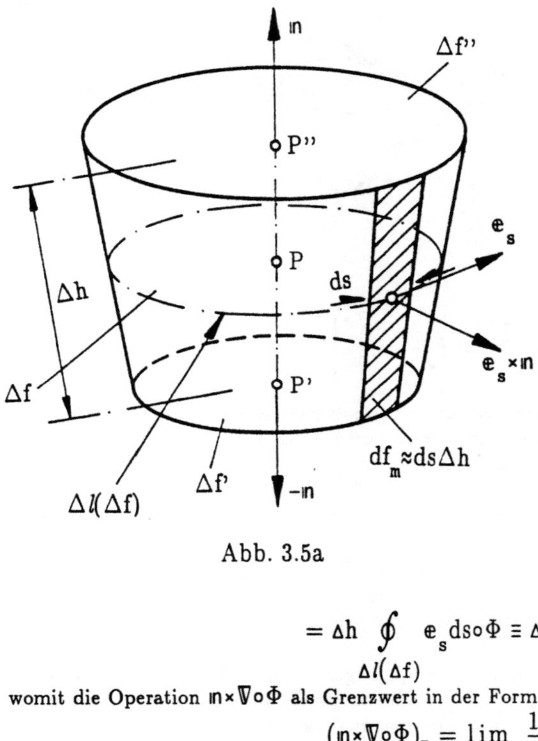

Abb. 3.5a

Zum Nachweis von (3.8) wendet man den Gaußschen Satz auf ein Schalen–Raumelement nach Abb. 3.5a an, das durch zwei "Deckflächen" $(\Delta f', \Delta f'')$ begrenzt wird und durch eine "Mantelfläche", die erzeugt wird in der Weise, daß man längs des Randes $\Delta l(\Delta f)$ des Schalen–Mittelflächenelementes (Δf) zur Mittelfläche normale Flächenelemente (df_m) errichtet. Dann gilt nach (3.4a) bis auf von höherer Ordnung kleine Glieder

$$(\nabla\circ\Phi)_P\Delta V \approx (\nabla\circ\Phi)_P\Delta f\Delta h =$$
$$= \mathbb{n}\circ\left[\Phi(P'')\Delta f''-\Phi(P')\Delta f'\right] +$$
$$+ \oint_{\Delta l(\Delta f)} (\mathbb{e}_s\times\mathbb{n})\circ\Phi\; ds\,\Delta h$$

und nach vektorieller Linksmultiplikation wegen $\mathbb{n}\times\mathbb{n}\circ\Phi = 0$ und $\mathbb{e}_s\cdot\mathbb{n} = 0$

$$(\mathbb{n}\times\nabla\circ\Phi)_P\Delta f\Delta h = \mathbb{n}\times\oint_{\Delta l(\Delta f)} (\mathbb{e}_s\times\mathbb{n})\circ\Phi\; ds\Delta h \approx$$
$$\approx \Delta h \oint_{\Delta l(\Delta f)} \mathbb{n}\times(\mathbb{e}_s\times\mathbb{n})\circ\Phi\; ds =$$
$$= \Delta h \oint_{\Delta l(\Delta f)} \mathbb{e}_s ds\circ\Phi \equiv \Delta h \circlearrowleft\!\oint_{\Delta l(\Delta f)} d\mathbb{r}\circ\Phi\,,$$

womit die Operation $\mathbb{n}\times\nabla\circ\Phi$ als Grenzwert in der Form

$$(\mathbb{n}\times\nabla\circ\Phi)_P = \lim_{\Delta f\to 0} \frac{1}{\Delta f} \circlearrowleft\!\oint_{\Delta l(\Delta f)} d\mathbb{r}\circ\Phi \tag{3.9a}$$

---

11) d. s. Solche mit insgesamt n_Z einzelnen Randlinien l_k , $k = 1...n_Z$, also etwa einer "äußeren" Randlinie $l^{(a)}$ und n_Z-1 "inneren" Randlinien $l_k^{(i)}$. Zur Frage von Begrenzungs– bzw. Zusammenhangszahl eines Bereiches vgl. § 3.2.3

12) so weisen im Beispiel nach Abb. 3.4b die Pfeilrichtungen der Ortsvektor–Elemente darauf hin, daß bei Integrationsfortschritt die Fläche stets links liegen soll

interpretiert werden kann[13] und die Pfeilrichtungen andeuten, daß bei der Linienintegration so vorzugehen ist, daß im Zusammenhang mit der durch die Randlinienelemente $d\mathbb{r} = \mathbb{e}_s ds$ gewiesenen "Umfangsrichtung" die "umfahrene Fläche" (Δf) stets links liegt.
Summiert man nunmehr die für jedes Element einer einfach zusammenhängenden (ungelochten Hauben–)fläche entsprechend (3.9a) angebbaren Gleichungen

$$\mathbb{n}\times\nabla\circ\Phi\, df \equiv d\mathbb{f}\times\nabla\circ\Phi = \oint\limits_{dl(df)} d\mathbb{r}'\circ\Phi \qquad (3.9b)$$

über die Gesamtoberfläche (f), so hat man mit Rücksicht darauf, daß längs der Berührungslinien benachbarter Flächenelemente jeweils zweimal, und zwar mit entgegengesetztem Richtungssinn integriert wird (Abb. 3.5b), womit sich sämtliche "inneren Umläufe" herausheben und dementsprechend resultierend allein der Umlauf um die Randlinie l(f) verbleibt, in der Tat den Stokesschen Satz (3.8a), woraus z.B. folgende spezielle Formen erhältlich sind:

a) Für skalare Felder $\Phi(\mathbb{r})$

$$\int\limits_{(f)}(\mathbb{n}\times\nabla)\Phi\, df = \int\limits_{(f)} d\mathbb{f}\times\nabla\Phi = \oint\limits_{l(f)} d\mathbb{r}\Phi\ , \qquad (3.10a)$$

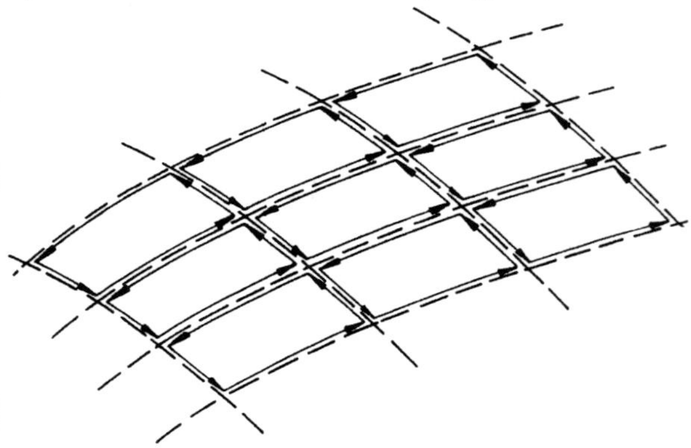

Abb. 3.5b

b) für Vektorfelder $\Phi = \mathbb{v}(\mathbb{r})$

$$\int\limits_{(f)}(\mathbb{n}\times\nabla)\begin{Bmatrix}\circ\\ \times\\ \cdot\end{Bmatrix}\mathbb{v}\, df = \int\limits_{(f)}(d\mathbb{f}\times\nabla)\begin{Bmatrix}\circ\\ \times\\ \cdot\end{Bmatrix}\mathbb{v} =$$

$$= \oint\limits_{l(f)} d\mathbb{r}\begin{Bmatrix}\circ\\ \times\\ \cdot\end{Bmatrix}\mathbb{v}\ , \qquad (3.10b)$$

c) für Tensorfelder $\Phi = \overset{\langle n\rangle}{\mathbb{A}}(\mathbb{r})$

$$\int\limits_{(f)}(\mathbb{n}\times\nabla)\begin{Bmatrix}\circ\\ \times\\ \cdot\end{Bmatrix}\overset{\langle n\rangle}{\mathbb{A}}\, df = \int\limits_{(f)}(d\mathbb{f}\times\mathbb{n})\begin{Bmatrix}\circ\\ \times\\ \cdot\end{Bmatrix}\overset{\langle n\rangle}{\mathbb{A}} = \oint\limits_{l(f)} d\mathbb{r}\begin{Bmatrix}\circ\\ \times\\ \cdot\end{Bmatrix}\overset{\langle n\rangle}{\mathbb{A}}\ . \qquad (3.10c)$$

Die für den Fall einfach zusammenhängender bzw. begrenzter (Hauben–)Flächen $f(l)$ zur Verifizierung von (3.8a) referierte Herleitungsprozedur läßt die Richtigkeit der Verallgemeinerung (3.8b) leicht erkennen: Es bleiben bei der Summation aller elementaren Gleichungen von der Form (3.9b) nun die Randlinien–Integrale längs sämtlicher einzelner Ränder übrig mit "einheitlicher Integrationsrichtung" in dem Sinne, daß bei Randlinien–Fortschritt im Falle (3.8b) die Fläche stets links, im Falle der letzten Darstellung von (3.8c) stets rechts liegt.
Orientiert man sich z. B. bei ebenen Flächen an einer "absoluten Umfahrungsrichtung" im Sinne eines "Drehsinns um eine Flächennormale", so bedeutet dies, daß für sämtliche inneren Randlinien einheitlich eine der äußeren Randlinie entgegengesetzt gerichtete "absolute Umfahrungsrichtung" gewählt werden muß.
Entsprechend den ergänzenden Hinweisen am Ende der vorangegangenen Ziffer 3.2.1 bleiben Stokessche Sätze von der Form (3.8a,b) unverändert gültig für nur noch stückweise differenzierbare aber stetige Felder Φ, im skalaren Anwendungsfalle für Felder, wo wenigstens die Tangentialkomponenten $\mathbb{e}_{s_U}\cdot\Phi = (d\mathbb{r}_U/|d\mathbb{r}_U|)\cdot\Phi$ beiderseits einer auf der in Betracht genommenen Fläche liegenden Unstetigkeitslinie gleich sind.

Mit $\overset{\langle n\rangle}{\mathbb{A}} = \mathbb{E}$ hat man insbesondere aus der letzten Version von (3.10c) wegen $\oint\limits_{l(f)} d\mathbb{r} = 0$

---

[13] also als Grenzwert, den man erhält, wenn man nach Vollzug der Linienintegration das Flächenelement konzentrisch ("sternförmig") auf seinen Konvergenzpunkt P zusammenzieht.

$$\nabla\times\mathbb{E} \overset{14)}{=} 0\ , \tag{3.10d}$$

und für jede geschlossene Fläche ist in Spezialisierung von (3.8a)

$$\underset{(f)}{\oint\!\!\oint} (\mathbb{n}\times\nabla)\otimes\Phi\ df = 0\ , \tag{3.11a}$$

was man an Abb. 3.6a erkennt, wo eine nahezu geschlossene Fläche skizziert ist: Die zugehörige Berandungskurve $l(f)$ wird im Grenzfall der geschlossenen Fläche zu einem Punkt zusammengezogen, so daß das Linienintegral auf der rechten Seite von (3.8a) verschwindet.

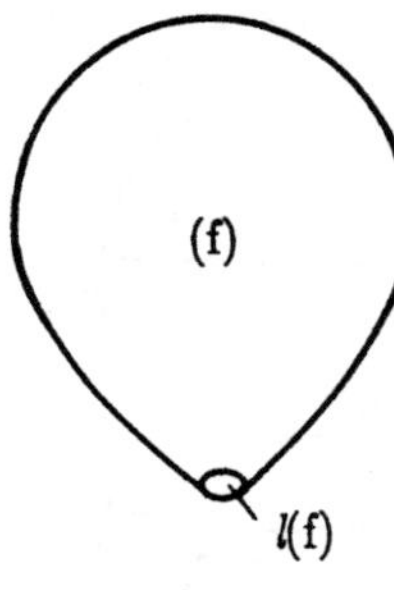

Abb. 3.6a

Der Befund (3.11a) gilt auch dann noch, wenn $\Phi(\mathbb{r})$ auf einem Punkte $(\mathbb{r}_0)$ der Fläche in der Form

$$\Phi = \frac{\hat{\Phi}(\mathbb{r}_0)}{|\mathbb{r}-\mathbb{r}_0|^n}\ ,\ \text{n beliebig}\ ,\ \hat{\Phi}(\mathbb{r}_0)\ \text{endlich}$$

singulär wird, weil in solchen Fällen das Linienintegral (vgl. Abb. 3.6b)

$$\underset{(l_k)}{\oint} d\mathbb{r}\otimes\Phi \overset{15)}{=} \lim_{a\to 0}\frac{\mathbb{n}_0}{a^{n-1}}\times\int_{\varphi=0}^{2\pi}\mathbb{e}_r d\varphi\otimes\hat{\Phi}(\mathbb{r}_0)$$

längs eines den singulären Punkt $(\mathbb{r}_0)$ umhüllenden infinitesimalen Kreisumfanges (l_K) auf (f) wegen $\int_{\varphi=0}^{2\pi}\mathbb{e}_r d\varphi = 0$ exakt verschwindet.

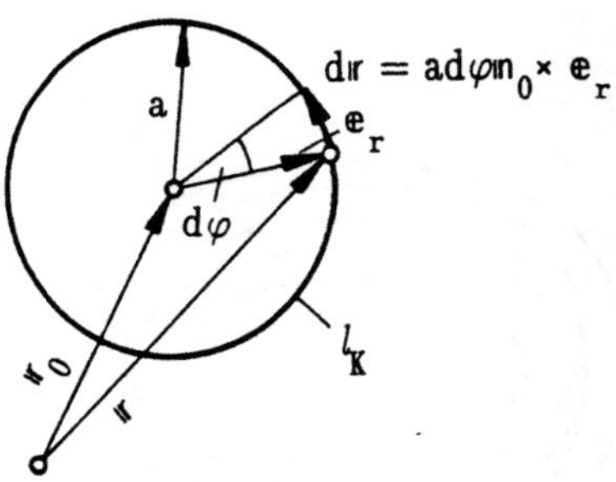

Abb. 3.6b

Ersetzt man in (3.11a) die beliebige Multiplikation ($\otimes$) durch die Tensorielle ($\otimes \hat{=} \circ$), so entsteht nach Anwendung des Gaußschen Satzes die für einfach begrenzte Bereiche anfallende Beziehung

$$\underset{(f)}{\oint\!\!\oint}(\mathbb{n}\times\nabla)\circ\Phi\ df \equiv \underset{(f)}{\oint\!\!\oint}\mathbb{n}\times(\nabla\circ\Phi)\ df = \underset{(f)}{\oint\!\!\oint}d\mathbb{f}\times(\nabla\circ\Phi) \overset{(3.5c)}{=} \int_{(V)}\nabla\times(\nabla\circ\Phi)\ dV = 0,$$

weswegen generell für Felder Φ die sog. "Integrabilitätsbedingungen" (vgl. §3.4)

$$\nabla\times(\nabla\circ\Phi) = 0 \tag{3.11b}$$

und insbesondere

$$\mathbb{E}\cdot\cdot\nabla\times(\nabla\circ\Phi) = \nabla\cdot(\nabla\times\Phi) = 0 \tag{3.11c}$$

gelten müssen.

---

14) vgl. h.(2.43e')

15) $\mathbb{n}_0$ bedeutet die Flächennormale von (f) in $\mathbb{r}_0$

3.2.3 Begrenzungs- bzw. Zusammenhangszahlen

sind im Zusammenhang mit der Frage von Interesse inwieweit man Gaußsche bzw. Stokessche Integralsätze in den einfachen Formen (3.4b,8a) bzw. in den Formen (3.4c, 8b,c) anzuwenden hat.

Als Begrenzungszahl n_B eines räumlichen Bereiches (B) wird die Anzahl nicht miteinander in Zusammenhang stehender Randflächen bezeichnet, die den Bereich (B) gegen den restlichen Raum abgrenzen. So ist etwa der durch die beiden Oberflächen $r = r_i$, $r = r_a$ einer Hohlkugel (Abb. 3.7a) begrenzte Bereich zweifach begrenzt, während die Torusoberfläche nach Abb. 3.7b vom Restraum einen einfach-begrenzten Bereich separiert, ebenso wie dies für das in Abb. 3.7c skizzierte Werkstück der Fall ist. Begrenzungszahlen flächenhafter Bereiche (B_2) bezeichnen entsprechend deren Anzahl nicht miteinander in Zusammenhang stehender Randlinien. So ist etwa die Abb. 3.7d zweifach gelochte Fläche dreifach begrenzt durch eine ("äußere") Randlinie $l_0 = l^{(a)}$ und die beiden ("inneren") Randlinien $l^*_{1,2}$.

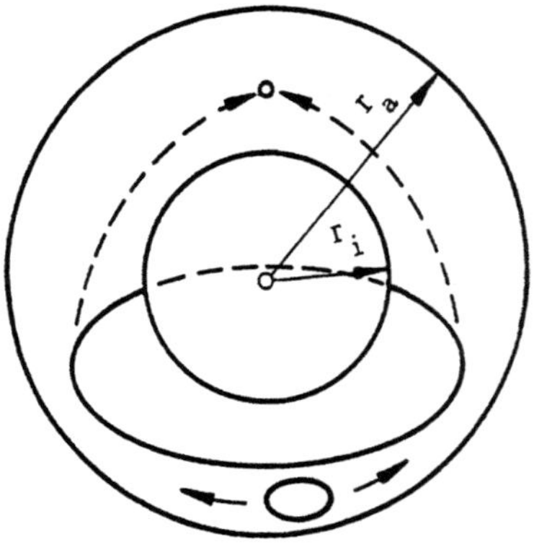

Abb. 3.7a

Als Zusammenhangszahl n_Z eines räumlichen Bereiches (B) wird die um 1 vermehrte Anzahl der innerhalb von (B) legbaren sog. irreduziblen Umläufe (l^*_j), $j = 1...(n_Z-1)$ bezeichnet.

Der letztgenannte Begriff ist eine Kurvenklassenbezeichnung und scheint auf im Zusammenhang mit der Qualifizierung geschlossener Kurven (l) unter dem Gesichtspunkt, inwieweit sie - eventuell auch bei gleichzeitigem "Verschieben" und "Dehnen" - auf einen beliebigen Punkt im Innern von (B) zusammengezogen werden können, ohne dabei Bereichsoberflächen durchschneiden zu müssen. Schon an einfachen Beispielen, etwa am

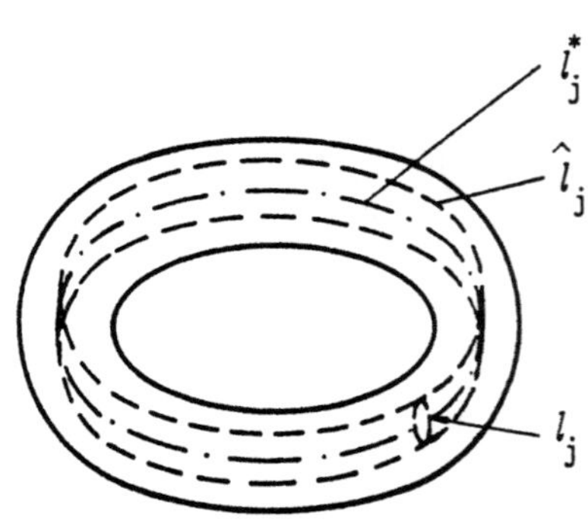

Abb. 3.7b

Beispiel des Kreistorus von Abb. 3.7b erkennt man nämlich, daß es i. allg. grundsätzlich zwei verschiedene Sorten $(l_j, \hat{l}_j)$ von geschlossenen Kurven gibt, wovon sich die eine Sorte (l_j) (die Klasse der sog. <u>reduziblen Umläufe</u>) stets auf einen beliebigen Punkt im Innern von (B) ohne Durchschneiden der Bereichsoberflächen zusammenziehen und -schieben lassen, wohingegen dies für andere Kurven $\hat{l}_j$ (im Fall des Torus von Abb. 3.7b für alle "um das Torusloch" gelegten Kurven) nicht der Fall ist. Bei der Klassifikation der Kurven $\hat{l}_j$ verfährt man dergestalt, daß man alle Kurven $\hat{l}_j$, die sich (ohne eine Bereichsoberfläche durchwandern zu müssen) auf eine Kurve zusammenschieben bzw. -ziehen[16] lassen, in eine Kurvenklasse zusammenfaßt, die man - mit einem Repräsentanten aus dieser Klasse[17] - als einen irreduziblen Umlauf bezeichnet. Im Falle z. B. des (einfach begrenzten!) Torusbereiches identifiziert man so einen irreduziblen Umlauf, d. h. den Torus als zweifach zusammenhängend. Zusammenhangszahl und Begrenzungszahl sind also i. allg. voneinander verschieden, wie auch das Beispiel des (zweifach begrenzten) Hohlkugelbereiches nach Abb. 3.7a zeigt, der offenbar einfach zusammenhängend ist, weil man jede geschlossene Kurve (evtl. nach Dehnen und Verschieben) ohne die (innere) Begrenzungsfläche durchschneiden zu müssen, in einen beliebigen Punkt im Hohlkugelinneren zusammenziehen kann.

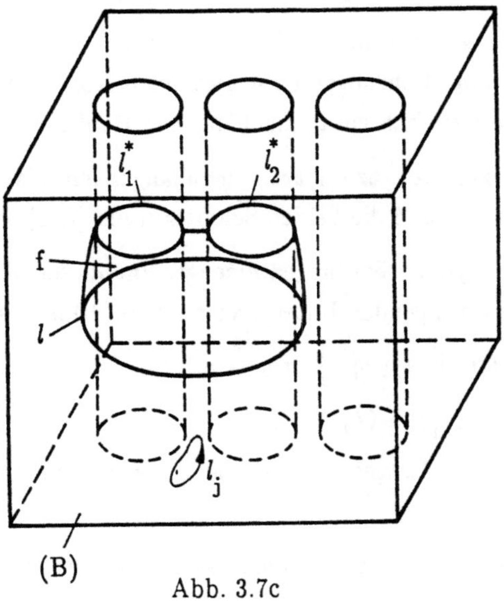

Abb. 3.7c

Das einfach begrenzte Werkstück nach Abb. 3.7c ist hingegen vierfach zusammenhängend, weil man hierfür drei irreduzible Umläufe konstatiert, als deren Repräsentanten man etwa die drei Querschnitts-Umrißlinien der drei zylindrischen Bohrungen ansehen kann.

Für zweidimensionale Mannigfaltigkeiten (Flächen) fallen Begrenzungs(-linien) - und Zusammenhangszahl zusammen, wie etwa das Beispiel der in Abb. 3.7d skizzierten zweifach gelochten Fläche zeigt, deren Begrenzungs(-linien-)zahl 3 ist. Die Zusammenhangszahl ist ebenfalls 3, weil es - hinsichtlich in F liegender "Flächenkurven" - zwei irreduzible Umläufe gibt, als deren

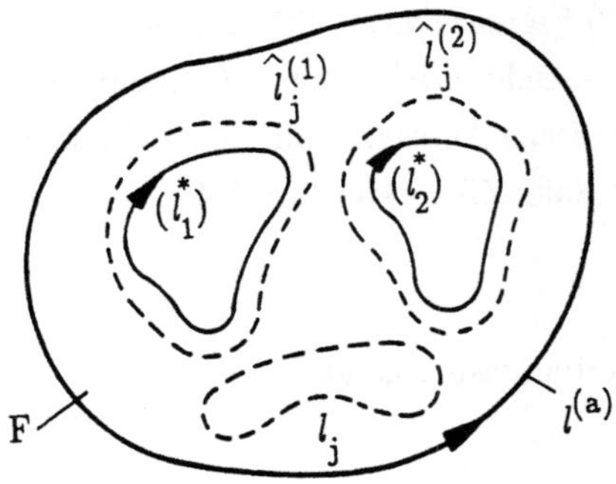

Abb. 3.7d

[16] und sich dergestalt alle ineinander überführen lassen

[17] im Falle des Torus etwa die strichpunktierte "Torusmittellinie" l^*_j

Repräsentanten man z. B. die inneren Lochkonturlinien ansehen kann. Am Beispiel nach Abb. 3.7c läßt sich die Erfordernis verdeutlichen, den Stokesschen Satz im allgemeinen in den Versionen (3.8b,c) verwenden zu müssen, da es eben nur erlaubt ist, Linienintegrale in Integrale über solche Flächen umzuwandeln, die vollständig im Innern von (B) liegen, weil allein auf Solchen die Größen $\mathbb{n}\times\nabla\circ\overset{\langle p\rangle}{\mathbb{A}}$ definiert sind[18]. Daher machte z. B. eine Umwandlung eines Linienintgrales längs einer zwei Bohrungen einschließenden Kurve (l) in ein Flächenintegral über eine über (l) errichtete einfach zusammenhängende Haube keinen Sinn, weil $\mathbb{n}\times\nabla\circ\overset{\langle p\rangle}{\mathbb{A}}$ nur auf der dreifach (begrenzten bzw.) zusammenhängenden Fläche definiert ist, die begrenzt wird durch die Kurve (l) und die beiden Schnittkurven $(\overset{*}{l}_{1,2})$, die eine über (l) errichtete Haube mit den beiden Zylinderbohrungen erzeugt. Für diesen Fall der Betrachtnahme eines sog. dreifach zusammenhängenden Unterbereiches von (B) ist also

$$\int\limits_{(f)} \mathbb{n}\times\nabla\circ\overset{\langle p\rangle}{\mathbb{A}}\,df = \left[\,\oint\limits_{(l)} + \oint\limits_{(\overset{*}{l}_1)} + \oint\limits_{(\overset{*}{l}_2)}\right] d\mathbb{r}\circ\overset{\langle p\rangle}{\mathbb{A}}$$

die erforderliche Notation des Stokesschen Integralsatzes und (f) die zweifach gelochte, durch (l), $(\overset{*}{l}_1)$, $(\overset{*}{l}_2)$ begrenzte Fläche.

Linienintegrale längs reduzibler Umläufe (etwa (l_j) in Abb. 3.7c) sind selbstverständlich in Flächenintegrale längs einfach zusammenhängender Hauben im Sinne der Version (3.8a) umzuwandeln, weil reduzible Umläufe stets als in einem einfach-zusammenhängenden Unterbereich $(B^{[1]})$ von (B) liegend aufgefaßt werden können, in dem es möglich ist, (l_j) auf einen beliebigen Punkt ohne Durchfahren von - (B) begrenzender - Flächen zusammenzuziehen. Obwohl einfach zusammenhängende Unterbereiche $(B^{[1]})$ von (B) nahezu den gesamten Bereich (B) umfassen können, haben physikalische Aussagen, die sich auf Linienintegrale längs reduzibler Umläufe beziehen, letztlich lokalen Charakter (s.a. § 4).
In der folgenden Ziffer sollen einige wesentliche

3.3 einfache Anwendungen des ∇-Operators in der Kontinuumsmechanik

detaillierter referiert werden, und zwar

a) die als "Gradient" bezeichnete Operation

$$\operatorname{grad}\Phi = \begin{cases}\nabla\,\Phi & \text{für skalarwertige Felder } \Phi\\ \nabla\circ\Phi & \text{für vektor- und tensorwertige Felder } \Phi\end{cases} \tag{3.12a}$$

b) die als "Divergenz" bezeichnete Operation

$$\operatorname{div}\overset{\langle n\rangle}{\mathbb{A}} = \mathbb{E}\cdot\cdot\operatorname{grad}\overset{\langle n\rangle}{\mathbb{A}} = \mathbb{E}\cdot\cdot(\nabla\circ\overset{\langle n\rangle}{\mathbb{A}}) = \nabla\cdot\overset{\langle n\rangle}{\mathbb{A}}\ , n\geq 1, \tag{3.12b}$$

---

18) Man denke etwa an den Spannungszustand im Werkstück nach Abb. 3.7c, dessen Feldwerte selbstverständlich nur im "Materialbereich" (B), aber nicht im Bereich der zylindrischen Bohrungen definiert ist.

und schließlich

c) die als "Rotation" bezeichnete Prozedur

$$\text{rot}\ \overset{\langle n\rangle}{\mathbb{A}} = \mathcal{E}^{T}\cdot\cdot\,\text{grad}\ \overset{\langle n\rangle}{\mathbb{A}} = \mathbb{E}\times\mathbb{E}\cdot\cdot\nabla\circ\overset{\langle n\rangle}{\mathbb{A}} = \nabla\times\overset{\langle n\rangle}{\mathbb{A}}\ ,\ n\geq 1\ . \tag{3.12c}$$

Mit Hilfe der

3.3.1 Gradientenoperation,

deren Anwendung auf eine extensive Größe deren Stufe um einen Zähler erhöht, lassen sich sog. "Richtungsableitungen" von Feldgrößen herstellen als Produktformen aus Einheitsrichtungen ($\mathbb{e}$) mit dem betreffenden Gradientenfeld. Mit dem zwei infinitesimal benachbarte Raumpunkte $P(\mathbb{r})$ und $P' = P(\mathbb{r}+d\mathbb{r})$ verbindenden Vektor

$$\overrightarrow{PP'} = d\mathbb{r} \overset{19)}{=} \begin{cases} \sum_{j=1}^{3} \mathbb{g}_j\, dq^j \\ \sum_{j=1}^{3} ds_{\langle j\rangle}\, \mathbb{e}_{\langle j\rangle} \end{cases} \tag{3.13a}$$

erhält man für den Funktionszuwachs $\hat{\Phi}(P')-\hat{\Phi}(P) = d\hat{\Phi}$ z.B. einer skalaren Feldfunktion $\hat{\Phi}(P) = \Phi(\mathbb{r})$ bis auf von höherer als erster Ordnung kleine Glieder im Sinne des "Satzes vom totalen Differential"

$$d\hat{\Phi} = \sum_{j=1}^{3}\frac{\partial\Phi}{\partial q^j}\,dq^j \overset{20)}{\equiv} \sum_{k=1}^{3}\mathbb{g}_k dq^k\cdot\sum_{j=1}^{3}\mathbb{g}^j\,\frac{\partial\Phi}{\partial q^j} \overset{(3.2c,13a)}{\equiv} d\mathbb{r}\cdot\nabla\,\Phi = d\mathbb{r}\cdot\text{grad}\ \Phi\ , \tag{3.13b}$$

was mit

$$d\mathbb{r} = ds\ \mathbb{e},\ \ ds = |d\mathbb{r}|\ ,\ \ |\mathbb{e}| = 1, \tag{3.13c}$$

als

$$d\Phi \equiv \partial_{\mathbb{e}}\Phi = ds\ \mathbb{e}\cdot\text{grad}\ \Phi \tag{3.14a}$$

bzw. mit der per

$$\left(\frac{\partial\,\Phi}{\partial s}\right)_{\mathbb{e}} = \lim_{ds\to 0}\frac{\Phi(\mathbb{r}+d\mathbb{r})-\Phi(\mathbb{r})}{ds}\ ,\ \ d\mathbb{r} = \mathbb{e}\ ds\ , \tag{3.14b}$$

definierten sog. "Richtungsableitung" in der Tat als

$$\left(\frac{\partial\Phi}{\partial s}\right)_{\mathbb{e}} = \mathbb{e}\cdot\text{grad}\ \Phi \tag{3.14c}$$

geschrieben werden kann, also als Skalarprodukt der die Ableitungsrichtungen kennzeichnenden Größe $\mathbb{e}$ mit der (hier vektorwertigen) "Feldgröße"

---

19) die zweite Darstellung bezieht sich auf Orthogonalkoordinaten.

20) Man benutze die Orthogonalitätsrelationen (2.5b)

$$\operatorname{grad}\Phi \overset{21)}{=} \begin{cases} \sum_{j=1}^{3} \mathbb{g}^j \dfrac{\partial\Phi}{\partial q^j} = \sum_{j=1}^{3} \mathbb{g}^j \nabla_j\Phi \\ \sum_{j=1}^{3} \mathbb{e}_{\langle j\rangle} \dfrac{\partial\Phi}{\partial s_{\langle j\rangle}} = \sum_{j=1}^{3} \mathbb{e}_{\langle j\rangle} \dfrac{\partial\Phi}{\partial q_{\langle j\rangle}} \Big/ \sqrt{g_{\langle jj\rangle}} \end{cases}, \tag{3.14d}$$

die übrigens die Eigenschaft hat, auf der jeweiligen (durch den betreffenden Punkt $P(\mathbb{r})$ verlaufenden) Fläche konstanten Wertes Φ senkrecht zu stehen.

In (3.13,14) entsprechender Weise sind Richtungsableitungen vektorieller bzw. tensorieller Funktionen $\overset{\langle n\rangle}{\mathbb{A}}$ darstellbar. Man bekommt aus

$$d\overset{\langle n\rangle}{\mathbb{A}} = \sum_{j=1}^{3} \frac{\partial \overset{\langle n\rangle}{\mathbb{A}}}{\partial q^j} dq^j \equiv \left[\sum_{k=1}^{3} \mathbb{g}_k dq^k\right] \cdot \left[\sum_{j=1}^{3} \mathbb{g}^j \circ \frac{\partial \overset{\langle n\rangle}{\mathbb{A}}}{\partial q^j}\right] \equiv d\mathbb{r}\cdot\nabla\circ\overset{\langle n\rangle}{\mathbb{A}} = ds\,\mathbb{e}\cdot\operatorname{grad}\overset{\langle n\rangle}{\mathbb{A}}$$

analog (3.14c) als Richtungsableitung

$$\left[\frac{\partial \overset{\langle n\rangle}{\mathbb{A}}}{\partial s}\right]_{\mathbb{e}} = \mathbb{e}\cdot\operatorname{grad}\overset{\langle n\rangle}{\mathbb{A}} \tag{3.15a}$$

mit dem (n+1)-stufigen sog. "Vektor-" bzw. "Tensor-Gradienten"

$$\operatorname{grad}\overset{\langle n\rangle}{\mathbb{A}} = \nabla\circ\overset{\langle n\rangle}{\mathbb{A}} \overset{21)}{=} \begin{cases} \sum_{j=1}^{3} \mathbb{g}^j \circ \dfrac{\partial \overset{\langle n\rangle}{\mathbb{A}}}{\partial q^j} = \sum_{j=1}^{3} \mathbb{g}^j \circ \nabla_j \overset{\langle n\rangle}{\mathbb{A}} \\ \sum_{j=1}^{3} \mathbb{e}_{\langle j\rangle} \circ \dfrac{\partial \overset{\langle n\rangle}{\mathbb{A}}}{\partial s_{\langle j\rangle}} = \sum_{j=1}^{3} \mathbb{e}_{\langle j\rangle} \circ \dfrac{\partial \overset{\langle n\rangle}{\mathbb{A}}}{\partial q_{\langle j\rangle}} \Big/ \sqrt{g_{\langle jj\rangle}}. \end{cases} \tag{3.15b,c}$$

Beispiel für einen Vektorgradienten in der Mechanik der klassischen Kontinua ist der Gradient des "Eulerschen Geschwindigkeitsfeldes" $\mathbb{v}(\mathbb{r},t)$, der als zweistufig-tensorwertige kinematische Feldgröße z. B. in der Form

$$\operatorname{grad}\mathbb{v} = \nabla\circ\mathbb{v} = \sum_{j=1}^{3} \mathbb{g}^j \circ \frac{\partial \mathbb{v}}{\partial q^j} = \sum_{j=1}^{3} \mathbb{g}^j \circ \nabla_j \mathbb{v} = \sum_{j,k=1}^{3} (\mathbb{g}_k \cdot \nabla_j \mathbb{v})\, \mathbb{g}^j \circ \mathbb{g}^k \tag{3.16a}$$

bzw. bei Orthogonalkoordinatendarstellung als

$$\operatorname{grad}\mathbb{v} = \sum_{j=1}^{3} \mathbb{e}_{\langle j\rangle} \circ \frac{\partial \mathbb{v}}{\partial s_{\langle j\rangle}} = \sum_{j,k=1}^{3} \left(\mathbb{e}_{\langle k\rangle} \cdot \frac{\partial \mathbb{v}}{\partial s_{\langle j\rangle}}\right) \mathbb{e}_{\langle j\rangle} \circ \mathbb{e}_{\langle k\rangle} \tag{3.16b}$$

anfällt und den Konfigurationsänderungszustand eines klassischen Kontinuums beschreibt. Daß die Feldgröße grad $\mathbb{v}$ in der Tat diese Beschreibungsaufgabe leistet, die darin besteht, in jedem Punkt P des Kontinuums die während der Zeiteinheit eintretende Konfigurationsänderung eines "Massenelementes" (repräsentiert durch ein im "Konvergenzpunkt" P entspringendes Büschel $\langle\, \overrightarrow{PP_j} = d\mathbb{s}_j(P,t) \,\rangle$ sog. "materieller Linienelemente") (Abb.3.8) angeben zu können, ist leicht einzusehen: Fragt man nämlich danach, welche Konfiguration ein zur Zeit t in Betracht genommenes (momentanes) materielles Linien-

21) die zweite Darstellung bezieht sich auf Orthogonalkoordinaten.

element[22] $d\mathbf{s}_\mu(P,t) \equiv d\mathbf{s}_\mu^{**}$ nach Ablauf eines Zeitinkrementes δt einnimmt, so bekommt man nach Abb.3.9 mit der (Eulerschen-) Geschwindigkeits–Feldfunktion $\mathbf{v}(\mathbf{r},t)$

$$d\mathbf{s}_\mu(P,t) + \mathbf{v}(\mathbf{r}+d\mathbf{s}_\mu^{**},t)\delta t = \\ = \mathbf{v}(\mathbf{r},t)\delta t + d\mathbf{s}_\mu(P,t+\delta t)$$

d. h.

$$d\mathbf{s}_\mu(P,t+\delta t) = d\mathbf{s}_\mu(P,t) + \\ + \left[\mathbf{v}(\mathbf{r}+d\mathbf{s}_\mu^{**},t) - \mathbf{v}(\mathbf{r},t)\right]\delta t = \\ \overset{(3.13a)}{=} d\mathbf{s}_\mu^{**}\cdot(\mathbb{E}+\nabla\circ\mathbf{v}\,\delta t) \equiv \\ \equiv d\mathbf{s}_\mu(P,t)\cdot\left[\mathbb{E}+\nabla\circ\mathbf{v}\,\delta t\right], \tag{3.17a}$$

nachdem man noch die Geschwindigkeitsänderung per

$$\mathbf{v}(\mathbf{r}+d\mathbf{s}_\mu^{**},t) - \mathbf{v}(\mathbf{r},t) = d\mathbf{s}_\mu^{**}\cdot\mathrm{grad}\mathbf{v} \tag{3.17b}$$

durch das erste (Richtungs–)Differential ersetzt hat, also (in Form von (3.17a)) eine Beziehung, die den Operator $\nabla\circ\mathbf{v} = \mathrm{grad}\mathbf{v}$ in der Tat als die den "Abbildungsvorgang" $d\mathbf{s}_\mu(P,t) \to d\mathbf{s}_\mu(P,t+\delta t)$ konstituierende Größe erkennen läßt.

Der Befund, den Eulerschen (auch sog. "räumlichen") Geschwindigkeitsgradienten $\mathbb{V} = \nabla\circ\mathbf{v} = \mathrm{grad}\mathbf{v}$ per

$$\mathbb{V} = \frac{1}{2}(\mathbb{V} + \mathbb{V}^T) + \frac{1}{2}(\mathbb{V}-\mathbb{V}^T) = \mathbb{C} + \mathbb{W} \tag{3.18a}$$

in einen symmetrischen (deformatorischen) Anteil

$$\mathbb{C} = \frac{1}{2}(\mathbb{V} + \mathbb{V}^T) = \frac{1}{2}(\nabla\circ\mathbf{v} + (\nabla\circ\mathbf{v})^T) = \\ \frac{1}{2}(\nabla\circ\mathbf{v} + \mathbf{v}\circ\nabla) = \frac{1}{2}(\mathrm{grad}\mathbf{v} + \mathbf{v}\mathrm{grad}) \equiv \mathrm{def}\,\mathbf{v}\,, \tag{3.18b}$$

den sog. räumlichen Geschwindigkeitsdeformator, und in einen antimetrischen (rotatorischen) Anteil

$$\mathbb{W} = \frac{1}{2}(\mathrm{grad}\mathbf{v} - \mathbf{v}\mathrm{grad}) \overset{23)}{=} -\frac{1}{2}\mathbb{E}\times\mathrm{rot}\mathbf{v}, \tag{3.18c}$$

---

22) das zu diesem Zeitpunkt gerade ein festes Linienelement $d\mathbf{s}_\mu^{**}$ im (Eulerschen)–Koordinatenraum "überdeckt".

23) Man benutze mit einem beliebigen Vektor $\mathbf{y}$ unter Beachtung des Entwicklungssatzes für zweifache Vektorprodukte die Identität

$$2\mathbf{y}\cdot\mathbb{W} = \mathbf{y}\cdot(\nabla\circ\mathbf{v} - \mathbf{v}\circ\nabla) = (\mathbf{y}\cdot\nabla)\overset{\downarrow}{\mathbf{v}} - (\mathbf{y}\cdot\overset{\downarrow}{\mathbf{v}})\nabla \equiv -\mathbf{y}\times(\nabla\times\mathbf{v}) \equiv -\mathbf{y}\cdot\mathbb{E}\times(\nabla\times\mathbf{v}) \overset{(3.12c)}{=} -\mathbf{y}\cdot\mathbb{E}\times\mathrm{rot}\mathbf{v}$$

den sog. (räumlichen) Wirbeltensor[24], zerlegen zu können, ist Ausdruck der Tatsache, die Konfigurationsänderung eines Massenelementes mittels einer Verzerrungsänderung und einer mittleren (Starr–) Drehungsänderung aufzubauen. Der Deformator

$$\mathrm{def}\mathbb{v} = \mathbb{C} = \tfrac{1}{2}(\mathbb{V}+\mathbb{V}^T) = \frac{1}{2}\begin{cases} \sum_{j,k=1}^{3} (\mathfrak{g}_k \cdot \nabla_j \mathbb{v} + \mathfrak{g}_j \cdot \nabla_k \mathbb{v}\ )\ \mathfrak{g}^j \circ \mathfrak{g}^k \\ \sum_{j,k=1}^{3} (\mathbb{e}_{\langle k\rangle} \cdot \dfrac{\partial \mathbb{v}}{\partial s_{\langle j\rangle}} + \mathbb{e}_{\langle j\rangle} \cdot \dfrac{\partial \mathbb{v}}{\partial s_{\langle k\rangle}}\ )\ \mathbb{e}_{\langle j\rangle} \circ \mathbb{e}_{\langle k\rangle} \end{cases} \tag{3.19a}$$

hat mit der Bedeutung von $\mathbb{v}$ als Geschwindigkeitsvektorfeld die Funktionsweise eines "auf die Momentankonfiguration bezogenen Verzerrungsgeschwindigkeitstensors", also eines Operators, der – als jeweils einem (Raum–)Punkt zukommende Feldgröße – die Dehnungsgeschwindigkeiten in P entspringender (momentaner) materieller Linienelemente $d\mathbb{s}_j(P,t) = d\mathbb{s}_j^{**}$ bzw. die Änderungsgeschwindigkeiten der zwischen zwei materiellen Linienelementen $(d\mathbb{s}_\mu(P,t) = d\mathbb{s}_\mu^{**}, d\mathbb{s}_\nu(P,t) = d\mathbb{s}_\nu^{**})$ eingeschlossenen Winkel $\alpha_{\mu\nu}(t) = \alpha_{\mu\nu}^{**}$ mit den (momentanen) Linienelementenrichtungen verknüpft. Man erkennt dies an

$$d\mathbb{s}_\mu(P,t+\delta t)\cdot d\mathbb{s}_\nu(P,t+\delta t) \overset{(3.17a)}{=} d\mathbb{s}_\mu^{**}\cdot(\mathbb{E} + \mathbb{V}\delta t)\cdot(\mathbb{E} + \mathbb{V}^T\delta t)\cdot d\mathbb{s}_\nu^{**} =$$
$$= d\mathbb{s}_\mu^{**}\cdot(\mathbb{E} + (\mathbb{V}+\mathbb{V}^T)\delta t + \mathbb{V}\cdot\mathbb{V}^T\delta t^2)\cdot d\mathbb{s}_\nu^{**} \overset{25)}{\approx} d\mathbb{s}_\mu^{**}\cdot(\mathbb{E} + 2\mathbb{C}\,\delta t)\cdot d\mathbb{s}_\nu^{**} =$$
$$\overset{26)}{=} ds_\mu^{**} ds_\nu^{**}\ \mathbb{e}_\mu\cdot(\mathbb{E} + 2\mathbb{C}\,\delta t)\cdot\mathbb{e}_\nu\,, \tag{3.19b}$$

woraus einerseits für $\mu = \nu$

$$(d\mathbb{s}_\mu(P,t+\delta t))^2 \equiv ds_\mu(P,t+\delta t)^2 = ds_\mu(P,t)^2(1+2\mathbb{e}_\mu\cdot\mathbb{C}\cdot\mathbb{e}_\mu\delta t)$$

hervorgeht, was, mit der per

$$\frac{d\dot{s}_\mu(P,t)}{ds_\mu(P,t)} = \dot{\bar{\epsilon}}_{\mu\mu} \tag{3.19c}$$

auf die Momentankonfiguration $(d\mathbb{s}_\mu(P,t)=d\mathbb{s}_\mu^{**})$ bezogenen Dehnungsgeschwindigkeit $\dot{\bar{\epsilon}}_{\mu\mu}$, d.h. mit

$$ds_\mu(P,t+\delta t) = ds_\mu(P,t)(1+\dot{\bar{\epsilon}}_{\mu\mu}\delta t) = ds_\mu^{**}(1+\dot{\bar{\epsilon}}_{\mu\mu}\delta t) \tag{3.19d}$$

in Zusammenhang gebracht, schließlich

$$\mathbb{e}_\mu\cdot\mathbb{C}\cdot\mathbb{e}_\mu\delta t = \frac{1}{2}\left[(1+\dot{\bar{\epsilon}}_{\mu\mu}\delta t)^2-1\right] \overset{25)}{\approx} \dot{\bar{\epsilon}}_{\mu\mu}\delta t\,,$$

d.h. in der Tat

$$\dot{\bar{\epsilon}}_{\mu\mu} = \mathbb{e}_\mu\cdot\mathbb{C}\cdot\mathbb{e}_\mu \equiv c_{\langle\mu\mu\rangle} \tag{3.19e}$$

ergibt, während hiermit andererseits desweiteren unter Benutzung von (3.19b)

$$d\mathbb{s}_\mu(P,t+\delta t)\cdot d\mathbb{s}_\nu(P,t+\delta t) \overset{(3.19d,e)}{=} ds_\mu^{**} ds_\nu^{**}(1+c_{\langle\mu\mu\rangle}\delta t)\,(1+c_{\langle\nu\nu\rangle}\delta t)\,\cos\langle\alpha_{\mu\nu}(t+\delta t)\rangle \approx$$

---

24) in §8 sind die Größen $\mathbb{V}$, $\mathbb{C}$, $\mathbb{W}$ mit $\mathbb{V}^*$, $\mathbb{C}^*$, $\mathbb{W}^*$ bezeichnet

25) man vernachlässige das im Zeitinkrement quadratische Glied als "von höherer Ordnung klein"

26) Man benutze $d\mathbb{s}_{\mu,\nu}^{**} = ds_{\mu,\nu}^{**}\,\mathbb{e}_{\mu,\nu}$

$$\approx ds_\mu^{**} ds_\nu^{**} (1+c_{\langle\mu\mu\rangle}\delta t)(1+c_{\langle\nu\nu\rangle}\delta t)\left[\cos\langle\alpha_{\mu\nu}(t)\rangle - \dot\alpha_{\mu\nu}\delta t \sin\langle\alpha_{\mu\nu}(t)\rangle\right] \approx^{27)}$$

$$\approx ds_\mu^{**} ds_\nu^{**}\left[\cos\langle\alpha_{\mu\nu}(t)\rangle + \left[(c_{\langle\mu\mu\rangle}+c_{\langle\nu\nu\rangle})\cos\langle\alpha_{\mu\nu}(t)\rangle - \dot\alpha_{\mu\nu}\sin\langle\alpha_{\mu\nu}(t)\rangle\right]\delta t\right] =$$

$$\overset{(3.19b)}{=} ds_\mu^{**} ds_\nu^{**}\left[\mathbb{e}_\mu\cdot\mathbb{e}_\nu + 2\mathbb{e}_\mu\cdot\mathbb{C}\cdot\mathbb{e}_\nu\delta t\right] = ds_\mu^{**} ds_\nu^{**}\left[\cos\langle\alpha_{\mu\nu}(t)\rangle + 2\mathbb{e}_\mu\cdot\mathbb{C}\cdot\mathbb{e}_\nu\delta t\right],$$

d.h.

$$2\mathbb{e}_\mu\cdot\mathbb{C}\cdot\mathbb{e}_\nu = (c_{\langle\mu\mu\rangle}+c_{\langle\nu\nu\rangle})\cos\langle\alpha_{\mu\nu}(t)\rangle - \dot\alpha_{\mu\nu}\sin\langle\alpha_{\mu\nu}(t)\rangle \tag{3.19f}$$

gefolgert werden kann. Fragt man nach der Geschwindigkeit der Winkeländerung zweier momentan (zur Zeit t) orthogonaler materieller Linienelemente mit $\alpha_{\mu\nu}(t) = \pi/2$ (Abb. 3.10), so entsteht mit zueinander orthogonalen Einheitsrichtungen $\mathbb{e}_\mu$, $\mathbb{e}_\nu$

$$2\mathbb{e}_\mu\cdot\mathbb{C}\cdot\mathbb{e}_\nu \equiv 2c_{\langle\mu\nu\rangle} = -\dot\alpha_{\mu\nu} = \dot\gamma_{\mu\nu}, \tag{3.19g}$$

womit die diesbezüglichen Komponenten $c_{\langle\mu\nu\rangle}$ des Verzerrungsgeschwindigkeitstensors die halben sog. Schergeschwindigkeiten $\dot\gamma_{\mu\nu}$ definieren[28].

Mit der etwa auf eine Orthonormalbasis $\langle\mathbb{e}_{\langle j\rangle}\rangle$ bezogenen Darstellung von $\mathbb{C}$ mit den Komponenten

$$c_{\langle jk\rangle} = \frac{1}{2}\left(\mathbb{e}_{\langle j\rangle}\cdot\frac{\partial\mathbb{v}}{\partial s_{\langle k\rangle}} + \mathbb{e}_{\langle k\rangle}\cdot\frac{\partial\mathbb{v}}{\partial s_{\langle j\rangle}}\right),\ j,k = 1..3, \tag{3.19h}$$

(vgl. (3.19a)) beschreiben (3.19e,g) die Prozeduren, wie man mit den "achsenorientierten Verzerrungsgeschwindigkeitskomponenten" nach (3.19h) und Richtungsgrößen $\mathbb{e}_\mu\cdot\mathbb{e}_{\langle j\rangle}$, $\mathbb{e}_\nu\cdot\mathbb{e}_{\langle j\rangle}$, j=1..3, die Verzerrungsgeschwindigkeitsgrößen $\dot{\bar\epsilon}_{\mu\mu}$ $(= c_{\langle\mu\mu\rangle})$ bzw. $\dot\gamma_{\mu\nu}$ $(= 2c_{\langle\mu\nu\rangle})$ zu ermitteln hat. Die entstehenden Beziehungen sind identisch mit den Tensorkomponenten–Transformationsformeln für durch Orthogonaltransformationen auseinander hervorgehende Orthonormalbasen (vgl. [1],§3).

Da ein durch drei materielle Linienelemente $d\mathbb{s}_j(P,t) = d\mathbb{s}_j^{**}$, j=1..3, gebildeter (materieller) Spat vom Momentanvolumen
$dV(P,t) = \left[d\mathbb{s}_1^{**}, d\mathbb{s}_2^{**}, d\mathbb{s}_3^{**}\right] \equiv^{29)} dV^{**}$ während eines Zeitintervalls δt in ein Parallelepiped vom Volumen $dV(P,t+\delta t) = \left[d\mathbb{s}_1(P,t+\delta t), d\mathbb{s}_2(P,t+\delta t), d\mathbb{s}_3(P,t+\delta t)\right] \overset{(3.17a)}{=}$

$$= \left[d\mathbb{s}_1^{**}\cdot(\mathbb{E}+\mathbb{V}\delta t),\ d\mathbb{s}_2^{**}(\mathbb{E}+\mathbb{V}\delta t),\ d\mathbb{s}_3^{**}(\mathbb{E}+\mathbb{V}\delta t)\right] \equiv^{30)} \left[d\mathbb{s}_1^{**}, d\mathbb{s}_2^{**}, d\mathbb{s}_3^{**}\right](\mathbb{E}+\mathbb{V}\delta t)_3 =$$

$$\equiv^{29)} dV(P,t)\left[1 + (\mathbb{V}\delta t)_1 + (\mathbb{V}\delta t)_2 + (\mathbb{V}\delta t)_3\right] \approx^{31)} dV(P,t)\left[1 + (\mathbb{V}\delta t)_1\right]$$

---

27) Man vernachlässige sämtliche in δt nichtlinearen Glieder.

28) die positiv sind, sofern sie eine Verkleinerung des (momentan rechten) Winkels $(\alpha_{jk}=\pi/2)$ bewirken (vgl. Abb. 3.10)

29) der momentan einen raumfesten Spat (Volumen dV^{**}) im Eulerschen Koordinatenraum überdeckt

30) vgl. [1], (2.37b); hierin bedeutet $(\mathbb{E}+\mathbb{V}\delta t)_3$ die dritte Invariante des Tensors $(\mathbb{E}+\mathbb{V}\delta t)$. Sie hängt mit den drei Grundinvarianten $(\mathbb{V}\delta t)_j$, j=1..3 in der Form
$(\mathbb{E}+\mathbb{V}\delta t)_3 = 1 + (\mathbb{V}\delta t)_1 + (\mathbb{V}\delta t)_2 + (\mathbb{V}\delta t)_3$ zusammen (vgl. [1],(2.63c)).

31) Man vernachlässige die in δt nichtlinearen Glieder.

überführt wird, gilt für die auf die Einheit des Momentanvolumens bezogene Volumendehnungsgeschwindigkeit

$$\dot{\bar{\epsilon}} = \lim_{\delta t \to 0} \frac{dV(P, t+\delta t) - dV(P,t)}{dV(P,t)\ \delta t}$$

$$= \frac{(dV(P,t))^{\cdot}}{dV(P,t)} = (\mathbb{V})_1 =$$

$$= \mathbb{E} \cdot\cdot \mathbb{V} = \mathbb{E} \cdot\cdot \nabla \circ \mathbb{v} =$$

$$= \nabla \cdot \mathbb{v} = \operatorname{div} \mathbb{v} =$$

$$= \mathbb{E} \cdot\cdot \operatorname{def} \mathbb{v} = \mathbb{E} \cdot\cdot \mathbb{C}\ , \quad (3.20a)$$

die dementsprechend mit der ersten Invarianten des räumlichen Geschwindigkeitsdeformators identisch ist. Mit der Dichte $\rho(P,t)$ des Kontinuums läßt sich hiermit der Massenerhaltungssatz in der Form

$$(\rho dV)_{P,t} = (\rho dV)_{P,t+\delta t} \approx$$

$$\approx (\rho + \dot{\rho}\ \delta t)(dV(P,t) + (dV)^{\cdot}\ \delta t) \approx$$

$$\approx (\rho dV)_{P,t} +$$

$$+ dV(P,t)\left[\dot{\rho} + \rho \frac{(dV)^{\cdot}}{dV}\right] \delta t =$$

$$= (\rho dV)_{P,t} +$$

$$+ dV(P,t)\left[\dot{\rho} + \rho\ \nabla \cdot \mathbb{v}\right] \delta t$$

bzw. als

$$\dot{\rho} + \rho \operatorname{div} \mathbb{v} = 0 \qquad (3.20b)$$

notieren, worin $\dot{\rho}$ die sog. substantielle Dichteänderung eines Kontinuumselementes bedeutet. Ein Vergleich mit der für massenqellenfreie Strömung $(\dot{q}_m^{(e)} = 0)$ geltenden Bilanzgleichung (3.24d'), nämlich mit

$$\frac{\partial \rho}{\partial t} + \nabla \cdot (\rho \mathbb{v}) \equiv 0 \qquad (3.20c)$$

ergibt

$$\dot{\rho} = -\rho(\nabla \cdot \mathbb{v}) \overset{32)}{\equiv} -\nabla \cdot (\rho \mathbb{v}) + \mathbb{v} \cdot (\nabla \rho) \overset{(3.20b)}{=} \frac{\partial \rho}{\partial t} + \mathbb{v} \cdot (\nabla \rho) \equiv \frac{\partial \rho}{\partial t} + (\mathbb{v} \cdot \nabla) \overset{\downarrow}{\rho} \qquad (3.20d)$$

in Übereinstimmung mit der Differentiationsvorschrift für substantielle Änderungen materieller Geschehensgrößen, die als Eulersche Feldfunktionen dargestellt sind (vgl. [7]).

Da symmetrische Tensoren hinsichtlich ihrer Hauptachsen–Orthonormalbasis $\langle \mathbb{e}_j^{(H)} \rangle$ diagonalisiert werden können, bedeutet dies im Hinblick auf den Deformator $\mathbb{C} = \operatorname{def} \mathbb{v} = \mathbb{C}^T$, daß die Verzerrungsänderungskinematik dergestalt interpretiert werden kann, daß in jedem Punkte $P(\mathbb{r})$ eines Kontinuums momentan (zur Zeit t) drei zueinander orthogonale materielle Linienelemente jeweils einen Elementarquader dergestalt definieren, daß Letzterer auch noch im darauffolgenden Zeitinkrement δt ein

---

32) Man benutze für die Differentiation $\nabla \cdot (\rho \mathbb{v})$ die Produktregel (vgl. h. a. §3.3.4.3).

– wenn auch "streckungsdeformierter" – Quader bleibt[33]. Die Richtungen $<\mathbb{e}_j^{(H)}>$ der Quaderkanten definieren das sog. "materielle Hauptverzerrungsgeschwindigkeitsachsen–Dreibein", dessen Konfigurationsänderung während δt demgemäß eine reine Starrdrehungsänderung sein muß. Für nach den Hauptverzerrungsgeschwindigkeitsrichtungen orientierte materielle Linienelemente $\overrightarrow{PP_j^{(H)}} = d\mathbb{s}_j^{(H)}$, $j = 1 .. 3$, existiert also momentan eine gemeinsame Winkelgeschwindigkeit ω – nämlich Diejenige des Hauptachsendreibeins –, womit man für die Relativgeschwindigkeit der "Linienelementen–Endpunkte" $P_j^{(H)}$ gegenüber deren "Urspung" P

$$\partial_j \mathbb{v} \equiv \frac{\partial \mathbb{v}}{\partial s_j^{(H)}} ds_j^{(H)} = \left[\mathbb{e}_j^{(H)} \cdot \frac{\partial \mathbb{v}}{\partial s_j^{(H)}} ds_j^{(H)}\right] \mathbb{e}_j^{(H)} + \omega \times ds_j^{(H)} \mathbb{e}_j^{(H)} =$$

$$= \left[c_{jj}^{(H)} \mathbb{e}_j^{(H)} + \omega \times \mathbb{e}_j^{(H)}\right] ds_j^{(H)}, \; j = 1 .. 3 , \tag{3.21a}$$

schreiben kann angesichts der Tatsache, daß diese Relativgeschwindigkeit neben dem Starrdrehungsanteil $(\omega \times ds_j^{(H)} \mathbb{e}_j^{(H)})$ durch die Dehnungsgeschwindigkeit des jeweiligen Linienelementes $\left[c_{jj}^{H} \, ds_j^{(H)} \, e_j^{(H)}\right]$ konstituiert wird. Die aus (3.21a) nach vektorieller Multiplikation mit der jeweiligen Hauptrichtung $\mathbb{e}_j^{(H)}$ erhältlichen drei Gleichungen

$$\mathbb{e}_j^{(H)} \times (\omega \times \mathbb{e}_j^{(H)}) = \omega - (\omega \cdot \mathbb{e}_j^{(H)}) \mathbb{e}_j^{(H)} = \mathbb{e}_j^{(H)} \times \frac{\partial \mathbb{v}}{\partial s_j^{(H)}} , \; j = 1 .. 3$$

werden addiert und ergeben

$$\omega(\mathbb{r},t) = \frac{1}{2} \sum_{j=1}^{3} \mathbb{e}_j^{(H)} \times \frac{\partial \mathbb{v}}{\partial s_j^{(H)}} \equiv \frac{1}{2} \nabla \times \mathbb{v} = \frac{1}{2} \operatorname{rot} \mathbb{v} , \tag{3.21b}$$

indem man die für Orthogonalkoordinaten geltende Repräsentation (3.3b) des ∇–Operators benutzt. Diese als "Wirbelvektor" bezeichnete Größe soll in der klassischen Strömungsmechanik – im Gegensatz zu Cosserat–Theorien – die Teilchen–Drehgeschwindigkeiten in Termen des (Translations–)Geschwindigkeitsfeldes $\mathbb{v}(\mathbb{r},t)$ des "strömenden Mediums" darzustellen erlauben. Wie man (3.18c) entnimmt, definiert die Winkelgeschwindigkeit ω des (jeweils momentanen) Hauptverzerrungsgeschwindigkeitsachsen–Dreibeins den Wirbeltensor

$$\mathbb{W} \overset{(3.18c)}{=} -\frac{1}{2} (\mathbb{E} \times \operatorname{rot} \mathbb{v}) = - \mathbb{E} \times \omega. \tag{3.21c}$$

Deformatoren kommen in "Kontinuumstheorien kleiner Verformungen" auch in der Eigenschaft als "Verzerrungstensoren" vor. Bezeichnet $\mathbb{u}(\mathbb{r},t)$ das Feld der (kleinen) Verschiebungen mit sog. materiellen, d.h. die – meist als "undeformiert" angesehene sog. – "Bezugskonfiguration" des Kontinuums definierenden Ortskoordinaten $(\mathbb{r})$, so ist mit auf Letztere bezogenem (sog. "Lagrangeschen") ∇–Operator der sog. "materielle Verschiebungsdeformator"

$$\mathbb{D} = \operatorname{def} \mathbb{u} = \frac{1}{2}(\nabla \circ \mathbb{u} + \mathbb{u} \circ \nabla) \tag{3.22a}$$

der Operator, der Dehnungen $(\epsilon_{<\mu\mu>})$ materieller Linienelemente $d\mathbb{s}_\mu$ bzw. Scherwinkel $(\gamma_{<\mu\nu>})$ zweier anfänglich orthogonaler materieller Linienelemente ds_μ, ds_ν per

$$\epsilon_{<\mu\mu>} = \mathbb{e}_\mu \cdot \mathbb{D} \cdot \mathbb{e}_\mu, \; \mu = 1..3, \quad \gamma_{<\mu\nu>} = 2\mathbb{e}_\mu \cdot \mathbb{D} \cdot \mathbb{e}_\nu, \; \mu \neq \nu, \; \nu,\mu = 1..3 \tag{3.22b,c}$$

---

[33] Da in der Hauptachsendarstellung von $\mathbb{C}$ als Matrix keine – als Gleitgeschwindigkeiten $\dot{\gamma}_{jk}$ (vgl. (3.19g)) zu interpretierende – Nebenglieder existieren. Daher kann die während δt eintretende Formänderung eines nach den Hauptrichtungen $\mathbb{e}_j^{(H)}$ orientierten Momentanquaders nur aus die Quaderform erhaltenden "Streckungen" bestehen.

mit den Linienelementenrichtungen $\left(\mathbb{e}_{\mu} = d\mathbb{s}_{\mu} / |d\mathbb{s}_{\mu}|\right)$ der Bezugskonfiguration verknüpft. Die formale Gleichheit von (3.22b,c) mit (3.19c,g) ist nur scheinbar, da sich die in $\mathbb{C}$ aufscheinenden $\mathbb{V}$–Operationen auf (die Momentankonfiguration eines Kontinuums beschreibende "Eulersche") Raumkoordinaten bezogen. Als Folge von (3.22b,c) ergeben sich als sog. "Verzerrungs–Verschiebungsrelationen" in der Theorie kleiner Verformungen

$$\epsilon_{\langle\mu\mu\rangle} = \mathbb{e}_{\langle\mu\rangle}\cdot\frac{\partial \mathbb{u}}{\partial s_{\mu}}, \quad \gamma_{\langle\mu\nu\rangle} = \mathbb{e}_{\langle\mu\rangle}\cdot\frac{\partial \mathbb{u}}{\partial s_{\mu}} + \mathbb{e}_{\langle\nu\rangle}\cdot\frac{\partial \mathbb{u}}{\partial s_{\nu}} \quad \text{mit} \quad \mathbb{e}_{\langle\nu\rangle}\cdot\mathbb{e}_{\langle\mu\rangle} = 0 \ \text{für} \ \mu \neq \nu \qquad (3.22\text{d,e})$$

mit den entsprechenden Ableitungen nach den in Linienelementenrichtung $<\mathbb{e}_{\mu},\mathbb{e}_{\nu}>$ gemessenen "Bogenlängen" der Ausgangskonfiguration. Mit den entsprechenden – auf eine Orthonormalbasis $\langle \mathbb{e}_{j} \rangle$ bezogenen – Verzerrungsgrößen $d_{\langle jj\rangle} = \mathbb{e}_{\langle j\rangle}\cdot\mathbb{D}\cdot\mathbb{e}_{\langle j\rangle} = \epsilon_{\langle jj\rangle}$ $(j = 1..3)$, $d_{\langle jk\rangle} = \mathbb{e}_{\langle j\rangle}\cdot\mathbb{D}\cdot\mathbb{e}_{\langle k\rangle} = \gamma_{\langle jk\rangle}/2$, $(j,\ k = 1\ ..\ 3,\ j \neq k)$ hängen die Größen nach (3.22d,e) – wie (3.22b,c) ausweisen! – über die konventionellen Komponenten–Transformationsformeln für (Orthonormal–)Basiswechsel–Orthogonaltransformationen miteinander zusammen. Als

3.3.2 Divergenz

bezeichnet man die durch skalare (Links–)Anwendung des $\mathbb{V}$–Operators auf eine vektor– bzw. tensorwertige Feldgröße gekennzeichnete Operation, schreibt also[34)]

$$\operatorname{div} \overset{\langle p\rangle}{\mathbb{A}} \equiv \mathbb{V}\cdot\overset{\langle p\rangle}{\mathbb{A}} \overset{(3.2a)}{=} \frac{1}{\sqrt{g}}\sum_{j=1}^{3}\frac{\partial}{\partial q^{j}}\left[\sqrt{g}\,\mathbb{g}^{j}\cdot\overset{\langle p\rangle}{\mathbb{A}}\right] \overset{(3.2b)}{\equiv} \sum_{j=1}^{3}\mathbb{g}^{j}\cdot\frac{\partial \overset{\langle p\rangle}{\mathbb{A}}}{\partial q^{j}} \equiv$$

$$\overset{(3.3a)}{\equiv} \frac{1}{\sqrt{g}}\sum_{j=1}^{3}\frac{\partial}{\partial q_{\langle j\rangle}}\left[\sqrt{\frac{g}{g_{\langle jj\rangle}}}\,\mathbb{e}_{\langle j\rangle}\cdot\overset{\langle p\rangle}{\mathbb{A}}\right] \overset{(3.3b)}{\equiv} \sum_{j=1}^{3}\mathbb{e}_{\langle j\rangle}\cdot\frac{\partial \overset{\langle p\rangle}{\mathbb{A}}}{\partial s_{\langle j\rangle}}, \qquad (3.23\text{a})$$

wobei die beiden letzteren Darstellungen orthogonale Koordinatennetze $<q_{\langle j\rangle}>$ voraussetzen[35)]. Von der koordinateninvarianten Definition (3.1) her, d. h. aufgrund von

$$\operatorname{div} \overset{\langle p\rangle}{\mathbb{A}} = \mathbb{V}\cdot\overset{\langle p\rangle}{\mathbb{A}} = \lim_{\Delta V\to 0}\frac{1}{\Delta V}\oiint_{\Delta f(\Delta V)} d\mathbb{f}\cdot\overset{\langle p\rangle}{\mathbb{A}} = \lim_{\Delta V\to 0}\frac{1}{\Delta V}\oiint_{\Delta f(\Delta V)} \mathbb{n}\cdot\overset{\langle p\rangle}{\mathbb{A}}\,df \qquad (3.23\text{b})$$

erkennt man, daß Divergenzbildung generell zu einer auf die Volumeneinheit bezogenen "Überschuß–Bildung" (p–1)–stufiger (sog. "Fluß"–)Größen führt, die ein Volumenelement "durchströmen" und durch die Feldgröße $\overset{\langle p\rangle}{\mathbb{A}}$ und das durchströmte Flächenelement $d\mathbb{f}$ per

34) $\overset{\langle p\rangle}{\mathbb{A}}$ bedeutet eine p–stufig–tensorwertige Feldgröße

35) Unter Hinweis auf (3.7) soll hier daran erinnert werden, daß man bei Tensoren zwischen skalarer Links– bzw. Rechtsanwendung zu unterscheiden hat. Die skalare Rechtsanwendung wird als $\overset{\langle p\rangle}{\mathbb{A}}\ \operatorname{div}$ bezeichnet.

$$\overset{\langle p\rangle}{\mathbb{A}}\ \operatorname{div} = \overset{\langle p\rangle}{\mathbb{A}}\cdot\mathbb{V} = \frac{1}{\sqrt{g}}\sum_{j=1}^{3}\frac{\partial}{\partial q^{j}}\left[\sqrt{g}\ \overset{\langle p\rangle}{\mathbb{A}}\cdot\mathbb{g}^{j}\right] = \sum_{j=1}^{3}\frac{\partial \overset{\langle p\rangle}{\mathbb{A}}}{\partial q^{j}}\cdot\mathbb{g}^{j}. \qquad (3.23\text{b'})$$

Sie steht mit $\operatorname{div} \overset{\langle p\rangle}{\mathbb{A}}$ in dem algebraischen Zusammenhang

$$(\mathbb{V}\cdot\overset{\langle p\rangle}{\mathbb{A}})^{T} = (\operatorname{div}\overset{\langle p\rangle}{\mathbb{A}})^{T} = \overset{\langle p\rangle}{\mathbb{A}}{}^{T}\cdot\mathbb{V} = \overset{\langle p\rangle}{\mathbb{A}}{}^{T}\operatorname{div} \qquad (3.23\text{b''})$$

$$d\overset{\langle p-1\rangle}{\mathbf{A}}_n = \mathbf{n}\cdot \overset{\langle p\rangle}{\mathbf{A}}\, df = d\mathbf{f}\cdot \overset{\langle p\rangle}{\mathbf{A}} \tag{3.23c}$$

definiert sind[36].

Einfachstes Beispiel mit p = 1 ist der mit der Strömungsgeschwindigkeit $\mathbf{v}(\mathbf{r},t)$ und der Dichte $\rho(\mathbf{r},t)$ – beide in sog. "Eulerscher Darstellung" (vgl.[7],[1]) – gebildete Operator

$$\overset{\langle 1\rangle}{\mathbf{A}} = \rho\mathbf{v}, \tag{3.24a}$$

mit dem man die durch ein (raumfestes) Flächenelement in der Zeiteinheit hindurchtretende Fluidmasse $d\dot{m}_n$ per

$$d\dot{m}_n = \rho v_n df = \mathbf{n}\cdot\rho\,\mathbf{v}\, df = d\mathbf{f}\cdot\rho\mathbf{v} \tag{3.24b}$$

festlegen kann, wie man an Abb. 3.11 erkennt, wo der während eines Zeitinkrementes δt (aus ΔV) durch df herausgedrückte Massenstrang skizziert ist.

Also ist

$$\oiint\limits_{\Delta f(\Delta V)} d\dot{m}_n = \oiint\limits_{\Delta f(\Delta V)} \mathbf{n}\cdot\rho\mathbf{v}\, df \tag{3.24c}$$

die gesamte in der Zeiteinheit aus ΔV herausgeschaffte Masse und demgemäß

$$\operatorname{div}(\rho\mathbf{v}) = \nabla\cdot(\rho\mathbf{v}) = = \lim_{\Delta V\to 0} \frac{1}{\Delta V} \oiint\limits_{\Delta f(\Delta V)} \mathbf{n}\cdot\rho\mathbf{v}\, df \tag{3.24d}$$

die (auf Zeit– und Volumeneinheit bezogene) Massenergiebigkeit. Entsprechendes gilt für den (Eulerschen) Wärmeflußvektor $\mathbf{q}$, der – als einstufiger Operator – per

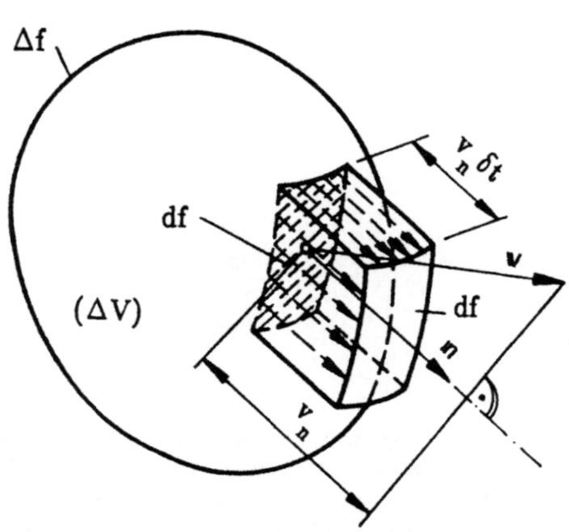

Abb. 3.11

$$d\dot{Q}_n = \mathbf{n}\cdot\mathbf{q}\,df = d\mathbf{f}\cdot\mathbf{q} \tag{3.24e}$$

die durch ein Flächenelement in der Zeiteinheit (in Form von "Wärmeleitung") transportierte Wärmemenge $d\dot{Q}_n$ definiert, weswegen

$$\lim_{\Delta V\to 0} \frac{1}{\Delta V} \oiint\limits_{\Delta f(\Delta V)} d\mathbf{f}\cdot\mathbf{q} = \operatorname{div}\mathbf{q} = \nabla\cdot\mathbf{q} \tag{3.24f}$$

die in der Zeiteinheit aus der Volumeneinheit infolge Wärmeleitung abgeflossene Wärmemenge bezeichnet. Zweistufig–tensorwertiges Beispiel ist der (Eulersche) Spannungstensor $\mathbf{S}$, der per

$$d\mathbf{k}_n = \mathbf{s}_n df \equiv \mathbf{n}\cdot\mathbf{S}\, df = d\mathbf{f}\cdot\mathbf{S} \tag{3.25a}$$

die an einem Flächenelement $d\mathbf{f}$ übertragene ("angreifende") Oberflächenkraft $d\mathbf{k}_n$ definiert[37].

Daher repräsentiert

---

36) insofern spricht man von $\operatorname{div} \overset{\langle p\rangle}{\mathbf{A}}$ auch als von der "Ergiebigkeit" einer (auf die Volumeneinheit bezogenen) (p–1)–stufigen "Intensitätsquelle"

37) Dabei bedeutet $\mathbf{s}_n$ (vgl. Abb. 3.12) den in $d\mathbf{f}$ "angreifenden" Spannungsvektor (d. i. die auf die Flächeneinheit bezogene übertragene Oberflächenkraft), der mit dem Spannungstensor $\mathbf{S}$ und der (äußeren) Oberflächennormalen $\mathbf{n}$ per $\mathbf{s}_n = \mathbf{n}\cdot\mathbf{S}$ festgelegt wird (vgl. [1] § 4.1).

$$\operatorname{div} \mathbb{S} = \mathbb{V}\cdot\mathbb{S} = \lim_{\Delta V\to 0} \frac{1}{\Delta V} \oiint_{\Delta f(\Delta V)} d\mathbb{f}\cdot\mathbb{S} \tag{3.25b}$$

den auf die Volumeneinheit bezogenen "resultierenden Oberflächenkraftfluß" (die sog. "Resultierende" der an der Volumeneinheit "angreifenden Oberflächenkräfte").
Sämtliche genannten "Ergiebigkeiten" treten in Feldgleichungsversionen entsprechender Bilanzsätze auf, die Divergenz des Operators $\rho\mathbb{v}$ in der sog. Massenbilanz

$$\operatorname{div}(\rho\mathbb{v}) + \frac{\partial\rho}{\partial t} = \dot{q}_m^{(e)} \,, \tag{3.24d'}$$

die Divergenz des Wärmeflußvektors in der sog. Entropiebilanz

$$-\operatorname{div}\mathbb{q} + \rho\dot{Q}^{(e)} = \rho T\dot{\mathscr{S}} \tag{3.24f'}$$

und schließlich die Divergenz des Spannungstensors in der durch die Newton–Eulersche Feldgleichung beschriebenen Impulsbilanz

$$\frac{1}{\rho}\operatorname{div}\mathbb{S} + \mathbb{k}^{(e)} = \dot{\mathbb{v}} \,. \tag{3.25c}$$

Gleichung (3.24d') beschreibt den Sachverhalt, daß eine in der Volumeneinheit je Zeiteinheit allfällig eingeprägte Masseneinspeisung $\dot{q}_m^{(e)}$ – neben Massenabfluß $(\operatorname{div}(\rho\mathbb{v}))$, – auch Massenspeicherung in der raumfesten Volumeneinheit, also daselbst Dichtesteigerung bewirken kann. In Gl. (3.24f') bedeutet $\dot{Q}^{(e)}$ die der Masseneinheit in der Zeiteinheit nicht durch Wärmeleitung zugeführte (eingeprägte) Wärmemenge[38], so daß die linke Seite von (3.24f') die gesamte je Zeit– und Volumeneinheit anfallende Wärmemengenzufuhr repräsentiert, die in der Volumeneinheit verbleibt, was sich im Sinne von (3.24f') durch Änderung der (auf die Masseneinheit bezogenen sog. spezifischen) Entropie $\mathscr{S}$ bemerkbar macht. Gl. (3.25c) schließlich ist Ausdruck der Impulsbilanz an der Masseneinheit, wonach die Resultierende der Oberflächenkräfte $((\operatorname{div}\mathbb{S})/\rho)$ und der (eingeprägten) Massenkräfte[39] $(\mathbb{k}^{(e)})$ in der Masseneinheit als "Impulsänderung" $(\dot{\mathbb{v}})$ "gespeichert" wird. Die Operation

3.3.3 Rotation

$$\text{d. h. } \operatorname{rot}\overset{\langle p\rangle}{\mathbb{A}} = \mathbb{V}\times\overset{\langle p\rangle}{\mathbb{A}} \equiv \lim_{\Delta V\to 0}\frac{1}{\Delta V}\oiint_{\Delta f(\Delta V)} d\mathbb{f}\times\overset{\langle p\rangle}{\mathbb{A}} = \sum_{j=1}^{3}\mathbb{g}^j\times\nabla_j\overset{\langle p\rangle}{\mathbb{A}} = \sum_{j=1}^{3}\mathbb{e}_{\langle j\rangle}\times\frac{\partial\overset{\langle p\rangle}{\mathbb{A}}}{\partial s_{\langle j\rangle}} \tag{3.26a}$$

kommt in der Kontinuumsmechanik weniger häufig vor, meist als Vektor–Rotation (Wirbelvektor). Rot–Operationen an zweistufigen Tensoren – auch rechtsseitig angewendet und dann als

$$\overset{\langle p\rangle}{\mathbb{A}}\operatorname{rot} = \overset{\langle p\rangle}{\mathbb{A}}\times\mathbb{V} = \sum_{j=1}^{3}\left[\nabla_j\overset{\langle p\rangle}{\mathbb{A}}\right]\times\mathbb{g}^j \tag{3.26b}$$

zu verstehen – werden, insbesondere in der Version der "mehrfachen Anwendung", (vgl. § 3.4) bei der Formulierung von sog. Verträglichkeitsbedingungen" und bei "Spannungsfunktionenansätzen" (vgl. §§4.5.1, 8.1.2) verwendet.
Für einen zweistufigen Tensor

---

38) d. h. eine etwa durch Strahlungsabsorption bzw. Dissipation mechanischer Energie zugeführte kalorische Quantität vgl. (8.44b)

39) $\mathbb{k}^{(e)}$ bedeutet die Massenkraft je Masseneinheit

$$\mathbb{D} = \sum_{j,k=1}^{3} d_{\langle jk\rangle}\, \mathbb{e}_{\langle j\rangle} \circ \mathbb{e}_{\langle k\rangle} \tag{3.26c}$$

in kartesischer Orthonormalbasisdarstellung erhält man mit

$$\nabla = \sum_{j=1}^{3} \mathbb{e}_{\langle j\rangle} \frac{\partial}{\partial x_j} \tag{3.26d}$$

in Termen der Komponentenableitungen nach den kartesischen Koordinaten x_j ($j = 1...3$) beispielsweise

$$\operatorname{rot} \mathbb{D} = \nabla\times\mathbb{D} = \sum_{i,j,k=1}^{3} \mathbb{e}_{\langle i\rangle}\times \mathbb{e}_{\langle j\rangle}\circ \mathbb{e}_{\langle k\rangle} \frac{\partial d_{\langle jk\rangle}}{\partial x_i} = \sum_{i,j,k,l=1}^{3} \epsilon_{\langle ijl\rangle}\, \mathbb{e}_{\langle l\rangle}\circ \mathbb{e}_{\langle k\rangle} \frac{\partial d_{\langle jk\rangle}}{\partial x_i},$$

d. h. die Komponentendarstellung

$$\mathbb{e}_{\langle l\rangle}\cdot\mathbb{D}\cdot\mathbb{e}_{\langle k\rangle} = \sum_{i,j=1}^{3} \epsilon_{\langle ijl\rangle} \frac{\partial d_{\langle jk\rangle}}{\partial x_i} = \frac{\partial d_{\langle l-1,k\rangle}}{\partial x_{l-2}} - \frac{\partial d_{\langle l-2,k\rangle}}{\partial x_{l-1}}, \tag{3.26e}$$

wobei die Index–Subtraktionen "zyklisch" zu verstehen sind, also für rot $\mathbb{D}$ die Matrizendarstellung

$$\operatorname{rot} \mathbb{D} \mathrel{\hat{=}} \left(\begin{array}{c|c|c} \frac{\partial d_{\langle 31\rangle}}{\partial x_2} - \frac{\partial d_{\langle 21\rangle}}{\partial x_3} & \frac{\partial d_{\langle 32\rangle}}{\partial x_2} - \frac{\partial d_{\langle 22\rangle}}{\partial x_3} & \frac{\partial d_{\langle 33\rangle}}{\partial x_2} - \frac{\partial d_{\langle 23\rangle}}{\partial x_3} \\ \hline \frac{\partial d_{\langle 11\rangle}}{\partial x_3} - \frac{\partial d_{\langle 31\rangle}}{\partial x_1} & \frac{\partial d_{\langle 12\rangle}}{\partial x_3} - \frac{\partial d_{\langle 32\rangle}}{\partial x_1} & \frac{\partial d_{\langle 13\rangle}}{\partial x_3} - \frac{\partial d_{\langle 33\rangle}}{\partial x_1} \\ \hline \frac{\partial d_{\langle 21\rangle}}{\partial x_1} - \frac{\partial d_{\langle 11\rangle}}{\partial x_2} & \frac{\partial d_{\langle 22\rangle}}{\partial x_1} - \frac{\partial d_{\langle 12\rangle}}{\partial x_2} & \frac{\partial d_{\langle 23\rangle}}{\partial x_1} - \frac{\partial d_{\langle 13\rangle}}{\partial x_2} \end{array}\right)_{(\mathbb{e}_{\langle j\rangle})} \tag{3.26f}$$

3.3.4 Regeln für das Rechnen mit dem ∇-Operator

Wie schon zu Ende von § 3.1 vermerkt, hat der ∇-Operator sowohl algebraische als auch analytische Qualitäten, wobei Erstere - man betrachte etwa (3.2c) - durch dessen Basisvektoren ($\mathbb{g}^i$) gekennzeichnet werden. So sind z. B. unter Benutzung der Darstellungen

$$\left.\begin{array}{l}\text{grad}\\ \text{rot}\\ \text{div}\end{array}\right\} \overset{\langle p\rangle}{\mathbb{A}} = \sum_{j=1}^{3} \left.\begin{array}{l}\mathbb{g}^j\circ\\ \mathbb{g}^j\times\\ \mathbb{g}^j\cdot\end{array}\right\} \nabla_j \overset{\langle p\rangle}{\mathbb{A}}\;,\quad \overset{\langle P\rangle}{\mathbb{A}} \left\{\begin{array}{l}\text{grad}\\ \text{rot}\\ \text{div}\end{array}\right\} = \sum_{j=1}^{3} (\nabla_j \overset{\langle p\rangle}{\mathbb{A}}) \left\{\begin{array}{l}\circ\, \mathbb{g}^j\\ \times\, \mathbb{g}^j\\ \cdot\, \mathbb{g}^j\end{array}\right\} \tag{3.27a-c}$$

die

3.3.4.1 Links - Rechts - Anwendungsvertauschungen

betreffenden Formalien

$$(\text{grad}\, \overset{\langle P\rangle}{\mathbb{A}})^T \equiv (\nabla\circ \overset{\langle P\rangle}{\mathbb{A}})^T = \overset{\langle P\rangle}{\mathbb{A}}{}^T\circ\nabla = \overset{\langle P\rangle}{\mathbb{A}}{}^T\text{grad}$$

$$(\text{rot}\, \overset{\langle P\rangle}{\mathbb{A}})^T \equiv (\nabla\times \overset{\langle P\rangle}{\mathbb{A}})^T = -\overset{\langle P\rangle}{\mathbb{A}}{}^T\times\nabla = -\overset{\langle P\rangle}{\mathbb{A}}{}^T\text{rot}$$

$$(\text{div}\, \overset{\langle P\rangle}{\mathbb{A}})^T \equiv (\nabla\cdot \overset{\langle P\rangle}{\mathbb{A}})^T = \overset{\langle P\rangle}{\mathbb{A}}{}^T\cdot\nabla = \overset{\langle P\rangle}{\mathbb{A}}{}^T\text{div} \tag{3.27 d-f}$$

algebraisch unmittelbar ersichtlich. Der Linearität der Operation wegen gilt bei

3.3.4.2 Anwendung auf Summen

das distributive Gesetz, d.h. für beliebige Feldfunktionen Φ_j und beliebige multiplikative Verknüpfungen (angedeutet durch das Symbol $\circledast$)

$$\nabla \circledast (\Phi_1 + \Phi_2) = \nabla \circledast \Phi_1 + \nabla \circledast \Phi_2 \,, \tag{3.28a}$$

also für skalare Φ_j

$$\nabla\,(\Phi_1 + \Phi_2) = \nabla\,\Phi_1 + \nabla\,\Phi_2 \tag{3.28b}$$

und für extensive Größen $\overset{<P>}{\mathbb{A}}$

$$\nabla \left\{\begin{matrix} \circ \\ \times \\ \cdot \end{matrix}\right\} (\overset{<P>}{\mathbb{A}}_1 + \overset{<P>}{\mathbb{A}}_2) = \nabla \left\{\begin{matrix} \circ \\ \times \\ \cdot \end{matrix}\right\} \overset{<P>}{\mathbb{A}}_1 + \nabla \left\{\begin{matrix} \circ \\ \times \\ \cdot \end{matrix}\right\} \overset{<P>}{\mathbb{A}}_2 . \tag{3.28c}$$

Der in den Ableitungsanweisungen ∇_j aufscheinende analytische Aspekt kommt in der

3.3.4.3 Differentiationsregel für Produkte

zum Ausdruck. Bedeuten Φ, Ψ beliebige Feldfunktionen und $\oslash$, $\oplus$ beliebige Produktanwendungen, so gilt

$$\nabla \oslash (\Phi \oplus \Psi) = \nabla \oslash (\overset{\downarrow}{\Phi} \oplus \Psi) + \nabla \oslash (\Phi \oplus \overset{\downarrow}{\Psi}) \,, \tag{3.29a}$$

wobei die Pfeile den jeweils zu differenzierenden Faktor lokalisieren. (3.29a) ist Ausdruck der Differentiationsregel für Produkte, die hier in der Form

$$\nabla \oslash (\Phi \oplus \Psi) = \sum_{j=1}^{3} \mathbb{g}^j \oslash \nabla_j (\Phi \oplus \Psi) \equiv \sum_{j=1}^{3} \mathbb{g}^j \oslash \left[\nabla_j \Phi \oplus \Psi + \Phi \oplus \nabla_j \Psi \right] \tag{3.29b}$$

anfällt, wobei der erste bzw.zweite Term in (3.29 b) durch die Pfeile-Notation am ersten bzw. zweiten Term in (3.29a) abgekürzt werden.

Dementsprechend sind z.B. für skalare Felder $\varphi(\mathbb{r}), \psi(\mathbb{r})$

$$\nabla(\varphi\,\psi) = \mathrm{grad}(\varphi\psi) = \nabla(\overset{\downarrow}{\varphi}\,\psi + \varphi\,\overset{\downarrow}{\psi}) = \psi\,\nabla\varphi + \varphi\,\nabla\psi = \psi\,\mathrm{grad}\varphi + \varphi\,\mathrm{grad}\psi \,, \tag{3.30}$$

für skalare Felder $\varphi(\mathbb{r})$ und Vektorfelder $\mathbb{v}(\mathbb{r})$

$$\nabla\cdot(\varphi\,\mathbb{v}) = \mathrm{div}(\varphi\,\mathbb{v}) = \nabla\cdot(\overset{\downarrow}{\varphi}\,\mathbb{v} + \varphi\,\overset{\downarrow}{\mathbb{v}}) = \mathbb{v}\cdot\nabla\varphi + \varphi\,\nabla\cdot\mathbb{v} = \mathbb{v}\,\mathrm{grad}\varphi + \varphi\,\mathrm{div}\,\mathbb{v} \tag{3.31a}$$

$$\nabla\times(\varphi\,\mathbb{v}) = \mathrm{rot}(\varphi\,\mathbb{v}) = \nabla\times(\overset{\downarrow}{\varphi}\,\mathbb{v} + \varphi\,\overset{\downarrow}{\mathbb{v}}) = (\nabla\varphi)\times\mathbb{v} + \varphi\nabla\times\mathbb{v} = (\mathrm{grad}\varphi)\times\mathbb{v} + \varphi\,\mathrm{rot}\,\mathbb{v} \tag{3.31b}$$

$$\nabla \circ (\varphi\mathbb{v}) = \mathrm{grad}(\varphi\mathbb{v}) = \nabla \circ (\overset{\downarrow}{\varphi}\,\mathbb{v} + \varphi\,\overset{\downarrow}{\mathbb{v}}) = (\nabla\varphi) \circ \mathbb{v} + \varphi\nabla \circ \mathbb{v} = (\mathrm{grad}\varphi)\circ\mathbb{v} + \varphi\,\mathrm{grad}\mathbb{v}. \tag{3.31c}$$

Ferner hat man

$$\nabla(\mathbb{v}\cdot\mathbb{w}) = \mathrm{grad}(\mathbb{v}\cdot\mathbb{w}) = \nabla(\overset{\downarrow}{\mathbb{v}}\cdot\mathbb{w} + \mathbb{v}\cdot\overset{\downarrow}{\mathbb{w}}) = (\nabla \circ \overset{\downarrow}{\mathbb{v}})\cdot\mathbb{w} + (\nabla \circ \overset{\downarrow}{\mathbb{w}})\cdot\mathbb{v} =$$

$$= (\mathrm{grad}\ \mathbb{v})\cdot\mathbb{w} + (\mathrm{grad}\ \mathbb{w})\cdot\mathbb{v}, \tag{3.32a}$$

was wegen

$$\operatorname{grad}\mathbf{v} = \nabla\circ\mathbf{v} = \frac{1}{2}(\nabla\circ\mathbf{v} + \mathbf{v}\circ\nabla) + \frac{1}{2}(\nabla\circ\mathbf{v} - \mathbf{v}\circ\nabla) \overset{(3.18\,a,c)}{=} \operatorname{def}\mathbf{v} - \frac{1}{2}(\operatorname{rot}\mathbf{v})\times\mathbb{E} \equiv$$
$$\equiv \operatorname{def}\mathbf{v} - \frac{1}{2}\mathbb{E}\times\operatorname{rot}\mathbf{v}$$

und entsprechender Umformung für grad $\mathbf{w}$ auch als

$$\nabla(\mathbf{v}\cdot\mathbf{w}) = (\operatorname{def}\mathbf{v})\cdot\mathbf{w} - \frac{1}{2}\left[(\operatorname{rot}\mathbf{v})\times\mathbb{E}\right]\cdot\mathbf{w} + (\operatorname{def}\mathbf{w})\cdot\mathbf{v} - \frac{1}{2}\left[(\operatorname{rot}\mathbf{w})\times\mathbb{E}\right]\cdot\mathbf{v} =$$
$$= \mathbf{w}\cdot\operatorname{def}\mathbf{v} + \mathbf{v}\cdot\operatorname{def}\mathbf{w} - \frac{1}{2}\left[(\operatorname{rot}\mathbf{v})\times\mathbf{w} + (\operatorname{rot}\mathbf{w})\times\mathbf{v}\right] \tag{3.32b}$$

geschrieben werden kann. Setzt man hierin wieder $\operatorname{def}\mathbf{v} = \operatorname{grad}\mathbf{v} + \frac{1}{2}\mathbb{E}\times\operatorname{rot}\mathbf{v}$ sowie

$\operatorname{def}\mathbf{w} = \operatorname{grad}\mathbf{w} + \frac{1}{2}\mathbb{E}\times\operatorname{rot}\mathbf{w}$, so bekommt man schließlich die weitere Darstellung

$$\nabla(\mathbf{v}\cdot\mathbf{w}) = \operatorname{grad}(\mathbf{v}\cdot\mathbf{w}) = \mathbf{w}\cdot\operatorname{grad}\mathbf{v} + \mathbf{v}\cdot\operatorname{grad}\mathbf{w} + \mathbf{w}\times\operatorname{rot}\mathbf{v} + \mathbf{v}\times\operatorname{rot}\mathbf{w}\ , \tag{3.32c}$$

die im übrigen auch unmittelbar mit Verwendung des Entwicklungssatzes für zweifache Vektorprodukte verifiziert werden kann. Mit $\mathbf{v} = \mathbf{w}$ bekommt man aus (3.32c) speziell die für die Zerlegung der konvektiven Geschwindigkeitsänderung $\mathbf{v}\cdot\operatorname{grad}\mathbf{v}$ in der Hydrodynamik wichtige Beziehung

$$\mathbf{v}\cdot\operatorname{grad}\mathbf{v} = \operatorname{grad}\left(\frac{\mathbf{v}\cdot\mathbf{v}}{2}\right) - \mathbf{v}\times\operatorname{rot}\mathbf{v} = \operatorname{grad}\left(\frac{\mathbf{v}^2}{2}\right) - \mathbf{v}\times\operatorname{rot}\mathbf{v}\ . \tag{3.32d}$$

Des weiteren gelten für Vektorfelder $\mathbf{v}$, $\mathbf{w}$

$$\nabla\cdot(\mathbf{v}\times\mathbf{w}) = \operatorname{div}(\mathbf{v}\times\mathbf{w}) = [\nabla\ \mathbf{v}\ \mathbf{w}] = [\nabla\ \overset{\downarrow}{\mathbf{v}}\ \mathbf{w}] + [\nabla\ \mathbf{v}\ \overset{\downarrow}{\mathbf{w}}] =$$
$$= (\nabla\times\overset{\downarrow}{\mathbf{v}})\cdot\mathbf{w} - (\nabla\times\overset{\downarrow}{\mathbf{w}})\cdot\mathbf{v} = \mathbf{w}\cdot\operatorname{rot}\mathbf{v} - \mathbf{v}\cdot\operatorname{rot}\mathbf{w}\ , \tag{3.33a}$$

$$\nabla\times(\mathbf{v}\times\mathbf{w}) = \operatorname{rot}(\mathbf{v}\times\mathbf{w}) = \nabla\times(\overset{\downarrow}{\mathbf{v}}\times\mathbf{w} + \mathbf{v}\times\overset{\downarrow}{\mathbf{w}}) \overset{40)}{=}$$
$$= \mathbf{w}\cdot\operatorname{grad}\mathbf{v} - \mathbf{v}\cdot\operatorname{grad}\mathbf{w} - \mathbf{w}\,(\operatorname{div}\mathbf{v}) + \mathbf{v}\,(\operatorname{div}\mathbf{w}) \tag{3.33b}$$

$$\nabla\circ(\mathbf{v}\times\mathbf{w}) = \operatorname{grad}(\mathbf{v}\times\mathbf{w}) = \nabla\circ(\overset{\downarrow}{\mathbf{v}}\times\mathbf{w} - \overset{\downarrow}{\mathbf{w}}\times\mathbf{v}) =$$
$$= (\nabla\circ\overset{\downarrow}{\mathbf{v}})\times\mathbf{w} - (\nabla\circ\overset{\downarrow}{\mathbf{w}})\times\mathbf{v} = (\operatorname{grad}\mathbf{v})\times\mathbf{w} - (\operatorname{grad}\mathbf{w})\times\mathbf{v} \tag{3.33c}$$

und für skalare Felder φ

$$\nabla\cdot(\varphi\,\mathbb{E}) = \operatorname{div}(\varphi\,\mathbb{E}) = \nabla\cdot(\overset{\downarrow}{\varphi}\,\mathbb{E} + \varphi\,\overset{\downarrow}{\mathbb{E}}) = (\nabla\overset{\downarrow}{\varphi})\cdot\mathbb{E} + \varphi\,\nabla\cdot\overset{\downarrow}{\mathbb{E}} =$$
$$= (\nabla\overset{\downarrow}{\varphi})\cdot\mathbb{E} = \nabla\varphi = \operatorname{grad}\varphi\ , \tag{3.34a}$$

$$\nabla\times(\varphi\,\mathbb{E}) = \operatorname{rot}(\varphi\,\mathbb{E}) = \nabla\times(\overset{\downarrow}{\varphi}\,\mathbb{E} + \varphi\,\overset{\downarrow}{\mathbb{E}}) = (\nabla\overset{\downarrow}{\varphi})\times\mathbb{E} + \varphi\,\nabla\times\overset{\downarrow}{\mathbb{E}} =$$
$$= (\nabla\overset{\downarrow}{\varphi})\times\mathbb{E} = (\operatorname{grad}\varphi)\times\mathbb{E} \equiv \mathbb{E}\times\operatorname{grad}\varphi\ , \tag{3.34b}$$

indem man

$$\nabla\cdot\mathbb{E} = \operatorname{div}\mathbb{E} \overset{(3.2\,d)}{=} 0, \quad \nabla\times\mathbb{E} = \operatorname{rot}\mathbb{E} \overset{(3.10d)}{=} 0 \tag{3.34c,d}$$

beachtet.

---

40) Man verwende den Entwicklungssatz für zweifache Vektorprodukte

Speziell gelten für den Ortsvektor[41] $\mathbb{r}$

$$\nabla\cdot\mathbb{r} = \operatorname{div}\mathbb{r} = 3,\quad \nabla\times\mathbb{r} = \operatorname{rot}\mathbb{r} = 0,\quad \nabla\circ\mathbb{r} = \operatorname{grad}\mathbb{r} = \mathbb{E}\ ,\ \nabla|\mathbb{r}| = \mathbb{r}/|\mathbb{r}|, \tag{3.35a-d}$$

und unter Benutzung letzterer Formel für skalare Felder $\varphi(\mathbb{r})$, die nur vom Ortsvektorbetrag $|\mathbb{r}| \equiv r = \sqrt{\mathbb{r}\cdot\mathbb{r}}$ abhängen,

$$\nabla\varphi(r) = \frac{d\varphi}{dr}\nabla r = \mathbb{r}\ \varphi'(r)/r\ ,\quad \varphi'(r) = d\varphi/dr\ , \tag{3.36a,b}$$

also u.a.

$$\nabla(\mathbb{r}\cdot\mathbb{r}) = \operatorname{grad}\mathbb{r}^2 = 2\mathbb{r},\ \nabla\left[\frac{1}{|\mathbb{r}|}\right] = -\frac{1}{\mathbb{r}^2}\frac{\mathbb{r}}{|\mathbb{r}|} = -\frac{\mathbb{r}}{|\mathbb{r}|^3},\ \nabla\left[\frac{1}{|\mathbb{r}|^3}\right] = -\frac{3\mathbb{r}}{|\mathbb{r}|^5}. \tag{3.37a-d}$$

Mit $\mathbb{r} - \mathbb{a}$ anstelle von $\mathbb{r}$ und $\mathbb{a}$=const. identifiziert man schließlich

$$\nabla\left[(\mathbb{r} - \mathbb{a})^2\right] = 2(\mathbb{r} - \mathbb{a}),\ \nabla|\mathbb{r} - \mathbb{a}| = \frac{\mathbb{r} - \mathbb{a}}{|\mathbb{r} - \mathbb{a}|},$$

$$\nabla\left[\frac{1}{|\mathbb{r} - \mathbb{a}|}\right] = -\frac{\mathbb{r} - \mathbb{a}}{(\mathbb{r} - \mathbb{a})^2|\mathbb{r} - \mathbb{a}|} = -\frac{\mathbb{r} - \mathbb{a}}{|\mathbb{r} - \mathbb{a}|^3},\ \nabla\left[\frac{1}{|\mathbb{r} - \mathbb{a}|^3}\right] = -\frac{3(\mathbb{r} - \mathbb{a})}{|\mathbb{r} - \mathbb{a}|^5}. \tag{3.38a-d}$$

3.4 Mehrfache Anwendungen

Weil für im euklidischen Raum definierte Feldgrößen der Schwarzsche Satz von der Vertauschbarkeit der Differentiationsreihenfolge (sog. Integrabilitätsbedingungen)

$$\frac{\partial}{\partial q^j}\left[\frac{\partial\Phi}{\partial q^k}\right] = \nabla_j\nabla_k\Phi = \nabla_k\nabla_j\Phi = \frac{\partial}{\partial q^k}\left[\frac{\partial\Phi}{\partial q^j}\right] \tag{3.39a}$$

nicht nur für Skalare $\Phi(q^1,q^2,q^3)$, sondern auch für vektor- bzw. tensorwertige Feldfunktionen gesichert ist[42],

$$\frac{\partial}{\partial q^\alpha}\left[\frac{\partial \overset{<P>}{\mathbb{A}}}{\partial q^\beta}\right] = \nabla_\alpha\nabla_\beta\overset{<P>}{\mathbb{A}} = \nabla_\beta\nabla_\alpha\overset{<P>}{\mathbb{A}} = \frac{\partial}{\partial q^\beta}\left[\frac{\partial \overset{<P>}{\mathbb{A}}}{\partial q^\alpha}\right] \tag{3.39b}$$

folgert man, daß generell die Reihenfolge zweier ∇-Operationen vertauscht werden darf, also[43]

$$\overset{(2)}{\nabla}\circ\overset{(1)}{\nabla}\circ\overset{<P>}{\mathbb{A}} - \overset{(1)}{\nabla}\circ\overset{(2)}{\nabla}\circ\overset{<P>}{\mathbb{A}} \equiv^{44)} \left[\mathbb{E}\times\left[\overset{(1)}{\nabla}\times\overset{(2)}{\nabla}\right]\right]\circ\overset{<P>}{\mathbb{A}} \equiv -\left[\mathbb{E}\times\left(\overset{(2)}{\nabla}\times\overset{(1)}{\nabla}\right)\right]\circ\overset{<P>}{\mathbb{A}} \equiv$$

---

41) Die Beziehungen (3.35) weist man am einfachsten mit Verwendung kartesischer oder Kugel-Koordinaten nach. Sie sind aber auch koordinateninvariant zu verifizieren. So ist z.B. nach (3.14c) $d\mathbb{r}/ds = \mathbb{e}\cdot(\nabla\circ\mathbb{r})$ aber auch gleichzeitig $d\mathbb{r}/ds \equiv d\mathbb{r}/|d\mathbb{r}| = \mathbb{e}$, also $\mathbb{e} = \mathbb{e}\cdot(\nabla\circ\mathbb{r})$, d. h. in der Tat $\nabla\circ\mathbb{r} = \mathbb{E}$. Hiermit folgen dann sogleich $\operatorname{rot}\mathbb{r} = \mathfrak{E}^T\cdot\cdot\operatorname{grad}\mathbb{r} = \mathfrak{E}^T\cdot\cdot\mathbb{E} = 0$, weil $\mathbb{E}$ symmetrisch ist und $\operatorname{div}\mathbb{r} = \mathbb{E}\cdot\cdot\operatorname{grad}\mathbb{r} = \mathbb{E}\cdot\cdot\mathbb{E} = 3$.

42) Im Gegensatz zur Analysis in Riemannschen Räumen, wo Gültigkeit der Integrabilitätsbedingungen nur für Skalare unterstellt wird (vgl. §§2.7, 6.7.3.2).

43) Die den ∇–Operationen übergesetzten Ziffern deuten die Differentiationsreihenfolge an.

44) Man beachte $\mathbb{E}\times\left(\overset{(1)}{\nabla}\times\overset{(2)}{\nabla}\right) = \overset{(2)}{\nabla}\circ\overset{(1)}{\nabla} - \overset{(1)}{\nabla}\circ\overset{(2)}{\nabla}$ nach [1],(2.53b)

$$\equiv -\left[(\mathbb{E}\times\mathbb{E})\cdot(\overset{(2)}{\mathbb{\nabla}}\times\overset{(1)}{\mathbb{\nabla}})\right]\circ\overset{\langle P\rangle}{\mathbb{A}} \overset{45)}{=} \left[\mathfrak{E}\cdot(\overset{(2)}{\mathbb{\nabla}}\times\overset{(1)}{\mathbb{\nabla}})\right]\circ\overset{\langle p\rangle}{\mathbb{A}} = 0 \qquad (3.40a)$$

bzw.

$$-\frac{1}{2}\,\mathfrak{E}\cdot\cdot\left\{\left[\mathfrak{E}\cdot(\overset{(2)}{\mathbb{\nabla}}\times\overset{(1)}{\mathbb{\nabla}})\right]\circ\overset{\langle P\rangle}{\mathbb{A}}\right\} \equiv -\frac{1}{2}\left[(\mathfrak{E}\cdot\cdot\mathfrak{E})\cdot(\overset{(2)}{\mathbb{\nabla}}\times\overset{(1)}{\mathbb{\nabla}})\right]\circ\overset{\langle P\rangle}{\mathbb{A}} = (\overset{(2)}{\mathbb{\nabla}}\times\overset{(1)}{\mathbb{\nabla}})\circ\overset{\langle P\rangle}{\mathbb{A}} = 0 \qquad (3.40b)$$

und demgemäß

$$\mathbb{\nabla}\times\mathbb{\nabla} = \mathbb{E}\times\mathbb{E}\cdot\cdot\mathbb{\nabla}\circ\mathbb{\nabla} \equiv \mathfrak{E}^{T}\cdot\cdot\mathbb{\nabla}\circ\mathbb{\nabla} = 0 \qquad (3.40c)$$

gilt, d.h. daß sich der $\mathbb{\nabla}$-Operator auch hinsichtlich "mehrfacher Anwendungen" wie ein "Vektor im algebraischen Sinne" verhält, dessen "Vektorprodukt mit sich selbst" verschwindet.

Der einfachste Nachweis letzteren – koordinateninvarianten! – Befundes geht davon aus, daß er als erbracht anzusehen ist, wenn man ihn für eine spezielle Koordinatendarstellung verifiziert hat, weswegen es erlaubt ist, für den Nachweis von (3.40b) für Vektoren bzw. Tensoren eine im Euklidischen Falle immer mögliche Komponentendarstellung hinsichtlich global–konstanter Basisvektoren zu benutzen. Dann sind die – etwa unter Verwendung kartesischer Koordinaten $x_{\langle j\rangle}$, j=1...3, – an die Stelle von (3.39b) tretenden Beziehungen

$$\frac{\partial}{\partial x_{\langle\alpha\rangle}}\left[\frac{\partial\overset{\langle P\rangle}{\mathbb{A}}}{\partial x_{\langle\beta\rangle}}\right] = \frac{\partial}{\partial x_{\langle\beta\rangle}}\left[\frac{\partial\overset{\langle P\rangle}{\mathbb{A}}}{\partial x_{\langle\alpha\rangle}}\right] = \left[\frac{\partial^2\overset{\langle P\rangle}{\mathbb{A}}}{\partial x_{\langle\alpha\rangle}\,\partial x_{\langle\beta\rangle}}\right], \quad \alpha,\beta=1...3 \qquad (3.40d)$$

unmittelbar einsichtig auch aus (3.40b) zu folgern, indem man $\mathbb{\nabla} = \sum_{k=1}^{3}\mathbb{e}_{\langle k\rangle}\partial/\partial x_{\langle k\rangle}$ setzt, zur Darstellung von $\overset{\langle P\rangle}{\mathbb{A}}$ die Basisvektoren $\mathbb{e}_{\langle k\rangle}$ benutzt und deren globale Konstanz sowie Gültigkeit der Integrabilitätsbedingungen für die ebenfalls als Funktionen kartesischer Koordinaten dargestellten Komponentenfelder von $\overset{\langle P\rangle}{\mathbb{A}}$ beachtet.

Der Nachweis von (3.40a) unter Benutzung allgemeiner Koordinaten ist aufwendiger, weil bei der zweiten Anwendung

$$\overset{(2)}{\mathbb{\nabla}}\circ(\overset{(1)}{\mathbb{\nabla}}\circ\overset{\langle P\rangle}{\mathbb{A}}) = \sum_{j=1}^{3}\mathbb{g}^{j}\nabla_{j}\circ\left[\sum_{k=1}^{3}\mathbb{g}^{k}\circ\nabla_{k}\overset{\langle p\rangle}{\mathbb{A}}\right]$$

die – hier veränderlichen – Basisvektoren $(\mathbb{g}^{k})$ aus der ersten Anwendung ebenfalls abgeleitet werden müssen, so daß $\overset{(2)}{\mathbb{\nabla}}\circ\overset{(1)}{\mathbb{\nabla}}\circ\overset{\langle P\rangle}{\mathbb{A}} - \overset{(1)}{\mathbb{\nabla}}\circ\overset{(2)}{\mathbb{\nabla}}\circ\overset{\langle P\rangle}{\mathbb{A}} = 0$ d.h. der Befund

$$\overset{\langle p+2\rangle}{\mathbb{H}} = \sum_{j,k=1}^{3}\mathbb{g}^{j}\circ\nabla_{j}\left[\mathbb{g}^{k}\circ\nabla_{k}\overset{\langle p\rangle}{\mathbb{A}}\right] - \sum_{j,k=1}^{3}\mathbb{g}^{k}\circ\mathbb{g}^{j}\circ\nabla_{j}\left[\nabla_{k}\overset{\langle p\rangle}{\mathbb{A}}\right] = 0 \qquad (3.40e)$$

durchaus nicht unmittelbar einzusehen ist. Daß aber auch für den Fall allgemeiner Koordinaten die Aussage (3.40b) – nunmehr in Form des Befundes (3.40e) – festgestellt werden kann, ergibt sich – neben

---

45) Hierin bedeutet $\mathfrak{E} = -\mathfrak{E}^{T} = -\mathbb{E}\times\mathbb{E}$ den dreistufigen Permutationstensor. Ansonsten beachte man $\mathfrak{E}\cdot\cdot\mathfrak{E} = -2\,\mathbb{E}$ nach [1], (6.27b).

Beachtung von (3.39b) – aus der Symmetrie der Christoffelsymbole erster Art hinsichtlich ihrer beiden hinteren Indizes. Ausdifferenzieren von (3.40e) liefert zunächst mit $\nabla_j \nabla_k \overset{\langle p\rangle}{\mathbb{A}} \equiv \nabla_k \nabla_j \overset{\langle p\rangle}{\mathbb{A}}$ nach (3.39b)

$$\overset{\langle p+2\rangle}{\mathbb{H}} = \sum_{j,k=1}^{3} \left[\mathfrak{g}^j \circ (\nabla_j \mathfrak{g}^k) - (\nabla_j \mathfrak{g}^k) \circ \mathfrak{g}^j \right] \circ \nabla_k \overset{\langle p\rangle}{\mathbb{A}} \overset{(2.42c)}{=}$$

$$= \sum_{j,k=1}^{3} \left[\mathbf{\Gamma}_{[j]} \cdot (\mathfrak{g}^k \circ \mathfrak{g}^j) - (\mathfrak{g}^j \circ \mathfrak{g}^k) \cdot \mathbf{\Gamma}^T_{[j]} \right] \circ \nabla_k \overset{\langle p\rangle}{\mathbb{A}} ,$$

mit

$$\mathbf{\Gamma}_{[j]} = \sum_{\mu,\nu=1}^{3} \Gamma_{\nu\mu j} \mathfrak{g}^\mu \circ \mathfrak{g}^\nu , \quad \mathbf{\Gamma}^T_{[j]} = \sum_{\nu,\mu=1}^{3} \Gamma_{\nu\mu j} \mathfrak{g}^\nu \circ \mathfrak{g}^\mu$$

(vgl. (2.41b)) weiter

$$\overset{\langle p+2\rangle}{\mathbb{H}} = \sum_{j,k,\mu,\nu=1}^{3} \Gamma_{\nu\mu j} g^{k\nu} \mathfrak{g}^\mu \circ \mathfrak{g}^j \circ \nabla_k \overset{\langle P\rangle}{\mathbb{A}} - \sum_{j,k,\mu,\nu=1}^{3} \Gamma_{\nu\mu j} g^{k\nu} \mathfrak{g}^j \circ \mathfrak{g}^\mu \circ \nabla_k \overset{\langle P\rangle}{\mathbb{A}}$$

und nach Indexvertauschung (j durch μ) im zweiten Term

$$\overset{\langle p+2\rangle}{\mathbb{H}} = \sum_{j,k,\mu,\nu} \left[\Gamma_{\nu\mu j} - \Gamma_{\nu j\mu} \right] g^{k\nu} \mathfrak{g}^\mu \circ \mathfrak{g}^j \circ \nabla_k \overset{\langle P\rangle}{\mathbb{A}} ,$$

was wegen $\Gamma_{\nu\mu j} = \Gamma_{\nu j\mu}$ in der Tat verschwindet. Die Feststellung (3.40b) ist, wie schon mehrfach erwähnt, aufzufassen als notwendige Bedingung dafür, daß sich Felder $\overset{\langle p\rangle}{\mathbb{A}}$ per

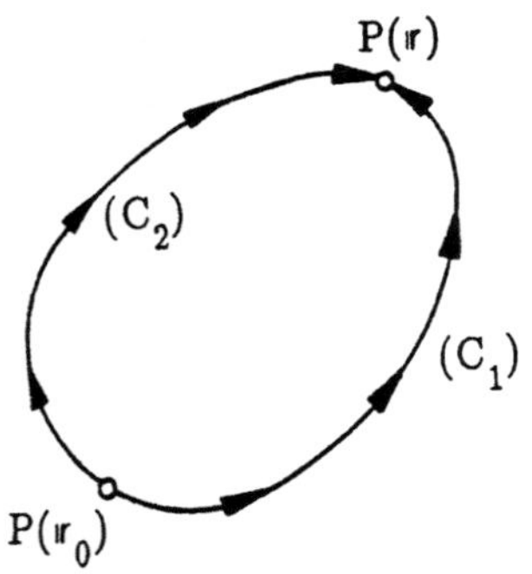

Abb. 3.13

$$\overset{\langle p\rangle}{\mathbb{A}}(\mathbb{r}) = \overset{\langle p\rangle}{\mathbb{A}}(\mathbb{r}_0) + \int_{(C_1)\mathbb{r}_0}^{\mathbb{r}} d\overset{\langle p\rangle}{\mathbb{A}} \equiv$$

$$\equiv \overset{\langle p\rangle}{\mathbb{A}}(\mathbb{r}_0) + \int_{(C_2)\mathbb{r}_0}^{\mathbb{r}} d\overset{\langle p\rangle}{\mathbb{A}} \tag{3.41a}$$

durch pfadunabhängige Linienintegrale über Inkremente $(d\overset{\langle p\rangle}{\mathbb{A}})$ ermitteln lassen (Abb. 3.13). Denn wenn dies der Fall sein soll, muß offenbar, indem man die Integrationsrichtung längs (C_2) umkehrt, für geschlossene Kurven (l)

$$\oint_{(l)} d\overset{\langle p\rangle}{\mathbb{A}} \overset{(3.13b)}{\equiv} \oint_{(l)} d\mathbb{r} \cdot \nabla \circ \overset{\langle p\rangle}{\mathbb{A}} = 0$$

und deswegen aufgrund des Stokesschen Satzes (3.8a)

$$\oint_{(l)} d\mathbb{r} \cdot \nabla \circ \overset{\langle p\rangle}{\mathbb{A}} \equiv \iint_{f(l)} (\mathbb{n} \times \nabla) \cdot \nabla \circ \overset{\langle p\rangle}{\mathbb{A}}\, df = \iint_{(l)} (d\mathbb{f} \cdot (\nabla \times \nabla)) \circ \overset{\langle p\rangle}{\mathbb{A}} = 0 \tag{3.41b}$$

gelten für Flächenintegrale längs beliebiger über die jeweilige Randkurve (l) aufgespannter einfach zusammenhängender – im Definitionsbereich von $\overset{\langle p\rangle}{\mathbb{A}}$ liegender – Haubenflächen, was eben nur für

$$\nabla \times \nabla \circ \overset{\langle p\rangle}{\mathbb{A}} = \nabla \times (\nabla \circ \overset{\langle p\rangle}{\mathbb{A}}) \equiv \operatorname{rot}(\operatorname{grad} \overset{\langle p\rangle}{\mathbb{A}}) = \operatorname{rot}\operatorname{grad} \overset{\langle p\rangle}{\mathbb{A}} = 0 \tag{3.41c}$$

mit insbesondere

$$\mathbb{E}\cdot\cdot\left[(\nabla\times\nabla)\circ\overset{\langle p\rangle}{\mathbb{A}}\right] = \left[\mathbb{E}\cdot(\nabla\times\nabla)\right]\cdot\overset{\langle p\rangle}{\mathbb{A}} = (\nabla\times\nabla)\cdot\overset{\langle p\rangle}{\mathbb{A}} \equiv^{46)} \nabla\cdot(\nabla\times\overset{\langle p\rangle}{\mathbb{A}}) \equiv$$
$$\equiv \mathrm{div}(\mathrm{rot}\,\overset{\langle p\rangle}{\mathbb{A}}) \equiv \mathrm{div}\,\mathrm{rot}\,\overset{\langle p\rangle}{\mathbb{A}} = 0 \tag{3.41d}$$

möglich ist. Vorausgesetzt wurde bei dieser Schlußweise zweierlei, nämlich

1) daß $\overset{\langle p\rangle}{\mathbb{A}}$ mindestens zweimal differenzierbar[47] ist und
2) daß man über alle geschlossenen Kurven $(\mathcal{l})$ in der Tat einfach–zusammenhängende (Hauben–)Flächen errichten kann, längs derer $\overset{\langle p\rangle}{\mathbb{A}}$ definiert, also der Definitionsbereich (B) von $\overset{\langle p\rangle}{\mathbb{A}}$ "einfach zusammenhängend" ist.

Insofern ist die Aussage (3.40b) in der Tat nur notwendige Bedingung für die Gültigkeit von (3.41a), als im Falle mehrfach–zusammenhängender Bereiche (B) aus (3.40b) die Folgerung (3.41a) nur anfällt bei Betrachtnahme sog. einfach zusammenhängender Unterbereiche von B, wo über sämtliche hier vorsehbare geschlossene Kurven $(\mathcal{l})$ grundsätzlich im Definitionsbereich von $\overset{\langle p\rangle}{\mathbb{A}}$ liegende (einfach–zusammenhängende) Hauben errichtet werden können. Dieser Befund ist nur auf den ersten Blick befremdlich, wenn man nicht bedenkt, daß in mehrfach–zusammenhängenden Bereichen definierte Funktionen – obzwar stetig–differenzierbar – durchaus auch (zyklisch–) mehrwertig sein können (vgl. §4).
In diesem Zusammenhang soll schließlich noch auf eine interessante Variante der Integrabilitätsbedingungen (3.41c) verwiesen werden, die für 2p–stufige Tensoren $\overset{\langle 2p\rangle}{\mathbb{A}}$ $(p \geq 1)$ in Termen der Hilfsgröße

$$\overset{\langle 2p+1\rangle}{\Gamma}_A = (\nabla\circ\overset{\langle 2p\rangle}{\mathbb{A}})\underbrace{\cdots\cdot}_{(p)}\overset{\langle 2p\rangle}{\mathbb{A}}{}^T \tag{3.41e}$$

auch als

$$\nabla\times\overset{\langle 2p+1\rangle}{\Gamma}_A - (\mathbb{E}\times\mathbb{E})\cdot\cdot\left\{\left[\overset{\langle 2p+1\rangle}{\Gamma}_A\underbrace{\cdots\cdot}_{(p)}(\overset{\langle 2p\rangle}{\mathbb{A}}\underbrace{\cdots\cdot}_{(p)}\overset{\langle 2p\rangle}{\mathbb{A}}{}^T)^{-1}\underbrace{\cdots\cdot}_{(p)}\overset{\langle 2p+1\rangle}{\Gamma}_A{}^T\right]\underbrace{\cdots\cdots}_{(2p+1)}\overset{\langle 2(2p+1)\rangle}{\mathbb{E}}_T\right\} = 0\,, \tag{3.41f}$$

für zweistufige Tensoren $\mathbb{A}$ mit der dreistufigen Hilfsgröße

$$\overset{\langle 3\rangle}{\Gamma}_A = (\nabla\circ\mathbb{A})\cdot\mathbb{A}^T \tag{3.41g}$$

als

$$\nabla\times\overset{\langle 3\rangle}{\Gamma}_A - (\mathbb{E}\times\mathbb{E})\cdot\cdot\left\{\left[\overset{\langle 3\rangle}{\Gamma}_A\cdot(\mathbb{A}\cdot\mathbb{A}^T)^{-1}\cdot\overset{\langle 3\rangle}{\Gamma}_A{}^T\right]\cdots\overset{\langle 6\rangle}{\mathbb{E}}_T\right\} = 0 \tag{3.41h}$$

zu notieren ist, was für die Formulierung von Verträglichkeitsbedingungen in Termen von Verzerrungsgrößen in der Kontinuumstheorie sowohl der klassischen als auch Cosserat–Kontinua herangezogen werden kann (vgl. §8.1).
Zum Beweis von (3.41h) bildet man nach der Produktregel

---

46) Man benutze die Spatproduktvertauschungsregel.

47) Im Falle nur stückweise differenzierbarer aber stetiger Funktionen $\overset{\langle p\rangle}{\mathbb{A}}$ gilt (3.41d) ebenfalls, allerdings mit Ausnahme der (i.allg. "flächenhaften") Bereiche mit nicht definierten Ableitungen.

$$\nabla\circ\overset{\langle 2p+1\rangle}{\Gamma_A} = \nabla\circ\Big[(\nabla\circ\overset{\langle 2p\rangle}{\mathbb{A}})\underbrace{\cdots\cdot}_{(p)}\overset{\langle 2p\rangle}{\mathbb{A}}{}^{T}\Big] \equiv^{48)} \Big[\nabla\circ\nabla\circ\overset{\langle 2p\rangle}{\mathbb{A}}\Big]\underbrace{\cdots\cdot}_{(p)}\overset{\langle 2p\rangle}{\mathbb{A}}{}^{T} + \Big[(\nabla\circ\overset{\langle 2p\rangle}{\mathbb{A}})\underbrace{\cdots\cdot}_{(p)}(\overset{\langle 2p\rangle}{\mathbb{A}}{}^{T}\circ\nabla)\Big]\underbrace{\cdots\cdots}_{(2p+1)}\overset{\langle 2(2p+1)\rangle}{\mathbb{E}_T}\,, \qquad (3.41i)$$

erhält mit

$$\overset{\langle 2p\rangle}{\mathbb{E}} = \overset{\langle 2p\rangle}{\mathbb{A}}{}^{T}\underbrace{\cdots\cdot}_{(p)}\overset{\langle 2p\rangle}{\mathbb{A}}{}^{T-1} \equiv \overset{\langle 2p\rangle}{\mathbb{A}}{}^{T-1}\underbrace{\cdots\cdot}_{(p)}\overset{\langle 2p\rangle}{\mathbb{A}}$$

sowie

$$\overset{\langle 2p\rangle}{\mathbb{A}}{}^{T-1}\underbrace{\cdots\cdot}_{(p)}\overset{\langle 2p\rangle}{\mathbb{A}}{}^{-1} = \Big[\overset{\langle 2p\rangle}{\mathbb{A}}\underbrace{\cdots\cdot}_{(p)}\overset{\langle 2p\rangle}{\mathbb{A}}{}^{T}\Big]^{-1}$$

durch entsprechendes "Erweitern" von (3.41i) zunächst

$$\nabla\circ\overset{\langle 2p+1\rangle}{\Gamma_A} = (\nabla\circ\nabla\circ\overset{\langle 2p\rangle}{\mathbb{A}})\underbrace{\cdots\cdot}_{(p)}\overset{\langle 2p\rangle}{\mathbb{A}}{}^{T} +$$

$$+\Big[(\nabla\circ\overset{\langle 2p\rangle}{\mathbb{A}})\underbrace{\cdots\cdot}_{(p)}\overset{\langle 2p\rangle}{\mathbb{A}}{}^{T}\underbrace{\cdots\cdot}_{(p)}\overset{\langle 2p\rangle}{\mathbb{A}}{}^{T-1}\underbrace{\cdots\cdot}_{(p)}\overset{\langle 2p\rangle}{\mathbb{A}}{}^{-1}\underbrace{\cdots\cdot}_{(p)}\overset{\langle 2p\rangle}{\mathbb{A}}\underbrace{\cdots\cdot}_{(p)}(\overset{\langle 2p\rangle}{\mathbb{A}}{}^{T}\circ\nabla)\Big]\underbrace{\cdots\cdots}_{(2p+1)}\overset{\langle 2(2p+1)\rangle}{\mathbb{E}_T}$$

$$\overset{(3.41e)}{=} (\nabla\circ\nabla\circ\overset{\langle 2p\rangle}{\mathbb{A}})\underbrace{\cdots\cdot}_{(p)}\overset{\langle 2p\rangle}{\mathbb{A}}{}^{T} +$$

$$+\Big[\overset{\langle 2p+1\rangle}{\Gamma_A}\underbrace{\cdots\cdot}_{(p)}(\overset{\langle 2p\rangle}{\mathbb{A}}\underbrace{\cdots\cdot}_{(p)}\overset{\langle 2p\rangle}{\mathbb{A}}{}^{T})^{-1}\underbrace{\cdots\cdot}_{(p)}\overset{\langle 2p+1\rangle}{\Gamma_A}{}^{T}\Big]\underbrace{\cdots\cdots}_{(2p+1)}\overset{\langle 2(2p+1)\rangle}{\mathbb{E}_T}$$

und hiermit schließlich nach linksseitiger Doppelskalarmultiplikation mit $\mathbb{E}\times\mathbb{E}$ unter Beachtung von

$$(\mathbb{E}\times\mathbb{E})\cdot\cdot(\nabla\circ\nabla\circ\overset{\langle 2p\rangle}{\mathbb{A}})\underbrace{\cdots\cdot}_{(p)}\overset{\langle 2p\rangle}{\mathbb{A}}{}^{T} = (\nabla\times\nabla\circ\overset{\langle 2p\rangle}{\mathbb{A}})\underbrace{\cdots\cdot}_{(p)}\overset{\langle 2p\rangle}{\mathbb{A}}{}^{T} \equiv 0$$

in der Tat die (3.41c) gleichwertige Aussage (3.41f).

Auch bei den von Null verschiedenen mehrfachen Anwendungen kann der ∇-Operator als Vektor im algebraischen Sinne aufgefaßt werden. Gilt also mit zwei Vektoren $\mathbb{a},\mathbb{b}$ und einer beliebigen Größe Φ die algebraische Identität

$$(\mathbb{a}\oslash\Phi)\oplus\mathbb{b} = \mathbb{a}\ominus(\Phi\diamond\mathbb{b})\,, \qquad (3.42a)$$

so gilt nicht nur

$$(\overset{(1)}{\nabla}\oslash\Phi)\oplus\overset{(2)}{\nabla} \equiv \overset{(1)}{\nabla}\ominus(\Phi\diamond\overset{(2)}{\nabla}), \qquad (3.42b)$$

---

48) Man benutze unter Einsatz des 2(2p+1)–stufigen Transponierers die Identität

$$\nabla\circ\nabla\circ\overset{\langle 2p\rangle}{\mathbb{A}}\underbrace{\cdots\cdot}_{(p)}\overset{\langle 2p\rangle}{\mathbb{A}}{}^{T} \equiv \nabla\circ\Big[\overset{\langle 2p\rangle}{\mathbb{A}}\underbrace{\cdots\cdot}_{(p)}\overset{\langle 2p\rangle}{\mathbb{A}}{}^{T}\circ\nabla\Big]^{T} \equiv$$

$$\equiv\Big[(\nabla\circ\overset{\langle 2p\rangle}{\mathbb{A}}{}^{T})\underbrace{\cdots\cdot}_{(p)}(\overset{\langle 2p\rangle}{\mathbb{A}}{}^{T}\circ\nabla)\Big]\underbrace{\cdots\cdots}_{(2p+1)}\overset{\langle 2(2p+1)\rangle}{\mathbb{E}_T}$$

worin die Differentiationsreihenfolge erhalten geblieben ist, wie die Indizierung der $\mathbb{V}$-Operatoren andeutet, sondern - wegen (3.40b,c) - desweiteren

$$(\overset{(1)}{\mathbb{V}} \oslash \Phi) \oplus \overset{(2)}{\mathbb{V}} \equiv \overset{(2)}{\mathbb{V}} \ominus (\Phi \diamond \overset{(1)}{\mathbb{V}}), \tag{3.42c}$$

wonach man sich durch ggfs. algebraisch bedingte Klammern auch gleichzeitig die Differentiationsreihenfolge zum Ausdruck gebracht denken kann, in dem Sinne, daß der mit Φ gemeinsam geklammerte Operator zuerst zur Anwendung kommt.

So ist etwa wegen $(\mathbb{a} \circ \overset{\langle p \rangle}{\mathbb{A}}) \times \mathbb{b} \equiv$[49] $\mathbb{a} \circ (\overset{\langle p \rangle}{\mathbb{A}} \times \mathbb{b}) \equiv$[50] $\mathbb{a} \circ \overset{\langle p \rangle}{\mathbb{A}} \times \mathbb{b}$ der Ausdruck

$$\mathbb{V} \circ \overset{\langle p \rangle}{\mathbb{A}} \times \mathbb{V} = \operatorname{grad} \overset{\langle p \rangle}{\mathbb{A}} \operatorname{rot} \equiv (\mathbb{V} \circ \overset{\langle p \rangle}{\mathbb{A}}) \times \mathbb{V} = (\operatorname{grad} \overset{\langle p \rangle}{\mathbb{A}}) \operatorname{rot}$$
$$\equiv \mathbb{V} \circ (\overset{\langle p \rangle}{\mathbb{A}} \times \mathbb{V}) = \operatorname{grad} (\overset{\langle p \rangle}{\mathbb{A}} \operatorname{rot})$$

konkret entweder dergestalt auszurechnen, daß man erst den Tensorgradienten $(\operatorname{grad} \overset{\langle p \rangle}{\mathbb{A}})$ bildet und hierauf anschließend rechtsseitig die Rot–Operation anwendet oder aber in der Weise, daß man von $\overset{\langle p \rangle}{\mathbb{A}} \operatorname{rot}$ den Gradienten bildet. Entsprechendes gilt für die beidseitig auf einen zweistufigen Tensor $\mathbb{D}$ je einmal angewendete Rot–Operation, die man als "Inkompatibilität von $\mathbb{D}$" bezeichnet:

$$\operatorname{ink}\mathbb{D} = \mathbb{V} \times \mathbb{D} \times \mathbb{V} \equiv \operatorname{rot}\mathbb{D}\operatorname{rot} \equiv (\mathbb{V} \times \mathbb{D}) \times \mathbb{V} \equiv (\operatorname{rot}\mathbb{D})\operatorname{rot} \equiv \mathbb{V} \times (\mathbb{D} \times \mathbb{V}) = \operatorname{rot}(\mathbb{D}\operatorname{rot}). \tag{3.43a}$$

Wegen $(\mathbb{a} \times \mathbb{D})^T =$[51] $- \mathbb{D}^T \times \mathbb{a}$, $\mathbb{D} \times \mathbb{a} = -(\mathbb{a} \times \mathbb{D}^T)^T$ ist

$$\mathbb{D} \operatorname{rot} = -(\operatorname{rot} \mathbb{D}^T)^T \tag{3.43b}$$

und demgemäß ink $\mathbb{D}$ auch als

$$\operatorname{ink} \mathbb{D} = \operatorname{rot} (\mathbb{D} \operatorname{rot}) = - \operatorname{rot}(\operatorname{rot}\mathbb{D}^T)^T , \tag{3.43c}$$

d. h. als Ergebnis zweier linksseitiger Rot–Operationen darzustellen. Für z. B. kartesische Orthogonalkoordinaten hat man

$$\operatorname{ink}\mathbb{D} = \operatorname{rot}\mathbb{D}\operatorname{rot} = \sum_{\alpha,\beta,j,k=1}^{3} \mathbb{e}_{\langle\alpha\rangle} \times \mathbb{e}_{\langle j\rangle} \circ \mathbb{e}_{\langle k\rangle} \times \mathbb{e}_{\langle\beta\rangle} \frac{\partial^2 d_{\langle jk\rangle}}{\partial x_\alpha \partial x_\beta} =$$
$$= \sum_{\alpha,\beta,j,k=1}^{3} \epsilon_{\langle\alpha j r\rangle} \epsilon_{\langle k\beta s\rangle} \frac{\partial^2 d_{\langle jk\rangle}}{\partial x_\alpha \partial x_\beta} \mathbb{e}_{\langle r\rangle} \circ \mathbb{e}_{\langle s\rangle},$$

d. h.

$$\mathbb{e}_{\langle r\rangle} \cdot \operatorname{ink}\mathbb{D} \cdot \mathbb{e}_{\langle s\rangle} = \sum_{\alpha,\beta,j,k=1}^{3} \epsilon_{\langle\alpha j r\rangle} \epsilon_{\langle k\beta s\rangle} \frac{\partial^2 d_{\langle jk\rangle}}{\partial x_\alpha \partial x_\beta},$$

was für symmetrische Tensoren $\mathbb{D} = \mathbb{D}^T$ den symmetrischen Operator

$$\operatorname{ink} \mathbb{D} = \operatorname{rot} \mathbb{D} \operatorname{rot} \mathrel{\hat{=}} \operatorname{ink} \begin{pmatrix} d_{\langle 11\rangle} & d_{\langle 12\rangle} & d_{\langle 13\rangle} \\ d_{\langle 12\rangle} & d_{\langle 22\rangle} & d_{\langle 23\rangle} \\ d_{\langle 13\rangle} & d_{\langle 23\rangle} & d_{\langle 33\rangle} \end{pmatrix}_{(\mathbb{e}_{\langle j\rangle})} \hat{=}$$

---

49) vgl. [1]: Hierin bedeuten $\mathbb{a}$ und $\mathbb{b}$ Vektoren.

50) diese Version besagt, daß die Klammern entbehrlich sind

51) Hierin bedeutet $\mathbb{a}$ einen Vektor, vgl. [1] (2.48)

$$\hat{=} \begin{bmatrix} 2\dfrac{\partial^2 d_{\langle 23\rangle}}{\partial x_2 \partial x_3} - \dfrac{\partial^2 d_{\langle 22\rangle}}{\partial x_3^2} - \dfrac{\partial^2 d_{\langle 33\rangle}}{\partial x_2^2} & \dfrac{\partial^2 d_{\langle 33\rangle}}{\partial x_1 \partial x_2} - \dfrac{\partial}{\partial x_3}\left[\dfrac{\partial d_{\langle 31\rangle}}{\partial x_2} + \dfrac{\partial d_{\langle 23\rangle}}{\partial x_1} - \dfrac{\partial d_{\langle 12\rangle}}{\partial x_3}\right] & \dfrac{\partial^2 d_{\langle 22\rangle}}{\partial x_3 \partial x_1} - \dfrac{\partial}{\partial x_2}\left[\dfrac{\partial d_{\langle 23\rangle}}{\partial x_1} + \dfrac{\partial d_{\langle 12\rangle}}{\partial x_3} - \dfrac{\partial d_{\langle 31\rangle}}{\partial x_2}\right] \\ & 2\dfrac{\partial^2 d_{\langle 31\rangle}}{\partial x_3 \partial x_1} - \dfrac{\partial^2 d_{\langle 33\rangle}}{\partial x_1^2} - \dfrac{\partial^2 d_{\langle 11\rangle}}{\partial x_3^2} & \dfrac{\partial^2 d_{\langle 11\rangle}}{\partial x_2 \partial x_3} - \dfrac{\partial}{\partial x_1}\left[\dfrac{\partial d_{\langle 12\rangle}}{\partial x_3} + \dfrac{\partial d_{\langle 31\rangle}}{\partial x_2} - \dfrac{\partial d_{\langle 23\rangle}}{\partial x_1}\right] \\ & & 2\dfrac{\partial^2 d_{\langle 12\rangle}}{\partial x_1 \partial x_2} - \dfrac{\partial^2 d_{\langle 11\rangle}}{\partial x_2^2} - \dfrac{\partial^2 d_{\langle 22\rangle}}{\partial x_1^2} \end{bmatrix} \tag{3.43d}$$

ergibt. Weil

$$\operatorname{rot} \operatorname{def}\mathbf{w} \overset{(3.18b)}{=} \nabla\times \frac{1}{2}(\nabla\circ\mathbf{w}+\mathbf{w}\circ\nabla) = \frac{1}{2}\Big[(\nabla\times\nabla)\circ\mathbf{w} + (\nabla\times\mathbf{w})\circ\nabla\Big] \overset{(3.41c)}{=} \frac{1}{2}(\nabla\times\mathbf{w})\circ\nabla \tag{3.44a}$$

ist, und demgemäß

$$\operatorname{rot} \operatorname{def} \mathbf{w} \operatorname{rot} = \operatorname{ink} \operatorname{def} \mathbf{w} \overset{(3.44a)}{=} \frac{1}{2}(\nabla\times\mathbf{w})\circ\nabla\times\nabla \overset{(3.41c)}{=} 0, \tag{3.44b}$$

verschwindet generell die Inkompatibilität von Deformatorfeldern. Als z. B. (Eulersche) Verzerrungsgeschwindigkeitstensoren $\mathbb{C}$ $(\mathbf{r},t)$ nach (3.18b) kommen also nur solche in Frage, deren "räumliche Inkompatibilität" verschwindet.
Entsprechend sind die Felder der in der Kontinuumstheorie kleiner Verformungen durch materielle Verschiebungsdeformatoren approximierten Verzerrungen $\mathbb{D}(\mathbf{r},t)$ (vgl. (3.22a)) gekennzeichnet durch Verschwinden ihrer "materiellen Inkompatibilität", ein Befund, der für in Termen sog. "Spannungsfunktionen" dargestellte Kontinuumstheorien ausgenutzt wird. Die Bedingung (3.44b) ist notwendig – für einfach zusammenhängende Bereiche notwendig und hinreichend – dafür, daß sich Vektorfelder $\big(\mathbf{w}(\mathbf{r},t)\big)$ bzw. deren Rotationen $\big(\nabla\times\mathbf{w}\big)$ mittels pfadunabhängiger Linienintegrale ermitteln lassen, deren Integranden aus dem Deformator des Vektorfeldes bzw. dessen Ableitungen aufgebaut werden. Für die Rotationen erkennt man dies wegen

$$\frac{\nabla\times\mathbf{w}}{2} - \left[\frac{\nabla\times\mathbf{w}}{2}\right]_{\mathbf{r}_0} = \int_{\mathbf{r}_0}^{\mathbf{r}} d'\left[\frac{\nabla'\times\mathbf{w}}{2}\right] \overset{52)}{=} \int_{\mathbf{r}_0}^{\mathbf{r}} d\mathbf{r}'\cdot\nabla'\circ\frac{\nabla'\times\mathbf{w}'}{2} \equiv -\int_{\mathbf{r}_0}^{\mathbf{r}} d\mathbf{r}'\cdot(\nabla'\circ\mathbf{w}'\times\nabla')/2$$

$$\overset{53)}{\equiv} -\frac{1}{2}\int_{\mathbf{r}_0}^{\mathbf{r}} d\mathbf{r}'\cdot(\nabla'\circ\mathbf{w}' + \underline{\mathbf{w}'\circ\nabla'})\times\nabla' = -\int_{\mathbf{r}_0}^{\mathbf{r}} d\mathbf{r}'\cdot(\operatorname{def}'\mathbf{w}')\times\nabla' \tag{3.44c}$$

unmittelbar, da (3.44c) für $\mathbf{r}\to\mathbf{r}_0$ [54] wegen des Stokesschen Satzes (3.8a) und (3.44b) in der Tat auf

$$\left[\frac{\nabla\times\mathbf{w}}{2}\right]_{\mathbf{r}\to\mathbf{r}_0} = \left[\frac{\nabla\times\mathbf{w}}{2}\right]_{\mathbf{r}_0}$$

führt, und daher (3.44c) für einfach zusammenhängende Bereiche[55] eine pfadunabhängige Darstellung ist:

$$\lim_{\mathbf{r}\to\mathbf{r}_0}\left[\int_{\mathbf{r}_0}^{\mathbf{r}} d\mathbf{r}'\cdot\operatorname{def}'\mathbf{w}'\times\nabla'\right] \equiv \oint_{(l)} d\mathbf{r}'\cdot\operatorname{def}'\mathbf{w}'\times\nabla' \overset{(3.8a)}{=} \iint_{f(l)} \mathbf{n}\times\nabla\cdot\operatorname{def}\mathbf{w}\times\nabla\, df \equiv$$

---

52) durch Striche werden die einem beliebigen Zwischenwert $\mathbf{r}'$ zugehörigen Größen gekennzeichnet

53) wegen $\big(\mathbf{w}\circ\nabla\big)\times\nabla = 0$ darf der gestrichelte Term folgenlos hinzugefügt werden

54) diese Schreibweise soll andeuten, die Linienintegration in eine Solche längs einer geschlossenen Kurve zu vervollständigen.

55) ohne jegliche weitere Forderung etwa nach Eindeutigkeit der Ergebnisse entsprechender Linienintegrationen längs (hier nicht existenter) irreduzibler Umläufe

$$\equiv \iint\limits_{f(l)} d\mathbf{f}\cdot\nabla\times\mathrm{def}\,\mathbf{w}\times\nabla \equiv \int\limits_{f(l)} d\mathbf{f}\cdot\mathrm{inkdef}\,\mathbf{w} \overset{(3.44b)}{=} 0\,.$$

Für den Nachweis, daß auch die Feldwerte $\mathbf{w}(\mathbf{r},t)$ selbst durch pfadunabhängige Linienintegrationen über ihr Deformatorfeld aufgefunden werden können, muß aus der Identität

$$\mathbf{w}(\mathbf{r},t)-\mathbf{w}(\mathbf{r}_0,t) = \int\limits_{\mathbf{r}_0}^{\mathbf{r}} d'\mathbf{w} = \int\limits_{\mathbf{r}_0}^{\mathbf{r}} d\mathbf{r}'\cdot\nabla'\circ\mathbf{w} \equiv \int\limits_{\mathbf{r}_0}^{\mathbf{r}} d\mathbf{r}'\cdot\left[\frac{1}{2}(\nabla'\circ\mathbf{w}+\mathbf{w}'\circ\nabla')+\frac{1}{2}(\nabla'\circ\mathbf{w}'-\mathbf{w}'\circ\nabla')\right] =$$

$$= \int\limits_{\mathbf{r}_0}^{\mathbf{r}} d\mathbf{r}'\cdot\left[\mathrm{def}'\mathbf{w}'-\mathbb{E}\times\frac{\nabla'\times\mathbf{w}'}{2}\right] \equiv \int\limits_{\mathbf{r}_0}^{\mathbf{r}} d\mathbf{r}'\cdot\mathrm{def}'\mathbf{w}' - \int\limits_{\mathbf{r}_0}^{\mathbf{r}} d\mathbf{r}'\times\frac{\nabla'\times\mathbf{w}}{2} =$$

$$\overset{(3.44c)}{=} \int\limits_{\mathbf{r}_0}^{\mathbf{r}} d\mathbf{r}'\cdot\mathrm{def}'\mathbf{w}' - \int\limits_{\mathbf{r}_0}^{\mathbf{r}} d\mathbf{r}'\times\left[\left[\frac{\nabla\times\mathbf{w}}{2}\right]_{\mathbf{r}_0} - \int\limits_{\mathbf{r}_0}^{\mathbf{r}'} d\mathbf{r}''\cdot(\mathrm{def}''\mathbf{w}'')\times\nabla''\right] =$$

$$= \left[\frac{\nabla\times\mathbf{w}}{2}\right]_{\mathbf{r}_0}\times(\mathbf{r}-\mathbf{r}_0) + \int\limits_{\mathbf{r}_0}^{\mathbf{r}} d\mathbf{r}'\cdot\mathrm{def}'\mathbf{w}' + \underline{\int\limits_{\mathbf{r}_0}^{\mathbf{r}} d\mathbf{r}'\times\left[\int\limits_{\mathbf{r}_0}^{\mathbf{r}'} d\mathbf{r}''\cdot(\mathrm{def}''\mathbf{w}'')\times\nabla''\right]} \qquad (3.44d)$$

unter Benutzung von

$$\int\limits_{\mathbf{r}_0}^{\mathbf{r}} d\mathbf{r}'\times\left[\int\limits_{\mathbf{r}_0}^{\mathbf{r}'} d\mathbf{r}''\cdot(\mathrm{def}''\mathbf{w}'')\times\nabla''\right] \equiv -\int\limits_{\mathbf{r}_0}^{\mathbf{r}} d'(\mathbf{r}-\mathbf{r}')\times\left[\int\limits_{\mathbf{r}_0}^{\mathbf{r}'} d\mathbf{r}''\cdot(\mathrm{def}''\mathbf{w}'')\times\nabla''\right] =$$

$$\overset{56)}{=} -\left[(\mathbf{r}-\mathbf{r}')\times\int\limits_{\mathbf{r}_0}^{\mathbf{r}'} d\mathbf{r}''\cdot(\mathrm{def}''\mathbf{w}'')\times\nabla''\right]_{\mathbf{r}'=\mathbf{r}_0}^{\mathbf{r}} + \int\limits_{\mathbf{r}_0}^{\mathbf{r}} (\mathbf{r}-\mathbf{r}')\times\left[d\mathbf{r}'\cdot(\mathrm{def}'\mathbf{w}')\times\nabla'\right] =$$

$$= -\int\limits_{\mathbf{r}_0}^{\mathbf{r}} d\mathbf{r}'\cdot\left[(\mathrm{def}'\mathbf{w}')\times\nabla'\right]\times(\mathbf{r}-\mathbf{r}')$$

zunächst die berühmte Formel von <u>Cesaro</u>

$$\mathbf{w}(\mathbf{r},t) = \mathbf{w}(\mathbf{r}_0,t) + \left[\frac{\nabla\times\mathbf{w}}{2}\right]_{\mathbf{r}_0}\times(\mathbf{r}-\mathbf{r}_0) + \int\limits_{\mathbf{r}_0}^{\mathbf{r}} d\mathbf{r}'\cdot\mathrm{def}'\mathbf{w}' - \int\limits_{\mathbf{r}_0}^{\mathbf{r}} d\mathbf{r}'\cdot\left[(\mathrm{def}'\mathbf{w}')\times\nabla'\right]\times(\mathbf{r}-\mathbf{r}') \qquad (3.44e)$$

entwickelt und recherchiert werden, ob daraus für $\mathbf{r}\to\mathbf{r}_0$

$$\lim_{\mathbf{r}\to\mathbf{r}_0} \mathbf{w}(\mathbf{r},t) = \mathbf{w}(\mathbf{r}_0,t) \qquad (3.44f)$$

zu verifizieren ist. Da in (3.44e) Verschwinden des zweiten Terms unmittelbar ersichtlich ist, muß für den Nachweis von (3.44f) nur noch Verschwinden des Linienintegrales

$$J = J_1 - J_2 = \oint\limits_{(l)} d\mathbf{r}\cdot\mathrm{def}\,\mathbf{w} - \oint\limits_{(l)} d\mathbf{r}\cdot\left[(\mathrm{def}\,\mathbf{w})\times\nabla\right]\times(\mathbf{r}_0-\mathbf{r})$$

gezeigt werden, was für einfachen Zusammenhang unter Benutzung des Stokesschen Satzes (3.8a) als

56) Man integriere partiell

Folge von (3.44b) in der Tat nachzuweisen ist. Denn man bekommt einerseits

$$J_1 = \oint_{(l)} d\mathbb{r}\cdot\mathrm{def}\mathbb{v} \overset{(3.8a)}{=} \iint_{f(l)} (\mathbb{n}\times\nabla)\cdot\mathrm{def}\mathbb{v}\, df \overset{57)}{=} \iint_{f(l)} \left[\mathbb{n}\cdot\frac{\nabla\times\overset{\downarrow}{\mathbb{v}}}{2}\right]\overset{|}{\nabla}\, df$$

und desweiteren

$$J_2 = \oint_{(l)} d\mathbb{r}\cdot\Big[(\mathrm{def}\mathbb{v})\times\nabla\Big]\times(\mathbb{r}_0-\mathbb{r}) \overset{(3.8a)}{=} \iint_{f(l)} (\mathbb{n}\times\nabla)\cdot\Big\{\Big[(\mathrm{def}\mathbb{v})\times\nabla\Big]\times(\mathbb{r}_0-\mathbb{r})\Big\}df$$

$$\overset{(3.44b)}{=} \iint_{f(l)} (\mathbb{n}\times\overset{|}{\nabla})\cdot\Big\{\Big[(\mathrm{def}\mathbb{v})\times\nabla\Big]\times(\overset{\downarrow}{\mathbb{r}_0-\mathbb{r}})\Big\}df =$$

$$\overset{58)}{=} -\iint_{f(l)} \Big[(\nabla\times\mathrm{def}\mathbb{v})\cdot(\mathbb{n}\times\overset{|}{\nabla})\Big]\cdot\Big[(\overset{\downarrow}{\mathbb{r}_0-\mathbb{r}})\times\mathbb{E}\Big]df = -\iint_{f(l)} \Big[\nabla\times\mathrm{def}\mathbb{v}\Big]\cdot\cdot\Big[\mathbb{n}\times\nabla\circ(\mathbb{r}_0-\mathbb{r})\times\mathbb{E}\Big]df =$$

$$\overset{59)}{=} \iint_{f(l)} \Big[\nabla\times\mathrm{def}\mathbb{v}\Big]\cdot\cdot\Big[\mathbb{n}\times\mathbb{E}\times\mathbb{E}\Big]df \overset{60)}{=} \iint_{f(l)} \left[\frac{\nabla\times\mathbb{v}}{2}\circ\nabla\right]\cdot\cdot\Big[\mathbb{n}\times\mathbb{E}\times\mathbb{E}\Big]df =$$

$$= \iint_{f(l)} \frac{\nabla\times\overset{\downarrow}{\mathbb{v}}}{2}\cdot\Big[(\overset{|}{\nabla}\times\mathbb{n})\times\mathbb{E}\Big]df = \iint_{f(l)} \frac{\nabla\times\overset{\downarrow}{\mathbb{v}}}{2}\times(\overset{|}{\nabla}\times\mathbb{n})\,df \overset{61)}{=} \iint_{f(l)} \overset{|}{\nabla}\left[\mathbb{n}\cdot\frac{\nabla\times\overset{\downarrow}{\mathbb{v}}}{2}\right]df \equiv J_1,$$

womit schließlich gezeigt ist, daß die Cesarosche Formel eine pfadunabhägige Rechenanweisung darstellt. Im Falle mehrfachen (n_Z–fachen) Zusammenhangs ist allerdings die Feldgleichungsaussage (3.44b) nur notwendig, um mittels (3.44c,e) eindeutige Werte $\nabla\times\mathbb{v}$ bzw. $\mathbb{v}$ feststellen zu können, indem dies nunmehr neben (3.44b) erst die $2(n_Z-1)$ längs der irreduziblen Umläufe $\overset{*}{l}_j$, $j = 1,\ldots,n_Z-1$ zusätzlich zu fordernden Bedingungen

$$\oint_{(\overset{*}{l}_j)} d(\nabla\times\mathbb{v}) = 0\,, \quad \oint_{(\overset{*}{l}_j)} d\mathbb{v} = 0\,, \quad j = 1,\ldots,n_Z-1 \qquad (3.44g,h)$$

garantieren. Dies ist Ausdruck des Befundes, daß man nun geschlossene Kurven (l) findet, über denen sich keine einfach–zusammenhängenden (Hauben–)Flächen errichten lassen, die vollständig im Definitionsbereich (B) liegen und man dieserhalb den verallgemeinerten Stokesschen Satz (3.8b) bei der Umwandlung von Linien– in Flächenintegrale benötigt.

Für Probleme großer Verformungen, wo Verzerrungszustände durch materielle Verschiebungsdeformatoren

---

57) Man beachte $\mathrm{def}\mathbb{v} = (\nabla\circ\mathbb{v}+\mathbb{v}\circ\nabla)/2$, d. h.

$$2(\mathbb{n}\times\nabla)\cdot\mathrm{def}\mathbb{v} = 2\mathbb{n}\cdot(\nabla\times\mathrm{def}\mathbb{v}) = \mathbb{n}\cdot\Big[\nabla\times\mathbb{v}\circ\nabla\Big] = \Big[\mathbb{n}\cdot(\nabla\times\overset{\downarrow}{\mathbb{v}})\Big]\overset{|}{\nabla} \text{ wegen } \nabla\times\nabla\circ\mathbb{v} = 0$$

58) Man beachte $\mathrm{def}\mathbb{v} = (\mathrm{def}\mathbb{v})^T$ und daher $\Big[(\mathrm{def}\mathbb{v})\times\nabla\Big]^T = -\nabla\times\mathrm{def}\mathbb{v}$ und $\mathbb{A}\times\mathbb{a} = \mathbb{A}\cdot(\mathbb{E}\times\mathbb{a}) \equiv \mathbb{A}\cdot(\mathbb{a}\times\mathbb{E})$

59) Man beachte $\nabla\circ(\mathbb{r}_0-\mathbb{r}) = -\nabla\circ\mathbb{r} = -\mathbb{E}$

60) Man beachte entspr. Fußn. 53 $\nabla\times\mathrm{def}\mathbb{v} = (\nabla\times\mathbb{v})\circ\nabla/2$

61) Man beachte $\nabla\cdot(\nabla\times\mathbb{v}) = (\nabla\times\nabla)\cdot\mathbb{v} = \mathrm{div}\,\mathrm{rot}\,\mathbb{v} = 0$

nicht mehr beschrieben werden können, sondern nur noch durch Verzerrungstensoren (etwa den Greenschen Verzerrungstensor $\mathbb{D}^{(G)}$), die – im Gegensatz zum Verschiebungsdeformator – nichtlineare Funktionen des Verschiebungsgradientenfeldes ($\nabla \circ \mathbb{u}$) sind, ist die Aufgabe, aus der Forderung nach Eindeutigkeit des Verschiebungsfeldes ($\mathbb{u}(\mathbb{r},t)$) Kompatibilitätsbedingungen in Termen eines Verzerrungstensors zu formulieren, komplizierter [6]. Trotzdem ist auch dieses Problem, wie wir schon mit (2.77b,c) erkannt haben, zu bewältigen. Es wird in §8.1.2 unter Verwendung von (3.41g,h) nochmals aufgegriffen.

Für beliebige vektorielle bzw. tensorielle Feldfunktionen $\overset{\langle p\rangle}{\mathbb{A}}(\mathbb{r})$ gilt die Identität

$$\operatorname{div}\operatorname{grad}\overset{\langle p\rangle}{\mathbb{A}} \;(\equiv \Delta \overset{\langle p\rangle}{\mathbb{A}}) = \operatorname{grad}\operatorname{div}\overset{\langle p\rangle}{\mathbb{A}} - \operatorname{rot}\operatorname{rot}\overset{\langle p\rangle}{\mathbb{A}}\,, \tag{3.45a}$$

wobei die Differentiationsreihenfolge in dem Sinne zu verstehen ist, daß stets die $\overset{\langle p\rangle}{\mathbb{A}}$ nächststehende Operation zuerst vollzogen wird. Links ist also die Divergenz des Gradienten zu bilden, rechts der Gradient der Divergenz bzw. die Rotation der Rotation von $\overset{\langle p\rangle}{\mathbb{A}}$. Mit Verwendung des ∇-Operators schreibt sich (3.45a), wobei die Klammern gleichzeitig die Differentiationsreihenfolge festlegen, als[62]

$$\nabla\cdot(\nabla\circ\overset{\langle p\rangle}{\mathbb{A}})\;(\equiv \Delta\overset{\langle p\rangle}{\mathbb{A}}) = \nabla\circ(\nabla\cdot\overset{\langle p\rangle}{\mathbb{A}}) - \nabla\times(\nabla\times\overset{\langle p\rangle}{\mathbb{A}})\,. \tag{3.45b}$$

Zum Beweise von (3.45a,b) setzt man in der in [1], (6.19a) angegebenen algebraische Identität

$$\mathbb{u}\times(\mathbb{v}\times\overset{\langle p\rangle}{\mathbb{A}}) = \mathbb{v}\circ(\mathbb{u}\cdot\overset{\langle p\rangle}{\mathbb{A}}) - \mathbb{u}\cdot(\mathbb{v}\circ\overset{\langle p\rangle}{\mathbb{A}})$$

für die beiden Vektoren $\mathbb{u} = \overset{(2)}{\nabla}$, $\mathbb{v} = \overset{(1)}{\nabla}$, wobei die übergesetzten Ziffern wieder die Differentiationsreihenfolge andeuten sollen, und bekommt so zunächst

$$\begin{aligned}\overset{(2)}{\nabla}\times(\overset{(1)}{\nabla}\times\overset{\langle p\rangle}{\mathbb{A}})\;(\equiv \operatorname{rot}\operatorname{rot}\overset{\langle p\rangle}{\mathbb{A}}) &= \overset{(1)}{\nabla}\circ(\overset{(2)}{\nabla}\cdot\overset{\langle p\rangle}{\mathbb{A}}) - \overset{(2)}{\nabla}\cdot(\overset{(1)}{\nabla}\circ\overset{\langle p\rangle}{\mathbb{A}})\\ &= \overset{(1)}{\nabla}\circ(\overset{(2)}{\nabla}\cdot\overset{\langle p\rangle}{\mathbb{A}}) - \operatorname{div}\operatorname{grad}\overset{\langle p\rangle}{\mathbb{A}} \equiv \overset{(1)}{\nabla}\circ(\overset{(2)}{\nabla}\cdot\overset{\langle p\rangle}{\mathbb{A}}) - \Delta\overset{\langle p\rangle}{\mathbb{A}}\,,\end{aligned} \tag{3.45d}$$

was wegen der generellen Vertauschbarkeit der Differentiationsreihenfolge, d. h. wegen

$$\overset{(1)}{\nabla}\circ(\overset{(2)}{\nabla}\cdot\overset{\langle p\rangle}{\mathbb{A}}) = \overset{(2)}{\nabla}\circ(\overset{(1)}{\nabla}\cdot\overset{\langle p\rangle}{\mathbb{A}}) \equiv \operatorname{grad}\operatorname{div}\overset{\langle p\rangle}{\mathbb{A}}$$

– man benutze eine zu (3.42) analoge Vertauschungsvorschrift! – in der Tat zu (3.45a,b) führt.

Entsprechend wird

---

62) Führt man links die Skalarmultiplikation aus, so kann auf die Indizierung der ∇–Operatoren i. allg. nicht verzichtet werden. Man schreibt dann besser präziser

$$\Delta\overset{\langle p\rangle}{\mathbb{A}} = \overset{(2)}{\nabla}\cdot(\overset{(1)}{\nabla}\circ\overset{\langle p\rangle}{\mathbb{A}}) = \sum_{j,k=1}^{3}\mathbb{g}^j\cdot\nabla_j(\mathbb{g}^k\circ\nabla_k\overset{\langle p\rangle}{\mathbb{A}}) \equiv \sum_{j,k=1}^{3}\left[\mathbb{g}^j\cdot\frac{\partial}{\partial q^j}\mathbb{g}^k\right]\frac{\partial\overset{\langle p\rangle}{\mathbb{A}}}{\partial q^k}\,, \tag{3.45c}$$

um das i. allg. (bei mit den Koordinaten (q^j) veränderlichen Basisvektoren) unrichtige "Quadrieren"

$$\Delta = \nabla\cdot\nabla = \nabla^2 = \sum_{j,k=1}^{3} g^{jk}\,\nabla_j\nabla_k$$

auszuschließen.

$$\overset{<p>}{\mathbb{A}}\ \text{grad div} \equiv \overset{<p>}{\mathbb{A}}\ \Delta = \overset{<p>}{\mathbb{A}}\ \text{div grad} - \overset{<p>}{\mathbb{A}}\ \text{rot rot} \equiv \Delta\ \overset{<p>}{\mathbb{A}} \tag{3.46}$$

nachgewiesen.

Im Zusammenhang mit der Untersuchung von Problemen der klassischen Elastizitätstheorie kleiner Verformungen auf der Basis der "Methode der Elimination der Verschiebungen" [8] benötigt man im Zusammenhang mit der Einführung von Spannungsfunktionen Umformungen der Größen[63] ink $(\varphi\mathbb{E})$ und inkΦ. Zunächst die erste Größe betrachtend, gilt mit der in [1] (2.66c) angegebenen algebraischen Beziehung[64]

$$\mathbb{b} \times \mathbb{T} \times \mathbb{b}' = \left[\mathbb{b}' \cdot \mathbb{T} \cdot \mathbb{b} - (\mathbb{b} \cdot \mathbb{b}')\,(\mathbb{T} \cdot\cdot\, \mathbb{E}) \right] \mathbb{E} + (\mathbb{b} \cdot \mathbb{b}')\, \mathbb{T}^T +$$

$$+ (\mathbb{T} \cdot\cdot\, \mathbb{E})\, \mathbb{b}' \circ \mathbb{b} - \mathbb{b}' \circ \mathbb{T} \cdot \mathbb{b} - \mathbb{b}' \cdot \mathbb{T} \circ \mathbb{b}\ , \tag{3.47a}$$

mit den Setzungen $\mathbb{b} = \mathbb{b}' = \nabla$, $\mathbb{T} = \varphi\mathbb{E}$, so wie mit $\nabla \cdot \nabla = \Delta$, $\nabla \circ \mathbb{E} = 0$ speziell

$$\text{ink}\,(\varphi\mathbb{E}) = \text{rot}\,(\varphi\mathbb{E})\,\text{rot} = \left[\nabla \cdot (\varphi\mathbb{E}) \cdot \nabla - (\nabla \cdot \nabla)\,(3\varphi)\right]\mathbb{E} +$$

$$+ (\nabla \cdot \nabla)\,(\varphi\mathbb{E}) + 3\varphi\, \nabla \circ \nabla - \nabla \circ (\varphi\mathbb{E}) \cdot \nabla - \nabla \cdot (\varphi\mathbb{E}) \circ \nabla$$

$$\equiv \nabla \circ \nabla\varphi - \Delta\varphi\mathbb{E} = \text{grad grad}\ \varphi - \Delta\varphi\mathbb{E} \tag{3.47b}$$

mit dem – wegen des Schwarzschen Vertauschungssatzes – symmetrischen[65] zweistufigen Tensor

$$\text{grad grad}\varphi = \sum_{j,k=1}^{3} \mathbb{g}^j \nabla_j\, (\mathbb{g}^k \nabla_k \varphi) \tag{3.47c}$$

und mit $\mathbb{T} = \Phi = \Phi^T$ und $\mathbb{E} \cdot\cdot\, \Phi = \Phi_1$

$$\text{ink}\Phi = \left[\nabla \cdot \Phi \cdot \nabla - \nabla \cdot \nabla\ \Phi_1\right]\mathbb{E} + (\nabla \cdot \nabla)\Phi + \nabla \circ \nabla\ \Phi_1 - \nabla \circ \Phi \cdot \nabla - \nabla \cdot \Phi \circ \nabla$$

$$= \Delta\Phi - \text{grad div}\ \Phi - (\text{grad div}\ \Phi)^T + \text{grad grad}\ \Phi_1 + (\text{div}\ \Phi\ \text{div} - \Delta\Phi_1)\mathbb{E}\ . \tag{3.47d}$$

Diese Ziffer beschließend, sollen noch einige wichtige Identitäten referiert werden, zunächst die unter Benutzung von (3.32a) erreichbare Identität

$$\Delta(\mathbb{v} \cdot \mathbb{w}) \equiv \text{div grad}\,(\mathbb{v} \cdot \mathbb{w}) = \text{div}\left[(\text{grad}\ \mathbb{v}) \cdot \mathbb{w} + (\text{grad}\ \mathbb{w}) \cdot \mathbb{v}\right] =$$

$$= (\text{div grad}\mathbb{v}) \cdot \mathbb{w} + \left[(\text{grad}\ \mathbb{v})^T \cdot \overset{\uparrow}{\nabla}\right] \cdot \overset{\downarrow}{\mathbb{w}} + (\text{div grad}\ \mathbb{w}) \cdot \mathbb{v} +$$

$$+ \left[(\text{grad}\ \mathbb{w})^T \cdot \overset{\uparrow}{\nabla}\right] \cdot \overset{\downarrow}{\mathbb{v}} = \mathbb{w} \cdot \Delta\mathbb{v} + \mathbb{v} \cdot \Delta\mathbb{w} + (\text{grad}\ \mathbb{v})^T \cdot\cdot\, \text{grad}\ \mathbb{w} + \text{grad}\ \mathbb{v} \cdot\cdot\, (\text{grad}\ \mathbb{w})^T$$

$$\equiv \mathbb{w} \cdot \Delta\mathbb{v} + \mathbb{v} \cdot \Delta\mathbb{w} + 2(\text{grad}\ \mathbb{v})^T \cdot\cdot\, \text{grad}\ \mathbb{w}\ , \tag{3.48a}$$

die unter Benutzung z.B. von

$$\text{grad}\ \mathbb{v} \overset{(3.18a,c)}{=} \text{def}\ \mathbb{v} - \tfrac{1}{2}\,\mathbb{E} \times \text{rot}\ \mathbb{v},\quad (\text{grad}\ \mathbb{v})^T = \text{def}\ \mathbb{v} + \tfrac{1}{2}\,\mathbb{E} \times \text{rot}\ \mathbb{v} =$$

---

63) mit skalaren skalarwertigen bzw. zweistufig-symmetrischen tensorwertigen Feldern $\varphi(\mathbb{r})$ bzw. $\Phi(\mathbb{r})$

64) Hierin bedeuten $\mathbb{b}$, $\mathbb{b}'$ Vektoren, $\mathbb{T}$ einen zweistufigen Tensor

65) vgl. h. die allgemeinen Koordinatendarstellungen unter Pkt. 1 dieses Paragraphen. Für den einfachsten Fall kartesischer Koordinatendarstellungen ist die Symmetrie von grad grad φ unmittelbar ersichtlich:

$$\text{grad grad}\varphi = \sum_{j,k=1}^{3} \frac{\partial^2\varphi}{\partial x_j\, \partial x_k}\, \mathbb{e}_{<j>} \circ \mathbb{e}_{<k>} \tag{3.47c'}$$

$$= \text{grad}\, \mathbb{v} + \mathbb{E} \times \text{rot}\, \hat{\mathbb{v}},\ (\mathbb{E} \times \text{rot}\, \mathbb{v}) \cdot\cdot (\mathbb{E} \times \text{rot}\, \mathbb{w}) = -2\, \text{rot}\, \mathbb{v} \cdot \text{rot}\, \mathbb{w}$$

noch als

$$\Delta(\mathbb{v} \cdot \mathbb{w}) = \mathbb{w} \cdot \Delta\mathbb{v} + \mathbb{v} \cdot \Delta\mathbb{w} + 2 \left[\text{def}\mathbb{v} \cdot\cdot \text{def}\mathbb{w} + \frac{1}{2} \text{rot}\, \mathbb{v} \cdot \text{rot}\, \mathbb{w}\right] \qquad (3.48b)$$

geschrieben werden kann. Dabei wurde beachtet, daß die Doppeltskalarprodukte der symmetrischen Größen def$\mathbb{v}$,$\mathbb{w}$ mit den antimetrischen Größen $\mathbb{E}\times$rot$\mathbb{v}$,$\mathbb{w}$ verschwinden. Mit dem Ortsvektor $\mathbb{r}$ anstelle von $\mathbb{w}$ folgt daraus wegen rot $\mathbb{r} = 0$, grad $\mathbb{r} = \mathbb{E}$ und $\Delta\mathbb{r} = 0$ die – u. a. im Zusammenhang mit Papkovitch–Neuberschen Verschiebungsansätzen in der linearen Elastizitätstheorie [8] – benötigte Identität

$$\Delta(\mathbb{v}\cdot\mathbb{r}) = \mathbb{r}\cdot\Delta\mathbb{v} + 2(\text{grad}\, \mathbb{v})\cdot\cdot\mathbb{E} = \mathbb{r}\cdot\Delta\mathbb{v} + 2(\nabla \circ \mathbb{v})\cdot\cdot\mathbb{E}$$

$$= \mathbb{r}\cdot\Delta\mathbb{v} + 2\nabla\cdot(\mathbb{v}\cdot\mathbb{E}) = \mathbb{r}\cdot\Delta\mathbb{v} + 2\nabla\cdot\mathbb{v} = \mathbb{r}\cdot\Delta\mathbb{v} + 2\text{div}\, \mathbb{v}\,. \qquad (3.48c)$$

Für die Erzeugung sog. singulärer Lösungen in der Potentialtheorie benötigt man die Identität

$$\Delta(1/r) = 0 \quad \text{für } r \neq 0 \qquad (3.49a)$$

bzw. – verallgemeinert mit einer beliebigen Konstanten $\overset{\langle p \rangle}{\mathbb{A}}$ –

$$\Delta\left[\overset{\langle p \rangle}{\mathbb{A}} / |\mathbb{r}-\mathbb{a}|\right] = 0 \quad \text{für } \mathbb{r}\neq\mathbb{a},\ \overset{\langle p \rangle}{\mathbb{A}} = \text{const}, \qquad (3.49b)$$

wie man wegen

$$\Delta \frac{1}{|\mathbb{r}-\mathbb{a}|} = \text{div grad} \frac{1}{|\mathbb{r}-\mathbb{a}|} \overset{(3.38c)}{=} -\nabla\cdot\left[\frac{\mathbb{r}-\mathbb{a}}{|\mathbb{r}-\mathbb{a}|^3}\right] = -\frac{\nabla\cdot(\mathbb{r}-\mathbb{a})}{|\mathbb{r}-\mathbb{a}|^3} - (\mathbb{r}-\mathbb{a})\cdot\nabla\left[\frac{1}{|\mathbb{r}-\mathbb{a}|^3}\right] =$$

$$\overset{(3.35a,38d)}{=} \underline{-\frac{3}{|\mathbb{r}-\mathbb{a}|^3} + \frac{3}{|\mathbb{r}-\mathbb{a}|^3}} = 0 \quad \text{für } \mathbb{r}\neq\mathbb{a} \qquad (3.49c)$$

errechnet[66].

Schließlich seien noch die für Darstellungssätze in der Bipotentialtheorie unter Benutzung von

$$\Delta\, |\mathbb{r}-\mathbb{a}| = \text{div grad}\, |\mathbb{r}-\mathbb{a}| \overset{(3.38b)}{=} \nabla\cdot\left[\frac{\mathbb{r}-\mathbb{a}}{|\mathbb{r}-\mathbb{a}|}\right] = \frac{\nabla\cdot(\mathbb{r}-\mathbb{a})}{|\mathbb{r}-\mathbb{a}|} + \nabla\left[\frac{1}{|\mathbb{r}-\mathbb{a}|}\right]\cdot(\mathbb{r}-\mathbb{a}) =$$

$$\overset{(3.35a,38c)}{=} \frac{2}{|\mathbb{r}-\mathbb{a}|} \qquad (3.49d)$$

erhältlichen Formeln

$$\Delta\Delta|\mathbb{r}-\mathbb{a}| \overset{(3.49d)}{=} \Delta\left[\frac{2}{|\mathbb{r}-\mathbb{a}|}\right] \overset{(3.49c)}{=} 0 \quad \text{für } \mathbb{r}\neq\mathbb{a} \qquad (3.49e)$$

und entsprechend

$$\Delta\Delta\left[|\mathbb{r}-\mathbb{a}|\, \overset{\langle p \rangle}{\mathbb{A}}\right] = 0, \quad \text{für } \mathbb{r}\neq\mathbb{a},\ \overset{\langle p \rangle}{\mathbb{A}} = \text{const.}, \qquad (3.49f)$$

referiert. Allgemein ist

$$\underbrace{\Delta\Delta\Delta\Delta\Delta\Delta}_{(k+2)\text{mal}} \left[\overset{\langle p \rangle}{\mathbb{A}}\, |\mathbb{r}-\mathbb{a}|^{2k+1}\right] = 0 \quad \text{für } \mathbb{r}\neq\mathbb{a},\ \overset{\langle p \rangle}{\mathbb{A}} = \text{const.} \qquad (3.49g)$$

---

66) Man bedenke, daß die unterstrichelte Differenz zweifelsfrei nur für $\mathbb{r} \neq \mathbb{a}$ als Null festgestellt werden kann. S. h. a. § 4

3.5 Taylorsche Formel

Indem man einen Funktionswert $\overset{\langle q\rangle}{\Phi}(\mathbb{r})$ in einer einfach begrenzten Umgebung eines "Aufpunktes" $\mathbb{r}_0$ auffaßt als Ergebnis einer Linienintegration längs der die Punkte $\mathbb{r}$ und $\mathbb{r}_0$ verbindenden Geraden

$$\mathbb{r}(s) = \mathbb{r}_0 + s\mathbb{e}\,,\quad s = |\mathbb{r} - \mathbb{r}_0|\,,\quad \mathbb{e} = (\mathbb{r}(s)-\mathbb{r}_0)/s\,,\quad |\mathbb{e}| = 1 \qquad (3.50a\text{-}c)$$

im Sinne von

$$\overset{\langle q\rangle}{\Phi}(\mathbb{r}) = \overset{\langle q\rangle}{\Phi}(\mathbb{r}_0) + \int\limits_{s'=0}^{s} \frac{d\overset{\langle q\rangle *}{\Phi}(s')}{d s'}\,ds' \qquad (3.51a)$$

mit

$$\overset{\langle q\rangle}{\Phi}(\mathbb{r}) = \overset{\langle q\rangle}{\Phi}(\mathbb{r}_0+s\mathbb{e}) \equiv \overset{\langle q\rangle *}{\Phi}(s)\,, \qquad (3.51b)$$

bekommt man zunächst die durch partielle Integration in der Form

$$\overset{\langle q\rangle}{\Phi}(\mathbb{r}) - \overset{\langle q\rangle}{\Phi}(\mathbb{r}_0) \overset{(3.51a)}{\equiv} - \int\limits_{s'=0}^{s} \frac{d\overset{\langle q\rangle}{\Phi}{}_*}{d s'}\frac{d}{ds'}(s-s')ds' = -\left[\frac{d\overset{\langle q\rangle}{\Phi}{}_*}{d s'}(s-s')\right]_{s'=0}^{s} + \int\limits_{s'=0}^{s} (s-s')\frac{d^2\overset{\langle q\rangle}{\Phi}{}_*}{ds'^2}\,ds'$$

$$= s\left[\frac{d\overset{\langle q\rangle}{\Phi}{}_*}{d s'}\right]_{s'=0} - \int\limits_{s'=0}^{s} \frac{d^2\overset{\langle q\rangle}{\Phi}{}_*}{ds'^2}\frac{d}{ds'}\left[\frac{(s-s')^2}{2}\right]ds' \equiv \ldots..$$

usw. erreichbare bekannte Version der Taylorschen Formel

$$\overset{\langle q\rangle}{\Phi}(\mathbb{r}) - \overset{\langle q\rangle}{\Phi}(\mathbb{r}_0) = \sum_{k=1}^{n} \frac{s^k}{k!}\left[\frac{d^k\overset{\langle q\rangle}{\Phi}{}_*}{ds^k}\right]_{s=0} + \overset{\langle q\rangle}{\mathbb{R}}_{n+1} \qquad (3.51c)$$

mit dem Restglied

$$\overset{\langle q\rangle}{\mathbb{R}}_{n+1} = \int\limits_{s'=0}^{s} \frac{(s-s')^n}{n!}\frac{d^{n+1}\overset{\langle q\rangle}{\Phi}{}_*}{ds'^{n+1}}\,ds' \overset{67)}{=} \frac{|\mathbb{r}-\mathbb{r}_0|^{n+1}}{(n+1)!}\left[\frac{d^{n+1}\overset{\langle q\rangle}{\Phi}{}_*}{ds'^{n+1}}\right]_{s'=\vartheta s'}\,,\quad 0<\vartheta<1\,, \qquad (3.51d)$$

und hieraus schließlich unter Benutzung von

$$\left[\frac{d\overset{\langle q\rangle}{\Phi}{}_*}{d s'}\right]_{s=0} = \left[(\mathbb{e}\cdot\mathbb{V})\overset{\langle q\rangle}{\Phi}\right]_{\mathbb{r}=\mathbb{r}_0} = \mathbb{e}\cdot\left[\mathbb{V}\circ\overset{\langle q\rangle}{\Phi}\right]_{\mathbb{r}_0}$$

und entsprechend von

$$\left[\frac{d^2\overset{\langle q\rangle}{\Phi}{}_*}{ds'^2}\right]_{s=0} = \left[\frac{d}{ds}\left[\frac{d\overset{\langle q\rangle}{\Phi}}{d s'}\right]\right]_{s=0} = \left[(\mathbb{e}\cdot\mathbb{V})\left[(\mathbb{e}\cdot\mathbb{V})\overset{\langle q\rangle}{\Phi}\right]\right]_{\mathbb{r}_0} \overset{68)}{\equiv} \mathbb{e}\circ\mathbb{e}\cdot\cdot\left[\mathbb{V}\circ\mathbb{V}\overset{\langle q\rangle}{\Phi}\right]_{\mathbb{r}_0}$$

usw., nachdem man noch $s\mathbb{e} = \mathbb{r}(s) - \mathbb{r}_0 = \mathbb{r} - \mathbb{r}_0 = \Delta\mathbb{r}$ gesetzt hat,

---

67) Man benutze den Mittelwertsatz der Integralrechnung (vgl. z. B. [9])

68) Man beachte die räumliche Konstanz von $\mathbb{e}$.

$$\overset{\langle q\rangle}{\Phi}(\mathbb{r}) - \overset{\langle q\rangle}{\Phi}(\mathbb{r}_0) = \sum_{k=1}^{n} \frac{1}{k!} \underbrace{(\Delta\mathbb{r}\circ\ldots\circ\Delta\mathbb{r})}_{k\text{-mal}} \underbrace{\cdots\cdots}_{(k)} \underbrace{(\nabla\circ\ldots\circ\nabla\circ}_{k\text{-mal}}\overset{\langle q\rangle}{\Phi}) + \overset{\langle q\rangle}{\mathbb{R}}_{n+1} . \qquad (3.51e)$$

Weil in $(\Delta\mathbb{r}\circ\ldots\circ\Delta\mathbb{r})$ die Reihenfolge der (gleichen!) Vektor-Faktoren $\Delta\mathbb{r}$ ohne Resultatsänderung beliebig vertauscht werden darf, hat $(\Delta\mathbb{r}\circ\ldots\circ\Delta\mathbb{r})$ die Struktur einer "vollständigen Mischung", $\underbrace{(\Delta\mathbb{r}\circ\ldots\circ\Delta\mathbb{r})}_{k\text{-mal}} =^{69)} \underbrace{(\Delta\mathbb{r}\circ\ldots\circ\Delta\mathbb{r})}_{k\text{-mal}} \underbrace{\cdots\cdots}_{(k)} \overset{\langle 2k\rangle}{\mathbb{M}}$,

weswegen

$$\underbrace{(\Delta\mathbb{r}\circ\ldots\circ\Delta\mathbb{r})}_{k\text{-mal}} \underbrace{\cdots\cdots}_{(k)} \underbrace{(\nabla\circ\ldots\circ\nabla\circ}_{k\text{-mal}}\overset{\langle q\rangle}{\Phi}) \equiv \underbrace{(\Delta\mathbb{r}\circ\ldots\circ\Delta\mathbb{r})}_{k\text{-mal}} \underbrace{\cdots\cdots}_{(k)} \overset{\langle 2k\rangle}{\mathbb{M}} \underbrace{\cdots\cdots}_{(k)} \underbrace{(\nabla\circ\ldots\circ\nabla\circ}_{k\text{-mal}}\overset{\langle q\rangle}{\Phi})$$

und demgemäß ebenfalls

$$\underbrace{\nabla\circ\ldots\circ\nabla}_{k\text{-mal}}\circ\overset{\langle q\rangle}{\Phi} \equiv \overset{\langle 2k\rangle}{\mathbb{M}} \underbrace{\cdots\cdots}_{(k)} \underbrace{\nabla\circ\ldots\circ\nabla}_{k\text{-mal}}\circ\overset{\langle q\rangle}{\Phi} \qquad (3.51f)$$

gelten, also der k-fache Gradient ein in den vorderen k Indizes mischungsinvarianter Tensor sein muß, ein auch mittels des Schwarzschen Vertauschungssatzes insbesondere bei Bezugnahme auf eine kartesische Orthonormalbasis leicht verifizierbarer Befund. Da ein vollständig gemischter k-stufiger Tensor im N-dimensionalen Vektorraum $\begin{bmatrix} N+k-1 \\ k \end{bmatrix}$ zahlenmäßig verschiedene Komponenten hat [10], repräsentiert ein k-facher Gradient z. B. im dreidimensionalen Raum

$$\begin{bmatrix} 3+k-1 \\ k \end{bmatrix} = \begin{bmatrix} k+2 \\ k \end{bmatrix} \qquad (3.51g)$$

voneinander verschiedene (k-fache) Ableitungsprozeduren. Für k = 2 z. B. hat man

$$\begin{bmatrix} 2+2 \\ 2 \end{bmatrix} = \begin{bmatrix} 4 \\ 2 \end{bmatrix} = \frac{4\cdot 3}{1\cdot 2} = 6$$

zweifache Ableitungsprozeduren, die einen symmetrischen zweistufigen Operator $(\nabla\circ\nabla)$ definieren[70].

---

69) $\overset{\langle 2k\rangle}{\mathbf{M}}$ bedeutet den 2k–stufigen Mischer [1]

70) vgl. h. z. B. die Darstellung $\nabla\circ\nabla\varphi$, φ skalar, in (3.47c').
Daß $\nabla\circ\nabla\varphi$ symmetrisch ist, erhellt (3.51f) unmittelbar unter dem Gesichtspunkt, daß der vierstufige Mischer $\overset{\langle 4\rangle}{\mathbf{M}}$ identisch ist mit dem vierstufigen Symmetrierer $\overset{\langle 4\rangle}{\mathbb{E}}_S = (\overset{\langle 4\rangle}{\mathbb{E}} + \overset{\langle 4\rangle}{\mathbb{E}}_T)/2$, der per

$$\mathbb{A}\cdot\cdot\overset{\langle 4\rangle}{\mathbb{E}}_S \equiv \overset{\langle 4\rangle}{\mathbb{E}}_S\cdot\cdot\mathbb{A} = \mathbb{A}_S = (\mathbb{A} + \mathbb{A}^T)/2$$

einem zweistufigen Tensor $\mathbb{A}$ seinen symmetrischen Anteil $\mathbb{A}_S = (\mathbb{A} + \mathbb{A}^T)/2$ zuordnet.

3.6 Koordinatendarstellungen der wichtigsten ∇-Operationen

3.6.1 Allgemeine Koordinaten[71)]

a) skalare Felder $\hat{\varphi} = \varphi(q^1,q^2,q^3)$:

$$\operatorname{grad}\varphi = \sum_{j=1}^{3} \mathbf{g}^j \nabla_j \varphi\,, \quad \nabla_j = \partial/\partial q^j \tag{3.52a}$$

$$\operatorname{grad}\operatorname{grad}\varphi = \sum_{j,k=1}^{3} \mathbf{g}^j \circ \nabla_j(\mathbf{g}^k \nabla_k \varphi) \overset{(2.33b)}{=} \sum_{j,k=1}^{3} \Big[\nabla_j\nabla_k\varphi + \sum_{\mu=1}^{3} \Gamma^{\cdot\mu\cdot}_{k.j}\, \nabla_\mu \varphi\Big] \mathbf{g}^j \circ \mathbf{g}^k =$$
$$\overset{(2.38b)}{=} \sum_{j,k=1}^{3} \Big[\nabla_j\nabla_k\varphi - \sum_{\mu=1}^{3} \Gamma^{\mu}_{.kj}\, \nabla_\mu \varphi\Big] \mathbf{g}^j \circ \mathbf{g}^k\,, \tag{3.52b}$$

$$\operatorname{div}\operatorname{grad}\varphi = \Delta\varphi = \mathbb{E}\cdot\cdot\operatorname{grad}\operatorname{grad}\varphi = \sum_{j,k=1}^{3} g^{jk}\Big[\nabla_j\nabla_k\varphi + \sum_{\mu=1}^{3} \Gamma^{\cdot\mu\cdot}_{k.j}\, \nabla_\mu\varphi\Big] =$$
$$= \sum_{j,k=1}^{3} g^{jk}\Big[\nabla_j\nabla_k\varphi - \sum_{\mu=1}^{3} \Gamma^{\mu}_{.kj}\, \nabla_\mu\varphi\Big]\,. \tag{3.52c}$$

b) Vektorfelder $\hat{\mathbf{w}} = \mathbf{w}(q^1,q^2,q^3)$:

$$\operatorname{grad}\mathbf{w} = \sum_{j=1}^{3} \mathbf{g}^j \circ \nabla_j \mathbf{w} \overset{(2.51a)}{=} \sum_{j,k=1}^{3} \Big[\nabla_j v_k + \sum_{\mu=1}^{3} v_j \Gamma^{\cdot\mu\cdot}_{k.j}\Big] \mathbf{g}^j \circ \mathbf{g}^k =$$
$$\overset{(2.38b)}{=} \sum_{j,k=1}^{3} \Big[\nabla_j v_k - \sum_{\mu=1}^{3} \Gamma^{\mu}_{.kj} v_\mu\Big] \mathbf{g}^j \circ \mathbf{g}^k \overset{(2.42e,43a)}{\equiv} \sum_{j,k=1}^{3} \nabla_j v_k\, \mathbf{g}^j \circ \mathbf{g}^k - \overset{\langle 3\rangle}{\mathbf{\Gamma}} \cdot \mathbf{w}\,, \tag{3.53a}$$

$$\operatorname{def}\mathbf{w} = \Big[\operatorname{grad}\mathbf{w} + (\operatorname{grad}\mathbf{w})^T\Big]/2 = \frac{1}{2}\sum_{j,k=1}^{3} \Big[\nabla_j v_k + \sum_{\mu=1}^{3} v_\mu \Gamma^{\cdot\mu\cdot}_{k.j}\Big]\Big[\mathbf{g}^j \circ \mathbf{g}^k + \mathbf{g}^k \circ \mathbf{g}^j\Big]\,, \tag{3.53b}$$

$$\operatorname{div}\mathbf{w} = \mathbb{E}\cdot\cdot\operatorname{grad}\mathbf{w} = \sum_{j=1}^{3} \mathbf{g}^j \cdot \nabla_j \mathbf{w} = \sum_{j,k=1}^{3} g^{jk}\Big[\nabla_j v_k + \sum_{\mu=1}^{3} \Gamma^{\cdot\mu\cdot}_{k.j}\, v_\mu\Big]\,, \tag{3.53c}$$

$$\operatorname{rot}\mathbf{w} = \mathbb{E} \times \mathbb{E}\cdot\cdot\operatorname{grad}\mathbf{w} = \sum_{j,k=1}^{3} \Big[\nabla_j v_k - \sum_{\mu=1}^{3} \Gamma^{\mu}_{.kj} v_\mu\Big] \mathbf{g}^j \times \mathbf{g}^k =$$

---

71) unter Beschränkung auf (in den skalaren Komponenten) kovariante Größen.

$$= \sum_{j,k,m=1}^{3} \epsilon^{jk.}_{..m}\Big[\nabla_j v_k - \sum_{\mu=1}^{3}\Gamma^{\mu}_{.kj}v_\mu\Big]\mathfrak{g}^m \overset{72)}{\equiv} \sum_{j,k,m=1}^{3} \epsilon^{jk.}_{..m}\nabla_j v_k\mathfrak{g}^m \equiv \sum_{j,k,m=1}^{3} \epsilon^{jkm}\nabla_j v_k\mathfrak{g}_m \qquad (3.53d)$$

mit

$$\epsilon^{jk.}_{..m} = [\mathfrak{g}^j\mathfrak{g}^k\mathfrak{g}_m], \quad \epsilon^{jkm} = [\mathfrak{g}^j\mathfrak{g}^k\mathfrak{g}^m],\ j,k,m = 1\ldots 3\,. \qquad (3.53e)$$

Strukturell gleichartig wie (3.52c) erhält man

$$\Delta\mathbf{v} = \operatorname{div}\operatorname{grad}\mathbf{v} = \sum_{j,k=1}^{3}\mathfrak{g}^j\cdot\nabla_j(\mathfrak{g}^k\circ\nabla_k\mathbf{v}) = \sum_{j,k=1}^{3} g^{jk}\nabla_j\nabla_k\mathbf{v} + \sum_{j,k=1}^{3}(\mathfrak{g}^j\cdot(\nabla_j\mathfrak{g}^k))\nabla_k\mathbf{v} =$$

$$\overset{73)}{=} \sum_{j,k=1}^{3} g^{jk}\Big[\nabla_j\nabla_k\mathbf{v} - \sum_{\mu=1}^{3}\Gamma^{\mu}_{.kj}\nabla_\mu\mathbf{v}\Big]\,, \qquad (3.54)$$

worin nun noch die Vektorableitungen komponentenweise ausgedrückt werden, also etwa

$$\nabla_k\mathbf{v} = \sum_{\alpha=1}^{3}\nabla_k\big[v_\alpha\mathfrak{g}^\alpha\big] = \sum_{\alpha=1}^{3}\Big[\nabla_k v_\alpha - \sum_{\mu=1}^{3} v_\mu\Gamma^{\mu}_{.\alpha k}\Big]\mathfrak{g}^\alpha\,,$$

$$\nabla_j\nabla_k\mathbf{v} \overset{74)}{=} \sum_{\alpha=1}^{3}\Big[\nabla_j(\nabla_k v_\alpha - \sum_{\mu=1}^{3} v_\mu\Gamma^{\mu}_{.\alpha k})\Big]\mathfrak{g}^\alpha - \sum_{\alpha,\beta=1}^{3}\Big[\nabla_k v_\alpha - \sum_{\mu=1}^{3} v_\mu\Gamma^{\mu}_{.\alpha k}\Big]\Gamma^{\alpha}_{.\beta j}\,\mathfrak{g}^\beta$$

gesetzt werden müssen.

c) zweistufig–tensorwertige Felder $\mathbf{S}(q^1,q^2,q^3)$, $\mathbb{D}(q^1,q^2,q^3)$:
Für den Tensorgradienten bekommt man aus

$$\operatorname{grad}\mathbf{S} = \nabla\circ\mathbf{S} = \sum_{i=1}^{3}\mathfrak{g}^i\circ\nabla_i\mathbf{S}\,,\quad \nabla_j = \partial/\partial q^j \qquad (3.55a)$$

mit z. B. $\mathbf{S}$ in kovarianter Darstellung, d. h. mit

$$\mathbf{S} = \sum_{j,k=1}^{3} s_{jk}\,\mathfrak{g}^j\circ\mathfrak{g}^k\,, \qquad (3.55b)$$

---

72) Man beachte, daß hinsichtlich der Indizes j,k die Größen $\epsilon^{jk}_{..m}$ antimetrisch, die Größen $\Gamma^{\mu}_{.kj}$ hingegen symmetrisch sind. Letztlich wird durch das Verschwinden derer Produkte der Befund (2.38d) ausgedrückt.

73) Man benutze $\nabla_j\mathfrak{g}^k = \sum_{\mu=1}^{3}\Gamma^{.k}_{\mu.j}\mathfrak{g}^\mu$ nach (2.33b), also

$$\mathfrak{g}^j\cdot(\nabla_j\mathfrak{g}^k) = \sum_{\mu=1}^{3} g^{j\mu}\ \Gamma^{.k}_{\mu.j} \overset{(2.38b)}{=} -\sum_{\mu=1}^{3} g^{j\mu}\ \Gamma^{k}_{.\mu j}\,,$$ und führe im zweiten Term Indexvertauschung $\mu \longleftrightarrow k$ durch.

74) Man benutze $\nabla_j\mathfrak{g}^\alpha \overset{(2.33b)}{=} \sum_{\beta=1}^{3}\Gamma^{.\alpha}_{\beta.j}\,\mathfrak{g}^\beta \overset{(2.38b)}{=} -\sum_{\beta=1}^{3}\Gamma^{\alpha}_{.\beta j}\,\mathfrak{g}^\beta$

also

$$\nabla_i \mathbb{S} \overset{(2.52\,,\,33b)}{=} \sum_{j,k=1}^{3} \left[\nabla_i s_{jk} + \sum_{\mu=1}^{3} s_{\mu k}\Gamma^{\cdot\mu\cdot}_{j.i} + \sum_{\mu=1}^{3} s_{j\mu}\Gamma^{\cdot\mu\cdot}_{k.i}\right] \mathbb{g}^j \circ \mathbb{g}^k =$$

$$\overset{(2.38b)}{=} \sum_{j,k=1}^{3} \left[\nabla_i s_{jk} - \sum_{\mu=1}^{3} (s_{\mu k}\Gamma^{\mu}_{.ji} + s_{j\mu}\Gamma^{\mu}_{.ki})\right] \mathbb{g}^j \circ \mathbb{g}^k \tag{3.55c}$$

schließlich

$$\text{grad}\ \mathbb{S} = \sum_{i,j,k=1}^{3} \left[\nabla_i s_{jk} - \sum_{\mu=1}^{3} (s_{\mu k}\Gamma^{\mu}_{.ji} + s_{j\mu}\Gamma^{\mu}_{.ki})\right] \mathbb{g}^i \circ \mathbb{g}^j \circ \mathbb{g}^k =$$

$$\overset{(2.42e\,,43a)}{=} \sum_{i,j,k=1}^{3} \nabla_i s_{jk}\, \mathbb{g}^i \circ \mathbb{g}^j \circ \mathbb{g}^k - (\overset{<3>}{\mathbb{\Gamma}} \cdot \mathbb{S}) \cdot\cdot (\overset{<4>}{\mathbb{E}} + \overset{<4>}{\mathbb{E}_T}) \tag{3.55d}$$

und daraus

$$\text{div}\ \mathbb{S} = \mathbb{E} \cdot\cdot \text{grad}\ \mathbb{S} = \sum_{i,j,k=1}^{3} g^{ij}\left[\nabla_i s_{jk} - \sum_{\mu=1}^{3} (s_{\mu k}\Gamma^{\mu}_{.ji} + s_{j\mu}\Gamma^{\mu}_{.ki})\right] \mathbb{g}^k \tag{3.55e}$$

und mit $\mathbb{D} = \sum_{j,k=1}^{3} d_{jk}\, \mathbb{g}^j \circ \mathbb{g}^k$ anstelle von $\mathbb{S}$

$$\text{rot}\ \mathbb{D} = \mathbb{E} \times \mathbb{E} \cdot\cdot\ \text{grad}\ \mathbb{D} = \sum_{i,j,k=1}^{3} \left[\nabla_i d_{jk} - \sum_{\mu=1}^{3} (d_{\mu k}\Gamma^{\mu}_{.ji} + d_{j\mu}\Gamma^{\mu}_{.ki})\right] \mathbb{g}^i \times \mathbb{g}^j \circ \mathbb{g}^k =$$

$$= \sum_{i,j,k,m=1}^{3} \left[\nabla_i d_{jk} - \sum_{\mu=1}^{3} (d_{\mu k}\Gamma^{\mu}_{.ji} + d_{j\mu}\Gamma^{\mu}_{.ki})\right] \epsilon^{ij.}_{..m}\, \mathbb{g}^m \circ \mathbb{g}^k \equiv$$

$$\equiv^{75)} \sum_{i,j,k,m=1}^{3} \left[\nabla_i d_{jk} - \sum_{\mu=1}^{3} d_{j\mu}\Gamma^{\mu}_{.ki}\right] \epsilon^{ij.}_{..m}\, \mathbb{g}^m \circ \mathbb{g}^k \tag{3.55f}$$

mit
$$\epsilon^{ij.}_{..m} = [\mathbb{g}^i \mathbb{g}^j \mathbb{g}_m]\,, \quad i,j,m = 1...3\ . \tag{3.55g}$$

Die Komponentendarstellung von ink $\mathbb{D}$ bekommt man mit

$$\text{ink}\ \mathbb{D} = \text{rot}\ \mathbb{D}\ \text{rot} = \text{rot}(-\text{rot}\mathbb{D}^T)^T = \text{rot}\ \mathbb{M} \tag{3.56a}$$

als einfache linksseitige Rotation im Sinne von (3.55f) an der Hilfsgröße

$$\mathbb{M} = -(\text{rot}\mathbb{D}^T)^T = \sum_{j,k=1}^{3} m_{jk}\mathbb{g}^j \circ \mathbb{g}^k \tag{3.56b}$$

mit
$$m_{jk} \overset{(3.55f)}{=} -\sum_{i,m=1}^{3} \left[\nabla_i d_{jm} - \sum_{\mu=1}^{3} d_{\mu m}\Gamma^{\mu}_{.ji}\right] \epsilon^{im.}_{..k}\ . \tag{3.56c}$$

Für den doppelten Tensorgradienten hat man

75) vgl. Fußnote 71

$$\operatorname{grad}\operatorname{grad}\mathfrak{S} = \nabla\circ\nabla\circ\mathfrak{S} = \sum_{j,k=1}^{3} \mathfrak{g}^{j}\circ\nabla_j(\mathfrak{g}^{k}\circ\nabla_k\mathfrak{S}) \tag{3.57a}$$

und daraus, strukturell gleichartig wie (3.52c,54a) zunächst

$$\Delta\mathfrak{S} = \mathbb{E}\cdot\cdot\operatorname{grad}\operatorname{grad}\mathfrak{S} = \sum_{j,k=1}^{3} \mathfrak{g}^{j}\cdot\nabla_j(\mathfrak{g}^{k}\cdot\nabla_k\mathfrak{S}) = \sum_{j,k=1}^{3} g^{jk}\Big[\nabla_j\nabla_k\mathfrak{S} - \sum_{\mu=1}^{3}\Gamma^{\mu}_{.kj}\nabla_{\mu}\mathfrak{S}\Big], \tag{3.57b}$$

worin $\mathfrak{S}$ nach (3.55b), $\nabla_{\mu}\mathfrak{S}$ nach (3.55c) eingesetzt werden muß. Auf eine explizite Komponenten–Darstellung von $\Delta\mathfrak{S}$ wird aus Raumgründen verzichtet. Einfacher erreicht man die Darstellung von $\Delta\,\mathfrak{S}$ über

$$\Delta\,\mathfrak{S} \equiv \operatorname{div}\operatorname{grad}\mathfrak{S} = \operatorname{grad}\operatorname{div}\mathfrak{S} - \operatorname{rot}\operatorname{rot}\mathfrak{S}\,,$$

worin mit div $\mathfrak{S}$ nach (3.55e)

$$\operatorname{grad}\operatorname{div}\mathfrak{S} = \sum_{i,j,k,m=1}^{3} \mathfrak{g}^{m}\circ\nabla_m(\operatorname{div}\mathfrak{S}) =$$

$$= \sum_{i,j,k,m=1}^{3} \nabla_m\Big[g^{ij}(\nabla_i s_{jk} - \sum_{\mu=1}^{3} s_{\mu k}\Gamma^{\mu}_{.ji} + s_{j\mu}\Gamma^{\mu}_{.ki})\Big]\,\mathfrak{g}^{m}\circ\mathfrak{g}^{k} -$$

$$- \sum_{i,j,k,m=1}^{3} \Big\{g^{ij}\Big[\nabla_i s_{jk} - \sum_{\mu=1}^{3}(s_{\mu k}\Gamma^{\mu}_{.ji} + s_{j\mu}\Gamma^{\mu}_{.ki})\Big]\sum_{\nu=1}^{3}\Gamma^{k}_{.\nu m}\,\mathfrak{g}^{m}\circ\mathfrak{g}^{\nu}\Big\} \tag{3.57c}$$

bedeutet, nachdem man noch im Sinne von (2.33b,38b)

$$\nabla_m\mathfrak{g}^{k} = \sum_{\nu=1}^{3}\Gamma^{.k.}_{\nu.m}\,\mathfrak{g}^{\nu} = -\sum_{\nu=1}^{3}\Gamma^{k}_{.\nu m}\,\mathfrak{g}^{\nu} \tag{3.57d}$$

gesetzt hat. Die Operation rot rot $\mathfrak{S}$ wird durch zweimalige Anwendung von (3.55f) realisiert.

3.6.2 Orthogonalkoordinatendarstellungen ($q_{\langle j\rangle}$)

a) skalare Felder $\varphi = \varphi(q_{\langle 1\rangle}, q_{\langle 2\rangle}, q_{\langle 3\rangle})$:

Es sind mit $\nabla_{\langle j\rangle} = \partial/\partial q_{\langle j\rangle}$

$$\operatorname{grad}\varphi = \sum_{j=1}^{3}\frac{\mathfrak{e}_{\langle j\rangle}}{\sqrt{g_{\langle jj\rangle}}}\frac{\partial\varphi}{\partial q_{\langle j\rangle}} \equiv \sum_{j=1}^{3}\frac{\mathfrak{e}_{\langle j\rangle}}{\sqrt{g_{\langle jj\rangle}}}\nabla_{\langle j\rangle}\varphi = \sum_{j=1}^{3}\mathfrak{e}_{\langle j\rangle}\frac{\partial\varphi}{\partial s_{\langle j\rangle}}, \tag{3.58}$$

$$\operatorname{grad}\operatorname{grad}\varphi = \sum_{j,k=1}^{3}\frac{\mathfrak{e}_{\langle j\rangle}}{\sqrt{g_{\langle jj\rangle}}}\circ\nabla_{\langle j\rangle}\Big[\frac{\mathfrak{e}_{\langle k\rangle}}{\sqrt{g_{\langle kk\rangle}}}\nabla_{\langle k\rangle}\varphi\Big] =$$

$$= \sum_{j,k=1}^{3}\Big[\mathfrak{e}_{\langle j\rangle}\cdot(\operatorname{grad}\operatorname{grad}\varphi)\cdot\mathfrak{e}_{\langle k\rangle}\Big]\,\mathfrak{e}_{\langle j\rangle}\circ\mathfrak{e}_{\langle k\rangle} \tag{3.59a}$$

mit[76)]

---

76) Man benutze $\partial\mathfrak{e}_{\langle\mu\rangle}/\partial q_{\langle j\rangle} \overset{(2.46a)}{=} \mathfrak{e}_{\langle\mu\rangle}\cdot\mathbf{\Gamma}^{(\mathrm{R})}_{\langle j\rangle} = \sum_{k=1}^{3}\Gamma^{(\mathrm{R})}_{\langle k\mu j\rangle}\,\mathfrak{e}_{\langle k\rangle}$

$$\mathfrak{e}_{\langle j\rangle}\cdot(\text{grad grad }\varphi)\cdot\mathfrak{e}_{\langle k\rangle} \overset{(2.49)}{=} \frac{\partial}{\partial s_{\langle j\rangle}}\left[\frac{\partial\varphi}{\partial s_{\langle k\rangle}}\right]+\frac{1}{\sqrt{g_{\langle jj\rangle}}}\sum_{\mu=1}^{3}\frac{\partial\varphi}{\partial s_{\langle\mu\rangle}}\Gamma^{(\mathrm{R})}_{\langle\mu kj\rangle}=$$

$$=\frac{1}{\sqrt{g_{\langle jj\rangle}}}\left[\nabla_{\langle j\rangle}\left(\frac{\nabla_{\langle k\rangle}\varphi}{\sqrt{g_{\langle kk\rangle}}}\right)+\sum_{\mu=1}^{3}\frac{\Gamma^{(\mathrm{R})}_{\langle k\mu j\rangle}}{\sqrt{g_{\langle\mu\mu\rangle}}}\nabla_{\langle\mu\rangle}\varphi\right], \tag{3.59b}$$

also[77] mit "zyklisch" zu verstehenden Index–Additionen[78]

$$\mathfrak{e}_{\langle j\rangle}\cdot(\text{grad grad }\varphi)\cdot\mathfrak{e}_{\langle j\rangle}=\frac{\partial}{\partial s_{\langle j\rangle}}\left[\frac{\partial\varphi}{\partial s_{\langle j\rangle}}\right]+\frac{\nabla_{\langle j+1\rangle}\sqrt{g_{\langle jj\rangle}}}{\sqrt{g_{\langle jj\rangle}g_{\langle j+1,j+1\rangle}}}\frac{\partial\varphi}{\partial s_{\langle j+1\rangle}}+$$

$$+\frac{\nabla_{\langle j+2\rangle}\sqrt{g_{\langle jj\rangle}}}{\sqrt{g_{\langle jj\rangle}g_{\langle j+2,j+2\rangle}}}\frac{\partial\varphi}{\partial s_{\langle j+2\rangle}}, \tag{3.59c}$$

$$\mathfrak{e}_{\langle j\rangle}\cdot(\text{grad grad }\varphi)\cdot\mathfrak{e}_{\langle j+1\rangle}=\frac{\partial}{\partial s_{\langle j\rangle}}\left[\frac{\partial\varphi}{\partial s_{\langle j+1\rangle}}\right]-\frac{\nabla_{\langle j+1\rangle}\sqrt{g_{\langle jj\rangle}}}{\sqrt{g_{\langle jj\rangle}g_{\langle j+1,j+1\rangle}}}\frac{\partial\varphi}{\partial s_{\langle j\rangle}}\equiv$$

$$\equiv\frac{\partial}{\partial s_{\langle j+1\rangle}}\left[\frac{\partial\varphi}{\partial s_{\langle j\rangle}}\right]-\frac{\nabla_{\langle j\rangle}\sqrt{g_{\langle j+1,j+1\rangle}}}{\sqrt{g_{\langle jj\rangle}g_{\langle j+1,j+1\rangle}}}\frac{\partial\varphi}{\partial s_{\langle j+1\rangle}}\overset{79)}{\equiv}\mathfrak{e}_{\langle j+1\rangle}\cdot(\text{grad grad }\varphi)\cdot\mathfrak{e}_{\langle j\rangle}. \tag{3.59d}$$

Durch Spurbildung entsteht mit $g = g_{\langle 11\rangle}g_{\langle 22\rangle}g_{\langle 33\rangle}$

$$\Delta\varphi=\text{div grad }\varphi=\mathbb{E}\cdot\cdot\text{ grad grad }\varphi=\sum_{j,k=1}^{3}\frac{\mathfrak{e}_{\langle j\rangle}}{\sqrt{g_{\langle jj\rangle}}}\cdot\nabla_{\langle j\rangle}\left[\frac{\mathfrak{e}_{\langle k\rangle}}{\sqrt{g_{\langle kk\rangle}}}\nabla_{\langle k\rangle}\varphi\right]=$$

$$=\sum_{j=1}^{3}\left[\left[\frac{\partial}{\partial s_{\langle j\rangle}}\left[\frac{\partial\varphi}{\partial s_{\langle j\rangle}}\right]+\sqrt{\frac{g_{\langle jj\rangle}}{g}}\frac{\partial\varphi}{\partial s_{\langle j\rangle}}\frac{\partial}{\partial s_{\langle j\rangle}}\left[\sqrt{\frac{g}{g_{\langle jj\rangle}}}\right]\right]=$$

---

77) Man benutze (2.47,48)

78) für etwa j = 2 ist j+1 = 3, j+2 = 1 usw.

79) Wegen $\nabla_{\langle j\rangle}\nabla_{\langle k\rangle}\varphi=\nabla_{\langle k\rangle}\nabla_{\langle j\rangle}\varphi$ ist

$$\nabla_{\langle j\rangle}\nabla_{\langle k\rangle}\varphi=\nabla_{\langle j\rangle}\left[\sqrt{g_{\langle kk\rangle}}\frac{\partial\varphi}{\partial s_{\langle k\rangle}}\right]\equiv\sqrt{g_{\langle jj\rangle}g_{\langle kk\rangle}}\left[\frac{\partial}{\partial s_{\langle j\rangle}}\left[\frac{\partial\varphi}{\partial s_{\langle k\rangle}}\right]+\frac{\nabla_{\langle j\rangle}\sqrt{g_{\langle kk\rangle}}}{\sqrt{g_{\langle jj\rangle}g_{\langle kk\rangle}}}\frac{\partial\varphi}{\partial s_{\langle k\rangle}}\right]\equiv$$

$$\nabla_{\langle k\rangle}\nabla_{\langle j\rangle}\varphi=\sqrt{g_{\langle jj\rangle}g_{\langle kk\rangle}}\left[\frac{\partial}{\partial s_{\langle k\rangle}}\left[\frac{\partial\varphi}{\partial s_{\langle j\rangle}}\right]+\frac{\nabla_{\langle k\rangle}\sqrt{g_{\langle jj\rangle}}}{\sqrt{g_{\langle jj\rangle}g_{\langle kk\rangle}}}\frac{\partial\varphi}{\partial s_{\langle j\rangle}}\right]$$

und damit in der Tat

$$\frac{\partial}{\partial s_{\langle j\rangle}}\left[\frac{\partial\varphi}{\partial s_{\langle k\rangle}}\right]-\frac{\nabla_{\langle k\rangle}\sqrt{g_{\langle jj\rangle}}}{\sqrt{g_{\langle jj\rangle}g_{\langle kk\rangle}}}\frac{\partial\varphi}{\partial s_{\langle j\rangle}}=\frac{\partial}{\partial s_{\langle k\rangle}}\left[\frac{\partial\varphi}{\partial s_{\langle j\rangle}}\right]-\frac{\nabla_{\langle j\rangle}\sqrt{g_{\langle kk\rangle}}}{\sqrt{g_{\langle jj\rangle}g_{\langle kk\rangle}}}\frac{\partial\varphi}{\partial s_{\langle k\rangle}},$$

also der Operator grad grad φ symmetrisch.

$$= \frac{1}{\sqrt{g}} \sum_{j=1}^{3} \frac{\partial}{\partial q_{\langle j\rangle}} \left[\sqrt{\frac{g}{g_{\langle jj\rangle}}} \frac{\partial \varphi}{\partial s_{\langle j\rangle}} \right] . \tag{3.60}$$

b) Vektorfelder $\mathbb{v}(q_{\langle 1\rangle}, q_{\langle 2\rangle}, q_{\langle 3\rangle}) = \sum_{j=1}^{3} v_{\langle j\rangle} \mathbb{e}_{\langle j\rangle}$:

Aus

$$\operatorname{grad} \mathbb{v} = \sum_{j=1}^{3} \mathbb{e}_{\langle j\rangle} \circ \frac{\partial \mathbb{v}}{\partial s_{\langle j\rangle}} = \sum_{j,k=1}^{3} \left[\mathbb{e}_{\langle k\rangle} \cdot \frac{\partial \mathbb{v}}{\partial s_{\langle j\rangle}} \right] \mathbb{e}_{\langle j\rangle} \circ \mathbb{e}_{\langle k\rangle} \tag{3.61a}$$

mit

$$\mathbb{e}_{\langle j\rangle} \cdot (\operatorname{grad} \mathbb{v}) \cdot \mathbb{e}_{\langle j\rangle} = \frac{\partial v_{\langle j\rangle}}{\partial s_{\langle j\rangle}} + \frac{v_{\langle j+1\rangle} \nabla_{\langle j+1\rangle} \sqrt{g_{\langle jj\rangle}}}{\sqrt{g_{\langle jj\rangle} g_{\langle j+1,j+1\rangle}}} + \frac{v_{\langle j+2\rangle} \nabla_{\langle j+2\rangle} \sqrt{g_{\langle jj\rangle}}}{\sqrt{g_{\langle jj\rangle} g_{\langle j+2,j+2\rangle}}} ,$$

$$\mathbb{e}_{\langle j\rangle} \cdot (\operatorname{grad} \mathbb{v}) \cdot \mathbb{e}_{\langle k\rangle} = \frac{\partial v_{\langle k\rangle}}{\partial s_{\langle j\rangle}} - \frac{v_{\langle j\rangle} \nabla_{\langle k\rangle} \sqrt{g_{\langle jj\rangle}}}{\sqrt{g_{\langle jj\rangle} g_{\langle kk\rangle}}} \quad \text{für, } j \neq k,\ j,k = 1 \ldots 3, \tag{3.61b,c}$$

folgen

$$\mathbb{e}_{\langle j\rangle} \cdot (\operatorname{def} \mathbb{v}) \cdot \mathbb{e}_{\langle j\rangle} = \mathbb{e}_{\langle j\rangle} \cdot (\operatorname{grad} \mathbb{v}) \cdot \mathbb{e}_{\langle j\rangle} , \tag{3.62a}$$

$$\mathbb{e}_{\langle j\rangle} \cdot (\operatorname{def} \mathbb{v}) \cdot \mathbb{e}_{\langle k\rangle} = \frac{1}{2} \left[\frac{\partial v_{\langle j\rangle}}{\partial s_{\langle k\rangle}} + \frac{\partial v_{\langle k\rangle}}{\partial s_{\langle j\rangle}} - \frac{v_{\langle j\rangle} \nabla_{\langle k\rangle} \sqrt{g_{\langle jj\rangle}}}{\sqrt{g_{\langle jj\rangle} g_{\langle kk\rangle}}} - \frac{v_{\langle k\rangle} \nabla_{\langle j\rangle} \sqrt{g_{\langle kk\rangle}}}{\sqrt{g_{\langle jj\rangle} g_{\langle kk\rangle}}} \right] =$$

$$= \frac{1}{2} \left[\sqrt{\frac{g_{\langle jj\rangle}}{g_{\langle kk\rangle}}} \nabla_{\langle k\rangle} \left[\frac{v_{\langle j\rangle}}{\sqrt{g_{\langle jj\rangle}}} \right] + \sqrt{\frac{g_{\langle kk\rangle}}{g_{\langle jj\rangle}}} \nabla_{\langle j\rangle} \left[\frac{v_{\langle k\rangle}}{\sqrt{g_{\langle kk\rangle}}} \right] \right] \quad \text{für } j \neq k,\ j,k=1..3, \tag{3.62b}$$

$$\operatorname{div} \mathbb{v} = \mathbb{E} \cdot\cdot \operatorname{grad} \mathbb{v} = \sum_{j=1}^{3} \left[\frac{\partial v_{\langle j\rangle}}{\partial s_{\langle j\rangle}} + \left[\frac{\nabla_{\langle j\rangle} \sqrt{g_{\langle j+1,j+1\rangle}}}{\sqrt{g_{\langle jj\rangle} g_{\langle j+1,j+1\rangle}}} + \frac{\nabla_{\langle j\rangle} \sqrt{g_{\langle j+2,j+2\rangle}}}{\sqrt{g_{\langle jj\rangle} g_{\langle j+2,j+2\rangle}}} \right] v_{\langle j\rangle} \right] \tag{3.63}$$

sowie

$$\operatorname{rot} \mathbb{v} = \mathbb{E} \times \mathbb{E} \cdot\cdot \operatorname{grad} \mathbb{v} = \sum_{j=1}^{3} \mathbb{e}_{\langle j\rangle} \times \frac{\partial \mathbb{v}}{\partial s_{\langle j\rangle}} \mathrel{\hat{=}}$$

$$\mathrel{\hat{=}}^{80)} \left\{ \mathbb{e}_{\langle 3\rangle} \cdot \frac{\partial \mathbb{v}}{\partial s_{\langle 2\rangle}} - \mathbb{e}_{\langle 2\rangle} \cdot \frac{\partial \mathbb{v}}{\partial s_{\langle 3\rangle}} ; \mathbb{e}_{\langle 1\rangle} \cdot \frac{\partial \mathbb{v}}{\partial s_{\langle 3\rangle}} - \mathbb{e}_{\langle 3\rangle} \cdot \frac{\partial \mathbb{v}}{\partial s_{\langle 1\rangle}} ; \mathbb{e}_{\langle 2\rangle} \cdot \frac{\partial \mathbb{v}}{\partial s_{\langle 1\rangle}} - \mathbb{e}_{\langle 1\rangle} \cdot \frac{\partial \mathbb{v}}{\partial s_{\langle 2\rangle}} \right\} \mathrel{\hat{=}}$$

$$\mathrel{\hat{=}} \left\{ \frac{\nabla_{\langle 2\rangle}(v_{\langle 3\rangle}\sqrt{g_{\langle 33\rangle}}) - \nabla_{\langle 3\rangle}(v_{\langle 2\rangle}\sqrt{g_{\langle 22\rangle}})}{\sqrt{g_{\langle 22\rangle} g_{\langle 33\rangle}}} ; \frac{\nabla_{\langle 3\rangle}(v_{\langle 1\rangle}\sqrt{g_{\langle 11\rangle}}) - \nabla_{\langle 1\rangle}(v_{\langle 3\rangle}\sqrt{g_{\langle 33\rangle}})}{\sqrt{g_{\langle 33\rangle} g_{\langle 11\rangle}}} ; \right.$$

$$\left. \frac{\nabla_{\langle 1\rangle}(v_{\langle 2\rangle}\sqrt{g_{\langle 22\rangle}}) - \nabla_{\langle 2\rangle}(v_{\langle 1\rangle}\sqrt{g_{\langle 11\rangle}})}{\sqrt{g_{\langle 11\rangle} g_{\langle 22\rangle}}} \right\} . \tag{3.64}$$

---

80) Darstellungen hinsichtlich einer (lokalen) Orthonormalbasis $\langle \mathbb{e}_{\langle j\rangle} \rangle$.

c) zweistufig–tensorwertige Felder $\mathbb{S}(q_{\langle 1\rangle},q_{\langle 2\rangle},q_{\langle 3\rangle}) = \sum_{j,k=1}^{3} s_{\langle jk\rangle}\, \mathbb{e}_{\langle j\rangle}\circ \mathbb{e}_{\langle k\rangle}$:

Aus

$$\text{grad}\ \mathbb{S} = \sum_{j=1}^{3} \mathbb{e}_{\langle j\rangle}\circ \frac{\partial \mathbb{S}}{\partial s_{\langle j\rangle}} = \sum_{j=1}^{3} \mathbb{e}_{\langle j\rangle}\circ(\nabla_{\langle j\rangle}\mathbb{S})/\sqrt{g_{\langle jj\rangle}} \tag{3.65}$$

folgen

$$\text{div}\ \mathbb{S} = \mathbb{E}\cdot\cdot\ \text{grad}\ \mathbb{S} = \sum_{j=1}^{3} \mathbb{e}_{\langle j\rangle}\cdot(\nabla_{\langle j\rangle}\mathbb{S})/\sqrt{g_{\langle jj\rangle}}\,, \tag{3.65a}$$

$$\text{rot}\ \mathbb{S} = \mathbb{E}\times\mathbb{E}\cdot\cdot\ \text{grad}\ \mathbb{S} = \sum_{j=1}^{3} \mathbb{e}_{\langle j\rangle}\times(\nabla_{\langle j\rangle}\mathbb{S})/\sqrt{g_{\langle jj\rangle}}\,. \tag{3.65b}$$

Für die Tensordivergenz bekommt man mit

$$\nabla_{\langle j\rangle}\mathbb{S} =^{81)} \sum_{\alpha,\beta=1}^{3} \Big[\nabla_{\langle j\rangle}s_{\langle\alpha\beta\rangle}\, \mathbb{e}_{\langle\alpha\rangle}\circ \mathbb{e}_{\langle\beta\rangle} + \underline{s_{\langle\alpha\beta\rangle}\big(\mathbb{e}_{\langle\alpha\rangle}\cdot\mathbf{\Gamma}^{(\mathbb{R})}_{\langle j\rangle}\circ \mathbb{e}_{\langle\beta\rangle} + \mathbb{e}_{\langle\alpha\rangle}\circ \mathbb{e}_{\langle\beta\rangle}\cdot\mathbf{\Gamma}^{(\mathbb{R})}_{\langle j\rangle}\big)}\Big] \tag{3.66a}$$

und wegen

$$\nabla_{\langle j\rangle}\mathbb{e}_{\langle\mu\rangle} = \mathbb{e}_{\langle\mu\rangle}\cdot\mathbf{\Gamma}^{(\mathbb{R})}_{\langle j\rangle} = \sum_{\alpha=1}^{3}\Gamma^{(\mathbb{R})}_{\langle\alpha\mu j\rangle}\, \mathbb{e}_{\langle\alpha\rangle}\,,\quad \nabla_{\langle j\rangle}\mathbb{e}_{\langle\nu\rangle} = \mathbb{e}_{\langle\nu\rangle}\cdot\mathbf{\Gamma}^{(\mathbb{R})}_{\langle j\rangle} = \sum_{\beta=1}^{3}\Gamma^{(\mathbb{R})}_{\langle\beta\nu j\rangle}\, \mathbb{e}_{\langle\beta\rangle}\,,$$

weswegen der in (3.65c) gestrichelte Ausdruck als

$$\sum_{\mu,\nu=1}^{3} s_{\langle\mu\nu\rangle}\Big[\sum_{\alpha=1}^{3}\Gamma^{(\mathbb{R})}_{\langle\alpha\mu j\rangle}\, \mathbb{e}_{\langle\alpha\rangle}\circ \mathbb{e}_{\langle\nu\rangle} + \sum_{\beta=1}^{3}\Gamma^{(\mathbb{R})}_{\langle\beta\nu j\rangle}\, \mathbb{e}_{\langle\mu\rangle}\circ \mathbb{e}_{\langle\beta\rangle}\Big] =$$

$$=^{82)} \sum_{\alpha,\beta=1}^{3}\Big[\sum_{\mu=1}^{3} s_{\langle\mu\beta\rangle}\Gamma^{(\mathbb{R})}_{\langle\alpha\mu j\rangle} + \sum_{\nu=1}^{3} s_{\langle\alpha\nu\rangle}\Gamma^{(\mathbb{R})}_{\langle\beta\nu j\rangle}\Big]\mathbb{e}_{\langle\alpha\rangle}\circ \mathbb{e}_{\langle\beta\rangle} =$$

$$=^{83)} \sum_{\alpha,\beta=1}^{3}\Big[\sum_{\mu=1}^{3}\big(s_{\langle\mu\beta\rangle}\Gamma^{(\mathbb{R})}_{\langle\alpha\mu j\rangle} + s_{\langle\alpha\mu\rangle}\Gamma^{(\mathbb{R})}_{\langle\beta\mu j\rangle}\big)\Big]\mathbb{e}_{\langle\alpha\rangle}\circ \mathbb{e}_{\langle\beta\rangle}\,,$$

d. h. $\nabla_{\langle j\rangle}\mathbb{S}$ als

$$\nabla_{\langle j\rangle}\mathbb{S} = \sum_{\alpha,\beta=1}^{3}\Big[\nabla_{\langle j\rangle}s_{\langle\alpha\beta\rangle} + \sum_{\mu=1}^{3}\big(s_{\langle\mu\beta\rangle}\Gamma^{(\mathbb{R})}_{\langle\alpha\mu j\rangle} + s_{\langle\alpha\mu\rangle}\Gamma^{(\mathbb{R})}_{\langle\beta\mu j\rangle}\big)\Big]\mathbb{e}_{\langle\alpha\rangle}\circ \mathbb{e}_{\langle\beta\rangle} \tag{3.66b}$$

geschrieben werden kann, nach Einsetzen in (3.64a) und Indexänderung (k durch β)

---

81) Man benutze $\nabla_{\langle j\rangle}\mathbb{e}_{\langle k\rangle} = \mathbb{e}_{\langle k\rangle}\cdot\mathbf{\Gamma}^{(\mathbb{R})}_{\langle j\rangle} = \boldsymbol{\psi}_{\langle j\rangle}\times\mathbb{e}_{\langle k\rangle}$ nach (2.46a)

82) Man führe im ersten Term Indexvertauschung $\nu\longleftrightarrow\beta$,
" " " zweiten " $\mu\longleftrightarrow\alpha$ durch

83) Man vollziehe im zweiten Summanden Indexänderung $\mu\longleftrightarrow\nu$

$$\operatorname{div} \mathbb{S} = \sum_{j,k=1}^{3} \left[\nabla_{\langle j\rangle} s_{\langle jk\rangle} + \sum_{\mu=1}^{3} \left(s_{\langle \mu k\rangle} \Gamma^{(\mathbb{R})}_{\langle j\mu j\rangle} + s_{\langle j\mu\rangle} \Gamma^{(\mathbb{R})}_{\langle k\mu j\rangle} \right) \right] \frac{\mathbb{e}_{\langle k\rangle}}{\sqrt{g_{\langle jj\rangle}}} \tag{3.66c}$$

und schließlich, nachdem man die Werte $\Gamma^{(\mathbb{R})}_{\langle\alpha\beta\gamma\rangle}$ nach (2.47) durch die metrischen Fundamentalgrößen ausgedrückt hat, die (aus Platzgründen als Spaltenvektor geschriebene) Darstellung:[84]

$$\operatorname{div} \mathbb{S} \mathrel{\hat{=}}$$

$$\hat{=} \begin{bmatrix} \dfrac{1}{\sqrt{g}} \displaystyle\sum_{j=1}^{3} \dfrac{\partial}{\partial q_{\langle j\rangle}} \left[\sigma_{\langle j1\rangle} \sqrt{\dfrac{g}{g_{\langle jj\rangle}}} \right] + \dfrac{\left[\sqrt{g_{\langle 11\rangle}}\right]_2}{\sqrt{g_{\langle 11\rangle} g_{\langle 22\rangle}}} \sigma_{\langle 12\rangle} + \dfrac{\left[\sqrt{g_{\langle 11\rangle}}\right]_3}{\sqrt{g_{\langle 11\rangle} g_{\langle 33\rangle}}} \sigma_{\langle 13\rangle} - \\ - \dfrac{\left[\sqrt{g_{\langle 22\rangle}}\right]_1}{\sqrt{g_{\langle 11\rangle} g_{\langle 22\rangle}}} \sigma_{\langle 22\rangle} - \dfrac{\left[\sqrt{g_{\langle 33\rangle}}\right]_1}{\sqrt{g_{\langle 11\rangle} g_{\langle 33\rangle}}} \sigma_{\langle 33\rangle} \\ \dfrac{1}{\sqrt{g}} \displaystyle\sum_{j=1}^{3} \dfrac{\partial}{\partial q_{\langle j\rangle}} \left[\sigma_{\langle j2\rangle} \sqrt{\dfrac{g}{g_{\langle jj\rangle}}} \right] + \dfrac{\left[\sqrt{g_{\langle 22\rangle}}\right]_1}{\sqrt{g_{\langle 11\rangle} g_{\langle 22\rangle}}} \sigma_{\langle 21\rangle} + \dfrac{\left[\sqrt{g_{\langle 22\rangle}}\right]_3}{\sqrt{g_{\langle 22\rangle} g_{\langle 33\rangle}}} \sigma_{\langle 23\rangle} - \\ - \dfrac{\left[\sqrt{g_{\langle 11\rangle}}\right]_2}{\sqrt{g_{\langle 11\rangle} g_{\langle 22\rangle}}} \sigma_{\langle 11\rangle} - \dfrac{\left[\sqrt{g_{\langle 33\rangle}}\right]_2}{\sqrt{g_{\langle 22\rangle} g_{\langle 33\rangle}}} \sigma_{\langle 33\rangle} \\ \dfrac{1}{\sqrt{g}} \displaystyle\sum_{j=1}^{3} \dfrac{\partial}{\partial q_{\langle j\rangle}} \left[\sigma_{\langle j3\rangle} \sqrt{\dfrac{g}{g_{\langle jj\rangle}}} \right] + \dfrac{\left[\sqrt{g_{\langle 33\rangle}}\right]_1}{\sqrt{g_{\langle 11\rangle} g_{\langle 33\rangle}}} \sigma_{\langle 31\rangle} + \dfrac{\left[\sqrt{g_{\langle 33\rangle}}\right]_2}{\sqrt{g_{\langle 22\rangle} g_{\langle 33\rangle}}} \sigma_{\langle 32\rangle} - \\ - \dfrac{\left[\sqrt{g_{\langle 11\rangle}}\right]_3}{\sqrt{g_{\langle 11\rangle} g_{\langle 33\rangle}}} \sigma_{\langle 11\rangle} - \dfrac{\left[\sqrt{g_{\langle 22\rangle}}\right]_3}{\sqrt{g_{\langle 22\rangle} g_{\langle 33\rangle}}} \sigma_{\langle 22\rangle} \end{bmatrix} \tag{3.66d}$$

Als Ergebnis einer entsprechenden Recherche findet man

$$\operatorname{rot} \mathbb{S} = \sum_{j,k=1}^{3} \left[\mathbb{e}_{\langle j\rangle} \cdot (\operatorname{rot} \mathbb{S}) \cdot \mathbb{e}_{\langle k\rangle} \right] \mathbb{e}_{\langle j\rangle} \circ \mathbb{e}_{\langle k\rangle} \tag{3.67a}$$

mit

$$\mathbb{e}_{\langle j\rangle} \cdot (\operatorname{rot} \mathbb{S}) \cdot \mathbb{e}_{\langle k\rangle} = \frac{\partial s_{\langle j-1,k\rangle}}{\partial s_{\langle j-2\rangle}} - \frac{\partial s_{\langle j-2,k\rangle}}{\partial s_{\langle j-1\rangle}} + s_{\langle j-2,k\rangle} \Gamma^{(\mathbb{R})}_{\langle j-2,j-1,j-2\rangle} -$$

$$- s_{\langle j-1,k\rangle} \Gamma^{(\mathbb{R})}_{\langle j-2,j-1,j-1\rangle} + \sum_{\mu=1}^{3} \left[s_{\langle j-1,\mu\rangle} \Gamma^{(\mathbb{R})}_{\langle \mu,k,j-2\rangle} - s_{\langle j-2,\mu\rangle} \Gamma^{(\mathbb{R})}_{\langle \mu,k,j-1\rangle} \right] . \tag{3.67b}$$

---

84) mit der Abkürzung $(\ )_j = \nabla_{\langle j\rangle} = \partial(\ )/\partial q_{\langle j\rangle}$

Einige Angaben für in Zylinder- bzw. Kugelkoordinaten angegebene Operationen sollen diesen Paragraphen beschließen. Bei der

3.6.3 Zylinderkoordinatendarstellung

wird die Lage eines Punktes P im Sinne von Abb. 3.14 durch die drei Parameter $q_{\langle 1\rangle} = r$ (Projektion des Polabstandes OP auf die (x,y)–Ebene), $q_{\langle 2\rangle} = \varphi$ (Polarwinkel) und $q_{\langle 3\rangle} = z$ (Abstand von P von der (x,y)–Ebene) definiert. So erhält man für den Ortsvektor in kartesischer Darstellung

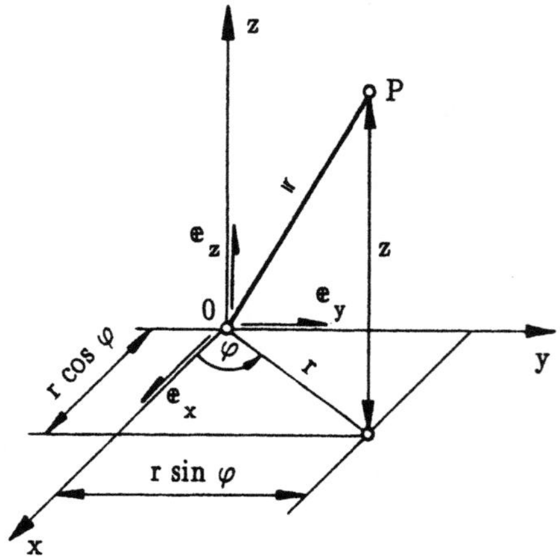

Abb. 3.14

$\mathbf{r}(q_{\langle 1\rangle},q_{\langle 2\rangle},q_{\langle 3\rangle}) = \mathbf{r}(r,\varphi,z) =$
$= \mathbf{e}_x r\cos\varphi + \mathbf{e}_y r\sin\varphi + \mathbf{e}_z z$,

also

$$\mathbf{g}_{\langle 1\rangle} = \frac{\partial\mathbf{r}}{\partial q_{\langle 1\rangle}} = \frac{\partial\mathbf{r}}{\partial r} = \mathbf{e}_x\cos\varphi + \mathbf{e}_y\sin\varphi,$$

$$g_{\langle 11\rangle} = g_{rr} = \mathbf{g}_{\langle 1\rangle}\cdot\mathbf{g}_{\langle 1\rangle} = 1,$$

$$\mathbf{e}_{\langle 1\rangle} = \mathbf{e}_r = \frac{\mathbf{g}_{\langle 1\rangle}}{\sqrt{g_{\langle 11\rangle}}} = \mathbf{e}_x\cos\varphi + \mathbf{e}_y\sin\varphi,$$

$$\mathbf{g}_{\langle 2\rangle} = \frac{\partial\mathbf{r}}{\partial q_{\langle 2\rangle}} = \frac{\partial\mathbf{r}}{\partial\varphi} = r(-\mathbf{e}_x\sin\varphi + \mathbf{e}_y\cos\varphi),\ g_{\langle 22\rangle} = g_{\varphi\varphi} = \mathbf{g}_{\langle 2\rangle}\cdot\mathbf{g}_{\langle 2\rangle} = r^2,$$

$$\mathbf{e}_{\langle 2\rangle} = \mathbf{e}_\varphi = \frac{\mathbf{g}_{\langle 2\rangle}}{\sqrt{g_{\langle 22\rangle}}} = -\mathbf{e}_x\sin\varphi + \mathbf{e}_y\cos\varphi,$$

$$\mathbf{g}_{\langle 3\rangle} = \frac{\partial\mathbf{r}}{\partial q_{\langle 3\rangle}} = \frac{\partial\mathbf{r}}{\partial z} = \mathbf{e}_z,\ g_{\langle 33\rangle} = g_{\langle zz\rangle} = 1,\ \mathbf{e}_{\langle 3\rangle} = \mathbf{g}_{\langle 3\rangle}/\sqrt{g_{\langle 33\rangle}} = \mathbf{e}_z$$

sowie nach (3.3b)

$$\nabla = \sum_{i=1}^{3}\mathbf{e}_{\langle i\rangle}\frac{\partial}{\partial s_{\langle i\rangle}} = \sum_{i=1}^{3}\frac{\mathbf{e}_{\langle i\rangle}}{\sqrt{g_{\langle ii\rangle}}}\frac{\partial}{\partial q_{\langle i\rangle}} = \mathbf{e}_r\frac{\partial}{\partial r} + \frac{\mathbf{e}_\varphi}{r}\frac{\partial}{\partial\varphi} + \mathbf{e}_z\frac{\partial}{\partial z}.$$

Von den $\Gamma^{(\mathbb{R})}_{\langle\alpha\beta\gamma\rangle}$– Werten nach (2.47) verschwinden alle bis auf

$$\mathbf{\Gamma}^{(\mathbb{R})}_{\langle 2\rangle} = \mathbf{\Gamma}^{(\mathbb{R})}_{\langle\varphi\rangle} \mathrel{\hat{=}} \begin{bmatrix} 0 & -1/r & 0 \\ 1/r & 0 & 0 \\ 0 & 0 & 0 \end{bmatrix},\quad \mathbf{\Gamma}^{(\mathbb{R})}_{\langle\varphi\rangle}\cdot\mathbf{\Gamma}^{(\mathbb{R})}_{\langle\varphi\rangle} \mathrel{\hat{=}} \begin{bmatrix} -1/r^2 & 0 & 0 \\ 0 & 1/r^2 & 0 \\ 0 & 0 & 0 \end{bmatrix}$$

(Komponentendarstellung hinsichtlich des $\langle\mathbf{e}_r,\mathbf{e}_\varphi,\mathbf{e}_z\rangle$ – Systems), so daß mit

$g = g_{\langle 11\rangle}\, g_{\langle 22\rangle}\, g_{\langle 33\rangle} = r^2$ schließlich aufgefunden werden

a) für skalare Felder $h = h(r,\varphi,z)$

$$\operatorname{grad} h = \nabla h = \mathbf{e}_r\frac{\partial h}{\partial r} + \frac{\mathbf{e}_\varphi}{r}\frac{\partial h}{\partial\varphi} + \mathbf{e}_z\frac{\partial h}{\partial z} = \left\{\frac{\partial h}{\partial r};\frac{1}{r}\frac{\partial h}{\partial\varphi};\frac{\partial h}{\partial z}\right\}_{\langle\mathbf{e}_r,\mathbf{e}_\varphi,\mathbf{e}_z\rangle},$$

für den doppelten Gradienten in der Repräsentation einer symmetrischen (Tensor–) Matrix

$$\operatorname{grad}\operatorname{grad} h \mathrel{\hat{=}} \begin{pmatrix} \frac{\partial^2 h}{\partial r^2} & \frac{\partial}{\partial r}\left(\frac{1}{r}\frac{\partial h}{\partial \varphi}\right) & \frac{\partial^2 h}{\partial r\,\partial z} \\ & \frac{1}{r}\frac{\partial h}{\partial r} + \frac{1}{r^2}\frac{\partial^2 h}{\partial \varphi^2} & \frac{1}{r}\frac{\partial^2 h}{\partial \varphi \partial z} \\ & & \frac{\partial^2 h}{\partial z^2} \end{pmatrix}_{\langle \mathbb{e}_r, \mathbb{e}_\varphi, \mathbb{e}_z \rangle} ,$$

daraus

$$\Delta h = \operatorname{div}\operatorname{grad} h = \mathbb{E}\cdot\cdot\operatorname{grad}\operatorname{grad} h = \left[\frac{\partial^2}{\partial r^2} + \frac{1}{r}\frac{\partial}{\partial r} + \frac{1}{r^2}\frac{\partial^2}{\partial \varphi^2} + \frac{\partial^2}{\partial z^2} \right] h ,$$

b) für Vektorfelder $\mathbb{v} = \mathbb{v}(r,\varphi,z) = v_r \mathbb{e}_r + v_\varphi \mathbb{e}_\varphi + v_z \mathbb{e}_z$

$$\operatorname{grad} \mathbb{v} = \nabla \circ \mathbb{v} \mathrel{\hat{=}} \begin{pmatrix} \frac{\partial v_r}{\partial r} & \frac{\partial v_\varphi}{\partial r} & \frac{\partial v_z}{\partial r} \\ \frac{1}{r}\frac{\partial v_r}{\partial \varphi} - \frac{v_\varphi}{r} & \frac{1}{r}\frac{\partial v_\varphi}{\partial \varphi} + \frac{v_r}{r} & \frac{1}{r}\frac{\partial v_z}{\partial \varphi} \\ \frac{\partial v_r}{\partial z} & \frac{\partial v_\varphi}{\partial z} & \frac{\partial v_z}{\partial z} \end{pmatrix}_{\langle \mathbb{e}_r, \mathbb{e}_\varphi, \mathbb{e}_z \rangle} ,$$

daraus

$$\operatorname{div} \mathbb{v} = \mathbb{E}\cdot\cdot \operatorname{grad} \mathbb{v} = \frac{\partial v_r}{\partial r} + \frac{1}{r}\frac{\partial v_\varphi}{\partial \varphi} + \frac{v_r}{r} + \frac{\partial v_z}{\partial z} = $$
$$= \frac{1}{r}\frac{\partial}{\partial r}(r\, v_r) + \frac{1}{r}\frac{\partial v_\varphi}{\partial \varphi} + \frac{\partial v_z}{\partial z} ,$$

$$\operatorname{rot} \mathbb{v} = \mathbb{E}\times\mathbb{E}\cdot\cdot\operatorname{grad} \mathbb{v} = \left\{ \frac{1}{r}\frac{\partial v_z}{\partial \varphi} - \frac{\partial v_\varphi}{\partial z} ; \frac{\partial v_r}{\partial z} - \frac{\partial v_z}{\partial r} ; \frac{1}{r}\left[\frac{\partial}{\partial r}(r\, v_\varphi) - \frac{\partial v_r}{\partial \varphi} \right] \right\}_{\langle \mathbb{e}_r, \mathbb{e}_\varphi, \mathbb{e}_z \rangle}$$

und schließlich $\Delta \mathbb{v} = \left\{ (\Delta - \frac{1}{r^2}) v_r - \frac{2}{r^2}\frac{\partial v_\varphi}{\partial \varphi} ; (\Delta - \frac{1}{r^2}) v_\varphi + \frac{2}{r^2}\frac{\partial v_r}{\partial \varphi} ; \Delta v_z \right\}_{\langle \mathbb{e}_r, \mathbb{e}_\varphi, \mathbb{e}_z \rangle}$,

c) für Tensorfelder $\mathbb{S}(r,\varphi,z) = \sum_{j,k=1}^{3} s_{\langle jk \rangle} \mathbb{e}_{\langle j \rangle} \circ \mathbb{e}_{\langle k \rangle}$ mit

$\mathbb{e}_{\langle 1 \rangle} = \mathbb{e}_r$, $\mathbb{e}_{\langle 2 \rangle} = \mathbb{e}_\varphi$, $\mathbb{e}_{\langle 3 \rangle} = \mathbb{e}_z$, $j,k = r,\varphi,z$, für die Tensordivergenz die Spaltenvektor–Darstellung

$$\operatorname{div} \mathbb{S} \mathrel{\hat{=}} \begin{pmatrix} \frac{1}{r}\left[\frac{\partial}{\partial r}(r\, s_{rr}) - s_{\varphi\varphi} \right] + \frac{1}{r}\frac{\partial s_{\varphi r}}{\partial \varphi} + \frac{\partial s_{zr}}{\partial z} \\ \frac{1}{r}\left[\frac{\partial}{\partial r}(r\, s_{r\varphi}) + s_{\varphi r} \right] + \frac{1}{r}\frac{\partial s_{\varphi\varphi}}{\partial \varphi} + \frac{\partial s_{z\varphi}}{\partial z} \\ \frac{1}{r}\frac{\partial}{\partial r}(r\, s_{rz}) + \frac{1}{r}\frac{\partial s_{\varphi z}}{\partial \varphi} + \frac{\partial s_{zz}}{\partial z} \end{pmatrix}_{\langle \mathbb{e}_r, \mathbb{e}_\varphi, \mathbb{e}_z \rangle} ,$$

für die Tensorrotation

$$\operatorname{rot}\mathbb{D} \mathrel{\hat{=}} \begin{pmatrix} \frac{\partial d_{zr}}{r\,\partial\varphi} - \frac{\partial d_{\varphi r}}{\partial z} - \frac{d_{z\varphi}}{r} & \frac{\partial d_{z\varphi}}{r\,\partial\varphi} - \frac{\partial d_{\varphi\varphi}}{\partial z} - \frac{d_{zr}}{r} & \frac{\partial d_{zz}}{r\,\partial\varphi} - \frac{\partial d_{\varphi z}}{\partial z} \\ \frac{\partial d_{rr}}{\partial z} - \frac{\partial d_{zr}}{\partial r} & \frac{\partial d_{r\varphi}}{\partial z} - \frac{\partial d_{z\varphi}}{\partial r} & \frac{\partial d_{rz}}{\partial z} - \frac{\partial d_{zz}}{\partial r} \\ \frac{\partial d_{\varphi r}}{\partial r} - \frac{\partial d_{rr}}{r\,\partial\varphi} + \frac{d_{\varphi r}+d_{r\varphi}}{r} & \frac{\partial d_{\varphi\varphi}}{\partial r} - \frac{\partial d_{r\varphi}}{r\,\partial\varphi} + \frac{d_{\varphi\varphi}-d_{rr}}{r} & \frac{\partial d_{\varphi z}}{\partial r} - \frac{\partial d_{rz}}{r\,\partial\varphi} + \frac{d_{\varphi z}}{r} \end{pmatrix}\langle \mathbf{e}_r,\mathbf{e}_\varphi,\mathbf{e}_z\rangle ,$$

für $\Delta\,\mathbb{S}$ für symmetrische Tensoren mit $\mathbb{S} = \mathbb{S}^T$ die Komponentendarstellungen

$$\mathbf{e}_r\cdot(\Delta\mathbb{S})\cdot\mathbf{e}_r = \Delta s_{rr} - \frac{2}{r^2}(s_{rr}-s_{\varphi\varphi}) - \frac{4}{r^2}\frac{\partial s_{r\varphi}}{\partial\varphi},$$

$$\mathbf{e}_\varphi\cdot(\Delta\mathbb{S})\cdot\mathbf{e}_\varphi = \Delta s_{\varphi\varphi} + \frac{2}{r^2}(s_{rr}-s_{\varphi\varphi}) + \frac{4}{r^2}\frac{\partial s_{r\varphi}}{\partial\varphi},$$

$$\mathbf{e}_z\cdot(\Delta\mathbb{S})\cdot\mathbf{e}_z = \Delta s_{zz},$$

$$\mathbf{e}_r\cdot(\Delta\mathbb{S})\cdot\mathbf{e}_\varphi = \Delta s_{r\varphi} + \frac{2}{r^2}\frac{\partial}{\partial\varphi}(s_{rr}-s_{\varphi\varphi}) - \frac{4s_{r\varphi}}{r^2} = \mathbf{e}_\varphi\cdot(\Delta\mathbb{S})\cdot\mathbf{e}_r,$$

$$\mathbf{e}_r\cdot(\Delta\mathbb{S})\cdot\mathbf{e}_z = \Delta s_{rz} - \frac{s_{zr}}{r^2} - \frac{2}{r^2}\frac{\partial s_{z\varphi}}{\partial\varphi} = \mathbf{e}_z\cdot(\Delta\mathbb{S})\cdot\mathbf{e}_r,$$

$$\mathbf{e}_\varphi\cdot(\Delta\mathbb{S})\cdot\mathbf{e}_z = \Delta s_{\varphi z} - \frac{s_{\varphi z}}{r^2} + \frac{2}{r^2}\frac{\partial s_{rz}}{\partial\varphi} = \mathbf{e}_z\cdot(\Delta\mathbb{S})\cdot\mathbf{e}_\varphi$$

und schließlich mit $\mathbb{D} = \mathbb{D}^T$ für $\mathbb{B} = \operatorname{ink}\mathbb{D}$ die Komponentendarstellungen

$$b_{rr} = \frac{2}{r}\frac{\partial}{\partial z}\left[d_{rz} + \frac{\partial d_{\varphi z}}{\partial\varphi}\right] - \frac{\partial^2 d_{\varphi\varphi}}{\partial z^2} - \frac{1}{r^2}\frac{\partial^2 d_{zz}}{\partial\varphi^2} - \frac{1}{r}\frac{\partial d_{zz}}{\partial r},$$

$$b_{zz} = \frac{2}{r}\frac{\partial}{\partial\varphi}\left[\frac{\partial d_{r\varphi}}{\partial r} + \frac{d_{r\varphi}}{r}\right] - \frac{1}{r^2}\frac{\partial^2 d_{rr}}{\partial\varphi^2} + \frac{1}{r}\frac{\partial d_{rr}}{\partial r} - \frac{\partial^2 d_{\varphi\varphi}}{\partial r^2} - \frac{2}{r}\frac{\partial d_{\varphi\varphi}}{\partial r},$$

$$b_{\varphi\varphi} = 2\frac{\partial^2 d_{rz}}{\partial r\,\partial z} - \frac{\partial^2 d_{zz}}{\partial r^2} - \frac{\partial^2 d_{rr}}{\partial z^2},$$

$$b_{r\varphi} = b_{\varphi r} = \frac{1}{r}\frac{\partial}{\partial\varphi}\left[\frac{\partial d_{zz}}{\partial r} - \frac{d_{zz}}{r}\right] + \frac{\partial^2 d_{r\varphi}}{\partial z^2} - \frac{1}{r}\frac{\partial^2 d_{rz}}{\partial\varphi\,\partial z} - \frac{\partial}{\partial z}\left[\frac{\partial d_{\varphi z}}{\partial r} - \frac{d_{\varphi z}}{r}\right],$$

$$b_{rz} = b_{zr} = \frac{\partial}{\partial z}\left[\frac{\partial d_{\varphi\varphi}}{\partial r} + \frac{d_{\varphi\varphi}-d_{rr}}{r}\right] + \frac{1}{r^2}\frac{\partial^2 d_{rz}}{\partial\varphi^2} - \frac{1}{r}\frac{\partial}{\partial\varphi}\left[\frac{\partial d_{\varphi z}}{\partial r} - \frac{d_{\varphi z}}{r}\right] - \frac{1}{r}\frac{\partial^2 d_{r\varphi}}{\partial\varphi\,\partial z},$$

$$b_{\varphi z} = b_{z\varphi} = \frac{1}{r}\frac{\partial^2 d_{rr}}{\partial\varphi\,\partial z} + \frac{\partial}{\partial r}\left[\frac{\partial d_{\varphi z}}{\partial r} + \frac{d_{\varphi z}}{r}\right] - \frac{\partial}{\partial z}\left[\frac{\partial d_{\varphi r}}{\partial r} + 2\frac{d_{\varphi r}}{r}\right] - \frac{\partial}{\partial r}\left[\frac{1}{r}\frac{\partial d_{rz}}{\partial\varphi}\right].$$

Bei der

3.6.4 Kugelkoordinatendarstellung

beschreibt man mit den drei Parametern $q_{\langle 1\rangle} = r$, $q_{\langle 2\rangle} = \vartheta$ und $q_{\langle 3\rangle} = \varphi$, die den Polabstand OP eines Punktes, den Breitenkreiswinkel und den Meridianwinkel gemäß Abb. 3.15 bedeuten, den Ortsvektor in der kartesischen Darstellung

$\mathbf{r}(q_{\langle 1\rangle}, q_{\langle 2\rangle}, q_{\langle 3\rangle}) = \mathbf{r}(r,\vartheta,\varphi) =$
$= \mathbf{e}_x r\sin\vartheta\cos\varphi + \mathbf{e}_y r\sin\vartheta\sin\varphi + \mathbf{e}_z r\cos\vartheta.$

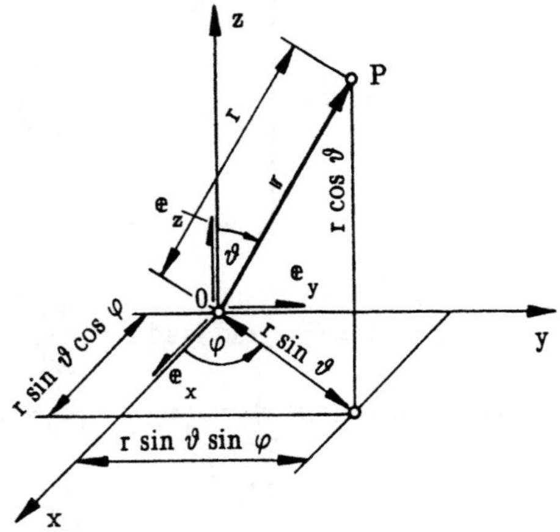

Abb. 3.15

Hiermit sind

$$\mathbf{g}_{\langle 1\rangle} = \frac{\partial\mathbf{r}}{\partial r} = \mathbf{e}_x \sin\vartheta\cos\varphi + \mathbf{e}_y \sin\vartheta\sin\varphi + \mathbf{e}_z\cos\vartheta,$$

$$g_{\langle 11\rangle} = g_{rr} = 1,\ \mathbf{e}_{\langle 1\rangle} = \mathbf{e}_r = \mathbf{g}_{\langle 1\rangle}$$

$$\mathbf{g}_{\langle 2\rangle} = \frac{\partial\mathbf{r}}{\partial\vartheta} = \mathbf{e}_x r\cos\vartheta\cos\varphi + \mathbf{e}_y r\cos\vartheta\sin\varphi - \mathbf{e}_z r\sin\vartheta,$$

$$g_{\langle 22\rangle} = g_{\vartheta\vartheta} = r^2,\ \mathbf{e}_{\langle 2\rangle} = \mathbf{e}_\vartheta = \mathbf{g}_{\langle 2\rangle}/r$$

$$\mathbf{g}_{\langle 3\rangle} = \frac{\partial\mathbf{r}}{\partial\varphi} = -\mathbf{e}_x r\sin\vartheta\sin\varphi + \mathbf{e}_y r\sin\vartheta\cos\varphi,\ g_{\langle 33\rangle} = g_{\varphi\varphi} = r^2\sin^2\vartheta,$$

$$\mathbf{e}_{\langle 3\rangle} = \mathbf{e}_\varphi = -\mathbf{e}_x\sin\varphi + \mathbf{e}_y\cos\varphi = \mathbf{g}_{\langle 3\rangle}/(r\sin\vartheta)$$

sowie

$$\nabla = \mathbf{e}_r\frac{\partial}{\partial r} + \frac{\mathbf{e}_\vartheta}{r}\frac{\partial}{\partial\vartheta} + \frac{\mathbf{e}_\varphi}{r\sin\vartheta}\frac{\partial}{\partial\varphi}.$$

Von den $\Gamma^{(\mathbb{R})}_{\langle jkl\rangle}$–Werten verbleiben[85)]

$$\mathbf{\Gamma}^{(\mathbb{R})}_{\langle 2\rangle} = \mathbf{\Gamma}_\vartheta \mathrel{\hat{=}} \begin{pmatrix} 0 & -\frac{1}{r} & 0 \\ \frac{1}{r} & 0 & 0 \\ 0 & 0 & 0 \end{pmatrix},\ \mathbf{\Gamma}^{(\mathbb{R})}_{\langle 2\rangle}\cdot\mathbf{\Gamma}^{(\mathbb{R})}_{\langle 2\rangle} \mathrel{\hat{=}} -\begin{pmatrix} 1/r^2 & 0 & 0 \\ 0 & 1/r^2 & 0 \\ 0 & 0 & 0 \end{pmatrix},$$

$$\mathbf{\Gamma}^{(\mathbb{R})}_{\langle 3\rangle} = \mathbf{\Gamma}_\varphi \mathrel{\hat{=}} \begin{pmatrix} 0 & 0 & -1/r \\ 0 & 0 & -\mathrm{ctg}\vartheta/r \\ 1/r & \mathrm{ctg}\vartheta/r & 0 \end{pmatrix},\ \mathbf{\Gamma}^{(\mathbb{R})}_{\langle 3\rangle}\cdot\mathbf{\Gamma}^{(\mathbb{R})}_{\langle 3\rangle} \mathrel{\hat{=}} \begin{pmatrix} -1/r^2 & -\mathrm{ctg}\vartheta/r^2 & 0 \\ -\mathrm{ctg}\vartheta/r^2 & -(\mathrm{ctg}\vartheta/r)^2 & 0 \\ 0 & 0 & -1/(r\sin\vartheta)^2 \end{pmatrix}.$$

Weiter hat man $g = g_{\langle 11\rangle}g_{\langle 22\rangle}g_{\langle 33\rangle} = r^4\sin^2\vartheta$ und damit

a) für skalare Felder $h(r,\vartheta,\varphi)$

$$\mathrm{grad}\,h = \mathbf{e}_r\frac{\partial h}{\partial r} + \frac{\mathbf{e}_\vartheta}{r}\frac{\partial h}{\partial\vartheta} + \frac{\mathbf{e}_\varphi}{r\sin\vartheta}\frac{\partial}{\partial\varphi},$$

für den doppelten Gradienten mit $ds_\varphi = r\sin\vartheta\,d\varphi$

---

85) alle Komponentendarstellungen auf das Basissystem $\langle\mathbf{e}_r, \mathbf{e}_\vartheta, \mathbf{e}_\varphi\rangle$ bezogen

$$\operatorname{grad}\operatorname{grad} h = \begin{pmatrix} \dfrac{\partial^2 h}{\partial r^2} & \dfrac{\partial}{\partial r}\left(\dfrac{1}{r}\dfrac{\partial h}{\partial \vartheta}\right) & \dfrac{\partial}{\partial r}\left(\dfrac{\partial h}{\partial s_\varphi}\right) \\ & \dfrac{1}{r^2}\dfrac{\partial^2 h}{\partial \vartheta^2} + \dfrac{1}{r}\dfrac{\partial h}{\partial r} & \dfrac{1}{r}\dfrac{\partial}{\partial \vartheta}\left(\dfrac{\partial h}{\partial s_\varphi}\right) \\ & & \dfrac{\partial}{\partial s_\varphi}\left(\dfrac{\partial h}{\partial s_\varphi}\right) + \dfrac{1}{r}\dfrac{\partial h}{\partial r} + \dfrac{\operatorname{ctg}\vartheta}{r^2}\dfrac{\partial h}{\partial \vartheta} \end{pmatrix}$$

und hiermit weiter

$$\Delta h(r,\vartheta,\varphi) = \mathbb{E}\cdot\cdot\operatorname{grad}\operatorname{grad} h = \frac{\partial^2 h}{\partial r^2} + \frac{2}{r}\frac{\partial h}{\partial r} + \frac{1}{r^2}\frac{\partial^2 h}{\partial \vartheta^2} + \frac{\operatorname{ctg}\vartheta}{r^2}\frac{\partial h}{\partial \vartheta} + \frac{\partial}{\partial s_\varphi}\left[\frac{\partial h}{\partial s_\varphi}\right],$$

b) für Vektorfelder $\mathbf{v}(r,\vartheta,\varphi) = v_r\mathbf{e}_r + v_\vartheta\mathbf{e}_\vartheta + v_\varphi\mathbf{e}_\varphi$

$$\operatorname{grad}\mathbf{v} \mathrel{\hat{=}} \begin{pmatrix} \dfrac{\partial v_r}{\partial r} & \dfrac{\partial v_\vartheta}{\partial r} & \dfrac{\partial v_\varphi}{\partial r} \\ \dfrac{\partial v_r}{r\partial \vartheta} - \dfrac{v_\vartheta}{r} & \dfrac{\partial v_\vartheta}{r\partial \vartheta} + \dfrac{v_r}{r} & \dfrac{\partial v_\varphi}{r\partial \vartheta} \\ \dfrac{\partial v_r}{\partial s_\varphi} - \dfrac{v_\varphi}{r} & \dfrac{\partial v_\vartheta}{\partial s_\varphi} - \dfrac{v_\varphi}{r}\operatorname{ctg}\vartheta & \dfrac{\partial v_\varphi}{\partial s_\varphi} + \dfrac{v_r}{r} + \dfrac{v_\vartheta}{r}\operatorname{ctg}\vartheta \end{pmatrix}_{\langle \mathbf{e}_r,\mathbf{e}_\vartheta,\mathbf{e}_\varphi\rangle},$$

daraus

$$\operatorname{div}\mathbf{v} = \mathbb{E}\cdot\cdot\operatorname{grad}\mathbf{v} = \frac{\partial v_r}{\partial r} + \frac{1}{r}\frac{\partial v_\vartheta}{\partial r} + 2\frac{v_r}{r} + \frac{\partial v_\varphi}{\partial s_\varphi} + \frac{v_\vartheta}{r}\operatorname{ctg}\vartheta =$$

$$= \frac{1}{r^2}\frac{\partial}{\partial r}\left[r^2 v_r\right] + \frac{1}{r\sin\vartheta}\frac{\partial}{\partial \vartheta}\left[v_\vartheta \sin\vartheta\right] + \frac{1}{r\sin\vartheta}\frac{\partial v_\varphi}{\partial \varphi},$$

$$\operatorname{rot}\mathbf{v} = \mathbb{E}\times\mathbb{E}\cdot\cdot\operatorname{grad}\mathbf{v} =$$

$$= \left\{\frac{1}{r\sin\vartheta}\left[\frac{\partial}{\partial \vartheta}(v_\varphi \sin\vartheta) - \frac{\partial v_\vartheta}{\partial \varphi}\right]; \frac{1}{r\sin\vartheta}\frac{\partial v_r}{\partial \varphi} - \frac{1}{r}\frac{\partial}{\partial r}(r v_\varphi); \frac{1}{r}\frac{\partial}{\partial r}(r v_\vartheta) - \frac{1}{r}\frac{\partial v_r}{\partial \vartheta}\right\}$$

und schließlich $\Delta\mathbf{v}$ in der Spaltenvektordarstellung

$$\Delta\mathbf{v} = \begin{pmatrix} \left(\Delta - \dfrac{2}{r^2}\right)v_r - \dfrac{2}{r^2}\left(\dfrac{\partial v_\vartheta}{\partial \vartheta} + v_\vartheta \operatorname{tg}\vartheta\right) - \dfrac{2}{r^2\sin\vartheta}\dfrac{\partial v_\varphi}{\partial \varphi} \\ \dfrac{2}{r^2}\dfrac{\partial v_r}{\partial \vartheta} + \left(\Delta - \dfrac{1}{r^2\sin^2\vartheta}\right)v_\vartheta - \dfrac{2\operatorname{ctg}\vartheta}{r^2\sin\vartheta}\dfrac{\partial v_\varphi}{\partial \vartheta} \\ \dfrac{2}{r^2\sin\vartheta}\dfrac{\partial v_r}{\partial \varphi} + \dfrac{2\operatorname{ctg}\vartheta}{r^2\sin\vartheta}\dfrac{\partial v_\vartheta}{\partial \varphi} + \left(\Delta - \dfrac{1}{r^2\sin^2\vartheta}\right)v_\varphi \end{pmatrix},$$

c) für zweistufige Tensorfelder $\mathbb{S}(r,\vartheta,\varphi)$ bzw. $\mathbb{D}(r,\vartheta,\varphi)$
mit auf $<\mathbf{e}_r,\mathbf{e}_\vartheta,\mathbf{e}_\varphi>$ bezogenen Komponentendarstellungen als Tensordivergenz die als Spaltenvektor geschriebene Repräsentation

$$\operatorname{div}\mathbb{S} \mathrel{\widehat{=}} \begin{pmatrix} \frac{1}{r^2\sin\vartheta}\left[\frac{\partial}{\partial r}(\sigma_{rr} r^2\sin\vartheta) + \frac{\partial}{\partial\vartheta}(\sigma_{\vartheta r} r\sin\vartheta) + \frac{\partial}{\partial\varphi}(r\sigma_{\varphi r})\right] - \frac{1}{r}(\sigma_{\vartheta\vartheta} + \sigma_{\varphi\varphi}) \\ \frac{1}{r^2\sin\vartheta}\left[\frac{\partial}{\partial r}(\sigma_{r\vartheta} r^2\sin\vartheta) + \frac{\partial}{\partial\vartheta}(\sigma_{\vartheta\vartheta} r\sin\vartheta) + \frac{\partial}{\partial\varphi}(r\sigma_{\varphi\vartheta})\right] + \frac{1}{r}(\sigma_{\vartheta r} - \sigma_{\varphi\varphi}\operatorname{ctg}\vartheta) \\ \frac{1}{r^2\sin\vartheta}\left[\frac{\partial}{\partial r}(\sigma_{r\varphi} r^2\sin\vartheta) + \frac{\partial}{\partial\vartheta}(\sigma_{\vartheta\varphi} r\sin\vartheta) + \frac{\partial}{\partial\varphi}(r\sigma_{\varphi\varphi})\right] + \frac{1}{r}(\sigma_{\varphi r} + \sigma_{\varphi\vartheta}\operatorname{ctg}\vartheta) \end{pmatrix}_{\langle \mathbf{e}_r, \mathbf{e}_\vartheta, \mathbf{e}_\varphi\rangle},$$

als Tensorrotation

$$\operatorname{rot}\mathbb{D} =$$

$$= \left[\begin{array}{l|l|l} \begin{array}{l} \frac{\partial d_{\varphi r}}{r\partial\vartheta} - \frac{\partial d_{\vartheta r}}{r\sin\vartheta\partial\varphi} + \frac{d_{\varphi r}\operatorname{ctg}\vartheta}{r} - \\ - \frac{d_{\varphi\vartheta}}{r} + \frac{d_{\vartheta\varphi}}{r} \end{array} & \begin{array}{l} \frac{\partial d_{\varphi\vartheta}}{r\partial\vartheta} - \frac{\partial d_{\vartheta\vartheta}}{r\sin\vartheta\partial\varphi} + \frac{d_{\varphi\vartheta}\operatorname{ctg}\vartheta}{r} + \\ + \frac{d_{\varphi r}}{r} + \frac{d_{\vartheta\varphi}\operatorname{ctg}\vartheta}{r} \end{array} & \begin{array}{l} \frac{\partial d_{\varphi\varphi}}{r\partial\vartheta} - \frac{\partial d_{\vartheta\varphi}}{r\sin\vartheta\partial\varphi} + \frac{d_{\varphi\varphi}\operatorname{ctg}\vartheta}{r} - \\ - \frac{d_{\vartheta r}}{r} - \frac{d_{\vartheta\vartheta}\operatorname{ctg}\vartheta}{r} \end{array} \\ \hline \begin{array}{l} \frac{\partial d_{rr}}{r\sin\vartheta\partial\varphi} - \frac{\partial d_{\varphi r}}{\partial r} - \\ - \frac{d_{\varphi r}}{r} - \frac{d_{r\varphi}}{r} \end{array} & \begin{array}{l} \frac{\partial d_{r\vartheta}}{r\sin\vartheta\partial\varphi} - \frac{\partial d_{\varphi\vartheta}}{\partial r} - \\ - \frac{d_{\varphi\vartheta}}{r} - \frac{d_{r\varphi}\operatorname{ctg}\vartheta}{r} \end{array} & \begin{array}{l} \frac{\partial d_{r\varphi}}{r\sin\vartheta\partial\varphi} - \frac{\partial d_{\varphi\varphi}}{\partial r} - \frac{d_{\varphi\varphi}}{r} \\ + \frac{d_{rr}}{r} + \frac{d_{r\vartheta}\operatorname{ctg}\vartheta}{r} \end{array} \\ \hline \begin{array}{l} \frac{\partial d_{\vartheta r}}{\partial r} - \frac{\partial d_{rr}}{r\partial\vartheta} + \\ + \frac{d_{\vartheta r}}{r} + \frac{d_{r\vartheta}}{r} \end{array} & \begin{array}{l} \frac{\partial d_{\vartheta\vartheta}}{\partial r} - \frac{\partial d_{r\vartheta}}{r\partial\vartheta} + \\ + \frac{d_{\vartheta\vartheta}}{r} - \frac{d_{rr}}{r} \end{array} & \begin{array}{l} \frac{\partial d_{\vartheta\varphi}}{\partial r} - \frac{\partial d_{r\varphi}}{r\partial\vartheta} + \\ + \frac{d_{\vartheta\varphi}}{r} \end{array} \end{array}\right]_{\langle \mathbf{e}_r, \mathbf{e}_\vartheta, \mathbf{e}_\varphi\rangle}$$

und schließlich für symmetrische Tensoren $\mathbb{S} = \mathbb{S}^T$ als Komponentendarstellung von $\Delta\mathbb{S}$

$$\mathbf{e}_r \cdot \Delta\mathbb{S} \cdot \mathbf{e}_r = \Delta s_{rr} + \frac{2}{r^2}\left[-2s_{rr} + s_{\vartheta\vartheta} + s_{\varphi\varphi} - 2\operatorname{ctg}\vartheta\, s_{r\vartheta} - 2\frac{\partial s_{r\vartheta}}{\partial\vartheta} - 2r\frac{\partial s_{r\varphi}}{\partial s_\varphi}\right],$$

$$\mathbf{e}_\vartheta \cdot \Delta\mathbb{S} \cdot \mathbf{e}_\vartheta = \Delta s_{\vartheta\vartheta} + \frac{2}{r^2}\left[s_{rr} - \frac{s_{\vartheta\vartheta}}{\sin^2\vartheta} + s_{\varphi\varphi}\operatorname{ctg}^2\vartheta + 2\frac{\partial s_{r\vartheta}}{\partial\vartheta} - 2r\frac{\partial s_{\vartheta\varphi}}{\partial s_\varphi}\operatorname{ctg}\vartheta\right],$$

$$\mathbf{e}_\varphi \cdot \Delta\mathbb{S} \cdot \mathbf{e}_\varphi = \Delta s_{\varphi\varphi} + \frac{2}{r^2}\left[s_{rr} + s_{\vartheta\vartheta}\operatorname{ctg}^2\vartheta - \frac{s_{\varphi\varphi}}{\sin^2\vartheta} + 2s_{r\vartheta}\operatorname{ctg}\vartheta + 2r\frac{\partial}{\partial s_\varphi}(s_{r\varphi} + s_{\vartheta\varphi}\operatorname{ctg}\vartheta)\right],$$

$$\mathbf{e}_r \cdot \Delta\mathbb{S} \cdot \mathbf{e}_\vartheta = \mathbf{e}_\vartheta \cdot \Delta\mathbb{S} \cdot \mathbf{e}_r = \Delta s_{r\vartheta} + \frac{1}{r^2}\Big[2(s_{\varphi\varphi} - s_{\vartheta\vartheta})\operatorname{ctg}\vartheta - \left(4 + \frac{1}{\sin^2\vartheta}\right)s_{r\vartheta} +$$
$$+ 2\frac{\partial s_{rr}}{\partial\vartheta} - 2\frac{\partial s_{\vartheta\vartheta}}{\partial\vartheta} - 2r\frac{\partial s_{r\varphi}}{\partial s_\varphi}\operatorname{ctg}\vartheta - 2r\frac{\partial s_{\vartheta\varphi}}{\partial s_\varphi}\Big],$$

$$\mathbf{e}_r \cdot \Delta\mathbb{S} \cdot \mathbf{e}_\varphi = \mathbf{e}_\varphi \cdot \Delta\mathbb{S} \cdot \mathbf{e}_r = \Delta s_{r\varphi} + \frac{1}{r^2}\Big[- \left(4 + \frac{1}{\sin^2\vartheta}\right)s_{r\varphi} - 4s_{\vartheta\varphi}\operatorname{ctg}\vartheta - 2\frac{\partial s_{\vartheta\varphi}}{\partial\vartheta} +$$
$$+ 2r\frac{\partial}{\partial s_\varphi}(s_{rr} - s_{\varphi\varphi} + s_{r\vartheta}\operatorname{ctg}\vartheta)\Big],$$

$$\mathbf{e}_\vartheta \cdot \Delta \mathbb{S} \cdot \mathbf{e}_\varphi = \mathbf{e}_\varphi \cdot \Delta \mathbb{S} \cdot \mathbf{e}_\vartheta = \Delta s_{\vartheta\varphi} + \frac{2}{r^2}\Big[- s_{r\varphi}\,\mathrm{ctg}\vartheta - (\mathrm{ctg}^2\vartheta + \frac{1}{\sin^2\vartheta}) s_{\vartheta\varphi} + \frac{\partial s_{r\varphi}}{\partial \vartheta} + r\frac{\partial}{\partial s_\varphi}\Big[(s_{\vartheta\vartheta} - s_{\varphi\varphi})\mathrm{ctg}\vartheta + s_{r\vartheta}\Big]\Big]$$

sowie für symmetrische Tensoren $\mathbb{D} = \mathbb{D}^T$ die auf das $\langle \mathbf{e}_r, \mathbf{e}_\vartheta, \mathbf{e}_\varphi \rangle$ – System bezogene Darstellung von $\mathbb{B} = \mathrm{ink}\ \mathbb{D} = \mathrm{rot}\ \mathbb{D}\ \mathrm{rot}$

$$b_{rr} = \frac{2}{r^2} d_{rr} + \frac{2\,\mathrm{ctg}\vartheta}{r^2} d_{r\vartheta} + \frac{2}{r^2}\frac{\partial d_{r\vartheta}}{\partial\vartheta} + \frac{2}{r^2\sin\vartheta}\frac{\partial d_{r\varphi}}{\partial\varphi} - \frac{2}{r^2} d_{\vartheta\vartheta} - \frac{1}{r}\frac{\partial d_{\vartheta\vartheta}}{\partial r} + \frac{\mathrm{ctg}\vartheta}{r^2}\frac{\partial d_{\vartheta\vartheta}}{\partial r} -$$
$$- \frac{1}{r^2\sin\vartheta}\frac{\partial^2 d_{\vartheta\vartheta}}{\partial\varphi^2} + \frac{2}{r^2\sin\vartheta}\frac{\partial^2 d_{\vartheta\varphi}}{\partial\vartheta\partial\varphi} + \frac{2\mathrm{ctg}\vartheta}{r^2\sin\vartheta}\frac{\partial d_{\vartheta\varphi}}{\partial\varphi} - \frac{1}{r}\frac{\partial d_{\varphi\varphi}}{\partial r} - \frac{2\mathrm{ctg}\vartheta}{r^2}\frac{\partial d_{\varphi\varphi}}{\partial\vartheta} - \frac{1}{r^2}\frac{\partial^2 d_{\varphi\varphi}}{\partial\vartheta^2}$$

$$b_{\vartheta\vartheta} = - \frac{1}{r^2\sin^2\vartheta}\frac{\partial^2 d_{rr}}{\partial\varphi^2} + \frac{1}{r}\frac{\partial d_{rr}}{\partial r} - \frac{\mathrm{ctg}\vartheta}{r^2}\frac{\partial d_{rr}}{\partial\vartheta} + \frac{2\,\mathrm{ctg}\vartheta}{r}\frac{\partial d_{r\vartheta}}{\partial r} + \frac{2\,\mathrm{ctg}\vartheta}{r^2} d_{r\vartheta} +$$
$$+ \frac{2}{r\,\sin\vartheta}\frac{\partial^2 d_{r\varphi}}{\partial r\partial\varphi} + \frac{2}{r^2\sin\vartheta}\frac{\partial d_{r\varphi}}{\partial\varphi} - \frac{\partial^2 d_{\varphi\varphi}}{\partial r^2} - \frac{2}{r}\frac{\partial d_{\varphi\varphi}}{\partial r},$$

$$b_{\varphi\varphi} = - \frac{1}{r^2}\frac{\partial^2 d_{rr}}{\partial\vartheta^2} + \frac{1}{r}\frac{\partial d_{rr}}{\partial r} + \frac{2}{r^2}\frac{\partial d_{r\vartheta}}{\partial\vartheta} + \frac{2}{r}\frac{\partial^2 d_{r\vartheta}}{\partial r\partial\vartheta} - \frac{\partial^2 d_{\vartheta\vartheta}}{\partial r^2} - \frac{2}{r}\frac{\partial d_{\vartheta\vartheta}}{\partial r},$$

$$b_{r\vartheta} = b_{\vartheta r} = - \frac{1}{r^2}\frac{\partial d_{rr}}{\partial\vartheta} + \frac{2}{r^2} d_{r\vartheta} + \frac{1}{r^2\sin^2\vartheta}\frac{\partial^2 d_{r\vartheta}}{\partial\varphi^2} - \frac{1}{r^2\sin\vartheta}\frac{\partial^2 d_{r\varphi}}{\partial\vartheta\partial\varphi} - \frac{\mathrm{ctg}\vartheta}{r^2\sin\vartheta}\frac{\partial d_{r\varphi}}{\partial\varphi} -$$
$$- \frac{\mathrm{ctg}\vartheta}{r}\frac{\partial d_{\vartheta\vartheta}}{\partial r} - \frac{1}{r\,\sin\vartheta}\frac{\partial^2 d_{\vartheta\varphi}}{\partial r\partial\varphi} + \frac{1}{r}\frac{\partial^2 d_{\varphi\varphi}}{\partial r\partial\vartheta} + \frac{\mathrm{ctg}\vartheta}{r}\frac{\partial d_{\varphi\varphi}}{\partial r},$$

$$b_{r\varphi} = b_{\varphi r} = - \frac{1}{r^2\sin\vartheta}\frac{\partial d_{rr}}{\partial\varphi} + \frac{\mathrm{ctg}\vartheta}{r^2\sin\vartheta}\frac{\partial d_{r\vartheta}}{\partial\varphi} - \frac{1}{r^2\sin\vartheta}\frac{\partial^2 d_{r\vartheta}}{\partial\vartheta\partial\varphi} + \frac{1}{r^2}\frac{\partial^2 d_{r\varphi}}{\partial\vartheta^2} + \frac{\mathrm{ctg}\vartheta}{r^2}\frac{\partial d_{r\varphi}}{\partial\vartheta} -$$
$$- \Big[\frac{1}{r^2\sin^2\vartheta} - \frac{1}{r^2}\Big] d_{r\varphi} + \frac{1}{r\,\sin\vartheta}\frac{\partial^2 d_{\vartheta\vartheta}}{\partial r\partial\varphi} - \frac{1}{r}\frac{\partial^2 d_{\vartheta\varphi}}{\partial r\partial\vartheta} - \frac{2\,\mathrm{ctg}\vartheta}{r}\frac{\partial d_{\vartheta\varphi}}{\partial r},$$

$$b_{\vartheta\varphi} = b_{\varphi\vartheta} = \frac{1}{r^2\sin\vartheta}\frac{\partial^2 d_{rr}}{\partial\vartheta\partial\varphi} - \frac{\mathrm{ctg}\vartheta}{r^2\sin\vartheta}\frac{\partial d_{rr}}{\partial\varphi} - \frac{1}{r\,\sin\vartheta}\frac{\partial^2 d_{r\vartheta}}{\partial r\partial\varphi} - \frac{1}{r^2\sin\vartheta}\frac{\partial d_{r\vartheta}}{\partial\varphi} - \frac{1}{r}\frac{\partial^2 d_{r\varphi}}{\partial r\partial\vartheta} +$$
$$+ \frac{\mathrm{ctg}\vartheta}{r}\frac{\partial d_{r\varphi}}{\partial r} - \frac{1}{r^2}\frac{\partial d_{r\varphi}}{\partial\vartheta} + \frac{\mathrm{ctg}\vartheta}{r^2} d_{r\varphi} + \frac{\partial^2 d_{\vartheta\varphi}}{\partial r^2} + \frac{2}{r}\frac{\partial d_{\vartheta\varphi}}{\partial r}.$$

Die nachfolgend referierten

§4 Darstellungs- und Eindeutigkeitssätze

sind u.a. Verallgemeinerungen (und Erweiterungen auf q-stufig-tensorwertige Felder) diesbezüglicher Darstellungen in [2], [8], [11], [12] und werden wesentlich unter Verwendung

4.1 Greenscher Formeln

realisiert. Dabei handelt es sich im wesentlichen um zwei "Basistypen" skalarer Identitäten, bei denen Divergenz- bzw. Rotorbildungen eingesetzt und mittels des Gaußschen Satzes zu Integralaussagen verarbeitet werden.

4.1.1 Divergenzbildungen

4.1.1.a Einfache Divergenzbildungen

ausnutzende Greensche Formeln basieren -mit zwei q- bzw. (q+1)-stufigen Tensorfeldern $\overset{\langle q\rangle}{\mathbb{V}}(\mathbb{r})$, $\overset{\langle q+1\rangle}{\mathbb{S}}(\mathbb{r})$, die in einem n_B-fach begrenzten Bereich (B) -mit Oberflächen $f_j(B)$, $j = 1 \dots n_B$- definiert sein sollen - als Folge der skalaren Identität

$$\operatorname{div}\Big[\overset{\langle q+1\rangle}{\mathbb{S}}\underbrace{\cdots}_{(q)}\overset{\langle q\rangle}{\mathbb{V}}{}^{T}\Big] \equiv \nabla\cdot\Big[\overset{\langle q+1\rangle}{\mathbb{S}}\underbrace{\cdots}_{(q)}\overset{\langle q\rangle}{\mathbb{V}}{}^{T}\Big] =^{1)} \Big[\nabla\cdot\overset{\langle q+1\rangle}{\mathbb{S}}\Big]\underbrace{\cdots}_{(q)}\overset{\langle q\rangle}{\mathbb{V}}{}^{T} + \overset{\langle q+1\rangle}{\mathbb{S}}\underbrace{\cdots}_{(q+1)}\Big[\nabla\circ\overset{\langle q\rangle}{\mathbb{V}}\Big]^{T} \tag{4.1a}$$

nach Anwendung des Gaußschen Satzes - auf der Integralformel

$$\int_{(B)}\Big\{\Big[\nabla\cdot\overset{\langle q+1\rangle}{\mathbb{S}}\Big]\underbrace{\cdots\cdots}_{(q)}\overset{\langle q\rangle}{\mathbb{V}}{}^{T} + \overset{\langle q+1\rangle}{\mathbb{S}}\underbrace{\cdots\cdots}_{(q+1)}\Big[\nabla\circ\overset{\langle q\rangle}{\mathbb{V}}\Big]^{T}\Big\}\,dV\;\Big[\equiv\int_{(B)}\nabla\cdot\Big[\overset{\langle q+1\rangle}{\mathbb{S}}\underbrace{\cdots\cdots}_{(q)}\overset{\langle q\rangle}{\mathbb{V}}{}^{T}\Big]dV\Big] =$$

$$=\sum_{j=1}^{n_B}\oiint_{f_j(B)}\mathbb{n}\cdot\overset{\langle q+1\rangle}{\mathbb{S}}\underbrace{\cdots\cdots}_{(q)}\overset{\langle q\rangle}{\mathbb{V}}{}^{T}\,df \equiv^{2)} \sum_{j=1}^{n_B}\oiint_{f_j(B)}\overset{\langle q\rangle}{\mathbb{V}}\underbrace{\cdots\cdots}_{(q)}\Big[\overset{\langle q+1\rangle}{\mathbb{S}}{}^{T}\cdot\mathbb{n}\Big]\,df. \tag{4.1b}$$

Mit

$$\overset{\langle q+1\rangle}{\mathbb{S}} = (\nabla\circ\overset{\langle q\rangle}{\mathbb{V}}_j)\underbrace{\cdots\cdots}_{(q+1)}\overset{\langle 2(q+1)\rangle}{\mathbb{C}}\;, \tag{4.2a}$$

---

1) Man benutze $\overset{\langle q\rangle}{\mathbb{V}}{}^{T}\circ\nabla = \Big[\nabla\circ\overset{\langle q\rangle}{\mathbb{V}}\Big]^{T}$

2) Man benutze $\overset{\langle q\rangle}{\mathbb{A}}\underbrace{\cdots\cdots}_{(q)}\overset{\langle q\rangle}{\mathbb{B}} = \overset{\langle q\rangle}{\mathbb{A}}{}^{T}\underbrace{\cdots\cdots}_{(q)}\overset{\langle q\rangle}{\mathbb{B}}{}^{T}$ und $\Big[\mathbb{n}\cdot\overset{\langle q+1\rangle}{\mathbb{S}}\Big]^{T} = \overset{\langle q+1\rangle}{\mathbb{S}}{}^{T}\cdot\mathbb{n}$

worin $\overset{\langle 2(q+1)\rangle}{\mathbb{C}}(\mathbb{r})$ ein 2(q+1)-stufiges Feld bedeutet, und mit $\overset{\langle q\rangle}{\mathbb{V}}_k$ anstelle von $\overset{\langle q\rangle}{\mathbb{V}}$ ensteht aus (4.1b) die Identität

$$\int_{(B)}\Big\{\Big[\nabla\cdot\Big[(\nabla\circ\overset{\langle q\rangle}{\mathbb{V}}_j)\underbrace{\cdots\cdots}_{(q+1)}\overset{\langle 2(q+1)\rangle}{\mathbb{C}}\Big]\Big]\underbrace{\cdots\cdots}_{(q)}\overset{\langle q\rangle}{\mathbb{V}}_k^{T}+(\nabla\circ\overset{\langle q\rangle}{\mathbb{V}}_j)\underbrace{\cdots\cdots}_{(q+1)}\overset{\langle 2(q+1)\rangle}{\mathbb{C}}\underbrace{\cdots\cdots}_{(q+1)}(\nabla\circ\overset{\langle q\rangle}{\mathbb{V}}_k)^{T}\Big\}\,dV$$

$$=\sum_{j=1}^{n_B}\oiint_{f_j(B)}\mathbb{n}\cdot\Big[(\nabla\circ\overset{\langle q\rangle}{\mathbb{V}}_j)\underbrace{\cdots\cdots}_{(q+1)}\overset{\langle 2(q+1)\rangle}{\mathbb{C}}\Big]\underbrace{\cdots\cdots}_{(q)}\overset{\langle q\rangle}{\mathbb{V}}_k^{T}\,df\,, \tag{4.2b}$$

die -mit geeigneten Annahmen hinsichtlich $\overset{\langle 2(q+1)\rangle}{\mathbb{C}}(\mathbb{r})$ - für die Eindeutigkeitssätze aller (klassischen) linearen Feldtheorien benötigt wird, deren Feldgleichungen aus Bilanzsätzen für Flußgrößen-Operatoren $\overset{\langle q+1\rangle}{\mathbb{S}}$ erzeugt werden, die in Form von Materialgleichungen per

$$\overset{\langle q+1\rangle}{\mathbb{S}}=(\nabla\circ\overset{\langle q\rangle}{\mathbb{V}})\underbrace{\cdots\cdots}_{(q+1)}\overset{\langle 2(q+1)\rangle}{\mathbb{C}} \tag{4.2c}$$

mit (einfachen) Gradientenfeldern $(\nabla\circ\overset{\langle q\rangle}{\mathbb{V}})$ zusammenhängen.
In (4.2b) ist mit dem per

$$\overset{\langle q+1\rangle}{\mathbb{A}}\underbrace{\cdots\cdots}_{(q+1)}\overset{\langle 2(q+1)\rangle}{\mathbb{E}}\equiv\overset{\langle 2(q+1)\rangle}{\mathbb{E}}\underbrace{\cdots\cdots}_{(q+1)}\overset{\langle q+1\rangle}{\mathbb{A}}=\overset{\langle q+1\rangle}{\mathbb{A}} \tag{4.2d}$$

definierten 2(q+1) stufigen Einheitsoperator $\overset{\langle 2(q+1)\rangle}{\mathbb{E}}$ anstelle von $\overset{\langle 2(q+1)\rangle}{\mathbb{C}}$ unter Benutzung von divgrad = Δ

$$\int_{(B)}\Big[(\Delta\overset{\langle q\rangle}{\mathbb{V}}_j)\underbrace{\cdots\cdots}_{(q)}\overset{\langle q\rangle}{\mathbb{V}}_k^{T}+(\nabla\circ\overset{\langle q\rangle}{\mathbb{V}}_j)\underbrace{\cdots\cdots}_{(q+1)}(\nabla\circ\overset{\langle q\rangle}{\mathbb{V}}_k)^{T}\Big]dV=\sum_{j=1}^{n_B}\oiint_{f_j(B)}\frac{\partial\overset{\langle q\rangle}{\mathbb{V}}_j}{\partial s_n}\underbrace{\cdots\cdots}_{(q)}\overset{\langle q\rangle}{\mathbb{V}}_k^{T}\,df \tag{4.2e}$$

enthalten, worin $\mathbb{n}\cdot\nabla=\partial/\partial s_n$ die Ableitung in Richtung der (jeweils aus dem Bereichsinnern von (B) herausweisenden) Oberflächennormalen bezeichnet.
Zu den mittels einfacher Divergenzbildungen erreichbaren Greenschen Formeln ist auch die mit einem skalaren Feld $U(\mathbb{r})$ wegen

$$\nabla\cdot\Big[U\,\nabla\circ\overset{\langle q\rangle}{\mathbb{V}}\Big]=(\nabla U)\cdot(\nabla\circ\overset{\langle q\rangle}{\mathbb{V}})+U\,\Delta\,\overset{\langle q\rangle}{\mathbb{V}} \tag{4.3a}$$

mittels des Gaußschen Satzes erzeugbare Identität

$$\int_{(B)}\Big[(\nabla U)\cdot(\nabla\circ\overset{\langle q\rangle}{\mathbb{V}})+U(\Delta\overset{\langle q\rangle}{\mathbb{V}})\Big]dV\quad\Big[=\int_{(B)}\nabla\cdot(U\,\nabla\circ\overset{\langle q\rangle}{\mathbb{V}})dV\Big]$$

$$=\sum_{j=1}^{n_B}\oiint_{f_j(B)}\mathbb{n}\cdot(\nabla\circ\overset{\langle q\rangle}{\mathbb{V}})\,U\,df=\sum_{j=1}^{n_B}\oiint_{f_j(B)}U\,\frac{\partial\overset{\langle q\rangle}{\mathbb{V}}}{\partial s_n}\,df\,, \tag{4.3b}$$

zu rechnen, analog die Identität

$$\int_{(B)} \nabla\cdot\left[(\nabla U)\circ \overset{<q>}{\mathbb{V}}\right]dV = \int_{(B)}\left[(\Delta U)\overset{<q>}{\mathbb{V}} + (\nabla U)\cdot(\nabla\circ\overset{<q>}{\mathbb{V}})\right]dV =$$

$$= \sum_{j=1}^{n_B} \oiint_{f_j(B)} \mathbb{n}\cdot\left[(\nabla U)\circ\overset{<q>}{\mathbb{V}}\right]df = \sum_{j=1}^{n_B} \oiint_{f_j(B)} \frac{\partial U}{\partial s_n}\overset{<q>}{\mathbb{V}}\, df\,, \tag{4.3c}$$

und demgemäß dann auch - man subtrahiere (4.3c) von (4.3b) -

$$\int_{(B)}\left[U(\Delta\overset{<q>}{\mathbb{V}}) - \overset{<q>}{\mathbb{V}}(\Delta U)\right]dV = \sum_{j=1}^{n_B}\oiint_{f_j(B)}\left[U\frac{\partial\overset{<q>}{\mathbb{V}}}{\partial s_n} - \overset{<q>}{\mathbb{V}}\frac{\partial U}{\partial s_n}\right]df\,. \tag{4.3d}$$

Letztere Identität kann unter Benutzung des Newtonschen Potentials

$$U(\mathbb{r},\mathbb{r}_\alpha) = \frac{1}{|\mathbb{r}-\mathbb{r}_\alpha|}\,,\quad \mathbb{r}_\alpha = \text{const.}\,, \tag{4.4}$$

zur Strukturierung von Darstellungssätzen für stetige Felder $\overset{<q>}{\mathbb{V}}(\mathbb{r})$ (mit stetigen ersten und zumindest bereichsweise stetigen zweiten Ableitungen) in Termen von $\Delta\overset{<q>}{\mathbb{V}}$, den Randwerten von $\overset{<q>}{\mathbb{V}}$ sowie den Normalableitungen $\partial\overset{<q>}{\mathbb{V}}/\partial s_n$, aber auch zur Formulierung von Integralgleichungen im Zusammenhang mit der Lösung von Randwertaufgaben eingesetzt werden.

Bei der Erzeugung eines diesbezüglichen Darstellungssatzes unterscheidet man drei Fälle, je nachdem ob der Punkt $\mathbb{r}_\alpha$ außerhalb, innerhalb oder auf einem der Ränder $f_j(B)$, $j = 1,\dots,n_B$, des Definitionsbereichs (B) liegt.

Im ersteren Falle mit $\mathbb{r} \neq \mathbb{r}_\alpha$ und damit (vgl. (3.49c))

$$\Delta\frac{1}{|\mathbb{r}-\mathbb{r}_\alpha|} = 0 \quad \text{für } \mathbb{r}\neq\mathbb{r}_\alpha \tag{4.4a}$$

folgt aus (4.3d)

$$\int_{(B)}\frac{\Delta\overset{<q>}{\mathbb{V}}\,dV}{|\mathbb{r}-\mathbb{r}_\alpha|} = \sum_{j=1}^{n_B}\oiint_{f_j(B)}\left[\frac{\partial\overset{<q>}{\mathbb{V}}/\partial s_n}{|\mathbb{r}-\mathbb{r}_\alpha|} - \overset{<q>}{\mathbb{V}}\frac{\partial}{\partial s_n}\frac{1}{|\mathbb{r}-\mathbb{r}_\alpha|}\right]df =$$

$$\overset{3)}{=} \sum_{j=1}^{n_B}\oiint_{f_j(B)}\frac{\partial}{\partial s_n}\left(|\mathbb{r}-\mathbb{r}_\alpha|\overset{<q>}{\mathbb{V}}\right)\frac{df}{|\mathbb{r}-\mathbb{r}_\alpha|^2}\,, \tag{4.4b}$$

---

3) für die letztere Umformung beachte man

$$-\frac{\partial}{\partial s_n}\frac{1}{|\mathbb{r}-\mathbb{r}_\alpha|} = -\mathbb{n}\cdot\nabla\frac{1}{|\mathbb{r}-\mathbb{r}_\alpha|} = \frac{\mathbb{n}\cdot(\mathbb{r}-\mathbb{r}_\alpha)}{|\mathbb{r}-\mathbb{r}_\alpha|^3} = \frac{1}{|\mathbb{r}-\mathbb{r}_\alpha|^2}\,\mathbb{n}\cdot\nabla|\mathbb{r}-\mathbb{r}_\alpha| = \frac{\partial|\mathbb{r}-\mathbb{r}_\alpha|/\partial s_n}{|\mathbb{r}-\mathbb{r}_\alpha|^2}$$

im zweiten Fall wird aus (B) durch Herausschneiden einer den Punkt $\mathbf{r}_\alpha$ umhüllenden infinitesimalen Kugel $(f_{K\alpha})$ vom Radius a ein (n_B+1)–fach begrenzter Bereich (B^*) geschaffen (Abb.4.1), worin dann ebenfalls überall (4.4a) und damit zunächst

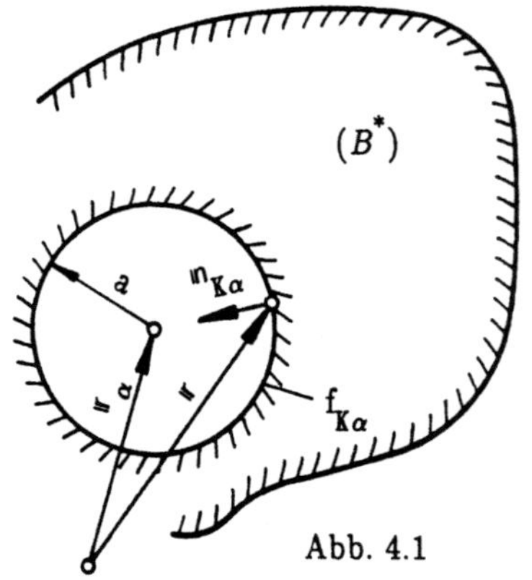

Abb. 4.1

$$\int_{(B^*)} \frac{\Delta \overset{\langle q \rangle}{\mathbb{V}}\, dV}{|\mathbf{r}-\mathbf{r}_\alpha|} = \left[\oint_{(f_{K\alpha})} + \sum_{j=1}^{n_B} \oint_{f_j(B)}\right]\left[\frac{\partial \overset{\langle q \rangle}{\mathbb{V}}/\partial s_n}{|\mathbf{r}-\mathbf{r}_\alpha|} - \overset{\langle q \rangle}{\mathbb{V}}\,\frac{\partial}{\partial s_n}\frac{1}{|\mathbf{r}-\mathbf{r}_\alpha|}\right] df \tag{4.4c}$$

gilt, und hierin das Kugeloberflächenintegral mittels Grenzwertbildung reduziert. Man findet mit

$$|\mathbf{r}-\mathbf{r}_\alpha| = a\,, \quad \frac{\partial}{\partial s_{nK}}\frac{1}{|\mathbf{r}-\mathbf{r}_\alpha|} \equiv \mathbf{n}_{K\alpha}\cdot\nabla\frac{1}{|\mathbf{r}-\mathbf{r}_\alpha|} \overset{(3.38c)}{=} -\mathbf{n}_{K\alpha}\cdot\frac{\mathbf{r}-\mathbf{r}_\alpha}{|\mathbf{r}-\mathbf{r}_\alpha|^3} =$$

$$\overset{4)}{=} -\left[-\frac{\mathbf{r}-\mathbf{r}_\alpha}{|\mathbf{r}-\mathbf{r}_\alpha|}\right]\cdot\frac{\mathbf{r}-\mathbf{r}_\alpha}{|\mathbf{r}-\mathbf{r}_\alpha|^3} = \frac{1}{|\mathbf{r}-\mathbf{r}_\alpha|^2} = \frac{1}{a^2}$$

(vgl. Abb.4.1) vorerst

$$\int_{(B^*)} \frac{\Delta \overset{\langle q \rangle}{\mathbb{V}}}{|\mathbf{r}-\mathbf{r}_\alpha|}\, dV = \sum_{j=1}^{n_B} \oint_{f_j(B)}\left[\frac{\partial \overset{\langle q \rangle}{\mathbb{V}}/\partial s_n}{|\mathbf{r}-\mathbf{r}_\alpha|} - \overset{\langle q \rangle}{\mathbb{V}}\,\frac{\partial}{\partial s_n}\frac{1}{|\mathbf{r}-\mathbf{r}_\alpha|}\right] df + \oint_{(f_{K\alpha})}\left[a\,\frac{\partial \overset{\langle q \rangle}{\mathbb{V}}}{\partial s_{nK}} - \overset{\langle q \rangle}{\mathbb{V}}\right]\frac{df_K}{a^2}$$

und wegen

$$\lim_{a\to 0} \int_{(B^*)} \frac{\Delta \overset{\langle q \rangle}{\mathbb{V}}}{|\mathbf{r}-\mathbf{r}_\alpha|}\, dV \overset{5)}{=} \int_{(B)} \frac{\Delta \overset{\langle q \rangle}{\mathbb{V}}}{|\mathbf{r}-\mathbf{r}_\alpha|}\, dV$$

sowie

---

4) Man beachte $\mathbf{n}_{K\alpha} = -\dfrac{\mathbf{r}-\mathbf{r}_\alpha}{|\mathbf{r}-\mathbf{r}_\alpha|}$ vgl. Abb. 4.1

5) Wegen $\lim\limits_{a\to 0}\left[\dfrac{\Delta \overset{\langle q \rangle}{\mathbb{V}}(\mathbf{r}_\alpha)}{a}\,\dfrac{4}{3}\,a^3\pi\right] = 0$ darf der Integrationsbereich (B^*) folgenlos auf den ursprünglichen Bereich (B) ausgedehnt werden.

$$\lim_{a\to 0} \oint\!\!\oint_{(f_{K\alpha})} \overset{\langle q\rangle}{\mathbb{V}} \frac{df_K}{a^2} =^{6)} 4\pi \overset{\langle q\rangle}{\mathbb{V}}(\mathbf{r}_\alpha), \qquad \lim_{a\to 0} \oint\!\!\oint_{(f_{K\alpha})} \frac{\partial \overset{\langle q\rangle}{\mathbb{V}}}{\partial s_{nK}} \frac{df_K}{a} =^{7)} 0$$

schließlich den Befund

$$4\pi \overset{\langle q\rangle}{\mathbb{V}}(\mathbf{r}_\alpha) = - \int_{(B)} \frac{\Delta \overset{\langle q\rangle}{\mathbb{V}}}{|\mathbf{r} - \mathbf{r}_\alpha|} dV + \sum_{j=1}^{n_B} \oint\!\!\oint_{f_j(B)} \left[\frac{\partial \overset{\langle q\rangle}{\mathbb{V}} / \partial s_n}{|\mathbf{r}-\mathbf{r}_\alpha|} - \overset{\langle q\rangle}{\mathbb{V}} \frac{\partial}{\partial s_n} \frac{1}{|\mathbf{r}-\mathbf{r}_\alpha|} \right] df$$

für alle $\mathbf{r}_\alpha$ innerhalb von (B), (4.4d)

der letztlich komplettiert wird durch

$$2\pi \overset{\langle q\rangle}{\mathbb{V}}(\mathbf{r}_\alpha) = - \int_{(B)} \frac{\Delta \overset{\langle q\rangle}{\mathbb{V}}}{|\mathbf{r} - \mathbf{r}_\alpha|} dV + \sum_{j=1}^{n_B} \oint\!\!\oint_{f_j(B)} \left[\frac{\partial \overset{\langle q\rangle}{\mathbb{V}} / \partial s_n}{|\mathbf{r}-\mathbf{r}_\alpha|} - \overset{\langle q\rangle}{\mathbb{V}} \frac{\partial}{\partial s_n} \frac{1}{|\mathbf{r}-\mathbf{r}_\alpha|} \right] df$$

für alle $\mathbf{r}_\alpha$, die auf Oberflächen $f_j(B)$ liegen[8] [12] . (4.4e)

Mit $\mathbf{r}$ anstelle von $\mathbf{r}_\alpha$ und $\mathbf{r}'$ anstelle von $\mathbf{r}$ sowie den entsprechenden auf die Variable $\mathbf{r}'$ bezogenen Operationen Δ', ∇', $\partial/\partial s_n'$, dV', df' anstelle von Δ, ∇, $\partial/\partial s_n$, dV, df gelten also, die Aussagen (4.4b,d,e) zusammenfassend,

$$- \int_{(B)} \frac{\Delta' \overset{\langle q\rangle}{\mathbb{V}}(\mathbf{r}')}{|\mathbf{r}' - \mathbf{r}|} dV' + \sum_{j=1}^{n_B} \oint\!\!\oint_{f_j(B)} \left[\frac{\partial \overset{\langle q\rangle}{\mathbb{V}} / \partial s_n'}{|\mathbf{r}'-\mathbf{r}|} - \overset{\langle q\rangle}{\mathbb{V}}(\mathbf{r}') \frac{\partial}{\partial s_n'} \frac{1}{|\mathbf{r}'-\mathbf{r}|} \right] df' \equiv$$

---

6) dies entsteht mit $\overset{\langle q\rangle}{\mathbb{V}}(\mathbf{r}) \approx \overset{\langle q\rangle}{\mathbb{V}}(\mathbf{r}_\alpha) + (\mathbf{r}-\mathbf{r}_\alpha)\cdot(\nabla\circ \overset{\langle q\rangle}{\mathbb{V}})_{\mathbf{r}_\alpha} = \overset{\langle q\rangle}{\mathbb{V}}(\mathbf{r}_\alpha) - a\, \mathbf{n}_K\cdot(\nabla\circ \overset{\langle q\rangle}{\mathbb{V}})_{\mathbf{r}_\alpha}$ unter

Beachtung von $\oint\!\!\oint_{(f_{K\alpha})} df_K/a^2 = 4\pi$, $\oint\!\!\oint_{(f_{K\alpha})} \frac{\mathbf{n}_K\, df_K}{a} \equiv \oint\!\!\oint_{(f_{K\alpha})} d\mathbf{f}_K/a = 0$

7) man benutze $\left[\frac{\partial \overset{\langle q\rangle}{\mathbb{V}}}{\partial s_{nK}}\right]_{\mathbf{r}} = \mathbf{n}_K\cdot\left[\nabla\circ \overset{\langle q\rangle}{\mathbb{V}}\right]_{\mathbf{r}} \approx \mathbf{n}_K\cdot\left[(\nabla\circ \overset{\langle q\rangle}{\mathbb{V}})_{\mathbf{r}_\alpha} + (\mathbf{r}-\mathbf{r}_\alpha)\cdot(\nabla\circ\nabla\circ \overset{\langle q\rangle}{\mathbb{V}})_{\mathbf{r}_\alpha}\right] =$

$= \mathbf{n}_K\cdot(\nabla\circ \overset{\langle q\rangle}{\mathbb{V}})_{\mathbf{r}_\alpha} - a\, \mathbf{n}_K\circ \mathbf{n}_K \cdot\cdot(\nabla\circ\nabla\circ \overset{\langle q\rangle}{\mathbb{V}})_{\mathbf{r}_\alpha}$ und beachte

$\lim_{a\to 0} \oint\!\!\oint_{(f_{K\alpha})} \frac{\mathbf{n}_K\, df_K}{a} = \lim_{a\to 0} \oint\!\!\oint_{(f_{K\alpha})} \frac{d\mathbf{f}_K}{a} = 0$ sowie $\lim_{a\to 0} \oint\!\!\oint_{(f_{K\alpha})} df_K\, \mathbf{n}_K\circ \mathbf{n}_K = 0$,

was man etwa unter Benutzung von Kugelkoordinaten wegen $df_K = a^2 \sin\vartheta\, d\varphi\, d\vartheta$ sogleich erkennt.

8) Die entsprechende Herleitung benutzt eine zunächst den Randpunkt $\mathbf{r}_\alpha$ ausschließende infinitesimale Halbkugel.

$$\equiv -\int_{(B)} \frac{\Delta'\overset{\langle q\rangle}{\mathbb{V}}(\mathbb{r}')}{|\mathbb{r}'-\mathbb{r}|}\,dV' + \sum_{j=1}^{n_B} \oint\!\!\oint_{f_j(B)} \frac{\partial}{\partial s'_n}\left(|\mathbb{r}'-\mathbb{r}|\,\overset{\langle q\rangle}{\mathbb{V}}(\mathbb{r}')\right)\frac{df'}{|\mathbb{r}'-\mathbb{r}|^2} = \begin{cases} 4\pi\,\overset{\langle q\rangle}{\mathbb{V}}(\mathbb{r}) \\ 2\pi\,\overset{\langle q\rangle}{\mathbb{V}}(\mathbb{r}) \\ 0\ , \end{cases} \tag{4.5a}$$

je nachdem ob $\mathbb{r}$ im Innern von (B), auf einer der Oberflächen $f_j(B)$, $j = 1,\dots,n_B$, oder außerhalb von (B) liegt, und insbesondere, wenn der Definitionsbereich (B) von $\overset{\langle q\rangle}{\mathbb{V}}$ den gesamten Raum umfaßt, und man verlangt, daß $\overset{\langle q\rangle}{\mathbb{V}}(\mathbb{r})$ für $\mathbb{r} \to \infty$ in der Form $\overset{\langle q\rangle}{\mathbb{V}}_\infty/|\mathbb{r}|$ oder stärker als mit $1/|\mathbb{r}|$ gegen Null gehen soll,

$$\overset{\langle q\rangle}{\mathbb{V}}(\mathbb{r}) =^{9)} -\frac{1}{4\pi}\int_{(B_\infty)} \frac{\Delta'\,\overset{\langle q\rangle}{\mathbb{V}}(\mathbb{r}')\,dV'}{|\mathbb{r}'-\mathbb{r}|}\,. \tag{4.5b}$$

Formel (4.5a) bleibt sinngemäß erhalten in der Form

$$-\int_{(B_{[K]})} \frac{\Delta'\overset{\langle q\rangle}{\mathbb{V}}(\mathbb{r}')\,dV'}{|\mathbb{r}'-\mathbb{r}|} + \left[\oint\!\!\oint_{(f)} + \sum_{j=1}^{k-1}\oint\!\!\oint_{f_j(B)}\right]\left[\frac{\partial\overset{\langle q\rangle}{\mathbb{V}}(\mathbb{r}')/\partial s'_n}{|\mathbb{r}'-\mathbb{r}|} - \overset{\langle q\rangle}{\mathbb{V}}(\mathbb{r}')\frac{\partial}{\partial s'_n}\frac{1}{|\mathbb{r}'-\mathbb{r}|}\right]df' =$$

$$= \begin{cases} 4\pi\,\overset{\langle q\rangle}{\mathbb{V}}(\mathbb{r}) & \text{für } \mathbb{r} \text{ innerhalb von } B_{[k]} \\ 2\pi\,\overset{\langle q\rangle}{\mathbb{V}}(\mathbb{r}) & \text{für } \mathbb{r} \text{ auf einer der Oberflächen von } B_{[k]} \\ 0 & \text{für } \mathbb{r} \text{ außerhalb von } B_{[k]}\ , \end{cases} \tag{4.5c}$$

wenn man anstelle von (B) ein k–fach (durch eine äußere Randfläche f und (k–1) innere Oberflächen f_j, j = 1,...,(k–1)) begrenztes Teil–Volumen $(B_{[k]})$ von (B) in Betracht nimmt.

Benutzt man übrigens in (4.5a)

$$\sum_{j=1}^{n_B}\oint\!\!\oint_{f_j(B)} \frac{\partial\overset{\langle q\rangle}{\mathbb{V}}(\mathbb{r}')/\partial s'_n}{|\mathbb{r}'-\mathbb{r}|}\,df' = \sum_{j=1}^{n_B}\oint\!\!\oint_{f_j(B)} \frac{\mathbb{n}'\cdot(\mathbb{V}'\circ\overset{\langle q\rangle}{\mathbb{V}}(\mathbb{r}'))}{|\mathbb{r}'-\mathbb{r}|}\,df' =^{10)} \int_{(B)} \mathbb{V}'\cdot\left[\frac{\mathbb{V}'\circ\overset{\langle q\rangle}{\mathbb{V}}(\mathbb{r}')}{|\mathbb{r}'-\mathbb{r}|}\right]dV' =$$

$$= \int_{(B)} \frac{\Delta'\overset{\langle q\rangle}{\mathbb{V}}(\mathbb{r}')\,dV'}{|\mathbb{r}'-\mathbb{r}|} + \int_{(B)}\left[\mathbb{V}'\frac{1}{|\mathbb{r}'-\mathbb{r}|}\right]\cdot(\mathbb{V}'\circ\overset{\langle q\rangle}{\mathbb{V}}(\mathbb{r}'))\,dV' =$$

$$= \int_{(B)} \frac{\Delta'\overset{\langle q\rangle}{\mathbb{V}}(\mathbb{r}')\,dV'}{|\mathbb{r}'-\mathbb{r}|} - \mathbb{V}\cdot\int_{(B)}\left[\frac{\mathbb{V}'\circ\overset{\langle q\rangle}{\mathbb{V}}(\mathbb{r}')}{|\mathbb{r}'-\mathbb{r}|}\right]dV'\,, \tag{4.6a}$$

---

9) Mit $|\mathbb{r}'-\mathbb{r}| \to |\mathbb{r}'|$ gilt dann nämlich für das (in der ersten Version von (4.5a)!) allein verbleibende Oberflächenintegral längs der unendlich–fernen Oberfläche f_∞

$$\int_{(f_\infty)} \frac{\partial}{\partial s'_n}\left(|\mathbb{r}'|\,\mathbb{V}_\infty/|\mathbb{r}'|^{\alpha}\right)\frac{df}{|\mathbb{r}'|^2}\,,$$

was für $\alpha \geq 1$ im Falle $|\mathbb{r}'|\to\infty$ verschwindet, indem man beachtet, daß das (etwa in Kugelkoordinaten dargestellte) Oberflächenelement df' grundsätzlich proportional zu $|\mathbb{r}'|^2$ ist.

10) Man verwende den Gaußschen Satz

indem man mit dem Ableitungen nach $\mathbb{r}$ definierenden Operator $\mathbb{V}$ die Identität

$$\mathbb{V}' \frac{1}{|\mathbb{r}'-\mathbb{r}|} = - \mathbb{V} \frac{1}{|\mathbb{r}'-\mathbb{r}|} \tag{4.6b}$$

beachtet, so entsteht unter Benutzung desweiteren von

$$\oint\!\!\oint_{f_j} \overset{<q>}{\mathbb{V}}(\mathbb{r}') \frac{\partial}{\partial s'_n} \frac{1}{|\mathbb{r}'-\mathbb{r}|} df' = \oint\!\!\oint_{f_j} \overset{<q>}{\mathbb{V}}(\mathbb{r}')(\mathbb{n}'\cdot\mathbb{V}') \left[\frac{1}{|\mathbb{r}'-\mathbb{r}|}\right] df' \overset{(4.6b)}{\equiv} - \mathbb{V}\cdot \oint\!\!\oint_{f_j} \frac{\mathbb{n}'\circ \overset{<q>}{\mathbb{V}}(\mathbb{r}')}{|\mathbb{r}'-\mathbb{r}|} df'$$

$$- \mathbb{V}\cdot\left\{ \int_{(B)} \frac{\mathbb{V}'\circ \overset{<q>}{\mathbb{V}}(\mathbb{r}')}{|\mathbb{r}'-\mathbb{r}|} dV' - \sum_{j=1}^{n_B} \oint\!\!\oint_{f_j(B)} \frac{\mathbb{n}'\circ \overset{<q>}{\mathbb{V}}(\mathbb{r}')}{|\mathbb{r}'-\mathbb{r}|} df'\right\} = \begin{cases} 4\pi \overset{<q>}{\mathbb{V}}(\mathbb{r}) \\ 2\pi \overset{<q>}{\mathbb{V}}(\mathbb{r}) \\ 0 \end{cases} \tag{4.6c}$$

und mit $$\int_{(B)} \frac{\mathbb{V}'\circ \overset{<q>}{\mathbb{V}}(\mathbb{r}')}{|\mathbb{r}'-\mathbb{r}|} dV' \equiv \int_{(B)} \left\{ \underline{\mathbb{V}'\circ \left[\frac{\overset{<q>}{\mathbb{V}}(\mathbb{r}')}{|\mathbb{r}'-\mathbb{r}|}\right]} - \left[\mathbb{V}' \frac{1}{|\mathbb{r}'-\mathbb{r}|}\right] \circ \overset{<q>}{\mathbb{V}}(\mathbb{r}') \right\} dV \equiv$$

$$\equiv^{11)} \sum_{j=1}^{n_B} \oint\!\!\oint_{f_j(B)} \frac{\mathbb{n}'\circ \overset{<q>}{\mathbb{V}}(\mathbb{r}')}{|\mathbb{r}'-\mathbb{r}|} df' + \mathbb{V}\circ \int_{(B)} \frac{\overset{<q>}{\mathbb{V}}(\mathbb{r}')}{|\mathbb{r}'-\mathbb{r}|} dV'$$

schließlich aus (4.6c) mit $\mathrm{divgrad} = \Delta$ die Identität[12)]

$$- \Delta \int_{(B)} \frac{\overset{<q>}{\mathbb{V}}(\mathbb{r}')}{|\mathbb{r}'-\mathbb{r}|} dV' = \begin{cases} 4\pi \overset{<q>}{\mathbb{V}}(\mathbb{r}) & \text{für Pkte } \mathbb{r} \text{ innerhalb von } (B) \\ 2\pi \overset{<q>}{\mathbb{V}}(\mathbb{r}) & \text{" " " auf einer der Oberflächen von } (B) \\ 0 & \text{" " " außerhalb von } (B)\ , \end{cases} \tag{4.7}$$

die man mit konkreter Rechnung — beispielhaft jetzt nur für den Fall innerhalb von (B) liegender Punkte $\mathbb{r}$ — auch wie folgt erschließt: Schließt man bei der in (4.7) über (B) vorzunehmenden Volumen–Integration zunächst einen den Punkt $\mathbb{r}' = \mathbb{r}$ infinitesimal umhüllenden (etwa kugelförmigen) Bereich ΔV_K aus, so erkennt man, weil für $\mathbb{r}' \neq \mathbb{r}$ die Größe $\Delta(1/|\mathbb{r}'-\mathbb{r}|)$ korrekt verschwindet (vgl. (4.4a)), daß ein durch das Volumenintegral anfallender "Beitrag" zu $4\pi \overset{<q>}{\mathbb{V}}(\mathbb{r})$ allenfalls geliefert werden kann, eben gerade allein von dem zunächst ausgeschlossenen "Infinitesimalvolumen" ΔV_K mit "Konvergenzpunkt" $\mathbb{r}$, daß also

---

11) Man wende auf den ersten Faktor (gestrichelt) den Gaußschen Satz an, während für den zweiten Term (4.6b) beachtet wird.

12) und desweiteren — man setze (4.7) mit (4.5a) gleich —

$$\Delta \int_{(B)} \frac{\overset{<q>}{\mathbb{V}}(\mathbb{r}')}{|\mathbb{r}'-\mathbb{r}|} dV' = \int_{(B)} \frac{\Delta' \overset{<q>}{\mathbb{V}}(\mathbb{r}')}{|\mathbb{r}'-\mathbb{r}|} dV' - \sum_{j=1}^{n_B} \oint\!\!\oint_{f_j(B)} \left[\frac{\partial \overset{<q>}{\mathbb{V}}(\mathbb{r}')/\partial s'_n}{|\mathbb{r}'-\mathbb{r}|} - \overset{<q>}{\mathbb{V}}(\mathbb{r}') \frac{\partial}{\partial s'_n} \frac{1}{|\mathbb{r}'-\mathbb{r}|} \right] df'. \tag{4.7a}$$

$$\Delta \int_{(B)} \frac{\overset{<q>}{\mathbb{V}}(\mathbb{r}')}{|\mathbb{r}'-\mathbb{r}|} dV' = \Delta\left[\lim_{\Delta V_K \to 0} \int_{(\Delta V_K)} \frac{\overset{<q>}{\mathbb{V}}(\mathbb{r}')}{|\mathbb{r}'-\mathbb{r}|} dV'\right] \overset{(4.7)}{=} -4\pi \overset{<q>}{\mathbb{V}}(\mathbb{r}) \quad (4.7b)$$

gelten muß; und dies realisiert man mit

$$\Delta\left[\lim_{\Delta V_K \to 0} \int_{(\Delta V_K)} \frac{\overset{<q>}{\mathbb{V}}(\mathbb{r}')}{|\mathbb{r}'-\mathbb{r}|} dV'\right] = \overset{<q>}{\mathbb{V}}(\mathbb{r})\, \Delta\left[\lim_{\Delta V_K \to 0} \int_{(\Delta V_K)} \frac{dV'}{|\mathbb{r}'-\mathbb{r}|}\right] \equiv$$

$$\overset{13)}{\equiv} \overset{<q>}{\mathbb{V}}(\mathbb{r}) \lim_{\Delta V_K \to 0} \int_{(\Delta V_K)} \Delta' \frac{dV'}{|\mathbb{r}'-\mathbb{r}|} \overset{14)}{=} \overset{<q>}{\mathbb{V}}(\mathbb{r}) \lim_{\Delta V_K \to 0} \oint\!\!\oint_{\Delta f_k(\Delta V_K)} \mathbb{n}' \cdot \nabla'\left[\frac{1}{|\mathbb{r}'-\mathbb{r}|}\right] df' =$$

$$\overset{15)}{=} - \overset{<q>}{\mathbb{V}}(\mathbb{r}) \lim_{a \to 0} \oint\!\!\oint_{\Delta f_k(\Delta V_K)} \frac{df'}{a^2}$$

unter Beachtung von

$$\lim_{a \to 0} \oint\!\!\oint_{\Delta f_k(\Delta V_K)} \frac{df'}{a^2} = 4\pi$$

denn auch in der Tat, analog die zweite Version von (4.7), wenn man einen Oberflächen—Randpunkt $\mathbb{r}$ zunächst durch eine infinitesimale Halbkugel ausgrenzt. Die dritte Version von (4.7) ist wegen $\Delta \frac{1}{|\mathbb{r}'-\mathbb{r}|} = 0$ für $\mathbb{r} \neq \mathbb{r}'$ (vgl. (4.4a)) trivial.[16]

Benutzt man in (4.7) (etwa die erste Version) die Identität $\Delta \equiv \text{div grad} = \text{grad div} - \text{rot rot}$ nach (3.45a), so entsteht als eine spezielle Version des Helmholtzschen Darstellungssatzes

$$\overset{<q>}{\mathbb{V}}(\mathbb{r}) = \nabla \circ \overset{<q-1>}{\mathbb{P}} + \nabla \times \overset{<q>}{\mathbb{B}} \quad \text{mit} \quad \nabla \cdot \overset{<q>}{\mathbb{B}} = 0 \quad \text{in } (B) \quad (4.7c,d)$$

mit

$$4\pi \overset{<q-1>}{\mathbb{P}} = -\nabla \cdot \int_{(B)} \frac{\overset{<q>}{\mathbb{V}}(\mathbb{r}')dV'}{|\mathbb{r}'-\mathbb{r}|} \equiv -\int_{(B)} \nabla\left[\frac{1}{|\mathbb{r}'-\mathbb{r}|}\right] \cdot \overset{<q>}{\mathbb{V}}(\mathbb{r}')dV' \equiv \int_{(B)} \nabla'\left[\frac{1}{|\mathbb{r}'-\mathbb{r}|}\right] \cdot \overset{<q>}{\mathbb{V}}(\mathbb{r}')dV' \equiv$$

$$\equiv \int_{(B)} \left\{\nabla' \cdot \left[\frac{\overset{<q>}{\mathbb{V}}(\mathbb{r}')}{|\mathbb{r}'-\mathbb{r}|}\right] - \frac{\nabla' \cdot \overset{<q>}{\mathbb{V}}(\mathbb{r}')}{|\mathbb{r}'-\mathbb{r}|}\right\} dV' = -\int_{(B)} \frac{\nabla' \cdot \overset{<q>}{\mathbb{V}}(\mathbb{r}')}{|\mathbb{r}'-\mathbb{r}|} dV' + \sum_{j=1}^{n_B} \oint\!\!\oint_{f_j(B)} \frac{\mathbb{n}' \cdot \overset{<q>}{\mathbb{V}}(\mathbb{r}')}{|\mathbb{r}'-\mathbb{r}|} df'$$

(4.7e)

---

13) Man benutze $\Delta \frac{1}{|\mathbb{r}'-\mathbb{r}|} = \Delta' \frac{1}{|\mathbb{r}'-\mathbb{r}|}$

14) Man benutze den Gaußschen Satz

15) Man benutze $\nabla' \frac{1}{|\mathbb{r}'-\mathbb{r}|} = -\frac{\mathbb{r}'-\mathbb{r}}{|\mathbb{r}'-\mathbb{r}|^3}$, verwende etwa eine infinitesimale Kugel mit Radius $a = |\mathbb{r}'-\mathbb{r}|$, womit $\mathbb{n}' = (\mathbb{r}'-\mathbb{r})/|\mathbb{r}'-\mathbb{r}|$ als jeweilige äußere Flächennormale zu benutzen ist

16) Daß die vorangehenden Nachweise richtig bleiben für beliebige den Punkt $\mathbb{r}$ umhüllende Flächen anstelle der hier benutzten Kugelflächen leuchtet unmittelbar ein, wenn man beliebige Flächen durch Kugeloberflächen— und entsprechende "Radialflächen"—Anteile aufbaut; längs Letzterer wird wegen $\mathbb{n}' \cdot (\mathbb{r}'-\mathbb{r}) = 0$ kein Anteil zu den jeweiligen Oberflächenintegralen geliefert.

und

$$4\pi \overset{\langle q\rangle}{\mathbb{B}} = \nabla\times \int_{(B)} \frac{\overset{\langle q\rangle}{\mathbb{V}}(\mathbf{r}')}{|\mathbf{r}'-\mathbf{r}|}\,dV' \equiv \int_{(B)} \nabla\left[\frac{1}{|\mathbf{r}'-\mathbf{r}|}\right]\times \overset{\langle q\rangle}{\mathbb{V}}(\mathbf{r}')\,dV' \equiv -\int_{(B)} \nabla'\left[\frac{1}{|\mathbf{r}'-\mathbf{r}|}\right]\times \overset{\langle q\rangle}{\mathbb{V}}(\mathbf{r}')\,dV' \equiv$$

$$\equiv -\int_{(B)}\left\{\nabla'\times\left[\frac{\overset{\langle q\rangle}{\mathbb{V}}(\mathbf{r}')}{|\mathbf{r}'-\mathbf{r}|}\right] - \frac{\nabla'\times \overset{\langle q\rangle}{\mathbb{V}}(\mathbf{r}')}{|\mathbf{r}'-\mathbf{r}|}\right\}dV' = \int_{(B)} \frac{\nabla'\times \overset{\langle q\rangle}{\mathbb{V}}(\mathbf{r}')}{|\mathbf{r}'-\mathbf{r}|}\,dV' - \sum_{j=1}^{n_B} \oint\!\!\oint_{f_j(B)} \frac{\mathbf{n}'\times \overset{\langle q\rangle}{\mathbb{V}}(\mathbf{r}')}{|\mathbf{r}'-\mathbf{r}|}\,df', \tag{4.7f}$$

wonach ein in einem Bereich (B) definiertes Feld $\overset{\langle q\rangle}{\mathbb{V}}(\mathbf{r})$ generell als Summe eines Gradienten– und eines Rotorfeldes dargestellt werden kann, wobei letztere Felder festliegen im Falle vorgegebener Feldvorgaben $\nabla\cdot\overset{\langle q\rangle}{\mathbb{V}}$ und $\nabla\times\overset{\langle q\rangle}{\mathbb{V}}$ und vorgegebener Randwerte für $\overset{\langle q\rangle}{\mathbb{V}}$.

Unter Benutzung von $\nabla'(1/|\mathbf{r}'-\mathbf{r}|) = -(\mathbf{r}'-\mathbf{r})/|\mathbf{r}'-\mathbf{r}|^3$ in den jeweils dritten Versionen von (4.7e,f) findet man noch

$$4\pi \overset{\langle q-1\rangle}{\mathbb{P}}(\mathbf{r}) = -\int_{(B)} \frac{\mathbf{r}'-\mathbf{r}}{|\mathbf{r}'-\mathbf{r}|^3}\cdot \overset{\langle q\rangle}{\mathbb{V}}(\mathbf{r}')\,dV' ,\quad 4\pi \overset{\langle q\rangle}{\mathbb{B}}(\mathbf{r}) = \int_{(B)} \frac{\mathbf{r}'-\mathbf{r}}{|\mathbf{r}'-\mathbf{r}|^3}\times \overset{\langle q\rangle}{\mathbb{V}}(\mathbf{r}')\,dV'. \tag{4.7g,h}$$

Mit

4.4.1.b mehrfachen Divergenzbildungen

ausgerüstete Identitäten bekommt man auf der Basis von z. B. [17]

$$\operatorname{div}\left[\overset{\langle q+2\rangle}{\mathbb{S}} \underbrace{\cdots\cdots}_{(q+1)} (\nabla\circ \overset{\langle q\rangle}{\mathbb{V}})^T\right] = \nabla\cdot\left[\overset{\langle q+2\rangle}{\mathbb{S}} \underbrace{\cdots\cdots}_{(q+1)} (\overset{\langle q\rangle}{\mathbb{V}}{}^T\circ\nabla)\right] \equiv$$

$$\equiv (\nabla\cdot\overset{\langle q+2\rangle}{\mathbb{S}}) \underbrace{\cdots\cdots}_{(q+1)} (\nabla\circ \overset{\langle q\rangle}{\mathbb{V}})^T + \overset{\langle q+2\rangle}{\mathbb{S}} \underbrace{\cdots\cdots}_{(q+2)} (\nabla\circ\nabla\circ \overset{\langle q\rangle}{\mathbb{V}})^T , \tag{4.8a}$$

indem man hierin noch

$$(\nabla\cdot\overset{\langle q+2\rangle}{\mathbb{S}}) \underbrace{\cdots\cdots}_{(q+1)} (\nabla\circ \overset{\langle q\rangle}{\mathbb{V}})^T \equiv (\nabla\cdot\overset{\langle q+2\rangle}{\mathbb{S}}) \underbrace{\cdots\cdots}_{(q+1)} (\overset{\langle q\rangle}{\mathbb{V}}{}^T\circ\nabla) - (\nabla\cdot\overset{\langle q+2\rangle}{\mathbb{S}}) \underbrace{\cdots\cdots}_{(q+1)} (\overset{\langle q\rangle}{\mathbb{V}}{}^T\circ\nabla) =$$

$$= \nabla\cdot\left[(\nabla\cdot\overset{\langle q+2\rangle}{\mathbb{S}}) \underbrace{\cdots\cdots}_{(q)} \overset{\langle q\rangle}{\mathbb{V}}{}^T\right] - \left[\nabla\cdot(\nabla\cdot\overset{\langle q+2\rangle}{\mathbb{S}})\right] \underbrace{\cdots\cdots}_{(q)} \overset{\langle q\rangle}{\mathbb{V}}{}^T \tag{4.8b}$$

benutzt, also, gleichwertig mit (4.8a)

$$\nabla\cdot\left[-(\nabla\cdot\overset{\langle q+2\rangle}{\mathbb{S}}) \underbrace{\cdots\cdots}_{(q)} \overset{\langle q\rangle}{\mathbb{V}}{}^T + \overset{\langle q+2\rangle}{\mathbb{S}} \underbrace{\cdots\cdots}_{(q+1)} (\nabla\circ \overset{\langle q\rangle}{\mathbb{V}})^T\right] = -\left[\nabla\cdot(\nabla\cdot\overset{\langle q+2\rangle}{\mathbb{S}})\right] \underbrace{\cdots\cdots}_{(q)} \overset{\langle q\rangle}{\mathbb{V}}{}^T +$$

---

17) Man ersetze in (4.1a) $\overset{\langle q+1\rangle}{\mathbb{S}}$ durch $\overset{\langle q+2\rangle}{\mathbb{S}}$ und $\overset{\langle q\rangle}{\mathbb{V}}$ durch $\nabla\circ\overset{\langle q\rangle}{\mathbb{V}}$

$$+\overset{\langle q+2\rangle}{\$}\underbrace{\cdots\cdots}_{(q+2)}(\nabla\circ\nabla\circ\overset{\langle q\rangle}{\mathbb{V}})^{T} \tag{4.8c}$$

schreibt, und diese Identität zu (4.1a) addiert. Es entsteht

$$\nabla\cdot\Big[(\overset{\langle q+1\rangle}{\$}-\nabla\cdot\overset{\langle q+2\rangle}{\$})\underbrace{\cdots\cdots}_{(q)}\overset{\langle q\rangle}{\mathbb{V}}^{T}+\overset{\langle q+2\rangle}{\$}\underbrace{\cdots\cdots}_{(q+1)}(\nabla\circ\overset{\langle q\rangle}{\mathbb{V}})^{T}\Big]= \tag{4.8d}$$

$$=\Big\{\nabla\cdot\Big[\overset{\langle q+1\rangle}{\$}-(\nabla\cdot\overset{\langle q+2\rangle}{\$})\Big]\Big\}\underbrace{\cdots\cdots}_{(q)}\overset{\langle q\rangle}{\mathbb{V}}^{T}+\overset{\langle q+1\rangle}{\$}\underbrace{\cdots\cdots}_{(q+1)}(\nabla\circ\overset{\langle q\rangle}{\mathbb{V}})^{T}+\overset{\langle q+2\rangle}{\$}\underbrace{\cdots\cdots}_{(q+2)}(\nabla\circ\nabla\circ\overset{\langle q\rangle}{\mathbb{V}})^{T}$$

und daraus nach Integration über das Bereichsvolumen (B) unter Benutzung des Gaußschen Satzes die Greensche Formel

$$\int_{(B)}\Big\{\Big[\nabla\cdot\Big[\overset{\langle q+1\rangle}{\$}-(\nabla\cdot\overset{\langle q+2\rangle}{\$})\Big]\Big]\underbrace{\cdots}_{(q)}\overset{\langle q\rangle}{\mathbb{V}}^{T}+\overset{\langle q+1\rangle}{\$}\underbrace{\cdots\cdots}_{(q+1)}(\nabla\circ\overset{\langle q\rangle}{\mathbb{V}})^{T}+\overset{\langle q+2\rangle}{\$}\underbrace{\cdots\cdots}_{(q+2)}(\nabla\circ\nabla\circ\overset{\langle q\rangle}{\mathbb{V}})^{T}\Big\}\,dV=$$

$$=\sum_{j=1}^{n_B}\;\oint\!\!\oint_{f_j(B)}\mathbb{n}\cdot\Big\{\Big[\overset{\langle q+1\rangle}{\$}-(\nabla\cdot\overset{\langle q+2\rangle}{\$})\Big]\underbrace{\cdots\cdots}_{(q)}\overset{\langle q\rangle}{\mathbb{V}}^{T}+\overset{\langle q+2\rangle}{\$}\underbrace{\cdots\cdots}_{(q+1)}(\nabla\circ\overset{\langle q\rangle}{\mathbb{V}})^{T}\Big\}\,df. \tag{4.8e}$$

Eine entsprechende Verallgemeinerung des hier aufgezeigten Herleitungsmechanismus ergibt den folgenden Befund:

Bildet man aus einer Serie $(q+1+\nu)$-stufiger tensorwertiger Feldgrößen $\overset{\langle q+1+\nu\rangle}{\$}$, $\nu = 0...n-1$, die Hilfsgrößen

$$\overset{\langle q+1+\nu\rangle}{\$_{\Sigma}}=\overset{\langle q+1+\nu\rangle}{\$}-\nabla\cdot\overset{\langle q+2+\nu\rangle}{\$}+\nabla\cdot\Big[\nabla\cdot\overset{\langle q+3+\nu\rangle}{\$}\Big]-\ldots+(-1)^{n-1-\nu}\underbrace{\Big\{\nabla\cdot\Big[\nabla\cdot(\cdots\cdot(\nabla\cdot\overset{\langle q+n\rangle}{\$}))\Big]\Big\}}_{(n-1-\nu)},$$

$$\tag{4.8f}$$

worin der unterstrichelte Term eine $(n-1-\nu)$-mal wiederholte linksseitige Divergenzoperation am Operator $\overset{\langle q+n\rangle}{\$}$ symbolisieren soll, so gilt in Verallgemeinerung von (4.8e)

$$\int_{(B)}\Big\{\sum_{\nu=0}^{n-1}\Big[\nabla\cdot\overset{\langle q+1+\nu\rangle}{\$_{\Sigma}}\Big]\underbrace{\cdots\cdots}_{(q+\nu)}\Big[\underbrace{\nabla\circ\ldots\circ\nabla\circ}_{(\nu)}\overset{\langle q\rangle}{\mathbb{V}}\Big]^{T}+$$

$$+\sum_{\nu=0}^{n-1}\overset{\langle q+1+\nu\rangle}{\$}\underbrace{\cdots\cdots\cdots}_{(q+\nu+1)}\Big[\underbrace{\nabla\circ\nabla\circ\ldots\circ\nabla\circ}_{(\nu+1)}\overset{\langle q\rangle}{\mathbb{V}}\Big]^{T}\Big\}\,dV$$

$$=\sum_{j=1}^{n_B}\;\oint\!\!\oint_{f_j(B)}\mathbb{n}\cdot\sum_{\nu=0}^{n-1}\overset{\langle q+1+\nu\rangle}{\$_{\Sigma}}\underbrace{\cdots\cdots}_{(q+\nu)}\Big[\underbrace{\nabla\circ\ldots\circ\nabla\circ}_{(\nu)}\overset{\langle q\rangle}{\mathbb{V}}\Big]^{T}df. \tag{4.8g}$$

Im Hinblick auf die Frage der zur eindeutigen Lösung von Feldgleichungen von höherer als zweiter Ordnung[18] erforderlichen Randwertaussagen ist es bedeutsam, daß sich die in (4.8g) aufscheinenden Oberflächenintegrale grundsätzlich in der Form

$$\sum_{j=1}^{n_B} \oint\!\!\oint_{f_j(B)} \Big[\mathbb{n} \cdot \sum_{\nu=0}^{n-1} \overset{\langle q+1+\nu\rangle}{\$}_{\Sigma} \underbrace{\cdots\cdot}_{(q+\nu)} \Big[\underbrace{\nabla\circ \ldots \circ \nabla\circ \overset{\langle q\rangle}{\mathbb{V}}}_{(\nu)} \Big]^{T} df = \sum_{j=1}^{n_B} \oint\!\!\oint_{f_j(B)} \sum_{\nu=0}^{n-1} \overset{\langle q\rangle}{\$}{}_{\nu}^{TT} \underbrace{\cdots}_{(q)} \frac{\partial^{\nu} \overset{\langle q\rangle}{\mathbb{V}}{}^{T}}{\partial s_n^{\nu}} df \tag{4.8h}$$

schreiben lassen, d. h. als Summen von Produkten der Normalableitungen $\partial^{\nu} \overset{\langle q\rangle}{\mathbb{V}} / \partial s_n^{\nu}$, $\nu = 0...n-1$, mit entsprechenden dualen Randgrößen $\overset{\langle q\rangle}{\$}{}_{\nu}^{TT}$, $\nu = 0...(n-1)$, die nach einem Vorschlag in [13] als Thomson-Taitsche Randgrößen bezeichnet werden[19]. Letztere lassen sich wahlweise in Termen der Größen $\overset{\langle q+1+\nu\rangle}{\$}$ bzw. der Größen $\overset{\langle q+1+\nu\rangle}{\$}_{\Sigma}$ ausdrücken, wobei Grundlage für die Umformung (4.8h) der Integralsatz

$$\oint\!\!\oint_{(f)} (\nabla_{(2)} + 2H\,\mathbb{n}) \otimes \Phi\, df \overset{(6.6e)}{\equiv} \oint\!\!\oint_{(f)} \nabla_{(2)} \cdot (\mathbb{E}_{(2)} \otimes \Phi) df = 0 \tag{4.9a}$$

(vgl. 6.14) ist. Darin bedeuten $H = -(\nabla_{(2)} \cdot \mathbb{n})/2$ die mittlere Oberflächenkrümmung, $\mathbb{n}$ die jeweils aus (B) herausweisende Oberflächennormale, $\otimes$ eine beliebige Produktbildung an einer beliebigen Feldgröße (Φ), $\mathbb{E}_{(2)} = \mathbb{E} - \mathbb{n}\circ\mathbb{n}$ die in der jeweiligen Oberflächen-Tangentialebene definierte, "lokal-planare Einheitsoperation" und schließlich $\nabla_{(2)}$ den planaren Operator

$$\nabla_{(2)} = \nabla - \mathbb{n} \frac{\partial}{\partial s_n} = \mathbb{E}_{(2)} \cdot \nabla \overset{20)}{=} \mathbb{e}_{\langle\alpha\rangle} \frac{\partial}{\partial s_{\langle\alpha\rangle}} + \mathbb{e}_{\langle\beta\rangle} \frac{\partial}{\partial s_{\langle\beta\rangle}} . \tag{4.9b}$$

In Termen von $\overset{\langle q+1+\nu\rangle}{\$}_{\Sigma}$ bekommt man

$$\overset{\langle q\rangle}{\$}{}_{0}^{TT} = \mathbb{n} \cdot \overset{\langle q+1\rangle}{\$}_{\Sigma} - (\nabla_2 + 2H\,\mathbb{n}) \cdot (\mathbb{n} \cdot \overset{\langle q+2\rangle}{\$}_{\Sigma}) + (\nabla_2 + 2H\,\mathbb{n}) \circ (\nabla_2 + 2H\,\mathbb{n}) \cdot\cdot (\mathbb{n} \cdot \overset{\langle q+3\rangle}{\$}_{\Sigma}) - \ldots$$

$$\overset{\langle q\rangle}{\$}{}_{1}^{TT} = \mathbb{n}\circ\mathbb{n} \cdot\cdot \overset{\langle q+2\rangle}{\$}_{\Sigma} - \Big[(\nabla_2 + 2H\,\mathbb{n}) \circ \mathbb{n} + \mathbb{n} \circ (\nabla_2 + 2H\,\mathbb{n}) \Big] \cdot\cdot (\mathbb{n} \cdot \overset{\langle q+3\rangle}{\$}_{\Sigma}) + \ldots$$

$$\overset{\langle q\rangle}{\$}{}_{2}^{TT} = \mathbb{n}\circ\mathbb{n}\circ\mathbb{n} \cdot\cdot\cdot \overset{\langle q+3\rangle}{\$}_{\Sigma} - \ldots \tag{4.9c}$$

usw., wobei man den $\nabla_{(2)}$-Operator jeweils auf sämtliche, rechts von Letzterem stehende

---

[18] die sog. "nichtlokale Feldtheorien ('vom Grade n') vom Gradiententyp" beschreiben

[19] Weil man die zu (4.8h) führende Vorgehensweise als eine Verallgemeinerung der Thomson—Taitschen Prozedur im Zusammenhang mit der Formulierung der Randwertaussagen der Plattentheorie von Sophie Germaine — Navier — Kirchhoff ansehen kann.

[20] In der letzteren Darstellung bedeuten $\mathbb{e}_{\langle\alpha\rangle}$, $\mathbb{e}_{\langle\beta\rangle}$ zwei zueinander orthogonale Richtungen auf der jeweiligen Oberfläche, $ds_{\langle\alpha\rangle}$, $ds_{\langle\beta\rangle}$ zugehörige Linienelemente.

Größe anzuwenden hat[21].

Zum Nachweis von (4.9c) — jetzt ebenfalls nur bis n = 3 bzw. $\nu = 0,1,2$ — setzt man mit $\nabla = \nabla_2 + \mathbb{n}\,\partial/\partial s_n$ nach (4.9b) zunächst mit $\nu=1$

$$\mathbb{n}\cdot \overset{\langle q+2\rangle}{\$_\Sigma} \underset{(q+1)}{\underbrace{\cdots}} (\overset{\langle q\rangle}{\mathbb{V}}{}^T \circ \nabla) \overset{(4.6b)}{=} \underline{\mathbb{n}\cdot \overset{\langle q+2\rangle}{\$_\Sigma} \underset{(q+1)}{\underbrace{\cdots}} (\overset{\langle q\rangle}{\mathbb{V}}{}^T\circ \nabla_{(2)})} + \left[\mathbb{n}\cdot(\mathbb{n}\cdot \overset{\langle q+2\rangle}{\$_\Sigma})\right]\underset{(q)}{\underbrace{\cdots\cdots}}\frac{\partial \overset{\langle q\rangle}{\mathbb{V}}{}^T}{\partial s_n}, \qquad (4.10a)$$

benutzt für den gestrichelten Ausdruck die Identität

$$\mathbb{n}\cdot\overset{\langle q+2\rangle}{\$_\Sigma}\underset{(q+1)}{\underbrace{\cdots\cdots}}(\overset{\langle q\rangle}{\mathbb{V}}{}^T\circ\nabla_{(2)}) = \nabla_{(2)}\cdot\left[(\mathbb{n}\cdot\overset{\langle q+2\rangle}{\$_\Sigma})\underset{(q)}{\underbrace{\cdots\cdots}}\overset{\langle q\rangle}{\mathbb{V}}{}^T\right] - \left[\nabla_{(2)}\cdot(\mathbb{n}\cdot\overset{\langle q+2\rangle}{\$_\Sigma})\right]\underset{(q)}{\underbrace{\cdots\cdots}}\overset{\langle q\rangle}{\mathbb{V}}{}^T$$

und findet so

$$\underset{(f)}{\oiint} \mathbb{n}\cdot\overset{\langle q+2\rangle}{\$_\Sigma}\underset{(q+1)}{\underbrace{\cdots\cdots}}(\overset{\langle q\rangle}{\mathbb{V}}{}^T\circ\nabla)\,df = \underset{(f)}{\oiint}\Big\{\nabla_{(2)}\cdot\left[(\mathbb{n}\cdot\overset{\langle q+2\rangle}{\$_\Sigma})\underset{(q)}{\underbrace{\cdots\cdots}}\overset{\langle q\rangle}{\mathbb{V}}{}^T\right] -$$

$$- \left[\nabla_{(2)}\cdot(\mathbb{n}\cdot\overset{\langle q+2\rangle}{\$_\Sigma})\right]\underset{(q)}{\underbrace{\cdots\cdots}}\overset{\langle q\rangle}{\mathbb{V}}{}^T + (\mathbb{n}\circ\mathbb{n}\cdot\cdot\overset{\langle q+2\rangle}{\$_\Sigma})\underset{(q)}{\underbrace{\cdots\cdots}}\frac{\partial\overset{\langle q\rangle}{\mathbb{V}}{}^T}{\partial s_n}\Big\}\,df =$$

$$\overset{(4.9a)}{=}\text{[22]}\ \underset{(f)}{\oiint}\Big\{(\mathbb{n}\circ\mathbb{n}\cdot\cdot\overset{\langle q+2\rangle}{\$_\Sigma})\underset{(q)}{\underbrace{\cdots\cdots}}\frac{\partial\overset{\langle q\rangle}{\mathbb{V}}{}^T}{\partial s_n} - \left[(\nabla_{(2)} + 2H\mathbb{n})\cdot(\mathbb{n}\cdot\overset{\langle q+2\rangle}{\$_\Sigma})\right]\underset{(q)}{\underbrace{\cdots\cdots}}\overset{\langle q\rangle}{\mathbb{V}}{}^T\Big\}\,df, \qquad (4.10b)$$

entsprechend für $\nu = 2$

$$\underset{(f)}{\oiint}\mathbb{n}\cdot\overset{\langle q+3\rangle}{\$_\Sigma}\underset{(q+2)}{\underbrace{\cdots\cdots}}(\overset{\langle q\rangle}{\mathbb{V}}{}^T\circ\nabla\circ\nabla)\,df \overset{(4.9b)}{=} \underset{(f)}{\oiint}\mathbb{n}\cdot\overset{\langle q+3\rangle}{\$_\Sigma}\underset{(q+2)}{\underbrace{\cdots\cdots}}\left[\overset{\langle q\rangle}{\mathbb{V}}{}^T\circ\nabla\circ\Big(\nabla_{(2)} + \mathbb{n}\frac{\partial}{\partial s_n}\Big)\right]df =$$

$$= \underset{(f)}{\oiint}\Big\{\mathbb{n}\circ\mathbb{n}\cdot\cdot\overset{\langle q+3\rangle}{\$_\Sigma}\underset{(q+1)}{\underbrace{\cdots\cdots}}\left[\frac{\partial\overset{\langle q\rangle}{\mathbb{V}}{}^T}{\partial s_n}\circ\nabla\right] - \left[(\nabla_{(2)} + 2H\mathbb{n})\cdot(\mathbb{n}\cdot\overset{\langle q+3\rangle}{\$_\Sigma})\right]\underset{(q+1)}{\underbrace{\cdots\cdots}}(\overset{\langle q\rangle}{\mathbb{V}}{}^T\circ\nabla)\Big\}\,df,$$

was wegen

$$\underset{(f)}{\oiint}\Big\{\mathbb{n}\circ\mathbb{n}\cdot\cdot\overset{\langle q+3\rangle}{\$_\Sigma}\underset{(q+1)}{\underbrace{\cdots\cdots}}\left[\frac{\partial\overset{\langle q\rangle}{\mathbb{V}}{}^T}{\partial s_n}\circ\Big(\nabla_{(2)} + \mathbb{n}\frac{\partial}{\partial s_n}\Big)\right]\Big\}\,df =$$

$$= \underset{(f)}{\oiint}\Big\{\mathbb{n}\circ\mathbb{n}\circ\mathbb{n}\cdot\cdot\cdot\overset{\langle q+3\rangle}{\$_\Sigma}\underset{(q)}{\underbrace{\cdots\cdots}}\frac{\partial^2\overset{\langle q\rangle}{\mathbb{V}}{}^T}{\partial s_n^2} - \left[(\nabla_{(2)} + 2H\mathbb{n})\cdot(\mathbb{n}\circ\mathbb{n}\cdot\cdot\overset{\langle q+3\rangle}{\$_\Sigma})\right]\underset{(q)}{\underbrace{\cdots\cdots}}\frac{\partial\overset{\langle q\rangle}{\mathbb{V}}{}^T}{\partial s_n}\Big\}\,df$$

---

21) In (4.9c) sind sie entsprechenden Glieder bis $\nu = 2$ explizit aufgelistet worden.

22) Man setze im Sinne von (4.9a)

$$\underset{(f)}{\oiint}\nabla_{(2)}\cdot\left[(\mathbb{n}\cdot\overset{\langle q+2\rangle}{\$_\Sigma})\underset{(q)}{\underbrace{\cdots\cdots}}\overset{\langle q\rangle}{\mathbb{V}}\right]df = -\underset{(f)}{\oiint}2H\mathbb{n}\cdot(\mathbb{n}\cdot\overset{\langle q+2\rangle}{\$_\Sigma})\underset{(q)}{\underbrace{\cdots\cdots}}\overset{\langle q\rangle}{\mathbb{V}}{}^T\,df$$

und

$$\oint\!\!\oint_{(f)} \Big[(\nabla_2 + 2H\mathbb{n})\cdot(\mathbb{n}\cdot \overset{<q+3>}{\$_\Sigma})\Big] \underbrace{\cdots\cdot}_{(q+1)} \Big[\overset{<q>}{\mathbb{V}}{}^T \circ (\nabla_{(2)} + \mathbb{n}\frac{\partial}{\partial s_n})\Big] =$$

$$= \oint\!\!\oint_{(f)} \Big\{\mathbb{n}\cdot\Big[(\nabla_{(2)} + 2H\mathbb{n})\cdot(\mathbb{n}\cdot \overset{<q+3>}{\$_\Sigma})\Big] \underbrace{\cdots\cdot}_{(q)} \frac{\partial \overset{<q>}{\mathbb{V}}{}^T}{\partial s_n} -$$

$$- \Big[(\nabla_{(2)} + 2H\mathbb{n})\circ(\nabla_{(2)} + 2H\mathbb{n})\cdot\cdot(\mathbb{n}\cdot \overset{<q+3>}{\$_\Sigma})\Big] \underbrace{\cdots\cdot}_{(q)} \overset{<q>}{\mathbb{V}}{}^T\Big\}\, df$$

schließlich zu

$$\oint\!\!\oint_{(f)} \mathbb{n}\cdot \overset{<q+3>}{\$} \underbrace{\cdots\cdot}_{(q+2)} (\overset{<q>}{\mathbb{V}}{}^T \circ\nabla\circ\nabla)\, df = \oint\!\!\oint_{(f)} \Big\{\mathbb{n}\circ\mathbb{n}\circ\mathbb{n}\cdots \overset{<q+3>}{\$_\Sigma} \underbrace{\cdots\cdot}_{(q)} \frac{\partial^2 \overset{<q>}{\mathbb{V}}{}^T}{\partial s_n^2} -$$

$$- \Big[\Big[(\nabla_{(2)} + 2H\mathbb{n})\circ \mathbb{n} + \mathbb{n}\circ(\nabla_{(2)} + 2H\mathbb{n})\Big]\cdot\cdot(\mathbb{n}\cdot \overset{<q+3>}{\$_\Sigma})\Big] \underbrace{\cdots\cdot}_{(q)} \frac{\partial \overset{<q>}{\mathbb{V}}{}^T}{\partial s_n} +$$

$$+ \Big[(\nabla_{(2)} + 2H\mathbb{n})\circ(\nabla_{(2)} + 2H\mathbb{n})\cdot\cdot(\mathbb{n}\cdot \overset{<q+3>}{\$_\Sigma})\Big] \underbrace{\cdots\cdot}_{(q)} \overset{<q>}{\mathbb{V}}{}^T\Big\}\, df \qquad (4.10c)$$

reduziert werden kann, womit dann schließlich nach Einsetzen von (4.10b,c) in

$$\oint\!\!\oint_{(f)} \sum_{\nu=0}^{2} \mathbb{n}\cdot \overset{<q+1+\nu>}{\$_\Sigma} \underbrace{\cdots\cdot}_{(\nu+q)} (\overset{<q>}{\mathbb{V}}{}^T \circ \underbrace{\nabla\circ\ldots\circ\nabla}_{p\text{-mal}})\, df$$

in der Tat die Struktur (4.8h) mit $\overset{<q>}{\$}{}_\nu^{TT}$, $\nu = 0...2$ nach (4.9c) aufgefunden wird.

Greensche Formeln dieser Kategorie werden für Eindeutigkeitsbeweise linearer sog. nicht-lokaler Feldtheorien "vom Gradiententyp" benötigt. Identifiziert man z. B. $\overset{<q>}{\mathbb{V}}$ mit dem Geschwindigkeitsvektor $\mathbb{v}(\mathbb{r},t)$ eines klassischen Kontinuums[23], so bedeutet der zweite Term im Volumenintegral von (4.8g), nämlich

$$\sum_{\nu=0}^{n-1} \overset{<\nu+2>}{\$} \underbrace{\cdots\cdot}_{(\nu+2)} \Big[\underbrace{\nabla\circ\ldots\circ\nabla\circ\mathbb{v}}_{(\nu+1)}\Big]^T , \qquad (4.11a)$$

die auf die Volumeneinheit bezogene sog. Spannungsleistung, während die Oberflächenintegrale den resultierend am Kontinuum in der Zeiteinheit stattfindenden mechanischen Leistungsinput darstellen [13] [14], der sich nach (4.8h) letztlich in der Form

$$\sum_{j=1}^{n_B} \oint\!\!\oint_{f_j(B)} \mathbb{n}\cdot\sum_{\nu=0}^{n-1} \overset{<\nu+2>}{\$} \underbrace{\cdots\cdot}_{(\nu+1)} \Big[\underbrace{\nabla\circ\ldots\circ\nabla\circ\mathbb{v}}_{(\nu)}\Big]^T = \sum_{j=1}^{n_B} \oint\!\!\oint_{f_j(B)} \sum_{\nu=0}^{n-1} \$_\nu^{TT}\cdot \frac{\partial^\nu \mathbb{v}}{\partial s_n^\nu}\, df , \qquad (4.11b)$$

---

[23] dessen Kinematik durch Angabe der Vektorfelder $\mathbb{u}(\mathbb{r},t)$ bzw. $\mathbb{v}(\mathbb{r},t)$ seiner "Verschiebungen" bzw. "Geschwindigkeiten" als hinreichend beschrieben gilt

d. h. als Summe von Skalarprodukten sog. Thomson-Taitscher Ersatz-Randspannungsvektoren $\mathfrak{s}_{\nu}^{TT}$ mit entsprechenden ν-fachen Normalableitungen des Geschwindigkeitsfeldes am Kontinuumrande ausdrücken läßt. Auf der Basis von Energiestrukturen von der Form (4.11) konstruierte Kontinuumstheorien sind unter der Bezeichnung "klassische (nichtlokale) Gradienten-Theorien vom Grade n" bekannt, die zugehörigen dynamischen Größen $\overset{\langle\nu+2\rangle}{\mathbb{S}}$, $(\nu = 0,...,(n-1))$, nennt man $(\nu+2)$-stufige Teilspannungen, die per (4.8f) mit $q = 1$, $\nu = 0$ einen sog. zweistufigen Gesamtspannungstensor $\overset{\langle 2\rangle}{\mathbb{S}}_{\Sigma}$ definieren, mit dem man am Massenelement die klassische Impulsbilanz zu befriedigen hat [13] [14].

Gradiententheorien auf "nicht-klassischer kinematischer Basis" sind in [15] entwickelt worden unter Benutzung von - etwa neben den Geschwindigkeiten - ambitionierteren kinematischen Konzepten[24].

4.1.2 Rotorbildungen

Auf

4.1.2a einfachen Rotorbildungen

basierende Greensche Formeln benutzen die aus (4.1) mit $\overset{\langle q+1\rangle}{\mathbb{S}} = \mathbb{E}\times\overset{\langle q\rangle}{\mathbb{B}}$ hervorgehende

Identität

$$(\nabla\times\overset{\langle q\rangle}{\mathbb{B}})\underbrace{\cdots\cdots}_{(q)}\overset{\langle q\rangle}{\mathbb{V}}{}^{T} \equiv^{25)} (\nabla\times\overset{\langle q\rangle}{\mathbb{B}})\underbrace{\cdots\cdots}_{(q)}\overset{\langle q\rangle}{\mathbb{V}}{}^{T} + (\overset{\langle q\rangle}{\mathbb{V}}{}^{T}\times\nabla)\underbrace{\cdots\cdots}_{(q)}\overset{\langle q\rangle}{\mathbb{B}} \equiv$$

$$\equiv^{26)} (\nabla\times\overset{\langle q\rangle}{\mathbb{B}})\underbrace{\cdots\cdots}_{(q)}\overset{\langle q\rangle}{\mathbb{V}}{}^{T} - \overset{\langle q\rangle}{\mathbb{B}}{}^{T}\underbrace{\cdots\cdots}_{(q)}(\nabla\times\overset{\langle q\rangle}{\mathbb{V}}), \qquad (4.12a)$$

(In the original the first term's ∇ and $\overset{\langle q\rangle}{\mathbb{V}}{}^{T}$ are linked by an arrow bracket.)

mit der man nach Volumenintegration über den Definitionsbereich und Anwendung des

---

[24] In [15] wird das Geschwindigkeitsfeld als Dasjenige der den Massenelementen–Konvergenzpunkten zugeordneten ("Schwerpunkts–")Geschwindigkeiten interpretiert, das <u>unabhängig</u> ist von allfällig weiteren kinematischen Feldern, etwa von den Feldern der (mittleren) Elementendrehgeschwindigkeiten $\omega(\mathbf{r},t)$ bzw. "Cluster–Verzerrungsgeschwindigkeiten" $\mathbb{C}(\mathbf{r},t)$. Solcherart Theorien werden in [15] als "verallgemeinerte Cosserat–Theorien" bezeichnet. Die der verallgemeinerten Kinematik zuzuordnenden dynamischen Größen $\overset{\langle\nu+q+1\rangle}{\mathbb{S}}$ sind im klassischen Cosserat–Falle noch anschaulich zu interpretieren als Kraft– bzw. Momentenspannungstensoren. Für darüber hinausgehende kinematische Konzeptionen können die dualen dynamischen Operatoren $\overset{\langle\nu+q+1\rangle}{\mathbb{S}}$ nur noch formal — in einfachsten Fällen mittels Zustandsraum–Gradientenbildungen an Energiefunktionalen — erklärt werden [15].

[25] Man benutze $\overset{\langle q\rangle}{\mathbb{A}}\underbrace{\cdots\cdots}_{(q)}\overset{\langle q\rangle}{\mathbb{B}} = \overset{\langle q\rangle}{\mathbb{B}}\underbrace{\cdots\cdots}_{(q)}\overset{\langle q\rangle}{\mathbb{A}}$ sowie

[26] $\overset{\langle q\rangle}{\mathbb{B}}\underbrace{\cdots\cdots}_{(q)}\overset{\langle q\rangle}{\mathbb{A}} = \overset{\langle q\rangle}{\mathbb{B}}{}^{T}\underbrace{\cdots\cdots}_{(q)}\overset{\langle q\rangle}{\mathbb{A}}{}^{T}$ und $(\overset{\langle q\rangle}{\mathbb{V}}{}^{T}\times\nabla)^{T} = -\nabla\times\overset{\langle q\rangle}{\mathbb{V}}$

Gaußschen Satzes

$$\int_{(B)}\Big\{(\nabla\times\overset{<q>}{\mathbb{B}})\underbrace{\cdot\cdots\cdot}_{(q)}\overset{<q>}{\mathbb{V}}{}^{T}-\overset{<q>}{\mathbb{B}}{}^{T}\underbrace{\cdot\cdots\cdot}_{(q)}(\nabla\times\overset{<q>}{\mathbb{V}})\Big\}\,dV=\sum_{j=1}^{n_B}\oint\!\!\oint_{f_j(B)}(\mathbb{n}\times\overset{<q>}{\mathbb{B}})\underbrace{\cdot\cdots\cdot}_{(q)}\overset{<q>}{\mathbb{V}}{}^{T}\,df\equiv$$

$$\equiv-\sum_{j=1}^{n_B}\oint\!\!\oint_{f_j(B)}(\mathbb{n}\times\overset{<q>}{\mathbb{V}})\underbrace{\cdot\cdots\cdot}_{(q)}\overset{<q>}{\mathbb{B}}{}^{T}\,df\,. \qquad (4.12b)$$

auffindet, wobei noch hervorgehoben werden soll, daß wegen

$$\mathbb{n}\cdot(\mathbb{n}\times\overset{<q>}{\mathbb{B}})=0,\quad \mathbb{n}\cdot(\mathbb{n}\times\overset{<q>}{\mathbb{V}})=0$$

in den Oberflächenintegralen auch vom jeweils zweiten Produktfaktor nur der "linksseitig-planare Anteil", d. h. mit dem jeweils (lokal-)planaren Anteil

$$\mathbb{E}_{(2)}=\mathbb{E}-\mathbb{n}\circ\mathbb{n} \qquad (4.12c)$$

des Einheitstensors anstelle von $\overset{<q>}{\mathbb{V}}{}^{T}$ bzw. $\overset{<q>}{\mathbb{B}}{}^{T}$ in (4.12b) effektiv nur die Größen

$$\overset{<q>}{\mathbb{V}}{}^{T}\cdot\mathbb{E}_{(2)}\equiv-(\overset{<q>}{\mathbb{V}}{}^{T}\times\mathbb{n})\times\mathbb{n}\,,\qquad \overset{<q>}{\mathbb{B}}{}^{T}\cdot\mathbb{E}_{(2)} \qquad (4.12d,e)$$

aufscheinen.

Betreffend die auf

4.1.2b mehrfachen Rotorbildungen

basierenden Greenschen Formeln wird hier beschränkt auf mit ink-Operationen (vgl. (3.43a)) erzeugte Identitäten an zwei symmetrischen zweistufigen Feldern $\mathbb{F}=\mathbb{F}^{T}$, $\mathbb{D}=\mathbb{D}^{T}$ mit demzufolge (vgl. (3.43d))

$$(\text{ink }\mathbb{F})^{T}=(\nabla\times\mathbb{F}\times\nabla)^{T}=\text{ink }\mathbb{F},\quad(\text{ink }\mathbb{D})^{T}=\text{ink }\mathbb{D}\,.$$

Ausgangspunkt ist die Identitätenabfolge

$$(\nabla\times\mathbb{F}\times\nabla)\cdot\cdot\mathbb{D}=(\nabla\times\mathbb{F}\times\nabla)\cdot\cdot\mathbb{D}+(\mathbb{F}\times\nabla)\cdot\cdot(\mathbb{D}\times\nabla)\equiv(\text{ink }\mathbb{F})\cdot\cdot\mathbb{D}+(\nabla\times\mathbb{F})\cdot\cdot(\nabla\times\mathbb{D})\equiv$$

$$\equiv(\text{ink }\mathbb{F})\cdot\cdot\mathbb{D}+(\nabla\times\mathbb{F})\cdot\cdot(\nabla\times\mathbb{D})-\mathbb{F}\cdot\cdot(\text{ink }\mathbb{D})\,,$$

d. h. $$(\text{ink }\mathbb{F})\cdot\cdot\mathbb{D}-\mathbb{F}\cdot\cdot(\text{ink }\mathbb{D})=(\nabla\times\mathbb{F}\times\nabla)\cdot\cdot\mathbb{D}-(\nabla\times\mathbb{F})\cdot\cdot(\nabla\times\mathbb{D})\,,$$

die man über das Bereichsvolumen integriert. Es entsteht, nachdem man noch auf das Volumenintegral der rechten Seite den Gaußschen Satz angewendet hat,

$$\int_{(B)}\Big[(\text{ink }\mathbb{F})\cdot\cdot\mathbb{D}-\mathbb{F}\cdot\cdot(\text{ink }\mathbb{D})\Big]dV=\sum_{j=1}^{n_B}\oint\!\!\oint_{f_j(B)}\Big\{\Big[\mathbb{n}\times(\mathbb{F}\times\nabla)\Big]\cdot\cdot\mathbb{D}-(\mathbb{n}\times\mathbb{F})\cdot\cdot(\nabla\times\mathbb{D})\Big\}df\,. \qquad (4.13)$$

Auf letzterer Identität basieren Bestimmtheits-Nachweise für in Termen sog. Spannungsfunktionen formulierte Lösungen der linearen Elastizitätstheorie. (vgl.

§§4.5.1,10.2).

Für die

4.2 Darstellung rotorfreier Felder,

definiert durch z. B.

$$\mathbb{V} \times \overset{<q>}{\mathbb{V}} = 0 \text{ in } (B) \text{ im Falle der "Links-Rotorfreiheit"} \tag{4.14a}$$

bzw.

$$\overset{<q>}{\mathbb{V}} \times \mathbb{V} = 0 \text{ in } (B) \text{ im Falle der "Rechts-Rotorfreiheit"} \tag{4.14b}$$

gilt der Satz:

Jedes (links- bzw. rechtsseitig) rotorfreie Feld ist ein (links- bzw. rechtsseitiges) Gradientenfeld, entsteht also durch Gradientenbildung an einem "erzeugenden Potentialfeld":

$$\mathbb{V} \times \overset{<q>}{\mathbb{V}} = 0 \;\Rightarrow\; \overset{<q>}{\mathbb{V}} = \mathbb{V} \circ \overset{<q-1>}{\mathbb{P}} \tag{4.14c}$$

$$\overset{<q>}{\mathbb{V}} \times \mathbb{V} = 0 \;\Rightarrow\; \overset{<q>}{\mathbb{V}} = \overset{<q-1>}{\mathbb{P}} \circ \mathbb{V}\,. \tag{4.14d}$$

Der Beweis von (4.14c) (jetzt nur für den Linksanwendungs—Fall [27]) stützt sich auf den Stokesschen Satz, wonach in einem einfach zusammenhängenden Unterbereich $(B^{[1]})$[28]

$$\oint_{(l^{[1]})} d\mathbb{r} \cdot \overset{<q>}{\mathbb{V}} \overset{(3.8a)}{=} \int_{f(l^{[1]})} (\mathbb{n} \times \mathbb{V}) \cdot \overset{<q>}{\mathbb{V}}\, df = \int_{f(l^{[1]})} \mathbb{n} \cdot (\mathbb{V} \times \overset{<q>}{\mathbb{V}})\, df \overset{(4.14a)}{=} 0$$

gelten und dementsprechend die per

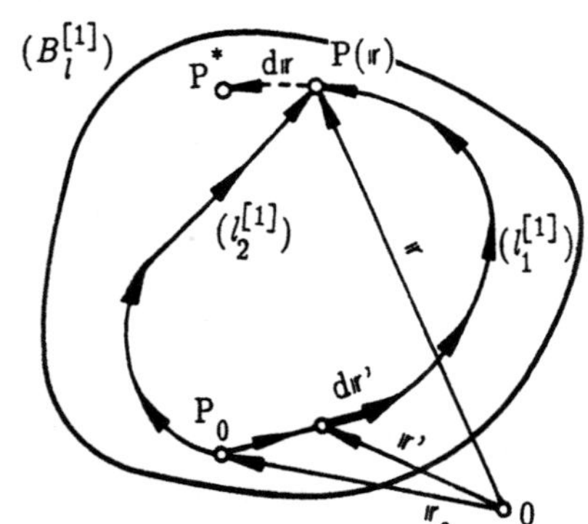

Abb. 4.2

$$\overset{<q-1>}{\mathbb{P}} = \int_{P_0}^{P} d\mathbb{r}' \cdot \overset{<q>}{\mathbb{V}}(\mathbb{r}') = \int_{(l_j^{[1]})} d\mathbb{r}' \cdot \overset{<q>}{\mathbb{V}}(\mathbb{r}') \tag{4.14e}$$

berechenbare Größe $\overset{<q-1>}{\mathbb{P}}$ unabhängig sein muß von der Wahl der zwei Punkte P_0, P verbindenden Kurve $(l_j^{[1]})$ (Abb. 4.2). Daher kann $\overset{<q-1>}{\mathbb{P}}$ nur von den beiden Lagen $(\mathbb{r}_0, \mathbb{r})$ abhängen,

$$\int_{P}^{P(\mathbb{r})} d\mathbb{r}' \cdot \overset{<q>}{\mathbb{V}}(\mathbb{r}') = \overset{<q-1>}{\mathbb{P}}(\mathbb{r}, \mathbb{r}_0)\,, \tag{4.14f}$$

---

[27] Der Nachweis für den Rechtsanwendungsfall verläuft entsprechend

[28] für den über beliebigen geschlossenen Kurven $(l^{[1]})$ einfach zusammenhängende Haubenflächen $f(l^{[1]})$ errichtbar sind, die vollständig im Innern von B liegen.

womit

$$\left[\int\limits_{P_0}^{P^*} - \int\limits_{P_0}^{P}\right] d\mathbb{r}' \cdot \overset{\langle q\rangle}{\mathbb{V}}(\mathbb{r}') \overset{(4.14f)}{\equiv} d\mathbb{r} \cdot \overset{\langle q\rangle}{\mathbb{V}}(\mathbb{r}) \overset{(4.14f)}{=} \overset{\langle q-1\rangle}{\mathbb{P}}(\mathbb{r}+d\mathbb{r},\mathbb{r}_0) - \overset{\langle q-1\rangle}{\mathbb{P}}(\mathbb{r},\mathbb{r}_0) \overset{(3.13b)}{\equiv} d\mathbb{r}\cdot(\nabla\circ\overset{\langle q-1\rangle}{\mathbb{P}})_{\mathbb{r}}$$

und daher in der Tat — das Variablendifferential $d\mathbb{r}$ ist beliebig! — für rotorfreie Felder die Darstellung

$$\overset{\langle q\rangle}{\mathbb{V}} = \nabla \circ \overset{\langle q-1\rangle}{\mathbb{P}} \tag{4.14g}$$

erschlossen wird.

Die Tatsache, daß etwa die Feldgleichungsaussagen (4.14c) dem Verschwinden sog. Zirkulationsintegrale

$$\overset{\langle q-1\rangle}{\Gamma}_{(l)} = \oint\limits_{(l)} d\mathbb{r}\cdot\overset{\langle q\rangle}{\mathbb{V}} \left[\overset{(3.8a)}{\equiv} \int\limits_{(f)} \mathbb{n}\cdot(\nabla\times\overset{\langle q\rangle}{\mathbb{V}})df\right] \overset{(4.14a)}{=} 0 \tag{4.15}$$

äquivalent ist, gilt - dies sollte hervorgehoben werden - nur für geschlossene Kurven $l = l^{[1]}$, die in einem einfach zusammenhängenden Unterbereich $(B^{[1]})$ von (B) liegen. Im Falle n_z-fach zusammenhängender Bereiche (B) ist mit der Feldgleichung (4.14c) selbstverständlich nicht das Verschwinden beliebiger Zirkulationsintegrale gesichert, weil hier etwa für in einem k-fach zusammenhängenden Unterbereich $(B^{[k]})$ von (B) liegende geschlossene Kurven $(l^{[k]})$ mit der Version (3.8b) des Stokesschen Satzes

$$\left[\oint\limits_{l^{[k]}} + \sum_{j=1}^{k-1}\oint\limits_{l_j^*}\right] d\mathbb{r}\cdot\overset{\langle q\rangle}{\mathbb{V}} \overset{29)}{=} \int\limits_{f(l^{[k]},l_j^*)} (\mathbb{n}\times\nabla)\cdot\overset{\langle q\rangle}{\mathbb{V}}\, df \overset{(4.14a)}{=} 0$$

zu folgern, d. h. lediglich festzustellen ist, daß im Sinne von

$$\overset{\langle q-1\rangle}{\Gamma}_{(l^{[k]})} = \oint\limits_{l^{[k]}} d\mathbb{r}\cdot\overset{\langle q\rangle}{\mathbb{V}} = -\sum_{j=1}^{k-1}\oint\limits_{(l_j^*)} d\mathbb{r}\cdot\overset{\langle q\rangle}{\mathbb{V}} = -\sum_{j=1}^{k-1}\overset{\langle q-1\rangle}{\Gamma}_{(l_j^*)} \tag{4.15a}$$

die sich längs einer geschlossenen Kurve $(l^{[k]})$ ergebende Zirkulation $\overset{\langle q-1\rangle}{\Gamma}_{(l^{[k]})}$ - abgesehen vom Vorzeichen - gleich der Summe der Zirkulationen $\overset{\langle q-1\rangle}{\Gamma}_{(l_j^*)}$ längs der mit $(l^{[k]})$ "ein

---

29) $f(l^{[k]},l_j)$ soll hierin die über $(l^{[k]})$ gespannte Fläche bedeuten, die hier k–fach begrenzt und damit zusammenhängend sein muß, indem die Bereichsgrenzen von (B) aus $f(l^{[k]},l_j^*)$ genau k–1 "Löcher" herausschneiden, deren (geschlossene) Randlinien (l_j^*), j =1....k–1, als "irreduzible Umläufe" aufgefaßt werden können. Im übrigen sei hier nochmals an die mit $\oint$ ausgedrückte Linienintegrationsrichtung erinnert. Die Fortschrittsrichtung längs Randlinien ist hier stets Diejenige, bei der die "umfahrene Fläche" links liegt.

geschlossenen" irreduziblen Umläufe (l_j^*) , j = 1...k-1, sein muß. Da Letztere nicht notwendig verschwinden müssen, also die Größen

$$\overset{\langle q-1\rangle}{\Gamma}_{(l_j^*)} = \oint_{(l_j^*)} d\mathbb{r}\cdot\overset{\langle q\rangle}{\mathbb{V}} \overset{(4.14g)}{=} \oint_{(l_j^*)} d\mathbb{r}\cdot\nabla\circ\overset{\langle q-1\rangle}{\mathbb{P}} \overset{(3.13b)}{=} \oint_{(l_j^*)} d\overset{\langle q-1\rangle}{\mathbb{P}}\ , \; j = 1\dots n_z-1 \qquad (4.15b)$$

durchaus existieren können, fallen als "Potentialfelder" $\overset{\langle q-1\rangle}{\mathbb{P}}$ i. allg. auch "zyklisch-mehrdeutige" Strukturen an[30]. Fordert man das Verschwinden sämtlicher Zirkulationsintegrale, also

$$\overset{\langle q-1\rangle}{\Gamma}_{(l_j^*)} = \oint_{(l_j^*)} d\mathbb{r}\cdot\overset{\langle q\rangle}{\mathbb{V}} = \oint_{(l_j^*)} d\mathbb{r}\cdot\nabla\circ\overset{\langle q-1\rangle}{\mathbb{P}} = \oint_{(l_j^*)} d\overset{\langle q-1\rangle}{\mathbb{P}} = 0\ , \; j = 1\dots n_z-1\ , \qquad (4.16a)$$

so liegt im Sinne von

$$\overset{\langle q-1\rangle}{\Gamma}_{(l)} = \oint_{(l)} d\mathbb{r}\cdot\overset{\langle q\rangle}{\mathbb{V}} \equiv \oint_{(l)} d\overset{\langle q-1\rangle}{\mathbb{P}} = 0 \qquad (4.16b)$$

Zirkulationsfreiheit vor im Hinblick auf beliebige geschlossene Kurven (l), die innerhalb des (i. allg. als n_z-fach zusammenhängend angenommenen) Definitionsbereiches (B) des Feldes $\overset{\langle q\rangle}{\mathbb{V}}$ in Betracht genommen werden. Solcherart Felder heißen "zirkulationsfrei" bzw. "global rotorfrei". Ihre erzeugenden Potentiale" $\overset{\langle q-1\rangle}{\mathbb{P}}$ enthalten keine zyklisch-mehrdeutigen Anteile. Für Zirkulationsfreiheit ist also die Feldgleichungsaussage (4.14a) notwendig und hinreichend nur für einfach-zusammenhängende Definitionsbereiche (B) eines Feldes $\overset{\langle q\rangle}{\mathbb{V}}$, im Falle n_z-fach zusammenhängender Bereiche (B) nur notwendig, weil nun - neben (4.14a) - (n_z-1) Bedingungen von der Form (4.16a) zusätzlich erfüllt werden müssen.

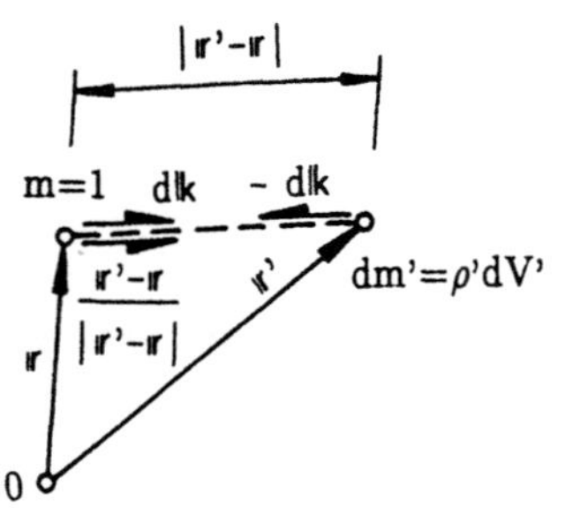

Abb. 4.3

Beispiel für ein zirkulationsfreies Feld ist die Newtonsche Massenanziehung, wonach ein in $\mathbb{r}'$ befindliches Massenelement $dm' = \rho' dV'$ auf eine in $\mathbb{r}$ befindliche Einheits–(Punkt–)masse die Kraft

$$d\mathbb{k}(\mathbb{r},\mathbb{r}') = \kappa \frac{dm'}{|\mathbb{r}'-\mathbb{r}|^2}\frac{\mathbb{r}'-\mathbb{r}}{|\mathbb{r}'-\mathbb{r}|} \equiv \kappa \frac{\rho' dV'(\mathbb{r}'-\mathbb{r})}{|\mathbb{r}'-\mathbb{r}|^3} \equiv$$
$$\equiv -\kappa\,\rho' dV'\nabla' \frac{1}{|\mathbb{r}'-\mathbb{r}|} \equiv \kappa\,\rho' dV'\,\nabla \frac{1}{|\mathbb{r}'-\mathbb{r}|} \qquad (4.17a)$$

(vgl. Abb. 4.3) ausübt[31] und demgemäß durch

---

[30] S. h. etwa das Biot–Savartsche Gesetz (§4.3.1)

[31] κ bezeichnet die Gravitationskonstante

$$\mathbb{k}(\mathbb{r}) = \int_{(B)} d\mathbb{k}(\mathbb{r},\mathbb{r}') = \kappa \nabla \int_{(B)} \frac{\rho' dV'}{|\mathbb{r}' - \mathbb{r}|} \equiv - \nabla \mathcal{U}_N \tag{4.17b}$$

das Feld der an einer Einheitsmasse angreifenden Kraft infolge Anziehung einer in (B) situierten Masse $m' = \int_{(B)} \rho'\, dV'$ als mit dem Newtonschen Potential

$$\mathcal{U}_N = \mathcal{U}_N(\mathbb{r}) = - \kappa \int_{(B)} \frac{\rho' dV'}{|\mathbb{r}' - \mathbb{r}|} \tag{4.17c}$$

erzeugtes Gradientenfeld darzustellen ist, wobei übrigens $\mathcal{U}_N$ der Poissonschen Gleichung

$$\nabla \cdot \mathbb{k} \overset{(4.17b)}{=} - \Delta \mathcal{U}_N \overset{(4.17c)}{=} \kappa \Delta \int_{(B)} \frac{\rho' dV'}{|\mathbb{r}' - \mathbb{r}|} \overset{(4.7)}{=}{}^{32)} \begin{cases} -4\pi\kappa\rho(\mathbb{r}) \\ -2\pi\kappa\rho(\mathbb{r}) \\ 0 \end{cases} \tag{4.17d}$$

genügt, je nachdem, ob sich die Einheits–(Test–)masse innerhalb von (B), auf dem Rande oder außerhalb von (B) befindet. Indem man per

$$\delta d\mathcal{A}_{\mathbb{k}} = d\mathbb{k} \cdot \delta\mathbb{r} + (-d\mathbb{k}) \cdot \delta\mathbb{r}' = d\mathbb{k} \cdot \delta(\mathbb{r} - \mathbb{r}') =$$

$$= - \kappa\, dm' \frac{(\mathbb{r}' - \mathbb{r}) \cdot \delta(\mathbb{r}' - \mathbb{r})}{|\mathbb{r}' - \mathbb{r}|^3} = \kappa\, dm'\, \delta \frac{1}{|\mathbb{r}' - \mathbb{r}|}$$

zunächst die längs ihrer Verschiebungsinkremente $(\delta\mathbb{r}, \delta\mathbb{r}')$ erbrachte Arbeit zweier elementarer Anziehungskräfte $(d\mathbb{k}, - d\mathbb{k})$ berechnet[33], ergibt sich schließlich als Inkrement der Gesamtarbeit

$$\delta\mathcal{A}_{\mathbb{k}} = \delta\left[\kappa \int_{(B)} \frac{dm'}{|\mathbb{r}' - \mathbb{r}|}\right] = \delta\left[\kappa \int_{(B)} \frac{\rho' dV'}{|\mathbb{r}' - \mathbb{r}|}\right] \overset{(4.17c)}{=} - \delta\mathcal{U}_N ,$$

weswegen sich der Arbeitssatz der Mechanik $(\delta\mathcal{A}_{\mathbb{k}} \overset{34)}{=} \delta\mathcal{E})$ zu

$$\delta(\mathcal{E} + \mathcal{U}_N) = 0 \tag{4.17e}$$

d.h. zum Energie–Erhaltungssatz spezialisiert, wonach die Summe aus potentieller Energie $(\mathcal{U}_N)$ und (vom als "raumfest" deklarierten Beobachterstandpunkt O aus registrierter) kinetischer Energie $(\mathcal{E})$ der Gesamtanordnung erhalten bleibt und insofern die Newtonsche Massenanziehung ein sog. "konservatives Problem" ist. Wird die Masse m' als hinreichend groß angesehen, so daß sie im Beobachterrahmen (O) als permanent ruhend betrachtet werden kann, so ist $\delta\mathbb{r}' = 0$ und $\mathcal{E} = \mathbb{v}^2/2$ die nunmehr mit der kinetischen Energie der Einheitsmasse identische kinetische Energie der Gesamtanordnung, womit sich aus dem Energie–Erhaltungssatz (4.17e) die Testmassen–Geschwindigkeit als Zustandsfunktion ihrer Momentanlage ergibt. Bei Bewegung der Testmasse längs geschlossener Wege (l) muß daher grundsätzlich das Arbeitsintegral der Anziehungskraft $\mathbb{k}(\mathbb{r})$ d.h. die Zirkulation des Feldes,

$$\Gamma_{(l)} = \oint_{(l)} \mathbb{k}(\mathbb{r}) \cdot \delta\mathbb{r} = 0$$

verschwinden. Daß (hiernach) das Newtonsche Potential eine eindeutige Funktion von $\mathbb{r}$ sein muß, ist an (4.17a) auch unmittelbar ersichtlich, weil der Abstand $|\mathbb{r}' - \mathbb{r}|$ nicht zyklisch–mehrwertig sein kann. $\mathcal{U}_N(\mathbb{r})$ nach (4.17c) ist (für endliche Dichte ρ') überall endlich und stetig samt seiner Gradienten (vgl.

---

32) Man setze in (4.7) $\rho' = \rho(\mathbb{r}')$ anstelle von $\overset{\langle q \rangle}{\mathbb{V}}(\mathbb{r}')$

33) mit $\delta\mathbb{r}$, $\delta\mathbb{r}'$ sind die während eines Zeitinkrementes δt eintretenden Verschiebungen bezeichnet.

34) hier jetzt nur für eine starre Masse m'

(4.28))[35].

Zyklisch–mehrwertige Potentiale werden in der Strömungsmechanik der idealen Flüssigkeiten eingesetzt, z. B. zwecks Modellierung von Zirkulations– und damit Auftriebseffekten bei ebener Anströmung von Profilen, wobei hier der einfachste Fall einer "durch einen Kreiszylinder (Radius R) gestörten ebenen Parallelströmung" (mit $\lim\limits_{|\mathbf{r}|\to 0} \mathbf{v}(\mathbf{r}) = \mathbf{v}_\infty = v_\infty \mathbf{e}_x$) mit dem in Polarkoordinaten (r, ϑ) dargestellten Geschwindigkeitspotential [16], [7]

$$\Phi(r,\vartheta) = \underline{\frac{\Gamma_0}{2\pi}\,\vartheta} + v_\infty\left(r + \frac{R^2}{r}\right)\cos\vartheta \quad \text{in } (B^{[2]}) \text{ d. h. für } \begin{cases} R \le r \le \infty \\ 0 \le \vartheta \le 2\pi \end{cases} \tag{4.18a}$$

und demgemäß dem Geschwindigkeitsfeld

$$\mathbf{v} = \nabla\Phi = \mathbf{e}_r \frac{\partial\Phi}{\partial r} + \frac{\mathbf{e}_\vartheta}{r}\frac{\partial\Phi}{\partial\vartheta}, \tag{4.18b}$$

d.h.

$$v_r = \frac{\partial\Phi}{\partial r} = v_\infty\left(1 - \frac{R^2}{r^2}\right)\cos\vartheta, \quad v_\vartheta = \frac{1}{r}\frac{\partial\Phi}{\partial\vartheta} = \frac{\Gamma_0}{2\pi r} - v_\infty\left(1 + \frac{R^2}{r^2}\right)\sin\vartheta \tag{4.18c}$$

referiert werden soll (Abb. 4.4). Das (ebene) Strömungsgebiet $(B^{[2]})$ ist (wegen des Ausschlusses des Kreiszylinders) zweifach zusammenhängend und demgemäß sein Konturkreis ein irreduzibler Umlauf $(\overset{*}{l}_1)$, längs dessen als Zirkulation mit $d\mathbf{r} = R d\vartheta\, \mathbf{e}_\vartheta$

$$\Gamma_{(\overset{*}{l}_1)} = \circlearrowleft\oint_{(\overset{*}{l}_1)} \mathbf{v}\cdot d\mathbf{r} = \int_{\vartheta=0}^{2\pi} v_\vartheta(R,\vartheta)\, R d\vartheta = \Gamma_0 \tag{4.18d}$$

erhalten wird, also genau diejenige Größe, die den "zyklisch–mehrwertigen Anteil" des Potentials (in (4.18a) gestrichelt) kennzeichnet. Daß im Sinne von (4.15a) derselbe Wert erhalten wird für die Zirkulation $\Gamma_{(l^{[2]})}$ längs einer den irreduziblen Umlauf $(\overset{*}{l}_1)$ umhüllenden beliebigen Kurve, ist in konkreter Rechnung leicht nachzuweisen. Aus

$$\circlearrowleft\oint_{(l^{[2]})} \mathbf{v}\cdot d\mathbf{r} \equiv \circlearrowleft\oint_{(l^{[2]\prime})} \mathbf{v}\cdot d\mathbf{r} \equiv \circlearrowleft\oint_{(\overset{*}{l}_1)} \mathbf{v}\cdot d\mathbf{r} = \Gamma_0$$

folgt dann

$$\left[\circlearrowleft\oint_{(l^{[2]\prime})} - \circlearrowleft\oint_{(l^{[2]})}\right]\mathbf{v}\cdot d\mathbf{r} \equiv \circlearrowleft\oint_{(l^{[1]})} \mathbf{v}\cdot d\mathbf{r} = 0\,,$$

d.h. das Verschwinden der Zirkulation längs im einfach zusammenhängenden Unterbereich $(B^{[1]})$ definierter geschlossener Kurven (Abb. 4.3), was wegen

$$\nabla\times\mathbf{v} = \mathbf{e}_r \times \frac{\partial\mathbf{v}}{\partial r} + \frac{\mathbf{e}_\vartheta}{r}\times\frac{\partial\mathbf{v}}{\partial\vartheta} \overset{36)}{=} \mathbf{e}_r \times \left[\mathbf{e}_r \frac{\partial v}{\partial r} + \mathbf{e}_\vartheta \frac{\partial v_\vartheta}{\partial r}\right] +$$

---

35) setzt man in $\mathcal{U}_N$ nach (4.17c) sowie in $\nabla\mathcal{U}_N = -\kappa \int_{(B)} \rho'(\mathbf{r}'-\mathbf{r})dV'/|\mathbf{r}'-\mathbf{r}|^3$ zunächst überall $\mathbf{r}+\epsilon\boldsymbol{\eta}$ anstelle von $\mathbf{r}$, so erkennt man unter Benutzung entsprechender Taylor–Entwicklungen von $1/|\mathbf{r}'-\mathbf{r}|$ nach Potenzen von ϵ

$$\lim_{\epsilon\to 0} \mathcal{U}_N(\mathbf{r}+\epsilon\boldsymbol{\eta}) = \mathcal{U}_N(\mathbf{r})\,, \quad \lim_{\epsilon\to 0} \nabla\mathcal{U}_N\big|_{\mathbf{r}+\epsilon\boldsymbol{\eta}} = \nabla\mathcal{U}_N\big|_{\mathbf{r}}$$

36) Man beachte $\partial(\mathbf{e}_r,\mathbf{e}_\vartheta)/\partial r = 0$, $\partial\mathbf{e}_r/\partial\vartheta = \mathbf{e}_\vartheta$, $\partial\mathbf{e}_\vartheta/\partial\vartheta = -\mathbf{e}_r$

$$+\frac{\mathbb{e}_\vartheta}{r}\times\left[\mathbb{e}_r\frac{\partial v_r}{\partial\vartheta}+\mathbb{e}_\vartheta v_r+\mathbb{e}_\vartheta\frac{\partial v_\vartheta}{\partial\vartheta}-\mathbb{e}_r v_r\right]=$$

$$=(\mathbb{e}_r\times\mathbb{e}_\vartheta)\left[\frac{\partial v_\vartheta}{\partial r}-\frac{1}{r}\frac{\partial v_r}{\partial\vartheta}+\frac{v_\vartheta}{r}\right]\overset{(4.18c)}{=}0 \quad \text{in } (B^{[2]})$$

auch unmittelbar mittels des einfachen Stokesschen Satzes (3.8a) hätte gefolgert werden können. Ergänzend soll hier noch vermerkt werden, daß man mit dem nach (4.18c) gegebenen Geschwindigkeitsfeld, insbesondere mit den Geschwindigkeiten am Zylinderrande

$$v_r(R,\vartheta)=0\,,\quad v_\vartheta(R,\vartheta)=v(R,\vartheta)=\frac{\Gamma_0}{2\pi R}-2v_\infty\sin\vartheta$$

mittels der Bernoullischen Gleichung

$$\frac{v^2(R,\vartheta)}{2g}+\frac{p(R,\vartheta)}{\gamma}=\text{const.}=\frac{v_\infty^2}{2g}+\frac{p_\infty}{\gamma}$$

die Druckverteilung $p(R,\vartheta)$ am Zylinderrande berechnet und hiermit schließlich feststellt, daß die Strömung auf den Zylinder je Längeneinheit eine (Auftriebs–)kraft

$$\mathbb{P}_y=-2\int_{\vartheta=-\pi/2}^{\pi/2}p(R,\vartheta)\sin\vartheta\,R\,d\vartheta\,\mathbb{e}_y=-\rho\Gamma_0 v_\infty\,\mathbb{e}_y$$

(Kuttascher Satz) ausübt, die einerseits bei fehlender Zylinderlagerung das (D'Alembertsche) Phänomen des Auswanderns des Zylinders senkrecht zur Richtung der ungestörten Parallelströmung und andererseits die Wirkungsweise des Flettner–Schiffes[37] — bzw. allgemeiner, die Wirkungsweise eines Tragflügels — qualitativ richtig erklären läßt, obwohl das zugrunde gelegte Theorie–Modell des idealen (reibungsfreien!) Fluides das Entstehen einer Zirkulation durch Mantelreibung eigentlich nicht erklären kann.

Gradientenfelder $\overset{\langle q\rangle}{\mathbb{V}}=\mathbb{V}\circ\overset{\langle q-1\rangle}{\mathbb{P}}$ sind vollständig beschrieben etwa bei Linksanwendungen[38] durch die Vorgaben

$$\operatorname{div}(\overset{\langle q\rangle}{\mathbb{V}}\underbrace{\cdots\cdots}_{(q)}\overset{\langle 2q\rangle}{\mathbb{C}})=\operatorname{div}\left[(\mathbb{V}\circ\overset{\langle q-1\rangle}{\mathbb{P}})\underbrace{\cdots\cdots}_{(q)}\overset{\langle 2q\rangle}{\mathbb{C}}\right]=\overset{\langle q-1\rangle}{\mathbb{Q}}(\mathbb{r})=\text{vorgeg. in }(B) \qquad (4.19a)$$

und

$$\mathbb{n}\cdot(\overset{\langle q\rangle}{\mathbb{V}}\underbrace{\cdots\cdots}_{(q)}\overset{\langle 2q\rangle}{\mathbb{C}})=\mathbb{n}\cdot\left[(\mathbb{V}\circ\overset{\langle q-1\rangle}{\mathbb{P}})\underbrace{\cdots\cdots}_{(q)}\overset{\langle 2q\rangle}{\mathbb{C}}\right]=\overset{\langle q-1\rangle}{\mathbb{G}_n}(\mathbb{r})$$

$$=\text{vorgegeben längs } f_j(B),\ j=1\ldots n_B\,, \qquad (4.19b)$$

sofern $\overset{\langle 2q\rangle}{\mathbb{C}}=\overset{\langle 2q\rangle}{\mathbb{C}}^T$ eine im Sinne von

$$\overset{\langle q\rangle}{\mathbb{Y}}\underbrace{\cdots\cdots}_{(q)}\overset{\langle 2q\rangle}{\mathbb{C}}\underbrace{\cdots\cdots}_{(q)}\overset{\langle q\rangle}{\mathbb{Y}}^T\begin{cases}>0 \text{ für } \overset{\langle q\rangle}{\mathbb{Y}}\neq 0\\ =0 \text{ " } \overset{\langle q\rangle}{\mathbb{Y}}=0\end{cases} \qquad (4.19c)$$

vorgegebene positiv-definite 2q-stufige Feldgröße bedeutet.

---

[37] Hier wird auf einem Boot ein (durch Motorkraft bewegter) sich drehender senkrechter Zylinder aufgestellt, der in seiner näheren Umgebung durch Mantelreibung eine (parallel einfallende) Windströmung so manipuliert, daß die resultierenden Strömungsgeschwindigkeiten im Bereich $y<0$ gegenüber der Parallelströmung vergrößert, im Bereich $y>0$ verkleinert werden und solchermaßen die Druckdifferenzen eine antreibende Kraft bewirken.

[38] andersartige als Linksanwendungen, die man durch entsprechendes Vorschalten von Permutationstensoren auf den Linksanwendungsfall realisieren kann werden jetzt aus Raumgründen nicht mehr dargestellt, diesbezügliche Beziehungen im Bedarfsfall ohne Beweis referiert.

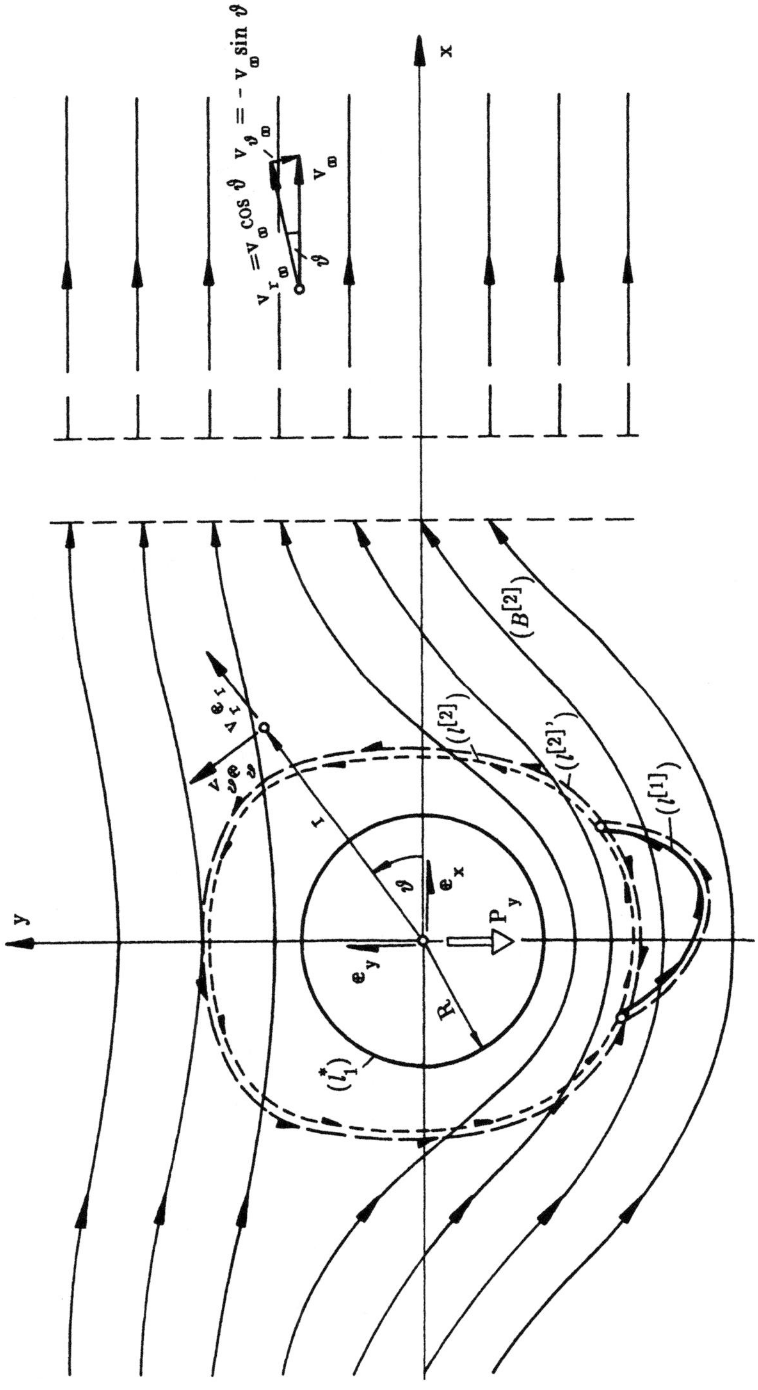

Abb. 4.4

Dies beweist man durch die vorläufige Annahme zunächst zweier, das Problem (4.19) lösender Felder

$$\overset{\langle q\rangle}{\mathbb{V}}_j = \mathbb{\nabla}\circ \overset{\langle q-1\rangle}{\mathbb{P}}_j \quad , j = 1,2 ,$$

weswegen dann ein allfälliges Differenzfeld

$$\overset{\langle q\rangle}{\mathbb{Y}} = \overset{\langle q\rangle}{\mathbb{V}}_1 - \overset{\langle q\rangle}{\mathbb{V}}_2 = \mathbb{\nabla}\circ(\overset{\langle q-1\rangle}{\mathbb{P}}_1 - \overset{\langle q-1\rangle}{\mathbb{P}}_2) \equiv \mathbb{\nabla}\circ \overset{\langle q-1\rangle}{\mathbb{X}} \tag{4.20a}$$

durch die Vorgaben

$$\operatorname{div} \overset{\langle q\rangle}{\mathbb{Y}} \underbrace{\cdots\cdots}_{(q)} \overset{\langle 2q\rangle}{\mathbb{C}} = \operatorname{div}\Big[(\mathbb{\nabla}\circ \overset{\langle q-1\rangle}{\mathbb{X}})\underbrace{\cdots\cdots}_{(q)} \overset{\langle 2q\rangle}{\mathbb{C}}\Big] = 0 \quad \text{in } (B) \tag{4.20b}$$

und

$$\mathbb{n}\cdot(\overset{\langle q\rangle}{\mathbb{Y}} \underbrace{\cdots\cdots}_{(q)} \overset{\langle 2q\rangle}{\mathbb{C}}) = \mathbb{n}\cdot\Big[(\mathbb{\nabla}\circ \overset{\langle q-1\rangle}{\mathbb{X}})\underbrace{\cdots\cdots}_{(q)} \overset{\langle 2q\rangle}{\mathbb{C}}\Big] = 0 \quad \text{längs } f_j(B),\ j = 1,\ldots,n_B \tag{4.20c}$$

beschrieben wäre, indem man letztlich mit einer (4.2b) analogen Greenschen Formel feststellt, daß die Bedingungen (4.20a—c) mit der Voraussetzung (4.19c) nur mit $\overset{\langle q\rangle}{\mathbb{Y}} = \mathbb{\nabla}\circ \overset{\langle q-1\rangle}{\mathbb{X}} = 0$ befriedigt werden können. Setzt man nämlich in (4.2b)

$\mathbb{\nabla}\circ \overset{\langle q-1\rangle}{\mathbb{X}}$ anstelle von $\mathbb{\nabla}\circ \overset{\langle q\rangle}{\mathbb{V}}_j$

$\overset{\langle q-1\rangle}{\mathbb{X}}$ " " $\overset{\langle q\rangle}{\mathbb{V}}_k$

$\overset{\langle 2q\rangle}{\mathbb{C}}$ " " $\overset{\langle 2(q+1)\rangle}{\mathbb{C}}$ und $q-1$ anstelle von q ,

so entsteht die Greensche Identität

$$\int_{(B)}\Big\{\mathbb{\nabla}\cdot\Big[(\mathbb{\nabla}\circ \overset{\langle q-1\rangle}{\mathbb{X}})\underbrace{\cdots\cdots}_{(q)} \overset{\langle 2q\rangle}{\mathbb{C}}\Big]\underbrace{\cdots\cdots}_{(q-1)} \overset{\langle q-1\rangle}{\mathbb{X}}{}^{T} + (\mathbb{\nabla}\circ \overset{\langle q-1\rangle}{\mathbb{X}})\underbrace{\cdots\cdots}_{(q)} \overset{\langle 2q\rangle}{\mathbb{C}} \underbrace{\cdots\cdots}_{(q)}(\mathbb{\nabla}\circ \overset{\langle q-1\rangle}{\mathbb{X}})^{T}\Big\}dV =$$

$$= \sum_{j=1}^{n_B} \oiint_{f_j(B)} \mathbb{n}\cdot\Big[(\mathbb{\nabla}\circ \overset{\langle q-1\rangle}{\mathbb{X}})\underbrace{\cdots\cdots}_{(q)} \overset{\langle 2q\rangle}{\mathbb{C}}\Big]\underbrace{\cdots\cdots}_{(q)} \overset{\langle q-1\rangle}{\mathbb{X}}{}^{T} df ,$$

die wegen (4.20b,c) auf

$$\int_{(B)} \mathbb{\nabla}\circ \overset{\langle q-1\rangle}{\mathbb{X}} \underbrace{\cdots\cdots}_{(q)} \overset{\langle 2q\rangle}{\mathbb{C}} \underbrace{\cdots\cdots}_{(q)} (\mathbb{\nabla}\circ \overset{\langle q-1\rangle}{\mathbb{X}})^{T} dV = 0$$

reduziert werden kann und daher angesichts von (4.19c) nur den Schluß $\overset{\langle q\rangle}{\mathbb{Y}} = \mathbb{\nabla}\circ \overset{\langle q-1\rangle}{\mathbb{X}} = 0$ zuläßt, weswegen in der Tat die Vorgaben (4.19a—c) als zur Beschreibung eines Gradientenfeldes ausreichend nachgewiesen sind.

Zum vorangegangenen Nachweis ist noch nachzutragen, daß die Vorgaben $\overset{\langle q-1\rangle}{\mathbb{Q}}(\mathbb{r})$, $\overset{\langle q-1\rangle}{\mathbb{G}}_n(\mathbb{r})$ nicht völlig willkürlich sein dürfen, weil aufgrund des Gaußschen Satzes die "globale Bedingung"

$$\int_{(B)} \operatorname{div}(\overset{\langle q\rangle}{\mathbb{V}} \underbrace{\cdots\cdots}_{(q)} \overset{\langle 2q\rangle}{\mathbb{C}})dV \overset{(4.19a)}{=} \int_{(B)} \overset{\langle q-1\rangle}{\mathbb{Q}}\, dV =$$

$$= \sum_{j=1}^{n_B} \oiint_{f_j(B)} \mathbb{n}\cdot(\overset{\langle q\rangle}{\mathbb{V}} \underbrace{\cdots\cdots}_{(q)} \overset{\langle 2q\rangle}{\mathbb{C}})df \overset{(4.19b)}{=} \sum_{j=1}^{n_B} \oiint_{f_j(B)} \overset{\langle q-1\rangle}{\mathbb{G}}_n(\mathbb{r}) \tag{4.21a}$$

gelten muß, wonach im Sinne eines "Erhaltungssatzes" der resultierende Fluß durch die "Oberflächen" Folge der im "Bereichsinnern" (B) durch "Quellung" entstandenen "Quantitäten" ($\overset{\langle q-1\rangle}{\mathbb{Q}}$ dV) sein muß. Wendet man den Gaußschen Satz auf einen n_k-fach begrenzten, mit (k-1) "inneren Begrenzungsflächen" f_j, $j = 1,\ldots,(k-1)$ ausgestatteten Unterbereich $(B_{[k]})$ von (B) an, der von einer geschlossenen Fläche $f(B_{[k]})$ eingeschlossen wird, so gilt analog

$$\int_{(B_{[k]})} \nabla\cdot(\overset{\langle q\rangle}{\mathbb{V}} \underbrace{\cdots\cdots}_{(q)} \overset{\langle 2q\rangle}{\mathbb{C}})dV \overset{(4.19a)}{=} \int_{(B_{[k]})} \overset{\langle q-1\rangle}{\mathbb{Q}}\, dV = \oiint_{f(B_{[k]})} \mathbb{n}\cdot(\overset{\langle q\rangle}{\mathbb{V}} \underbrace{\cdots\cdots}_{(q)} \overset{\langle 2q\rangle}{\mathbb{C}})df \,+$$

$$+ \sum_{j=1}^{k-1} \oiint_{f_j(B)} \mathbb{n}\cdot(\overset{\langle q\rangle}{\mathbb{V}} \underbrace{\cdots\cdots}_{(q)} \overset{\langle 2q\rangle}{\mathbb{C}})df \overset{(4.19c)}{=} \oiint_{f(B_{[k]})} \mathbb{n}\cdot(\overset{\langle q\rangle}{\mathbb{V}} \underbrace{\cdots\cdots}_{(q)} \overset{\langle 2q\rangle}{\mathbb{C}})df + \sum_{j=1}^{k-1} \oiint_{f_j(B)} \overset{\langle q-1\rangle}{\mathbb{G}}_n\, df \tag{4.21b}$$

als "globale" Eigenschaft, mit der (4.14) genügende Lösungsfelder $\overset{\langle q\rangle}{\mathbb{V}}$ automatisch ausgestattet sind.

Setzt man in (4.19a,b) den 2q–stufigen Einheitsoperator $\overset{\langle 2q\rangle}{\mathbb{E}}$ anstelle von $\overset{\langle 2q\rangle}{\mathbb{C}}$, so sind Gradientenfelder $\overset{\langle q\rangle}{\mathbb{V}} = \nabla\circ \overset{\langle q-1\rangle}{\mathbb{P}}$ insbesondere auch vollständig festgelegt durch die Vorgaben

$$\nabla\cdot \overset{\langle q\rangle}{\mathbb{V}} = \overset{\langle q-1\rangle}{\mathbb{Q}}(\mathbb{r}) = \text{vorgegeben in } (B)$$

$$\mathbb{n}\cdot \overset{\langle q\rangle}{\mathbb{V}} = \overset{\langle q-1\rangle}{\mathbb{G}}_n(\mathbb{r}) = \text{vorgegeben längs } f_j(B),\ j = 1,\ldots,n_B, \tag{4.21c}$$

wie man übrigens auch an (4.7c) (mit $\nabla\times \overset{\langle q\rangle}{\mathbb{B}} = 0$) und $\overset{\langle q-1\rangle}{\mathbb{P}}$ nach (4.7e) ablesen kann.
Als

4.3 verallgemeinerte Poisson-Potentiale

$\overset{\langle q-1\rangle}{\mathbb{P}}$, die im Sinne von (4.14c) Gradientenfelder definieren, werden Feldgrößen bezeichnet, die der Feldgleichung (4.19a) mit (4.19c) genügen. Solcherart Potentiale sind - neben (4.19a) mit (4.19c) - als eindeutige Funktionen vollständig festgelegt

a) für die sog. "erste Randwertaufgabe"

$$\overset{\langle q-1\rangle}{\mathbb{P}} = \overset{\langle q-1\rangle}{\mathbb{G}}_{n1}(\mathbb{r}) = \text{vorgegeben längs } f_j(B),\ j = 1,\ldots,n_B \tag{4.22a}$$

c) für die sog. "dritte Randwertaufgabe"

$$\mathbb{n}\cdot\left[(\nabla\circ \overset{\langle q-1\rangle}{\mathbb{P}})\underbrace{\cdots\cdots}_{(q)} \overset{\langle 2q\rangle}{\mathbb{C}}\right] + \overset{\langle q-1\rangle}{\mathbb{P}} \underbrace{\cdots\cdots}_{(q-1)} \overset{\langle 2(q-1)\rangle}{\mathbb{A}} = \overset{\langle q-1\rangle}{\mathbb{G}}_{n3}(\mathbb{r}) =$$

$$= \text{vorgegeben längs } f_j(B),\ j = 1,\ldots,n_B \tag{4.22b}$$

mit einer auf den Rändern $f_j(B)$, $j = 1,\ldots,n_B$, vorgegebenen und im Sinne von

$$\overset{\langle q-1\rangle}{\mathbb{P}}\underbrace{\cdots\cdots}_{(q-1)}\overset{\langle 2(q-1)\rangle}{\mathbb{A}}\underbrace{\cdots\cdots}_{(q-1)}\overset{\langle q-1\rangle}{\mathbb{P}} = \begin{cases} = 0 \text{ für } \overset{\langle q-1\rangle}{\mathbb{P}} = 0 \\ > 0 \;\text{ " }\; \overset{\langle q-1\rangle}{\mathbb{P}} \neq 0 \end{cases} \tag{4.22c}$$

positiv-definiten Feldgröße $\overset{\langle 2(q-1)\rangle}{\mathbb{A}} = \overset{\langle 2(q-1)\rangle}{\mathbb{A}}{}^{T}$ und schließlich

b) i allg.[39] bis auf eine Konstante festgelegt für die sog. "zweite Randwertaufgabe"

$$\mathbb{n}\cdot\left[(\nabla\circ\overset{\langle q-1\rangle}{\mathbb{P}})\underbrace{\cdots\cdots}_{(q)}\overset{\langle 2q\rangle}{\mathbb{C}}\right] = \mathbb{G}_{n2}(\mathbb{r}) = \text{vorgegeben längs } f_j(B),\ j = 1,\dots,n_B\,. \tag{4.22d}$$

Der Beweis für die zweite Randwertaufgabe ist bereits im Zusammenhang mit der Beweisrecherche betr. die Aussagen (4.19) erbracht worden, indem dort das Verschwinden des Gradienten eines allfällig angenommenen Differenzpotentials, d.h.

$$\nabla\circ\overset{\langle q-1\rangle}{\mathbb{X}} = \nabla\circ\left[\overset{\langle q-1\rangle}{\mathbb{P}}_1 - \overset{\langle q-1\rangle}{\mathbb{P}}_2\right] = 0$$

konstatiert wurde, was — unter Ausschluß zyklischer Mehrwertigkeiten (vgl. Pkt. 4.2)

$$\overset{\langle q-1\rangle}{\mathbb{P}}_1 = \overset{\langle q-1\rangle}{\mathbb{P}}_2 + \overset{\langle q-1\rangle}{\mathbb{K}} \quad \text{mit} \quad \overset{\langle q-1\rangle}{\mathbb{K}} = \text{const.},$$

also in der Tat bedeutet, das Potential $\overset{\langle q-1\rangle}{\mathbb{P}}$ lediglich bis auf eine Konstante festlegen zu können.
Im Falle der ersten Randwertaufgabe müßte ein allfällig existierendes Differenzpotential

$$\overset{\langle q-1\rangle}{\mathbb{X}} = \overset{\langle q-1\rangle}{\mathbb{P}}_1 - \overset{\langle q-1\rangle}{\mathbb{P}}_2$$

den homogenen Vorgaben

$$\nabla\cdot\left[(\nabla\circ\overset{\langle q-1\rangle}{\mathbb{X}})\underbrace{\cdots\cdots}_{(q)}\overset{\langle 2q\rangle}{\mathbb{C}}\right] = 0 \quad \text{in } (B) \tag{4.23a}$$

$$\overset{\langle q-1\rangle}{\mathbb{X}} = 0 \quad \text{längs } f_j(B)\,,\ j = 1,\dots,n_B \tag{4.23b}$$

genügen, was mit zu (4.19) analoger Beweisführung unter Heranziehung der Greenschen Formel (4.2b)[40] zunächst wieder zu $\nabla\circ\overset{\langle q-1\rangle}{\mathbb{X}} = 0$, aber wegen (4.23b) nunmehr desweiteren zu der Aussage

$$\overset{\langle q-1\rangle}{\mathbb{X}} = 0 \quad \text{in } (B) \tag{4.23c}$$

führt, wonach in der Tat die Vorgaben (4.19a,c, 4.22a) das Feld $\overset{\langle q-1\rangle}{\mathbb{P}}$ vollständig festlegen.
Für den Nachweis, daß Poisson–Potentiale durch die Feldgleichung (4.19a) mit (4.19c) und die dritte Randwertaufgabe (4.22b,c) vollständig festgelegt werden, geht man von den mit einem allfällig existierenden Differenzpotential $\overset{\langle q-1\rangle}{\mathbb{X}} = \overset{\langle q-1\rangle}{\mathbb{P}}_1 - \overset{\langle q-1\rangle}{\mathbb{P}}_2$ zu befriedigenden Aussagen

$$\nabla\cdot\left[(\nabla\circ\overset{\langle q-1\rangle}{\mathbb{X}})\underbrace{\cdots\cdots}_{(q)}\overset{\langle 2q\rangle}{\mathbb{C}}\right] = 0 \quad \text{in } (B) \tag{4.24a}$$

---

39) sofern für $\overset{\langle 2q\rangle}{\mathbb{C}}$ — neben $\overset{\langle 2q\rangle}{\mathbb{C}} = \overset{\langle 2q\rangle}{\mathbb{C}}{}^{T}$ — keine weiteren Symmetrievorgaben vorliegen (vgl. etwa (4.27)), und ggfs. zyklisch–mehrwertige Lösungen ausgeschlossen werden.

40) mit $\overset{\langle q-1\rangle}{\mathbb{X}}$ anstelle von $\overset{\langle q\rangle}{\mathbb{V}}_{j,k}$ und q anstelle von q+1

$$\mathbb{n}\cdot\left[(\nabla\circ\overset{\langle q-1\rangle}{\mathbb{X}})\underbrace{\cdots\cdots}_{(q)}\overset{\langle 2q\rangle}{\mathbb{C}}\right]+\overset{\langle q-1\rangle}{\mathbb{X}}\underbrace{\cdots\cdots}_{(q-1)}\overset{\langle 2(q-1)\rangle}{\mathbb{A}}=0 \text{ längs } f_j(B)\,,\ j=1,\ldots,n_B \tag{4.24b}$$

aus und bekommt aus der Greenschen Formel (4.2b) mit $\overset{\langle q-1\rangle}{\mathbb{X}}$ anstelle von $\overset{\langle q\rangle}{\mathbb{V}}_{j,k}$ sowie q anstelle von q+1 unter Beachtung von (4.24a,b)

$$\int_{(B)}(\nabla\circ\overset{\langle q-1\rangle}{\mathbb{X}})\underbrace{\cdots\cdots}_{(q)}\overset{\langle 2q\rangle}{\mathbb{C}}\underbrace{\cdots\cdots}_{(q)}(\nabla\circ\overset{\langle q-1\rangle}{\mathbb{X}})^T\,dV=$$

$$\sum_{j=1}^{n_B}\oiint_{f_j(B)}\mathbb{n}\cdot\left[(\nabla\circ\overset{\langle q-1\rangle}{\mathbb{X}})\underbrace{\cdots\cdots}_{(q)}\overset{\langle 2q\rangle}{\mathbb{C}}\right]\underbrace{\cdots\cdots}_{(q-1)}\overset{\langle q-1\rangle}{\mathbb{X}}{}^T\,df=$$

$$\overset{(4.24b)}{=}-\sum_{j=1}^{n_B}\oiint_{f_j(B)}\overset{\langle q-1\rangle}{\mathbb{X}}\underbrace{\cdots\cdots}_{(q-1)}\overset{\langle 2(q-1)\rangle}{\mathbb{A}}\underbrace{\cdots\cdots}_{(q-1)}\overset{\langle q-1\rangle}{\mathbb{X}}\,df. \tag{4.24c}$$

In dieser Gleichung sind aber sowohl das Volumenintegral als auch – wegen (4.22c)! – die Summe der Oberflächenintegrale positive Größen, so daß (4.24c) widerspruchsfrei sein kann nur für den Fall des Verschwindens aller Integralausdrücke, wozu

$$\operatorname{grad}\overset{\langle q-1\rangle}{\mathbb{X}}=0 \quad \text{in } (B)\,,\qquad \overset{\langle q-1\rangle}{\mathbb{X}}=0 \quad \text{längs } f_j(B),\ j=1,\ldots,n_B \tag{4.24d,e}$$

erforderlich ist. Daß unter Benutzung von (4.24e) schließlich $\overset{\langle q-1\rangle}{\mathbb{X}}=0$ in (B), also Bestimmtheit von $\overset{\langle q-1\rangle}{\mathbb{P}}$ für die dritte Randwertaufgabe erschlossen werden kann, ist mit der für die erste Randwertaufgabe entwickelten Beweisprozedur zu realisieren.

Aus dem Vorangegangenen folgert man, speziell[41] für Laplace-Potentiale:

Jedes Laplace-Potential $\overset{\langle q\rangle}{\mathbb{L}}(\mathbb{r})$ mit

$$\Delta\overset{\langle q\rangle}{\mathbb{L}}=0 \quad \text{in } (B) \tag{4.25a}$$

verschwindet für (erste bzw. dritte) homogene Randwertaufgaben

$$\overset{\langle q\rangle}{\mathbb{L}}=0 \ \text{bzw.}\ \frac{\partial\overset{\langle q\rangle}{\mathbb{L}}}{\partial s_n}+\overset{\langle q\rangle}{\mathbb{L}}\underbrace{\cdots\cdots}_{(q)}\overset{\langle 2q\rangle}{\mathbb{A}}=0 \ \text{längs } f_j(B),\ j=1,\ldots,n_B, \tag{4.25b,c}$$

und ist - zyklische Mehrwertigkeiten im Falle mehrfachen Zusammenhangs ausgeschlossen - eine beliebige Konstante $\overset{\langle q\rangle}{\mathbb{L}}_0$ für die zweite Randwertaufgabe

$$\frac{\partial\overset{\langle q\rangle}{\mathbb{L}}}{\partial s_n}=0 \ \text{längs } f_j(B),\ j=1,\ldots,n_B, \tag{4.25d}$$

---

41) Man setze in (4.19a) $\overset{\langle q-1\rangle}{\mathbb{Q}}=0$, identifiziere $\overset{\langle 2q\rangle}{\mathbb{C}}$ mit der 2q–stufigen Einheitsoperation und ändere q-1 in q.

Beispiele für Poisson–Potentiale findet man in der Theorie der stationären Wärmeleitung bzw. in der Elastostatik.

Bei der stationären Wärmeleitung – als ein Beispiel für (4.19a,c) mit (4.22) für den Fall q = 1 – ist der Zufluß des mit dem Temperaturgradienten ∇T in Form des Fourierschen Theorems

$$\mathbf{q} = -(\nabla T)\cdot \boldsymbol{\Lambda} \tag{4.26a}$$

(mit dem symmetrischen und positiv–definiten Wärmeleittensor $\boldsymbol{\Lambda}$) verknüpften Wärmeflußvektors $(\mathbf{q})$ mit den (vorgegebenen) eingeprägten Wärmemengen $(\dot{Q}_e(\mathbf{r})$ je Volumeneinheit$)$ am Massenelement im "thermischen Gleichgewicht",

$$-\nabla\cdot\mathbf{q} + \dot{Q}_e \overset{(4.26a)}{=} \nabla\cdot\left[(\nabla T)\cdot\boldsymbol{\Lambda}\right] + \dot{Q}_e = 0. \tag{4.26b}$$

Daher sind Lösungen für das Temperaturfeld festgelegt

a) bei vorgegebenen Randtemperaturen (erste Randwertaufgabe)

c) bei Vorgabe des sog. Newtonschen Abkühlungstheorems (dritte Randwertaufgabe), wonach der Wärmefluß durch die Oberfläche einerseits im Sinne von (4.26a) durch
$q_n = \mathbf{n}\cdot\mathbf{q} = -\,\mathbf{n}\cdot\left[(\nabla T)\cdot\boldsymbol{\Lambda}\right]$ und andererseits durch
$q_n = \alpha\,(T-T_M)$
mit der sog. Wärmeübergangszahl (α) und der (vorgegebenen) Temperatur (T_M) des umgebenden Mediums festliegt, und schließlich

b) bei Vorgabe der längs der Körperoberflächen zu– bzw. abgeführten Wärmemengen je Zeit– und Flächeneinheit Lösungen für die Temperaturen nur noch bis auf eine Konstante, aber die Lösungen für das Feld der Temperaturgradienten bzw. des Wärmeflußvektors vollständig festgelegt[42].

Im Falle der Elastostatik kleiner Verformungen — als ein Beispiel für (4.19a,c) mit (4.22) für den Fall q = 2 — wird die Forderung, daß die mittels des Hookeschen Gesetzes

$$\mathbf{S} \overset{43)}{=} (\nabla\circ\mathbf{u})\cdot\cdot \overset{\langle 4\rangle}{\mathbf{C}} \equiv \overset{\langle 4\rangle}{\mathbf{C}}\cdot\cdot(\nabla\circ\mathbf{u}) \tag{4.27a}$$

durch das Verschiebungsfeld $\mathbf{u}(\mathbf{r})$ darzustellenden Spannungen $\mathbf{S}$ den (vorgegebenen) Massenkräften $\rho\mathbf{k}$ (je Volumeneinheit) das Gleichgewicht halten sollen, in der als "elastische Verschiebungsgleichung" bezeichneten Feldgleichung

---

[42] Man bedenke, daß entsprechend der in (4.19,22) getroffenen Vorgaben die Größe $\overset{\langle 2q\rangle}{\mathbf{C}}$ als eine von $\overset{\langle q\rangle}{\mathbf{V}}$ bzw. $\overset{\langle q-1\rangle}{\mathbf{P}}$ unabhängige, vorgegebene Feldgröße vorausgesetzt wurde. Die letztere Aussage gilt daher nur für den Fall von der Temperatur bzw. dem Temperaturgradienten unabhängige Wärmeleitzahlen.

[43] Hierin bedeutet $\overset{\langle 4\rangle}{\mathbf{C}} = \overset{\langle 4\rangle}{\mathbf{C}}{}^T \equiv \overset{\langle 4\rangle}{\mathbf{E}}_S\cdot\cdot\overset{\langle 4\rangle}{\mathbf{C}}\cdot\cdot\overset{\langle 4\rangle}{\mathbf{E}}_S$ die isotherme Materialtetrade, worin $\overset{\langle 4\rangle}{\mathbf{E}}_S$ den durch $\mathbf{X}\cdot\cdot\overset{\langle 4\rangle}{\mathbf{E}}_S = \overset{\langle 4\rangle}{\mathbf{E}}_S\cdot\cdot\mathbf{X} = (\mathbf{X}+\mathbf{X}^T)/2$ definierten vierstufigen Symmetrierer bedeutet, weswegen (wegen $\nabla\circ\mathbf{u}\cdot\cdot\overset{\langle 4\rangle}{\mathbf{E}}_S = \operatorname{def}\mathbf{u}$) gleichwertig $(\nabla\circ\mathbf{u})\cdot\cdot\overset{\langle 4\rangle}{\mathbf{C}}$ anstelle der üblicherweise benutzten Schreibweise $\operatorname{def}\mathbf{u}\cdot\cdot\overset{\langle 4\rangle}{\mathbf{C}}$ verwendet werden kann.

$$\nabla\cdot\mathbb{S} + \rho\mathbb{k} = \nabla\cdot\left[(\nabla\circ\mathbb{u})\cdot\cdot\overset{<4>}{\mathbb{C}}\right] + \rho\mathbb{k} = \mathbb{0} \quad \text{in } (B) \tag{4.27b}$$

ausgedrückt. Daher sind Verschiebungsfelder festgelegt[44])

a) für den Fall vorgegebener Randverschiebungen des elastischen Kontinuums (erste Randwertaufgabe)

c) für den Fall vorgegebener Verschiebungen einer mit dem elastischen Kontinuum (per "Bettung") elastisch verbundenen starren Randschale (dritte Randwertaufgabe), wohingegen

b) im Falle der zweite Randwertaufgabe, d.h. im Falle vorgegebener Randspannungen

$$\mathbb{n}\cdot\mathbb{S} = \mathbb{n}\cdot\left[(\nabla\circ\mathbb{u})\cdot\cdot\overset{<4>}{\mathbb{C}}\right] \equiv \mathbb{n}\cdot\mathrm{def}\,\mathbb{u}\cdot\cdot\overset{<4>}{\mathbb{C}} \quad \text{längs } f_j(B)\,,\ j = 1,\dots n_B$$

nur noch das Kontinuums–Spannungsfeld $\mathbb{S}(\mathbb{r})$, das Verschiebungsfeld $\mathbb{u}(\mathbb{r})$ hingegen nur bis auf eine (kleine) Starrkörperbewegung festzulegen ist. Aufgrund der in Fußn. 43 beschriebenen Eigenschaft der isothermen Materialtetrade $\overset{<4>}{\mathbb{C}}$, per $\mathbb{Y}\cdot\cdot\overset{<4>}{\mathbb{C}}\cdot\cdot\mathbb{Y}$ einen gegenüber antimetrischen Tensoren $\mathbb{Y} = -\mathbb{Y}^T$ unempfindlichen Skalar auszuwerfen, ist nunmehr in Abschwächung zu (4.19c) die Aussage

$$\mathbb{Y}\cdot\cdot\overset{<4>}{\mathbb{C}}\cdot\cdot\mathbb{Y} = 0 \tag{4.27c}$$

nicht mehr dem Befund $\mathbb{Y} = 0$, sondern nur noch der Aussage $\mathbb{Y}+\mathbb{Y}^T = 0$ äquivalent, wohingegen antimetrische Tensoren $\mathbb{Y} = \mathbb{Y}^T$ die Aussage (4.27c) stets befriedigen. Für den vorliegenden Fall bedeutet dies, sämtliche Verschiebungsfelder $\overset{*}{\mathbb{u}}(\mathbb{r})$, die "deformatorfrei" sind, als beliebig addierbar in Betracht nehmen zu müssen. Über Letztere gibt aber die Cesarosche Formel (3.44e) Auskunft, wonach mit $\mathbb{u}$ anstelle von $\mathbb{v}$ und $\mathrm{def}\,\mathbb{u} = 0$ schließlich

$$\overset{*}{\mathbb{u}}(\mathbb{r}) = \mathbb{u}_0 + \alpha_0\times\mathbb{r} \quad \text{mit } \mathbb{u}_0 = \mathbb{u}(\mathbb{r}_0),\ \alpha_0 = \frac{1}{2}(\nabla\times\mathbb{u})_{\mathbb{r}_0}\,,$$

also in der Tat eine (kleine) Starrbewegungsmodifikation im Falle der zweiten Randwertaufgabe unidentifizierbar bleibt.

Als schließlich letztes Beispiel sei nochmals die Newtonsche Massenanziehung aufgegriffen, und zwar der einfachste (nämlich kugelsymmetrische) Fall des Newtonschen Potentials einer Hohlkugel $(r_i \le r \le r_a)$, wobei jetzt nicht die zweifellos wesentlich umständlichere Integration im Sinne von (4.17c), sondern die Lösung der Poissonschen Gleichung (4.17d) betrieben werden soll. Danach gelten

$$\Delta\mathcal{U}_N \overset{45)}{=} \frac{1}{r}\frac{d^2}{dr^2}(r\mathcal{U}_N) = \begin{cases} 4\pi\kappa\rho \equiv \kappa\dfrac{3m'}{r_a^3 - r_i^3} & \text{für } r_i < r < r_a \\ 0 & \text{für } 0 \le r < r_i \text{ und } r_a < r \le \infty\,, \end{cases} \tag{4.28a}$$

wobei die hieraus erhältlichen drei Lösungsäste

$$\mathcal{U}_N(r) = \begin{cases} \mathcal{U}_{NA}(r) = \dfrac{C_{1A}}{r} + C_{2A} & \text{für } r_a < r \le \infty \\ \mathcal{U}_{NB}(r) = \dfrac{1}{2}\dfrac{\kappa m'}{r_a^3 - r_i^3}r^2 + \dfrac{C_{1B}}{r} + C_{2B} & \text{für } r_i < r < r_a \\ \mathcal{U}_{Ni}(r) = \dfrac{C_{1i}}{r} + C_{2i} & \text{für } 0 \le r < r_i \end{cases} \tag{4.28b}$$

---

44) für den über beliebigen geschlossenen Kurven $(l^{[1]})$ einfach zusammenhängende Haubenflächen $f(l^{[1]})$ errichtbar sind, die vollständig im Innern von B liegen.

45) man benutze $\Delta\mathcal{U}_N(r) = \dfrac{d^2\mathcal{U}_N}{dr^2} + \dfrac{2}{r}\dfrac{d\mathcal{U}_N}{dr} \equiv \dfrac{1}{r}\dfrac{d^2}{dr^2}\left[r\mathcal{U}_N\right]$ sowie für die Masse der Hohlkugel

$$m' = \frac{4}{3}\pi(r_a^3 - r_i^3)\rho$$

zunächst nur bis auf drei Konstanten zu bestimmen sind, weil als Übergangsbedingungen vorerst nur die Bedingungen stetigen Überganges der Gravitationskraft, d. h. der Potentialgradienten, also

$$\left[\frac{d\mathcal{U}_{NA}}{dr}\right]_{r=r_a} = -\frac{C_{1A}}{r_a^2} = \left[\frac{d\mathcal{U}_{NB}}{dr}\right]_{r=r_a} = \frac{\kappa m'}{r_a^3 - r_i^3} r_a - \frac{C_{1B}}{r_a^2},$$

$$\left[\frac{d\mathcal{U}_{Ni}}{dr}\right]_{r=r_i} = -\frac{C_{1i}}{r_i^2} = \left[\frac{d\mathcal{U}_{NB}}{dr}\right]_{r=r_i} = \frac{\kappa m'}{r_a^3 - r_i^3} r_i - \frac{C_{1B}}{r_i^2}$$

und — sozusagen als Randbedingung — die Forderung nach im Innern $(0 \le r < r_i)$ endlicher Gravitationskraft, d. h. endlichen Potentialgradienten, also

$$\left\{\frac{d}{dr}\left[\frac{C_{1i}}{r} + C_{2i}\right]\right\}_{r_i=0} = \text{endlich}$$

physikalisch zu motivieren sind. Mit den hiernach möglichen Festlegungen

$$C_{1i} = 0\,, \quad C_{1B} = \frac{\kappa m'}{r_a^3 - r_i^3} r_i^3\,, \quad C_{1A} = -\kappa m'$$

bekommt man dann die Lösungsäste

$$\mathcal{U}_N(r) = \begin{cases} \mathcal{U}_{NA}(r) = C_{2A} - \dfrac{\kappa m'}{r} & \text{für } r_a < r \le \infty \\ \mathcal{U}_{NB}(r) = C_{2B} + \dfrac{\kappa m'}{2(r_a^3 - r_i^3)}\left[r^2 + 2(r_i^3/r)\right] & \text{"}\ r_i < r < r_a \\ \mathcal{U}_{Ni}(r) = C_{2i} & \text{"}\ 0 \le r < r_i\,, \end{cases} \tag{4.28c}$$

die man aber — was im Hinblick auf die Anwendung des Energie—Erhaltungssatzes von Bedeutung ist — im Nachgang mit den Forderungen

$$\mathcal{U}_{NA}(r_a) = \mathcal{U}_{NB}(r_a)\,, \quad \mathcal{U}_{NB}(r_i) = \mathcal{U}_{Ni}(r_i) \tag{4.28d,e}$$

bis auf eine Konstante (etwa C_{2A}) in eine stetige Funktion mit stetigen ersten Ableitungen zusammenfassen kann. Es ergibt sich mit $C_{2A} = 0$ und den aus (4.28d,e) erhältlichen Größen

$$C_{2B} = -\frac{3}{2}\frac{\kappa m' r_a^2}{r_a^3 - r_i^3}\,, \quad C_{2i} = -\frac{3}{2}\kappa m' \frac{r_a^2 - r_i^2}{r_a^3 - r_i^3}$$

schließlich

$$\frac{\mathcal{U}_N(r)}{\kappa m'} = \begin{cases} -\dfrac{1}{r} & \text{für } r_a \le r \le \infty \\ \dfrac{1}{2}\dfrac{r^2 - 3r_a^2 + 2(r_i^3/r)}{r_a^3 - r_i^3} & \text{"}\ r_i \le r \le r_a \\ -\dfrac{3}{2}\dfrac{r_a^2 - r_i^2}{r_a^3 - r_i^3} & \text{"}\ 0 \le r \le r_i \end{cases} \tag{4.28f}$$

mit $\mathbb{k}(\mathbb{r}) = -\nabla\,\mathcal{U}_N(\mathbb{r}) = -\mathbb{e}_r\, d\mathcal{U}_N/dr = -|\mathbb{k}(r)|\,\mathbb{e}_r$ und

$$\frac{|\mathbb{k}(r)|}{\kappa m'} = \begin{cases} 1/r^2 & \text{für } r_a \le r \le \infty \\ \left[(r - (r_i^3/r^2)\right]/(r_a^3 - r_i^3) & \text{"}\ r_i \le r \le r_a \\ 0 & \text{"}\ 0 \le r \le r_i\,. \end{cases} \tag{4.28g}$$

Als eine verallgemeinerte Variante des durch die Feldgleichung (4.17d) beschriebenen (skalarwertigen) Newtonschen Potentials $\mathcal{U}_N$ ist die der Feldgleichung

$$\Delta \overset{\langle q-1\rangle}{\mathbb{U}} = 4\pi \overset{\langle q-1\rangle}{\mathbf{\Omega}}(\mathbb{r}) \quad \text{vorgegeben in } (B) \tag{4.29a}$$

genügende Größe $\overset{\langle q-1\rangle}{\mathbb{U}}(\mathbb{r})$ anzusehen, die (vgl. (4.19a)) mit der entsprechenden Einheitsoperation $\overset{\langle 2q\rangle}{\mathbb{E}}$ anstelle von $\overset{\langle 2q\rangle}{\mathbb{C}}$ den verallgemeinerten Poisson—Potentialen zugehört. Dementsprechend gelten betr. die Frage, welcherart Randwertvorgaben Lösungen $\overset{\langle q-1\rangle}{\mathbb{U}}(\mathbb{r})$ festlegen, die (mit $\overset{\langle 2q\rangle}{\mathbb{C}} = \overset{\langle 2q\rangle}{\mathbb{E}}$ modifizierten) Angaben (4.22a—d), im Falle etwa der ersten Randwertaufgabe der Befund, daß $\overset{\langle q-1\rangle}{\mathbb{U}}$ — neben (4.29a) — durch vorgegebene Randwerte längs der Bereichsoberflächen bestimmt ist. Wie auch immer, ist die Größe

$$\overset{\langle q-1\rangle}{\mathbb{U}}_p(\mathbb{r}) \overset{(4.5b)}{=} -\int_{(B)} \frac{\Delta' \overset{\langle q-1\rangle}{\mathbb{U}}\, dV'}{4\pi\, |\mathbb{r}'-\mathbb{r}|} \overset{(4.29a)}{=} -\int_{(B)} \frac{\overset{\langle q-1\rangle}{\mathbf{\Omega}}(\mathbb{r}')\,dV'}{|\mathbb{r}'-\mathbb{r}|} \quad \text{in } (B) \tag{4.29b}$$

ein partikuläres Integral[46] von (4.29a). Für den gesamten Raum $(B\to B_\infty)$ ist (4.29b) vollständige Lösung von (4.29a), wenn man verlangt, daß $\overset{\langle q-1\rangle}{\mathbb{U}}(\mathbb{r})$ für $|\mathbb{r}|\to\infty$ in der Form $\overset{\langle q-1\rangle}{\mathbb{U}}_\infty/|\mathbb{r}|$ oder stärker als mit $1/|\mathbb{r}|$ gegen Null gehen soll (vgl. (4.5b)). Ein mit $\overset{\langle q-1\rangle}{\mathbb{U}}_p$ nach (4.29b) durch Gradientenbildung in der Form

$$\overset{\langle q\rangle}{\mathbb{V}}_p(\mathbb{r}) = -\nabla\circ \overset{\langle q-1\rangle}{\mathbb{U}}_p = \nabla\circ \int_{(B)} \frac{\overset{\langle q-1\rangle}{\mathbf{\Omega}}(\mathbb{r}')\,dV'}{|\mathbb{r}'-\mathbb{r}|} \tag{4.29c}$$

erzeugtes Feld beschreibt in (B) ein partikuläres Integral einer den Feldgleichungen

$$\nabla\cdot \overset{\langle q\rangle}{\mathbb{V}}(\mathbb{r}) \left[\overset{(4.29c)}{=} \Delta \overset{\langle q-1\rangle}{\mathbb{U}}(\mathbb{r})\right] \overset{(4.29a)}{=} 4\pi \overset{\langle q-1\rangle}{\mathbf{\Omega}}, \quad \nabla\times \overset{\langle q\rangle}{\mathbb{V}} = 0 \quad \text{in } (B) \tag{4.29d,e}$$

genügenden global—zirkulationsfreien Größe $\overset{\langle q\rangle}{\mathbb{V}}(\mathbb{r})$ in Termen ihrer (vorgegebenen) "lokalen Ergiebigkeiten" ($\nabla\cdot \overset{\langle q\rangle}{\mathbb{V}} = 4\pi \overset{\langle q-1\rangle}{\mathbf{\Omega}}$). Für den gesamten Raum $(B\to B_\infty)$ ist (4.29c) vollständige Lösung von (4.29d,e), wenn man verlangt, daß $\overset{\langle q\rangle}{\mathbb{V}}(\mathbb{r})$ für $|\mathbb{r}|\to 0$ in der Form $\overset{\langle q\rangle}{\mathbb{V}}_\infty/|\mathbb{r}|^2$ oder stärker als mit $1/|\mathbb{r}|^2$ gegen Null gehen soll.

Von der Qualität her gehört (4.29b) zu den auf dem Superpositionsprinzip basierenden (Greenschen) Integraldarstellungen einer in B_∞ definierten Lösung von (4.29a) in Termen einer sog. "Belegungsdichte" ($\overset{\langle q-1\rangle}{\mathbf{\Omega}}(\mathbb{r}')dV'$) und einer sog. Greenschen Funktion $\overset{\langle 2(q-1)\rangle}{\mathbb{G}}(\mathbb{r}-\mathbb{r}') = \overset{\langle 2(q-1)\rangle}{\mathbb{E}}/|\mathbb{r}-\mathbb{r}'|$, die die in $\mathbb{r}$ eintretende "Wirkung" $d\overset{\langle q-1\rangle}{\mathbb{U}}(\mathbb{r};\mathbb{r}')$ einer allein in

---

[46] Man bedenke, daß die allgemeine Lösung von (4.29a) — neben (4.29b) — noch Integrale $\overset{\langle q-1\rangle}{\mathbb{U}}_H(\mathbb{r})$ mit $\Delta \overset{\langle q-1\rangle}{\mathbb{U}}_H = 0$ also Laplace—Potentiale zur Befriedigung einer allgemeinen Randwertaufgabe enthalten müssen, wie dies übrigens auch die Darstellung (4.5a) zeigt, wo — neben dem Bereichsintegral — auch Randwerte bzw. deren Normalableitungen zur Lösung (dort mit $\overset{\langle q\rangle}{\mathbb{V}}(\mathbb{r})$ bezeichnet) beitragen. Dabei sind die Oberflächenintegralanteile in (4.5a) — wegen $\Delta(1/|\mathbb{r}'-\mathbb{r}|) = 0$ für $\mathbb{r}'\neq\mathbb{r}$ — sämtlich Laplace—Potentiale.

$\mathbb{r}'$ singulär situierten Entität[47] $\Big(\overset{\langle q-1\rangle}{\mathfrak{\Omega}}(\mathbb{r}')dV'\Big)$ als
$\overset{\langle q-1\rangle}{d\mathbb{U}}(\mathbb{r};\mathbb{r}') = \overset{\langle 2(q-1)\rangle}{\mathbb{G}}(\mathbb{r}-\mathbb{r}') \underbrace{\cdots\cdots}_{(q-1)} \overset{\langle q-1\rangle}{\mathfrak{\Omega}}(\mathbb{r}')dV'$ beschreibt, wobei $\overset{\langle 2(q-1)\rangle}{\mathbb{G}}(\mathbb{r}-\mathbb{r}')$ Lösung der (speziellen isotropen) Feldgleichung $\Delta \overset{\langle q-1\rangle}{\mathbb{U}} = 0$ für $\mathbb{r}\neq\mathbb{r}'$ ist.[48]

4.4 Rotorfelder,

die mit einem sog. "Rotorpotential" $\overset{\langle q\rangle}{\mathbb{B}}$ etwa im Falle einer "Linksanwendung" durch

$$\overset{\langle q\rangle}{\mathbb{V}} = \operatorname{rot} \overset{\langle q\rangle}{\mathbb{B}} = \nabla\times \overset{\langle q\rangle}{\mathbb{B}} \tag{4.30a}$$

definiert sind, können wegen

$$\oiint_{(f)} \mathbb{n}\cdot \overset{\langle q\rangle}{\mathbb{V}}\, df \overset{(4.30a)}{=} \oiint_{(f)} \mathbb{n}\cdot(\nabla\times \overset{\langle q\rangle}{\mathbb{B}})df \equiv \oiint_{(f)} (\mathbb{n}\times\nabla)\cdot \overset{\langle q\rangle}{\mathbb{B}}\, df \overset{(3.11a)}{=} 0 \tag{4.30b}$$

nur Felder beschreiben, die im Sinne von (4.30b) global und damit auch lokal quellenfrei sind[48]:

$$\operatorname{div} \overset{\langle q\rangle}{\mathbb{V}} = \operatorname{div}\operatorname{rot} \overset{\langle q\rangle}{\mathbb{B}} = 0\,. \tag{4.30c}$$

Rotorfelder können mittels

$$\operatorname{rot}\Big(\overset{\langle q\rangle}{\mathbb{V}} \underbrace{\cdots\cdots}_{(q)} \overset{\langle 2q\rangle}{\mathbb{C}}\Big) = \operatorname{rot}\Big[(\operatorname{rot} \overset{\langle q\rangle}{\mathbb{B}}) \underbrace{\cdots\cdots}_{(q)} \overset{\langle 2q\rangle}{\mathbb{C}}\Big] = \overset{\langle q\rangle}{\mathbb{W}}(\mathbb{r}) = \text{vorgegeben in } (B) \tag{4.31a}$$

---

47) vgl. h. §4.6

48) In (4.30b) bedeutet f, dies sollte hervorgehoben werden, eine <u>beliebige</u> geschlossene Fläche, sofern sie nur im (n_B–fach begrenzten) Definitionsbereich von $\overset{\langle q\rangle}{\mathbb{V}}$ liegt. Notwendig für globale Quellenfreiheit nach (4.30b) ist (selbstverständlich) die lokale Version (4.30c), die man aus (4.30b) folgert, indem man f als eine ansonsten beliebige, aber in einem einfach begrenzten Unterbereich $(B_{[1]})$ von (B) liegende geschlossene Fläche wählt und den einfachen Gaußschen Satz (3.4b) anwendet:

$$\int_{(V)} \nabla\cdot \overset{\langle q\rangle}{\mathbb{V}}\, dV = \oiint_{f(V)} \mathbb{n}\cdot \overset{\langle q\rangle}{\mathbb{V}}\, df \overset{(4.30b)}{=} 0 \Longrightarrow \nabla\cdot \overset{\langle q\rangle}{\mathbb{V}} = 0.$$

Insofern sind für einfach begrenzte Bereiche $(B = B_{[1]})$ lokale und globale Quellenfreiheit äquivalente Befunde, also (4.30c) notwendig und hinreichend für (4.30b) und umgekehrt. Für mehrfach begrenzte Bereiche ist jedoch die lokale Aussage (4.30c) nur noch notwendig für globale Quellenfreiheit, insofern als jetzt — neben (4.30c) — noch verlangt werden muß, daß $\overset{\langle q\rangle}{\mathbb{V}}(\mathbb{r})$ ein im Sinne von

$$\oiint_{f_j(B)} \mathbb{n}\cdot \overset{\langle q\rangle}{\mathbb{V}}\, df = 0, \quad j = 1,\ldots,n_B \tag{4.30d}$$

längs sämtlicher Bereichsoberflächen $(f_j(B))$ "einspeisungsneutrales Phänomen" beschreibt. Dies folgert man unter Benutzung von (4.30c) aus dem verallgemeinerten Gaußschen Satz (3.4c), wenn man ihn für beliebige k–fach begrenzte Unterbereiche $B_{[k]}$, $k = 1,\ldots,n_B$ anwendet.

mit im Sinne von (4.19c) positiv-definiten vorgegebenen Feldgrößen $\overset{\langle 2q\rangle}{\mathbb{C}} = \overset{\langle 2q\rangle}{\mathbb{C}}{}^{T}$ festgelegt werden, wenn längs der Oberflächen die (linksseitig lokal-planaren) Randwerte

$$\mathbb{n}\times\left[(\nabla\times\overset{\langle q\rangle}{\mathbb{B}})\underbrace{\cdots\cdots}_{(q)}\overset{\langle 2q\rangle}{\mathbb{C}}\right] = \underset{(2)}{\overset{\langle q\rangle}{\mathbb{G}}}(\mathbb{r}) = \text{vorgegeben längs } f_j(B),\ j = 1,\dots,n_B. \qquad (4.31b)$$

vorgegeben sind:[49)]

Ein diesbezüglicher Nachweis stützt sich auf die aus der Greenschen Formel (4.12b) mit der Setzung $\overset{\langle q\rangle}{\mathbb{V}} = (\nabla\times\overset{\langle q\rangle}{\mathbb{B}})\underbrace{\cdots\cdots}_{(q)}\overset{\langle 2q\rangle}{\mathbb{C}}$ unter Benutzung von (4.31a) erhältliche Identität

$$\int_{(B)}\left\{(\nabla\times\overset{\langle q\rangle}{\mathbb{B}})\underbrace{\cdots\cdots}_{(q)}\overset{\langle 2q\rangle}{\mathbb{C}}\underbrace{\cdots\cdots}_{(q)}(\nabla\times\overset{\langle q\rangle}{\mathbb{B}})^{T} - \overset{\langle q\rangle}{\mathbb{B}}{}^{T}\underbrace{\cdots\cdots}_{(q)}\overset{\langle q\rangle}{\mathbb{W}}\right\}dV =$$

$$= -\sum_{j=1}^{n_B}\ \oint\!\!\!\oint_{f_j(B)}\left\{\mathbb{n}\times\left[(\nabla\times\overset{\langle q\rangle}{\mathbb{B}})\underbrace{\cdots\cdots}_{(q)}\overset{\langle 2q\rangle}{\mathbb{C}}\right]\right\}\underbrace{\cdots\cdots}_{(q)}\overset{\langle q\rangle}{\mathbb{B}}{}^{T}\,df. \qquad (4.32)$$

Zunächst zwei die Bedingungen (4.30a,b) befriedigende Lösungen $\overset{\langle q\rangle}{\mathbb{V}}_j = \nabla\times\overset{\langle q\rangle}{\mathbb{B}}_j$, j = 1,2 annehmend, müssen für deren Differenz

$$\overset{\langle q\rangle}{\mathbb{V}}_1 - \overset{\langle q\rangle}{\mathbb{V}}_2 = \overset{\langle q\rangle}{\mathbb{X}} = \nabla\times(\overset{\langle q\rangle}{\mathbb{B}}_1 - \overset{\langle q\rangle}{\mathbb{B}}_2) \equiv \nabla\times\overset{\langle q\rangle}{\mathbb{B}}_X \qquad (4.32a)$$

---

49) Weil $\mathbb{n}\cdot(\mathbb{n}\times\overset{\langle q\rangle}{\mathbb{V}})\underbrace{\cdots\cdots}_{(q)}\overset{\langle 2q\rangle}{\mathbb{C}} = (\mathbb{n}\times\mathbb{n})\cdot\overset{\langle q\rangle}{\mathbb{V}}\underbrace{\cdots\cdots}_{(q)}\overset{\langle 2q\rangle}{\mathbb{C}} = 0$ ist, ist die Vorgabe (4.31b) in der Tat "linksseitig" (lokal—)planar, weswegen mit zwei in die jeweilige Oberflächen—Tangentialebene fallenden Richtungen $\mathbb{e}_{\alpha,\beta}$ (mit $\mathbb{e}_{\alpha,\beta}\cdot\mathbb{n} = 0$) Vorgaben für $\mathbb{e}_{\alpha,\beta}\cdot\overset{\langle q\rangle}{\mathbb{V}}\underbrace{\cdots\cdots}_{(q)}\overset{\langle 2q\rangle}{\mathbb{C}}$ (neben (4.31a)) Lösungen $\overset{\langle q\rangle}{\mathbb{V}}$ festlegen. Deutlicher wird dies noch, indem man (4.31b) vektoriell mit der jeweils lokalen Oberflächennormalen $\mathbb{n}$ multipliziert.
Man bekommt

$$\mathbb{n}\times(\mathbb{n}\times\overset{\langle q\rangle}{\mathbb{V}}\underbrace{\cdots\cdots}_{(q)}\overset{\langle 2q\rangle}{\mathbb{C}}) = \mathbb{n}\circ(\mathbb{n}\cdot\overset{\langle q\rangle}{\mathbb{V}}\underbrace{\cdots\cdots}_{(q)}\overset{\langle 2q\rangle}{\mathbb{C}}) - (\mathbb{n}\cdot\mathbb{n})\overset{\langle q\rangle}{\mathbb{V}}\underbrace{\cdots\cdots}_{(q)}\overset{\langle 2q\rangle}{\mathbb{C}} \equiv$$

$$\equiv -\underset{(2)}{\mathbb{E}}\cdot\overset{\langle q\rangle}{\mathbb{V}}\underbrace{\cdots\cdots}_{(q)}\overset{\langle 2q\rangle}{\mathbb{C}} = \mathbb{n}\times\underset{(2)}{\mathbb{G}}(\mathbb{r}) = \text{vorgegeben längs } f_j(B),\ j=1,\dots,n_B, \qquad (4.31c)$$

mit dem jeweils lokalen planaren Einheitsoperator $\underset{(2)}{\mathbb{E}} = \mathbb{E} - \mathbb{n}\circ\mathbb{n}$, der per $\underset{(2)}{\mathbb{x}} = \mathbb{x}\cdot\underset{(2)}{\mathbb{E}} = \underset{(2)}{\mathbb{E}}\cdot\mathbb{x}$ Vektoren $\mathbb{x}$ in ihre in die jeweilige Tangentialebene fallenden Anteile $\underset{(2)}{\mathbb{x}}$ abbildet. So ergänzen sich die Sätze (4.31a,b) und (4.19a—c) in "natürlicher Weise", insofern als in (4.19a—c) die "linksseitig normalen" Anteile $\mathbb{n}\cdot\overset{\langle q\rangle}{\mathbb{V}}$ vorgegeben werden müssen. Dies substantiiert die unter Ziffer 4.5 referierten (verallgemeinerten) Helmholtzschen Darstellungssätze.

die Feldgleichungen $\nabla\times\Big[(\nabla\times\overset{\langle q\rangle}{\mathbb{B}}_X)\underbrace{\cdots\cdots}_{(q)}\overset{\langle 2q\rangle}{\mathbb{C}}\Big]=0$ in (B) (4.32b)

sowie die Oberflächenbedingungen

$$\mathbb{n}\times\Big[(\nabla\times\overset{\langle q\rangle}{\mathbb{B}}_X)\underbrace{\cdots\cdots}_{(q)}\overset{\langle 2q\rangle}{\mathbb{C}}\Big]=0 \quad \text{längs } f_j(B),\ j=1,\dots,n_B \tag{4.32c}$$

gelten und daher nach (4.32) mit $\overset{\langle q\rangle}{\mathbb{B}}_X$ anstelle von $\overset{\langle q\rangle}{\mathbb{B}}$ und $\overset{\langle q\rangle}{\mathbb{W}}=0$

$$\int_{(B)}\Big[(\nabla\times\overset{\langle q\rangle}{\mathbb{B}}_X)\underbrace{\cdots\cdots}_{(q)}\overset{\langle 2q\rangle}{\mathbb{C}}\underbrace{\cdots\cdots}_{(q)}(\nabla\times\overset{\langle q\rangle}{\mathbb{B}}_X)^T\Big]\,dV \overset{(4.32a)}{\equiv} \int_{(B)}\overset{\langle q\rangle}{\mathbb{X}}\underbrace{\cdots\cdots}_{(q)}\overset{\langle 2q\rangle}{\mathbb{C}}\underbrace{\cdots\cdots}_{(q)}\overset{\langle q\rangle}{\mathbb{X}}{}^T\,dV =$$

$$\overset{(4.32)}{=} -\sum_{j=1}^{n_B}\oiint_{f_j(B)}\Big\{\mathbb{n}\times\Big[(\nabla\times\overset{\langle q\rangle}{\mathbb{B}}_X)\underbrace{\cdots\cdots}_{(q)}\overset{\langle 2q\rangle}{\mathbb{C}}\Big]\Big\}\underbrace{\cdots\cdots}_{(q)}\overset{\langle q\rangle}{\mathbb{B}}_X{}^T\,df \overset{(4.32c)}{=} 0\,, \tag{4.32d}$$

womit in Anbetracht von (4.19c) $\overset{\langle q\rangle}{\mathbb{X}}=\nabla\times\overset{\langle q\rangle}{\mathbb{B}}_X=0$, also in der Tat Bestimmtheit eines durch die Vorgaben (4.31a,b) definierten Rotorfeldes $\overset{\langle q\rangle}{\mathbb{V}}$ erschlossen werden kann, und zwar unabhängig davon, daß das "zugehörige Rotorpotential" $\overset{\langle q\rangle}{\mathbb{B}}$ im Ansatz (4.30a) nicht eindeutig festzulegen ist.[50)]

In durch (4.31a,b) bestimmte Lösungen für Rotorfelder $\overset{\langle q\rangle}{\mathbb{V}}=\mathrm{rot}\,\overset{\langle q\rangle}{\mathbb{B}}$ ist die Befriedigung der Integralbedingung

$$\Big[\oint_{(l^{[K]})}+\sum_{j=1}^{k-1}\oint_{(\overset{*}{l}_j)}\Big]d\mathbb{r}\cdot(\overset{\langle q\rangle}{\mathbb{V}}\underbrace{\cdots}_{(q)}\overset{\langle 2q\rangle}{\mathbb{C}})=\int_{f(l^{[K]},\overset{*}{l}_j)}(\mathbb{n}\times\nabla)\cdot(\overset{\langle q\rangle}{\mathbb{V}}\underbrace{\cdots}_{(q)}\overset{\langle 2q\rangle}{\mathbb{C}})=\int_{f(l^{[K]},\overset{*}{l}_j)}\mathbb{n}\cdot\overset{\langle q\rangle}{\mathbb{W}}\,df \tag{4.32e}$$

aufgrund des Stokesschen Satzes (3.8b) automatisch eingebaut. Darin bedeuten $(l^{[K]})$ eine beliebige in einem k–fach zusammenhängenden Unterbereich von (B) gelegte geschlossene Kurve, $\overset{*}{l}_j$, die innerhalb von $(B^{[K]})$ notierbaren irreduziblen Umläufe und $f(l^{[K]},\overset{*}{l}_j)$ eine vollständig im Definitionsbereich (B) von $\overset{\langle q\rangle}{\mathbb{V}}$ liegende k–fach zusammenhängende ((k–1)–fach "gelochte") und ansonsten beliebige Haubenfläche und $\mathbb{n}$ deren Flächennormale.[51)]

---

50) Wegen rot grad $\overset{\langle q-1\rangle}{\Phi}=0$ definieren Felder $\overset{\langle q\rangle}{\mathbb{B}}_1$, $\overset{\langle q\rangle}{\mathbb{B}}_2=\overset{\langle q\rangle}{\mathbb{B}}_1+\mathrm{grad}\,\overset{\langle q-1\rangle}{\Phi}$ per (4.30a) dasselbe Rotorfeld $\nabla\times\overset{\langle q\rangle}{\mathbb{B}}_{1,2}$.

51) Analog (4.20c) ist in Spezialisierung von (4.31a,b) mit $\overset{\langle 2q\rangle}{\mathbb{C}}=\overset{\langle 2q\rangle}{\mathbb{E}}$ ein Rotorfeld $\overset{\langle q\rangle}{\mathbb{V}}=\nabla\times\overset{\langle q\rangle}{\mathbb{B}}$ insbesondere auch durch die Vorgaben $\nabla\times\overset{\langle q\rangle}{\mathbb{V}}=\overset{\langle q\rangle}{\mathbb{W}}(\mathbb{r})=$ vorgeg. in (B)

$$\mathbb{n}\times\overset{\langle q\rangle}{\mathbb{V}}=_{(2)}\overset{\langle q\rangle}{\mathbb{G}}(\mathbb{r})=\text{vorgeg. längs } f_j(B)\ ,\ j=1,\dots,n_B \tag{4.32f}$$

festzulegen, wie man auch an (4.7c) mit $\nabla\circ\overset{\langle q-1\rangle}{\mathbb{P}}=0$ und $\overset{\langle q\rangle}{\mathbb{B}}$ nach (4.7f) ablesen kann.

Weil die Oberflächenintegrale von (4.32d) auch für

$$\underset{(2)}{\mathbb{E}} \cdot \overset{\langle q\rangle}{\mathbb{B}}_{\mathrm{X}} = 0 \quad \text{längs } f_j(B)\;,\; j = 1,\ldots,n_B \tag{4.33a}$$

verschwinden, müssen Rotorfelder $\overset{\langle q\rangle}{\mathbb{V}} = \nabla\times\overset{\langle q\rangle}{\mathbb{B}}$ auch festgelegt sein durch die Feldgleichung (4.31a) und linksseitig (lokal–)planare Randwertvorgaben von der Qualität

$$\underset{(2)}{\mathbb{E}} \cdot \overset{\langle q\rangle}{\mathbb{B}} \equiv \underset{(2)}{\overset{\langle q\rangle}{\mathbb{B}}} = \underset{(2)}{\overset{\langle q\rangle_*}{\mathbb{G}}}(\mathbb{r}) = \text{vorgegeben längs } f_j(B)\;,\; j = 1,\ldots,n_B\;, \tag{4.33b}$$

was z. B. in der De Saint–Venantschen Torsionstheorie ausgenutzt wird, wo der "planare" (Querschnitts–)Schubspannungsvektor

$$\boldsymbol{\tau} = \boldsymbol{\tau}_{(2)}(\mathbb{r}_{(2)}) =^{52)} \sigma_{xy}\,\mathbb{e}_y + \sigma_{xz}\,\mathbb{e}_z$$

der (in Stabachsenrichtung (x) formulierten) Gleichgewichtsbedingung

$$\nabla_{(2)} \cdot \boldsymbol{\tau}_{(2)} = 0 \;\text{ in } (f_0) \tag{4.34a}$$

genügt, und aus den Verträglichkeitsbedingungen der Theorie kleiner Verformungen mit den Deformationsannahmen der De Saint–Venantschen Theorie letztlich die Feldgleichung

$$\nabla_{(2)} \times \boldsymbol{\tau}_{(2)} =^{53)} 2GD\mathbb{e}_x = \text{const} \;\text{ in } (f_0) \tag{4.34b}$$

extrahiert werden kann. [16]. Werden längs der Torsionsstab–Mantelflächen keine in Stabachsenrichtung weisende Schubspannungen zugelassen, so müssen (nachdem Boltzmannschen Satz von den "zugeordneten Schubspannungen") an den Querschnittsrändern die jeweiligen "Normalkomponenten" $(\mathbb{n}_{(2)} \cdot \boldsymbol{\tau}_{(2)})$ des Schubspannungsvektors $(\boldsymbol{\tau}_{(2)})$ verschwinden, so daß in Verallgemeinerung von (4.34a)

$$\Big\{ \oint_{(l)} \mathbb{n}_{(2)} \cdot \boldsymbol{\tau}_{(2)}\, ds = 0$$

für beliebige im Querschnitt (f_0) gelegte geschlossene Kurven (l) gelten muß, was bedeutet, daß die an der Oberfläche beliebiger Schnittzylinder (mit Konturlinie l) freigelegten axialen Schubspannungen ein Gleichgewichtssystem bilden müssen. Daher sind Torsionsschubspannungsfelder im Sinne von (4.30b) "global divergenzfrei", also Rotorfelder im Sinne von (4.30a), und zwar planare Rotorfelder, weswegen ein Torsionsschubspannungsfeld mit einer sog. Torsions(–Spannungs–)funktion $\Phi(\mathbb{r}_{(2)}) = \Phi(y,z)$ generell in Form eines sog. "Stromfunktions–Ansatzes"

52) $\mathbb{r}_{(2)} = y\,\mathbb{e}_y + z\,\mathbb{e}_z$ bedeuten Querschnittskoordinaten, $\nabla_{(2)}$ die planare Operation

$$\nabla_{(2)} = \mathbb{e}_y \frac{\partial}{\partial y} + \mathbb{e}_z \frac{\partial}{\partial z}$$

53) hierin bedeuten G den Schubmodul und mit der Stab–Querschnittsflächen–Drehung $\vartheta(x)$ (sog. Torsionswinkel) $D = d\vartheta/dx$ die sog. "Drillung", die im Rahmen der De Saint–Venantschen Theorie längs der Stabachsenordinate (x) konstant sein muß. f_0 bezeichnet den (prismatischen, d. h. längs der Stabachse x konstanten) Querschnitt des Torsionsstabes.

$$\mathbb{T} = \mathbb{T}_{(2)} \mathrel{\hat{=}} \left\{\sigma_{xy};\, \sigma_{xz}\right\} = -2GD\, \nabla_{(2)} \times (\mathbb{e}_x \Phi) = 2GD \left\{-\frac{\partial\Phi}{\partial z};\, \frac{\partial\Phi}{\partial y}\right\} \tag{4.34c}$$

darzustellen sein muß [7]. Angesichts von (4.34b) ist die De Saint–Venantsche Torsionstheorie mit

$$\overset{\langle q\rangle}{\mathbb{B}} = \overset{\langle 1\rangle}{\mathbb{B}} = -\Phi(\mathbb{r}_{(2)})\mathbb{e}_x \text{ und } \overset{\langle 2q\rangle}{\mathbb{C}} = \mathbb{E}$$

somit in der Tat ein Spezialfall, der unter dieser Ziffer abgehandelten Rotorfelder, und daher muß das Schubspannungsfeld im Querschnitt festzulegen sein durch die Feldgleichung (4.34b[54]) zuzüglich Randwertvorgaben für $\mathbb{E}_{(2)} \cdot \overset{\langle 1\rangle}{\mathbb{B}} \equiv^{55)} \overset{\langle 1\rangle}{\mathbb{B}}$ bzw. Φ längs aller Querschnittsflächen–Berandungen. Tatsächlich werden in dieser Theorie denn auch vorgegeben

$$\Phi = \text{const.} = \Phi_j \text{ längs aller Querschnittsfl.–Berandungen } (l_j),\ j = 1,\dots,n_B, \tag{4.34d}$$

womit verlangt wird, daß der Querschnitts–Schubspannungsvektor (zwecks Vermeidung axialer Schubspannungskomponenten längs der Torsionsstab–Mantelflächen) sämtliche Querschnitts–Randlinien tangieren soll[56]. Die in der Problemlösung solchermaßen noch vorgesehenen Freiwerte Φ_j, $j = 1,\dots,n_B$ werden benötigt, um Integralbedingungen von der Form (4.32e) zu befriedigen. So müssen die Lösungen von (4.34b,c) im Falle etwa der zweifach zusammenhängenden Querschnittsfläche f_0 nach Abb. 4.5 mit $\mathbb{n} =^{57)} \mathbb{e}_x$ der Integralbedingung

$$\underset{(l)}{\circlearrowleft\!\oint} d\mathbb{r}_{(2)} \cdot \mathbb{T}_{(2)} + \underset{(l_i)}{\circlearrowleft\!\oint_*} d\mathbb{r}_{(2)} \cdot \mathbb{T}_{(2)} =^{58)} \underset{(l)}{\oint} d\mathbb{r}_{(2)} \cdot \mathbb{T}_{(2)} - \underset{(l_i)}{\oint_*} d\mathbb{r}_{(2)} \cdot \mathbb{T}_{(2)} =$$

---

54) Sie lautet in Termen der Torsionsfunktion

$$\Delta_{(2)} \Phi = \nabla_{(2)} \cdot (\nabla_{(2)} \Phi) = 1 \quad \text{in } (f_0) \tag{4.34k}$$

wie man nach Einsetzen von (4.34c) in (4.34b) leicht verifiziert.

55) Unter $\mathbb{E}_{(2)}$ ist hier die (lokal–planare) Operation

$$\mathbb{E}_{(2)} = \mathbb{e}_x \circ \mathbb{e}_x + \mathbb{e}_s \circ \mathbb{e}_s = \mathbb{E} - \mathbb{n}_{(2)} \circ \mathbb{n}_{(2)}$$

zu verstehen. $\mathbb{e}_s$, $\mathbb{n}_{(2)}$ bezeichnen Randlinientangente bzw. Normale (Abb. 4.5).

56) Weil (4.34d) der Aussage äquivalent ist, daß die Ableitungen $(\partial\Phi/\partial s)$ der Torsionsfunktion nach den Randlinien–Bogenlängen verschwinden müssen, ist wegen

$$\left\{\mathbb{n}_{(2)} \cdot \mathbb{T}_{(2)}\right\}_{\text{Rand}} \overset{(4.34c)}{=} 2GD\left\{\mathbb{n}_{(2)} \cdot (\mathbb{e}_x \times \nabla_{(2)} \Phi)\right\}_{\text{Rand}} \equiv 2GD\left\{\mathbb{e}_s \cdot \nabla_{(2)} \Phi\right\}_{\text{Rand}} =$$

$$= 2GD\left\{\frac{\partial\Phi}{\partial s}\right\}_{\text{Rand}} = 0$$

die Aussage (4.34d) in der Tat der Forderung nach längs der Ränder tangentialer Schubspannungsvektoren gleichwertig.

57) Die Haubenfläche $f(l, \overset{*}{l_j})$ ist hier die anteilige in Abb. 4.5 schraffierte Querschnittsfläche, $d\mathbb{r}_{(2)}$ ist das Ortsvektordifferential des planaren (in der Querschnittsebene liegenden) Ortsvektors

$$\mathbb{r}_{(2)} = y\,\mathbb{e}_y + z\,\mathbb{e}_z$$

58) die Symbole $\circlearrowleft\!\oint$ bezeichnen Linienintegrationen im Sinne der in Abb.4.5 durch Pfeile angedeuteten Fortschrittsrichtungen, mit $\oint$ werden jetzt Linienintegrationen bezeichnet, bei denen die Fortschrittsrichtungen einheitlich so gewählt werden, daß sie mit der Stabachsenrichtung $(\mathbb{e}_x)$ ein "rechtsorientiertes System" darstellen.

$$= \int_{f(l,l_i^*)} \mathbb{e}_x \cdot (2GD\,\mathbb{e}_x)\,df = 2GD \int_{f(l,l_i^*)} df = 2GD\left[f(l) - f(l_i^*)\right] \tag{4.34e}$$

bzw.
$$\oint_{(l)} d\mathbb{r}_{(2)} \cdot \boldsymbol{\tau} - 2GD\,f(l) = \oint_{(l_i^*)} d\mathbb{r}_{(2)} \cdot \boldsymbol{\tau} - 2GD\,f(l_i^*) = \text{const.} = C \tag{4.34f}$$

genügen, wonach bis auf eine Konstante die Zirkulationsintegrale längs eines beliebigen "irreduziblen Umlaufs" stets gleich dem 2GD–fachen Wert der "vom Schubfluß umflossenen Flächen" $(f(l), f(l_i^*))$ sein müssen. Da mit den entsprechenden Deformationsannahmen der De Saint–Venantschen Theorie der Schubspannungsvektor $\boldsymbol{\tau}$ in Form des Hookeschen Gesetzes

$$\boldsymbol{\tau} = \boldsymbol{\tau}_{(2)} = G(\nabla_{(2)} u_x + D\,\mathbb{e}_x \times \mathbb{r}_{(2)}) \tag{4.34g}$$

mit den (von x unabhängigen) Axialverschiebungen $u_x(\mathbb{r}_{(2)})$, den sog. "Querschnittsverwölbungen", korreliert ist, hat man

$$\oint_{(l)} d\mathbb{r}_{(2)} \cdot \boldsymbol{\tau} = G\left\{\oint_{(l)}\left[d\mathbb{r}_{(2)} \cdot \nabla_{(2)} u_x\right] + D\,\mathbb{e}_x \cdot \left[\oint_{(l)} \mathbb{r}_{(2)} \times d\mathbb{r}_{(2)}\right]\right\} \equiv 2GDf(l)\,, \tag{4.34h}$$

wenn man einerseits Stetigkeit der Axialverschiebungen fordert[59] und andererseits $\oint_{(l)} \mathbb{r}_{(2)} \times d\mathbb{r}_{(2)} = 2\,f(l)\,\mathbb{e}_x$ beachtet. In Anwendung auf (4.34f) bedeutet dies, die (in (4.34f) vorerst verbliebene universelle) Konstante C Null setzen zu müssen.

In der Bredtschen Theorie der (n_B-1)–zelligen Hohlquerschnitte (die n_B–fach zusammenhängend und begrenzt sind) dienen dann die (n_B-1) Gleichungen (4.34f) mit $C = 0$

$$\left(\oint_{(l_j^*)} d\mathbb{r}_{(2)} \cdot \boldsymbol{\tau}_{(2)} \overset{(4.34h)}{=} 2GDf(l_j^*),\ j = 1,\ldots,(n_B-1)\right. \tag{4.34i}$$

zur Ermittlung der längs der Innenstege übertragenen (sog. statisch unbestimmten) Schubflüsse [16].

Als ein weiteres Beispiel soll hier die (skalarwertige) Stokessche Stromflächenfunktion[60]

$$\Psi = \Psi(r,z) \text{ mit } r = |\mathbb{e}_z \times \mathbb{r}|,\ z = \mathbb{r} \cdot \mathbb{e}_z \tag{4.35}$$

referiert werden, mit der per

$$\mathbb{b} = \frac{\mathbb{e}_z \times \mathbb{r}}{(\mathbb{e}_z \times \mathbb{r})^2}\,\Psi = \frac{\mathbb{e}_\varphi}{r}\,\Psi(r,z) \text{ mit } \nabla \cdot \mathbb{b} \overset{61)}{=} 0 \tag{4.35a}$$

ein vektorwertiges Rotorpotential $\mathbb{b}$ konstruiert wird, das in der Form

$$\mathbb{v} = \nabla \times \mathbb{b} = \nabla \times \left[\frac{\mathbb{e}_z \times \mathbb{r}}{(\mathbb{e}_z \times \mathbb{r})^2}\,\Psi\right] \overset{62)}{\equiv} -\frac{\mathbb{e}_z \times \mathbb{r}}{(\mathbb{e}_z \times \mathbb{r})^2} \times \nabla\Psi = -\frac{\mathbb{e}_\varphi}{r} \times \nabla\Psi = -\frac{1}{r}\frac{\partial\Psi}{\partial z}\,\mathbb{e}_r + \frac{1}{r}\frac{\partial\Psi}{\partial r}\,\mathbb{e}_z \tag{4.35b}$$

stationäre achsensymmetrische und global–divergenzfreie Strömungsgeschwindigkeitsfelder

---

59) d. h. $\oint_{(l)} du_x \equiv \oint_{(l)} d\mathbb{r}_{(2)} \cdot \nabla_{(2)} u_x = 0$

60) r, φ, z bedeuten Zylinderkoordinaten

61) man beachte $\nabla \cdot \left[(\mathbb{e}_z \times \mathbb{r})/(\mathbb{e}_z \times \mathbb{r})^2\right] = \nabla \cdot (\mathbb{e}_\varphi / r) = 0$

62) man beachte $\nabla \times \left[\frac{\mathbb{e}_z \times \mathbb{r}}{(\mathbb{e}_z \times \mathbb{r})^2}\right] = \nabla \times (\mathbb{e}_\varphi / r) = 0$

$$\mathbb{w} \hat{=} \left\{ v_r(r,z);\, v_z(r,z) \right\} \quad \text{mit} \quad v_r = -\frac{1}{r}\frac{\partial \Psi}{\partial z}, \quad v_z = \frac{1}{r}\frac{\partial \Psi}{d\, r} \tag{4.35c}$$

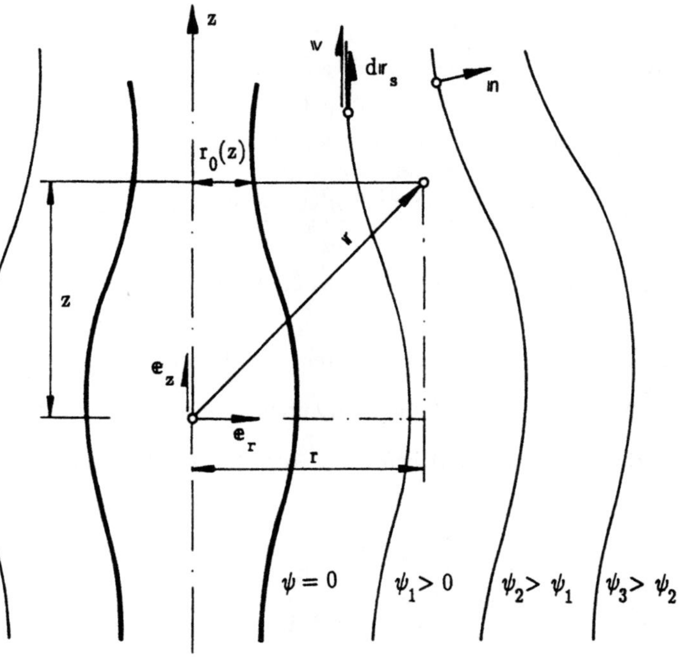

Abb. 4.6

inkompressibler Fluide[63] durch eine skalarwertige Feldgröße beschreiben läßt [7], [17], also etwa die achsensymmetrische Umströmung eines Rotationskörpers nach Abb. 4.6. Kennzeichnet man von den Stromflächen[64] Diejenige der Profil–Oberfläche $r_0(z)$ durch den Wert Null, so haben wegen

$$Q = \int_{r_0}^{r} v_z(r,z)\, 2\pi r dr \overset{(4.35c)}{=} 2\pi \int_{r_0}^{r} \frac{\partial \Psi}{\partial r}\, dr = = 2\pi\left[\psi(r,z) - \Psi(r_0(z),z)\right] = 2\pi\, \Psi(r,z) \tag{4.35d}$$

die die Stromflächen definierenden Konstanten (bis auf den Faktor 2π) die Bedeutung der zwischen Profil und jeweiliger Stromfläche in der Zeiteinheit transportierten Fluidmenge[65].
Für die Formulierung einer für die Festlegung von $\mathbb{b}$ bzw. Ψ noch erforderlichen Feldgleichung benötigt man — neben der mit (4.35b) identisch befriedigten Inkompressibilitätsbedingung — eine weitere

---

[63] mit $\nabla \cdot \mathbb{w} \equiv \frac{1}{r}\left[\frac{\partial}{\partial r}(r v_r) + \frac{\partial}{\partial z}(r v_z)\right] \overset{(4.35b)}{=} \nabla \cdot (\nabla \times \mathbb{b}) \equiv 0$

[64] das sind diejenigen Rotationsflächen, die von den Geschwindigkeitsvektoren tangiert werden und die wegen

$$d\mathbb{r}_s \times \mathbb{w} = (dr_s \mathbb{e}_r + dz_s \mathbb{e}_z)\times(v_r \mathbb{e}_r + v_z \mathbb{e}_z) = \mathbb{e}_\varphi(v_r dz_s - v_z dr_s) = 0\,,$$

d. h.

$$dz_s v_r - dr_s v_z \overset{(4.35c)}{=} -\frac{1}{r}\left[\frac{\partial \Psi}{\partial r} dr_s + \frac{\partial \Psi}{\partial z} dz_s \right] = \frac{1}{r}\, d\Psi = 0$$

durch $\Psi = \text{const.} = \Psi_c$, d. h. durch konstante Stromfunktionswerte gekennzeichnet sind.

[65] Bei Strömungen ohne (achsensymmetrische) Hohlräume wird der Wert $\Psi = 0$ der Rotationsachse selbst zugewiesen, womit dann ebenfalls (4.35d) gilt.

vektorwertige (bzw. daraus ableitbare skalarwertige) physikalische Aussage, wobei ein diesbezüglicher einfachster Befund für sog. Potentialströmungen idealer Flüssigkeiten in der Forderung nach "Wirbelfreiheit"

$$\mathbb{V}\times\mathbb{v} = \mathbb{V}\times(\mathbb{V}\times\mathbb{b}) \equiv -\Delta\mathbb{b} = 0 \tag{4.35e}$$

vorliegt, die sich im rotationssymmetrischen Falle auf die (einzige) nicht–triviale skalarwertige Aussage

$$\mathbb{e}_\varphi\cdot(\mathbb{V}\times\mathbb{v}) = -\mathbb{e}_\varphi\cdot\Delta\mathbb{b} = 0 \tag{4.35f}$$

reduziert. Danach ist $\mathbb{b}$ ein Laplace–Potential, leider aber nicht die Stromfunktion Ψ, weil man für Letztere — man setze (4.35a) in (4.35f) ein — die Feldgleichung

$$-r\,\mathbb{e}_\varphi\cdot\operatorname{rot}\mathbb{v} \equiv -\left[r\frac{\partial v_r}{\partial z} - r\frac{\partial v_z}{\partial r}\right] \overset{(4.35c)}{=} \frac{\partial^2\Psi}{\partial z^2} + \frac{\partial^2\Psi}{\partial r^2} \underline{-\frac{1}{r}\frac{\partial\Psi}{\partial r}} = 0$$

identifiziert, die im Vorzeichen des letzten Terms (gestrichelt) von der Δ–Operation abweicht.

Rotorfelder im Sinne von (4.30a) definierende Rotorpotentiale $\overset{\langle q\rangle}{\mathbb{B}}$ sind durch die Vorgaben (4.31a,b) wegen rot grad $\overset{\langle q-1\rangle}{\Phi} = 0$ nur bis auf ein Gradientenfeld festgelegt (vgl. Fußn. 51). Will man also den Sachverhalt, daß (4.31a,b) befriedigt wird, für alle Rotorpotentiale $\overset{\langle q\rangle}{\mathbb{B}}_j$ mit

$$\overset{\langle q\rangle}{\mathbb{B}}_1 - \overset{\langle q\rangle}{\mathbb{B}}_2 = \mathbb{V}\circ\overset{\langle q-1\rangle}{\Phi} \tag{4.36a}$$

"vereindeutigen" im Sinne von $\overset{\langle q\rangle}{\mathbb{B}}_1 = \overset{\langle q\rangle}{\mathbb{B}}_2 = \overset{\langle q\rangle}{\mathbb{B}}$, so muß durch zusätzliche Vorgaben dafür gesorgt werden, daß man $\mathbb{V}\circ\overset{\langle q-1\rangle}{\Phi} = 0$ gewiß erschließen kann. Nach (4.25) läßt sich dies jedoch sichern durch die Feld-Vorgabe

$$\mathbb{V}\cdot(\mathbb{V}\circ\overset{\langle q-1\rangle}{\Phi}) = \Delta\overset{\langle q-1\rangle}{\Phi} = 0 \text{ in } (B) \tag{4.36b}$$

für die Randwertaufgaben (4.25b-d), von denen jetzt insbesondere die (zweite) Randwertaufgabe (4.25d), nämlich

$$\mathbb{n}\cdot((\mathbb{V}\circ\overset{\langle q-1\rangle}{\Phi}) = \frac{\partial\overset{\langle q-1\rangle}{\Phi}}{\partial s_n} = 0 \text{ längs } f_j(B),\ j = 1,\dots,n_B \tag{4.36c}$$

als im Hinblick auf die vorliegende Recherche Wesentliche - weil in Termen von $\overset{\langle q\rangle}{\mathbb{B}}_j$ Auszudrückende! - in Betracht genommen wird. Angesichts von (4.36a) ist also die Lösungsmenge für Rotorpotentiale vollständig umrissen, wenn man - neben (4.31a,b) - die zusätzlichen Vorgaben

$$\mathbb{V}\cdot(\overset{\langle q\rangle}{\mathbb{B}}_1 - \overset{\langle q\rangle}{\mathbb{B}}_2)\left[= \mathbb{V}\cdot(\mathbb{V}\circ\overset{\langle q-1\rangle}{\Phi}) = \Delta\overset{\langle q-1\rangle}{\Phi}\right] = 0 \text{ in } (B),$$

d. h.
$$\mathbb{V}\cdot\overset{\langle q\rangle}{\mathbb{B}}_1 = \mathbb{V}\cdot\overset{\langle q\rangle}{\mathbb{B}}_2 = \mathbb{V}\cdot\overset{\langle q\rangle}{\mathbb{B}} = \overset{\langle q-1\rangle_*}{\mathbb{Q}}(\mathbb{r}) = \text{vorgegeben in } (B) \tag{4.36d}$$

sowie
$$\mathbb{n}\cdot(\overset{\langle q\rangle}{\mathbb{B}}_1 - \overset{\langle q\rangle}{\mathbb{B}}_2)\left[= \mathbb{n}\cdot(\mathbb{V}\circ\overset{\langle q-1\rangle}{\Phi}) = \frac{\partial\overset{\langle q-1\rangle}{\Phi}}{\partial s_n}\right] = 0,$$

d.h. $$\mathbb{n}\cdot\overset{<q>}{\mathbb{B}}_1 = \mathbb{n}\cdot\overset{<q>}{\mathbb{B}}_2 = \mathbb{n}\cdot\overset{<q>}{\mathbb{B}} = \overset{<q-1>_*}{\mathbb{G}}_{n1}(\mathbb{r}) = \text{vorgeg. längs } f_j(B),\ j = 1,\dots,n_B \tag{4.36e}$$

verlangt, also für das Rotorpotential noch im Feldbereich dessen Divergenz und längs der Ränder dessen "Normalkomponenten" vorgibt.[66]

Im Falle des Rotorpotentials $\overset{<1>}{\mathbb{B}} = -\Phi(\mathbb{r}_{(2)})\mathbb{e}_x$ der De Saint–Venantschen Torsionstheorie sind

$$\nabla\cdot\overset{<1>}{\mathbb{B}} = -\left\{\left[\mathbb{e}_x\frac{\partial}{\partial x} + \mathbb{e}_y\frac{\partial}{\partial y} + \mathbb{e}_z\frac{\partial}{\partial z}\right]\Phi(\mathbb{r}_{(2)})\right\}\mathbb{e}_x = 0$$

und wegen $\mathbb{n} = \mathbb{n}_{(2)} \perp \mathbb{e}_x$

$$\mathbb{n}\cdot\overset{<1>}{\mathbb{B}} = \mathbb{n}_{(2)}\cdot\overset{<1>}{\mathbb{B}} = 0$$

die hier in Spezialisierung von (4.36d,e) (identisch) erfüllten Nebenbedingungen, womit dann übrigens sichergestellt ist, daß in dem durch (4.34b,c) beschriebenen Rotorpotential $\overset{<1>}{\mathbb{B}}$ kein (planarer) Gradientenanteil enthalten sein kann. Entsprechendes gilt für das Stokessche Stromflächenpotential $\mathbb{b}$ mit $\nabla\cdot\mathbb{b} = 0$ (vgl. 4.35a) sowie der Tatsache, daß die auf den Stromflächen errichteten Normalen $(\mathbb{n})$ stets senkrecht auf der (mit $\mathbb{e}_\varphi$ identischen) Richtung von $\mathbb{b}$ stehen (vgl. Abb. 4.6), was dann auch grundsätzlich für (mit Stromflächen identischen) Strömungsberandungen gelten muß.
Der am Beispiel der Torsionstheorie zu Tage getretene Sachverhalt, daß ein den Feldgleichungen

$$\nabla\times(\nabla\times\overset{<q>}{\mathbb{B}}) = \overset{<q>}{\mathbb{W}}(\mathbb{r}) = \text{vorgeg. mit } \nabla\cdot\overset{<q>}{\mathbb{B}} = 0 \quad \text{in } (B) \tag{4.37a,b}$$

genügendes divergenzfreies Rotorpotential $\overset{<q>}{\mathbb{B}}$ generell ein Poisson–Potential ist, bleibt erhalten auch für den Fall, daß die Divergenz des Feldes $\overset{<q>}{\mathbb{B}}$ nicht mit Null vorgegeben wird. In diesem Falle ist mit $\Delta = \text{graddiv} - \text{rotrot}$ (vgl. (3.45a)) aus (4.37a,36d) für das Rotorpotential die Feldgleichung

$$\Delta\overset{<q>}{\mathbb{B}} = -\text{rot rot}\,\overset{<q>}{\mathbb{B}} + \text{grad div}\,\overset{<q>}{\mathbb{B}} \overset{(4.37a,36d)}{\equiv} -\overset{<q>}{\mathbb{W}}(\mathbb{r}) + \nabla\circ\overset{<q-1>_*}{\mathbb{Q}}$$
$$= \text{vorgeg. in } (B) \tag{4.38}$$

zu extrahieren, deren Lösung im Sinne des an (4.29a) anschließenden Textes festgelegt ist für vorgegebene Randwerte $\overset{<q>}{\mathbb{B}}$, d. h. — konsistent mit (4.33a,36e)! — für vorgegebene Randwerte $\mathbb{n}\cdot\overset{<q>}{\mathbb{B}}$ sowie $\mathbb{E}_{(2)}\cdot\overset{<q>}{\mathbb{B}}$ bzw. $\mathbb{n}\times\overset{<q>}{\mathbb{B}}$.
Entsprechend der Theorie der linearen Differentialgleichungen kann man die Lösung von (4.38) im Sinne des Superpositionsprinzips in der Form

$$\overset{<q>}{\mathbb{B}} = \overset{<q>}{\mathbb{B}}_H + \overset{<q>}{\mathbb{B}}_P = \overset{<q>}{\mathbb{L}} + \overset{<q>}{\mathbb{B}}_P \tag{4.38a}$$

aufbauen mit einem das homogene Problem von (4.38), nämlich die Gleichung

$$\Delta\overset{<q>}{\mathbb{B}}_H = \Delta\overset{<q>}{\mathbb{L}} = 0 \ \text{in } (B) \tag{4.38b}$$

---

66) selbstverständlich mit der aufgrund des Gaußschen Satzes zu fordernden Nebenbedingungen, etwa

$$\int_{(B)}\nabla\cdot\overset{<q>}{\mathbb{B}}\,dV = \int_{(B)}\overset{<q-1>_*}{\mathbb{Q}}\,dV = \sum_{j=1}^{n_B}\oiint_{f_j(B)}\mathbb{n}\cdot\overset{<q>}{\mathbb{B}}\,df = \sum_{j=1}^{n_B}\oiint_{f_j(B)}\overset{<q-1>_*}{\mathbb{G}}_{n2}(\mathbb{r})\,df$$

befriedigenden Laplace–Potential und mit einer partikulären Lösung $\overset{\langle q\rangle}{\mathbb{B}}_p$, wofür sich analog (4.29) die Lösungsvariante

$$\overset{\langle q\rangle}{\mathbb{B}}_p(\mathbb{r}) - \frac{1}{4\pi}\int_{(B)} \frac{\Delta'\overset{\langle q\rangle}{\mathbb{B}}(\mathbb{r}')dV'}{|\mathbb{r}'-\mathbb{r}|} = \frac{1}{4\pi}\int_{(B)}\frac{\overset{\langle q\rangle}{\mathbb{W}}(\mathbb{r}')dV'}{|\mathbb{r}'-\mathbb{r}|} - \frac{1}{4\pi}\int_{(B)}\frac{\nabla'\circ\overset{\langle q-1\rangle_*}{\mathbb{Q}}}{|\mathbb{r}'-\mathbb{r}|}dV', \qquad (4.38c)$$

verwenden läßt. Letztere ist für $B = B_\infty$ vollständige Lösung des Problems (4.38), wenn man verlangt, daß $\overset{\langle q\rangle}{\mathbb{B}}$ für $\mathbb{r}\to\infty$ in der Form $\overset{\langle q\rangle}{\mathbb{B}}_\infty/|\mathbb{r}|$ bzw. stärker als mit $1/|\mathbb{r}|$ gegen Null gehen soll (vgl. h. 4.5a,b). In diesem Falle muß $\overset{\langle q\rangle}{\mathbb{B}}_p$ nach (4.38c) aber dann selbst bereits der Nebenbedingung (4.36d), d. h.

$$4\pi\,\nabla\cdot\overset{\langle q\rangle}{\mathbb{B}}_p \overset{(4.38c)}{=} \int_{(B_\infty)}\nabla\left[\frac{1}{|\mathbb{r}'-\mathbb{r}|}\right]\cdot\left(\overset{\langle q\rangle}{\mathbb{W}}(\mathbb{r}') - \nabla'\circ\overset{\langle q-1\rangle_*}{\mathbb{Q}}\right)dV' \overset{67)}{=}$$

$$= \int_{(B_\infty)}\nabla'\left[\frac{1}{|\mathbb{r}'-\mathbb{r}|}\right]\cdot\left(\nabla'\circ\overset{\langle q-1\rangle_*}{\mathbb{Q}} - \overset{\langle q\rangle}{\mathbb{W}}(\mathbb{r}')\right)dV' \overset{68)}{=}$$

$$= \int_{(B_\infty)}\left[\nabla'\cdot\left[\frac{\nabla'\circ\overset{\langle q-1\rangle_*}{\mathbb{Q}}}{|\mathbb{r}'-\mathbb{r}|}\right] - \frac{\Delta'\overset{\langle q-1\rangle_*}{\mathbb{Q}}}{|\mathbb{r}'-\mathbb{r}|} - \nabla'\cdot\left[\frac{\overset{\langle q\rangle}{\mathbb{W}}}{|\mathbb{r}'-\mathbb{r}|}\right]\right]dV' \overset{69)}{=}$$

$$= -\int_{(B_\infty)}\frac{\Delta'\overset{\langle q-1\rangle_*}{\mathbb{Q}}}{|\mathbb{r}'-\mathbb{r}|}dV' + \int_{(f_\infty)}\frac{\partial\overset{\langle q-1\rangle_*}{\mathbb{Q}}/\partial s'_n}{|\mathbb{r}'-\mathbb{r}|}df' - \int_{(f_\infty)}\frac{\mathbb{n}'\cdot\overset{\langle q\rangle}{\mathbb{W}}(\mathbb{r}')}{|\mathbb{r}'-\mathbb{r}|}df' =$$

$$\overset{(4.5a)}{=} 4\pi\overset{\langle q-1\rangle_*}{\mathbb{Q}} + \int_{(f_\infty)}\left[\overset{\langle q-1\rangle_*}{\mathbb{Q}}\frac{\partial}{\partial s'_n}\frac{1}{|\mathbb{r}'-\mathbb{r}|} - \frac{\mathbb{n}'\cdot\overset{\langle q\rangle}{\mathbb{W}}(\mathbb{r}')}{|\mathbb{r}'-\mathbb{r}|}\right]df' =$$

$$= 4\pi\overset{\langle q-1\rangle_*}{\mathbb{Q}} - \int_{(f_\infty)}\frac{\mathbb{n}'}{|\mathbb{r}'-\mathbb{r}|}\cdot\underline{\left[\overset{\langle q\rangle}{\mathbb{W}}(\mathbb{r}') + \frac{\mathbb{r}'-\mathbb{r}}{|\mathbb{r}'-\mathbb{r}|^2}\circ\overset{\langle q-1\rangle_*}{\mathbb{Q}}(\mathbb{r}')\right]}df' \overset{(4.36d)}{=} 4\pi\overset{\langle q-1\rangle_*}{\mathbb{Q}} \qquad (4.38d)$$

genügen, wofür verlangt werden muß, daß der in (4.38d) gestrichelte Ausdruck für $\mathbb{r}'\to\infty$ mit $\overset{\langle q\rangle}{\mathbb{C}}_\infty/|\mathbb{r}'|$ bzw. stärker als mit $1/|\mathbb{r}'|$ gegen Null gehen muß. Wegen $\overset{\langle q\rangle}{\mathbb{W}} = \nabla\times(\nabla\times\overset{\langle q\rangle}{\mathbb{B}})$ und $\overset{\langle q-1\rangle_*}{\mathbb{Q}} = \nabla\cdot\overset{\langle q\rangle}{\mathbb{B}}$ ist letztere Forderung mit den an $\overset{\langle q\rangle}{\mathbb{B}}$ gestellten Forderungen, die im Falle $B = B_\infty$

---

67) Man benutze $\nabla\left[\frac{1}{|\mathbb{r}'-\mathbb{r}|}\right] = -\nabla'\left[\frac{1}{|\mathbb{r}'-\mathbb{r}|}\right]$

68) Wegen div rot rot $\overset{\langle q\rangle}{\mathbb{B}} \equiv 0$ ist selbstverständlich nach (4.37c) div $\overset{\langle q\rangle}{\mathbb{W}} = \nabla\cdot\overset{\langle q\rangle}{\mathbb{W}} = 0$

69) Man benutze den Gaußschen Satz (3.5e)

als Lösung für $\overset{\langle q\rangle}{\mathbb{B}}$ den Befund (4.38c) garantierten, identisch erfüllt. Der aus (4.38c) mit $\operatorname{div}\overset{\langle q\rangle}{\mathbb{B}} = \overset{\langle q-1\rangle_*}{\mathbb{Q}} = 0$ anfallende Spezialfall

$$\overset{\langle q\rangle}{\mathbb{B}} = \overset{\langle q\rangle}{\mathbb{B}}_p(\mathbb{r}) = \frac{1}{4\pi}\int\limits_{(B_\infty)} \frac{\overset{\langle q\rangle}{\mathbb{W}}(\mathbb{r}')\,dV'}{|\mathbb{r}'-\mathbb{r}|} \tag{4.38e}$$

mit zugehörigem Rotorpotential

$$\overset{\langle q\rangle}{\mathbb{V}} = \overset{\langle q\rangle}{\mathbb{V}}_p(\mathbb{r}) = \nabla\times\overset{\langle q\rangle}{\mathbb{B}}_p = \frac{1}{4\pi}\nabla\times\int\limits_{(B)} \frac{\overset{\langle q\rangle}{\mathbb{W}}(\mathbb{r}')\,dV'}{|\mathbb{r}'-\mathbb{r}|} \overset{70)}{=} \frac{1}{4\pi}\int\limits_{(B)} \frac{\mathbb{r}'-\mathbb{r}}{|\mathbb{r}'-\mathbb{r}|^3}\times\overset{\langle q\rangle}{\mathbb{W}}(\mathbb{r}')\,dV' \tag{4.38f}$$

ist Grundlage für die Konstruktion eines verallgemeinerten

4.4.1 Biot-Sarvartschen Gesetzes ,

indem man in (4.38e,f) die "Wirbelbelegung" $\overset{\langle q\rangle}{\mathbb{W}}(\mathbb{r}')$ im ganzen Raum (B_∞) mit Null annimmt mit Ausnahme eines (geschlossenen) torusartigen Bereiches (Mittellinie L) infinitesimaler Querschnittsabmessung (df'_L) mit den Annahmen, daß

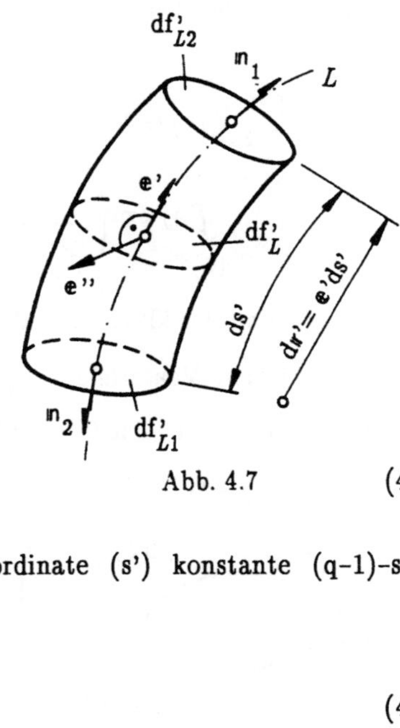

Abb. 4.7

1.) die Operation[71)]

$$\lim_{df'_L\to 0} \mathbb{e}'(s',t)\cdot\overset{\langle q\rangle}{\mathbb{W}}(s',t)\,df'_L(s',t) = \overset{\langle q-1\rangle}{\mathbb{\Gamma}}(t) \tag{4.39a}$$

eine endliche, längs der Torus-Mittellinienordinate (s') konstante (q-1)-stufige Quantität ergeben und

2.) $\mathbb{e}''\cdot\overset{\langle q\rangle}{\mathbb{W}}(s',t) = 0$ für $\mathbb{e}''\cdot\mathbb{e}' = 0$ (4.39b)

gelten soll[72)] (Abb. 4.6), was schließlich bedeutet, daß

---

70) Man benutze $\nabla\left[\frac{1}{|\mathbb{r}'-\mathbb{r}|}\right] = \mathbb{r}'-\mathbb{r}/|\mathbb{r}'-\mathbb{r}|^3$

71) Hier wurde noch eine allfällige Abhängigkeit aller Größen von der Zeit (t) vorgesehen.

72) Wendet man die Aussage $\operatorname{div}\overset{\langle q\rangle}{\mathbb{W}} = 0$, d. h. $\oiint \mathbb{n}\cdot\overset{\langle q\rangle}{\mathbb{W}}\,df = 0$ auf ein Wirbelfadenstück nach Abb. 4.7 an, so folgt wegen (4.39a), daß sich die Durchflußgrößen $\mathbb{n}_M\cdot\overset{\langle q\rangle}{\mathbb{W}}\,df_M$ längs der Wirbelfaden–Mantelflächenelemente df_M annulieren müssen, was (4.39b) bzw. (4.39c) identisch befriedigen.

3.) $\overset{\langle q\rangle}{\mathbb{W}}\, df'_L$ in der Form

$$\overset{\langle q\rangle}{\mathbb{W}}(s',t)\, df'_L = \mathbb{e}' \circ \overset{\langle q-1\rangle}{\mathbb{\Gamma}}(t) \tag{4.39c}$$

darzustellen ist.

Mit diesen Annahmen folgt dann aus (4.38e,f) mit $dV' = ds'\, df'_L$ und $d\mathbb{r}' = ds'\mathbb{e}'$

$$\overset{\langle q\rangle}{\mathbb{B}}_{(B-S)}(\mathbb{r}) = \frac{1}{4\pi}\oint_{(L)} \frac{\overset{\langle q\rangle}{\mathbb{W}}(s',t)\, ds'df'_L}{|\mathbb{r}'-\mathbb{r}|} = \frac{1}{4\pi}\oint_{(L)} \frac{ds'\ \mathbb{e}'\circ \overset{\langle q-1\rangle}{\mathbb{\Gamma}}}{|\mathbb{r}'-\mathbb{r}|} = \frac{1}{4\pi}\oint_{(L)} \frac{d\mathbb{r}'}{|\mathbb{r}'-\mathbb{r}|}\circ \overset{\langle q-1\rangle}{\mathbb{\Gamma}}(t) \tag{4.39d}$$

mit zugehörigem Rotorfeld

$$\overset{\langle q\rangle}{\mathbb{V}}_{(B-S)}(\mathbb{r}) = \mathbb{\nabla}\times \overset{\langle q\rangle}{\mathbb{B}}_{(B-S)}(\mathbb{r}) = -\frac{1}{4\pi}\oint_{(L)} d\mathbb{r}'\times\mathbb{\nabla}\left[\frac{1}{|\mathbb{r}'-\mathbb{r}|}\right]\circ \overset{\langle q-1\rangle}{\mathbb{\Gamma}}(t) \equiv$$

$$\overset{73)}{\equiv} \frac{1}{4\pi}\oint_{(L)} d\mathbb{r}'\times\mathbb{\nabla}'\left[\frac{1}{|\mathbb{r}'-\mathbb{r}|}\right]\circ \overset{\langle q-1\rangle}{\mathbb{\Gamma}}(t) = -\frac{1}{4\pi}\oint_{(L)} \frac{d\mathbb{r}'\times(\mathbb{r}'-\mathbb{r})}{|\mathbb{r}'-\mathbb{r}|^3}\circ \overset{\langle q-1\rangle}{\mathbb{\Gamma}}(t)\,, \tag{4.39e}$$

was mit $q = 1$ und der klassischen Zirkulation $\overset{\langle 0\rangle}{\mathbb{\Gamma}}(t) = \Gamma(t)$ in das klassische Biot-Savart-sche Gesetz für ein Vektorfeld $\overset{\langle 1\rangle}{\mathbb{V}}_{(B-S)} = \mathbb{v}_{(B-S)}(\mathbb{r})$ übergeht, nachdem man noch das tensorielle Produkt durch das Gewöhnliche ersetzt hat.

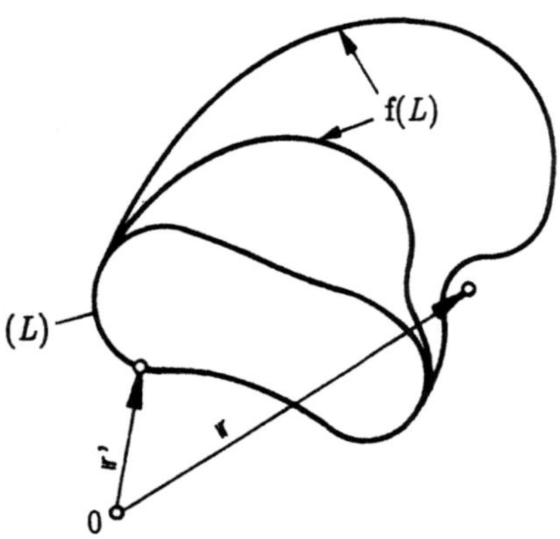

Abb. 4.8

Mit Ausnahme der singulären Punkte auf der "Wirbellinie" (als "Konvergenzlinie" der "Torus–Mittellinie") ist $\overset{\langle q\rangle}{\mathbb{V}}_{(B-S)}$ übrigens als endliches Gradientenfeld darzustellen. Zum Nachweis dieses Sachverhaltes ist auf (4.39e) der Stokessche Integralsatz anzuwenden, d. h. (4.39e) in

$$\overset{\langle q\rangle}{\mathbb{V}}_{(B-S)}(\mathbb{r}) = -\frac{1}{4\pi}\int_{f(L)} (\mathbb{n}'\times\mathbb{\nabla}')\times\left[\frac{\mathbb{r}'-\mathbb{r}}{|\mathbb{r}'-\mathbb{r}|^3}\right] df'\circ \overset{\langle q-1\rangle}{\mathbb{\Gamma}}(t) \tag{4.39f}$$

zu überführen und dabei auf $\mathbb{r}'\neq\mathbb{r}$ zu achten, in welchem Falle die (an sich (L) beliebig überspannenden) Haubenflächen $f(L)$ immer so gewählt werden können, daß sie den Punkt $\mathbb{r}$ nicht enthalten (Abb. 4.8) und insofern in (4.39f) singuläre Anteile vermieden werden können. Wegen

---

73) Man beachte $\mathbb{\nabla}\left[\frac{1}{|\mathbb{r}'-\mathbb{r}|}\right] = -\mathbb{\nabla}'\left[\frac{1}{|\mathbb{r}'-\mathbb{r}|}\right] = \frac{\mathbb{r}'-\mathbb{r}}{|\mathbb{r}'-\mathbb{r}|^3}$

$$(\mathbb{n}'\times\nabla')\times\left[\frac{\mathbb{r}'-\mathbb{r}}{|\mathbb{r}'-\mathbb{r}|^3}\right] \equiv -(\mathbb{n}'\times\nabla)\times\left[\frac{\mathbb{r}'-\mathbb{r}}{|\mathbb{r}'-\mathbb{r}|^3}\right] \overset{74)}{=}$$
$$= \mathbb{n}'\cdot\left[\nabla\cdot\frac{\mathbb{r}'-\mathbb{r}}{|\mathbb{r}'-\mathbb{r}|^3}\right] - \nabla\left[\mathbb{n}'\cdot\frac{\mathbb{r}'-\mathbb{r}}{|\mathbb{r}'-\mathbb{r}|^3}\right] \overset{75)}{\equiv}$$
$$\equiv -\nabla\left[\mathbb{n}'\cdot\frac{\mathbb{r}'-\mathbb{r}}{|\mathbb{r}'-\mathbb{r}|^3}\right]$$

für $\mathbb{r}'\neq\mathbb{r}$ ist dann nämlich in der Tat aus (4.39f) für $\overset{\langle q\rangle}{\mathbb{V}}_{(B-S)}$ eine Struktur von der Form

$$\overset{\langle q\rangle}{\mathbb{V}}_{(B-S)}(\mathbb{r},t) = \nabla\circ\left[\frac{1}{4\pi}\int\limits_{f(L)}\frac{\mathbb{n}'\cdot(\mathbb{r}'-\mathbb{r})}{|\mathbb{r}'-\mathbb{r}|^3}\,\overset{\langle q-1\rangle}{\mathbb{\Gamma}}(t)\,df'\right] \equiv$$
$$\equiv -\nabla\circ\left[\frac{1}{4\pi}\int\limits_{f(L)}\left\{\mathbb{n}'\cdot\nabla'\left[\frac{1}{|\mathbb{r}'-\mathbb{r}|}\right]\right\}\overset{\langle q-1\rangle}{\mathbb{\Gamma}}(t)\,df'\right] \equiv \nabla\circ\overset{\langle q-1\rangle}{\Phi}_{(B-S)}(\mathbb{r},t)\,, \tag{4.39g}$$

d.h. $\overset{\langle q\rangle}{\mathbb{V}}_{(B-S)}(\mathbb{r},t)$ mit Ausnahme von $\mathbb{r}=\mathbb{r}'$ als Gradient endlicher Größe eines (q—1)—stufigen Feldes

$$\overset{\langle q-1\rangle}{\Phi}_{(B-S)} = \frac{1}{4\pi}\int\limits_{f(L)}\frac{\mathbb{n}'\cdot(\mathbb{r}'-\mathbb{r})}{|\mathbb{r}'-\mathbb{r}|^3}\,\overset{\langle q-1\rangle}{\mathbb{\Gamma}}(t)\,df' = -\frac{1}{4\pi}\int\limits_{f(L)}\left\{\mathbb{n}'\cdot\nabla'\left[\frac{1}{|\mathbb{r}'-\mathbb{r}|}\right]\right\}\overset{\langle q-1\rangle}{\mathbb{\Gamma}}(t)\,df' \equiv$$
$$\equiv \nabla\cdot\left[\frac{1}{4\pi}\int\limits_{f(L)}\frac{\mathbb{n}'\,df'}{|\mathbb{r}'-\mathbb{r}|}\circ\overset{\langle q-1\rangle}{\mathbb{\Gamma}}\right] \tag{4.39h}$$

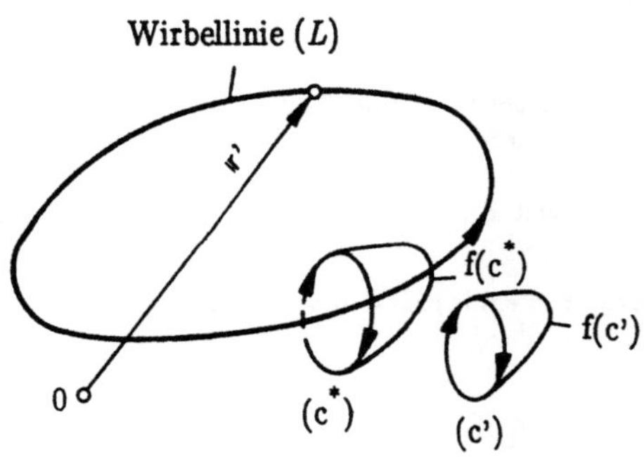

Abb. 4.9

zu identifizieren, das – wegen
$$\overset{\langle q\rangle}{\mathbb{V}}_{(B-S)} \overset{(4.39e)}{=} \nabla\times\overset{\langle q\rangle}{\mathbb{B}}_{(B-S)} \overset{(4.39g)}{=} \nabla\circ\overset{\langle q-1\rangle}{\Phi}_{(B-S)}$$
– für $\mathbb{r}\neq\mathbb{r}'$ der Laplace–Gleichung genügt,

$$\left[\operatorname{div}\overset{\langle q\rangle}{\mathbb{V}}_{(B-S)} = \operatorname{div}(\nabla\times\overset{\langle q\rangle}{\mathbb{B}}_{(B-S)}) \equiv 0\right] =$$
$$= \operatorname{div}\operatorname{grad}\overset{\langle q-1\rangle}{\Phi}_{(B-S)} = \Delta\overset{\langle q-1\rangle}{\Phi}_{(B-S)} \qquad \text{für } \mathbb{r}\neq\mathbb{r}', \tag{4.39i}$$

und eine sog. "zyklisch–mehrwertige Funktion" ist.

Darunter versteht man – wie schon unter Ziffer 4.2 referiert – den Sachverhalt, daß im Sinne von

$$\oint\limits_{(C^*)} d\,\overset{\langle q-1\rangle}{\Phi}_{(B-S)} = \overset{\langle q-1\rangle}{\mathbb{\Gamma}} \tag{4.39j}$$

die Linienintegrale der Potentialzuwächse längs aller (rechtshändig umfahrener) Kurven (C^*), die die singuläre Wirbellinie (L) einschließen (Abb. 4.9), gerade die "Zirkulationsgröße" $\overset{\langle q-1\rangle}{\mathbb{\Gamma}}$ ergeben, also die

74) Man benutze den "Entwicklungssatz" für zweifache Vektorprodukte

75) Man beachte $\nabla\cdot\dfrac{\mathbb{r}'-\mathbb{r}}{|\mathbb{r}'-\mathbb{r}|^3} = 0$ für $\mathbb{r}'\neq\mathbb{r}$

Werte $\overset{\langle q-1\rangle}{\Phi}$ je Umlauf "zyklisch zunehmen"[76], wie man anhand von

$$\oint\limits_{(C)} d\overset{\langle q-1\rangle}{\Phi}_{(B-S)} = \oint\limits_{(C)} d\mathbb{r}\cdot\mathbb{V}\circ\overset{\langle q-1\rangle}{\Phi}_{(B-S)} = \oint\limits_{(C)} d\mathbb{r}\cdot\overset{\langle q\rangle}{\mathbb{V}}_{(B-S)} = \int\limits_{f(C)} \mathbb{n}\cdot(\mathbb{V}\times\overset{\langle q\rangle}{\mathbb{V}}_{(B-S)})df \equiv$$

$$\overset{(4.37c)}{\equiv} \int\limits_{f(C)} \mathbb{n}\cdot\overset{\langle q\rangle}{\mathbb{W}}_{(B-S)}df \tag{4.39l}$$

leicht nachweist: Da man über alle "reduziblen" Kurven (C') Haubenflächen legen kann, die die singuläre Wirbellinie nicht enthalten, ist dort überall $\overset{\langle q\rangle}{\mathbb{W}}_{(B-S)} = 0$, weswegen aus (4.39l) der Befund (4.39k) zu erschließen ist. Im Falle irreduzibler Kurven (C^*) werden die zugehörigen Haubenflächen $f(C^*)$ von der singulären Wirbellinie durchdrungen (Abb. 4.10) und man bekommt in der Tat

$$\int\limits_{f(C^*)} \mathbb{n}\cdot\overset{\langle q\rangle}{\mathbb{W}}_{(B-S)}df \overset{(4.16c)}{=}$$

$$= \mathbb{n}\cdot\mathbb{e}'\circ\overset{\langle q-1\rangle}{\mathbb{\Gamma}}(t) = \overset{\langle q-1\rangle}{\mathbb{\Gamma}}(t)\,,$$

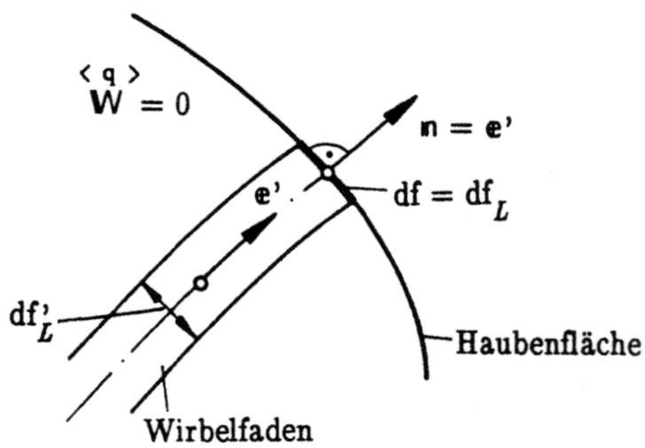

mit $\overset{\langle q\rangle}{W}\, df'_L = \mathbb{e}'\circ\overset{\langle q-1\rangle}{\mathbb{\Gamma}}$

Abb. 4.10

indem man (ohne Einschränkung der Allgemeinheit gerade) eine solche Haubenfläche in Betracht nimmt, deren Flächennormale $(\mathbb{n})$ im Durchstoßpunkt mit der dort vorliegenden Wirbellinien–Tangente $(\mathbb{e}')$ übereinstimmt (Abb. 4.10). Trotz der zyklischen Mehrdeutigkeit des Potentials $\overset{\langle q-1\rangle}{\Phi}_{(B-S)}$ ist indessen sein Gradient $\overset{\langle q\rangle}{\mathbb{V}}_{(B-S)}$, dies sollte hervorgehoben werden, ein eindeutiges und – mit Ausnahme von $\mathbb{r}=\mathbb{r}'$ – endliches Feld, weil

$$\oint\limits_{(C)} d\overset{\langle q\rangle}{\mathbb{V}}_{(B-S)} = \oint\limits_{(C)} d\mathbb{r}\cdot\mathbb{V}\circ\overset{\langle q\rangle}{\mathbb{V}}_{(B-S)} = \int\limits_{f(C)} (\mathbb{n}\times\mathbb{V})\cdot\mathbb{V}\circ\overset{\langle q\rangle}{\mathbb{V}}_{(B-S)}\,df \equiv$$

$$\equiv \int\limits_{f(C)} \mathbb{n}\cdot\left[(\mathbb{V}\times\mathbb{V})\overset{\langle q\rangle}{\mathbb{V}}_{(B-S)}\right] df = 0$$

ist. Die Analogie zur ebenen Wirbellinienströmung (sog. Potentialwirbel) ist offenkundig: Mit dem zyklisch–mehrwertigen Laplace–Potential[77] (vgl. den gestrichelten Term in (4.18a))

$$\Phi = \Phi(\vartheta) = \Gamma_0\vartheta/2\pi \tag{4.40a}$$

bekommt man mit $\mathbb{V} = \mathbb{e}_r\,\partial/\partial r + (\mathbb{e}_\vartheta/r)\,\partial/\partial\vartheta$

---

[76] wohingegen für "reduzible Umläufe" (C)

$$\oint\limits_{(C)} d\overset{\langle q-1\rangle}{\Phi} = 0 \tag{3.39k}$$

festgestellt wird

[77] r, ϑ bedeuten Polarkoordinaten

$$\mathbb{v} = \nabla \Phi = \Gamma_0 \mathbb{e}_\vartheta/(2\pi r) = v_\vartheta \mathbb{e}_\vartheta \quad \text{mit} \quad v_\vartheta = \Gamma_0/(2\pi r), \tag{4.40b,c}$$

also durch Gradientenbildung ein eindeutiges und — mit Ausnahme von $r = 0$ endliches — Geschwindigkeitsfeld $\mathbb{v}$.
Zur Realisierung von (4.40b,c) z. B. mit (4.39e), wo $q = 1$, $\overset{\langle q-1\rangle}{\mathbb{\Gamma}} = \Gamma_0$ zu setzen und das dyadische Produkt durch die gewöhnliche Multiplikation zu ersetzen sind, betrachtet man einen zur Strömungsebene senkrechten und beiderseits ins Unendliche erstreckten Wirbelfaden und bekommt mit

$$\operatorname{tg} \chi = \frac{z'}{r} \quad \text{d. h. } z' = r \operatorname{tg} \chi, \quad dz' = \frac{r d\chi}{\cos^2 \chi}, \quad \text{also}$$

$$\mathbb{r}' = z' \mathbb{e}_z = \mathbb{e}_z r \operatorname{tg} \chi, \quad d\mathbb{r}' = \mathbb{e}_z dz' = \mathbb{e}_z \frac{r d\chi}{\cos^2 \chi},$$

$$\mathbb{r} = r\, \mathbb{e}_r, \quad \mathbb{r}' - \mathbb{r} = r(\mathbb{e}_z \operatorname{tg} \chi - \mathbb{e}_r), \quad |\mathbb{r}' - \mathbb{r}| = \frac{r}{\cos \chi}$$

(vgl. Abb. 4.11) schließlich unter Benutzung von $\mathbb{e}_z \times \mathbb{e}_r = \mathbb{e}_\vartheta$ in der Tat

$$\mathbb{v}_{(B-S)} \overset{78)}{=} -\frac{\Gamma_0}{4\pi} \int_{\chi=\pi/2}^{-\pi/2} \frac{r d\chi}{\cos^2 \chi} \mathbb{e}_z \times \frac{r(\mathbb{e}_z \operatorname{tg} \chi - \mathbb{e}_r)}{(r/\cos \chi)^3} =$$

$$= -\frac{\Gamma_0}{4\pi r} \mathbb{e}_\vartheta \int_{\chi=\pi/2}^{-\pi/2} \cos \chi \, d\chi = \frac{\Gamma_0}{2\pi r} \mathbb{e}_\vartheta .$$

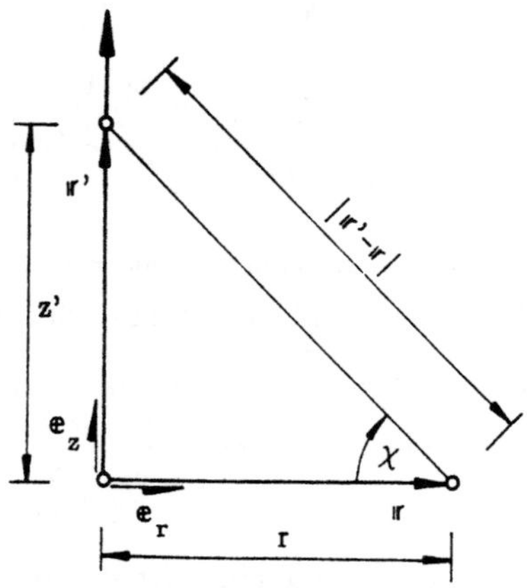

Abb. 4.11

Als Vorbereitung zum Nachweis des

4.5 Darstellungssatzes von Helmholtz

soll hier zunächst der Befund vermerkt werden, daß — in Verallgemeinerung von (4.21c) — allgemeine Felder $\overset{\langle q\rangle}{\mathbb{V}}$, d. h. Solche, die <u>keine</u> Gradientenfelder sind, festliegen als Folge der Vorgaben

$$\nabla \cdot \overset{\langle q\rangle}{\mathbb{V}} = \overset{\langle q-1\rangle}{\mathbb{Q}}(\mathbb{r}) = \text{vorgeg. in } (B), \quad \nabla \times \overset{\langle q\rangle}{\mathbb{V}} = \overset{\langle q\rangle}{\mathbb{W}}(\mathbb{r}) = \text{vorgeg. in } (B) \tag{4.41a,b}$$

sowie

$$\mathbb{n} \cdot \overset{\langle q\rangle}{\mathbb{V}} = \overset{\langle q-1\rangle}{\mathbb{G}_n}(\mathbb{r}) \text{ vorgeg. längs } f_j(B), \; j = 1,\ldots,n_B, \tag{4.41c}$$

was man wiederum durch vorläufige Betrachtnahme zweier, das Problem (4.41a–c) lösender Felder $\overset{\langle q\rangle}{\mathbb{V}_j}$, $j = 1,2$ nachweist, indem man schließlich für deren Differenz

$$\overset{\langle q\rangle}{\mathbb{X}} = \overset{\langle q\rangle}{\mathbb{V}_1} - \overset{\langle q\rangle}{\mathbb{V}_2} \tag{4.41d}$$

als Folge der Vorgaben

$$\nabla \cdot \overset{\langle q\rangle}{\mathbb{X}} = 0, \quad \nabla \times \overset{\langle q\rangle}{\mathbb{X}} = 0 \quad \text{in } (B) \tag{4.41e,f}$$

sowie

$$\mathbb{n} \cdot \overset{\langle q\rangle}{\mathbb{X}} = 0 \text{ längs } f_j(B), \quad j = 1,\ldots,n_B \tag{4.41g}$$

die Null–Lösung konstatiert. Ausgangspunkt hierzu ist (4.41f), wonach eine allfällige Differenzlösung ein Gradientenfeld sein muß,

$$\overset{\langle q\rangle}{\mathbb{X}} = \nabla \circ \overset{\langle q-1\rangle}{\mathbb{P}_X}, \tag{4.41h}$$

und zwar Dasjenige eines Laplace–Potentials, weil dies (4.41e) verlangt,

---

78) im Sinne einer "rechtshändigen Umfahrung" muß hier von $z' \to -\infty$ bis $z' \to +\infty$ integriert werden.

$$\nabla\cdot\overset{\langle q\rangle}{\mathbb{X}} \overset{(4.41h)}{=} \nabla\cdot(\nabla\circ\overset{\langle q-1\rangle}{\mathbb{P}}_X) \equiv \Delta\overset{\langle q-1\rangle}{\mathbb{P}}_X \overset{(4.41e)}{=} 0\,, \tag{4.41i}$$

so daß man dann aus der Greenschen Formel (4.2b) mit $\overset{\langle 2q\rangle}{\mathbb{E}}$ anstelle von $\overset{\langle 2q+1\rangle}{\mathbb{C}}$ und $\overset{\langle q-1\rangle}{\mathbb{P}}_X$ anstelle von $\overset{\langle q\rangle}{\mathbb{V}}_j$ bzw. $\overset{\langle q\rangle}{\mathbb{V}}_k$

$$\int_{(B)}(\nabla\circ\overset{\langle q-1\rangle}{\mathbb{P}}_X)\underbrace{\cdots\cdots}_{(q)}(\nabla\circ\overset{\langle q-1\rangle}{\mathbb{P}}_X)^T\,dV \overset{(4.41h)}{\equiv} \int_{(B)}\overset{\langle q\rangle}{\mathbb{X}}\underbrace{\cdots\cdots}_{(q)}\overset{\langle q\rangle}{\mathbb{X}}{}^T\,dV =$$

$$= \sum_{j=1}^{n_B}\oint\!\!\!\oint_{f_j(B)} \mathbb{n}\cdot\left[(\nabla\circ\overset{\langle q-1\rangle}{\mathbb{P}}_X)\right]\underbrace{\cdots\cdots}_{(q-1)}\overset{\langle q-1\rangle}{\mathbb{P}}_X{}^T = \sum_{j=1}^{n_B}\oint\!\!\!\oint_{f_j(B)} \mathbb{n}\cdot\overset{\langle q\rangle}{\mathbb{X}}\underbrace{\cdots\cdots}_{(q-1)}\overset{\langle q-1\rangle}{\mathbb{P}}_X{}^T \overset{(4.41g)}{=} 0$$

identifiziert, was in der Tat nur mit $\overset{\langle q\rangle}{\mathbb{X}} = 0$ zu befriedigen ist.

Mit dem in (4.41a–c) ausgedrückten Sachverhalt ist nämlich der Helmholtzsche Satz, wonach Felder $\overset{\langle q\rangle}{\mathbb{V}}(\mathbb{r})$ - etwa im Falle einer "Linksanwendung" - grundsätzlich dargestellt werden können in der Form

$$\overset{\langle q\rangle}{\mathbb{V}}(\mathbb{r}) = \nabla\circ\overset{\langle q-1\rangle}{\mathbb{P}} + \nabla\times\overset{\langle q\rangle}{\mathbb{B}} \quad \text{in}\,(B)\,, \tag{4.42a}$$

d. h. als Summe eines Gradienten - und eines (global-divergenzfreien) Rotorfeldes, wobei $\overset{\langle q-1\rangle}{\mathbb{P}}$ (ggfs.) bis auf eine Konstante und $\overset{\langle q\rangle}{\mathbb{B}}$ vollständig festliegen, sofern man (4.42a) die

Nebenbedingungen $\nabla\cdot\overset{\langle q\rangle}{\mathbb{B}} = \overset{\langle q-1\rangle}{\mathbb{Q}}{}^*(\mathbb{r}) = \text{vorgeg. in}\,(B)$ (4.42b)

sowie $\overset{\langle q\rangle}{\mathbb{B}} = \overset{\langle q\rangle}{\mathbb{G}}{}^*_{n1}(\mathbb{r}) = \text{vorgeg. längs}\ f_j(B),\quad j = 1,\ldots,n_B$ (4.42c)

assoziiert, unter Zuhilfenahme der in §4.3,4 erarbeiteten Befunde leicht zu führen.

Indem man mit Letzteren überprüft, inwieweit man mittels (4.42a–c) zuzüglich der Vorgaben (4.41a–c) in der Tat $\overset{\langle q-1\rangle}{\mathbb{P}}$ bis auf eine Konstante und $\overset{\langle q\rangle}{\mathbb{B}}$ vollständig festlegen kann. Für diese Nachweise beginnt man mit (4.41b), wofür mit $\overset{\langle q\rangle}{\mathbb{V}}$ nach (4.42a) unter Berücksichtigung von (4.42b) sowie
$\Delta = \text{graddiv - rotrot}$

$$\overset{\langle q\rangle}{\mathbb{W}} \overset{(4.41b)}{=} \nabla\times\overset{\langle q\rangle}{\mathbb{V}} \overset{(4.42a)}{=} \nabla\times(\nabla\circ\overset{\langle q-1\rangle}{\mathbb{P}} + \nabla\times\overset{\langle q\rangle}{\mathbb{B}}) \equiv \nabla\times(\nabla\times\overset{\langle q\rangle}{\mathbb{B}}) \overset{(4.42b)}{=} \nabla\circ\overset{\langle q-1\rangle}{\mathbb{Q}}{}^* - \Delta\overset{\langle q\rangle}{\mathbb{B}}\,,$$

d. h. für $\overset{\langle q\rangle}{\mathbb{B}}$ die Feldgleichungsaussage

$$\Delta\overset{\langle q\rangle}{\mathbb{B}} = \nabla\circ\overset{\langle q-1\rangle}{\mathbb{Q}}{}^* - \overset{\langle q\rangle}{\mathbb{W}} = \text{vorgeg. in}\,(B)$$

(vgl. (4.38)) erreicht wird, die (vgl. den auf (4.38) folgenden Text) für die Randwertaufgabe (4.42c) das Rotorpotential $\overset{\langle q\rangle}{\mathbb{B}}$ vollständig festlegt. Ebenfalls festgelegt sind nach (4.42a) dann bereits die Rand–Normalableitungen

$$\mathbb{n}\cdot\nabla\circ\overset{\langle q-1\rangle}{\mathbb{P}} = \frac{\partial\overset{\langle q-1\rangle}{\mathbb{P}}}{\partial s_n} = \mathbb{n}\cdot\overset{\langle q\rangle}{\mathbb{V}} - (\mathbb{n}\times\nabla)\cdot\overset{\langle q\rangle}{\mathbb{B}} \overset{(4.41c)}{=} \overset{\langle q-1\rangle}{\mathbb{G}}_n(\mathbb{r}) - (\mathbb{n}\times\nabla)\cdot\overset{\langle q\rangle}{\mathbb{B}} =$$

$$= \text{vorgeg. längs}\ f_j(B),\quad j = 1,\ldots,n_B\,, \tag{4.42d}$$

des Gradientenfeldes für das aus (4.41a) mit (4.42a) die Feldgleichung

$$\nabla\cdot\overset{\langle q\rangle}{\mathbb{V}} \overset{(4.42a)}{=} \nabla\cdot(\nabla\circ\overset{\langle q-1\rangle}{\mathbb{P}} + \nabla\times\overset{\langle q\rangle}{\mathbb{B}}) \equiv \nabla\cdot(\nabla\circ\overset{\langle q-1\rangle}{\mathbb{P}}) = \Delta\overset{\langle q-1\rangle}{\mathbb{P}} \overset{(4.41a)}{=} \overset{\langle q-1\rangle}{\mathbb{Q}} =$$

$$= \text{vorgeg. in } (B) \tag{4.42e}$$

zu extrahieren ist; und da dieses Problem in die Kategorie (4.19a) mit (4.22d) fällt, ist schließlich in der Tat nachgewiesen, daß (4.42d,e) das Gradientenfeld bis auf eine Konstante festlegt.

Die Aussagen (4.42a,b) sind substantiell als Konsequenz eines "Abzählkriteriums" aufzufassen insofern, als sie eine Anweisung darstellen, inwieweit man in eindeutiger Weise eine durch $\overset{\langle q\rangle}{\mathbb{V}}$ repräsentierte Menge von 3^q beliebigen skalaren (Komponenten–)Funktionen durch eine andere Funktionenmenge gleicher Anzahl darstellen kann. Da jedoch

$\nabla\circ\overset{\langle q-1\rangle}{\mathbb{P}}$ Repräsentant von 3^{q-1} Komponentenfunktionen eines Feldes $\overset{\langle q-1\rangle}{\mathbb{P}}$

und

$\nabla\times\overset{\langle q\rangle}{\mathbb{B}}$ " " 3^q Komponentenfunktionen eines Feldes $\overset{\langle q\rangle}{\mathbb{B}}$

sind, kann dies notwendig nur gelingen, wenn man die Freiheiten von $\overset{\langle q\rangle}{\mathbb{B}}$ durch 3^{q-1} Nebenbedingungen einschränkt, was mit (4.42b) geschieht, indem dann $\overset{\langle q\rangle}{\mathbb{B}}$ letztlich nur noch $3^q - 3^{q-1}$ "skalarwertige Freiheiten" besitzen kann und solchermaßen in der Tat die "Freiheitsgradbilanz" gesichert ist:

$$3^q = 3^{q-1} + (3^q - 3^{q-1}) .$$

Transformationen der Qualität (4.42a) haben den Sinn, durch Feldgleichungen in Termen von $\overset{\langle q\rangle}{\mathbb{V}}$ definierte physikalische Probleme in geeigneter Weise auf einfachere, in Termen von $\overset{\langle q-1\rangle}{\mathbb{P}}$ bzw. $\overset{\langle q\rangle}{\mathbb{B}}$ formulierbare Feldgleichungsaufgaben zurückzuführen. Beispiele hierzu sind der für Vektorfelder $\overset{\langle 1\rangle}{\mathbb{V}} = \mathbb{u}(\mathbb{r})$ mit einem skalaren bzw. einem Vektorfeld H bzw. $\mathbb{h}$ nach (4.42a) geltende Darstellungssatz

$$\mathbb{u}(\mathbb{r}) = \nabla H + \nabla\times\mathbb{h} \quad \text{mit} \quad \nabla\cdot\mathbb{h} = \text{bel. vorgeg. in } (B) \tag{4.43}$$

als "Rahmenordnung" für die in der Literatur bekannten sog. "Verschiebungsfunktionen–Ansätze" in der klassischen Elastizitätstheorie kleiner Verformungen [8] bzw. in der Theorie der sog. schleichenden Bewegung Navier–Stokesscher Fluide, insbesondere aber auch ein (4.42a) analoger Darstellungssatz für symmetrische zweistufige Tensoren $\mathbb{S} = \mathbb{S}^T$, der zur Lösung von (auf der Basis von Kompatibilitätsbedingungen) in Termen der Spannungen formulierten Feldgleichungen der Kontinuumsstatik herangezogen wird. Zwecks Konstruktion eines solchen Darstellungssatzes bedarf es allerdings weiterer Detaillierung [11] unter Verarbeitung des aus (4.42a) für zweistufige Tensoren $\overset{\langle 2\rangle}{\mathbb{V}} = \mathbb{V}$ mit einem Vektorfeld $\overset{\langle 1\rangle}{\mathbb{P}} = \mathbb{p}$ und einem zweistufigen Feld $\overset{\langle 2\rangle}{\mathbb{B}} = \mathbb{B}$ herstellbaren Satzes

$$\mathbb{V}(\mathbb{r}) = \nabla\circ\mathbb{p} + \nabla\times\mathbb{B} \quad \text{mit} \quad \nabla\cdot\mathbb{B} = \mathbb{g}_1(\mathbb{r}) = \text{vorgeg. in } (B), \tag{4.44a,b}$$

indem man für $\mathbb{B}$ wiederum den Darstellungssatz (4.44a), nunmehr allerdings in der ebenso gültigen "Rechtsanwendungsversion"[80] benutzt, mit zwei weiteren vektor– bzw. tensorwertigen Feldern

[80] dies beweist man leicht allgemein an (4.42) durch Vorschaltung geeigneter Permutationstensoren

$\mathbb{q}$ bzw. Φ

$$\mathbb{B} = \mathbb{q}\circ\nabla + \Phi\times\nabla \quad \text{mit} \quad \Phi\cdot\nabla = \mathbb{g}_2(\mathbb{r}) = \text{vorgeg. in } (B)\,, \tag{4.44c,d}$$

wobei man die Nebenbedingung (4.44b) in Termen von $\mathbb{q}$ bzw. Φ im Sinne eines Darstellungssatzes für Vektoren (vgl. (4.43)) in der Form

$$\nabla\cdot\mathbb{B} = \nabla(\nabla\cdot\mathbb{q}) - \nabla\times(\nabla\cdot\Phi) \overset{(4.44b)}{=} \mathbb{g}_1(\mathbb{r}) \tag{4.44e}$$

mit

$$\nabla\cdot(\nabla\cdot\Phi) = \nabla\cdot\Phi\cdot\nabla \overset{(4.44a)}{=} \nabla\cdot\mathbb{g}_2(\mathbb{r}) = \text{vorgeg. in } (B) \tag{4.44f}$$

ausdrücken kann[81]. Einsetzen von $\mathbb{B}$ nach (4.44c) in (4.44a) ergibt so mit $\nabla\times\mathbb{q} = \bar{\mathbb{p}}$ als Darstellungssatz–Version auch

$$\mathbb{V} = \nabla\circ\mathbb{p} + \bar{\mathbb{p}}\circ\nabla + \nabla\times\Phi\times\nabla \ \text{ in } (B) \tag{4.45a}$$

mit der Nebenbedingung

$$\Phi\cdot\nabla = \nabla\cdot\Phi^T \overset{(4.44d)}{=} \mathbb{g}_2 = \text{vorgeg. in } (B)\,, \tag{4.45b}$$

die nunmehr auf symmetrische Tensoren zu spezialisieren ist. Dazu notiert man (4.45a) zunächst in der transponierten Version, bekommt also mit $(\nabla\times\Phi\times\nabla)^T = \nabla\times\Phi^T\times\nabla$

$$\mathbb{V}^T = \mathbb{p}\circ\nabla + \nabla\circ\bar{\mathbb{p}} + \nabla\times\Phi^T\times\nabla \tag{4.45c}$$

mit

$$\nabla\cdot\Phi = \overset{*}{\mathbb{g}}_2 = \text{vorgeg. in } (B) \tag{4.45d}$$

und erhält nach Addition von (4.45a) und (4.45c) mit $\mathbb{V}+\mathbb{V}^T = \mathbb{S} \equiv \mathbb{S}^T$, $\Phi+\Phi^T = \mathbb{F} \equiv \mathbb{F}^T$, $\mathbb{p}+\bar{\mathbb{p}} = \mathbb{w}/2$, $\mathbb{g}_2+\overset{*}{\mathbb{g}}_2 = \mathbb{f}(\mathbb{r})$ schließlich den Darstellungssatz[82]

$$\mathbb{S}(\mathbb{r}) \equiv \mathbb{S}^T = \operatorname{def}\mathbb{w} + \operatorname{ink}\mathbb{F} \quad \text{mit} \quad \operatorname{div}\mathbb{F} = \mathbb{f}(\mathbb{r}) = \text{vorgeg. in } (B) \tag{4.46a,b}$$

mit (vgl. (3.18b,43a))

$$\operatorname{def}\mathbb{w} = (\nabla\circ\mathbb{w} + \mathbb{w}\circ\nabla)/2, \quad \operatorname{ink}\mathbb{F} = \nabla\times\mathbb{F}\times\nabla\,, \tag{4.46c,d}$$

wonach ein symmetrisches Tensorfeld $\mathbb{S}$ stets dargestellt werden kann als Summe eines mit einem Vektorfeld ($\mathbb{w}$) erzeugten Deformatorfeldes ($\operatorname{def}\mathbb{w}$) und eines mit einem symmetrischen Tensorfeld ($\mathbb{F}$) erzeugten Inkompatibilitätsfeldes ($\operatorname{ink}\mathbb{F}$), dessen Divergenz beliebig vorgegeben werden kann.

4.5.1 Inkompatibilitätsfelder

$$\mathbb{S} \equiv \mathbb{S}^T = \operatorname{ink}\mathbb{F} \quad \text{mit } \mathbb{F} = \mathbb{F}^T \tag{4.47}$$

gehören in die Kategorie der Rotorfelder nach (4.30a) und beschreiben daher (selbstverständlich!) analog (4.30b) global–quellenfreie Phänomene im Sinne von

$$\oint\!\!\!\oint_{(f)} \mathbb{n}\cdot\mathbb{S}\,df = \oint\!\!\!\oint_{(f)} \mathbb{n}\cdot(\operatorname{ink}\mathbb{F})\,df = \oint\!\!\!\oint_{(f)} \mathbb{n}\cdot(\nabla\times\mathbb{F}\times\nabla)\,df = \oint\!\!\!\oint_{(f)} (\mathbb{n}\times\nabla)\cdot(\mathbb{F}\times\nabla)\,df \overset{(3.11a)}{=} 0\,, \tag{4.47a}$$

für beliebige in (B) liegende geschlossene Flächen (f), was entsprechend (4.30d) bedeutet, daß die an jeder der Bereichsoberflächen $f_j(B)$, $j = 1,\dots,n_B$, freigelegten Vektoren

$\mathbb{s}_n df = \mathbb{n}\cdot\mathbb{S}\,df = \mathbb{n}\cdot(\operatorname{ink}\mathbb{F})\,df = (\mathbb{n}\times\nabla)\cdot(\mathbb{F}\times\nabla)\,df$, wie

---

[81] wobei letztere Bedingung bereits in (4.44d) implementiert ist.

[82] wobei die Vorgabe (4.46b) zuzüglich entsprechender Randwertvorgaben für $\mathbb{n}\cdot\mathbb{F}$ – analog den Überlegungen zu (4.36d,e) – zur Festlegung eines (wegen $\operatorname{ink}\operatorname{def}\mathbb{w} = 0$) ggfs. in $\mathbb{F}$ noch enthaltenen Deformatorfeldes ($\operatorname{def}\mathbb{w}$, vgl. (4.53)) und damit zur vollständigen Festlegung von $\mathbb{F}$ erforderlich sind.

$$\oiint\limits_{f_j(B)} \mathbb{n}\cdot(\text{ink}\,\mathbb{F})\,df = \oiint\limits_{f_j(B)} \mathbb{s}_n\,df = 0, \quad j = 1,\dots,n_B\,, \tag{4.47b}$$

ausdrückt, jeweils für sich "im Gleichgewicht" sein müssen. Darüber hinaus gilt dies aber auch für deren (auf einen Punkt $P_0(\mathbb{r}_0)$ bezogene) "statische Momente", denn es gilt desweiteren

$$-\mathbb{m} = \oiint\limits_{(f)} \mathbb{n}\cdot(\text{ink}\,\mathbb{F})\times(\mathbb{r}-\mathbb{r}_0)\,df \overset{(4.47a)}{=} \oiint\limits_{(f)} \mathbb{n}\cdot(\text{ink}\,\mathbb{F})\times\mathbb{r}\,df = \oiint\limits_{(f)} (\mathbb{n}\times\overset{\downarrow}{\nabla})\cdot(\overline{\mathbb{F}\times\nabla})\times\mathbb{r}\,df \equiv$$

$$\equiv \oiint\limits_{(f)} \left\{(\mathbb{n}\times\nabla)\cdot\left[(\mathbb{F}\times\nabla)\times\mathbb{r}\right] - (\mathbb{n}\times\overset{\downarrow}{\nabla})\cdot\overline{\left[(\mathbb{F}\times\nabla)\times\overset{\downarrow}{\mathbb{r}}\right]}\right\} df \overset{(3.11a)}{=} -\oiint\limits_{(f)} (\mathbb{n}\times\overset{\downarrow}{\nabla})\cdot\overline{\left[(\mathbb{F}\times\nabla)\times\overset{\downarrow}{\mathbb{r}}\right]}\,df =^{83)}$$

$$= \oiint\limits_{(f)} \left[(\nabla\times\mathbb{F})\cdot\cdot(\mathbb{n}\times\mathbb{E}\times\mathbb{E})\right] df\,,$$

also mit einem beliebigen konstanten Vektor $\mathbb{a}$

$$-\mathbb{m}\cdot\mathbb{a} = \oiint\limits_{(f)} \left[(\nabla\times\mathbb{F})\cdot\cdot(\mathbb{n}\times\mathbb{E}\times\mathbb{E})\right] df\cdot\mathbb{a} = \oiint\limits_{(f)} (\nabla\times\mathbb{F})\cdot\cdot(\mathbb{n}\times\mathbb{E}\times\mathbb{a})\,df =^{84)}$$

$$= \oiint\limits_{(f)} \left\{\mathbb{n}\cdot(\nabla\times\mathbb{F})\cdot\mathbb{a} - (\mathbb{n}\cdot\mathbb{a})(\nabla\times\mathbb{F})\cdot\cdot\mathbb{E}\right\} df \equiv^{85)} \oiint\limits_{(f)} \mathbb{n}\cdot(\nabla\times\mathbb{F})\,df\cdot\mathbb{a} \equiv \oiint\limits_{(f)} (\mathbb{n}\times\nabla)\cdot\mathbb{F}\,df\cdot\mathbb{a} \overset{(3.11a)}{=} 0$$

für beliebige in (B) gewählte geschlossene Flächen f und daher in der Tat $\mathbb{m} = 0$ und demgemäß auch

$$\mathbb{m}_j = \oiint\limits_{f_j(B)} (\mathbb{r}-\mathbb{r}_0)\times(\mathbb{n}\cdot\,\text{ink}\,\mathbb{F})\,df = 0, \quad j = 1,\dots,n_B\,. \tag{4.47c}$$

Mit der Bedeutung von $\mathbb{S}$ bzw. $\mathbb{F}$ als Spannungstensor bzw. Spannungsfunktionen—Tensor werden also in der Kontinuumsstatik durch reine ink—Ansätze, d. h. durch

$$\mathbb{S} = = \mathbb{S}^T = \text{ink}\,\mathbb{F} \tag{4.48}$$

Spannungsfelder dargestellt, die nicht nur im Sinne von

$$\nabla\cdot\mathbb{S} = \nabla\cdot\text{ink}\,\mathbb{F} = \nabla\cdot(\nabla\times\mathbb{F}\times\nabla) \equiv \nabla\times\nabla\cdot(\mathbb{F}\times\nabla) = 0$$

lokales Gleichgewicht (am Massenelement), d. h. massenkraftfreie Phänomene (vgl. (4.27b)) beschreiben, sondern solcherart Randspannungsprobleme, bei denen längs der Bereichsoberflächen $f_j(B)$ jeweils Gleichgewichtssysteme von Oberflächenbelastungen eingeleitet werden.[86]

Inkompatibilitätsfelder $\mathbb{S}$ = ink $\mathbb{F}$ lassen sich vollständig festlegen durch die (verallgemei-

---

83) Man benutze die mit $(\mathbb{F}\times\nabla)^T = -\,\nabla\times\mathbb{F}^T = -\,\nabla\times\mathbb{F}$ und $\nabla\circ\mathbb{r} = \mathbb{E}$ mögliche Umformung

$$(\mathbb{n}\times\overset{\downarrow}{\nabla})\cdot\left[(\mathbb{F}\times\nabla)\times\overset{\downarrow}{\mathbb{r}}\right] = \left[(\mathbb{F}\times\nabla)^T\cdot(\mathbb{n}\times\overset{\downarrow}{\nabla})\right]\times\overset{\downarrow}{\mathbb{r}} \equiv -\left[(\nabla\times\mathbb{F})\cdot(\mathbb{n}\times\overset{\downarrow}{\nabla})\right]\cdot(\overset{\downarrow}{\mathbb{r}}\times\mathbb{E}) =$$
$$= -\,(\nabla\times\mathbb{F})\cdot\cdot(\mathbb{n}\times\nabla\circ\mathbb{r}\times\mathbb{E}) = -\,(\nabla\times\mathbb{F})\cdot\cdot(\mathbb{n}\times\mathbb{E}\times\mathbb{E})$$

84) Man benutze $\mathbb{n}\times\mathbb{E}\times\mathbb{a} = \mathbb{a}\circ\mathbb{n} - (\mathbb{a}\cdot\mathbb{n})\mathbb{E}$ nach [1], (2.66b)

85) Man beachte $(\nabla\times\mathbb{F})\cdot\cdot\mathbb{E} \equiv \left[(\nabla\times\mathbb{E})\cdot\overset{\downarrow}{\mathbb{F}}\right]\cdot\cdot\mathbb{E} = (\nabla\times\mathbb{E})\cdot\cdot(\overset{\downarrow}{\mathbb{F}}\cdot\mathbb{E}) \equiv (\mathbb{E}\times\nabla)\cdot\cdot\overset{\downarrow}{\mathbb{F}} = 0,$

weil $\mathbb{F}$ symmetrisch, $\nabla\times\mathbb{E} = \mathbb{E}\times\nabla$ hingegen ein antimetrischer Operator ist

86) In der Statik einfach begrenzter Körper (B) gilt (4.48) generell, da längs der (einzigen!) Oberfläche ohnehin nur Belastungs—Gleichgewichtssysteme eingeleitet werden dürfen.

nerte Beltramische) Feldgleichung[87]

$$\operatorname{ink}\mathbb{D}_S = \operatorname{ink}(\mathbb{S}\cdot\cdot\overset{\langle 4\rangle}{\mathbb{S}}) = \operatorname{ink}\left[(\operatorname{ink}\mathbb{F})\cdot\cdot\overset{\langle 4\rangle}{\mathbb{S}}\right] = \mathbb{Y}(\mathbb{r}) = \text{vorgeg. in } (B) \qquad (4.48\text{a})$$

und die Randwertvorgaben

$$\left.\begin{aligned} \mathbb{n}\times\mathbb{F} &= -\,{}_{(2)}\mathbb{M}(\mathbb{r}) \\ \mathbb{n}\times(\mathbb{F}\times\mathbb{V}) &= {}_{(2)}\mathbb{T}_{Ges}(\mathbb{r}) \end{aligned}\right\} = \text{vorgeg. längs } f_j(B),\quad j=1,\dots,n_B, \qquad (4.48\text{b,c})$$

wobei $\overset{\langle 4\rangle}{\mathbb{S}}(\mathbb{r})$ eine vollständig-symmetrische und im Sinne von

$$\mathbb{S}\cdot\cdot\overset{\langle 4\rangle}{\mathbb{S}}\cdot\cdot\mathbb{S}\;\begin{cases} = 0 \text{ für } \mathbb{S}=0 \\ > 0 \text{ für } \mathbb{S}\neq 0 \end{cases} \qquad (4.48\text{d})$$

positiv-definite vorgegebene (Material-)Tetrade bedeutet.

Dies beweist man mit der vorläufigen Annahme zweier, das Problem (4.48a–d) lösender Felder $\mathbb{F}_j$ (j=1,2), weswegen ein allfälliges Differenzfeld $\mathbb{X} = \mathbb{F}_1 - \mathbb{F}_2$ das homogene Problem

$$\operatorname{ink}\left[(\operatorname{ink}\mathbb{X})\cdot\cdot\overset{\langle 4\rangle}{\mathbb{S}}\right] = 0 \quad \text{in } (B) \qquad (4.48\text{e})$$

mit $$\mathbb{n}\times\mathbb{X} = 0 \text{ sowie } \mathbb{n}\times(\mathbb{X}\times\mathbb{V}) = 0 \quad \text{längs } f_j(B),\; j=1,\dots,n_B\,, \qquad (4.48\text{f,g})$$

lösen müßte, indem man schließlich die Aussage $\operatorname{ink}\mathbb{X} = 0$ feststellt. Dazu benutzt man die Greensche Formel (4.13) mit $\mathbb{F} = \mathbb{X}$ und $\mathbb{D} = (\operatorname{ink}\mathbb{X})\cdot\cdot\overset{\langle 4\rangle}{\mathbb{S}} \equiv \overset{\langle 4\rangle}{\mathbb{S}}\cdot\cdot(\operatorname{ink}\mathbb{X})$ und bekommt unter Beachtung von (4.48e)

$$\int_{(B)}(\operatorname{ink}\mathbb{X})\cdot\cdot\overset{\langle 4\rangle}{\mathbb{S}}\cdot\cdot(\operatorname{ink}\mathbb{X})\,dV =$$

$$= \sum_{j=1}^{n_B}\oiint_{f_j(B)}\left\{\left[\mathbb{n}\times(\mathbb{X}\times\mathbb{V})\right]\cdot\cdot\overset{\langle 4\rangle}{\mathbb{S}}\cdot\cdot(\operatorname{ink}\mathbb{X}) - (\mathbb{n}\times\mathbb{X})\cdot\cdot\left[\mathbb{V}\times\left((\operatorname{ink}\mathbb{X})\cdot\cdot\overset{\langle 4\rangle}{\mathbb{S}}\right)\right]\right\}df \overset{(4.48\text{f,g})}{=} 0\,,$$

was wegen (4.48d) in der Tat $\operatorname{ink}\mathbb{X} = 0$ verlangt.

Die Randwertvorgaben (4.48b,c) drücken die Spannungs–Randbedingungen

$$\mathbb{n}\cdot\mathbb{S}^{(\mathbb{R})} = \mathbb{n}\cdot(\operatorname{ink}\mathbb{F})^{(\mathbb{R})} = \mathbb{n}\cdot(\mathbb{V}\times\mathbb{F}\times\mathbb{V})^{(\mathbb{R})} = \left[(\mathbb{n}\times\mathbb{V})\cdot(\mathbb{F}\times\mathbb{V})\right]^{(\mathbb{R})} =$$

$$= \mathbb{s}_n^{(\mathbb{R})} = \text{vorgeg. längs } f_j(B),\quad j=1,\dots,n_B\,, \qquad (4.49)$$

in Termen der Schnittkräfte $({}_{(2)}\mathbb{T}_{Ges})$ bzw. Schnittmomente $({}_{(2)}\mathbb{M})$ der "Schaeferschen Cosserat–Krustenschale"[88] aus [18], vgl. (Abb. 6.5),wobei den Cosserat–Charakter der (mit einer jeweiligen Oberfläche $f_j(B)$ identischen) "Krustenschale" der Sachverhalt ausmacht, daß — im Gegensatz zur klassischen Schalentheorie (vgl. §6.5) — der Momententensor $({}_{(2)}\mathbb{M})$ hier nicht als jeweils "lokal–planar", sondern i. allg. , als nur noch "linksseitig–planar" vorausgesetzt werden muß.

Die Schaefersche Krustenschalen–Analogie, mit der man die, zweite Ableitungen der Spannungsfunktion $\mathbb{F}$ betreffende, Randwertaufgabe (4.49) letztlich auf Aussagen betr. die Spannungsfunktion und deren Normalableitungen am Rande reduzieren kann, entwickelt man, indem man die Randwertaussagen (4.49) geeignet so umformuliert, daß sie formal den Gleichgewichtsbedingungen am Schalenelement entsprechen.

---

87) Probleme dieser Art fallen in der linearen Elastostatik kleiner Verformungen an. $\mathbb{Y}(\mathbb{r})$ bezeichnet darin eine sog. "Versetzungsdichte" [11]

88) die als eine entsprechende Verallgemeinerung des "Föpplschen Randdrahtes" im Falle (durch skalarwertige Airysche Spannungsfunktionen auszudrückende) ebener Probleme [19] anzusehen ist. Betr. die Spannungsfunktionen des dreidimensionalen Kontinuums sei noch auf [24] hingewiesen.

Dazu zerlegt man zunächst den ∇–Operator in der Form

$$\nabla = \nabla_{(2)} + \mathbf{n}\frac{\partial}{\partial s_n} \tag{4.50a}$$

in einen Normalableitungsanteil $\left(\mathbf{n}\ \partial/\partial s_n\right)$ und in den auf der Fläche definierten und — etwa für orthogonale Flächenkoordinaten — in der Form

$$\nabla_{(2)} = \sum_{j=1}^{2} \mathbf{e}_{\langle j\rangle}\,\partial/\partial s_{\langle j\rangle} \tag{4.50b}$$

notierbaren planaren Operator[89] $\left(\nabla_{(2)}\right)$ (vgl. (5.34)) und kann hiermit unter Benutzung von $\nabla_{(2)}\times\mathbf{n} = 0$ (vgl. (6.15b)) die Randwertaussage (4.49) in

$$\mathbf{s}_n^{(\mathrm{R})} = \left[(\mathbf{n}\times\nabla)\cdot(\mathbb{F}\times\nabla)\right]^{(\mathrm{R})} \overset{90)}{\equiv} \left[(\mathbf{n}\times\nabla_{(2)})\cdot(\mathbb{F}\times\nabla)\right]^{(\mathrm{R})} \overset{91)}{\equiv}$$

$$\equiv -\left[\nabla_{(2)}\cdot\left((\mathbf{n}\times\mathbb{F})\times\nabla\right)\right]^{(\mathrm{R})} \overset{92)}{\equiv} -\nabla_{(2)}\cdot\left[\left(\mathbf{n}\times(\mathbb{F}\times\nabla)\right)\right]^{(\mathrm{R})} \equiv -\nabla_{(2)}\cdot\left[\mathbf{n}\times(\mathbb{F}\times\nabla)^{(\mathrm{R})}\right],$$

d. h. in

$$\nabla_{(2)}\cdot\left[\mathbf{n}\times(\mathbb{F}\times\nabla)^{(\mathrm{R})}\right] + \mathbf{s}_n^{(\mathrm{R})} = 0 \tag{4.51a}$$

überführen, was als Kraftgleichgewichtsbedingung für ein unter der Körper–Rand(–Flächen–)belastung $\mathbf{s}_n^{(\mathrm{R})}$ stehendes Element der Körperkontur–Schale (etwa $f_j(B)$) gedeutet werden kann (vgl. (6.48c)), indem man $\mathbf{n}\times(\mathbb{F}\times\nabla)^{(\mathrm{R})}$ als (Gesamt–)Schnittkrafttensor ${}_{(2)}\mathbb{T}_{\mathrm{Ges}}$ der Schale interpretiert. Angesichts von

$$\mathbb{F}\times\nabla = \sum_{j=1}^{3}\frac{\partial\mathbb{F}}{\partial s_{\langle j\rangle}}\times\mathbf{e}_{\langle j\rangle} = \sum_{j=1}^{3}\left[\sum_{r,s=1}^{3}\mathbf{e}_{\langle r\rangle}\circ\mathbf{e}_{\langle s\rangle}\left(\mathbf{e}_r\cdot\frac{\partial\mathbb{F}}{\partial s_{\langle j\rangle}}\cdot\mathbf{e}_{\langle s\rangle}\right)\times\mathbf{e}_{\langle j\rangle}\right] =$$

$$= \sum_{r,k=1}^{3}\left[\sum_{j,s=1}^{3}\epsilon_{\langle sjk\rangle}\,\mathbf{e}_{\langle r\rangle}\cdot\frac{\partial\mathbb{F}}{\partial s_{\langle j\rangle}}\cdot\mathbf{e}_{\langle s\rangle}\right]\mathbf{e}_{\langle r\rangle}\circ\mathbf{e}_{\langle s\rangle} = \tag{4.51b}$$

$$\hat{=}\begin{pmatrix}
\mathbf{e}_{\langle 1\rangle}\cdot\left[\frac{\partial\mathbb{F}}{\partial s_3}\cdot\mathbf{e}_{\langle 2\rangle}-\frac{\partial\mathbb{F}}{\partial s_{\langle 2\rangle}}\cdot\mathbf{e}_{\langle 3\rangle}\right] & \mathbf{e}_{\langle 1\rangle}\cdot\left[\frac{\partial\mathbb{F}}{\partial s_{\langle 1\rangle}}\cdot\mathbf{e}_{\langle 3\rangle}-\frac{\partial\mathbb{F}}{\partial s_3}\cdot\mathbf{e}_{\langle 1\rangle}\right] & \mathbf{e}_{\langle 1\rangle}\cdot\left[\frac{\partial\mathbb{F}}{\partial s_{\langle 2\rangle}}\cdot\mathbf{e}_{\langle 1\rangle}-\frac{\partial\mathbb{F}}{\partial s_{\langle 1\rangle}}\cdot\mathbf{e}_{\langle 2\rangle}\right] \\
\mathbf{e}_{\langle 2\rangle}\cdot\left[\frac{\partial\mathbb{F}}{\partial s_3}\cdot\mathbf{e}_{\langle 2\rangle}-\frac{\partial\mathbb{F}}{\partial s_{\langle 2\rangle}}\cdot\mathbf{e}_{\langle 3\rangle}\right] & \mathbf{e}_{\langle 2\rangle}\cdot\left[\frac{\partial\mathbb{F}}{\partial s_{\langle 1\rangle}}\cdot\mathbf{e}_{\langle 3\rangle}-\frac{\partial\mathbb{F}}{\partial s_3}\cdot\mathbf{e}_{\langle 1\rangle}\right] & \mathbf{e}_{\langle 2\rangle}\cdot\left[\frac{\partial\mathbb{F}}{\partial s_{\langle 2\rangle}}\cdot\mathbf{e}_{\langle 1\rangle}-\frac{\partial\mathbb{F}}{\partial s_{\langle 1\rangle}}\cdot\mathbf{e}_{\langle 2\rangle}\right] \\
\mathbf{e}_{\langle 3\rangle}\cdot\left[\frac{\partial\mathbb{F}}{\partial s_3}\cdot\mathbf{e}_{\langle 2\rangle}-\frac{\partial\mathbb{F}}{\partial s_{\langle 2\rangle}}\cdot\mathbf{e}_{\langle 3\rangle}\right] & \mathbf{e}_{\langle 3\rangle}\cdot\left[\frac{\partial\mathbb{F}}{\partial s_{\langle 1\rangle}}\cdot\mathbf{e}_{\langle 3\rangle}-\frac{\partial\mathbb{F}}{\partial s_3}\cdot\mathbf{e}_{\langle 1\rangle}\right] & \mathbf{e}_{\langle 3\rangle}\cdot\left[\frac{\partial\mathbb{F}}{\partial s_{\langle 2\rangle}}\cdot\mathbf{e}_{\langle 1\rangle}-\frac{\partial\mathbb{F}}{\partial s_{\langle 1\rangle}}\cdot\mathbf{e}_{\langle 2\rangle}\right]
\end{pmatrix}$$

---

[89] $\mathbf{e}_{\langle j\rangle}$, $j = 1{,}2$ bedeuten orthogonale Richtungen in der am jeweiligen Flächenpunkt gelegten Tangentialebene $\left(\mathcal{V}_2\right)$, $\partial/\partial s_{\langle j\rangle}$, $j = 1{,}2$, die Ableitungen nach den Bogenlängen orthogonaler Koordinatenlinien (vgl. §5)

[90] Man beachte $\mathbf{n}\times\nabla \overset{(4.50a)}{=} \mathbf{n}\times\nabla_{(2)}$

[91] Man nütze $\nabla_{(2)}\times\mathbf{n} = 0$ nach (6.15b)

[92] Man beachte, daß die Randwerte lokal–planarer Ableitungen mit den lokal–planaren Ableitungen der Randwerte identisch sind

(Komponentendarstellung hinsichtlich einer Orthonormalbasis $\langle \mathbb{e}_{\langle j\rangle} \rangle$) ist dann etwa

$$\underset{(2)}{\mathbb{T}}{}^{(\mathbb{R})}_{\mathrm{Ges}} = \mathbb{n}\times(\mathbb{F}\times\mathbb{V})^{(\mathbb{R})} \hat{=}$$

$$\hat{=} \begin{pmatrix} \mathbb{e}_{\langle 2\rangle}\cdot\left[\frac{\partial\mathbb{F}^{(\mathbb{R})}}{\partial s_{\langle 2\rangle}}\cdot\mathbb{n} - \left[\frac{\partial\mathbb{F}}{\partial s_n}\right]^{(\mathbb{R})}\cdot\mathbb{e}_{\langle 2\rangle}\right] & \mathbb{e}_{\langle 2\rangle}\cdot\left[\left[\frac{\partial\mathbb{F}}{\partial s_n}\right]^{(\mathbb{R})}\cdot\mathbb{e}_{\langle 1\rangle} - \frac{\partial\mathbb{F}^{(\mathbb{R})}}{\partial s_{\langle 1\rangle}}\cdot\mathbb{n}\right] & \mathbb{e}_{\langle 2\rangle}\cdot\left[\frac{\partial\mathbb{F}^{(\mathbb{R})}}{\partial s_{\langle 1\rangle}}\cdot\mathbb{e}_{\langle 2\rangle} - \frac{\partial\mathbb{F}^{(\mathbb{R})}}{\partial s_{\langle 2\rangle}}\cdot\mathbb{e}_{\langle 1\rangle}\right] \\ \mathbb{e}_{\langle 1\rangle}\cdot\left[\left[\frac{\partial\mathbb{F}}{\partial s_n}\right]^{(\mathbb{R})}\cdot\mathbb{e}_{\langle 2\rangle} - \frac{\partial\mathbb{F}^{(\mathbb{R})}}{\partial s_{\langle 2\rangle}}\cdot\mathbb{n}\right] & \mathbb{e}_{\langle 1\rangle}\cdot\left[\frac{\partial\mathbb{F}^{(\mathbb{R})}}{\partial s_{\langle 1\rangle}}\cdot\mathbb{n} - \left[\frac{\partial\mathbb{F}}{\partial s_n}\right]^{(\mathbb{R})}\cdot\mathbb{e}_{\langle 1\rangle}\right] & \mathbb{e}_{\langle 1\rangle}\cdot\left[\frac{\partial\mathbb{F}^{(\mathbb{R})}}{\partial s_{\langle 2\rangle}}\cdot\mathbb{e}_{\langle 1\rangle} - \frac{\partial\mathbb{F}^{(\mathbb{R})}}{\partial s_{\langle 1\rangle}}\cdot\mathbb{e}_{\langle 2\rangle}\right] \\ 0 & 0 & 0 \end{pmatrix} \tag{4.51c}$$

(Komponentendarstellung hinsichtlich einer Orthonormalbasis $\langle \mathbb{e}_{\langle 1\rangle}, \mathbb{e}_{\langle 2\rangle}, \mathbb{n}\rangle$ auf der Krustenschale) die Prozedur, nach der die ersten Ableitungen des Spannungsfunktionen—Tensors am Rande die Komponenten des Schnittkrafttensors $\underset{(2)}{\mathbb{T}}{}_{\mathrm{Ges}}$ aufbauen, der als Summe eines (hier im allgemeinen nichtsymmetrischen) Membrankrafttensors

$$\underset{(2)}{\mathbb{T}}{}^{(\mathbb{R})} \hat{=} \begin{pmatrix} t_{\langle 11\rangle} & t_{\langle 12\rangle} & 0 \\ t_{\langle 21\rangle} & t_{\langle 22\rangle} & 0 \\ 0 & 0 & 0 \end{pmatrix} = \mathbb{n}\times(\mathbb{F}\times\mathbb{V})^{(\mathbb{R})}\cdot \underset{(2)}{\mathbb{E}} =^{93)}$$

$$\mathbb{n}\times\left[\mathbb{F}\times(\underset{(2)}{\mathbb{V}} + \mathbb{n}\frac{\partial}{\partial s_n}\right]^{(\mathbb{R})}\cdot\underset{(2)}{\mathbb{E}} = \mathbb{n}\times(\mathbb{F}^{(\mathbb{R})}\times\underset{(2)}{\mathbb{V}})\cdot\underset{(2)}{\mathbb{E}} + \mathbb{n}\times\left[\frac{\partial\mathbb{F}}{\partial s_n}\right]^{(\mathbb{R})}\times\mathbb{n} \hat{=}$$

$$\hat{=} \begin{pmatrix} \mathbb{e}_{\langle 2\rangle}\cdot\left[\frac{\partial\mathbb{F}^{(\mathbb{R})}}{\partial s_{\langle 2\rangle}}\cdot\mathbb{n} - \frac{\partial\mathbb{F}^{(\mathbb{R})}}{\partial s_n}\cdot\mathbb{e}_{\langle 2\rangle}\right] & \mathbb{e}_{\langle 2\rangle}\cdot\left[\frac{\partial\mathbb{F}^{(\mathbb{R})}}{\partial s_n}\cdot\mathbb{e}_{\langle 1\rangle} - \frac{\partial\mathbb{F}^{(\mathbb{R})}}{\partial s_{\langle 1\rangle}}\cdot\mathbb{n}\right] & 0 \\ \mathbb{e}_{\langle 1\rangle}\cdot\left[\frac{\partial\mathbb{F}^{(\mathbb{R})}}{\partial s_n}\cdot\mathbb{e}_{\langle 2\rangle} - \frac{\partial\mathbb{F}^{(\mathbb{R})}}{\partial s_{\langle 2\rangle}}\cdot\mathbb{n}\right] & \mathbb{e}_{\langle 1\rangle}\cdot\left[\frac{\partial\mathbb{F}^{(\mathbb{R})}}{\partial s_{\langle 1\rangle}}\cdot\mathbb{n} - \frac{\partial\mathbb{F}^{(\mathbb{R})}}{\partial s_n}\cdot\mathbb{e}_{\langle 1\rangle}\right] & 0 \\ 0 & 0 & 0 \end{pmatrix} \hat{=}$$

$$\hat{=} \begin{pmatrix} \mathbb{e}_{\langle 2\rangle}\cdot\frac{\partial\mathbb{F}^{(\mathbb{R})}}{\partial s_{\langle 2\rangle}}\cdot\mathbb{n} & -\mathbb{e}_{\langle 2\rangle}\cdot\frac{\partial\mathbb{F}^{(\mathbb{R})}}{\partial s_{\langle 1\rangle}}\cdot\mathbb{n} & 0 \\ -\mathbb{e}_{\langle 1\rangle}\cdot\frac{\partial\mathbb{F}^{(\mathbb{R})}}{\partial s_{\langle 2\rangle}}\cdot\mathbb{n} & \mathbb{e}_{\langle 1\rangle}\cdot\frac{\partial\mathbb{F}^{(\mathbb{R})}}{\partial s_{\langle 1\rangle}}\cdot\mathbb{n} & 0 \\ 0 & 0 & 0 \end{pmatrix} + \begin{pmatrix} -\mathbb{e}_{\langle 2\rangle}\cdot\frac{\partial\mathbb{F}^{(\mathbb{R})}}{\partial s_n}\cdot\mathbb{e}_{\langle 2\rangle} & \mathbb{e}_{\langle 2\rangle}\cdot\frac{\partial\mathbb{F}^{(\mathbb{R})}}{\partial s_n}\cdot\mathbb{e}_{\langle 1\rangle} & 0 \\ \mathbb{e}_{\langle 1\rangle}\cdot\frac{\partial\mathbb{F}^{(\mathbb{R})}}{\partial s_n}\cdot\mathbb{e}_{\langle 2\rangle} & -\mathbb{e}_{\langle 1\rangle}\cdot\frac{\partial\mathbb{F}^{(\mathbb{R})}}{\partial s_n}\cdot\mathbb{e}_{\langle 1\rangle} & 0 \\ 0 & 0 & 0 \end{pmatrix} \tag{4.51d}$$

(vgl. (6.47a)) und des Querkrafttensors

93) mit $\underset{(2)}{\mathbb{E}} = \mathbb{E} - \mathbb{n}\circ\mathbb{n}$

$$\underset{(2)}{\mathbb{Q}}^{(\mathbb{R})} = \begin{pmatrix} 0 & 0 & q_{\langle 1\rangle} \\ 0 & 0 & q_{\langle 2\rangle} \\ 0 & 0 & 0 \end{pmatrix} \equiv \underset{(2)}{\mathbb{q}} \circ \mathbb{n} = \sum_{j=1}^{2} q_{\langle j\rangle} \mathbb{e}_{\langle j\rangle} \circ \mathbb{n} = \mathbb{n}\times(\mathbb{F}\times\mathbb{V})^{(\mathbb{R})}\cdot\mathbb{n}\circ\mathbb{n} \equiv$$

$$\equiv \mathbb{n}\times(\mathbb{F}\times\underset{(2)}{\mathbb{V}})\cdot\mathbb{n}\circ\mathbb{n} \overset{94)}{=} -\left[\underset{(2)}{\mathbb{V}}\cdot(\mathbb{n}\times\mathbb{F})^{(\mathbb{R})}\right]\times\mathbb{n}\circ\mathbb{n} \mathrel{\hat{=}}$$

$$\mathrel{\hat{=}} \begin{pmatrix} 0 & 0 & \mathbb{e}_{\langle 2\rangle}\cdot\left[\dfrac{\partial\mathbb{F}}{\partial s_{\langle 1\rangle}}^{(\mathbb{R})}\cdot\mathbb{e}_{\langle 2\rangle} - \dfrac{\partial\mathbb{F}}{\partial s_{\langle 2\rangle}}^{(\mathbb{R})}\cdot\mathbb{e}_{\langle 1\rangle}\right] \\ 0 & 0 & \mathbb{e}_{\langle 1\rangle}\cdot\left[\dfrac{\partial\mathbb{F}}{\partial s_{\langle 2\rangle}}^{(\mathbb{R})}\cdot\mathbb{e}_{\langle 1\rangle} - \dfrac{\partial\mathbb{F}}{\partial s_{\langle 1\rangle}}^{(\mathbb{R})}\cdot\mathbb{e}_{\langle 2\rangle}\right] \\ 0 & 0 & 0 \end{pmatrix}, \tag{4.51e}$$

(vgl. 6.47c)) aufzufassen ist.
Eine als Momenten–Gleichgewichtsbedingung am Schalenelement interpretierbare Identität basiert einerseits auf dem mit dem dreistufigen Permutationstensor

$$\overset{\langle 3\rangle}{\mathfrak{E}} = \mathfrak{E} = -\mathbb{E}\times\mathbb{E} = -(\underset{(2)}{\mathbb{E}} + \mathbb{n}\circ\mathbb{n})\times(\underset{(2)}{\mathbb{E}} + \mathbb{n}\circ\mathbb{n}) =$$
$$= -\left[\underset{(2)}{\mathbb{E}}\times\underset{(2)}{\mathbb{E}} + \underset{(2)}{\mathbb{E}}\times\mathbb{n}\circ\mathbb{n} + \mathbb{n}\circ\mathbb{n}\times\underset{(2)}{\mathbb{E}}\right] \tag{4.52}$$

unter Beachtung von $\mathbb{n}\cdot\underset{(2)}{\mathbb{E}}$ und $\mathbb{n}\times\underset{(2)}{\mathbb{E}}\times\mathbb{n} = -\underset{(2)}{\mathbb{E}}$ erreichbaren Befund

$$\underset{(2)}{\mathbb{Q}}^{(\mathbb{R})T}\cdot\cdot\,\mathfrak{E} \overset{(4.51f,52)}{=} =$$
$$-\left\{\mathbb{n}\circ\mathbb{n}\times\left[\underset{(2)}{\mathbb{V}}\cdot(\mathbb{n}\times\mathbb{F})^{(\mathbb{R})}\right]\right\}\cdot\cdot\left\{\underline{\underset{(2)}{\mathbb{E}}\times\underset{(2)}{\mathbb{E}}} + \underset{(2)}{\mathbb{E}}\times\mathbb{n}\circ\mathbb{n} + \mathbb{n}\circ\mathbb{n}\times\underset{(2)}{\mathbb{E}}\right\} \overset{95)}{\equiv}$$
$$\equiv -\left\{\mathbb{n}\circ\mathbb{n}\times\left[\underset{(2)}{\mathbb{V}}\cdot(\mathbb{n}\times\mathbb{F})^{(\mathbb{R})}\right]\right\}\cdot\cdot\,\underset{(2)}{\mathbb{E}}\times\underset{(2)}{\mathbb{E}} = -\mathbb{n}\cdot\left\{\left[\mathbb{n}\times\left(\underset{(2)}{\mathbb{V}}\cdot(\mathbb{n}\times\mathbb{F})^{(\mathbb{R})}\right)\right]\times\underset{(2)}{\mathbb{E}}\right\} =$$
$$= -\left\{\mathbb{n}\times\left[\mathbb{n}\times\left(\underset{(2)}{\mathbb{V}}\cdot(\mathbb{n}\times\mathbb{F}^{(\mathbb{R})})\right)\right]\right\}\cdot\underset{(2)}{\mathbb{E}} \overset{96)}{=} \left[\underset{(2)}{\mathbb{V}}\cdot(\mathbb{n}\times\mathbb{F})^{(\mathbb{R})}\right]\cdot\underset{(2)}{\mathbb{E}} \tag{4.52a}$$

und desweiteren auf der Identität

---

94) Man benutze die mit $\underset{(2)}{\mathbb{V}}\times\mathbb{n} = 0$ und $\mathbb{F} = \mathbb{F}^T$ mögliche Umformungsabfolge

$$\mathbb{n}\times(\mathbb{F}\times\underset{(2)}{\mathbb{V}})\cdot\mathbb{n}\circ\mathbb{n} = \mathbb{n}\times\left[(\mathbb{F}\times\underset{(2)}{\mathbb{V}})\cdot\mathbb{n}\right]\circ\mathbb{n} \equiv \mathbb{n}\times\left[\mathbb{F}\cdot(\underset{(2)}{\mathbb{V}}\times\mathbb{n})\right]\circ\mathbb{n} =$$
$$= \mathbb{n}\times\left[\underset{(2)}{\mathbb{V}}\cdot(\mathbb{n}\times\mathbb{F})\right]\circ\mathbb{n} = -\left[\underset{(2)}{\mathbb{V}}\cdot(\mathbb{n}\times\mathbb{F})\right]\times\mathbb{n}\circ\mathbb{n}$$

95) weil die Dyade $\mathbb{Q}^T = \mathbb{n}\circ\mathbb{n}\times\left[\underset{(2)}{\mathbb{V}}\cdot(\mathbb{n}\times\mathbb{F})^{(\mathbb{R})}\right]$ linksseitig normal und rechtsseitig planar ist, kann bei Doppeltskalarmultiplikation mit dem $\mathfrak{E}$–Tensor nur dessen Anteil $\underset{(2)}{\mathbb{E}}\times\underset{(2)}{\mathbb{E}}$ (gestrichelt) einen von Null verschiedenen Beitrag liefern.

96) Man benutze den Entwicklungssatz für zweifache Vektorprodukte und beachte $\mathbb{n}\cdot\underset{(2)}{\mathbb{E}} = 0$

$$\underset{(2)}{\mathbb{T}}^{(\mathbb{R})T}\cdot\cdot\,\mathfrak{E} \equiv^{97)} \left\{\underset{(2)}{\mathbb{E}}\cdot\left[\left(\underset{(2)}{\nabla}\times\mathbb{F}^{(\mathbb{R})}\right)\right]\times\mathbb{n}\right\}\cdot\cdot\,\mathfrak{E} \equiv^{98)}$$

$$\equiv -\left\{\underset{(2)}{\mathbb{E}}\cdot\left[\left(\underset{(2)}{\nabla}\times\mathbb{F}^{(\mathbb{R})}\right)\right]\times\mathbb{n}\right\}\cdot\cdot\left(\underset{(2)}{\mathbb{E}}\times\mathbb{n}\circ\mathbb{n}\right)=$$

$$= -\left\{\left[\underset{(2)}{\mathbb{E}}\cdot\left(\underset{(2)}{\nabla}\times\mathbb{F}^{(\mathbb{R})}\right)\times\mathbb{n}\right]\cdot\cdot\left(\underset{(2)}{\mathbb{E}}\times\mathbb{n}\right)\right\}\mathbb{n} \equiv^{99)} -\left\{\left[\left(\underset{(2)}{\nabla}\times\mathbb{F}^{(\mathbb{R})}\right)\times\mathbb{n}\right]\cdot\cdot\left(\underset{(2)}{\mathbb{E}}\times\mathbb{n}\right)\right\}\mathbb{n}\equiv$$

$$\equiv -\left\{\left[\left(\underset{(2)}{\nabla}\times\mathbb{F}^{(\mathbb{R})}\right)\cdot\left(\underset{(2)}{\mathbb{E}}\times\mathbb{n}\right)\right]\cdot\cdot\left(\underset{(2)}{\mathbb{E}}\times\mathbb{n}\right)\right\}\mathbb{n} \equiv -\left\{\left(\underset{(2)}{\nabla}\times\mathbb{F}^{(\mathbb{R})}\right)\cdot\cdot\left(\mathbb{n}\times\underset{(2)}{\mathbb{E}}\times\mathbb{n}\right)\right\}\mathbb{n}=$$

$$=\left[\left(\underset{(2)}{\nabla}\times\mathbb{F}^{(\mathbb{R})}\right)\cdot\cdot\underset{(2)}{\mathbb{E}}\right]\mathbb{n} =^{100)} -\left[\left(\underset{(2)}{\nabla}\times\mathbb{F}^{(\mathbb{R})}\right)\cdot\cdot\left(\mathbb{n}\circ\mathbb{n}\right)\right]\mathbb{n}\equiv -\left[\mathbb{n}\cdot\left(\underset{(2)}{\nabla}\times\mathbb{F}^{(\mathbb{R})}\right)\cdot\mathbb{n}\right]\mathbb{n}\equiv$$

$$\equiv -\left[\mathbb{n}\cdot\left(\underset{(2)}{\nabla}\times\mathbb{F}^{(\mathbb{R})}\right)\right]\cdot\mathbb{n}\circ\mathbb{n}\equiv^{101)}\left[\underset{(2)}{\nabla}\cdot\left(\mathbb{n}\times\mathbb{F}^{(\mathbb{R})}\right)\right]\cdot\mathbb{n}\circ\mathbb{n}\,, \qquad (4.52b)$$

weswegen, (4.52a) und (4.52b) zusammenfassend, die Identität

$$\left(\underset{(2)}{\mathbb{T}}^{(\mathbb{R})} + \underset{(2)}{\mathbb{Q}}^{(\mathbb{R})}\right)^{T}\cdot\cdot\,\mathfrak{E} = \underset{(2)}{\mathbb{T}}^{(\mathbb{R})T}_{Ges}\cdot\cdot\,\mathfrak{E} = \left[\underset{(2)}{\nabla}\cdot\left(\mathbb{n}\times\mathbb{F}^{(\mathbb{R})}\right)\right]\cdot\left(\underset{(2)}{\mathbb{E}}+\mathbb{n}\circ\mathbb{n}\right) \equiv \underset{(2)}{\nabla}\cdot\left(\mathbb{n}\times\mathbb{F}^{(\mathbb{R})}\right)$$

bzw.

$$-\underset{(2)}{\nabla}\cdot\left(\mathbb{n}\times\mathbb{F}^{(\mathbb{R})}\right) + \underset{(2)}{\mathbb{T}}^{(\mathbb{R})T}_{Ges}\cdot\cdot\,\mathfrak{E} = 0\,, \qquad (4.52c)$$

besteht, die in der Tat als Momenten–Gleichgewichtsbedingung am Schalenelement gedeutet werden kann (vgl. (6.48e)), sofern man $-\mathbb{n}\times\mathbb{F}^{(\mathbb{R})}$ als Momententensor $\left(\underset{(2)}{\mathbb{M}}\right)$ der unter der Randbelastung $\left(\mathfrak{s}_{n}^{(\mathbb{R})}\right)$ stehenden Krustenschale interpretiert, und zwar in der Tat als Momententensor einer Cosserat–Schale, weil nun wegen z. B. $\mathbb{F} = \sum_{j=1}^{3} F_{\langle jk\rangle}\, \mathbb{e}_{\langle j\rangle} \circ \mathbb{e}_{\langle k\rangle}$, und daher

$$-\mathbb{n}\times\mathbb{F}^{(\mathbb{R})} \mathrel{\hat{=}} \begin{pmatrix} F^{(\mathbb{R})}_{\langle 21\rangle} & F^{(\mathbb{R})}_{\langle 22\rangle} & F^{(\mathbb{R})}_{\langle 2n\rangle} \\ -F^{(\mathbb{R})}_{\langle 11\rangle} & -F^{(\mathbb{R})}_{\langle 12\rangle} & -F^{(\mathbb{R})}_{\langle 1n\rangle} \\ 0 & 0 & 0 \end{pmatrix} =^{102)} \underset{(2)}{\mathbb{M}} = \begin{pmatrix} m_{\langle 11\rangle} & m_{\langle 12\rangle} & m_{\langle 1n\rangle} \\ m_{\langle 21\rangle} & m_{\langle 22\rangle} & m_{\langle 2n\rangle} \\ 0 & 0 & 0 \end{pmatrix}$$

(4.52d)

im Gegensatz zur klassischen Schalentheorie[103] als Momententensor i. allg. eine lediglich

---

97) der symmetrische Anteil $\mathbb{n}\times\left(\partial\mathbb{F}/\partial s_{n}\right)^{(\mathbb{R})}\times\mathbb{n}$ von $\underset{(2)}{\mathbb{T}}^{(\mathbb{R})}$ scheint bei dieser Operation selbstverständlich überhaupt nicht auf.

98) Man beachte, daß der gestrichelte Ausdruck lokal–planar ist und demgemäß bei Doppeltskalarmultiplikation mit $\mathfrak{E}$ allein von dessen Term $\underset{(2)}{\mathbb{E}}\times\mathbb{n}\circ\mathbb{n}$ ein von Null verschiedener Anteil geliefert werden kann.

99) Man beachte, daß $\underset{(2)}{\mathbb{E}}\times\mathbb{n} \equiv \mathbb{n}\times\underset{(2)}{\mathbb{E}}$ ohnehin lokal–planar ist.

100) Man setze $\underset{(2)}{\mathbb{E}} = \mathbb{E} - \mathbb{n}\circ\mathbb{n}$ und beachte $\left(\underset{(2)}{\nabla}\times\mathbb{F}^{(\mathbb{R})}\right)\cdot\cdot\,\mathbb{E} \equiv \left(\mathbb{E}\times\underset{(2)}{\nabla}\right)\cdot\cdot\,\mathbb{F}^{(\mathbb{R})} = 0$, weil $\mathbb{F}^{(\mathbb{R})}$ symmetrisch, hingegen $\mathbb{E}\times\underset{(2)}{\nabla}$ ein antimetrischer Operator ist.

101) man beachte $\underset{(2)}{\nabla}\times\mathbb{n} = 0$

102) Komponentendarstellung hinsichtlich einer auf der Schale installierten Orthonormalbasis $\langle \mathbb{e}_{\langle 1\rangle}, \mathbb{e}_{\langle 2\rangle}, \mathbb{n}\rangle$

103) mit lokal–planaren Schnittmomententensoren

linksseitig–planare Größe mit auch um die jeweilige Normalen–Achse $(\mathbb{n})$ drehenden Momentenkomponenten $(m_{\langle 1n\rangle} = F^{(\mathbb{R})}_{\langle 2n\rangle},\ m_{\langle 2n\rangle} = -\,F^{(\mathbb{R})}_{\langle 1n\rangle})$ anfallen kann.

Betr. die Fragen, inwieweit Spannungsfunktionen $\mathbb{F}$ mittels (4.48) im Sinne von (4.47b,c) globale Spannungs–Gleichgewichtssysteme in einem Körper (B) eindeutig festlegen, soll noch der auf $\mathrm{ink}\ \mathrm{def}\ \mathbb{w} = 0$ (vgl. (3.44b)) basierende Befund hervorgehoben werden, daß sämtliche Spannungsfunktionen

$$\hat{\mathbb{F}} = \mathbb{F} + \mathbb{F}_0 \quad \text{mit} \quad \mathbb{F}_0 = \mathrm{def}\ \mathbb{w} \tag{4.53a}$$

nach der Prozedur (4.48) denselben Spannungszustand definieren, weswegen in diesem Zusammenhang für Deformatoren auch die Bezeichnung "Nullspannungsfunktionen–Tensoren" gebräuchlich ist [20][104]. Die Letzteren per

$$\begin{aligned} {}_{(2)}\mathbb{T}_{0Ges} &\overset{(4.51c)}{=} \mathbb{n}\times(\mathbb{F}_0\times\mathbb{V})^{(\mathbb{R})} \overset{(4.53a)}{=} \Big[\mathbb{n}\times(\mathrm{def}\ \mathbb{w}\times\mathbb{V})\Big]^{(\mathbb{R})} = \frac{1}{2}\Big[\mathbb{n}\times(\mathbb{V}\circ\mathbb{w}\times\mathbb{V})\Big]^{(\mathbb{R})} = \\ &= -\frac{1}{2}\Big[(\mathbb{n}\times\mathbb{V})\circ(\mathbb{V}\times\times\mathbb{w})\Big]^{(\mathbb{R})} \equiv -\frac{1}{2}\Big[(\mathbb{n}\times\mathbb{V}_{(2)})\circ(\mathbb{V}\times\mathbb{w})\Big] \end{aligned}$$

sowie

$${}_{(2)}\mathbb{M}_0 \overset{(4.52d)}{=} -\,\mathbb{n}\times\mathbb{F}_0^{(\mathbb{R})} \overset{(4.53a)}{=} -\,\mathbb{n}\times(\mathrm{def}\ \mathbb{w})^{(\mathbb{R})}$$

zugehörigen Krustenschalen–Schnittlasten genügen den homogenen Schalenelementen–Gleichgewichtsbedingungen[105]

$$\mathbb{V}_{(2)}\cdot{}_{(2)}\mathbb{T}_{0Ges} = 0, \quad \mathbb{V}_{(2)}\cdot{}_{(2)}\mathbb{M}_0 + \mathbb{T}^{T}_{0Ges}\cdot\cdot\,\mathbb{E} = 0 \tag{4.53b,c}$$

und definieren insofern (oberflächenlastfreie) statische Krustenschalen–Selbstspannungszustände. Da also die Hinzufügung von Krustenschalen–Selbstspannungszuständen $({}_{(2)}\mathbb{T}_{0Ges},\ {}_{(2)}\mathbb{M}_0)$ – als Ausdruck zur Spannungsfunktion $\mathbb{F}$ beliebig zugefügter Deformatorfelder ! – im Sinne von (4.48) definierte Spannungsfelder im Körper (B) nicht ändern[106], genügt es also, für das durch (4.51a,52c), d. h. für das durch

$$\mathbb{V}_{(2)}\cdot{}_{(2)}\mathbb{T}_{Ges} + \mathbb{s}_n^{(\mathbb{R})} = 0, \quad \mathbb{V}_{(2)}\cdot{}_{(2)}\mathbb{M} + \mathbb{T}^{T}_{Ges}\cdot\cdot\,\mathbb{E} = 0 \tag{4.53d,e}$$

---

104) Im Falle des ebenen Spannungsproblems, wo die Spannungsfelder (etwa) per

$\sigma_{xx} = \partial^2 F/\partial y^2\ ,\ \sigma_{yy} = \partial^2 F/\partial x^2\ ,\ \sigma_{xy} = -\,\partial^2 F/\partial x\partial y$

mit der Airyschen Spannungsfunktion F ausgedrückt werden, umreißt mit beliebigen Konstanten c_j $(j = 0,1,2)$

$$F_0(x,y) = c_0 + c_1 x + c_2 y = c_0 + \mathbb{c}_{(2)}\cdot\mathbb{r}_{(2)}$$

die Menge aller Nullspannungs–Funktionen.

105) wobei die Kraft–Gleichgewichtsbedingung (4.53c) Ausdruck der Integrabilitätsbedingung (6.21b) mit $\mathbb{V}\times\mathbb{w}/2$ anstelle von $\overset{\langle n\rangle}{\mathbb{A}}$ ist, während die Momentengleichgewichtsbedingung (4.53d) analog zur Herleitungsprozedur (4.52a–c) verifiziert wird, die, ohne weiter detaillierte Feldeigenschaften von $\mathbb{F}$ vorauszusetzen, lediglich auf den Voraussetzungen $\mathbb{F} = \mathbb{F}^T$ sowie $\mathbb{V}_{(2)}\times\mathbb{n} = 0$ basierte

106) weil sich wegen $\mathbb{V}_{(2)}\cdot\Big[\mathbb{n}\times(\mathbb{F}_0\times\mathbb{V})^{(\mathbb{R})}\Big] \equiv -\frac{1}{2}\,\mathbb{V}_{(2)}\cdot\Big[(\mathbb{n}\times\mathbb{V}_{(2)})\circ(\mathbb{V}\times\mathbb{w})\Big] \overset{(6.21b)}{\equiv} 0$ die Oberflächenbedingungen (4.51a) nicht ändern

definierte Krustenschalen–Schnittlastproblem partikuläre Lösungen aufzusuchen.[107]
Die Benutzung von Spannungsfunktionen zur Lösung elastostatischer Aufgaben ist bekanntlich die favorisierte Vorgehensweise in denjenigen Fällen, wo man Spannungsfelder innerhalb eines Körpers (B) als Folge vorgegebener Spannungen längs dessen Oberflächen zu ermitteln hat. In diese Problemkategorie fallen insbesondere auch die sog. Eigenspannungsprobleme, wo Spannungen innerhalb von (B) auftreten, obwohl der Körper weder Massen– noch Oberflächenkräften ausgesetzt ist. Beispiele hierfür sind Restspannungszustände, die man im allgemeinen bei Entlastung nach Teil–Plastizierung vorfindet, aber auch Wärmespannungsprobleme.
Für elastische Körper und kleine Verformungen wird für den letzteren Fall die maßgebende Feldgleichung unter Benutzung des Hookeschen Gesetzes

$$\mathbb{D} = \mathbb{D}_S + \mathbb{D}_T \overset{108)}{=} \mathbb{S} \cdot\cdot \overset{\langle 4\rangle}{\mathbb{S}} + \mathbb{A}(T-T_0) \tag{4.54a}$$

in der Form

$$\operatorname{ink} \mathbb{D} = \operatorname{ink} \mathbb{D}_S + \operatorname{ink} \mathbb{D}_T = 0$$

bzw.

$$\operatorname{ink}\left(\mathbb{S} \cdot\cdot \overset{\langle 4\rangle}{\mathbb{S}}\right) = \operatorname{ink}\left[(\operatorname{ink} \mathbb{F}) \cdot\cdot \overset{\langle 4\rangle}{\mathbb{S}}\right] = -\operatorname{ink}\left[\mathbb{A}(T-T_0)\right] \quad \text{in } (B) \tag{4.54b}$$

als notwendige[109] Bedingung dafür zur Verfügung gestellt, daß die resultierenden Verzerrungen $(\mathbb{D})$ kompatibel, d. h. durch def–Operation aus einem (Verschiebungs–)Vektorfeld $\mathbb{u}$ zu gewinnen sein sollen, um solchermaßen eindeutige Verschiebungen bzw. mittlere Elementendrehungen $(\nabla \times \mathbb{u}/2)$ zu garantieren (vgl. (3.44)). Als (4.54b) zu assoziierende Randbedingungen zur Festlegung von $\mathbb{S} = \operatorname{ink} \mathbb{F}$ gelten hier (4.48b,c) mit – wegen $\mathbb{s}_n^{(R)} = 0$ – den homogenen Krustenschalen–Gleichgewichtsbedingungen genügenden Eigenspannungs–Schnittlast–Tupeln $({}_{(2)}\mathbb{T}_{0Ges}, {}_{(2)}\mathbb{M}_0)$, deren Lösungsmenge mittels Schalen–Spannungsfunktions–Ansätzen im Sinne von (6.49a, 50b) durch die Menge zweier auf der jeweiligen Krustenschale definierter Vektorfelder (φ, ψ) umrissen wird.
Gleichung (4.54b) besagt, daß durch Überlagerung zweier inkompatibler Verzerrungsfelder $(\mathbb{D}_S, \mathbb{D}_T)$ ein kompatibler Gesamtverzerrungszustand $(\mathbb{D} = \mathbb{D}_S + \mathbb{D}_T)$ hergestellt wird. Lassen sich also die Massenelemente eines Körpers (B) nach Vollzug der Wärmeverzerrungen $\mathbb{D}_T$ (mit $\operatorname{ink} \mathbb{D}_T \neq 0$) nicht mehr "lückenlos ineinanderpassen", so müssen geeignete (sog. Wärme–)Spannungen für solcherart (ebenfalls inkompatible) Verzerrungen $\mathbb{D}_S$ (mit $\operatorname{ink} \mathbb{D}_S = -\operatorname{ink} \mathbb{D}_T \neq 0$) sorgen, um den durch $\mathbb{D}_T$ "drohenden Zerfall" des Kontinuums zu verhindern. Daraus ergibt sich, daß wärmespannungsfreie Temperaturfelder Kompatibilität der Wärmeverzerrungen, d. h.

$$\operatorname{ink}\left[\mathbb{A}(T-T_0)\right] = 0 \tag{4.54c}$$

notwendig voraussetzen[110].
Für z. B. den isotropen Fall mit $\mathbb{A} = \alpha \mathbb{E}$ und damit

$$\operatorname{ink}\left[\mathbb{A}(T-T_0)\right] = \alpha \operatorname{ink}\left[(T-T_0)\mathbb{E}\right] \overset{(3.47b)}{=} \alpha(\operatorname{grad}\operatorname{grad} T - \Delta T\, \mathbb{E}) \tag{4.55a}$$

---

107) Für den Spezialfall des ebenen Spannungsproblems, wo die an die Stelle der Schaeferschen Krustenschalen–Analogie tretende Föpplsche Randdraht–Analogie verlangt, die Biegemomente bzw. Längskräfte im Randdraht mit den Randwerten der Airyschen Spannungsfunktion bzw. deren Normalableitungen am Rande zu identifizieren, bedeutet die Hinzufügung beliebiger Nullspannungsfunktionen, die Randdraht–Schnittlasten mit partikulären Lösungen der Randdrahtelementen–Gleichgewichtbedingungen identifizieren, d. h. die Randdraht–Schnittlasten an einem "beliebig statisch bestimmt gemachten" Randdraht ermitteln zu dürfen.

108) hierin bedeuten $\overset{\langle 4\rangle}{\mathbb{S}}$ die (vollständig–symmetrische) Elastizitätstetrade und $\mathbb{A}$ den (symmetrischen) Wärmeverzerrungstensor.

109) für einfach zusammenhängende Körper (B) ist (4.54b) notwendige und hinreichende Bedingung

110) für einfach zusammenhängende Körper ist (4.54c) auch hinreichende Bedingung für Wärmespannungsfreiheit.

trifft dies dementsprechend allgemein nur für räumlich linear—veränderliche Temperaturfelder

$$T(\mathbb{r}) - T_0 \equiv \vartheta(\mathbb{r}) = \vartheta_0 + (\mathbb{r}-\mathbb{r}_0)\cdot\mathbb{a} \quad \text{mit} \quad \vartheta_0 = T(\mathbb{r}_0) - T_0 \,, \quad \mathbb{a} = (\nabla T)_{\mathbb{r}_0} = (\nabla\vartheta)_{\mathbb{r}_0} = \text{const.} \tag{4.55b-d}$$

zu, wofür mit $\operatorname{def}\mathbb{u} = \operatorname{def}\mathbb{u}_T = \alpha(T-T_0)\mathbb{E} = \alpha(\vartheta_0 + \mathbb{a}\cdot(\mathbb{r}-\mathbb{r}_0))\mathbb{E}$ aus (3.44e) für das zugehörige Verschiebungsfeld $\mathbb{u}_T(\mathbb{r})$ der "freien Wärmeausdehnung"

$$\mathbb{u}_T(\mathbb{r}) = \mathbb{u}_T(\mathbb{r}_0) + \left[\frac{\nabla\times\mathbb{u}_T}{2}\right]_{\mathbb{r}_0}\times(\mathbb{r}-\mathbb{r}_0) + \alpha\left\{\vartheta_0(\mathbb{r}-\mathbb{r}_0) + \left[(\mathbb{r}-\mathbb{r}_0)\circ(\mathbb{r}-\mathbb{r}_0) - \frac{(\mathbb{r}-\mathbb{r}_0)^2}{2}\mathbb{E}\right]\cdot\mathbb{a}\right\} \tag{4.55e}$$

mit

$$\frac{\nabla\times\mathbb{u}_T}{2} = \left[\frac{\nabla\times\mathbb{u}_T}{2}\right]_{\mathbb{r}_0} - \alpha\,(\mathbb{r}-\mathbb{r}_0)\times\mathbb{a} \tag{4.55f}$$

aufgefunden wird, jedoch gibt es durchaus spezielle Fälle, wo auch allgemeinere Temperaturfelder spannungsfrei ertragen werden, nämlich z. B. ebene stationäre wärmequellenfreie Temperaturfelder $T(\mathbb{r}_2) - T_0 =$[111] $\vartheta(\mathbb{r}_{(2)})$ an einfach begrenzten Körpern, an denen nur ebene Spannungsprobleme[112] (in der $(x_{<1>},x_{<2>})$—Ebene möglich sind. Von den Verträglichkeitsbedingungen verbleibt hier allein die zur Ebene normale Komponentengleichung

$$-\mathbb{e}_{<3>}\cdot(\operatorname{ink}_{(2)}\mathbb{D}_{(2)})\cdot\mathbb{e}_{<3>} = -\mathbb{e}_{<3>}\cdot(\nabla_{(2)}\times\mathbb{D}_{(2)}\times\nabla_{(2)})\cdot\mathbb{e}_{<3>} =$$
$$(\mathbb{e}_{<3>}\times\nabla_{(2)})\cdot\mathbb{D}_{(2)}\cdot(\mathbb{e}_{<3>}\times\nabla_{(2)}) = \frac{\partial^2 d_{<11>}}{\partial x_{<2>}^2} + \frac{\partial^2 d_{<22>}}{\partial x_{<1>}^2} - 2\,\frac{\partial^2 d_{<12>}}{\partial x_{<1>}\partial x_{<2>}} = 0 \tag{4.56a}$$

(vgl. a. (3.43d)), die von den Komponenten $d_{<jk>} = \mathbb{e}_{<j>}\cdot\mathbb{D}_{(2)}\cdot\mathbb{e}_{<j>}$ des planaren Deformators $\mathbb{D}_{(2)} = \operatorname{def}_{(2)}\mathbb{u}_{(2)} = (\nabla_{(2)}\circ\mathbb{u}_{(2)} + \mathbb{u}_{(2)}\circ\nabla_{(2)})/2$ erfüllt werden müssen, und entsprechend den Überlegungen, die zu (4.55a) geführt haben ist nun

$$\mathbb{e}_{<3>}\cdot(\operatorname{ink}_{(2)}(T-T_0)\mathbb{E}_{(2)})\cdot\mathbb{e}_{<3>} = \mathbb{e}_{<3>}\cdot(\nabla_{(2)}\circ\nabla_{(2)}\vartheta - \Delta_{(2)}\vartheta\,\mathbb{E})\cdot\mathbb{e}_{<3>} =$$
$$= -\Delta_{(2)}\vartheta = -\left[\frac{\partial^2}{\partial x_{<1>}^2} + \frac{\partial^2}{\partial x_{<2>}^2}\right]\vartheta = 0 \tag{4.56b}$$

notwendige Bedingung für Spannungsfreiheit ebener Scheiben, wonach hierzu das Temperaturfeld ein ebenes Laplace—Potential sein muß. Und genau dieser Fall liegt vor im Falle quellenfreier stationärer Temperaturfelder, wenn man Wärmezu— bzw. abflüsse senkrecht zur Scheibenebene außer Betracht lassen darf, was man etwa mit (3.24f') unter Benutzung von $\dot{\mathscr{S}} = 0$, $\dot{Q}^{(e)} = 0$ sowie $\mathbb{q} = \mathbb{q}_{(2)}$ und schließlich der Fourierschen Materialgleichung $\mathbb{q} = \mathbb{q}_{(2)} = -\lambda\,\nabla_{(2)}\vartheta$, $\lambda = \text{const.}$ in der Tat verifiziert:

$$\nabla_{(2)}\cdot(-\lambda\,\nabla_{(2)}\vartheta) \equiv -\lambda\,\Delta_{(2)}\vartheta = 0\,. \tag{4.56c}$$

Allerdings ist (4.56b,c) für Spannungsfreiheit auch hinreichend nur für einfach begrenzte (bzw. zusammenhängende) Scheiben, während für mehrfach zusammenhängende ("gelochte") Scheiben zwecks Garantie stetiger Felder $\mathbb{u}_{(2)T}(\mathbb{r})$, $\nabla_{(2)}\times\mathbb{u}_{(2)T}$ noch Linienintegralbedingungen von der Qualität (3.44g,h), d. h.

---

111) Mit den z. B. kartesischen Koordinaten $x_{<1>}$, $x_{<2>}$ bezeichnet $\mathbb{r}_{(2)} = x_{<1>}\mathbb{e}_{<1>} + x_{<2>}\mathbb{e}_{<2>}$ den planaren Ortsvektor

112) Im letzteren Falle spricht man von "Scheibenproblemen"

$$\oint_{(l_j^*)} d\mathbf{r}_{(2)} \cdot \mathrm{def}\,\mathbf{u}_{(2)T} \times \nabla_{(2)} \overset{113)}{=} \alpha \oint_{(l_j^*)} d\mathbf{r}_{(2)} \times \nabla_{(2)} \vartheta \overset{114)}{\equiv} \alpha\, \mathbf{e}_{\langle 3\rangle} \oint_{(l_j^*)} \frac{\partial\vartheta}{\partial s_\perp}\, ds = 0\,, \quad (4.56d)$$

$$\oint_{(l_j^*)} d\mathbf{r}_{(2)} \cdot \mathrm{def}\,\mathbf{u}_{(2)T} + \oint_{(l_j^*)} d\mathbf{r}_{(2)} \cdot \left[\mathrm{def}\,\mathbf{u}_{(2)T} \times \nabla_{(2)}\right] \times \mathbf{r}_{(2)} =$$

$$= \alpha \oint_{(l_j^*)} \vartheta\, d\mathbf{r}_{(2)} + \alpha \oint_{(l_j^*)} (d\mathbf{r}_{(2)} \times \nabla_{(2)} \vartheta) \times \mathbf{r}_{(2)} = \alpha \oint_{(l_j^*)} \vartheta\, d\mathbf{r}_{(2)} + \alpha \oint_{(l_j^*)} \mathbf{e}_{\langle 3\rangle} \times \mathbf{r}_{(2)} \frac{\partial\vartheta}{\partial s_\perp}\, ds$$

(4.56e)

längs der (n_z-1) "inneren" Scheiben–Randlinien (l_j^*) verlangt werden müssen. Da man aber als Randwerte der ebenen Laplace–Gleichung nur entweder die Temperaturen selbst oder ihre Normalableitungen $(\partial\vartheta/\partial s_\perp)$, allenfalls noch spezielle Kombinationen aus ϑ und $\partial\vartheta/\partial s_\perp$ (nach Maßgabe des Newtonschen Abkühlungstheorems) vorgeben kann, ist eine Befriedigung von (4.56d,e) de facto unmöglich, so daß mehrfach zusammenhängende Scheiben auch für stationäre quellenfreie ebene Temperaturfelder nicht spannungsfrei sein können[115].

Die Unmöglichkeit, mit realistischen thermischen Randvorgaben Spannungsfreiheit an mehrfach zusammenhängenden ebenen Scheiben für quellenfreie stationäre ebene Wärmeflußphänomene erreichen zu können, zeigt anschaulich eine entsprechende Recherche z. B. an einem (als zweifach zusammenhängendes ebenes Kontinuum aufzufassenden) Ringträger, etwa an einem Kreisringbalken (mittlerer Radius R) mit Rechteckquerschnitt (Breite b, Höhe h, vgl. Abb. 4.12a), wo als Folge vorgegebener Randtemperaturen $(\vartheta_i, \vartheta_a)$ näherungsweise ein längs der Balkenhöhe h linear veränderliches Temperaturfeld[116]

$$\vartheta(\xi) = \vartheta_m + \Delta\vartheta\,\xi\,, \quad -h/2 \le \xi \le h/2 \quad \text{mit} \quad \vartheta_m = (\vartheta_i + \vartheta_a)/2, \; \Delta\vartheta = \vartheta_a - \vartheta_i$$

angenommen werden kann (Abb. 4.12b), indem man dieses Problem auf der Basis der "Theorie der statisch unbestimmten Stäbe" behandelt. Dabei genügt es, weil eine uniforme konstante Erwärmung der Gesamtanordnung um ϑ_m keine Wärmespannungen weckt, auf den "Temperatur–Lastfall"

$$\vartheta(\xi) = \Delta\vartheta\,\xi$$

zu beschränken, der an dem durch Schnitt nach Abb. (4.12c) erzeugten "statisch bestimmten Ersatzsystem" freie Wärmedehnungen nach Abb. (4.12c) hervorruft als Folge des Befundes, daß (im Abstande δs) benachbarte Stabquerschnitte (für $h/R << 1$ praktisch ausschließlich) gegenseitig um $(\alpha\Delta\vartheta/h)\delta s$ verdreht werden. Damit verbunden ist eine Dreh–Diskontinuität an der Schnittstelle, die man mittels einer, Erstere aufhebende Dreh–Diskontinuität infolge einer beiderseits der Schnittufer angreifenden (sog. "statisch unbestimmten") Biegemomenten–Schnittlastgruppe X zu kompensieren hat (Abb. 4.12d), um solchermaßen am statisch bestimmten Ersatzsystem resultierend einen diskontinuitätsfreien Verformungszustand herzustellen, der Demjenigen des tatsächlich unzerschnittenen Kreisringes gleichen soll.
Man erhält

$$X = EJ_{yy}\,\alpha\Delta\vartheta/h \quad \text{mit} \; J_{yy} = bh^3/12$$

und konstanten Biegemomentenverlauf $M(s) = \text{const.} = X$, also als Wärmespannungen die Biegespannungen

$$\mathbb{S}_T = \sigma_{ss}\, \mathbf{e}_s \circ \mathbf{e}_s = E\,\alpha\Delta\vartheta\,(\xi/h)\, \mathbf{e}_s \circ \mathbf{e}_s$$

---

113) Mit $\mathrm{def}\,\mathbf{u}_{(2)T} = \alpha\vartheta\,\mathbb{E}_{(2)}$

114) hierin bedeuten ds das Randlinien–Bogenelement und $\partial\vartheta/\partial s_\perp$ die Ableitung in Richtung der (jeweils aus der Scheibe herausweisenden) Randlinien–Normalen

115) Es sei denn, man gibt längs der Ränder diejenigen (speziellen) Werte vor, die als Folge einer globalen stationären Erwärmung der Gesamtanordnung nach Maßgabe des linearen Gesetzes (4.55b–d) anfallen, was allerdings mit physikalisch realistischen Randvorgaben schwerlich vereinbar ist.

116) nicht zu verwechseln mit dem global linear veränderlichen Temperaturfeld nach (4.55b–d)!

Weil instationäre Temperaturfelder grundsätzlich weder (räumlich) linear noch (im ebenen Falle) Laplace–Felder sind, entstehen in solchen Fällen (insbesondere bei kurzfristigen Erwärmungs– bzw. Abkühlungsprozeduren) auch in einfach begrenzten Körpern (u. U. zur Zerstörung führende) Wärmespannungen [21], [22].

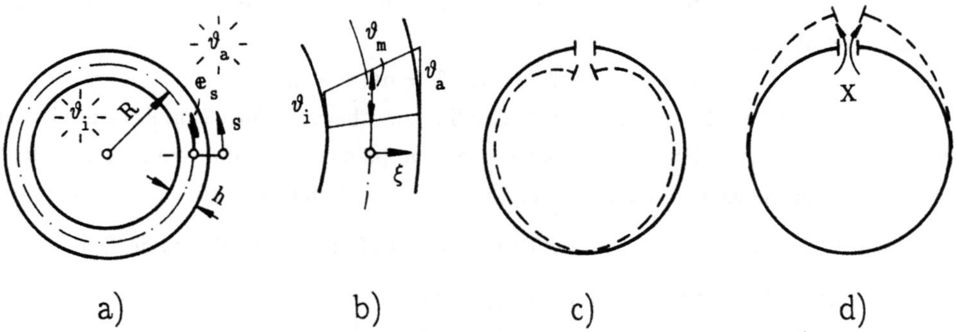

Abb. 4.12

Die Beschreibung lokal quellenfreier Probleme (mit $\nabla\cdot\overset{\langle q\rangle}{\mathbb{V}} = 0$) ist durch Rotorpotentiale bzw. ink-Felder (vgl. (4.30a,47)) nur für einfach begrenzte Bereiche generell möglich (vgl. Fußn. 49), bei mehrfach begrenzten Bereichen nur dann, wenn längs der Oberflächen ergiebigkeitsneutrale Quantitäten (mit $\int\limits_{f_j(B)} \mathbb{n}\cdot\overset{\langle q\rangle}{\mathbb{V}}\, df = 0,\ j = 1,\ldots,n_B$) eingeleitet werden.

Beispiel hierzu ist die Umströmung eines Rotationskörpers nach Abb. 4.6, wo die Körperoberfläche eine Stromfläche darstellte und somit definitionsgemäß Flüssigkeitseinspeisung längs der Körperoberfläche in den (durch Letztere und die unendliche Ferne definierten zweifach begrenzten) Strömungsbereich nicht vorgesehen war. Auch die De Saint–Venantsche Torsionstheorie (Abb. 4.5) gehört zu dieser speziellen Problemkategorie, da die Forderung nach Schubspannungsfreiheit der Stab–Mantelflächen längs Letzteren grundsätzlich eine Einspeisung von Kräften bzw. Momenten ausschloß.

Der allgemeinere Fall hingegen, daß die längs der einzelnen Bereichsoberflächen stattfindenden Einspeisungen nicht aufkommensneutral sind, ist trotz lokaler Quellenfreiheit[117)] mit Rotorpotential- bzw. ink-Feldern allein nicht beschreibbar.

So ist also das Spannungsfeld eines (elasto–)statischen massenkraftfreien Problems an einem zweifach begrenzten Körper (B) nach Abb. 4.13 nicht mehr allein durch einen Spannungsfunktionen–Ansatz $\mathbb{S} = \text{ink}\,\mathbb{F}$ nach (4.47) auszudrücken im Falle von (Rand–)Spannungs–Einleitungen, die zwar die Gesamtanordnung (B) im Gleichgewicht halten, aber längs der Einzel–Oberflächen von Null verschiedenen resultierenden Kraft– bzw. Momentenwerten

$$\mathbb{k}_i = \int\limits_{(f_i)} \mathbb{n}\cdot\mathbb{S}\, df \equiv -\mathbb{k}_a = -\int\limits_{(f_a)} \mathbb{n}\cdot\mathbb{S}\, df$$

$$\mathbb{m}_i = \int\limits_{(f_i)} \mathbb{r}\times(\mathbb{n}\cdot\mathbb{S})\, df \equiv -\mathbb{m}_a = -\int\limits_{(f_a)} \mathbb{r}\times(\mathbb{n}\cdot\mathbb{S})$$

äquivalent sind, weil reine ink–Ansätze grundsätzlich längs beliebiger geschlossener Flächen Gleichgewichtssysteme von Spannungen freilegen (vgl. (4.47b,c)) und man daher — wenn man als Schnittfläche

---

117) die etwa im Falle eines Geschwindigkeitsfeldes $(\mathbb{v})$ eines inkompressiblen Fluides mit $\nabla\cdot\mathbb{v} = 0$ eine (idealisierte) Materialeigenschaft, im Falle etwa eines symmetrischen zweistufigen (Spannungs–)Tensorfeldes $(\mathbb{S})$ mit $\nabla\cdot\mathbb{S} = 0$ Gleichgewicht am massenkraftfreien Kontinuumselement ausdrückt

(f) eine die innere Randfläche (f_i) einschließende Oberfläche wählt — die für den schraffierten Unterbereich zu fordernde (globale) Gleichgewichtsforderung nicht befriedigen kann.

Konsequenz davon ist, daß man auch für lokal-quellenfreie Probleme, sofern sie mehrfach begrenzte Bereiche (B) betreffen, für die Lösungsfelder $(\mathbb{v}, \mathbb{S})$ die entsprechenden vollständigen Helmholtz-Ansätze

$$\mathbb{v} = \nabla H + \nabla \times \mathbb{h} \quad \text{bzw.} \quad \mathbb{S} = \operatorname{def} \mathbb{v} + \operatorname{ink} \mathbb{F}$$

(vgl. (4.43,46) benötigt, wobei in den Gradienten- bzw. Deformatorfeld-Anteilen die nicht-aufkommensneutralen Rand-Einspeisungen implementiert sind, und zwar solchermaßen, daß - etwa bei mehrfach ($-n_B$-fach) begrenzten Bereichen (B) - jedem nicht-aufkommensneutralen Rande (f_j) ein Gradienten- bzw. Deformator-Feld-Anteil $(\nabla\varphi_j, \operatorname{def} \mathbb{v}_j)$ zuzuordnen ist, - der - etwa im Falle von Spannungsfeldern - an gerade allein die jeweilige Fläche (f_i) einschließenden Schnittflächen (f) resultierende Überschüsse

$$\int_{(f)} \mathbb{n}\cdot\mathbb{S}\, df = -\mathbb{k}_j , \qquad \int_{(f)} \mathbb{r}\times(\mathbb{n}\cdot\mathbb{S})\, df = -\mathbb{m}_j$$

erbringt, jedoch keine Überschüsse, sofern man Letztere mit den Lösungen $(\nabla\varphi_j, \operatorname{def} \mathbb{v}_j)$ im Hinblick auf (f_j) nicht enthaltende geschlossene Flächen überprüft. Da Lösungen dieser Art (ggfs. in Form von sog. Belegungsintegralen verallgemeinert) auf sog. singulären Lösungen basieren, wird nachfolgend eine diesbezügliche Systematik referiert.

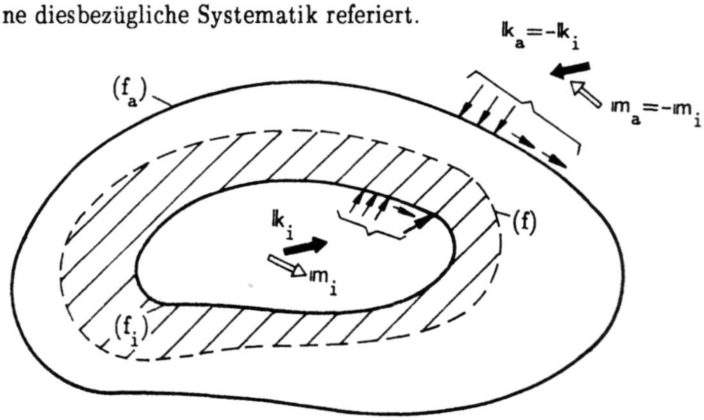

Abb. 4.13

4.6 Singuläre Lösungen in unbegrenzten linear-isotropen Medien

Wenn man verlangt, daß im Raum (B_∞) definierte Lösungsfelder $\overset{\langle p\rangle}{\mathbb{Y}}(\mathbb{r}; \mathbb{X}_0)$ als Folge einer in $\mathbb{r} = 0$ (singulär) situierten endlichen Entität $\overset{\langle q\rangle}{\mathbb{X}}_0$ linear von Letzterer abhängen sollen, so ist unter Benutzung der Kenntnisse über isotrope Gruppen generell ein Zusammenhang von der Form

$$\overset{\langle p\rangle}{\mathbb{Y}}(\mathbb{r};\overset{\langle q\rangle}{\mathbb{X}}_0) = \overset{\langle q\rangle}{\mathbb{X}}_0 \underbrace{\cdots\cdots}_{(q)} \overset{\langle q+p\rangle}{\mathbb{J}}(\mathbb{r}) \tag{4.57}$$

festzustellen, der Ausdruck des Befundes ist, daß $\overset{\langle p\rangle}{\mathbb{Y}}$ eine (hinsichtlich $\overset{\langle q\rangle}{\mathbb{X}}_0$ lineare) isotrope p-stufige Funktion der Variablen $\overset{\langle q\rangle}{\mathbb{X}}_0$ und $\mathbb{r}$ sein muß. In (4.58) sind mit $\overset{\langle q+p\rangle}{\mathbb{J}}(\mathbb{r})$ die isotropen Versionen (q+p)-stufig-tensorwertiger Funktionen des Ortsvektors ($\mathbb{r}$) bezeichnet, deren explizite Darstellungen bis zur Stufe 4 in [1], §4.2.2 vorliegen [118].

Der Beweis hierzu stützt sich auf die von $\overset{\langle q+p\rangle}{\mathbb{J}}(\mathbb{r})$ mit beliebigen orthogonalen Tensoren $\overset{\langle 2(q+p)\rangle}{\mathbb{Q}}$ nach [1], (E3.1) befriedigte Funktionalgleichung

$$\overset{\langle q+p\rangle}{\mathbb{J}}(\mathbb{r}\cdot\overset{\langle 2\rangle}{\mathbb{Q}}) = \overset{\langle q+p\rangle}{\mathbb{J}}(\mathbb{r})\underbrace{\cdots\cdots}_{(p+q)}\overset{\langle 2(q+p)\rangle}{\mathbb{Q}} \tag{4.57a}$$

ab, mit der man schließlich in der Tat die Bedingung

$$\overset{\langle p\rangle}{\mathbb{Y}}(\mathbb{r}\cdot\overset{\langle 2\rangle}{\mathbb{Q}};\overset{\langle q\rangle}{\mathbb{X}}_0\underbrace{\cdots\cdots}_{(q)}\overset{\langle 2q\rangle}{\mathbb{Q}}) = \overset{\langle p\rangle}{\mathbb{Y}}(\mathbb{r};\overset{\langle q\rangle}{\mathbb{X}}_0)\underbrace{\cdots\cdots}_{(p)}\overset{\langle 2p\rangle}{\mathbb{Q}} \tag{4.57b}$$

für Isotropie der Zuordnung (4.57) nachweisen kann.

So erhält man z. B. für S k a l a r e $\overset{\langle 0\rangle}{\mathbb{X}}_0 = X_0$ mit q = 0 und Ersatz der (q = 0)-fachen Multiplikation durch die Gewöhnliche

a) für skalare Felder $\overset{\langle p\rangle}{\mathbb{Y}} = \overset{\langle 0\rangle}{\mathbb{Y}} = Y(\mathbb{r};X_0)$ mit p = 0, also $\overset{\langle q+p\rangle}{\mathbb{J}}(\mathbb{r}) = \overset{\langle 0\rangle}{\mathbb{J}}(\mathbb{r}) = f(r)$

$$Y(\mathbb{r};X_0) = X_0\, f(r) \quad \text{mit } r = |\mathbb{r}| = \sqrt{\mathbb{r}\cdot\mathbb{r}}\,, \tag{4.58a}$$

b) für Vektorfelder mit p = 1,also $\overset{\langle q+p\rangle}{\mathbb{J}}(\mathbb{r}) = \overset{\langle 1\rangle}{\mathbb{J}}(\mathbb{r}) = f(r)\mathbb{r}$ (vgl. [1] (E4.35))

$$\overset{\langle 1\rangle}{\mathbb{Y}}(\mathbb{r};X_0) = \mathbb{y}(\mathbb{r};X_0) = X_0\, f(r)\,\mathbb{r} \tag{4.58b}$$

c) für zweistufige Tensorfelder $\overset{\langle 2\rangle}{\mathbb{Y}} = \mathbb{Y}(\mathbb{r};X_0)$ mit p = 2, also

$$\overset{\langle q+p\rangle}{\mathbb{J}}(\mathbb{r}) = \overset{\langle 2\rangle}{\mathbb{J}}(\mathbb{r}) = f_1(r)\,\mathbb{E} + f_2(r)\,\mathbb{r}\circ\mathbb{r} \quad \text{(vgl. [1] (E4.36a))}$$

$$\mathbb{Y}(\mathbb{r};X_0) = X_0\,(f_1(r)\,\mathbb{E} + f_2(r)\,\mathbb{r}\circ\mathbb{r})\,, \tag{4.58c}$$

im Falle von V e k t o r e n $\overset{\langle q\rangle}{\mathbb{X}}_0 = \overset{\langle 1\rangle}{\mathbb{X}}_0 = \mathbb{x}_0$

a) für skalare Felder $y(\mathbb{r};\mathbb{x}_0)$ mit p = 0 und q = 1

$$y(\mathbb{r};\mathbb{x}_0) = \mathbb{x}_0\cdot\overset{\langle 1\rangle}{\mathbb{J}} = f(r)\,(\mathbb{x}_0\cdot\mathbb{r}) \tag{4.59a}$$

b) für Vektorfelder $\mathbb{y}(\mathbb{r};\mathbb{x}_0)$ mit p = 1 und q = 1

---

118) dort mit $\overset{\langle n\rangle}{\mathbb{F}}(\mathbb{r})$, n = 0,...,4, bezeichnet, vgl. [1], (E4.34, 36a, 37e, 39a)

$$\mathbb{y}(\mathbb{r};\mathbb{x}_0) = \mathbb{x}_0 \cdot \overset{<2>}{\mathbb{J}}(\mathbb{r}) = \mathbb{x}_0 \cdot \left[f_1(r)\,\mathbb{E} + f_2(r)\,\mathbb{r}\circ\mathbb{r}\right] = f_1(\mathbb{r})\,\mathbb{x}_0 + f_2(\mathbb{r})(\mathbb{x}_0\cdot\mathbb{r})\mathbb{r} \tag{4.59b}$$

c) für zweistufige Tensorfelder $\overset{<2>}{\mathbb{Y}} = \mathbb{Y}(\mathbb{r};\mathbb{x}_0)$ d. h. q = 1 und p = 2 mit

$$\overset{<q+p>}{\mathbb{J}}(\mathbb{r}) = \overset{<3>}{\mathbb{J}}(\mathbb{r}) = f_0(r)\,\overset{<4>}{\mathbb{E}}_T\cdot\mathbb{r} + f_1(r)\,\mathbb{E}\circ\mathbb{r} + f_2(r)\,\mathbb{r}\circ\mathbb{E} + f_3(r)\,\mathbb{r}\circ\mathbb{r}\circ\mathbb{r}$$

(vgl. [1] (E4.37e))

$$\mathbb{Y}(\mathbb{r};\mathbb{x}_0) = \mathbb{x}_0\cdot\overset{<3>}{\mathbb{J}}(\mathbb{r}) = f_0(r)\,\mathbb{r}\circ\mathbb{x}_0 + f_1(r)\,\mathbb{x}_0\circ\mathbb{r} + f_2(r)(\mathbb{r}\cdot\mathbb{x}_0)\mathbb{E} + f_3(r)(\mathbb{r}\cdot\mathbb{x}_0)\mathbb{r}\circ\mathbb{r} \tag{4.59c}$$

und schließlich

im Falle z w e i s t u f i g t e n s o r w e r t i g e r Entitäten $\overset{<2>}{\mathbb{X}_0} = \mathbb{X}_0$

a) für skalare Felder $y(\mathbb{r};\mathbb{X}_0)$ mit p = 0 und q = 2

$$y(\mathbb{r};\mathbb{X}_0) = \mathbb{X}_0\cdot\cdot\,\overset{<2>}{\mathbb{J}} = f_1(r)\,\mathbb{E}\cdot\cdot\mathbb{X}_0 + f_2(r)\,\mathbb{r}\cdot\mathbb{X}_0\cdot\mathbb{r} \tag{4.60a}$$

b) für Vektorfelder mit p = 1 und q = 2

$$\mathbb{y}(\mathbb{r};\mathbb{X}_0) = \mathbb{X}_0\cdot\cdot\,\overset{<3>}{\mathbb{J}} = f_0(r)\,\mathbb{X}_0^T\cdot\mathbb{r} + f_1(r)(\mathbb{E}\cdot\cdot\mathbb{X}_0)\mathbb{r} + f_2(r)\,\mathbb{X}_0\cdot\mathbb{r} + f_3(r)(\mathbb{r}\cdot\mathbb{X}_0\cdot\mathbb{r})\mathbb{r} \tag{4.60b}$$

c) für zweistufige Tensorfelder mit p = 2 und q = 2 unter Benutzung von

$$\overset{<4>}{\mathbb{J}}(\mathbb{r}) = f_0(r)\,\overset{<4>}{\mathbb{E}} + f_1(r)\,\overset{<4>}{\mathbb{E}}_T + f_2(r)\,\mathbb{E}\circ\mathbb{E} + f_3(r)\,\mathbb{E}\circ\mathbb{r}\circ\mathbb{r} + f_4(r)\,\mathbb{r}\circ\mathbb{E}\circ\mathbb{r} +$$

$$+ f_5(r)\,\mathbb{r}\circ\mathbb{r}\circ\mathbb{E} + f_6(r)\,\overset{<4>}{\mathbb{E}}_T\cdot\mathbb{r}\circ\mathbb{r} + f_7(r)\,(\overset{<4>}{\mathbb{E}}_T\cdot\mathbb{r})\cdot(\overset{<4>}{\mathbb{E}}_T\cdot\mathbb{r}) + f_8(r)\,\mathbb{r}\circ\mathbb{r}\cdot\overset{<4>}{\mathbb{E}}_T +$$

$+ f_9(r)\,\mathbb{r}\circ\mathbb{r}\circ\mathbb{r}\circ\mathbb{r}$ (vgl. [1], (E4.39a))

schließlich

$$\mathbb{Y}(\mathbb{r};\mathbb{X}_0) = \mathbb{X}_0\cdot\cdot\,\overset{<4>}{\mathbb{J}}(\mathbb{r}) = f_0(r)\,\mathbb{X}_0 + f_1(r)\,\mathbb{X}_0^T + f_2(r)(\mathbb{E}\cdot\cdot\mathbb{X}_0)\mathbb{E} + f_3(r)(\mathbb{E}\cdot\cdot\mathbb{X}_0)\mathbb{r}\circ\mathbb{r} +$$

$$+ f_4(r)(\mathbb{X}_0\cdot\mathbb{r})\circ\mathbb{r} + f_5(r)(\mathbb{r}\cdot\mathbb{X}_0\cdot\mathbb{r})\,\mathbb{E} + f_6(r)(\mathbb{X}_0^T\cdot\mathbb{r})\circ\mathbb{r} + f_7(r)(\mathbb{r}\circ\mathbb{r})\cdot\mathbb{X}_0 +$$

$$+ f_8(r)(\mathbb{r}\circ\mathbb{r})\cdot\mathbb{X}_0^T + f_9(r)(\mathbb{r}\cdot\mathbb{X}_0\cdot\mathbb{r})\mathbb{r}\circ\mathbb{r}\,. \tag{4.60c}$$

In (4.58-60) bedeuten die Größen $f_j(r)$ zunächst beliebige skalarwertige Funktionen des Ortsvektorbetrages ($|\mathbb{r}| = r$), zu deren Festlegung die Existenz eines für $\overset{<p>}{\mathbb{Y}}(\mathbb{r};\overset{<q>}{\mathbb{X}_0})$ bis auf $\mathbb{r} = 0$ formulierbaren (homogenen) Feldgleichungsproblems vonnöten ist, wobei in einfachsten Fällen bereits die für die jeweiligen Entitäten ggfs. formulierbaren ("Flußgrößen"-)Bilanzgleichungen weitestgehend hinreichen können.

Im Falle etwa des stationären Feldes $\mathbb{q}(\mathbb{r})$ des Wärmeflusses als Folge einer in $\mathbb{r} = 0$ (singulär) stattfindenden Wärmemengen—Einspeisung Q_0 (je Zeiteinheit) folgt mit $X_0 = Q_0$

und $\overset{\langle 1\rangle}{\mathbb{y}}(\mathbb{r};Q_0) = \mathbb{q}(\mathbb{r};Q_0)$ nach (4.58b) die isotrope Zuordnung

$$\mathbb{q}(\mathbb{r};Q_0) = Q_0\, g(r)\mathbb{r}\,, \tag{4.61a}$$

wobei, weil die in $\mathbb{r} = 0$ implementierte Wärme (Q_0) mittels Leitung durch $\mathbb{r} = 0$ umschließende Oberflächen (f)[119] abgeführt werden muß, $g(r)$ durch

$$\underset{(f)}{\oint\!\!\oint} \mathbb{n}\cdot\mathbb{q}\, df \overset{117)}{=} \underset{(f_K)}{\oint\!\!\oint} \mathbb{e}_r\cdot\mathbb{q}\, df = Q_0 \underset{(f_K)}{\oint\!\!\oint} g(r)\, r\, df = Q_0\, r\, g(r) \underset{(f_K)}{\oint\!\!\oint} df = Q_0\,,$$

d.h. durch
$$r\, g(r) \underset{(f_K)}{\oint\!\!\oint} df = r\, g(r)\, 4\pi r^2 = 1 \quad \text{bzw.} \quad g(r) = \frac{1}{4\pi r^3} \tag{4.61b}$$

festgelegt wird. Danach beschreibt

$$\mathbb{q}(\mathbb{r};Q_0) = \frac{Q_0}{4\pi r^3}\mathbb{r} = \frac{Q_0}{4\pi r^2}\frac{\mathbb{r}}{r} = \frac{Q_0}{4\pi r^2}\mathbb{e}_r = \mathbb{\nabla}\left[-\frac{Q_0}{4\pi r}\right] \tag{4.61c}$$

das Wärmefluß—Vektorfeld als Folge einer in $\mathbb{r} = 0$ situierten stationären Wärmequelle in Form eines (wegen $\Delta(1/r) = 0$, d.h. $\mathbb{\nabla}\cdot\mathbb{q} = 0$ für $\mathbb{r} \neq 0$) bis auf $\mathbb{r} = 0$ ansonsten lokal—quellenfreien Gradientenfeldes.

Mit $-4\pi\kappa m$ anstelle von Q_0 und $\mathbb{k}$ anstelle von $\mathbb{q}$ beschreibt

$$\mathbb{k} = -\frac{\kappa m}{r^2}\mathbb{e}_r = -\mathbb{\nabla}\left(-\kappa\frac{m}{r}\right) \equiv -\mathbb{\nabla}\,\mathcal{U} \tag{4.61d}$$

(vgl. (4.17a)) das Gesetz für die auf eine in $\mathbb{r}$ befindliche Einheitsmasse ausgeübte Anziehungskraft $(\mathbb{k})$ als Folge einer in $\mathbb{r}=0$ situierten Einzelmasse (m) mit dem Newtonschen Potential $(\mathcal{U})$, wobei Letzteres (bis auf eine Konstante) festgelegt wird mit der Forderung, daß das Kraftfeld (mit Ausnahme von $\mathbb{r}=0$) quellenfrei sei.

Für den Spannungszustand $\mathbb{S}(\mathbb{r},\mathbb{p}) = \mathbb{S}^T$ im Kontinuum als Folge einer in $\mathbb{r} = 0$ angreifenden Einzelkraft $\mathbb{p}$ findet man aus (4.59c) mit $f_0(r) = f_1(r)$ zunächst die Darstellung

$$\mathbb{S}(\mathbb{r};\mathbb{p}) = f_0(r)(\mathbb{r}\circ\mathbb{p} + \mathbb{p}\circ\mathbb{r}) + (\mathbb{r}\cdot\mathbb{p})\Big[f_2(r)\mathbb{E} + f_3(r)\,\mathbb{r}\circ\mathbb{r}\Big]\,, \tag{4.62a}$$

mit der die in der Form

$$\mathbb{\nabla}\cdot\mathbb{S} = 0$$

für alle Massenelemente mit Ausnahme von $\mathbb{r} = 0$ formulierbare Kräfte—Gleichgewichtsbedingung erfüllt werden muß. Einsetzen von (4.62a) führt mit $\mathbb{\nabla}\, f(r) = f'(r)\mathbb{r}/r$, $f'(r) = df/dr$ und $\mathbb{\nabla}\circ\mathbb{r} = \mathbb{E}$ schließlich auf

$$\mathbb{\nabla}\cdot\mathbb{S} = \mathbb{p}\cdot\left\{\Big[rf_0' + 4f_0 + f_2\Big]\mathbb{E} + \frac{1}{r}\Big[f_0' + f_2' + r^2f_3' + 5rf_3\Big]\mathbb{r}\circ\mathbb{r}\right\} = 0$$

für $\mathbb{p} \neq 0$, d.h. auf
$$\Big[rf_0' + 4f_0 + f_2\Big]\mathbb{E} + \frac{1}{r}\Big[f_0' + f_2' + r^2f_3' + 5rf_3\Big]\mathbb{r}\circ\mathbb{r} = 0\,,$$

was nur durch die Forderung nach Verschwinden der Koeffizienten der (Basis—)Tensoren $\mathbb{E}$ bzw. $\mathbb{r}\circ\mathbb{r}$ zu befriedigen ist. Danach sind in der Form

$$f_2 = -rf_0' - 4f_0 \equiv -\frac{1}{r^3}(r^4f_0)'\,, \tag{4.62b}$$

bzw.
$$r^2f_3' + 5rf_3 \equiv \frac{1}{r^3}(r^5f_3)' = -f_0' - f_2' \overset{(4.63b)}{=} rf_0'' + 4f_0' \equiv \frac{1}{r^3}(r^4f_0')'\,,$$

d.h.

---

[119] Ohne Einschränkung der Allgemeinheit darf man hierbei den Punkt $\mathbb{r} = 0$ umschließende Kugelflächen (f_K) in Betracht nehmen

$$f_3 = \frac{f_0'(r)}{r} + \frac{C_1}{r^5} \tag{4.62c}$$

die Funktionen f_2 und f_3 vorerst auf $f_0(r)$ und eine Konstante (C_1) zu reduzieren, wobei Letztere mittels der globalen Gleichgewichtsbedingung[120]

$$\mathbb{p} = -\oint\!\!\oint_{(f)} \mathbb{n}\cdot\mathbb{S}\,df = -\oint\!\!\oint_{(f_K)} \mathbb{e}_r\cdot\mathbb{S}\,df = -\oint\!\!\oint_{(f_K)} \frac{\mathbb{r}}{r}\cdot\mathbb{S}\,df =$$

$$\overset{(4.62a)}{=} -\mathbb{p}\cdot\left\{rf_0(r)\oint\!\!\oint_{(f_K)} df\,\mathbb{E} + \left[\frac{f_0(r)}{r} + \frac{f_2(r)}{r} + rf_3(r)\right]\oint\!\!\oint_{(f_K)} \mathbb{r}\circ\mathbb{r}\,df\right\} =$$

$$\overset{121)}{=} -\mathbb{p}\,\frac{4}{3}\pi r^3\,(4f_0 + f_2 + r^2 f_3) \overset{(4.62b,c)}{=} -\mathbb{p}\,\frac{4}{3}\pi r^3\,\frac{C_1}{r^3} = -\mathbb{p}\,\frac{4}{3}\pi\,C_1$$

als

$$C_1 = -3/(4\pi) \tag{4.62d}$$

festzulegen ist. So entsteht mit $g(r) = r^3 f_0(r)$ und $\mathbb{e}_r = \mathbb{r}/r$ nach (4.62a) zunächst

$$r^2\mathbb{S}(\mathbb{r};\mathbb{p}) = g(r)(\mathbb{e}_r\circ\mathbb{p}+\mathbb{p}\circ\mathbb{e}_r) + (\mathbb{e}_r\cdot\mathbb{p})\left\{-(rg)'\mathbb{E} + \left[rg' - 3(g + \frac{1}{4\pi})\right]\mathbb{e}_r\circ\mathbb{e}_r\right\} \tag{4.62e}$$

mit

$$r^2\mathbb{E}\cdot\cdot\mathbb{S} \equiv r^2 S_1(\mathbb{r};\mathbb{p}) = -(\mathbb{e}_r\cdot\mathbb{p})(4g + 2rg' + \frac{3}{4\pi}) = -(\mathbb{e}_r\cdot\mathbb{p})\left[\frac{2}{r}(r^2 g)' + \frac{3}{4\pi}\right], \tag{4.62f}$$

wobei $g(r)$ allerdings konkret nur mittels einer weiteren Feldgleichung bestimmt werden kann. Für das elastisch–isotrope Kontinuum ist dies die Kompatibilitäts–Feldgleichung $\mathrm{ink}\;\mathbb{D} = 0$, die unter Benutzung des Hookeschen Gesetzes[122]

$$\mathbb{D}\;(=\mathrm{def}\;\mathbb{u}) = \frac{1}{2G}\,(\mathbb{S} - \frac{\nu}{1+\nu}\,S_1\mathbb{E}) + \alpha(T-T_0)\mathbb{E}\,,\quad S_1 = \mathbb{E}\cdot\cdot\mathbb{S} \tag{4.63a,b}$$

und der Gleichgewichtsbilanz[123]

$$\nabla\cdot\mathbb{S} = -\rho\mathbb{k} \tag{4.63c}$$

mit Beachtung von

$$\mathrm{ink}\;\mathbb{S} \equiv \nabla\times\mathbb{S}\times\nabla = \Delta\mathbb{S} + (\nabla\cdot\mathbb{S}\cdot\nabla - \Delta S_1)\mathbb{E} + \nabla\circ\nabla S_1 - \nabla\circ\nabla\cdot\mathbb{S} - (\nabla\circ\nabla\cdot\mathbb{S})^T =$$

$$\overset{(4.63c)}{=} \Delta\mathbb{S} + \nabla\circ\nabla S_1 - \Delta S_1\mathbb{E} + \rho\left[2\mathrm{def}\;\mathbb{k} - (\nabla\cdot\mathbb{k})\mathbb{E}\right]$$

sowie

$$\nabla\times(T-T_0)\mathbb{E}\times\nabla = \nabla\circ\nabla T - \Delta T\;\mathbb{E}\,,\quad \nabla\times(S_1\mathbb{E})\times\nabla = \nabla\circ\nabla S_1 - \Delta S_1\mathbb{E}$$

im Sinne von Beltrami als

---

[120] wonach die Elementarkräfte $\mathbb{n}\cdot\mathbb{S}\;df$, die längs geschlossener, den Kraftangriffspunkt ($\mathbb{r} = 0$) einschließender Oberflächen (f) freigelegt werden, der Einzelkraft $\mathbb{p}$ das Gleichgewicht halten müssen.

[121] Man benutze $$\oint\!\!\oint_{(f_K)} df = 4\pi r^2\,,\quad \oint\!\!\oint_{(f_K)} \mathbb{r}\circ\mathbb{r}\,df = \frac{4}{3}\pi r^4\,\mathbb{E} \tag{4.62g,h}$$

[122] Hierin bedeuten G bzw. ν Schubmodul bzw. Querdehnungszahl, α den Wärmeausdehnungskoeffizienten und $T-T_0 = \vartheta$ die Temperatur gegenüber einem global spannungslosen und als verzerrungslos definierten Ausgangszustande

[123] hierin bedeutet (mit der "Ausgangsdichte" ρ) $\rho\mathbb{k}$ die auf die Volumeneinheit der Ausgangskonfiguration bezogene Massenkraft.

$$\Delta\mathbb{S} + \frac{1}{1+\nu}\left[\nabla\circ\nabla S_1 - \Delta S_1\mathbb{E}\right] + \rho\left[2\,\mathrm{def}\mathbb{k} - (\nabla\cdot\mathbb{k})\mathbb{E}\right] + 2G\alpha(\nabla\circ\nabla T - \Delta T\,\mathbb{E}) = 0 \quad (4.63d)$$

anfällt, und von der jetzt nur die homogene Version[124]

$$\Delta\mathbb{S} + \frac{1}{1+\nu}\left[\nabla\circ\nabla S_1 - \Delta S_1\mathbb{E}\right] = 0 \quad (4.63e)$$

in Betracht zu ziehen ist. Dabei läßt sich aus der durch Spurbildung an (4.63e) erhältlichen Aussage

$$\frac{1-\nu}{1+\nu}\Delta S_1 = 0 \quad \text{d. h. } \Delta S_1 = 0\,, \quad (4.63f)$$

wonach die erste Invariante

$$S_1 = \mathbb{E}\cdot\cdot\,\mathbb{S} \overset{(4.62f)}{=} -\frac{\mathbb{r}\cdot\mathbb{p}}{r^3}\left(4g + 2rg' + \frac{3}{4\pi}\right) \equiv -\frac{\mathbb{r}\cdot\mathbb{p}}{r^3}\kappa(r) \quad (4.63g)$$

des Spannungstensors ein Laplace–Potential sein muß, die Funktion $g(r)$ bereits bis auf drei Konstanten (C_0, C_2, C_3) festlegen. Denn man bekommt mit

$$-\nabla S_1 \overset{(4.63g)}{=} \nabla\left[\frac{\mathbb{r}\cdot\mathbb{p}}{r^3}\kappa(r)\right] = \frac{\mathbb{p}}{r^3}\kappa(r) + (\mathbb{r}\cdot\mathbb{p})\left[\frac{\kappa}{r^3}\right]'\frac{\mathbb{r}}{r} \quad (4.63h)$$

schließlich

$$\Delta S_1 = \nabla\cdot(\nabla S_1) \overset{(4.63h)}{\equiv} \frac{\mathbb{r}\cdot\mathbb{p}}{r^4}\left[r^4\left[\frac{\kappa}{r^3}\right]'\right]' \overset{(4.63f)}{=} 0\,, \quad (4.63i)$$

woraus mit Integrationskonstanten (C_0, C_2) für $\mathbb{r}\neq 0$

$$\kappa(r) = 4\,C_0 + 10\,C_2 r^3 \overset{(4.63g)}{=} 4g + 2rg' + \frac{3}{4\pi} \equiv \frac{2}{r}(r^2 g)' + \frac{3}{4\pi}\,,$$

d.h. schließlich mit einer weiteren Integrationskonstanten (C_3)

$$g(r) = \left(C_0 - \frac{3}{16\,\pi}\right) + C_2 r^3 + \frac{C_3}{r^2} \quad (4.63k)$$

aufgefunden wird. In Erwartung eines für $r \to \infty$ mit $1/r^2$ gegen Null gehenden Spannungsfeldes, das für $r \to 0$ proportional zu $1/r^2$ sein muß, um überhaupt Gleichgewicht an einer die Kraftangriffsstelle $\mathbb{r} = 0$ umhüllenden infinitesimalen Kugel herstellen zu können, setzt man $C_2 = C_3 = 0$ und behält mit $g = C_0 - 3/(16\pi)$

$$\mathbb{S} \overset{(4.62e)}{=} \frac{C_0}{r^2}\left\{\mathbb{e}_r\circ\mathbb{p}+\mathbb{p}\circ\mathbb{e}_r - (\mathbb{e}_r\cdot\mathbb{p})(\mathbb{E}+3\mathbb{e}_r\circ\mathbb{e}_r)\right\} - \frac{3}{16\pi r^2}\left\{\mathbb{e}_r\circ\mathbb{p}+\mathbb{p}\circ\mathbb{e}_r - (\mathbb{e}_r\cdot\mathbb{p})(\mathbb{E}-\mathbb{e}_r\circ\mathbb{e}_r)\right\}, \quad (4.64a)$$

---

124) mit $\mathbb{k} = 0$ und $T-T_0 = \text{const.}$

d. h.[125])

$$\mathbb{S} = -C_0 \operatorname{ink}\left[(\mathbb{p}\cdot\mathbb{e}_r)\mathbb{E}\right] + \frac{1}{16\pi}\left\{\operatorname{ink}\left[(\mathbb{p}\cdot\mathbb{e}_r)\mathbb{E}\right] + 2\operatorname{def}\left[3\frac{\mathbb{p}}{r} + \frac{\mathbb{p}\cdot\mathbb{e}_r}{r}\mathbb{e}_r\right]\right\} \equiv$$

$$\equiv \operatorname{def}\left\{\frac{\mathbb{p}}{8\pi r}\cdot(3\mathbb{E} + \mathbb{e}_r\circ\mathbb{e}_r)\right\} + \operatorname{ink}\left\{\left[\frac{1}{16\pi} - C_0\right](\mathbb{p}\cdot\mathbb{e}_r)\mathbb{E}\right\} \tag{4.64b}$$

im Sinne des Darstellungssatzes (4.46a), wobei der ink–Anteil globale Spannungs–Gleichgewichtssysteme beschreibt, d.h. Solche, bei denen längs beliebiger geschlossener Flächen freigelegte Spannungsvektoren im Gleichgewicht sind[126]), wohingegen der def–Anteil für $\mathbb{r}\neq 0$ zwar (lokales) Gleichgewicht am

---

125) Weil $\operatorname{ink}(\varphi(\mathbb{r})\mathbb{E}) = \nabla\circ\nabla\,\varphi - \Delta\varphi\,\mathbb{E}$ ist, bekommt man mit $\varphi = \mathbb{p}\cdot\mathbb{r}/r$ wegen

$$\nabla(\mathbb{p}\cdot\mathbb{e}_r) = \nabla(\mathbb{p}\cdot\mathbb{r}/r) = \mathbb{p}/r - (\mathbb{r}\cdot\mathbb{p})\mathbb{r}/r^3 \text{ und daher}$$

$$\nabla\circ\nabla\left[\frac{\mathbb{p}\cdot\mathbb{r}}{r}\right] = -\frac{1}{r^3}(\mathbb{r}\circ\mathbb{p}+\mathbb{p}\circ\mathbb{r}) - \frac{(\mathbb{r}\cdot\mathbb{p})}{r^3}(\mathbb{E} - 3\frac{\mathbb{r}\circ\mathbb{r}}{r^2}),$$

$$\Delta\left[\frac{\mathbb{p}\cdot\mathbb{r}}{r}\right] = \mathbb{E}\cdot\cdot\nabla\circ\nabla\left[\frac{\mathbb{p}\cdot\mathbb{r}}{r}\right] = -2(\mathbb{p}\cdot\mathbb{r})/r^3$$

in der Tat zunächst (s. den ersten Term von (4.63a)):

$$\operatorname{ink}\left[(\mathbb{p}\cdot\mathbb{e}_r)\mathbb{E}\right] = \operatorname{ink}\left[(\frac{\mathbb{p}\cdot\mathbb{r}}{r})\mathbb{E}\right] = -\frac{1}{r^3}(\mathbb{r}\circ\mathbb{p}+\mathbb{p}\circ\mathbb{r}) + \frac{\mathbb{p}\cdot\mathbb{r}}{r^3}(\mathbb{E} + 3\frac{\mathbb{r}\circ\mathbb{r}}{r^2}) =$$

$$-\frac{1}{r^2}\left\{\mathbb{e}_r\circ\mathbb{p}+\mathbb{p}\circ\mathbb{e}_r - (\mathbb{e}_r\cdot\mathbb{p})(\mathbb{E}+3\mathbb{e}_r\circ\mathbb{e}_r)\right\}. \tag{4.64c}$$

Desweiteren identifiziert man

$$\frac{1}{r^2}(\mathbb{e}_r\circ\mathbb{p}+\mathbb{p}\circ\mathbb{e}_r) = -2\operatorname{def}(\mathbb{p}/r),\quad \frac{\mathbb{p}\cdot\mathbb{e}_r}{r^2}(\mathbb{E}-3\mathbb{e}_r\circ\mathbb{e}_r) = \operatorname{def}(\frac{\mathbb{p}}{r} + \frac{\mathbb{p}\cdot\mathbb{e}_r}{r}\mathbb{e}_r)$$

und nach Subtraktion der beiden letzteren Gleichungen

$$\frac{1}{r^2}\left\{\mathbb{e}_r\circ\mathbb{p}+\mathbb{p}\circ\mathbb{e}_r - (\mathbb{p}\cdot\mathbb{e}_r)(\mathbb{E}-3\mathbb{e}_r\circ\mathbb{e}_r)\right\} = -2\operatorname{def}\left[\frac{\mathbb{p}}{r}\right] - \operatorname{def}\left[\frac{\mathbb{p}}{r} + \frac{\mathbb{p}\cdot\mathbb{e}_r}{r}\mathbb{e}_r\right] =$$

$$= -\operatorname{def}\left[3\frac{\mathbb{p}}{r} + \frac{\mathbb{p}\cdot\mathbb{e}_r}{r}\mathbb{e}_r\right], \tag{4.64d}$$

so daß Addition von (4.64c) und (4.64d)

$$\frac{\mathbb{p}\cdot\mathbb{e}_r}{r^2}\mathbb{e}_r\circ\mathbb{e}_r = \frac{1}{6}\left\{\operatorname{ink}\left[(\mathbb{p}\cdot\mathbb{e}_r)\mathbb{E}\right] - \operatorname{def}\left[3\frac{\mathbb{p}}{r} + \frac{\mathbb{p}\cdot\mathbb{e}_r}{r}\mathbb{e}_r\right]\right\} \tag{4.64e}$$

ergibt, womit man schließlich z. B. im Hinblick auf den zweiten Term von (4.64a)

$$\frac{1}{r^2}\left\{\mathbb{e}_r\circ\mathbb{p}+\mathbb{p}\circ\mathbb{e}_r - (\mathbb{e}_r\cdot\mathbb{p})(\mathbb{E}-\mathbb{e}_r\circ\mathbb{e}_r)\right\} \equiv \frac{1}{r^2}\left\{\mathbb{e}_r\circ\mathbb{p}+\mathbb{p}\circ\mathbb{e}_r - (\mathbb{e}_r\cdot\mathbb{p})(\mathbb{E}+3\mathbb{e}_r\circ\mathbb{e}_r)\right\} +$$

$$+4\frac{(\mathbb{e}_r\cdot\mathbb{p})}{r^2}\mathbb{e}_r\circ\mathbb{e}_r \overset{(4.64c,e)}{=} -\operatorname{ink}\left[(\mathbb{p}\cdot\mathbb{e}_r)\mathbb{E}\right] + \frac{2}{3}\left\{\operatorname{ink}\left[(\mathbb{p}\cdot\mathbb{e}_r)\mathbb{E}\right] - \operatorname{def}\left[3\frac{\mathbb{p}}{r} + \frac{\mathbb{p}\cdot\mathbb{e}_r}{r}\mathbb{e}_r\right]\right\} =$$

$$= -\frac{1}{3}\left\{\operatorname{ink}\left[(\mathbb{p}\cdot\mathbb{e}_r)\mathbb{E}\right] + 2\operatorname{def}\left[3\frac{\mathbb{p}}{r} + \frac{\mathbb{p}\cdot\mathbb{e}_r}{r}\mathbb{e}_r\right]\right\} \text{ auffindet.}$$

126) was man insbesondere auch für um den Kraftangriffspunkt gelegte konzentrische Kugelflächen unter Benutzung von (4.64c) feststellt, weil hierfür mit (4.62g,h) in der Tat auch für $r \to 0$ (weil sich r heraushebt!) korrekt

$$\oiint_{(f_K)} \mathbb{e}_r\cdot\operatorname{ink}\left[(\mathbb{p}\cdot\mathbb{e}_r)\mathbb{E}\right]df \overset{(4.64c)}{=} -\frac{\mathbb{p}}{r^2}\cdot\oiint_{(f_K)}(\mathbb{E}\,df - 3\,\mathbb{e}_r\circ\mathbb{e}_r\,df) \overset{(4.62g,h)}{=} -\frac{\mathbb{p}}{r^2}(4\pi r^2 - 4\pi r^2) = 0$$

identifiziert wird.

Massenelement garantiert, wie man an

$$\operatorname{div}\operatorname{def}\left\{\frac{\mathbb{p}}{8\pi r}\cdot(3\mathbb{E}+\mathbb{e}_r\circ\mathbb{e}_r)\right\}=0 \quad \text{für } \mathbb{r}\neq 0$$

leicht erkennt[127], jedoch nicht globales Gleichgewicht insofern, als nur diejenigen Spannungen ein Gleichgewichtssystem bilden, die längs den Kraftangriffspunkt nicht einschließender (geschlossener) Flächen freigelegt werden, wohingegen im Falle den Kraftangriffspunkt einschließender Flächen die freigelegten Spannungen der Einzellast $\mathbb{p}$ das Gleichgewicht halten, wie z. B. bei Betrachtnahme einer konzentrischen Kugel (f_K) mittels

$$\frac{1}{8\pi}\oiint_{(f_K)}\mathbb{e}_r\cdot\operatorname{def}\left\{\frac{\mathbb{p}}{r}\cdot(3\mathbb{E}+\mathbb{e}_r\circ\mathbb{e}_r)\right\}df=$$

$$\overset{128)}{=}-\frac{1}{8\pi r^3}\oiint_{(f_K)}\left[r\mathbb{p}+(\mathbb{e}_r\cdot\mathbb{p})\mathbb{r}-(\mathbb{r}\cdot\mathbb{p})(\mathbb{e}_r-3\frac{\mathbb{r}}{r})\right]df=$$

$$=-\frac{1}{8\pi}\left[\frac{\mathbb{p}}{r^2}\oiint_{(f_K)}df+3\frac{\mathbb{p}}{r^4}\oiint_{(f_K)}\mathbb{r}\circ\mathbb{r}\,df\right]\overset{(4.62g,h)}{=}-\frac{1}{8\pi}\left[\frac{\mathbb{p}}{r^2}4\pi r^2+3\frac{\mathbb{p}}{r^4}\frac{4}{3}\pi r^4\right]=-\mathbb{p}$$

in der Tat festzustellen ist.

Um schließlich C_0 festzulegen, muß (4.64b) in die vollständige Kompatibilitäts–Feldgleichung (4.64e) eingesetzt werden, die wegen $\Delta S_1=0$ und damit $\Delta\mathbb{S}=\operatorname{ink}\mathbb{S}-\nabla\circ\nabla S_1$ auch als

$$\operatorname{ink}\mathbb{S}-\frac{\nu}{1+\nu}\nabla\circ\nabla S_1=0 \quad \text{für } \mathbb{r}\neq 0 \tag{4.65a}$$

geschrieben werden kann. Angesichts von $\operatorname{ink}\operatorname{def}\mathbb{v}=0$ bekommt man mit $\mathbb{S}$ nach (4.64b) und $\operatorname{ink}\left[(\mathbb{p}\cdot\mathbb{e}_r)\mathbb{E}\right]$ nach (4.64c) einerseits

$$\operatorname{ink}\mathbb{S}=\operatorname{ink}\left\{(\frac{1}{16\pi}-C_0)\operatorname{ink}\left[(\mathbb{p}\cdot\mathbb{e}_r)\mathbb{E}\right]\right\}=$$

$$\frac{6}{r^4}(C_0-\frac{1}{16\pi})\left[\mathbb{e}_r\circ\mathbb{p}+\mathbb{p}\circ\mathbb{e}_r+(\mathbb{p}\cdot\mathbb{e}_r)(\mathbb{E}-5\mathbb{e}_r\circ\mathbb{e}_r)\right], \tag{4.65b}$$

was proportional ist zu

$$\nabla\circ\nabla S_1=-4C_0\,\nabla\circ\nabla\left[\frac{\mathbb{p}\cdot\mathbb{e}_r}{r^2}\right]=-4C_0\,\nabla\circ\left[\frac{\mathbb{p}}{r^3}-3\frac{\mathbb{p}\cdot\mathbb{r}}{r^5}\mathbb{r}\right]=$$

$$\frac{12C_0}{r^4}\left[\mathbb{e}_r\circ\mathbb{p}+\mathbb{p}\circ\mathbb{e}_r+(\mathbb{p}\cdot\mathbb{e}_r)(\mathbb{E}-5\mathbb{e}_r\circ\mathbb{e}_r)\right], \tag{4.65c}$$

weswegen schließlich (4.65a) mit

$$6(C_0-\frac{1}{16\pi})-12\,C_0\frac{\nu}{1+\nu}=-6\left[\frac{1-\nu}{1+\nu}C_0-\frac{1}{16\pi}\right]=0$$

---

127) Dazu wende man auf

$$\operatorname{def}\left\{\frac{\mathbb{p}}{r}\cdot(3\mathbb{E}+\mathbb{e}_r\circ\mathbb{e}_r)\right\}\equiv-\frac{1}{r^3}\left[\mathbb{r}\circ\mathbb{p}+\mathbb{p}\circ\mathbb{r}-(\mathbb{r}\cdot\mathbb{p})(\mathbb{E}-3\frac{\mathbb{r}\circ\mathbb{r}}{r^2})\right]$$

die Divergenzoperation an. Es ensteht

$$\operatorname{div}\operatorname{def}\left\{\frac{\mathbb{p}}{r}\cdot(3\mathbb{E}+\mathbb{e}_r\circ\mathbb{e}_r)\right\}=\frac{3\mathbb{p}}{r^3}(4-4)+\frac{(\mathbb{r}\cdot\mathbb{p})\mathbb{r}}{r^5}(12-12),$$

also in der Tat $\operatorname{div}\operatorname{def}\left\{\frac{\mathbb{p}}{r}\cdot(3\mathbb{E}+\mathbb{e}_r\circ\mathbb{e}_r)\right\}=0$ für $\mathbb{r}\neq 0$.

128) Man benutze (4.64d) und $\mathbb{e}_r=\mathbb{r}/r$

d.h. mit
$$C_0 = \frac{1+\nu}{1-\nu}\frac{1}{16\pi} \tag{4.66a}$$
zu erfüllen und das Spannungsfeld im unendlichen elastisch–isotropen Kontinuum als Folge einer in $\mathbb{r} = 0$ angreifenden Einzelkraft $\mathbb{p}$ letztlich in der Form
$$8\pi\, \mathbb{S}(\mathbb{r};\mathbb{p}) \overset{(4.64b)}{=} \operatorname{def}\left\{ \frac{\mathbb{p}}{r}\cdot\left(3\mathbb{E} + \frac{\mathbb{r}\circ\mathbb{r}}{r^2}\right)\right\} - \frac{\nu}{1-\nu}\operatorname{ink}\left\{\left[\frac{\mathbb{p}\cdot\mathbb{r}}{r}\right]\mathbb{E}\right\} \tag{4.66b}$$
bzw.
$$8\pi r^2\, \mathbb{S}(\mathbb{r};\mathbb{p}) \overset{(4.64a)}{=} -\frac{1-2\nu}{1-\nu}\left\{ \mathbb{e}_r\circ\mathbb{p} + \mathbb{p}\circ\mathbb{e}_r - (\mathbb{p}\cdot\mathbb{e}_r)\mathbb{E} + \frac{3}{1-2\nu}(\mathbb{e}_r\cdot\mathbb{p})\, \mathbb{e}_r\circ\mathbb{e}_r \right\} \tag{4.66c}$$
darzustellen ist. Für $\mathbb{p} = p_x \mathbb{e}_x$ und $\mathbb{e}_r = \mathbb{r}/r = \left\{x;y;z\right\}/r$ bekommt man so z. B. in kartesischer Komponentendarstellung [23]
$$\frac{8\pi r^3}{p_x}\begin{pmatrix} \sigma_{xx} & \sigma_{xy} & \sigma_{xz} \\ & \sigma_{yy} & \sigma_{yz} \\ & & \sigma_{zz} \end{pmatrix} = -\frac{1-2\nu}{1-\nu}\left\{\begin{pmatrix} x & y & z \\ & -x & 0 \\ & & -x \end{pmatrix} + \frac{3}{(1-2\nu)}\frac{1}{r^2}\begin{pmatrix} x^3 & x^2y & x^2z \\ & xy^2 & xyz \\ & & xz^2 \end{pmatrix}\right\}. \tag{4.66d}$$

Das Spannungsfeld $\mathbb{S}(\mathbb{r};\mathbb{m})$ im unendlichen Kontinuum als Folge eines (singulär) in $\mathbb{r} = 0$ situierten Momentes $\mathbb{m}$ ist ein Beispiel dafür, daß die entsprechende isotrope Darstellung zuzüglich der Gleichgewichtsbilanzen der Kräfte bzw. Momente — analog (4.61) — das Feld $\mathbb{S}$ schon vollständig festlegen. Dazu faßt man $\mathbb{m}$ als Repräsentanten eines antimetrischen Tensors $\mathbb{X}_0 = \mathbb{E}\times\mathbb{m} = -\mathbb{X}_0^T$ auf und bekommt vorerst aus (4.61c) mit $\mathbb{Y}(\mathbb{r};\mathbb{E}\times\mathbb{m}) = \mathbb{S}(\mathbb{r};\mathbb{m})$ unter Beachtung von $\mathbb{E}\cdot\cdot(\mathbb{E}\times\mathbb{m}) = 0$, $\mathbb{r}\cdot(\mathbb{E}\times\mathbb{m})\cdot\mathbb{r} = 0$
$$\mathbb{S}(\mathbb{r};\mathbb{m}) = (f_0 - f_1)\,\mathbb{E}\times\mathbb{m} + (f_4 - f_6)\mathbb{m}\times\mathbb{r}\circ\mathbb{r} - (f_7 - f_8)\mathbb{r}\circ\mathbb{m}\times\mathbb{r}\,, \tag{4.67a}$$
wobei wegen $\mathbb{S} = \mathbb{S}^T$
$$f_0 = f_1\,,\quad f_4 - f_6 = -(f_7 - f_8) = g(r) \tag{4.67b,c}$$
sein müssen, so daß von (4.67a) ein deviatorisches Spannungsfeld, d.h.
$$\mathbb{S}(\mathbb{r};\mathbb{m}) = g(r)(\mathbb{m}\times\mathbb{r}\circ\mathbb{r} + \mathbb{r}\circ\mathbb{m}\times\mathbb{r})\,,\ \text{mit } \mathbb{E}\cdot\cdot\mathbb{S} = S_1 = 0 \tag{4.67d,e}$$
mit einer zunächst beliebigen Funktion $g(r)$ verbleibt. Aus der (lokalen) Gleichgewichtsbilanz
$$\nabla\cdot\mathbb{S} \overset{(4.67d)}{=} (rg' + 5g)\,\mathbb{m}\times\mathbb{r} \equiv \frac{1}{r^4}(r^5 g)'\,\mathbb{m}\times\mathbb{r} = 0$$
folgert man für $\mathbb{r}\neq 0$
$$(r^5 g)' = 0\,,\quad \text{d. h. } g(r) = \frac{C}{r^5}\,, \tag{4.68a}$$
also als Spannungsfeld
$$\mathbb{S}(\mathbb{r};\mathbb{m}) = \frac{C}{r^5}(\mathbb{m}\times\mathbb{r}\circ\mathbb{r} + \mathbb{r}\circ\mathbb{m}\times\mathbb{r}) \equiv -\frac{2}{3}C\operatorname{def}\frac{\mathbb{m}\times\mathbb{r}}{r^3} \tag{4.68b}$$
bis auf eine Konstante (C), die mittels der Momenten–Gleichgewichtsbedingung[129]
$$\mathbb{m} = -\oint\!\!\oint_{(f_K)} \mathbb{r}\times(\mathbb{e}_r\cdot\mathbb{S})\,df \overset{(4.68b)}{=} -\frac{C}{r^2}\oint\!\!\oint_{(f_K)} \mathbb{e}_r\times(\mathbb{m}\times\mathbb{e}_r)\,df =$$

---

[129] wonach die statischen Momente der an einer beliebigen, den Momentenangriffspunkt $(\mathbb{r}=0)$ umschließenden Kugel (f_K) freigelegten Spannungen dem in $\mathbb{r} = 0$ situierten Einzelmoment $\mathbb{m}$ das Gleichgewicht halten müssen

$$= -\frac{C}{r^2}\left[\mathbb{m}\oiint_{(f_K)} df - \mathbb{m}\oiint_{(f_K)} \mathbb{e}_r \circ \mathbb{e}_r\, df\right] \overset{(4.62g,h)}{=} -\frac{C}{r^2}\mathbb{m}\,(4\pi r^2 - \frac{4}{3}\pi r^2) = -\frac{8\pi}{3}C\,\mathbb{m}$$

schließlich als

$$C = -\frac{3}{8\pi} \tag{4.68c}$$

festgelegt wird. Danach ist

$$\$(\mathbb{r};\mathbb{m}) \overset{(4.68b)}{=} -\frac{3}{8\pi r^5}(\mathbb{m}\times\mathbb{r}\circ\mathbb{r}+\mathbb{r}\circ\mathbb{m}\times\mathbb{r}) \equiv \frac{1}{4\pi}\,\mathrm{def}\,\frac{\mathbb{m}\times\mathbb{r}}{r^3} \tag{4.68d}$$

das Spannungsfeld infolge Einzelmomenten–Angriffs in $\mathbb{r} = 0$. Wegen $\mathrm{ink\ def}\ \mathbb{v} = 0$ und $S_1 = 0$ definiert dieses Spannungsfeld im Sinne von (4.65a) (mit Ausnahme von $\mathbb{r} = 0$) ohnehin ein kompatibles Verzerrungsfeld, weswegen hier — im Gegensatz zu den Formalien (4.65a — 66a) — weitere Restriktionen entfallen. Daß $\$(\mathbb{r};\mathbb{m})$ nach (4.68d) — für $\mathbb{r}\neq 0$ — auch globales Kräftegleichgewicht sicherstellt, erkennt man an

$$\oiint_{(f_K)} \mathbb{e}_r\cdot\$(\mathbb{r};\mathbb{m})\,df \overset{(4.68d)}{=} -\frac{3}{8\pi r^3}\oiint_{(f_K)} \mathbb{m}\times\mathbb{e}_r\,df = -\frac{3\mathbb{m}}{8\pi r^3}\times\oiint_{(f_K)} d\mathbb{f} = 0\,,$$

weil grundsätzlich $\oiint_{(f_K)} d\mathbb{f} = \oiint_{(f_K)} \mathbb{e}_r df = 0$ ist. Für z. B. $\mathbb{m} = m_x\mathbb{e}_x$ und $\mathbb{r} = \left\{x;y;z\right\}$ bekommt man für das zugehörige Spannungsfeld nach (4.68d) in kartesischer Komponentendarstellung

$$-\frac{8\pi r^5}{3m_x}\begin{pmatrix}\sigma_{xx} & \sigma_{xy} & \sigma_{xz}\\ & \sigma_{yy} & \sigma_{yz}\\ & & \sigma_{zz}\end{pmatrix} = \begin{pmatrix}0 & -xz & xy\\ & -2yz & y^2-z^2\\ & & 2yz\end{pmatrix}. \tag{4.68e}$$

Ermittelt man übrigens mittels des wegen $\mathbb{E}\cdot\cdot\$ = S_1 = 0$ die Form

$$\mathrm{def}\,\mathbb{u} = \frac{1}{2G}\left[\$ - \frac{\nu}{1+\nu}S_1\,\mathbb{E}\right] = \frac{\$}{2G} \overset{(4.69d)}{=} \frac{1}{8\pi G}\,\mathrm{def}\,\frac{\mathbb{m}\times\mathbb{r}}{r^3} \tag{4.69a}$$

annehmenden Hookeschen Gesetzes das zugehörige Verschiebungsfeld $\mathbb{u}(\mathbb{r};\mathbb{m})$ nach Integration von (4.69a) als

$$\mathbb{u}(\mathbb{r};\mathbb{m}) =^{130)} \frac{\mathbb{m}\times\mathbb{r}}{8\pi G r^3} + \mathbb{c}_1 + \mathbb{c}_2\times\mathbb{r} \longrightarrow \frac{\mathbb{m}\times\mathbb{r}}{8\pi G r^3}\,, \tag{4.69b}$$

nachdem man noch die Integrationskonstanten $(\mathbb{c}_1, \mathbb{c}_2)$ Null gesetzt hat, indem man verlangt, daß die Verschiebungen im Unendlichen verschwinden sollen, so erkennt man, daß man letzteres Resultat auch unter Benutzung der auf (4.60b) mit $\mathbb{y}(\mathbb{r};\overset{<2>}{\mathbb{X}_0}) = \mathbb{u}(\mathbb{r};\mathbb{m})$ und $\overset{<2>}{\mathbb{X}_0} = \mathbb{E}\times\mathbb{m}$ basierenden (divergenzfreien) Ausgangsstruktur

$$\mathbb{u}(\mathbb{r};\mathbb{m}) = \left[(f_2(r) - f_0(r)\right]\mathbb{m}\times\mathbb{r} = h(r)\,\mathbb{m}\times\mathbb{r} \tag{4.69c}$$

hätte entwickeln können, indem man $h(r)$ zunächst mittels der wegen $\nabla\cdot\mathbb{u} = 0$ die Form

$$\Delta\mathbb{u} = \nabla\cdot(\nabla\circ\mathbb{u}) \overset{(4.69c)}{\equiv} \nabla\cdot\left[\frac{h'}{r}\mathbb{r}\circ\mathbb{m}\times\mathbb{r} - h\,\mathbb{E}\times\mathbb{m}\right] \equiv \frac{1}{r^4}\left[r^4h'\right]'\mathbb{m}\times\mathbb{r} = 0 \tag{4.69d}$$

annehmenden "elastischen Verschiebungsgleichung" auf

---

130) Aus $\mathrm{def}\left[\mathbb{u} - \frac{\mathbb{m}\times\mathbb{r}}{8\pi G r^3}\right] = 0$ folgt, daß $\mathbb{u} - \frac{\mathbb{m}\times\mathbb{r}}{8\pi G r^3}$ allenfalls ein Starrbewegungsfeld $(\mathbb{c}_1 + \mathbb{c}_2\times\mathbb{r})$ sein kann.

$$h(r) = \frac{C_1}{r^3} + C_2 \rightarrow C_1/r^3 \quad \text{für } r \neq 0 \tag{4.69e}$$

reduzierte und die noch frei gebliebene Konstante (C_1) unter Benutzung des Hookeschen Gesetzes, d. h.

$$\mathbb{S}(\mathbb{r};\mathbb{m}) = 2G\left[\operatorname{def}\mathbb{u} - \frac{\nu}{1-2\nu}(\nabla\cdot\mathbb{u})\mathbb{E}\right] \overset{131)}{=} 2G \operatorname{def}\mathbb{u} =$$

$$\overset{(4.69\,c,e)}{=} 2G\, C_1 \operatorname{def}\frac{\mathbb{m}\times\mathbb{r}}{r^3} \overset{(4.68d)}{=} -3G\, C_1\, (\mathbb{m}\times\mathbb{r}\circ\mathbb{r} + \mathbb{r}\circ\mathbb{m}\times\mathbb{r})/r^5 \tag{4.69f}$$

schließlich mit der Forderung nach Momentengleichgewicht, also mit

$$\mathbb{m} = -\int_{(f_K)} \mathbb{r}\times(\mathbb{e}_r\cdot\mathbb{S})\,df \overset{(4.69f)}{=} 3G\, C_1 \frac{8}{3}\pi\,\mathbb{m} \tag{4.69g}$$

als

$$C_1 = 1/(8\pi G)$$

festlegte.

Unter Benutzung von (4.69b) als "Elementarlösung" ist schließlich noch für das Verschiebungsfeld im unendlichen elastischen Kontinuum als Folge eines (stationären) "singulären Torsionsmomenten–Ringes" eine Biot–Savart–Lösung (vgl. (4.39c)) zu konstruieren. Dazu verfertigt man aus (4.69b) mit $\mathbb{m} \rightarrow m_T(\mathbb{r}')d\mathbb{r}'$ und $\mathbb{r}-\mathbb{r}'$ anstelle von $\mathbb{r}$ zunächst die Lösung

$$d'\mathbb{u}(\mathbb{r};m_T(\mathbb{r}')d\mathbb{r}') = \frac{m_T(\mathbb{r}')\,d\mathbb{r}'\times(\mathbb{r}-\mathbb{r}')}{8\pi G\,|\mathbb{r}'-\mathbb{r}|^3} \tag{4.70a}$$

für das Verschiebungsfeld $d'\mathbb{u}$ als Folge eines in $\mathbb{r}'$ angreifenden Elementarmomentes $m_T(\mathbb{r}')d\mathbb{r}'$ und bekommt schließlich als Gesamtverschiebungsfeld nach Integration von (4.70a) längs des Ringes (l)

$$\mathbb{u}(\mathbb{r}) = \oint_{(l)} \frac{m_T(\mathbb{r}')\,d\mathbb{r}'\times(\mathbb{r}-\mathbb{r}')}{8\pi G\,|\mathbb{r}'-\mathbb{r}|^3}, \tag{4.70b}$$

worin $m_T(\mathbb{r}')$ das auf die Ringlängen–Einheit bezogene Torsionsmoment bedeutet.

Für die Feststellung eines Deformatorfeldes $\mathbb{D}(\mathbb{r};\mathbb{V})$ als Folge einer in $\mathbb{r}=0$ situierten zweistufigen Entität $\mathbb{V} = \mathbb{V}_S + \mathbb{V}_A$ mit $\mathbb{V}_S = (\mathbb{V}+\mathbb{V}^T)/2$, $\mathbb{V}_A = (\mathbb{V}-\mathbb{V}^T)/2 \equiv -\mathbb{E}\times\omega$ geht man zweckmäßig von der Darstellung (4.60b) eines (Verschiebungs–)Vektorfeldes $\mathbb{u}(\mathbb{r};\mathbb{V})$ aus, wofür mit den Umbenennungen

$f_0(r) + f_2(r) = g_1(r)$, $f_0(r) - f_2(r) = h(r)$ und $f_1 = 2g_2$, $f_3 = 2g_3$

$$\mathbb{u}(\mathbb{r};\mathbb{V}) = 2\left\{g_1(r)\mathbb{V}_S + \left[g_2(r)(\mathbb{E}\cdot\cdot\mathbb{V}_S) + g_3(r)(\mathbb{r}\cdot\mathbb{V}_S\cdot\mathbb{r})\right]\mathbb{E}\right\}\cdot\mathbb{r} + 2h(r)\,\omega\times\mathbb{r} \tag{4.71a}$$

und dergestalt nach Deformatorbildung

$$\mathbb{D}(\mathbb{r};\mathbb{V}) = \operatorname{def}\mathbb{u}(\mathbb{r};\mathbb{V}) =$$

$$= \operatorname{def}\left[\left\{g_1(r)\mathbb{V}_S + \left[g_2(r)(\mathbb{E}\cdot\cdot\mathbb{V}_S) + g_3(r)(\mathbb{r}\cdot\mathbb{V}_S\cdot\mathbb{r})\right]\mathbb{E}\right\}\cdot\mathbb{r}\right] + \operatorname{def}\left[h(r)\,\omega\times\mathbb{r}\right] \tag{4.71b}$$

mit vier freibleibenden skalaren Funktionen $h(r)$, $g_j(r)$, $j = 1,\dots,3$ hervorgeht, wovon drei auf die Feldwirkung einer symmetrischen und eine auf Diejenige einer antimetrischen Entität entfallen. Als Spezialfall der Letzteren verifiziert man so z. B. wieder (4.69a) mit

$$h(r)\,\omega = \mathbb{m}/(8\pi G r^3).$$

---

131) man beachte $\nabla\cdot\mathbb{u} \overset{(4.69c)}{=} 0$

4.6.1 Felder im isotropen Kontinuum als Folge von Dipolen

werden bekanntlich mittels Differentiation der jeweiligen "Monopol"-Feldlösungen (4.57) nach deren Ortskoordinaten ($\mathbb{r}$) verifiziert, basierend auf der Betrachtnahme zweier am Kontinuum wirkender Entitäten $\overset{\langle q\rangle}{\mathbb{X}}_0$ und $-\overset{\langle q\rangle}{\mathbb{X}}_0$, die im (jeweils infinitesimalen) Abstande $d\mathbb{x}/2$ bzw. $-d\mathbb{x}/2$ vom Ursprung $\mathbb{r}=0$ situiert sind. Linearität des Zusammenhanges zwischen $(\overset{\langle q\rangle}{\mathbb{X}},-\overset{\langle q\rangle}{\mathbb{X}})$ und $d\overset{\langle p\rangle}{\mathbb{Y}}$ voraussetzend, bekommt man dann nach dem Superpositionsprinzip als resultierende Wirkung im Sinne von (4.57)

$$d\overset{\langle p\rangle}{\mathbb{Y}}(\mathbb{r};(\overset{\langle q\rangle}{\mathbb{X}}_0,-\overset{\langle q\rangle}{\mathbb{X}}_0),d\mathbb{x}) =^{132)} \overset{\langle q\rangle}{\mathbb{X}}_0 \underbrace{\cdots\cdots}_{(q)} \left[\overset{\langle p+q\rangle}{\mathbb{J}}(\mathbb{r}-\frac{d\mathbb{x}}{2}) - \overset{\langle p+q\rangle}{\mathbb{J}}(\mathbb{r}+\frac{d\mathbb{x}}{2})\right] \approx$$

$$\approx -\overset{\langle q\rangle}{\mathbb{X}}_0 \underbrace{\cdots\cdots}_{(q)} \left[d\mathbb{x}\cdot\nabla\circ\overset{\langle p+q\rangle}{\mathbb{J}}\right] \equiv -(\overset{\langle q\rangle}{\mathbb{X}}_0\circ d\mathbb{x})\underbrace{\cdots\cdots}_{(q+1)}(\nabla\circ\overset{\langle p+q\rangle}{\mathbb{J}}), \qquad (4.72a)$$

nachdem man noch sämtliche hinsichtlich $d\mathbb{x} \equiv dx\, \mathbb{e}$ von höherer als erster Ordnung kleine Anteile vernachlässigt hat, und daraus mit der Voraussetzung, daß in Form der Grenzwertbildung $\lim\limits_{\substack{dx\to 0\\ \overset{\langle q\rangle}{\mathbb{X}}\to\infty}} (\overset{\langle q\rangle}{\mathbb{X}}_0\, dx) = \overset{\langle q\rangle}{\mathbb{D}}_0$

eine in $\mathbb{r}=0$ situierte endliche Größe $(\overset{\langle q\rangle}{\mathbb{D}}_0)$ erreichbar sein soll, schließlich

$$\overset{\langle p\rangle}{\mathbb{Y}}(\mathbb{r};\overset{\langle q\rangle}{\mathbb{D}}_0\circ\mathbb{e}) = -(\overset{\langle q\rangle}{\mathbb{D}}_0\circ\mathbb{e})\underbrace{\cdots\cdots}_{(q+1)}(\nabla\circ\overset{\langle p+q\rangle}{\mathbb{J}}). \qquad (4.72b)$$

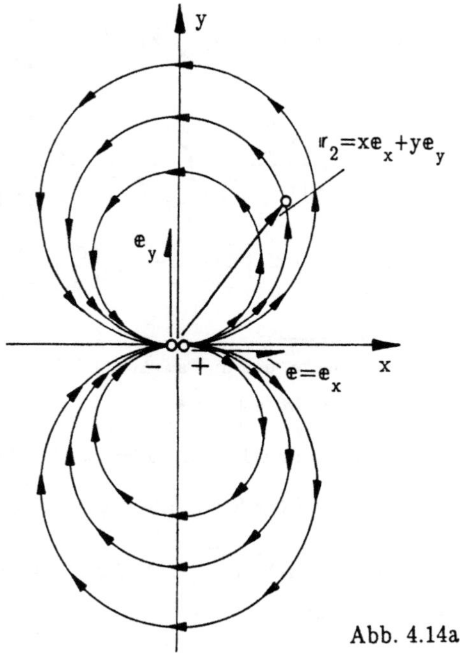

Abb. 4.14a

Von der "Monopol"–Lösung

$$\mathbb{v}(\mathbb{r};Q_0) = \frac{Q_0}{4\pi}\frac{\mathbb{r}}{r^3} = Q_0\overset{\langle 1\rangle}{\mathbb{J}}(\mathbb{r})$$

mit $\overset{\langle 1\rangle}{\mathbb{J}}(\mathbb{r}) = \mathbb{r}/(4\pi r^3)$ (4.73a,b)

(vgl. 4.61c)) für das Geschwindigkeitsfeld infolge einer stationären Punktquelle (Ergiebigkeit Q_0 [m^3/sec]) ausgehend, hat man danach

---

132) Man beachte, daß nunmehr der Abstand der singulären Entität $\overset{\langle q\rangle}{\mathbb{X}}_0$ vom Feldpunkt $\mathbb{r}$ nicht mehr $\mathbb{r}$, sondern $\mathbb{r}-(d\mathbb{x}/2)$, der entsprechende Abstand der Entität $-\overset{\langle q\rangle}{\mathbb{X}}_0$ numehr $(\mathbb{r}+d\mathbb{x}/2)$ ist.

z. B. als Folge eines vektorwertigen Dipols $\mathbb{d}_0 = D_0\mathbb{e}$ mit

$$\lim_{\substack{dx\to 0\\ Q_0\to\infty}} (Q_0\, dx) = D_0 \tag{4.73c}$$

wegen

$$\nabla\circ \mathbb{J}^{\langle 1\rangle} \overset{(4.73b)}{=} \frac{1}{4\pi r^3}\left[\mathbb{E} - 3\,\frac{\mathbb{r}\circ\mathbb{r}}{r^2}\right] \tag{4.73d}$$

als zugehöriges Geschwindigkeitsfeld

$$\mathbb{w}(\mathbb{r};D_0\mathbb{e}) = -\,\mathbb{d}_0\cdot\nabla\circ\frac{\mathbb{r}}{4\pi r^3} = -\,\frac{\mathbb{d}_0}{4\pi r^3}\cdot\left[\mathbb{E} - 3\,\frac{\mathbb{r}\circ\mathbb{r}}{r^2}\right] \tag{4.73e}$$

mit torusflächenartigen Stromflächen, die als Rotationsflächen um die Dipolachse $(\mathbb{e} = \mathbb{e}_x)$ durch (spezielle) apollonische Kreise erzeugt werden (Abb. 4.14a).

Gl. (4.73e) als "Elementarlösung" benutzend, folgt danach für ein entsprechendes "planares" (in der (x,y)–Ebene definiertes) Strömungsfeld $\mathbb{w}_{(2)} = v_x\mathbb{e}_x + v_y\mathbb{e}_y$ als Folge eines in z–Richtung beiderseits ins Unendliche erstreckten Dipolbandes mit auf die (Tiefen–)Einheit $(dz' = 1)$ bezogener konstanter Intensität $2\pi\mu$ (Dimension $[m^3/sec]$), also mit $d\mathbb{d}_0(z') = 2\pi\mu\,\mathbb{e}_x\,dz'$ nach Integration[133] (vgl. a. [16])

$$2\mathbb{w}(\mathbb{r}_{(2)};\mu) \overset{132)}{=} -\mu(\mathbb{e}_x\cdot\nabla)\int_{z'=-\infty}^{\infty}\frac{dz'(\mathbb{r}-z'\mathbb{e}_z)}{|\mathbb{r}-z'\mathbb{e}_z|^3} = -\,\mu\frac{\partial}{\partial x}\int_{z'=-\infty}^{\infty}\frac{dz'(\mathbb{r}_{(2)}+(z-z')\mathbb{e}_z)}{\sqrt{\mathbb{r}_{(2)}^2+(z-z')^2}^{\,3}} \equiv$$

$$\equiv -\,\mu\frac{\partial}{\partial x}\left[\frac{\mathbb{r}_{(2)}}{|\mathbb{r}_{(2)}|^3}\int_{z'=-\infty}^{\infty}\frac{dz'}{\sqrt{1+(z-z')^2/(\mathbb{r}_{(2)}^2)}} + \frac{\mathbb{e}_z}{\mathbb{r}_{(2)}^2}\int_{z'=-\infty}^{\infty}\frac{dz'(z-z')/|\mathbb{r}_{(2)}|}{\sqrt{1+(z-z')^2/(\mathbb{r}_{(2)}^2)}}\right] =$$

$$\overset{134)}{=} -\,2\mu\frac{\partial}{\partial x}\left[\frac{\mathbb{r}_{(2)}}{\mathbb{r}_{(2)}^2}\right] = -2\mu\left(\frac{\partial}{\partial x}\left[\frac{x}{x^2+y^2}\right]\mathbb{e}_x - \left[\frac{2xy}{(x^2+y^2)^2}\right]\mathbb{e}_y\right) \overset{135)}{\equiv} -\,2\nabla_{(2)}\left[\frac{\mu x}{x^2+y^2}\right] \tag{4.73f}$$

---

133) Man bedenke, daß nun als Abstand des in $z'\mathbb{e}_z$ situierten Elementardipols $d\mathbb{d}_0(z')$ vom Kontinuumspunkt $\mathbb{r}$ die Größe $\mathbb{r} - z'\mathbb{e}_z = \mathbb{r}_{(2)} + (z-z')\mathbb{e}_z$ zu verwenden ist (vgl. Abb. 4.14b).

134) Man benutze die Transformation $z-z' = |\mathbb{r}_{(2)}|\,\mathrm{tg}\,\vartheta$ (vgl. Abb. 4.14b) mit

$$-\pi/2 \le \vartheta \le \pi/2\ ,\ \text{d. h.}\ dz' = -\,d\vartheta\,|\mathbb{r}_{(2)}|/\cos^2\vartheta\ ,$$

$$\sqrt{1+[(z-z')^2/\mathbb{r}_{(2)}^2]} = 1/\sqrt{\cos^2\vartheta} \equiv 1/\cos\vartheta$$

und behält daher

$$\int_{z'=-\infty}^{\infty}\frac{dz'}{\sqrt{1+[(z-z')^2/\mathbb{r}_{(2)}^2]}} = -\,|\mathbb{r}_{(2)}|\int_{\vartheta=\pi/2}^{-\pi/2}\cos\vartheta\,d\vartheta = 2|\mathbb{r}_{(2)}|\ ,$$

$$\int_{z'=-\infty}^{\infty}\frac{dz'(z-z')|\mathbb{r}_{(2)}|}{\sqrt{1+[(z-z')^2/\mathbb{r}_{(2)}^2]}} = -\,|\mathbb{r}_{(2)}|\int_{\vartheta=\pi/2}^{-\pi/2}\sin\vartheta\,d\vartheta = 0$$

135) mit $\nabla_{(2)} = \mathbb{e}_x\,\partial/\partial x + \mathbb{e}_y\,\partial/\partial y$. $\varphi(x,y) = \mu x/(x^2+y^2)$ bezeichnet das sog. "Geschwindigkeitspotential der Dipolströmung." [16], [17]

Als ein weiteres Beispiel soll die Lösung (4.68d) als Version einer speziellen Kräfte–Dipol–Lösung unter Benutzung von (4.64a) verifiziert werden, wobei jetzt von der (4.64a) gleichwertigen "Monopol–Lösung"

$$\$(\mathbb{r};\mathbb{p}) = \mathbb{p}\cdot(C_0 \overset{\langle 3\rangle}{\mathbb{J}}_0 + C_1 \overset{\langle 3\rangle}{\mathbb{J}}_1)$$

mit $C_1 = -3/(16\pi)$ (4.74a,b)

und

$$\overset{\langle 3\rangle}{\mathbb{J}}_0 = \frac{1}{r^3}\left[\mathbb{r}\cdot \overset{\langle 4\rangle}{\mathbb{E}}_T + \mathbb{E}\circ\mathbb{r} - \mathbb{r}\circ\left(\mathbb{E}+3\,\frac{\mathbb{r}\circ\mathbb{r}}{r^2}\right)\right] \equiv^{136)}$$

$$\equiv \frac{1}{r^3}\left[2\mathbb{r}\cdot \overset{\langle 4\rangle}{\mathbb{E}}_T - \mathbb{r}\circ\left(\mathbb{E}+3\,\frac{\mathbb{r}\circ\mathbb{r}}{r^2}\right)\right]\cdot\cdot\,\overset{\langle 4\rangle}{\mathbf{M}},$$

$$\overset{\langle 3\rangle}{\mathbb{J}}_1 = \frac{1}{r^3}\left[2\mathbb{r}\cdot \overset{\langle 4\rangle}{\mathbb{E}}_T - \mathbb{r}\circ\left(\mathbb{E}-\frac{\mathbb{r}\circ\mathbb{r}}{r^2}\right)\right]\cdot\cdot\,\overset{\langle 4\rangle}{\mathbf{M}}$$

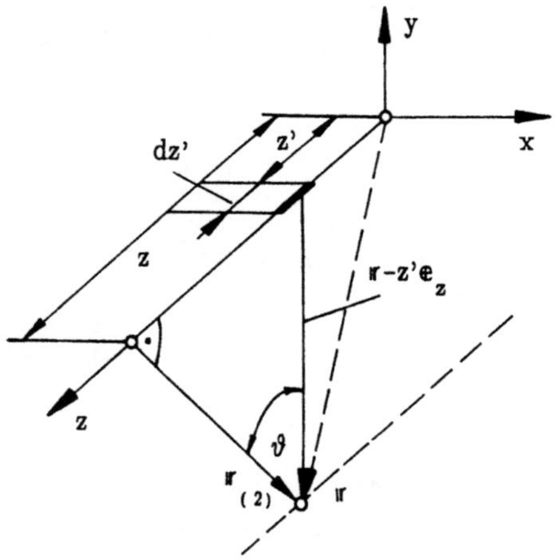

Abb. 4.14b

(4.74c,d)

ausgegangen und demgemäß im Sinne von (4.72) das Spannungsfeld als Folge eines Kraft—Dipols mit der Dipoldyade

$$\mathbb{d}_0\circ\mathbb{e} \quad \text{mit} \quad \lim_{\substack{dx\to 0\\ \mathbb{p}\to\infty}} \mathbb{p}\,dx = \mathbb{d}_0\,, \quad d\mathbb{x} = dx\,\mathbb{e} \tag{4.75a-c}$$

als

$$\$(\mathbb{r};\mathbb{d}_0\circ\mathbb{e}) = -(\mathbb{d}_0\circ\mathbb{e})\cdot\cdot(C_0\,\nabla\circ\overset{\langle 3\rangle}{\mathbb{J}}_0 + C_1\,\nabla\circ\overset{\langle 3\rangle}{\mathbb{J}}_1) \tag{4.75d}$$

und, verallgemeinert, mit einem vollständigen Dipol—Tensor zweiter Stufe

$$\mathbb{D}_0 = \sum_{j=1}^{3}\mathbb{d}_{0j}\circ\mathbb{e}_j$$

als

$$\$(\mathbb{r},\mathbb{D}_0) = -\,\mathbb{D}_0\cdot\cdot(C_0\,\nabla\circ\overset{\langle 3\rangle}{\mathbb{J}}_0 + C_1\,\nabla\circ\overset{\langle 3\rangle}{\mathbb{J}}_1) \tag{4.75e}$$

festgestellt wird. Unter Benutzung von

$$\nabla\circ\mathbb{r}\cdot\overset{\langle 4\rangle}{\mathbb{E}}_T = \overset{\langle 4\rangle}{\mathbb{E}}_T\,, \qquad \nabla\circ\mathbb{r}\cdot\overset{\langle 4\rangle}{\mathbb{E}}_T\cdot\cdot\overset{\langle 4\rangle}{\mathbf{M}} = \overset{\langle 4\rangle}{\mathbb{E}}_T\cdot\cdot\overset{\langle 4\rangle}{\mathbf{M}} \equiv \overset{\langle 4\rangle}{\mathbb{E}}\cdot\cdot\overset{\langle 4\rangle}{\mathbf{M}}\,,$$

$$\nabla\circ\mathbb{r}\circ\mathbb{E} = \mathbb{E}\circ\mathbb{E}\,, \qquad \nabla\circ\frac{\mathbb{r}\circ\mathbb{r}\circ\mathbb{r}}{r^2} = \left[2\,\overset{\langle 4\rangle}{\mathbb{E}}_T\cdot\frac{\mathbb{r}\circ\mathbb{r}}{r^2} + \mathbb{E}\circ\frac{\mathbb{r}\circ\mathbb{r}}{r^2} - 2\,\frac{\mathbb{r}\circ\mathbb{r}\circ\mathbb{r}\circ\mathbb{r}}{r^4}\right]\cdot\cdot\overset{\langle 4\rangle}{\mathbf{M}}\,,$$

$$\overset{\langle 4\rangle}{\mathbf{M}}\cdot\cdot\overset{\langle 4\rangle}{\mathbf{M}} = \overset{\langle 4\rangle}{\mathbf{M}}\,, \qquad \overset{\langle 4\rangle}{\mathbf{M}}\cdot\cdot\overset{\langle 4\rangle}{\mathbf{A}} = \overset{\langle 4\rangle}{\mathbf{A}}\cdot\cdot\overset{\langle 4\rangle}{\mathbf{M}} = 0$$

findet man schließlich

---

136) Hierin und im Folgenden bedeuten $\overset{\langle 4\rangle}{\mathbf{M}} = (\overset{\langle 4\rangle}{\mathbb{E}} + \overset{\langle 4\rangle}{\mathbb{E}}_T)/2$ bzw. $\overset{\langle 4\rangle}{\mathbf{A}} = (\overset{\langle 4\rangle}{\mathbb{E}} - \overset{\langle 4\rangle}{\mathbb{E}}_T)/2$ den "vierstufigen Symmetrierer" (auch "Mischer") bzw. den "Alternierer" (vgl. [1],§E4.4), die per $\mathbb{a}\circ\mathbb{b}\cdot\cdot\overset{\langle 4\rangle}{\mathbf{M}} = (\mathbb{a}\circ\mathbb{b}+\mathbb{b}\circ\mathbb{a})/2$ bzw. $\mathbb{a}\circ\mathbb{b}\cdot\cdot\overset{\langle 4\rangle}{\mathbf{A}} = (\mathbb{a}\circ\mathbb{b}-\mathbb{b}\circ\mathbb{a})/2$ an einem Tensor $(\mathbb{a}\circ\mathbb{b})$ Mischung bzw. Alternation vornehmen.

$$\nabla\circ\overset{\langle 3\rangle}{\mathbb{J}}_0 = \overset{\langle 4\rangle}{\mathbf{M}}\cdot\cdot\left[2\overset{\langle 4\rangle}{\mathbb{E}} - \mathbb{E}\circ\mathbb{E} + \frac{3}{r^2}\left(\mathbb{r}\circ\mathbb{r}\circ\mathbb{E} - \mathbb{E}\circ\mathbb{r}\circ\mathbb{r} - 4\mathbb{r}\circ\mathbb{E}\circ\mathbb{r}\right) + 15\,\frac{\mathbb{r}\circ\mathbb{r}\circ\mathbb{r}\circ\mathbb{r}}{r^4}\right]\cdot\cdot\overset{\langle 4\rangle}{\mathbf{M}}/r^3\,, \tag{4.75f}$$

$$\nabla\circ\overset{\langle 3\rangle}{\mathbb{J}}_1 = \left\{\overset{\langle 4\rangle}{\mathbf{M}}\cdot\cdot\left[2\overset{\langle 4\rangle}{\mathbb{E}} - \mathbb{E}\circ\mathbb{E} + \mathbb{E}\circ\frac{\mathbb{r}\circ\mathbb{r}}{r^2} - 2\,\mathbb{r}\circ\frac{\mathbb{E}}{r^2}\circ\mathbb{r} + 3\,\frac{\mathbb{r}\circ\mathbb{r}\circ\mathbb{E}}{r^2} - 5\,\frac{\mathbb{r}\circ\mathbb{r}\circ\mathbb{r}\circ\mathbb{r}}{r^4}\right] - 4\,\overset{\langle 4\rangle}{\mathbf{A}}\cdot\cdot\,\mathbb{r}\circ\frac{\mathbb{E}}{r^2}\circ\mathbb{r}\right\}\cdot\cdot\overset{\langle 4\rangle}{\mathbf{M}}/r^3\,, \tag{4.75g}$$

was bedeutet, daß der erste Anteil $\left(C_0\ \nabla\circ\overset{\langle 3\rangle}{\mathbb{J}}_0\right)$ von (4.75f) nur auf gemischte (symmetrische) Dipoltensoren "anspricht". So verbleibt für eine antimetrische Dipoldyade, die wegen

$$\mathbb{dl}_0\circ\mathbb{e} - \mathbb{e}\circ\mathbb{dl}_0 \equiv (\mathbb{e}\times\mathbb{dl}_0)\times\mathbb{E} = \lim_{\substack{dx\to 0\\ \mathbb{p}\to\infty}}(dx\,\mathbb{e}\times\mathbb{p})\times\mathbb{E} = \lim_{\substack{d\mathbf{x}\to 0\\ \mathbb{p}\to\infty}}(d\mathbf{x}\times\mathbb{p})\times\mathbb{E} \equiv \mathbb{m}\times\mathbb{E}$$

in Termen eines in $\mathbb{r} = 0$ singulär situierten Momentenvektors $(\mathbb{m})$ dargestellt werden kann, nach (4.75d,h) angesichts von $(\mathbb{E}\times\mathbb{m})^T = -\,\mathbb{E}\times\mathbb{m}$, also $\mathbb{E}\times\mathbb{m}\cdot\cdot\overset{\langle 4\rangle}{\mathbf{M}} = (\mathbb{E}\times\mathbb{m}+(\mathbb{E}\times\mathbb{m})^T)/2 = 0$ für das Spannungsfeld

$$\mathbb{S}(\mathbb{r};\mathbb{m}) = -\,\mathbb{m}\times\mathbb{E}\cdot\cdot C_1\left[-\,4\,\overset{\langle 4\rangle}{\mathbf{A}}\cdot\cdot\,\mathbb{r}\circ\frac{\mathbb{E}}{r^2}\circ\mathbb{r}\right]\cdot\cdot\overset{\langle 4\rangle}{\mathbf{M}}/r^3 =$$

$$= 2\,C_1\left[\mathbb{m}\times\mathbb{E} - (\mathbb{m}\times\mathbb{E})^T\right]\cdot\cdot\,\mathbb{r}\circ\mathbb{E}\circ\mathbb{r}\cdot\cdot\overset{\langle 4\rangle}{\mathbf{M}}/r^5 =$$

$$= 4\,C_1\,(\mathbb{m}\times\mathbb{E})\cdot\cdot\,\mathbb{r}\circ\mathbb{E}\circ\mathbb{r}\cdot\cdot\overset{\langle 4\rangle}{\mathbf{M}}/r^5 = 2\,C_1\,(\mathbb{m}\times\mathbb{r}\circ\mathbb{r} + \mathbb{r}\circ\mathbb{m}\times\mathbb{r})/r^5 =$$

$$\overset{(4.74b)}{=}\ -\,3\,(\mathbb{m}\times\mathbb{r}\circ\mathbb{r} + \mathbb{r}\circ\mathbb{m}\times\mathbb{r})/(8\pi r^5)$$

(vgl. (4.68d)).

Konsistent mit der Vorgehensweise, Dipol–Lösungen durch Differentiation von Monopol–Lösungen zu erzeugen, klingen Spannungsfelder infolge Einzelmomenten–Angriffs (um eine Potenz) stärker (nämlich mit $1/r^3$, vgl. (4.68e)) als Diejenigen infolge von Einzellastangriff (vgl. (4.66c,d)) ab. Die durch Differentiation von (4.68d,e) erhältlichen Spannungsfelder, die man als durch Einzelmomenten–Dipol–Versionen (sog. Bimomenten–Angriff) bzw. als (spezielle) Einzelkraft–Quadrupol–Versionen verursacht aufzufassen hat, zeigen ein $(1/r^4)$–Abklingverhalten usw.
Sieht man diese Sachverhalte unter dem Gesichtspunkt, daß die Einzelmomenten–Lösung die Effekte einer in $\mathbb{r} = 0$ situierten Kraft–Gleichgewichtsgruppe (Abb. 4.15b) beschreibt, eine Bimomentenlösung hingegen die Wirkung einer in $\mathbb{r} = 0$ installierten Kraft– und Momenten–Gleichgewichtsgruppe (Abb. 4.15c), so ergibt sich die Folgerung, daß Spannungsfelder um so stärker abklingen, je "gleichgewichtiger bereits in sich" die in $\mathbb{r} = 0$ situierten (dynamischen) Entitäten sind. Insofern bestätigt der "Multipol–Differentiations–Mechanismus" das "De Saint–Venantsche Prinzip"[137] für die klassische Elastizitätstheorie kleiner Verformungen in quantitativer Weise.

---

137) Wonach die dynamische Wirkung von Gleichgewichtsgruppen in hinreichender Entfernung von deren "Angriffsstelle" bedeutungslos wird.

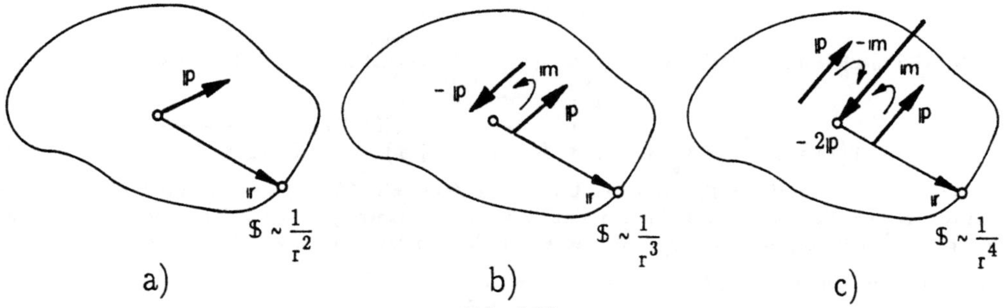

Abb. 4.15

4.6.2 Lösungsfelder in anisotropen Kontinua als Folge singulär in $\mathbf{r} = 0$ situierter Entitäten

werden anstelle von entsprechenden Isotropie-Analysen insbesondere in den Fällen homogener Anisotropie meist einfacher direkt unter Benutzung geeigneter Raumtransformationen zur Lösungsvereinfachung des jeweiligen Feldgleichungsproblems erschlossen [25], wozu hier beispielhaft der Fall der

4.6.2.1 stationären (homogen-)anisotropen Wärmeleitung,

referiert werden soll. Da hier mit dem symmetrischen Wärmeleittensor $\mathbf{\Lambda} = \mathbf{\Lambda}^T$ der Wärmeflußvektor $(\mathbf{q})$ mit dem Temperaturgradienten (∇T) im Sinne des Fourierschen Gesetzes in der Form

$$\mathbf{q} = -(\nabla T)\cdot\mathbf{\Lambda} = -\mathbf{\Lambda}\cdot\nabla T \tag{4.76a}$$

zusammenhängt, verlangt die Wärmemengenbilanz

$$\nabla\cdot\mathbf{q} = -\nabla\cdot\left[(\nabla T)\cdot\mathbf{\Lambda}\right] = 0 \quad \text{für } \mathbf{r} \neq 0\,, \tag{4.76b}$$

d. h. für alle Raumpunkte mit Ausnahme von $\mathbf{r} = 0$, wo eine Wärmemenge Q_0 [cal/sec] stationär eingespeist werden soll.

Unter Benutzung der (mit dem hier als räumlich konstant vorausgesetzten Wärmeleittensor $\mathbf{\Lambda}$ vorgenommenen) Raumtransformation

$$\mathbf{r}^* = \mathbf{r}\cdot\sqrt{\mathbf{\Lambda}}^{\,-1} \quad \text{mit } r^* = |\mathbf{r}^*| = \sqrt{\mathbf{r}\cdot\mathbf{\Lambda}^{-1}\cdot\mathbf{r}}\,, \quad \nabla r^* = \mathbf{r}\cdot\mathbf{\Lambda}^{-1}/r^*\,, \tag{4.77a-c}$$

läßt sich dann mit dem Ansatz $T(\mathbf{r}) = f(r^*)$ das Problem (4.76a,b) wegen

$$\mathbf{q} = -(\nabla T)\cdot\mathbf{\Lambda} = -\left[\frac{df}{dr^*}\frac{\mathbf{r}\cdot\mathbf{\Lambda}^{-1}}{r^*}\right]\cdot\mathbf{\Lambda} = -\frac{1}{r^*}\frac{df}{dr^*}\mathbf{r} \tag{4.77d}$$

durch die Feldgleichung — man beachte $\nabla\cdot\mathbf{r} = 3$ —

$$-\nabla\cdot\mathbf{q} \overset{(4.77d)}{=} \frac{d}{dr^*}\left[\frac{1}{r^*}\frac{df}{dr^*}\right](\nabla r^*)\cdot\mathbf{r} + \frac{3}{r^*}\frac{df}{dr^*} \overset{(4.77c)}{=} \frac{d}{dr^*}\left[\frac{1}{r^*}\frac{df}{dr^*}\right]\frac{\mathbf{r}\cdot\mathbf{\Lambda}^{-1}}{r^*}\cdot\mathbf{r} + \frac{3}{r^*}\frac{df}{dr^*} =$$

$$\overset{(4.77b)}{=} r^*\frac{d}{dr^*}\left[\frac{1}{r^*}\frac{df}{dr^*}\right] + \frac{3}{r^*}\frac{df}{dr^*} = \frac{df^2}{dr^{*2}} + \frac{2}{r^*}\frac{df}{dr^*} \equiv \frac{1}{r^{*2}}\frac{d}{dr^*}\left[r^{*2}\frac{df}{dr^*}\right] = 0 \quad \text{für } \mathbf{r} \neq 0 \tag{4.77e}$$

beschreiben, die mit einer Konstanten (C) durch

$$f(r^*) = T_\infty + C/r^* \tag{4.78a}$$

gelöst wird, nachdem man noch sogleich $\lim_{r^* \to \infty} f(r^*) = T_\infty$ gesetzt hat. So erhält man vorerst

$$T(\mathbb{r}) = f(r^*) = T_\infty + C/\sqrt{\mathbb{r}\cdot\mathbb{\Lambda}^{-1}\cdot\mathbb{r}}\,, \quad \mathbb{q}(\mathbb{r}) \overset{(4.77d)}{=} C\mathbb{r}/\sqrt{\mathbb{r}\cdot\mathbb{\Lambda}^{-1}\cdot\mathbb{r}}^{\,3} \tag{4.78b}$$

für Temperatur– und Wärmeflußvektorfeld bis auf eine Konstante (C)[138], die man mittels der Forderung festlegt, daß der Wärmemengenabfluß längs den Koordinatenursprung ($\mathbb{r} = 0$) einhüllender geschlossener Flächen (f) der Ergiebigkeit Q_0 entsprechen muß. Benutzt man etwa den Koordinatenursprung umschließende Kugelflächen (Radius r), so ist C mit $\mathbb{e}_r = \mathbb{r}/r$ aus

$$\int_{(f_K)} \mathbb{e}_r\cdot\mathbb{q}\, df_K \overset{(4.78b)}{=} C \int_{(f_K)} \frac{df_K/r^2}{\sqrt{\mathbb{e}_r\cdot\mathbb{\Lambda}^{-1}\cdot\mathbb{e}_r}^{\,3}} = Q_0$$

zu erschließen bzw. aus

$$2\int_{\vartheta=0}^{\pi/2}\int_{\varphi=0}^{2\pi} \frac{\sin\vartheta\, d\vartheta\, d\varphi}{\left[\left(\frac{\cos^2\varphi}{\lambda^*_{11}} + \frac{\sin^2\varphi}{\lambda^*_{22}}\right)\sin^2\vartheta + \frac{1}{\lambda^*_{33}}\cos^2\vartheta\right]^{3/2}} = Q_0/C\,, \tag{4.78c}$$

nachdem man an den Hauptrichtungen $\mathbb{e}_{\lambda j}$, j = 1,...,3 orientierte Kugel–Flächenkoordinaten (φ,ϑ) mit

$$\mathbb{r} \mathrel{\hat{=}} r\{\sin\vartheta\cos\varphi;\ \sin\vartheta\sin\varphi;\ \cos\vartheta\}_{\langle\mathbb{e}_{\lambda j}\rangle}\,,$$

d.h.

$$\mathbb{e}_r \mathrel{\hat{=}} \{\sin\vartheta\cos\varphi;\ \sin\vartheta\sin\varphi;\ \cos\vartheta\}_{\langle\mathbb{e}_{\lambda j}\rangle}$$

sowie die Hauptachsendarstellung

$$\mathbb{\Lambda}^{-1} = \sum_{j=1}^{3}(1/\lambda^*_{jj})\,\mathbb{e}_{\lambda j}\circ\mathbb{e}_{\lambda j} \mathrel{\hat{=}} \begin{pmatrix} 1/\lambda^*_{11} & & \\ & 1/\lambda^*_{22} & \\ & & 1/\lambda^*_{33}\end{pmatrix}_{\langle\mathbb{e}_{\lambda j}\rangle}$$

des Wärmeleittensors eingeführt hat. Da man das Integral

$$J_\vartheta = 2\int_{\vartheta=0}^{\pi/2} \frac{\sin\vartheta\, d\vartheta}{\left[\left(\frac{\cos^2\varphi}{\lambda^*_{11}} + \frac{\sin^2\varphi}{\lambda^*_{22}}\right)\sin^2\vartheta + \frac{1}{\lambda^*_{33}}\cos^2\vartheta\right]^{3/2}} = 2\int_{\vartheta=0}^{\pi/2}\frac{\sin\vartheta\, d\vartheta}{\left[A + B\cos^2\vartheta\right]^{3/2}}$$

mit

$$A = \frac{\cos^2\varphi}{\lambda^*_{11}} + \frac{\sin^2\varphi}{\lambda^*_{22}}\,, \quad B = \frac{1}{\lambda^*_{33}} - \left[\frac{\cos^2\varphi}{\lambda^*_{11}} + \frac{\sin^2\varphi}{\lambda^*_{22}}\right] \tag{4.78d,e}$$

unter Benutzung der Substitution

$$A + B\cos^2\vartheta = 1/v\,, \quad 2B\sin\vartheta\cos\vartheta\, d\vartheta = dv/v^2 \tag{4.78f,g}$$

---

138) Während danach aus $T(\mathbb{r}) - T_\infty = T_0$ für Isothermen–Flächen $\mathbb{r}\cdot\mathbb{\Lambda}^{-1}\cdot\mathbb{r} = (T_0/C)^2 = \text{const.}$, d. h. "konzentrische Ellipsoide" mit nach den Hauptrichtungen von $\mathbb{\Lambda}$ orientierten Hauptachsen (mit Längenverhältnissen $a/b/c = \sqrt{\lambda^*_{11}}/\sqrt{\lambda^*_{22}}/\sqrt{\lambda^*_{33}}$) identifiziert werden, ergibt sich für den Wärmefluß, wie im isotropen Falle, ein "Radialfeld", allerdings mit richtungsabhängigen Beträgen.

und daher $$2\sin\vartheta\, d\vartheta = \frac{1}{B}\frac{dv}{v^2\cos\vartheta} \overset{(4.78f)}{=} \frac{1}{\sqrt{B}}\frac{dv/v}{\sqrt{v-Av^2}}$$

schließlich als $$J_\vartheta = \int\limits_{v=1/(A+B)}^{1/A} \frac{dv}{\sqrt{B}\sqrt{v-Av^2}} = -\frac{2}{A\sqrt{B}}\left[\sqrt{1-Av}\right]_{1/(A+B)}^{1/A} = \frac{2}{A\sqrt{A+B}} =$$

$$\overset{(4.78\,d,e)}{=} 2\sqrt{\lambda^*_{33}}\left[\frac{\cos^2\varphi}{\lambda^*_{11}} + \frac{\sin^2\varphi}{\lambda^*_{22}}\right]^{-1}$$

feststellt, folgt C aus

$$\frac{Q_0}{C} = 2\sqrt{\lambda^*_{33}} \int\limits_{\varphi=0}^{2\pi}\left(\frac{\cos^2\varphi}{\lambda^*_{11}} + \frac{\sin^2\varphi}{\lambda^*_{22}}\right)^{-1} d\varphi = 8\sqrt{\lambda^*_{33}} \int\limits_{\varphi=0}^{\pi/2}\left(\frac{\cos^2\varphi}{\lambda^*_{11}} + \frac{\sin^2\varphi}{\lambda^*_{22}}\right)^{-1} d\varphi =$$

$$=^{139)}\ 8\sqrt{\lambda^*_{33}} \int\limits_{2\varphi=0}^{\pi/4}\left[\frac{1}{\lambda^*_{11}} + \frac{1}{\lambda^*_{22}} + \left(\frac{1}{\lambda^*_{11}} - \frac{1}{\lambda^*_{22}}\right)\cos 2\varphi\right]^{-1} d(2\varphi) =$$

$$=^{140)}\ 8\sqrt{\lambda^*_{11}\lambda^*_{22}\lambda^*_{33}}\left[\operatorname{arctg}\left[\sqrt{\frac{\lambda^*_{11}}{\lambda^*_{22}}}\operatorname{tg}\varphi\right]\right]_0^{\pi/2} = 4\pi\sqrt{\lambda^*_{11}\lambda^*_{22}\lambda^*_{33}} \equiv 4\pi\sqrt{(\mathbb{\Lambda})_3}$$

schließlich als

$$C = \frac{Q_0}{4\pi\sqrt{\lambda^*_{11}\lambda^*_{22}\lambda^*_{33}}} = \frac{Q_0}{4\pi\sqrt{(\mathbb{\Lambda})_3}} \equiv \frac{Q_0\sqrt{(\mathbb{\Lambda}^{-1})_3}}{4\pi}$$

und damit endgültig als Lösung für Temperatur– und Wärmeflußvektorfeld mit z. B.

$$\mathbb{r} = \sum_{j=1}^{3} x_j\, \mathbb{e}_{\lambda j}$$

$$T(\mathbb{r}) - T_\infty = \frac{Q_0}{4\pi}\frac{\sqrt{(\mathbb{\Lambda}^{-1})_3}}{\sqrt{\mathbb{r}\cdot\mathbb{\Lambda}^{-1}\cdot\mathbb{r}}} = \frac{Q_0}{4\pi\sqrt{\lambda^*_{11}\lambda^*_{22}\lambda^*_{33}}}\frac{1}{\sqrt{\frac{x_1^2}{\lambda^*_{11}} + \frac{x_2^2}{\lambda^*_{22}} + \frac{x_3^2}{\lambda^*_{33}}}}, \tag{4.79a}$$

$$\mathbb{q}(\mathbb{r}) = \frac{Q_0}{4\pi}\frac{(\mathbb{\Lambda}^{-1})_3\ \mathbb{r}}{\sqrt{\mathbb{r}\cdot\mathbb{\Lambda}^{-1}\cdot\mathbb{r}}^{\,3}} = \frac{Q_0}{4\pi\sqrt{\lambda^*_{11}\lambda^*_{22}\lambda^*_{33}}}\frac{\{x_1;x_2;x_3\}}{\sqrt{\frac{x_1^2}{\lambda^*_{11}} + \frac{x_2^2}{\lambda^*_{22}} + \frac{x_3^2}{\lambda^*_{33}}}^{\,3}}, \langle\mathbb{e}_{\lambda j}\rangle \tag{4.79b}$$

---

139) Man benutze $\cos^2\varphi = (1+\cos 2\varphi)/2$, $\sin^2\varphi = (1-\cos 2\varphi)/2$

140) Man benutze etwa nach [26] IV,D,e,Formel 30

$$\int \frac{dx}{a+b\cos x} = \frac{2}{\sqrt{a^2-b^2}}\operatorname{arctg}\left[\sqrt{\frac{a-b}{a+b}}\operatorname{tg}\frac{x}{2}\right] + \text{konst.}$$

mit dem darin mit $\overset{*}{\lambda}_{11} = \overset{*}{\lambda}_{22} = \overset{*}{\lambda}_{33} = \lambda$, d. h. $\mathbb{\Lambda} = \lambda\, \mathbb{E}$ enthaltenen isotropen Fall

$$T(\mathbb{r}) = Q_0/(4\pi\lambda r), \qquad \mathbb{q}(\mathbb{r}) = Q_0\mathbb{r}/(4\pi r^3) \tag{4.79c,d}$$

(vgl. (4.61c)). Selbstverständlich sind die Lösungen (4.79a,b) in den Darstellungssätzen einer — hinsichtlich Q_0 linearen — isotropen skalarwertigen bzw. vektorwertigen Funktion der Argumente $\mathbb{\Lambda}$ und $\mathbb{r}$ enthalten, die mit skalarwertigen Funktionen g_j, j = 0,...,3, der sieben skalarwertigen Invarianten

$(\mathbb{\Lambda})_1$, $(\mathbb{\Lambda})_2$, $(\mathbb{\Lambda})_3$, $\mathbb{r}^2$, $\mathbb{r}\cdot\mathbb{\Lambda}\cdot\mathbb{r}$, $\mathbb{r}\cdot\mathbb{\Lambda}^2\cdot\mathbb{r}$

$$T(\mathbb{r}) = Q_0\, g_0 \equiv Q_0 \overset{<0>}{\mathbb{J}}(\mathbb{r},\mathbb{\Lambda}), \quad \mathbb{q}(\mathbb{r}) = g_1\mathbb{r} + g_2\mathbb{r}\cdot\mathbb{\Lambda} + g_3\mathbb{r}\cdot\mathbb{\Lambda}^2 \equiv Q_0 \overset{<1>}{\mathbb{J}}(\mathbb{r},\mathbb{\Lambda}) \tag{4.79e,f}$$

lauten, jedoch wären aus (4.79e,f) (unter Benutzung der Feldgleichung (4.76b)) die Lösungen (4.79a,b) schwerlich herauszuspezialisieren.
Die Raumtransformation (4.77a), d.h.

$$d\mathbb{r}^* = \left\{dx_1^*, dx_2^*, dx_3^*\right\}_{\langle \mathbb{e}_{\lambda j}\rangle} = d\mathbb{r}\cdot\sqrt{\mathbb{\Lambda}}^{-1} = \left\{\frac{dx_1}{\sqrt{\overset{*}{\lambda}_{11}}}, \frac{dx_2}{\sqrt{\overset{*}{\lambda}_{22}}}, \frac{dx_3}{\sqrt{\overset{*}{\lambda}_{33}}}\right\}_{\langle \mathbb{e}_{\lambda j}\rangle} \tag{4.80a}$$

und damit die aus

$$dT \equiv d\mathbb{r}\cdot\nabla T(\mathbb{r}) = d\mathbb{r}^*\cdot\nabla^* T^*(\mathbb{r}^*) = d\mathbb{r}\cdot\sqrt{\mathbb{\Lambda}^{-1}}\cdot\nabla^* T^*$$

erhältliche Transformationsvorschrift

$$\nabla = \sqrt{\mathbb{\Lambda}}^{-1}\cdot\nabla^* \tag{4.80b}$$

ist übrigens generell das geeignete Mittel, um die Feldgleichung

$$\nabla\cdot\mathbb{q} = -\,\nabla\cdot\left[(\nabla T)\cdot\mathbb{\Lambda}\right] = Q \tag{4.80c}$$

der stationären Wärmeleitung unter auf Volumen— und Zeiteinheit bezogener kalorischer Einspeisung (Q) auf eine einfacher handhabbare Feldgleichung zu reduzieren, weil wegen

$$\nabla\cdot\left[(\nabla T)\cdot\mathbb{\Lambda}\right] = \left[\sqrt{\mathbb{\Lambda}}^{-1}\cdot\nabla^*\right]\cdot\left[(\nabla^* T^*)\cdot\sqrt{\mathbb{\Lambda}}^{-1}\cdot\mathbb{\Lambda}\right] = \left[\sqrt{\mathbb{\Lambda}}^{-1}\cdot\nabla^*\right]\cdot\left[\nabla^* T^*\cdot\sqrt{\mathbb{\Lambda}}\,\right] =$$
$$= \left[\nabla^* T^*\cdot\sqrt{\mathbb{\Lambda}}\,\right]\cdot\left[\sqrt{\mathbb{\Lambda}}^{-1}\cdot\nabla^*\right] = (\nabla^* T^*)\cdot\nabla^* = \Delta^* T$$

die in die Koordinaten $\overset{*}{x}_j = x_j/\sqrt{\lambda_{jj}}$, j = 1,...,3 transformierte Version der Gleichung (4.80c)

$$\Delta^* T^* = -\,Q \tag{4.80d}$$

lautet. Allerdings ist dieser "Gewinn an Einfachheit" nur dann von entscheidender Bedeutung, wenn sich das zugehörige Randwertproblem auf Randflächen bezieht, die sich in Termen der Koordinaten $(\overset{*}{x}_1, \overset{*}{x}_2, \overset{*}{x}_3)$ einfach darstellen lassen. Für die singuläre Lösung (4.79a,b) im unendlichen Kontinuum freilich waren Randwertfragen (bis auf die Forderung $T = T_\infty$ für $r \to \infty$) ohne Bedeutung.
Betr. das Problem der singulären Lösungen in der Elastizitätstheorie vgl. [63].

4.7 Greensche Funktionen[141]

Ist das Lösungsfeld $\overset{<p>}{\mathbb{Y}}_{\mathbb{r}'}(\mathbb{r})$ einer Feldgröße $\overset{<p>}{\mathbb{Y}}$ als Folge einer in $\mathbb{r}'$ singulär situierten (und daselbst auf die Volumeneinheit (dV' = 1) bezogenen) Entität $\overset{<q>}{\mathbb{X}}(\mathbb{r}')$ in Form einer linearen Abbildung im Sinne von

141) in der Baustatik auch als "Einflußfunktionen" bezeichnet.

$$\overset{\langle p\rangle}{\mathbb{Y}}_{\mathbb{r}'}(\mathbb{r}) = \overset{\langle p+q\rangle}{\mathbb{G}}(\mathbb{r};\mathbb{r}') \underbrace{\cdots\cdots}_{(q)} \overset{\langle q\rangle}{\mathbb{X}}(\mathbb{r}') \tag{4.81a}$$

darzustellen, so bezeichnet man $\overset{\langle p+q\rangle}{\mathbb{G}}(\mathbb{r};\mathbb{r}')$ als Greensche Funktion, mit der man dann für das Lösungsfeld $\overset{\langle p\rangle}{\mathbb{Y}}(\mathbb{r})$ als Folge einer volumenverteilten Belegung ($\overset{\langle q\rangle}{\mathbb{X}}(\mathbb{r}')dV'$) des Definitionsbereiches (B) im Sinne des Superpositionsprinzips die Darstellung

$$\overset{\langle p\rangle}{\mathbb{Y}}(\mathbb{r}) = \int_{(B)} \overset{\langle p+q\rangle}{\mathbb{G}}(\mathbb{r};\mathbb{r}') \underbrace{\cdots\cdots}_{(q)} \overset{\langle q\rangle}{\mathbb{X}}(\mathbb{r}')dV' \tag{4.81b}$$

erreichen kann. Soll $\overset{\langle p\rangle}{\mathbb{Y}}(\mathbb{r})$ Lösung einer linearen Feldgleichung 2ν-ter Ordnung von der Form

$$\mathbb{V}\cdot\left[\overset{\langle q+p+1\rangle}{\mathbb{L}}_{2\nu-1} \underbrace{\cdots\cdots}_{(p)} \overset{\langle p\rangle}{\mathbb{Y}}(\mathbb{r})\right] =^{142)} \overset{\langle q\rangle}{\mathbb{X}}(\mathbb{r}) \tag{4.81c}$$

zuzüglich einer längs der Ränder $f_j(B)$, $j = 1,\ldots,n_B$ vorgelegten und sich auf $\overset{\langle p\rangle}{\mathbb{Y}}$ sowie ggfs. deren Normalableitungen bis zur $(2\nu-1)$-ten Ordnung beziehenden Randwertaufgabe sein, dann ist $\overset{\langle q+p\rangle}{\mathbb{G}}$ Lösung des Problems

$$\mathbb{V}\cdot\left[\overset{\langle q+p+1\rangle}{\mathbb{L}}_{2\nu-1} \underbrace{\cdots\cdots}_{(p)} \overset{\langle q+p\rangle}{\mathbb{G}}(\mathbb{r};\mathbb{r}')\right] = 0 \quad \text{für } \mathbb{r} \neq \mathbb{r}' \tag{4.81d}$$

unter der Bedingung

$$\lim_{\Delta V(\mathbb{r}')\to 0} \left\{ \int_{\Delta f(\Delta V(\mathbb{r}'))} \mathbb{n}\cdot \overset{\langle q+p+1\rangle}{\mathbb{L}}_{2\nu-1} \underbrace{\cdots\cdots}_{(p)} \overset{\langle q+p\rangle}{\mathbb{G}}(\mathbb{r};\mathbb{r}')\, df \right\} = \overset{\langle 2q\rangle}{\mathbb{E}} \tag{4.81e}$$

für dieselbe Randwertaufgabe, die für $\overset{\langle p\rangle}{\mathbb{Y}}$ vorgesehen war.

Mit (4.81e) soll dabei die Vorgehensweise angedeutet werden, zunächst an einem

---

142) Hierin bedeutet $\overset{\langle q+p+1\rangle}{\mathbb{L}}$ einen $(q+p+1)$–stufigen linearen Differentialoperator $(2\nu-1)$ster, also ungradzahliger Stufe, in dem hier sogleich in Betracht gezogen werden soll, daß physikalisch sinnvolle Feldgleichungen für den Fall $p = q$ (abgesehen von Spezialfällen, die im Zusammenhang mit Vorab–Integrationsmöglichkeiten durchaus existieren können) grundsätzlich von gradzahliger Ordnung sein müssen entsprechend der Überlegung, daß in einer Feldtheorie stets solcherart Fälle implementiert sein müssen, wo zwei gegenüberliegende Ränder (etwa $x_1 = 0, x_1 = a$) "gleichartig" sind und daher mit der gleichen Anzahl von ($\overset{\langle p\rangle}{\mathbb{Y}} = \overset{\langle q\rangle}{\mathbb{Y}}$ betreffende) Randbedingungen ausgerüstet sein müssen, weswegen diesbezügliche Lösungen stets gradzahlige Anzahlen von Freiheiten aufweisen müssen, die eben nur im Zusammenhang mit der Lösung von Feldgleichungen gradzahliger Ordnung anfallen können.
Selbstverständlich ist das Problem (4.81c) bzw. (4.81d,e) nur vollständig beschrieben für den Fall $p = q$. Im Falle $p \neq q$ etwa $p > q$, — man denke etwa an die Bedingung $\mathbb{V}\cdot\mathbb{S} = -\rho\mathbb{k}$ für das Gleichgewicht am Massenelement — benötigt man weitere Feldgleichungen — etwa aus Kompatibilitätsbedingungen analog (4.63e) herrührende Aussagen — die erst das Problem "vereindeutigen". Solcherart Zusatzgleichungen benötigt man dann selbstverständlich ebenfalls für die Festlegung der jeweiligen Greenschen Funktionen.

Volumenelement $\Delta V(\mathbf{r}')$ – mit Konvergenzpunkt $\mathbf{r}'$ – nach Abb. 4.16 die Operation

$$\int\limits_{\Delta f(\Delta V(\mathbf{r}'))} \mathbf{n}\cdot \overset{\langle q+q+1\rangle}{\mathbb{L}}_{2\nu-1} \underbrace{\cdots\cdots}_{(p)} \overset{\langle q+p\rangle}{\mathbb{G}}(\mathbf{r};\mathbf{r}')\,df$$

zu vollziehen und hernach die Grenzwertbildung $\Delta V(\mathbf{r}') \to 0$ durchzuführen.
Daß (4.81c) in der Tat mit (4.81d,e) gelöst wird, verifiziert man leicht durch Einsetzen von (4.81b) in (4.81c), da zunächst wegen (4.81d)

$$\overset{\langle q\rangle}{\mathbb{X}}(\mathbf{r}) \overset{(4.81\,c,b)}{=} \nabla\cdot\left\{\overset{\langle q+q+1\rangle}{\mathbb{L}}_{2\nu-1} \underbrace{\cdots\cdots}_{(p)} \int\limits_{(B)} \overset{\langle q+p\rangle}{\mathbb{G}}(\mathbf{r};\mathbf{r}') \underbrace{\cdots\cdots}_{(q)} \overset{\langle q\rangle}{\mathbb{X}}(\mathbf{r}')\,dV'\right\} \equiv$$

$$\equiv \int\limits_{(B)}\left\{\nabla\cdot\left[\overset{\langle q+q+1\rangle}{\mathbb{L}}_{2\nu-1} \underbrace{\cdots\cdots}_{(p)} \int\limits_{(B)} \overset{\langle q+p\rangle}{\mathbb{G}}(\mathbf{r};\mathbf{r}') \underbrace{\cdots\cdots}_{(q)} \overset{\langle q\rangle}{\mathbb{X}}(\mathbf{r}')\right]\right\} dV' \xrightarrow{(4.81d)}$$

$$\longrightarrow \int\limits_{(B)\to\Delta V(\mathbf{r}')\to 0} \left\{\nabla\cdot\left[\overset{\langle q+q+1\rangle}{\mathbb{L}}_{2\nu-1} \underbrace{\cdots\cdots}_{(p)} \int\limits_{(B)} \overset{\langle q+p\rangle}{\mathbb{G}}(\mathbf{r};\mathbf{r}') \underbrace{\cdots\cdots}_{(q)} \overset{\langle q\rangle}{\mathbb{X}}(\mathbf{r}')\right]\right\} dV' \equiv$$

$$\equiv \left\{\int\limits_{(B)\to\Delta V(\mathbf{r}')\to 0} \left\{\nabla\cdot\left[\overset{\langle q+q+1\rangle}{\mathbb{L}}_{2\nu-1} \underbrace{\cdots\cdots}_{(p)} \int\limits_{(B)} \overset{\langle q+p\rangle}{\mathbb{G}}(\mathbf{r};\mathbf{r}')\right] dV\right\} \underbrace{\cdots\cdots}_{(q)} \left\{\overset{\langle q\rangle}{\mathbb{X}}(\mathbf{r}')\right\}_{\mathbf{r}'=\mathbf{r}}$$

und desweiteren schließlich nach Anwendung des Gaußschen Satzes auf den ersten Faktor

$$\overset{\langle q\rangle}{\mathbb{X}}(\mathbf{r}) = \left[\lim_{\Delta V(\mathbf{r}')\to 0} \int\limits_{\Delta f(\Delta V(\mathbf{r}'))} \mathbf{n}\cdot \overset{\langle q+q+1\rangle}{\mathbb{L}}_{2\nu-1} \underbrace{\cdots\cdots}_{(p)} \int\limits_{(B)} \overset{\langle q+p\rangle}{\mathbb{G}}(\mathbf{r};\mathbf{r}')\,df\right] \underbrace{\cdots\cdots}_{(q)} \left\{\overset{\langle q\rangle}{\mathbb{X}}(\mathbf{r}')\right\}_{\mathbf{r}'=\mathbf{r}}$$

erreicht wird, was dann schließlich mit (4.81e) zur Identität

$$\overset{\langle q\rangle}{\mathbb{X}}(\mathbf{r}) = \overset{\langle 2q\rangle}{\mathbb{E}} \underbrace{\cdots\cdots}_{(q)} \overset{\langle q\rangle}{\mathbb{X}} \equiv \overset{\langle q\rangle}{\mathbb{X}}(\mathbf{r}) \text{ degeneriert.}$$

Offensichtlich müssen Lösungen, die (4.81e) zu befriedigen erlauben, für $\mathbf{r}\to\mathbf{r}'$ mit $1/(\mathbf{r}-\mathbf{r}')^2$ singulär werden, damit wegen $df \sim (\mathbf{r}-\mathbf{r}')^2$ überhaupt die Chance besteht, als Ergebnis der nach (4.81e) geforderten Prozedur eine Konstante ($\overset{\langle 2q\rangle}{\mathbb{E}}$) erreichen zu können; wobei in $\overset{\langle q+p\rangle}{\mathbb{G}}(\mathbf{r};\mathbf{r}')$ in der Regel noch durchaus für $\mathbf{r}=\mathbf{r}'$ reguläre Rotorpotential–Anteile von der Qualität

$$\overset{\langle q+q+1\rangle}{\mathbb{L}}_{2\nu-1} \underbrace{\cdots\cdots}_{(p)} \overset{\langle q+p\rangle}{\mathbb{G}}(\mathbf{r};\mathbf{r}') = \nabla\times \overset{\langle 2q+1\rangle}{\mathbb{B}}(\mathbf{r};\mathbf{r}') \tag{4.82a}$$

enthalten sein können, die im Sinne von

$$\nabla\cdot(\nabla\times \overset{\langle 2q+1\rangle}{\mathbb{B}}) = 0 \quad \text{bzw.} \quad \oint\!\!\!\oint\limits_{(f)} \mathbf{n}\cdot(\nabla\times \overset{\langle 2q+1\rangle}{\mathbb{B}})\,df = 0 \tag{4.82b,c}$$

grundsätzlich aufkommensneutral sind. Und Rotorpotential–Lösungsanteile benötigt man denn auch in der Tat, wenn man z. B. für die jeweiligen singulären Lösungsanteile von $\overset{\langle q+p\rangle}{\mathbb{G}}(\mathbf{r};\mathbf{r}')$ die Konstruktionsvorschriften nach § 4.6 für singuläre Lösungen im unendlichen Kontinuum (B_∞) benutzen kann[143], weil Letztere im allgemeinen die jeweils für einen realen Bereich (B)

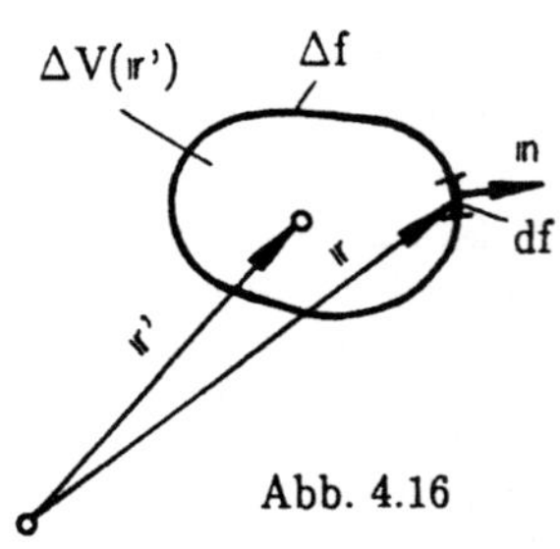

Abb. 4.16

[143] wobei man in den Lösungen nach §4.6 das Argument $\mathbf{r}$ durch $\mathbf{r}-\mathbf{r}'$ zu ersetzen hat.

vorgeschriebenen Randbedingungen nicht befriedigen und daher Rotorpotentiale diese Aufgabe übernehmen müssen. Nur im Falle des unendlichen Kontinuums (B_∞) können nach § 4.6 konstruierte singuläre Lösungen Greensche Funktionen eines Problems sein, sofern den Randbedingungen des Problems im Unendlichen bereits mit den singulären Lösungen entsprochen werden kann.[144] Ist hingegen etwa die Greensche Funktion $\overset{<0>}{\mathbb{G}}_T(\mathbb{r};\mathbb{r}')$ als Folge einer Einspeisung $Q(\mathbb{r})$ für einen endlichen Bereich (B), z. B. für eine Kugel (Radius a), mit vorgegebener Oberflächentemperatur $T(\mathbb{r} = a\mathbb{e}_r) = T_a$ zu bestimmen, d.h. diejenige Funktion, die das Problem

$$\nabla\cdot(\nabla T\cdot\mathbb{\Lambda}) = -\,Q(\mathbb{r}) \text{ in } (B) \quad \text{mit} \quad T(\mathbb{r} = a\mathbb{e}_r) = T_a$$

in der Form

$$T(\mathbb{r}) = \int_{(B)} Q(\mathbb{r}')\,\overset{<0>}{\mathbb{G}}(\mathbb{r}-\mathbb{r}')\,dV'$$

---

[144] So ist etwa im Sinne von (4.79a,b)

$$T(\mathbb{r}) - T_\infty = \frac{\sqrt{(\mathbb{\Lambda}^{-1})_3}}{4\pi}\int_{(B_\infty)} \frac{Q(\mathbb{r}')\;dV'}{\sqrt{(\mathbb{r}-\mathbb{r}')\cdot\mathbb{\Lambda}^{-1}\cdot(\mathbb{r}-\mathbb{r}')}} \equiv \int_{(B_\infty)} Q(\mathbb{r}')\,\overset{<0>}{\mathbb{G}}_{T_\infty}(\mathbb{r},\mathbb{r}')\,dV' \tag{4.83a}$$

Lösung der Feldgleichung (4.80c) mit der Greenschen Funktion

$$\overset{<0>}{\mathbb{G}}_{T_\infty}(\mathbb{r};\mathbb{r}') = \overset{<0>}{\mathbb{G}}_{T_\infty}(\mathbb{r}-\mathbb{r}') = \sqrt{(\mathbb{\Lambda}^{-1})_3}\,/(4\pi\sqrt{(\mathbb{r}-\mathbb{r}')\cdot\mathbb{\Lambda}^{-1}\cdot(\mathbb{r}-\mathbb{r}')}\,) \tag{4.83b}$$

für ein (durch Einspeisungen $Q(\mathbb{r})$ verursachtes) Temperaturfeld, das im Unendlichen den Wert T_∞ annehmen soll. Allerdings ist es selbstverständlich die entsprechend

$$\mathbb{q} \overset{(4.77d)}{=} -\nabla T\cdot\mathbb{\Lambda} \overset{(4.83a)}{=} \frac{\sqrt{(\mathbb{\Lambda}^{-1})_3}}{4\pi}\int_{(B_\infty)} \frac{Q(\mathbb{r}')(\mathbb{r}-\mathbb{r}')dV'}{\sqrt{(\mathbb{r}-\mathbb{r}')\cdot\mathbb{\Lambda}^{-1}\cdot(\mathbb{r}-\mathbb{r}')}^{\,3}} \equiv$$

$$\equiv \int_{(B_\infty)} Q(\mathbb{r}')\,\overset{<1>}{\mathbb{G}}(\mathbb{r};\mathbb{r}')\,dV \qquad \text{durch}$$

$$\overset{<1>}{\mathbb{G}}(\mathbb{r};\mathbb{r}') = \overset{<1>}{\mathbb{G}}(\mathbb{r}-\mathbb{r}') = \frac{\sqrt{(\mathbb{\Lambda}^{-1})_3}}{4\pi}\int_{(B_\infty)} \frac{\mathbb{r}-\mathbb{r}'}{\sqrt{(\mathbb{r}-\mathbb{r}')\cdot\mathbb{\Lambda}^{-1}\cdot(\mathbb{r}-\mathbb{r}')}^{\,3}}$$

definierte Greensche Funktion für den Wärmeflußvektor $(\mathbb{q})$, die mit q = 0, p = 1 und $\overset{<q+p+1>}{\mathbb{L}} = \mathbb{E}$ die Bilanzgleichungen (4.81d,e), d. h.

$$\nabla\cdot\overset{<1>}{\mathbb{G}} = 0 \text{ für } \mathbb{r}\neq\mathbb{r}' \text{ und } \lim_{\Delta V(\mathbb{r}')\to 0}\left\{\int_{\Delta f(\Delta V(\mathbb{r}'))} \mathbb{n}\cdot\overset{<1>}{\mathbb{G}}(\mathbb{r};\mathbb{r}')\,df\right\} = 1$$

erfüllt.

löst, so ist

$$\overset{\langle 0\rangle}{\mathbb{G}}_{T}(\mathbb{r};\mathbb{r}') = \overset{\langle 0\rangle}{\mathbb{G}}_{T_\infty}(\mathbb{r};\mathbb{r}') + \overset{\langle 0\rangle}{\mathbb{G}}_{T_h}(\mathbb{r};\mathbb{r}') \overset{(4.84b)}{=} \overset{\langle 0\rangle}{\mathbb{G}}_{T_\infty}(\mathbb{r}-\mathbb{r}') + \overset{\langle 0\rangle}{\mathbb{G}}_{T_h}(\mathbb{r}-\mathbb{r}'),$$

worin $\overset{\langle 0\rangle}{\mathbb{G}}_{T_h}(\mathbb{r};\mathbb{r}')$ eine (etwa mit Produktansätzen realisierbare) überall reguläre (Rotor–Potential–)Lösung der homogenen Feldgleichung

$$\nabla\cdot(\nabla\cdot \overset{\langle 0\rangle}{\mathbb{G}}_{T_h}\cdot\mathbb{\Lambda}) = 0$$

bedeutet, die den Randbedingungen

$$\overset{\langle 0\rangle}{\mathbb{G}}_{T_h}(a\mathbb{e}_r;\mathbb{r}') = T_a - \overset{\langle 0\rangle}{\mathbb{G}}_{T_\infty}(a\mathbb{e}_r-\mathbb{r}')$$

angepaßt werden muß.

Greensche Funktionen haben insbesondere in der Baustatik (als sog. Einflußlinien bzw. Einflußflächen bei Stab– bzw. bei Flächentragwerken) erhebliche Bedeutung, weil sie dort zu vhm. raschen Abschätzungsmöglichkeiten betr. die Wirkungen von "ungünstigen Laststellungen" an solcherart Tragwerken führen, die veränderlichen Verkehrslasten (sog. "Wanderlasten") ausgesetzt sind. So existiert denn auch insbesondere betr. die Einflußflächen an Platten umfangreiches numerisches Material [55]. Dessen Erzeugung läßt sich übrigens wesentlich vereinfachen unter Benutzung des sog. "Maxwellschen Reziprozitätsgesetzes" [16], [27], womit die Einflußlinie (etwa für die Platten–Durchbiegung $w(\mathbb{r}_{(2)};\mathbb{r}'_{(2)})$ an einer (festen) Stelle $\mathbb{r}_{(2)}$ als Folge einer in $\mathbb{r}'_{(2)}$ (variabel) situierten (plattennormalen) Einheitskraft $P = 1$ gedeutet werden kann als die (mit $\mathbb{r}'_{(2)}$ variable) Platten–Biegefläche als Folge einer in $\mathbb{r}_{(2)}$ fest situierten Einheitskraft. Weiteres entnehme man der Spezialliteratur [56], [57].

II Analytische Grundlagen für das Rechnen auf gekrümmten Flächen

§5 Allgemeine Hinweise zur Flächengeometrie

5.1 Lokalbasen, Linien- und Flächenelemente

Den einfachsten Zugang zu den betreffenden Formalien verschafft man sich, indem man Flächen als in den dreidimensionalen euklidischen Raum eingebettete zweidimensionale Mannigfaltigkeiten auffaßt, also Flächenpunkte (P) kennzeichnet durch zwei skalare Parameter q^j, j = 1,2, die den jeweiligen vom Koordinatenursprung (0) zum Flächenpunkte P weisenden Ortsvektor $\hat{\mathbb{r}}_{0\to P}$ in der Form

$$\hat{\mathbb{r}}_{0\to P} = \mathbb{r}(q^1,q^2) \tag{5.1}$$

festlegen, und die in §§ 2, 3 erarbeiteten Befunde, soweit möglich, auf den Fall zweier Koordinaten zu spezialisieren sucht.

Zu übernehmen sind die Notationen für zwei (in die jeweilige Tangentialfläche $\mathcal{V}_2(P)$ fallende) Tangentenvektoren

$$\mathfrak{g}_j = \partial\mathbb{r}/\partial q^j \quad \text{bzw.} \quad \mathbb{e}_j = \frac{\mathfrak{g}_j}{|\mathfrak{g}_j|} = \frac{\mathfrak{g}_j}{\sqrt{g_{jj}}} = \frac{1}{\sqrt{g_{jj}}}\frac{\partial\mathbb{r}}{\partial q^j}, \quad j = 1,2 \tag{5.2a,b}$$

an Koordinatenlinien $\mathbb{r}_{[1]}(q^1,q^2_c)$, $\mathbb{r}_{[2]}(q^1_c,q^2)$ analog (2.2a) mit denen in der Form

$$d\mathbb{r} = \sum_{j=1}^{2}\mathfrak{g}_j\cdot dq^j \;, \quad |d\mathbb{r}| = \sqrt{\sum_{j,k=1}^{2} g_{jk}dq^jdq^k} \tag{5.3}$$

(vgl. Abb. 5.1) Linienelemente $d\mathbb{r}$ auf der Fläche in Abhängigkeit von den Koordinatendifferentialen (dq^1,dq^2) und den metrischen Fundamentalgrößen $g_{jk} = (\partial\mathbb{r}/\partial q^j)\cdot(\partial\mathbb{r}/\partial q^k)$, j,k = 1,2 auszudrücken sind, jedoch existiert hier für einen "dritten Richtungsvektor" keine (5.2) vergleichbare Beziehung. Der Vektor wird hier aus den Tangentenvektoren $\mathfrak{g}_j (j = 1,2)$ konstruiert in Form der sog. Flächennormalen

$$\mathbb{n} = \frac{\mathfrak{g}_1\times\mathfrak{g}_2}{|\mathfrak{g}_1\times\mathfrak{g}_2|} = \frac{\mathfrak{g}_1\times\mathfrak{g}_2}{\sqrt{g_{11}g_{22}-g_{12}^2}} = \frac{\mathfrak{g}_1\times\mathfrak{g}_2}{\sqrt{g_{(2)}}}, \quad |\mathbb{n}| = 1 \tag{5.4a-b}$$

$$|\mathfrak{g}_1\times\mathfrak{g}_2| = [\mathfrak{g}_1\mathfrak{g}_2\mathbb{n}] = \sqrt{g_{11}g_{22}-g_{12}^2} = \sqrt{\det_2\|g_{jk}\|} = \sqrt{g_{(2)}} > 0\,,$$

mit der man nunmehr mit $\mathbb{n}$ anstelle von $\mathfrak{g}^3$ – im Sinne von (2.5a) per

$$\mathfrak{g}^1 = \frac{\mathfrak{g}_2\times\mathbb{n}}{[\mathfrak{g}_1\mathfrak{g}_2\mathbb{n}]} = \frac{\mathfrak{g}_2\times\mathbb{n}}{\sqrt{g_{(2)}}} \overset{(5.4a)}{=} \frac{g_{22}\mathfrak{g}_1 - g_{12}\mathfrak{g}_2}{g_{11}g_{22}-g_{12}^2} = \sum_{j=1}^{2} g^{1j}\mathfrak{g}_j\;,$$

$$\mathbf{g}^2 = \frac{\mathbf{n} \times \mathbf{g}_1}{[\mathbf{g}_1 \mathbf{g}_2 \mathbf{n}]} = \frac{\mathbf{n} \times \mathbf{g}_1}{\sqrt{g_{(2)}}} \overset{(5.4a)}{=} \frac{-g_{12}\mathbf{g}_1 + g_{11}\mathbf{g}_2}{g_{11}g_{22} - g_{12}^2} = \sum_{j=1}^{2} g^{2j}\mathbf{g}_j \qquad (5.5a,b)$$

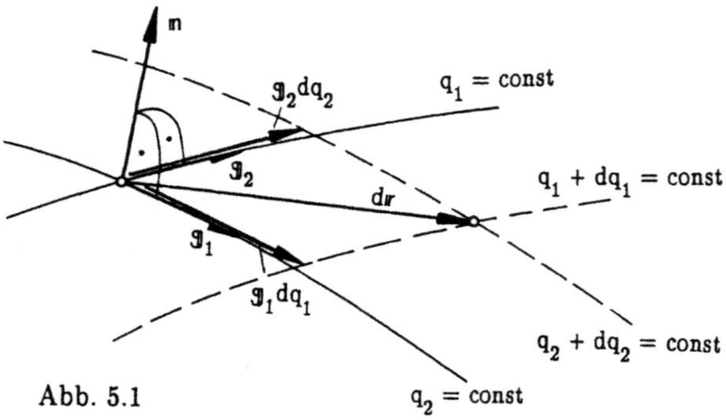

Abb. 5.1

mit

$$g^{11} = \frac{g_{22}}{g_{11}g_{22} - g_{12}^2}, \quad g^{22} = \frac{g_{11}}{g_{11}g_{22} - g_{12}^2}, \quad g^{12} = -\frac{g_{12}}{g_{11}g_{22} - g_{12}^2} \qquad (5.5c-e)$$

die zum Tangentenvektorsystem $\langle \mathbf{g}_1, \mathbf{g}_2 \rangle$ im Sinne von

$$\mathbf{g}^j \cdot \mathbf{g}_k = \begin{cases} 0 \text{ für } j \neq k \\ 1 \;\;\text{"}\;\; j = k \end{cases}, \; j,k = 1,2 \qquad (5.6)$$

reziproke Basis der Gradientenvektoren $(\mathbf{g}^1, \mathbf{g}^2)$ feststellt, die - in die in P legbare (lokale) Tangentialebene $\mathcal{V}_2(P)$ fallend - auf den Koordinatenlinien q^j= const, j = 1,2 senkrecht stehen (Abb. 5.2) und, zu (5.5a,b) invers, per

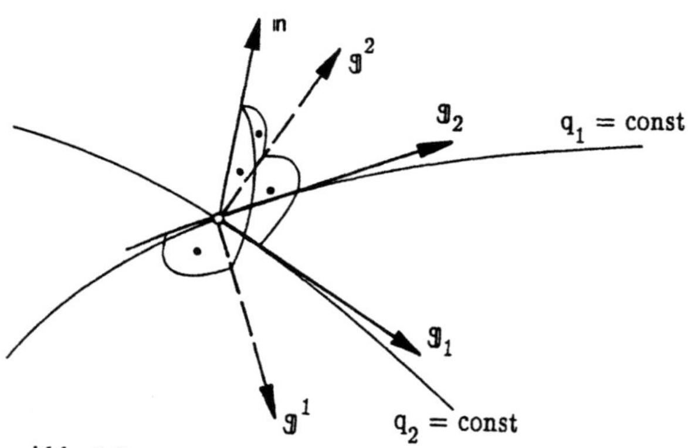

Abb. 5.2

$$\mathbf{g}_1 = \frac{\mathbf{g}^2 \times \mathbf{n}}{[\mathbf{g}^1 \mathbf{g}^2 \mathbf{n}]} = \sqrt{g_{(2)}}\, \mathbf{g}^2 \times \mathbf{n} = \overset{(5.5b)}{=} \frac{g^{22}\mathbf{g}^1 - g^{12}\mathbf{g}^2}{g^{11}g^{22} - g^{12^2}} = \sum_{j=1}^{2} g_{1j}\mathbf{g}^j$$

$$\mathbf{g}_2 = \frac{\mathbf{n} \times \mathbf{g}^1}{[\mathbf{g}^1 \mathbf{g}^2 \mathbf{n}]} = \sqrt{g_{(2)}}\, \mathbf{n} \times \mathbf{g}^1 \overset{(5.5a)}{=} = \frac{-g^{12}\mathbf{g}^1 + g^{11}\mathbf{g}^2}{g^{11}g^{22} - g^{12^2}} = \sum_{j=1}^{2} g_{2j}\mathbf{g}^j \qquad (5.6a,b)$$

mit

$$g_{11} = \frac{g^{22}}{g^{11}g^{22} - g^{12^2}}, \quad g_{22} = \frac{g^{11}}{g^{11}g^{22} - g^{12^2}}, \quad g_{12} = -\frac{g^{12}}{g^{11}g^{22} - g^{12^2}} \qquad (5.6c-e)$$

und

$$g^{11}g^{22} - g^{12^2} \equiv g^{(2)} = (g_{11}g_{22} - g_{12}^2)^{-1} = 1/g_{(2)} \qquad (5.6f)$$

die Tangentenvektoren $\mathbf{g}_j$ (j = 1,2) definieren.

Zu übernehmen ist von den Formalien von §2 auch die Formel

$$d\mathbb{f}_{\alpha\beta} = d\mathbb{r}_\alpha \times d\mathbb{r}_\beta = \sum_{j,k=1}^{2} \mathfrak{g}_j \times \mathfrak{g}_k \, dq^j_\alpha \, dq^k_\beta \tag{5.7a}$$

für ein aus zwei Linienelementen

$$d\mathbb{r}_\alpha = \sum_{j=1}^{2} \mathfrak{g}_j dq^j_\alpha \, , \; d\mathbb{r}_\beta = \sum_{k=1}^{2} \mathfrak{g}_k dq^k_\beta \tag{5.7b,c}$$

gebildetes und auch in der Form

$$d\mathbb{f}_{\alpha\beta} \overset{80)}{=} \sqrt{g_{(2)}} \sum_{j,k=1}^{2} \epsilon_{\langle jk\rangle} dq^j_\alpha \, dq^k_\beta \, \mathbb{n} = \sqrt{g_{(2)}} \begin{vmatrix} dq^1_\alpha & dq^2_\alpha \\ dq^1_\beta & dq^2_\beta \end{vmatrix} \mathbb{n} \equiv df_{\alpha\beta} \mathbb{n} \tag{5.7d}$$

notierbares Flächenelement sowie die entsprechende Formel für ein Koordinaten-Flächenelement.[81)]

$$d\mathbb{f}_{12} = \mathfrak{g}_1 dq^1 \times \mathfrak{g}_2 dq^2 = \sqrt{g_{(2)}} \, dq^1 dq^2 \, \mathbb{n} = \sqrt{g_{11}g_{22}-g_{12}^2} \, dq^1 dq^2 \mathbb{n} = df^{[n]} \mathbb{n}, \tag{5.8a,b}$$

$$df^{[n]} = \sqrt{g_{11}g_{22}-g_{12}^2} \, dq^1 dq^2 = \sqrt{g_{(2)}} \, dq^1 dq^2 \, ,$$

indessen sollen für (5.5–5.8) im Hinblick auf eine Verallgemeinerungsfähigkeit auf mehr als zwei Dimensionen hier aber auch noch die analogen, die Flächennormale $\mathbb{n}$ vermeidenden, Beziehungen angegeben werden.

Im Falle der Gradientenvektor—Darstellungen nach (5.5a,b) geht man von den jeweils zweiten Versionen aus und bekommt mit $g_{jk} = \mathfrak{g}_j \cdot \mathfrak{g}_k$

$$\mathfrak{g}^1 \overset{(5.5a)}{=} \frac{1}{g_{(2)}} \left[(\mathfrak{g}_2 \cdot \mathfrak{g}_2)\mathfrak{g}_1 - (\mathfrak{g}_1 \cdot \mathfrak{g}_2)\mathfrak{g}_2 \right] \overset{82)}{\equiv} \frac{1}{g_{(2)}} \left[\mathfrak{g}_1 \circ \mathfrak{g}_2 - \mathfrak{g}_2 \circ \mathfrak{g}_1 \right] \cdot \mathfrak{g}_2$$

$$= \left[\frac{1}{g_{(2)}} \sum_{j,k=1}^{2} \epsilon_{\langle jk\rangle} \mathfrak{g}_j \circ \mathfrak{g}_k \right] \cdot \mathfrak{g}_2 \overset{83)}{\equiv} \frac{1}{\sqrt{g_{(2)}}} \left[\frac{1}{\sqrt{g_{(2)}}} \begin{vmatrix} \mathfrak{g}_1 & \mathfrak{g}_1 \\ \mathfrak{g}_2 & \mathfrak{g}_2 \end{vmatrix} \right] \cdot \mathfrak{g}_2$$

---

80) Man setze in (5.7a) $\mathfrak{g}_j \times \mathfrak{g}_k = \sqrt{g_{(2)}} \, \epsilon_{\langle jk\rangle} \, \mathbb{n}$ nach (5.4a) ein, worin

$$\epsilon_{\langle jk\rangle} = \begin{cases} 1 & \text{für } j=1, \; k=2 \\ -1 & \text{"} \; j=2, \; k=1 \\ 0 & \text{"} \; j=k=1 \text{ und } j=k=2 \end{cases}$$

bedeuten

81) Man setze in (5.7d) $d\mathbb{r}_\alpha = d\mathbb{r}_{[1]} = \mathfrak{g}_1 dq^1$, $d\mathbb{r}_\beta = d\mathbb{r}_{[2]} = \mathfrak{g}_2 dq^2$, d. h. $dq^1_\alpha = dq^1$, $dq^2_\beta = dq^2$, $dq^1_\beta = dq^2_\alpha = 0$.

82) Man benutze die Definitionsgleichung für dyadische Produkte (vgl. [1],(2.7),(2.13b))

83) Wie schon in [1], §E5, wird für die Struktur $\sum_{i,j} \epsilon_{\langle jk\rangle} \, \mathfrak{g}_j \circ \mathfrak{g}_k$ auch die übersichtlichere Notation $\begin{vmatrix} \mathfrak{g}_1 & \mathfrak{g}_1 \\ \mathfrak{g}_2 & \mathfrak{g}_2 \end{vmatrix}$ benutzt mit der Maßgabe, die Determinante nach den Elementen der ersten Spalte zu entwickeln und die (vektorwertigen) Elemente bei Beachtung der Faktoren—Reihenfolge dyadisch miteinander zu multiplizieren.

$$= \frac{1}{\sqrt{g_{(2)}}} \overset{\langle 2\rangle}{\mathfrak{E}}_{(2)} \cdot \mathfrak{g}_2 \equiv \mathfrak{g}_2 \cdot \frac{1}{\sqrt{g_{(2)}}} \overset{\langle 2\rangle}{\mathfrak{E}}{}^{T}_{(2)} \equiv - \mathfrak{g}_2 \cdot \frac{1}{\sqrt{g_{(2)}}} \overset{\langle 2\rangle}{\mathfrak{E}}_{(2)}, \tag{5.9a}$$

$$\mathfrak{g}^2 = \frac{1}{g_{(2)}} \Big[(\mathfrak{g}_1 \cdot \mathfrak{g}_1)\mathfrak{g}_2 - (\mathfrak{g}_1 \cdot \mathfrak{g}_2)\mathfrak{g}_1\Big] \overset{3)}{=} - \frac{1}{g_{(2)}} \Big[\mathfrak{g}_1 \circ \mathfrak{g}_2 - \mathfrak{g}_2 \circ \mathfrak{g}_1\Big] \cdot \mathfrak{g}_1$$

$$\overset{4)}{=} - \frac{1}{\sqrt{g_{(2)}}} \left[\frac{1}{\sqrt{g_{(2)}}} \begin{vmatrix} \mathfrak{g}_1 & \mathfrak{g}_1 \\ \mathfrak{g}_2 & \mathfrak{g}_2 \end{vmatrix} \right] \cdot \mathfrak{g}_1 = - \frac{1}{\sqrt{g_{(2)}}} \overset{\langle 2\rangle}{\mathfrak{E}}_{(2)} \cdot \mathfrak{g}_1 \equiv \mathfrak{g}_1 \cdot \frac{1}{\sqrt{g_{(2)}}} \overset{\langle 2\rangle}{\mathfrak{E}}_{(2)} \tag{5.9b}$$

mit den inversen Darstellungen

$$\mathfrak{g}_1 = \sqrt{g_{(2)}} \overset{\langle 2\rangle}{\mathfrak{E}}_{(2)} \cdot \mathfrak{g}^2 = -\sqrt{g_{(2)}}\, \mathfrak{g}^2 \cdot \overset{\langle 2\rangle}{\mathfrak{E}}_{(2)}, \quad \mathfrak{g}_2 = -\sqrt{g_{(2)}} \overset{\langle 2\rangle}{\mathfrak{E}}_{(2)} \cdot \mathfrak{g}^1 = \sqrt{g_{(2)}}\, \mathfrak{g}^1 \cdot \overset{\langle 2\rangle}{\mathfrak{E}}_{(2)} \tag{5.9c-d}$$

in Übereinstimmung mit [1], (E. 5.17a,b) für zwei Dimensionen (n = 2), worin

$$\overset{\langle 2\rangle}{\mathfrak{E}}_{(2)} = \frac{1}{\sqrt{g_{(2)}}} \begin{vmatrix} \mathfrak{g}_1 & \mathfrak{g}_1 \\ \mathfrak{g}_2 & \mathfrak{g}_2 \end{vmatrix} = \frac{1}{\sqrt{g_{(2)}}} \sum_{j,k=1}^{2} \epsilon_{\langle jk\rangle} \mathfrak{g}_j \circ \mathfrak{g}_k \equiv \sum_{j,k=1}^{2} \epsilon^{jk} \mathfrak{g}_j \circ \mathfrak{g}_k \equiv$$

$$\equiv \sqrt{g_{(2)}} \begin{vmatrix} \mathfrak{g}^1 & \mathfrak{g}^1 \\ \mathfrak{g}^2 & \mathfrak{g}^2 \end{vmatrix} = \sqrt{g_{(2)}} \sum_{j,k=1}^{2} \epsilon_{\langle jk\rangle} \mathfrak{g}^j \circ \mathfrak{g}^k \equiv \sum_{j,k=1}^{2} \epsilon_{jk} \mathfrak{g}^j \circ \mathfrak{g}^k \overset{84)}{\equiv} \begin{vmatrix} \mathfrak{e}_{\langle 1\rangle} & \mathfrak{e}_{\langle 1\rangle} \\ \mathfrak{e}_{\langle 2\rangle} & \mathfrak{e}_{\langle 2\rangle} \end{vmatrix}$$

$$\overset{85)}{=} \frac{1}{\sqrt{g_{(2)}}}\, 2!\, \overset{\langle 2\rangle}{\mathrm{Alt}}(\mathfrak{g}_1 \circ \mathfrak{g}_2) \equiv \sqrt{g_{(2)}}\, 2!\, \overset{\langle 2\rangle}{\mathrm{Alt}}(\mathfrak{g}^1 \circ \mathfrak{g}^2) \equiv 2! \overset{\langle 2\rangle}{\mathrm{Alt}}(\mathfrak{e}_{\langle 1\rangle} \circ \mathfrak{e}_{\langle 2\rangle}) \tag{5.10a}$$

den im Punkte P in der Tangentialfläche $\mathscr{V}_2(P)$ definierten (lokal–)planaren zweistufigen Levi–Civita–(Permutations–) Tensor[86] bedeutet, (vgl. [1], (E. 5.17a,b)), für den

---

84) im Falle einer Tangentialflächen–Orthonormalbasis

85) Im Sinne der Definition in [1], (E. 4.71a) ist

$$\overset{\langle 2\rangle}{\mathrm{Alt}} (\overset{(2)}{\boldsymbol{x}} \circ \overset{(2)}{\boldsymbol{x}}) = \frac{1}{2!} \begin{vmatrix} \overset{(1)}{\boldsymbol{x}} & \overset{(1)}{\boldsymbol{x}} \\ \overset{(2)}{\boldsymbol{x}} & \overset{(2)}{\boldsymbol{x}} \end{vmatrix} = \frac{1}{2} [\overset{(1)}{\boldsymbol{x}} \circ \overset{(1)}{\boldsymbol{x}} - \overset{(2)}{\boldsymbol{x}} \circ \overset{(2)}{\boldsymbol{x}}], \tag{5.11a}$$

wobei die Operation im Sinne von [1], (E. 4.52b,c) auch in der Form

$$\overset{\langle 2\rangle}{\mathrm{Alt}} (\overset{(1)}{\boldsymbol{x}} \circ \overset{(2)}{\boldsymbol{x}}) = (\overset{(1)}{\boldsymbol{x}} \circ \overset{(2)}{\boldsymbol{x}}) \cdot\cdot \overset{\langle 4\rangle}{\mathbf{A}} \equiv \overset{\langle 4\rangle}{\mathbf{A}} \cdot\cdot (\overset{(1)}{\boldsymbol{x}} \circ \overset{(2)}{\boldsymbol{x}}) \tag{5.11b}$$

und dementsprechend für planare Vektoren in der Form

$$\overset{\langle 2\rangle}{\mathrm{Alt}} (\overset{(1)}{\boldsymbol{x}} \circ \overset{(2)}{\boldsymbol{x}}) = (\overset{(1)}{\boldsymbol{x}} \circ \overset{(2)}{\boldsymbol{x}}) \cdot\cdot \overset{\langle 4\rangle}{\mathbf{A}}_{(2)} = \overset{\langle 4\rangle}{\mathbf{A}}_{(2)} \cdot\cdot (\overset{(1)}{\boldsymbol{x}} \circ \overset{(2)}{\boldsymbol{x}}) \tag{5.11c}$$

notiert werden kann unter Benutzung des planaren in der Tangentialfläche $\mathscr{V}_2(P)$ in P definierten vierstufigen Alternierers

$$\overset{\langle 4\rangle}{\mathbf{A}}_{(2)} = \overset{\langle 4\rangle}{\mathbf{A}}{}^{T}_{(2)} = \frac{1}{2} \sum_{\alpha,\beta=1}^{2} \begin{vmatrix} \mathfrak{g}_\alpha & \mathfrak{g}_\alpha \\ \mathfrak{g}_\beta & \mathfrak{g}_\beta \end{vmatrix} \circ \mathfrak{g}^\beta \circ \mathfrak{g}^\alpha = \frac{1}{2} \sum_{\alpha,\beta=1}^{2} \begin{vmatrix} \mathfrak{g}^\alpha & \mathfrak{g}^\alpha \\ \mathfrak{g}^\beta & \mathfrak{g}^\beta \end{vmatrix} \circ \mathfrak{g}_\beta \circ \mathfrak{g}_\alpha . \tag{5.11d}$$

86) in der Formulierung der ersten Zeile von (5.10a) in kontravarianter, in der Formulierung der zweiten Zeile in kovarianter Darstellung mit

$$\epsilon_{jk} = \epsilon_{\langle jk\rangle} \sqrt{g_{(2)}} = \epsilon_{\langle jk\rangle} \, |\mathfrak{g}_1 \times \mathfrak{g}_2| , \quad \epsilon^{jk} = \epsilon_{\langle jk\rangle} / \sqrt{g_{(2)}} = \epsilon_{\langle jk\rangle} / |\mathfrak{g}_1 \times \mathfrak{g}_2| = \epsilon_{jk} / g_{(2)} . \tag{5.10b,c}$$

Für die in Termen der Gradientenvektoren dargestellte Beziehung benutze man z. B.

$$\mathfrak{g}^1 \circ \mathfrak{g}^2 - \mathfrak{g}^2 \circ \mathfrak{g}^1 \overset{(5.5a,b)}{=} (\mathfrak{g}_1 \circ \mathfrak{g}_2 - \mathfrak{g}_2 \circ \mathfrak{g}_1)/g_{(2)} .$$

$$\overset{\langle 2\rangle}{\mathfrak{E}}{}^{T}_{(2)} = - \overset{\langle 2\rangle}{\mathfrak{E}}_{(2)} \;, \quad \overset{\langle 2\rangle}{\mathfrak{E}}_{(2)} \cdot\cdot \overset{\langle 2\rangle}{\mathfrak{E}}{}^{T}_{(2)} = 2! = 2 \tag{5.10d,e}$$

sowie

$$- \overset{\langle 2\rangle}{\mathfrak{E}}_{(2)} \cdot \overset{\langle 2\rangle}{\mathfrak{E}}_{(2)} \left(= \overset{\langle 2\rangle}{\mathfrak{E}}_{(2)} \cdot \overset{\langle 2\rangle}{\mathfrak{E}}{}^{T}_{(2)} \right) = \frac{1}{g_{(2)}} (\mathfrak{g}_1 \circ \mathfrak{g}_2 - \mathfrak{g}_2 \circ \mathfrak{g}_1) \cdot (\mathfrak{g}_2 \circ \mathfrak{g}_1 - \mathfrak{g}_1 \circ \mathfrak{g}_2) =$$

$$= \frac{g_{22}}{g_{(2)}} \mathfrak{g}_1 \circ \mathfrak{g}_1 + \frac{g_{11}}{g_{(2)}} \mathfrak{g}_2 \circ \mathfrak{g}_2 - \frac{g_{12}}{g_{(2)}} (\mathfrak{g}_2 \circ \mathfrak{g}_1 + \mathfrak{g}_1 \circ \mathfrak{g}_2) \overset{(5.5\,a,b)}{=} \sum_{j=1}^{2} \mathfrak{g}^j \circ \mathfrak{g}_j \equiv \sum_{j=1}^{2} \mathfrak{g}_j \circ \mathfrak{g}^j = \mathbb{E}_{(2)} \tag{5.10f}$$

mit dem in der Tangentialfläche $\mathscr{V}_2(\mathrm{P})$ im Punkte P definierten —(lokal—)planaren Einheitsoperator

$$\mathbb{E}_{(2)} \overset{87)}{=} \mathbb{E} - \mathbb{n} \circ \mathbb{n} = \sum_{j=1}^{2} \mathfrak{g}_j \circ \mathfrak{g}^j = \sum_{j=1}^{2} \mathfrak{g}^j \circ \mathfrak{g}_j = \sum_{j,k=1}^{2} \mathfrak{g}_{jk} \mathfrak{g}^j \circ \mathfrak{g}^k = \sum_{j,k=1}^{2} \mathfrak{g}^{jk} \mathfrak{g}_j \circ \mathfrak{g}_k \tag{5.12a}$$

gilt (vgl. [1],(E.5.23)), und mit dem man übrigens den (lokal—)planaren vierstufigen Alternierer per

$$\overset{\langle 4\rangle}{\mathbf{A}}_{(2)} = \overset{\langle 4\rangle}{\mathbf{A}}{}^{T}_{(2)} = \frac{1}{2!} \overset{\langle 2\rangle}{\mathfrak{E}}{}^{T}_{(2)} \circ \overset{\langle 2\rangle}{\mathfrak{E}}_{(2)} = \frac{1}{2!} \overset{\langle 2\rangle}{\mathfrak{E}}_{(2)} \circ \overset{\langle 2\rangle}{\mathfrak{E}}{}^{T}_{(2)} = - \frac{1}{2!} \overset{\langle 2\rangle}{\mathfrak{E}}_{(2)} \circ \overset{\langle 2\rangle}{\mathfrak{E}}_{(2)} =$$

$$= \frac{1}{2} \left(\overset{\langle 4\rangle}{\mathbb{E}}_{(2)} - \overset{\langle 4\rangle}{\mathbb{E}}_{T(2)} \right) \tag{5.12e}$$

aufbauen kann (vgl. [1],(E5.61e))[88]. Letzterer wird für eine in der Tangentialebene in P definierte —also ebenfalls die Normale $\mathbb{n}$ vermeidende— (lokale) zweistufige Operation

$$\overset{\langle 2\rangle}{d\mathbb{f}}_{\alpha\beta} = \overset{\langle 2\rangle}{\mathrm{Alt}}(d\mathbb{r}_\alpha \circ d\mathbb{r}_\beta) \overset{(5.11b)}{\equiv} (d\mathbb{r}_\alpha \circ d\mathbb{r}_\beta) \cdot\cdot \overset{\langle 4\rangle}{\mathbf{A}}_{(2)} = \frac{1}{2} (d\mathbb{r}_\alpha \circ d\mathbb{r}_\beta) \cdot\cdot \overset{\langle 2\rangle}{\mathfrak{E}}_{(2)} \circ \overset{\langle 2\rangle}{\mathfrak{E}}{}^{T}_{(2)} \equiv df_{\alpha\beta} \overset{\langle 2\rangle}{\mathfrak{E}}_{(2)} / 2 \tag{5.13}$$

benötigt (vgl. [1],(E5.34a,b)), mit der von zwei Linienelementen $d\mathbb{r}_\alpha = \sum_{j=1}^{2} \mathfrak{g}_j dq^j_\alpha \,,\; d\mathbb{r}_\beta = \sum_{k=1}^{2} \mathfrak{g}_k dq^k_\beta$

gebildete Flächenelementen—Parallelogramme vom Inhalt

---

87) der per

$$\mathbb{a} \cdot \mathbb{E}_{(2)} = \mathbb{a} \cdot (\mathbb{E} - \mathbb{n} \circ \mathbb{n}) = \mathbb{a}_2 = \mathbb{a} - (\mathbb{a} \cdot \mathbb{n}) \mathbb{n} \tag{5.12b}$$

einem im dreidimensionalen Vektorraum $\mathscr{V}_3$ definierten Vektor $\mathbb{a}$ seinen in die (jeweils lokale) Tangentialfäche $\mathscr{V}_2(\mathrm{P})$ fallenden Anteil $\mathbb{a}_2$ zuordnet. Man identifiziert unter Benutzung der Flächennormalen

$$\overset{\langle 2\rangle}{\mathfrak{E}}_{(2)} = - \mathbb{E}_{(2)} \times \mathbb{n} = - \mathbb{n} \times \mathbb{E}_{(2)} \;, \quad \overset{\langle 2\rangle}{\mathfrak{E}}{}^{T}_{(2)} = \mathbb{E}_{(2)} \times \mathbb{n} = \mathbb{n} \times \mathbb{E}_{(2)} \tag{5 12c,d}$$

88) Hierin bedeuten $\overset{\langle 4\rangle}{\mathbb{E}}_{(2)}$ bzw. $\overset{\langle 4\rangle}{\mathbb{E}}_{T(2)}$ die entsprechenden (lokal—)planaren Versionen des vierstufigen Einheitsoperators bzw. Transponierers, die mit zweistufigen planaren Tensoren $\overset{\langle 2\rangle}{\mathbb{A}}_{(2)}$ durch

$$\overset{\langle 2\rangle}{\mathbb{A}}_{(2)} \cdot\cdot \overset{\langle 4\rangle}{\mathbb{E}}_{(2)} \equiv \overset{\langle 4\rangle}{\mathbb{E}}_{(2)} \cdot\cdot \overset{\langle 2\rangle}{\mathbb{A}}_{(2)} = \overset{\langle 2\rangle}{\mathbb{A}}_{(2)} \;, \quad \overset{\langle 4\rangle}{\mathbb{E}}_{T(2)} \cdot\cdot \overset{\langle 2\rangle}{\mathbb{A}}_{(2)} \equiv \overset{\langle 2\rangle}{\mathbb{A}}_{(2)} \cdot\cdot \overset{\langle 4\rangle}{\mathbb{E}}_{T(2)} = \overset{\langle 2\rangle}{\mathbb{A}}{}^{T}_{(2)}$$

definiert sind.

$$
\mathrm{df}_{\alpha\beta} \overset{(5.13\,a,\,10e)}{=} \overset{\langle 2\rangle}{\mathfrak{E}}{}^{T}\cdot\cdot\,\overset{\langle 2\rangle}{\mathbf{df}}_{\alpha\beta} \equiv \overset{\langle 2\rangle}{\mathbf{df}}_{\alpha\beta}\cdot\cdot\,\overset{\langle 2\rangle}{\mathfrak{E}}{}^{T} \overset{(5.10d)}{\equiv} -\overset{\langle 2\rangle}{\mathfrak{E}}_{(2)}\cdot\cdot\,\overset{\langle 2\rangle}{\mathbf{df}}_{\alpha\beta} = -\overset{\langle 2\rangle}{\mathbf{df}}_{\alpha\beta}\cdot\cdot\,\overset{\langle 2\rangle}{\mathfrak{E}}_{(2)} =
$$

$$
\overset{(5.13a,\,10a,e)}{=} -(\mathrm{d}\mathbf{r}_{\alpha}\circ\mathrm{d}\mathbf{r}_{\beta})\cdot\cdot\sqrt{g_{(2)}}\begin{vmatrix}\mathfrak{g}^1 & \mathfrak{g}^1\\ \mathfrak{g}^2 & \mathfrak{g}^2\end{vmatrix} = -\sqrt{g_{(2)}}\begin{vmatrix}(\mathrm{d}\mathbf{r}_{\beta}\cdot\mathfrak{g}^1)(\mathrm{d}\mathbf{r}_{\alpha}\cdot\mathfrak{g}^1)\\ (\mathrm{d}\mathbf{r}_{\beta}\cdot\mathfrak{g}^2)(\mathrm{d}\mathbf{r}_{\alpha}\cdot\mathfrak{g}^2)\end{vmatrix} = \sqrt{g_{(2)}}\begin{vmatrix}\mathrm{dq}^1_{\alpha} & \mathrm{dq}^1_{\beta}\\ \mathrm{dq}^2_{\alpha} & \mathrm{dq}^2_{\beta}\end{vmatrix} \tag{5.13b}
$$

(vgl. (5.7d)) in Form entsprechender "Plangrößen" [2] (bzw. "Flächentensoren" [28]) dargestellt werden[89).
Für die mit

5.2 Koordinatenwechsel

$$
\overset{*}{q}{}^{j} = \overset{*}{\varphi}{}^{j}(q^1,q^2) \Leftrightarrow q^j = \varphi^j(\overset{*}{q}{}^1,\overset{*}{q}{}^2)\ ,\ j = 1,2\ , \tag{5.14}
$$

einhergehenden Transformationsformalien für Koordinatendifferentiale bzw. für die in die jeweilige Tangentialebene in P fallenden Basisvektoren gelten die für zwei Dimensionen spezialisierten Formeln (2.21a-c) bzw. (2.26b,c) mit einer entsprechend auf zwei Dimensionen reduzierten planaren Transformationsdyade

$$
\mathbf{\Phi}_{(2)} = \sum_{j,k=1}^{2}\frac{\partial\varphi^k}{\partial\overset{*}{q}{}^j}\,\mathfrak{g}^j\circ\,\mathfrak{g}_k = \sum_{j,k=1}^{2}\varphi_{*\,j.}^{.k}\,\mathfrak{g}^j\circ\,\mathfrak{g}_k \equiv \sum_{j,k=1}^{2}\frac{\partial\varphi^k}{\partial\overset{*}{q}{}^j}\,\overset{*}{\mathfrak{g}}{}^j\circ\,\overset{*}{\mathfrak{g}}_k \tag{5.15a,b}
$$

mit

$$
\mathbf{\Phi}^{-1}_{(2)} = \sum_{j,k=1}^{2}\frac{\partial\overset{*}{\varphi}{}^k}{\partial q^j}\,\overset{*}{\mathfrak{g}}{}^j\circ\,\overset{*}{\mathfrak{g}}_k = \sum_{j,k=1}^{2}\overset{*}{\varphi}{}_{j.}^{.k}\,\overset{*}{\mathfrak{g}}{}^j\circ\,\overset{*}{\mathfrak{g}}_k \equiv \sum_{j,k=1}^{2}\frac{\partial\overset{*}{\varphi}{}^k}{\partial q^j}\,\mathfrak{g}^j\circ\,\mathfrak{g}_k
$$

und daher $\mathbf{\Phi}_{(2)}\cdot\mathbf{\Phi}^{-1}_{(2)} = \mathbf{\Phi}^{-1}_{(2)}\cdot\mathbf{\Phi}_{(2)} = \mathbb{E}_{(2)}$, also $\displaystyle\sum_{j,k=1}^{2}\frac{\partial\varphi^k}{\partial\overset{*}{q}{}^j}\,\frac{\partial\overset{*}{\varphi}{}^{\beta}}{\partial q^k} = \begin{cases}0 \text{ für } j \neq \beta\\ 1 \quad\text{"}\quad j = \beta\end{cases}$ (5.15c,d)

sowie

$$
\frac{\partial\varphi^1}{\partial\overset{*}{q}{}^1} = \frac{\partial\overset{*}{\varphi}{}^2/\partial q^2}{\Delta^*_{q,q}}\ ,\ \frac{\partial\varphi^1}{\partial\overset{*}{q}{}^2} = -\frac{\partial\overset{*}{\varphi}{}^1/\partial q^2}{\Delta^*_{q,q}}\ ,\ \frac{\partial\varphi^2}{\partial\overset{*}{q}{}^1} = -\frac{\partial\overset{*}{\varphi}{}^2/\partial q^1}{\Delta^*_{q,q}}\ ,\ \frac{\partial\varphi^2}{\partial\overset{*}{q}{}^2} = \frac{\partial\overset{*}{\varphi}{}^1/\partial q^1}{\Delta^*_{q,q}}
$$

mit

---

89) der im Sinne von $\overset{\langle 2\rangle}{\mathbf{df}}_{\alpha\beta}\cdot\mathbf{df}_{\alpha\beta} \equiv \overset{\langle 2\rangle}{\mathbf{df}}_{\alpha\beta}\cdot\mathbf{df}_{\alpha\beta} = 0$ zur Plangröße $\overset{\langle 2\rangle}{\mathbf{df}}_{\alpha\beta}$ orthogonale "Flächenelementenvektor" $\mathbf{df}_{\alpha\beta} = \mathrm{d}\mathbf{r}_{\alpha}\times\mathrm{d}\mathbf{r}_{\beta} = \mathrm{df}_{\alpha\beta}\mathbf{n}$ hat (vgl. [1] §E5.5) die Bedeutung der sog. "Ergänzung" der (lokal–planaren) Plangröße $\overset{\langle 2\rangle}{\mathbf{df}}_{\alpha\beta}$ zur Plangröße dritter Stufe

$$
\overset{\langle 3\rangle}{\mathbf{df}}_{\alpha\beta n} = \overset{\langle 2\rangle}{\mathrm{Alt}}(\mathrm{d}\mathbf{r}_{\alpha}\circ\mathrm{d}\mathbf{r}_{\beta}\circ\mathbf{n}) = \frac{1}{3!}(\mathrm{d}\mathbf{r}_{\alpha}\circ\mathrm{d}\mathbf{r}_{\beta}\circ\mathbf{n})\cdot\cdot\,\mathfrak{E}\circ\,\mathfrak{E}^{T}
$$

— hierin bedeutet $\mathfrak{E}$ den im dreidimensionalen Vektorraum definierten Permutationstensor —, mit dem ein aus den drei Vektoren $\mathrm{d}\mathbf{r}_{\alpha}$, $\mathrm{d}\mathbf{r}_{\beta}$, $\mathbf{n}$ gebildeter Spat vom Volumen

$$
\mathrm{dV}_{\alpha\beta n} = \overset{\langle 3\rangle}{\mathbf{df}}_{\alpha\beta n}\cdot\cdot\,\mathfrak{E}^{T} = 1\times\mathrm{df}_{\alpha\beta} = \mathrm{df}_{\alpha\beta}
$$

beschrieben wird.

$$\Delta^*_{q,q} = \frac{\partial\overset{*}{\varphi}{}^1}{\partial q^1}\frac{\partial\overset{*}{\varphi}{}^2}{\partial q^2} - \frac{\partial\overset{*}{\varphi}{}^1}{\partial q^2}\frac{\partial\overset{*}{\varphi}{}^2}{\partial q^1} \equiv 1/(\Phi_{(2)})_2 = (\Phi^{-1}_{(2)})_2 = \frac{[\mathfrak{g}_1\mathfrak{g}_2\mathbb{n}]}{[\overset{*}{\mathfrak{g}}_1\overset{*}{\mathfrak{g}}_2\mathbb{n}]} = \frac{\sqrt{g_{(2)}}}{\sqrt{\overset{*}{g}_{(2)}}} \qquad (5.15e\text{-}g)$$

zuzüglich der entsprechenden inversen Beziehungen[90]. Analog §2.2 garantiert $(\Phi_{(2)})_2 > 0$ Transformationen von Tupeln $(\mathfrak{g}_1,\mathfrak{g}_2)$ in Tupel $(\overset{*}{\mathfrak{g}}_1,\overset{*}{\mathfrak{g}}_2) = (\mathfrak{g}_1\cdot\Phi_{(2)},\mathfrak{g}_2\cdot\Phi_{(2)})$ gleicher Orientierung.

Im Falle von Versor—Transformationen, wo die Basisvektoren zweier Koordinatennetze durch Drehung um die jeweilige Flächennormale $\mathbb{n}$ auseinander hervorgehen (Abb. 5.3a), notiert man als im dreidimensionalen Euklidischen Vektorraum definierten zugehörigen Versor nach [1] (3.5d)

$$\Phi = \mathbb{R}_{\mathbb{n}}\langle\chi\rangle =$$
$$= {}^{91)}\,\mathbb{n}\circ\mathbb{n} + (\mathbb{E}-\mathbb{n}\circ\mathbb{n})\cos\chi \;-$$
$$\overset{(5.12c)}{-\ \mathbb{E}\times\mathbb{n}\,\sin\chi} \;\equiv$$
$$\equiv {}^{91)}\,\mathbb{n}\circ\mathbb{n} + \mathbb{E}_{(2)}\cos\chi + \overset{<2>}{\mathfrak{E}}_{(2)}\sin\chi =$$
$$= \mathbb{n}\circ\mathbb{n} + \mathbb{R}_{\mathbb{n}(2)}\langle\chi\rangle, \qquad (5.16a)$$

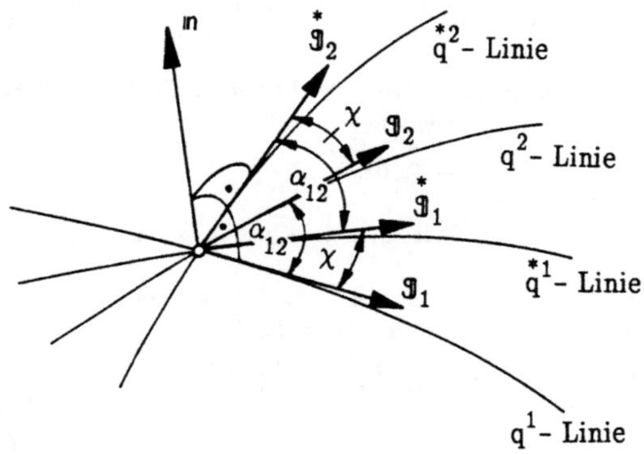

Abb. 5.3a

wovon im Hinblick auf die Transformation der in die jeweilige Tangentialfläche fallenden Basisvektoren nur der planare Anteil $\mathbb{R}_{\mathbb{n}(2)}$ von Interesse ist. Daher ist hier das Transformationsproblem durch einen Transformationsparameter (χ) gekennzeichnet, wie man unter Benutzung von

$$\mathbb{R}_{\mathbb{n}(2)} = {}^{92)}\,\mathbb{R}^{T-1}_{\mathbb{n}(2)} \qquad (5.16b)$$

und mit $\mathbb{R}_{\mathbb{n}(2)}$ anstelle von Φ aus (5.15a,b) sogleich erschließt. Man bekommt [93]

$$\frac{\partial\varphi^k}{\partial\overset{*}{q}{}^j} \equiv \frac{\partial\overset{*}{\varphi}{}^k}{\partial q^j} = \mathfrak{g}_j\cdot\mathbb{R}_{\mathbb{n}(2)}\cdot\mathfrak{g}^k \overset{(5.16a)}{=} g_{j.}^{.k}\cos\chi + (g_{1j}g_{2.}^{.k} - g_{2j}g_{1.}^{.k})\,\frac{\sin\chi}{\sqrt{g_{(2)}}}, \qquad (5.16c)$$

d. h. die Befunde[94]

---

[90] Man ersetze in (5.15d–g) $\partial\overset{*}{\varphi}{}^j/\partial q^k$ durch $\partial\varphi^j/\partial\overset{*}{q}{}^k$

[91] χ bedeutet den Winkel der Drehung um die Normale

[92] mit $\mathbb{R}_{\mathbb{n}(2)}\cdot\mathbb{R}^{-1}_{\mathbb{n}(2)} = \mathbb{R}^{-1}_{\mathbb{n}(2)}\cdot\mathbb{R}_{\mathbb{n}(2)} = \mathbb{E}_{(2)}$

[93] mit $g_{j.}^{.k} = \begin{cases} 0 \text{ für } j \neq k \\ 1 \;\;\text{"}\;\; j = k \end{cases}$

[94] hierin beachte man $g_{12} = \mathfrak{g}_1\cdot\mathfrak{g}_2 = \sqrt{g_{11}}\sqrt{g_{22}}\cos\alpha_{12}$, mit dem Netzwinkel α_{12} sowie

$$\sqrt{g_{(2)}} = \sqrt{g_{11}g_{22}}\sqrt{1-\frac{g_{12}}{g_{11}g_{22}}} = \sqrt{g_{11}g_{22}}\sqrt{1-\cos^2\alpha_{12}} = \sqrt{g_{11}g_{22}}\,\sin\alpha_{12}$$

$$\frac{\partial\overset{*}{\varphi}{}^1}{\partial q^1} = \frac{\partial\varphi^1}{\partial\overset{*}{q}{}^1} = \cos\chi - g_{12}\frac{\sin\chi}{\sqrt{g_{(2)}}} = \frac{\sin(\alpha_{12}-\chi)}{\sin\alpha_{12}},$$

$$\frac{\partial\overset{*}{\varphi}{}^1}{\partial q^2} = \frac{\partial\varphi^1}{\partial\overset{*}{q}{}^2} = -g_{22}\frac{\sin\chi}{\sqrt{g_{(2)}}} = -\sqrt{\frac{g_{22}}{g_{11}}}\,\frac{\sin\chi}{\sin\alpha_{12}} \equiv -\frac{g_{22}}{g_{11}}\frac{\partial\overset{*}{\varphi}{}^2}{\partial q^1} = -\frac{g_{22}}{g_{11}}\frac{\partial\varphi^2}{\partial\overset{*}{q}{}^1}, \qquad (5.16\text{d-f})$$

$$\frac{\partial\overset{*}{\varphi}{}^2}{\partial q^2} = \frac{\partial\varphi^2}{\partial\overset{*}{q}{}^2} = \cos\chi + g_{12}\frac{\sin\chi}{\sqrt{g_{(2)}}} = \frac{\sin(\alpha_{12}+\chi)}{\sin\alpha_{12}},$$

die übrigens geometrisch leicht verdeutlicht werden können. Zwecks Verifizierung von (5.16d,e) stellt man z. B. ein Linienelement

$$\mathrm{d}\overset{*}{\mathbb{r}}_{[1]} = \overset{*}{\mathfrak{g}}_1\,\mathrm{d}\overset{*}{q}{}^1$$

in Richtung einer $\overset{*}{q}_1$—Linie durch zwei nach den Richtungen des q^j—Netzes orientierte Linienelemente in der Form

$$\mathrm{d}\overset{*}{\mathbb{r}}_{[1]} = \overset{*}{\mathfrak{g}}_1\,\mathrm{d}\overset{*}{q}{}^1 = \mathfrak{g}_1\,\mathrm{d}q^1 + \mathfrak{g}_2\,\mathrm{d}q^2 \qquad (5.17\text{a})$$

mit

$$\mathrm{d}q^1 = \frac{\partial\varphi^1}{\partial\overset{*}{q}{}^1}\,\mathrm{d}\overset{*}{q}{}^1, \quad \mathrm{d}q^2 = \frac{\partial\varphi^2}{\partial\overset{*}{q}{}^1}\,\mathrm{d}\overset{*}{q}{}^1 \qquad (5.17\text{b,c})$$

dar, konstruiert also im Sinne von Abb. 5.3b ein Dreieck ABC mit den Seiten

$$\overline{AC} = |\mathrm{d}\overset{*}{\mathbb{r}}_{[1]}| = |\overset{*}{\mathfrak{g}}_1|\,\mathrm{d}\overset{*}{q}{}^1 = \sqrt{\overset{*}{g}_{11}}\,\mathrm{d}\overset{*}{q}{}^1 \overset{95)}{=} \sqrt{g_{11}}\,\mathrm{d}\overset{*}{q}{}^1$$

$$\overline{AB} = |\mathfrak{g}_1|\,\mathrm{d}q^1 = \sqrt{g_{11}}\,\mathrm{d}q^1,$$

$$\overline{BC} = |\mathfrak{g}_2|\,\mathrm{d}q^2 = \sqrt{g_{22}}\,\mathrm{d}q^2,$$

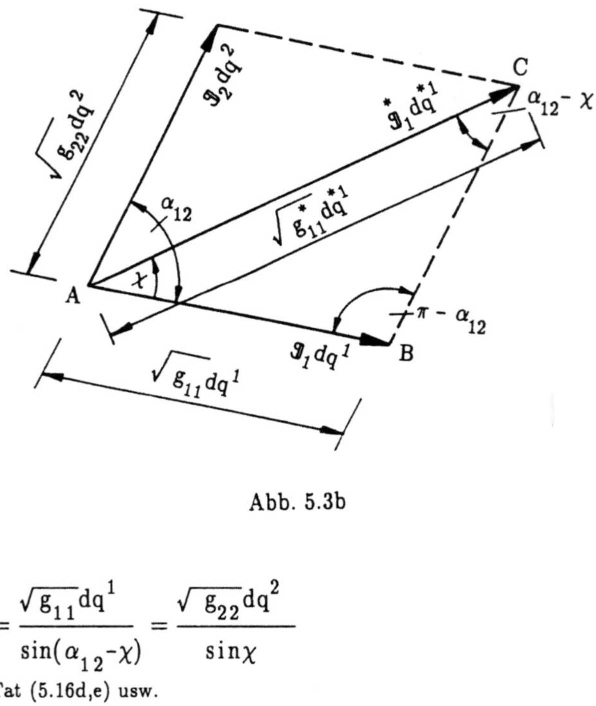

Abb. 5.3b

findet nach dem Sinussatz

$$\frac{\sqrt{g_{11}}\,\mathrm{d}\overset{*}{q}{}^1}{\sin(\pi-\alpha_{12})} = \frac{\sqrt{g_{11}}\,\mathrm{d}q^1}{\sin(\alpha_{12}-\chi)} = \frac{\sqrt{g_{22}}\,\mathrm{d}q^2}{\sin\chi}$$

und unter Benutzung von (5.17b,c) in der Tat (5.16d,e) usw.

Hervorgehoben werden soll noch, daß die Flächennormale $\mathbb{n}$ — nach definitorischer Festlegung ihrer Orientierung[96] — als eine von der (zufälligen) Koordinatenwahl unabhängige (koordinateninvariante), einem Flächenpunkt P zugeordnete Größe im $(\mathscr{V}_3)$ anzusehen ist, weswegen grundsätzlich, (etwa) von der Darstellung (5.4) ausgehend,

---

[95] Man beachte, daß die Drehungs—Transformation die Metrik nicht verändert, also

$$|\mathfrak{g}_1| \equiv \sqrt{g_{11}} = |\overset{*}{\mathfrak{g}}_1| \text{ sein muß}$$

[96] d. h. nach Festlegung, auf welcher Seite der Fläche sie aufgerichtet gedacht werden soll

$$(\mathbb{n} =)\ \frac{\mathfrak{g}_1 \times \mathfrak{g}_2}{|\mathfrak{g}_1 \times \mathfrak{g}_2|} = \frac{\mathfrak{g}_1 \times \mathfrak{g}_2}{\sqrt{g_{(2)}}} = \frac{\overset{*}{\mathfrak{g}}_1 \times \overset{*}{\mathfrak{g}}_2}{\sqrt{\overset{*}{g}_{(2)}}} \tag{5.18a}$$

gelten muß, und zwar auch dann, wenn die Vektoren $(\mathfrak{g}_1, \mathfrak{g}_2)$ nach Transformation (in $\overset{*}{\mathfrak{g}}_1, \overset{*}{\mathfrak{g}}_2$) ihre (in (5.4) angenommene) "Rechtsorientierung in Bezug auf $\mathbb{n}$" einbüßen, weil in diesem Falle $\sqrt{g_{(2)}}/\sqrt{\overset{*}{g}_{(2)}} < 0$ und solchermaßen das Orientierungsproblem wieder bereinigt ist, wie man auch formal an (5.18a) nach Skalarmultiplikation mit $\mathbb{n}$ unter Beachtung von $[\mathfrak{g}_1\mathfrak{g}_2\mathbb{n}] = \sqrt{g_{(2)}}$, $[\overset{*}{\mathfrak{g}}_1\overset{*}{\mathfrak{g}}_2\mathbb{n}] = \sqrt{\overset{*}{g}_{(2)}}$ erkennt.

Analog den auf (2.30d) folgenden Überlegungen weist man die Invarianz allgemeiner (lokal—)planarer Permutationstensoren, insbesondere der (lokal—)planaren Einheitsoperation $\mathbb{E}_{(2)}$, wie aber auch des in Termen von Basisvektor—Dyaden ausgedrückten $\overset{\langle 2\rangle}{\mathfrak{E}}_{(2)}$—Tensors unter durch (5.15) definierten Koordinatenwechseln nach, wie in den forminvarianten Identitäten

$$\left[\overset{\langle 2\rangle}{\mathfrak{E}}_{(2)} =\right] \frac{1}{\sqrt{g_{(2)}}} \begin{vmatrix} \mathfrak{g}_1 & \mathfrak{g}_1 \\ \mathfrak{g}_2 & \mathfrak{g}_2 \end{vmatrix} \equiv \frac{1}{\sqrt{\overset{*}{g}_{(2)}}} \begin{vmatrix} \overset{*}{\mathfrak{g}}_1 & \overset{*}{\mathfrak{g}}_1 \\ \overset{*}{\mathfrak{g}}_2 & \overset{*}{\mathfrak{g}}_2 \end{vmatrix} \tag{5.18b}$$

bzw.

$$\left[\overset{\langle 2\rangle}{\mathfrak{E}}_{(2)} =\right] \sqrt{g_{(2)}} \begin{vmatrix} \mathfrak{g}^1 & \mathfrak{g}^1 \\ \mathfrak{g}^2 & \mathfrak{g}^2 \end{vmatrix} \equiv \sqrt{\overset{*}{g}_{(2)}} \begin{vmatrix} \overset{*}{\mathfrak{g}}{}^1 & \overset{*}{\mathfrak{g}}{}^1 \\ \overset{*}{\mathfrak{g}}{}^2 & \overset{*}{\mathfrak{g}}{}^2 \end{vmatrix} \tag{5.18c}$$

und

$$\left[\mathbb{E}_{(2)} =\right] \sum_{j=1}^{2} \mathfrak{g}_j \circ \mathfrak{g}^j \equiv \sum_{j=1}^{2} \overset{*}{\mathfrak{g}}_j \circ \overset{*}{\mathfrak{g}}{}^j \tag{5.18d}$$

(zuzüglich der entsprechenden Darstellungen in (5.11d)) zum Ausdruck kommt. Die "Φ-Invarianz" der letztgenannten (in der jeweils lokalen Tangentialebene $\mathscr{V}_2(\mathrm{P})$ definierten) Größen, die man im übrigen auch unmittelbar aus ihren Abbildungseigenschaften erschließt[97], bedeutet indessen nicht, daß sie — wie die entsprechenden Größen $\mathbb{E}$ bzw. $\mathfrak{E}$ im $\mathscr{V}_3$ — im Hinblick auf ihre Abbildungseigenschaften betr. im $\mathscr{V}_3$ definierter Vektoren bzw. Tensoren — global konstant wären. Da die Flächennormale — abgesehen vom "zweidimensionalen Euklidischen Falle" der <u>ebenen</u> Flächen — eine Funktion des jeweiligen Flächenpunktes $\mathrm{P}(q^1,q^2)$ ist, sind auch die "ergänzenden" Größen $\mathbb{E}_{(2)}$, $\overset{\langle 2\rangle}{\mathfrak{E}}_{(2)}$ (vom $\mathscr{V}_3$ her gesehen) Funktionen der Koordinaten und demgemäß $\partial\mathbb{E}_{(2)}/\partial q^k \neq 0$, $\partial \overset{\langle 2\rangle}{\mathfrak{E}}_{(2)}/\partial q^k \neq 0$.

Von letzteren Strukturen verschwinden aber die auf die jeweilige Tangentialebene entfallenden Anteile, die man mit dem planaren vierstufigen Einheitsoperator

$$\overset{\langle 4\rangle}{\mathbb{E}}_{(2)} = \sum_{\alpha=1}^{2} \mathfrak{g}^\alpha \circ \mathbb{E}_{(2)} \circ \mathfrak{g}_\alpha = \sum_{\alpha=1}^{2} \mathfrak{g}_\alpha \circ \mathbb{E}_{(2)} \circ \mathfrak{g}^\alpha = \sum_{\alpha=1}^{2} \mathfrak{e}_{\langle\alpha\rangle} \circ \mathbb{E}_{(2)} \circ \mathfrak{e}_{\langle\alpha\rangle} \tag{5.18e}$$

nach der — als sog. absolute Ableitung bezeichneten — Prozedur

---

[97] So vermittelt etwa $\mathbb{E}_{(2)}(\mathrm{P})$ per $\mathbb{a}_{(2)} = \mathbb{a}_{(2)} \cdot \mathbb{E}_{(2)}$ identische Abbildungen planarer Vektoren in der an P gelegten Tangentialebene usw.

$$\frac{\partial}{\partial q^k}\left[\mathbb{E}_{(2)}, \overset{<2>}{\mathcal{E}}_{(2)}\right] \equiv \overset{<4>}{\mathbb{E}}_{(2)} \cdot\cdot \frac{\partial}{\partial q^k}\left[\mathbb{E}_{(2)}, \overset{<2>}{\mathcal{E}}_{(2)}\right] \tag{5.18f}$$

erzeugt, womit die für im dreidimensionalen Euklidischen Raum geltenden Aussagen $\partial\mathbb{E}/\partial q^k = 0$, $\partial\mathcal{E}/\partial q^k = 0$ im Satz (von Ricci) vom Verschwinden der absoluten Ableitungen der (lokal–planaren) Größen $\mathbb{E}_{(2)}$, $\overset{<2>}{\mathcal{E}}_{(2)}$ im jeweiligen Euklidischen Tangentialraum $\mathscr{V}_2(P)$ ihr Analogon haben (vgl. (5.53a), insbesondere aber (6.68b)).

Auch betreffend die

5.3 Koordinatenableitungen der Basisvektoren

geht man - begrifflich am einfachsten - von der "Einbettung der Fläche" in den dreidimensionalen Euklidischen Raum, d. h. von der Möglichkeit aus, die Koordinatenableitungen der Basisvektoren $\langle \mathfrak{g}_1, \mathfrak{g}_2, \mathfrak{n} \rangle$ bzw. $\langle \mathfrak{g}^1, \mathfrak{g}^2, \mathfrak{n} \rangle$ wiederum in Termen der Basisvektoren ausdrücken zu können. Man benutzt also im Sinne z. B. von (2.41a) die Darstellungen

$$\frac{\partial \mathfrak{g}_j}{\partial q^k} = \mathfrak{g}_j \cdot \mathbf{\Gamma}_{[k]}\ , \ k = 1,2,\ j = 1...3, \tag{5.19}$$

mit $j = 1,2$ und $\mathfrak{g}^3 = \mathfrak{g}_3 = \mathfrak{n}$, die zunächst nur besagen, daß die Änderung der Basisvektoren lineare Funktionen der Koordinatendifferentiale sein sollen, zerlegt $\mathbf{\Gamma}_{[k]}$ in der Form

$$\begin{aligned}\mathbf{\Gamma}_{[k]} &\hat{=} \begin{pmatrix}\Gamma_{11k} & \Gamma_{21k} & \Gamma_{n1k}\\ \Gamma_{12k} & \Gamma_{22k} & \Gamma_{n2k}\\ \Gamma_{1nk} & \Gamma_{2nk} & \Gamma_{nnk}\end{pmatrix}_{\langle \mathfrak{g}^1, \mathfrak{g}^2, \mathfrak{n}\rangle} \equiv \mathbb{E}\cdot\mathbf{\Gamma}_{[k]}\cdot\mathbb{E} = (\mathbb{E}_{(2)} + \mathfrak{n}\circ\mathfrak{n})\cdot\mathbf{\Gamma}_{[k]}\cdot(\mathbb{E}_{(2)} + \mathfrak{n}\circ\mathfrak{n})\\ &= \mathbb{E}_{(2)}\cdot\mathbf{\Gamma}_{[k]}\cdot\mathbb{E}_{(2)} + \mathfrak{n}\circ(\mathfrak{n}\cdot\mathbf{\Gamma}_{[k]}\cdot\mathbb{E}_{(2)}) + (\mathbb{E}_{(2)}\cdot\mathbf{\Gamma}_{[k]}\cdot\mathfrak{n})\circ\mathfrak{n} + (\mathfrak{n}\cdot\mathbf{\Gamma}_{[k]}\cdot\mathfrak{n})\mathfrak{n}\circ\mathfrak{n}\\ &\equiv \mathbf{\Gamma}_{[k](2)} + \mathfrak{n}\circ\overset{*}{\mathbf{k}}_{[k](2)} + \mathbf{k}_{[k](2)}\circ\mathfrak{n} + \Gamma_{nnk}\mathfrak{n}\circ\mathfrak{n}\end{aligned} \tag{5.19a}$$

unter Benutzung der lokal planaren Größen

$$\mathbf{\Gamma}_{[k](2)} = \sum_{i,j=1}^{2} \Gamma_{ijk}\, \mathfrak{g}^j \circ \mathfrak{g}^i \hat{=} \begin{pmatrix}\Gamma_{11k} & \Gamma_{21k}\\ \Gamma_{12k} & \Gamma_{22k}\end{pmatrix}_{\langle \mathfrak{g}^1, \mathfrak{g}^2\rangle}\ , \ k = 1,2, \tag{5.19b}$$

$$\overset{*}{\mathbf{k}}_{[k](2)} \equiv \mathfrak{n}\cdot\mathbf{\Gamma}_{[k]}\cdot\mathbb{E}_{(2)} \equiv \sum_{j=1}^{2}\Gamma_{ink}\, \mathfrak{g}^i \hat{=} (\Gamma_{1nk}, \Gamma_{2nk})_{\langle \mathfrak{g}^j\rangle}\ , \ k = 1,2, \tag{5.19c}$$

$$\mathbf{k}_{[k](2)} \equiv \mathbb{E}_{(2)}\cdot\mathbf{\Gamma}_{[k]}\cdot\mathfrak{n} = \sum_{j=1}^{2}\Gamma_{nik}\, \mathfrak{g}^i \hat{=} (\Gamma_{n1k}, \Gamma_{n2k})_{\langle \mathfrak{g}^j\rangle}\ , \ k = 1,2, \tag{5.19d}$$

stellt zunächst

$$\Gamma_{nnk} = 0\ , \quad \overset{*}{\mathbf{k}}_{[k](2)} = -\,\mathbf{k}_{[k](2)} \tag{5.20a,b}$$

fest[98] und behält anstelle von (5.19a) detaillierter

$$\boldsymbol{\Gamma}_{[k]} = \boldsymbol{\Gamma}_{[k](2)} + \mathbf{k}_{[k](2)} \circ \mathbf{n} - \mathbf{n} \circ \mathbf{k}_{[k](2)} , \tag{5.20c}$$

$$\frac{\partial \mathbf{g}_j}{\partial q^k} \overset{(5.19)}{=} \mathbf{g}_j \cdot \boldsymbol{\Gamma}_{[k]} \overset{(5.20c)}{=} \mathbf{g}_j \cdot \boldsymbol{\Gamma}_{[k](2)} + (\mathbf{g}_j \cdot \mathbf{k}_{[k](2)})\mathbf{n} , \quad j,k = 1,2 \tag{5.20d}$$

$$\frac{\partial \mathbf{n}}{\partial q^k} \overset{(5.19)}{=} \mathbf{n} \cdot \boldsymbol{\Gamma}_{[k]} \overset{(5.19a,\,20c)}{=} - \mathbf{k}_{[k](2)} , \tag{5.20e}$$

wobei die Elemente der planaren Operatoren $\boldsymbol{\Gamma}_{[k](2)}$, $\mathbf{k}_{[k](2)}$ analog (2.42c) auch die Ableitungen der Gradientenvektoren festlegen. Setzt man nämlich vorerst mit entsprechenden planaren Größen $\tilde{\boldsymbol{\Gamma}}_{[k](2)}$, $\tilde{\mathbf{k}}_{[k](2)}$ analog (5.20d),

$$\frac{\partial \mathbf{g}^j}{\partial q^k} = \mathbf{g}^j \cdot \tilde{\boldsymbol{\Gamma}}_{[k](2)} + (\mathbf{g}^j \cdot \tilde{\mathbf{k}}_{[k](2)})\mathbf{n} , \quad j,k = 1,2 , \tag{5.21a}$$

so folgen aus

$$\frac{\partial}{\partial q^k}(\mathbf{g}_i \cdot \mathbf{g}^j) \equiv 0 = \frac{\partial \mathbf{g}_i}{\partial q^k} \cdot \mathbf{g}^j + \mathbf{g}_i \cdot \frac{\partial \mathbf{g}^j}{\partial q^k} \overset{(5.20d,\,21a)}{=} \mathbf{g}_i \cdot (\boldsymbol{\Gamma}_{[k](2)} + \tilde{\boldsymbol{\Gamma}}^T_{[k](2)})\mathbf{g}^j, \quad i,j,k = 1,2$$

einerseits

$$\tilde{\boldsymbol{\Gamma}}_{[k](2)} = - \boldsymbol{\Gamma}^T_{[k](2)} , \quad k = 1,2 \tag{5.21b}$$

sowie aus $\frac{\partial}{\partial q^k}(\mathbf{n} \cdot \mathbf{g}^j) = 0 = \frac{\partial \mathbf{n}}{\partial q^k} \cdot \mathbf{g}^j + \mathbf{n} \cdot \frac{\partial \mathbf{g}^j}{\partial q^k} \overset{(5.20e,\,21a)}{=} \mathbf{g}^j \cdot (\tilde{\mathbf{k}}_{[k](2)} - \mathbf{k}_{[k](2)}) , \quad j,k = 1,2$

desweiteren

$$\tilde{\mathbf{k}}_{[k](2)} = \mathbf{k}_{[k](2)} \tag{5.21c}$$

und demgemäß anstelle von (5.21a) konkreter

$$\frac{\partial \mathbf{g}^j}{\partial q^k} \overset{(5.21a,b,c)}{=} \underline{- \mathbf{g}^j \cdot \boldsymbol{\Gamma}^T_{[k](2)}} + (\mathbf{g}^j \cdot \mathbf{k}_{[k](2)})\mathbf{n} , \quad j,k = 1,2 , \tag{5.21d}$$

wobei übrigens der planare Anteil (gestrichelt) die Analogie zu (2.42c) erkennen läßt.

Bei dem Versuch, die Γ-Werte mittels (2.37) durch Ableitungen der metrischen Fundamentalgrößen g_{jk} $(j,k = 1,2)$ ausdrücken zu wollen, stellt man nun allerdings fest, daß dies nur für die Komponenten Γ_{ijk} (mit $i,j,k = 1,2$) der beiden planaren Strukturen $\boldsymbol{\Gamma}_{[k](2)}$, $k = 1,2$ möglich ist. Aus der - analog (2.35a) auch hier erhobenen Forderung

$$\partial \mathbf{g}_1 / \partial q^2 = \partial \mathbf{g}_2 / \partial q^1 \tag{5.22a}$$

---

98) und zwar wegen der aus $\mathbf{n}^2 = 1$ hervorgehenden Identität

$$\mathbf{n} \cdot \frac{\partial \mathbf{n}}{\partial q^k} \equiv 0 \overset{(5.19)}{=} \mathbf{n} \cdot (\mathbf{n} \cdot \boldsymbol{\Gamma}_{[k]}) \overset{(5.19a)}{=} \Gamma_{nnk}$$

sowie wegen $\mathbf{n} \cdot \mathbf{g}_j = 0$, $j = 1,2$ und danach

$$\frac{\partial}{\partial q^k}(\mathbf{n} \cdot \mathbf{g}_j) \equiv 0 = \frac{\partial \mathbf{n}}{\partial q^k} \cdot \mathbf{g}_j + \mathbf{n} \cdot \frac{\partial \mathbf{g}_j}{\partial q^k} \overset{(5.19,19a)}{=} (\mathbf{k}^*_{[k](2)} + \mathbf{k}_{[k](2)}) \cdot \mathbf{g}_j , \quad j,k = 1,2,$$

mit der Folgerung $\mathbf{k}^*_{[k](2)} = - \mathbf{k}_{[k](2)}$

und damit

$$\partial \mathfrak{g}_j / \partial q^k = \partial \mathfrak{g}_k / \partial q^j \ , \quad j,k = 1,2 \ , \tag{5.22b}$$

mit der - bis auf in den Koordinatendifferentialen von höherer als zweiter Ordnung kleine Glieder - ausgedrückt wird, daß im dreidimensionalen Euklidischen Vektorraum registrierte geschlossene infinitesimale (Koordinaten-)Linienzüge auf der Fläche den gerichteten Umfang Null aufweisen sollen[99], ergibt sich zwar unter Benutzung von (5.20c)

$$\mathfrak{g}_j \cdot \mathbf{\Gamma}_{[k](2)} + (\mathfrak{g}_j \cdot \mathbf{k}_{[k](2)}) \mathbb{n} = \mathfrak{g}_k \cdot \mathbf{\Gamma}_{[j](2)} + (\mathfrak{g}_k \cdot \mathbf{k}_{[j](2)}) \mathbb{n} \ , \tag{5.22c}$$

d. h. - man zerlege in planare und flächennormale Anteile -

$$\mathfrak{g}_j \cdot \mathbf{\Gamma}_{[k](2)} \cdot \mathfrak{g}_i \equiv \Gamma_{ijk} = \mathfrak{g}_k \cdot \mathbf{\Gamma}_{[j](2)} \cdot \mathfrak{g}_i = \Gamma_{ikj} \ , \ i,j,k = 1,2 \ , \tag{5.22d}$$

sowie

$$\mathfrak{g}_j \cdot \mathbf{k}_{[k](2)} = \Gamma_{njk} \equiv \mathfrak{g}_k \cdot \mathbf{k}_{[j](2)} = \Gamma_{nkj} \ , \ j,k = 1,2 \ , \tag{5.22e}$$

also Symmetrie der Γ-Symbole hinsichtlich der beiden hinteren Indizes, jedoch kann man nun nur für die in (5.22d) aufscheinenden sechs Größen Γ_{ijk}, $i,j,k = 1,2$ nach (2.36) analoger Prozedur die zu (2.37) analoge Feststellung

$$\Gamma_{ijk} \equiv \Gamma_{ikj} \left[= \mathfrak{g}_i \cdot \frac{\partial \mathfrak{g}_j}{\partial q^k} = \frac{\partial \mathbb{r}}{\partial q^i} \cdot \frac{\partial^2 \mathbb{r}}{\partial q^j \partial q^k} \right] = \frac{1}{2} \left[\frac{\partial g_{ij}}{\partial q^k} + \frac{\partial g_{ik}}{\partial q^j} - \frac{\partial g_{jk}}{\partial q^i} \right] \ i,j,k = 1,2 \tag{5.23}$$

treffen[100], mit der dann analog (2.38c) noch

$$\sum_{\alpha=1}^{2} \mathfrak{g}^{\alpha} \cdot \frac{\partial \mathfrak{g}_{\alpha}}{\partial q^k} = \sum_{\alpha=1}^{2} \Gamma^{\alpha}_{\ .\alpha k} \equiv \sum_{\alpha=1}^{2} \Gamma^{\alpha}_{\ .k\alpha} = \frac{\partial}{\partial q^k} (\ln \sqrt{g_{(2)}}) \ , \quad \Gamma^{j}_{\ .ik} = \sum_{\mu=1}^{2} g^{j\mu} \Gamma_{\mu ik} \tag{5.23c,d}$$

identifiziert werden kann.

---

[99] Ein mit $\mathfrak{g}_1 = \partial \mathbb{r} / \partial q^1$, $\mathfrak{g}_2 = \partial \mathbb{r} / \partial q^2$ zuzüglich des Schwarzschen Vertauschungssatzes überprüfbarer Befund.

[100] Die für die Verifizierung von (5.23) mittels einer zu (2.40ff) analogen Kompakt—Notation erforderlichen Aussagen sind, daß

1) die durch $\partial \mathbb{E}_{(2)} / \partial q^k$ bezeichnete (durch (5.18f) definierte) sog. "absolute Ableitung" der (lokal—)planaren Einheitsgröße $\mathbb{E}_{(2)}$ verschwinden muß und

2) der (lokal—)planare Anteil der Aussage (5.22a), der sich in

$$\sum_{j=1}^{2} \mathfrak{g}^j \times \mathbf{\Gamma}_{[j](2)} = - \overset{\langle 2 \rangle}{\mathfrak{E}}_{(2)} \cdot\cdot \sum_{j=1}^{2} \mathfrak{g}^j \circ \mathbf{\Gamma}_{[j](2)} = 0 \tag{5.23a}$$

niederschlägt und den Sachverhalt ausdrückt, daß das Verschwinden gerichteter geschlossener infinitesimaler (Koordinaten—)Linienzüge auch im jeweiligen (Euklidischen) Tangentialraum $\mathcal{V}_2(P)$ registriert werden können soll. Der flächennormale Anteil von (5.22a) führt auf die von (5.22e) allein verbleibende nichttriviale Aussage

$$\mathfrak{g}_1 \cdot \mathbf{k}_{[2](2)} = \mathfrak{g}_2 \cdot \mathbf{k}_{[1](2)} \tag{5.23b}$$

Für die wegen $\mathfrak{g}_1\cdot\mathbf{k}_{[2](2)} \overset{(5.23b)}{=} \mathfrak{g}_2\cdot\mathbf{k}_{[1](2)}$ insgesamt drei Skalare

$$-\mathfrak{g}_1\cdot\frac{\partial\mathbf{n}}{\partial q^1} \overset{101)}{=} \frac{1}{\sqrt{g_{(2)}}}\Big[\mathfrak{g}_1\mathfrak{g}_2\frac{\partial\mathfrak{g}_1}{\partial q^1}\Big] = \frac{1}{\sqrt{g_{(2)}}}\Big[\frac{\partial\mathbf{r}}{\partial q^1}\,\frac{\partial\mathbf{r}}{\partial q^2}\,\frac{\partial^2\mathbf{r}}{(\partial q^1)^2}\Big] \equiv \mathbf{n}\cdot\frac{\partial\mathfrak{g}_1}{\partial q^1} \overset{(5.20d)}{=} \mathfrak{g}_1\cdot\mathbf{k}_{[1](2)} \overset{(5.19d)}{=} \Gamma_{n11}\ (=k_{11}) \qquad (5.24a)$$

$$-\mathfrak{g}_2\cdot\frac{\partial\mathbf{n}}{\partial q^2} \overset{22)}{=} \frac{1}{\sqrt{g_{(2)}}}\Big[\mathfrak{g}_1\mathfrak{g}_2\frac{\partial\mathfrak{g}_2}{\partial q^2}\Big] = \frac{1}{\sqrt{g_{(2)}}}\Big[\frac{\partial\mathbf{r}}{\partial q^1}\,\frac{\partial\mathbf{r}}{\partial q^2}\,\frac{\partial^2\mathbf{r}}{(\partial q^2)^2}\Big] \equiv \mathbf{n}\cdot\frac{\partial\mathfrak{g}_2}{\partial q^2} \overset{(5.20d)}{=} \mathfrak{g}_2\cdot\mathbf{k}_{[2](2)} \overset{(5.19d)}{=} \Gamma_{n22}\ (=k_{22}), \qquad (5.24b)$$

$$-\mathfrak{g}_1\cdot\frac{\partial\mathbf{n}}{\partial q^2} \overset{22)}{=} \frac{1}{\sqrt{g_{(2)}}}\Big[\mathfrak{g}_1\mathfrak{g}_2\frac{\partial\mathfrak{g}_1}{\partial q^2}\Big] = \frac{1}{\sqrt{g_{(2)}}}\Big[\frac{\partial\mathbf{r}}{\partial q^1}\,\frac{\partial\mathbf{r}}{\partial q^2}\,\frac{\partial^2\mathbf{r}}{\partial q^1\partial q^2}\Big] \overset{(5.20d)}{=} \mathfrak{g}_1\cdot\mathbf{k}_{[2](2)}$$
$$\overset{(5.19d)}{=} \Gamma_{n12}\ (=k_{12}) \overset{102)}{\equiv} \frac{1}{\sqrt{g_{(2)}}}\Big[\mathfrak{g}_1\mathfrak{g}_2\frac{\partial\mathfrak{g}_2}{\partial q^1}\Big] = -\mathfrak{g}_2\cdot\frac{\partial\mathbf{n}}{\partial q^1}$$
$$\overset{(5.23b)}{=} \mathfrak{g}_2\cdot\mathbf{k}_{[1](2)} \overset{(5.19d)}{=} \Gamma_{n21}\ (=k_{21}), \qquad (5.24c)$$

die hinfort kürzer mit k_{jk}, $j,k = 1,2$ bezeichnet werden, ist eine explizite Darstellung in Termen der Koordinatenableitungen der metrischen Fundamentalgrößen g_{jk} $(j,k = 1,2)$ analog (5.23) nicht erreichbar, sondern nur noch für eine aus den Größen k_{jk} gebildete bilineare Invariante (die sog. Gaußsche Krümmung), wie die berühmte Gaußsche Gleichung (6.75) ausweist.

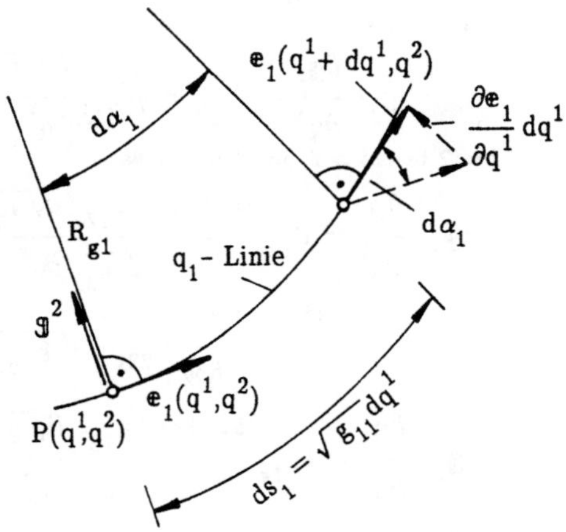

Abb. 5.4

---

101) Für diese Umformungen setze man $\mathbf{n} = \mathfrak{g}_1\times\mathfrak{g}_2/\sqrt{g_{(2)}}$, benutze also

$$\frac{\partial\mathbf{n}}{\partial q^k} = \frac{\partial}{\partial q^k}\Big[\frac{1}{\sqrt{g_{(2)}}}\Big]\mathfrak{g}_1\times\mathfrak{g}_2 + \frac{1}{\sqrt{g_{(2)}}}\Big[\frac{\partial\mathfrak{g}_1}{\partial q^k}\times\mathfrak{g}_2 + \mathfrak{g}_1\times\frac{\partial\mathfrak{g}_2}{\partial q^k}\Big]$$

und beachte $[\mathfrak{g}_j\mathfrak{g}_j\mathbf{x}] = 0$. In den in Termen der Ortsvektor–Ableitungen dargestellten Strukturen wurde $\mathfrak{g}_j = \partial\mathbf{r}/\partial q_j$, $j = 1,2$ benutzt.

102) Wegen (5.22d) ist $[\mathfrak{g}_1\mathfrak{g}_2\frac{\partial\mathfrak{g}_1}{\partial q^2}] = [\mathfrak{g}_1\mathfrak{g}_2\frac{\partial\mathfrak{g}_2}{\partial q^1}]$, also — wie schon in Fußn. 21 erwähnt — letztlich (5.22a) für die "Symmetriebedingung" $k_{12} = k_{21}$ verantwortlich.

Bevor dies recherchiert wird, sollen zunächst einige (flächen–)geometrische Interpretationen der Γ–Werte im Vordergrund stehen.

Zunächst die Werte der planaren Operatoren $\mathbf{\Gamma}_{[k](2)}$ in Betracht nehmend, setzt man

$$\frac{\partial}{\partial q^k}\left[\frac{\mathfrak{g}_j}{\sqrt{g_{jj}}}\right] dq^k \equiv \tilde{\boldsymbol{\psi}}_{j[k]}\sqrt{g_{kk}}\, dq^k \times \frac{\mathfrak{g}_j}{\sqrt{g_{jj}}}\ ,\ j,k = 1,2, \tag{5.25a}$$

indem man Änderungen etwa von Tangentenvektorbasis–Einheitsgrößen $(\mathfrak{e}_j = \mathfrak{g}_j/\sqrt{g_{jj}})$ längs der Koordinatenlinien als von reinen Drehungen $\tilde{\boldsymbol{\psi}}_{j[k]}$ (je Koordinatenlinienelementen–Einheit $\sqrt{g_{kk}}\Delta q^k = 1$) herrührend ansieht, bekommt so

$$\frac{\partial \mathfrak{g}_j}{\partial q^k} = \frac{\partial\sqrt{g_{jj}}\,/\partial q^k}{\sqrt{g_{jj}}}\,\mathfrak{g}_j + \sqrt{g_{kk}}\,\tilde{\boldsymbol{\psi}}_{j[k]}\times\mathfrak{g}_j\ ,\ j,k = 1,2\ , \tag{5.25b}$$

also
$$\mathfrak{g}_i\cdot\frac{\partial \mathfrak{g}_j}{\partial q^k} = \Gamma_{ijk} \overset{(5.25b)}{=} \frac{g_{ij}}{\sqrt{g_{jj}}}\frac{\partial\sqrt{g_{jj}}}{\partial q^k} + \sqrt{g_{kk}}\,\tilde{\boldsymbol{\psi}}_{j[k]}\cdot(\mathfrak{g}_j\times\mathfrak{g}_i)$$

$$= \frac{g_{ij}}{2g_{jj}}\frac{\partial g_{jj}}{\partial q^k} + \sqrt{g_{kk}}\,\tilde{\boldsymbol{\psi}}_{j[k]}\cdot(\mathfrak{g}_j\times\mathfrak{g}_i)\ ,\ i,j,k = 1,2 \tag{5.25c}$$

und demgemäß für i = j

$$\mathfrak{g}_j\cdot\frac{\partial \mathfrak{g}_j}{\partial q^k} = \Gamma_{jjk} = \sqrt{g_{jj}}\,\frac{\partial\sqrt{g_{jj}}}{\partial q^k} = \frac{1}{2}\frac{\partial g_{jj}}{\partial q^k}\ ,\ j,k = 1,2 \tag{5.26a}$$

und für i = 1, j = 2 bzw. i = 2, j = 1 mit (5.4a)

$$\mathfrak{g}_1\cdot\frac{\partial \mathfrak{g}_2}{\partial q^k} = \Gamma_{12k} \overset{(5.25c)}{=} \frac{g_{12}}{\sqrt{g_{22}}}\frac{\partial\sqrt{g_{22}}}{\partial q^k} - \sqrt{g_{(2)}}\,\sqrt{g_{kk}}\,\mathfrak{n}\cdot\tilde{\boldsymbol{\psi}}_{2[k]}$$

$$\overset{(5.26a)}{\equiv} \frac{g_{12}}{g_{22}}\Gamma_{22k} - \sqrt{g_{(2)}}\,\sqrt{g_{kk}}\,\mathfrak{n}\cdot\tilde{\boldsymbol{\psi}}_{2[k]} \tag{5.26b}$$

bzw.
$$\mathfrak{g}_2\cdot\frac{\partial \mathfrak{g}_1}{\partial q^k} = \Gamma_{21k} \overset{(5.25c)}{=} \frac{g_{12}}{\sqrt{g_{11}}}\frac{\partial\sqrt{g_{11}}}{\partial q^k} + \sqrt{g_{(2)}}\,\sqrt{g_{kk}}\,\mathfrak{n}\cdot\tilde{\boldsymbol{\psi}}_{1[k]}$$

$$= \frac{g_{12}}{g_{11}}\Gamma_{11k} + \sqrt{g_{(2)}}\,\sqrt{g_{kk}}\,\mathfrak{n}\cdot\tilde{\boldsymbol{\psi}}_{1[k]}\ , \tag{5.26c}$$

wonach die Γ–Werte mit zwei gleichen vorderen Indizes die Metrik–Änderungen längs der Koordinatenlinien und die Werte Γ_{12k} bzw. Γ_{21k} – neben Metrik–Änderungen – die Drehungen $\mathfrak{n}\cdot\tilde{\boldsymbol{\psi}}_{j[k]}$ der Basisvektoren $\mathfrak{g}_j$ um die Flächennormale ($\mathfrak{n}$) festlegen. Von diesen Drehungen haben die

Größen
$$\mathfrak{n}\cdot\tilde{\boldsymbol{\psi}}_{1[1]} \equiv k_{g1} \equiv 1/R_{g1} = \left[\Gamma_{211} - \frac{g_{12}}{g_{11}}\Gamma_{111}\right]/\sqrt{g_{11}g_{(2)}}$$

$$\overset{(5.23)}{=} \frac{1}{\sqrt{g_{(2)}}}\left[\frac{\partial}{\partial q^1}\left[\frac{g_{12}}{\sqrt{g_{11}}}\right] - \frac{\partial\sqrt{g_{11}}}{\partial q^2}\right] = -\frac{\sqrt{g_{(2)}}}{g_{11}\sqrt{g_{11}}}\,\mathfrak{g}_1\cdot\frac{\partial \mathfrak{g}^2}{\partial q^1} \tag{5.26d}$$

bzw.

$$-\mathbb{n}\cdot\tilde{\boldsymbol{\psi}}_{2[2]} \equiv k_{g2} \equiv 1/R_{g2} = \left[\Gamma_{122} - \frac{g_{12}}{g_{22}}\Gamma_{222}\right]/\sqrt{g_{22}g_{(2)}}$$

$$\overset{(5.23)}{=} -\frac{1}{\sqrt{g_{(2)}}}\left[\frac{\partial}{\partial q^2}\left[\frac{g_{12}}{\sqrt{g_{22}}}\right] - \frac{\partial\sqrt{g_{22}}}{\partial q^2}\right] = -\frac{\sqrt{g_{(2)}}}{g_{22}\sqrt{g_{22}}}\,\mathfrak{g}_2\cdot\frac{\partial\mathfrak{g}^1}{\partial q^2} \qquad (5.26e)$$

die Bedeutung der sog. geodätischen Krümmungen [2] der Koordinatenlinien, d. h. der reziproken Krümmungsradien R_{g1}, R_{g2}, derjenigen (ebenen) Kurven im Punkte P, die durch Projektion der Koordinatenlinien in die jeweilige Tangentialebene erhalten werden, [103] wie man auch unmittelbar an den Endformen der Identitäten—Abfolgen

$$\mathbb{n}\cdot\tilde{\boldsymbol{\psi}}_{1[1]} \overset{104)}{=} \left[\mathfrak{g}_2\cdot\frac{\partial\mathfrak{g}_1}{\partial q^1} - \frac{g_{12}}{g_{11}}\mathfrak{g}_1\cdot\frac{\partial\mathfrak{g}_1}{\partial q^1}\right]/\sqrt{g_{11}g_{(2)}} = \frac{g_{11}\mathfrak{g}_2 - g_{12}\mathfrak{g}_1}{\sqrt{g_{11}^3 g_{(2)}}}\cdot\frac{\partial\mathfrak{g}_1}{\partial q^1} \equiv$$

---

103) In Abb. 5.4 ist dies für eine q^1—Linie abzulesen, wo die Drehung ($d\alpha_1$) der Einheitstangente ($\mathbb{e}_1$) um die Flächennormale offenbar aus

$$d\alpha_1 = \frac{\partial\mathbb{e}_1}{\partial q^1}dq^1\cdot\frac{\mathfrak{g}^2}{|\mathfrak{g}^2|} = \frac{\partial}{\partial q^1}\left[\frac{\mathfrak{g}_1}{\sqrt{g_{11}}}\right]\cdot\frac{\mathfrak{g}^2}{\sqrt{g^{22}}}dq^1 \overset{(5.6)}{=} \underline{\frac{\partial\mathfrak{g}_1}{\partial q^1}\cdot\mathfrak{g}^2\frac{dq^1}{\sqrt{g_{11}g^{22}}}}$$

$$\overset{(5.19)}{=} \mathfrak{g}_1\cdot\boldsymbol{\Gamma}_{[1]}\cdot\mathfrak{g}^2\frac{dq^1}{\sqrt{g_{11}g^{22}}} \overset{(5.19b)}{=} \left[\Gamma_{111}g^{12} + \Gamma_{211}g^{22}\right]\frac{dq^1}{\sqrt{g_{11}g^{22}}}$$

$$\overset{(5.5c,e)}{=} \left[-\Gamma_{111}\frac{g_{12}}{g_{(2)}} + \Gamma_{211}\frac{g_{11}}{g_{(2)}}\right]\frac{dq^1}{g_{11}}\sqrt{g_{(2)}} = \frac{1}{\sqrt{g_{(2)}}}\left[\Gamma_{211} - \frac{g_{12}}{g_{11}}\Gamma_{111}\right]dq^1$$

$$\equiv \sqrt{g_{11}}\,(\mathbb{n}\cdot\tilde{\boldsymbol{\psi}}_{1[1]})dq^1 = (\mathbb{n}\cdot\tilde{\boldsymbol{\psi}}_{1[1]})ds_1$$ berechnet werden kann (vgl. (5.26c)).

Mit dem geodätischen Krümmungsradius R_{g1} der q^1—Linie ist $ds_1 = R_{g1}d\alpha_1$ und danach in der Tat $\mathbb{n}\cdot\tilde{\boldsymbol{\psi}}_{1[1]} = 1/R_{g1} = k_{g1}$. Die letztere Version von (5.26d) bekommt man unter Benutzung der unterstrichelten Formel:

$$\frac{d\alpha_1}{ds_1} \equiv k_{g1} = \frac{\partial\mathfrak{g}_1}{\partial q^1}\cdot\mathfrak{g}^2\frac{dq^1}{\sqrt{g_{11}g^{22}}}\frac{1}{\sqrt{g_{11}}dq^1} = \frac{\partial\mathfrak{g}_1}{\partial q^1}\cdot\mathfrak{g}^2\frac{1}{g_{11}\sqrt{g^{22}}}$$

$$\overset{(5.5d)}{=} \frac{\sqrt{g_{(2)}}}{g_{11}\sqrt{g_{11}}}\frac{\partial\mathfrak{g}_1}{\partial q^1}\cdot\mathfrak{g}^2 \equiv -\frac{\sqrt{g_{(2)}}}{g_{11}\sqrt{g_{11}}}\mathfrak{g}_1\cdot\frac{\partial\mathfrak{g}^2}{\partial q^1}.$$

Entsprechend ist (5.26e) zu veranschaulichen.

104) Man drücke in (5.26c) die Γ—Werte durch die Basisvektoren im Sinne von (5.23) aus

$$\equiv \frac{(\mathfrak{g}_1\cdot\mathfrak{g}_1)\mathfrak{g}_2-(\mathfrak{g}_1\cdot\mathfrak{g}_2)\mathfrak{g}_1}{\sqrt{g_{11}^3 g_{(2)}}}\cdot\frac{\partial\mathfrak{g}_1}{\partial q^1} \equiv^{105)} \frac{(\mathfrak{g}_1\times\mathfrak{g}_2)\times\mathfrak{g}_1}{\sqrt{g_{11}^3 g_{(2)}}}\cdot\frac{\partial\mathfrak{g}_1}{\partial q^1} \equiv^{106)} (\mathfrak{n}\times\mathfrak{e}_1)\cdot\frac{1}{g_{11}}\,\frac{\partial(\mathfrak{e}_1\sqrt{g_{11}})}{\partial q^1} =^{107)}$$
$$= (\mathfrak{n}\times\mathfrak{e}_1)\cdot\frac{1}{\partial s_1} \tag{5.26f}$$

bzw. entsprechend

$$\mathfrak{n}\cdot\tilde{\boldsymbol{\psi}}_{2[2]} = -\left[\mathfrak{g}_1\cdot\frac{\partial\mathfrak{g}_2}{\partial q^2}-\frac{g_{12}}{g_{22}}\mathfrak{g}_2\cdot\frac{\partial\mathfrak{g}_2}{\partial q^2}\right]/\sqrt{g_{22}g_{(2)}} = (\mathfrak{n}\times\mathfrak{e}_2)\cdot\frac{\partial\mathfrak{e}_2}{\partial s_2} \tag{5.26g}$$

ablesen kann,[108] wobei hier die geodätischen Krümmungen, d. h. die Drehungen um die Flächennormale ($\mathfrak{n}$) als positiv anfallend angesehen worden sind, sofern die jeweiligen Krümmungsmittelpunkte, von P aus gesehen, "in Richtung" von $\mathfrak{g}^2$ bzw. von $\mathfrak{g}^1$ liegen (Abb. 5.5).

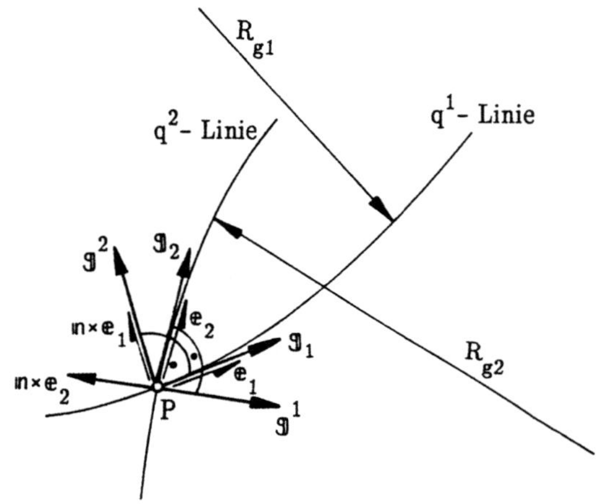

Abb. 5.5

Für orthogonale Parameterliniennetze $q_{\langle j\rangle}$, $j = 1,2$ mit $g_{\langle 12\rangle} = 0$ und damit $g_{(2)} = g_{\langle 11\rangle}g_{\langle 22\rangle}$ folgen anstelle von (5.26d,e) einfacher

$$k_{g\langle 1\rangle} = 1/R_{g\langle 1\rangle} =$$
$$= -\frac{1}{\sqrt{g_{\langle 22\rangle}}}\,\frac{1}{\sqrt{g_{\langle 11\rangle}}}\,\frac{\partial\sqrt{g_{\langle 11\rangle}}}{\partial q_{\langle 2\rangle}} =$$
$$= -\frac{1}{\sqrt{g_{\langle 22\rangle}}}\,\frac{\partial}{\partial q_{\langle 2\rangle}}(\ln\sqrt{g_{\langle 11\rangle}}) \equiv$$
$$\equiv -\frac{\partial}{\partial s_{\langle 1\rangle}}(\ln\sqrt{g_{\langle 11\rangle}}) = -\frac{1}{2}\,\frac{1}{g_{\langle 11\rangle}}\,\frac{\partial g_{\langle 11\rangle}}{\partial s_{\langle 2\rangle}}\,,\quad k_{g\langle 2\rangle} = 1/R_{g\langle 2\rangle} = -\frac{1}{\sqrt{g_{\langle 11\rangle}}}\,\frac{\partial}{\partial q_{\langle 1\rangle}}(\ln\sqrt{g_{\langle 22\rangle}}) =$$
$$\equiv -\frac{\partial}{\partial s_{\langle 1\rangle}}(\ln\sqrt{g_{\langle 22\rangle}}) = -\frac{1}{2}\,\frac{1}{g_{\langle 22\rangle}}\,\frac{\partial g_{\langle 22\rangle}}{\partial s_{\langle 1\rangle}}\,. \tag{5.26j,k}$$

---

105) Man benutze den Entwicklungssatz für zweifache Vektorprodukte

106) Man benutze (5.4) sowie $\mathfrak{e}_1 = \mathfrak{g}_1/|\mathfrak{g}_1| = \mathfrak{g}_1/\sqrt{g_{11}}$ und

107) $\partial(..)/\partial s_1 = [\partial(..)/\partial q^1]/\sqrt{g_{11}}$

108) Unter Benutzung von $\overset{\langle 2\rangle}{\mathfrak{E}}_{(2)}$ nach (5.10a) sind auch die Formulierungen

$$\mathfrak{n}\cdot\tilde{\boldsymbol{\psi}}_{1[1]} = k_{g1} = \mathfrak{e}_1\cdot\overset{\langle 2\rangle}{\mathfrak{E}}_{(2)}\cdot\frac{\partial\mathfrak{e}_1}{\partial s_1} \tag{5.26h}$$

$$\mathfrak{n}\cdot\tilde{\boldsymbol{\psi}}_{2[2]} = -k_{g2} = -\mathfrak{e}_2\cdot\overset{\langle 2\rangle}{\mathfrak{E}}_{(2)}\cdot\frac{\partial\mathfrak{e}_2}{\partial s_2} \tag{5.26i}$$

erreichbar

Linien mit verschwindender geodätischer Krümmung werden als <u>geodätische Linien</u> bezeichnet.
Wird also per

$$\hat{\mathbb{r}}_g(P) = \mathbb{r}_g(q_g) = \mathbb{r}\left(q^1(q_g), q^2(q_g)\right) \tag{5.27a}$$

eine geodätische Linie dargestellt, so darf die Änderung deren Tangenten—Einheitsvektors

$$\mathbb{e}_g = \frac{d\mathbb{r}_g/dq_g}{|d\mathbb{r}_g/dq_g|} =^{109)} \frac{d\mathbb{r}_g}{ds_g} \overset{(5.27a)}{=} \sum_{j=1}^{2} \frac{\partial \mathbb{r}}{\partial q^j} \frac{dq^j}{ds_g} = \sum_{j=1}^{2} \mathbb{g}_j \frac{dq^j}{ds_g} \tag{5.27b}$$

keine Komponente in Richtung $\mathbb{n}\times\mathbb{e}_g$ aufweisen[110].
Aus dieser Forderung, d. h. aus

$$(\mathbb{n}\times\mathbb{e}_g)\cdot \frac{d\mathbb{e}_g}{ds_g} =^{111)} -\mathbb{e}_g \cdot \overset{\langle 2\rangle}{\mathbb{E}}_{(2)} \cdot \frac{d\mathbb{e}_g}{ds_g} = 0\,, \tag{5.28a}$$

entwickelt man die Differentialgleichungen der in Parameterdarstellung $q^j = q^j(q_g)$, $j = 1{,}2$ beschriebenen geodätischen Linien. Da wegen (5.28a) und wegen $|\mathbb{e}_g| = 1$ und damit $\mathbb{e}_g\cdot d\mathbb{e}_g/ds_g = 0$ die Änderungsgröße $d\mathbb{e}_g/ds_g$ parallel zur Flächennormalen sein muß, ist (5.28a) der Forderung

$$\mathbb{n}\times\frac{d\mathbb{e}_g}{ds_g} \overset{(5.27b)}{=} \mathbb{n}\times\left[\sum_{j,k=1}^{2} \frac{\partial \mathbb{g}_j}{\partial q^k}\frac{dq^j}{ds_g}\frac{dq^k}{ds_g} + \sum_{j=1}^{2} \mathbb{g}_j \frac{d^2q^j}{ds_g^2}\right] \equiv \frac{d\mathbb{e}_g}{ds_g}\cdot \mathbb{E}_{(2)} = -\overset{\langle 2\rangle}{\mathbb{E}}_{(2)} \cdot \frac{d\mathbb{e}_g}{ds_g} = 0 \tag{5.29a}$$

gleichwertig bzw. — man benutze (5.20d) — der Forderung

$$\mathbb{n}\times\left[\sum_{j,k=1}^{2} \mathbb{g}_j\cdot \mathbb{\Gamma}_{[k](2)} \frac{dq^j}{ds_g}\frac{dq^k}{ds_g} + \sum_{j=1}^{2} \mathbb{g}_j \frac{d^2q^j}{ds_g^2}\right] \equiv^{112)} \tag{5.29b}$$

---

109) mit $ds_g = |d\mathbb{r}_g/dq_g|\,dq_g = \sqrt{g_{gg}}\,dq_g$

110) also $\mathbb{e}_g$ bei Fortschritt längs der geodätischen Linie nicht um die Normale $(\mathbb{n})$ gedreht werden.

111) in Termen von $d\mathbb{r}/ds_g = \mathbb{g}_g$ auch durch

$$(\mathbb{n}\times\mathbb{g}_g)\cdot \frac{d\mathbb{g}_g}{dq_g} = 0 \text{ bzw. } (\mathbb{n}\times\mathbb{g}_g)\cdot \frac{d\mathbb{g}_g}{ds_g} = 0 \text{ bzw. — wegen (5.12c,d) — durch}$$

$$-\mathbb{g}_g\cdot \overset{\langle 2\rangle}{\mathbb{E}}_{(2)} d\mathbb{g}_g/dq_g = 0 \text{ bzw. } -\mathbb{g}_g\cdot \overset{\langle 2\rangle}{\mathbb{E}}_{(2)} d\mathbb{g}_g/ds_g = 0 \tag{5.28b,c}$$

darzustellen.

112) Man benutze $\mathbb{E}_{(2)}\cdot \partial\mathbb{g}_j/\partial q^k = \sum_{i=1}^{2} \Gamma_{ijk}\mathbb{g}^i = \sum_{j=1}^{2} \Gamma^{i\cdot\cdot}_{\cdot jk}\,\mathbb{g}_i$

mit $\Gamma^{i\cdot\cdot}_{\cdot jk} = \sum_{\mu=1}^{2} g^{i\mu}\Gamma_{\mu jk}$ im Sinne von (2.33a,34a) für zwei Dimensionen.

$$\equiv \mathbb{n}\times\left[\sum_{j=1}^{2}\mathfrak{g}_j\frac{d^2q^j}{ds_g^2}+\sum_{i,j,k=1}^{2}\Gamma^{i}_{.jk}\,\mathfrak{g}_i\frac{dq^j}{ds_g}\frac{dq^k}{ds_g}\right]\equiv^{113)}\mathbb{n}\times\sum_{j=1}^{2}\mathfrak{g}_j\left[\frac{d^2q^j}{ds_g^2}+\sum_{i,k=1}^{2}\Gamma^{j}_{.ik}\frac{dq^i}{ds_g}\frac{dq^k}{ds_g}\right]=0\,,$$

weswegen für $q^j(q_g)$, $j = 1,2$ die Differentialgleichungen

$$\frac{d^2q^j}{ds_g^2}+\sum_{i,k=1}^{2}\begin{Bmatrix}i\ k\\ j\end{Bmatrix}\frac{dq^i}{ds_g}\frac{dq^k}{ds_g}=0\,,\quad j=1,2\,,\quad \begin{Bmatrix}i\ k\\ j\end{Bmatrix}=\Gamma^{j..}_{.ik} \tag{5.29c}$$

gelten müssen [2]. Die Projektionen geodätischer Linienelemente in die jeweilige Tangentialebene sind (auch "in zweiter Ordnung") Geraden, weswegen der auf einer Fläche zurückzulegende "kürzeste Verbindungsweg" zwischen zwei Flächenpunkten $P_A(q_A^1,q_A^2)$, $P_E(q_E^1,q_E^2)$ eine geodätische Linie ist. Folgerichtig identifiziert man denn auch (zwar etwas mühsamer) die Differentialgleichungen (5.29c) als Eulersche Differentialgleichungen des Variationsproblems

$$\Delta l_{A-E}=\int_{P_A}^{P_E}ds=\int_{P_A}^{P_E}|d\mathbb{r}|=\int_{P_A}^{P_E}\sqrt{\sum_{\alpha,\beta=1}^{2}g_{\alpha\beta}dq^\alpha dq^\beta}=$$

$$=\int_{P_A}^{P_B}\sqrt{\sum_{\alpha,\beta=1}^{2}g_{\alpha\beta}\dot q^\alpha\dot q^\beta}\,dq_g=\int_{P_A}^{P_B}L\,dq_g=\text{Extr.}\,,\quad \dot q^j=\frac{dq^j}{dq_g}\,, \tag{5.30a,b}$$

wie man mittels der Eulerschen Ableitungsprozedur (vgl. §7) erkennt.
Es sind

$$\frac{\partial L}{\partial q^j}=\frac{\displaystyle\sum_{\alpha,\beta=1}^{2}\frac{\partial g_{\alpha\beta}}{\partial g^j}\dot q^\alpha\dot q^\beta}{2\sqrt{\displaystyle\sum_{\alpha,\beta=1}^{2}g_{\alpha\beta}\,\dot q^\alpha\dot q^\beta}}\,,\qquad \frac{\partial L}{\partial\dot q^j}=\frac{\displaystyle\sum_{\alpha,\beta=1}^{2}g_{j\beta}\dot q^\beta}{\sqrt{\displaystyle\sum_{\alpha,\beta=1}^{2}g_{\alpha\beta}\,\dot q^\alpha\dot q^\beta}}\,,$$

und damit entstehen mittels

$$\frac{\partial L}{\partial q^j}-\frac{d}{dq_g}\frac{\partial L}{\partial\dot q^j}=0\,,\quad j=1,2$$

unter Benutzung von

$$\frac{d(\ )}{ds_g}=(\ )'=\frac{1}{\sqrt{g_{gg}}}(\ )^{\cdot}=\frac{1}{\sqrt{\displaystyle\sum_{\alpha,\beta=1}^{2}g_{\alpha\beta}\dot q^\alpha\dot q^\beta}}(\ )^{\cdot}$$

zunächst die Eulerschen Gleichungen

$$\sum_{\alpha,\beta=1}^{2}\frac{\partial g_{\alpha\beta}}{\partial q^j}q^{\alpha\prime}q^{\beta\prime}-2\frac{d}{ds_g}\left[\sum_{\beta=1}^{2}g_{j\beta}q^{\beta\prime}\right]=0\,,\quad j=1,2, \tag{5.30c}$$

die nach Ausdifferenzieren des zweiten Terms mit

113) man führe im zweiten Term Indexvertauschung $i \Leftrightarrow j$ durch

$$\frac{dg_{j\beta}}{ds_g} = \frac{1}{\sqrt{g_{gg}}}\frac{dg_{j\beta}}{dq_g} = \frac{1}{\sqrt{g_{gg}}}\sum_{\mu=1}^{2}\frac{dq^\mu}{dq_g}\frac{\partial g_{j\beta}}{\partial q^\mu} = \sum_{\mu=1}^{2}\frac{\partial g_{j\beta}}{\partial q^\mu}q^{\mu\prime}$$

desweiteren auf die Form

$$\frac{1}{2}\sum_{\alpha,\beta=1}^{2}\frac{\partial g_{\alpha\beta}}{\partial q^j}q^{\alpha\prime}q^{\beta\prime} - \sum_{\beta,\mu=1}^{2}\frac{\partial g_{j\beta}}{\partial q^\mu}q^{\beta\prime}q^{\mu\prime} \equiv^{114)} \frac{1}{2}\sum_{\alpha,\beta=1}^{2}\left[\frac{\partial g_{\alpha\beta}}{\partial q^j} - 2\frac{\partial g_{j\beta}}{\partial q^\alpha}\right]q^{\alpha\prime}q^{\beta} =$$

$$\equiv^{115)} \frac{1}{2}\sum_{\alpha,\beta=1}^{2}\left[\frac{\partial g_{\alpha\beta}}{\partial q^j} - \frac{\partial g_{j\beta}}{\partial q^\alpha} - \frac{\partial g_{j\alpha}}{\partial q^\beta}\right]q^{\alpha\prime}q^{\beta\prime} \overset{(5.23)}{=} -\sum_{\alpha,\beta=1}^{2}\Gamma_{j\alpha\beta}q^{\alpha\prime}q^{\beta\prime} \overset{(5.30c)}{=} \sum_{\beta=1}^{2}g_{j\beta}q^{\beta\prime\prime},$$

$$j = 1,2 \tag{5.30d}$$

gebracht werden können und schließlich in der Tat auf die Form (5.29b), wie man nach "Auflösen" der beiden Gleichungen (5.30d) nach den zweiten Ableitungen $\left(q^{\beta\prime\prime},\ \beta = 1,2\right)$ leicht verifiziert.
Weil längs einer geodätischen Linie

$$\frac{d\mathbb{e}_g}{ds_g} \overset{(5.29a)}{=} \lambda(\mathbb{e}_g,P)\mathbb{n} =^{116)} (\mathbb{e}_g\cdot\mathbb{K}_{(2)}\cdot\mathbb{e}_g)\mathbb{n} = k_{\langle\mathbb{e}_g,\mathbb{e}_g\rangle}\mathbb{n} \tag{5.31a}$$

bzw.

$$d\mathbb{e}_g \equiv \mathbb{e}_g(P') - \mathbb{e}_g(P) = \lambda\mathbb{n}ds_g \tag{5.31b}$$

gilt, also die Differenz der Tangenteneinheitsvektoren an zwei auf einer geodätischen Linie infinitesimal benachbarten Flächenpunkten (P,P') allein einen aus der Fläche herausweisenden Anteil aufweist, ist

$$\eth\mathbb{e}_g \equiv \mathbb{E}_{(2)}\cdot d\mathbb{e}_g = \mathbb{E}_{(2)}\cdot\left(\mathbb{e}(P') - \mathbb{e}(P)\right) = 0\,, \tag{5.31c}$$

was als spezielle Variante des Satzes von der (infinitesimalen) Parallelverschiebung (in diesem Falle des Tangenteneinheitsvektors $\mathbb{e}_g$) zu deuten ist. Ein in P befindlicher "lokal– planarer Beobachter", der hinsichtlich gerichteter Größen "wahrnehmungsfähig" ist nur insofern, als sie in die an P gelegte Tangentialebene fallen, ist der Meinung, daß sich der Tangentenvektor $\mathbb{e}_g$ beim Übergang von P nach P' nicht geändert habe, also "parallelverschoben" worden sei. Die Äquivalenz letzterer Aussage mit den Gln. (5.29c) erkennt man übrigens sogleich, indem man die zu (5.29c) führende Ausgangsgleichung

---

114) Man nehme im zweiten Term Indexänderung $\alpha \parallel \mu$ vor

115) Man benutze

$$2\sum_{(\alpha,\beta)}\frac{\partial g_{j\beta}}{\partial q^\alpha}q^{\alpha\prime}q^{\beta\prime} = \sum_{(\alpha,\beta)}\frac{\partial g_{j\beta}}{\partial q^\alpha}q^{\alpha\prime\beta\prime} + \sum_{(\alpha,\beta)}\frac{\partial g_{j\beta}}{\partial q^\alpha}q^{\alpha\prime}q^{\beta\prime}\,,$$

$$\equiv \sum_{(\alpha,\beta)}\left[\frac{\partial g_{j\beta}}{\partial q^\alpha} + \frac{\partial g_{j\alpha}}{\partial q^\beta}\right]q^{\alpha\prime}q^{\beta\prime}$$

indem man im zweiten Term Indexvertauschung $\alpha \Leftrightarrow \beta$ vornimmt.

116) Diese letztere Umformung setzt allerdings Kenntnis des sog. "Haupttensors" $\mathbb{K}_{(2)}$ voraus (vgl. die nächste Ziffer dieses Paragraphen), indem man aus (5.31a) zunächst

$$\lambda = \mathbb{n}\cdot\frac{d\mathbb{e}_g}{ds_g} \equiv \frac{d}{ds_g}(\mathbb{n}\cdot\mathbb{e}_g) - \frac{d\mathbb{n}}{ds_g}\cdot\mathbb{e}_g = -\mathbb{e}_g\cdot\frac{d\mathbb{n}}{ds_g}$$

– man beachte $\mathbb{n}\cdot\mathbb{e}_g = 0$ – und mit $\frac{d\mathbb{n}}{ds_g} = -\mathbb{e}_g\cdot\mathbb{K}_{(2)}$ (vgl. (5.35c)) schließlich in der Tat

$\lambda = \mathbb{e}_g\cdot(\mathbb{e}_g\cdot\mathbb{K}_{(2)}) = \mathbb{e}_g\cdot\mathbb{K}_{(2)}\cdot\mathbb{e}_g = k_{\langle\mathbb{e}_g,\mathbb{e}_g\rangle}$ auffindet.

(5.29a) vektoriell mit $\mathbb{n}$ multipliziert. Danach muß nämlich

$$-\mathbb{n}\times\left[\mathbb{n}\times\frac{d\mathbb{e}_g}{ds_g}\right]=\frac{d\mathbb{e}_g}{ds_g}-\left[\frac{d\mathbb{e}_g}{ds_g}\cdot\mathbb{n}\right]\mathbb{n}=\frac{d\mathbb{e}_g}{ds_g}\cdot(\mathbb{E}-\mathbb{n}\circ\mathbb{n})=\frac{d\mathbb{e}_g}{ds_g}\cdot\mathbb{E}_{(2)}\equiv\frac{\partial\mathbb{e}_g}{\partial s_g}=0 \quad (5.31d)$$

sein, was in der Tat durch (5.31c) ausgedrückt wird.

5.4 Haupttensor

Betr. die in (5.24) aufgelisteten drei Γ-Werte ist zunächst festzuhalten, daß man mittels Letzteren per

$$\mathbb{K}_{(2)}=\mathbb{K}=-\sum_{j=1}^{2}\mathfrak{g}^j\circ\frac{\partial\mathbb{n}}{\partial q^j}\overset{(5.20e)}{=}\sum_{j=1}^{2}\mathfrak{g}^j\circ\mathbf{k}_{[j](2)}\equiv$$

$$\equiv\sum_{j,k=1}^{2}(\mathfrak{g}_k\cdot\mathbf{k}_{[j](2)})\mathfrak{g}^j\circ\mathfrak{g}^k\overset{(5.24)}{=}\sum_{j,k=1}^{2}k_{jk}\mathfrak{g}^j\circ\mathfrak{g}^k \quad (5.32a)$$

einen - wegen $k_{12}=k_{21}$ nach (5.24c) - symmetrischen zweistufigen (lokal-)planaren Tensor, den sog. Haupttensor ($\mathbb{K}_{(2)}$ =[117] $\mathbb{K}$) der Fläche im Punkte P aufbauen kann, indem man bemerkt, daß

$$\mathbb{K}=-\sum_{j=1}^{2}\mathfrak{g}^j\circ\frac{\partial\mathbb{n}}{\partial q^j}\equiv-\sum_{j=1}^{2}\overset{*}{\mathfrak{g}}^j\circ\frac{\partial\mathbb{n}}{\partial\overset{*}{q}^j}\overset{118)}{=}-\sum_{j=1}^{2}\frac{\mathbb{e}_{\langle j\rangle}}{\sqrt{g_{\langle jj\rangle}}}\circ\frac{\partial\mathbb{n}}{\partial q_{\langle j\rangle}}=-\sum_{j=1}^{2}\mathbb{e}_{\langle j\rangle}\circ\frac{\partial\mathbb{n}}{\partial s_{\langle j\rangle}} \quad (5.32b)$$

eine von der Koordinatenwahl unabhängige Größe ist.

Letzteren Befund erkennt man einerseits formal, indem man im Sinne von (2.20d) $\mathfrak{g}^k=\sum_{j=1}^{2}\frac{\partial\varphi^k}{\partial\overset{*}{q}^j}\overset{*}{\mathfrak{g}}^j$ sowie im Sinne von (2.22c) $\frac{\partial\mathbb{n}}{\partial q^k}=\sum_{\beta=1}^{2}\frac{\partial\overset{*}{\varphi}^\beta}{\partial q^k}\frac{\partial\mathbb{n}}{\partial\overset{*}{q}^\beta}$ in $\sum_{k=1}^{2}\mathfrak{g}^k\circ\frac{\partial\mathbb{n}}{\partial q^k}$ einsetzt und schließlich (2.30b) bzw. (5.15d) beachtet, was zu dem "forminvarianten Befund"

---

117) der Index (2), der darauf hinweist, daß der Haupttensor in der jeweiligen Tangentialebene definiert ist, wird im Folgenden aus Raumgründen nicht mehr notiert. Für die dritte Version von (5.32a) benutze man

$$\mathbf{k}_{[j]}\equiv\mathbf{k}_{[j]}\cdot\mathbb{E}_{(2)}=\mathbf{k}_{[j]}\cdot\Sigma\mathfrak{g}_k\circ\mathfrak{g}^k=\Sigma(\mathbf{k}_{[j]}\cdot\mathfrak{g}_k)\mathfrak{g}^k$$

118) in der letzteren Darstellung bei Bezugnahme auf ein orthogonales Koordinatennetz $(q_{\langle 1\rangle}, q_{\langle 2\rangle})$ mit $\mathbb{e}_{\langle j\rangle}=(\partial\mathbb{r}/\partial q_j)/\sqrt{g_{\langle jj\rangle}}$ und $\partial/\partial s_{\langle j\rangle}=(1/\sqrt{g_{\langle jj\rangle}})\partial/\partial q_{\langle j\rangle}$, j = 1, (vgl. §2.4.1). Hiermit bekommt man anstelle von (5.32a) die Darstellung

$$\mathbb{K}=\sum_{j,k=1}^{2}k_{\langle jk\rangle}\mathbb{e}_{\langle j\rangle}\circ\mathbb{e}_{\langle k\rangle}\text{ mit }k_{\langle jk\rangle}=\mathbb{e}_{\langle j\rangle}\cdot\mathbb{K}_{(2)}\cdot\mathbb{e}_{\langle k\rangle}=\mathbb{e}_{\langle k\rangle}\cdot\frac{\partial\mathbb{n}}{\partial s_{\langle j\rangle}}$$

$$\equiv k_{\langle kj\rangle}=\mathbb{e}_{\langle j\rangle}\cdot\frac{\partial\mathbb{n}}{\partial s_{\langle k\rangle}},\ j,k=1,2 \quad (5.32c)$$

$$\sum_{k=1}^{2} \mathfrak{g}^{k} \circ \frac{\partial \mathfrak{n}}{\partial q^{k}} = \sum_{j,\beta=1}^{2} \left[\sum_{k=1}^{2} \frac{\partial \varphi^{k}}{\partial \overset{*}{q}^{j}} \frac{\partial \overset{*}{\varphi}^{\beta}}{\partial q^{k}} \right] \overset{*}{\mathfrak{g}}^{j} \circ \frac{\partial \mathfrak{n}}{\partial \overset{*}{q}^{\beta}} \overset{(5.15d)}{=} \sum_{j=1}^{2} \overset{*}{\mathfrak{g}}^{j} \circ \frac{\partial \mathfrak{n}}{\partial \overset{*}{q}^{j}} \tag{5.33a}$$

führt und solchermaßen aufzeigt, daß die nach der Prozedur $\sum_{k=1}^{2} \mathfrak{g}^{k} \circ \frac{\partial \mathfrak{n}}{\partial q^{k}}$ gebildete Größe unabhängig von der Koordinatenwahl ist, andererseits aber auch unter dem Gesichtspunkt, per

$$- d\mathfrak{n}_{P \to P'} = d\hat{\mathfrak{r}}_{P \to P'} \cdot \hat{\mathbb{K}}(P) \tag{5.33b}$$

eine lineare (lokal–planare) Abbildung $\hat{\mathbb{K}}(P) = \mathbb{K}(q^1,q^2)$ in P zu definieren, welche die (wegen $\mathfrak{n}^2 = 1$ und damit $\mathfrak{n} \cdot d\mathfrak{n}_{P \to P'} = 0$ jeweils lokal planare) Änderung $d\mathfrak{n}_{P \to P'}$ der an zwei infinitesimal benachbarten Flächenpunkten P,P' vorhandenen Einheitsnormalen mit dem Ortsvektor–Differential $d\hat{\mathfrak{r}}_{P \to P'}$ verknüpft. Da sowohl $\mathfrak{n}$ — und damit $d\mathfrak{n}_{P \to P'}$ — als auch $d\hat{\mathfrak{r}}_{P \to P'}$ koordinateninvariante Größen sind, muß der Operator $\mathbb{K}$ ebenfalls koordinateninvariant sein. Dies verdeutlicht die Darstellung

$$\mathbb{K} = - \nabla_{(2)} \circ \mathfrak{n} \tag{5.33c}$$

unter Benutzung des koordinateninvarianten (lokal planaren) Operators $\nabla_{(2)}$ (vgl. § 6.1), der koordinatenbezogen als

$$\nabla_{(2)} \equiv \mathbb{E}_{(2)} \cdot \nabla = \sum_{j=1}^{2} \mathfrak{g}^{j} \frac{\partial}{\partial q^{j}} \overset{119)}{\equiv} \sum_{j=1}^{2} \mathfrak{g}^{j} \nabla_{j} = \sum_{j=1}^{2} \frac{\mathfrak{e}_{\langle j \rangle}}{\sqrt{g_{\langle jj \rangle}}} \frac{\partial}{\partial q_{\langle j \rangle}} = \sum_{j=1}^{2} \mathfrak{e}_{\langle j \rangle} \frac{\partial}{\partial s_{\langle j \rangle}} \tag{5.34}$$

anfällt[120] (vgl. (6.4b)). Mit (5.33c) ist dann nämlich

$$d\mathfrak{n}_{P \to P'} \overset{(5.33b,c)}{=} \sum_{j=1}^{2} dq^{j}_{P \to P'} \frac{\partial \mathfrak{n}}{\partial q^{j}} \equiv \left[\sum_{\alpha=1}^{2} \mathfrak{g}_{\alpha} dq^{\alpha}_{P \to P'} \right] \cdot \left[\sum_{j=1}^{2} \mathfrak{g}^{j} \circ \frac{\partial \mathfrak{n}}{\partial q^{j}} \right] \equiv d\mathfrak{r}_{P \to P'} \cdot \nabla_{(2)} \circ \mathfrak{n} \tag{5.35a}$$

mit

$$d\mathfrak{r}_{P \to P'} = ds_{e} \mathfrak{e} \, , \quad d\mathfrak{n}_{P \to P'} = \left[\frac{\partial \mathfrak{n}}{\partial s} \right]_{\mathfrak{e}} ds_{e} \tag{5.35b}$$

Ausdruck von

$$\left[\frac{\partial \mathfrak{n}}{\partial s} \right]_{\mathfrak{e}} \equiv \mathfrak{e} \cdot \nabla_{(2)} \circ \mathfrak{n} \overset{(5.33c)}{=} - \mathfrak{e} \cdot \mathbb{K} \, , \tag{5.35c}$$

d. h. zu (3.15a) analoger Ausdruck des Satzes von der Richtungsableitung (in diesem Falle der Einheitsnormalen) auf der Fläche. Mit

$ds_j = \sqrt{g_{jj}}\, dq^j$. und $\mathfrak{e}_j \sqrt{g_{jj}} = \mathfrak{g}_j$ notiert man danach für Koordinatenableitungen der Normalen die schon aus (5.32b) ersichtliche Identität

$$\frac{\partial \mathfrak{n}}{\partial q^{j}} = - \mathfrak{g}_{j} \cdot \mathbb{K} \, , \; j = 1,2 \, . \tag{5.35d}$$

Der Haupttensor $\mathbb{K}$ wird als Repräsentant der (lokalen) Krümmungseigenschaften einer Fläche angesehen, die durch deren sog. Normalschnittkrümmungen bzw. geodätische Torsionen festgelegt werden und anschaulich einfach zu interpretieren sind, indem man angesichts von $|\mathfrak{n}| = 1$ die Richtungsableitung als Ergebnis einer reinen Drehung aufzufassen hat, die die Normale erfährt, wenn man in Richtung $\mathfrak{e}$ um die Längeneinheit fortschreitet.

---

119) mit den Abkürzungen $\nabla_{j} = \mathfrak{g}_{j} \cdot \nabla_{(2)} = \frac{\partial}{\partial q^{j}}$ (5.34a)

120) In den beiden letzten Darstellungen auf Orthonormalbasen bezogen vgl. (5.32c)

Bezeichnet man den Winkel dieser Drehung mit $\mathfrak{x}(\mathbb{e})$, so ist auch

$$\left[\frac{\partial \mathbb{n}}{\partial s}\right]_{\mathbb{e}} = \mathfrak{x}(\mathbb{e})\times\mathbb{n} \equiv^{121)} \mathfrak{x}_{(2)}(\mathbb{e})\times\mathbb{n}\,, \tag{5.35e}$$

was nach Gleichsetzen mit (5.35c)

$$\mathfrak{x}_{(2)}(\mathbb{e})\times\mathbb{n} = -\,\mathbb{e}\cdot\mathbb{K} \quad\text{bzw.}\quad \mathfrak{x}_{(2)}(\mathbb{e}) =^{122)} \mathbb{e}\cdot\mathbb{K}\times\mathbb{n} \tag{5.36a,b}$$

ergibt.

Dementsprechend bezeichnet

$$\mathbb{e}\cdot\left[\frac{\partial \mathbb{n}}{\partial s}\right]_{\mathbb{e}} \overset{(5.35c)}{=} -\,\mathbb{e}\cdot\mathbb{K}\cdot\mathbb{e} = -\,k_{\langle\mathbb{e},\mathbb{e}\rangle} \overset{(5.36a)}{=} \mathfrak{x}_{(2)}(\mathbb{e})\cdot(\mathbb{n}\times\mathbb{e}) \equiv \gamma_{\mathbb{n}\times\mathbb{e}} \tag{5.37a}$$

die auf die Längeneinheit $\Delta s_{\mathbb{e}} = 1$ bezogene Drehwinkelkomponente senkrecht zur Fortschrittsrichtung ($\mathbb{e}$) und damit die Krümmung derjenigen (ebenen) Kurve in P, die durch Projektion einer in Richtung $\mathbb{e}$ durch P gelegten Flächenkurve auf die jeweilige ($\mathbb{n},\mathbb{e}$)–Ebene (sog. Normalschnittebene) entsteht. Dabei sind — entsprechend der gewählten Vorzeichenfestsetzung für $\mathbb{K}$ - in (5.37a) Normalschnittkrümmungen $k_{\langle\mathbb{e},\mathbb{e}\rangle}$ positiv, wenn der Krümmungsmittelpunkt der Normalschnitt–Kurve, von P aus in Richtung der (positiv definierten) Flächennormalen ($\mathbb{n}$) erreicht wird. Die zweite Komponente von $(\partial\mathbb{n}/\partial s)_{\mathbb{e}}$, nämlich

$$-(\mathbb{n}\times\mathbb{e})\cdot\left[\frac{\partial \mathbb{n}}{\partial s}\right]_{\mathbb{e}} \overset{(5.35c)}{=} \mathbb{e}\cdot\mathbb{K}\cdot(\mathbb{n}\times\mathbb{e}) = k_{\langle\mathbb{e},\mathbb{n}\times\mathbb{e}\rangle} \overset{(5.36a)}{=} -(\mathbb{n}\times\mathbb{e})\cdot(\mathfrak{x}_{(2)}(\mathbb{e})\times\mathbb{n})$$

$$\equiv \mathfrak{x}_{(2)}\cdot\left[\mathbb{n}\times(\mathbb{e}\times\mathbb{n})\right] = \mathfrak{x}_{(2)}\cdot\mathbb{e} = \gamma_{\mathbb{e}} \tag{5.37b}$$

bezeichnet die sog. geodätische Torsion, worunter man den um die (Fortschritts–)Richtung $\mathbb{e}$ genommenen Drehwinkel ($\gamma_{\mathbb{e}}$) versteht, den ein (jeweils lokales) Basisvektortripel $\langle\mathbb{e},\mathbb{n}\times\mathbb{e},\mathbb{n}\rangle$ bei Fortschritt um die Längeneinheit ($\Delta s_{\mathbb{e}} = 1$) erfährt. Entsprechend der gewählten Vorzeichenfestsetzung ist $k_{\langle\mathbb{e},\mathbb{n}\times\mathbb{e}\rangle} > 0$, wenn diese Drehung um die Fortschrittsrichtung im Sinne der Rechtsschraubenkonvention stattfindet.

Weil $\mathbb{K} = \mathbb{K}^T$ ein symmetrischer Tensor ist, existieren in jedem Flächenpunkte P i. allg. zwei (in die Tangentialebene in P fallende, zueinander orthogonale) Richtungen $\mathbb{e}_j^{(H)}$, $j = 1,2$, die sog. Hauptkrümmungsrichtungen [123], in Bezug auf die die geodätische Torsion verschwindet,

$$\mathbb{e}_1^{(H)}\cdot\mathbb{K}\cdot\mathbb{e}_2^{(H)} = 0, \quad \mathbb{e}_1^{(H)}\cdot\mathbb{e}_2^{(H)} = 0\,, \tag{5.38a,b}$$

wo die zugehörigen Normalschnittkrümmungen

$$k_j^{(H)} = \mathbb{e}_j^{(H)}\cdot\mathbb{K}\cdot\mathbb{e}_j^{(H)}\,,\quad j = 1,2 \tag{5.38c}$$

Extremwerte annehmen und in Bezug auf die dementsprechend $\mathbb{K}$ in der "diagonalisierten Form"

---

[121] Man bedenke, daß per $(\partial\mathbb{n}/\partial s)_{\mathbb{e}} = \mathfrak{x}(\mathbb{e})\times\mathbb{n}$ von der Drehung der Flächennormalen (bei Fortschritt um $\Delta s_{\mathbb{e}} = 1$ auf der Fläche) nur der planare Anteil ($\mathfrak{x}_{(2)}(\mathbb{e})$) festgelegt werden kann.

[122] Man multipliziere (5.36a) vektoriell mit $\mathbb{n}$ und beachte $(\mathfrak{x}_{(2)}\times\mathbb{n})\times\mathbb{n} = -\,\mathfrak{x}_{(2)}$

[123] die auf der Fläche das Richtungsfeld des Orthogonal–Netzes der sog. Hauptkrümmungslinien definieren

$$\mathbb{K} = \sum_{j=1}^{2} k_j^{(H)} \, \mathbb{e}_j^{(H)} \circ \mathbb{e}_j^{(H)} \tag{5.38d}$$

dargestellt werden kann.
Hauptwerte und Hauptrichtungen werden in bekannter Weise [1] aus

$$\mathbb{e}_j^{(H)} \cdot \mathbb{K} = k_j^{(H)} \mathbb{e}_j^{(H)} \quad \text{bzw.} \quad \mathbb{e}_j^{(H)} \cdot \left[\mathbb{K} - k_j^{(H)} \mathbb{E}_{(2)}\right] = 0 \tag{5.39a,b}$$

berechnet, und zwar unter Beachtung von $|\mathbb{e}_j^{(H)}| = 1 \neq 0$, weswegen die Koeffizientendeterminante Δ_K des zur Berechnung der Komponenten von $\mathbb{e}_j^{(H)}$ dienenden linearen (homogenen!) Gleichungssystems verschwinden muß. Die Forderung $\Delta_K = 0$ führt hier — in Vereinfachung von [1](4.11b) — zu einer quadratischen Gleichung für die Hauptwerte, nämlich zu

$$k_j^{(H)2} - 2H \, k_j^{(H)} + K = 0 \tag{5.39c}$$

mit den beiden — hier als (doppelte) mittlere Krümmung (2H) bzw. als Gaußsche Krümmung (K) bezeichneten — Invarianten[124)]

$$(\mathbb{K})_1 = 2H = \mathbb{E}_{(2)} \cdot\cdot \mathbb{K} = -\nabla_2 \cdot \mathbb{n} = \sum_{j,k=1}^{2} g^{jk} k_{kj} = \sum_{j,k=1}^{2} g_{jk} k^{kj} \overset{125)}{=} \sum_{j=1}^{2} k_{\langle jj \rangle} \tag{5.40a}$$

$$(\mathbb{K})_2 = K = \frac{1}{2}\left[(2H)^2 - \mathbb{K}\cdot\cdot\mathbb{K}\right] = \frac{1}{2}\left[(2H)^2 - \sum_{j,k=1}^{2} k^{jk} k_{kj}\right]$$

$$= k_{\langle 11 \rangle} k_{\langle 22 \rangle} - k^2_{\langle 12 \rangle} \equiv$$

$$\equiv -\frac{1}{2}(\mathbb{n}\times\mathbb{K}\times\mathbb{n})\cdot\cdot\mathbb{K} = -\frac{1}{2}(\mathbb{n}\times\mathbb{K})\cdot\cdot(\mathbb{n}\times\mathbb{K}) \overset{(5.12c,d)}{=} -\frac{1}{2}\left(\overset{\langle 2 \rangle}{\mathcal{E}}_{(2)} \cdot \mathbb{K}\right)\cdot\cdot\left(\overset{\langle 2 \rangle}{\mathcal{E}}_{(2)} \cdot \mathbb{K}\right), \tag{5.40b}$$

womit die beiden Hauptwerte als

$$k_{1,2}^{(H)} = H \pm \sqrt{H^2 - K} = \frac{1}{2}\left[k_{\langle 11 \rangle} + k_{\langle 22 \rangle}\right] \pm \frac{1}{2}\sqrt{(k_{\langle 11 \rangle} - k_{\langle 22 \rangle})^2 + 4k^2_{\langle 12 \rangle}} \tag{5.40c}$$

festgestellt werden[126)], während die zugehörigen Hauptrichtungen $\mathbb{e}_j^{(H)}$ (bis auf ihren Richtungssinn) aus einer der beiden Komponentengleichungen [127)] von (5.39a bzw. b) zuzüglich der Bedingung $|\mathbb{e}_j^{(H)}| = 1$ zu bestimmen sind. Man erhält nach Einsetzen von z. B.

---

124) während in (5.39c) in die mittlere Krümmung (2H) noch (im Zusammenhang mit der Wahl der Koordinatennumerierung und damit mit der Festlegung von $\mathbb{n}$ im Sinne von (5.4)) eine — sich im Vorzeichen bemerkbar machende — Koordinatenverfügbarkeit eingeht, ist die Gaußsche Krümmung auch hiervon frei.

125) in den letzteren Versionen, z. B. im Falle einer Orthonormalbasisdarstellung von $\mathbb{K}$

126) Das positive Vorzeichen der Wurzel soll hier dem "ersten Eigenwert" (j = 1), das negative Vorzeichen "dem zweiten" Eigenwert zugeordnet werden.

127) Man bedenke, daß wegen $\Delta_K = 0$ die beiden Komponentengleichungen nicht linear voneinander unabhängig sind und daher von (5.39a,b) nur eine der beiden Komponentengleichungen verwendbar ist.

$$\mathbb{e}_j^{(H)} \cdot \mathbb{e}_{\langle 2\rangle} \overset{128)}{=} - (\mathbb{e}_j^{(H)} \cdot \mathbb{e}_{\langle 1\rangle}) \frac{k_{\langle 12\rangle}}{k_{\langle 22\rangle} - k_j^{(H)}} \tag{5.41a}$$

in
$$(\mathbb{e}_j^{(H)} \cdot \mathbb{e}_{\langle 1\rangle})^2 + (\mathbb{e}_j^{(H)} \cdot \mathbb{e}_{\langle 2\rangle})^2 = 1$$

nach kurzer Umformung

$$(\mathbb{e}_j^{(H)} \cdot \mathbb{e}_{\langle 1\rangle})^2 = \frac{1}{1 + \dfrac{k^2_{\langle 12\rangle}}{(k_{\langle 22\rangle} - k_j^{(H)})^2}} \equiv 1 - \frac{k^2_{\langle 12\rangle}}{(k_{\langle 22\rangle} - k_j^{(H)})^2 + k^2_{\langle 12\rangle}} \overset{(5.40a,c)}{=}$$

$$\overset{129)}{=} 1 - \frac{(\mathbb{e}_{\langle 1\rangle} \cdot (\mathbb{K} \times \mathbb{n}) \cdot \mathbb{e}_{\langle 1\rangle})^2}{2\left[(H^2-K) \pm (\mathbb{e}_{\langle 1\rangle} \cdot \mathbb{K} \cdot \mathbb{e}_{\langle 1\rangle} - H)\sqrt{H^2-K}\,\right]}, \tag{5.41b}$$

und schließlich "im Nachgang" $\mathbb{e}_j^{(H)} \cdot \mathbb{e}_{\langle 2\rangle}$ aus (5.41a) bzw. aus

$$(\mathbb{e}_j^{(H)} \cdot \mathbb{e}_{\langle 2\rangle})^2 \overset{50)}{=} 1 - (\mathbb{e}_j^{(H)} \cdot \mathbb{e}_{\langle 1\rangle})^2 = \frac{(\mathbb{e}_{\langle 1\rangle} \cdot (\mathbb{K} \times \mathbb{n}) \cdot \mathbb{e}_{\langle 1\rangle})^2}{2\left[(H^2-K) \pm (\mathbb{e}_{\langle 1\rangle} \cdot \mathbb{K} \cdot \mathbb{e}_{\langle 1\rangle} - H)\sqrt{H^2-K}\,\right]}. \tag{5.41c}$$

(5.41b,c) gleichwertig ist die Festlegung der Winkel $\varphi_1^{(H)}$ bzw. $\varphi_2^{(H)} = \varphi_1 \pm \pi/2$ der beiden Haupt—(Normalschnitt—)richtungen $\mathbb{e}_{1,2}^{(H)}$ gegenüber z. B. der Koordinatenrichtung $\mathbb{e}_{\langle 1\rangle}$.

Man bekommt mit
$$\operatorname{tg} \varphi_1^{(H)} = \frac{\mathbb{e}_1^{(H)} \cdot \mathbb{e}_{\langle 2\rangle}}{\mathbb{e}_1^{(H)} \cdot \mathbb{e}_{\langle 1\rangle}}$$

die bekannte Formel

$$\operatorname{tg} 2\varphi_1^{(H)} = 2 \frac{\operatorname{tg}\varphi_1}{1 - \operatorname{tg}^2\varphi_1} \overset{(5.41a)}{=} -2 \frac{k_{\langle 12\rangle}}{k_{\langle 22\rangle} - k_1^{(H)}} \Big/ \left[1 - \frac{k^2_{\langle 12\rangle}}{(k_{\langle 22\rangle} - k_1^{(H)})^2}\right] \equiv$$

$$\equiv - \frac{2k_{\langle 12\rangle}(k_{\langle 22\rangle} - k_1^{(H)})}{(k_{\langle 22\rangle} - k_1^{(H)})^2 - k^2_{\langle 12\rangle}} \overset{(5.40c)}{=} \frac{2k_{\langle 12\rangle}}{k_{\langle 11\rangle} - k_{\langle 22\rangle}} \tag{5.41d}$$

mit
$$k_{\langle jk\rangle} = \mathbb{e}_{\langle j\rangle} \cdot \mathbb{K} \cdot \mathbb{e}_{\langle k\rangle}, \quad j,k = 1,2\,. \tag{5.41e}$$

Kennzeichnet man eine allgemeine Richtung $\mathbb{e}$ durch deren Neigungswinkel φ gegenüber einer Koordinatenrichtung $\mathbb{e}_{\langle 1\rangle}$ (vgl. Abb. (5.6)), so sind mit $\mathbb{n} \times \mathbb{e}_{\langle 1\rangle} = \mathbb{e}_{\langle 2\rangle}$, also

$$\mathbb{e} = \mathbb{e}_{\langle 1\rangle} \cos\varphi + \mathbb{e}_{\langle 2\rangle} \sin\varphi$$

die Beziehungen (5.37a,b) unter Benutzung von $k_{\langle jk\rangle}$ nach (5.41e) den Darstellungen

---

128) Man benutze z. B. für $\mathbb{K}$ eine Orthonormalbasis—Darstellung und schreibe die $\mathbb{e}_{\langle 2\rangle}$—Komponentengleichung von (5.39a) nieder.

129) Darin sind die positiven Vorzeichen der Hauptrichtung $\mathbb{e}_1^{(H)}$, die negativen Vorzeichen der Hauptrichtung $\mathbb{e}_2^{(H)}$ zuzuordnen.

$$k_{\langle e,e\rangle} = k_{\langle 11\rangle}\cos^2\varphi + k_{\langle 22\rangle}\sin^2\varphi + 2k_{\langle 12\rangle}\sin\varphi\cos\varphi$$
$$= \frac{1}{2}(k_{\langle 11\rangle} + k_{\langle 22\rangle}) + \frac{1}{2}(k_{\langle 11\rangle} - k_{\langle 22\rangle})\cos 2\varphi + k_{\langle 12\rangle}\sin 2\varphi \tag{5.42a}$$

$$k_{\langle e,n\times e\rangle} = -(k_{\langle 11\rangle} - k_{\langle 22\rangle})\sin\varphi\cos\varphi + k_{\langle 12\rangle}(\cos^2\varphi - \sin^2\varphi)$$
$$= -\frac{1}{2}(k_{\langle 11\rangle} - k_{\langle 22\rangle})\sin 2\varphi + k_{\langle 12\rangle}\cos 2\varphi \tag{5.42b}$$

äquivalent, wonach die jeweiligen Normalschnittkrümmungen bzw. geodätischen Torsionen — analog den Normal— bzw. Schubspannungen eines zweiachsigen Spannungszustandes — an einem "Mohrschen Kreis" abgelesen werden können (Abb.5.7). Daraus entnimmt man einerseits die Werte der (extremalen) Normalschnittkrümmungen nach (5.40c) zuzüglich deren Richtungen $\varphi_{1,2}$ gegenüber $e_{\langle 1\rangle}$ im Sinne von (5.41d) und desweiteren den Befund, daß in den beiden gegenüber den Hauptrichtungen um 45° geneigten Richtungen $\varphi_{3,4} = \varphi_{1,2} + \pi/4$ die geodätischen Torsionen extremal werden:

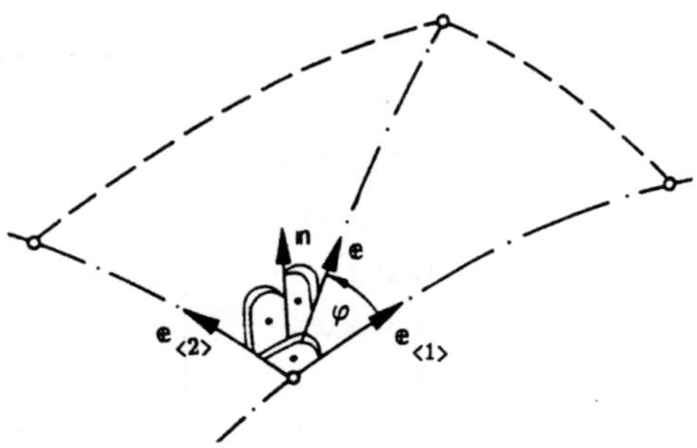

Abb. 5.6

$$\left|\begin{matrix}\max\\ \min\end{matrix}\right\} k_{\langle e_{3,4}, n\times e_{3,4}\rangle}\Big| = \left|\frac{1}{2}\left[k_1^{(H)} - k_2^{(H)}\right]\right| =$$
$$= \sqrt{H^2 - K} = \frac{1}{2}\sqrt{(k_{\langle 11\rangle} - k_{\langle 22\rangle})^2 + 4k_{\langle 12\rangle}^2}\,.$$

Hinsichtlich dieser Richtungen sind die Normalschnittkrümmungen gerade gleich der mittleren Krümmung.
Je nach Vorzeichen der Gaußschen Krümmung

$$K \equiv (H + \sqrt{H^2-K})\,(H - \sqrt{H^2-K}\,) = k_1^{(H)}k_2^{(H)} \tag{5.43a}$$

bezeichnet man Flächenpunkte P mit

$$\hat{K}(P)\begin{cases} > 0 & \text{als elliptisch}\\ = 0 & \text{" parabolisch}\\ < 0 & \text{" hyperbolisch.}\end{cases} \tag{5.43b}$$

Im elliptischen Falle haben beide Haupt—Normalschnittkrümmungen und damit die Krümmungen $k_{\langle e,e\rangle}(\varphi)$ aller durch P legbarer Normalschnittkurven gleiches Vorzeichen, so daß deren Krümmungsmittelpunkte stets auf "derselben Flächenseite" vorgefunden werden. Die zugehörigen Mohrschen Kreise schneiden die $k_{\langle e,n\times e\rangle}$—Achse nicht. Im parabolischen Falle, wo eine der Hauptkrümmungen verschwindet, tangieren Mohrsche Kreise die $k_{\langle e,n\times e\rangle}$—Achse. Im hyperbolischen Falle werden Mohrsche Kreise von der $k_{\langle e,n\times e\rangle}$—Achse geschnitten, die Haupt—Normalschnittkrümmungen haben verschiedenes Vorzeichen, was bedeutet, daß die Krümmungsmittelpunkte der beiden Haupt—Normalschnittkurven auf "verschiedenen Flächenseiten" liegen (sog. "Sattelpunkte") und generell zwei (durch P gelegte) Richtungen mit verschwindender Normalschnittkrümmung existieren (sog. Asymptoten— bzw. Wende—Richtungen).

Neben dem Haupttensor $\mathbb{K}$ ist die aus Letzterem nach der Vorschrift

$$\mathbb{K}^* = 2\,H\,\mathbb{E}_{(2)} - \mathbb{K} = -\,n\times\mathbb{K}\times n \tag{5.44a}$$

mit

$$n\times\mathbb{K}^* = \mathbb{K}\times n\,,\ \mathbb{K}^*\times n = n\times\mathbb{K}\,,$$
$$\mathbb{K}\cdot\mathbb{K}^* = -\,\mathbb{K}\cdot(n\times\mathbb{K}\times n) = K\,\mathbb{E}_{(2)} \tag{5.44b-d}$$

gebildete Größe in der Schalentheorie von Bedeutung. Sofern $\mathbb{K}$ invertierbar ist gilt

$$\mathrm{K}\,\mathbb{K}^{*} = -\,\mathrm{K}\;\mathbb{n}\times\mathbb{K}\times\mathbb{n} = \mathbb{K}^{-1}\,. \tag{5.44e}$$

Flächen mit verschwindender mittlerer Krümmung (sog. Minimalflächen) mit

$$\mathbb{E}_{(2)}\cdot\cdot\,\mathbb{K} = 2\mathrm{H} = k_1^{(\mathrm{H})} + k_2^{(\mathrm{H})} = 0,\ \text{d. h. } k_1^{(\mathrm{H})} = -\,k_2^{(\mathrm{H})} = k^{(\mathrm{H})} \tag{5.45a,b}$$

sind wegen

$$\mathrm{K} = k_1^{(\mathrm{H})}k_2^{(\mathrm{H})} = -\,{k^{(\mathrm{H})}}^2 < 0 \tag{5.45c}$$

grundsätzlich Sattelflächen. Sie sind im Membranbau von Bedeutung, wenn man in vorgespannten Membranflächen (zwecks optimaler Materialausnutzung) reine Membran-Normal- (-Zug-) Kraftzustände gleicher Spannung anstrebt [29]. Experimentell lassen sich (über vorgegebene Ränder aufgespannte) Minimalflächen als (unbelastete) Seifenhautflächen realisieren, da in Letzteren der Spannungszustand (planar-) isotrop und homogen ist.

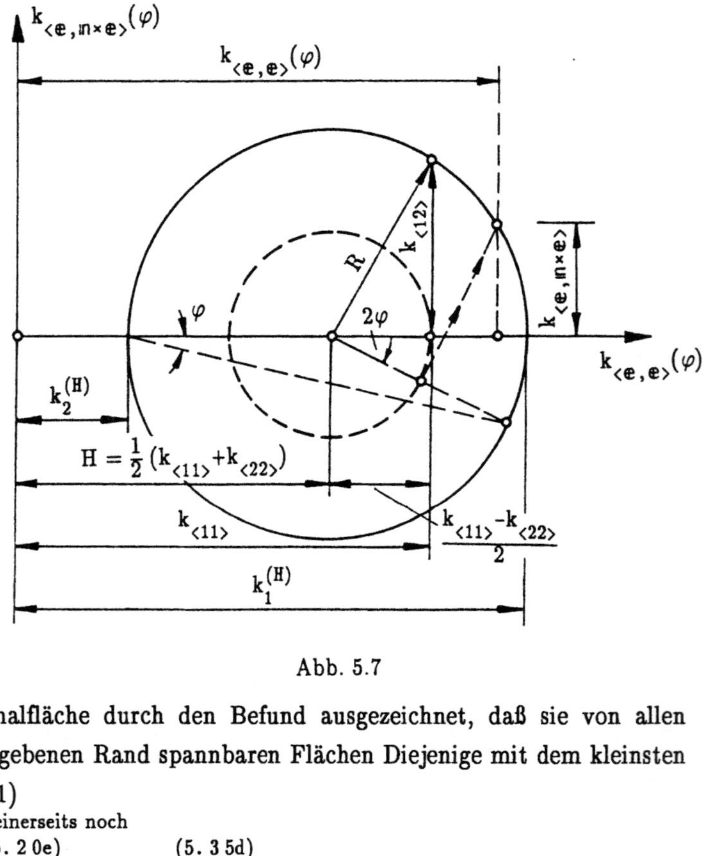

Abb. 5.7

Geometrisch ist eine Minimalfläche durch den Befund ausgezeichnet, daß sie von allen denkbaren, über einen vorgegebenen Rand spannbaren Flächen Diejenige mit dem kleinsten Flächeninhalt ist. (vgl. §6.7.1)

Diese Ziffer beschließend, sollen einerseits noch

$$\frac{\partial\mathbb{n}}{\partial q^k} \overset{(5.20e)}{=} -\,\mathbf{k}_{[k](2)} \overset{(5.35d)}{=} -\,\mathbb{g}_k\cdot\mathbb{K} \equiv -\,\mathbb{K}\cdot\mathbb{g}_k \tag{5.46a}$$

mit $\mathbb{g}_j\cdot\mathbb{K}\cdot\mathbb{g}_k = k_{jk} = -\,\mathbb{g}_j\cdot\dfrac{\partial\mathbb{n}}{\partial q^k} = \mathbb{n}\cdot\dfrac{\partial\mathbb{g}_j}{\partial q^k} = \dfrac{\mathbb{g}_1\times\mathbb{g}_2}{\sqrt{g_{(2)}}}\,\dfrac{\partial\mathbb{g}_j}{\partial q^k} = \dfrac{1}{\sqrt{g_{(2)}}}\left[\dfrac{\partial\mathbb{r}}{\partial q^1}\,\dfrac{\partial\mathbb{r}}{\partial q^2}\,\dfrac{\partial^2\mathbb{r}}{\partial q^j\partial q^k}\right]$

vermerkt, desweiteren die Christoffelsymbole nach (5.20c) unter Benutzung von (5.32a) kompakt in der

Form $$\mathbf{\Gamma}_{[k]} \overset{(5.20c)}{=} \mathbf{\Gamma}_{[k](2)} + \mathbb{g}_k\cdot\mathbb{K}\circ\mathbb{n} - \mathbb{n}\circ\mathbb{K}\cdot\mathbb{g}_k \equiv \mathbf{\Gamma}_{[k](2)} - \mathbb{g}_k\cdot(\mathbb{K}\times\mathbb{n})\times\mathbb{E},\ k = 1,2 \tag{5.46b}$$

mit $$\mathbf{\Gamma}_{[k](2)} = \sum_{i,j=1}^{2}\Gamma_{ijk}\,\mathbb{g}^j\circ\mathbb{g}^i\,,\ k = 1,2 \tag{5.46c}$$

und Γ_{ijk} nach (5.23) dargestellt, und schließlich die durch zwei Darbouxsche Vektoren $\bar{\boldsymbol{\psi}}_{\langle k\rangle}$ zu kennzeichnenden Basis—Einheitsvektoren—Ableitungen im Zusammenhang mit der Verwendung orthogonaler Koordinatenliniennetze $q_{\langle j\rangle}$, $j = 1,2$ (mit $g_{\langle jk\rangle} = (\partial \mathbb{r}/\partial q_{\langle j\rangle})\cdot(\partial \mathbb{r}/\partial q_{\langle k\rangle}) = 0$ für $j \neq k$) recherchiert werden.[130] Für die durch

$$\frac{1}{\sqrt{g_{\langle jj\rangle}}}\frac{\partial \mathbb{e}_{\langle k\rangle}}{\partial q_{\langle j\rangle}} = \frac{\partial \mathbb{e}_{\langle k\rangle}}{\partial s_{\langle j\rangle}} = \bar{\boldsymbol{\psi}}_{\langle j\rangle}\times\mathbb{e}_{\langle k\rangle}\,,\quad \mathbb{e}_{\langle k\rangle} = \frac{\partial \mathbb{r}/\partial q_{\langle k\rangle}}{\sqrt{g_{\langle kk\rangle}}}\,,\quad k = 1,2$$

bzw.

$$\frac{1}{\sqrt{g_{\langle jj\rangle}}}\frac{\partial \mathbb{n}}{\partial q_{\langle j\rangle}} = \frac{\partial \mathbb{n}}{\partial s_{\langle j\rangle}} = \bar{\boldsymbol{\psi}}_{\langle j\rangle}\times\mathbb{n} \qquad (5.47\text{a-c})$$

definierten Darbouxschen Vektoren bekommt man zunächst deren jeweils (lokal—)planare Anteile aus

$$\mathbb{n}\times(\bar{\boldsymbol{\psi}}_{\langle j\rangle}\times\mathbb{n}) = \bar{\boldsymbol{\psi}}_{\langle j\rangle} - (\mathbb{n}\times\bar{\boldsymbol{\psi}}_{\langle j\rangle})\mathbb{n} = \bar{\boldsymbol{\psi}}_{\langle j\rangle}\cdot\mathbb{E}_{(2)} \equiv \boldsymbol{\psi}_{\langle j\rangle(2)} \overset{(5.47c)}{=} \mathbb{n}\times\frac{\partial \mathbb{n}}{\partial s_{\langle j\rangle}} =$$

$$\overset{(5.35c)}{=} -\mathbb{n}\times(\mathbb{e}_{\langle j\rangle}\cdot\mathbb{K}) = \mathbb{e}_{\langle j\rangle}\cdot\mathbb{K}\times\mathbb{n} \mathrel{\hat{=}} \mathbb{e}_{\langle j\rangle}\cdot\begin{pmatrix} k_{\langle 12\rangle} & -k_{\langle 11\rangle} \\ k_{\langle 22\rangle} & -k_{\langle 12\rangle}\end{pmatrix}_{\langle \mathbb{e}_1,\mathbb{e}_2\rangle} \qquad (5.47\text{d})$$

$$\text{mit } k_{\langle jk\rangle} = \mathbb{e}_{\langle j\rangle}\cdot\mathbb{K}\cdot\mathbb{e}_{\langle k\rangle} = -\frac{\partial \mathbb{n}}{\partial s_{\langle j\rangle}}\cdot\mathbb{e}_{\langle k\rangle} \overset{131)}{=} \mathbb{n}\cdot\frac{\partial \mathbb{e}_{\langle k\rangle}}{\partial s_{\langle j\rangle}} \overset{132)}{=} \frac{1}{\sqrt{g_{\langle 11\rangle}g_{\langle 22\rangle}}}\left[\mathbb{r}_{\langle 1\rangle}\mathbb{r}_{\langle 2\rangle}\mathbb{r}_{\langle jk\rangle}\right],$$

$$j,k = 1,2\,, \qquad (5.47\text{e})$$

und aus z. B.

$$\mathbb{e}_{\langle 2\rangle}\cdot\frac{\partial \mathbb{e}_{\langle 1\rangle}}{\partial s_{\langle j\rangle}} \overset{(5.47a)}{=} (\bar{\boldsymbol{\psi}}_{\langle j\rangle}\times\mathbb{e}_{\langle 1\rangle})\cdot\mathbb{e}_{\langle 2\rangle} = \bar{\boldsymbol{\psi}}_{\langle j\rangle}\cdot(\mathbb{e}_{\langle 1\rangle}\times\mathbb{e}_{\langle 2\rangle}) = \bar{\boldsymbol{\psi}}_{\langle j\rangle}\cdot\mathbb{n} \overset{133)}{\equiv} -\mathbb{e}_{\langle 1\rangle}\cdot\frac{\partial \mathbb{e}_{\langle 2\rangle}}{\partial s_{\langle j\rangle}}\,,$$

$$j = 1,2\,,$$

die entsprechenden Normalkomponenten. Sie müssen mit den entsprechenden geodätischen Krümmungen nach (5.26i,j) identisch sein. In der Tat bekommt man denn auch z. B. mit $j = 2$

$$\bar{\psi}_{\langle j\rangle n} = \mathbb{n}\cdot\bar{\boldsymbol{\psi}}_{\langle j\rangle} = \mathbb{e}_{\langle 2\rangle}\cdot\frac{\partial \mathbb{e}_{\langle 1\rangle}}{\partial s_{\langle 2\rangle}} = \frac{\partial \mathbb{r}/\partial q_{\langle 2\rangle}}{\sqrt{g_{\langle 22\rangle}}}\cdot\frac{1}{\sqrt{g_{\langle 22\rangle}}}\frac{\partial}{\partial q_{\langle 2\rangle}}\left[\frac{\partial \mathbb{r}/\partial q_{\langle 1\rangle}}{\sqrt{g_{\langle 11\rangle}}}\right] =$$

$$\overset{134)}{\equiv} \frac{1}{\sqrt{g_{\langle 11\rangle}}g_{\langle 22\rangle}}\frac{\partial \mathbb{r}}{\partial q_{\langle 2\rangle}}\cdot\frac{\partial}{\partial q_{\langle 1\rangle}}\left[\frac{\partial \mathbb{r}}{\partial q_{\langle 2\rangle}}\right] = \frac{1}{g_{\langle 22\rangle}}\frac{1}{\sqrt{g_{\langle 11\rangle}}}\frac{\partial}{\partial q_{\langle 1\rangle}}\left[\frac{1}{2}\left[\frac{\partial \mathbb{r}}{\partial q_{\langle 2\rangle}}\right]^2\right] =$$

---

130) Änderungen eines aus $\mathbb{e}_{\langle 1\rangle} = \partial \mathbb{r}/\partial s_{\langle 1\rangle}$, $\mathbb{e}_{\langle 2\rangle} = \partial \mathbb{r}/\partial s_{\langle 2\rangle}$, $\mathbb{n} = \mathbb{e}_{\langle 1\rangle}\times\mathbb{e}_{\langle 2\rangle}$ bestehenden (jeweils lokalen) orthogonalen Einheitsvektoren—Dreibeins können hier nur aus Drehungen bestehen.

131) Man benutze $\mathbb{n}\cdot\mathbb{e}_{\langle k\rangle} = 0$, d. h. $\mathbb{e}_{\langle k\rangle}\cdot(\partial \mathbb{n}/\partial s_{\langle j\rangle}) = -\mathbb{n}\cdot\partial \mathbb{e}_{\langle k\rangle}/\partial s_{\langle j\rangle}$

132) Man benutze $\mathbb{n} = \left[(\mathfrak{g}_1\times\mathfrak{g}_2)/\sqrt{g_{(2)}}\right] = (\mathbb{r}_{\langle 1\rangle}\times\mathbb{r}_{\langle 2\rangle})/\sqrt{g_{\langle 11\rangle}g_{\langle 22\rangle}}$ und die Abkürzungen $(\mathfrak{g}_{\langle j\rangle} =)\ \mathbb{r}_{\langle j\rangle} = \partial \mathbb{r}/\partial q_{\langle j\rangle}$, $\mathbb{r}_{\langle j,k\rangle} = \partial^2 \mathbb{r}/\partial q_{\langle j\rangle}\partial q_{\langle k\rangle}$

133) Man beachte $\mathbb{e}_{\langle 1\rangle}\cdot\mathbb{e}_{\langle 2\rangle} = 0$, d. h. $\mathbb{e}_{\langle 2\rangle}\cdot(\partial \mathbb{e}_{\langle 1\rangle}/\partial s_{\langle j\rangle}) = -\mathbb{e}_{\langle 1\rangle}\cdot(\partial \mathbb{e}_{\langle 2\rangle}/\partial s_{\langle j\rangle})$

134) Man beachte $g_{\langle 12\rangle} = \frac{\partial \mathbb{r}}{\partial q_{\langle 1\rangle}}\cdot\frac{\partial \mathbb{r}}{\partial q_{\langle 2\rangle}} = 0$ und $\frac{\partial}{\partial q_{\langle 2\rangle}}\left[\frac{\partial \mathbb{r}}{\partial q_{\langle 1\rangle}}\right] = \frac{\partial}{\partial q_{\langle 1\rangle}}\left[\frac{\partial \mathbb{r}}{\partial q_{\langle 2\rangle}}\right]$

$$= \frac{1}{2}\frac{1}{g_{<22>}}\frac{\partial g_{<22>}}{\partial q_{<1>}} = - k_{g<2>} \tag{5.47f}$$

und entsprechend mit j = 1

$$\mathbb{n}\cdot\bar{\boldsymbol{\psi}}_{<1>} = - \mathbb{e}_{<1>}\cdot\frac{\partial \mathbb{e}_{<2>}}{\partial s_{<1>}} = -\frac{1}{2}\frac{1}{g_{<11>}}\frac{\partial g_{<11>}}{\partial q_{<2>}} = k_{g<1>}\,, \tag{5.47g}$$

womit schließlich

$$\bar{\boldsymbol{\psi}}_{<1>} = \left\{k_{<12>};\ - k_{<11>};\ k_{g<1>}\right\}_{\left\langle \mathbb{e}_{<1>},\mathbb{e}_{<2>},\mathbb{n}\right\rangle}\,,\bar{\boldsymbol{\psi}}_{<2>} = \left\{k_{<22>};\ - k_{<12>};\ - k_{g<2>}\right\}_{\left\langle \mathbb{e}_{<1>},\mathbb{e}_{<2>},\mathbb{n}\right\rangle} \tag{5.47h,i}$$

identifiziert sind. Somit verbleiben hier 5 "physikalische Γ—Symbole" nämlich

$$\bar{\mathbb{\Gamma}}^{(\mathbb{R})}_{<1>} \equiv \sum_{\alpha,\beta=1}^{2} \bar{\mathbb{\Gamma}}^{(\mathbb{R})}_{<\alpha\beta 1>}\mathbb{e}_{<\beta>}\circ\mathbb{e}_{<\alpha>} + \sum_{\beta=1}^{2}\mathbb{\Gamma}_{n\beta 1}\mathbb{e}_{<\beta>}\circ\mathbb{n} = - \mathbb{E}\times\bar{\boldsymbol{\psi}}_{<1>}$$

$$\hat{=} \begin{pmatrix} 0 & k_{g<1>} & k_{<11>} \\ - k_{g<1>} & 0 & k_{<12>} \\ - k_{<11>} & - k_{<12>} & 0 \end{pmatrix}_{\left\langle \mathbb{e}_{<1>},\mathbb{e}_{<2>},\mathbb{n}\right\rangle} \equiv - \bar{\mathbb{\Gamma}}^{(\mathbb{R})T}_{<1>} \tag{5.48a}$$

$$\bar{\mathbb{\Gamma}}^{(\mathbb{R})}_{<2>} = - \mathbb{E}\times\bar{\boldsymbol{\psi}}_{<2>} \hat{=} \begin{pmatrix} 0 & - k_{g<2>} & k_{<12>} \\ k_{g<2>} & 0 & k_{<22>} \\ - k_{<12>} & - k_{<22>} & 0 \end{pmatrix}_{\left\langle \mathbb{e}_{<1>},\mathbb{e}_{<2>},\mathbb{n}\right\rangle} \equiv - \bar{\mathbb{\Gamma}}^{(\mathbb{R})T}_{<2>}\,, \tag{5.48b}$$

mit denen die Basisvektorableitungen nach den Koordinatenlinien—Bogenlängen durch

$$\frac{\partial}{\partial s_{<k>}}\begin{Bmatrix} \mathbb{e}_{<1>} \\ \mathbb{e}_{<2>} \\ \mathbb{n} \end{Bmatrix} = \begin{Bmatrix} \mathbb{e}_{<1>} \\ \mathbb{e}_{<2>} \\ \mathbb{n} \end{Bmatrix}\cdot\bar{\mathbb{\Gamma}}^{(\mathbb{R})}_{<k>} = - \bar{\mathbb{\Gamma}}^{(\mathbb{R})}_{<k>}\cdot\begin{Bmatrix} \mathbb{e}_{<1>} \\ \mathbb{e}_{<2>} \\ \mathbb{n} \end{Bmatrix} = \bar{\boldsymbol{\psi}}_{<k>}\times\begin{Bmatrix} \mathbb{e}_{<1>} \\ \mathbb{e}_{<2>} \\ \mathbb{n} \end{Bmatrix} \tag{5.48c}$$

ausgedrückt werden.

Betreffend die

5.5 Koordinatenableitungen von Vektoren und Tensoren

zerlegt man Letztere zweckmäßig in jeweils (lokal-)planare, normale und (ggfs.) gemischte Anteile, um den Einfluß der Flächenkrümmung sichtbar zu machen. So setzt man also

$$\mathbb{v}(q^1,q^2) = v_n(q^1,q^2)\mathbb{n} + \mathbb{v}_{(2)} \quad \text{mit}$$

$$\mathbb{v}_{(2)} = \mathbb{v}\cdot\mathbb{E}_{(2)} \overset{135)}{=} \sum_{j=1}^{2} v_j(q^1,q^2)\mathbb{g}^j \tag{5.49a,b}$$

und erhält
$$\frac{\partial\mathbb{v}}{\partial q^k} = \frac{\partial v_n}{\partial q^k}\mathbb{n} + v_n\frac{\partial\mathbb{n}}{\partial q^k} + \sum_{j=1}^{2}\left[\frac{\partial v_j}{\partial q^k}\mathbb{g}^j + v_j\frac{\partial\mathbb{g}^j}{\partial q^k}\right] =$$

$$\overset{(5.35d,2.42c)}{=} \frac{\partial v_n}{\partial q^k}\mathbb{n} - v_n\mathbb{g}_k\cdot\mathbb{K} + \sum_{j=1}^{2}\left[\frac{\partial v_j}{\partial q^k}\mathbb{g}^j - v_j\mathbb{g}^j\cdot\mathbb{\Gamma}^T_{[k]}\right],$$

---

[135] Hier z. B. in kovarianter Komponentendarstellung

und mit $\sum_{j=1}^{2} v_j \mathbb{g}^j \cdot \boldsymbol{\Gamma}^T_{[k]} = \mathbb{v}_{(2)} \cdot \boldsymbol{\Gamma}^T_{[k]} \overset{(5.46b)}{=} \mathbb{v}_{(2)} \cdot \boldsymbol{\Gamma}^T_{[k](2)} + (\mathbb{v}_{(2)} \cdot \mathbb{K} \cdot \mathbb{g}_k)\mathbb{n}$

(wegen $\mathbb{n} \cdot \mathbb{v}_{(2)} = 0$) und der Abkürzung

$$\frac{d\mathbb{v}_{(2)}}{dq^k} = \sum_{j=1}^{2} \frac{\partial v_j}{\partial q^k} \mathbb{g}^j \tag{5.49c}$$

schließlich
$$\frac{\partial \mathbb{v}}{\partial q^k} = \frac{d\mathbb{v}_{(2)}}{dq^k} - \mathbb{v}_{(2)} \cdot \boldsymbol{\Gamma}^T_{[k](2)} - v_n \mathbb{g}_k \cdot \mathbb{K} + \left[\frac{\partial v_n}{\partial q^k} - \mathbb{g}_k \cdot \mathbb{K} \cdot \mathbb{v}_{(2)} \right] \mathbb{n} \tag{5.49d}$$

bzw.
$$\frac{\partial \mathbb{v}}{\partial q^k} \equiv \mathbb{E} \cdot \frac{\partial \mathbb{v}}{\partial q^k} \overset{[136]}{=} \sum_{j=1}^{2} \mathbb{g}^j \left[\mathbb{g}_j \cdot \frac{\partial \mathbb{v}}{\partial q^k} \right] + \mathbb{n} \left[\mathbb{n} \cdot \frac{\partial \mathbb{v}}{\partial q^k} \right] \tag{5.49e}$$

mit
$$\mathbb{g}_j \cdot \frac{\partial \mathbb{v}}{\partial q^k} = \frac{\partial v_j}{\partial q^k} - \sum_{\alpha,\beta=1}^{2} v_\alpha g^{\alpha\beta} \Gamma_{\beta jk} - v_n k_{jk}, \quad j,k = 1,2 \tag{5.49f}$$

$$\mathbb{n} \cdot \frac{\partial \mathbb{v}}{\partial q^k} = \frac{\partial v_n}{\partial q^k} - \mathbb{g}_k \cdot \mathbb{K} \cdot \mathbb{v}_{(2)} = \frac{\partial v_n}{\partial q^k} - \sum_{\alpha,\beta=1}^{2} v_\alpha g^{\alpha\beta} k_{\beta k}, \tag{5.49g}$$

wenn man etwa kovariante Komponentendarstellung wünscht.

Entsprechend hat man für zweistufige Tensoren

$$\mathbb{S}(q^1,q^2) \equiv \mathbb{E} \cdot \mathbb{S} \cdot \mathbb{E} = (\mathbb{E}_{(2)} + \mathbb{n} \circ \mathbb{n}) \cdot \mathbb{S} \cdot (\mathbb{E}_{(2)} + \mathbb{n} \circ \mathbb{n}) = \mathbb{E}_{(2)} \cdot \mathbb{S} \cdot \mathbb{E}_{(2)} + \mathbb{n} \circ (\mathbb{n} \cdot \mathbb{S}) \cdot \mathbb{E}_{(2)} +$$
$$+ \mathbb{E}_{(2)} \cdot (\mathbb{S} \cdot \mathbb{n}) \circ \mathbb{n} + \mathbb{n} \circ \mathbb{n} (\mathbb{n} \cdot \mathbb{S} \cdot \mathbb{n}) = \mathbb{S}_{(2)} + \mathbb{n} \circ \mathbb{s}_{(2)} + \overset{*}{\mathbb{s}}_{(2)} \circ \mathbb{n} + \sigma_{nn} \mathbb{n} \circ \mathbb{n} \tag{5.50a}$$

mit
$$\mathbb{S}_{(2)} = \mathbb{E}_{(2)} \cdot \mathbb{S} \cdot \mathbb{E}_{(2)} \overset{[137]}{=} \sum_{\alpha,\beta=1}^{2} \sigma_{\alpha\beta} \mathbb{g}^\alpha \circ \mathbb{g}^\beta, \quad \sigma_{nn} = \mathbb{n} \cdot \mathbb{S} \cdot \mathbb{n},$$

$$\mathbb{s}_{(2)} = \mathbb{n} \cdot \mathbb{S} \cdot \mathbb{E}_{(2)} \overset{52)}{=} \sum_{\alpha=1}^{2} \sigma_{n\alpha} \mathbb{g}^\alpha, \quad \overset{*}{\mathbb{s}}_{(2)} = \mathbb{E}_{(2)} \cdot \mathbb{S} \cdot \mathbb{n} \overset{52)}{=} \sum_{\alpha=1}^{2} \sigma_{\alpha n} \mathbb{g}^\alpha, \tag{5.50b-d}$$

mit $\partial \mathbb{g}^j / \partial q^k$ nach (2.42c,5.46b) die Koordinatenableitung

$$\frac{\partial \mathbb{S}}{\partial q^k} = \frac{d\mathbb{S}_{(2)}}{dq^k} - \boldsymbol{\Gamma}_{[k](2)} \cdot \mathbb{S}_{(2)} - \mathbb{S}_{(2)} \cdot \boldsymbol{\Gamma}^T_{[k](2)} - (\mathbb{g}_k \cdot \mathbb{K} \circ \mathbb{s}_{(2)} + \overset{*}{\mathbb{s}}_{(2)} \circ \mathbb{K} \cdot \mathbb{g}_k)$$
$$+ \left[\frac{d\overset{*}{\mathbb{s}}_{(2)}}{dq^k} - \overset{*}{\mathbb{s}}_{(2)} \cdot \boldsymbol{\Gamma}^T_{[k](2)} + \mathbb{S}_{(2)} \cdot \mathbb{K} \cdot \mathbb{g}_k - \sigma_{nn} \mathbb{K} \cdot \mathbb{g}_k \right] \circ \mathbb{n} + \tag{5.50e}$$

---

136) Man benutze $\mathbb{E} = \mathbb{E}_{(2)} + \mathbb{n} \circ \mathbb{n}$ mit z. B. $\mathbb{E}_{(2)} = \sum_{j=1}^{2} \mathbb{g}^j \circ \mathbb{g}_j$

137) Hier z. B. in kovarianter Komponentendarstellung

$$+ \mathbb{n}\circ\left[\frac{d\mathbb{s}_{(2)}}{dq^k} - \mathbb{s}_{(2)}\cdot\mathbb{\Gamma}^T_{[k](2)} + \mathbb{g}_k\cdot\mathbb{K}\cdot\mathbb{S}_{(2)} - \sigma_{nn}\mathbb{K}\cdot\mathbb{g}_k\right] + \mathbb{n}\circ\mathbb{n}\left[\frac{\partial\sigma_{nn}}{\partial q^k} + (\mathbb{s}_{(2)} + \mathbb{s}^*_{(2)})\cdot\mathbb{K}\cdot\mathbb{g}_k\right],$$

$$\text{worin}\quad \frac{d\mathbb{S}_{(2)}}{dq^k} = \sum_{\alpha,\beta=1}^{2}\frac{\partial\sigma_{\alpha\beta}}{\partial q^k}\mathbb{g}^\alpha\circ\mathbb{g}^\beta,\ \frac{d\mathbb{s}_{(2)}}{dq^k} = \sum_{\alpha=1}^{2}\frac{\partial\sigma_{n\alpha}}{\partial q^k}\mathbb{g}^\alpha,\ \frac{d\mathbb{s}^*_{(2)}}{dq^k} = \sum_{\alpha=1}^{2}\frac{\partial\sigma_{\alpha n}}{\partial q^k}\mathbb{g}^\alpha \tag{5.50f}$$

bedeuten und $\mathbb{\Gamma}_{[k](2)}$ nach (5.19b) mit (5.23) einzusetzen sind. Für z. B.

$$\frac{\partial\mathbb{S}}{\partial q^k} \equiv \mathbb{E}\cdot\frac{\partial\mathbb{S}}{\partial q^k}\cdot\mathbb{E} =^{138)} \sum_{\alpha,\beta=1}^{2}\left[\mathbb{g}_\alpha\cdot\frac{\partial\mathbb{S}}{\partial q^k}\cdot\mathbb{g}_\beta\right]\mathbb{g}^\alpha\circ\mathbb{g}^\beta + \left[\sum_{\alpha=1}^{2}\left[\mathbb{g}_\alpha\frac{\partial\mathbb{S}}{\partial q^k}\cdot\mathbb{n}\right]\mathbb{g}^\alpha\right]\circ\mathbb{n}$$

$$+ \mathbb{n}\circ\sum_{\alpha=1}^{2}\left[\mathbb{n}\cdot\frac{\partial\mathbb{S}}{\partial q^k}\cdot\mathbb{g}_\alpha\right]\mathbb{g}^\alpha + \left[\mathbb{n}\cdot\frac{\partial\mathbb{S}}{\partial q^k}\cdot\mathbb{n}\right]\mathbb{n}\circ\mathbb{n}, \tag{5.50g}$$

also kovariante Komponentendarstellung, hat man

$$\mathbb{n}\cdot\frac{\partial\mathbb{S}}{\partial q^k}\cdot\mathbb{n} = \frac{\partial\sigma_{nn}}{\partial q^k} + (\mathbb{s}_{(2)} + \mathbb{s}^*_{(2)})\cdot\mathbb{K}\cdot\mathbb{g}_k = \frac{\partial\sigma_{nn}}{\partial q^k} + \sum_{\alpha,\beta=1}^{2}(\sigma_{n\alpha} + \sigma_{\alpha n})g^{\alpha\beta}k_{\beta k},$$

$$\mathbb{n}\cdot\frac{\partial\mathbb{S}}{\partial q^k}\cdot\mathbb{g}_j = \frac{\partial\sigma_{nj}}{\partial q^k} - \sum_{\alpha,\beta=1}^{2}\sigma_{n\alpha}g^{\alpha\beta}\Gamma_{\beta jk} + \sum_{\alpha,\beta=1}^{2}\sigma_{\alpha j}k_{k\beta}g^{\alpha\beta} - \sigma_{nn}k_{jk},$$

$$\mathbb{g}_j\cdot\frac{\partial\mathbb{S}}{\partial q^k}\cdot\mathbb{n} = \frac{\partial\sigma_{jn}}{\partial q^k} - \sum_{\alpha,\beta=1}^{2}\sigma_{\alpha n}g^{\alpha\beta}\Gamma_{\beta jk} + \sum_{\alpha,\beta=1}^{2}\sigma_{j\alpha}k_{k\beta}g^{\alpha\beta} - \sigma_{nn}k_{jk}$$

$$\mathbb{g}_j\cdot\frac{\partial\mathbb{S}}{\partial q^k}\cdot\mathbb{g}_l = \frac{\partial\sigma_{jl}}{\partial q^k} - \sum_{\alpha,\beta=1}^{2}(\sigma_{\alpha l}\Gamma_{\beta jk} + \sigma_{j\alpha}\Gamma_{\beta lk})g^{\alpha\beta} - (\sigma_{nl}k_{kj} + \sigma_{jn}k_{kl}),\ j,l = 1,2. \tag{5.50h-k}$$

Im Falle von Orthogonalkoordinatendarstellungen ergeben sich

$$\frac{\partial\mathbb{v}}{\partial s_{\langle k\rangle}} = \frac{\partial}{\partial s_{\langle k\rangle}}(\mathbb{v}_{(2)} + v_n\mathbb{n}) \overset{(5.35c,48c)}{=} \frac{d\mathbb{v}_{(2)}}{ds_{\langle k\rangle}} + \bar{\boldsymbol{\psi}}_{\langle k\rangle}\times\mathbb{v}_{(2)} + \frac{\partial v_n}{\partial s_{\langle k\rangle}}\mathbb{n} - v_n\mathbb{e}_{\langle k\rangle}\cdot\mathbb{K}$$

$$= \frac{d\mathbb{v}_{(2)}}{ds_{\langle k\rangle}} + \bar{\psi}_{\langle k\rangle n}\mathbb{n}\times\mathbb{v}_{(2)} - v_n\mathbb{e}_{\langle k\rangle}\cdot\mathbb{K} + \frac{\partial v_n}{\partial s_{\langle k\rangle}}\mathbb{n} + \bar{\boldsymbol{\psi}}_{\langle k\rangle(2)}\times\mathbb{v}_{(2)}$$

$$\text{mit}\quad d\mathbb{v}_{(2)}/ds_{\langle k\rangle} = \sum_{j=1}^{2}(\partial v_j/\partial s_{\langle k\rangle})\mathbb{e}_{\langle j\rangle},\quad \bar{\boldsymbol{\psi}}_{\langle k\rangle(2)} = \bar{\boldsymbol{\psi}}_{\langle k\rangle}\cdot\mathbb{E}_{(2)},\quad \bar{\psi}_{\langle k\rangle n} = \bar{\boldsymbol{\psi}}_{\langle k\rangle}\cdot\mathbb{n},$$

$$\text{also}\quad \frac{\partial\mathbb{v}}{\partial s_{\langle k\rangle}} = \sum_{j=1}^{2}\left[\mathbb{e}_{\langle j\rangle}\cdot\frac{\partial\mathbb{v}}{\partial s_{\langle k\rangle}}\right]\mathbb{e}_{\langle j\rangle} + \left[\mathbb{n}\cdot\frac{\partial\mathbb{v}}{\partial s_{\langle k\rangle}}\right]\mathbb{n} \tag{5.51a}$$

$$\text{mit}\quad \mathbb{e}_{\langle j\rangle}\cdot\frac{\partial\mathbb{v}}{\partial s_{\langle k\rangle}} = \frac{\partial v_j}{\partial s_{\langle k\rangle}} + \bar{\psi}_{\langle k\rangle n}[\mathbb{e}_{\langle j\rangle}\mathbb{n}\mathbb{v}_{(2)}] - v_n k_{\langle jk\rangle},\ j,k = 1,2,$$

138) vgl. Fußn. 57

$$\mathbb{n}\cdot\frac{\partial \mathbb{v}}{\partial s_{\langle k\rangle}}=\frac{\partial v_n}{\partial s_{\langle k\rangle}}+[\mathbb{n}\bar{\boldsymbol{\psi}}_{\langle k\rangle(2)}\mathbb{v}_{(2)}]=^{139)}\frac{\partial v_n}{\partial s_{\langle k\rangle}}+\mathbb{e}_{\langle k\rangle}\cdot\mathbb{K}\cdot\mathbb{v}_{(2)},\ k=1,2 \quad (5.51b,c)$$

und $\bar{\boldsymbol{\psi}}_{\langle k\rangle n}$ nach (5.47h,i) sowie schließlich für zweistufige Tensoren

$$\$=\$_{(2)}+\mathbb{n}\circ\mathbb{s}_{(2)}+\overset{*}{\mathbb{s}}_{(2)}\circ\mathbb{n}+\sigma_{\langle nn\rangle}\mathbb{n}\circ\mathbb{n} \quad (5.52)$$

mit $\$_{(2)}=\sum_{\alpha,\beta=1}^{2}\sigma_{\langle\alpha\beta\rangle}\mathbb{e}_{\langle\alpha\rangle}\circ\mathbb{e}_{\langle\beta\rangle},\ \mathbb{s}_{(2)}=\sum_{\alpha=1}^{2}\sigma_{\langle n\alpha\rangle}\mathbb{e}_{\langle\alpha\rangle},\ \overset{*}{\mathbb{s}}_{(2)}=\sum_{\alpha=1}^{2}\sigma_{\langle\alpha n\rangle}\mathbb{e}_{\langle\alpha\rangle}$

analog (5.50)
$$\frac{\partial\$}{\partial s_{\langle k\rangle}}=\left[\mathbb{n}\cdot\frac{\partial\$}{\partial s_{\langle k\rangle}}\cdot\mathbb{n}\right]\mathbb{n}\circ\mathbb{n}+\mathbb{n}\circ\sum_{\alpha=1}^{2}\left[\mathbb{n}\cdot\frac{\partial\$}{\partial s_{\langle k\rangle}}\cdot\mathbb{e}_{\langle\alpha\rangle}\right]\mathbb{e}_{\langle\alpha\rangle}$$

$$+\left[\sum_{\alpha=1}^{2}\left[\mathbb{e}_{\langle\alpha\rangle}\cdot\frac{\partial\$}{\partial s_{\langle k\rangle}}\cdot\mathbb{n}\right]\mathbb{e}_{\langle\alpha\rangle}\circ\mathbb{n}+\sum_{\alpha,\beta=1}^{2}\left[\mathbb{e}_{\langle\alpha\rangle}\cdot\frac{\partial\$}{\partial s_{\langle k\rangle}}\cdot\mathbb{e}_{\langle\beta\rangle}\right]\mathbb{e}_{\langle\alpha\rangle}\circ\mathbb{e}_{\langle\beta\rangle}\right] \quad (5.52a)$$

mit
$$\mathbb{n}\cdot\frac{\partial\$}{\partial s_{\langle k\rangle}}\cdot\mathbb{n}=\frac{\partial\sigma_{\langle nn\rangle}}{\partial s_{\langle k\rangle}}+\sum_{\alpha=1}^{2}(\sigma_{\langle n\alpha\rangle}+\sigma_{\langle\alpha n\rangle})k_{\langle\alpha k\rangle}$$

$$\mathbb{n}\cdot\frac{\partial\$}{\partial s_{\langle k\rangle}}\cdot\mathbb{e}_{\langle j\rangle}=\frac{\partial\sigma_{\langle nj\rangle}}{\partial s_{\langle k\rangle}}+\sum_{\alpha=1}^{2}\sigma_{\langle n\alpha\rangle}\bar{\Gamma}^{(\mathbb{R})}_{\langle j\alpha k\rangle}+\sum_{\alpha=1}^{2}\sigma_{\langle\alpha j\rangle}k_{\langle k\alpha\rangle}-\sigma_{nn}k_{\langle kj\rangle}$$

$$\mathbb{e}_{\langle j\rangle}\cdot\frac{\partial\$}{\partial s_{\langle k\rangle}}\cdot\mathbb{n}=\frac{\partial\sigma_{\langle jn\rangle}}{\partial s_{\langle k\rangle}}+\sum_{\alpha=1}^{2}\sigma_{\langle\alpha n\rangle}\bar{\Gamma}^{(\mathbb{R})}_{\langle j\alpha k\rangle}+\sum_{\alpha=1}^{2}\sigma_{\langle j\alpha\rangle}k_{\langle k\alpha\rangle}-\sigma_{nn}k_{\langle kj\rangle} \quad (5.52b)$$

$$\mathbb{e}_{\langle j\rangle}\cdot\frac{\partial\$}{\partial s_{\langle k\rangle}}\cdot\mathbb{e}_{\langle l\rangle}=\frac{\partial\sigma_{\langle jl\rangle}}{\partial s_{\langle k\rangle}}-\sum_{\alpha=1}^{2}(\sigma_{\langle\alpha l\rangle}\bar{\Gamma}^{(\mathbb{R})}_{\langle\alpha jk\rangle}-\sigma_{\langle j\alpha\rangle}\bar{\Gamma}^{(\mathbb{R})}_{\langle l\alpha k\rangle})-(\sigma_{\langle nl\rangle}k_{\langle jk\rangle}+\sigma_{\langle jn\rangle}k_{\langle kl\rangle})$$

Abschließend den Hinweis am Ende von Ziffer 5.2 aufgreifend, wird in (5.50e) $\$=\mathbb{E}_{(2)}$ gesetzt, zunächst

$$\frac{\partial\mathbb{E}_{(2)}}{\partial q^k}=\underline{\frac{d\mathbb{E}_{(2)}}{dq^k}-(\boldsymbol{\Gamma}_{[k](2)}+\boldsymbol{\Gamma}^T_{[k](2)})}+\mathbb{g}_k\cdot\mathbb{K}\circ\mathbb{n}+\mathbb{n}\circ\mathbb{K}\cdot\mathbb{g}_k=^{140)}\mathbb{g}_k\cdot\mathbb{K}\circ\mathbb{n}+\mathbb{n}\circ\mathbb{K}\cdot\mathbb{g}_k$$

---

139) man beachte

$$[\mathbb{n}\bar{\boldsymbol{\psi}}_{\langle k\rangle(2)}\mathbb{v}_{(2)}]=(\mathbb{n}\times\bar{\boldsymbol{\psi}}_{\langle k\rangle(2)})\cdot\mathbb{v}_{(2)}\overset{(5.47d)}{=}(\mathbb{n}\times(\mathbb{e}_{\langle k\rangle}\cdot\mathbb{K}\times\mathbb{n}))\cdot\mathbb{v}_{(2)}=(\mathbb{K}\cdot\mathbb{e}_{\langle k\rangle})\cdot\mathbb{v}_{(2)}$$

140) Man benutze mit $\mathbb{E}_{(2)}$ nach (5.12a), vorletzte Version, und damit im Sinne von (5.50f)

$d\mathbb{E}_{(2)}/dq^k=\sum_{\alpha,\beta=1}^{2}\partial g_{\alpha\beta}/\partial q^k\ \mathbb{g}^\alpha\circ\mathbb{g}^\beta$ und verwende $\boldsymbol{\Gamma}_{[k](2)}$ nach (5.46c) mit Γ_{ijk} nach (5.23).

Dann erkennt man das Verschwinden des gestrichelten Ausdrucks, was übrigens ein auf zwei Dimensionen eingeschränkter Spezialfall von (2.43e') ist.

$$=^{141)} -\frac{\partial \mathbf{n}}{\partial q^k} \circ \mathbf{n} - \mathbf{n} \circ \frac{\partial \mathbf{n}}{\partial q^k}$$

festgestellt und daraus für den auf die jeweilige Tangentialebene $\mathscr{V}_{(2)}$ bezogenen Anteil

$$\overset{\langle 4\rangle}{\mathbb{E}}_{(2)} \cdot\cdot \frac{\partial \mathbb{E}_{(2)}}{\partial q^k} = \frac{\partial \mathbb{E}_{(2)}}{\partial q^k} \cdot\cdot \overset{\langle 4\rangle}{\mathbb{E}}_{(2)} \equiv^{142)} \frac{\partial \mathbb{E}_{(2)}}{\partial q^k} = 0 \tag{5.53a}$$

erhalten, was den vor (5.18e) genannten Befund bestätigt. Für $\overset{\langle 2\rangle}{\mathfrak{E}}_{(2)}$ soll der entsprechende Sachverhalt z. B. unter Benutzung von Orthogonalkoordinaten, also mit

$$\overset{\langle 2\rangle}{\mathfrak{E}}_{(2)} \mathrel{\hat{=}} \begin{vmatrix} \mathbf{e}_{\langle 1\rangle} & \mathbf{e}_{\langle 1\rangle} \\ \mathbf{e}_{\langle 2\rangle} & \mathbf{e}_{\langle 2\rangle} \end{vmatrix} = \mathbf{e}_{\langle 1\rangle} \circ \mathbf{e}_{\langle 2\rangle} - \mathbf{e}_{\langle 2\rangle} \circ \mathbf{e}_{\langle 1\rangle}$$

nachgewiesen werden[143]. Man bekommt zunächst mit $\partial \mathbf{e}_{\langle j\rangle} / \partial s_k = \boldsymbol{\Psi}_{\langle k\rangle} \times \mathbf{e}_j$

$$\frac{\partial \overset{\langle 2\rangle}{\mathfrak{E}}_{(2)}}{\partial s_{\langle k\rangle}} = \boldsymbol{\Psi}_{\langle k\rangle} \times (\mathbf{e}_{\langle 1\rangle} \circ \mathbf{e}_{\langle 2\rangle} - \mathbf{e}_{\langle 2\rangle} \circ \mathbf{e}_{\langle 1\rangle}) - (\mathbf{e}_{\langle 1\rangle} \circ \mathbf{e}_{\langle 2\rangle} - \mathbf{e}_{\langle 2\rangle} \circ \mathbf{e}_{\langle 1\rangle}) \times \boldsymbol{\Psi}_{\langle k\rangle}$$

und daraus in der Tat

$$\frac{\partial \overset{\langle 2\rangle}{\mathfrak{E}}_{(2)}}{\partial s_{\langle k\rangle}} = \frac{1}{\sqrt{g_{\langle kk\rangle}}} \frac{\partial \overset{\langle 2\rangle}{\mathfrak{E}}_{(2)}}{\partial q_{\langle k\rangle}} = \overset{\langle 4\rangle}{\mathbb{E}}_{(2)} \cdot\cdot \frac{\partial \overset{\langle 2\rangle}{\mathfrak{E}}_{(2)}}{\partial s_{\langle k\rangle}} \equiv^{64)} \mathbb{E}_{(2)} \cdot \frac{\partial \overset{\langle 2\rangle}{\mathfrak{E}}_{(2)}}{\partial s_{\langle k\rangle}} \cdot \mathbb{E}_{(2)} = 0\,, \tag{5.53b}$$

weil

$$\mathbb{E}_{(2)} \cdot (\boldsymbol{\Psi}_{\langle k\rangle} \times \mathbf{e}_{\langle 1\rangle,\langle 2\rangle}) = \bar{\psi}_{\langle k\rangle n} \mathbf{n} \times \mathbf{e}_{\langle 1\rangle,\langle 2\rangle}\,, \quad (\mathbf{e}_{\langle 2\rangle,\langle 1\rangle} \times \boldsymbol{\Psi}_{\langle k\rangle}) \cdot \mathbb{E}_{(2)} = \bar{\psi}_{\langle k\rangle n} \mathbf{e}_{\langle 2\rangle,\langle 1\rangle} \times \mathbf{n}$$

mit $\bar{\psi}_{\langle k\rangle n} = \mathbf{n} \cdot \boldsymbol{\Psi}_{\langle k\rangle}$ sind und demzufolge die Reduktion

$$\frac{\partial \overset{\langle 2\rangle}{\mathfrak{E}}_{(2)}}{\partial s_{\langle k\rangle}} = \bar{\psi}_{\langle k\rangle n} \Big[\mathbf{n} \times \mathbf{e}_{\langle 1\rangle} \circ \mathbf{e}_{\langle 2\rangle} - \mathbf{n} \times \mathbf{e}_{\langle 2\rangle} \circ \mathbf{e}_{\langle 1\rangle} - \mathbf{e}_{\langle 1\rangle} \circ \mathbf{e}_{\langle 2\rangle} \times \mathbf{n} + \mathbf{e}_{\langle 2\rangle} \circ \mathbf{e}_{\langle 1\rangle} \times \mathbf{n} \Big] =$$

$$=^{144)} \bar{\psi}_{\langle k\rangle n} \Big[\mathbf{e}_{\langle 2\rangle} \circ \mathbf{e}_{\langle 2\rangle} + \mathbf{e}_{\langle 1\rangle} \circ \mathbf{e}_{\langle 1\rangle} - \mathbf{e}_{\langle 1\rangle} \circ \mathbf{e}_{\langle 1\rangle} - \mathbf{e}_{\langle 2\rangle} \circ \mathbf{e}_{\langle 2\rangle} \Big] = \bar{\psi}_{\langle k\rangle n} \Big[\mathbb{E}_{(2)} - \mathbb{E}_{(2)} \Big] = 0$$

möglich ist.

---

141) Diese letztere Darstellung fällt auch unmittelbar aus

$$\frac{\partial \mathbb{E}}{\partial q^k} \equiv 0 = \frac{\partial \mathbb{E}_{(2)}}{\partial q^k} + \frac{\partial}{\partial q^k} (\mathbf{n} \circ \mathbf{n}) = \frac{\partial \mathbb{E}_{(2)}}{\partial q^k} + \frac{\partial \mathbf{n}}{\partial q^k} \circ \mathbf{n} + \mathbf{n} \circ \frac{\partial \mathbf{n}}{\partial q^k} \quad \text{an.}$$

142) mit $\overset{\langle 4\rangle}{\mathbb{E}}_{(2)}$ nach (5.18e)

143) Obwohl dies selbstverständlich unter Benutzung von $\partial \mathfrak{E} / \partial q^k = 0$ mit $\mathfrak{E} = -\mathbb{E} \times \mathbb{E} = -(\mathbb{E}_{(2)} + \mathbf{n} \circ \mathbf{n}) \times (\mathbb{E}_{(2)} + \mathbf{n} \circ \mathbf{n})$ auch koordinateninvariant möglich wäre.

144) man benutze $\mathbf{n} \times \mathbf{e}_{\langle 1\rangle} = \mathbf{e}_{\langle 2\rangle}$, $\mathbf{n} \times \mathbf{e}_{\langle 2\rangle} = -\mathbf{e}_{\langle 1\rangle}$

§ 6 Koordinateninvariante Differentiationsoperationen auf Flächen

6.1 $\nabla_{(2)}$-Operator, Integralsätze

Die koordinateninvariante Definition des $\nabla_{(2)}$-Operators kann aus der Definition (3.1) des räumlichen Operators in der Weise entwickelt werden, daß man einerseits eine allein von den Flächenkoordinaten abhängige Funktion $\Phi(q^1, q^2)$, andererseits als Volumenelement zunächst ein die Fläche (f) als "Mittelfläche" enthaltendes Schalenelement von der Höhe Δh in Betracht nimmt und bei der in (3.1) geforderten Limesbildung anschließend den Grenzübergang $\Delta h \to 0$ vollzieht. Das Schalen(Raum-)element wird dabei, wie Abb. 6.1 andeutet, in der Weise gewonnen, daß man längs des Umfanges des "Mittelflächen"-Elementes (df) einen jeweils die Mittelflächennormale ($\mathbb{n}$) enthaltenden Schnitt legt, wodurch die beiden Schalen-Deckflächenelemente df', df" (im Abstande $\pm\Delta h/2$ von der Mittelfläche) in Abhängigkeit von df und den Krümmungseigenschaften der Mittelfläche festgelegt werden. Um letzteren Zusammenhang darzustellen, notiert man zweckmäßig zunächst die Beziehung, die zwischen einem im Abstande $z\mathbb{n}$ von der Mittelfläche entfernt liegenden Linienelement $d\mathbb{r}_z$ und seiner in Normalenrichtung genommenen Projektion

$$d\mathbb{r} = \sum_{j=1}^{2} dq^j \mathbb{g}_j \equiv d\mathbb{r}_{(2)} = d\mathbb{r} \cdot \mathbb{E}_{(2)}$$

auf die Mittelfläche (f) mit den Bezeichnungen von Abb. 6.1 angegeben werden kann,

$$d\mathbb{r}_z = d\mathbb{r} + z \sum_{j=1}^{2} \frac{\partial \mathbb{n}}{\partial q^j} dq^j \overset{(5.35d)}{=} d\mathbb{r} - z \sum_{j=1}^{2} \mathbb{g}_j \cdot dq^j \cdot \mathbb{K} = d\mathbb{r} \cdot (\mathbb{E} - z\,\mathbb{K}), \qquad (6.1a)$$

und erzeugt schließlich hiermit die Beziehung zwischen einem Flächenelement $d\mathbb{f}_z = d\mathbb{r}_{z1} \times d\mathbb{r}_{z2}$ und seiner "Mittelflächenprojektion" $d\mathbb{f} = d\mathbb{r}_1 \times d\mathbb{r}_2$. Man hat

$$d\mathbb{f}_z = d\mathbb{r}_{z1} \times d\mathbb{r}_{z2} = \left[d\mathbb{r}_1 \cdot (\mathbb{E} - z\mathbb{K})\right] \times \left[d\mathbb{r}_2 \cdot (\mathbb{E} - z\mathbb{K})\right]$$
$$\overset{1)}{=} (d\mathbb{r}_1 \times d\mathbb{r}_2) \cdot (\mathbb{E} - z\mathbb{K})^{T-1} (\mathbb{E} - z\mathbb{K})_3 =$$

---

1) Man benutze nach [1] (2.39a)

$$(\mathbb{a} \cdot \mathbb{A}) \times (\mathbb{b} \cdot \mathbb{A}) = (\mathbb{a} \times \mathbb{b})\, \mathbb{A}^{T-1} (\mathbb{A})_3$$

$$=^{2)}\ d\mathbb{f}\cdot\left[(1-2Hz+Kz^2)\,\mathbb{E}-(1-2Hz)\,\mathbb{K}+\mathbb{K}^2\right] \qquad (6.1b,c)$$

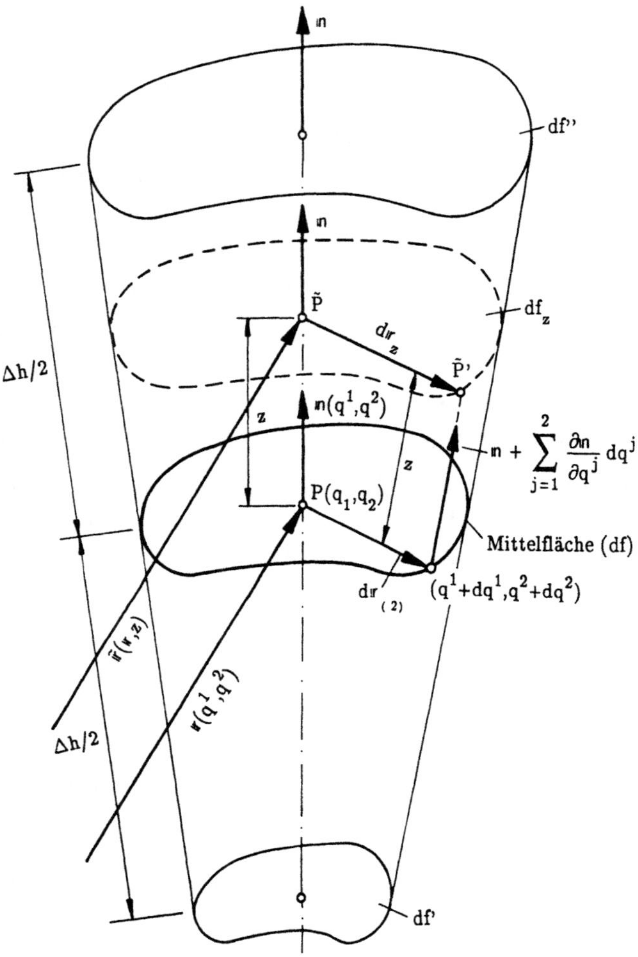

Abb. 6.1

2) Man benutze nach [1] (2.63d)

$(\mathbb{E}+\mathbb{A})_3\,(\mathbb{E}+\mathbb{A})^{-1}=(1+A_1+A_2+A_3)\,\mathbb{E}-(1+A_1)\,\mathbb{A}+\mathbb{A}^2,$

mit $\mathbb{A}=-z\mathbb{K}$ und daher

$A_1=\left[-z\mathbb{K}\right]_1=\mathbb{E}\cdot\cdot(-z\mathbb{K})\equiv-z\mathbb{E}_{(2)}\cdot\cdot\,\mathbb{K}=-2Hz,$

$A_2=\left[-z\mathbb{K}\right]_2=\frac{1}{2}\left[(2H)^2-\mathbb{K}\cdot\cdot\,\mathbb{K}\right]z^2=Kz^2,\ A_3=(-z\mathbb{K})_3=0$

$$=^{3)} (1 - 2Hz + Kz^2)\, d\mathbb{f}, \text{ d. h. } df_z = |d\mathbb{f}_z| = (1 - 2Hz + Kz^2) df,$$

und bekommt so mit $z = \pm\, \Delta h/2$ die Zusammenhänge

$$d\mathbb{f}'' = d\mathbb{f}_z\Big|_{z=\Delta h/2} = \left[1 - H\Delta h + K(\Delta h)^2/4\right] d\mathbb{f},$$

$$d\mathbb{f}' = d\mathbb{f}_z\Big|_{z=-\Delta h/2} = \left[1 + H\Delta h + K(\Delta h)^2/4\right] d\mathbb{f}, \qquad (6.1d,e)$$

zwischen den Schalen-Deckflächenelementen $d\mathbb{f}'$, $d\mathbb{f}''$ und zugehörigem Mittelflächenelement ($d\mathbb{f} = df\mathbb{n}$).

Auf (3.1) zurückkommend, wird nun, gleich die in Δh von höherer als zweiter Ordnung kleine Glieder vernachlässigend, mit den Bezeichnungen nach Abb. 3.5a

$$\Delta V = \Delta h\, \Delta f,\;\; \Delta\mathbb{f}'' = \Delta\mathbb{f}(1 - H\Delta h),\;\; \Delta\mathbb{f}' = \Delta\mathbb{f}(1 + H\Delta h) \qquad (6.2a\text{-}c)$$

also[4]

$$\oiint_{\Delta f(\Delta V)} \underline{\mathbb{n} \otimes \Phi\, df} = \left[\mathbb{n}\, \Delta f\,(1 - H\Delta h) - \mathbb{n}\Delta f\,(1 + H\Delta h)\right] \otimes \Phi\, +$$

$$+\, \Delta h \oint_{\Delta l(\Delta f)} (d\mathbb{r}\times\mathbb{n}) \otimes \Phi = -\, 2H\, \Delta V\mathbb{n} \otimes \Phi + \Delta h \oint_{\Delta l(\Delta f)} (d\mathbb{r}\times\mathbb{n}) \otimes \Phi \qquad (6.2d)$$

gesetzt, indem man einerseits beachtet, daß die äußeren Flächennormalen der beiden Schalen-Deckflächenelemente (df'' bzw. df') die Flächennormale $\mathbb{n}$ bzw. $-\,\mathbb{n}$ sind, während sich die Flächenelemente des Δf berandenden Rundschnittes $\Delta l(\Delta f)$ als $d\mathbb{f} = d\mathbb{r} \times \mathbb{n}\, \Delta h$ darstellen (vgl. Abb. 3.5a), und solchermaßen schließlich

$$\nabla\otimes\Phi \equiv^{5)} \nabla_{(2)}\otimes\Phi = \lim_{\Delta V\to 0}\left[\frac{1}{\Delta V}\oiint_{\Delta f(\Delta V)} d\mathbb{f} \otimes \Phi\right] = -\, 2H\mathbb{n}\otimes\Phi + \lim_{\Delta f\to 0}\left[\frac{1}{\Delta f}\oint_{\Delta l(\Delta f)} (d\mathbb{r}\times\mathbb{n})\otimes\Phi\right] \qquad (6.2e)$$

als koordinateninvariante Definition des $\nabla_{(2)}$-Operators erhalten.

Daß (6.2e) der koordinatenvarianten Darstellung (5.34) gleichwertig ist, prüft man durch konkrete Rechnung leicht nach. Indem man ein durch Koordinatenflächen q^j=const. j=1,2 begrenztes Flächenelement in Betracht nimmt (Abb.6.2) und die in (6.2e) geforderten Linienintegrationen in Termen erster Ableitungen approximiert, bekommt man

$$\left[\int_B^C + \int_D^A\right](d\mathbb{r}\times\mathbb{n}) \otimes \Phi =^{6)} \frac{\partial}{\partial q^1}\left[\sqrt{g_{(2)}}\; \mathbb{g}^1 \otimes \Phi\right] dq^1\, dq^2 = \left[\sqrt{g_{(2)}}\; \mathbb{g}^1 \otimes \frac{\partial\Phi}{\partial q^1} +\right.$$

---

3) Man beachte, daß $\mathbb{K}$ (lokal—)planar, d. h. $d\mathbb{f} \cdot \mathbb{K} = 0$ ist.

4) Hier konnte leider ein Bezeichnungsproblem nicht vermieden werden: Auf der linken Seite (gestrichelt) bedeuten $\mathbb{n}$ entsprechend (3.1) die äußeren Flächennormalen des Schalenvolumenelementes, auf der rechten Seite hat $\mathbb{n}$ die Bedeutung der Flächennormalen der Schalenmittelfläche. Da diese Doppelbedeutung im Folgenden nicht mehr vorkommt, wurde sie hier einmalig hingenommen.

5) indem man diese, an $\Phi(q^1,q^2)$ zu vollziehende Operation nunmehr mit $\nabla_{(2)} \otimes \Phi$ bezeichnet.

6) Man benutze $d\mathbb{r}_2\times\mathbb{n} = \mathbb{g}_2 dq^2\times\mathbb{n} \overset{(5.5a)}{=} \mathbb{g}^1 \sqrt{g_{(2)}}\, dq^2$

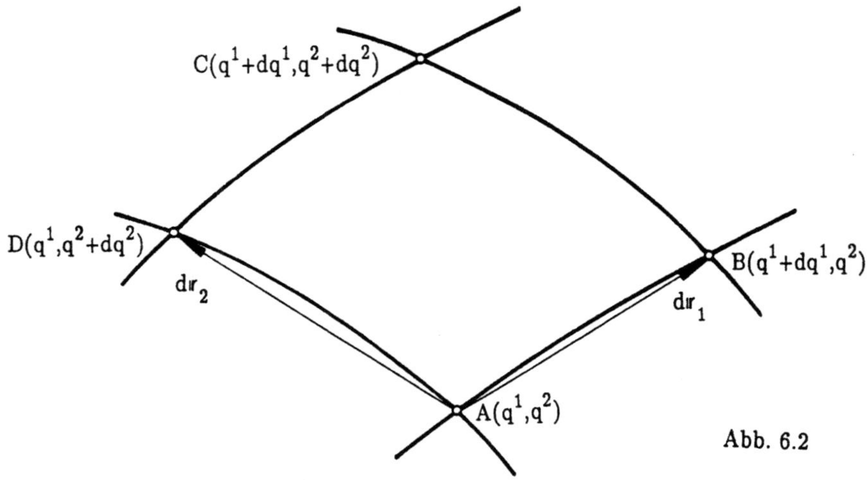

Abb. 6.2

$$+ \frac{\partial}{\partial q^1}\left[\mathbf{g}^1 \sqrt{g_{(2)}}\right] \otimes \Phi\Big]\, dq^1\, dq^2 \tag{6.3a}$$

und entsprechend

$$\left[\int_A^B + \int_C^D\right](d\mathbf{r}\times\mathbf{n}) \otimes \Phi \overset{7)}{=} \frac{\partial}{\partial q^2}\left[\sqrt{g_{(2)}}\, \mathbf{g}^2 \otimes \Phi\right] dq^1\, dq^2$$

$$= \left[\sqrt{g_{(2)}}\, \mathbf{g}^2 \otimes \frac{\partial \Phi}{\partial q^2} + \frac{\partial}{\partial q^2}\left[\mathbf{g}^2 \sqrt{g_{(2)}}\right] \otimes \Phi\right] dq^1\, dq^2, \tag{6.3b}$$

also vorerst mit $\Delta f = \sqrt{g_{(2)}}\, dq^1\, dq^2$ aus (6.2e)

$$\nabla_{(2)} \otimes \Phi = -2H\mathbf{n} \otimes \Phi + \frac{1}{\sqrt{g_{(2)}}} \sum_{j=1}^{2} \frac{\partial}{\partial q^j}\left[\sqrt{g_{(2)}}\, \mathbf{g}^j \otimes \Phi\right] =$$

$$= -2H\mathbf{n} \otimes \Phi + \sum_{j=1}^{2} \mathbf{g}^j \otimes \frac{\partial \Phi}{\partial q^j} + \frac{1}{\sqrt{g_{(2)}}}\left[\sum_{j=1}^{2} \frac{\partial}{\partial q^j}\left[\sqrt{g_{(2)}}\, \mathbf{g}^j\right]\right] \otimes \Phi, \tag{6.3c}$$

hiermit desweiteren, indem man z.B. Φ durch $\mathbb{E}$ und die beliebige Multiplikation durch die Skalare ersetzt,

$$\nabla_{(2)} \cdot \mathbb{E} \overset{8)}{\equiv} 0 = -2H\mathbf{n} \cdot \mathbb{E} + \left[\frac{1}{\sqrt{g_{(2)}}} \sum_{j=1}^{2} \frac{\partial}{\partial q^j}\left[\sqrt{g_{(2)}}\, \mathbf{g}^j\right]\right] \cdot \mathbb{E},$$

---

7) Man benutze $d\mathbf{r}_1 \times \mathbf{n} = \mathbf{g}_1 dq^1 \times \mathbf{n} \overset{(5.5b)}{=} -\mathbf{g}^2 \sqrt{g_{(2)}}\, dq^1$

8) Man bedenke, daß der im Euklidischen Vektorraum definierte Einheitstensor (selbstverständlich) unabhängig von den Flächenkoordinaten sein, also $\partial\mathbb{E}/\partial q^k = 0$, k=1,2 und daher insbesondere auch $\nabla_{(2)} \cdot \mathbb{E} = 0$ gelten muß.

d. h.

$$\frac{1}{\sqrt{g_{(2)}}}\sum_{j=1}^{2}\frac{\partial}{\partial q^j}\left[\sqrt{g_{(2)}}\,\mathfrak{g}^j\right] = 2H\mathbb{n}, \tag{6.4a}$$

weswegen schließlich von $\nabla_{(2)} \otimes \Phi$ nach (6.3c) in der Tat

$$\nabla_{(2)} \otimes \Phi \overset{(6.3c)}{\equiv} -2H\mathbb{n}\otimes\Phi + \frac{1}{\sqrt{g_{(2)}}}\sum_{j=1}^{2}\frac{\partial}{\partial q^j}\left[\sqrt{g_{(2)}}\,\mathfrak{g}^j\otimes\Phi\right] = \sum_{j=1}^{2}\mathfrak{g}^j\otimes\frac{\partial\Phi}{\partial q^j} \tag{6.4b}$$

(hinsichtlich der letzteren Darstellung vgl. (5.34)) verbleibt. In (6.4a) repräsentiert sich analog den Überlegungen, die von (3.2a) zu (3.2e) geführt haben, der Satz vom Verschwinden der gerichteten Oberfläche eines Polyeders, nunmehr angewandt auf die Schalenelementen–Oberfläche, die aus den beiden Deckflächen sowie der längs $\Delta l(\Delta f)$ durch Normalschnitt–Führung erzeugten zylinderartigen "Stirnfläche" (vgl. Abb. 3.5a) besteht. Selbstverständlich ist (6.4a) auch in konkreter Rechnung nachzuweisen, denn es ist in der Tat

$$\frac{1}{\sqrt{g_{(2)}}}\sum_{j=1}^{2}\frac{\partial}{\partial q^j}\left[\sqrt{g_{(2)}}\,\mathfrak{g}^j\right] = \sum_{j=1}^{2}\frac{\partial\mathfrak{g}^j}{\partial q^j} + \sum_{j=1}^{2}\frac{\mathfrak{g}^j}{\sqrt{g_{(2)}}}\frac{\partial\sqrt{g_{(2)}}}{\partial q^j} \overset{(5.21d,46a)}{=}$$

$$\overset{(5.21d,46a)}{=} \sum_{j=1}^{2}\left[\mathfrak{g}^j\frac{\partial}{\partial q^j}\left[\ln\sqrt{g_{(2)}}\right] - \mathfrak{g}^j\cdot\mathbb{\Gamma}^T_{[j](2)} + \left[\mathfrak{g}^j\cdot\mathbb{K}\cdot\mathfrak{g}_j\right]\mathbb{n}\right] \equiv 2H\mathbb{n}, \tag{6.4c}$$

indem man noch

$$\sum_{j=1}^{2}\mathfrak{g}^j\cdot\mathbb{K}\cdot\mathfrak{g}_j = \sum_{j=1}^{2}\mathfrak{g}_j\circ\mathfrak{g}^j\cdot\cdot\,\mathbb{K} = \mathbb{E}_{(2)}\cdot\cdot\,\mathbb{K} = 2H$$

sowie

$$\sum_{j=1}^{2}\left[\mathfrak{g}^j\frac{\partial}{\partial q^j}\left[\ln\sqrt{g_{(2)}}\right] - \mathfrak{g}^j\cdot\mathbb{\Gamma}^T_{[j](2)}\right] = \sum_{j=1}^{2}\left[\mathfrak{g}^j\frac{\partial}{\partial q^j}\left[\ln\sqrt{g_{(2)}}\right] - \sum_{\alpha,\beta=1}^{2}g^{\alpha j}\,\Gamma_{\alpha\beta j}\,\mathfrak{g}^\beta\right] = 0 \tag{6.4d}$$

beachtet, was man schließlich unter Benutzung von $\Gamma_{\alpha\beta j}$ nach (5.23) verifiziert.

Die durch Ersetzen der beliebigen Produktbildung ($\otimes$) durch dyadische, vektorische und skalare Multiplikationsoperationen aus einem p-stufigen Tensorfeld $\overset{\langle p\rangle}{\mathbb{A}}$ erhältlichen Strukturen werden analog §3.3 als Gradienten, Rotoren bzw. Divergenzen bezeichnet:

$$\operatorname{grad}_{(2)}\overset{\langle p\rangle}{\mathbb{A}} = \nabla_{(2)}\circ\overset{\langle p\rangle}{\mathbb{A}} = \sum_{j=1}^{2}\mathfrak{g}^j\circ\frac{\partial\overset{\langle p\rangle}{\mathbb{A}}}{\partial q^j} = -2H\mathbb{n}\circ\overset{\langle p\rangle}{\mathbb{A}} + \frac{1}{\sqrt{g_{(2)}}}\sum_{j=1}^{2}\frac{\partial}{\partial q^j}\left[\sqrt{g_{(2)}}\,\mathfrak{g}^j\circ\overset{\langle p\rangle}{\mathbb{A}}\right],$$

$$\operatorname{rot}_{(2)}\overset{\langle p\rangle}{\mathbb{A}} = \nabla_{(2)}\times\overset{\langle p\rangle}{\mathbb{A}} = \sum_{j=1}^{2}\mathfrak{g}^j\times\frac{\partial\overset{\langle p\rangle}{\mathbb{A}}}{\partial q^j} = -2H\mathbb{n}\times\overset{\langle p\rangle}{\mathbb{A}} + \frac{1}{\sqrt{g_{(2)}}}\sum_{j=1}^{2}\frac{\partial}{\partial q^j}\left[\sqrt{g_{(2)}}\,\mathfrak{g}^j\times\overset{\langle p\rangle}{\mathbb{A}}\right]$$

$$= -\,\mathfrak{E}\cdot\cdot\operatorname{grad}_{(2)}\overset{\langle p\rangle}{\mathbb{A}},$$

$$\operatorname{div}_{(2)}\overset{\langle p\rangle}{\mathbb{A}} = \nabla_{(2)}\cdot\overset{\langle p\rangle}{\mathbb{A}} = \sum_{j=1}^{2}\mathfrak{g}^j\cdot\frac{\partial\overset{\langle p\rangle}{\mathbb{A}}}{\partial q^j} = -2H\mathbb{n}\cdot\overset{\langle p\rangle}{\mathbb{A}} + \frac{1}{\sqrt{g_{(2)}}}\sum_{j=1}^{2}\frac{\partial}{\partial q^j}\left[\sqrt{g_{(2)}}\,\mathfrak{g}^j\cdot\overset{\langle p\rangle}{\mathbb{A}}\right]$$

$$= \mathbb{E}\cdot\cdot\operatorname{grad}_{(2)} \overset{<p>}{\mathbb{A}} . \tag{6.5a-c}$$

Insbesondere ergeben sich mit der Ortsvektor—Funktion $\mathbb{r}(q^1,q^2)$ anstelle von $\overset{<p>}{\mathbb{A}}$

$$\operatorname{grad}_{(2)} \mathbb{r} = \nabla_{(2)} \circ \mathbb{r} = \sum_{j=1}^{2} \mathbb{g}^j \circ \frac{\partial \mathbb{r}}{\partial q_j} = \sum_{j=1}^{2} \mathbb{g}^j \circ \mathbb{g}_j \overset{(5.12a)}{=} \mathbb{E}_{(2)} = \mathbb{E} - \mathbb{n}\circ\mathbb{n} \equiv \mathbb{E}^T_{(2)}, \tag{6.6a}$$

also

$$\operatorname{rot}_{(2)} \mathbb{r} = -\,\mathcal{E}\cdot\cdot\operatorname{grad}_{(2)} \mathbb{r} = -\,\mathcal{E}\cdot\cdot\mathbb{E}_{(2)} = 0, \tag{6.6b}$$

und

$$\operatorname{div}_{(2)} \mathbb{r} = \mathbb{E}\cdot\cdot\operatorname{grad}_{(2)} \mathbb{r} = \mathbb{E}\cdot\cdot\mathbb{E}_{(2)} = 2, \tag{6.6c}$$

und mit der Funktion $\mathbb{E}_{(2)}(q^1,q^2) = \mathbb{E} - \mathbb{n}(q^1,q^2) \circ \mathbb{n}(q^1,q^2)$ des (lokal—) planaren Einheitsoperators

$$\operatorname{grad}_{(2)} \mathbb{E}_{(2)} = \nabla_{(2)} \circ \mathbb{E}_{(2)} = \nabla_{(2)} \circ (\mathbb{E} - \mathbb{n}\circ\mathbb{n}) = -\nabla_{(2)} \circ (\mathbb{n}\circ\mathbb{n}) = -\nabla_{(2)} \circ (\overset{\downarrow}{\mathbb{n}}\circ\mathbb{n} + \mathbb{n}\circ\overset{\downarrow}{\mathbb{n}}) =$$

$$= -(\nabla_{(2)} \circ \overset{\downarrow}{\mathbb{n}}\circ\mathbb{n})\cdot\cdot(\overset{<4>}{\mathbb{E}} + \overset{<4>}{\mathbb{E}}_T) = (\mathbb{K}\circ\mathbb{n})\cdot\cdot(\overset{<4>}{\mathbb{E}} + \overset{<4>}{\mathbb{E}}_T) \overset{9)}{=} 2(\mathbb{K}\circ\mathbb{n})\cdot\cdot \overset{<4>}{\mathbb{M}} , \tag{6.6d}$$

$$\operatorname{div}_{(2)} \mathbb{E}_{(2)} = \mathbb{E}\cdot\cdot\operatorname{grad}_{(2)} \mathbb{E}_{(2)} = -\nabla_{(2)} \cdot (\overset{\downarrow}{\mathbb{n}}\circ\mathbb{n} + \mathbb{n}\circ\overset{\downarrow}{\mathbb{n}}) \overset{10)}{=} -(\nabla_{(2)} \cdot \mathbb{n})\,\mathbb{n} \equiv$$

$$\equiv -\left[\mathbb{E}_{(2)} \cdot\cdot (\nabla_{(2)} \circ \mathbb{n})\right]\mathbb{n} \overset{(5.33c)}{=} (\mathbb{E}_{(2)} \cdot\cdot \mathbb{K})\mathbb{n} \overset{11)}{=} 2H\mathbb{n}, \tag{6.6e}$$

$$\operatorname{rot}_{(2)} \mathbb{E}_{(2)} = \nabla_{(2)} \times \mathbb{E}_{(2)} = -\nabla_{(2)} \times (\overset{\downarrow}{\mathbb{n}}\circ\mathbb{n} + \mathbb{n}\circ\overset{\downarrow}{\mathbb{n}}) \overset{12)}{=} \mathbb{n} \times \nabla_{(2)} \circ \overset{\downarrow}{\mathbb{n}} = -\mathbb{n} \times \mathbb{K},$$

$$(\operatorname{rot}_{(2)} \mathbb{E}_{(2)})^T = (\nabla_{(2)} \times \mathbb{E}_{(2)})^T \equiv -\mathbb{E}_{(2)} \times \nabla_{(2)} = -(\mathbb{n}\times\mathbb{K})^T = \mathbb{K}\times\mathbb{n}, \tag{6.6f,g}$$

weswegen die Gaußsche Krümmung auch als

$$K \overset{(5.40b)}{=} -\frac{1}{2}(\mathbb{n} \times \mathbb{K})\cdot\cdot(\mathbb{n} \times \mathbb{K}) = -\frac{1}{2}(\nabla_{(2)} \times \mathbb{E}_{(2)})\cdot\cdot(\nabla_{(2)} \times \mathbb{E}_{(2)}) \tag{6.6h}$$

dargestellt werden kann.

Häufig vorkommende Anwendungen des $\nabla_{(2)}$—Operators sind Vektorgradienten bzw. Tensordivergenzen. Mit

---

9) mit dem vierstufigen Mischer $\overset{<4>}{\mathbb{M}} = (\overset{<4>}{\mathbb{E}} + \overset{<4>}{\mathbb{E}}_T)/\,2$ vgl. [1], § E4.4

10) man beachte $\mathbb{n}\cdot\nabla_{(2)}(\overset{\downarrow}{\ldots})=0$

11) vgl. a. (6.4b) mit $\Phi=\mathbb{E}_{(2)}$ und $\mathbb{n}\cdot\mathbb{E}_{(2)} = 0$, $\mathbb{g}^j\cdot\mathbb{E}_{(2)} = \mathbb{g}_j$, j=1,2 sowie Ersatz der beliebigen Multiplikationen durch die Skalare :

$$\nabla_{(2)}\cdot\mathbb{E}_{(2)} \overset{(6.4b)}{=} \frac{1}{\sqrt{g_{(2)}}} \sum_{j=1}^{2} \frac{\partial}{\partial q^j}\left[\sqrt{g_{(2)}}\; \mathbb{g}^j\cdot\mathbb{E}_{(2)}\right] \equiv \frac{1}{\sqrt{g_{(2)}}} \sum_{j=1}^{2} \frac{\partial}{\partial q^j}\left[\sqrt{g_{(2)}}\; \mathbb{g}^j\right] \overset{(6.4a)}{=} 2H\mathbb{n}.$$

12) Man beachte $\nabla_{(2)} \times \mathbb{n} = 0$.

$$\mathbb{v} \equiv \mathbb{v}\cdot\mathbb{E} = \mathbb{v}\cdot(\mathbb{E}_{(2)} + \mathbb{n}\circ\mathbb{n}) = v_n\,\mathbb{n} + \mathbb{v}_{(2)} \quad \text{mit } v_n = \mathbb{n}\cdot\mathbb{v}\ ,\ \mathbb{v}_{(2)} = \mathbb{v}\cdot\mathbb{E}_{(2)} \qquad (6.7\text{a-c})$$

bekommt man als Vektorgradient wegen

$$\nabla_{(2)}\circ(v_n\,\mathbb{n}) = \nabla_{(2)} v_n\circ\mathbb{n} + v_n\,\nabla_{(2)}\circ\mathbb{n} = \nabla_{(2)} v_n\circ\mathbb{n} - v_n\,\mathbb{K}$$

sowie mit

$$\nabla_{(2)}\circ\mathbb{v}_{(2)} \equiv (\nabla_{(2)}\circ\mathbb{v}_{(2)})\cdot\mathbb{E} = (\nabla_{(2)}\circ\mathbb{v}_{(2)})\cdot(\mathbb{E}_{(2)} + \mathbb{n}\circ\mathbb{n}) =$$
$$=^{13)} (\nabla_{(2)}\circ\mathbb{v}_{(2)})\cdot\mathbb{E}_{(2)} + \mathbb{v}_{(2)}\cdot\mathbb{K}\circ\mathbb{n}$$

unter Benutzung von $\mathbb{g}_j\cdot\nabla_{(2)} = \nabla_j = \partial/\partial q^j\ ,\quad j=1,2\ ,$

schließlich die nach (lokal–) planaren bzw. gemischten Termen geordnete Struktur

$$\operatorname{grad}\mathbb{v}_{(2)} = \nabla_{(2)}\circ\mathbb{v} \equiv \sum_{j,k=1}^{2} \mathbb{g}^j\circ\nabla_j\,\mathbb{v} \equiv -2H\,\mathbb{n}\circ\mathbb{v} + \frac{1}{\sqrt{g_{(2)}}}\sum_{j=1}^{2}\nabla_j\left[\sqrt{g_{(2)}}\;\mathbb{g}^j\circ\mathbb{v}\right] =$$
$$= (\nabla_{(2)}\circ\mathbb{v}_{(2)})\cdot\mathbb{E}_{(2)} - v_n\mathbb{K} + (\nabla_{(2)} v_n + \mathbb{v}_{(2)}\cdot\mathbb{K})\circ\mathbb{n}\,. \qquad (6.7\text{d})$$

Mit z.B.

$$\mathbb{v}_{(2)} = \sum_{k=1}^{2}(\mathbb{v}_{(2)}\cdot\mathbb{g}^k)\,\mathbb{g}_k = \sum_{k=1}^{2} v^k\,\mathbb{g}_k \qquad (6.7\text{e})$$

und damit

$$(\nabla_{(2)}\circ\mathbb{v}_{(2)})\cdot\mathbb{E}_{(2)} = \left[\sum_{j,k=1}^{2}\mathbb{g}^j\circ\nabla_j\,(v^k\,\mathbb{g}_k)\right]\cdot\mathbb{E}_{(2)} = \sum_{j,k=1}^{2}\mathbb{g}^j\circ\left[(\nabla_j\,v^k)\,\mathbb{g}_k + \right.$$
$$\left. + v^k\,\nabla_j\,\mathbb{g}_k\right]\cdot\mathbb{E}_{(2)} \overset{(5.20\text{d})}{=} \sum_{j,k=1}^{2}\mathbb{g}^j\circ\left[(\nabla_j\,v^k)\,\mathbb{g}_k + v^k\,\mathbb{g}_k\cdot\mathbb{\Gamma}_{[j]}\right]\cdot\mathbb{E}_{(2)} =$$
$$= \sum_{j,k=1}^{2}(\nabla_j\,v^k)\,\mathbb{g}^j\circ\mathbb{g}_k + \left[\sum_{j=1}^{2}\mathbb{g}^j\circ\mathbb{\Gamma}^T_{[j](2)}\right]\cdot\mathbb{v}_{(2)} = \sum_{j,k=1}^{2}\left[(\nabla_j\,v^k)\,\mathbb{g}^j\circ\mathbb{g}_k + \right.$$
$$\left. + \left[\sum_{j=1}^{2}\mathbb{g}^j\circ\mathbb{\Gamma}^T_{[j](2)}\right]\cdot\mathbb{v}_{(2)}\right. =^{14)} \sum_{j,k=1}^{2}\mathbb{g}^j\circ\mathbb{g}_k\left[\nabla_j\,v^k + \sum_{\alpha,\beta=1}^{2}\Gamma_{\beta\alpha j}g^{k\beta}\,v^\alpha\right]$$

---

13) Man benutze $(\nabla_{(2)}\circ\mathbb{v}_{(2)})\cdot(\mathbb{n}\circ\mathbb{n}) \equiv \left[\nabla_{(2)}(\overset{\downarrow}{\mathbb{v}}_{(2)}\cdot\mathbb{n})\right]\circ\mathbb{n} = \left[\nabla_{(2)}(\overset{\downarrow}{\mathbb{v}}_{(2)}\cdot\overset{\downarrow}{\mathbb{n}}) - \right.$
$\left. - \nabla_{(2)}(\mathbb{v}_{(2)}\cdot\overset{\downarrow}{\mathbb{n}})\right]\circ\mathbb{n} = -\left[\nabla_{(2)}(\overset{\downarrow}{\mathbb{n}}\cdot\mathbb{v})_{(2)}\right]\circ\mathbb{n} \equiv -(\nabla_{(2)}\circ\mathbb{n})\cdot\mathbb{v}_{(2)}\circ\mathbb{n} = \mathbb{K}\cdot\mathbb{v}_{(2)}\circ\mathbb{n} \equiv$
$\equiv \mathbb{v}_{(2)}\cdot\mathbb{K}\circ\mathbb{n}$

14) Man benutze $\mathbb{\Gamma}^T_{[j](2)}\cdot\mathbb{v}_{(2)} = \left[\sum_{\beta,\nu=1}^{2}\Gamma_{\beta\nu j}\mathbb{g}^\beta\circ\mathbb{g}^\nu\right]\cdot\left[\sum_{\alpha=1}^{2}v^\alpha\,\mathbb{g}_\alpha\right] = \sum_{\alpha,\beta=1}^{2}\Gamma_{\beta\alpha j}v^\alpha\,\mathbb{g}^\beta \equiv$

$\equiv \sum_{\alpha,\beta,k=1}^{2}\Gamma_{\beta\alpha j}g^{\beta k}v^\alpha\,\mathbb{g}_k$

$$\equiv \sum_{j,k=1}^{2} (\mathbf{g}^k \cdot \nabla_j \mathbf{w}_{(2)})\, \mathbf{g}^j \circ \mathbf{g}_k \tag{6.7f}$$

entsteht schließlich

$$\mathbf{g}_j \cdot \left[\nabla_{(2)} \circ \mathbf{w}\right] \cdot \mathbf{g}^k = \nabla_j v^k + \sum_{\alpha,\beta=1}^{2} v^\alpha \Gamma_{\beta j \alpha} \mathbf{g}^{\beta k} - v_n k_j^{\ k}, \quad j, k = 1,2\,,$$

$$\mathbf{g}_j \cdot (\nabla_{(2)} \circ \mathbf{w}) \cdot \mathbf{n} = \mathbf{g}_j \cdot (\nabla_{(2)} v_n + \mathbf{w}_{(2)} \cdot \mathbb{K}) = \nabla_j v_n + \sum_{\alpha=1}^{2} v^\alpha k_{\alpha j}, \quad j = 1,2\,,$$

$$\mathbf{n} \cdot (\nabla_{(2)} \circ \mathbf{w}) = 0\,, \tag{6.7g-i}$$

hierdurch mit $\mathbb{E}_{(2)} \cdot\cdot \mathbb{K} = 2H$ sowie mit der (3.2d') formal analogen Identität

$$\mathbb{E}_{(2)} \cdot\cdot \left[\sum_{j=1}^{2} \mathbf{g}^j \circ \mathbf{\Gamma}^T_{[j](2)}\right] = \sum_{j=1}^{2} \mathbf{g}^j \cdot \mathbf{\Gamma}^T_{[j](2)} = \sum_{\alpha=1}^{2} \nabla_\alpha \left[\ln \sqrt{g_{(2)}}\right] \mathbf{g}^\alpha \overset{15)}{=} \nabla_{(2)} \left[\ln \sqrt{g_{(2)}}\right] \tag{6.8a}$$

schließlich für die Divergenz

$$\operatorname{div}_{(2)} \mathbf{w} = \nabla_{(2)} \cdot \mathbf{w} = \mathbb{E}_{(2)} \cdot\cdot \nabla_{(2)} \circ \mathbf{w} = -2Hv_n + \sum_{j=1}^{2} \left[\nabla_j v^j + v^j \nabla_j (\ln \sqrt{g_{(2)}})\right]$$

$$= -2Hv_n + \frac{1}{\sqrt{g_{(2)}}} \sum_{j=1}^{2} \nabla_j \left[v^j \sqrt{g_{(2)}}\right] = \nabla_{(2)} \cdot \mathbf{w}_{(2)} - 2Hv_n \tag{6.8b}$$

(vgl. a. unmittelbar mit (6.5c)), und mit $\mathbb{E}\times\mathbb{E} \cdot\cdot \mathbb{K} = 0$, $\Gamma_{\alpha 21} - \Gamma_{\alpha 12} = 0$ für die Vektorrotation, wofür z.B. die Repräsentation

$$\operatorname{rot}_{(2)} \mathbf{w} = \nabla_{(2)} \times \mathbf{w} = \left[= -2H\mathbf{n} \times \mathbf{w} + \frac{1}{\sqrt{g_{(2)}}} \sum_{j=1}^{2} \nabla_j (\sqrt{g_{(2)}}\, \mathbf{g}^j \times \mathbf{w})\right] \equiv \mathbb{E}\times\mathbb{E} \cdot\cdot \nabla_{(2)} \circ \mathbf{w} =$$

$$= \frac{\mathbf{n}}{\sqrt{g_{(2)}}} (\nabla_1 v_2 - \nabla_2 v_1) - \sum_{j=1}^{2} \mathbf{g}^j \times \mathbf{\Gamma}_{[j](2)} \cdot \mathbf{w}_{(2)} + \left[\nabla_{(2)} v_n + \mathbf{w}_{(2)} \cdot \mathbb{K}\right] \times \mathbf{n} =$$

$$= \frac{\mathbf{n}}{\sqrt{g_{(2)}}} (\nabla_1 v_2 - \nabla_2 v_1) + \frac{1}{\sqrt{g_{(2)}}} \left[\left[\nabla_2 v_n + \sum_{\alpha=1}^{2} v_\alpha k^{\alpha.}_{\ .2}\right] \mathbf{g}_1 - \left[\nabla_1 v_n + \sum_{\alpha=1}^{2} v_\alpha k^{\alpha.}_{\ .1}\right] \mathbf{g}_2\right] \tag{6.9a}$$

für

---

15) Man benutze $\sum_{j=1}^{2} \mathbf{g}^j \cdot \mathbf{\Gamma}^T_{[j](2)} = \sum_{j,\alpha,\beta=1}^{2} g^{j\alpha} \Gamma_{\alpha\beta j} \mathbf{g}^\beta = \sum_{j,\beta=1}^{2} \Gamma^j_{.\beta j} \mathbf{g}^\beta$

$$= \sum_{\beta=1}^{2} \left[\sum_{j=1}^{2} \Gamma^j_{.\beta j}\right] \mathbf{g}^\beta \overset{(5.23a)}{=} \sum_{\beta=1}^{2} \nabla_\beta \left[\ln \sqrt{g_{(2)}}\right] \mathbf{g}^\beta = \nabla_{(2)} \ln \sqrt{g_{(2)}}$$

$$\mathbb{v}_{(2)} = \sum_{k=1}^{2} v_k \mathbf{g}^k , \tag{6.9b}$$

also kovariant dargestellte Komponenten erreicht wird.
Für die Divergenz

$$\nabla_{(2)} \cdot \mathbf{S} = = -2H\mathbb{n} \cdot \mathbf{S} + \frac{1}{\sqrt{g_{(2)}}} \sum_{j=1}^{2} \nabla_j (\sqrt{g_{(2)}}\, \mathbf{g}^j \cdot \mathbf{S})$$

eines zweistufigen Tensors

$$\mathbf{S}(q^1, q^2) = \mathbf{S}_{(2)} + \mathbb{n} \circ \mathbf{s}_{(2)} + \overset{*}{\mathbf{s}}_{(2)} \circ \mathbb{n} + \sigma_{nn}\, \mathbb{n} \circ \mathbb{n} \tag{6.10}$$

mit

$$\mathbf{S}_{(2)} = \mathbb{E}_{(2)} \cdot \mathbf{S} \cdot \mathbb{E}_{(2)} = \sum_{\alpha,\beta=1}^{2} \sigma^{\alpha\beta} \mathbf{g}_\alpha \circ \mathbf{g}_\beta, \quad \mathbf{s}_{(2)} = \mathbb{n} \cdot \mathbf{S} \cdot \mathbb{E}_{(2)} = \sum_{j=1}^{n} \sigma^{nj} \mathbf{g}_j,$$

$$\overset{*}{\mathbf{s}}_{(2)} = \mathbb{E}_{(2)} \cdot \mathbf{S} \cdot \mathbb{n} = \sum_{\alpha=1}^{n} \sigma^{\alpha n} \mathbf{g}_\alpha, \quad \sigma_{nn} = \mathbb{n} \cdot \mathbf{S} \cdot \mathbb{n} \tag{6.10a-d}$$

bekommt man wegen

$$\nabla_{(2)} \cdot (\sigma_{nn}\, \mathbb{n} \circ \mathbb{n}) = -2H\, \sigma_{nn}\, \mathbb{n}, \quad \nabla_{(2)} \cdot (\mathbb{n} \circ \mathbf{s}_2) = -2H\, \mathbf{s}_2 = -2H \sum_{j=1}^{2} \sigma^{nj} \mathbf{g}_j ,$$

$$\nabla_{(2)} \cdot \left[\overset{*}{\mathbf{s}}_{(2)} \circ \mathbb{n}\right] = \left[\nabla_{(2)} \cdot \overset{*}{\mathbf{s}}_{(2)}\right]\mathbb{n} - \overset{*}{\mathbf{s}}_{(2)} \cdot \mathbb{K} \overset{16)}{=} \frac{\mathbb{n}}{\sqrt{g_{(2)}}} \sum_{\alpha=1}^{2} \nabla_\alpha \left[\sqrt{g_{(2)}}\, \overset{*}{\mathbf{s}}_{(2)} \cdot \mathbf{g}^\alpha\right] - \overset{*}{\mathbf{s}}_{(2)} \cdot \mathbb{K} =$$

$$= \frac{\mathbb{n}}{\sqrt{g_{(2)}}} \sum_{\alpha=1}^{2} \nabla_\alpha \left[\sqrt{g_{(2)}}\, \sigma^{\alpha n}\right] - \mathbb{n} \cdot \mathbf{S}^T \cdot \mathbb{K} = \frac{\mathbb{n}}{\sqrt{g_{(2)}}} \sum_{\alpha=1}^{2} \nabla_\alpha \left[\sqrt{g_{(2)}}\, \sigma^{\alpha n}\right] - \sum_{j=1}^{2} \left[\sum_{\alpha=1}^{2} \sigma^{\alpha n} k_{\alpha j}\right] \mathbf{g}_j,$$

$$\nabla_{(2)} \cdot \mathbf{S}_{(2)} = \nabla_{(2)} \cdot \sum_{k=1}^{2} \left[\sum_{j=1}^{2} \sigma^{jk} \mathbf{g}_j\right] \circ \mathbf{g}_k \overset{11)}{=} \frac{1}{\sqrt{g_{(2)}}} \sum_{k=1}^{2} \left[\sum_{j=1}^{2} \nabla_j \left[\sigma^{jk} \sqrt{g_{(2)}}\right] \mathbf{g}_k\right] +$$

$$+ \sum_{j,k=1}^{2} \sigma^{jk} \nabla_j \mathbf{g}_k\Big] \equiv \frac{1}{\sqrt{g_{(2)}}} \sum_{j,k=1}^{2} \nabla_j \left[\sqrt{g_{(2)}}\, \sigma^{jk} \mathbf{g}_k\right] \overset{17)}{=} \sum_{k=1}^{2} \left[\frac{1}{\sqrt{g_{(2)}}} \sum_{j=1}^{2} \nabla_j \left[\sigma^{jk} \sqrt{g_{(2)}}\right] \mathbf{g}_k + \right.$$

$$\left. + \left[\sum_{\alpha,\beta=1}^{2} \sigma^{\beta\alpha}\, \Gamma_{k\alpha\beta}\right] \mathbf{g}^k\right] + (\mathbf{S}_{(2)} \cdot\cdot\, \mathbb{K})\mathbb{n}$$

---

16) Man benutze Formel (6.7b) für die Vektor–Divergenz und beachte $\mathbb{n} \cdot \overset{*}{\mathbf{s}}_{(2)} = 0$

17) Man benutze

$$\nabla_j \mathbf{g}_k = \mathbf{g}_k \cdot \mathbf{\Gamma}_{[j]} = \mathbf{g}_k \cdot \left[\mathbf{\Gamma}_{[j](2)} + \mathbf{g}_j \cdot \mathbb{K} \circ \mathbb{n}\right] \text{ sowie}$$

$$\sum_{j,k=1}^{2} \sigma_{jk}\, \mathbf{g}_k \cdot \left[\mathbf{g}_j \cdot \mathbb{K} \circ \mathbb{n}\right] = \left[\mathbf{S}_{(2)} \cdot\cdot\, \mathbb{K}\right] \mathbb{n}$$

schließlich

$$\mathbb{n}\cdot \operatorname{div}_{(2)} \mathbb{S} = \mathbb{n}\cdot\Big[\nabla_{(2)}\cdot \mathbb{S}\Big] = \sum_{\alpha=1}^{2} \nabla_\alpha\Big[\sqrt{g_{(2)}}\;\sigma^{\alpha n}\Big] + \mathbb{S}_{(2)} \cdot\cdot\, \mathbb{K} - 2H\sigma_{nn}$$

$$(\mathbb{E}_{(2)}\cdot \operatorname{div}_{(2)}\mathbb{S})\cdot \mathbb{g}^k = \frac{1}{\sqrt{g_{(2)}}}\left[\sum_{\alpha=1}^{2} \nabla_\alpha\Big[\sigma^{\alpha k}\sqrt{g_{(2)}}\Big]\right] - 2H\sigma^{nk} - \sum_{\alpha=1}^{2} \sigma^{\alpha n}\, k_{\alpha k} +$$

$$+ \sum_{\alpha,\beta,\gamma=1}^{2} \sigma^{\beta\alpha} g^{\gamma k}\,\Gamma_{\gamma\alpha\beta}\ , \quad k = 1, 2\,. \tag{6.10e,f}$$

Für Orthogonalkoordinaten $q_{\langle j\rangle}$, $j = 1, 2$ erhält man mit den Koordinatenlinienelementen—Ableitungen $\partial/\partial s_{\langle 1\rangle} = \Big[1/\sqrt{g_{\langle jj\rangle}}\Big]\ \partial/\partial q_{\langle j\rangle}$ für Vektoren

$$\mathbb{v} = \mathbb{v}_{(2)} + v_n\,\mathbb{n} \quad \text{mit} \quad \mathbb{v}_{(2)} = \sum_{j=1}^{2} v_{\langle j\rangle}\,\mathbb{e}_{\langle j\rangle}, \quad \mathbb{e}_{\langle j\rangle} = \mathbb{g}_{\langle j\rangle} \,/\, \sqrt{g_{\langle jj\rangle}} \tag{6.11a-c}$$

$$\operatorname{grad}_{(2)} \mathbb{v} = \nabla_{(2)} \circ \mathbb{v} = \sum_{j=1}^{2} \mathbb{e}_{\langle j\rangle} \circ \frac{\partial \mathbb{v}}{\partial s_{\langle j\rangle}} \;\hat{=}$$

$$\hat{=} \begin{pmatrix} \mathbb{e}_{\langle 1\rangle}\cdot\dfrac{\partial\mathbb{v}}{\partial s_{\langle 1\rangle}} & \mathbb{e}_{\langle 2\rangle}\cdot\dfrac{\partial\mathbb{v}}{\partial s_{\langle 1\rangle}} & \mathbb{n}\cdot\dfrac{\partial\mathbb{v}}{\partial s_{\langle 1\rangle}} \\ \mathbb{e}_{\langle 1\rangle}\cdot\dfrac{\partial\mathbb{v}}{\partial s_{\langle 2\rangle}} & \mathbb{e}_{\langle 2\rangle}\cdot\dfrac{\partial\mathbb{v}}{\partial s_{\langle 2\rangle}} & \mathbb{n}\cdot\dfrac{\partial\mathbb{v}}{\partial s_{\langle 2\rangle}} \\ 0 & 0 & 0 \end{pmatrix}_{\langle \mathbb{e}_{\langle 1\rangle}, \mathbb{e}_{\langle 2\rangle}, \mathbb{n}\rangle} \hat{=}$$

$$\hat{=} \left(\begin{array}{c|c|c} \dfrac{\partial v_{\langle 1\rangle}}{\partial s_{\langle 1\rangle}} + k_{g\langle 1\rangle} v_{\langle 2\rangle} - k_{\langle 11\rangle} v_n & \dfrac{\partial v_{\langle 2\rangle}}{\partial s_{\langle 1\rangle}} + k_{g\langle 1\rangle} v_{\langle 1\rangle} - k_{\langle 12\rangle} v_n & \dfrac{\partial v_n}{\partial s_{\langle 1\rangle}} + k_{\langle 11\rangle} v_{\langle 1\rangle} + k_{\langle 12\rangle} v_{\langle 2\rangle} \\ \hline \dfrac{\partial v_1}{\partial s_{\langle 2\rangle}} + k_{g\langle 2\rangle} v_{\langle 2\rangle} - k_{\langle 12\rangle} v_n & \dfrac{\partial v_2}{\partial s_{\langle 2\rangle}} + k_{g\langle 2\rangle} v_{\langle 1\rangle} - k_{\langle 22\rangle} v_n & \dfrac{\partial v_n}{\partial s_{\langle 2\rangle}} + k_{\langle 22\rangle} v_n + k_{\langle 12\rangle} v_{\langle 1\rangle} \\ \hline 0 & 0 & 0 \end{array}\right), \tag{6.11d}$$

$$\operatorname{div}_{(2)} \mathbb{v} = \nabla_{(2)} \cdot \mathbb{v} = \sum_{j=1}^{2} \mathbb{e}_{\langle j\rangle} \cdot \frac{\partial \mathbb{v}}{\partial s_{\langle j\rangle}} =$$

$$= \frac{1}{\sqrt{g_{\langle 11\rangle} g_{\langle 22\rangle}}}\left[\frac{\partial}{\partial q_{\langle 1\rangle}}\big(v_{\langle 1\rangle}\sqrt{g_{\langle 22\rangle}}\big) + \frac{\partial}{\partial q_{\langle 2\rangle}}\big(v_{\langle 2\rangle}\sqrt{g_{\langle 11\rangle}}\big)\right] - 2H\,v_n$$

$$= \frac{\partial v_{\langle 1\rangle}}{\partial s_{\langle 1\rangle}} + \frac{\partial v_{\langle 2\rangle}}{\partial s_{\langle 2\rangle}} - v_{\langle 1\rangle} k_{g\langle 2\rangle} - v_{\langle 2\rangle\rangle} k_{g\langle 1\rangle} - 2Hv_n, \tag{6.11e}$$

$$\operatorname{rot}_{(2)} \mathbf{v} = \nabla_{(2)} \times \mathbf{v} = \sum_{j=1}^{2} \mathbf{e}_{\langle j\rangle} \times \frac{\partial \mathbf{v}}{\partial s_{\langle j\rangle}} \mathrel{\hat{=}} \left\{ \mathbf{n}\cdot\frac{\partial \mathbf{v}}{\partial s_{\langle 2\rangle}} ; - \mathbf{n}\cdot\frac{\partial \mathbf{v}}{\partial s_{\langle 1\rangle}} ; \mathbf{e}_{\langle 2\rangle}\cdot\frac{\partial \mathbf{v}}{\partial s_{\langle 1\rangle}} - \mathbf{e}_{\langle 1\rangle}\cdot\frac{\partial \mathbf{v}}{\partial s_{\langle 2\rangle}} \right\}$$

$$= \left\{ \frac{\partial v_n}{\partial s_{\langle 2\rangle}} + v_{\langle 1\rangle} k_{\langle 12\rangle} + v_{\langle 2\rangle} k_{\langle 22\rangle} ; - \frac{\partial v_n}{\partial s_{\langle 2\rangle}} - v_{\langle 1\rangle} k_{\langle 11\rangle} - v_{\langle 2\rangle} k_{\langle 12\rangle} ; \right.$$

$$\left. ; \frac{\partial v_{\langle 2\rangle}}{\partial s_{\langle 1\rangle}} - \frac{\partial v_{\langle 1\rangle}}{\partial s_{\langle 2\rangle}} + v_{\langle 1\rangle} k_{g\langle 1\rangle} - v_{\langle 2\rangle} k_{g\langle 2\rangle} \right\} =$$

$$= \left\{ \frac{\partial v_n}{\partial s_{\langle 2\rangle}} + \mathbf{v}\cdot\mathbb{K}\cdot\mathbf{e}_{\langle 2\rangle} ; \frac{\partial v_n}{\partial s_{\langle 1\rangle}} - \mathbf{v}\cdot\mathbb{K}\cdot\mathbf{e}_{\langle 1\rangle} ; \right.$$

$$\left. ; \frac{1}{g_{\langle 11\rangle} g_{\langle 22\rangle}} \left[\frac{\partial}{\partial q_{\langle 1\rangle}} \left(v_{\langle 2\rangle}\sqrt{g_{\langle 22\rangle}}\right) - \frac{\partial}{\partial q_{\langle 2\rangle}} \left(v_{\langle 2\rangle}\sqrt{g_{\langle 11\rangle}}\right) \right] \right\}_{\langle \mathbf{e}_{\langle 1\rangle}, \mathbf{e}_{\langle 2\rangle}, \mathbf{n} \rangle} \tag{6.11f}$$

und für die Divergenz eines zweistufigen Tensors den hier aus Raumgründen als Spaltenvektor geschriebenen Ausdruck

$$\operatorname{div}_{(2)} \mathbb{S} = \nabla_{(2)} \cdot \mathbb{S} = \sum_{j=1}^{2} \mathbf{e}_{\langle j\rangle} \cdot \frac{\partial \mathbb{S}}{\partial s_{\langle j\rangle}} \mathrel{\hat{=}}$$

$$\mathrel{\hat{=}} \begin{pmatrix} \frac{\partial \sigma_{\langle 11\rangle}}{\partial s_{\langle 1\rangle}} + \frac{\partial \sigma_{\langle 12\rangle}}{\partial s_{\langle 2\rangle}} + (\sigma_{\langle 22\rangle} - \sigma_{\langle 11\rangle}) k_{g\langle 2\rangle} - (\sigma_{\langle 12\rangle} - \sigma_{\langle 21\rangle}) k_{g\langle 1\rangle} - 2H\,\sigma_{\langle n1\rangle} - \sigma_{\langle 1n\rangle} k_{\langle 11\rangle} - \sigma_{\langle 2n\rangle} k_{\langle 12\rangle} \\ \frac{\partial \sigma_{\langle 12\rangle}}{\partial s_{\langle 1\rangle}} + \frac{\partial \sigma_{\langle 22\rangle}}{\partial s_{\langle 2\rangle}} + (\sigma_{\langle 11\rangle} - \sigma_{\langle 22\rangle}) k_{g\langle 1\rangle} - (\sigma_{\langle 12\rangle} - \sigma_{\langle 21\rangle}) k_{g\langle 2\rangle} - 2H\,\sigma_{\langle n2\rangle} - \sigma_{\langle 1n\rangle} k_{\langle 12\rangle} - \sigma_{\langle 2n\rangle} k_{\langle 22\rangle} \\ \frac{\partial \sigma_{\langle 1n\rangle}}{\partial s_{\langle 1\rangle}} + \frac{\partial \sigma_{\langle 2n\rangle}}{\partial s_{\langle 2\rangle}} + \sigma_{\langle 11\rangle} k_{\langle 11\rangle} + \sigma_{\langle 22\rangle} k_{\langle 22\rangle} - 2H\sigma_{nn} + (\sigma_{\langle 12\rangle} + \sigma_{\langle 21\rangle}) k_{\langle 12\rangle} - \sigma_{\langle 1n\rangle} k_{g\langle 2\rangle} - \sigma_{\langle 2n\rangle} k_{g\langle 1\rangle} \end{pmatrix} \tag{6.12}$$

<u>Der Gaußsche Integralsatz</u> wird analog 3.2.1 aus der mit $\Delta f \to df \to 0$ bis auf von höherer als zweiter Ordnung kleine Glieder zu (6.2e) äquivalenten Beziehung

$$(\nabla_{(2)} + 2H\mathbf{n}) \otimes \Phi\, df = \oint_{dl(df)} (d\mathbf{r}' \times \mathbf{n}') \otimes \Phi \overset{18)}{=} \oint_{dl(df)} (\mathbf{e}' \times \mathbf{n}') \otimes \Phi\, ds' = \oint_{dl(df)} \mathbf{e}'_{\perp} \otimes \Phi\, ds' \tag{6.13a}$$

entwickelt. Summiert man sämtliche für die Flächenelemente eines einfach zusammenhängenden, d. h. ungelochten[19] (Mittelflächen-)Bereiches (f), angebbaren Gleichungen von der Form (6.11a), so erhält man mit Rücksicht darauf, daß sich auf der rechten Seite wegen der jeweils doppelten Summation über sämtliche "inneren" Randlinien (mit jeweils ent-

---

[18] man setze $d\mathbf{r}' = |d\mathbf{r}'|\ \mathbf{e}' = ds'\mathbf{e}'$; $\mathbf{e}'_{\perp} = \mathbf{e}' \times \mathbf{n}'$ ist demnach die (in der jeweiligen Flächen— Tangentialebene liegende) "äußere" Randliniennormale

[19] vgl. h. § 3.2.3

gegengesetzt gerichteten Randlinien-Normalen $\mathbb{e}_\perp = \mathbb{e}' \times \mathbb{n}'$) sämtliche "inneren" Anteile herausheben und dementsprechend allein das Integral des äußeren Umlaufes verbleibt, den Gaußschen Integralsatz

$$\int\limits_{(f)} (\nabla_{(2)} + 2\,H\mathbb{n}) \otimes \Phi \, df = \oint\limits_{l(f)} (d\mathbb{r} \times \mathbb{n}) \otimes \Phi = \oint\limits_{l(f)} \mathbb{e}_\perp \otimes \Phi \, ds \qquad (6.13b)$$

als unmittelbare Folge der Definitionsgleichung (6.2e) für die Operation $\nabla_{(2)} \otimes \Phi$.

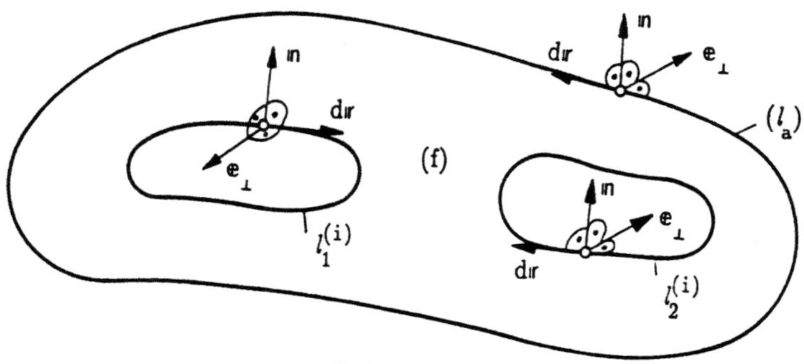

Abb. 6.3

Für mehrfach (n_z-fach) zusammenhängende Flächen (Abb. 6.3)[20] mit n_z einzelnen (nicht miteinander zusammenhängenden) Randlinien l_j ($j = 1, .., n_z$) hat man, wenn man für sämtliche Randlinienintegrale denselben Umfahrungssinn wählt (in dem Sinne, daß etwa bei Fortschritt auf einer Randlinie die Fläche (f) stets links liegt[21])

$$\sum_{j=1}^{n_z} \oint\limits_{l_j(f)} (d\mathbb{r} \times \mathbb{n}) \otimes \Phi \quad \text{anstelle von} \quad \oint\limits_{l(f)} (d\mathbb{r} \times \mathbb{n}) \otimes \Phi \qquad (6.13c)$$

zu setzen.

Insbesondere für geschlossene Flächen (f) bekommt man aus (6.13b) analog der Überlegung, die zu (3.11) geführt hat, die im Hinblick auf die Randwertproblematik bei nicht–lokalen Kontinuumstheorien vom Gradiententyp wichtige Beziehung

$$\oiint\limits_{(f)} (\nabla_{(2)} + 2\,H\mathbb{n}) \otimes \Phi \, df \overset{(6.6e)}{=} \oiint\limits_{(f)} \nabla_{(2)} \cdot (\mathbb{E}_{(2)} \otimes \Phi) \, df =^{22)} 0\,, \qquad (6.14)$$

die übrigens wegen

---

[20] in Abb. 6.3 ist eine dreifach–zusammenhängende Fläche skizziert mit einer "äußeren" Berandung $l^{(a)}$ und zwei inneren Rändern $l_\nu^{(i)}$, $\nu = 1,2$.

[21] also etwa die jeweiligen Randliniennormalen $\mathbb{e}_\perp$ sämtlich aus (f) herausweisen (vgl. Abb. 6.3).

[22] Analog der zu (3.11) führenden Überlegung betrachtet man hierfür im Sinne von Abb. 3.7a eine "nahezu geschlossene" Fläche, deren Randlinie man schließlich auf Null zusammenzieht, womit in der Formulierung (6.13b) des Gaußschen Satzes die rechte Seite verschwindet.

$$2H\mathbb{n} \overset{(6.15a)}{=} -(\nabla_{(2)} \cdot \mathbb{n})\mathbb{n} \equiv -\nabla_{(2)} \cdot (\mathbb{n} \circ \mathbb{n}) \tag{6.14a}$$

– man beachte $\mathbb{n} \cdot (\nabla_{(2)} \circ \mathbb{n}) = -\mathbb{n} \cdot \mathbb{K} = 0$ – invariant ist gegen Richtungsumkehr der Flächennormalen, indem man im Falle der Benutzung von — $\mathbb{n}$ anstelle von $\mathbb{n}$ gleichzeitig die im Gefolge von (5.37a) verfügte Vorzeichenfestsetzung der Normalschnittkrümmungen abzuändern hat.
Mit Hilfe des Gaußschen Satzes (6.13b) lassen sich mit ansonsten nur in komplizierter Rechnung zu erarbeitende Befunde elegant bestätigen: Setzt man z. B. $\Phi = \mathbb{n}$ und ersetzt in (6.13b) die beliebige Multiplikation durch Skalar– bzw. Vektormultiplikation, so folgert man

$$\int\limits_{(f)} (\nabla_{(2)} \cdot \mathbb{n} + 2H\, \mathbb{n} \cdot \mathbb{n})\, df = \int\limits_{(f)} (\nabla_{(2)} \cdot \mathbb{n} + 2H)\, df = \oint\limits_{l(f)} (d\mathbb{r} \times \mathbb{n}) \cdot \mathbb{n} \equiv \oint d\mathbb{r} \cdot (\mathbb{n} \times \mathbb{n}) = 0,$$

d. h.
$$\nabla_{(2)} \cdot \mathbb{n} = \operatorname{div}_{(2)} \mathbb{n} \left[\overset{(6.5c)}{=} \mathbb{E} \cdot\cdot \nabla_{(2)} \circ \mathbb{n} \overset{(5.33c)}{=} -\mathbb{E} \cdot\cdot \mathbb{K} \equiv -\mathbb{E}_{(2)} \cdot\cdot \mathbb{K} \right] = -2H \tag{6.15a}$$

(vgl. (5.40a) bzw.

$$\int\limits_{(f)} (\nabla_{(2)} \times \mathbb{n} + 2H\, \mathbb{n} \times \mathbb{n})\, df = \int\limits_{(f)} \nabla_{(2)} \times \mathbb{n}\, df = \oint\limits_{l(f)} (d\mathbb{r} \times \mathbb{n}) \times \mathbb{n} =$$
$$= \oint\limits_{l(f)} \Big[(\mathbb{n}(d\mathbb{r} \cdot \mathbb{n}) - d\mathbb{r}\, (\mathbb{n} \cdot \mathbb{n}) \Big] \overset{23)}{=} -\oint\limits_{l(f)} d\mathbb{r} \overset{24)}{=} 0,$$

d. h.

$$\nabla_{(2)} \times \mathbb{n} = \operatorname{rot}_{(2)} \mathbb{n} \overset{(6.5b)}{=} -\mathcal{E} \cdot\cdot \nabla_{(2)} \circ \mathbb{n} \overset{(5.33c)}{=} \mathcal{E} \cdot\cdot \mathbb{K} = 0 \tag{6.15b}$$

(man beachte $\mathbb{K} = \mathbb{K}^T$), aber auch mit $\Phi = \mathbb{n} \times \mathbb{K}$ und Ersatz der beliebigen Multiplikation durch die Skalare

$$\int\limits_{(f)} \Big[\nabla_{(2)} + 2H\, \mathbb{n} \Big] \cdot (\mathbb{n} \times \mathbb{K})\, df \overset{25)}{=} \int\limits_{(f)} \nabla_{(2)} \cdot (\mathbb{n} \times \mathbb{K})\, df = \oint\limits_{l(f)} (d\mathbb{r} \times \mathbb{n}) \cdot (\mathbb{n} \times \mathbb{K})$$
$$\equiv \oint\limits_{l(f)} d\mathbb{r} \cdot \Big[\mathbb{n} \times (\mathbb{n} \times \mathbb{K}) \Big] \equiv \oint\limits_{l(f)} d\mathbb{r} \cdot \Big[\mathbb{n} \circ (\mathbb{n} \cdot \mathbb{K}) - (\mathbb{n} \cdot \mathbb{n})\, \mathbb{K} \Big] \overset{26)}{=}$$
$$= -\oint\limits_{l(f)} d\mathbb{r} \cdot \mathbb{K} \overset{(5.33c)}{=} \oint\limits_{l(f)} d\mathbb{r} \cdot \nabla_{(2)} \circ \mathbb{n} = \oint\limits_{l(f)} d\mathbb{n} = 0, \tag{6.15c}$$

d. h.

$$\nabla_{(2)} \cdot (\mathbb{n} \times \mathbb{K}) = 0, \quad \text{bzw. } (\mathbb{n} \times \nabla_{(2)}) \cdot \mathbb{K} \overset{27)}{=} 0, \tag{6.15d,e}$$

---

23) man beachte, daß $\mathbb{n}$ zu den in der Fläche (f) liegenden Linienelementen orthogonal und $\mathbb{n}^2 = 1$ ist.

24) ein "gerichteter geschlossener Umlauf" ist stets Null vgl. [1] (1.1a)

25) Man beachte $\mathbb{n} \cdot (\mathbb{n} \times \mathbb{K}) \equiv (\mathbb{n} \times \mathbb{n}) \cdot \mathbb{K} = 0$

26) Man beachte $\mathbb{n} \cdot \mathbb{K} = 0$ und $\mathbb{n}^2 = 1$

27) Man beachte $\nabla_{(2)} \times \mathbb{n} = 0$. Daher ist auch $\nabla_{(2)} \cdot (\mathbb{n} \times \mathbb{K}) = (\nabla_{(2)} \times \mathbb{n}) \cdot \mathbb{K} -$
$- (\mathbb{n} \times \nabla_{(2)}) \cdot \mathbb{K} \equiv -(\mathbb{n} \times \nabla_{(2)}) \cdot \mathbb{K} = 0$

also die beiden[28] Gleichungen von Mainardi–Codazzi (mit den Komponentendarstellungen nach (6.62)) als Folge der Forderung nach eindeutiger Flächennormalen $\mathbb{n}$.

Der Stokessche Integralsatz, der, gegenüber (3.8) unverändert, mit $\mathbb{n}\times\nabla = \mathbb{n}\times\nabla_{(2)}$

$$\int_{(f)} (\mathbb{n}\times\nabla_{(2)}) \oplus \overset{\downarrow}{\Psi}\, df \equiv -\int_{(f)} (\nabla_{(2)}\times\mathbb{n}) \oplus \overset{\downarrow}{\Psi}\, df \overset{29)}{\equiv} -\int_{(f)} (\nabla_{(2)}\times\overset{\downarrow}{\mathbb{n}}) \oplus \overset{\downarrow}{\Psi}\, df \overset{30)}{=} \sum_{j=1}^{n_z} \oint_{l_j(f)} d\mathbb{r} \oplus \Psi \tag{6.16}$$

lautet, worin durch $\oplus$ wieder eine beliebige Produktbildung an einer beliebigen Feldgröße Ψ angedeutet wird, ist als eine spezielle Version des Gaußschen Satzes auffaßbar, indem man in (6.13b,c) anstelle von Φ nach der Vorschrift

$$\mathbb{a}_{(2)} \otimes \Phi \overset{31)}{=} (\mathbb{a}_{(2)}\times\mathbb{n}) \oplus \Psi\,(\mathbb{n}, \Phi), \quad \text{mit } \mathbb{a}_{(2)}\cdot\mathbb{n} = 0, \tag{6.16a}$$

ein Feld Ψ einführt. Denn hiermit bekommt man aus (6.13b) in der Tat wegen $(d\mathbb{r}\times\mathbb{n})\times\mathbb{n} \overset{32)}{=} -d\mathbb{r}$

$$\int_{(f)} \left[(\nabla_{(2)} + 2H\mathbb{n})\times\overset{\downarrow}{\mathbb{n}}\right] \oplus \overset{\downarrow}{\Psi}\, df \equiv \int_{(f)} (\nabla_{(2)}\times\overset{\downarrow}{\mathbb{n}}) \oplus \overset{\downarrow}{\Psi}\, df$$

$$\left[\overset{(6.15b)}{=} -\int_{(f)} (\mathbb{n}\times\nabla_{(2)}) \oplus \overset{\downarrow}{\Psi}\, df\right] = -\sum_{j=1}^{n_z} \oint d\mathbb{r} \oplus \Phi$$

(vgl. 6.16). Mit $\Psi = \nabla_{(2)} \circ \overset{\langle n\rangle}{\mathbb{A}} = \mathrm{grad}_{(2)}\, \overset{\langle n\rangle}{\mathbb{A}}$ und Ersatz der beliebigen Multiplikation durch die Skalare ergibt (6.16) für einfach zusammenhängende (Flächen-)Bereiche (f)

$$\int_{(f)} (\mathbb{n}\times\nabla_{(2)}) \cdot (\nabla_{(2)} \circ \overset{\langle n\rangle}{\mathbb{A}})\, df = \oint_{l(f)} d\mathbb{r} \cdot (\nabla_{(2)} \circ \overset{\langle n\rangle}{\mathbb{A}}) \equiv \oint_{l(f)} d\,\overset{\langle n\rangle}{\mathbb{A}}, \tag{6.17}$$

woraus - Differenzierbarkeit vorausgesetzt - die (Integrabilitäts-)Bedingung

---

28) Gl. (6.15d) ist eine lokal–planare Vektorgleichung, weil die Normalkomponente von (6.15d) identisch erfüllt wird. Denn es ist wegen $\nabla_2 \circ \mathbb{n} = -\mathbb{K} = -\mathbb{K}^{T}_{(2)}$ und $\mathbb{K}\cdot\mathbb{n} = 0$

$$\left[(\mathbb{n}\times\nabla_{(2)})\cdot\mathbb{K}\right]\cdot\mathbb{n} = (\mathbb{n}\times\overset{\downarrow}{\nabla}_{(2)}) \cdot (\overset{\downarrow}{\mathbb{K}}\cdot\mathbb{n}) - (\mathbb{n}\times\nabla_{(2)})\cdot(\mathbb{K}\cdot\overset{\downarrow}{\mathbb{n}}) =$$

$$= -(\mathbb{n}\times\nabla_{(2)})\cdot(\mathbb{K}\cdot\overset{\downarrow}{\mathbb{n}}) = \mathbb{K}\cdot\cdot\left[\overset{\downarrow}{\mathbb{n}}\circ\nabla_{(2)}\times\mathbb{n}\right] = -\mathbb{K}\cdot\cdot(\mathbb{K}\times\mathbb{n}) \equiv -\mathbb{K}\cdot\cdot\left[\mathbb{K}\cdot(\mathbb{E}_{(2)}\times\mathbb{n})\right] \equiv$$

$$\equiv (\mathbb{K}\cdot\mathbb{K})\cdot\cdot(\mathbb{E}_{(2)}\times\mathbb{n}) = \mathbb{K}^2\cdot\cdot\overset{\langle 2\rangle}{\mathcal{E}}_{(2)} = 0.$$

29) Man beachte $\nabla_{(2)}\times\mathbb{n} = 0$

30) hier sogleich für eine n_z–fach zusammenhängende Fläche notiert

31) hierin bedeutet $\mathbb{a}_{(2)}$ einen beliebigen lokal–planaren Vektor

32) wegen $d\mathbb{r}\cdot\mathbb{n} = 0$ ist $(d\mathbb{r}\times\mathbb{n})\times\mathbb{n} = -d\mathbb{r}$

$$(\mathbb{n}\times\nabla_{(2)})\cdot(\nabla_{(2)}\circ\overset{\langle n\rangle}{\mathbb{A}}) = \mathbb{n}\cdot\left[\nabla_{(2)}\times(\nabla_{(2)}\circ\overset{\langle n\rangle}{\mathbb{A}})\right]$$

$$= \mathbb{n}\cdot\left[\mathrm{rot}_{(2)}\,\mathrm{grad}_{(2)}\,\overset{\langle n\rangle}{\mathbb{A}}\right] \overset{33)}{\equiv} -\overset{\langle 2\rangle}{\mathcal{E}}\cdot\cdot(\nabla_{(2)}\circ\nabla_{(2)}\circ\overset{\langle n\rangle}{\mathbb{A}}) = 0 \qquad (6.17a)$$

gefolgert wird[34], die eindeutige Felder $\overset{\langle n\rangle}{\mathbb{A}}$ (mit $\oint d\overset{\langle n\rangle}{\mathbb{A}} = 0$) notwendig (im Falle einfachen Flächenbereichs-Zusammenhanges notwendig und hinreichend) garantiert. Mit

$$\sqrt{g_{(2)}}\;\mathbb{n}\times\nabla_{(2)} = \mathbb{n}\times\sum_{j=1}^{2}\mathbb{g}^j\,\nabla_j = \mathbb{g}_2\,\nabla_1 - \mathbb{g}_1\,\nabla_2,\quad \nabla_{(2)}\circ\overset{\langle n\rangle}{\mathbb{A}} = \sum_{j=1}^{2}\mathbb{g}^j\circ\nabla_j\,\overset{\langle n\rangle}{\mathbb{A}}$$

ist Letztere - man kürze durch $\sqrt{g_{(2)}}$ -

$$(\mathbb{g}_2\,\nabla_1 - \mathbb{g}_1\,\nabla_2)\cdot(\mathbb{g}^1\circ\nabla_1\overset{\langle n\rangle}{\mathbb{A}} + \mathbb{g}^2\circ\nabla_2\overset{\langle n\rangle}{\mathbb{A}}) \overset{35)}{=} (\nabla_1\nabla_2 - \nabla_2\nabla_1)\overset{\langle n\rangle}{\mathbb{A}} +$$

$$+ (\mathbb{g}_2\cdot\nabla_1\,\mathbb{g}^1 - \mathbb{g}_1\cdot\nabla_2\,\mathbb{g}^1)\,\nabla_1\overset{\langle n\rangle}{\mathbb{A}} + (\mathbb{g}_2\cdot\nabla_1\,\mathbb{g}^2 - \mathbb{g}_1\cdot\nabla_2\,\mathbb{g}^2)\,\nabla_2\overset{\langle n\rangle}{\mathbb{A}} =$$

$$\overset{36)}{=} (\nabla_1\nabla_2 - \nabla_2\nabla_1)\overset{\langle n\rangle}{\mathbb{A}} = 0,$$

d. h. dem Schwarzschen Satz

$$\nabla_2\nabla_1\overset{\langle n\rangle}{\mathbb{A}} = \frac{\partial}{\partial q^2}\left[\frac{\partial\overset{\langle n\rangle}{\mathbb{A}}}{\partial q^1}\right] = \nabla_1\nabla_2\overset{\langle n\rangle}{\mathbb{A}} = \frac{\partial}{\partial q^1}\left[\frac{\partial\overset{\langle n\rangle}{\mathbb{A}}}{\partial q^2}\right] \qquad (6.17b)$$

von der Vertauschbarkeit der Differentiationsreihenfolge äquivalent bzw. der Beziehung

$$\frac{\partial}{\partial s_2}\left[\frac{\partial\overset{\langle n\rangle}{\mathbb{A}}}{\partial s_1}\right] - \frac{\partial}{\partial s_1}\left[\frac{\partial\overset{\langle n\rangle}{\mathbb{A}}}{\partial s_2}\right] + \frac{\partial}{\partial s_2}(\ln\sqrt{g_{11}})\,\frac{\partial\overset{\langle n\rangle}{\mathbb{A}}}{\partial s_1} - \frac{\partial}{\partial s_1}(\ln\sqrt{g_{22}})\,\frac{\partial\overset{\langle n\rangle}{\mathbb{A}}}{\partial s_2} = 0, \qquad (6.17c)$$

wenn man anstelle der Koordinatenableitungen per

$$\frac{\partial\overset{\langle n\rangle}{\mathbb{A}}}{\partial s_k} = \frac{1}{\sqrt{g_{kk}}}\,\frac{\partial\overset{\langle n\rangle}{\mathbb{A}}}{\partial q^k} = (\nabla_k\overset{\langle k\rangle}{\mathbb{A}})/\sqrt{g_{kk}} \qquad (6.17d)$$

---

33) Man setze $\mathbb{n}\times\nabla_{(2)} \equiv \mathbb{E}_{(2)}\cdot(\mathbb{n}\times\nabla_{(2)}) \equiv (\mathbb{E}_{(2)}\times\mathbb{n})\cdot\nabla_{(2)} \overset{(5.12c,d)}{=} -\overset{\langle 2\rangle}{\mathcal{E}}\cdot\nabla_{(2)}$

34) Im Gegensatz zu (3.41c) verschwindet hier also nur der linksseitig flächennormale Anteil der Größe $\mathrm{rot}\,\mathrm{grad}\,\overset{\langle n\rangle}{\mathbb{A}}$.

35) Man benutze bei Anwendung der Produkt–Differentiationsregel $\mathbb{g}_j\cdot\mathbb{g}^k = \begin{cases} 0 \text{ für } j = k \\ 1 \text{ für } j = k \end{cases}$ (*)

36) Man benutze $\nabla_k\,\mathbb{g}^j = -\,\mathbb{g}^j\cdot\mathbb{\Gamma}^T_{[k]}$ und die Symmetrie der Γ–Symbole hinsichtlich der beiden hinteren Indizes oder aber die wegen (*) (Fußn. 35) möglichen Umformungen

$$\mathbb{g}_2\cdot\nabla_1\,\mathbb{g}^1 - \mathbb{g}_1\cdot\nabla_2\,\mathbb{g}^1 = -\left[\mathbb{g}^1\cdot\nabla_1\,\mathbb{g}_2 - \mathbb{g}^1\cdot\nabla_2\,\mathbb{g}_1\right] = -\,\mathbb{g}^1\cdot(\nabla_1\,\mathbb{g}_2 - \nabla_2\,\mathbb{g}_1) \overset{(5.22a)}{=} 0,$$

$$\mathbb{g}_2\cdot\nabla_1\,\mathbb{g}^2 - \mathbb{g}_1\cdot\nabla_2\,\mathbb{g}^2 = -\,\mathbb{g}^2\cdot(\nabla_1\,\mathbb{g}_2 - \nabla_2\,\mathbb{g}_1) \overset{(5.22a)}{=} 0.$$

die Bogenlängen-Ableitungen einführt[37]. Im Falle orthogonaler Koordinatennetze folgt daraus mit den nach (5.26i,j) definierten geodätischen Krümmungen

$$\frac{\partial}{\partial s_{\langle 2\rangle}}\left[\frac{\partial \overset{\langle n\rangle}{\mathbb{A}}}{\partial s_{\langle 1\rangle}}\right] - \frac{\partial}{\partial s_{\langle 1\rangle}}\left[\frac{\partial \overset{\langle n\rangle}{\mathbb{A}}}{\partial s_{\langle 2\rangle}}\right] = k_{g\langle 1\rangle}\frac{\partial \overset{\langle n\rangle}{\mathbb{A}}}{\partial s_{\langle 1\rangle}} - k_{g\langle 2\rangle}\frac{\partial \overset{\langle n\rangle}{\mathbb{A}}}{\partial s_{\langle 2\rangle}} . \tag{6.17e}$$

Setzt man in (6.16) $\Psi = (\nabla_{(2)} \circ \mathbb{w})\cdot \mathbb{E}_{(2)}$ und anstelle der beliebigen Multiplikation die Skalare, so entsteht für einfach zusammenhängende Unterbereiche (f)

$$\begin{aligned}
&\left[\int_{(f)} (\mathbb{n}\times\nabla_{(2)})\cdot\left[(\nabla_{(2)} \circ \mathbb{w})\cdot \mathbb{E}_{(2)}\right]df \overset{(6.16)}{=}\right] \oint_{l(f)} d\mathbb{r}\cdot(\nabla_{(2)}\circ\mathbb{w})\cdot\mathbb{E}_{(2)} \equiv \\
&\equiv \oint_{l(f)} d\mathbb{r}\cdot(\nabla_{(2)}\circ\mathbb{w})\cdot(\mathbb{E}-\mathbb{n}\circ\mathbb{n}) \overset{38)}{\equiv} -\oint_{l(f)} d\mathbb{r}\cdot(\nabla_{(2)}\circ\mathbb{w})\cdot\mathbb{n}\circ\mathbb{n} = \\
&\overset{(6.16)}{=} -\int_{(f)} (\mathbb{n}\times\nabla_{(2)})\cdot\left[(\nabla_{(2)}\circ\mathbb{w})\cdot\mathbb{n}\circ\mathbb{n}\right]df \overset{39)}{=} -\int_{(f)} (\mathbb{n}\times\overset{\downarrow}{\nabla}_{(2)})\cdot\left[(\nabla_{(2)}\circ\mathbb{w})\cdot\overset{\downarrow}{\mathbb{n}\circ\mathbb{n}}\right]df \\
&= -\int_{(f)} \left[(\mathbb{w}\circ\nabla_{(2)})\cdot(\mathbb{n}\times\overset{\downarrow}{\nabla}_{(2)})\right]\cdot\overset{\downarrow}{\mathbb{n}\circ\mathbb{n}}\,df = -\int_{(f)} \Big\{(\mathbb{w}\circ\nabla_{(2)})\cdot\cdot\left[\mathbb{n}\times(\nabla_{(2)}\circ\mathbb{n})\circ\mathbb{n}\right]+ \\
&+\left[\mathbb{n}\cdot(\mathbb{w}\circ\nabla_{(2)})\cdot(\mathbb{n}\times\overset{\downarrow}{\nabla}_{(2)})\right]\overset{\downarrow}{\mathbb{n}}\Big\}\,df \overset{40)}{=} \int_{(f)} \Big\{\left[(\mathbb{w}\circ\nabla_{(2)})\cdot\cdot(\mathbb{n}\times\mathbb{K})\right]\mathbb{n} + \mathbb{n}\cdot(\mathbb{w}\circ\nabla_{(2)})\cdot(\mathbb{n}\times\mathbb{K})\Big\}\,df
\end{aligned}$$

---

37) Man benutze $\frac{\partial}{\partial s_1}\left[\frac{\partial \overset{\langle n\rangle}{\mathbb{A}}}{\partial s_2}\right] = \frac{1}{\sqrt{g_{11}}}\nabla_1\left[\frac{\nabla_2 \overset{\langle n\rangle}{\mathbb{A}}}{\sqrt{g_{22}}}\right] = \frac{1}{\sqrt{g_{11}}}\nabla_1\left[\frac{1}{\sqrt{g_{22}}}\right]\nabla_2\overset{\langle n\rangle}{\mathbb{A}} + \frac{\nabla_1\nabla_2\overset{\langle n\rangle}{\mathbb{A}}}{\sqrt{g_{11}\,g_{22}}}$,

d. h.

$$\frac{\nabla_1\nabla_2}{\sqrt{g_{11}g_{22}}}\overset{\langle n\rangle}{\mathbb{A}} = \frac{\partial}{\partial s_1}\left[\frac{\partial \overset{\langle n\rangle}{\mathbb{A}}}{\partial s_2}\right] - \frac{1}{\sqrt{g_{11}}}\nabla_1\left[\frac{1}{\sqrt{g_{22}}}\right]\nabla_2\overset{\langle n\rangle}{\mathbb{A}} \equiv \frac{\partial}{\partial s_1}\left[\frac{\partial \overset{\langle n\rangle}{\mathbb{A}}}{\partial s_2}\right] + \frac{\partial}{\partial s_1}\left[\ln\sqrt{g_{22}}\right]\frac{\partial \overset{\langle n\rangle}{\mathbb{A}}}{\partial s_2}$$

und entsprechend $\frac{\nabla_2\nabla_1}{\sqrt{g_{11}g_{22}}}\overset{\langle n\rangle}{\mathbb{A}} = \frac{\partial}{\partial s_2}\left[\frac{\partial \overset{\langle n\rangle}{\mathbb{A}}}{\partial s_1}\right] + \frac{\partial}{\partial s_2}\left[\ln\sqrt{g_{11}}\right]\frac{\partial \overset{\langle n\rangle}{\mathbb{A}}}{\partial s_1}$

38) Man benutze $\oint_{l(f)} d\mathbb{r}\cdot(\nabla_{(2)}\circ\mathbb{w})\cdot\mathbb{E} \equiv \oint_{l(f)} d\mathbb{r}\cdot(\nabla_{(2)}\circ\mathbb{w}) = \oint_{l(f)} d\mathbb{w} = 0$

39) Man benutze $(\mathbb{n}\times\nabla_{(2)})\cdot(\nabla_{(2)}\circ\mathbb{w}) = 0$ nach (6.17a)

40) Man benutze $\nabla_{(2)}\circ\mathbb{n} = -\mathbb{K}$

$$\overset{41)}{=} \int_{(f)} \left\{ \left[(\mathbb{v}_{(2)} \circ \nabla_{(2)}) \cdot\cdot (\mathbb{n}\times\mathbb{K}) \right] \mathbb{n} + (\nabla_{(2)} v_n)\cdot(\mathbb{n}\times\mathbb{K}) + \mathbb{v}_{(2)} \cdot K\, \mathbb{E}_{(2)} \times \mathbb{n} \right\} df, \qquad (6.18a)$$

also mit $f \to df$[42)]

$$\left[(\mathbb{n}\times\nabla_{(2)})\cdot \left[(\nabla_{(2)} \circ \mathbb{v})\cdot \mathbb{E}_{(2)} \right] df \overset{(6.16)}{=} \right] \oint_{dl(df)} d\mathbb{r}'\cdot(\nabla'_{(2)} \circ \mathbb{v}')\cdot \mathbb{E}'_{(2)} =$$

$$\overset{43)}{=} \left\{ \left[(\mathbb{v}_{(2)} \circ \nabla_{(2)}) \cdot\cdot\, \mathbb{n}\times\mathbb{K} \right] \mathbb{n} - (\mathbb{n}\times\nabla_{(2)} v_n)\cdot \mathbb{K} \right\} df - (K df)\, \mathbb{n}\times\mathbb{v}_{(2)} \qquad (6.18b)$$

und speziell mit $v_n = 0$ der bemerkenswerte Befund

$$\left[\mathbb{E}_{(2)} \cdot \left\{ (\mathbb{n}\times\nabla_{(2)})\cdot \left[(\nabla_{(2)} \circ \mathbb{v}_{(2)})\cdot \mathbb{E}_{(2)} \right] \right\} df = \right] \mathbb{E}_{(2)} \cdot \oint_{dl(df)} d\mathbb{r}'\cdot(\nabla'_{(2)} \circ \mathbb{v}'_{(2)})\cdot \mathbb{E}'_{(2)} \equiv$$

$$\equiv \mathbb{E}_{(2)} \cdot \oint_{dl(df)} d'\, \mathbb{v}'_{(2)} \cdot \mathbb{E}'_{(2)} \overset{44)}{\equiv} \mathbb{E}_{(2)} \cdot \oint_{dl(df)} \partial'\, \mathbb{v}'_{(2)} \equiv$$

$$\equiv \mathbf{D}\, \mathbb{v}_{(2)} = -K df\, \mathbb{n}\times\mathbb{v}_{(2)} = \mathbb{v}_{(2)} \cdot K\, \mathbb{E}_{(2)} \times \mathbb{n}\, df \overset{(5.12c)}{=} -\mathbb{v}_{(2)} \cdot K \overset{\langle 2\rangle}{\mathfrak{E}}_{(2)} df, \qquad (6.19a)$$

bzw.

$$\left[\mathbb{E}_{(2)} \cdot \left\{ (\mathbb{n}\times\nabla_{(2)})\cdot \left[(\nabla_{(2)} \circ \mathbb{v}_{(2)})\cdot \mathbb{E}_{(2)} \right] \right\} = \right] \frac{D\mathbb{v}_{(2)}}{Df} = \mathbb{E}_{(2)} \cdot \lim_{df\to 0} \left[\frac{1}{df} \oint_{dl(df)} \partial'\, \mathbb{v}'_{(2)} \right] =$$

$$= K\, \mathbb{v}_{(2)} \times \mathbb{n} = -\mathbb{v}_{(2)} \cdot K \overset{\langle 2\rangle}{\mathfrak{E}}_{(2)} = K \overset{\langle 2\rangle}{\mathfrak{E}}_{(2)} \cdot \mathbb{v}_{(2)}, \qquad (6.19b)$$

wonach die von einem Flächenpunkt $P(q^1\, q^2)$ längs eines infinitesimalen Umlaufes $dl(df)$ (vgl. Abb. 6.4) gestartete Summation der jeweils (lokal–)planaren Anteile $\left(d\mathbb{v}'_{(2)} \cdot \mathbb{E}'_{(2)} \equiv \equiv \partial'\, \mathbb{v}'_{(2)}\right)$

---

41) Man benutze mit dem planaren Anteil $\mathbb{v}_{(2)} = \mathbb{v} \cdot \mathbb{E}_{(2)}$ des Feldes $\mathbb{v}$ die Identität $\mathbb{v} = \mathbb{v}_{(2)} + v_n\, \mathbb{n}$. Dann sind $\mathbb{v} \circ \nabla_{(2)} = \mathbb{v}_{(2)} \circ \nabla_{(2)} + \mathbb{n} \circ \nabla_{(2)} v_n - v_n \mathbb{K}$, weswegen $(\mathbb{v} \circ \nabla_{(2)})\cdot\cdot(\mathbb{n}\times\mathbb{K}) = (\mathbb{v}_{(2)} \circ \nabla_{(2)})\cdot\cdot\,\mathbb{n}\times \mathbb{K}$ ist wegen $(\mathbb{n}\times\mathbb{K})\cdot\mathbb{n} = 0$ und $\mathbb{K} \cdot\cdot\, \mathbb{n}\times\mathbb{K} \overset{*)}{=} 0$.

Desweiteren ist $\mathbb{n} \cdot (\mathbb{v} \circ \nabla_{(2)}) = (\mathbb{n} \cdot \mathbb{v})\, \nabla_{(2)} - \mathbb{v} \cdot (\mathbb{n} \circ \nabla_{(2)}) = \nabla_{(2)} v_n + \mathbb{v} \cdot \mathbb{K} \equiv$ $\equiv \nabla_{(2)} v_n + \mathbb{v}_{(2)} \cdot \mathbb{K}$, was wegen $\mathbb{K} \cdot (\mathbb{n}\times\mathbb{K}) \overset{*)}{=} K\, \mathbb{E}_{(2)} \times \mathbb{n} = -K \overset{\langle 2\rangle}{\mathfrak{E}}_{(2)}$ schließlich zu $\mathbb{n} \cdot (\mathbb{v} \circ \nabla_{(2)}) \cdot (\mathbb{n}\times\mathbb{K}) = \nabla_{(2)} v_n \cdot (\mathbb{n}\times\mathbb{K}) + \mathbb{v}_{(2)} \cdot K\, \mathbb{E}_{(2)} \times \mathbb{n}$ führt. Die beiden mit *) bezeichneten Identitäten weist man am einfachsten unter Benutzung der Hauptachsendarstellung für $\mathbb{K}$ nach.

42) in den folgenden Formeln bedeuten $d\mathbb{r}'$ das in P' nach Abb. (6.4) entspringende Linienelement, $\nabla'_{(2)} \circ \mathbb{v}'$, $\mathbb{E}'_{(2)}$ die daselbst anfallenden Funktionswerte.

43) Man benutze $\mathbb{v}_{(2)} \cdot K\, \mathbb{E}_{(2)} \times \mathbb{n} = K\, \mathbb{v}_{(2)} \times \mathbb{n} = -K\, \mathbb{n}\times\mathbb{v}_{(2)}$

44) Den jeweils (mittels Skalarmultiplikation mit $\mathbb{E}'_{(2)}$) "lokal—planar geglätteten" (hier durch $\partial'\, \mathbb{v}'_{(2)}$ symbolisierten) Anteil von $d'\mathbb{v}_{(2)}$ bezeichnet man als "absolutes Differential" der vektorwertigen Funktion $\mathbb{v}_{(2)}(q^{1\prime}, q^{2\prime})$ im jeweiligen Euklidischen Tangentialraum $\mathcal{V}_2(P')$, s.h.a. §6.7.3.1.

der Änderungen eines (lokal–)planaren Vektorfeldes, sofern man sie sämtlich auf die Tangentialebene in P bezieht, für $K \neq 0$ zu einem von Null verschiedenen Ergebnis führt, das als Drehung des Feldvektors $\hat{\mathbb{w}}_{(2)}(P) = \mathbb{w}_{(2)}(q^1, q^2)$ um die (negative) Flächennormale ($\mathbb{n}$) um einen zum Betrage des "umfahrenen Flächenelementes" (df) proportionalen Winkel

$$d\epsilon = K df \tag{6.19c}$$

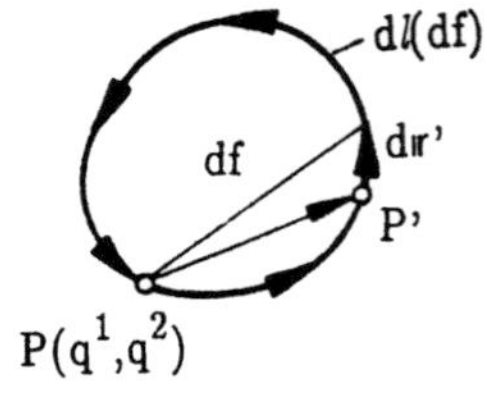

Abb. 6.4

gedeutet werden kann. Interpretiert man

$$\partial'\mathbb{w}'_{(2)} = d\mathbb{r}'\cdot(\nabla'_{(2)} \circ \mathbb{w}'_{(2)})\cdot\mathbb{E}'_{(2)}$$

als von in $P'(q^{1'},q^{2'})$ situierten "lokal–planaren Beobachtern" B' registrierbare Änderungen eines (lokal–)planaren Vektorfeldes $\mathbb{w}'_{(2)} = \mathbb{w}_{(2)}(q^{1'},q^{2'})$, und summiert man Letztere längs eines infinitesimalen Umlaufs (dl), so stellt ein in $P(q^1,q^2)$ installierter lokal–planarer Beobachter fest, daß als Resultat eine infinitesimale Drehung des von ihm registrierten Vektors $\mathbb{w}_{(2)}(q^1,q^2)$ stattgefunden habe. Ein in $P(q^1,q^2)$ plazierter Beobachter kann daher per Linienintegration

$$\mathbb{E}_{(2)}\cdot\int_P^{P_1}\partial'\mathbb{w}'_{(2)}$$

i. allg. nicht einmal für infinitesimal benachbarte Punkte (P,P_1) pfadunabhängige Werte feststellen. In konkreter Rechnung bekommt man bei Betrachtnahme eines Koordinaten–Flächenelementes $df = \sqrt{g_{(2)}}\, dq^1 dq^2$ mit

$$\nabla_{(2)} = \sum_{j=1}^{2} \mathbb{g}^j \nabla_j, \quad \mathbb{n}\times\nabla_{(2)} \overset{(5.5a,b)}{=} \frac{1}{\sqrt{g_{(2)}}}(\mathbb{g}_2\nabla_1 - \mathbb{g}_1\nabla_2) \tag{6.19d}$$

zunächst $(\mathbb{n}\times\nabla_{(2)})\cdot\left[(\nabla_{(2)}\circ\mathbb{w}_{(2)})\cdot\mathbb{E}_{(2)}\right] = \frac{1}{\sqrt{g_{(2)}}}(\mathbb{g}_2\nabla_1 - \mathbb{g}_1\nabla_2)\cdot\Big[(\mathbb{g}^1\circ\nabla_1\mathbb{w}_{(2)} +$

$$+\, \mathbb{g}^2\circ\nabla_2\mathbb{w}_{(2)})\cdot\mathbb{E}_{(2)}\Big] = \left[\nabla_1(\mathbb{E}_{(2)}\cdot\nabla_2\mathbb{w}_{(2)}) - \nabla_2(\mathbb{E}_{(2)}\cdot\nabla_1\mathbb{w}_{(2)})\right]/\sqrt{g_{(2)}},$$

nachdem man noch

$$\mathbb{g}_2\cdot\nabla_1\mathbb{g}^1 - \mathbb{g}_1\cdot\nabla_2\mathbb{g}^1 \equiv -\mathbb{g}^1\cdot(\nabla_2\mathbb{g}_1 - \nabla_1\mathbb{g}_2) \overset{(5.22a)}{=} 0$$

$$\mathbb{g}_2\cdot\nabla_1\mathbb{g}^2 - \mathbb{g}_1\cdot\nabla_2\mathbb{g}^2 \equiv -\mathbb{g}^2\cdot(\nabla_1\mathbb{g}_2 - \nabla_2\mathbb{g}_1) \overset{(5.22a)}{=} 0 \tag{6.19e}$$

beachtet hat,

$$D\mathbb{w}_{(2)} = \mathbb{E}_{(2)}\cdot\Big(\oint_{dl(df)} d\mathbb{r}'\cdot(\nabla'_{(2)}\circ\mathbb{w}'_{(2)})\cdot\mathbb{E}'_{(2)} = \mathbb{E}_{(2)}\cdot\Big\{(\mathbb{n}\times\nabla_{(2)})\cdot\left[(\nabla_{(2)}\circ\mathbb{w}_{(2)})\cdot\mathbb{E}_{(2)}\right]\Big\}\, df$$

$$\overset{45)}{=} \mathbb{E}_{(2)}\cdot\left[\nabla_1(\mathbb{E}_{(2)}\cdot\nabla_2\mathbb{w}_{(2)}) - \nabla_2(\mathbb{E}_{(2)}\cdot\nabla_1\mathbb{w}_{(2)})\right]dq^1\, dq^2 \equiv (\partial_1\partial_2 - \partial_2\partial_1)\mathbb{w}_{(2)} \equiv$$

---

45) man beachte $df = \sqrt{g_{(2)}}\, dq^1\, dq^2$

$$\equiv (\nabla_1 \nabla_2 - \nabla_2 \nabla_1)\mathbb{w}_{(2)}\, dq^1\, dq^2 , \tag{6.20}$$

mit den Bezeichnungen

$$\left.\begin{aligned} \partial_j \mathbb{w}_{(2)} &= \mathbb{E}_{(2)} \cdot \frac{\partial \mathbb{w}_{(2)}}{\partial q^j}\, dq^j = \mathbb{E}_{(2)} \cdot \nabla_j\, \mathbb{w}_{(2)}\, dq^j \\ &\text{bzw.} \\ \nabla_j \mathbb{w}_{(2)} &= \frac{\partial \mathbb{w}_{(2)}}{\partial q^j} = \mathbb{E}_{(2)} \cdot \frac{\partial \mathbb{w}_{(2)}}{\partial q^j} = \mathbb{E}_{(2)} \cdot \nabla_j\, \mathbb{w}_{(2)} \end{aligned}\right\} \quad j=1,2 , \tag{6.20a}$$

für im Zusammenhang mit Koordinatenänderungen (dq^j) anfallende absolute (partielle) Differentiale (vgl. Fußn. 44) bzw. für absolute (partielle) Ableitungen (als auf Koordinateneinheiten bezogene Änderungsgrößen), womit schließlich

$$\frac{D\mathbb{w}_{(2)}}{Df} = \mathbb{E}_{(2)} \cdot \left\{ (\mathbb{n}\times\nabla_{(2)}) \cdot \left[(\nabla_{(2)} \circ \mathbb{w}) \cdot \mathbb{E}_{(2)} \right] \right\} = \frac{1}{\sqrt{g_{(2)}}} (\nabla_1 \nabla_2 - \nabla_2 \nabla_1)\mathbb{w}_{(2)} \tag{6.20b}$$

als Anweisung entsteht, wie $D\, \mathbb{w}_{(2)}$ bzw $D\mathbb{w}_{(2)}/Df$ in Termen von Koordinatenableitungen zu bilden sind.

Definiert man das umfahrene Flächenelement df im Sinne von (5.13a) durch seine Plangröße

$$\overset{\langle 2\rangle}{d\mathbb{f}} = df\, \overset{\langle 2\rangle}{\mathfrak{E}}_{(2)} / 2 = - df\, \mathbb{E}_{(2)} \times \mathbb{n}/2 \equiv^{46)} df\, \overset{\langle 2\rangle}{\mathbb{f}}_E \tag{6.20c}$$

und benutzt $\overset{\langle 2\rangle}{\mathfrak{E}}_{(2)} \cdot\cdot \overset{\langle 2\rangle}{\mathfrak{E}}_{(2)} = -2$ (vgl. (5.10e)), so ist

$$\overset{\langle 2\rangle}{d\mathbb{f}} \cdot\cdot \overset{\langle 2\rangle}{\mathfrak{E}}_{(2)} \circ \overset{\langle 2\rangle}{\mathfrak{E}}_{(2)} \equiv \overset{\langle 2\rangle}{\mathfrak{E}}_{(2)} \circ \overset{\langle 2\rangle}{\mathfrak{E}}_{(2)} \cdot\cdot \overset{\langle 2\rangle}{d\mathbb{f}} = - df\, \overset{\langle 2\rangle}{\mathfrak{E}}_{(2)} = df\, (\mathbb{E}_{(2)} \times \mathbb{n})$$

und demgemäß äquivalent zu (6.19a,b) auch

$$D\, \mathbb{w}_{(2)} \equiv \mathbb{E}_{(2)} \cdot \oint_{dl(df)} \partial' \mathbb{w}_{(2)} = \mathbb{w}_{(2)} \cdot \left[\overset{\langle 2\rangle}{d\mathbb{f}} \cdot\cdot K\, \overset{\langle 2\rangle}{\mathfrak{E}}_{(2)} \circ \overset{\langle 2\rangle}{\mathfrak{E}}_{(2)} \right] = \mathbb{w}_{(2)} \cdot \left[\overset{\langle 2\rangle}{d\mathbb{f}} \cdot\cdot \overset{\langle 4\rangle}{\mathscr{H}}_{(2)} \right] \tag{6.20d}$$

$$\text{bzw.}\ \frac{D\mathbb{w}_{(2)}}{Df} \overset{(6.20b)}{=} \frac{(\nabla_1 \nabla_2 - \nabla_2 \nabla_1)\mathbb{w}_{(2)}}{\sqrt{g_{(2)}}} = \mathbb{E}_{(2)} \cdot \lim_{df \to 0} \left[\frac{1}{df} \oint_{dl(df)} \partial' \mathbb{w}' \right] = \mathbb{w}_{(2)} \cdot \left[\overset{\langle 2\rangle}{\mathbb{f}}_E \cdot\cdot \overset{\langle 4\rangle}{\mathscr{H}}_{(2)} \right] \tag{6.20e}$$

zu schreiben mit dem für zweidimensionale gekrümmte Mannigfaltigkeiten in der Form

$$\begin{aligned} \overset{\langle 4\rangle}{\mathscr{H}}_{(2)} &= K\, \overset{\langle 2\rangle}{\mathfrak{E}}_{(2)} \circ \overset{\langle 2\rangle}{\mathfrak{E}}_{(2)} = K\, \mathbb{E}_{(2)} \times \mathbb{n} \circ \mathbb{E}_{(2)} \times \mathbb{n} \equiv K\, \mathbb{E}_{(2)} \times \mathbb{n} \circ \mathbb{n} \times \mathbb{E}_{(2)} = \\ &= K\, \mathbb{n} \times \mathbb{E}_{(2)} \circ \mathbb{E}_{(2)} \times \mathbb{n} = \overset{\langle 4\rangle\, T}{\mathscr{H}}_{(2)} \end{aligned} \tag{6.20f}$$

mit

---

46) mit der zweistufigen Einheits–Plangröße $\overset{\langle 2\rangle}{\mathbb{f}}_E = \overset{\langle 2\rangle}{\mathfrak{E}}_{(2)} / 2$ des (lokal–)planaren Tangentialraumes (vgl. [1], (E.5.33a)).

$$K =^{47)} \frac{1}{4} \overset{<2>}{\mathfrak{E}}_{(2)} \cdot\cdot \overset{<4>}{\mathscr{H}}_{(2)} \cdot\cdot \overset{<2>}{\mathfrak{E}}_{(2)}, \quad |K| = \frac{1}{2} |\overset{<4>}{\mathscr{H}}_{(2)}| = \frac{1}{2}\sqrt{\overset{<4>}{\mathscr{H}}_{(2)} \cdot\cdot\cdot\cdot \overset{<4>}{\mathscr{H}}{}^{T}_{(2)}} \qquad (6.20g,h)$$

definierten (lokal–)planaren Riemann–Christoffelschen Krümmungstensor. Zu dessen Notation in Termen der Christoffel–Symbole und deren Koordinaten–Ableitungen gelangt man, wenn man die auf der linken Seite von (6.20e) geforderte Operation konkret ausrechnet (vgl. § 6.7.3). Die berühmte Gaußsche Gleichung, mit der die Gaußsche Krümmung K durch die metrischen Fundamentalgrößen und deren Koordinatenableitungen ausgedrückt werden kann, fällt dann schließlich nach Ausführung der Prozedur (6.20g) an (vgl. (6.75)).

Die aus (6.18a) übrigens mit $\mathbb{v} = \mathbb{n}$ folgende Identität

$$\underset{l(f)}{\oint} d\mathbb{r} \cdot (\nabla_{(2)} \circ \mathbb{n}) \cdot \mathbb{E}_{(2)} \equiv^{48)} - \underset{l(f)}{\oint} d\mathbb{r} \cdot \mathbb{K} = - \underset{l(f)}{\oint} d\mathbb{r} \cdot (\nabla_{(2)} \circ \mathbb{n}) \cdot \mathbb{n} \circ \mathbb{n}$$

$$\equiv \underset{l(f)}{\oint} d\mathbb{r} \cdot \mathbb{K} \cdot \mathbb{n} \circ \mathbb{n} = 0^{49)},$$

also $\underset{l(f)}{\oint} d\mathbb{r} \cdot \mathbb{K} \left[= - \underset{l(f)}{\oint} d\mathbb{r} \cdot \nabla_{(2)} \circ \mathbb{n} = - \underset{l(f)}{\oint} d\mathbb{n}\right] = 0 \overset{(6.16)}{=} \underset{(f)}{\int} (\mathbb{n} \times \nabla_{(2)}) \cdot \mathbb{K}\, df,$

ergibt wieder die Gln (6.15d) von Mainardi–Codazzi

$$(\mathbb{n} \times \nabla_{(2)}) \cdot \mathbb{K} = - (\mathbb{n} \times \nabla_{(2)}) \cdot (\nabla_{(2)} \circ \mathbb{n}) \equiv 0$$

als Spezialfall der Integrabilitätsbedingung für die Flächennormale $\mathbb{n}\,(q^1\, q^2)$.

6.2 Mehrfache Anwendungen des Operators $\nabla_{(2)}$

Während sich der $\nabla_{(2)}$ - Operator bei einfachen Anwendungen wie ein Vektor verhält, also sämtliche in §3.3.4 aufgelisteten Regeln auch hier gelten, ist dies bei mehrfachen Anwendungen, wie schon in Fußn. 34 hervorgehoben, nur noch bedingt der Fall insofern, als hier

---

47) Unter Benutzung der Identitätenfolge

$$\overset{<4>}{\mathbb{E}}_{(2)} \cdot\cdot\cdot\cdot \left[\overset{<2>}{\mathfrak{E}}_{(2)} \circ \overset{<2>}{\mathfrak{E}}_{(2)}\right] \equiv \left[\overset{<4>}{\mathbb{E}}_{(2)} \cdot\cdot \overset{<2>}{\mathfrak{E}}_{(2)}\right] \cdot\cdot \overset{<2>}{\mathfrak{E}}_{(2)} \equiv \overset{<2>}{\mathfrak{E}}_{(2)} \cdot\cdot \overset{<2>}{\mathfrak{E}}_{(2)} = -2$$

bekommt man übrigens gleichwertig

$$K = - \left[\overset{<4>}{\mathbb{E}}_{(2)} \cdot\cdot\cdot\cdot \overset{<4>}{\mathscr{H}}_{(2)}\right]/2 = \left[\overset{<4>}{\mathscr{H}}_{(2)}\right]_1/2, \qquad (6.20i)$$

womit die Gaußsche Krümmung (K) mit der ersten (linearen) Invarianten $\left[\overset{<4>}{\mathscr{H}}_{(2)}\right]_1$ des Krümmungstensors korreliert wird. $\overset{<4>}{\mathbb{E}}_{(2)}$ bedeutet die planare Variante des vierstufigen Einheitsoperators im Sinne von [1] (6.39).

48) Man benutze $\nabla_{(2)} \circ \mathbb{n} = - \mathbb{K}$ und $\mathbb{K} \cdot \mathbb{E}_{(2)} = \mathbb{K}$

49) Man benutze $\mathbb{K} \cdot \mathbb{n} = 0$

die Integrabilitätsbedingung (6.17a) nur noch den Schluß erlaubt, die Normalkomponente von $\underset{(2)}{\nabla} \times \underset{(2)}{\nabla}$ Null setzen zu dürfen, wobei neben

$$\mathbb{n}\cdot \underset{(2)}{\mathrm{rot}}\,\underset{(2)}{\mathrm{grad}}\,\overset{\langle n\rangle}{\mathbb{A}} \overset{[50]}{=} \mathbb{n}\cdot\left[\overset{(2)}{\underset{(2)}{\nabla}}\times(\overset{(1)}{\underset{(2)}{\nabla}}\circ\overset{\langle n\rangle}{\mathbb{A}})\right] \equiv (\mathbb{n}\times\nabla_2)\cdot(\underset{(2)}{\nabla}\circ\overset{\langle n\rangle}{\mathbb{A}}) = 0 \qquad (6.21a)$$

wegen $\underset{(2)}{\nabla}\times\mathbb{n} = \underset{(2)}{\mathrm{rot}}\,\mathbb{n} = 0$ äquivalent auch

$$(\mathbb{n}\times\underset{(2)}{\nabla})\cdot(\underset{(2)}{\nabla}\circ\overset{\langle n\rangle}{\mathbb{A}}) \equiv -\underset{(2)}{\nabla}\cdot\left[(\mathbb{n}\times\underset{(2)}{\nabla})\circ\overset{\langle n\rangle}{\mathbb{A}}\right] = \underset{(2)}{\nabla}\cdot\left[\underset{(2)}{\nabla}\times(\mathbb{n}\circ\overset{\langle n\rangle}{\mathbb{A}})\right]$$

$$= -\underset{(2)}{\mathrm{div}}(\mathbb{n}\times\underset{(2)}{\mathrm{grad}}\,\overset{\langle n\rangle}{\mathbb{A}}) = \underset{(2)}{\mathrm{div}}\left[\underset{(2)}{\mathrm{rot}}(\mathbb{n}\circ\overset{\langle n\rangle}{\mathbb{A}})\right] = 0 \qquad (6.21b)$$

und analog z.B. im " Rechtsanwendungsfalle "

$$\overset{\langle n\rangle}{\mathbb{A}}\,\underset{(2)}{\mathrm{grad}}\,\underset{(2)}{\mathrm{rot}}\cdot\mathbb{n} \equiv (\overset{\langle n\rangle}{\mathbb{A}}\circ\overset{(1)}{\underset{(2)}{\nabla}}\times\overset{(2)}{\underset{(2)}{\nabla}})\cdot\mathbb{n} = \overset{\langle n\rangle}{\mathbb{A}}\left[\overset{(1)}{\nabla}\cdot(\overset{(2)}{\nabla}\times\mathbb{n})\right]\equiv$$

$$\equiv -(\overset{\langle n\rangle}{\mathbb{A}}\circ\underset{(2)}{\nabla}\times\mathbb{n})\cdot\underset{(2)}{\nabla} = \left[(\overset{\langle n\rangle}{\mathbb{A}}\circ\mathbb{n})\times\underset{(2)}{\nabla}\right]\cdot\underset{(2)}{\nabla} = -(\overset{\langle n\rangle}{\mathbb{A}}\,\underset{(2)}{\mathrm{grad}}\times\mathbb{n})\,\underset{(2)}{\mathrm{div}} =$$

$$= \left[(\overset{\langle n\rangle}{\mathbb{A}}\circ\mathbb{n})\,\underset{(2)}{\mathrm{rot}}\right]\underset{(2)}{\mathrm{div}} = 0 \qquad (6.21c)$$

festgestellt werden kann. Der (lokal-)planare Anteil von $\underset{(2)}{\nabla} \times \underset{(2)}{\nabla}$ führt i.allg. zu einer von Null verschiedenen Operation, was man anhand der durch konkrete Rechnung erreichbaren Identitäten

$$(\overset{(2)}{\underset{(2)}{\nabla}}\times\overset{(1)}{\underset{(2)}{\nabla}})\otimes\overset{\langle n\rangle}{\mathbb{A}} \equiv (\underset{(2)}{\nabla}\times\underset{(2)}{\nabla})\otimes\overset{\langle n\rangle}{\mathbb{A}} = \left[(\mathbb{K}\times\mathbb{n})^T\cdot\underset{(2)}{\nabla}\right]\otimes\overset{\langle n\rangle}{\mathbb{A}} = -(\mathbb{n}\times\mathbb{K}\cdot\underset{(2)}{\nabla}]\otimes\overset{\langle n\rangle}{\mathbb{A}} \qquad (6.22a)$$

bzw.[51]

$$\overset{\langle n\rangle}{\mathbb{A}}\otimes(\overset{(1)}{\underset{(2)}{\nabla}}\times\overset{(2)}{\underset{(2)}{\nabla}}) \equiv \overset{\langle n\rangle}{\mathbb{A}}\otimes(\underset{(2)}{\nabla}\times\underset{(2)}{\nabla}) = \overset{\langle n\rangle}{\mathbb{A}}\otimes\left[\underset{(2)}{\nabla}\cdot(\mathbb{n}\times\mathbb{K})^T\right] = \overset{\langle n\rangle}{\mathbb{A}}\otimes(\underset{(2)}{\nabla}\cdot\mathbb{K}\times\mathbb{n}) \qquad (6.22b)$$

---

50) Die den Operatoren $\underset{(2)}{\nabla}$ übergesetzten Ziffern deuten die Differentiationsreihenfolge an $\overset{\langle n\rangle}{\mathbb{A}}$ an.

51) womit insbesondere für skalare Felder $\varphi(q^1,q^2)$

$$(\overset{(2)}{\underset{(2)}{\nabla}}\times\overset{(1)}{\underset{(2)}{\nabla}})\varphi = \underset{(2)}{\nabla}\times(\underset{(2)}{\nabla}\varphi) = -\,\mathbb{n}\times\mathbb{K}\cdot(\underset{(2)}{\nabla}\varphi) \qquad (6.22c)$$

festgestellt wird.

leicht prüft[52]. Nur für $\mathbb{K} = 0$, d.h. für ebene Flächen ist $\underset{(2)}{\nabla} \times \underset{(2)}{\nabla}$ eine Nulloperation. Daher treten z.B. in der zu (3.45a) analogen Formel im vorliegenden Falle noch Zusatzglieder auf, die den Haupttensor $(\mathbb{K})$ der Flächenkrümmung enthalten:

$$\underset{(2)}{\Delta}\overset{\langle n\rangle}{\mathbb{A}} \equiv \underset{(2)}{\operatorname{div}}\,\underset{(2)}{\operatorname{grad}}\overset{\langle n\rangle}{\mathbb{A}} = \overset{(2)}{\underset{(2)}{\nabla}}\cdot(\overset{(1)}{\underset{(2)}{\nabla}}\circ\overset{\langle n\rangle}{\mathbb{A}})=$$

$$= \overset{(2)}{\underset{(2)}{\nabla}}\circ(\overset{(1)}{\underset{(2)}{\nabla}}\cdot\overset{\langle n\rangle}{\mathbb{A}}) - \overset{(2)}{\underset{(2)}{\nabla}}\times(\overset{(1)}{\underset{(2)}{\nabla}}\times\overset{\langle n\rangle}{\mathbb{A}}) - (\mathbb{n}\times\mathbb{K}\cdot\underset{(2)}{\nabla})\times\overset{\langle n\rangle}{\mathbb{A}} \equiv$$

$$\overset{53)}{\equiv}\underset{(2)}{\operatorname{grad}}\,\underset{(2)}{\operatorname{div}}\overset{\langle n\rangle}{\mathbb{A}} - \underset{(2)}{\operatorname{rot}}\,\underset{(2)}{\operatorname{rot}}\overset{\langle n\rangle}{\mathbb{A}} - (\mathbb{n}\times\mathbb{K})\cdot\cdot\underset{(2)}{\operatorname{grad}}\,\mathbb{E}\times\overset{\langle n\rangle}{\mathbb{A}}\,. \qquad (6.23a)$$

Zum Beweise von (6.23a) bildet man analog (3.45c) zunächst

$$\overset{(2)}{\underset{(2)}{\nabla}}\times(\overset{(1)}{\underset{(2)}{\nabla}}\times\mathbb{A}) \equiv \underset{(2)}{\operatorname{rot}}\,\underset{(2)}{\operatorname{rot}}\overset{\langle n\rangle}{\mathbb{A}} \overset{54)}{=} \overset{(1)}{\underset{(2)}{\nabla}}\circ(\overset{(2)}{\underset{(2)}{\nabla}}\cdot\overset{\langle n\rangle}{\mathbb{A}}) - \overset{(2)}{\underset{(2)}{\nabla}}\cdot(\overset{(1)}{\underset{(2)}{\nabla}}\circ\overset{\langle n\rangle}{\mathbb{A}})$$

$$= \overset{(1)}{\underset{(2)}{\nabla}}\circ(\overset{(2)}{\underset{(2)}{\nabla}}\cdot\overset{\langle n\rangle}{\mathbb{A}}) - \underset{(2)}{\operatorname{div}}\,\underset{(2)}{\operatorname{grad}}\overset{\langle n\rangle}{\mathbb{A}} \equiv \overset{(1)}{\underset{(2)}{\nabla}}\circ(\overset{(2)}{\underset{(2)}{\nabla}}\cdot\overset{\langle n\rangle}{\mathbb{A}}) - \underset{(2)}{\Delta}\overset{\langle n\rangle}{\mathbb{A}}\,,$$

---

52) Durch $\otimes$ wird eine beliebige Produktbildung angedeutet. Zum Beweise von z.B. (6.22a) benötigt man

$$\nabla_j\nabla_k\mathbb{A} = \nabla_k\nabla_j\mathbb{A}\,,\quad \sum_{j=1}^{2}\mathbb{g}^j\times\boldsymbol{\Gamma}_{[j](2)} \overset{(5.23a)}{=} 0 \text{ und } \sum_{j=1}^{2}\mathbb{g}_j\circ\mathbb{g}^j \overset{(5.18d)}{=} \underset{(2)}{\mathbb{E}}\,.$$

So entsteht dann mit $\nabla_j = \partial/\partial q^j$ in der Tat

$$(\underset{(2)}{\nabla}\times\underset{(2)}{\nabla})\otimes\mathbb{A} = \sum_{j,k=1}^{2}(\mathbb{g}^j\nabla_j\times\mathbb{g}^k)\otimes\nabla_k\mathbb{A} = \sum_{j,k=1}^{2}(\mathbb{g}^j\times\mathbb{g}^k)\otimes\nabla_j\nabla_k\mathbb{A} +$$

$$+\sum_{j,k=1}^{2}(\mathbb{g}^j\times\nabla_j\mathbb{g}^k)\otimes\nabla_k\mathbb{A} = \sum_{j,k=1}^{2}(\mathbb{g}^j\times\nabla_j\mathbb{g}^k)\otimes\nabla_k\mathbb{A} \overset{(2.42c)}{=}$$

$$-\sum_{j,k=1}^{2}(\mathbb{g}^j\times\boldsymbol{\Gamma}_{[j]}\cdot\mathbb{g}^k)\otimes\nabla_k\mathbb{A} \overset{(5.46b)}{=} -\left[\sum_{j,k=1}^{2}(\mathbb{g}^j\times\boldsymbol{\Gamma}_{[j](2)})\cdot\mathbb{g}^k\right]\otimes\nabla_k\mathbb{A} +$$

$$+\sum_{j,k=1}^{2}\left[(\mathbb{g}^k\cdot\mathbb{K}\cdot\mathbb{g}_j)\,\mathbb{g}^j\times\mathbb{n}\right]\otimes\nabla_k\mathbb{A} = \sum_{j,k}\left[\mathbb{g}^k\cdot\mathbb{K}\cdot(\mathbb{g}_j\circ\mathbb{g}^j)\times\mathbb{n}\right]\otimes\nabla_k\mathbb{A} \equiv$$

$$\sum_{k=1}^{2}(\mathbb{g}^k\cdot\mathbb{K}\times\mathbb{n})\otimes\nabla_k\mathbb{A} \equiv -\left[\mathbb{n}\times\mathbb{K}\cdot(\Sigma\,\mathbb{g}^k\nabla_k)\right]\otimes\mathbb{A} = -(\mathbb{n}\times\mathbb{K}\cdot\underset{(2)}{\nabla})\otimes\mathbb{A}$$

53) Man benutze $(\mathbb{n}\times\mathbb{K}\cdot\underset{(2)}{\nabla})\times\overset{\langle n\rangle}{\mathbb{A}} \equiv (\mathbb{n}\times\mathbb{K}\cdot\underset{(2)}{\nabla})\cdot\mathbb{E}\times\overset{\langle n\rangle}{\mathbb{A}} \equiv (\mathbb{n}\times\mathbb{K})\cdot\cdot(\underset{(2)}{\nabla}\circ\mathbb{E}\times\overset{\langle n\rangle}{\mathbb{A}})$
$\equiv (\mathbb{n}\times\mathbb{K})\cdot\cdot\underset{(2)}{\operatorname{grad}}\,\mathbb{E}\times\overset{\langle n\rangle}{\mathbb{A}}\,.$

54) Man benutze den Entwicklungssatz für zweifache Vektorprodukte.

fügt $\pm \overset{(2)}{\nabla}_{(2)} \circ (\overset{(1)}{\nabla}_{(2)} \cdot \overset{\langle n \rangle}{\mathbb{A}})$ hinzu und beachtet (6.22a). Es entsteht

$$\underset{(2)}{\mathrm{rot}}\ \underset{(2)}{\mathrm{rot}}\ \overset{\langle n \rangle}{\mathbb{A}} = - \underset{(2)}{\Delta}\ \overset{\langle n \rangle}{\mathbb{A}} + \overset{(2)}{\nabla}_{(2)} \circ (\overset{(1)}{\nabla}_{(2)} \cdot \overset{\langle n \rangle}{\mathbb{A}}) + \overset{(1)}{\nabla}_{(2)} \circ (\overset{(2)}{\nabla}_{(2)} \cdot \overset{\langle n \rangle}{\mathbb{A}}) -$$

$$- \overset{(2)}{\nabla}_{(2)} \circ (\overset{(1)}{\nabla}_{(2)} \cdot \overset{\langle n \rangle}{\mathbb{A}}) \overset{55)}{=} - \underset{(2)}{\Delta}\ \overset{\langle n \rangle}{\mathbb{A}} + \underset{(2)}{\mathrm{grad}}\ \underset{(2)}{\mathrm{div}}\ \overset{\langle n \rangle}{\mathbb{A}} + (\overset{(2)}{\nabla}_{(2)} \times \overset{(1)}{\nabla}_{(2)}) \times \overset{\langle n \rangle}{\mathbb{A}}$$

$$\overset{56)}{=} \underset{(2)}{\mathrm{grad}}\ \underset{(2)}{\mathrm{div}}\ \overset{\langle n \rangle}{\mathbb{A}} - \underset{(2)}{\Delta}\ \overset{\langle n \rangle}{\mathbb{A}} - (\mathbb{n} \times \mathbb{K} \cdot \nabla_{(2)}) \times \overset{\langle n \rangle}{\mathbb{A}}$$, also in der Tat (6.23a).

Entsprechend findet man unter Hinzufügung von $\pm (\overset{\langle n \rangle}{\mathbb{A}} \cdot \overset{(1)}{\nabla}_{(2)}) \circ \overset{(2)}{\nabla}_{(2)}$ unter Beachtung von (6.22b)

$$(\underset{(2)}{\Delta}\ \mathbb{A} \equiv)\ \overset{\langle n \rangle}{\mathbb{A}}\ \underset{(2)}{\Delta} \equiv \overset{\langle n \rangle}{\mathbb{A}}\ \underset{(2)}{\mathrm{grad}}\ \underset{(2)}{\mathrm{div}} = (\overset{\langle n \rangle}{\mathbb{A}} \circ \overset{(1)}{\nabla}_{(2)}) \cdot \overset{(2)}{\nabla}_{(2)} = (\overset{\langle n \rangle}{\mathbb{A}} \cdot \overset{(1)}{\nabla}_{(2)}) \cdot \overset{(2)}{\nabla}_{(2)} -$$

$$-(\overset{\langle n \rangle}{\mathbb{A}} \times \overset{(1)}{\nabla}_{(2)}) \times \overset{(2)}{\nabla}_{(2)} - \overset{\langle n \rangle}{\mathbb{A}} \times (\nabla_{(2)} \cdot \mathbb{K} \times \mathbb{n}) = \overset{\langle n \rangle}{\mathbb{A}}\ \underset{(2)}{\mathrm{grad}}\ \underset{(2)}{\mathrm{div}} - \overset{n \rangle}{\mathbb{A}}\ \underset{(2)}{\mathrm{rot}}\ \underset{(2)}{\mathrm{rot}} -$$

$$- \overset{\langle n \rangle}{\mathbb{A}} \times (\nabla_{(2)} \cdot \mathbb{K} \times \mathbb{n}) . \tag{6.23b}$$

Mit einem Vektorfeld $\mathbb{w}$ anstelle von $\overset{\langle n \rangle}{\mathbb{A}}$ und

$$(\mathbb{n} \times \mathbb{K} \cdot \nabla_{(2)}) \times \mathbb{w} = - \mathbb{w} \times (\mathbb{n} \times \mathbb{K} \cdot \nabla_{(2)}) \overset{57)}{=} - \Big[(\mathbb{n} \circ \mathbb{w}) \cdot \mathbb{K} - (\mathbb{n} \cdot \mathbb{w})\ \mathbb{K} \Big] \cdot \nabla_{(2)}$$

$$= (\mathbb{K} \cdot \nabla_{(2)} \circ \mathbb{w}) \cdot \mathbb{n} - (\mathbb{K} \cdot\cdot \nabla_{(2)} \circ \mathbb{w})\ \mathbb{n} \equiv (\mathbb{K} \cdot \underset{(2)}{\mathrm{grad}}\ \mathbb{w}) \cdot \mathbb{n} - (\mathbb{K} \cdot\cdot \underset{(2)}{\mathrm{grad}}\ \mathbb{w})\ \mathbb{n}$$

hat man danach aus (6.23a) für vektorwertige Funktionen $\mathbb{w}\ (q^1,q^2)$

$$\underset{(2)}{\Delta}\ \mathbb{w} \equiv \underset{(2)}{\mathrm{div}}\ \underset{(2)}{\mathrm{grad}}\ \mathbb{w} = \underset{(2)}{\mathrm{grad}}\ \underset{(2)}{\mathrm{div}}\ \mathbb{w} - \underset{(2)}{\mathrm{rot}}\ \underset{(2)}{\mathrm{rot}}\ \mathbb{w} + (\mathbb{K} \cdot\cdot \underset{(2)}{\mathrm{grad}}\ \mathbb{w})\ \mathbb{n} -$$

$$-(\mathbb{K} \cdot \underset{(2)}{\mathrm{grad}}\ \mathbb{w}) \cdot \mathbb{n} \tag{6.24}$$

und insbesondere für $\mathbb{w} = \mathbb{n}$ mit $\nabla_{(2)} \circ \mathbb{n} = - \mathbb{K}$, $\nabla_{(2)} \times \mathbb{n} = 0$, $\nabla_{(2)} \cdot \mathbb{n} = - 2H$ und $\mathbb{K} \cdot \mathbb{n} = 0$ zwei weitere Versionen der Gleichungen von Mainardi—Codazzi, nämlich

$$\underset{(2)}{\Delta}\ \mathbb{n} = \underset{(2)}{\mathrm{div}}\ \underset{(2)}{\mathrm{grad}}\ \mathbb{n} \overset{(5.33c)}{=} - \underset{(2)}{\mathrm{div}}\ \mathbb{K} = - \nabla_{(2)} \cdot \mathbb{K}$$

$$= \underset{(2)}{\mathrm{grad}}\ \underset{(2)}{\mathrm{div}}\ \mathbb{n} - \underset{(2)}{\mathrm{rot}}\ \underset{(2)}{\mathrm{rot}}\ \mathbb{n} + (\mathbb{K} \cdot\cdot \underset{(2)}{\mathrm{grad}}\ \mathbb{n})\ \mathbb{n} -(\mathbb{K} \cdot \underset{(2)}{\mathrm{grad}}\ \mathbb{n}) \cdot \mathbb{n}$$

$$= \underset{(2)}{\mathrm{grad}}\ (-2H) - (\mathbb{K} \cdot\cdot \mathbb{K})\ \mathbb{n}, \tag{6.25a}$$

also auch

---

55) Man benutze nach [1], (2.53a) $(\mathbb{u} \times \mathbb{v}) \times \mathbb{A} \equiv (\mathbb{v} \circ \mathbb{u} - \mathbb{u} \circ \mathbb{v}) \cdot \mathbb{A}$ und setze $\mathbb{u} = \overset{(2)}{\nabla}_{(2)}$, $\mathbb{v} = \overset{(1)}{\nabla}_{(2)}$

56) mit $\underset{(2)}{\mathrm{grad}}\ \underset{(2)}{\mathrm{div}}\ \overset{\langle n \rangle}{\mathbb{A}} = \overset{(2)}{\nabla}_{(2)} \circ (\overset{(1)}{\nabla}_{(2)} \cdot \overset{\langle n \rangle}{\mathbb{A}})$. Im Hinblick auf die Anwendung von (6.22a) ersetze man die beliebige Multiplikation (⊗) durch die Vektormultiplikation (×).

57) Man benutze [1], (2.52a)

$$\underset{(2)}{\nabla}\cdot\mathbb{K}-\underset{(2)}{\nabla}(2H)\equiv\underset{(2)}{\nabla}\cdot(\mathbb{K}-2H\,\underset{(2)}{\mathbb{E}})+2H\,\underset{(2)}{\nabla}\cdot\underset{(2)}{\mathbb{E}}\overset{(6.6e)}{=}\underset{(2)}{\nabla}\cdot(\mathbb{K}-2H\,\underset{(2)}{\mathbb{E}})+$$
$$+4H^2\mathbb{n}=(\mathbb{K}\cdot\cdot\,\mathbb{K})\,\mathbb{n}$$

bzw.
$$\underset{(2)}{\nabla}\cdot\mathbb{K}^{*}\overset{(5.44a)}{=}\underset{(2)}{\nabla}\cdot(2H\,\underset{(2)}{\mathbb{E}}-\mathbb{K})\overset{(5.44a)}{\equiv}-\underset{(2)}{\nabla}\cdot(\mathbb{n}\times\mathbb{K}\times\mathbb{n})=$$
$$\left[\overset{(5.44d)}{=}\underset{(2)}{\nabla}\cdot(K\,\mathbb{K}^{-1})\right]=\left[4H^2-(\mathbb{K}\cdot\cdot\,\mathbb{K})\right]\mathbb{n}\overset{(5.40b)}{=}2K\mathbb{n} \tag{6.25b}$$

sowie für zweistufig–tensorwertige Funktionen $\mathbb{S}(q^1,q^2)$ unter Benutzung von

$$(\mathbb{n}\times\mathbb{K}\cdot\underset{(2)}{\nabla})\times\overset{\downarrow}{\mathbb{S}}\equiv^{58)}(\mathbb{K}\cdot\underset{(2)}{\nabla})\circ(\mathbb{n}\cdot\overset{\downarrow}{\mathbb{S}})-\mathbb{n}\circ\left[(\mathbb{K}\cdot\underset{(2)}{\nabla})\cdot\overset{\downarrow}{\mathbb{S}})\right]=$$
$$=(\mathbb{K}\cdot\underset{(2)}{\nabla})\circ(\overset{\downarrow}{\mathbb{S}}^{T}\cdot\mathbb{n})-\mathbb{n}\circ\left[\mathbb{K}\cdot\cdot\,\underset{(2)}{\nabla}\circ\overset{\downarrow}{\mathbb{S}}\right]=(\mathbb{K}\cdot\underset{(2)}{\nabla}\circ\overset{\downarrow}{\mathbb{S}}^{T})\cdot\mathbb{n}-$$
$$-\mathbb{n}\circ(\mathbb{K}\cdot\cdot\,\underset{(2)}{\nabla}\circ\overset{\downarrow}{\mathbb{S}})=(\mathbb{K}\cdot\underset{(2)}{\mathrm{grad}}\,\mathbb{S}^{T})\cdot\mathbb{n}-\mathbb{n}\circ(\mathbb{K}\cdot\cdot\,\underset{(2)}{\mathrm{grad}}\,\mathbb{S})$$

schließlich

$$\underset{(2)}{\Delta}\mathbb{S}=\underset{(2)}{\mathrm{div}}\,\underset{(2)}{\mathrm{grad}}\,\mathbb{S}=\underset{(2)}{\mathrm{grad}}\,\underset{(2)}{\mathrm{div}}\,\mathbb{S}-\underset{(2)}{\mathrm{rot}}\,\underset{(2)}{\mathrm{rot}}\,\mathbb{S}+\mathbb{n}\circ(\mathbb{K}\cdot\cdot\,\underset{(2)}{\mathrm{grad}}\,\mathbb{S})-$$
$$-(\mathbb{K}\cdot\underset{(2)}{\mathrm{grad}}\,\mathbb{S}^{T})\cdot\mathbb{n}. \tag{6.26}$$

Einfache koordinatenbezogene Versionen von $\underset{(2)}{\Delta}\overset{\langle n\rangle}{\mathbb{A}}$ erhält man z.B. mit der zweiten Divergenzversion von (6.5c) unter Beachtung von $\mathbb{n}\cdot\underset{(2)}{\nabla}\circ\overset{\langle n\rangle}{\mathbb{A}}=0$ als

$$\underset{(2)}{\Delta}\overset{\langle n\rangle}{\mathbb{A}}\;(=\overset{\langle n\rangle}{\mathbb{A}}\,\underset{(2)}{\Delta})=\underset{(2)}{\nabla}\cdot(\underset{(2)}{\nabla}\circ\overset{\langle n\rangle}{\mathbb{A}})$$
$$=-2H\,\mathbb{n}\cdot\underset{(2)}{\nabla}\circ\overset{\langle n\rangle}{\mathbb{A}}+\frac{1}{\sqrt{g_{(2)}}}\sum_{j=1}^{2}\nabla_j(\sqrt{g_{(2)}}\,\mathbb{g}^{j}\cdot\underset{(2)}{\nabla}\circ\overset{\langle n\rangle}{\mathbb{A}})$$
$$\equiv\frac{1}{\sqrt{g_{(2)}}}\sum_{j=1}^{2}\nabla_j(\sqrt{g_{(2)}}\,\mathbb{g}^{j}\cdot\underset{(2)}{\nabla}\circ\overset{\langle n\rangle}{\mathbb{A}})=^{59)}\frac{1}{\sqrt{g_{(2)}}}\sum_{j,k=1}^{2}\nabla_j(\sqrt{g_{(2)}}\,g^{jk}\,\nabla_k\overset{\langle n\rangle}{\mathbb{A}})\overset{(5.5c-e)}{=}$$
$$=\frac{1}{\sqrt{g_{(2)}}}\left[\nabla_1\left[\frac{g_{22}}{\sqrt{g_{(2)}}}\nabla_1\overset{\langle n\rangle}{\mathbb{A}}\right]+\nabla_2\left[\frac{g_{11}}{\sqrt{g_{(2)}}}\nabla_2\overset{\langle n\rangle}{\mathbb{A}}\right]-\nabla_1\left[\frac{g_{12}}{\sqrt{g_{(2)}}}\nabla_2\overset{\langle n\rangle}{\mathbb{A}}\right]-\nabla_2\left[\frac{g_{12}}{\sqrt{g_{(2)}}}\nabla_1\overset{\langle n\rangle}{\mathbb{A}}\right]\right] \tag{6.27a}$$

und für Orthogonalkoordinaten $q_{\langle j\rangle}$ mit $g_{\langle 12\rangle}=0$ und $g_{\langle jj\rangle}=(\partial\mathbb{r}/\partial q_{\langle j\rangle})^2$

---

58) Man benutze [1], Formel (2.53a) für die Umformung von $\left[\mathbb{n}\times(\mathbb{K}\cdot\underset{(2)}{\nabla})\right]\times\overset{\downarrow}{\mathbb{S}}$

59) man benutze $\underset{(2)}{\nabla}\circ\overset{\langle n\rangle}{\mathbb{A}}=\sum_{k=1}^{2}\mathbb{g}^{k}\circ\nabla_k\overset{\langle n\rangle}{\mathbb{A}}$ nach (6.5a)

$$\underset{(2)}{\Delta}\overset{\langle n\rangle}{\mathbb{A}} = \frac{1}{\sqrt{g_{\langle 11\rangle}g_{\langle 22\rangle}}}\left[\frac{\partial}{\partial q_{\langle 1\rangle}}\left(\sqrt{\frac{g_{\langle 22\rangle}}{g_{\langle 11\rangle}}}\,\frac{\partial \overset{\langle n\rangle}{\mathbb{A}}}{\partial q_{\langle 1\rangle}}\right) + \frac{\partial}{\partial q_{\langle 2\rangle}}\left(\sqrt{\frac{g_{\langle 11\rangle}}{g_{\langle 22\rangle}}}\,\frac{\partial \overset{\langle n\rangle}{\mathbb{A}}}{\partial q_{\langle 2\rangle}}\right)\right]$$

$$= - k_{g\langle 2\rangle}\frac{\partial \overset{\langle n\rangle}{\mathbb{A}}}{\partial s_{\langle 1\rangle}} - k_{g\langle 1\rangle}\frac{\partial \overset{\langle n\rangle}{\mathbb{A}}}{\partial s_{\langle 2\rangle}} + \sum_{j=1}^{2}\frac{\partial^2 \overset{\langle n\rangle}{\mathbb{A}}}{\partial s^2_{\langle j\rangle}} \equiv \overset{\langle n\rangle}{\mathbb{A}}\underset{(2)}{\Delta}. \qquad (6.27b)$$

Darin bedeuten $\partial/\partial s_{\langle j\rangle} = (1/\sqrt{g_{\langle jj\rangle}})\partial/\partial q_{\langle j\rangle}$ die Ableitungen nach den Koordinatenlinien—Bogenlängen und $k_{g\langle j\rangle}$ die geodätischen Krümmungen nach (5.26i,j). Selbstverständlich sind in den letzteren Formeln die Ableitungen $\nabla_j \overset{\langle n\rangle}{\mathbb{A}}$ unter Berücksichtigung der Veränderlichkeit der in $\overset{\langle n\rangle}{\mathbb{A}}$ enthaltenen Basisvektoren weiter aufzuschlüsseln (etwa im Sinne von (2.41a,42c) mit (5.46b) bzw. (2.46a) mit (5.48)), um auf Komponentendarstellungen zu kommen.

Zum Unterschied zu (3.42) schließlich findet man hier folgende Aussage: Ist mit den durch die Symbole $\oslash$, $\oplus$, $\ominus$ und $\diamond$ angedeuteten beliebigen Multiplikationen

$$(\mathbf{a} \oslash \Phi) \oplus \mathbf{b} = \mathbf{a} \ominus (\Phi \diamond \mathbf{b}), \qquad (6.28a)$$

worin $\mathbf{a}$ und $\mathbf{b}$ Vektoren und Φ eine beliebige (skalare, vektorielle bzw. tensorielle) Feldfunktion bedeuten, so gilt

$$(\underset{(2)}{\nabla} \oslash \Phi) \oplus \underset{(2)}{\nabla} - \underset{(2)}{\nabla} \ominus (\Phi \diamond \underset{(2)}{\nabla}) = \Psi =$$

$$\mathbf{n} \ominus [\overset{\downarrow}{\Phi} \diamond (\underset{(2)}{\nabla} \cdot \mathbb{K})] - (\mathbb{K} \cdot \underset{(2)}{\nabla}) \ominus (\overset{\downarrow}{\Phi} \diamond \mathbf{n}) = (\mathbf{n} \oslash \overset{\downarrow}{\Phi}) \oplus (\underset{(2)}{\nabla} \cdot \mathbb{K}) - [(\mathbb{K} \cdot \underset{(2)}{\nabla}) \oslash \overset{\downarrow}{\Phi}] \oplus \mathbf{n}.$$

$$(6.28b)$$

Dabei deuten in der ersten Zeile die gesetzten Klammern gleichzeitig die Differentiationsreihenfolge in dem Sinne an, daß der mit Φ eingeklammerte Operator $\underset{(2)}{\nabla}$ jeweils zuerst angewendet wird. In der unteren Zeile wird der $\underset{(2)}{\nabla}$ - Operator jeweils allein auf Φ angewendet, was durch die gesetzten Pfeile ausgedrückt worden ist.

In der folgenden Ziffer sollen - in Analogie zu § 4 - einige

6.3 Darstellungs- bzw. Eindeutigkeitssätze

referiert werden

Satz 1a:

Von einem (lokal -) zirkulationsfreien Tensorfeld $\overset{\langle n\rangle}{\mathbb{A}}(\mathbf{r})$ mit der Eigenschaft

$$\underset{(2)}{\nabla} \cdot (\mathbf{n} \times \overset{\langle n\rangle}{\mathbb{A}}) \overset{60)}{=} - (\mathbf{n} \times \underset{(2)}{\nabla}) \cdot \overset{\langle n\rangle}{\mathbb{A}} = - \mathbf{n} \cdot (\underset{(2)}{\nabla} \times \overset{\langle n\rangle}{\mathbb{A}}) = \underset{(2)}{\overset{\langle 2\rangle}{\mathcal{E}}} \cdot\cdot\, \mathrm{grad}\, \overset{\langle n\rangle}{\mathbb{A}} = 0 \qquad (6.29a)$$

läßt sich dessen linksseitig-planarer Anteil

$${}_{(2)}\overset{\langle n\rangle}{\mathbb{A}} = \underset{(2)}{\mathbb{E}} \cdot \overset{\langle n\rangle}{\mathbb{A}} = \overset{\langle n\rangle}{\mathbb{A}} - (\mathbf{n} \circ \mathbf{n}) \cdot \overset{\langle n\rangle}{\mathbb{A}} \qquad (6.29b)$$

---

60) Man beachte $\underset{(2)}{\nabla} \times \mathbf{n} = 0$

im Sinne von

$$ {}_{(2)}\overset{\langle n\rangle}{\mathbb{A}} = \overset{\langle n\rangle}{\mathbb{A}} - (\mathbb{n}\circ\mathbb{n})\cdot\overset{\langle n\rangle}{\mathbb{A}} = \mathbb{\nabla}_{(2)} \circ \overset{\langle n-1\rangle}{\mathbb{B}} \tag{6.29c}$$

als Gradient einer (n-1) - stufigen Funktion $\overset{\langle n-1\rangle}{\mathbb{B}}(q^1,q^2)$ darstellen, die auf einfach- zusammenhängenden (und damit auch begrenzten) Flächen eine eindeutige Funktion der Flächenkoordinaten (q^1,q^2) ist, auf mehrfach-zusammenhängenden Flächen jedoch "zyklisch-mehrwertige" Funktionsanteile enthalten kann. Letztere entfallen, wenn das Feld $\overset{\langle n\rangle}{\mathbb{A}}$ global - zirkulationsfrei (konservativ) ist (vgl. (6.30f)).

Zum Beweise zunächst einfach—zusammenhängende (Hauben—) Flächen f betrachtend, wofür — man benutze den Stokesschen Satz (6.16) -

$$ -\int_{(f)} \mathbb{\nabla}_{(2)}\cdot(\mathbb{n}\times\overset{\langle n\rangle}{\mathbb{A}})\,df = \int_{(f)} (\mathbb{n}\times\mathbb{\nabla}_{(2)})\cdot\overset{\langle n\rangle}{\mathbb{A}}\,df \overset{(6.29a)}{\equiv} 0 = \oint_{l(f)} d\mathbb{r}\cdot\overset{\langle n\rangle}{\mathbb{A}} \overset{61)}{\equiv} \oint_{l(f)} d\mathbb{r}\cdot{}_{(2)}\overset{\langle n\rangle}{\mathbb{A}} \tag{6.30a}$$

längs beliebiger innerhalb von f liegender geschlossener Kurven $l(f)$, also auch globale Zirkulationsfreiheit, festgestellt wird, bedeutet dies, daß Linienintegrationen

$$ \int_{P_o}^{P} d\mathbb{r}\cdot{}_{(2)}\overset{\langle n\rangle}{\mathbb{A}} = \overset{\langle n-1\rangle *}{\mathbb{B}}(\mathbb{r},\mathbb{r}_o) = \overset{\langle n-1\rangle}{\mathbb{B}}(\mathbb{r}) \tag{6.30b}$$

längs beliebiger, zwei Punkte P_0, P verbindender Flächenkurven nicht vom Integrationsweg abhängen, weshalb

$$ d\int_{P_o}^{P} d\mathbb{r}\cdot{}_{(2)}\overset{\langle n\rangle}{\mathbb{A}} = d\mathbb{r}\cdot{}_{(2)}\overset{\langle n\rangle}{\mathbb{A}} = d\,\overset{\langle n-1\rangle}{\mathbb{B}} = d\mathbb{r}\cdot\mathbb{\nabla}_{(2)}\circ\overset{\langle n-1\rangle}{\mathbb{B}}\,, $$

d.h. in der Tat

$$ {}_{(2)}\overset{\langle n\rangle}{\mathbb{A}} = \mathbb{\nabla}_{(2)}\circ\overset{\langle n-1\rangle}{\mathbb{B}} \tag{6.30c}$$

sein muß. Wegen (6.30a) ist dann

$$ \oint_{l(f)} d\mathbb{r}\cdot\overset{\langle n\rangle}{\mathbb{A}} \overset{(6.30a)}{=} 0 = \oint_{l(f)} d\mathbb{r}\cdot\mathbb{\nabla}_{(2)}\circ\overset{\langle n-1\rangle}{\mathbb{B}} = \oint_{l(f)} d\,\overset{\langle n-1\rangle}{\mathbb{B}}\,, $$

also $\overset{\langle n-1\rangle}{\mathbb{B}}$ in der Tat eine eindeutige Funktion der Flächenkoordinaten.

Im Falle mehrfach—zusammenhängender Flächen f gilt der Schluß (6.30c) gleichermaßen, weil längs beliebiger reduzibler (einfach—zusammenhängende Unterbereiche $f^{(r)}$ von f berandender) Umläufe als Folge von (6.29a) wieder (6.30a) und damit schließlich (6.30c) identifiziert wird. Schreibt man hingegen den Stokesschen Satz nieder für eine beliebige k—fach zusammenhängende Teilfläche f_k (k=2...n), die berandet wird durch eine (beliebige) Flächenkurve $l_k(f_k)$ und (k—1) weitere (die "inneren Löcher" von f_k berandende) sog. "irreduziblen Umläufe" $l_\nu^{(i)}$, ν = 1...k—1, so hat man nach (6.16) nun anstelle von (6.30a)

---

61) Man beachte, daß $d\mathbb{r}$ (lokal—) planar ist.

$$-\int\limits_{(f_k)} \nabla_2 \cdot (\mathbb{n} \times \overset{\langle n \rangle}{\mathbb{A}})\,df \overset{(6.29a)}{=} 0 = \left[\oint\limits_{l_k(f_k)} + \sum_{\nu=1}^{k-1} \oint\limits_{l_\nu^{(i)}} \right] d\mathbb{r} \cdot \overset{\langle n \rangle}{\mathbb{A}} =$$

$$\equiv^{62)} \left[\oint\limits_{l_k(f_k)} + \sum_{\nu=1}^{k-1} \oint\limits_{l_\nu^{(i)}} \right] d\mathbb{r} \cdot {}_{(2)}\overset{\langle n \rangle}{\mathbb{A}} \overset{(6.29c)}{=} \left[\oint\limits_{l_k(f_k)} + \sum_{\nu=1}^{k-1} \oint\limits_{l_\nu^{(i)}} \right] d\overset{\langle n-1 \rangle}{\mathbb{B}}, \tag{6.30d}$$

woraus jetzt nicht mehr $\oint\limits_{l_k(f_k)} d\overset{\langle n-1 \rangle}{\mathbb{B}} = 0$, also $\overset{\langle n-1 \rangle}{\mathbb{B}}$ als eindeutige Funktion der Flächenkoordinaten, sondern nur noch

$$\oint\limits_{l_k(f_k)} d\overset{\langle n-1 \rangle}{\mathbb{B}} = -\sum_{\nu=1}^{k-1} \oint\limits_{l_\nu^{(i)}} d\overset{\langle n-1 \rangle}{\mathbb{B}} \tag{6.30e}$$

zu erschließen ist, wonach $\overset{\langle n-1 \rangle}{\mathbb{B}}$ durchaus "zyklisch — mehrwertig" sein kann. Solcherart Anteile entfallen für global — zirkulationsfreie Felder[63] $\overset{\langle n \rangle}{\mathbb{A}}$ mit

$$\oint\limits_{l_k(f_k)} d\mathbb{r} \cdot \overset{\langle n \rangle}{\mathbb{A}} \left[= \oint\limits_{l_k(f_k)} d\overset{\langle n-1 \rangle}{\mathbb{B}} \right] = 0 \tag{6.30f}$$

---

62) Man beachte $d\mathbb{r} \cdot \mathbb{n} = 0$

63) Ein auf einer n_z—fach—zusammenhängenden Fläche f definiertes Tensorfeld $\overset{\langle n \rangle}{\mathbb{A}}$ wird als global—zirkulationsfrei bezeichnet, wenn für $\overset{\langle n \rangle}{\mathbb{A}}$ — neben der lokalen Restriktion (6.29a) —

$$\oint\limits_{(l_\nu)} d\mathbb{r} \cdot \overset{\langle n \rangle}{\mathbb{A}} \equiv \oint\limits_{(l_\nu)} d\mathbb{r} \cdot {}_{(2)}\overset{\langle n \rangle}{\mathbb{A}} = 0\,, \quad \nu = 1 \ldots n_z, \tag{6.30g}$$

d.h. das Verschwinden sämtlicher Zirkulationsintegrale längs der (n_z) Flächenberandungen l_ν, $\nu = 1 \ldots n_z$ verlangt wird. Wegen der lokalen Restriktion (6.29a) folgt aus dem Stokesschen Satz (6.16)

$$\int\limits_{(f)} (\mathbb{n} \times \nabla_{(2)}) \cdot \overset{\langle n \rangle}{\mathbb{A}}\,df \overset{(6.29a)}{=} 0 = \sum_{j=1}^{n_z} \oint\limits_{(l_j)} d\mathbb{r} \cdot \overset{\langle n \rangle}{\mathbb{A}}, \tag{6.30h}$$

weswegen man (6.30g) auf die Forderung nach Verschwinden der Zirkulationsintegrale längs der n_z—1 "inneren Lochränder" $l_\nu^{(i)}$, $\nu = 1 \ldots n_z - 1$ reduzieren kann. Daß (6.30f) den Forderungen (6.30g) äquivalent ist, erkennt man dann sogleich an (6.30d):

$$\oint\limits_{l_k(f_k)} d\mathbb{r} \cdot \overset{\langle n \rangle}{\mathbb{A}} \overset{(6.30d)}{=} -\sum_{\nu=1}^{n_z-1} \oint\limits_{l_\nu^{(i)}} d\mathbb{r} \cdot \overset{\langle n \rangle}{\mathbb{A}} \overset{(6.30g)}{=} 0\,.$$

Satz 1b:

Von einem Tensorfeld $\overset{\langle n\rangle}{\mathbb{A}}$ mit der Eigenschaft

$$(\underset{(2)}{\nabla} + 2H\,\mathbb{n})\cdot \overset{\langle n\rangle}{\mathbb{A}} \overset{64)}{=} \underset{(2)}{\nabla}\cdot(\underset{(2)}{\mathbb{E}}\cdot \overset{\langle n\rangle}{\mathbb{A}}) = \underset{(2)}{\nabla}\cdot \underset{(2)}{\overset{\langle n\rangle}{\mathbb{A}}} = 0 \tag{6.31a}$$

läßt sich sein linksseitig - planarer (lokal - quellenfreier) Anteil $\underset{(2)}{\overset{\langle n\rangle}{\mathbb{A}}} = \underset{(2)}{\mathbb{E}}\cdot \overset{\langle n\rangle}{\mathbb{A}}$ gemäß

$$\underset{(2)}{\overset{\langle n\rangle}{\mathbb{A}}} = \mathbb{n}\times\underset{(2)}{\nabla}\circ \overset{\langle n-1\rangle}{\mathbb{B}} \overset{65)}{=} -\underset{(2)}{\nabla}\times(\mathbb{n}\circ \overset{\langle n-1\rangle}{\mathbb{B}}) = -\underset{(2)}{\overset{\langle 2\rangle}{\mathfrak{E}}}\cdot \underset{(2)}{\mathrm{grad}}\,\overset{\langle n-1\rangle}{\mathbb{B}} \tag{6.31b}$$

als Rotor eines Feldes $\mathbb{n}\circ\overset{\langle n-1\rangle}{\mathbb{B}}$ darstellen. Letzteres ist eine eindeutige Funktion der Flächenkoordinaten auf einfach-zusammenhängenden (Hauben-)Flächen f, bzw. längs n_z-fach-zusammenhängender Flächen, wenn das Feld $\overset{\langle n\rangle}{\mathbb{A}}$ im Sinne von

$$\oint\limits_{l_k(f_k)}(d\mathbb{r}\times\mathbb{n})\cdot\overset{\langle n\rangle}{\mathbb{A}} = \oint\limits_{l_k(f_k)} d\mathbb{r}\cdot(\mathbb{n}\times\overset{\langle n\rangle}{\mathbb{A}}) \equiv \oint\limits_{l_k(f_k)} d\mathbb{r}\cdot(\mathbb{n}\times\underset{(2)}{\overset{\langle n\rangle}{\mathbb{A}}}) = 0 \tag{6.31c}$$

"global quellenfrei" ist[66], ansonsten ggfs. zyklisch-mehrwertig.

Der Beweis wird — zunächst einfach—zusammenhängende Haubenflächen betrachtend — auf den Gaußschen Satz in der Version (6.13b), d.h. auf

$$\int\limits_{(f)}(\underset{(2)}{\nabla} + 2H\,\mathbb{n})\cdot\overset{\langle n\rangle}{\mathbb{A}}\,df \overset{(6.31a)}{\equiv} \int\limits_{(f)}\underset{(2)}{\nabla}\cdot\underset{(2)}{\overset{\langle n\rangle}{\mathbb{A}}}\,df \overset{(6.13b)}{=} \int\limits_{l(f)}(d\mathbb{r}\times\mathbb{n})\cdot\overset{\langle n\rangle}{\mathbb{A}} \equiv$$

$$\equiv \oint\limits_{l(f)} d\mathbb{r}\cdot(\mathbb{n}\times\overset{\langle n\rangle}{\mathbb{A}}) \equiv \oint\limits_{l(f)} d\mathbb{r}\cdot(\mathbb{n}\times\underset{(2)}{\overset{\langle n\rangle}{\mathbb{A}}}) \tag{6.32}$$

für beliebige in f liegende Kurven $l(f)$ abgestützt, wonach mit (6.31a)

$$\oint\limits_{l(f)} d\mathbb{r}\cdot(\mathbb{n}\times\underset{(2)}{\overset{\langle n\rangle}{\mathbb{A}}}) = 0 \tag{6.32a}$$

und damit — analog der Schlußweise von Satz 1a — die Wegunabhängigkeit von zwischen zwei Flächenpunkten erstreckten Linienintegralen, d.h.

$$\int\limits_{P_0}^{P} d\mathbb{r}\cdot(\mathbb{n}\times\underset{(2)}{\overset{\langle n\rangle}{\mathbb{A}}}) = -\overset{\langle n-1\rangle}{\mathbb{B}}(\mathbb{r})$$

und demgemäß

$$\mathbb{n}\times\underset{(2)}{\overset{\langle n\rangle}{\mathbb{A}}} = -\underset{(2)}{\nabla}\circ\overset{\langle n-1\rangle}{\mathbb{B}}(\mathbb{r}) \tag{6.32b}$$

bzw. — man multipliziere linksseitig vektorwertig mit der Flächennormalen — in der Tat

64) Man beachte $\underset{(2)}{\nabla}\cdot\underset{(2)}{\mathbb{E}} = 2H\,\mathbb{n}$

65) Man beachte $\underset{(2)}{\nabla}\times\mathbb{n} = 0$

66) Hierin bedeuten f_k wieder eine beliebige k—fach—zusammenhängende Teilfläche von f und $l_k(f_k)$ deren Berandung.

$$-\mathbf{n}\times(\mathbf{n}\times \overset{\langle n\rangle}{\underset{(2)}{\mathbb{A}}}) \overset{67)}{\equiv} \underset{(2)}{\mathbb{E}}\cdot \overset{\langle n\rangle}{\mathbb{A}} = \overset{\langle n\rangle}{\underset{(2)}{\mathbb{A}}} = \mathbf{n}\times\underset{(2)}{\nabla}\circ \overset{\langle n-1\rangle}{\mathbb{B}}$$

(vgl. (6.31b) festgestellt wird. Wegen (6.31a) ist dann

$$\int\limits_{(f)} \underset{(2)}{\nabla}\cdot \overset{\langle n\rangle}{\underset{(2)}{\mathbb{A}}}\, df \overset{(6.31a)}{=} 0 \overset{(6.32)}{=} \oint\limits_{l(f)} d\mathbf{r}\cdot(\mathbf{n}\times \overset{\langle n\rangle}{\underset{(2)}{\mathbb{A}}}) \overset{(6.32b)}{=} -\oint\limits_{l(f)} d\mathbf{r}\cdot \underset{(2)}{\nabla}\circ \overset{\langle n-1\rangle}{\mathbb{B}} =$$

$$= -\oint\limits_{l(f)} d\, \overset{\langle n-1\rangle}{\mathbb{B}}\,, \tag{6.32c}$$

also $\overset{\langle n-1\rangle}{\mathbb{B}}$ längs einer einfach–zusammenhängenden Haubenfläche eine eindeutige Funktion der Flächenkoordinaten. Im Falle mehrfachen Flächen–Zusammenhangs werden die Strukturen (6.32b) bzw. (6.31b) erschlossen zunächst unter Benutzung des Gaußschen Satzes in der Version (6.32c) für einen beliebigen einfach–zusammenhängenden (reduziblen) Unterbereich $f^{(r)}$. Eine Anwendung des Gaußschen Satzes in der Version (6.13b,c) auf einen beliebigen k–fach–zusammenhängenden Unterbereich f_k von f liefert dann aber wegen

$$\int\limits_{(f_k)} \underset{(2)}{\nabla}\cdot \overset{\langle n\rangle}{\underset{(2)}{\mathbb{A}}}\, df \overset{(6.31a)}{=} 0 \overset{(6.13b,c)}{=} \left[\oint\limits_{l_k(f_k)} + \sum_{\nu=1}^{k-1}\oint\limits_{l_\nu^{(i)}}\right](d\mathbf{r}\times\mathbf{n})\cdot \overset{\langle n\rangle}{\mathbb{A}}\,,$$

d.h.

$$\oint\limits_{l_k(f_k)} (d\mathbf{r}\times\mathbf{n})\cdot \overset{\langle n\rangle}{\mathbb{A}} \equiv \oint\limits_{l_k(f_k)} \mathbf{e}_\perp\cdot \overset{\langle n\rangle}{\underset{(2)}{\mathbb{A}}}\, ds = -\sum_{\nu=1}^{k-1}\oint\limits_{l_\nu^{(i)}} (d\mathbf{r}\times\mathbf{n})\cdot \overset{\langle n\rangle}{\mathbb{A}} \equiv$$

$$-\sum_{\nu=1}^{k-1}\oint\limits_{l_\nu^{(i)}} \mathbf{e}_\perp\cdot \overset{\langle n\rangle}{\underset{(2)}{\mathbb{A}}}\, ds \tag{6.32d}$$

nach Einsetzen von (6.32b) mit $d\mathbf{r}\cdot\underset{(2)}{\nabla}\circ \overset{\langle n-1\rangle}{\mathbb{B}} = d\,\overset{\langle n-1\rangle}{\mathbb{B}}$

$$\oint\limits_{l_k(f_k)} d\,\overset{\langle n-1\rangle}{\mathbb{B}} = -\sum_{\nu=1}^{k-1}\oint\limits_{l_\nu^{(i)}} d\,\overset{\langle n-1\rangle}{\mathbb{B}}\,, \tag{6.32e}$$

also den Befund, daß $\overset{\langle n-1\rangle}{\mathbb{B}}$ i.allg. als zyklisch–mehrwertige Funktion der Flächenkoordinaten anfällt.

Ist $\overset{\langle n-1\rangle}{\mathbb{B}}$ auch auf mehrfach–zusammenhängenden Flächen eine eindeutige Funktion der Flächenkoordinaten, so liegt der Fall der <u>globalen</u> Quellenfreiheit vor, der — neben der lokalen Bedingung (6.31a) — durch die Restriktionen

$$\oint\limits_{l_j^{(i)}} (d\mathbf{r}\times\mathbf{n})\cdot \overset{\langle n\rangle}{\mathbb{A}} \equiv \oint\limits_{l_j^{(i)}} \mathbf{e}_\perp\cdot \overset{\langle n\rangle}{\underset{(2)}{\mathbb{A}}}\, ds = 0,\quad j=1\ldots n_z \tag{6.32f}$$

gekennzeichnet wird, wonach die "Flußgrößen" $\mathbf{e}_\perp\cdot \overset{\langle n\rangle}{\underset{(2)}{\mathbb{A}}}\, ds$ längs einer jeden Flächenberandung "für sich im Gleichgewicht" sein müssen. Dann gilt dies auch für jede beliebige, einen k–fach–

---

67) Man benutze [1] (2.52a) mit $\mathbf{u}=\mathbf{v}=\mathbf{n}$ und $\underset{(2)}{\mathbb{E}} = \mathbb{E}-\mathbf{n}\circ\mathbf{n}$

zusammenhängenden Unterbereich f_k von f abgrenzende geschlossene Flächenkurve $l_k(f_k)$, weil hierfür nach (6.32d) mit (6.32f)

$$\oint_{l_k(f_k)} \mathbb{e}_\perp \cdot \underset{(2)}{\overset{\langle n\rangle}{\mathbb{A}}}\, ds \equiv \oint_{l_k(f_k)} (d\mathbb{r}\times\mathbb{n})\cdot \overset{\langle n\rangle}{\mathbb{A}} \equiv \oint_{l_k(f_k)} d\mathbb{r}\cdot(\mathbb{n}\times \underset{(2)}{\overset{\langle n\rangle}{\mathbb{A}}}) \overset{(6.32\text{d,f})}{=} 0,$$

festgestellt wird. Einsetzen von (6.32b) ergibt dann in der Tat

$$\oint_{l_k(f_k)} d\mathbb{r}\cdot(\mathbb{\nabla}_{(2)} \circ \overset{\langle n-1\rangle}{\mathbb{B}}) \equiv \oint_{l_k(f_k)} d\overset{\langle n-1\rangle}{\mathbb{B}} = 0,$$

d.h. $\overset{\langle n-1\rangle}{\mathbb{B}}$ als eindeutige Funktion der Flächenkoordinaten.

Entsprechend Satz 1a, 1b sind also Vektorfelder

$$\mathbb{v}(\mathbb{r}) = \mathbb{v}_{(2)}(\mathbb{r}) + v_n(\mathbb{r})\,\mathbb{n} \text{ mit } \mathbb{v}_{(2)}(\mathbb{r}) = \mathbb{v}\cdot\mathbb{E}_{(2)},\ v_n = \mathbb{n}\cdot\mathbb{v} \tag{6.33}$$

mit den Eigenschaften

$$\mathbb{\nabla}_{(2)}\cdot(\mathbb{n}\times\mathbb{v}) \equiv \mathbb{\nabla}_{(2)}\cdot(\mathbb{n}\times\mathbb{v}_{(2)}) = 0 \text{ bzw. } (\mathbb{\nabla}_{(2)} + 2H\,\mathbb{n})\cdot\mathbb{v} \equiv \mathbb{\nabla}_{(2)}\cdot\mathbb{v}_{(2)} = 0 \tag{6.33a,b}$$

in der Form

$$\mathbb{v} = (\mathbb{n}\circ\mathbb{n})\cdot\mathbb{v} + \mathbb{E}_{(2)}\cdot\mathbb{v} = \mathbb{\nabla}_{(2)}\varphi + v_n\,\mathbb{n} \text{ bzw. } \mathbb{v} = \mathbb{n}\times\mathbb{\nabla}_{(2)}\psi + v_n\,\mathbb{n} \tag{6.33a',b'}$$

mit jeweils zwei skalaren Feldfunktionen $v_n(\mathbb{r})$ und $\varphi(\mathbb{r})$ bzw. $v_n(\mathbb{r})$ und $\psi(\mathbb{r})$ darzustellen und zweistufige Tensorfelder $\mathbb{A}$ mit den Eigenschaften

$$\mathbb{\nabla}_{(2)}\cdot(\mathbb{n}\times\mathbb{A}) \equiv \mathbb{\nabla}_{(2)}\cdot(\mathbb{n}\times{}_{(2)}\mathbb{A}) = 0 \text{ bzw. } (\mathbb{\nabla}_{(2)} + 2H\,\mathbb{n})\cdot\mathbb{A} \equiv \mathbb{\nabla}_{(2)}\cdot{}_{(2)}\mathbb{A} = 0 \tag{6.34a,b}$$

in der Form

$$\mathbb{A} = (\mathbb{n}\circ\mathbb{n})\cdot\mathbb{A} + \mathbb{E}_{(2)}\cdot\mathbb{A} = (\mathbb{n}\circ\mathbb{n})\cdot\mathbb{A} + {}_{(2)}\mathbb{A} = \mathbb{n}\circ(\mathbb{n}\cdot\mathbb{A}) + \mathbb{\nabla}_{(2)}\circ\mathbb{v} =$$
$$= \mathbb{n}\circ(\mathbb{n}\cdot\mathbb{A}) + (\mathbb{\nabla}_{(2)}\circ\mathbb{v}_{(2)})\cdot\mathbb{E}_{(2)} - v_n\mathbb{K} + (\mathbb{\nabla}_{(2)}v_n + \mathbb{v}_{(2)}\cdot\mathbb{K})\circ\mathbb{n} \tag{6.34a'}$$

bzw.

$$\mathbb{A} = (\mathbb{n}\circ\mathbb{n})\cdot\mathbb{A} + \mathbb{E}_{(2)}\cdot\mathbb{A} = (\mathbb{n}\circ\mathbb{n})\cdot\mathbb{A} + {}_{(2)}\mathbb{A} = \mathbb{n}\circ(\mathbb{n}\cdot\mathbb{A}) + \mathbb{n}\times\mathbb{\nabla}_{(2)}\circ\mathbb{w}$$
$$= \mathbb{n}\circ(\mathbb{n}\cdot\mathbb{A}) + \mathbb{n}\times\left[(\mathbb{\nabla}_{(2)}\circ\mathbb{w}_{(2)})\cdot\mathbb{E}_{(2)} - w_n\mathbb{K} + (\mathbb{\nabla}_{(2)}w_n + \mathbb{w}_{(2)}\cdot\mathbb{K})\circ\mathbb{n}\right] \tag{6.34b'}$$

mit zwei Vektorfeldern $\mathbb{v}(\mathbb{r})$ bzw. $\mathbb{w}(\mathbb{r})$[68]. Für die in der Schalentheorie ausschließlich auftretenden linksseitig - planaren Tensorfelder $\mathbb{A} = {}_{(2)}\mathbb{A}$ mit $\mathbb{n}\cdot\mathbb{A} = 0$ entstehen demnach speziell die Darstellungen

a) für lokal - zirkulationsfreie Felder [69] ${}_{(2)}\mathbb{A} = \mathbb{E}_{(2)}\cdot\mathbb{A}$

---

[68] Man benutze in (6.34a',b') $\mathbb{v},\mathbb{w} = \mathbb{v}_{(2)},\mathbb{w}_{(2)} + (v_n,w_n)\mathbb{n}$
mit $\mathbb{v}_{(2)},\mathbb{w}_{(2)} = \mathbb{E}_{(2)}\cdot\mathbb{v},\mathbb{w}$, $v_n, w_n = \mathbb{n}\cdot\mathbb{v},\mathbb{w}$

[69] mit der Eigenschaft
$\mathbb{\nabla}_{(2)}\cdot(\mathbb{n}\times\mathbb{A}) \equiv \mathbb{\nabla}_{(2)}\cdot(\mathbb{n}\times{}_{(2)}\mathbb{A}) \equiv -(\mathbb{n}\times\mathbb{\nabla}_{(2)})\cdot{}_{(2)}\mathbb{A} = 0$ vgl. (6.29a)

$${}_{(2)}\mathbb{A} = \mathbb{E}_{(2)} \cdot \mathbb{A} = \nabla_{(2)} \circ \mathbb{v} = (\nabla_{(2)} \circ \mathbb{v}_{(2)})\cdot \mathbb{E}_{(2)} - v_n \mathbb{K} + (\nabla_{(2)} v_n + \mathbb{v}_{(2)} \cdot \mathbb{K}) \circ \mathbb{n} \qquad (6.34a'')$$

b) für lokal - quellenfreie Felder[70] ${}_{(2)}\mathbb{A} = \mathbb{E}_{(2)} \cdot \mathbb{A}$

$${}_{(2)}\mathbb{A} = \mathbb{n} \times \nabla_{(2)} \circ \mathbb{w} = \mathbb{n} \times \left[(\nabla_{(2)} \circ \mathbb{w}_{(2)})\cdot \mathbb{E}_{(2)} - w_n \mathbb{K} + (\nabla_{(2)} w_n + \mathbb{w}_{(2)} \cdot \mathbb{K}) \circ \mathbb{n}\right], \qquad (6.34b'')$$

die demnach vollständig durch vektorwertige Felder $\mathbb{v}(\mathbb{r})$ bzw. $\mathbb{w}(\mathbb{r})$ zu kennzeichnen sind. Zur Vorbereitung eines allgemeinen Darstellungssatzes für linksseitig-planare m-stufig-tensorwertige Felder ${}_{(2)}\overset{\langle m\rangle}{\mathbb{A}} = \mathbb{E}_{(2)} \cdot \overset{\langle m\rangle}{\mathbb{A}}$ dient der

<u>Satz 2a:</u>

Jedes linksseitig lokal-planare Tensorfeld ${}_{(2)}\overset{\langle m\rangle}{\mathbb{A}}(\mathbb{r})$ ist auf einer n_z-fach-zusammenhängenden Fläche (f) definiert durch die Feldgleichungen

$$\nabla_{(2)} \cdot {}_{(2)}\overset{\langle m\rangle}{\mathbb{A}} = \overset{\langle m-1\rangle}{\mathbb{Q}}(\mathbb{r}), \qquad (\mathbb{n} \times \nabla_{(2)}) \cdot {}_{(2)}\overset{\langle m\rangle}{\mathbb{A}} = \overset{\langle m-1\rangle}{\mathbb{W}}(\mathbb{r}) \quad \text{auf (f)} \qquad (6.35a,b)$$

und die Randaussagen

$$\mathbb{e}_{\perp} \cdot {}_{(2)}\overset{\langle m\rangle}{\mathbb{A}} \overset{71)}{=} \overset{\langle m-1\rangle}{\mathbb{G}}_{\perp}(\mathbb{r}_R) \text{ längs } l_j(f),\ j = 1 \ldots n_z \qquad (6.35c)$$

mit vorgegebenen Feldern $\overset{\langle m-1\rangle}{\mathbb{Q}}$, $\overset{\langle m-1\rangle}{\mathbb{W}}$ sowie Randvorgaben $\overset{\langle m-1\rangle}{\mathbb{G}}_{\perp}(\mathbb{r}_R)$.[72]

Zum Beweise setzt man analog der Vorgehensweise in §4 zunächst die Existenz zweier, das Problem (6.35a—c) lösender Felder ${}_{(2)}\overset{\langle m\rangle}{\mathbb{A}}_j$, $j = 1,2$ voraus, hat demgemäß für eine allfällig existierende Differenz ${}_{(2)}\overset{\langle m\rangle}{\mathbb{D}} = {}_{(2)}\overset{\langle m\rangle}{\mathbb{A}}_1 - {}_{(2)}\overset{\langle m\rangle}{\mathbb{A}}_2$ das Problem

---

70) mit der Eigenschaft $\nabla_{(2)} \cdot {}_{(2)}\mathbb{A} = 0$ vgl. (6.31a)

71) $\mathbb{e}_{\perp} = d\mathbb{r} \times \mathbb{n} \,/\, |d\mathbb{r}|$ bedeutet die (jeweils in der Flächen—Tangentialebene liegende) äußere Randlinien — Einheitsnormale. Mit $\mathbb{r}_R$ sind die zu Flächen—Randpunkten weisenden Ortsvektoren bezeichnet worden.

72) die mit den "Feld—Ergiebigkeiten" $\overset{\langle m-1\rangle}{\mathbb{Q}}$ aufgrund des Gaußschen Satzes durch die globale Nebenbedingung

$$\int_{(f)} \nabla_{(2)} \cdot {}_{(2)}\overset{\langle m\rangle}{\mathbb{A}}\, df \equiv \int_{(f)} \overset{\langle m-1\rangle}{\mathbb{Q}}\, df \overset{(6.13b,c)}{=} \sum_{j=1}^{n_z} \oint_{l_j(f)} \mathbb{e}_{\perp} \cdot {}_{(2)}\overset{\langle m\rangle}{\mathbb{A}}\, ds \overset{(6.35c)}{\equiv} \sum_{j=1}^{n_z} \oint_{l_j(f)} \overset{\langle m-1\rangle}{\mathbb{G}}\, ds$$

korreliert sein müssen, wonach im Sinne eines "Erhaltungssatzes" die Gesamt—Feldergiebigkeit in (f) durch die Ränder $l_j(f)$, $j=1 \ldots n_z$, "abfließen" muß.

$$\underset{(2)}{\nabla} \cdot \underset{(2)}{\overset{\langle m\rangle}{\mathbb{D}}} = 0, \quad (\mathbb{n} \times \underset{(2)}{\nabla}) \cdot \underset{(2)}{\overset{\langle m\rangle}{\mathbb{D}}} = 0 \text{ in (f)} \tag{6.36a,b}$$

$$\mathbb{e}_{\perp} \cdot \underset{(2)}{\overset{\langle m\rangle}{\mathbb{D}}} = 0 \quad \text{längs } l_j(f_j),\ j = 1...n_z \tag{6.36c}$$

zu lösen und schließlich den Beweis von Satz 2a erbracht, wenn man anhand der Aussagen (6.36a—c) $\underset{(2)}{\overset{\langle m\rangle}{\mathbb{D}}} = 0$ identifizieren kann.

Der Beweis beginnt mit der Betrachtnahme von (6.36b), wonach im Sinne von Satz 1a $\underset{(2)}{\overset{\langle m\rangle}{\mathbb{D}}}$ ein Gradientenfeld einer (m—1) — stufigen tensorwertigen Funktion $\overset{\langle m-1\rangle}{\Phi}$, d.h.

$$\underset{(2)}{\overset{\langle m\rangle}{\mathbb{D}}} = \underset{(2)}{\nabla} \circ \overset{\langle m-1\rangle}{\Phi} \tag{6.37a}$$

sein muß, die wegen (6.36a), d.h.

$$\underset{(2)}{\nabla} \cdot \underset{(2)}{\overset{\langle m\rangle}{\mathbb{D}}} \overset{(6.37a)}{=} \underset{(2)}{\nabla} \cdot (\underset{(2)}{\nabla} \circ \overset{\langle m-1\rangle}{\Phi}) = \underset{(2)}{\operatorname{div}}\, \underset{(2)}{\operatorname{grad}}\, \overset{\langle m-1\rangle}{\Phi} = \underset{(2)}{\Delta}\, \overset{\langle m-1\rangle}{\Phi} = 0 \tag{6.37b}$$

der Laplace — Gleichung genügen muß. Der weitere Beweis wird schließlich mittels einer Greenschen Formel abgewickelt, die man aus dem Gaußschen Satz (6.13b,c) mit $(\underset{(2)}{\nabla} \circ \overset{\langle m-1\rangle}{\Phi}) \underbrace{\cdots\cdots}_{(m-1)} \overset{\langle m-1\rangle}{\Phi}{}^{T}$ anstelle von Φ erzeugt. Weil danach

$$\int_{(f)} (\underset{(2)}{\nabla} + 2H\mathbb{n}) \cdot \left[(\underset{(2)}{\nabla} \circ \overset{\langle m-1\rangle}{\Phi}) \underbrace{\cdots\cdots}_{(m-1)} \overset{\langle m-1\rangle}{\Phi}{}^{T}\right] df \overset{73)}{\equiv} \int_{(f)} \underset{(2)}{\nabla} \cdot \left[(\underset{(2)}{\nabla} \circ \overset{\langle m-1\rangle}{\Phi}) \underbrace{\cdots\cdots}_{(m-1)} \overset{\langle m-1\rangle}{\Phi}{}^{T}\right] df$$

$$\overset{74)}{\equiv} \int_{(f)} \left[\left[\underset{(2)}{\nabla} \cdot (\underset{(2)}{\nabla} \circ \overset{\langle m-1\rangle}{\Phi})\right] \underbrace{\cdots\cdots}_{(m-1)} \overset{\langle m-1\rangle}{\Phi}{}^{T} + (\underset{(2)}{\nabla} \circ \overset{\langle m-1\rangle}{\Phi}) \underbrace{\cdots\cdots}_{(m)} \left[\overset{\langle m-1\rangle}{\Phi}{}^{T} \circ \underset{(2)}{\nabla}\right]\right] df$$

$$\equiv \int_{(f)} \left[\left[\underset{(2)}{\Delta} \overset{\langle m-1\rangle}{\Phi}\right] \underbrace{\cdots\cdots}_{(m-1)} \overset{\langle m-1\rangle}{\Phi}{}^{T} + (\underset{(2)}{\nabla} \circ \overset{\langle m-1\rangle}{\Phi}) \underbrace{\cdots\cdots}_{(m)} (\underset{(2)}{\nabla} \circ \overset{\langle m-1\rangle}{\Phi})^{T}\right] df$$

$$\overset{(6.13b,c)}{=}{}^{75)} \sum_{j=1}^{n_z} \left(\oint_{l_j(f)} \mathbb{e}_{\perp} \cdot \left[(\underset{(2)}{\nabla} \circ \overset{\langle m-1\rangle}{\Phi}) \underbrace{\cdots\cdots}_{(m-1)} \overset{\langle m-1\rangle}{\Phi}{}^{T}\right] ds\right.$$

---

73) Man beachte, daß $(\underset{(2)}{\nabla} \circ \overset{\langle m-1\rangle}{\Phi}) \underbrace{\cdots\cdots}_{(m-1)} \overset{\langle m-1\rangle}{\Phi}{}^{T}$ ein (lokal —) planarer Vektor ist.

74) Man differenziere die Klammer nach der Produktregel aus

75) Man benutze $d\mathbb{r} \times \mathbb{n} = ds\, \mathbb{e}_{\perp}$ mit der äußeren Randlinien — Normalen $\mathbb{e}_{\perp}$ (vgl. Fußn. [18]) und dem Randlinienelement ds und setze $\mathbb{e}_{\perp} \cdot (\underset{(2)}{\nabla} \circ \overset{\langle m\rangle}{\Phi}) = \partial \overset{\langle m\rangle}{\Phi} / \partial s_{\perp}$

$$= \sum_{j=1}^{n_z} \Big(\oint_{l_j(f)} \frac{\partial \overset{\langle m-1\rangle}{\Phi}}{\partial s_\perp} \underbrace{\cdots\cdots}_{(m-1)} \overset{\langle m-1\rangle}{\Phi}{}^T ds \qquad (6.37c)$$

ist, bekommt man hieraus mit $\underset{(2)}{\Delta} \overset{\langle m-1\rangle}{\Phi} = 0$ nach (6.37b) und $\mathbb{e}_\perp \cdot \underset{(2)}{\overset{\langle m\rangle}{\mathbb{D}}} \equiv \mathbb{e}_\perp \cdot \underset{(2)}{\nabla} \circ \overset{\langle m-1\rangle}{\Phi} = \partial \overset{\langle m-1\rangle}{\Phi} / \partial s_\perp = 0$ nach (6.36c)

$$\int_{(f)} (\underset{(2)}{\nabla} \circ \overset{\langle m-1\rangle}{\Phi}) \underbrace{\cdots\cdots}_{(m)} (\underset{(2)}{\nabla} \circ \overset{\langle m-1\rangle}{\Phi})^T df = 0, \qquad (6.37d)$$

und so schließlich, weil der Integrand positiv definit ist, in der Tat

$$\underset{(2)}{\nabla} \circ \overset{\langle m-1\rangle}{\Phi} = \underset{(2)}{\overset{\langle m\rangle}{\mathbb{D}}} = 0, \qquad (6.37e)$$

womit der Beweis von Satz 2a erbracht ist.

Satz 2b:

Ein entsprechender Beweis ist übrigens für das Feldgleichungsproblem (6.35a,b) auch für die Randwertaufgabe

$$\mathbb{e}_s \cdot \underset{(2)}{\overset{\langle m\rangle}{\mathbb{A}}} = \overset{\langle m-1\rangle}{\mathbb{G}}_s (\mathbb{r}_R) \text{ längs } l_j(f), \; j=1\ldots n_z, \; \mathbb{e}_s = d\mathbb{r}/|d\mathbb{r}| \qquad (6.38a)$$

mit längs der Ränder $l_j(f)$ vorgegebenen Werten[76] $\overset{\langle m-1\rangle}{\mathbb{G}}_s(\mathbb{r}_R)$ möglich. Ausgangspunkte für die Konstruktion einer allfälligen Differenzlösung $\underset{(2)}{\overset{\langle m\rangle}{\mathbb{D}}} = \underset{(2)}{\overset{\langle m\rangle}{\mathbb{A}}}_1 - \underset{(2)}{\overset{\langle m\rangle}{\mathbb{A}}}_2$ sind dann die homogenen Feldgleichungen (6.36a,b) sowie die homogene Randwertaufgabe

$$\mathbb{e}_s \cdot \underset{(2)}{\overset{\langle m\rangle}{\mathbb{D}}} = 0 \text{ längs } l_j(f), \; j=1\ldots n_z, \qquad (6.38b)$$

wobei man nun, von (6.36a) ausgehend, zunächst im Sinne von Satz 1b für $\underset{(2)}{\overset{\langle m\rangle}{\mathbb{D}}}$ eine Darstellung von der Form

$$\underset{(2)}{\overset{\langle m\rangle}{\mathbb{D}}} = \mathbb{n} \times \underset{(2)}{\nabla} \circ \overset{\langle m-1\rangle}{\Psi} \qquad (6.38c)$$

mit einer (m—1)—stufigen Größe $\overset{\langle m-1\rangle}{\Psi}$ erschließt, die wegen (6.38b) den Randbedingungen

$$\mathbb{e}_s \cdot (\mathbb{n} \times \underset{(2)}{\nabla}) \circ \overset{\langle m-1\rangle}{\Psi} = \mathbb{e}_\perp \cdot \underset{(2)}{\nabla} \circ \overset{\langle m-1\rangle}{\Psi} = \partial \overset{\langle m-1\rangle}{\Psi} / \partial s_\perp = 0 \text{ längs } l_j(f), \; j=1\ldots n_z, \qquad (6.38d)$$

und wegen (6.36b) der Feldgleichung

---

76) die (im Sinne eines "Zirkulations—Erhaltungssatzes") aufgrund des Stokesschen Satzes durch die globale Restriktion

$$\int_{(f)} (\mathbb{n} \times \underset{(2)}{\nabla}) \cdot \underset{(2)}{\overset{\langle m\rangle}{\mathbb{A}}} df \overset{(6.35b)}{\equiv} \int_{(f)} \overset{\langle m-1\rangle}{\mathbb{W}} df \overset{(6.16)}{=} \sum_{j=1}^{n_z} \Big(\oint d\mathbb{r} \cdot \overset{\langle m\rangle}{\mathbb{A}} \overset{(6.38a)}{\equiv} \sum_{j=1}^{n_z} \Big(\oint \overset{\langle m-1\rangle}{\mathbb{G}}_S ds$$

mit den lokalen Zirkulationsintensitäten $\overset{\langle m-1\rangle}{\mathbb{W}}$ korreliert sein müssen.

$$(\mathbb{n}\times\underset{(2)}{\nabla})\cdot\left[(\mathbb{n}\times\underset{(2)}{\nabla})\circ\overset{\langle m-1\rangle}{\Psi}\right] \equiv^{77)} \underset{(2)}{\nabla}\cdot(\underset{(2)}{\nabla}\circ\overset{\langle m-1\rangle}{\Psi}) = \underset{(2)}{\Delta}\overset{\langle m-1\rangle}{\Psi} = 0 \text{ in (f)} \qquad (6.38e)$$

genügen muß. Die Vorgaben entsprechen damit vollständig Denjenigen der Beweisführung (6.37a—e), womit als Folge von (6.38d,e)

$$\underset{(2)}{\nabla}\circ\overset{\langle m-1\rangle}{\Psi} = 0\text{ , d.h. auch } \underset{(2)}{\overset{\langle m\rangle}{\mathbb{D}}} \overset{(6.38c)}{=} 0$$

und damit auch Definiertheit der Lösung des Problems (6.35a,b, 38a) nachgewiesen ist.
Mit z.B. Satz 2a findet man schließlich den folgenden Darstellungssatz:

<u>Satz 3</u>:

Jedes linksseitig lokal-planare m-stufige Tensorfeld $\underset{(2)}{\overset{\langle m\rangle}{\mathbb{A}}}$ ist eindeutig in der Form

$$\underset{(2)}{\overset{\langle m\rangle}{\mathbb{A}}} = \underset{(2)}{\nabla}\circ\overset{\langle m-1\rangle}{\Phi} + \mathbb{n}\times\underset{(2)}{\nabla}\circ\overset{\langle m-1\rangle}{\Psi} \qquad (6.39)$$

zu zerlegen.

Zum Beweise ist Eindeutigkeit von $\underset{(2)}{\nabla}\circ\overset{\langle m-1\rangle}{\Phi}$ und $\mathbb{n}\times\underset{(2)}{\nabla}\circ\overset{\langle m-1\rangle}{\Psi}$ im Zusammenhang mit der Lösung der Aufgabe (6.35a—c) nachzuweisen. Dazu setzt man (6.39) in (6.35a—c) ein und hat nun diesbezüglich wegen $\underset{(2)}{\nabla}\cdot\left[(\mathbb{n}\times\underset{(2)}{\nabla})\circ\overset{\langle m-1\rangle}{\Psi}\right] =^{78)} 0$, $(\mathbb{n}\times\underset{(2)}{\nabla})\cdot(\underset{(2)}{\nabla}\circ\overset{\langle m-1\rangle}{\Phi}) =^{78)} 0$ die Lösungen der Feldgleichungen

$$\underset{(2)}{\nabla}\cdot(\underset{(2)}{\nabla}\circ\overset{\langle m-1\rangle}{\Phi}) = \underset{(2)}{\Delta}\overset{\langle m-1\rangle}{\Phi} = \overset{\langle m-1\rangle}{\mathbb{Q}}(\mathbb{r}) \text{ in (f) ,} \qquad (6.40a)$$

$$(\mathbb{n}\times\underset{(2)}{\nabla})\cdot(\mathbb{n}\times\underset{(2)}{\nabla}\circ\overset{\langle m-1\rangle}{\Psi}) \equiv \left[(\mathbb{n}\times\underset{(2)}{\overset{\downarrow}{\nabla}})\times\overset{\downarrow}{\mathbb{n}}\right]\cdot\overset{\downarrow}{(\underset{(2)}{\nabla}\circ\overset{\langle m-1\rangle}{\Psi})}$$

$$=^{79)} \left[\underset{(2)}{\overset{\downarrow}{\nabla}}(\mathbb{n}\cdot\overset{\downarrow}{\mathbb{n}})\right]\cdot\overset{\downarrow}{(\underset{(2)}{\nabla}\circ\overset{\langle m-1\rangle}{\Psi})} - \left[\left[\mathbb{n}(\underset{(2)}{\overset{\downarrow}{\nabla}}\cdot\overset{\downarrow}{\mathbb{n}})\right]\cdot\overset{\downarrow}{(\underset{(2)}{\nabla}\circ\overset{\langle m-1\rangle}{\Psi})}\right]$$

$$=^{80)} \underset{(2)}{\nabla}\cdot(\underset{(2)}{\nabla}\circ\overset{\langle m-1\rangle}{\Psi}) = \underset{(2)}{\Delta}\overset{\langle m-1\rangle}{\Psi} = \overset{\langle m-1\rangle}{\mathbb{W}}(\mathbb{r}) \text{ in (f)} \qquad (6.40b)$$

für die Randwertaufgabe

---

77) Man benutze $(\mathbb{n}\times\underset{(2)}{\nabla})\times\overset{\downarrow}{\mathbb{n}} = -\mathbb{n}(\underset{(2)}{\nabla}\cdot\mathbb{n}) + \underset{(2)}{\nabla}(\mathbb{n}\cdot\overset{\downarrow}{\mathbb{n}}) = -\mathbb{n}(\underset{(2)}{\nabla}\cdot\mathbb{n})+\underset{(2)}{\nabla}(\mathbb{n}^2/2) \overset{(6.15a)}{=} 2H\mathbb{n}$ und beachte $\mathbb{n}\cdot\underset{(2)}{\nabla}(\ldots) = 0$, vgl. a. die Umformungsabfolge (6.40b)

78) Dies ist Ausdruck der Integrabilitätsbedingung $(\nabla_1\nabla_2 - \nabla_2\nabla_1)\left\{\begin{matrix}\overset{\langle m-1\rangle}{\Psi}\\ \overset{\langle m-1\rangle}{\Phi}\end{matrix}\right\} = 0$ (vgl.(6.17b))

79) Man benutze den Entwicklungssatz für zweifache Vektorprodukte

80) Man beachte $\underset{(2)}{\nabla}(\mathbb{n}\cdot\overset{\downarrow}{\mathbb{n}}) = \frac{1}{2}\underset{(2)}{\nabla}(\mathbb{n}^2) = 0$, und $\mathbb{n}\cdot(\underset{(2)}{\nabla}\circ\overset{\langle m-1\rangle}{\Psi}) \equiv 0$, weil $\underset{(2)}{\nabla}$ planar ist.

$$\mathbb{e}_\perp \cdot \underset{(2)}{\overset{<m>}{\mathbb{A}}} = \mathbb{e}_\perp \cdot (\mathbb{V}_{(2)} \circ \overset{<m-1>}{\Phi} + \mathbb{n} \times \mathbb{V}_{(2)} \circ \overset{<m-1>}{\Psi}) \overset{81)}{=} \frac{\partial \overset{<m-1>}{\Phi}}{\partial s_\perp} - \frac{\partial \overset{<m-1>}{\Psi}}{\partial s} = \overset{<m-1>}{\mathbb{G}}_\perp (\mathbb{r}_R)$$

längs $l_j(f)$, $j = 1 \ldots n_z$ (6.40c)

zu diskutieren. Dazu wird eine Zerlegung des Problems (6.40a—c) in die beiden Teilprobleme

$$\Delta_{(2)} \overset{<m-1>}{\Phi} = \overset{<m-1>}{\mathbb{Q}} (\mathbb{r}) \text{ in (f) und } \frac{\partial \overset{<m-1>}{\Phi}}{\partial s_\perp} = \mathbb{e}_\perp \cdot \mathbb{V}_{(2)} \circ \overset{<m-1>}{\Phi} = \overset{<m-1>}{\mathbb{G}}_\perp (\mathbb{r}_R)$$

längs $l_j(f)$, $j = 1 \ldots n_z$ (6.41a,b)

sowie

$$\Delta_{(2)} \overset{<m-1>}{\Psi} = \overset{<m-1>}{\mathbb{W}} (\mathbb{r}) \text{ in (f) und } \frac{\partial \overset{<m-1>}{\Psi}}{\partial s} = 0, \text{ d.h. } \overset{<m-1>}{\Psi} = \text{const.} = \overset{<m-1>}{\Psi}_j$$

längs $l_j(f)$, $j = 1 \ldots n_z$ (6.41c,d)

vorgenommen, für die die Eindeutigkeitsbeweise der Anteile $\mathbb{V}_{(2)} \circ \overset{<m-1>}{\Phi}$ bzw. $\mathbb{n} \times \mathbb{V}_{(2)} \circ \overset{<m-1>}{\Psi}$ erbracht werden.

Zunächst das Teilproblem (6.41a, b) betrachtend, geht man wieder von zwei Lösungen $\overset{<m-1>}{\Phi}_j$, $j = 1,2$ aus und hat für deren allfällige Differenz $\overset{<m-1>}{\mathbb{D}}_\Phi = \overset{<m-1>}{\Phi}_1 - \overset{<m-1>}{\Phi}_2$ im Sinne von (6.41a,b) die Aufgabe

$$\Delta_{(2)} \overset{<m-1>}{\mathbb{D}}_\Phi = 0 \text{ in (f) und } \frac{\partial \overset{<m-1>}{\mathbb{D}}_\Phi}{\partial s_\perp} = \mathbb{e}_\perp \cdot \mathbb{V}_{(2)} \circ \overset{<m-1>}{\mathbb{D}}_\Phi = 0 \text{ längs } l_j(f),\ j = 1 \ldots n_z \quad (6.42a,b)$$

in Betracht zu nehmen, womit aus der Greenschen Formel (6.37c) mit $\overset{<m-1>}{\mathbb{D}}_\Phi$ anstelle von $\overset{<m-1>}{\Phi}$ unter Beachtung von (6.42a,b) entsprechend (6.37d)

$$\int_{(f)} (\mathbb{V}_{(2)} \circ \overset{<m-1>}{\mathbb{D}}_\Phi) \underbrace{\cdots\cdots}_{(m)} (\mathbb{V}_{(2)} \circ \overset{<m-1>}{\mathbb{D}}_\Phi)^T \, df = 0$$

und damit $\mathbb{V}_{(2)} \circ \overset{<m-1>}{\mathbb{D}}_\Phi = 0$, also Eindeutigkeit des Darstellungs — Anteils $\mathbb{V}_{(2)} \circ \overset{<m-1>}{\Phi}$ in (6.39), zu erschließen ist. Die Beweislage hinsichtlich der Eindeutigkeit von $\mathbb{V}_{(2)} \circ \overset{<m-1>}{\Psi}$ (und damit $\mathbb{n} \times \mathbb{V}_{(2)} \circ \overset{<m-1>}{\Psi}$) ist gleichartig, weil eine allfällig in Betracht zu nehmende Differenzlösung $\overset{<m-1>}{\mathbb{D}}_\Psi = \overset{<m-1>}{\Psi}_1 - \overset{<m-1>}{\Psi}_2$ im Sinne von (6.41c,d) den Bedingungen

---

81) Man beachte, daß $- \mathbb{e}_\perp \times \mathbb{n} = - (d\mathbb{r} \times \mathbb{n}) \times \mathbb{n} \,/\, |d\mathbb{r}| = d\mathbb{r} \,/\, |d\mathbb{r}| = \mathbb{e}_s$ den Randlinien—Tangentenvektor und dementsprechend $- \mathbb{e}_\perp \cdot (\mathbb{n} \times \mathbb{V}_{(2)} \circ \overset{<m-1>}{\Psi}) = - (\mathbb{e}_\perp \times \mathbb{n}) \cdot \mathbb{V}_{(2)} \circ \overset{<m-1>}{\Psi} = \mathbb{e}_s \cdot \mathbb{V}_{(2)} \circ \overset{<m-1>}{\Psi} = \partial \Phi \,/\, \partial s$ die Ableitung nach der Randlinien — Bogenlänge bedeutet.

$$\Delta_{(2)} \overset{\langle m-1\rangle}{\mathbb{D}_{\Psi}} = 0 \text{ in } (f) \text{ und } \overset{\langle m-1\rangle}{\mathbb{D}_{\Psi}} = 0 \text{ längs } l_j(f),\ j = 1\ldots n_z \qquad (6.43a,b)$$

zu genügen hat, was aufgr. der Greenschen Formel (6.37c) mit $\overset{\langle m-1\rangle}{\mathbb{D}_{\Psi}}$ nach (6.43a,b) anstelle von $\overset{\langle m-1\rangle}{\Phi}$

$$\int_{(f)} (\nabla_{(2)} \circ \overset{\langle m-1\rangle}{\mathbb{D}_{\Psi}}) \underbrace{\cdots\cdots}_{(m)} (\nabla_{(2)} \circ \overset{\langle m-1\rangle}{\mathbb{D}_{\Psi}})^T df = \sum_{j=1}^{n_z} (\oint_{l_j(f)} \frac{\partial \overset{\langle m-1\rangle}{\mathbb{D}_{\Psi}}}{\partial s_{\perp}} \underbrace{\cdots\cdots}_{(m-1)} \overset{\langle m-1\rangle}{\mathbb{D}^T_{\Psi}} ds \equiv 0 \qquad (6.43b)$$

ergibt und dementsprechend auch Eindeutigkeit des Darstellungsanteils $\mathbb{n} \times \nabla_{(2)} \circ \overset{\langle m-1\rangle}{\Psi}$ in (6.39) sichert.

Der mit m = 1 anfallende Darstellungssatz

$$\mathbb{v}_{(2)} = \nabla_{(2)} \varphi + \mathbb{n} \times \nabla_{(2)} \psi \qquad (6.44a)$$

mit zwei skalaren Funktionen $\varphi(\mathbb{r})$, $\psi(\mathbb{r})$, d.h. der Darstellungssatz

$$\mathbb{v} = \mathbb{v}_{(2)} + v_n \mathbb{n} = \nabla_{(2)} \varphi + \mathbb{n} \times \nabla_{(2)} \psi + v_n \mathbb{n} \qquad (6.44b)$$

wird in der klassischen Theorie elastischer Schalen im Zusammenhang mit der Lösung der Verschiebungsgleichungen unter Benutzung sog. "Verschiebungsfunktionen" eingesetzt, sog. "Spannungsfunktionen - Ansätze" in der Schalentheorie sind Konsequenz aus Satz 1b (vgl. Ziffer 5 dieses Paragraphen).

Für eine (3.51) analoge Darstellung einer

6.4 Taylorschen Formel

denkt man sich Flächenpunkte $P_0 = P(\mathbb{r}_0)$ und $P(\mathbb{r})$ durch eine geodätische Linie verbunden (Abb.6.5),
erzeugt zunächst durch partielle Integration analog (3.51c)

$$\overset{\langle q\rangle}{\Phi}(\mathbb{r}) = \overset{\langle q\rangle}{\Phi}(\mathbb{r}_0) =$$

$$= \sum_{k=1}^{n} \frac{\Delta s_g^k}{k!} \left[\frac{d^k \overset{\langle q\rangle}{\Phi}}{ds_g^k} \right]_{s_g=0} + \overset{\langle q\rangle}{\mathbb{R}}_{n+1} \qquad (6.45)$$

mit einem in der Größenordnung von Δs_g^{n+1} anfallenden Restglied $\overset{\langle q\rangle}{\mathbb{R}}_{n+1}$ und drückt hierin

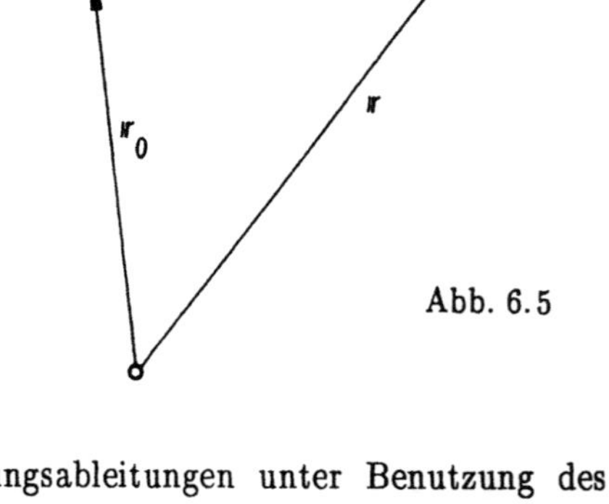

Abb. 6.5

die Ableitungen $d^k \overset{\langle q\rangle}{\Phi} / ds_g^k$ in Form von Richtungsableitungen unter Benutzung des

Operators $\nabla_{(2)}$ aus. Danach ist zunächst

$$\frac{d\overset{\langle q\rangle}{\Phi}}{ds_g} = \mathbb{e}_g \cdot \nabla_{(2)} \circ \overset{\langle q\rangle}{\Phi}, \text{ d.h.} \left[\frac{d\overset{\langle q\rangle}{\Phi}}{ds_g}\right]_0 = \mathbb{e}_{g0} \cdot (\nabla_{(2)} \circ \overset{\langle q\rangle}{\Phi})_0, \tag{6.45a}$$

desweiteren aber auch

$$\frac{d^2\overset{\langle q\rangle}{\Phi}}{ds_g^2} = \frac{d}{ds_g}\left[\frac{d\overset{\langle q\rangle}{\Phi}}{ds_g}\right] = \frac{d}{ds_g}(\mathbb{e}_g \cdot \nabla_{(2)} \circ \overset{\langle q\rangle}{\Phi}) = \underline{\frac{d\mathbb{e}_g}{ds_g} \cdot \nabla_{(2)} \circ \overset{\langle q\rangle}{\Phi}} + \mathbb{e}_g \cdot \frac{d}{ds_g}(\nabla_{(2)} \circ \overset{\langle q\rangle}{\Phi}) =$$

$$= \mathbb{e}_g \cdot \frac{d}{ds_g}(\nabla_{(2)} \circ \overset{\langle q\rangle}{\Phi}) \equiv \mathbb{e}_g \cdot \left[\mathbb{e}_g \cdot \nabla_{(2)} \circ (\nabla_{(2)} \circ \overset{\langle q\rangle}{\Phi})\right] \equiv \mathbb{e}_g \circ \mathbb{e}_g \cdot\cdot \nabla_{(2)} \circ \nabla_{(2)} \circ \overset{\langle q\rangle}{\Phi},$$

d.h.

$$\left[\frac{d^2\overset{\langle q\rangle}{\Phi}}{ds_g^2}\right]_0 = \mathbb{e}_{g0} \circ \mathbb{e}_{g0} \cdot\cdot (\nabla_{(2)} \circ \nabla_{(2)} \circ \overset{\langle q\rangle}{\Phi})_0, \tag{6.45b}$$

weil für geodätische Linien

$$\frac{d\mathbb{e}_g}{ds_g} \overset{82)}{=} (\mathbb{e}_g \cdot \mathbb{K} \cdot \mathbb{e}_g)\, \mathbb{n}$$

gilt, also die Tangentenvektor-Ableitungen in die (jeweilige) Normalenrichtung weisen und demgemäß der gestrichelte Ausdruck verschwindet.
Analog findet man

$$\left[\frac{d^k\overset{\langle q\rangle}{\Phi}}{ds_g^k}\right]_0 = \underbrace{(\mathbb{e}_{g0} \circ \ldots \circ \mathbb{e}_{g0})}_{\text{k-mal}} \underbrace{\cdots}_{\text{k-fach}} \underbrace{\left[\nabla_{(2)} \circ \ldots \circ \nabla_{(2)}\right.}_{\text{k-mal}} \left.\circ \overset{\langle q\rangle}{\Phi}\right]_0 \tag{6.45c}$$

und damit schließlich

$$\overset{\langle q\rangle}{\Phi}(\mathbb{r}) - \overset{\langle q\rangle}{\Phi}(\mathbb{r}_0) = \sum_{k=1}^{n} \underbrace{(\mathbb{e}_{g0} \circ \ldots \circ \mathbb{e}_{g0})}_{\text{k-mal}} \underbrace{\cdots}_{\text{k-fach}} \underbrace{\left[\nabla_{(2)} \circ \ldots \circ \nabla_{(2)}\right.}_{\text{k-mal}} \left.\circ \overset{\langle q\rangle}{\Phi}\right]_0 \frac{\Delta s_g^k}{k!} + \overset{\langle q\rangle}{\mathbb{R}}_{n+1} \tag{6.45d}$$

mit dem Tangentenvektor $\mathbb{e}_{g0}$, der in P_0 die "Startrichtung" der die Punkte P_0 und P verbindenden geodätischen Linie definiert. Voraussetzung für die Gültigkeit von (6.45d) ist analog (3.51), daß die Punkte P_0 und P einem einfach-zusammenhängenden Unterbereich der Fläche angehören.

Die Tatsache, daß im Sinne von (6.45d) Approximationen von Funktionsänderungen letztlich mittels eines Satzes jeweils "linksseitig planar geglätteter" Operatoren

---

82) wegen $\mathbb{n} \cdot \mathbb{e}_g = 0$ ist $\mathbb{n} \cdot \frac{d\mathbb{e}_g}{ds_g} = -\mathbb{e}_g \cdot \frac{d\mathbb{n}}{ds_g} \overset{(5.35c)}{=} \mathbb{e}_g \cdot \mathbb{K} \cdot \mathbb{e}_g$

$$\left\{ \underbrace{\overset{\langle 2k\rangle}{\mathbb{E}}_{(2)} \cdots\cdots}_{k\text{-fach}} \left[\underbrace{\nabla_{(2)} \circ \dots \circ \nabla_{(2)}}_{k\text{-mal}} \circ \overset{\langle q\rangle}{\Phi}\right]\right\}_0 , \quad k=1\dots n \qquad (6.45e)$$

zu kennzeichnen sind, findet Anwendung in der axiomatischen Fundierung sog. "nicht lokaler Schalentheorien vom Gradiententyp", wo solcherart Operatoren z.B. mit "Mittelflächen–Verschiebungsvektoren" $\mathbb{u}(\mathbb{r},t)$ bzw. Mittelflächennormalen–Drehgrößen (d.h. Versoren bzw. Drehwinkelvektoren bei kleinen Drehungen) anstelle von $\overset{\langle q\rangle}{\Phi}(\mathbb{r},t)$ als Folge eines "abgeschwächten Prinzips der lokalen Wirkung" als kinematische Variable in Stoffgleichungen aufscheinen.
Diese Ziffer beschließend soll mittels (6.45d) eine Näherungsformel für Ortsvektoränderungen dargestellt werden. Mit

$$\overset{\langle q\rangle}{\Phi}(\mathbb{r}) = \mathbb{r}\,, \qquad \nabla_{(2)}\circ\mathbb{r} = \mathbb{E}_2\,,\quad \nabla_{(2)}\circ\nabla_2\circ\mathbb{r} = \nabla_{(2)}\circ\mathbb{E}_2 = \nabla_{(2)}\circ(\mathbb{E}-\mathbb{n}\circ\mathbb{n}) =$$

$$= -\nabla_2\circ(\mathbb{n}\circ\mathbb{n}) = \mathbb{K}\circ\mathbb{n} - \nabla_{(2)}\circ\mathbb{n}\circ\overset{\downarrow}{\mathbb{n}}\,,$$

d.h. $\mathbb{e}_g\cdot\nabla_{(2)}\circ\mathbb{r} = \mathbb{e}_g\cdot\mathbb{E}_{(2)} = \mathbb{e}_g\,,\ \mathbb{e}_g\circ\mathbb{e}_g\cdot\cdot\nabla_{(2)}\circ\nabla_{(2)}\circ\mathbb{r} =$ [83] $k_{\mathbb{e}_g,\mathbb{e}_g}\mathbb{n},\ k_{\mathbb{e}_g,\mathbb{e}_g} = \mathbb{e}_g\cdot\mathbb{K}\cdot\mathbb{e}_g$,

sowie $\nabla_{(2)}\circ\nabla_{(2)}\circ\nabla_{(2)}\circ\mathbb{r} = (\nabla_{(2)}\circ\mathbb{K})\circ\mathbb{n} + \nabla_{(2)}\circ\mathbb{K}\circ\overset{\downarrow}{\mathbb{n}} - \nabla_2\circ(\nabla_{(2)}\circ\mathbb{n}\circ\overset{\downarrow}{\mathbb{n}})$,
d.h.

$$\mathbb{e}_g\circ\mathbb{e}_g\circ\mathbb{e}_g\cdot\cdot\nabla_{(2)}\circ\nabla_{(2)}\circ\nabla_{(2)}\circ\mathbb{r} = \frac{d}{ds_g}\left[k_{\mathbb{e}_g,\mathbb{e}_g}\mathbb{n}\right] = \frac{dk_{\mathbb{e}_g,\mathbb{e}_g}}{ds_g}\mathbb{n} + k_{\mathbb{e}_g,\mathbb{e}_g}\frac{d\mathbb{n}}{ds_g} = \frac{dk_{\mathbb{e}_g,\mathbb{e}_g}}{ds_g}\mathbb{n} - k_{\mathbb{e}_g,\mathbb{e}_g}\mathbb{e}_g\cdot\mathbb{K}$$

bekommt man so z.B. bis auf in Δs von höherer als vierter Ordnung kleine Glieder

$$\mathbb{r}-\mathbb{r}_0 = \Delta\mathbb{r} \overset{84)}{\approx} \underline{\Delta s\left[1-\frac{k^2_{\mathbb{e}_g,\mathbb{e}_g}}{6}\Delta s^2\right]_0 \mathbb{e}_{g0}} + \frac{\Delta s^2}{2}\left[\underline{k_{\mathbb{e}_g,\mathbb{e}_g}} + \frac{\Delta s}{3}\frac{dk_{\mathbb{e}_g,\mathbb{e}_g}}{ds_g}\right]_0 \mathbb{n}_0 - \left[k_{\mathbb{e}_g,\mathbb{e}_g}k_{\mathbb{e}_g,\mathbb{n}\times\mathbb{e}_g}\right]_0\frac{\Delta s^3}{6}\mathbb{n}_0\times\mathbb{e}_{g0}\,, \qquad (6.46)$$

wovon das erste Glied (strichpunktiert) anschaulich gedeutet werden kann unter Benutzung eines durch P_0 gelegten und $\mathbb{e}_{g0}$ enthaltenden Normalschnittes mit der Annahme, hierdurch als Flächenkurve näherungsweise ein Kreisbogenelement vom Radius $R_{g0} = (1/k_{\mathbb{e}g,\mathbb{e}g})_0$ mit Zentriwinkel $\Delta\alpha = \Delta s/R_g$ freizulegen (Abb.6.6)

Mit $\quad |\Delta\mathbb{r}| \approx 2R_g\sin(\Delta\alpha/2) \approx 2R_{g0}\left[\frac{\Delta\alpha}{2} - \frac{(\Delta\alpha/2)^3}{3!}\right] = \Delta s\left[1-\frac{\Delta s^2}{24R^2_{g0}}\right]$

---

[83] Man beachte $\mathbb{e}_g\cdot\mathbb{n} = 0$

[84] Man benutze noch $\mathbb{e}_g\cdot\mathbb{K} = (\mathbb{e}_g\cdot\mathbb{K}\cdot\mathbb{e}_g)\,\mathbb{e}_g + \left[\mathbb{e}_g\cdot\mathbb{K}\cdot(\mathbb{n}\times\mathbb{e}_g)\right]\mathbb{n}\times\mathbb{e}_g =$
$= k_{\mathbb{e}_g,\mathbb{e}_g}\mathbb{e}_g + k_{\mathbb{e}_g,\mathbb{n}\times\mathbb{e}_g}\mathbb{n}\times\mathbb{e}_g$

bekommt man so als $\mathbb{e}_{g0}$– Komponente von $\Delta\mathbb{r}$ bis auf von höhere als von dritter Ordnung kleine Glieder in der Tat

$$\Delta\mathbb{r}\cdot\mathbb{e}_{g0}=|\Delta\mathbb{r}|\cos(\Delta\alpha/2)\approx|\Delta\mathbb{r}|\left[1-\frac{(\Delta\alpha/2)^2}{2!}\right]\approx\Delta s\left[1-\frac{\Delta s^2}{24R_{g0}^2}\right]\left[1-\frac{\Delta s^2}{8R_{g0}^2}\right]\approx\Delta s\left[1-\frac{\Delta s^2}{6R_{g0}^2}\right].$$

Der erste Term des zweiten Gliedes von (6.46) (gestrichelt) ist übrigens ebenfalls noch unter Benutzung von Abb. 6.6 zu deuten. Man bekommt

$$\Delta\mathbb{r}\cdot\mathbb{e}_{g0}=|\Delta\mathbb{r}|\sin(\Delta\alpha/2)\approx|\Delta\mathbb{r}|\left[\frac{\Delta\alpha}{2}-\frac{(\Delta\alpha/2)^3}{3!}\right]=$$

$$=\frac{|\Delta\mathbb{r}|}{2R_{g0}}\Delta s\left[1-\frac{\Delta s^2}{24R_{g0}^2}\right]\approx$$

$$\approx\frac{\Delta s^2}{2R_{g0}^2}\left[1-\frac{\Delta s^2}{24R_{g0}^2}\right]^2\approx\frac{\Delta s^2}{2R_{g0}^2},$$

nachdem man noch die von vierter bzw. sechster Ordnung kleinen Glieder vernachlässigt hat.

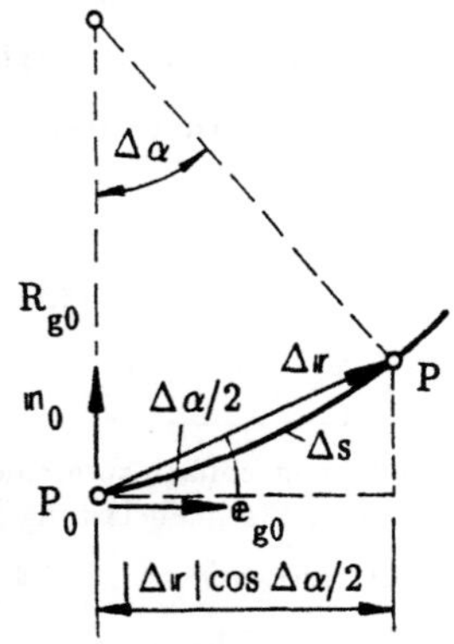

Abb. 6.6

6.5 Spannungsfunktionen-Ansätze in der Schalentheorie

Die Dynamik in der sog. "Schalentheorie kleiner Verformungen" wird konzipiert auf der Basis der Existenz dreier - auf der "unverformten" Schalenmittelfläche $\mathbb{r}(q^1, q^2)$ definierter - Schnittlasttensoren, nämlich des Membrankrafttensors $\mathbb{T}_{(2)}$, des Momententensors $\mathbb{M}_{(2)}$ und des Querkrafttensors ${}_{(2)}\mathbb{Q}$. Sämtliche Tensoren sind (hinsichtlich der jeweiligen unverformten Mittelflächen-Tangentialebene $\mathcal{V}_2(P)$) linksseitig planar, $\mathbb{T}_{(2)}$ und $\mathbb{M}_{(2)}$ sogar vollständig planar.[85]

[85] Es definieren

a) der Membrankraft–Tensor $\mathbb{T}_{(2)}$ per

$$\mathbb{t}_{(2)}(\mathbb{r},\mathbb{e}_\perp)=\mathbb{e}_\perp\cdot\mathbb{T}_{(2)}(\mathbb{r}) \tag{6.47a}$$

den Zusammenhang der längs einer (Mittelflächen–)Schnittlängeneinheit freigelegten (in der Tangentialebene wirkenden) Membrankraft $\mathbb{t}_{(2)}(\mathbb{r},\mathbb{e}_\perp)$ mit der (jeweils in die Tangentialebene fallenden) Schnittlinien–Normalen $\mathbb{e}_\perp$ (vgl. Abb. 6.7a),

b) der Momententensor $\mathbb{M}_{(2)}$ per

$$\mathbb{m}_{(2)}(\mathbb{r},\mathbb{e}_\perp)=\mathbb{e}_\perp\cdot\mathbb{M}_{(2)}(\mathbb{r}) \tag{6.47b}$$

entsprechend das längs einer Schnittlängeneinheit freigelegte Moment $\mathbb{m}_{(2)}(\mathbb{r},\mathbb{e}_\perp)$ (Abb. 6.7b) und schließlich

c) der Querkrafttensor ${}_{(2)}\mathbb{Q}=\mathbb{q}_{(2)}(\mathbb{r})\circ\mathbb{n}$ per

$$\mathbb{q}(\mathbb{r},\mathbb{e}_\perp)=\mathbb{e}_\perp\cdot{}_{(2)}\mathbb{Q}(\mathbb{r})=\left[\mathbb{e}_\perp\cdot\mathbb{q}_{(2)}(\mathbb{r})\right]\mathbb{n}=q(\mathbb{r},\mathbb{e}_\perp)\mathbb{n} \tag{6.47c}$$

die längs einer Schnittlinieneinheit freigelegte Schalen–Querkraft $\mathbb{q}(\mathbb{r},\mathbb{e}_\perp)=q(\mathbb{r},\mathbb{e}_\perp)\mathbb{n}$ (Abb. 6.7c)

Werden statische Probleme ohne Schalen-Flächenbelastungen, also sog. "Randspannungs- bzw. Randstörungszustände" in Betracht genommen, dann genügen die Schnittlasttensoren den homogenen Gleichgewichtsbedingungen[86]

$$\mathbb{V}\cdot(\underset{(2)}{\mathbb{T}}+\underset{(2)}{\mathbb{Q}})=0,\quad \underset{(2)}{\mathbb{V}}\cdot\left[\underset{(2)}{\mathbb{M}}-(\underset{(2)}{\mathbb{T}}+\underset{(2)}{\mathbb{Q}})\times(\mathbb{r}-\mathbb{r}_0)\right]=0\,, \tag{6.48a,b}$$

worin $\mathbb{r}(P)$ bzw. $\mathbb{r}_0=\mathbb{r}(P_0)$ die (im $\mathscr{V}_3$ gemessenen) Ortsvektoren zu einem beliebigen Punkt $P(q^1,q^2)$ der Schalenmittelfläche bzw. zu einem festen (Momenten-Bezugs-) Punkt P_0 bedeuten. Dementsprechend gelten nach Satz 1b zunächst die Darstellungen

$$\underset{(2)}{\mathbb{T}}_{Ges}=\underset{(2)}{\mathbb{T}}+\underset{(2)}{\mathbb{Q}}=\mathbb{n}\times\underset{(2)}{\mathbb{V}}\circ\varphi, \tag{6.49a}$$

$$\underset{(2)}{\mathbb{M}}-(\underset{(2)}{\mathbb{T}}+\underset{(2)}{\mathbb{Q}})\times(\mathbb{r}-\mathbb{r}_0)=\mathbb{n}\times\underset{(2)}{\mathbb{V}}\circ\psi^{*} \tag{6.49b}$$

---

[86] An einem einfach zusammenhängenden (Hauben—)Mittelflächenstück einer Schale (Abb. 6.8) greifen als Folge ihrer Flächenbelastung $(\mathbb{p})$ die Elementarkräfte $d\mathbb{k}_f=\mathbb{p}\,df$ und längs des Randes die freigelegten Schnittkräfte $(d\mathbb{k}=\mathbb{e}_\perp\cdot(\underset{(2)}{\mathbb{T}}+\underset{(2)}{\mathbb{Q}})ds)$ und Schnittmomente $(d\mathbb{m}=\mathbb{e}_\perp\cdot\underset{(2)}{\mathbb{M}}\,ds)$ an, weswegen das Gleichgewicht der Kräfte bzw. der Momente

$$\int_{(f)}\mathbb{p}\,df+\oint_{l(f)}\mathbb{e}_\perp\cdot(\underset{(2)}{\mathbb{T}}+\underset{(2)}{\mathbb{Q}})ds=0,$$

$$\int_{(f)}(\mathbb{r}-\mathbb{r}_0)\times\mathbb{p}\,df+\int_{(f)}\mathbb{e}_\perp\cdot\left[\underset{(2)}{\mathbb{M}}-(\underset{(2)}{\mathbb{T}}+\underset{(2)}{\mathbb{Q}})\times(\mathbb{r}-\mathbb{r}_0)\right]ds=0$$

verlangt bzw. nachdem man die Randintegrale mittels des Gaußschen Satzes (6.2e) unter Beachtung von $\mathbb{n}\cdot(\underset{(2)}{\mathbb{T}}+\underset{(2)}{\mathbb{Q}})=0$, $\mathbb{n}\cdot\underset{(2)}{\mathbb{M}}=0$ in Flächenintegrale umgeschrieben hat,

$$\int_{(f)}\left[\mathbb{p}+\underset{(2)}{\mathbb{V}}\cdot(\underset{(2)}{\mathbb{T}}+\underset{(2)}{\mathbb{Q}})\right]df=0$$

$$\int_{(f)}\left\{\underset{(2)}{\mathbb{V}}\cdot\left[\underset{(2)}{\mathbb{M}}-(\underset{(2)}{\mathbb{T}}+\underset{(2)}{\mathbb{Q}})\times(\mathbb{r}-\mathbb{r}_0)\right]-\mathbb{p}\times(\mathbb{r}-\mathbb{r}_0)\right\}df=0\,.$$

Daraus folgen für $f\to df$ die Feldgleichungen

$$\mathbb{p}+\underset{(2)}{\mathbb{V}}\cdot(\underset{(2)}{\mathbb{T}}+\underset{(2)}{\mathbb{Q}})=0,$$

$$\underset{(2)}{\mathbb{V}}\cdot\left[\underset{(2)}{\mathbb{M}}-(\underset{(2)}{\mathbb{T}}+\underset{(2)}{\mathbb{Q}})\times(\mathbb{r}-\mathbb{r}_0)\right]-\mathbb{p}\times(\mathbb{r}-\mathbb{r}_0)=0\,, \tag{6.48c,d}$$

die mit $\mathbb{p}=0$ in (6.48a,b) übergehen. Für $\mathbb{p}\neq 0$ läßt sich übrigens die Momentengleichgewichtsbedingung nach Ausdifferenzieren der eckigen Klammer unter Beachtung von (6.48c) noch in

$$\underset{(2)}{\mathbb{V}}\cdot\underset{(2)}{\mathbb{M}}=\overset{\downarrow}{\underset{(2)}{\mathbb{V}}}\cdot\left[(\underset{(2)}{\mathbb{T}}+\underset{(2)}{\mathbb{Q}})\times(\overset{\downarrow}{\mathbb{r}-\mathbb{r}_0})\right]=\left[(\underset{(2)}{\mathbb{T}}+\underset{(2)}{\mathbb{Q}})^T\cdot\overset{\downarrow}{\underset{(2)}{\mathbb{V}}}\right]\times(\overset{\downarrow}{\mathbb{r}-\mathbb{r}_0})\equiv$$

$$\equiv\left[(\underset{(2)}{\mathbb{T}}+\underset{(2)}{\mathbb{Q}})^T\cdot\overset{\downarrow}{\underset{(2)}{\mathbb{V}}}\right]\cdot\left[\mathbb{E}\times(\overset{\downarrow}{\mathbb{r}-\mathbb{r}_0})\right]\equiv(\underset{(2)}{\mathbb{T}}+\underset{(2)}{\mathbb{Q}})^T\cdot\cdot\overset{\downarrow}{\underset{(2)}{\mathbb{V}}}\circ\mathbb{E}\times(\overset{\downarrow}{\mathbb{r}-\mathbb{r}_0})\equiv$$

$$(\underset{(2)}{\mathbb{T}}+\underset{(2)}{\mathbb{Q}})^T\cdot\cdot\underset{(2)}{\mathbb{V}}\circ(\mathbb{r}-\mathbb{r}_0)\times\mathbb{E}\equiv(\underset{(2)}{\mathbb{T}}+\underset{(2)}{\mathbb{Q}})^T\cdot\cdot\underset{(2)}{\mathbb{E}}\times\mathbb{E}\overset{*)}{\equiv}-(\underset{(2)}{\mathbb{T}}+\underset{(2)}{\mathbb{Q}})^T\cdot\cdot\mathfrak{E}\equiv$$

$$\equiv-\mathfrak{E}\cdot\cdot(\underset{(2)}{\mathbb{T}}+\underset{(2)}{\mathbb{Q}})^T \tag{6.48e}$$

mit dem dreistufigen Permutationstensor $\mathfrak{E}=-\mathbb{E}\times\mathbb{E}$ überführen, nachdem man noch bei der mit (*) bezeichneten Umformung beachtet hat, daß $(\underset{(2)}{\mathbb{T}}+\underset{(2)}{\mathbb{Q}})$ linksseitig planar ist.

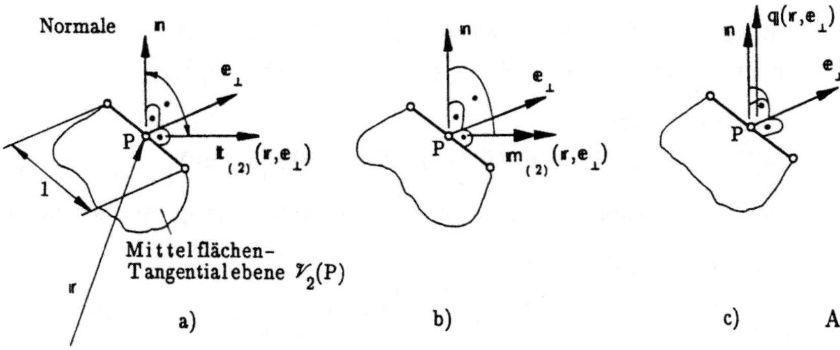

Abb. 6.7

bzw.

$$\mathbb{M}_{(2)} = (\mathbb{T}_{(2)} + {}_{(2)}\mathbb{Q})\times(\mathbb{r}-\mathbb{r}_0) + \mathbb{n}\times\nabla_{(2)}\psi^* = (\mathbb{n}\times\nabla_{(2)}\circ\varphi)\times(\mathbb{r}-\mathbb{r}_0) + \mathbb{n}\times\nabla_{(2)}\circ\psi^* \tag{6.49c}$$

mit zwei vektorwertigen (Schalen-Spannungs-funktionen-) Feldern φ bzw. ψ^*, die im Falle der Betrachtnahme einfach-zusammenhängender (Hauben-) Flächen eindeutige Funktionen der Flächenkoordinaten (q^1,q^2) sein müssen. Mit der Substitution

$$\psi^* = \psi - \varphi \times (\mathbb{r} - \mathbb{r}_0), \tag{6.50}$$

also $\mathbb{n} \times \nabla_{(2)} \circ \psi^* =$

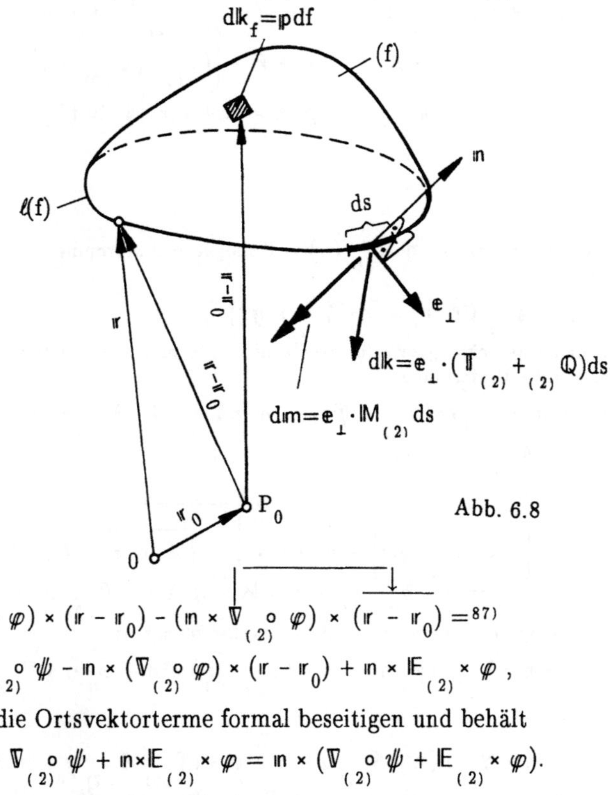

Abb. 6.8

$$= \mathbb{n} \times \nabla_{(2)} \circ \psi - (\mathbb{n} \times \nabla_{(2)} \circ \varphi) \times (\mathbb{r} - \mathbb{r}_0) - (\mathbb{n} \times \nabla_{(2)} \circ \varphi) \times (\mathbb{r} - \mathbb{r}_0) =^{87)}$$

$$= \mathbb{n} \times \nabla_{(2)} \circ \psi - \mathbb{n} \times (\nabla_{(2)} \circ \varphi) \times (\mathbb{r} - \mathbb{r}_0) + \mathbb{n} \times \mathbb{E}_{(2)} \times \varphi\,, \tag{6.50a}$$

kann man in (6.49c) noch die Ortsvektorterme formal beseitigen und behält

$$\mathbb{M}_{(2)} = \mathbb{n} \times \nabla_{(2)} \circ \psi + \mathbb{n}\times\mathbb{E}_{(2)} \times \varphi = \mathbb{n} \times (\nabla_{(2)} \circ \psi + \mathbb{E}_{(2)} \times \varphi). \tag{6.50b}$$

Eine Reduktion der in den Ansätzen (6.49a), (6.50b) verbliebenen Größen φ, ψ auf zunächst vier skalare Funktionen erreicht man unter Ausnutzung der Bedingung, daß $\mathbb{M}_{(2)}$

---

[87] man benutze $\nabla_{(2)} \circ (\mathbb{r} - \mathbb{r}_0) = \mathbb{E}_{(2)}$, also $(\mathbb{n} \times \nabla_{(2)} \circ \varphi) \times (\mathbb{r} - \mathbb{r}_0) =$
$= - \mathbb{n} \times \left[\nabla_{(2)} \circ (\mathbb{r} - \mathbb{r}_0)\right] \times \varphi = - \mathbb{n} \times \mathbb{E}_{(2)} \times \varphi$

(lokal-) planar sein muß. Daraus, d.h. aus der (planaren) Vektorgleichung

$$\mathbb{M}_{(2)}\cdot\mathbb{n} = \left[\mathbb{n}\times(\nabla_{(2)}\circ\boldsymbol{\psi})\right]\cdot\mathbb{n} + \mathbb{n}\times\mathbb{E}_{(2)}\cdot(\boldsymbol{\varphi}\times\mathbb{n}) = \left[\mathbb{n}\times(\nabla_{(2)}\circ\boldsymbol{\psi})\right]\cdot\mathbb{n}+\mathbb{n}\times(\boldsymbol{\varphi}\times\mathbb{n}) = 0$$

reduziert man nämlich $\boldsymbol{\varphi}$ gemäß

$$\boldsymbol{\varphi} = \varphi_n\mathbb{n} - \left[\mathbb{n}\times(\nabla_{(2)}\circ\boldsymbol{\psi})\right]\cdot\mathbb{n} \overset{88)}{=} \varphi_n\mathbb{n}+(\nabla_{(2)}\times\boldsymbol{\psi})\cdot\mathbb{E}_{(2)} \overset{89)}{=} \varphi_n\mathbb{n} - \mathbb{n}\times\nabla_{(2)}\psi_n - \mathbb{n}\times\mathbb{K}\cdot\boldsymbol{\psi}_{(2)} \quad (6.51)$$

in Termen der Normalkomponente $\varphi_n = \mathbb{n}\cdot\boldsymbol{\varphi}$ und Ableitungsoperationen an $\boldsymbol{\psi}$, womit jetzt anstelle von (6.49a,50b) konkreter

$$\mathbb{T}_{Ges} \equiv {}_{(2)}\mathbb{T}_{Ges} = \mathbb{T}_{(2)} + {}_{(2)}\mathbb{Q} = \mathbb{n}\times\nabla_{(2)}\circ\boldsymbol{\varphi} \overset{(6.51)}{=} \overset{90)}{} -(\nabla_{(2)}\varphi_n)\times\mathbb{n}\circ\mathbb{n} - \varphi_n\mathbb{n}\times\mathbb{K} -$$
$$- \mathbb{n}\times\nabla_{(2)}\circ(\mathbb{n}\times\nabla_{(2)}\psi_n) - \mathbb{n}\times\nabla_{(2)}\circ(\mathbb{n}\times\mathbb{K}\cdot\boldsymbol{\psi}_{(2)}) =$$
$$\overset{91)}{=} -(\nabla_{(2)}\varphi_n)\times\mathbb{n}\circ\mathbb{n} - \varphi_n\mathbb{n}\times\mathbb{K} + \mathbb{n}\times(\nabla_{(2)}\circ\nabla_{(2)}\psi_n)\times\mathbb{n} + (2H\,\mathbb{E}_{(2)}-\mathbb{K})\cdot(\nabla_{(2)}\psi_n)\circ\mathbb{n} +$$
$$+ K\,\boldsymbol{\psi}_{(2)}\circ\mathbb{n} + \mathbb{n}\times\left[(\nabla_{(2)}\circ(\boldsymbol{\psi}_{(2)}\cdot\mathbb{K})\right]\times\mathbb{n}, \quad (6.52)$$

d.h. $$\mathbb{T}_{(2)} = {}_{(2)}\mathbb{T}_{Ges}\cdot\mathbb{E}_{(2)} = -\varphi_n\mathbb{n}\times\mathbb{K} + \mathbb{n}\times\left[\nabla_{(2)}\circ(\nabla_{(2)}\psi_n + \boldsymbol{\psi}_{(2)}\cdot\mathbb{K})\right]\times\mathbb{n}, \quad (6.52a)$$

---

88) Man verwende die wegen $\mathbb{n}\cdot\nabla_{(2)}\overset{\downarrow}{(\ )} = 0$ mögliche Umformung

$(\nabla_{(2)}\circ\boldsymbol{\psi})\cdot\mathbb{n} = \nabla_{(2)}(\overset{\downarrow}{\boldsymbol{\psi}}\cdot\mathbb{n}) = \mathbb{n}\times(\nabla_{(2)}\times\boldsymbol{\psi})$,

indem man den Entwicklungssatz für zweifache Vektorprodukte benutzt. Ebenfalls mittels des Letzteren ist dann die weitere Umformung

$(\mathbb{n}\times\nabla_{(2)}\circ\boldsymbol{\psi})\cdot\mathbb{n} = \mathbb{n}\times\left[\mathbb{n}\times(\nabla_{(2)}\times\boldsymbol{\psi})\right] = \mathbb{n}\,[\mathbb{n}\nabla_{(2)}\boldsymbol{\psi}] - \nabla_{(2)}\times\boldsymbol{\psi} \equiv -(\nabla_{(2)}\times\boldsymbol{\psi})\cdot(\mathbb{E}-\mathbb{n}\circ\mathbb{n}) =$
$= -(\nabla_{(2)}\times\boldsymbol{\psi})\cdot\mathbb{E}_{(2)}$ möglich.

89) Man benutze $\left[\mathbb{n}\times(\nabla_{(2)}\circ\boldsymbol{\psi})\right]\cdot\mathbb{n} = \mathbb{n}\times\nabla_{(2)}(\boldsymbol{\psi}\cdot\mathbb{n}) - (\mathbb{n}\times\nabla)(\mathbb{n}\cdot\boldsymbol{\psi}) = \mathbb{n}\times\nabla_{(2)}\psi_n - \mathbb{n}\times(\nabla_{(2)}\circ\mathbb{n})\cdot\boldsymbol{\psi} = \mathbb{n}\times\nabla_{(2)}\psi_n + \mathbb{n}\times\mathbb{K}\cdot\boldsymbol{\psi} \equiv \mathbb{n}\times\nabla_{(2)}\psi_n + \mathbb{n}\times\mathbb{K}\cdot\boldsymbol{\psi}_{(2)}$, wobei für die letztere Umformung beachtet wurde, daß $\mathbb{K}$ (lokal–) planar ist.

90) Man benutze $\mathbb{n}\times\nabla_{(2)}\circ(\varphi_n\mathbb{n}) = \mathbb{n}\times(\nabla_{(2)}\varphi_n)\circ\mathbb{n} + \varphi_n\mathbb{n}\times\nabla_{(2)}\circ\mathbb{n} = -(\nabla_{(2)}\varphi_n)\times\mathbb{n}\circ\mathbb{n} - \varphi_n\mathbb{n}\times\mathbb{K}$

91) Man beachte $\mathbb{n}\times\nabla_{(2)}\circ(\mathbb{n}\times\nabla_{(2)}\psi_n) = -\mathbb{n}\times(\nabla_{(2)}\circ\nabla_{(2)}\psi_n)\times\mathbb{n} + \mathbb{n}\times(\nabla_{(2)}\circ\mathbb{n})\times(\nabla_{(2)}\psi_n) = -\mathbb{n}\times(\nabla_{(2)}\circ\nabla_{(2)}\psi_n)\times\mathbb{n} - \underline{\mathbb{n}\times\mathbb{K}\times(\nabla_{(2)}\psi_n)} = -\mathbb{n}\times(\nabla_{(2)}\circ\nabla_{(2)}\psi_n)\times\mathbb{n} - 2H(\nabla_{(2)}\psi_n)\circ\mathbb{n} + (\nabla_{(2)}\psi_n)\cdot\mathbb{K}\circ\mathbb{n}$, nachdem man für den unterstrichelten Ausdruck die Identität [1], (2.66c) benutzt hat. Desweiteren ist $\mathbb{n}\times\nabla_{(2)}\circ(\mathbb{n}\times\mathbb{K}\cdot\boldsymbol{\psi}_{(2)}) = (\mathbb{n}\times\nabla_{(2)}\circ\mathbb{n})\times\mathbb{K}\cdot\boldsymbol{\psi}_{(2)} - \left[\mathbb{n}\times\nabla_{(2)}\circ(\boldsymbol{\psi}_{(2)}\cdot\mathbb{K})\right]\times\mathbb{n} = -\mathbb{n}\times\mathbb{K}\times\mathbb{K}\cdot\boldsymbol{\psi}_{(2)} - \mathbb{n}\times\nabla_{(2)}\circ(\boldsymbol{\psi}_{(2)}\cdot\mathbb{K})\times\mathbb{n}$. Auf die erstere Struktur wird wieder [1], (2.66c) mit $\mathbb{b} = \mathbb{n}$, $\mathbb{b}' = \boldsymbol{\psi}_{(2)}\cdot\mathbb{K}$ und $\mathbb{T} = \mathbb{K}$ angewendet. Es entsteht

$-\mathbb{n}\times\mathbb{K}\times(\mathbb{K}\cdot\boldsymbol{\psi}_{(2)}) = -(2H\,\mathbb{K} - \mathbb{K}^2)\cdot\boldsymbol{\psi}_{(2)}\circ\mathbb{n} = -K\,\boldsymbol{\psi}_{(2)}\circ\mathbb{n}$ (man benutze die Gleichung von Cayley — Hamilton).

$$\underset{(2)}{\mathbb{Q}} = \underset{(2)}{\mathbb{T}}_{Ges} - \underset{(2)}{\mathbb{T}} \overset{(6.50b,51)}{=} \left[-\nabla_{(2)} \varphi_n \times \mathbb{n} + (2H\,\mathbb{E}_{(2)} - \mathbb{K}) \cdot \nabla_{(2)} \psi_n + K\, \boldsymbol{\psi}_{(2)} \right] \circ \mathbb{n} \qquad (6.52b)$$

sowie

$$\mathbb{M}_{(2)} = \mathbb{n} \times \nabla_{(2)} \circ \boldsymbol{\psi} + \mathbb{n} \times \mathbb{E}_{(2)} \times (\varphi_n \mathbb{n} - \mathbb{n} \times \nabla_{(2)} \psi_n - \mathbb{n} \times \mathbb{K} \cdot \boldsymbol{\psi}_{(2)})$$

$$\overset{92)}{=} \mathbb{n}\times\nabla_{(2)} \circ \boldsymbol{\psi} - \varphi_n \mathbb{E}_{(2)} - \mathbb{n}\times(\nabla_{(2)} \psi_n + \boldsymbol{\psi}_{(2)} \cdot \mathbb{K}) \circ \mathbb{n} \overset{93)}{=} - \varphi_n \mathbb{E}_{(2)} - \psi_n \mathbb{n}\times\mathbb{K} + (\mathbb{n}\times\nabla_{(2)} \circ \boldsymbol{\psi}_{(2)}) \cdot \mathbb{E}_{(2)} \qquad (6.52c)$$

bzw. für den in der Regel in der Ingenieur-Statik benutzten Momententensor

$$\mathbb{M}^*_{(2)} \overset{94)}{=} - \mathbb{M}_{(2)} \times \mathbb{n} \overset{95)}{=} \varphi_n \mathbb{E}_{(2)} \times \mathbb{n} - \psi_n (2H\,\mathbb{E}_{(2)} - \mathbb{K}) - \mathbb{n}\times(\nabla_{(2)} \circ \boldsymbol{\psi}_{(2)}) \cdot \mathbb{E}_{(2)} \times \mathbb{n} \qquad (6.52d)$$

erreicht werden kann.

Bildet man übrigens unter Benutzung von $\mathbb{K}\cdot(2H\,\mathbb{E}_{(2)} - \mathbb{K}) \overset{(5.44d)}{=} K\,\mathbb{E}_{(2)}$ den Ausdruck

$$\mathbb{K} \cdot \mathbb{M}^*_{(2)} \overset{(6.52d)}{=} \varphi_n \mathbb{K} \times \mathbb{n} - \psi_n K\, \mathbb{E}_{(2)} - (\mathbb{K} \times \mathbb{n}) \cdot (\nabla_{(2)} \circ \boldsymbol{\psi}_{(2)}) \cdot \mathbb{E}_{(2)} \times \mathbb{n}$$

und erzeugt aus (6.52a) die wegen $- \mathbb{n} \times \mathbb{K} = (\mathbb{K} \times \mathbb{n})^T$ und

$$\mathbb{n}\times\left[\nabla_{(2)} \circ (\boldsymbol{\psi}_{(2)} \cdot \mathbb{K})\right]\times\mathbb{n} \overset{96)}{=} - \left[\nabla_{(2)} \cdot (\boldsymbol{\psi}_{(2)} \cdot \mathbb{K})\right] \mathbb{E}_{(2)} + \mathbb{E}_{(2)} \cdot \left[\nabla_{(2)} \circ (\boldsymbol{\psi}_{(2)} \cdot \mathbb{K})\right]^T$$

für den Membrankrafttensor gleichwertige Darstellung

---

92) Man benutze $\mathbb{n}\times\mathbb{E}_{(2)} \times (\mathbb{n}\times\mathbb{a}_{(2)}) = (\mathbb{n}\times\mathbb{a}_{(2)}) \circ \mathbb{n}$ nach [1] (2.66b) sowie $\mathbb{n}\times\mathbb{E}_{(2)} \times \mathbb{n} = - \mathbb{E}_{(2)}$.

93) Man setze $\boldsymbol{\psi} = \boldsymbol{\psi}_{(2)} + \mathbb{n}\psi_n$ und beachte $\nabla_{(2)} \circ \mathbb{n} = - \mathbb{K}$, $\mathbb{K}\cdot\mathbb{n} = 0$ sowie

$$\mathbb{n} \times \nabla_{(2)} \circ \boldsymbol{\psi}_{(2)} = (\mathbb{n} \times \nabla_{(2)} \circ \boldsymbol{\psi}_{(2)}) \cdot (\mathbb{E}_{(2)} + \mathbb{n} \circ \mathbb{n}) = (\mathbb{n} \times \nabla_{(2)} \circ \boldsymbol{\psi}_{(2)}) \cdot \mathbb{E}_{(2)} +$$

$$+ \mathbb{n}\times(\nabla_{(2)} \circ \boldsymbol{\psi}_{(2)}) \cdot (\mathbb{n} \circ \mathbb{n}) = (\mathbb{n}\times\nabla_{(2)} \circ \boldsymbol{\psi}_{(2)}) \cdot \mathbb{E}_{(2)} + \mathbb{n} \times \nabla_{(2)} (\overset{\downarrow}{\overline{\boldsymbol{\psi}_{(2)} \cdot \mathbb{n}}} - \boldsymbol{\psi}_{(2)} \cdot \overset{\downarrow}{\mathbb{n}}) \circ \mathbb{n} =$$

$$= (\mathbb{n}\times\nabla_{(2)} \circ \boldsymbol{\psi}_{(2)}) \cdot \mathbb{E}_{(2)} - \mathbb{n}\times\nabla_{(2)} (\boldsymbol{\psi}_{(2)} \cdot \overset{\downarrow}{\mathbb{n}}) \circ \mathbb{n} = (\mathbb{n}\times\nabla_{(2)} \circ \boldsymbol{\psi}_{(2)}) \cdot \mathbb{E}_{(2)} + \mathbb{n}\times\mathbb{K} \cdot \boldsymbol{\psi}_{(2)} \circ \mathbb{n}.$$

94) Bei einer Darstellung der Momententensoren $\mathbb{M}_{(2)}$ bzw. $\mathbb{M}^*_{(2)}$ etwa hinsichtlich einer lokalen Orthonormalbasis $\langle \mathbb{e}_1, \mathbb{e}_2 \rangle$ auf der Fläche hängen deren Komponenten wegen

$$\mathbb{M}^*_{(2)} \hat{=} \begin{bmatrix} m^*_{11} & m^*_{12} \\ m^*_{21} & m^*_{22} \end{bmatrix} = - \mathbb{M}_{(2)} \times \mathbb{n} \hat{=} - \begin{bmatrix} m_{11} & m_{12} \\ m_{21} & m_{22} \end{bmatrix} \times \mathbb{n} \hat{=} \begin{bmatrix} -m_{12} & m_{11} \\ -m_{22} & m_{21} \end{bmatrix}$$

miteinander in der Form

$$m^*_{11} = - m_{12} = - \mathbb{e}_1 \cdot \mathbb{M}_{(2)} \cdot \mathbb{e}_2 , \quad m^*_{22} = m_{21} = \mathbb{e}_2 \cdot \mathbb{M}_{(2)} \cdot \mathbb{e}_1 ,$$

$$m^*_{12} = m_{11} = \mathbb{e}_1 \cdot \mathbb{M}_{(2)} \cdot \mathbb{e}_1 , \quad m^*_{21} = - m_{22} = - \mathbb{e}_2 \cdot \mathbb{M}_{(2)} \cdot \mathbb{e}_2$$

zusammen. Daher haben die Hauptdiagonalenglieder der Tensormatrix von $\mathbb{M}^*_{(2)}$ die Bedeutung von Schalen—Biegemomenten, die Nebenglieder die Bedeutung von Torsionsmomenten. Der zu (6.52d) inverse Zusammenhang lautet übrigens $-(\mathbb{M}_{(2)} \times \mathbb{n}) \times \mathbb{n} \equiv \mathbb{M}_{(2)} = \mathbb{M}^*_{(2)} \times \mathbb{n}$ (6.52e)

95) Man benutze $\mathbb{n}\times\mathbb{K}\times\mathbb{n} = - (2H\,\mathbb{E}_{(2)} - \mathbb{K})$ nach (5.44a)

96) für diese Umformung benutze man [1] (2.66c) mit $\mathbb{b} = \mathbb{b}' = \mathbb{n}$ und $\mathbb{T} = \nabla_{(2)} \circ (\boldsymbol{\psi}_{(2)} \cdot \mathbb{K})$

$$\mathbb{T}_{(2)} = \varphi_n(\mathbb{K}\times\mathbb{n})^T - \left[\nabla_{(2)}\cdot(\psi_{(2)}\cdot\mathbb{K})\right]\mathbb{E}_{(2)} + \mathbb{n}\times\left[\nabla_{(2)}\circ(\nabla_{(2)}\psi_n)\right]\times\mathbb{n} + $$
$$+\left\{\left[\nabla_{(2)}\circ(\psi_{(2)}\cdot\mathbb{K})\right]\cdot\mathbb{E}_{(2)}\right\}^T,$$

so erkennt man, daß die Größe

$$\mathbb{T}_{(2)} + \mathbb{K}\cdot\mathbb{M}^*_{(2)} \equiv (\mathbb{T}_{(2)} + \mathbb{K}\cdot\mathbb{M}^*_{(2)})^T \tag{6.53a}$$

stets ein symmetrischer (lokal—planarer) Tensor sein, also der Gleichung

$$(\mathbb{T}_{(2)} + \mathbb{K}\cdot\mathbb{M}^*_{(2)})\cdot\cdot\mathbb{E}_{(2)}\times\mathbb{n} = \mathbb{T}_{(2)}\cdot\cdot(\mathbb{E}_{(2)}\times\mathbb{n}) + \mathbb{K}\cdot\cdot(\mathbb{M}^*_{(2)}\times\mathbb{n}) =$$
$$\overset{(6.52e)}{=} \mathbb{T}_{(2)}\cdot\cdot(\mathbb{E}_{(2)}\times\mathbb{n}) + \mathbb{M}_{(2)}\cdot\cdot\mathbb{K} = 0 \tag{6.53b}$$

genügen muß,[97] was Ausdruck der flächennormalen Komponente der Momentengleichgewichtsbedingung (6.48b) ist. Da man Letztere wegen (6.48a) nämlich auch in der Form

$$\nabla_{(2)}\cdot\mathbb{M}_{(2)} = \left\{(\mathbb{T}_{(2)} + {}_{(2)}\mathbb{Q})^T\cdot\nabla_{(2)}\right\}\times\overline{(\mathbb{r}-\mathbb{r}_0)} \equiv (\mathbb{T}_{(2)} + {}_{(2)}\mathbb{Q})^T\cdot\cdot\left[\nabla_{(2)}\circ\overline{(\mathbb{r}-\mathbb{r}_0)}\times\mathbb{E}\right] =$$
$$= (\mathbb{T}_{(2)} + {}_{(2)}\mathbb{Q})^T\cdot\cdot\mathbb{E}_{(2)}\times\mathbb{E} \tag{6.53c}$$

schreiben kann, ist wegen $\mathbb{M}_{(2)}\cdot\mathbb{n} = 0$ dann in der Tat

$$(\nabla_{(2)}\cdot\mathbb{M}_{(2)})\cdot\mathbb{n} \equiv \nabla_{(2)}\cdot(\mathbb{M}_{(2)}\cdot\mathbb{n}) - \overline{\nabla_{(2)}\cdot(\mathbb{n}}\cdot\mathbb{M}^T_{(2)}) = -(\nabla_{(2)}\circ\mathbb{n})\cdot\cdot\mathbb{M}^T_{(2)} = \mathbb{K}\cdot\cdot\mathbb{M}^T_{(2)} \equiv$$
$$\equiv \mathbb{K}\cdot\cdot\mathbb{M}_{(2)} \overset{(6.53c)}{=} (\mathbb{T}_{(2)} + {}_{(2)}\mathbb{Q})^T\cdot\cdot\mathbb{E}_{(2)}\times\mathbb{n} \overset{98)}{\equiv} \mathbb{T}^T_{(2)}\cdot\cdot(\mathbb{E}_{(2)}\times\mathbb{n}) \equiv -\mathbb{T}_{(2)}\cdot\cdot(\mathbb{E}_{(2)}\times\mathbb{n})$$

(vgl. (6.53b)). Die Gleichungen (6.48—53) gelten sowohl für kleine Verformungen — mit den "am unverformten System" definierten Schnittlasttensoren und den für die unverformte Mittelfläche definierten Größen $\mathbb{n}$, $\mathbb{K}$, $\nabla_{(2)}$ —, als auch für den Fall großer Verformungen, sofern man dann die Schnittlasttensoren als Eulersche (Momentan—) Größen versteht und die Flächengeometrie der verformten Mittelfläche benutzt.[99] Weil Letztere jedoch a priori nicht bekannt ist, haben Spannungsfunktionen—Ansätze in diesem Falle allerdings weniger praktische, sondern nur noch prinzipielle Bedeutung.

---

[97] Weil man mit Beachtung von $(\mathbb{E}_{(2)}\times\mathbb{n})\times\mathbb{n} = \mathbb{n}\times\mathbb{E}_{(2)}\times\mathbb{n} = -\mathbb{E}_{(2)}$ die Identitäten

$$-\left[(\mathbb{K}\times\mathbb{n})\cdot(\nabla_{(2)}\circ\psi_{(2)})\cdot\mathbb{E}_{(2)}\times\mathbb{n}\right]\cdot\cdot(\mathbb{E}_{(2)}\times\mathbb{n}) \equiv \left[(\mathbb{K}\times\mathbb{n})\cdot(\nabla_{(2)}\circ\psi_{(2)})\right]\cdot\cdot\mathbb{E}_{(2)} =$$
$$= \mathbb{K}\cdot\cdot\mathbb{n}\times\nabla_{(2)}\circ\psi_{(2)}\quad,\quad \left\{[\nabla_{(2)}\circ(\psi_{(2)}\cdot\mathbb{K})]\cdot\mathbb{E}_{(2)}\right\}^T\cdot\cdot(\mathbb{E}_{(2)}\times\mathbb{n}) \equiv$$
$$\equiv \mathbb{E}_{(2)}\cdot\cdot\left[\overline{(\psi_{(2)}\cdot\mathbb{K})\circ\nabla_{(2)}}\times\mathbb{n}\right] = -(\mathbb{n}\times\overline{\nabla_{(2)})\cdot(\psi_{(2)}\cdot\mathbb{K})} \overset{(6.15d)}{\equiv} -(\mathbb{n}\times\nabla_{(2)}\circ\psi_{(2)})\cdot\cdot\mathbb{K}$$

und

$$\left\{\mathbb{n}\times[\nabla_{(2)}\circ(\nabla_{(2)}\psi_n)]\times\mathbb{n}\right\}\cdot\cdot\mathbb{E}_{(2)}\times\mathbb{n} \equiv$$
$$-\left[(\mathbb{n}\times\nabla_{(2)})\circ\nabla_{(2)}\psi_n\right]\cdot\cdot\mathbb{E}_{(2)} = (\mathbb{n}\times\nabla_{(2)})\cdot\nabla_{(2)}\psi_n \overset{(6.21a)}{=} 0 \text{ feststellt.}$$

[98] Man beachte, daß ${}_{(2)}\mathbb{Q}$ rechtsseitig flächennormal ist.

[99] allerdings dann nur noch unter der Voraussetzung, daß der Eulersche Momententensor jeweils in der verformten Mittelflächen—Tangentialebene liegt, was nur für den Spezialfall der sog. "Bernoulli—Schale" gesichert ist, wo man annimmt, daß die als sog. "Direktor" bezeichnete "materielle Schalennormale" auch im verformten Zustande des Schalenkontinuums senkrecht auf der "deformierten Mittelfläche" steht.

Für ebene Flächentragwerke mit $\mathbb{K} = 0$ fließen aus (6.52a) für die sog. "Scheibenschnittlasten" der Airysche Ansatz

$$\underset{(2)}{\mathbb{T}} = \mathbb{n} \times (\underset{(2)}{\nabla} \circ \underset{(2)}{\nabla} \psi_n) \times \mathbb{n} \equiv^{100)} (\underset{(2)}{\nabla} \circ \underset{(2)}{\nabla} - \underset{(2)}{\mathbb{E}} \underset{(2)}{\Delta}) \overset{\downarrow}{\psi_n} = \underset{(2)}{\mathbb{T}}^T , \qquad (6.54a)$$

aus (6.52b,d) die Spannungsfunktionen-Ansätze der klassischen Plattentheorie, nämlich

$$_{(2)}\mathbb{Q} = \mathbb{n} \times (\underset{(2)}{\nabla} \varphi_n) \circ \mathbb{n} \qquad (6.54b)$$

sowie

$$\underset{(2)}{\overset{*}{\mathbb{M}}} = \varphi_n \underset{(2)}{\mathbb{E}} \times \mathbb{n} - \mathbb{n} \times (\underset{(2)}{\nabla} \circ \underset{(2)}{\psi}) \times \mathbb{n} , \qquad (6.54c)$$

sofern man noch

$$\underset{(2)}{\overset{*}{\mathbb{M}}} \cdot\cdot (\underset{(2)}{\mathbb{E}} \times \mathbb{n}) \overset{(6.54c)}{=} {}^{101)} - 2\varphi_n + (\mathbb{n} \times \underset{(2)}{\nabla}) \cdot \underset{(2)}{\psi} = 0,$$

d.h.

$$\varphi_n = (\mathbb{n} \times \underset{(2)}{\nabla}) \cdot \underset{(2)}{\psi} / 2 = [\mathbb{n}\, \underset{(2)}{\nabla}\, \underset{(2)}{\psi}] / 2 \qquad (6.54d)$$

setzt, indem man ausnutzt, daß hier der Momententensor $\underset{(2)}{\overset{*}{\mathbb{M}}}$ symmetrisch ist.[102]

Der Spannungsfunktionen - Ansatz (6.54b,c) degeneriert so zum Ansatz-Set

$$_{(2)}\mathbb{Q} \overset{(6.54b,d)}{=} \frac{1}{2} \left[(\mathbb{n} \times \underset{(2)}{\nabla}) [\mathbb{n}\, \underset{(2)}{\nabla}\, \underset{(2)}{\psi}] \right] \circ \mathbb{n} \qquad (6.54e)$$

$$\underset{(2)}{\overset{*}{\mathbb{M}}} \equiv \frac{1}{2} (\underset{(2)}{\overset{*}{\mathbb{M}}} + \underset{(2)}{\overset{*}{\mathbb{M}}}{}^T) \overset{(6.54c,d)}{=} -\frac{1}{2} \mathbb{n} \times (\underset{(2)}{\nabla} \circ \underset{(2)}{\psi} + \underset{(2)}{\psi} \circ \underset{(2)}{\nabla}) \times \mathbb{n} \equiv$$

$$\equiv - \mathbb{n} \times \operatorname{def}_{(2)} \underset{(2)}{\psi} \times \mathbb{n} \equiv - \operatorname{def}_{(2)} \underset{(2)}{\psi} + (\operatorname{div}_{(2)} \underset{(2)}{\psi}) \underset{(2)}{\mathbb{E}} , \qquad (6.54f)$$

der die beiden Momenten-Gleichgewichtsbedingungen am Plattenelement identisch befriedigt.

Unter Benutzung z.B. kartesischer Koordinaten (x_1,x_2) sind mit $\underset{(2)}{\psi} = \psi_1 \mathbb{e}_1 + \psi_2 \mathbb{e}_2$

$[\mathbb{n}\, \underset{(2)}{\nabla}\, \underset{(2)}{\psi}] = \partial\psi_2 / \partial x_1 - \partial\psi_1 / \partial x_2$, $\mathbb{n} \times \underset{(2)}{\nabla} = \mathbb{e}_2 \partial / \partial x_1 - \mathbb{e}_1 \partial / \partial x_2$,

womit nach (6.54e,f) die Ansätze

$$q_1 = -\frac{1}{2} \frac{\partial}{\partial x_2} \left[\frac{\partial\psi_2}{\partial x_1} - \frac{\partial\psi_1}{\partial x_2} \right] , \quad q_2 = \frac{1}{2} \frac{\partial}{\partial x_1} \left[\frac{\partial\psi_2}{\partial x_1} - \frac{\partial\psi_1}{\partial x_2} \right] \qquad (6.55a)$$

für die Querkräfte $q_j = \mathbb{e}_j \cdot {}_{(2)}\mathbb{Q} \cdot \mathbb{n}$, j=1,2 bzw.

$$\overset{*}{m}_{11} = \frac{\partial\psi_2}{\partial x_2} , \quad \overset{*}{m}_{22} = \frac{\partial\psi_1}{\partial x_1} , \quad \overset{*}{m}_{12} = \overset{*}{m}_{21} = -\frac{1}{2} \left[\frac{\partial\psi_1}{\partial x_2} + \frac{\partial\psi_2}{\partial x_1} \right] \qquad (6.55b)$$

für die Schalenmomente entstehen. Mit diesen, in der "Freimachungsskizze" nach Abb. 6.8

---

100) Man benutze [1], (2.66c)

101) Man benutze $(\mathbb{n} \times \underset{(2)}{\mathbb{A}} \times \mathbb{n}) \cdot\cdot (\underset{(2)}{\mathbb{E}} \times \mathbb{n}) \equiv \left[(\mathbb{n} \times \underset{(2)}{\mathbb{A}}) \cdot (\underset{(2)}{\mathbb{E}} \times \mathbb{n}) \right] \cdot\cdot (\underset{(2)}{\mathbb{E}} \times \mathbb{n}) =$
$= (\mathbb{n} \times \underset{(2)}{\mathbb{A}}) \cdot\cdot \left[(\underset{(2)}{\mathbb{E}} \times \mathbb{n}) \cdot (\underset{(2)}{\mathbb{E}} \times \mathbb{n}) \right] = (\mathbb{n} \times \underset{(2)}{\mathbb{A}}) \cdot\cdot \left[(\underset{(2)}{\mathbb{E}} \times \mathbb{n}) \times \mathbb{n} \right] = -(\mathbb{n} \times \underset{(2)}{\mathbb{A}}) \cdot\cdot \underset{(2)}{\mathbb{E}}$
und setze $\underset{(2)}{\mathbb{A}} = (\underset{(2)}{\nabla} \circ \underset{(2)}{\psi}) \cdot \underset{(2)}{\mathbb{E}}$

102) in Ausnutzung des Boltzmannschen Axioms für den Spannungszustand im Platten–Kontinuum folgert man in der Plattentheorie bekanntlich $\overset{*}{m}_{12} = \overset{*}{m}_{21}$.

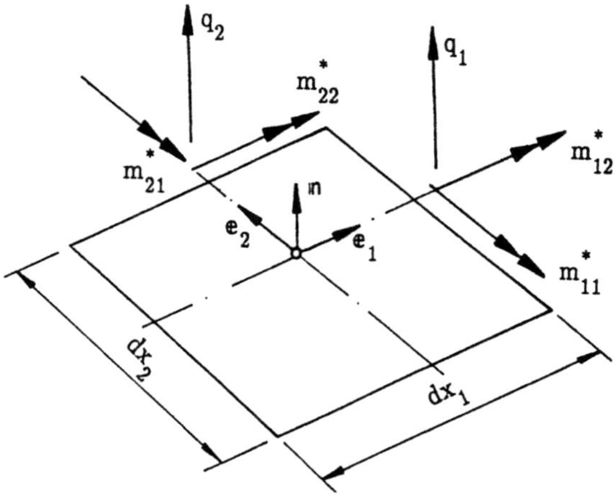

Abb. 6.9

schematisch dargestellten (sog.) Biegeschnittlasten [103] sind am Plattenelement die beiden Momenten—Gleichgewichtsbedingungen

$$\frac{\partial \overset{*}{m}_{11}}{\partial x_1} + \frac{\partial \overset{*}{m}_{21}}{\partial x_2} = - q_1 \,, \quad \frac{\partial \overset{*}{m}_{12}}{\partial x_1} + \frac{\partial \overset{*}{m}_{22}}{\partial x_2} = - q_2$$

um die $\mathbb{e}_1$— bzw. $\mathbb{e}_2$—Achse zu befriedigen, was, wie Einsetzen zeigt, mit den Ansätzen (6.55a,b) in der Tat stets sichergestellt ist.

6.6 Schalenkoordinaten

Unter Schalen versteht man in der Ingenieurmechanik räumliche Gebilde mit - gegenüber ihren übrigen Abmessungen - in einer Dimension sehr geringen Ausdehnung ("Schalendicke") h. Die mathematische Beschreibung des "Schalenraumes" ($\mathscr{V}_3$) - repräsentiert durch die Menge seiner materiellen Punkte $\tilde{\mathbb{P}} = \tilde{P}(\tilde{\mathbb{r}}) = \tilde{P}(\mathbb{r} + z\,\mathbb{n}(\mathbb{r}))$, $-h/2 \le z \le h/2$ - wird in einer, meist als "unverformt" deklarierten (zu einer Zeit t_0 eingenommenen Ausgangs- bzw. Bezugs-) konfiguration vorgenommen derart, daß man unter Verwendung einer im Schalenraum liegenden und durch

$$\hat{\mathbb{r}}(P,t_0) = \mathbb{r}(q^1,q^2) \tag{6.56a}$$

beschriebenen "Referenzfläche"[104], die die Ausgangsplazierung der Flächenpunkte $P(\mathbb{r})$ festlegt,

$$\hat{\mathbb{r}}(\tilde{P},t_0) \equiv \tilde{\mathbb{r}}(\mathbb{r},z) = \hat{\mathbb{r}}(P,t_0) + z\,\hat{\mathbb{n}}(P,t_0) = \mathbb{r} + z\,\mathbb{n}(\mathbb{r}) \,, \; - h/2 \le z \le h/2 \qquad (6.56b,c)$$

setzt, also die Ausgangslage der Punkte $\tilde{P}$ vom jeweiligen Referenzflächenpunkte $P(\mathbb{r})$ aus in Richtung der jeweiligen Mittelflächennormalen $\hat{\mathbb{n}}(P,t_0) = \mathbb{n}(\mathbb{r})$ lokalisiert. In Abb. 6.1

103) Querkraftkomponenten wurden durch Einfachpfeile, Momentenkomponenten durch Doppelpfeile symbolisiert.

104) in der Regel ist dies — wie auch hier vorgesehen — die sog. Schalen — Mittelfläche f

ist dies, nunmehr mit h anstelle von Δh abzulesen.

Damit (6.56b) materielle Punkte $\tilde{P}$ eindeutig durch Vorgaben der Tupel $(\mathbb{r},z) \hat{=} \left\{q^1, q^2, z\right\}$ zu beschreiben erlaubt, müssen die nach (6.1a) berechenbaren Abstände

$$d\mathbb{r}_z = d\mathbb{r}_{(2)} \cdot (\mathbb{E} - z\mathbb{K}) \equiv^{105)} d\mathbb{r}_{(2)} \cdot (\mathbb{E}_{(2)} - z\mathbb{K})$$

zweier "in der Höhe z über der Mittelfläche liegender" infinitesimal benachbarter Punkte $\tilde{P}$ und $\tilde{P}'$ für alle im Definitionsbereich (6.56c) liegende Werte z von Null verschieden sein. Hierwegen, d. h. wegen

$$d\mathbb{r}_z \cdot d\mathbb{r}_z = d\mathbb{r}_z^2 = d\mathbb{r} \cdot (\mathbb{E}_{(2)} - z\mathbb{K})^2 \cdot d\mathbb{r} \neq 0 ,$$

müssen auch die im ungünstigsten Falle anfallenden Tensoren $(\mathbb{E}_{(2)} \pm h\, \mathbb{K}/2)^2$ noch von Null verschiedene Hauptwerte haben, wozu

$$\max |k_{jj}^{(H)}|\ h/2 < 1, \ j=1,2 \tag{6.56d}$$

erforderlich ist, also eine Bedingung, die für den in technischen Schalentheorien (durch $\max |k_{jj}^{(H)}|\ h/2 << 1$) eingeschränkten Fall der "Schalen mit schwacher Anfangskrümmung" stets erfüllt wird.

Da Schalentheorien in der Ingenieurmechanik in der Regel mittels (als Kantorowitsch–Ansätze zu deutender) Deformationsannahmen längs der Schalendicke von im Schalenraum $(\mathcal{V}_3)$ definierten Kontinuumsproblemen auf längs der Mittelfläche $(\mathbb{r}(q^1,q^2))$ definierte Ersatzprobleme reduziert werden, ist die Erarbeitung einer Darstellung der im $(\mathcal{V}_3)$ definierten Operation $\mathbb{V}$ in Termen der Ableitungen nach den "Schalenkoordinaten" $(\mathbb{r},z) \hat{=} \left\{q^1,q^2,z\right\}$ von besonderer Bedeutung. Dazu bildet man — ausgehend von den Tangentenvektoren an die Koordinatenlinien, d. h. ausgehend von

$$\tilde{\mathfrak{g}}_z = \partial\tilde{\mathbb{r}}/\partial z = \mathbb{n} \tag{6.57a}$$

sowie

$$\tilde{\mathfrak{g}}_j = \frac{\partial\tilde{\mathbb{r}}}{\partial q^j} = \frac{\partial\mathbb{r}}{\partial q^j} + z\,\frac{\partial\mathbb{n}}{\partial q^j} \overset{(5.35d)}{=} \mathfrak{g}_j \cdot (\mathbb{E}_{(2)} - z\mathbb{K}),\ j=1,2 , \tag{6.57b}$$

worin

$$\mathfrak{g}_j = \partial\mathbb{r}/\partial q^j \equiv \mathfrak{g}_j \cdot \mathbb{E}_{(2)} \equiv \mathfrak{g}_j \cdot \mathbb{V}_{(2)} \circ \mathbb{r} ,\ j=1,2 \tag{6.57c}$$

die entsprechenden Tangentenvektoren an die Mittelflächen — Koordinatenlinien bedeuten — die Größen

$$\begin{aligned}
\tilde{\mathfrak{g}}_1 \times \tilde{\mathfrak{g}}_2 &= \left[\mathfrak{g}_1 \cdot (\mathbb{E}_{(2)} - z\mathbb{K})\right] \times \left[\mathfrak{g}_2 \cdot (\mathbb{E}_{(2)} - z\mathbb{K})\right] \equiv \\
&\equiv \left[\mathfrak{g}_1 \cdot (\mathbb{E} - z\mathbb{K})\right] \times \left[\mathfrak{g}_2 \cdot (\mathbb{E} - z\mathbb{K})\right] \equiv^{106)} (\mathfrak{g}_1 \times \mathfrak{g}_2) \cdot (\mathbb{E} - z\mathbb{K})_3(\mathbb{E} - z\mathbb{K})^{T-1} \\
&\equiv^{107)} (\mathfrak{g}_1 \times \mathfrak{g}_2) \cdot \left[(\mathbb{E} - z\mathbb{K})_2\, \mathbb{E} - (\mathbb{E} - z\mathbb{K})_1(\mathbb{E} - z\mathbb{K}) + (\mathbb{E} - z\mathbb{K})^2\right] \\
&\equiv^{108)} \sqrt{g_{(2)}}\left[(\mathbb{E} - z\mathbb{K})_2 - (\mathbb{E} - z\mathbb{K})_1 + 1\right]\mathbb{n} = \sqrt{g_{(2)}}\,(1 - 2\,Hz + Kz^2)\,\mathbb{n} ,
\end{aligned} \tag{6.58a}$$

---

105) mit der lokal—planaren (in der jeweiligen Referenzkonfigurations—Tangentialebene $(\mathcal{V}_2(P))$ der Mittelfläche f definierten) Einheitsoperation $\mathbb{E}_{(2)}(\mathbb{r}) = \mathbb{E} - \mathbb{n}(\mathbb{r}) \circ \mathbb{n}(\mathbb{r})$

106) Man benutze [1] (2.39a)

107) Man benutze die Cayley — Hamiltonsche Gleichung und $\mathbb{K} = \mathbb{K}^T$.

108) Man beachte, daß $\mathfrak{g}_1 \times \mathfrak{g}_2 \overset{(5.4a)}{=} \sqrt{g_{(2)}}\,\mathbb{n}$, also parallel zur Flächennormalen und hierwegen $(\mathfrak{g}_1 \times \mathfrak{g}_2) \cdot \mathbb{K} = 0$ ist.

$$[\tilde{\mathfrak{g}}_1\,\tilde{\mathfrak{g}}_2\,\tilde{\mathfrak{g}}_z] = [\tilde{\mathfrak{g}}_1\,\tilde{\mathfrak{g}}_2\,\mathbb{n}] \overset{(6.58a)}{=} \sqrt{g_{(2)}}\,(1 - 2\,Hz + Kz^2)\,, \tag{6.58b}$$

um hiermit in der Form
$$\tilde{\mathfrak{g}}^{\,z} = \frac{\tilde{\mathfrak{g}}_1 \times \tilde{\mathfrak{g}}_2}{[\tilde{\mathfrak{g}}_1\,\tilde{\mathfrak{g}}_2\,\mathbb{n}\,]} \overset{(6.58a,b)}{=} \mathbb{n}\,, \tag{6.58c}$$

sowie
$$\tilde{\mathfrak{g}}^{\,1} = \frac{\tilde{\mathfrak{g}}_2 \times \tilde{\mathfrak{g}}_z}{[\tilde{\mathfrak{g}}_1\,\tilde{\mathfrak{g}}_2\,\mathbb{n}\,]}\,,\quad \tilde{\mathfrak{g}}^{\,2} = \frac{\tilde{\mathfrak{g}}_z \times \tilde{\mathfrak{g}}_1}{[\tilde{\mathfrak{g}}_1\,\tilde{\mathfrak{g}}_2\,\mathbb{n}\,]} \tag{6.58d,e}$$

die zur Tangentenvektorbasis reziproke Basis und schließlich im Sinne von (3.2c) die Operation ∇ aufzubauen. Man findet

$$\tilde{\mathfrak{g}}^{\,1} = \frac{\tilde{\mathfrak{g}}_2 \times \tilde{\mathfrak{g}}_z}{[\tilde{\mathfrak{g}}_1\,\tilde{\mathfrak{g}}_2\,\tilde{\mathfrak{g}}_z]} \overset{(6.57a,b)}{=} \frac{\mathfrak{g}_2 \cdot (\mathbb{E}_{(2)} - z\mathbb{K}) \times \mathbb{n}}{\sqrt{g_{(2)}}\,(1 - 2\,Hz + Kz^2)} \equiv$$
$$\overset{109)}{\equiv} \frac{(-(\mathfrak{g}_2 \times \mathbb{n}) \times \mathbb{n}) \cdot (\mathbb{E}_{(2)} - z\mathbb{K}) \times \mathbb{n}}{\sqrt{g_{(2)}}\,(1 - 2\,Hz + Kz^2)} \equiv$$
$$\equiv - \frac{(\mathfrak{g}_2 \times \mathbb{n}) \cdot (\mathbb{n} \times (\mathbb{E}_{(2)} - z\mathbb{K}) \times \mathbb{n})}{\sqrt{g_{(2)}}\,(1 - 2\,Hz + Kz^2)} \overset{110)}{=} \mathfrak{g}^1 \cdot (\mathbb{E}_{(2)} - z\mathbb{K})^{-1} \tag{6.58f}$$

und entsprechend

---

109) Man benutze die wegen $\mathfrak{g}_2 \cdot \mathbb{n} = 0$ mögliche Umformung $\mathfrak{g}_2 = -\,(\mathfrak{g}_2 \times \mathbb{n}) \times \mathbb{n}$

110) Man beachte, daß $\mathfrak{g}_2 \times \mathbb{n} \,/\, \sqrt{g_{(2)}} = \mathfrak{g}^1 = \tilde{\mathfrak{g}}^{\,1}|_{z=0}$ den auf der Mittelfläche (z=0) anfallenden Gradientenvektor $\tilde{\mathfrak{g}}^{\,1}|_{z=0}$ bedeutet und benutze die Identität

$$\mathbb{n} \times (\mathbb{E}_{(2)} - z\mathbb{K}) \times \mathbb{n} = -\,(\mathbb{E}_{(2)} - z\mathbb{K})_2\,(\mathbb{E}_{(2)} - z\mathbb{K})^{-1} = (1 - 2\,Hz + Kz^2)\,(\mathbb{E}_{(2)} - z\mathbb{K})^{-1}\,, \tag{6.58h}$$

worin $(\mathbb{E}_{(2)} - z\mathbb{K})^{-1}$ die durch $(\mathbb{E}_{(2)} - z\mathbb{K}) \cdot (\mathbb{E}_{(2)} - z\mathbb{K})^{-1} \equiv (\mathbb{E}_{(2)} - z\mathbb{K})^{-1} \cdot (\mathbb{E}_{(2)} - z\mathbb{K}) = \mathbb{E}_{(2)}$ beschriebene (lokal—planare) Operation bedeutet. Die Identität (6.58h) ist ein Spezialfall der allgemein für (lokal—)planare Tensoren

$$\mathbb{A}_{(2)} = \sum_{j,k=1}^{2} a^{jk}\mathfrak{g}_j \circ \mathfrak{g}_k = \sum_{j,k=1}^{2} a_{jk}\mathfrak{g}^j \circ \mathfrak{g}^k \equiv \sum_{j,k=1}^{2} a_{\langle jk\rangle}\,\mathbb{e}_j \circ \mathbb{e}_k \tag{6.59a}$$

gültigen Identität

$$\mathbb{n} \times \mathbb{A}^T_{(2)} \times \mathbb{n} = -\,(A_1\mathbb{E}_{(2)} - \mathbb{A}_{(2)}) \equiv -\,A_2\,\mathbb{A}^{-1}_{(2)} \tag{6.59b}$$

mit
$$A_1 = (\mathbb{A}_{(2)})_1 = \mathbb{E}_{(2)} \cdot\cdot \mathbb{A}_{(2)}\,,\ A_2 = (\mathbb{A}_{(2)})_2 = \frac{1}{2}\,(A_1^2 - \mathbb{A}_{(2)} \cdot\cdot \mathbb{A}_{(2)})\,, \tag{6.59c,d}$$

was man mittels [1], Formel (2.66c) und der für planare Tensoren gültigen Cayley—Hamilton—Gleichung

$$A_2\,\mathbb{A}^p_{(2)} - A_1\,\mathbb{A}^{p+1}_{(2)} + \mathbb{A}^{p+2}_{(2)} = 0 \tag{6.59e}$$

mit $p = -1$ und $\mathbb{A}^0_{(2)} = \mathbb{E}_{(2)}$ verifiziert. Man kann (6.58h) aber leicht auch komponentenweise unter Bezugnahme auf die lokal—planare Hauptachsen—Orthonormalbasis von $\mathbb{K}$ bestätigen.

$$\tilde{\mathbb{g}}^{2} = \mathbb{g}^{2} \cdot (\mathbb{E}_{(2)} - z\mathbb{K})^{-1} \tag{6.58g}$$

als die der gewählten Koordinatenbeschreibung zukommenden Gradientenvektoren und kann hiermit schließlich für den (im dreidimensionalen Euklidischen Vektorraum $\mathscr{V}_3$ definierten) Nabla—Operator im Sinne von (3.2)

$$\mathbb{V} = \tilde{\mathbb{g}}^{z} \frac{\partial}{\partial z} + \sum_{j=1}^{2} \tilde{\mathbb{g}}^{j} \frac{\partial}{\partial q^{j}} = \mathbb{n} \frac{\partial}{\partial z} + (\mathbb{E}_{(2)} - z\mathbb{K})^{-1} \cdot \sum_{j=1}^{2} \mathbb{g}^{j} \frac{\partial}{\partial q^{j}} = \mathbb{n} \frac{\partial}{\partial z} + (\mathbb{E}_{(2)} - z\mathbb{K})^{-1} \cdot \mathbb{V}_{(2)} \tag{6.60a}$$

mit dem (in $\mathscr{V}_2(P)$ definierten) lokal—planaren Operator $\mathbb{V}_{(2)}$ nach (6.4b) notieren. Eine Darstellung von der Form

$$\mathbb{V} = \mathbb{n} \frac{\partial}{\partial z} + \left[\sum_{j=0}^{\infty} z^{j} \mathbb{K}^{j} \right] \cdot \mathbb{V}_{(2)} \tag{6.60b}$$

unter Benutzung der für schwach gekrümmte Schalen stark konvergierenden Entwicklung

$$(\mathbb{E}_{(2)} - z\mathbb{K})^{-1} = \sum_{j=0}^{\infty} z^{j} \mathbb{K}^{j} , \quad \mathbb{K}^{0} = \mathbb{E}_{(2)} \tag{6.60c}$$

eignet sich besonders für die Konstruktion von Schalen—Näherungstheorien [53], [54], die man hiermit qualifizieren kann unter dem Gesichtspunkt, nach welchem Gliede die Entwicklung (6.60b) jeweils abgebrochen wurde.

6.7 Ergänzungen zu §5 und §6

Daß

6.7.1 Minimalflächen ,

die durch

$$H = 0 \text{ bzw. } \mathbb{E} \cdot\cdot \mathbb{K} = - \mathbb{V}_{(2)} \cdot \mathbb{n} = 0$$

gekennzeichnet werden, in der Tat die Eigenschaft haben, einen vorgegebenen Rand mit einer Fläche kleinsten Inhaltes zu überspannen, beweist man durch Untersuchung der Frage, welcherart Fläche

$$F = \int df = \int_{q_a^1}^{q_b^1} \int_{q_a^2}^{q_b^2} \sqrt{g_{(2)}}\, dq^1 dq^2 \tag{6.61a}$$

man in Betracht nehmen muß, damit deren erste Variation verschwindet und deren zweite Variation positiv ist (vgl. §7), wobei man neben der durch

$$\hat{\mathbb{r}}(P) = \mathbb{r}(q^1,q^2) \tag{6.61b}$$

definierten Fläche f in der Form

$$\hat{\mathbb{r}}^{*}(P) = \hat{\mathbb{r}}(P) + \hat{\zeta}(P)\hat{\mathbb{n}}(P) = \mathbb{r}(q^1,q^2) + \zeta(q^1,q^2)\mathbb{n}(q^1,q^2) = \mathbb{r}^{*}(q^1,q^2) \tag{6.61c}$$

variierte Flächen F^{*} zur Disposition stellt mit einer skalaren Funktion $\zeta(q^1,q^2)$, die längs der Flächenberandung verschwinden muß. Gefragt ist also nach der Eigenschaft einer Fläche $F^{*} = \int df^{*}$ für die

$$\delta_{\zeta} F^{*} |_{\zeta=0} = 0 , \quad \delta_{\zeta}^{2} F^{*} |_{\zeta=0} > 0 \tag{6.61d}$$

erreicht werden soll.

Für die Fläche $\overset{*}{F}$ berechnet man hierzu zunächst

$$\overset{*}{\mathbb{g}}_j = \frac{\partial \overset{*}{\mathbb{r}}}{\partial q^j} = \frac{\partial \mathbb{r}}{\partial q^j} + \frac{\partial \zeta}{\partial q^j}\mathbb{n} + \zeta\frac{\partial \mathbb{n}}{\partial q^j} \overset{(5.2a,35d)}{=} \mathbb{g}_j\cdot(\mathbb{E} - \zeta\mathbb{K}) + \frac{\partial \zeta}{\partial q^j}\mathbb{n}$$

$$\equiv \mathbb{g}_j\cdot(\underset{(2)}{\mathbb{E}} - \zeta\mathbb{K}) + \frac{\partial \zeta}{\partial q^j}\mathbb{n}\ ,\ j = 1,2,$$

also

$$\overset{*}{\mathbb{g}}_1\times\overset{*}{\mathbb{g}}_2 = \left[\mathbb{g}_1\cdot(\underset{(2)}{\mathbb{E}} - \zeta\mathbb{K}) + \frac{\partial \zeta}{\partial q^1}\mathbb{n}\right]\times\left[\mathbb{g}_2\cdot(\underset{(2)}{\mathbb{E}} - \zeta\mathbb{K}) + \frac{\partial \zeta}{\partial q^2}\mathbb{n}\right] =$$

$$= \left[\mathbb{g}_1\cdot(\underset{(2)}{\mathbb{E}} - \zeta\mathbb{K})\right]\times\left[\mathbb{g}_2\cdot(\underset{(2)}{\mathbb{E}} - \zeta\mathbb{K})\right] + \frac{\partial \zeta}{\partial q^2}\mathbb{g}_1\cdot(\underset{(2)}{\mathbb{E}} - \zeta\mathbb{K})\times\mathbb{n} -$$

$$- \frac{\partial \zeta}{\partial q^1}\mathbb{g}_2\cdot(\underset{(2)}{\mathbb{E}} - \zeta\mathbb{K})\times\mathbb{n} \overset{111)}{\equiv} \sqrt{\underset{(2)}{g}}\left[(1-2H\zeta+K\zeta^2)\mathbb{n} - (\underset{(2)}{\nabla}\zeta)\cdot(\underset{(2)}{\mathbb{E}} - \zeta K\mathbb{K}^{-1})\right]$$

und hiermit als Flächenelementenvektor mit $\sqrt{\underset{(2)}{g}}\,dq^1dq^2 = df$

$$d\overset{*}{\mathbb{f}} = \overset{*}{\mathbb{g}}_1 dq^1 \times \overset{*}{\mathbb{g}}_2 dq^2 = df\left[(1-2H\zeta+K\zeta^2)\mathbb{n} - (\underset{(2)}{\nabla}\zeta)\cdot(\underset{(2)}{\mathbb{E}} - \zeta K\mathbb{K}^{-1})\right] \quad (6.61e)$$

mit

$$df = |\mathbb{g}_1 dq^1\times \mathbb{g}_2 dq^2| = \sqrt{\underset{(2)}{g}}\,dq^1dq^2 = d\overset{*}{f}\,|_{\zeta=0}\ ,$$

also — man beachte $\mathbb{n}\cdot\underset{(2)}{\mathbb{E}} = 0$, $\mathbb{n}\cdot\mathbb{K} = 0$ —

$$d\overset{*}{f} = \sqrt{d\overset{*}{\mathbb{f}}\cdot d\overset{*}{\mathbb{f}}} = df\sqrt{(1-2H\zeta+K\zeta^2)+(\underset{(2)}{\nabla}\zeta)\cdot(\underset{(2)}{\mathbb{E}} - \zeta K\mathbb{K}^{-1})^2\cdot(\underset{(2)}{\nabla}\zeta)}\ , \quad (6.61f)$$

so daß jetzt

$$\left[\delta_\zeta \int\limits_{(q^1,q^2)} d\overset{*}{f}\right]_{\zeta=0} = \int\limits_{(q^1,q^2)} \left[\frac{\partial(d\overset{*}{f})}{\partial\zeta}\delta\zeta + \frac{\partial(d\overset{*}{f})}{\partial(\underset{(2)}{\nabla}\zeta)}\cdot\delta(\underset{(2)}{\nabla}\zeta)\right]_{\zeta=0}$$

$$\overset{112)}{=} \int\limits_{(q^1,q^2)} \left[\frac{\partial(d\overset{*}{f})}{\partial\zeta} - \underset{(2)}{\nabla}\cdot\left\{\frac{\partial(d\overset{*}{f})}{\partial(\underset{(2)}{\nabla}\zeta)}\right\}\right]_{\zeta=0} = 0$$

als an die Fläche F zu stellende Extremalforderung ausgesprochen werden muß. Mit

$$\left[\frac{\partial(d\overset{*}{f})}{\partial\zeta}\right]_{\zeta=0} \overset{(6.61f)}{=} -2H df,\quad \left[\frac{\partial(d\overset{*}{f})}{\partial(\underset{(2)}{\nabla}\zeta)}\right]_{\zeta=0} \overset{(6.61f)}{=} 0$$

führt dies auf

---

111) Man benutze (6.58a) mit ζ anstelle von z und beachte wegen

$$\mathbb{g}_1 \overset{(5.6a)}{=} \sqrt{\underset{(2)}{g}}\,\mathbb{g}^2\times\mathbb{n}\ ,\ \mathbb{g}_2 \overset{(5.6b)}{=} -\sqrt{\underset{(2)}{g}}\,\mathbb{g}^1\times\mathbb{n}$$ die Identität

$$\frac{\partial \zeta}{\partial q^2}\mathbb{g}_1\cdot(\underset{(2)}{\mathbb{E}} - \zeta\mathbb{K})\times\mathbb{n} - \frac{\partial \zeta}{\partial q^1}\mathbb{g}_2\cdot(\underset{(2)}{\mathbb{E}} - \zeta\mathbb{K})\times\mathbb{n} =$$

$$= \sqrt{\underset{(2)}{g}}\left[\mathbb{g}^1\frac{\partial \zeta}{\partial q^1} + \mathbb{g}^2\frac{\partial \zeta}{\partial q^2}\right]\cdot\left[\mathbb{n}\times(\underset{(2)}{\mathbb{E}} - \zeta\mathbb{K})\times\mathbb{n}\right] \overset{(6.4b)}{=} \sqrt{\underset{(2)}{g}}\,(\underset{(2)}{\nabla}\zeta)\cdot\left[\mathbb{n}\times(\underset{(2)}{\mathbb{E}} - \zeta\mathbb{K})\times\mathbb{n}\right]$$

sowie

$$\mathbb{n}\times\underset{(2)}{\mathbb{E}}\times\mathbb{n} \overset{(6.59b)}{=} -(\underset{(2)}{\mathbb{E}})_2\,\underset{(2)}{\mathbb{E}}^{-1} = -\underset{(2)}{\mathbb{E}}\ ,\ \mathbb{n}\times\mathbb{K}\times\mathbb{n} \overset{(6.59b)}{=} -(\mathbb{K})_2\,\mathbb{K}^{-1} = -K\,\mathbb{K}^{-1}$$

112) Man integriere den zweiten Term partiell bei Beachtung der Randbedingung $\delta\zeta_{\mathrm{Rand}} = 0$

$$\int\limits_{(\overset{1}{q},\overset{2}{q})} 2H\,\delta\zeta\,df = 0\,, \tag{6.61g}$$

also — wegen der Beliebigkeit von $\delta\zeta(\overset{1}{q},\overset{2}{q})$ — in der Tat auf den Befund, daß eine Minimalfläche eine Fläche mit verschwindender mittlerer Krümmung sein muß. Da hierwegen anstelle von (6.61f) einfacher

$$df^{*} \overset{113)}{=} df\sqrt{(1+K\zeta^2)^2+(\nabla_{(2)}\zeta)\cdot(\mathbb{E}_{(2)}+\zeta\mathbb{K})^2\cdot(\nabla_{(2)}\zeta)} \tag{6.61h}$$

geschrieben werden kann, identifiziert man

$$\delta^2_\zeta\Big[\int\limits_{(\overset{1}{q},\overset{2}{q})} df^{*}\Big]_{\zeta=0} = \int\limits_{(\overset{1}{q},\overset{2}{q})}\Big\{\frac{\partial^2(df^{*})}{\partial\zeta^2}\delta\zeta^2 + 2\frac{\partial}{\partial\zeta}\Big[\frac{\partial(df^{*})}{\partial(\nabla_{(2)}\zeta)}\cdot\delta(\nabla_{(2)}\zeta)\Big]\delta\zeta +$$

$$+(\nabla_{(2)}\delta\zeta)\cdot\frac{\partial^2(df^{*})}{\partial(\nabla_{(2)}\zeta)^2}\cdot(\nabla_{(2)}\delta\zeta)\Big\}_{\zeta=0} \overset{(6.61h)}{=} \int\limits_{(\overset{1}{q},\overset{2}{q})}\sqrt{2\delta\zeta^2+(\nabla_{(2)}\delta\zeta)^2}\,df \geq 0\,,$$

weswegen mit $H = 0$ in der Tat eine Fläche kleinsten Inhalts vorliegt.

6.7.2 Die Gleichungen von Mainardi—Codazzi

als Komponentengleichungen von (6.15e) bekommt man mit

$$\mathbb{n}\times\nabla_{(2)} = \mathbb{n}\times\sum_{j=1}^{2}\mathfrak{g}^j\frac{\partial}{\partial q^j} \overset{(5.5a,b)}{=} \frac{1}{\sqrt{g_{(2)}}}\Big(\mathfrak{g}_2\frac{\partial}{\partial q^1}-\mathfrak{g}_1\frac{\partial}{\partial q^2}\Big) \tag{6.62a}$$

und $\mathbb{K}$ z. B. in kovarianter Komponentendarstellung aus

$$\sqrt{g_{(2)}}\,(\mathbb{n}\times\nabla_{(2)})\cdot\mathbb{K} = \Big(\mathfrak{g}_2\frac{\partial}{\partial q^1}-\mathfrak{g}_1\frac{\partial}{\partial q^2}\Big)\cdot\sum_{\alpha,\beta=1}^{2}k_{\alpha\beta}\mathfrak{g}^{\alpha}\circ\mathfrak{g}^{\beta}$$

$$=\frac{\partial}{\partial q^1}\Big[\sum_{\beta=1}^{2}k_{2\beta}\mathfrak{g}^{\beta}\Big]+\mathfrak{g}_2\cdot\frac{\partial\mathfrak{g}^1}{\partial q^1}\sum_{\beta=1}^{2}k_{1\beta}\mathfrak{g}^{\beta}+\mathfrak{g}_2\cdot\frac{\partial\mathfrak{g}^2}{\partial q^1}\sum_{\beta=1}^{2}k_{2\beta}\mathfrak{g}^{\beta}-$$

$$-\frac{\partial}{\partial q^2}\Big[\sum_{\beta=1}^{2}k_{1\beta}\mathfrak{g}^{\beta}\Big]-\mathfrak{g}_1\cdot\frac{\partial\mathfrak{g}^1}{\partial q^2}\sum_{\beta=1}^{2}k_{1\beta}\mathfrak{g}^{\beta}-\mathfrak{g}_1\cdot\frac{\partial\mathfrak{g}^2}{\partial q^2}\sum_{\beta=1}^{2}k_{2\beta}\mathfrak{g}^{\beta}=0\,,$$

bzw. unter Benutzung von [114] $\partial\mathfrak{g}_1/\partial q^2 = \partial\mathfrak{g}_2/\partial q^1$ aus

$$\sum_{\beta=1}^{2}\Big\{\Big[\frac{\partial k_{1\beta}}{\partial q^2}-\frac{\partial k_{2\beta}}{\partial q^1}\Big]\mathfrak{g}^{\beta}+k_{1\beta}\frac{\partial\mathfrak{g}^{\beta}}{\partial q^2}-k_{2\beta}\frac{\partial\mathfrak{g}^{\beta}}{\partial q^1}\Big\}$$

$$\overset{(5.21)}{=}\sum_{\beta=1}^{2}\Big\{\Big[\frac{\partial k_{1\beta}}{\partial q^2}-\frac{\partial k_{2\beta}}{\partial q^1}\Big]\mathfrak{g}^{\beta}-k_{1\beta}\mathfrak{g}^{\beta}\cdot\mathbb{\Gamma}^{T}_{[2]}+k_{2\beta}\mathfrak{g}^{\beta}\cdot\mathbb{\Gamma}^{T}_{[1]}\Big\}=0 \tag{6.62b}$$

---

113) Man benutze die mit $H = 0$ gültige Identität $K\,\mathbb{K}^{-1} = -\mathbb{K}$

114) sowie von $\mathfrak{g}_1\cdot\dfrac{\partial\mathfrak{g}^1}{\partial q^2} = -\mathfrak{g}^1\cdot\dfrac{\partial\mathfrak{g}_1}{\partial q^2}$, $\mathfrak{g}_1\cdot\dfrac{\partial\mathfrak{g}^2}{\partial q^2} = -\mathfrak{g}^2\cdot\dfrac{\partial\mathfrak{g}_1}{\partial q^2}$ usw.

nach Skalarmultiplikation mit $\mathfrak{g}_1$ bzw. $\mathfrak{g}_2$. Man findet

$$\frac{\partial k_{11}}{\partial q^2} - \frac{\partial k_{21}}{\partial q^1} - \sum_{\beta=1}^{2} k_{1\beta}\mathfrak{g}^{\beta}\cdot\mathbf{\Gamma}^{T}_{[2]}\cdot\mathfrak{g}_1 + \sum_{\beta=1}^{2} k_{2\beta}\mathfrak{g}^{\beta}\cdot\mathbf{\Gamma}^{T}_{[2]}\cdot\mathfrak{g}_1$$

$$= \frac{\partial k_{11}}{\partial q^2} - \frac{\partial k_{21}}{\partial q^1} - \sum_{\alpha,\beta=1}^{2} (k_{1\beta}\Gamma_{\alpha 12} - k_{2\beta}\Gamma_{\alpha 11}) g^{\alpha\beta} = 0 , \tag{6.62c}$$

und

$$\frac{\partial k_{12}}{\partial q^2} - \frac{\partial k_{22}}{\partial q^1} - \sum_{\alpha,\beta=1}^{2} (k_{1\beta}\Gamma_{\alpha 22} - k_{2\beta}\Gamma_{\alpha 21}) g^{\alpha\beta} = 0 \tag{6.62d}$$

bzw.

$$\frac{\partial k_{\langle 11\rangle}}{\partial s_{\langle 2\rangle}} - \frac{\partial k_{\langle 12\rangle}}{\partial s_{\langle 1\rangle}} + (k_{\langle 22\rangle} - k_{\langle 11\rangle}) k_{g\langle 1\rangle} + 2k_{\langle 12\rangle} k_{g\langle 2\rangle} = 0 , \tag{6.62e,f}$$

$$\frac{\partial k_{\langle 22\rangle}}{\partial s_{\langle 1\rangle}} - \frac{\partial k_{\langle 12\rangle}}{\partial s_{\langle 2\rangle}} + (k_{\langle 11\rangle} - k_{\langle 22\rangle}) k_{g\langle 2\rangle} + 2k_{\langle 12\rangle} k_{g\langle 1\rangle} = 0$$

im Falle der Bezugnahme auf Orthogonalkoordinaten $q_{\langle j\rangle}$, j = 1,2 und auf eine Einheitsvektorbasis $\langle \mathbb{e}_{\langle 1\rangle}, \mathbb{e}_{\langle 2\rangle}, \mathbb{n} \rangle$ [115] unter Benutzung der geodätischen Krümmungen $k_{g\langle j\rangle}$, j = 1,2 nach (5.26i,j) und der Bogenlängen—Ableitungen $\partial/\partial s_{\langle j\rangle} = (1/\sqrt{g_{\langle jj\rangle}})\, \partial/\partial q_{\langle j\rangle}$.

Unter der folgenden Ziffer sollen schließlich noch die Grundtatsachen der Riemannschen Geometrie am Beispiel der (gekrümmten) Fläche als zweidimensionaler Riemannscher Raum in konkreter Rechnung veranschaulicht werden.

6.7.3 Absolute Ableitungen, Krümmungstensor für die Fläche, Gaußsche Gleichung

6.7.3.1 Einfache absolute Ableitungen

Nimmt man von den (Richtungs—)ableitungen (lokal—)planarer Vektoren bzw. Tensoren

$$\mathbb{v}_{(2)} = \mathbb{v}\cdot\mathbb{E}_{(2)} = \mathbb{E}_{(2)}\cdot\mathbb{v} , \; \$_{(2)} = \mathbb{E}_{(2)}\cdot\$\cdot\mathbb{E}_{(2)} \overset{116)}{=} \overset{\langle 4\rangle}{\mathbb{E}}_{(2)}\cdot\cdot\$ = \$\cdot\cdot\overset{\langle 4\rangle}{\mathbb{E}}_{(2)} \tag{6.63a,b}$$

deren auf die jeweilige Tangentialebene bezogenen Anteile, so entstehen Strukturen die als absolute Ableitungen im (im vorliegenden Falle) zweidimensionalen Riemannschen Raum bezeichnet und (z. B. im Falle von Bogenlängen—Ableitungen) im Folgenden durch $\mathfrak{d}/\mathfrak{d}s$ symbolisiert werden. So ist also mit einer in der Tangentialebene definierten Ableitungsrichtung ($\mathbb{e}$)

---

115) Man benutze

$$\mathbb{e}_{\langle j\rangle} = \mathfrak{g}_j/\sqrt{g_{\langle jj\rangle}} ,$$

$$k_{jk} = \mathfrak{g}_j\cdot\mathbb{K}\cdot\mathfrak{g}_k = \sqrt{g_{jj}g_{kk}}\; \mathbb{e}_{\langle j\rangle}\cdot\mathbb{K}\cdot\mathbb{e}_{\langle k\rangle} = \sqrt{g_{\langle jj\rangle}g_{\langle kk\rangle}}\; k_{\langle jk\rangle}$$

sowie $g_{12} = 0, \quad g_{jj} = g_{\langle jj\rangle}$, d. h. $g^{jj} \overset{(5.5\,c,d)}{=} 1/g_{\langle jj\rangle}$, j = 1,2.

116) Mit dem (lokal—)planaren Einheitsoperator vierter Stufe

$$\overset{\langle 4\rangle}{\mathbb{E}}_{(2)} = \sum_{j,k=1}^{2} \mathfrak{g}_j\circ\mathfrak{g}_k\circ\mathfrak{g}^k\circ\mathfrak{g}^j = \sum_{j,k=1}^{2} \mathfrak{g}^j\circ\mathfrak{g}^k\circ\mathfrak{g}_k\circ\mathfrak{g}_j = \sum_{j,k=1}^{2} \mathbb{e}_{\langle j\rangle}\circ\mathbb{e}_{\langle k\rangle}\circ\mathbb{e}_{\langle k\rangle}\circ\mathbb{e}_{\langle j\rangle}$$

$$\frac{\partial \mathbf{w}_{(2)}}{\partial s_{\mathbf{e}}} = \mathbb{E}_{(2)} \cdot \frac{\partial \mathbf{w}_{(2)}}{\partial s_{\mathbf{e}}} = \left[\mathbf{e}\cdot(\nabla_{(2)} \circ \mathbf{w}_{(2)})\right]\cdot \mathbb{E}_{(2)} = \mathbf{e}\cdot\left[(\nabla_{(2)} \circ \mathbf{w}_{(2)})\cdot \mathbb{E}_{(2)}\right]$$

$$= \mathbf{e}\cdot\left[\left\{\sum_{k=1}^{2} \mathbf{g}^k \circ \frac{\partial \mathbf{w}_{(2)}}{\partial q^k}\right\}\cdot \mathbb{E}_{(2)}\right] \equiv \mathbf{e}\cdot\sum_{k=1}^{2} \mathbf{g}^k \circ \frac{\partial \mathbf{w}_{(2)}}{\partial q^k} \equiv \mathbf{e}\cdot \mathfrak{grad}\, \mathbf{w}_{(2)}\,, \tag{6.64a}$$

die absolute Richtungsableitung eines Vektors, wobei mit

$$\frac{\partial \mathbf{w}_{(2)}}{\partial q^k} = \frac{\partial \mathbf{w}_{(2)}}{\partial q^k}\cdot \mathbb{E}_{(2)} = \begin{Bmatrix} \dfrac{\partial}{\partial q^k}\displaystyle\sum_{j=1}^{2} v^j \mathbf{g}_j \\ \dfrac{\partial}{\partial q^k}\displaystyle\sum_{j=1}^{2} v_j \mathbf{g}^j \end{Bmatrix} \cdot \mathbb{E}_{(2)} =$$

$$= \begin{Bmatrix} \displaystyle\sum_{j=1}^{2}\left[\frac{\partial v^j}{\partial q^k}\mathbf{g}_j + v^j \mathbf{g}_j\cdot \mathbf{\Gamma}_{[k](2)}\right] = \sum_{j=1}^{2}\left[\frac{\partial v^j}{\partial q^k} + \sum_{\alpha=1}^{2} v^{\alpha}\Gamma_{j\alpha k}\right]\mathbf{g}^j \\ \displaystyle\sum_{j=1}^{2}\left[\frac{\partial v_j}{\partial q^k}\mathbf{g}^j - v_j \mathbf{g}^j\cdot \mathbf{\Gamma}^{T}_{[k](2)}\right] = \sum_{j=1}^{2}\left[\frac{\partial v_j}{\partial q^k} - \sum_{\alpha=1}^{2} v_{\beta} g^{\alpha\beta}\Gamma_{\alpha jk}\right]\mathbf{g}^j \end{Bmatrix} \tag{6.64b}$$

die absoluten (partiellen) Ableitungen nach den Koordinaten und mit

$$\mathfrak{grad}\, \mathbf{w}_{(2)} \equiv \nabla_{(2)} \circ \mathbf{w} = (\nabla_{(2)} \circ \mathbf{w}_{(2)})\cdot \mathbb{E}_{(2)} = \sum_{k=1}^{2} \mathbf{g}^k \circ \frac{\partial \mathbf{w}_{(2)}}{\partial q^k} \equiv \sum_{k=1}^{2} \overset{*}{\mathbf{g}}{}^k \circ \frac{\partial \mathbf{w}_{(2)}}{\partial \overset{*}{q}{}^k} \tag{6.64c}$$

der absolute Vektorgradient bezeichnet werden. $\partial \mathbf{w}_{(2)}/\partial s$ ist also derjenige Anteil von $\partial \mathbf{w}_{(2)}/\partial s$, der verbleibt, wenn man den (etwa von einem lokal–planaren Beobachter nicht feststellbaren) Normal–Anteil abzieht. $\mathfrak{grad}\, \mathbf{w}_{(2)}$ ist –angesichts der Tatsache, daß sowohl $\nabla_{(2)} \circ \mathbf{w}_{(2)}$ als auch $\mathbb{E}_{(2)} = \mathbb{E} - \mathbf{n}\circ\mathbf{n}$ invariante Größen sind– ein in der jeweiligen Tangentialebene definierter (lokal–)planarer zweistufiger Tensor.

Entsprechend bekommt man

$$\frac{\partial \mathbf{S}_{(2)}}{\partial s} = \frac{\partial \mathbf{S}_{(2)}}{\partial s}\cdot\cdot \overset{\langle 4\rangle}{\mathbb{E}}_{(2)} = \left[\mathbf{e}\cdot\nabla_{(2)} \circ \mathbf{S}_{(2)}\right]\cdot\cdot \overset{\langle 4\rangle}{\mathbb{E}}_{(2)} \equiv \mathbf{e}\cdot\left[(\nabla_{(2)} \circ \mathbf{S}_{(2)})\cdot\cdot \overset{\langle 4\rangle}{\mathbb{E}}_{(2)}\right]$$

$$\equiv \mathbf{e}\cdot\left[\left\{\sum_{k=1}^{2} \mathbf{g}^k \circ \frac{\partial \mathbf{S}_{(2)}}{\partial q^k}\right\}\cdot\cdot \overset{\langle 4\rangle}{\mathbb{E}}_{(2)}\right] \equiv \mathbf{e}\cdot\sum_{k=1}^{2} \mathbf{g}^k \circ \frac{\partial \mathbf{S}_{(2)}}{\partial q^k} = \mathbf{e}\cdot \mathfrak{grad}\, \mathbf{S}_{(2)} \equiv \mathbf{e}\cdot\nabla_{(2)} \circ \mathbf{S}_{(2)} \tag{6.65a}$$

mit dem dreistufigen Tensor des absoluten Tensorgradienten

$$\mathfrak{grad}\, \mathbf{S}_{(2)} \equiv \nabla_{(2)} \circ \mathbf{S}_{(2)} = (\nabla_{(2)} \circ \mathbf{S}_{(2)})\cdot\cdot \overset{\langle 4\rangle}{\mathbb{E}}_{(2)} = \sum_{k=1}^{2} \mathbf{g}^k \circ \frac{\partial \mathbf{S}_{(2)}}{\partial q^k} \tag{6.65b}$$

und den absoluten Koordinatenableitungen

$$\frac{\partial \mathbf{S}_{(2)}}{\partial q^k} = \frac{\partial \mathbf{S}_{(2)}}{\partial q^k}\cdot\cdot \overset{\langle 4\rangle}{\mathbb{E}}_{(2)}\,, \tag{6.65c}$$

die – jetzt z. B. unter Beschränkung auf kovariante Tensorkomponenten – als

$$\frac{\partial \mathbf{S}_{(2)}}{\partial q^k} = \frac{\partial}{\partial q^k}\left[\sum_{i,j=1}^{2} \sigma_{ij}\, \mathbf{g}^i \circ \mathbf{g}^j\right]\cdot\cdot \overset{\langle 4\rangle}{\mathbb{E}}_{(2)}$$

$$= \sum_{i,j=1}^{2} \left[\frac{\partial\sigma_{ij}}{\partial q^k}\mathfrak{g}^i\circ\mathfrak{g}^j + \sigma_{ij}\left[\frac{\partial\mathfrak{g}^i}{\partial q^k}\circ\mathfrak{g}^j + \mathfrak{g}^i\circ\frac{\partial\mathfrak{g}^j}{\partial q^k}\right]\right]\cdot\cdot\overset{\langle 4\rangle}{\mathbb{E}}_{(2)}$$

$$\overset{(5.50a,e)}{=} \frac{d\mathfrak{S}_{(2)}}{dq^k} - \boldsymbol{\Gamma}_{[k](2)}\cdot\mathfrak{S}_{(2)} - \mathfrak{S}_{(2)}\cdot\boldsymbol{\Gamma}^T_{[k](2)} \quad \text{mit} \quad \frac{d\mathfrak{S}_{(2)}}{dq^k} = \sum_{i,j=1}^{2} \frac{\partial\sigma_{ij}}{\partial q^k}\mathfrak{g}^i\circ\mathfrak{g}^j, \tag{6.65d,e}$$

also als

$$\frac{\mathfrak{d}\mathfrak{S}_{(2)}}{\mathfrak{d}q^k} = \sum_{i,j=1}^{2}\left[\frac{\partial\sigma_{ij}}{\partial q^k} - \sum_{\alpha,\beta=1}^{2} g^{\alpha\beta}(\sigma_{\beta j}\Gamma_{\alpha ik}+\sigma_{i\beta}\Gamma_{\alpha jk})\right]\mathfrak{g}^i\circ\mathfrak{g}^j \tag{6.65f}$$

darzustellen sind.

In Verallgemeinerung auf n–stufige Tensoren $\overset{\langle n\rangle}{\mathbb{A}}_{(2)} = \overset{\langle 2n\rangle}{\mathbb{E}}_{(2)} \underbrace{\cdots\cdots}_{(n)} \overset{\langle n\rangle}{\mathbb{A}} = \overset{\langle n\rangle}{\mathbb{A}}\underbrace{\cdots\cdots}_{(n)}\overset{\langle 2n\rangle}{\mathbb{E}}_{(2)}$ hat

man

$$\frac{\mathfrak{d}\overset{\langle n\rangle}{\mathbb{A}}_{(2)}}{\mathfrak{d}s_{\mathfrak{e}}} = \frac{\partial\overset{\langle n\rangle}{\mathbb{A}}_{(2)}}{\partial s_{\mathfrak{e}}}\underbrace{\cdots\cdots}_{(n)}\overset{\langle 2n\rangle}{\mathbb{E}}_{(2)} = \mathfrak{e}\cdot\left[(\boldsymbol{\nabla}_{(2)}\circ\overset{\langle n\rangle}{\mathbb{A}}_{(2)})\underbrace{\cdots\cdots}_{(n)}\overset{\langle 2n\rangle}{\mathbb{E}}_{(2)}\right]$$

$$= \mathfrak{e}\cdot\sum_{k=1}^{2}\mathfrak{g}^k\circ\frac{\mathfrak{d}\overset{\langle n\rangle}{\mathbb{A}}_{(2)}}{\mathfrak{d}q^k} = \mathfrak{e}\cdot\mathfrak{grad}\,\overset{\langle n\rangle}{\mathbb{A}}_{(2)} \tag{6.66a}$$

mit

$$\mathfrak{grad}\,\overset{\langle n\rangle}{\mathbb{A}}_{(2)} = (\boldsymbol{\nabla}_{(2)}\circ\overset{\langle n\rangle}{\mathbb{A}}_{(2)})\underbrace{\cdots\cdots}_{(n)}\overset{\langle 2n\rangle}{\mathbb{E}}_{(2)} = \sum_{k=1}^{2}\mathfrak{g}^k\circ\frac{\mathfrak{d}\overset{\langle n\rangle}{\mathbb{A}}_{(2)}}{\mathfrak{d}q^k} \equiv \sum_{k=1}^{2}\mathfrak{g}^k\circ\nabla_k\overset{\langle n\rangle}{\mathbb{A}} \tag{6.66b}$$

und den absoluten Koordinatenableitungen

$$\frac{\mathfrak{d}\overset{\langle n\rangle}{\mathbb{A}}_{(2)}}{\mathfrak{d}q^k} \equiv \frac{\partial\overset{\langle n\rangle}{\mathbb{A}}_{(2)}}{\partial q^k}\underbrace{\cdots\cdots}_{(n)}\overset{\langle 2n\rangle}{\mathbb{E}}_{(2)} =$$

$$= \frac{d\overset{\langle n\rangle}{\mathbb{A}}_{(2)}}{dq^k} - \left[\sum_{\nu=1}^{n}\overset{\langle 2\nu\rangle}{\mathbb{E}}_{T(2)}\underbrace{\cdots\cdots}_{(\nu)}(\boldsymbol{\Gamma}_{[k](2)}\cdot\overset{\langle 2\nu\rangle}{\mathbb{E}}_{T(2)})\underbrace{\cdots\cdots}_{(\nu)}\overset{\langle 2n\rangle}{\mathbb{E}}_{(2)}\right]\underbrace{\cdots\cdots}_{(n)}\overset{\langle n\rangle}{\mathbb{A}}_{(2)} \tag{6.66c}$$

mit

$$\frac{d\overset{\langle n\rangle}{\mathbb{A}}_{(2)}}{dq^k} = \sum_{\alpha,\beta,\gamma,\ldots\nu=1}^{2}\frac{\partial a_{\alpha\beta\gamma\ldots\nu}}{\partial q^k}\mathfrak{g}^\alpha\circ\mathfrak{g}^\beta\circ\ldots\circ\mathfrak{g}^\nu. \tag{6.66d}$$

Darin bedeutet $\overset{\langle 2\nu\rangle}{\mathbb{E}}_{T(2)}$ den als

$$\overset{\langle 2\nu\rangle}{\mathbb{E}}_{T(2)} = \sum_{\alpha,\beta,\gamma,\ldots\nu=1}^{2}\mathfrak{g}_\alpha\circ\mathfrak{g}_\beta\circ\ldots\circ\mathfrak{g}_\nu\circ\mathfrak{g}^\alpha\circ\mathfrak{g}^\beta\circ\ldots\circ\mathfrak{g}^\nu =$$

$$= \sum_{\alpha,\beta,\gamma,\ldots\nu=1}^{2}\mathfrak{g}^\alpha\circ\mathfrak{g}^\beta\circ\ldots\circ\mathfrak{g}^\nu\circ\mathfrak{g}_\alpha\circ\mathfrak{g}_\beta\circ\ldots\circ\mathfrak{g}_\nu =$$

$$= \sum_{\alpha,\beta,\gamma,\dots\nu=1}^{2} \mathbb{e}_{\langle\alpha\rangle}\circ\mathbb{e}_{\langle\beta\rangle}\circ\dots\circ\mathbb{e}_{\langle\nu\rangle}\circ\mathbb{e}_{\langle\alpha\rangle}\circ\mathbb{e}_{\langle\beta\rangle}\circ\dots\circ\mathbb{e}_{\langle\nu\rangle} \tag{6.66e}$$

darzustellenden sog. "2ν–stufigen Transponierer",[117] der per

$$\mathbb{a}_{(2)1}\circ\dots\circ\mathbb{a}_{(2)\nu}\underbrace{\cdots\cdots}_{(\nu)}\overset{\langle 2\nu\rangle}{\mathbb{E}}_{T(2)} \equiv \overset{\langle 2\nu\rangle}{\mathbb{E}}_{T(2)}\underbrace{\cdots\cdots}_{(\nu)}\mathbb{a}_{(2)1}\circ\dots\circ\mathbb{a}_{(2)\nu} =$$
$$= \mathbb{a}_{(2)\nu}\circ\mathbb{a}_{(2)\nu-1}\circ\dots\circ\mathbb{a}_{(2)1}$$

in einem Tensorprodukt die Faktoren–Reihenfolge umkehrt (vgl. [1], §E4).

Zum Beweise von (6.66c) beachte man, daß man bei Vollzug von

$$\partial\overset{\langle n\rangle}{\mathbb{A}}_{(2)}/\partial q^k = \partial\Big[\sum_{\alpha,\beta,\gamma,\dots\nu=1}^{2} a_{\alpha\beta\gamma\dots\nu}\,\mathbb{g}^{\alpha}\circ\mathbb{g}^{\beta}\circ\dots\circ\mathbb{g}^{\nu}\Big]/\partial q^k$$

im Sinne der Produktregel — neben $a_{\alpha\beta\gamma\dots\nu}$ — sämtliche Basisvektoren $\mathbb{g}^{\zeta}$ (ζ=1...n) — bei Wahrung ihrer Position innerhalb des Sets $\mathbb{g}^{\alpha}\circ\dots\circ\mathbb{g}^{\nu}$! — nach q^k abzuleiten hat.
Um die Ableitung des z. B. an der (von links aus gerechneten ζ–ten Stelle stehenden (planaren) Basisvektors $\mathbb{g}^{\zeta}$ vorzunehmen, verbringt man ihn per
$\overset{\langle 2\zeta\rangle}{\mathbb{E}}_{T(2)}\underbrace{\cdots\cdots}_{(\zeta)}\overset{\langle 2n\rangle}{\mathbb{A}}$, d. h. durch Transponieren der ersten ζ Basisvektoren, nach links vorn, vollzieht dann die Ableitung $\partial\mathbb{g}^{\zeta}/\partial q^k$, die per $-\,\mathbb{\Gamma}_{[k]}\cdot\mathbb{g}^{\zeta}$ (vgl. (2.42a,b)) vollzogen wird (wobei i. allg. ein nichtplanarer Vektor entsteht) und macht anschließend die Transposition (per ζ–facher Skalarmultiplikation mit $\overset{\langle 2\zeta\rangle}{\mathbb{E}}_{T}$) wieder rückgängig[118]. Wegen der an $\partial\overset{\langle n\rangle}{\mathbb{A}}_{(2)}/\partial q^k$ anschließend zu vollziehenden n–fach–Skalarmultiplikation mit $\overset{\langle 2n\rangle}{\mathbb{E}}_{(2)}$ wird die erhaltene Struktur "planar geglättet", weswegen in (6.66g) dann schließlich in der Tat nur noch planare Größen ($\mathbb{\Gamma}_{[k](2)}$, $\overset{\langle 2\zeta\rangle}{\mathbb{E}}_{T(2)}$) verbleiben.

---

117) mit $\overset{\langle 2\rangle}{\mathbb{E}}_{T(2)} = \sum_{\alpha=1}^{2}\mathbb{g}^{\alpha}\circ\mathbb{g}_{\alpha} = \mathbb{E}_{(2)}$ (6.66f)

118) so ist also zunächst

$$-\overset{\langle 2\zeta\rangle}{\mathbb{E}}_{T(2)}\underbrace{\cdots}_{(\zeta)}\Big[\Big(\mathbb{\Gamma}_{[k]}\cdot\overset{\langle 2\zeta\rangle}{\mathbb{E}}_{T}\Big)\underbrace{\cdots}_{(\zeta)}\overset{\langle n\rangle}{\mathbb{A}}_{(2)}\Big] \equiv -\overset{\langle 2\zeta\rangle}{\mathbb{E}}_{T(2)}\underbrace{\cdots}_{(\zeta)}\Big[\Big(\mathbb{\Gamma}_{[k]}\cdot\overset{\langle 2\zeta\rangle}{\mathbb{E}}_{T}\Big)\underbrace{\cdots}_{(\zeta)}\overset{\langle 2n\rangle}{\mathbb{E}}_{(2)}\Big]\underbrace{\cdots}_{(\zeta)}\overset{\langle n\rangle}{\mathbb{A}}_{(2)},$$
$$\zeta = 1,\dots,n \tag{6.66g}$$

Ergebnis dieser Manipulation.

Weil, wie man leicht einsieht, auch für absolute Ableitungen die Differentiationsregel für Produkte gilt[119], erschließt man aus

$$\frac{\partial \overset{\langle n\rangle}{\mathbb{A}}_{(2)}}{\partial q^k} \equiv \frac{\partial}{\partial q^k}\left[\overset{\langle 2n\rangle}{\mathbb{E}}_{(2)} \underbrace{\cdots\cdots}_{(n)} \overset{\langle n\rangle}{\mathbb{A}}_{(2)}\right] = \frac{\partial \overset{\langle 2n\rangle}{\mathbb{E}}_{(2)}}{\partial q^k}\underbrace{\cdots\cdots}_{(n)}\overset{\langle n\rangle}{\mathbb{A}}_{(2)} + \overset{\langle 2n\rangle}{\mathbb{E}}_{(2)}\underbrace{\cdots\cdots}_{(n)}\frac{\partial \overset{\langle n\rangle}{\mathbb{A}}_{(2)}}{\partial q^k},$$

die Beziehungen

$$\frac{\partial \overset{\langle 2n\rangle}{\mathbb{E}}_{(2)}}{\partial q^k} = 0 \quad \text{und entsprechend} \quad \frac{\partial \overset{\langle 2n\rangle}{\mathbb{E}}_{T(2)}}{\partial q^k} = 0\,, \tag{6.67a,b}$$

die Verschwinden der absoluten Ableitungen der Einheitsoperatoren $\overset{\langle 2n\rangle}{\mathbb{E}}_{(2)}$ wie auch der Transponierer und demgemäß auch sämtlicher Permutationstensoren [120] ausdrücken. Insofern registrieren lokal–planare Beobachter auch in ihrer Umgebung die Invarianz der Begriffe der Identität bzw. der Permutation.

Will man (6.68) in konkreter Rechnung nachweisen, muß man von (6.66c) mit $\overset{\langle n\rangle}{\mathbb{A}}_{(2)} = \overset{\langle 2n\rangle}{\mathbb{E}}_{(2)}$ ausgehen. Mit $\overset{\langle 4n\rangle}{\mathbb{E}}_{(2)}$ anstelle von $\overset{\langle 2n\rangle}{\mathbb{E}}_{(2)}$ in (6.66c) und $\overset{\langle 4n\rangle}{\mathbb{E}}_{(2)} \underbrace{\cdots\cdots}_{(2n)} \overset{\langle 2n\rangle}{\mathbb{E}}_{(2)} = \overset{\langle 2n\rangle}{\mathbb{E}}_{(2)}$

bekommt man so zunächst

$$\frac{\partial \overset{\langle 2n\rangle}{\mathbb{E}}_{(2)}}{\partial q^k} = \frac{d \overset{\langle 2n\rangle}{\mathbb{E}}_{(2)}}{d q^k} - \sum_{\nu=1}^{2n} \overset{\langle 2\nu\rangle}{\mathbb{E}}_{T(2)} \underbrace{\cdots\cdots}_{(\nu)} \left(\boldsymbol{\Gamma}_{[k](2)} \cdot \overset{\langle 2\nu\rangle}{\mathbb{E}}_{T(2)}\right) \underbrace{\cdots\cdots}_{(\nu)} \overset{\langle 2n\rangle}{\mathbb{E}}_{(2)} \tag{6.68a}$$

und daraus speziell für n = 1 mit $\overset{\langle 2\rangle}{\mathbb{E}}_{T(2)} = \mathbb{E}_{(2)}$,

---

119) Sie stützt sich, wie die Identitätenabfolge

$$\frac{\partial}{\partial q^k}\left[\overset{\langle m\rangle}{\mathbb{A}}_{(2)} \underbrace{\cdots\cdots}_{(p)} \overset{\langle n\rangle}{\mathbb{B}}_{(2)}\right] = \overset{\langle 2(m+n-2p)\rangle}{\mathbb{E}}_{(2)} \underbrace{\cdots\cdots}_{(m+n-2p)} \frac{\partial}{\partial q^k}\left[\overset{\langle m\rangle}{\mathbb{A}}_{(2)} \underbrace{\cdots\cdots}_{(p)} \overset{\langle n\rangle}{\mathbb{B}}_{(2)}\right]$$

$$= \overset{\langle 2(m+n-2p)\rangle}{\mathbb{E}}_{(2)} \underbrace{\cdots\cdots}_{(m+n-2p)} \left[\frac{\partial \overset{\langle m\rangle}{\mathbb{A}}_{(2)}}{\partial q^k} \underbrace{\cdots\cdots}_{(p)} \overset{\langle n\rangle}{\mathbb{B}}_{(2)} + \overset{\langle m\rangle}{\mathbb{A}}_{(2)} \underbrace{\cdots\cdots}_{(p)} \frac{\partial \overset{\langle n\rangle}{\mathbb{B}}_{(2)}}{\partial q^k}\right]$$

$$\overset{*)}{\equiv} \left[\overset{\langle 2m\rangle}{\mathbb{E}}_{(2)} \underbrace{\cdots\cdots}_{(m)} \frac{\partial \overset{\langle m\rangle}{\mathbb{A}}_{(2)}}{\partial q^k}\right] \underbrace{\cdots\cdots}_{(p)} \overset{\langle n\rangle}{\mathbb{B}}_{(2)} + \overset{\langle m\rangle}{\mathbb{A}}_{(2)} \underbrace{\cdots\cdots}_{(p)} \left[\overset{\langle 2n\rangle}{\mathbb{E}}_{(2)} \underbrace{\cdots\cdots}_{(n)} \frac{\partial \overset{\langle n\rangle}{\mathbb{B}}_{(2)}}{\partial q^k}\right]$$

$$\equiv \frac{\partial \overset{\langle m\rangle}{\mathbb{A}}_{(2)}}{\partial q^k} \underbrace{\cdots\cdots}_{(p)} \overset{\langle n\rangle}{\mathbb{B}}_{(2)} + \overset{\langle m\rangle}{\mathbb{A}}_{(2)} \underbrace{\cdots\cdots}_{(p)} \frac{\partial \overset{\langle n\rangle}{\mathbb{B}}_{(2)}}{\partial q^k}\,, \quad p \leq m,n \tag{6.67}$$

zeigt, auf die Gültigkeit der Produkt–Differentiationsregel für gewöhnliche Koordinatenableitungen.
Zu der auf *) folgenden Umformung ist zu bedenken, daß das gewünschte Resultat auch dadurch erreicht wird, daß man vorab sogleich aus $\partial \overset{\langle m\rangle}{\mathbb{A}}_{(2)} / \partial q^k$ bzw. $\partial \overset{\langle n\rangle}{\mathbb{B}}_{(2)} / \partial q^k$ die nicht–planaren Vektor–Faktoren "herausglättet".

120) da man Letztere aus Transponierern aufbauen kann (vgl. [1], §E.4).

$$\frac{\partial \mathbb{E}_{(2)}}{\partial q^k} = \frac{d\mathbb{E}_{(2)}}{dq^k} - \mathbb{E}_{(2)} \cdot (\boldsymbol{\Gamma}_{[k](2)} \cdot \mathbb{E}_{(2)}) - \overset{<4>}{\mathbb{E}}_{T(2)} \cdot\cdot ((\boldsymbol{\Gamma}_{[k](2)} \cdot \overset{<4>}{\mathbb{E}}_{T(2)}) \cdot\cdot \mathbb{E}_{(2)}$$

$$= \frac{d\mathbb{E}_{(2)}}{dq^k} - (\boldsymbol{\Gamma}_{[k](2)} + \boldsymbol{\Gamma}^T_{[k](2)}) \overset{(5.23,19b)}{=} 0 \tag{6.68b}$$

(vgl. (5.53a)), d. h. vorerst direkt den Satz von Ricci vom "Verschwinden der absoluten Ableitung des Maßtensors" analog (2.43e'). Das Verschwinden der absoluten Ableitungen allgemeiner Einheitsgrößen — ebenfalls als Folge des Satzes von Ricci — folgert man dann weiter am einfachsten mittels einer auf der Identität

$$\overset{<2n>}{\mathbb{E}}_{(2)} = \sum_{\alpha,\beta=1}^{2} g_{\alpha\beta}\, \mathfrak{g}^{\alpha} \circ \overset{<2(n-1)>}{\mathbb{E}}_{(2)} \circ \mathfrak{g}^{\beta} \tag{6.69a}$$

basierenden Rekursionsformel. Hiermit folgt dann nämlich

$$\frac{\partial \overset{<2n>}{\mathbb{E}}_{(2)}}{\partial q^k} \overset{121)}{\equiv} \frac{\partial \overset{<2n>}{\mathbb{E}}_{(2)}}{\partial q^k} \underbrace{\cdots\cdots}_{(2n)} \overset{<4n>}{\mathbb{E}}_{(2)} =$$

$$= \Big[\sum_{\alpha,\beta=1}^{2} \frac{\partial g_{\alpha\beta}}{\partial q^k} \mathfrak{g}^{\alpha} \circ \overset{<2(n-1)>}{\mathbb{E}}_{(2)} \circ \mathfrak{g}^{\beta} + g_{\alpha\beta} \frac{\partial \mathfrak{g}^{\alpha}}{\partial q^k} \circ \overset{<2(n-1)>}{\mathbb{E}}_{(2)} \circ \mathfrak{g}^{\beta} + g_{\alpha\beta}\, \mathfrak{g}^{\alpha} \circ \frac{\partial \overset{<2(n-1)>}{\mathbb{E}}_{(2)}}{\partial q^k} \circ \mathfrak{g}^{\beta} +$$

$$+ g_{\alpha\beta}\, \mathfrak{g}^{\alpha} \circ \overset{<2(n-1)>}{\mathbb{E}}_{(2)} \circ \frac{\partial \mathfrak{g}^{\beta}}{\partial q^k}\Big] \underbrace{\cdots\cdots}_{(2n)} \overset{<4n>}{\mathbb{E}}_{(2)} \equiv$$

$$\equiv \overset{<2(2n-1)>}{\mathbb{E}}_{T(2)} \underbrace{\cdots\cdots}_{(2n-1)} \Big[\overset{<2(n-1)>}{\mathbb{E}}_{(2)} \circ \Big\{ \frac{d\mathbb{E}_{(2)}}{dq^k} - \boldsymbol{\Gamma}_{[k](2)} - \boldsymbol{\Gamma}^T_{[k](2)} \Big\} + \frac{\partial \overset{<2(n-1)>}{\mathbb{E}}_{(2)}}{\partial q^k} \circ \mathbb{E}_{(2)} \Big] \underbrace{\cdots\cdots}_{(2n)} \overset{<4n>}{\mathbb{E}}_{(2)}, \tag{6.69b}$$

indem man $\partial \mathfrak{g}^{\alpha}/\partial q^k = -\mathfrak{g}^{\alpha} \cdot \boldsymbol{\Gamma}^T_{[k]} = -\boldsymbol{\Gamma}_{[k]} \cdot \mathfrak{g}^{\alpha}$ und $\mathbb{E}_{(2)} = \Sigma g_{\alpha\beta}\, \mathfrak{g}^{\alpha} \circ \mathfrak{g}^{\beta}$ beachtet. Mittels des Satzes von Ricci ist dies auf

$$\frac{\partial \overset{<2n>}{\mathbb{E}}_{(2)}}{\partial q^k} = \overset{<2(n-1)>}{\mathbb{E}}_{T(2)} \underbrace{\cdots\cdots}_{(2n-1)} \Big[\frac{\partial \overset{<2(n-1)>}{\mathbb{E}}_{(2)}}{\partial q^k} \circ \mathbb{E}_{(2)} \Big] \underbrace{\cdots\cdots}_{(2n)} \overset{<4n>}{\mathbb{E}}_{(2)} \equiv$$

$$\equiv \overset{<2(n-1)>}{\mathbb{E}}_{T(2)} \underbrace{\cdots\cdots}_{(2n-1)} \Big[\frac{\partial \overset{<2(n-1)>}{\mathbb{E}}_{(2)}}{\partial q^k} \circ \mathbb{E}_{(2)} \Big] \underbrace{\cdots\cdots}_{(2n)} \overset{<4n>}{\mathbb{E}}_{(2)}$$

zu verkürzen, so daß hiermit mit n=2 und $\partial \overset{<2>}{\mathbb{E}}_{(2)}/\partial q^k = 0$ [vgl. (6.68b)] zunächst $\partial \overset{<4>}{\mathbb{E}}_{(2)}/\partial q^k = 0$ und, solchermaßen fortfahrend, in der Tat nacheinander das Verschwinden der absoluten Ableitungen sämtlicher Einheitsgrößen nachzuweisen ist.

---

121) für diese Identität benutze man die erste Version von (6.66c) mit $\overset{<2n>}{\mathbb{E}}_{(2)}$ anstelle von $\overset{<n>}{\mathbb{A}}_{(2)}$ und $\overset{<4n>}{\mathbb{E}}_{(2)}$ anstelle von $\overset{<2n>}{\mathbb{E}}$.

In dem noch vermerkt werden soll, daß einerseits unter Benutzung von

$$\operatorname{grad} \overset{\langle n\rangle}{\mathbb{A}}_{(2)} \equiv \nabla_{(2)} \circ \overset{\langle n\rangle}{\mathbb{A}}_{(2)} = (\nabla_{(2)} \circ \overset{\langle n\rangle}{\mathbb{A}}_{(2)}) \underbrace{\cdots\cdots}_{(n)} \overset{\langle 2n\rangle}{\mathbb{E}}_{(2)} \equiv$$

$$\equiv \text{[122]}\, (\nabla_{(2)} \circ \overset{\langle n\rangle}{\mathbb{A}}_{(2)}) \underbrace{\cdots\cdots}_{(n+1)} \overset{\langle 2(n+1)\rangle}{\mathbb{E}}_{(2)} \equiv \overset{\langle 2(n+1)\rangle}{\mathbb{E}}_{(2)} \underbrace{\cdots\cdots}_{(n+1)} (\nabla_{(2)} \circ \overset{\langle n\rangle}{\mathbb{A}}_{(2)}) \qquad (6.70a)$$

als zu (3.23a, 6.5c) analoge Beziehung für zwei Dimensionen unter Benutzung (planar geglätteter) absoluter Ableitungen

$$\operatorname{div} \overset{\langle n\rangle}{\mathbb{A}}_{(2)} \equiv \nabla_{(2)} \cdot \overset{\langle n\rangle}{\mathbb{A}}_{(2)} = \mathbb{E}_{(2)} \cdot\cdot \operatorname{grad} \overset{\langle n\rangle}{\mathbb{A}}_{(2)} = \mathbb{E}_{(2)} \cdot\cdot \left[\overset{\langle 2(n+1)\rangle}{\mathbb{E}}_{(2)} \underbrace{\cdots\cdots}_{(n+1)} (\nabla_{(2)} \circ \overset{\langle n\rangle}{\mathbb{A}}_{(2)})\right] =$$

$$= \text{[123]}\, (\nabla_{(2)} \cdot \overset{\langle n\rangle}{\mathbb{A}}_{(2)}) \underbrace{\cdots\cdots}_{(n-1)} \overset{\langle 2(n-1)\rangle}{\mathbb{E}}_{(2)} = \frac{1}{\sqrt{g_{(2)}}} \sum_{\alpha=1}^{2} \frac{\partial}{\partial q^\alpha}\left(\sqrt{g_{(2)}}\, \mathfrak{g}^\alpha \cdot \overset{\langle n\rangle}{\mathbb{A}}_{(2)}\right) \underbrace{\cdots\cdots}_{(n-1)} \overset{\langle 2(n-1)\rangle}{\mathbb{E}}_{(2)}$$

$$= \frac{1}{\sqrt{g_{(2)}}} \sum_{\alpha=1}^{2} \frac{\partial}{\partial q^\alpha}\left(\sqrt{g_{(2)}}\, \mathfrak{g}^\alpha \cdot \overset{\langle n\rangle}{\mathbb{A}}_{(2)}\right) \qquad (6.70b)$$

und entsprechend (6.19d)

$$-\operatorname{rot} \overset{\langle n\rangle}{\mathbb{A}}_{(2)} = \overset{\langle 2\rangle}{\mathcal{E}}_{(2)} \cdot \operatorname{grad} \overset{\langle n\rangle}{\mathbb{A}}_{(2)} = \overset{\langle 2\rangle}{\mathcal{E}}_{(2)} \cdot \left[(\nabla_{(2)} \circ \overset{\langle n\rangle}{\mathbb{A}}_{(2)}) \underbrace{\cdots\cdots}_{(n)} \overset{\langle 2n\rangle}{\mathbb{E}}_{(2)}\right] =$$

$$= -(\mathbb{E}_{(2)} \times \mathbf{n}) \cdot (\nabla_{(2)} \circ \overset{\langle n\rangle}{\mathbb{A}}_{(2)}) \underbrace{\cdots\cdots}_{(n)} \overset{\langle 2n\rangle}{\mathbb{E}}_{(2)} = -\frac{1}{\sqrt{g_{(2)}}}\left[\mathfrak{g}_2 \circ \frac{\partial \overset{\langle n\rangle}{\mathbb{A}}_{(2)}}{\partial q^1} - \mathfrak{g}_1 \circ \frac{\partial \overset{\langle n\rangle}{\mathbb{A}}_{(2)}}{\partial q^2}\right],$$

---

[122] Weil der Operator $\nabla_{(2)}$ ohnehin planar ist, bedeutet diese Version nichts Neues.

[123] wegen z. B. $\mathbb{E}_{(2)} = \sum_{\alpha=1}^{2} \mathfrak{g}_\alpha \circ \mathfrak{g}^\alpha = \sum_{\alpha=1}^{2} \mathfrak{g}^\alpha \circ \mathfrak{g}_\alpha$ und

$$\overset{\langle 2(n+1)\rangle}{\mathbb{E}}_{(2)} = \sum_{\alpha,\beta=1}^{2} \mathfrak{g}_\eta \circ \mathfrak{g}^\zeta \circ \overset{\langle 2(n-1)\rangle}{\mathbb{E}}_{(2)} \circ \mathfrak{g}_\zeta \circ \mathfrak{g}^\eta \text{ ist } \mathbb{E}_{(2)} \cdot\cdot \overset{\langle 2(n+1)\rangle}{\mathbb{E}}_{(2)} = \overset{\langle 2(n-1)\rangle}{\mathbb{E}}_{(2)} \circ \mathbb{E}_{(2)}$$

und damit in der Tat

$$\mathbb{E}_{(2)} \cdot\cdot \left[\overset{\langle 2(n+1)\rangle}{\mathbb{E}}_{(2)} \underbrace{\cdots\cdots}_{(n+1)} (\nabla_{(2)} \circ \overset{\langle n\rangle}{\mathbb{A}}_{(2)})\right] = \left[\overset{\langle 2(n-1)\rangle}{\mathbb{E}}_{(2)} \circ \mathbb{E}_{(2)} \underbrace{\cdots\cdots}_{(n+1)} (\nabla_{(2)} \circ \overset{\langle n\rangle}{\mathbb{A}}_{(2)})\right]$$

$$= \overset{\langle 2(n-1)\rangle}{\mathbb{E}}_{(2)} \underbrace{\cdots\cdots}_{(n-1)} (\mathbb{E}_{(2)} \cdot\cdot \nabla_{(2)} \circ \overset{\langle n\rangle}{\mathbb{A}}_{(2)})$$

$$= \overset{\langle 2(n-1)\rangle}{\mathbb{E}}_{(2)} \underbrace{\cdots\cdots}_{(n-1)} (\nabla_{(2)} \cdot \overset{\langle n\rangle}{\mathbb{A}}_{(2)}) \equiv (\nabla_{(2)} \cdot \overset{\langle n\rangle}{\mathbb{A}}_{(2)}) \underbrace{\cdots\cdots}_{(n-1)} \overset{\langle 2(n-1)\rangle}{\mathbb{E}}_{(2)}$$

$$\mathbb{E}_{(2)} \cdot\cdot \operatorname{rot} \overset{\langle n\rangle}{\mathbb{A}}_{(2)} \equiv - \overset{\langle 2\rangle}{\mathcal{E}}_{(2)} \cdot\cdot \operatorname{grad} \overset{\langle n\rangle}{\mathbb{A}}_{(2)} = \frac{1}{\sqrt{g_{(2)}}}\left[\mathfrak{g}_2\cdot\frac{\partial \overset{\langle n\rangle}{\mathbb{A}}_{(2)}}{\partial q^1} - \mathfrak{g}_1\cdot\frac{\partial \overset{\langle n\rangle}{\mathbb{A}}_{(2)}}{\partial q^2}\right]. \qquad (6.70c,d)$$

erreicht werden kann und desweiteren hervorgehoben werden soll, daß (6.67) mit

$m = n = p$ und $\overset{\langle 0\rangle}{\mathbb{E}} = 1$ den Befund

$$\frac{\partial}{\partial q^k}\left[\overset{\langle m\rangle}{\mathbb{A}}_{(2)} \underbrace{\cdots\cdots}_{(m)} \overset{\langle m\rangle}{\mathbb{B}}_{(2)}\right] = \frac{\partial}{\partial q^k}\left[\overset{\langle m\rangle}{\mathbb{A}}_{(2)} \underbrace{\cdots\cdots}_{(m)} \overset{\langle m\rangle}{\mathbb{B}}_{(2)}\right] \qquad (6.71)$$

impliziert, wonach absolute Ableitungen von Skalaren mit deren gewöhnlichen Koordinatenableitungen identisch sind, soll nun, betreffend die mehrfachen absoluten Ableitungen (lokal—)planarer extensiver Größen, vorbereitend der Fall der gemischten Ableitungen von Basisvektoren $\mathfrak{g}_j$ bzw. $\mathfrak{g}^j$ $(j = 1,2)$ referiert werden.

6.7.3.2 Riemann-Christoffelscher Tensor für die Fläche, Gaußsche Gleichung

Die wohl anschaulichste, wenn auch formal etwas aufwendige Aufdeckung der Struktur und der Funktionsweise des (in der jeweiligen Flächen—Tangentialebene lokal definierten) Riemann—Christoffel—Tensors $\overset{\langle 4\rangle}{\mathcal{H}}_{(2)}$ für die als zweidimensionale gekrümmte Mannigfaltigkeit aufzufassende Fläche erreicht man durch geeignete Ausschöpfung der Integrabilitätsbedingungen

$$\nabla_l(\nabla_k \mathfrak{g}_j)\ (= \nabla_l\nabla_k\nabla_j \mathbb{r} \equiv \nabla_k\nabla_l\nabla_j \mathbb{r}) \equiv \nabla_k(\nabla_l \mathfrak{g}_j)\ ,\ j,k,l = 1,2 \ \text{ mit } \ \nabla_\alpha(\cdots)=\partial(\cdots)/\partial q^\alpha\ , \qquad (6.72)$$

für die im dreidimensionalen Euklidischen Raum durch die entsprechenden Koordinatenableitungen der Ortsvektor—Funktion $\mathbb{r}(q^1,q^2)$ definierten Basisvektoren $\mathfrak{g}_j = \nabla_j \mathbb{r}$, was hier, die Befunde (6.19,20) ergänzend, in konkreter Rechnung dargestellt werden soll. Man benutzt mit $\mathfrak{g}_j\cdot\mathbb{n} = 0$, $\mathfrak{g}^j\cdot\mathbb{n} = 0$

$$\nabla_k \mathfrak{g}_j \overset{(5.20d)}{=} \mathfrak{g}_j\cdot\mathbf{\Gamma}_{[k]} \overset{(5.46b)}{=} \mathfrak{g}_j\cdot(\mathbf{\Gamma}_{[k](2)} + \mathfrak{g}_k\cdot\mathbb{K}\circ\mathbb{n})\ ,$$
$$\nabla_k\mathfrak{g}^j \overset{(5.21d)}{=} -\mathfrak{g}^j\cdot\mathbf{\Gamma}^T_{[k]} \overset{(5.46b)}{=} \mathfrak{g}^j\cdot(-\mathbf{\Gamma}^T_{[k](2)} + \mathfrak{g}_k\cdot\mathbb{K}\circ\mathbb{n}) \qquad (6.72a,b)$$

sowie

$$\nabla_l\mathbf{\Gamma}_{[k](2)} \equiv \frac{\partial\mathbf{\Gamma}_{[k](2)}}{\partial q^l} \overset{124)}{=} \frac{d\mathbf{\Gamma}_{[k](2)}}{dq^l} - \mathbf{\Gamma}_{[l](2)}\cdot\mathbf{\Gamma}_{[k](2)} - \mathbf{\Gamma}_{[k](2)}\cdot\mathbf{\Gamma}^T_{[l](2)} +$$
$$+ \mathbb{n}\circ\mathfrak{g}_l\cdot\mathbb{K}\cdot\mathbf{\Gamma}_{[k](2)} + \mathbf{\Gamma}_{[k](2)}\cdot\mathbb{K}\cdot\mathfrak{g}_l\circ\mathbb{n} \qquad (6.72c)$$

mit der Komponentenableitung

$$\frac{d\mathbf{\Gamma}_{[k](2)}}{dq^l} = \sum_{\alpha,\beta=1}^{2} \frac{\partial\Gamma_{\alpha\beta k}}{\partial q^l}\,\mathfrak{g}^\beta\circ\mathfrak{g}^\alpha = \sum_{\alpha,\beta=1}^{2}(\nabla_l\Gamma_{\alpha\beta k})\,\mathfrak{g}^\beta\circ\mathfrak{g}^\alpha \qquad (6.72d)$$

und erhält

$$\nabla_l(\nabla_k\mathfrak{g}_j) \overset{(6.72a)}{=} \nabla_l\left[\mathfrak{g}_j\cdot(\mathbf{\Gamma}_{[k](2)} + \mathfrak{g}_k\cdot\mathbb{K}\circ\mathbb{n})\right]$$

---

124) Man setze in $\dfrac{\partial\mathbf{\Gamma}_{[k](2)}}{\partial q^l} = \dfrac{d\mathbf{\Gamma}_{[k](2)}}{dq^l} + \sum_{\alpha,\beta=1}^{2}\Gamma_{\alpha\beta k}(\nabla_l\mathfrak{g}^\beta\circ\mathfrak{g}^\alpha + \mathfrak{g}^\beta\circ\nabla_l\mathfrak{g}^\alpha)$

die Gradientenvektor—Ableitungen nach (6.72b) ein

$$= (\nabla_l \mathfrak{g}_j)\cdot(\boldsymbol{\Gamma}_{[k](2)} + \mathfrak{g}_k\cdot\mathbb{K}\circ\mathbb{n}) + \mathfrak{g}_j\cdot\nabla_l(\boldsymbol{\Gamma}_{[k](2)} + \mathfrak{g}_k\cdot\mathbb{K}\circ\mathbb{n})$$

$$\overset{(6.72\,a,c,d)}{=} \mathfrak{g}_j\cdot\left[\boldsymbol{\Gamma}_{[l](2)}\cdot\boldsymbol{\Gamma}_{[k](2)} + \boldsymbol{\Gamma}_{[l](2)}\cdot\mathbb{K}\cdot\mathfrak{g}_k\circ\mathbb{n}\right] + \mathfrak{g}_j\cdot\left[d\boldsymbol{\Gamma}_{[k](2)}/dq^l - \right.$$
$$- \boldsymbol{\Gamma}_{[l](2)}\cdot\boldsymbol{\Gamma}_{[k](2)} - \boldsymbol{\Gamma}_{[k](2)}\cdot\boldsymbol{\Gamma}^T_{[l](2)} + \boldsymbol{\Gamma}_{[k](2)}\cdot\mathbb{K}\cdot\mathfrak{g}_l\circ\mathbb{n} + \nabla_l(\mathfrak{g}_k\cdot\mathbb{K})\circ\mathbb{n} -$$
$$\left. - \mathfrak{g}_k\cdot\mathbb{K}\circ\mathfrak{g}_l\cdot\mathbb{K}\right]\ , \quad j,k,l = 1,2\ , \tag{6.72e}$$

indem man noch $\mathfrak{g}_j\cdot\mathbb{n} = 0$, $j = 1,2$ sowie $\partial\mathbb{n}/\partial q^l = \nabla_l\mathbb{n} = -\,\mathfrak{g}_l\cdot\mathbb{K}$ beachtet, also

$$\nabla_l(\nabla_k\mathfrak{g}_j) = \mathfrak{g}_j\cdot\left[\frac{d\boldsymbol{\Gamma}_{[k](2)}}{dq^l} - \boldsymbol{\Gamma}_{[k](2)}\cdot\boldsymbol{\Gamma}^T_{[l](2)} + (\boldsymbol{\Gamma}_{[l](2)}\cdot\mathbb{K}\cdot\mathfrak{g}_k + \boldsymbol{\Gamma}_{[k](2)}\cdot\mathbb{K}\cdot\mathfrak{g}_l)\circ\mathbb{n} - \right.$$
$$\left. - \mathfrak{g}_k\cdot\mathbb{K}\circ\mathfrak{g}_l\cdot\mathbb{K} + \nabla_l(\mathfrak{g}_k\cdot\mathbb{K})\circ\mathbb{n}\right]$$

und entsprechend

$$\nabla_k(\nabla_l\mathfrak{g}_j) = \mathfrak{g}_j\cdot\left[\frac{d\boldsymbol{\Gamma}_{[l](2)}}{dq^k} - \boldsymbol{\Gamma}_{[l](2)}\cdot\boldsymbol{\Gamma}^T_{[k](2)} + (\boldsymbol{\Gamma}_{[k](2)}\cdot\mathbb{K}\cdot\mathfrak{g}_l + \boldsymbol{\Gamma}_{[l](2)}\cdot\mathbb{K}\cdot\mathfrak{g}_k)\circ\mathbb{n} - \right.$$
$$\left. - \mathfrak{g}_l\cdot\mathbb{K}\circ\mathfrak{g}_k\cdot\mathbb{K} + \nabla_k(\mathfrak{g}_l\cdot\mathbb{K})\circ\mathbb{n}\right]\ ,$$

bekommt somit aus (6.72) zunächst

$$\nabla_l(\nabla_k\mathfrak{g}_j) - \nabla_k(\nabla_l\mathfrak{g}_j) = \mathfrak{g}_j\cdot\left[\frac{d\boldsymbol{\Gamma}_{[k](2)}}{dq^l} - \frac{d\boldsymbol{\Gamma}_{[l](2)}}{dq^k} - \boldsymbol{\Gamma}_{[k](2)}\cdot\boldsymbol{\Gamma}^T_{[l](2)} + \boldsymbol{\Gamma}_{[l](2)}\cdot\boldsymbol{\Gamma}^T_{[k](2)}\right] -$$
$$- \mathfrak{g}_j\cdot\left\{\mathfrak{g}_k\cdot\mathbb{K}\circ\mathfrak{g}_l\cdot\mathbb{K} - \mathfrak{g}_l\cdot\mathbb{K}\circ\mathfrak{g}_k\cdot\mathbb{K} - \left[\nabla_l(\mathfrak{g}_k\cdot\mathbb{K}) - \nabla_k(\mathfrak{g}_l\cdot\mathbb{K})\right]\circ\mathbb{n}\right\} = 0$$

und schließlich, indem man wegen $\nabla_l(\nabla_k\mathbb{n}) \overset{125)}{=} \nabla_k(\nabla_l\mathbb{n})$

$$\nabla_l(\mathfrak{g}_k\cdot\mathbb{K}) - \nabla_k(\mathfrak{g}_l\cdot\mathbb{K}) = -\,\nabla_l(\nabla_k\mathbb{n}) + \nabla_k(\nabla_l\mathbb{n}) = 0$$

sowie $\mathfrak{g}_k\cdot\mathbb{K}\circ\,\mathfrak{g}_l\cdot\mathbb{K} - \mathfrak{g}_l\cdot\mathbb{K}\circ\,\mathfrak{g}_k\cdot\mathbb{K} \overset{126)}{=} \mathbb{E}_{(2)}\times\left[(\mathfrak{g}_l\cdot\mathbb{K})\times(\mathfrak{g}_k\cdot\mathbb{K})\right] =$

$$\overset{127)}{=} -\,\mathfrak{g}_k\circ\,\mathfrak{g}_l\cdot\cdot\mathrm{K}\,\mathbb{E}_{(2)}\times\mathbb{n}\circ\mathbb{E}_{(2)}\times\mathbb{n} = -\,\mathfrak{g}_k\circ\,\mathfrak{g}_l\cdot\cdot\mathrm{K}\,\overset{\langle 2\rangle}{\mathcal{E}}_{(2)}\circ\overset{\langle 2\rangle}{\mathcal{E}}_{(2)}$$

---

125) Dies ist eine (6.15b,c,d,e) äquivalente Formulierung der Gleichungen von Mainardi—Codazzi.

126) Man beachte, daß $d\mathbb{r}$ (lokal—) planar ist.

127) Weil sowohl $\mathfrak{g}_k,\mathfrak{g}_l$ $(k,l = 1,2)$ als auch $\mathbb{K}$ (lokal—)planar sind, muß

$$(\mathfrak{g}_l\cdot\mathbb{K})\times(\mathfrak{g}_k\cdot\mathbb{K}) = \zeta_{kl}\mathbb{n}\ ,\ k,l = 1,2$$

sein mit

$$\zeta_{kl} = \left[(\mathfrak{g}_l\cdot\mathbb{K})\times(\mathfrak{g}_k\cdot\mathbb{K})\right]\cdot\mathbb{n} = \mathfrak{g}_l\cdot\mathbb{K}\cdot\left[(\mathfrak{g}_k\cdot\mathbb{K})\times\mathbb{n}\right] \equiv -\,\mathfrak{g}_l\cdot\mathbb{K}\cdot(\mathbb{n}\times\mathbb{K})\cdot\mathfrak{g}_k$$
$$\equiv -\,\mathfrak{g}_k\circ\,\mathfrak{g}_l\cdot\cdot\left[\mathbb{K}\cdot(\mathbb{n}\times\mathbb{K})\right] \overset{*)}{\equiv} -\,\mathfrak{g}_k\circ\,\mathfrak{g}_l\cdot\cdot\mathrm{K}\mathbb{E}_{(2)}\times\mathbb{n} = \mathfrak{g}_k\circ\,\mathfrak{g}_l\cdot\cdot\,\mathrm{K}\,\overset{\langle 2\rangle}{\mathcal{E}}_{(2)}\ .$$

Daher ist in der Tat

$$\mathbb{E}_{(2)}\times\left[(\mathfrak{g}_l\cdot\mathbb{K})\times(\mathfrak{g}_k\cdot\mathbb{K})\right] = \mathbb{E}_{(2)}\times\mathbb{n}\,\zeta_{kl} = -\,\zeta_{kl}\,\overset{\langle 2\rangle}{\mathcal{E}}_{(2)}$$
$$= (-\mathfrak{g}_k\circ\,\mathfrak{g}_l\cdot\cdot\mathrm{K}\,\overset{\langle 2\rangle}{\mathcal{E}}_{(2)})\,\overset{\langle 2\rangle}{\mathcal{E}}_{(2)} \equiv -\,\mathfrak{g}_k\circ\,\mathfrak{g}_l\cdot\cdot(\mathrm{K}\,\overset{\langle 2\rangle}{\mathcal{E}}_{(2)}\circ\overset{\langle 2\rangle}{\mathcal{E}}_{(2)})$$

Die mit *) bezeichnete Umformung weist man am einfachsten mittels einer Hauptachsen—Komponentendarstellung von $\mathbb{K}$ nach.

feststellt,

$$\nabla_l(\nabla_k \mathfrak{g}_j) - \nabla_k(\nabla_l \mathfrak{g}_j) = \mathfrak{g}_j \cdot \Big\{ \Big[\frac{d\boldsymbol{\Gamma}_{[k](2)}}{dq^l} - \frac{d\boldsymbol{\Gamma}_{[l](2)}}{dq^k} - \boldsymbol{\Gamma}_{[k](2)} \cdot \boldsymbol{\Gamma}^T_{[l](2)} + \boldsymbol{\Gamma}_{[l](2)} \cdot \boldsymbol{\Gamma}^T_{[k](2)} \Big] + \mathfrak{g}_k \circ \mathfrak{g}_l \cdot\cdot K \overset{<2>}{\mathfrak{E}}_{(2)} \circ \overset{<2>}{\mathfrak{E}}_{(2)} \Big\} = 0 , \quad (6.73)$$

weshalb – man beachte $\mathfrak{g}_l \circ \mathfrak{g}_k \cdot\cdot \overset{<2>}{\mathfrak{E}}_{(2)} = - \mathfrak{g}_k \circ \mathfrak{g}_l \cdot\cdot \overset{<2>}{\mathfrak{E}}_{(2)}$ –

$$\frac{d\boldsymbol{\Gamma}_{[k](2)}}{dq^l} - \frac{d\boldsymbol{\Gamma}_{[l](2)}}{dq^k} - \boldsymbol{\Gamma}_{[k](2)} \cdot \boldsymbol{\Gamma}^T_{[l](2)} + \boldsymbol{\Gamma}_{[l](2)} \cdot \boldsymbol{\Gamma}^T_{[k](2)} = - \mathfrak{g}_k \circ \mathfrak{g}_l \cdot\cdot K \overset{<2>}{\mathfrak{E}}_{(2)} \circ \overset{<2>}{\mathfrak{E}}_{(2)} \equiv$$

$$\equiv \mathfrak{g}_l \circ \mathfrak{g}_k \cdot\cdot K \overset{<2>}{\mathfrak{E}}_{(2)} \circ \overset{<2>}{\mathfrak{E}}_{(2)} \quad (6.74a)$$

und daher

$$\sum_{\alpha,\beta=1}^{2} \mathfrak{g}^\beta \circ \mathfrak{g}^\alpha \circ \Big[\frac{d\boldsymbol{\Gamma}_{[\beta](2)}}{dq^\alpha} - \frac{d\boldsymbol{\Gamma}_{[\alpha](2)}}{dq^\beta} - \boldsymbol{\Gamma}_{[\beta](2)} \cdot \boldsymbol{\Gamma}^T_{[\alpha](2)} + \boldsymbol{\Gamma}_{[\alpha](2)} \cdot \boldsymbol{\Gamma}^T_{[\beta](2)} \Big] =$$

$$= K \overset{<2>}{\mathfrak{E}}_{(2)} \circ \overset{<2>}{\mathfrak{E}}_{(2)} \overset{(6.20f)}{=} \overset{<4>}{\mathscr{H}}_{(2)} , \quad (6.74b)$$

also das auf der linken Seite von (6.74b) (in Termen der Größen Γ_{ijk} und damit letztlich der metrischen Fundamentalgrößen) notierte Aggregat eine (koordinateninvariante[128]) lokal–planare) vierstufige Größe $\overset{<4>}{\mathscr{H}}_{(2)}$ sein muß[129]). Sie ist die auf zweidimensionale gekrümmte Mannigfaltigkeiten spezialisierte Version des Riemann–Christoffelschen Krümmungstensors, dessen mit beliebigen Koordinaten (q^1,q^2) beschriebene Darstellung hiermit — wie im auf (6.20g,h) folgenden Text angekündigt — erarbeitet ist und die insbesondere den Befund erkennen läßt, daß die Gaußsche Krümmung K — in Form der berühmten Gaußschen Gleichung — in der Tat letztlich vollständig durch Ableitungsprozeduren an den (in der Fläche definierten) metrischen Fundamentalgrößen g_{jk} (j,k=1,2) ausgedrückt werden kann.

Im Sinne von (6.20g) ist hierfür Gl. (6.74b) vierfach–skalar mit $\overset{<2>}{\mathfrak{E}} \circ \overset{<2>}{\mathfrak{E}}$ zu multiplizieren, womit unter Benutzung von $\overset{<2>}{\mathfrak{E}}_{(2)} \cdot\cdot \overset{<2>}{\mathfrak{E}}_{(2)} = -2$ schließlich in der Form

$$K = \frac{1}{4} \overset{<2>}{\mathfrak{E}}_{(2)} \circ \overset{<2>}{\mathfrak{E}}_{(2)} \cdot\cdot\cdot\cdot \sum_{\alpha,\beta=1}^{2} \mathfrak{g}^\alpha \circ \mathfrak{g}^\beta \circ \Big[\frac{d}{dq^\beta} \boldsymbol{\Gamma}_{[\alpha](2)} - \frac{d}{dq^\alpha} \boldsymbol{\Gamma}_{[\beta](2)} - \boldsymbol{\Gamma}_{[\alpha](2)} \cdot \boldsymbol{\Gamma}^T_{[\beta](2)} + \boldsymbol{\Gamma}_{[\beta](2)} \cdot \boldsymbol{\Gamma}^T_{[\alpha](2)} \Big] \equiv$$

---

128) Sowohl das Gaußsche Krümmungsmaß K als auch die mit dem (lokal–)planaren Permutationstensor $\overset{<2>}{\mathfrak{E}}_{(2)}$ gebildete tetradische Größe $\overset{<2>}{\mathfrak{E}}_{(2)} \circ \overset{<2>}{\mathfrak{E}}_{(2)}$ sind koordinateninvariante Größen

129) durch Doppeltskalarmultiplikation von (6.74b) mit $\mathfrak{g}_l \circ \mathfrak{g}_k$ bekommt man wegen (5.6) wieder (6.73)

$$\stackrel{130)}{=} \frac{-1}{2\sqrt{g_{(2)}}}\, \overset{\langle 2\rangle}{\mathfrak{E}}_{(2)} \cdot\cdot \left[\frac{d}{dq^2}\mathbf{\Gamma}_{[1](2)} - \frac{d}{dq^1}\mathbf{\Gamma}_{[2](2)} - \mathbf{\Gamma}_{[1](2)}\cdot\mathbf{\Gamma}^T_{[2](2)} + \mathbf{\Gamma}_{[2](2)}\cdot\mathbf{\Gamma}^T_{[1](2)}\right] =$$

$$\stackrel{(5.19b)}{=} \frac{-1}{2g_{(2)}} \left[\frac{\partial}{\partial q^2}(\Gamma_{121} - \Gamma_{211}) - \frac{\partial}{\partial q^1}(\Gamma_{122} - \Gamma_{212}) + 2\sum_{\alpha,\beta=1}^{2} (\Gamma_{\alpha 11}\Gamma_{\beta 22} - \Gamma_{\alpha 21}\Gamma_{\beta 12})\, g^{\alpha\beta}\right] =$$

$$\stackrel{(5.23)}{=} \frac{-1}{2g_{(2)}}\left[\frac{\partial^2 g_{11}}{(\partial q^2)^2} + \frac{\partial^2 g_{22}}{(\partial q^1)^2} - 2\,\frac{\partial^2 g_{12}}{\partial q^1 \partial q^2}\right] -$$

$$- \frac{g_{22}}{4g^2_{(2)}}\left[\frac{\partial g_{11}}{\partial q^1}\left[2\,\frac{\partial g_{12}}{\partial q^2} - \frac{\partial g_{22}}{\partial q^1}\right] - \left[\frac{\partial g_{11}}{\partial q^2}\right]^2\right] - \frac{g_{11}}{4g^2_{(2)}}\left[\frac{\partial g_{22}}{\partial q^2}\left[2\,\frac{\partial g_{12}}{\partial q^1} - \frac{\partial g_{11}}{\partial q^2}\right] - \left[\frac{\partial g_{22}}{\partial q^1}\right]^2\right] -$$

$$+ \frac{g_{12}}{4g^2_{(2)}}\left[\frac{\partial g_{11}}{\partial q^1}\frac{\partial g_{22}}{\partial q^2} - 2\,\frac{\partial g_{11}}{\partial q^2}\frac{\partial g_{22}}{\partial q^2} + \left[2\,\frac{\partial g_{12}}{\partial q^1} - \frac{\partial g_{11}}{\partial q^2}\right]\left[2\,\frac{\partial g_{12}}{\partial q^2} - \frac{\partial g_{22}}{\partial q^1}\right]\right] \qquad (6.75a)$$

die Gaußsche Gleichung entsteht, die unter dem Gesichtspunkt gesehen werden kann, daß es hiernach einem "lokal—planaren Beobachter" möglich ist, mittels von ihm erhebbarer Daten eine Aussage über Krümmungseigenschaften (K) zu erschließen, die nicht in "seiner Dimensionalität" definiert und daher für ihn auch nicht "primär erfahrbar" sind.
Für den Fall orthogonaler Parameterliniennetze mit $g_{12} = 0$ und damit

$$K = \frac{-1}{2\, g_{\langle 11\rangle}g_{\langle 22\rangle}}\left[\frac{\partial^2 g_{\langle 11\rangle}}{\partial q^2_{\langle 2\rangle}} + \frac{\partial^2 g_{\langle 22\rangle}}{\partial q^2_{\langle 1\rangle}}\right] + \frac{g_{\langle 22\rangle}}{4\, g^2_{\langle 11\rangle}g^2_{\langle 22\rangle}}\left[\left[\frac{\partial g_{\langle 11\rangle}}{\partial q_{\langle 2\rangle}}\right]^2 + \frac{\partial g_{\langle 11\rangle}}{\partial q_{\langle 1\rangle}}\frac{\partial g_{\langle 22\rangle}}{\partial q_{\langle 1\rangle}}\right] +$$

$$+ \frac{g_{\langle 11\rangle}}{4\, g^2_{\langle 11\rangle}g^2_{\langle 22\rangle}}\left[\left[\frac{\partial g_{\langle 22\rangle}}{\partial q_{\langle 1\rangle}}\right]^2 + \frac{\partial g_{\langle 11\rangle}}{\partial q_{\langle 2\rangle}}\frac{\partial g_{\langle 22\rangle}}{\partial q_{\langle 2\rangle}}\right] \qquad (6.75b)$$

ist sogar eine Darstellung der Gaußschen Krümmung allein in Termen der geodätischen Krümmungen und deren Ableitungen [2] erreichbar, und zwar in der Form

$$K = \frac{\partial k_{g\langle 1\rangle}}{\partial s_{\langle 2\rangle}} + \frac{\partial k_{g\langle 2\rangle}}{\partial s_{\langle 1\rangle}} - k^2_{g\langle 1\rangle} - k^2_{g\langle 2\rangle}\,, \qquad (6.75c)$$

wie man unter Benutzung von

$$\frac{\partial k_{g\langle 1\rangle}}{\partial s_{\langle 2\rangle}} \stackrel{(5.26i)}{=} \frac{1}{\sqrt{g_{\langle 22\rangle}}}\frac{\partial}{\partial q_{\langle 2\rangle}}\left[-\frac{1}{2}\,\frac{1}{g_{\langle 11\rangle}\sqrt{g_{\langle 22\rangle}}}\,\frac{\partial g_{\langle 11\rangle}}{\partial q_{\langle 2\rangle}}\right]$$

$$= \frac{-1}{2\, g_{\langle 11\rangle}g_{\langle 22\rangle}}\left[\frac{\partial^2 g_{\langle 11\rangle}}{\partial q^2_{\langle 2\rangle}} - \frac{1}{g_{\langle 11\rangle}}\left[\frac{\partial g_{\langle 11\rangle}}{\partial q_{\langle 2\rangle}}\right]^2 - \frac{1}{2}\,\frac{1}{g_{\langle 22\rangle}}\,\frac{\partial g_{\langle 11\rangle}}{\partial q_{\langle 2\rangle}}\frac{\partial g_{\langle 22\rangle}}{\partial q_{\langle 2\rangle}}\right]$$

---

130) Mit $\overset{\langle 2\rangle}{\mathfrak{E}}_{(2)}$ in der Version $\overset{\langle 2\rangle}{\mathfrak{E}}_{(2)} = (\mathfrak{g}_1 \circ \mathfrak{g}_2 - \mathfrak{g}_2 \circ \mathfrak{g}_1)/\sqrt{g_{(2)}}$ und den Orthogonalitätsbedingungen (5.6) verifiziert man

$$\overset{\langle 2\rangle}{\mathfrak{E}}_{(2)} \cdot\cdot\, \mathfrak{g}^{\alpha} \circ \mathfrak{g}^{\beta} = \begin{cases} 0 & \text{für } \alpha = \beta \\ -1/\sqrt{g_{(2)}} & \text{"} \ \alpha = 1, \beta = 2 \\ 1/\sqrt{g_{(2)}} & \text{"} \ \alpha = 2, \beta = 1 \end{cases}$$

und entsprechend

$$\frac{\partial k_{g\langle 2\rangle}}{\partial s_{\langle 1\rangle}} = \frac{-1}{2\, g_{\langle 11\rangle} g_{\langle 22\rangle}} \left[\frac{\partial^2 g_{\langle 22\rangle}}{\partial q_{\langle 1\rangle}^2} - \frac{1}{g_{\langle 22\rangle}}\left[\frac{\partial g_{\langle 22\rangle}}{\partial q_{\langle 1\rangle}}\right]^2 - \frac{1}{2}\frac{1}{g_{\langle 11\rangle}} \frac{\partial g_{\langle 11\rangle}}{\partial q_{\langle 1\rangle}}\frac{\partial g_{\langle 22\rangle}}{\partial q_{\langle 1\rangle}}\right]$$

nach kurzer Rechnung nachweist.

Auf (6.73) zurückkommend, sollen schließlich noch die Ableitungsregeln (6.19b,20) in konkreter Rechnung bestätigt werden, wobei dies entsprechend (6.73) zunächst nur für Tangentenvektoren $\mathfrak{g}_j$ möglich ist. Für Letztere ist der Nachweis aber einfach, weil der in (6.73) unterstrichelte Anteil die Operation $(\nabla_l\nabla_k - \nabla_k\nabla_l)\mathfrak{g}_j$ repräsentiert[131] und demzufolge (6.73,74) der Identität

$$(\nabla_l\nabla_k - \nabla_k\nabla_l)\mathfrak{g}_j \overset{(6.73,\,74b)}{=} -\mathfrak{g}_j\circ\mathfrak{g}_k\circ\mathfrak{g}_l\cdots \overset{\langle 4\rangle}{\mathscr{H}}_{(2)} \overset{132)}{\equiv} \mathfrak{g}_j\circ\mathfrak{g}_l\circ\mathfrak{g}_k\cdots\overset{\langle 4\rangle}{\mathscr{H}}_{(2)}, \quad j,k,l=1,2 \tag{6.77a}$$

bzw. — man setze z. B. l = 1 und k = 2[133] — der Identität

$$(\nabla_1\nabla_2 - \nabla_2\nabla_1)\mathfrak{g}_j = \mathfrak{g}_j\cdot\left[(\mathfrak{g}_1\circ\mathfrak{g}_2)\cdot\cdot\overset{\langle 4\rangle}{\mathscr{H}}_{(2)}\right] \tag{6.77b}$$

gleichwertig ist, womit man schließlich wegen

---

131) Weil unter Benutzung von

$$\mathbb{E}_{(2)}\cdot\nabla_k\mathfrak{g}_j \left[\overset{(6.64b)}{\equiv}\nabla_k\mathfrak{g}_j\right] \overset{(5.20d)}{=} \mathfrak{g}_j\cdot\boldsymbol{\Gamma}_{[k](2)}, \quad j,k=1,2, \tag{6.76a}$$

für zweite Ableitungen

$$\begin{aligned}
&\mathbb{E}_{(2)}\cdot\nabla_l(\mathbb{E}_{(2)}\cdot\nabla_k\mathfrak{g}_j)\left[=\nabla_l\nabla_k\mathfrak{g}_j\right] \overset{(6.76a)}{=} \mathbb{E}_{(2)}\cdot\nabla_l(\mathfrak{g}_j\cdot\boldsymbol{\Gamma}_{[k](2)})\\
&= \mathbb{E}_{(2)}\cdot\left[(\nabla_l\mathfrak{g}_j)\cdot\boldsymbol{\Gamma}_{[k](2)} + \mathfrak{g}_j\cdot\nabla_l\boldsymbol{\Gamma}_{[k](2)}\right] \overset{(6.76a,\,2.42c,59b)}{=}\\
&= \mathbb{E}_{(2)}\cdot\left[\mathfrak{g}_j\cdot\boldsymbol{\Gamma}_{[l]}\cdot\boldsymbol{\Gamma}_{[k](2)} + \mathfrak{g}_j\cdot\left(\frac{d\boldsymbol{\Gamma}_{[k](2)}}{dq^l} - \boldsymbol{\Gamma}_{[l]}\cdot\boldsymbol{\Gamma}_{[k](2)} - \boldsymbol{\Gamma}_{[k](2)}\cdot\boldsymbol{\Gamma}^T_{[l]}\right)\right]\\
&\equiv \mathfrak{g}_j\cdot\left(\frac{d\boldsymbol{\Gamma}_{[k](2)}}{dq^l} - \boldsymbol{\Gamma}_{[k](2)}\cdot\boldsymbol{\Gamma}^T_{[l](2)}\right), \quad j,k,l=1,2
\end{aligned} \tag{6.76b}$$

analog (2.59c) festzustellen ist, findet man in der Tat

$$(\nabla_l\nabla_k - \nabla_k\nabla_l)\mathfrak{g}_j \overset{(6.76b)}{=} \mathfrak{g}_j\cdot\left[\frac{d\boldsymbol{\Gamma}_{[k](2)}}{dq^l} - \frac{d\boldsymbol{\Gamma}_{[l](2)}}{dq^k} - \boldsymbol{\Gamma}_{[k](2)}\cdot\boldsymbol{\Gamma}^T_{[l](2)} + \boldsymbol{\Gamma}_{[l](2)}\cdot\boldsymbol{\Gamma}^T_{[k](2)}\right] \tag{6.76c}$$

(vgl. den unterstrichelten Anteil von (6.73))

132) Man beachte die (in $\overset{\langle 2\rangle}{\mathfrak{E}}_{(2)}$ begründete) linksseitige Antisymmetrie des Krümmungstensors, weswegen

$\mathfrak{g}_l\circ\mathfrak{g}_k\cdot\cdot\overset{\langle 4\rangle}{\mathscr{H}}_{(2)} = -\mathfrak{g}_k\circ\mathfrak{g}_l\cdot\cdot\overset{\langle 4\rangle}{\mathscr{H}}_{(2)}$ ist.

133) für l = 2 und k = 1 ändert sich gegenüber Gl. (6.77b) wegen Vorzeichenwechsels auf beiden Gleichungsseiten von (6.77a) nichts.

$$\mathfrak{g}_1 \circ \mathfrak{g}_2 \cdot\cdot \overset{<2>}{\mathfrak{E}}_{(2)} \overset{(5.10a)}{=} \mathfrak{g}_1 \circ \mathfrak{g}_2 \cdot\cdot \sqrt{g_{(2)}}\,(\mathfrak{g}^1 \circ \mathfrak{g}^2 - \mathfrak{g}^2 \circ \mathfrak{g}^1) = -\sqrt{g_{(2)}} \qquad (6.77c)$$

sowie

$$\overset{<2>}{\mathfrak{f}}_E \cdot\cdot \overset{<2>}{\mathfrak{E}}_{(2)} \overset{(6.20c)}{=} \frac{1}{2} \overset{<2>}{\mathfrak{E}}_{(2)} \cdot\cdot \overset{<2>}{\mathfrak{E}}_{(2)} \overset{(5.10d)}{=} -1 \overset{(6.77c)}{=} \frac{1}{\sqrt{g_{(2)}}} \mathfrak{g}_1 \circ \mathfrak{g}_2 \cdot\cdot \overset{<2>}{\mathfrak{E}} \qquad (6.77d)$$

aus (6.77b) in der Tat

$$\frac{(\nabla_1 \nabla_2 - \nabla_2 \nabla_1)\mathfrak{g}_j}{\sqrt{g_{(2)}}} = \mathfrak{g}_j \cdot \left[\overset{<2>}{\mathfrak{f}}_E \cdot\cdot \overset{<4>}{\mathcal{H}}_{(2)} \right] \left[= \frac{D\mathfrak{g}_j}{d\underset{\sim}{f}} \right], \; j = 1,2, \qquad (6.77e)$$

d. h. (6.20e) für Vektorfelder $\mathfrak{w}_{(2)} = \mathfrak{g}_j$ folgern kann.
Analog der zu (2.70) führenden Vorgehensweise wendet man alsdann (6.77e) auf ein Vektorfeld $\overset{*}{\mathfrak{g}}_j = \lambda \mathfrak{g}_j$ mit einer skalaren Feldgröße $\lambda(q^1,q^2)$ an, erschließt unter Benutzung der Produktregel $D(\lambda \mathfrak{g}_j)/Df = (D\lambda/Df)\mathfrak{g}_j + \lambda\, D\mathfrak{g}_j/Df$ zunächst

$$\sqrt{g_{(2)}}\, \frac{D\lambda}{Df} = (\nabla_1 \nabla_2 - \nabla_2 \nabla_1)\lambda = 0, \qquad (6.77f)$$

d. h. Gültigkeit der Integrabilitätsbedingung für skalare Felder, und hiermit schließlich allgemein Gültigkeit von (6.20e), indem man etwa für $\mathfrak{w}_{(2)}$ eine Komponentendarstellung der Form

$$\mathfrak{w}_{(2)} = \sum_{j=1}^{2} v^j(q^1,q^2)\, \mathfrak{g}_j(q^1,q^2)$$

wählt und betr. die Bildung von $D\mathfrak{w}_{(2)}/Df$ für die Skalare v^j die Regel (6.77f), für die Basisvektoren die Regel (6.77e) beachtet.

III, § 7 Variationsprobleme und Näherungslösungen

7.1 Eulersche Differentialgleichung, natürliche Randbedingungen

Variationsprobleme stellen sich - als synthetische Aussagen - in der Mechanik im Zusammenhang mit der Formulierung sog. "Energieprinzipien" [16], [27], (§10), wobei zu recherchieren ist, welcherart analytischer Eigenschaften eine in (B) einschließlich der Ränder $f_j(B)$, $j = 1,\ldots,n_B$, definierte und einem Satz von Randbedingungen genügende Funktion $\overset{\langle q\rangle}{\mathbb{V}}(\mathbb{r})$ gegenüber sämtlichen übrigen, die gleichen Randbedingungen erfüllenden, Funktionen $\overset{\langle q\rangle}{\mathbb{X}}(\mathbb{r})$ auszeichnen, wenn $\overset{\langle q\rangle}{\mathbb{V}}(\mathbb{r})$ ein auf (B) und längs der Ränder $f_j(B)$, $j = 1,\ldots,n_B$, definiertes skalarwertiges Funktional von der Form

$$J_\Sigma\langle \overset{\langle q\rangle}{\mathbb{X}} \rangle = \int_{(B)} J(\mathbb{r}, \overset{\langle q\rangle}{\mathbb{X}}(\mathbb{r}), \nabla\circ \overset{\langle q\rangle}{\mathbb{X}}, \ldots, \underbrace{\nabla\circ\ldots\circ\nabla}_{\text{n-mal}}\circ \overset{\langle q\rangle}{\mathbb{X}})dV - \sum_{j=1}^{n_B} \oint\!\!\!\oint_{f_j(B)} \sum_{\nu=0}^{n-1} \overset{\langle q\rangle}{\mathbb{G}}_\nu \underbrace{\cdots}_{(q)} \frac{\partial^\nu \overset{\langle q\rangle}{\mathbb{X}}^T}{\partial s_n^\nu}\, df \tag{7.1a}$$

mit vorgegebenen Randgrößen $\overset{\langle q\rangle}{\mathbb{G}}_\nu$, $\nu = 0,\ldots,(n-1)$, im Sinne von

$$J_\Sigma\langle \overset{\langle q\rangle}{\mathbb{V}} \rangle = J_{\Sigma 0} = \text{Extr.} \tag{7.1b}$$

extremal machen soll.

Die Lösung einer solchen Aufgabe wird im Sinne des Eulerschen Variationalkalküls derart entwickelt, daß man zunächst in der Form

$$\overset{\langle q\rangle}{\mathbb{X}}(\mathbb{r}) = \overset{\langle q\rangle}{\mathbb{V}}(\mathbb{r}) + \epsilon\, \overset{\langle q\rangle}{\mathbb{Z}}(\mathbb{r}) \tag{7.2}$$

mit einem skalaren Parameter (ϵ) aus der Varietät der (bis auf die Randeigenschaften) beliebigen Funktionen $(\overset{\langle q\rangle}{\mathbb{X}})$ die Problemlösung $(\overset{\langle q\rangle}{\mathbb{V}}(\mathbb{r}))$ hervorhebt, dies in (7.1a) einsetzt, solchermaßen also

$$J_\Sigma\langle \overset{\langle q\rangle}{\mathbb{X}} \rangle = \overset{*}{J}_\Sigma\langle \overset{\langle q\rangle}{\mathbb{V}};\epsilon\rangle = \int_{(B)} J\Big[\mathbb{r}, \overset{\langle q\rangle}{\mathbb{V}} + \epsilon \overset{\langle q\rangle}{\mathbb{Z}}, \nabla\circ(\overset{\langle q\rangle}{\mathbb{V}} + \epsilon \overset{\langle q\rangle}{\mathbb{Z}}), \ldots, \underbrace{\nabla\circ\ldots\circ\nabla}_{\text{n-mal}}\circ(\overset{\langle q\rangle}{\mathbb{V}} + \epsilon \overset{\langle q\rangle}{\mathbb{Z}})\Big]\, dV -$$

$$- \sum_{j=1}^{n_B} \oint\!\!\!\oint_{f_j(B)} \sum_{\nu=0}^{n-1} \overset{\langle q\rangle}{\mathbb{G}}_\nu \underbrace{\cdots}_{(q)} \frac{\partial^\nu}{\partial s_n^\nu}(\overset{\langle q\rangle}{\mathbb{V}} + \epsilon \overset{\langle q\rangle}{\mathbb{Z}})^T\, df$$

auffindet und die geforderte Extremaleigenschaft — unter Differenzierbarkeitsvoraussetzungen — dadurch zum Ausdruck bringt, daß die mit ϵ variable Funktion $\overset{*}{J}_\Sigma\langle \overset{\langle q\rangle}{\mathbb{V}};\epsilon\rangle$ für beliebige Varianten $\overset{\langle q\rangle}{\mathbb{Z}}(\mathbb{r})$ für

$\epsilon \to 0$ keinen zu ϵ proportionalen Anteil haben soll. Die hiernach geltende Aussage[1)]

$$\left[\frac{dJ^*_\Sigma\langle \overset{\langle q\rangle}{\mathbb{V}};\epsilon\rangle}{d\epsilon}\right]_{\epsilon=0} = 0 \text{ bzw. } (\delta J^*_\Sigma)_{\epsilon=0} = \left[\frac{dJ^*_\Sigma}{d\epsilon}\right]_{\epsilon=0}\delta\epsilon = 0 \qquad (7.3a,b)$$

ist Schlüssel zur Entwicklung des Eulerschen Kalküls. Denn man identifiziert danach mit der Bezeichnung $(\partial J/\partial \overset{\langle q\rangle}{\mathbb{X}})_{\epsilon=0} \equiv \partial J/\partial \overset{\langle q\rangle}{\mathbb{V}}$, $(\partial J/\partial(\nabla\circ \overset{\langle q\rangle}{\mathbb{X}}))_{\epsilon=0} \equiv \partial J/\partial(\nabla\circ\overset{\langle q\rangle}{\mathbb{V}})$ usw.

$$\left[\frac{dJ^*_\Sigma}{d\epsilon}\right]_{\epsilon=0} = \int_{(B)}\left[\frac{\partial J}{\partial \overset{\langle q\rangle}{\mathbb{V}}}\underbrace{\cdots\cdots}_{(q)}\overset{\langle q\rangle}{\mathbb{Z}}{}^T + \frac{\partial J}{\partial(\nabla\circ \overset{\langle q\rangle}{\mathbb{V}})}\underbrace{\cdots\cdots}_{(q+1)}(\nabla\circ\overset{\langle q\rangle}{\mathbb{Z}})^T + \ldots +\right.$$

$$\left.+\frac{\partial J}{\partial(\underbrace{\nabla\circ\ldots\circ\nabla}_{n\text{-mal}}\overset{\langle q\rangle}{\mathbb{V}})}\underbrace{\cdots\cdots}_{(q+n)}(\underbrace{\nabla\circ\ldots\circ\nabla}_{n\text{-mal}}\circ\overset{\langle q\rangle}{\mathbb{Z}})^T\right]dV - \sum_{j=1}^{n_B}\oiint_{f_j(B)}\sum_{\nu=0}^{n-1}\overset{\langle q\rangle}{\mathbb{G}}_\nu\underbrace{\cdots\cdot}_{(q)}\frac{\partial^\nu\overset{\langle q\rangle}{\mathbb{Z}}{}^T}{\partial s_n^\nu}\,df = 0 \qquad (7.4a)$$

bzw. mit $\delta\epsilon\,\overset{\langle q\rangle}{\mathbb{Z}}{}^T \equiv \delta\overset{\langle q\rangle}{\mathbb{V}}{}^T$, $\delta\epsilon(\nabla\circ\overset{\langle q\rangle}{\mathbb{Z}})^T \equiv (\nabla\circ\delta\overset{\langle q\rangle}{\mathbb{V}})^T \equiv \delta\overset{\langle q\rangle}{\mathbb{V}}{}^T\circ\nabla$ usw.

$$\left[\frac{dJ^*_\Sigma}{d\epsilon}\right]_{\epsilon=0}\delta\epsilon \equiv (\delta J_\Sigma)_{\overset{\langle q\rangle}{\mathbb{V}}} = \int_{(B)}\left[\frac{\partial J}{\partial \overset{\langle q\rangle}{\mathbb{V}}}\underbrace{\cdots\cdots}_{(q)}\delta\overset{\langle q\rangle}{\mathbb{V}}{}^T + \frac{\partial J}{\partial(\nabla\circ \overset{\langle q\rangle}{\mathbb{V}})}\underbrace{\cdots\cdots}_{(q+1)}(\delta\overset{\langle q\rangle}{\mathbb{V}}{}^T\circ\nabla) + \ldots +\right.$$

$$\left.+\frac{\partial J}{\partial(\underbrace{\nabla\circ\ldots\circ\nabla}_{n\text{-mal}}\overset{\langle q\rangle}{\mathbb{V}})}\underbrace{\cdots\cdots}_{(q+n)}(\delta\overset{\langle q\rangle}{\mathbb{V}}{}^T\circ\underbrace{\nabla\circ\ldots\circ\nabla}_{n\text{-mal}})\right]dV - \sum_{j=1}^{n_B}\oiint_{f_j(B)}\sum_{\nu=0}^{n-1}\overset{\langle q\rangle}{\mathbb{G}}_\nu\underbrace{\cdots\cdot}_{(q)}\frac{\partial^\nu\delta\overset{\langle q\rangle}{\mathbb{V}}{}^T}{\partial s_n^\nu}\,df = 0 \qquad (7.4b)$$

mit beliebigen, den Randbedingungen des Problems genügenden Funktionen(—Variationen) $\delta\overset{\langle q\rangle}{\mathbb{V}}(\mathbb{r})$ als Bedingung dafür, daß die (Lösungs—)Funktion $\overset{\langle q\rangle}{\mathbb{V}}$ das Funktional $J_\Sigma\langle\overset{\langle q\rangle}{\mathbb{X}}\rangle$ extremal (allgemeiner "stationär") macht.

Um den Einfluß einer Funktionen—Variation $\delta\overset{\langle q\rangle}{\mathbb{V}}(\mathbb{r})$ und deren auf den Rändern definierten Ableitungskombinationen auf die Größe $(\delta J_\Sigma)_{\overset{\langle q\rangle}{\mathbb{V}}}$ explizit sichtbar, und damit letztlich im Hinblick auf die Recherche der Eigenschaften von $\overset{\langle q\rangle}{\mathbb{V}}$ handhabbar zu machen, wendet man auf (7.4b) unter Benutzung des Gaußschen Satzes die partielle Integrationsregel an, setzt also

$$\frac{\partial J}{\partial(\nabla\circ\overset{\langle q\rangle}{\mathbb{V}})}\underbrace{\cdots\cdots}_{(q+1)}(\delta\overset{\langle q\rangle}{\mathbb{V}}{}^T\circ\nabla) \equiv \nabla\cdot\left(\frac{\partial J}{\partial(\nabla\circ\overset{\langle q\rangle}{\mathbb{V}})}\underbrace{\cdots\cdots}_{(q)}\delta\overset{\langle q\rangle}{\mathbb{V}}{}^T\right) - \left(\nabla\cdot\frac{\partial J}{\partial(\nabla\circ\overset{\langle q\rangle}{\mathbb{V}})}\right)\underbrace{\cdots\cdots}_{(q)}\delta\overset{\langle q\rangle}{\mathbb{V}}{}^T,$$

---

1) die allerdings nicht nur $J_{\Sigma 0}$ als (relativen) Maximal— bzw. Minimalwert definiert, sondern ggfs. auch als einen "Wendepunkt"—Wert, weswegen man allgemeiner auch vom "stationären Wert $J_{\Sigma 0}$" spricht, den man mit den Prozeduren (7.3) bzw. (7.4)ff zu identifizieren sucht. Betr. die Operationen $\partial J/\partial\overset{\langle q\rangle}{\mathbb{X}}$ usw. vgl. [1], §7

$$\frac{\partial J}{\partial(\nabla\circ\nabla\circ\overset{\langle q\rangle}{\mathbb{V}})}\underbrace{\cdots\cdots}_{(q+2)}(\delta\overset{\langle q\rangle}{\mathbb{V}}{}^{T}\circ\nabla\circ\nabla) \equiv \nabla\cdot\Big[\frac{\partial J}{\partial(\nabla\circ\nabla\circ\overset{\langle q\rangle}{\mathbb{V}})}\underbrace{\cdots\cdots}_{(q+1)}(\delta\overset{\langle q\rangle}{\mathbb{V}}{}^{T}\circ\nabla)\Big] -$$

$$-(\nabla\cdot\frac{\partial J}{\partial(\nabla\circ\nabla\circ\overset{\langle q\rangle}{\mathbb{V}})})\underbrace{\cdots\cdots}_{(q+1)}(\delta\overset{\langle q\rangle}{\mathbb{V}}{}^{T}\circ\nabla) = \nabla\cdot\Big[\frac{\partial J}{\partial(\nabla\circ\nabla\circ\overset{\langle q\rangle}{\mathbb{V}})}\underbrace{\cdots\cdots}_{(q+1)}(\delta\overset{\langle q\rangle}{\mathbb{V}}{}^{T}\circ\nabla)\Big] -$$

$$-\nabla\cdot\Big[(\nabla\cdot\frac{\partial J}{\partial(\nabla\circ\nabla\circ\overset{\langle q\rangle}{\mathbb{V}})})\underbrace{\cdots\cdots}_{(q)}\delta\overset{\langle q\rangle}{\mathbb{V}}{}^{T}\Big] + \Big[\nabla\cdot(\nabla\cdot\frac{\partial J}{\partial(\nabla\circ\nabla\circ\overset{\langle q\rangle}{\mathbb{V}})})\Big]\underbrace{\cdots\cdots}_{(q)}\delta\overset{\langle q\rangle}{\mathbb{V}}{}^{T}$$

usw. in (7.4b) ein, bekommt schließlich

$$(\delta J_{\Sigma})_{\langle q\rangle \atop \mathbb{V}} = (\delta J_{\Sigma B})_{\langle q\rangle \atop \mathbb{V}} + (\delta J_{\Sigma F})_{\langle q\rangle \atop \mathbb{V}} = 0 \tag{7.5}$$

mit

$$(\delta J_{\Sigma B})_{\langle q\rangle \atop \mathbb{V}} = \int\limits_{(B)}\Big[\frac{\partial J}{\partial\overset{\langle q\rangle}{\mathbb{V}}} - \nabla\cdot\frac{\partial J}{\partial(\nabla\circ\overset{\langle q\rangle}{\mathbb{V}})} + \nabla\cdot(\nabla\cdot\frac{\partial J}{\partial(\nabla\circ\nabla\circ\overset{\langle q\rangle}{\mathbb{V}})}) - \ldots + \ldots$$

$$+ (-1)^{n}\underbrace{\nabla\circ\ldots\circ\nabla}_{n\text{-mal}}\underbrace{\cdots\cdots}_{(n)}\frac{\partial J}{\partial(\underbrace{\nabla\circ\ldots\circ\nabla}_{n\text{-mal}}\overset{\langle q\rangle}{\mathbb{V}})}\Big]\underbrace{\cdots\cdots}_{(q)}\delta\overset{\langle q\rangle}{\mathbb{V}}{}^{T}\,dV \tag{7.5a}$$

und

$$(\delta J_{\Sigma F})_{\langle q\rangle \atop \mathbb{V}} + \sum_{j=1}^{n_B}\oiint\limits_{f_j(B)}\sum_{\nu=0}^{n-1}\overset{\langle q\rangle}{\mathbb{G}}_{\nu}\underbrace{\cdots\cdot}_{(q)}\frac{\partial^{\nu}\delta\overset{\langle q\rangle}{\mathbb{V}}{}^{T}}{\partial s_n^{\nu}}\,df =$$

$$= \sum_{j=1}^{n_B}\oiint\limits_{f_j(B)}\mathbb{n}\cdot\Big\{\Big[\frac{\partial J}{\partial(\nabla\circ\overset{\langle q\rangle}{\mathbb{V}})} - \nabla\cdot\frac{\partial J}{\partial(\nabla\circ\nabla\circ\overset{\langle q\rangle}{\mathbb{V}})} + \ldots - \ldots +$$

$$+ (-1)^{n-1}\underbrace{\nabla\circ\ldots\ldots\circ\nabla}_{(n-1)\text{-mal}}\underbrace{\cdots\cdots}_{(n-1)}\frac{\partial J}{\partial(\underbrace{\nabla\circ\ldots\circ\nabla\circ}_{n\text{-mal}}\overset{\langle q\rangle}{\mathbb{V}})}\Big]\underbrace{\cdots\cdots}_{(q)}\delta\overset{\langle q\rangle}{\mathbb{V}}{}^{T} +$$

$$\Big[\frac{\partial J}{\partial(\nabla\circ\nabla\circ\overset{\langle q\rangle}{\mathbb{V}})} - \nabla\cdot\frac{\partial J}{\partial(\nabla\circ\nabla\circ\nabla\circ\overset{\langle q\rangle}{\mathbb{V}})} + \ldots - \ldots +$$

$$+ (-1)^{n-2}\underbrace{\nabla\circ\ldots\ldots\circ\nabla}_{(n-2)\text{-mal}}\underbrace{\cdots\cdots}_{(n-1)}\frac{\partial J}{\partial(\underbrace{\nabla\circ\ldots\circ\nabla\circ}_{n\text{-mal}}\overset{\langle q\rangle}{\mathbb{V}})}\Big]\underbrace{\cdots\cdots}_{(q+1)}(\delta\overset{\langle q\rangle}{\mathbb{V}}{}^{T}\circ\nabla) +$$

$$+ \ldots + \frac{\partial J}{\partial(\underbrace{\nabla\circ\ldots\circ\nabla}_{n\text{-mal}}\overset{\langle q\rangle}{\mathbb{V}})}\underbrace{\cdots\cdots\cdot}_{(q+n-1)}(\delta\overset{\langle q\rangle}{\mathbb{V}}{}^{T}\circ\underbrace{\nabla\circ\ldots\ldots\circ\nabla}_{(n-1)})\Big\}\,df \tag{7.5b}$$

und argumentiert nun, daß zwecks Befriedigung von (7.5) das Bereichsintegral und das resultierende Oberflächenintegral jeweils für sich verschwinden müssen. Wegen der in Betracht zu nehmenden Beliebigkeit von $\delta\overset{\langle q\rangle}{\mathbb{V}}(\mathbb{r})$ folgert man so aus $(\delta J_{\Sigma B}) = 0$, daß die Lösung $\overset{\langle q\rangle}{\mathbb{V}}(\mathbb{r})$ des Problems (7.1) der Eulerschen Differentialgleichung 2n—ter Ordnung

$$\frac{\partial J}{\partial \overset{\langle q\rangle}{\mathbb{V}}} - \nabla\cdot\frac{\partial J}{\partial(\nabla\circ\overset{\langle q\rangle}{\mathbb{V}})} + \ldots - \ldots + (-1)^n \underbrace{\nabla\circ\ldots\ldots\circ\nabla}_{n\text{-mal}} \underbrace{\cdots\cdots}_{(n)} \frac{\partial J}{\partial(\underbrace{\nabla\circ\ldots\circ\nabla}_{n\text{-mal}}\overset{\langle q\rangle}{\mathbb{V}})} = 0 \text{ in } (B) \qquad (7.6)$$

genügen muß, während man aus der Forderung nach Verschwinden der Größe $(\delta J_{\Sigma F})\langle\overset{\langle q\rangle}{\mathbb{V}}\rangle$ die notwendigen Informationen hinsichtlich der (7.6) zu assoziierenden (sog. "natürlichen") Randbedingungen erwerben kann. Dazu ist es zweckmäßig — entsprechend der Vorgehensweise bei den sog. nichtlokalen Kontinuumstheorien vom Gradiententyp — die jetzt anstelle von (7.5b) abgekürzt als

$$(\delta J_{\Sigma F})\langle\overset{\langle q\rangle}{\mathbb{V}}\rangle + \sum_{j=1}^{n_B} \oint\!\!\oint_{f_j(B)} \sum_{\nu=0}^{n-1} \overset{\langle q\rangle}{\mathbb{G}}_{\nu} \underbrace{\cdots\cdots}_{(q)} \frac{\partial^{\nu}\delta\overset{\langle q\rangle}{\mathbb{V}}{}^{T}}{\partial s_n^{\nu}}\, df =$$

$$= \sum_{j=1}^{n_B} \oint\!\!\oint_{f_j(B)} \mathbb{n}\cdot\Big[\overset{\langle q+1\rangle}{\mathbb{S}}_{\Sigma} \underbrace{\cdots\cdots}_{(q)} \delta\overset{\langle q\rangle}{\mathbb{V}}{}^{T} + \overset{\langle q+2\rangle}{\mathbb{S}}_{\Sigma} \underbrace{\cdots\cdots}_{(q+1)} \delta\overset{\langle q\rangle}{\mathbb{V}}{}^{T}\circ\nabla + \ldots + \qquad (7.7)$$

$$+ \overset{\langle q+n\rangle}{\mathbb{S}}_{\Sigma} \underbrace{\cdots\cdots\cdots}_{(q+n+1)} (\delta\overset{\langle q\rangle}{\mathbb{V}}{}^{T}\circ\underbrace{\nabla\circ\ldots\ldots\circ\nabla}_{(n-1)\text{-mal}})\Big]\, df \equiv \sum_{j=1}^{n_B} \oint\!\!\oint_{f_j(B)} \mathbb{n}\cdot\sum_{\nu=0}^{n-1} \overset{\langle q+1+\nu\rangle}{\mathbb{S}}_{\Sigma} \underbrace{\cdots\cdots}_{(q+\nu)} (\delta\overset{\langle q\rangle}{\mathbb{V}}{}^{T}\circ\underbrace{\nabla\circ\ldots\ldots\circ\nabla}_{\nu\text{-mal}})\, df$$

geschriebene Größe $(\delta J_{\Sigma F})\langle\overset{\langle q\rangle}{\mathbb{V}}\rangle$ (vgl. die Struktur (4.8g)), worin

$$\overset{\langle q+1+\nu\rangle}{\mathbb{S}}_{\Sigma} = \overset{\langle q+1+\nu\rangle}{\mathbb{S}} - \nabla\cdot\overset{\langle q+2+\nu\rangle}{\mathbb{S}} + \ldots - \ldots + (-1)^{n-1-\nu}\underbrace{\nabla\circ\ldots\ldots\circ\nabla}_{(n-1-\nu)\text{-mal}} \underbrace{\cdots\cdots\cdots}_{(n-1-\nu)} \overset{\langle q+n\rangle}{\mathbb{S}} \qquad (7.7a)$$

(vgl. die Struktur (4.8f)) und nunmehr

$$\overset{\langle q+1+\nu\rangle}{\mathbb{S}} = \partial J/\partial(\underbrace{\nabla\circ\ldots\ldots\circ\nabla\circ}_{(\nu+1)\text{-mal}}\overset{\langle q\rangle}{\mathbb{V}}),\quad \nu = 0,\ldots,n-1 \qquad (7.7b)$$

bedeuten, einer (4.8h) analogen Umformung zu unterziehen, als deren Folge schließlich analog zu den in (4.9—10) referierten Prozeduren

$$(\delta J_{\Sigma F})\langle\overset{\langle q\rangle}{\mathbb{V}}\rangle = \sum_{j=1}^{n_B} \oint\!\!\oint_{f_j(B)} \sum_{\nu=0}^{n-1} \Big[\overset{\langle q\rangle}{\mathbb{S}}{}^{TT}_{\nu j} - \overset{\langle q\rangle}{\mathbb{G}}_{\nu}\Big] \underbrace{\cdots\cdots}_{(q)} \frac{\partial^{\nu}\delta\overset{\langle q\rangle}{\mathbb{V}}{}^{T}}{\partial s_n^{\nu}}\, df \qquad (7.7c)$$

(vgl. (4.8h)) mit den in (4.9c) gelisteten Thomson—Taitschen Randgrößen $\overset{\langle q\rangle}{\mathbb{S}}{}^{TT}_{\nu j}\langle\overset{\langle q\rangle}{\mathbb{V}},\mathbb{K}_j\rangle$ aufgefunden wird[2]. Denn danach kommen nur Randbedingungen in Frage, mit denen

---

[2] Man beachte, daß die Größen $\overset{\langle q\rangle}{\mathbb{S}}{}^{TT}_{\nu}$, wie an (4.9c) ersichtlich — neben $\overset{\langle q\rangle}{\mathbb{V}}$ und den Gradienten von $\overset{\langle q\rangle}{\mathbb{V}}$ — von den durch $\mathbb{n}_j$, H_j, $\nabla_{(2)} H_j$ usw. repräsentierten Krümmungseigenschaften der Randflächen $f_j(B)$ abhängen, was durch die pauschale Notation $\overset{\langle q\rangle}{\mathbb{S}}{}^{TT}_{\nu j}\langle\overset{\langle q\rangle}{\mathbb{V}},\mathbb{K}_j\rangle$ angedeutet wurde.

$$(\delta J_{\Sigma F})_{\overset{\langle q\rangle}{\mathbb{V}}} = 0 \tag{7.7d}$$

befriedigt werden kann. So sind etwa

$$\partial^\nu \overset{\langle q\rangle}{\mathbb{V}} / \partial s^\nu = \text{vorgeg. längs } f_j(B),\ j = 1,\dots,n_B \text{ mit } \nu = 0,\dots,(n-1) \tag{7.8a}$$

(d. i. der Fall der sog. "Voll—Einspannung") denkbare, zu (7.6) zu assoziierende Randbedingungen, weil hierwegen an den Rändern keine Funktionenvariationen $\delta\overset{\langle q\rangle}{\mathbb{V}}$ und keine Normalableitungen $\partial^\nu \delta\overset{\langle q\rangle}{\mathbb{V}} / \partial s_n^\nu$ $(\nu = 1,\dots,(n-1))$ auftreten dürfen. Aber auch der hierzu konträre Fall ist denkbar, daß man über die Rand—Größen $\partial^\nu \delta\overset{\langle q\rangle}{\mathbb{V}} / \partial s_n^\nu$, $(\nu = 0,\dots,(n-1))$ keine Angaben machen kann, also beliebige Randwerte $\partial^\nu \overset{\langle q\rangle}{\mathbb{V}} / \partial s_n^\nu$ $(\nu = 0,\dots,(n-1))$ zugelassen werden sollen, wofür zwecks Befriedigung von (7.7d) die (durch Ableitungskombinationen von $\overset{\langle q\rangle}{\mathbb{V}}$ und Oberflächen—Krümmungseigenschaften definierten) Thomson—Taitschen Randgrößen im Sinne von

$$\overset{\langle q\rangle}{\mathbb{S}}{}^{TT}_{\nu j} = \overset{\langle q\rangle}{\mathbb{G}}_\nu(\mathbb{r}) = \text{vorgeg. längs } f_j(B),\ j = 1,\dots,n_B \text{ mit } \nu = 0,\dots,(n-1) \tag{7.8b}$$

vorgegeben werden müssen.

Daß im letzteren Falle die Randwerte $\overset{\langle q\rangle}{\mathbb{G}}_\nu(\mathbb{r})$ aber nicht völlig beliebig vorgegeben werden können, sondern (durch $J(\overset{\langle q\rangle}{\mathbb{V}},\dots,\nabla\circ\dots\circ\nabla\circ\overset{\langle q\rangle}{\mathbb{V}})$ festgelegten) Nebenbedingungen genügen müssen, ist Folge des Befundes, daß nunmehr "freie Variationen"

$$\delta\overset{\langle q\rangle}{\mathbb{V}}_\alpha = \underbrace{\mathbb{r}\circ\mathbb{r}\circ\dots\circ\mathbb{r}}_{\alpha\text{-mal}}\ \underbrace{\cdots\cdots}_{(\alpha)}\ \delta\overset{\langle q+\alpha\rangle}{\mathbb{C}} \quad \text{mit } \delta\overset{\langle q+\alpha\rangle}{\mathbb{C}} = \text{const.}, \quad \alpha = 0,\dots,n-1 \tag{7.9a}$$

denkbar sind und solchermaßen — man benutze nun der Einfachheit halber (7.4b) —

<u>etwa mit $\alpha = 0$</u> und beliebiger Konstanten $\delta\overset{\langle q\rangle}{\mathbb{C}}$

$$\int_{(B)} \frac{\partial J}{\partial\overset{\langle q\rangle}{\mathbb{V}}}\, dV - \sum_{j=1}^{n_B} \oiint_{f_j(B)} \overset{\langle q\rangle}{\mathbb{G}}_0\, df = 0, \tag{7.9b}$$

<u>etwa mit $\alpha = 1$</u> und $\nabla\circ\mathbb{r}\cdot\delta\overset{\langle q+1\rangle}{\mathbb{C}} = \mathbb{E}\cdot\delta\overset{\langle q+1\rangle}{\mathbb{C}} = \delta\overset{\langle q+1\rangle}{\mathbb{C}}$ sowie $\partial(\mathbb{r}\circ\overset{\langle q+1\rangle}{\mathbb{C}})/\partial s_n = \mathbb{n}\circ\overset{\langle q+1\rangle}{\mathbb{C}}$ und beliebiger Konstanten $\overset{\langle q+1\rangle}{\mathbb{C}}$

$$\int_{(B)} \left[\mathbb{r}\circ\frac{\partial J}{\partial\overset{\langle q\rangle}{\mathbb{V}}} + \frac{\partial J}{\partial(\nabla\circ\overset{\langle q\rangle}{\mathbb{V}})}\right] dV - \sum_{j=1}^{n_B} \oiint_{f_j(B)} (\mathbb{r}\circ\overset{\langle q\rangle}{\mathbb{G}}_0 + \mathbb{n}\circ\overset{\langle q\rangle}{\mathbb{G}}_1)\, df = 0 \tag{7.9c}$$

usw. gelten müssen (vgl. Fußn. 12 von §10).

7.2 Näherungsverfahren nach Kantorowitsch [30]

Während Näherungslösungen auf der Basis des Ritzschen Verfahrens[3] in der zeitgenössischen Literatur insbesondere als sog. "finite Elementenmethoden" (Methode der "lokalen Ritzansätze") eingehend referiert werden, hat das Kantorowitsch-Verfahren merkwürdigerweise weitaus geringere Publizität gefunden.

Kantorowitsch-Ansätze dienen zur (näherungsweisen) Reduktion von auf zwei- bzw. mehrdimensionalen Bereichen (B) definierten Variationsproblemen auf Ersatzprobleme geringerer Dimensionalität.

Der Grundgedanke des Verfahrens, der hier beispielhaft an einem Extremalproblem[4]

$$J_\Sigma = \int_{x=0}^{a} \int_{y=0}^{b} J(x, y, \varphi(x,y), \frac{\partial\varphi}{\partial x}, \frac{\partial\varphi}{\partial y},\ldots, \frac{\partial^n\varphi}{\partial x^n} \frac{\partial^m\varphi}{\partial y^m})\, dx\, dy \longrightarrow \text{stat.} \tag{7.11}$$

für eine skalare Funktion $\varphi(x,y)$ zweier Variabler (x,y) mit einem zunächst <u>eingliedrigen</u> Kantorowitsch–Ansatz demonstriert werden soll, liegt darin, daß man für eine Näherungslösung von φ einen Produktansatz

$$\varphi(x,y) = g(x)\, f(y) \tag{7.11a}$$

verwendet, wobei $g(x)$ eine geeignet vorgegeben gewählte und insbesondere den Randbedingungen längs der Ränder $x = \text{const.}$ genügende Funktion[5] (z. B. ein geeignetes Polynom), hingegen $f(y)$ eine vorerst nicht festgelegte Funktion der zweiten Variablen (y) bedeuten, diesen Ansatz in das Extremalproblem (7.11) einsetzt und die längs $0 \leq x \leq a$ geforderte Integration sogleich ausführt. Ergebnis hiervon ist

---

[3]) wo man mit vorgegebenen (den Randbedingungen bzw. geeigneten tolerablen Übergangsbedingungen genügenden) Ansatzfunktionen $(\overset{\langle q\rangle}{\mathbb{Y}}_\alpha,\ \alpha=1,\ldots,m)$ und zunächst freien skalaren Konstanten $(C_\alpha,\ \alpha=1,\ldots,m)$ die Lösungsfunktion in der Form

$$\overset{\langle q\rangle}{\mathbb{V}}(\mathbb{r}) = \sum_{\alpha=1}^{m} C_\alpha \overset{\langle q\rangle}{\mathbb{Y}}_\alpha(\mathbb{r}) \tag{7.10a}$$

aufbaut, solchermaßen nach Einsetzen in

$$J_\Sigma(\overset{\langle q\rangle}{\mathbb{V}}) \longrightarrow \text{stationär}\ , \tag{7.10b}$$

nachdem man die Integrationen vollzogen hat, das Problem in der Form

$$J_\Sigma\langle \overset{\langle q\rangle}{\mathbb{V}} \rangle = \hat{J}_\Sigma(C_1,\ldots,C_m) \longrightarrow \text{stationär} \tag{7.10c}$$

auf eine gewöhnliche Extremalaufgabe reduziert und schließlich die Konstanten C_α $(\alpha = 1,..,m)$ mittels der Extremalbedingungen

$$\partial\hat{J}_\Sigma/\partial C_\alpha = 0, \quad \alpha = 1,\ldots,m \tag{7.9d}$$

feststellt,

[4]) Wir beschränken unter dieser Ziffer auf Extremalprobleme ohne Randglieder und führen auch die nach der Variation im Zusammenhang mit den partiellen Integrationen zur Erlangung der jeweiligen Eulerschen Differentialgleichung entstehenden Randglieder — als durch die jeweiligen (natürlichen) Randbedingungen entfallend! — nicht mehr auf.

[5]) vorausgesetzt, man kann überhaupt den Randbedingungen für φ mit einem Produktansatz von der Form (7.11a) entsprechen.

dann ein "Ersatz—Variationsproblem" von der Form[6)]

$$\hat{J}_\Sigma = \int_{y=0}^{b} \hat{J}(y, f(y), f'(y),\dots,f^{(m)}(y))\, dy \to \text{stat.} \tag{7.11b}$$

bzw.

$$\delta\hat{J}_\Sigma = \int_{y=0}^{b} \left[\frac{\partial\hat{J}}{\partial f}\delta f + \frac{\partial\hat{J}}{\partial f'}\delta f' + \dots \right] dy \to^{7)} \int_{y=0}^{b} \left[\frac{\partial\hat{J}}{\partial f} - \frac{d}{dy}\left(\frac{\partial\hat{J}}{\partial f'}\right) + \frac{d^2}{dy^2}\left(\frac{\partial\hat{J}}{\partial f''}\right) + \dots \right] \delta f dy = 0, \tag{7.11c}$$

das nun nur noch eine gewöhnliche (Eulersche) Differentialgleichung, nämlich die Gleichung

$$\frac{\partial\hat{J}}{\partial f} - \frac{d}{dy}\left[\frac{\partial\hat{J}}{df'}\right] + \dots - \dots + (-1)^m \frac{d^m}{dy^m}\left[\frac{\partial\hat{J}}{df^{(m)}}\right] = 0\,, \tag{7.11d}$$

zu lösen verlangt anstelle einer partiellen Differentialgleichung

$$\frac{\partial J}{\partial\varphi} - \frac{\partial}{\partial x}\left[\frac{\partial J}{\partial\varphi_x}\right] - \frac{\partial}{\partial y}\left[\frac{\partial J}{\partial\varphi_y}\right] + \frac{\partial^2}{\partial x^2}\left[\frac{\partial J}{\partial\varphi_{xx}}\right] + \dots - \dots = 0\,, \tag{7.11e}$$

die, als Eulersche Differentialgleichung, dem ursprünglichen Problem (7.11) zugeordnet ist.[8)] Nachdem man $f(y)$ mittels (7.11d) zuzüglich der für f an den Rändern $y = \text{const.}$ formulierbaren Randbedingungen[9)] festgelegt hat, ist der Kantorowitsch—Ansatz (7.11a) und damit die (Näherungs—)Lösung für $\varphi(x,y)$ vollständig determiniert, deren Treffgenauigkeit einem eingliedrigen Ritzansatz[10)] insbesondere auch bei Parameteranalysen weit überlegen ist. Der Grund hierfür liegt in dem mit einem eingliedrigen Ritzansatz in das Problem eingebrachten "vollständigen Formzwang"[11)], den man dem Problem bei einem eingliedrigen Kantorowitsch—Ansatz eben nur in "abgeschwächter Form" (durch die Form—Vorgabe $g(x)$ z. B. nur für den von x abhängigen Produktfaktor) aufprägt, um anschließend dem "Variationsmechanismus" die Aufgabe zu überlassen, eine (zu $g(x)$ duale) "optimierende Lösung" $f(y)$

---

6) mit $f' = df/dy\,,\quad f^{(m)} = d^m f/dy^m$

7) Von den hier eigentlich noch — analog (7.7c) zu notierenden — Randgliedern

$$(\delta\hat{J}_{\Sigma F})_f = \Bigg[\left[\frac{\partial\hat{J}}{\partial f'} - \frac{d}{dy}\left(\frac{\partial\hat{J}}{\partial f''}\right) + \dots - \dots + (-1)^{m-1}\frac{d^{m-1}}{dy^{m-1}}\left(\frac{\partial\hat{J}}{\partial f^{(m)}}\right)\right]\delta f +$$

$$\left[\frac{\partial\hat{J}}{\partial f''} - \frac{d}{dy}\left(\frac{\partial\hat{J}}{\partial f'''}\right) + \dots - \dots + (-1)^{m-2}\frac{d^{m-2}}{dy^{m-2}}\left(\frac{\partial\hat{J}}{\partial f^{(m)}}\right)\right]\delta f' +$$

$$+ \dots + \frac{\partial\hat{J}}{\partial f^{(m)}}\delta f^{(m-1)}\Bigg]_{y=0}^{b} \tag{7.11f}$$

wurde sogleich abgesehen (vgl. Fußn. 4), indem man deren Verschwinden als durch die (natürlichen) Randbedingungen gesichert ansieht.

8) $\varphi_x = \partial\varphi/\partial x\,,\quad \varphi_y = \partial\varphi/\partial y$ usw. sollen hier die partiellen Ableitungen bezeichnen.

9) das sind hier solcherart Bedingungen, die sicherstellen, daß $(\delta\hat{J}_{\Sigma F})_f$ nach (7.11f) verschwindet.

10) etwa einem Ansatz $\varphi = C_{jk}\, g_{jk}(x,y)$ mit einer Konstanten C_{jk} und einer vorgegebenen Funktion $g_{jk}(x,y)$, was man in (7.11) einzusetzen hat, um hiermit $J_\Sigma = \hat{J}(C_{jk})$ zu erreichen und schließlich C_{jk} aus $d\hat{J}/dC_{jk} = 0$ festzulegen (vgl. Fußn. 3 dieses Paragraphen).

11) der nur durch Verwendung mehrgliedriger Ritzansätze kompensiert werden kann

zustande zu bringen.[12]
Die Genauigkeit des Verfahrens von Kantorowitsch kann, ebenso wie Diejenige des Ritzschen Verfahrens, durch die Verwendung mehrgliedriger Ansätze, im vorliegend angenommenen Falle (7.10) z. B. in der Form

$$\varphi(x,y) = \sum_{j=1}^{k} g_j(x)\, f_j(y)\,, \tag{7.12a}$$

verbessert werden[13], worin $g_j(x)$, $j = 1,...,k$, z. B. wieder geeignet vorgegebene und den Randbedingungen längs der Ränder x = const. genügende Funktionen bedeuten, während man die Funktionen $f_j(y)$ wieder vorübergehend willkürlich beläßt. Zu deren Festlegung wird der Ansatz (7.12a) in das für $\varphi(x,y)$ vorliegende Extremalproblem (7.11) eingesetzt und sodann wieder die Integration über x sogleich vorgenommen. Dann entsteht ein "Ersatz–Variationsproblem" von der Form

$$\hat{J}_\Sigma = \int_{y=0}^{b} \hat{J}(y, f_1, f_1',...,f_1^{(m)};f_2, f_2',...,f_2^{(m)};...;f_k, f_k',...,f_k^{(m)})\, dy \longrightarrow \text{stat.}\,, \tag{7.12b}$$

woraus nach Bildung und Nullsetzen der Variationsableitungen die k (im allgemeinen gekoppelten) Eulerschen Differentialgleichungen

$$\frac{\partial\hat{J}}{\partial f_j} - \frac{d}{dy}\left[\frac{\partial\hat{J}}{\partial f_j'}\right] +...-...+ (-1)^m \frac{d^m}{dy^m}\left[\frac{\partial\hat{J}}{\partial f_j^{(m)}}\right] = 0, \quad j = 1,...,k \tag{7.12c}$$

erhältlich sind, die – zusammen mit den für die Funktionen $f_j(y)$, $j = 1,...k$, zu fordernden (natürlichen) Randbedingungen — zur Bestimmung dieser Funktionen dienen.
Bei einem Extremalproblem

$$J_\Sigma = \int_{x=0}^{a}\int_{y=0}^{b}\int_{z=0}^{c} J(x,y,z,\ \varphi(x,y,z),\ \frac{\partial\varphi}{\partial x},\frac{\partial\varphi}{\partial y},\frac{\partial\varphi}{\partial z},...,\ \frac{\partial^m\varphi}{\partial x^m},\frac{\partial^n\varphi}{\partial y^n},\frac{\partial^p\varphi}{\partial z^p})\, dx\, dy\, dz \longrightarrow \text{stat.} \tag{7.13a}$$

für eine Funktion $\varphi(x,y,z)$ dreier Variabler kann man Kantorowitsch–Näherungen, je nach Art des gewählten Ansatzes, entweder auf die Lösung einer gewöhnlichen oder aber auf Diejenige einer partiellen Differentialgleichung für eine Funktion von zwei Variablen reduzieren. Verwendet man einen (eingliedrigen[14]) Kantorowitsch–Ansatz von der Form

$$\varphi(x,y,z) = g(x,y)\, f(z) \tag{7.13b}$$

mit einer vorgegebenen Funktion $g(x,y)$ zweier Variabler, so können nach Einsetzen in (7.13a) die Integrationen über x und y sogleich vollzogen werden, womit ein "Ersatzvariationsproblem"

$$\hat{J}_\Sigma = \int_{z=0}^{c} \hat{J}(z, f(z), \frac{df}{dz},..., \frac{d^pf}{dz^p})\, dz \longrightarrow \text{stat.} \tag{7.13c}$$

verbleibt, dessen zu lösende zugehörige Eulersche Differentialgleichung (vgl. (7.11d)) gewöhnlich ist. Bei einem Kantorowitsch–Ansatz

$$\varphi(x,y,z) = g(x)\, f(y,z) \tag{7.14a}$$

mit nur in <u>einer</u> Koordinatenrichtung (z. B. in der x–Richtung durch eine gegebene Funktion $g(x)$)

---

12) angesichts der zu (7.11b) führenden Integration längs $0 \le x \le a$ enthalten $\hat{J}$ in (7.11b) und damit auch die gewöhnliche Eulersche Differentialgleichung (7.11d) selbstverständlich von der "Formwahl" $g(x)$ abhängige Konstanten!

13) Obgleich dies meistens für praktische Zwecke kaum notwendig ist

14) Die Verallgemeinerung auf mehrgliedrige Ansätze (wie vorangehend referiert) ist trivial.

festgelegten Form ist die zunächst nicht festgelegte Funktion f(y,z) der beiden übrigen Variablen aus einer partiellen Differentialgleichung zu bestimmen. Letztere ergibt sich als Eulersche Differentialgleichung desjenigen "Ersatz—Variationsproblems"

$$\hat{J}_\Sigma = \int\limits_{y=0}^{b} \int\limits_{z=0}^{c} \hat{J}(y,z, f(y,z), \frac{\partial f}{\partial y}, \frac{\partial f}{\partial z};...; \frac{\partial^n f}{\partial y^n}, \frac{\partial^p f}{\partial z^p})\, dy\, dz \to \text{stat.}, \qquad (7.14b)$$

das man aus (7.13a) erhält, nachdem man den Ansatz (7.14a) eingesetzt und die Integration über x vollzogen hat. Die Eulersche Differentialgleichung des Variationsproblems (7.14b) lautet, wie man nach Nullsetzen der Variationsableitung von $\hat{J}_\Sigma$ feststellt,

$$\frac{\partial \hat{J}}{\partial f} - \frac{\partial}{\partial y}\left[\frac{\partial \hat{J}}{\partial f_y}\right] - \frac{\partial}{\partial z}\left[\frac{\partial \hat{J}}{\partial f_z}\right] +..-..+(-1)^n \frac{\partial^n}{\partial y^n}\left[\frac{\partial \hat{J}}{\partial f_y^{(n)}}\right] +(-1)^p \frac{\partial^p}{\partial z^p}\left[\frac{\partial \hat{J}}{\partial f_z^{(p)}}\right] = 0\,, \qquad (7.14c)$$

worin $f_y = \frac{\partial f}{\partial y}$, $f_z = \frac{\partial f}{\partial z}$, $f_{yy} = \frac{\partial^2 f}{\partial y^2}$,..., $f_y^{(n)} = \frac{\partial^n f}{\partial y^n}$, $f_z^{(p)} = \frac{\partial^p f}{\partial z^p}$

bedeuten.

Kantorowitsch-Ansätze können auch mit dem Ritzschen Verfahren verknüpft werden. So können z. B. im Ansatz (7.11a) in g(x) noch eine bzw. mehrere Konstanten κ_j, j = 1,...,r, zunächst frei belassen werden. Die Konsequenz davon ist, daß in dem nach Einsetzen dieses modifizierten Ansatzes in (7.11) entstehenden Ersatz-Variationsintegral (analog (7.11b)) neben f(y) noch die Konstanten κ_j, j = 1,...,r, vorerst unbestimmt bleiben und festzulegen sind durch die Forderung, daß

$$\hat{J}_\Sigma\langle f; \kappa_1,...\kappa_r\rangle = \int\limits_{y=0}^{b} \hat{J}(y; \kappa_1,...,\kappa_r; f(y), f'(y),...,f^{(m)}(y))\, dy \qquad (7.15a)$$

extremal wird, was neben Verschwinden der Variationsableitung hinsichtlich f(y), d. h. neben der Befriedigung der Eulerschen Differentialgleichung

$$\frac{\partial \hat{J}}{\partial f} - \frac{d}{dy}\left[\frac{\partial \hat{J}}{\partial f'}\right] + ... + (-1)^m \frac{d^m}{dy^m}\left[\frac{\partial \hat{J}}{\partial f^{(m)}}\right] = 0 \qquad (7.15b)$$

die Befriedigung der r Extremalbedingungen

$$\frac{\partial \hat{J}_\Sigma}{\partial \kappa_j} \overset{(7.15a)}{=} \int\limits_{y=0}^{b} \frac{\partial \hat{J}}{\partial \kappa_j}\, dy = 0, \quad j = 1,...,r \qquad (7.15c)$$

notwendig macht. Man überlegt sich leicht, daß man diesen Extremalforderungen auch dadurch entsprechen kann, daß man zunächst die den vorliegenden Randbedingungen genügende Lösung f(y; κ_1,...,κ_r) der Eulerschen Differentialgleichung (7.15b) des Problems feststellt, diese, mit noch freien Konstanten (κ_j) ausgerüstete Lösung in das Ersatz-Variationsproblem (7.15a) einführt, nunmehr die Integrationen über $0 \le y \le b$ vollzieht und den so entstehenden Ausdruck $\bar{J}_\Sigma(\kappa_1,...,\kappa_r)$ den Extremalforderungen

$$\frac{\partial \bar{J}_\Sigma}{\partial \kappa_j} = 0\,, \quad j = 1,\dots,r \tag{7.15d}$$

unterwirft.
Die Richtigkeit dieser Vorgehensweise ist durch ausführliches Anschreiben sämtlicher Extremalforderungen einzusehen. Extremaleigenschaft von (7.15a) unterstellt, muß offenbar zunächst

$$\delta\hat{J}_\Sigma\langle f;\, \kappa_1,\dots,\kappa_r\rangle = \sum_{j=1}^{r} \frac{\partial \hat{J}_\Sigma}{\partial \kappa_j}\,\delta\kappa_j + \delta(\hat{J}_{\Sigma B})_f = 0$$

mit $(\delta\hat{J}_\Sigma)_f \equiv$ [15] $\delta(\hat{J}_{\Sigma B})_f = \int\limits_{y=0}^{b} \left\{ \frac{\partial\hat{J}}{\partial f} - \frac{d}{dy}\left[\frac{\partial\hat{J}}{\partial f_y}\right] + \dots - \dots + (-1)^m \frac{d^m}{dy^m}\left[\frac{\partial\hat{J}}{\partial f_y^{(m)}}\right]\right\} \delta f\, dy$

im Sinne von (7.11c) gelten[15], und zwar für zunächst beliebige δf und $\delta\kappa_j$, $j = 1,\dots,r$, was unmittelbar zu den Bedingungen (7.15b,c) führt.
Da nun andererseits mit der Lösung $f = f(y;\, \kappa_1,\dots,\kappa_r)$ der Eulerschen Differentialgleichung (7.15b)

$$\bar{J}_\Sigma(\kappa_1,\dots,\kappa_r) = \int\limits_{y=0}^{b} \hat{J}(y;\, \kappa_1,\dots,\kappa_r;\, f(y,\kappa_1,\dots,\kappa_r),\, f^{(m)}(y,\kappa_1,\dots,\kappa_r))\, dy$$

gilt, findet man

$$\delta\bar{J}_\Sigma = \sum_{j=1}^{r} \frac{\partial\bar{J}_\Sigma}{\partial\kappa_j}\,\delta\kappa_j = \sum_{j=1}^{r}\int\limits_{y=0}^{b} \frac{\partial\hat{J}}{\partial\kappa_j}\,\delta\kappa_j\, dy + \sum_{j=1}^{r}\int\limits_{y=0}^{b}\left\{\frac{\partial\hat{J}}{\partial f} - \frac{d}{dy}\left[\frac{\partial\hat{J}}{\partial f_y}\right]\right\} + \dots - \dots +$$

$$+ (-1)^m \frac{d^m}{dy^m}\left[\frac{\partial\hat{J}}{\partial f_y^{(m)}}\right] \frac{\partial f}{\partial\kappa_j}\,\delta\kappa_j\, dy\,, \tag{7.15e}$$

was wegen Gültigkeit der Eulerschen Differentialgleichung (7.15b) zu

$$\delta\bar{J}_\Sigma = \sum_{j=1}^{r} \frac{\partial\bar{J}_\Sigma}{\partial\kappa_j}\,\delta\kappa_j \overset{(7.15e)}{=} \sum_{j=1}^{r}\int\limits_{y=0}^{b} \frac{\partial\bar{J}}{\partial\kappa_j}\,\delta\kappa_j\, dy \overset{(7.15c)}{=} \sum_{j=1}^{r} \frac{\partial\hat{J}_\Sigma}{\partial\kappa_j}\,\delta\kappa_j$$

bzw. $\sum_{j=1}^{r}\left[\frac{\partial\bar{J}_\Sigma}{\partial\kappa_j} - \frac{\partial\hat{J}_\Sigma}{\partial\kappa_j}\right]\delta\kappa_j = 0$, d. h. zu $\frac{\partial\bar{J}_\Sigma}{\partial\kappa_j} = \frac{\partial\hat{J}_\Sigma}{\partial\kappa_j}$

führt. So ziehen also die Extremalbedingungen $\partial\bar{J}_\Sigma/\partial\kappa_j = 0$ die Bedingungen $\partial\hat{J}_\Sigma/\partial\kappa_j$ automatisch nach sich und umgekehrt, weswegen man anstelle der Bedingungen (7.15c) in der Tat auch die Extremalbedingungen (7.15d) verwenden kann.

In die Systematik der Kantorowitsch-Ansätze sind übrigens die als Stab-Platten- bzw. Schalentheorien bezeichneten Analysen einzuordnen, die man aus der dreidimensional formulierten Festigkeitslehre durch deformatorische Vorabannahmen entwickelt.
So wird etwa die Biegetheorie der geraden Stäbe (Stabachse $\mathbb{e}_x$, Länge l, Querschnitt F, relativ zum Flächenschwerpunkt positionierte Querschnittskoordinaten $\mathbb{r}_{(2)} = y\,\mathbb{e}_y + z\,\mathbb{e}_z$) mittels der als

15) wobei hier von vornherein wieder von Randanteilen (analog $\delta\hat{J}_{\Sigma F}$ in (7.11f)) abgesehen wurde

Bernoullische Hypothese bezeichneten Verformungsannahme

$$\mathbb{u}(x,y,z) = \mathbb{w}_{(2)}(x) + \boldsymbol{\beta}_{(2)}(x)\times\mathbb{r}_{(2)} \quad \text{mit } \boldsymbol{\beta}_{(2)}(x) = \mathbb{e}_x\times d\mathbb{w}_{(2)}/dx \tag{7.16a,b}$$

für den Verschiebungsvektor $(\mathbb{u})$ des dreidimensionalen Stabkontinuums reduziert auf die auf der Stabachse $0 \leq x \leq l$ definierte Funktion $\mathbb{w}_{(2)} = w_y(x)\,\mathbb{e}_y + w_z(x)\,\mathbb{e}_z$ der Stabachsenverschiebungen[16], deren Eulersche Differentialgleichung, nämlich die (statische) Verschiebungsgleichung der schiefen Biegung elastisch–isotroper Stäbe[17]

$$\frac{d^2}{dx^2}\left[E\,\mathbb{J}_{(2)}\cdot\left(\mathbb{e}_x\times\frac{d^2\mathbb{w}_{(2)}}{dx^2}\right)\right] = \mathbb{e}_x\times\mathbb{p}_{(2)}(x)\,, \tag{7.16c}$$

dem Ersatz–Variationsproblem zugeordnet ist, das aus dem nach Einsetzen von (7.16a,b) in das Prinzip vom stationären Wert des (auf einachsige Spannungsprobleme reduzierten) elastischen Potentials (vgl. §10.1.3a) aufgefunden wird; die klassische (statische) Plattentheorie von Sophie Germaine–Navier–Kirchhoff basiert analog auf einem Ersatz–Variationsproblem, das man nach Einsetzen von

$$\mathbb{u}(x,y,z) \overset{18)}{=} w(x,y)\,\mathbb{e}_z - z\,\nabla_{(2)} w \qquad -d/2 \leq z \leq d/2 \tag{7.17a}$$

in das entsprechende Extremalproblem für das (auf ebene Spannungsprobleme reduzierte) elastische Potential des dreidimensionalen Plattenkontinuums erhält, wobei (7.17a) die zweidimensional verallgemeinerte Bernoullische Hypothese ausdrückt. Als zugehörige Eulersche Differentialgleichung erhält man für mittelflächennormale Schüttungsbelastung $p(\mathbb{r}_{(2)})$ $[N/m^2]$

$$\Delta_{(2)}\Delta_{(2)} w(\mathbb{r}_{(2)}) = p(\mathbb{r}_{(2)})/N \tag{7.17b}$$

mit der sog. Plattensteifigkeit[19] $N = Ed^3/[12(1-\nu^2)]$.

Auch die insbesondere im Ingenieur–Leichtbau verwendete sog. Wölbkraft–Torsionstheorie kann als eine auf einem Kantorowitsch–Ansatz basierende Theorievariante angesehen werden, indem im Prinzip vom stationären Wert des elastischen Potentials für das Stabkontinuum der Verschiebungsfeld–Näherungsansatz

$$\mathbb{u}(x,y,z) = \mathbb{u}(x;\mathbb{r}_{(2)}) = \vartheta(x)\,\mathbb{e}_x\times(\mathbb{r}_{(2)} - \mathbb{r}_{(2)M}) + \frac{d\vartheta}{dx}\left[\varphi(\mathbb{r}_{(2)}) - \mathbb{r}_{(2)M}\cdot(\mathbb{e}_x\times\mathbb{r}_{(2)})\right]\mathbb{e}_x \tag{7.18a}$$

benutzt und von den Dehnungsenergie–Anteilen nur Derjenige der axialen (Wölb–)Normalspannungen (σ_{xx}) berücksichtigt wird (vgl. §10.1.3b). In (7.18a) bedeuten $\vartheta(x)$ den Stab–Torsionswinkel (Querschnittsdrehwinkel der Drehung um eine zur Stabachse parallele Achse), $\varphi(\mathbb{r}_{(2)})$ die — noch in der Form $\int_{(F)} \varphi(\mathbb{r}_{(2)})dF = 0$ normierte — Verwölbungsfunktion der De Saint–Venantschen Theorie der

16) mit denen dann auch die Querschnittsdrehungen $\boldsymbol{\beta}_{(2)}(x)$ nach (7.16b) festliegen.

17) Hierin bedeuten $\mathbb{p}_{(2)}(x)$ die (auf die Stab–Längeneinheit bezogene und zur Stabachse normale) Schüttungslast, E den Elastizitätsmodul und

$$\mathbb{J}_{(2)}(x) = \int_{(F(x))} (\mathbb{e}_x\times\mathbb{r}_{(2)})\circ(\mathbb{e}_x\times\mathbb{r}_{(2)})\,dF \tag{7.16d}$$

den Flächenträgheitsmomententensor.

18) hierin bedeuten $w(x,y)$ die Durchbiegungen senkrecht zur Plattenmittelfläche $(z = 0)$, $\nabla_{(2)} = \mathbb{e}_x\,\partial/\partial x + \mathbb{e}_y\,\partial/\partial y$ und d die Plattendicke, vgl. a. (9.109b).

19) ν ist die Querkontraktionszahl

freien Torsion prismatischer Stäbe[20] und $\mathbb{r}_{(2)\mathbb{M}}$ den nach der Formel von Weber [58] durch

$$\mathbb{r}_{(2)\mathbb{M}} = \mathbb{J}^{-1}_{(2)} \cdot \int_{(F)} (\mathbb{e}_x \times \mathbb{r}_{(2)}) \varphi \, dF \quad \text{mit } \mathbb{J} \text{ nach (7.16a)} \tag{7.18d}$$

(vom Flächenschwerpunkt aus) festgelegten Drill—Ruhepunkt bzw. Querkraft—Schwerpunkt des sog. Scher—Hauptproblems[21]. Als Eulersche Differentialgleichung des aufgrund von (7.18a) erhältlichen Ersatzvariationsproblems fällt hierfür für elastisch—isotrope prismatische Stäbe

$$EC_w \vartheta'''' - GJ_t \vartheta'' = m_t(x) \tag{7.18h}$$

mit dem klassischen Torsionsflächenmoment

$$J_t = \int_{(F)} (\mathbb{e}_x \times \mathbb{r}_{(2)}) (\nabla_{(2)} \varphi + \mathbb{e}_x \times \mathbb{r}_{(2)}) \, dF \tag{7.18i}$$

der De Saint—Venantschen Theorie und dem sog. Wölbwiderstand

$$C_w = \int_{(F)} \varphi^{*2}(\mathbb{r}_{(2)}) dF \quad \text{mit } \varphi^* = \varphi - \mathbb{r}_{(2)\mathbb{M}} \cdot (\mathbb{e}_x \times \mathbb{r}_{(2)}) \tag{7.18k}$$

an [16].

Die Frage, inwieweit die analytisch durch (7.6,7d) definierte Lösung des Problems (7.1b) einen (relativen) Maximal-Minimal- bzw. Wendepunkt-Wert $J_{\Sigma 0}$ beschreibt wird, - analog zur klassischen Extremalrechnung - durch das Vorzeichen der

---

20) die als ebenes Potential (in der Querschnittsflächen—Ebene), d. h. durch

$$\Delta_{(2)} \varphi = 0 \quad \text{in (F)} \tag{7.18b}$$

definiert ist, dessen Normalableitungen $(\partial\varphi/\partial s_\perp)$ längs der durch $\mathbb{r}_{(2)j} = \mathbb{r}_{(2)j}(s_j)$ definierten Querschnittsränder $l_j(F)$, j = 1,...,n_Z die Werte

$$\frac{\partial\varphi}{\partial s_\perp} = \frac{d}{ds}\left[\frac{\mathbb{r}^2_{(2)j}}{2}\right] = \frac{d\mathbb{r}_{(2)j}}{ds} \cdot \mathbb{r}_{(2)j} \equiv \mathbb{e}_{sj} \cdot \mathbb{r}_{(2)j} \quad \text{längs } l_j(F)\,,\ j = 1,...,n_Z \tag{7.18c}$$

annehmen muß [16]. Dabei drückt (7.18b) die Forderung $(\nabla_{(2)} \cdot \boldsymbol{\tau}_{(2)} = 0)$ nach axialem Gleichgewicht der den Querschnitts—Schubspannungen $(\boldsymbol{\tau}_{(2)})$ zugeordneten Schubspannungen aus, während die Randbedingungen (7.18c) verlangen, daß die Querschnitts—Schubspannungen die Querschnittsberandungen tangieren sollen [16], um die Schubspannungsfreiheit der Stab—Mantelflächen sicherzustellen.

21) Mit $\mathbb{r}_{(2)\mathbb{M}}$ nach (7.18d) gelten danach für die Formfunktion

$$\varphi^*(\mathbb{r}_{(2)}) = \varphi - (\mathbb{e}_x \times \mathbb{r}_{(2)}) \cdot \mathbb{r}_{(2)\mathbb{M}} = \varphi - (\mathbb{e}_x \times \mathbb{r}_{(2)}) \cdot \mathbb{J}^{-1}_{(2)} \cdot \int_{(F)} (\mathbb{e}_x \times \mathbb{r}_{(2)}) \varphi \, dF \tag{7.18e}$$

des Axialverschiebungsansatzes in (7.18a) die Normierungen

$$\int_{(F)} \varphi^* \, dF = 0\,, \quad \int_{(F)} \mathbb{e}_x \times \mathbb{r}_{(2)} \varphi^* \, dF = 0 \tag{7.18f,g}$$

7.3 zweiten (bzw. höheren) Variationen

abgeklärt, indem man die (für durchaus endliche Werte ϵ[22]) geltenden Aussagen

$$\Delta \overset{*}{J}_\Sigma = \overset{*}{J}_\Sigma\langle \overset{\langle q\rangle}{\mathbb{V}};\epsilon\rangle - \overset{*}{J}_\Sigma\langle \overset{\langle q\rangle}{\mathbb{V}};0\rangle = \overset{*}{J}_\Sigma\langle \overset{\langle q\rangle}{\mathbb{V}};\epsilon\rangle - J_{\Sigma 0} \begin{cases} > 0 \text{ für Minimalwert Wert } J_{\Sigma 0} \\ < 0 \text{ für Maximalwert Wert } J_{\Sigma 0} \\ = 0 \text{ für konstanten Wert } J_{\Sigma 0} \end{cases} \tag{7.19}$$

für absolute Extremwerte unter Benutzung einer als existent vorausgesetzten Taylor-Entwicklung

$$\Delta \overset{*}{J}_\Sigma = \sum_{k=1}^{\infty} \frac{1}{k!} \left[\frac{d^k \overset{*}{J}_\Sigma\langle \overset{\langle q\rangle}{\mathbb{V}};\epsilon\rangle}{d\epsilon^k}\right]_{\epsilon=0} \epsilon^k \overset{23)}{=} \sum_{k=2}^{\infty} \frac{1}{k!} \left[\frac{d^k \overset{*}{J}_\Sigma\langle \overset{\langle q\rangle}{\mathbb{V}};\epsilon\rangle}{d\epsilon^k}\right]_{\epsilon=0} \epsilon^k \tag{7.20a}$$

für beliebige infinitesimale Argumente $\epsilon \to \delta\epsilon \neq 0$ formuliert, also

$$\Delta \overset{*}{J}_\Sigma = \sum_{k=2}^{\infty} \frac{1}{k!} \left[\frac{d^k \overset{*}{J}_\Sigma\langle \overset{\langle q\rangle}{\mathbb{V}};\epsilon\rangle}{d\epsilon^k}\right]_{\epsilon=0} (\delta\epsilon)^k \begin{cases} > 0 \text{ für (rel.) Minimum} \\ < 0 \text{ für (rel.) Maximum} \\ = 0 \text{ für Wendepunkt-Wert} \end{cases} J_{\Sigma 0} \tag{7.20b}$$

als Bedingungen festsetzt. Sofern hierin etwa die ersten (k_0) Ableitungen $(d^k \overset{*}{J}_\Sigma / d\epsilon^k)_{\epsilon=0}$, $k = 2,\ldots,k_0$ verschwinden, entscheidet das Vorzeichen des (k_0+1)sten Gliedes

$$\left[\frac{d^{k_0+1} \overset{*}{J}_\Sigma\langle \overset{\langle q\rangle}{\mathbb{V}};\epsilon\rangle}{d\epsilon^{k_0+1}}\right]_{\epsilon=0} (\delta\epsilon)^{k_0+1}$$

über die jeweils vorliegende Situation, indem man argumentiert, daß allfällig vorhandene Terme $(d^k \overset{*}{J}_\Sigma\langle \overset{\langle q\rangle}{\mathbb{V}};\epsilon\rangle / d\epsilon^k)_{\epsilon=0} (\delta\epsilon)^k$ mit $k > k_0+1$ gegenüber dem ersten nicht verschwindenden Gliede von höherer Ordnung klein seien [27]. Ist etwa die erste, nicht verschwindende Ableitung (k_0+1) ungradzahlig, so liegt grundsätzlich ein Wendepunkt vor, weil je nach Vorzeichen von $\delta\epsilon$ die Zuwachsgröße $\Delta \overset{*}{J}_\Sigma$ verschiedene Vorzeichen aufweisen kann; für (relative) Maxima bzw. Minima hingegen muß die erste nicht verschwindende Ableitung gradzahlig sein, weil nur in diesem Falle - wegen $(\delta\epsilon)^{2j} > 0$ - für beliebige Größen $\delta\epsilon$ die Chance für eine eindeutige Vorzeichen-Einschätzung für $\Delta \overset{*}{J}_\Sigma$ gegeben ist.

Weil in (7.1a) die Randterme linear von $\overset{\langle q\rangle}{\mathbb{X}}$ abhängen, werden zweite und höhere Variationen grundsätzlich nur am Bereichsintegral vollzogen und damit letztlich in Termen von

22) — im Rahmen einer vorgegebenen Einschrankung für ϵ ! —

23) Man beachte die Extremalbedingung (7.3)

Ableitungsoperationen am Integranden J darstellbar. Man bekommt mit $\delta\epsilon \overset{\langle q\rangle}{\mathbb{Z}}^{T} = \delta\overset{\langle q\rangle}{\mathbb{V}}^{T}$ usw. zunächst (bereits ohne Randterme)

$$\frac{dJ_\Sigma^*}{d\epsilon}\delta\epsilon \equiv \delta J_{\Sigma B} = \int_{(B)} \sum_{k=0}^{n} \delta\overset{\langle q\rangle}{\mathbb{V}}^{T} \underbrace{\circ\nabla\ldots\circ\nabla}_{k\text{-mal}} \underbrace{\cdots\cdots}_{(q+k)} \left[\frac{\partial J}{\partial(\underbrace{\nabla\circ\ldots\circ\nabla\circ}_{k\text{-mal}}\overset{\langle q\rangle}{\mathbb{X}})}\right]_{\overset{\langle q\rangle}{\mathbb{X}} = \overset{\langle q\rangle}{\mathbb{V}} + \epsilon\overset{\langle q\rangle}{\mathbb{Z}}} dV \equiv$$

$$\equiv \int_{(B)} \sum_{k=0}^{n} \left[\frac{\partial J}{\partial(\underbrace{\nabla\circ\ldots\circ\nabla\circ}_{k\text{-mal}}\overset{\langle q\rangle}{\mathbb{X}})}\right]_{\overset{\langle q\rangle}{\mathbb{X}} = \overset{\langle q\rangle}{\mathbb{V}} + \epsilon\overset{\langle q\rangle}{\mathbb{Z}}} \underbrace{\cdots\cdots}_{(q+k)} \delta\overset{\langle q\rangle}{\mathbb{V}}^{T} \underbrace{\circ\nabla\ldots\circ\nabla}_{k\text{-mal}} dV$$

und daraus mit

$$\left\{\frac{\partial}{\partial(\underbrace{\nabla\circ\ldots\circ\nabla\circ}_{j\text{-mal}}\overset{\langle q\rangle}{\mathbb{X}})}\left[\frac{\partial J}{\partial(\underbrace{\nabla\circ\ldots\circ\nabla\circ}_{k\text{-mal}}\overset{\langle q\rangle}{\mathbb{X}})}\right]\right\}_{\overset{\langle q\rangle}{\mathbb{X}} = \overset{\langle q\rangle}{\mathbb{V}}} \equiv \frac{\partial}{\partial(\underbrace{\nabla\circ\ldots\circ\nabla\circ}_{j\text{-mal}}\overset{\langle q\rangle}{\mathbb{V}})}\left[\frac{\partial J}{\partial(\underbrace{\nabla\circ\ldots\circ\nabla\circ}_{k\text{-mal}}\overset{\langle q\rangle}{\mathbb{V}})}\right]$$

schließlich

$$\left[\frac{d^2J_\Sigma^*}{d\epsilon^2}\right]_{\epsilon=0} \delta\epsilon^2 \equiv (\delta^2 J_\Sigma)_{\overset{\langle q\rangle}{\mathbb{V}}} =$$

$$= \int_{(B)} \sum_{j,k=0}^{n} (\delta\overset{\langle q\rangle}{\mathbb{V}}^{T} \underbrace{\circ\nabla\ldots\circ\nabla}_{j\text{-mal}}) \underbrace{\cdots\cdots}_{(q+j)} \frac{\partial}{\partial(\underbrace{\nabla\circ\ldots\circ\nabla\circ}_{j\text{-mal}}\overset{\langle q\rangle}{\mathbb{V}})}\left[\frac{\partial J}{\partial(\underbrace{\nabla\circ\ldots\circ\nabla\circ}_{k\text{-mal}}\overset{\langle q\rangle}{\mathbb{V}})}\right] \underbrace{\cdots\cdots}_{(q+k)}$$

$$\underbrace{\cdots\cdots}_{(q+k)} (\delta\overset{\langle q\rangle}{\mathbb{V}}^{T} \underbrace{\circ\nabla\ldots\circ\nabla}_{k\text{-mal}}) dV \equiv \int_{(B)} \sum_{j,k=0}^{n} \left\{(\delta\overset{\langle q\rangle}{\mathbb{V}}^{T} \underbrace{\circ\nabla\ldots\circ\nabla}_{k\text{-mal}})\circ(\delta\overset{\langle q\rangle}{\mathbb{V}}^{T} \underbrace{\circ\nabla\ldots\circ\nabla}_{j\text{-mal}})\right\} \underbrace{\cdots\cdots}_{(2q+j+k)}$$

$$\underbrace{\cdots\cdots}_{(2q+j+k)} \left\{\frac{\partial}{\partial(\underbrace{\nabla\circ\ldots\circ\nabla\circ}_{j\text{-mal}}\overset{\langle q\rangle}{\mathbb{V}})}\left[\frac{\partial J}{\partial(\underbrace{\nabla\circ\ldots\circ\nabla\circ}_{k\text{-mal}}\overset{\langle q\rangle}{\mathbb{V}})}\right]\right\} dV\,, \tag{7.21a}$$

entsprechend für die dritte Variation

$$(\delta^3 J_\Sigma)_{\overset{\langle q\rangle}{\mathbb{V}}} = \int_{(B)} \sum_{i,j,k=0}^{n} \left\{(\delta\overset{\langle q\rangle}{\mathbb{V}}^{T} \underbrace{\circ\nabla\ldots\circ\nabla}_{k\text{-mal}})\circ(\delta\overset{\langle q\rangle}{\mathbb{V}}^{T} \underbrace{\circ\nabla\ldots\circ\nabla}_{j\text{-mal}})\circ(\delta\overset{\langle q\rangle}{\mathbb{V}}^{T} \underbrace{\circ\nabla\ldots\circ\nabla}_{i\text{-mal}})\right\} \underbrace{\cdots\cdots\cdots}_{(3q+i+j+k)}$$

$$\underbrace{\cdots\cdots\cdots}_{(3q+i+j+k)} \left\{\frac{\partial}{\partial(\underbrace{\nabla\circ\ldots\circ\nabla\circ}_{i\text{-mal}}\overset{\langle q\rangle}{\mathbb{V}})}\left[\frac{\partial}{\partial(\underbrace{\nabla\circ\ldots\circ\nabla\circ}_{j\text{-mal}}\overset{\langle q\rangle}{\mathbb{V}})}\left[\frac{\partial J}{\partial(\underbrace{\nabla\circ\ldots\circ\nabla\circ}_{k\text{-mal}}\overset{\langle q\rangle}{\mathbb{V}})}\right]\right]\right\} dV \tag{7.21b}$$

usw. Die hier referierte Vorgehensweise, die Art eines stationären Wertes $(J_{\Sigma 0})$ mittels zweiter bzw. höherer Variationen zu recherchieren, hat in der Mechanik erhebliche

Bedeutung etwa im Zusammenhang mit der Formulierung von Stabilitätskriterien in der Elastostatik, wonach für die stabile Gleichgewichtslage eines Systems dessen elastisches Potential einen Minimalwert annehmen muß (vgl. §10, 1.2).

Die Vorgehensweise (7.1) ⟶ (7.6) kann auch invers betrieben werden, insofern als man die (Eulersche Differentialgleichung) (7.6) mit einer den Randbedingungen genügenden Funktion $\left(\delta\overset{\langle q\rangle}{\mathbb{V}}(\mathbb{r})\right)$ n–fach skalar multipliziert, den so entstehenden Skalar längs (B) integriert, solchermaßen zunächst also

$$\left[\delta J_{\Sigma B}\right]_{\overset{\langle q\rangle}{\mathbb{V}}} = 0 \tag{7.21}$$

nach (7.5a) auffindet und nunmehr, konträr zur Vorgehensweise (7.1) ⟶ (7.6), durch entsprechende partielle Integrationen unter Beachtung des Gaußschen Satzes die den Integranden J betreffenden Ableitungsterme beseitigt. So entsteht dann aus (7.21) mit

$$-\int_{(B)}\left[\nabla\cdot\frac{\partial J}{\partial(\nabla\circ\overset{\langle q\rangle}{\mathbb{V}})}\right]\underbrace{\cdots\cdots}_{(q)}\delta\overset{\langle q\rangle}{\mathbb{V}}{}^{T}\,dV \equiv -\int_{(B)}\left[\nabla\cdot\left(\frac{\partial J}{\partial(\nabla\circ\overset{\langle q\rangle}{\mathbb{V}})}\underbrace{\cdots\cdots}_{(q)}\delta\overset{\langle q\rangle}{\mathbb{V}}{}^{T}\right) - \frac{\partial J}{\partial(\nabla\circ\overset{\langle q\rangle}{\mathbb{V}})}\underbrace{\cdots\cdots}_{(q+1)}\delta(\nabla\circ\overset{\langle q\rangle}{\mathbb{V}})^{T}\right]dV =$$

$$\int_{(B)}\frac{\partial J}{\partial(\nabla\circ\overset{\langle q\rangle}{\mathbb{V}})}\underbrace{\cdots\cdots}_{(q+1)}\delta(\nabla\circ\overset{\langle q\rangle}{\mathbb{V}})^{T} - \sum_{j=1}^{n_B}\oint\!\!\!\oint_{f_j(B)}\mathbb{n}\cdot\frac{\partial J}{\partial(\nabla\circ\overset{\langle q\rangle}{\mathbb{V}})}\underbrace{\cdots\cdots}_{(q)}\delta\overset{\langle q\rangle}{\mathbb{V}}{}^{T}\,df$$

usw. schließlich

$$\left[\left[\delta J_{\Sigma B}\right]_{\overset{\langle q\rangle}{\mathbb{V}}}=\right]\int_{(B)}\left[\sum_{\nu=0}^{n}\frac{\partial J}{\partial(\underbrace{\nabla\circ\nabla\cdots\nabla\circ}_{\nu\text{-mal}}\overset{\langle q\rangle}{\mathbb{V}})}\underbrace{\cdots\cdots}_{(q+\nu)}\delta(\underbrace{\nabla\circ\nabla\cdots\nabla\circ}_{\nu\text{-mal}}\overset{\langle q\rangle}{\mathbb{V}})^{T}\right]dV -$$

$$-\sum_{j=1}^{n_B}\oint\!\!\!\oint_{f_j(B)}\sum_{\nu=1}^{n-1}\overset{\langle q\rangle}{\$}{}^{TT}_{\nu_j}\underbrace{\cdots\cdots}_{(q)}\frac{\partial^{\nu}\delta\overset{\langle q\rangle}{\mathbb{V}}{}^{T}}{\partial s_n^{\nu}}\,df = 0\,,$$

also mit $\overset{\langle q\rangle}{\$}{}^{TT}_{\nu_j} = \mathfrak{G}_{\nu}$ eine mit (7.4b) identische Aussage, die dem Extremalproblem (7.1a,b) äquivalent war. Genau diese Vorgehensweise kennzeichnet

7.4 das Verfahren von Galerkin [30],

das die einer Feldgleichung[24)]

$$\overset{\langle q\rangle}{\mathbb{D}}\left\langle\overset{\langle q\rangle}{\mathbb{V}}\right\rangle = 0 \tag{7.22a}$$

äquivalente Aussage

$$\int_{(B)}\overset{\langle q\rangle}{\mathbb{D}}\left\langle\overset{\langle q\rangle}{\mathbb{V}}\right\rangle\underbrace{\cdots\cdots}_{(q)}\delta\overset{\langle q\rangle}{\mathbb{V}}{}^{T}\,dV = 0 \tag{7.22b}$$

24) die nicht notwendig eine Eulersche Differentialgleichung im Sinne von (7.6) sein muß

als Orthogonalitätsbedingung deutet, die man mit zwar nicht der Feldgleichung (7.22a) aber den Randbedingungen genügenden vorgegebenen (Vergleichs-) Funktionen $\overset{\langle q\rangle_*}{\mathbb{V}}_k^{*}$, k = 1,...,r unter Benutzung eines Ritz-Ansatzes, etwa von der Form

$$\overset{\langle q\rangle}{\mathbb{V}}(\mathbb{r}) \approx \sum_{k=1}^{r} c_k \overset{\langle q\rangle_*}{\mathbb{V}}_k^{*}(\mathbb{r}) \quad \text{mit} \quad \delta\overset{\langle q\rangle_T}{\mathbb{V}}^{T} = \sum_{j=1}^{r} \delta c_j \overset{\langle q\rangle_{*T}}{\mathbb{V}}_j^{*T}(\mathbb{r}) \tag{7.22c}$$

näherungsweise zu erfüllen trachtet, weswegen Einsetzen von (7.22c) in (7.22b) in Anbetracht der Beliebigkeit der Konstanten-Variationen (δc_j, j = 1,...,r) für die Konstanten c_k Befriedigung des Gleichungssystems

$$\int_{(B)} \overset{\langle q\rangle}{\mathbb{D}} \langle \sum_{k=1}^{r} c_k \overset{\langle q\rangle_*}{\mathbb{V}}_k^{*}(\mathbb{r})\rangle \underbrace{\cdots\cdots}_{(q)} \overset{\langle q\rangle_{*T}}{\mathbb{V}}_j^{*T}\, dV = 0\,, \quad k = 1,\dots,r \tag{7.22d}$$

verlangt.

Die Galerkinsche Methode kann auch im Falle existierender Extremalprobleme die Vorgehensweise, Letztere (näherungsweise) im Sinne von Ritz– bzw. Kantorowitsch–Ansätzen auszuwerten, an Effizienz durchaus übertreffen. Dies gilt insbesondere für Fälle, wo Probleme an Medien mit sog. "internen Zwängen" (vgl Bd. III dieser Reihe) mit den Energieprinzipien der Mechanik formuliert werden, in denen dann — neben der extremierenden Funktion — im Variationsintegral sog. "Reaktionsgrößen" aufscheinen, die letztlich nur wieder mittels Feldgleichungen (etwa Bilanzgleichungen) in Termen der extremierenden Funktion darzustellen sind. So ist also in solchen Fällen eine Problemreduktion ohnehin nur in Form eines Extremalproblems zuzüglich einer entsprechenden Anzahl von Feldgleichungen für die im Problem aufscheinenden Reaktionsgrößen–Felder zu leisten, weswegen es daher ökonomischer erscheinen kann, das vorliegende Problem von vornherein vollständig in Form von Feldgleichungen zu formulieren und die Galerkinsche Methode anzuwenden.

Die Untersuchung des Einflusses kleiner, an den Rohrenden in Betracht genommener Geschwindigkeits–Randstörungen auf eine laminare stationäre Navier–Stokes–Strömung in ideal–glatten Rohren[25] soll hier als Beispiel dienen:

Ausgangspunkt sind die mit "Grundgrößen" $\mathbb{v}^{(0)} =^{26)} v_0 \mathbb{e}_x$, $\bar{p}^{(0)}$ der Geschwindigkeiten bzw. Drücke der (im mittleren Rohrbereich eines langes Rohres annähernd aufzufindenden) stationären Rohrströmung und mit "Störgrößen" $(\bar{\mathbb{v}}, \bar{p})$ zunächst allgemein in der Form

$$\left[\bar{\nabla}\cdot\left((\$^{(0)}+\$)/\bar{\rho}\right) \equiv^{26)}\right] \nu\bar{\Delta}\,(\mathbb{v}^{(0)}+\bar{\mathbb{v}}) - \bar{\nabla}\cdot\left[\frac{p^{(0)}+\bar{p}}{\bar{\rho}}\right] + \mathbb{k} = (\mathbb{v}^{(0)}+\bar{\mathbb{v}})^{\cdot} \equiv$$

$$\frac{\partial}{\partial t}(\mathbb{v}^{(0)}+\bar{\mathbb{v}}) + (\mathbb{v}^{(0)}+\bar{\mathbb{v}})\cdot\bar{\nabla}\circ(\mathbb{v}^{(0)}+\bar{\mathbb{v}})\,,$$

$$\bar{\nabla}\cdot(\mathbb{v}^{(0)}+\bar{\mathbb{v}}) = 0$$

anfallenden Navier–Stokesschen Feldgleichungen, die man nach Subtraktion der für die Grundgrößen geltenden Beziehungen

---

25) womit eine (wohl ungünstigste) Abschätzung der erforderlichen Länge einer Meßstrecke erreicht werden kann [48]

26) Es bezeichnen v_0 das längs des Querschnitts $(\bar{F})$ definierte Geschwindigkeitsfeld im Sinne verallgemeinerter Hagen–Poiseulle–Gesetze, $p^{(0)}$ den zugehörigen Druck, $\nu = \mu/\bar{\rho}$ die kinematische Zähigkeit und $\mathbb{k}$ die Massenkraft.

$$\mathbb{\bar\nabla}\cdot\left[\frac{\mathbb{S}^{(0)}}{\bar\rho}\right] = \nu\,\bar\Delta \mathbb{v}^{(0)} - \bar{\mathbb{\nabla}}\left[\frac{\bar{\mathrm{p}}^{(0)}}{\bar\rho}\right] + \mathbb{k} = \dot{\mathbb{v}}^{(0)} = \frac{\partial \mathbb{v}^{(0)}}{\partial t} + \mathbb{v}^{(0)}\cdot\bar{\mathbb{\nabla}}\circ\mathbb{v}^{(0)}\,,$$
$$\bar{\mathbb{\nabla}}\cdot\mathbb{v}^{(0)} = 0$$

und Linearisierung des konvektiven Beschleunigungsterms im Sinne von

$$(\mathbb{v}^{(0)} + \bar{\mathbb{v}})\cdot\bar{\mathbb{\nabla}}\circ(\mathbb{v}^{(0)} + \bar{\mathbb{v}}) - \mathbb{v}^{(0)}\cdot\bar{\mathbb{\nabla}}\circ\mathbb{v}^{(0)} \approx (\mathbb{v}^{(0)}\cdot\bar{\mathbb{\nabla}})\mathbb{v} + (\mathbb{v}\cdot\bar{\mathbb{\nabla}})\mathbb{v}^{(0)} =$$
$$\overset{27)}{=} \mathrm{v}_0\,\frac{\partial\bar{\mathbb{v}}}{\partial\bar{x}}$$

für stationäre Strömungen (mit $\partial\mathbb{v}/\partial t = 0$) letztlich auf die homogenen Feldgleichungen

$$\bar{\mathbb{\nabla}}\cdot\frac{\bar{\mathbb{S}}}{\bar\rho} \equiv \nu\,\bar\Delta\bar{\mathbb{v}} - \bar{\mathbb{\nabla}}\left(\frac{\bar{\mathrm{p}}}{\bar\rho}\right) = \mathrm{v}_0\,\frac{\partial\bar{\mathbb{v}}}{\partial\bar{x}}\,,$$
$$\bar{\mathbb{\nabla}}\cdot\bar{\mathbb{v}} = 0$$

für die Störfelder $(\bar{\mathbb{v}},\ \bar{\mathrm{p}})$ reduzieren kann bzw. auf die Feldgleichungen

$$\Delta\mathbb{v} - \mathfrak{R}\left[\mathbb{\nabla}\mathrm{p} + \left(\frac{\partial\mathbb{v}}{\partial x}\right)\right] = 0\,,\quad \mathbb{\nabla}\cdot\mathbb{v} = 0 \tag{7.23a,b}$$

für die durch $\mathbb{v} = \bar{\mathbb{v}}/\mathrm{v}_0$ bzw. $\mathrm{p} = \bar{\mathrm{p}}/(\bar\rho\mathrm{v}_0^2)$ bezeichneten dimensionslosen Felder, sofern man Letztere von (mit einer geeigneten linearen Querschnittsabmessung (a) dimensionslos gemachten) Koordinaten

$$\mathbb{r} \mathrel{\hat=} \left\{x;\ y;\ z\right\} = \bar{\mathbb{r}}/\mathrm{a} \mathrel{\hat=} \left\{\bar{x};\ \bar{y};\ \bar{z}\right\}/\mathrm{a} \tag{7.23c}$$

abhängig ansieht und entsprechend dimensionslos gemachte Ableitungsoperatoren $\Delta = \mathrm{a}^2\bar\Delta$, $\mathbb{\nabla} = \mathrm{a}\bar{\mathbb{\nabla}}$ verwendet. In (7.23a) bedeutet

$$\mathfrak{R} = \frac{\mathrm{v}_0\mathrm{a}}{\nu} \tag{7.23d}$$

eine Reynoldsche Zahl. Unter Benutzung von

$$\mathbb{v}(x,y,z) \overset{28)}{=} \tilde{\mathbb{v}}(\mathbb{r}_{(2)})\,e^{-\lambda x}\,,\quad \mathrm{p}(x,y,z) \overset{28)}{=} \tilde{\mathrm{p}}(\mathbb{r}_{(2)})\,e^{-\lambda x} \tag{7.24a,b}$$

sowie

$$\Delta = \frac{\partial^2}{\partial x^2} + \left[\frac{\partial^2}{\partial y^2} + \frac{\partial^2}{\partial z^2}\right] \equiv \frac{\partial^2}{\partial x^2} + \Delta_{(2)}\,,\quad \mathbb{\nabla} = \mathbb{e}_x\frac{\partial}{\partial x} + \left[\mathbb{e}_y\frac{\partial}{\partial y} + \mathbb{e}_z\frac{\partial}{\partial z}\right] \equiv \mathbb{e}_x\frac{\partial}{\partial x} + \mathbb{\nabla}_{(2)} \tag{7.24c,d}$$

wird das Problem auf

$$\left[\Delta_{(2)} + \lambda^2\right]\tilde{\mathbb{v}} - \mathfrak{R}\left[\mathbb{\nabla}_{(2)}\tilde{\mathrm{p}} - \lambda\,\mathbb{e}_x\tilde{\mathrm{p}} - \lambda\tilde{\mathbb{v}}\right] = 0, \tag{7.25}$$

d. h. auf die planaren bzw. axialen Gleichungen[29]

$$\left[\Delta_{(2)} + \lambda^2\right]\tilde{\mathbb{v}}_{(2)} + \mathfrak{R}\left[\mathbb{\nabla}_{(2)}\tilde{\mathrm{p}} - \lambda\tilde{\mathbb{v}}_{(2)}\right] = 0\,, \tag{7.25a}$$

---

27) Mit der Voraussetzung ideal—glatten Rohres ist $\mathrm{v}_0 = \mathrm{const}$. verbunden.

28) $\mathbb{r}_{(2)} \mathrel{\hat=} \left\{y;\ z\right\}$ bedeuten Querschnittskoordinaten

29) $\tilde{\mathbb{v}}_{(2)}(\mathbb{r}_{(2)}) = \tilde{\mathrm{v}}_y(y,z)\mathbb{e}_y + \tilde{\mathrm{v}}_z(y,z)\mathbb{e}_z$ bezeichnet den planaren (in die Querschnittsebene fallenden) Geschwindigkeitsanteil

$$\left[\Delta_{(2)} + \lambda^2\right] \tilde{v}_x + \lambda \Re\left[\tilde{p} + \tilde{v}_x\right] = 0 \tag{7.25b}$$

zuzüglich die Inkompressibilitätsbedingung

$$\nabla_{(2)} \cdot \tilde{w}_{(2)} = \lambda\, \tilde{v}_x \tag{7.25c}$$

reduziert, womit nach Einsetzen von

$$\Re\tilde{p} \overset{(7.25b)}{=} -\Re\tilde{v}_x - \left[\Delta_{(2)} + \lambda^2\right] \frac{\tilde{v}_x}{\lambda} =$$

$$\overset{(7.25c)}{=} -\left[\Re\, \nabla_{(2)} \cdot \tilde{w}_{(2)} + \left(\Delta_{(2)} + \lambda^2\right) \frac{\nabla_{(2)} \cdot \tilde{w}_{(2)}}{\lambda}\right] / \lambda \tag{7.26a}$$

in (7.25a) das Problem analytisch schließlich als

$$\left[\Delta_{(2)} + \lambda^2 + \Re\lambda\right] \left[\nabla_{(2)} \left(\nabla_{(2)} \cdot \tilde{w}_{(2)}\right) + \lambda^2 \tilde{w}_{(2)}\right] = 0 \quad \text{in (F)} \tag{7.26b}$$

zu formulieren ist, indem man nach Lösung von (7.26b) im Nachgang mittels (7.26a), (7.25c) die Größen $\tilde{v}_x$, $\tilde{p}$ identifiziert.

Die zu (7.26b) zu assoziierende Randwertaufgabe längs der Rohr—Randlinie $l(F)$ mit Randlinien—Normalen $e_\perp$ umfaßt einerseits die kinematische Forderung

$$e_\perp \cdot w_{(2)} = 0 \quad \text{längs } l\,(F)\,, \tag{7.27}$$

wonach der Rohrmantel eine Stromfläche sein muß, und desweiteren die dynamischen Bedingungen der Schubspannungsfreiheit längs des (hier als ideal—glatt angenommenen) Rohrmantels, wobei diese Randwertforderung mittels der Navier—Stokesschen Stoffgleichung

$$\bar{S}_R \equiv \bar{S} + \bar{p}\, E = 2\mu\, \bar{C}^* = \mu\,(\bar{\nabla} \circ \bar{w} + \bar{w} \circ \bar{\nabla}) =$$

$$= \mu\left[(\bar{\nabla}_{(2)} + e_x \frac{\partial}{\partial\bar{x}}) \circ (\bar{w}_{(2)} + \bar{v}_x e_x) + (\bar{w}_{(2)} + \bar{v}_x e_x) \circ (\bar{\nabla}_{(2)} + e_x \frac{\partial}{\partial\bar{x}})\right] =$$

$$= 2\mu\, \bar{C}^*_{(2)} + \mu\left[\left(\bar{\nabla}_{(2)} \bar{v}_x + \frac{\partial\bar{w}_{(2)}}{\partial\bar{x}}\right) \circ e_x + e_x \circ \left(\bar{\nabla}_{(2)} \bar{v}_x + \frac{\partial\bar{w}_{(2)}}{\partial\bar{x}}\right) + 2 \frac{\partial\bar{v}_x}{\partial\bar{x}}\, e_x \circ e_x\right]$$

(mit $2\bar{C}^*_{(2)} = \bar{\nabla}_{(2)} \circ \bar{w}_{(2)} + \bar{w}_{(2)} \circ \bar{\nabla}_{(2)}$) bzw. mit deren dimensionsloser Variante

$$\Re \frac{\bar{S}_R}{(\bar{\rho} v_0)^2} = \Re \frac{\bar{S}}{(\bar{\rho} v_0)^2} + \Re\, \bar{p} \frac{E}{(\bar{\rho} v_0)^2} \equiv S + pE = 2C^{30)} =$$

$$= 2C_{(2)} + \left[\nabla_{(2)} v_x + \frac{\partial w_{(2)}}{\partial x}\right] \circ e_x + e_x \circ \left[\nabla_{(2)} v_x + \frac{\partial w_{(2)}}{\partial x}\right] + 2 \frac{\partial v_x}{\partial x}\, e_x \circ e_x$$

mit $$2C_{(2)} = \nabla_{(2)} \circ w_{(2)} + w_{(2)} \circ \nabla_{(2)}$$

und schließlich wegen $\partial w / \partial x \overset{(7.24a)}{=} -\lambda\, \tilde{w}(r_{(2)})\, e^{-\lambda x}$ nach Herauskürzen von $e^{-\lambda x}$ mittels

$$\tilde{S} + \tilde{p}E \equiv e^{\lambda x}(S + pE) = 2\tilde{C}_{(2)} + (\nabla_{(2)} \tilde{v}_x - \lambda \tilde{w}_{(2)}) \circ e_x +$$

$$+ e_x \circ (\nabla_{(2)} \tilde{v}_x - \lambda \tilde{w}_{(2)}) - 2\lambda\, \tilde{v}_x\, e_x \circ e_x \tag{7.28a}$$

mit $$2\tilde{C}_{(2)} = \nabla_{(2)} \circ \tilde{w}_{(2)} + \tilde{w}_{(2)} \circ \nabla_{(2)} \tag{7.28b}$$

---

30) mit $w_{(2)} = \bar{w}_{(2)} / v_0$, $v_x = \bar{v}_x / v_0$, $\nabla_{(2)} = a\bar{\nabla}_{(2)}$

kinematisiert werden kann. Danach sind

$$\mathfrak{e}_\perp \cdot \tilde{\mathfrak{S}} \cdot \begin{Bmatrix} \mathfrak{e}_x \\ \mathfrak{e}_s \end{Bmatrix} \overset{(7.28a)}{=} \left.\begin{matrix} \dfrac{\partial \tilde{v}_x}{\partial s_\perp} - \lambda \tilde{\mathfrak{w}}_{(2)} \cdot \mathfrak{e}_\perp \overset{(7.27)}{=} \dfrac{\partial \tilde{v}_x}{\partial s_\perp} \overset{(7.25c)}{=} \dfrac{1}{\lambda} \dfrac{\partial(\nabla_{(2)} \cdot \tilde{\mathfrak{w}}_{(2)})}{\partial s_\perp} \\ 2\mathfrak{e}_\perp \cdot \tilde{\mathfrak{C}} \cdot \mathfrak{e}_s = \dfrac{\partial \tilde{\mathfrak{w}}_{(2)}}{\partial s_\perp} \cdot \mathfrak{e}_s + \mathfrak{e}_\perp \cdot \dfrac{\partial \tilde{\mathfrak{w}}_{(2)}}{\partial s} \end{matrix}\right\} \overset{31)}{=} 0 \tag{7.29a,b}$$

die in Termen der planaren Strömungsgeschwindigkeiten ausgedrückten Forderungen nach Schubspannungsfreiheit des Rohrmantels.
Um das analytisch durch (7.26b, 27, 29a,b) beschriebene Problem im Sinne Galerkins zu behandeln, multipliziert man (7.26b) mit einer Geschwindigkeitsvariation $\delta \mathfrak{w}_{(2)}(\mathfrak{r}_{(2)})$ und integriert über die Fläche; integriert zweckmäßig nun aber weiter partiell unter Benutzung des Gaußschen Satzes und Beachtung der Randbedingungen solange, bis man Ableitungsterme im Feldintegral nicht weiter reduzieren kann. So bekommt man also aus

$$\int_{(F)} \left[\Delta_{(2)} + \lambda^2 + \Re\lambda\right] \left[\nabla_{(2)}(\nabla_{(2)} \cdot \tilde{\mathfrak{w}}_{(2)}) + \lambda^2 \tilde{\mathfrak{w}}_{(2)}\right] \cdot \delta\tilde{\mathfrak{w}}_{(2)} \, dF \overset{32)}{=} 0$$

wegen

$$\int_{(F)} (\Delta_{(2)} \tilde{\mathfrak{w}}_{(2)}) \cdot \delta\tilde{\mathfrak{w}}_{(2)} \, dF \equiv \int_{(F)} \Big\{\nabla_{(2)} \cdot \left[(\nabla_{(2)} \circ \tilde{\mathfrak{w}}_{(2)}) \cdot \delta\tilde{\mathfrak{w}}_{(2)}\right] - (\nabla_{(2)} \circ \tilde{\mathfrak{w}}_{(2)}) \cdot\cdot (\delta\tilde{\mathfrak{w}}_{(2)} \circ \nabla_{(2)})\Big\} \, dF$$

$$= \oint_{l(F)} \frac{\partial \tilde{\mathfrak{w}}_{(2)}}{\partial s_\perp} \cdot \delta\tilde{\mathfrak{w}}_{(2)} \, ds - \int_{(F)} (\nabla_{(2)} \circ \tilde{\mathfrak{w}}_{(2)}) \cdot\cdot (\delta\tilde{\mathfrak{w}}_{(2)} \circ \nabla_{(2)}) \, dF \overset{33)}{=}$$

$$= \delta_{\mathfrak{w}} \left\{\frac{1}{2} \oint_{l(F)} \frac{a}{R} (\tilde{\mathfrak{w}}_{(2)} \cdot \mathfrak{e}_s)^2 \, ds - \frac{1}{2} \int_{(F)} (\nabla_{(2)} \circ \tilde{\mathfrak{w}}_{(2)}) \cdot\cdot (\tilde{\mathfrak{w}}_{(2)} \circ \nabla_{(2)}) \, dF\right\}$$

und

$$\int_{(F)} \Delta_{(2)} \left[\nabla_{(2)}(\nabla_{(2)} \cdot \tilde{\mathfrak{w}}_{(2)})\right] \cdot \delta\mathfrak{w}_{(2)} \, dF \equiv \int_{(F)} \Big\{\nabla_{(2)} \left[\Delta_{(2)}(\nabla_{(2)} \cdot \tilde{\mathfrak{w}}_{(2)})\right]\Big\} \cdot \delta\tilde{\mathfrak{w}}_{(2)} \, dF \equiv$$

$$\equiv \int_{(F)} \Big\{\nabla_{(2)} \cdot \left[\delta\tilde{\mathfrak{w}}_{(2)} \, \Delta_{(2)}(\nabla_{(2)} \cdot \tilde{\mathfrak{w}}_{(2)})\right] - (\nabla_{(2)} \cdot \delta\tilde{\mathfrak{w}}_{(2)}) \Delta_{(2)}(\nabla_{(2)} \cdot \tilde{\mathfrak{w}}_{(2)})\Big\} \, dF =$$

---

31) hierin bedeuten $\partial/\partial s_\perp$ bzw. $\partial/\partial s$ die Ableitungen nach den entsprechend mit a reduzierten Normalen bzw. Bogenlängen.

32) worin F bzw. dF die mit a reduzierten Größen $\bar{F}/a^2$ bzw. $d\bar{F}/a^2$ bedeuten sollen.

33) wegen $\delta\tilde{\mathfrak{w}}_{(2)} = \delta\tilde{v}_{2s}\mathfrak{e}_s$ nach (7.27) ist

$$\frac{\partial \tilde{\mathfrak{w}}_{(2)}}{\partial s_\perp} \cdot \delta\tilde{\mathfrak{w}}_{(2)} = \frac{\partial \tilde{\mathfrak{w}}_{(2)}}{\partial s_\perp} \cdot \mathfrak{e}_s \delta\tilde{v}_{2s} \overset{(7.29b)}{=} -\mathfrak{e}_\perp \cdot \frac{\partial \tilde{\mathfrak{w}}_{(2)}}{\partial s} \delta\tilde{v}_{2s} =$$

$$\overset{(7.27)}{=} \left[\frac{\partial \mathfrak{e}_\perp}{\partial s} \cdot \tilde{\mathfrak{w}}_{(2)}\right] \delta\tilde{v}_{2s} = a \frac{\tilde{v}_{2s} \delta\tilde{v}_{2s}}{R}$$

worin R den Krümmungsradius der Randlinie $\bar{l}(\bar{F})$ bedeutet.

$$\overset{(7.27)}{=} -\int\limits_{(F)} (\nabla_{(2)} \cdot \delta\tilde{\mathbf{w}}_{(2)})\Delta_{(2)}(\nabla_{(2)} \cdot \tilde{\mathbf{w}}_{(2)})dF \equiv$$

$$-\int\limits_{(F)} \left\{\nabla_{(2)} \cdot \left[\left(\nabla_{(2)}(\nabla_{(2)} \cdot \tilde{\mathbf{w}}_{(2)})\right)(\nabla_{(2)} \cdot \delta\tilde{\mathbf{w}}_{(2)})\right] - \left[\nabla_{(2)}(\nabla_{(2)} \cdot \delta\tilde{\mathbf{w}}_{(2)})\right] \cdot \nabla_{(2)}(\nabla_{(2)} \cdot \tilde{\mathbf{w}}_{(2)})\right\} dF =$$

$$\overset{(7.29a)}{=} \int\limits_{(F)} \left[\nabla_{(2)}(\nabla_{(2)} \cdot \tilde{\mathbf{w}}_{(2)})\right] \cdot \nabla_{(2)}(\nabla_{(2)} \cdot \delta\tilde{\mathbf{w}}_{(2)})\, dF = \delta_{\mathbf{w}} \frac{1}{2} \int\limits_{(F)} \left[\nabla_{(2)}(\nabla_{(2)} \cdot \tilde{\mathbf{w}}_{(2)})\right]^2 dF$$

sowie

$$\int\limits_{(F)} \left[\nabla_{(2)}(\nabla_{(2)} \cdot \tilde{\mathbf{w}}_{(2)})\right] \cdot \delta\tilde{\mathbf{w}}_{(2)}\, dF = \int\limits_{(F)} \left\{\nabla_{(2)} \cdot \left[\delta\tilde{\mathbf{w}}_{(2)}(\nabla_{(2)} \cdot \tilde{\mathbf{w}}_{(2)})\right] - \right.$$

$$\left. - (\nabla_{(2)} \cdot \tilde{\mathbf{w}}_{(2)}) \cdot \delta(\nabla_{(2)} \cdot \tilde{\mathbf{w}}_{(2)})\right\} dF \overset{(7.27)}{=} - \delta_{\mathbf{w}} \frac{1}{2} \int\limits_{(F)} (\nabla_{(2)} \cdot \tilde{\mathbf{w}}_{(2)})^2 dF$$

schließlich sogar ein Extremalproblem, nämlich

$$\delta_{\mathbf{w}} \Omega = 0\,, \tag{7.30a}$$

wonach das homogen quadratische Funktional

$$2\Omega = \lambda^2 \oint\limits_{l(F)} \frac{a}{R} (\tilde{\mathbf{w}}_{(2)} \cdot \mathbf{e}_s)^2 ds - \lambda^2 \int\limits_{(F)} \left[(\nabla_{(2)} \circ \tilde{\mathbf{w}}_{(2)}) \cdot\cdot (\tilde{\mathbf{w}}_{(2)} \circ \nabla_{(2)}) - (\lambda^2 + \Re\lambda)\tilde{\mathbf{w}}^2_{(2)}\right] dF +$$

$$+ \int\limits_{(F)} \left[\nabla_{(2)}(\nabla_{(2)} \cdot \tilde{\mathbf{w}}_{(2)})\right]^2 - (\lambda^2 + \Re\lambda)(\nabla_{(2)} \cdot \tilde{\mathbf{w}}_{(2)})^2 dF \tag{7.30b}$$

für Lösungen des Problems (7.26b, 27, 29a,b) den Extremalwert Null annimmt[34]. Daher sind aus $\Omega = 0$ die einer Lösung $(\tilde{\mathbf{w}}_{(2)})$ zugeordneten vier Abklingungskoeffizienten zu berechnen.

Als einfaches Beispiel nun die Randstörungseffekte einer ebenen Spaltströmung (Spaltdicke h) konkret behandelnd, ist mit $a = h$ und $R \to \infty$,

$$\tilde{\mathbf{w}}_{(2)} = \tilde{\mathbf{w}}_{(2)}(z) = \mathbf{e}_z \tilde{v}_z(z)\,,\quad 0 \leq \bar{z} \leq h, \text{ bzw. } 0 \leq z = \bar{z}/h \leq 1\,,$$

$$\nabla_{(2)} \circ \tilde{\mathbf{w}}_{(2)} = \tilde{v}_z'(z)\, \mathbf{e}_z \circ \mathbf{e}_z,\quad \nabla_{(2)} \cdot \tilde{\mathbf{w}}_{(2)} = \tilde{v}_z'\,,\quad \nabla_{(2)}(\nabla_{(2)} \cdot \tilde{\mathbf{w}}'_{(2)}) = \mathbf{e}_z \tilde{v}_z''(z)$$

der Zusammenhang zwischen Lösungsfunktion $(\tilde{v}_z(z))$ und Abklingungskoeffizienten λ durch

$$\lambda^2\left[(\lambda^2 + \Re\lambda) \int_0^1 \tilde{v}_z^2\, dz - \int_0^1 \tilde{v}_z'^2\, dz\right] - \left[(\lambda^2 + \Re\lambda) \int_0^1 \tilde{v}_z'^2\, dz - \int_0^1 \tilde{v}_z''^2\, dz\right] = 0 \tag{7.31a}$$

festgelegt, und dementsprechend durch

$$\left[\lambda_k^2 - (k\pi)^2\right]\left[(\lambda_k^2 + \Re\lambda_k) - (k\pi)^2\right] = 0\,, \tag{7.31b}$$

wenn man für $\tilde{v}_z$ die exakte Lösung $\tilde{v}_{zk} = \sin k\pi z$ verwendet. Die physikalische Bedeutung der hiernach vier Abklingungskoeffizienten

$$\overset{\rightarrow}{\lambda}_{k_{1,2}} = \begin{cases} k\pi \\ \dfrac{\Re}{2}\left[\sqrt{1 + \left[\dfrac{2k\pi}{\Re}\right]^2} - 1\right] \end{cases},\quad \overset{\leftarrow}{\lambda}_{k_{1,2}} = -\begin{cases} k\pi \\ \dfrac{\Re}{2}\left[\sqrt{1 + \left[\dfrac{2k\pi}{\Re}\right]^2} + 1\right] \end{cases} \tag{7.31c}$$

ist Diejenige einer Störungsabklingung vom linken Rohrende (also "stromabwärts") bzw. vom rechten Rohrende (also "stromaufwärts") in den Rohr–Innenbereich hinein (vgl. (7.24a,b)), wobei sich wegen

---

34) Extremwert–Stelle und Nullstelle fallen zusammen

$\vec{\lambda}_{k2} \leq | \overleftarrow{\lambda}_{k2} |$ Störungen vom "Unterwasser–Ende" ins Innere weniger stark auswirken als Störungen vom "Oberwasser–Ende" her. Dies zeigen die Lösungen

$$v_x(x,z) = \sum_{k=1}^{\infty} \left[C_{1k}\, e^{-\alpha_k x} + C_{2k}\, e^{-\beta_k x} + C'_{1k}\, e^{-\alpha_k x'} + C'_{2k}\, e^{-\beta'_k x'} \right] \cos \alpha_k z \,,$$

$$v_z(x,z) = \sum_{k=1}^{\infty} \left[C_{1k}\, e^{-\alpha_k x} + \frac{\beta_k}{\alpha_k} C_{2k}\, e^{-\beta_k x} - C'_{1k} e^{-\alpha_k x'} - \frac{\beta'_k}{\alpha'_k} C'_{2k}\, e^{-\beta'_k x'} \right] \sin \alpha_k z \,,$$

$$p(x,z) = - \sum_{k=1}^{\infty} \left[C_{1k}\, e^{-\alpha_k x} + C'_{1k}\, e^{-\alpha_k x'} \right] \cos \alpha_k z \qquad (7.32a\text{-}c)$$

mit

$$x = \bar{x}/h, \quad x' = \bar{x}'/h \overset{35)}{=} (l - x)/h \,, \quad \alpha_k = k\pi \,,$$

$$\beta_k = -\frac{\mathfrak{R}}{2} \left[\sqrt{1 + \left[\frac{2\alpha_k}{\mathfrak{R}} \right]^2} - 1 \right] \geq \alpha_k \,, \quad \beta'_k = \frac{\mathfrak{R}}{2} \left[\sqrt{1 + \left[\frac{2\alpha_k}{\mathfrak{R}} \right]^2} + 1 \right] \geq \beta_k$$

und Integrationskonstanten C_{1k}, C_{2k}, C'_{1k}, C'_{2k} zur Befriedigung einer allgemeinen – sich auf Geschwindigkeits–Randstörungen (v_x, v_z) an den Rändern $x = 0$ bzw. $x' = 0$ beziehenden – Randwertaufgabe, wobei (7.32a–c) die allgemeine Lösung des mit $\tilde{\mathbb{v}}_{(2)} = \tilde{v}_z(z)\, \mathbb{e}_z$ aus (7.26b,a) anfallenden Gleichungssatzes

$$\left[\frac{d^2}{dz^2} + \lambda^2 + \lambda\mathfrak{R} \right] \left[\frac{d^2\tilde{v}_z}{dz^2} + \lambda^2 \tilde{v}_z \right] = 0 \,, \qquad (7.33a\text{-}c)$$

$$\mathfrak{R}\tilde{p} = - \left[\mathfrak{R}\tilde{v}'_z + \left(\frac{d^2}{dz^2} + \lambda^2 \right) \frac{\tilde{v}'_z}{\lambda} \right] / \lambda \,, \quad \tilde{v}'_z = \frac{d\tilde{v}_z}{dz}$$

für die Randbedingungen

$$\tilde{v}_z = 0 \quad \text{sowie} \quad \tilde{v}''_z = 0 \quad \text{für } z\ (=\bar{z}/h) = 0 \text{ und } z = 1 \qquad (7.33d)$$

im Sinne von (7.27,29a) sind.

35) l bedeutet die Rohrlänge

IV Elemente der klassischen Kontinuumsmechanik

§8 Kinematische und dynamische Grundlagen, Bilanzsätze

8.1 Allgemeine Hinweise zur Lagrangeschen bzw. Eulerschen Notation, Verformungsgeometrie

In der Kontinuumsmechanik wird eine Abbildung der "stofflichen Realität" in ein Kontinuum "stetig dicht" liegender "materieller Punkte" P vorgenommen, deren Plazierung identifiziert wird durch Notation der (von einem Beobachterstandpunkt O aus registrierten) Werte $\bar{\mathbf{r}}$ der Ortsvektoren zu Raumpunkten P_t, die jeweils momentan (zur Zeit t) von den materiellen Punkten P "überdeckt" werden.
Von der solchermaßen etwa in der Form

$$\bar{\mathbf{r}} = \mathbf{r}(P,t) \tag{8.1a}$$

die "Bewegung eines Kontinuums" auszudrückenden Beziehung wird "Invertierbarkeit" verlangt in dem Sinne, daß per

$$P = \mathfrak{P}(\bar{\mathbf{r}},t) \tag{8.1b}$$

jeder materielle Punkt P eindeutig durch Lage ($\bar{\mathbf{r}}$) und Zeit (t) bezeichnet werden kann. Die in der Festkörpermechanik gängigste Form der Problemaufbereitung im Hinblick auf eine Handhabung mit den Mitteln der Analysis ist die Notation physikalischer Größen ($\Phi(P,t)$) unter Verwendung sog. <u>Lagrangescher Felder</u>. Dazu werden, eine sog. "Bezugskonfiguration" (zur Zeit t_0) in Betracht nehmend, die Bezeichnungen der materiellen Punkte per

$$P = \mathfrak{P}(\hat{\mathbf{r}},t_0) = \mathfrak{P}_0(\hat{\mathbf{r}}) = \mathfrak{P}_0'(q^1,q^2,q^3)\ , \tag{8.2a}$$

d. h. durch deren in der Bezugskonfiguration die Punktplazierungen kennzeichnenden Ortsvektoren

$$\mathbf{r}(P,t_0) = \hat{\mathbf{r}} = \hat{\mathbf{r}}(q^1,q^2,q^3) \tag{8.2b}$$

vorgenommen und physikalische Größen in der Form

$$\Phi(P,t) = \Phi(\mathfrak{P}_0(\hat{\mathbf{r}}),t) = \hat{\Phi}(\hat{\mathbf{r}},t) \tag{8.2c}$$

ausgedrückt und den Raumpunkten $\hat{\mathbf{r}} = \mathbf{r}(P,t_0)$ der Kontinuums-Bezugsplazierung zugeordnet, so z. B. das Lagrangesche Feld der Verschiebungen

$$\mathbf{r}(P,t) - \mathbf{r}(P,t_0) = \mathbf{u}(P,t) = \mathbf{u}(\mathfrak{P}_0(\hat{\mathbf{r}}),t) = \hat{\mathbf{u}}(\hat{\mathbf{r}},t) \tag{8.3a}$$

bzw. Dasjenige der Momentanplazierungen

$$\bar{\mathbf{r}} \equiv \mathbf{r}(P,t) = \mathbf{r}(P,t_0) + \mathbf{u}(P,t) = \hat{\mathbf{r}} + \hat{\mathbf{u}}(\hat{\mathbf{r}},t) \equiv \bar{\mathbf{r}}(\hat{\mathbf{r}},t) \tag{8.3b}$$

usw. Zentrale Voraussetzung der Festkörpermechanik ist, daß anfänglich (zur Zeit t_0)

"infinitesimal" benachbart liegende materielle Punkte $P = \mathfrak{P}_0(\hat{\mathbb{r}})$ und $P_j = \mathfrak{P}_0(\hat{\mathbb{r}}_j) = \mathfrak{P}_0(\hat{\mathbb{r}}+d\hat{\mathfrak{s}}_{P\to P_j})$ (Abb. 8.1) permanent "infinitesimal benachbart" bleiben und überdies stets eindeutig relativ zu P lokalisierbar sein sollen. Dies bedeutet, daß man in der mittels

$$d\bar{\mathfrak{s}}_j+\mathbb{u}(\hat{\mathbb{r}},t) = d\hat{\mathfrak{s}}_j+ \mathbb{u}(\hat{\mathbb{r}}_j,t) = d\hat{\mathfrak{s}}_j + \mathbb{u}(\hat{\mathbb{r}},t) + d\hat{\mathfrak{s}}_j\cdot(\hat{\nabla}\circ\mathbb{u})^{\wedge}_{\mathbb{r},t}$$

erreichbaren Beziehung

$$d\bar{\mathfrak{s}}_j = d\hat{\mathfrak{s}}_j+ d\hat{\mathfrak{s}}_j\cdot(\hat{\nabla}\circ\mathbb{u})^{\wedge}_{\mathbb{r},t} =^{1)} d\hat{\mathfrak{s}}_j\cdot(\mathbb{E}+ \hat{\mathbb{U}}(\hat{\mathbb{r}},t)) = d\hat{\mathfrak{s}}_j\cdot\hat{\mathbb{F}}(\hat{\mathbb{r}},t) \tag{8.4a}$$

für den (jeweils lokalen) Konfigurationsoperator $\mathbb{F}(P,t) = \hat{\mathbb{F}}(\hat{\mathbb{r}},t)$ verlangen muß, daß er (im Sinne von (8.4a)) die "infinitesimale Umgebung" $(d\mathfrak{V}(P,t_0))$ eines materiellen Punktes P - repräsentiert durch ein Büschel in $(\hat{\mathbb{r}})$ "entspringender" materieller Linienelemente $(d\hat{\mathfrak{s}}_j)$ der Ausgangskonfiguration - in ein entsprechendes "deformiertes" (und in $\bar{\mathbb{r}} = \hat{\mathbb{r}}+\hat{\mathbb{u}}(\hat{\mathbb{r}},t)$ "entspringendes") Büschel $(d\bar{\mathfrak{s}}_j)$ - als Repräsentant der infinitesimalen Umgebung $d\mathfrak{V}(P,t)$ der Momentankonfiguration - umkehrbar- eindeutig abbildet.[2]

Wie schon in [1], §5.1 dargestellt, sind mit $\mathbb{F}(P,t)$ sämtliche Konfigurations-Transformationsaspekte $d\mathfrak{V}(P,t_0) \Leftrightarrow d\mathfrak{V}(P,t)$ festgelegt, also neben der durch (8.4a) beschriebenen Linienelementen-Transformation auch die durch

$$d\bar{\mathbb{f}} = d\hat{\mathbb{f}}\cdot\mathbb{F}_f \tag{8.4b}$$

zu kennzeichnende Transformation (durch P gelegter) sog. "materieller Flächenelemente" (Abb. 8.1) mit dem - als Tensorfunktion von $\mathbb{F}$ darzustellenden! - Flächenkonfigurationstensor

$$\mathbb{F}_f(P,t) = \hat{\mathbb{F}}_f(\mathbb{r},t) = F_3\,\mathbb{F}^{T-1} =^{3)} F_2\,\mathbb{E} - F_1\,\mathbb{F}^T + (\mathbb{F}^T)^2 \tag{8.4c}$$

und schließlich die Volumenelementen-Transformation durch

$$d\bar{V} = dV(P,t) = F_3(P,t)\,dV(P,t_0) = F_3\,d\hat{V}, \tag{8.4d}$$

wo die - als skalarwertige Tensorfunktion von $\mathbb{F}$ anzusehende- dritte Invariante F_3 als

---

1) die Größe $\mathbb{U}(P,t) = \hat{\nabla}\circ\mathbb{u} = \sum \mathfrak{g}^j\circ\partial\mathbb{u}/\partial q^j$ heißt "materieller Verschiebungsgradient", zwecks Darstellung als Lagrangesche Feldgröße $(\hat{\mathbb{U}})$ mit $\mathbb{u} = \hat{\mathbb{u}}(\hat{\mathbb{r}},t)$

2) es also nur mit dieser Eigenschaft von $\mathbb{F}$ einen Sinn hat, von materiellen Linienelementen $\overrightarrow{PP_j}$ sprechen zu können.

3) Man beachte die Cayley—Hamiltonsche Gleichung.
$F_j = (\mathbb{F})_j$, j = 1...3 bedeuten die drei Grundinvarianten von $\mathbb{F}$.

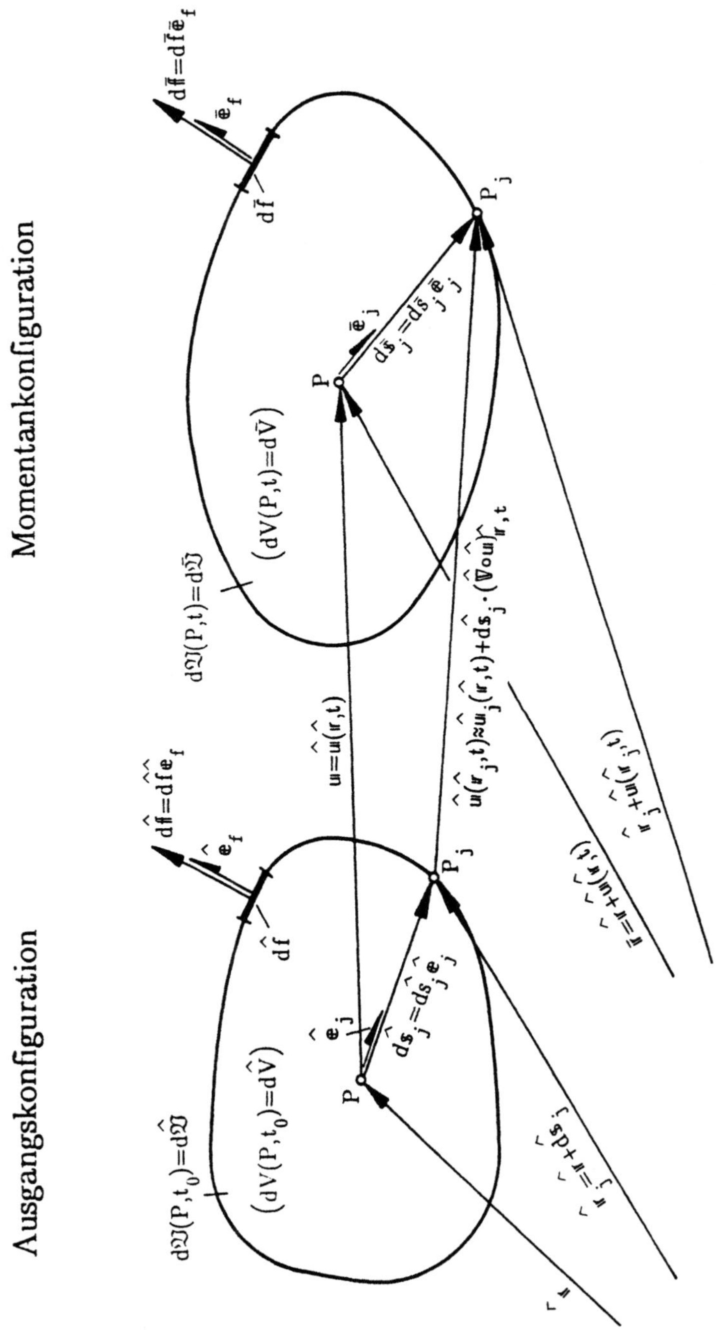

Abb. 8.1

"Abbildungsoperator" aufscheint.[4]

Für $\mathbb{F}$ gelten - für stetige und mindestens einmal differenzierbare Verschiebungsgradienten - die letztlich auf dem Schwarzschen Vertauschungssatz für Verschiebungsfelder $\hat{\mathbf{u}}(\hat{\mathbf{r}},t)$ basierenden - Integrabilitätsbedingungen

$$\hat{\nabla}\times\mathbb{F} \overset{(8.4a)}{=}{}^{5)}\; 0 \quad \text{bzw.} \quad \mathbb{F}^{T}\times\hat{\nabla} = 0\,, \tag{8.5a,b}$$

aber auch

$$\hat{\nabla}\cdot\mathbb{F}_f = \hat{\nabla}\cdot(F_3\,\mathbb{F}^{T^{-1}}) = \hat{\nabla}\,F_3\cdot\mathbb{F}^{T^{-1}} + F_3\hat{\nabla}\cdot\mathbb{F}^{T^{-1}} = 0 \tag{8.5c}$$

bzw.

$$\hat{\nabla}\cdot\mathbb{F}^{T^{-1}} = -\frac{\hat{\nabla}F_3}{F_3}\cdot\mathbb{F}^{T^{-1}} \equiv -\frac{\hat{\nabla}F_3}{F_3^2}\cdot\left[F_2\,\mathbb{E} - F_1\,\mathbb{F}^{T} + (\mathbb{F}^{T})^2\right], \tag{8.5d}$$

die man interpretieren kann als notwendige Bedingungen dafür, daß im unverformten Kontinuum in Betracht genommene geschlossene "materielle Linienzüge" bzw. "materielle Flächen" in der Momentankonfiguration geschlossen bleiben sollen.

Zu (8.5a,b) gelangt man — einen einfach zusammenhängenden Unterbereich betrachtend — mit der Forderung

$$\oint_{(\bar{l})} d\bar{\mathfrak{s}} = 0 \quad \text{für} \quad \oint_{(\hat{l})} d\hat{\mathfrak{s}} = 0\,, \tag{8.6a}$$

also — unter Benutzung von $d\bar{\mathfrak{s}} = d\hat{\mathfrak{s}}\cdot\mathbb{F}$ nach (8.4a) — mit der Forderung

$$\oint_{(\bar{l})} d\bar{\mathfrak{s}} = \oint_{(\hat{l})} d\hat{\mathfrak{s}}\cdot\mathbb{F} = 0$$

unter Heranziehung des Stokesschen Satzes, da hiernach

$$\oint_{\hat{l}(\hat{f})} d\hat{\mathfrak{s}}\cdot\mathbb{F} = \int_{(\hat{f})} (\hat{\mathbf{n}}\times\hat{\nabla})\cdot\mathbb{F}\,df \overset{(8.5a)}{=} \int_{(\hat{f})} \hat{\mathbf{n}}\cdot\hat{\nabla}\times\mathbb{F}\,df = 0$$

gelten muß für beliebige über $(\hat{l})$ errichtbare (einfach—zusammenhängende Hauben—)Flächen. Die Gln. (8.5c,d) sind — einen einfach—begrenzten Unterbereich betrachtend — Konsequenz der Forderung

---

[4] Zwecks Erhalt von (8.4d) repräsentiert man ein Volumenelement in der Bezugs— bzw. der Momentankonfiguration als Parallelepipede mit den Kantenlängen

$d\hat{\mathfrak{s}}_j = \hat{\mathfrak{g}}_j\,dq^j$ bzw. $d\bar{\mathfrak{s}}_j = d\hat{\mathfrak{s}}_j\cdot\mathbb{F} = \hat{\mathfrak{g}}_j\cdot\mathbb{F}\,dq^j$, $j = 1\ldots3$

[vgl. [1],(2.37b)] und findet wegen

$$dV(P,t_0) = [d\hat{\mathfrak{s}}_1, d\hat{\mathfrak{s}}_2, d\hat{\mathfrak{s}}_3] \equiv d\hat{\mathfrak{s}}_1\cdot(d\hat{\mathfrak{s}}_2\times d\hat{\mathfrak{s}}_3) \text{ sowie}$$

$$dV(P,t) = [d\bar{\mathfrak{s}}_1, d\bar{\mathfrak{s}}_2, d\bar{\mathfrak{s}}_3] \equiv d\bar{\mathfrak{s}}_1\cdot(d\bar{\mathfrak{s}}_2\times d\bar{\mathfrak{s}}_3) =$$

$$\overset{(8.4b,c)}{=} d\hat{\mathfrak{s}}_1\cdot\mathbb{F}\cdot\left[(d\hat{\mathfrak{s}}_2\times d\hat{\mathfrak{s}}_3)F_3\cdot\mathbb{F}^{T^{-1}}\right] \equiv d\hat{\mathfrak{s}}_1\cdot\mathbb{F}\cdot\mathbb{F}^{-1}\cdot(d\hat{\mathfrak{s}}_2\times d\hat{\mathfrak{s}}_3)F_3 \equiv$$

$$\equiv F_3\,[d\hat{\mathfrak{s}}_1, d\hat{\mathfrak{s}}_2, d\hat{\mathfrak{s}}_3] = F_3\,dV(P,t_0)$$

[5] die zur Formulierung der sog. Verträglichkeitsbedingungen erster Ordnung führen.

$$\oiint_{(\bar{f})} d\bar{\mathbb{f}} = 0 \quad \text{für} \quad \oiint_{(\hat{f})} d\hat{\mathbb{f}} = 0 \tag{8.6b}$$

unter Benutzung von $d\bar{\mathbb{f}} = d\hat{\mathbb{f}} \cdot \mathbb{F}_f$ nach (8.4b) und des Gaußschen Satzes, weil danach

$$\oiint_{(\bar{f})} d\bar{\mathbb{f}} = \oiint_{(\hat{f}(\hat{V}))} d\hat{\mathbb{f}} \cdot \mathbb{F}_f \overset{(8.5c)}{=} \int_{(\hat{V})} \hat{\nabla} \cdot \mathbb{F}_f \, dV = 0$$

gelten muß für beliebige einfach begrenzte, vom Kontinuum in der Bezugskonfiguration eingenommene Teilvolumina $(\hat{V})$.

Ein den "Erhaltungssätzen" (8.6a,b) vergleichbarer "materieller Volumenerhaltungssatz" existiert nicht, dafür hingegen der Massenerhaltungssatz

$$(\hat{\rho} d\hat{V} \equiv)\ \rho(P,t_0)dV(P,t_0) \overset{6)}{=} \rho(P,t)dV(P,t) \equiv \bar{\rho} d\bar{V} , \tag{8.6c}$$

mit dem man unter Benutzung von (8.4d) die Dichteänderungen kinematisieren kann:

$$\rho(P,t_0)/\rho(P,t) = \hat{\rho}/\bar{\rho} = dV(P,t)/dV(P,t_0) \overset{(8.4d)}{=} d\bar{V}/d\hat{V} = F_3 . \tag{8.6d}$$

Grundsätzlich ist wegen

$$\mathbb{U} = \hat{\nabla} \circ \mathbb{u} = \frac{1}{2}(\hat{\nabla} \circ \mathbb{u} + \mathbb{u} \circ \hat{\nabla}) + \frac{1}{2}(\hat{\nabla} \circ \mathbb{u} - \mathbb{u} \circ \hat{\nabla}) = \mathbb{D} - \mathbb{E} \times \frac{\hat{\nabla} \times \mathbb{u}}{2} \tag{8.7}$$

für $\mathbb{F} = \mathbb{E} + \hat{\nabla} \circ \mathbb{u} = \mathbb{E} + \mathbb{U}$ die Zerlegung

$$\mathbb{F} = \mathbb{E} + \mathbb{D} - \mathbb{E} \times \boldsymbol{\vartheta} \tag{8.7a}$$

mit dem sog. materiellen Verschiebungsdeformator

$$\mathbb{D} = (\mathbb{U} + \mathbb{U}^T)/2 \equiv \mathbb{U} \cdot\cdot \overset{\langle 4 \rangle}{\mathbf{M}} = \overset{\langle 4 \rangle}{\mathbf{M}} \cdot\cdot \mathbb{U} \equiv \hat{\text{def}}\, \mathbb{u} \tag{8.7b}$$

und dem Vektor $\boldsymbol{\vartheta} = \frac{1}{2} \hat{\nabla} \times \mathbb{u} = \frac{1}{2}(\mathbb{E} \times \mathbb{E}) \cdot\cdot \mathbb{U} = -\frac{1}{2} \mathfrak{E} \cdot\cdot \mathbb{U} \equiv -\frac{1}{2} \mathbb{U} \cdot\cdot \mathfrak{E}$, (8.7c)

d. h. eine Zerlegung der Zuordnung (8.4a) in der Form

$$d\bar{\mathbb{s}}_j = \underline{d\hat{\mathbb{s}}_j \cdot (\mathbb{E} + \mathbb{D})} + \boldsymbol{\vartheta} \times d\hat{\mathbb{s}}_j \tag{8.7d}$$

möglich, die allerdings nur für den Fall infinitesimaler Verformungen, wo Starrdrehungen durch Vektorprodukte mit Drehvektoren beschrieben werden können, physikalisch gedeutet werden kann dahingehend, daß der Prozeß $d\mathfrak{V}(P,t_0) \Rightarrow d\mathfrak{V}(P,t)$ aufgefaßt werden kann als (dann in der Reihenfolge vertauschbare) Abfolge einer sog. Streckungsoperation (in (8.7d) gestrichelt) und einer (mit $\boldsymbol{\vartheta}$ zu vollziehenden) Starrdrehung. Für eine auch für endliche Verformungen gültige Interpretation des Konfigurationsänderungsprozesses $d\mathfrak{V}(P,t_0) \Rightarrow d\mathfrak{V}(P,t)$ als Abfolge einer Streckung mit anschließender Drehung der gestreckten Konfiguration $(d\mathfrak{V}(P,t)^S)$ benötigt man den polaren Zerlegungssatz [1], §5

---

6) $\rho(P,t) = \bar{\rho}(\mathbb{r},t)$ mit $\rho(P,t_0) = \hat{\rho}(\hat{\mathbb{r}})$ bedeutet die einem Volumenelement mit Konvergenzpunkt P zuzuweisende Dichte.

$$\mathbb{F} = \mathbb{D}^{(S)} \cdot \mathbb{R}\,, \tag{8.8a}$$

worin die als Tensorfunktion von $\mathbb{F}$ (im Sinne von [1], §4.4) zu verstehende Größe

$$\mathbb{D}^{(S)}(P,t) = \mathbb{D}^{(S)T} = \sqrt{\mathbb{F}\cdot\mathbb{F}^T} = \sqrt{\mathbb{E}+2\mathbb{D}^{(G)}} \tag{8.8b}$$

den positiv-definiten symmetrischen (Richterschen) Streckungstensor[7] und

$$\mathbb{R}(P,t) = \mathbb{D}^{(S)-1}\cdot\mathbb{F} = \sqrt{\mathbb{F}\cdot\mathbb{F}^T}^{\,-1}\cdot\mathbb{F} \tag{8.8c}$$

den Versor der Drehung des sog. "materiellen Hauptverzerrungsachsen-Dreibeins" bedeuten.

Darunter versteht man dasjenige in $d\mathfrak{V}(P,t_0)$ auffindbare Tripel $\hat{\mathbf{e}}_j^{(H)}$, $j = 1...3$, zueinander orthogonaler materieller Richtungen[8], die die Eigenschaft haben, auch in der verformten Konfiguration $d\mathfrak{V}(P,t)$ zueinander orthogonal geblieben zu sein. Sie werden identifiziert im Zusammenhang mit der Lösung der Eigenwertaufgabe für den Streckungstensor ($\mathbb{D}^{(S)}$) bzw. für den als Tensorfunktion des Letzteren per

$$\mathbb{D}^{(G)} = \frac{1}{2}(\mathbb{D}^{(S)2} - \mathbb{E}) = \frac{1}{2}(\mathbb{F}\cdot\mathbb{F}^T - \mathbb{E}) = \frac{1}{2}(\mathbb{U} + \mathbb{U}^T + \mathbb{U}\cdot\mathbb{U}^T) =$$

$$\overset{9)}{=} \mathbb{D} + \frac{1}{2}(\mathbb{D}^2 + \mathbb{D}\times\boldsymbol{\vartheta} - \boldsymbol{\vartheta}\times\mathbb{D} - \boldsymbol{\vartheta}\circ\boldsymbol{\vartheta} + \vartheta^2\mathbb{E}) \tag{8.9}$$

mit $\qquad \mathbb{D} = \widehat{\mathrm{def}}\,\mathbf{u}, \quad \boldsymbol{\vartheta} = \widehat{\mathrm{rot}}\,\mathbf{u}/2 = \hat{\nabla}\times\mathbf{u}/2, \quad \mathbb{U} = \hat{\nabla}\circ\mathbf{u} \qquad$ (8.9a,b,c)

erzeugbaren Greenschen Verzerrungstensor[10] $\mathbb{D}^{(G)}(P,t)$, der die (im Cauchyschen Sinne definierten) Dehnungen

$$\varepsilon_{jj} = \lim_{d\hat{s}_j\to 0} \frac{d\bar{s}_j - d\hat{s}_j}{d\hat{s}_j}, \quad d\hat{s}_j = |d\hat{\mathbf{s}}_j|, \quad d\bar{s}_j = |d\bar{\mathbf{s}}_j| \tag{8.9d}$$

(in P "entspringender") materieller Linienelemente bzw. die in der verformten Konfiguration $d\mathfrak{V}(P,t)$ zwischen zwei Linienelementen $d\bar{\mathbf{s}}_j$, $d\bar{\mathbf{s}}_k$ eingeschlossenen Winkel $\alpha_{jk}(P,t,\hat{\mathbf{e}}_j,\hat{\mathbf{e}}_k) = \bar{\alpha}_{jk} = \angle(d\bar{\mathbf{s}}_j,d\bar{\mathbf{s}}_k)$ bzw. deren als

$$\cos\angle(d\bar{\mathbf{s}}_j,d\bar{\mathbf{s}}_k) = \frac{d\bar{\mathbf{s}}_j\cdot d\bar{\mathbf{s}}_k}{|d\bar{\mathbf{s}}_j|\,|d\bar{\mathbf{s}}_k|} \overset{(8.9d)}{=} \frac{d\bar{\mathbf{s}}_j\cdot d\bar{\mathbf{s}}_k}{(1+\varepsilon_{jj})(1+\varepsilon_{kk})d\hat{s}_j d\hat{s}_k} \tag{8.9e}$$

notierbare Kosinus in Abhängigkeit von den in der (lokalen) Bezugskonfiguration $d\mathfrak{V}(P,t_0)$ definierten Richtungen $\hat{\mathbf{e}}_j = d\hat{\mathbf{s}}_j/d\hat{s}_j$ bzw. $\hat{\mathbf{e}}_k = d\hat{\mathbf{s}}_k/d\hat{s}_k$ in der Form

---

7) in [31] als rechter Streckungstensor bezeichnet.

8) d. s. einheitsnormierte materielle Linienelemente

9) Man setze $\mathbb{U}$ nach (8.7) ein und benutze $\boldsymbol{\vartheta}\times\mathbb{E}\times\boldsymbol{\vartheta} = \boldsymbol{\vartheta}\circ\boldsymbol{\vartheta} - \vartheta^2\mathbb{E}$ nach [1],(2.66b)

10) in [31] als rechter Cauchy—Green—Tensor bezeichnet.

$$\varepsilon_{jj} \overset{11)}{=} \sqrt{1+2\hat{\mathbb{e}}_j \cdot \mathbb{D}^{(G)} \cdot \hat{\mathbb{e}}_j} - 1 \tag{8.9f}$$

bzw.
$$\cos \angle(d\bar{\mathbb{s}}_j, d\bar{\mathbb{s}}_k) = \frac{\cos \angle(d\hat{\mathbb{s}}_j, d\hat{\mathbb{s}}_k) + 2\hat{\mathbb{e}}_j \cdot \mathbb{D}^{(G)} \cdot \hat{\mathbb{e}}_k}{\sqrt{(1+2\hat{\mathbb{e}}_j \cdot \mathbb{D}^{(G)} \cdot \hat{\mathbb{e}}_j)(1+2\hat{\mathbb{e}}_k \cdot \mathbb{D}^{(G)} \cdot \hat{\mathbb{e}}_k)}} \tag{8.9g}$$

auszudrücken erlaubt.

Eine (8.8a) entsprechende Zerlegung in Verzerrung und anschließende Drehung findet man auch im Zusammenhang mit den durch (8.4b) definierten Flächenelementen–Transformationen, indem man in (8.4c) die Polarzerlegung (8.8a) einführt. Wegen

$$F_3 = (\mathbb{F})_3 = (\mathbb{D}^{(S)} \cdot \mathbb{R})_3 = (\mathbb{D}^{(S)})_3 (\mathbb{R})_3 \tag{8.10}$$

nach dem Determinantenmultiplikationssatz bekommt man wegen

$(\mathbb{R})_3 = 1$, d. h. $F_3 = (\mathbb{D}^{(S)})_3 \equiv D_3^{(S)} = (\sqrt{\mathbb{E}+2\mathbb{D}^{(G)}})_3$

$$\mathbb{F}_f = D_3^{(S)} (\mathbb{D}^{(S)} \cdot \mathbb{R})^{T^{-1}} = D_3^{(S)} (\mathbb{R}^T \cdot \mathbb{D}^{(S)})^{-1} = D_3^{(S)} \mathbb{D}^{(S)-1} \cdot \mathbb{R} \equiv \mathbb{D}_f^{(S)} \cdot \mathbb{R} \tag{8.10a}$$

mit einem "Streckungstensor"

$$\mathbb{D}_f^{(S)} = D_3^{(S)} \mathbb{D}^{(S)-1} = (\sqrt{\mathbb{F} \cdot \mathbb{F}^T})_3 \sqrt{(\mathbb{F} \cdot \mathbb{F}^T)}^{\,-1} = (\sqrt{\mathbb{E}+2\mathbb{D}^{(G)}})_3 \sqrt{\mathbb{E}+2\mathbb{D}^{(G)}}^{\,-1} \tag{8.10b}$$

der Flächenelementenverzerrungen, dessen Greensche Variante

$$\mathbb{D}_f^{(G)} = \frac{1}{2}(\mathbb{D}_f^{(S)2} - \mathbb{E}) = \frac{1}{2}(\mathbb{F}_f \cdot \mathbb{F}_f^T - \mathbb{E}) \tag{8.10c}$$

man benutzen kann, um u. a. per

$$d\bar{f}^{j^2} \equiv d\hat{f}^{j2}(1+\varepsilon_{f_{jj}})^2 = d\bar{\mathbb{f}}^j \cdot d\bar{\mathbb{f}}^j = d\hat{\mathbb{f}}^j \cdot \mathbb{D}_f^{(S)^2} \cdot d\hat{\mathbb{f}}^j = \hat{\mathbb{e}}_f^j \cdot \mathbb{D}_f^{(S)^2} \cdot \hat{\mathbb{e}}_f^j \, d\hat{f}^{j^2},$$

d. h. per

$$1+\varepsilon_{f_{jj}} = \sqrt{\hat{\mathbb{e}}_f^j \cdot \mathbb{D}_f^{(S)2} \cdot \hat{\mathbb{e}}_f^j} = \sqrt{\hat{\mathbb{e}}_f^j \cdot (\mathbb{E}+2\mathbb{D}_f^{(G)}) \cdot \hat{\mathbb{e}}_f^j} = \sqrt{1+2\hat{\mathbb{e}}_f^j \cdot \mathbb{D}_f^{(G)} \cdot \hat{\mathbb{e}}_f^j},$$

die Flächenelementendehnungen

$$\varepsilon_{f_{jj}} = \lim_{d\hat{f}^j \to 0} \frac{d\bar{f}^j - d\hat{f}^j}{d\hat{f}^j} = \sqrt{1+2\hat{\mathbb{e}}_f^j \cdot \mathbb{D}_f^{(G)} \cdot \hat{\mathbb{e}}_f^j} - 1 \tag{8.10d}$$

eines Flächenelementes mit dessen Einheitsnormalen $(\hat{\mathbb{e}}_f^j = d\hat{\mathbb{f}}^j / d\hat{f}^j)$ in der Bezugskonfiguration

---

11) Zur Realisierung des Zusammenhangs (8.9f) benutze man

$d\bar{s}_j^2 \overset{(8.9d)}{\equiv} d\hat{s}_j^2(1+\epsilon_{jj})^2 = d\bar{\mathbb{s}}_j \cdot d\bar{\mathbb{s}}_j \overset{(8.4a)}{\equiv} d\hat{\mathbb{s}}_j \cdot \mathbb{F} \cdot \mathbb{F}^T \cdot d\hat{\mathbb{s}}_j = d\hat{s}_j^2 \, \hat{\mathbb{e}}_j \cdot \mathbb{F} \cdot \mathbb{F}^T \cdot \hat{\mathbb{e}}_j =$

$\overset{(8.9)}{=} d\hat{s}_j^2 \, \hat{\mathbb{e}}_j \cdot (\mathbb{E}+2\mathbb{D}^{(G)}) \cdot \hat{\mathbb{e}}_j = d\hat{s}_j^2(1+2\hat{\mathbb{e}}_j \cdot \mathbb{D}^{(G)} \cdot \hat{\mathbb{e}}_j)$ und kürze diese Beziehung durch $d\hat{s}_j^2$.

Zur Realisierung von (8.9g) gehe man von

$d\bar{\mathbb{s}}_j \cdot d\bar{\mathbb{s}}_k \equiv d\hat{\mathbb{s}}_j \cdot \mathbb{F} \cdot \mathbb{F}^T \cdot d\hat{\mathbb{s}}_k \equiv d\hat{\mathbb{s}}_j \cdot (\mathbb{E}+2\mathbb{D}^{(G)}) \cdot d\hat{\mathbb{s}}_k = d\hat{\mathbb{s}}_j \cdot d\hat{\mathbb{s}}_k + 2d\hat{s}_j d\hat{s}_k \hat{\mathbb{e}}_j \cdot \mathbb{D}^{(G)} \cdot \hat{\mathbb{e}}_k$ aus, beachte

$d\hat{\mathbb{s}}_j \cdot d\hat{\mathbb{s}}_k = d\hat{s}_j d\hat{s}_k \cos \angle(d\hat{\mathbb{s}}_j, d\hat{\mathbb{s}}_k)$ sowie $d\bar{\mathbb{s}}_j \cdot d\bar{\mathbb{s}}_k = d\hat{s}_j d\hat{s}_k (1+\epsilon_{jj})(1+\epsilon_{kk}) \cos \angle(d\bar{\mathbb{s}}_j, d\bar{\mathbb{s}}_k)$

und kürze durch $d\hat{s}_j d\hat{s}_k$.

$\Delta\mathfrak{V}(P,t_0)$ zu verknüpfen. Äquivalent hierzu ist die aus (8.4b) unter Benutzung von $\mathbb{F}_f = F_3\mathbb{F}^{T^{-1}}$ und Beachtung von $\mathbb{F}^{T^{-1}} \cdot \mathbb{F}^{-1} = (\mathbb{F}\cdot\mathbb{F}^T)^{-1} = (\mathbb{E}+2\mathbb{D}^{(G)})^{-1}$ durch Quadrieren erhältliche Beziehung

$$\varepsilon_{f_{jj}} = F_3\, \hat{\mathbb{e}}_f^j \cdot \sqrt{(\mathbb{E}+2\mathbb{D}^{(G)})^{-1}} \cdot \hat{\mathbb{e}}_f^j - 1 \tag{8.10e}$$

während in Ergänzung zu (8.10a) mit $\mathbb{D}^{(S)}\cdot\mathbb{R} = \mathbb{F}$, $\mathbb{D}^{(S)-2} = (\mathbb{E}+2\mathbb{D}^{(G)})^{-1}$ und $D_3^{(S)} = (\sqrt{\mathbb{E}+2\mathbb{D}^{(G)}})_3$ für $\mathbb{F}_f$ schließlich noch die Variante

$$\mathbb{F}_f = D_3^{(S)}\cdot\mathbb{D}^{(S)-1}\cdot\mathbb{R} \equiv D_3^{(S)}\cdot\mathbb{D}^{(S)-2}\cdot\mathbb{D}^{(S)}\cdot\mathbb{R} = (\sqrt{\mathbb{E}+2\mathbb{D}^{(G)}})_3(\mathbb{E}+2\mathbb{D}^{(G)})^{-1}\cdot\mathbb{F} \tag{8.10f}$$

notiert werden soll.

Da bei Zerlegung des Konfigurationsänderungsprozesses $d\mathfrak{V}(P,t_0) \Rightarrow d\mathfrak{V}(P,t)$ in der Form

$$d\mathfrak{V}(P,t_0) \overset{\text{Strecken}}{\Rightarrow} d\mathfrak{V}^{(S)}(P,t) \overset{\text{Drehen}}{\Rightarrow} d\mathfrak{V}(P,t)\,, \tag{8.11}$$

was in

$$d\bar{\mathbb{s}}_j = d\hat{\mathbb{s}}_j\cdot\mathbb{F} = d\hat{\mathbb{s}}_j\cdot\mathbb{D}^{(S)}\cdot\mathbb{R} \equiv d\bar{\mathbb{s}}_j^{(S)}\cdot\mathbb{R}$$
$$d\bar{\mathbb{f}}^j = d\hat{\mathbb{f}}^j\cdot\mathbb{F}_f = d\hat{\mathbb{f}}^j\cdot\mathbb{D}_f^{(S)}\cdot\mathbb{R} \equiv d\bar{\mathbb{f}}^{j(S)}\cdot\mathbb{R}$$
$$dV(P,t) = dV(P,t_0)F_3 = dV(P,t_0)D_3^{(S)}\cdot 1 = dV^{(S)}(P,t) \tag{8.11a-c}$$

zum Ausdruck kommt[12], die Drehungen die (nach Einnahme der Streckungskonfiguration $d\mathfrak{V}^{(S)}(P,t)$ erreichte) Verzerrungssituation nicht mehr ändern, ist der Begriff der (lokalen) Streckungskonfiguration von Bedeutung im Hinblick auf den Charakter der dynamischen Größen (Spannungen), die in (verdrehungsgliederfreien) Materialgleichungen (in der Kontinuumsmechanik der sog. "einfachen Stoffe") mit Verzerrungen ($\mathbb{D}^{(S)}$, $\mathbb{D}^{(G)}$) und (ggfs.) deren Geschichte verknüpft werden. Bei diesen Spannungen kann es sich nur um in der Volumenelementen-Streckungskonfiguration freigelegte (sog. relative) Spannungen handeln (vgl. §8.2).

Den Übergang $d\mathfrak{V}(P,t_0) \Rightarrow d\mathfrak{V}^{(S)}(P,t)$ von der Bezugs– in die Streckungskonfiguration und damit die Funktionsweise des Streckungstensors

---

12) Mit $d\bar{\mathbb{s}}_j/|d\bar{\mathbb{s}}_j| = d\bar{\mathbb{s}}_j/((1+\varepsilon_{jj})d\hat{\mathbb{s}}_j) = \bar{\mathbb{e}}_j$, $d\hat{\mathbb{s}}_j/|d\hat{\mathbb{s}}_j| = d\hat{\mathbb{s}}_j/d\hat{s}_j = \hat{\mathbb{e}}_j$ bzw. mit $d\bar{\mathbb{f}}^j/|d\bar{\mathbb{f}}^j| = d\bar{\mathbb{f}}^j/((1+\varepsilon_{jj})d\hat{f}^j) = \bar{\mathbb{e}}_f^j$, $d\hat{\mathbb{f}}^j/|d\hat{\mathbb{f}}^j| = d\hat{\mathbb{f}}^j/d\hat{f}^j = \hat{\mathbb{e}}_f^j$ bekommt man als Transformationsgesetze für die entsprechenden Einheitsvektoren

$$\bar{\mathbb{e}}_j = \hat{\mathbb{e}}_j\cdot\mathbb{F}/(1+\varepsilon_{jj}) = \left[\hat{\mathbb{e}}_j\cdot\mathbb{D}^{(S)}/(1+\varepsilon_{jj})\right]\cdot\mathbb{R} \equiv \bar{\mathbb{e}}_j^{(S)}\cdot\mathbb{R}\,, \tag{8.11d}$$
$$\bar{\mathbb{e}}_f^j = \hat{\mathbb{e}}_f^j\cdot\mathbb{F}_f/(1+\varepsilon_{f_{jj}}) = \left[\hat{\mathbb{e}}_f^j\cdot\mathbb{D}_f^{(S)}/(1+\varepsilon_{f_{jj}})\right]\cdot\mathbb{R} \equiv \bar{\mathbb{e}}_f^{j(S)}\cdot\mathbb{R}\,, \tag{8.11e}$$

worin $\bar{\mathbb{e}}_j^{(S)}$ bzw. $\bar{\mathbb{e}}_f^{j(S)}$ die Linienelementenrichtung bzw. die Flächenelementen—Einheitsnormale in der Streckungskonfiguration $d\mathfrak{V}^{(S)}(P,t)$ bedeuten.

$$\mathbb{D}^{(S)} = \sqrt{\mathbb{E}+2\mathbb{D}^{(G)}} \overset{13)}{=} \sum_{j=1}^{3} \left(\sqrt{\mathbb{E}+2\mathbb{D}^{(G)}}\right)_j^{(H)} \hat{\mathbf{e}}_j^{(H)} \circ \hat{\mathbf{e}}_j^{(H)} =$$

$$= \sum_{j=1}^{3} (1+2d_{jj}^{(G)(H)})\, \hat{\mathbf{e}}_j^{(H)} \circ \hat{\mathbf{e}}_j^{(H)} = \sum_{j=1}^{3} (1+\varepsilon_{jj}^{(H)})\, \hat{\mathbf{e}}_j^{(H)} \circ \hat{\mathbf{e}}_j^{(H)} \equiv \sum_{j=1}^{3} d_{jj}^{(S)(H)}\, \hat{\mathbf{e}}_j^{(H)} \circ \hat{\mathbf{e}}_j^{(H)} \tag{8.12a}$$

hat man sich so vorzustellen, daß dabei per

$$d\bar{\mathbf{s}}^{(S)} \overset{(8.11a)}{=} d\hat{\mathbf{s}} \cdot \mathbb{D}^{(S)} = \sum_{j=1}^{3} (d\hat{\mathbf{s}} \cdot \hat{\mathbf{e}}_j^{(H)})(1+\varepsilon_{jj}^{(H)})\, \hat{\mathbf{e}}_j^{(H)} \tag{8.12b}$$

die in die Hauptrichtungen $(\hat{\mathbf{e}}_j^{(H)})$ von $\mathbb{D}^{(S)}$ bzw. $\mathbb{D}^{(G)}$ fallenden Linienelementen–Komponenten $(d\hat{\mathbf{s}} \cdot \hat{\mathbf{e}}_j^{(H)})$ nach Maßgabe der jeweiligen Hauptdehnungswerte zunächst auf die gedehnten Längen $((d\hat{\mathbf{s}} \cdot \hat{\mathbf{e}}_j^{(H)})(1+\varepsilon_{jj}^{(H)}))$ gebracht und diese dann letztlich — als auf das Hauptrichtungssystem $\langle \hat{\mathbf{e}}_j^{(H)} \rangle$ bezogene Komponenten — zu $d\bar{\mathbf{s}}^{(S)}$ zusammengesetzt werden. Dabei ist offensichtlich, daß bei dieser Prozedur sämtliche Linien— (und auch Flächenelemente) $(d\hat{\mathbf{s}}_j,\ d\hat{\mathbf{f}}_j)$, sofern sie nicht a priori nach den Hauptrichtungen orientiert sind, nicht nur gedehnt, sondern auch gedreht werden, wie das in Abb. 8.2 skizzierte Beispiel einer einachsigen Elementen–Streckung (in Richtung $\hat{\mathbf{e}}_1^{(H)}$) mit

$$\mathbb{D}^{(S)} = (1+\varepsilon_{11}^{(H)})\, \hat{\mathbf{e}}_1^{(H)} \circ \hat{\mathbf{e}}_1^{(H)} + \hat{\mathbf{e}}_2^{(H)} \circ \hat{\mathbf{e}}_2^{(H)} + \hat{\mathbf{e}}_3^{(H)} \circ \hat{\mathbf{e}}_3^{(H)} = \mathbb{E} + \varepsilon_{11}^{(H)}\, \hat{\mathbf{e}}_1^{(H)} \circ \hat{\mathbf{e}}_1^{(H)} \tag{8.12c}$$

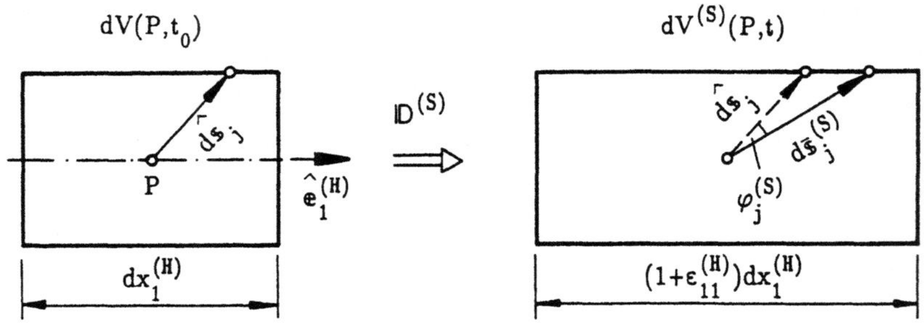

Abb. 8.2

und
$$\mathbb{D}^{(G)} = \frac{1}{2}(\mathbb{D}^{(S)2} - \mathbb{E}) = \varepsilon_{11}^{(H)} \left(1+\frac{\varepsilon_{11}^{(H)}}{2}\right) \hat{\mathbf{e}}_1^{(H)} \circ \hat{\mathbf{e}}_1^{(H)} \tag{8.12d}$$

zeigt. Hier ergibt sich als Drehwinkel

$$\varphi_j^{(S)} = \arccos \frac{d\bar{\mathbf{s}}_j^{(S)} \cdot d\hat{\mathbf{s}}_j}{|d\bar{\mathbf{s}}_j^{(S)}|\,|d\hat{\mathbf{s}}_j|} = \arccos \frac{\hat{\mathbf{e}}_j \cdot \mathbb{D}^{(S)} \cdot \hat{\mathbf{e}}_j}{1+\varepsilon_{jj}} \equiv \arccos \frac{\hat{\mathbf{e}}_j \cdot \sqrt{\mathbb{E}+2\mathbb{D}^{(G)}} \cdot \hat{\mathbf{e}}_j}{\sqrt{1+2\hat{\mathbf{e}}_j \cdot \mathbb{D}^{(G)} \cdot \hat{\mathbf{e}}_j}} =$$

$$\overset{(8.12c,d)}{=} \arccos \frac{1+\varepsilon_{11}^{(H)} (\hat{\mathbf{e}}_1^{(H)} \cdot \hat{\mathbf{e}}_j)^2}{\sqrt{1+(2\varepsilon_{11}^{(H)}+\varepsilon_{11}^{(H)2})(\hat{\mathbf{e}}_1^{(H)} \cdot \hat{\mathbf{e}}_j)^2}},$$

13) s. h. [1], §§4.5, 5.

der in der Tat nur verschwindet für Linienelemente $d\hat{\mathbf{s}}_j$ mit $\hat{\mathbf{e}}_j = \hat{\mathbf{e}}_1^{(H)}$ oder $\hat{\mathbf{e}}_j \perp \hat{\mathbf{e}}_1^{(H)}$.
Die Darstellung (8.12a) bzw.

$$\mathbb{D}^{(S)-1} = \sum_{j=1}^{3} \hat{\mathbf{e}}_j^{(H)} \circ \hat{\mathbf{e}}_j^{(H)} / (1+\varepsilon_{jj}^{(H)}) \tag{8.12e}$$

soll schließlich noch zum Anlaß einer anschaulichen Interpretation des polaren Zerlegungssatzes genommen werden. Dazu verwertet man den Befund, daß die in der Bezugskonfiguration definierten materiellen Hauptrichtungen $\hat{\mathbf{e}}_j^{(H)}$ durch Drehung per

$$\bar{\mathbf{e}}_j^{(H)} = \hat{\mathbf{e}}_j^{(H)} \cdot \mathbb{R}\,, \quad j = 1...3$$

in ihre Momentankonfiguration verbracht, der Versor $\mathbb{R}$ daher auch als

$$\mathbb{R} = \sum_{l=1}^{3} \hat{\mathbf{e}}_l^{(H)} \circ \bar{\mathbf{e}}_l^{(H)}$$

geschrieben werden kann und mit $\bar{\mathbf{e}}_l^{(H)}$ im Sinne von (8.11d) (erste Version) schließlich in der Tat auch

als $$\mathbb{R} = \Big[\sum_{l=1}^{3} \hat{\mathbf{e}}_l^{(H)} \circ \hat{\mathbf{e}}_l^{(H)} / (1+\varepsilon_{ll}^{(H)})\Big] \cdot \mathbb{F} \overset{(8.12e)}{=} \mathbb{D}^{(S)-1} \cdot \mathbb{F} \qquad \text{(vgl. 8.8a).}$$

Bezeichnen[14] $$\hat{\mathbf{g}}_j = \partial\hat{\mathbf{r}} / \partial q^j\,, \quad \hat{\mathbf{g}}^j = \frac{\hat{\mathbf{g}}_{j-2} \times \hat{\mathbf{g}}_{j-1}}{[\hat{\mathbf{g}}_1 \hat{\mathbf{g}}_2 \hat{\mathbf{g}}_3]}\,, \quad j = 1...3\,, \tag{8.13a,b}$$

die (im Raumpunkte $\hat{\mathbf{r}}$) an die Koordinatenlinien der Bezugskonfiguration gelegten Tangentenvektoren bzw. die entsprechenden Gradientenvektoren, so werden die betreffenden, am "verformten Koordinatennetz" (im Raumpunkte $\bar{\mathbf{r}} = \hat{\mathbf{r}} + \mathbf{u}$) definierten Größen durch

$$\bar{\mathbf{g}}_j = \frac{\partial\bar{\mathbf{r}}}{\partial q^j} = \frac{\partial}{\partial q^j}(\hat{\mathbf{r}} + \hat{\mathbf{u}}) = \frac{\partial\hat{\mathbf{r}}}{\partial q^j} + (\hat{\mathbf{g}}_j \cdot \hat{\nabla})\hat{\mathbf{u}} = \hat{\mathbf{g}}_j \cdot \mathbb{F} \tag{8.13c}$$

bzw. $$\bar{\mathbf{g}}^j = \frac{\bar{\mathbf{g}}_{j-2} \times \bar{\mathbf{g}}_{j-1}}{[\bar{\mathbf{g}}_1 \bar{\mathbf{g}}_2 \bar{\mathbf{g}}_3]} = \frac{(\hat{\mathbf{g}}_{j-2} \cdot \mathbb{F}) \times (\hat{\mathbf{g}}_{j-1} \cdot \mathbb{F})}{[\hat{\mathbf{g}}_1 \cdot \mathbb{F}, \hat{\mathbf{g}}_2 \cdot \mathbb{F}, \hat{\mathbf{g}}_3 \cdot \mathbb{F}]} \overset{15)}{=} \hat{\mathbf{g}}_{j-2} \times \hat{\mathbf{g}}_{j-1} \cdot \mathbb{F}^{T^{-1}} = \hat{\mathbf{g}}^j \cdot \mathbb{F}^{T^{-1}} \tag{8.13d}$$

mit $$\bar{g}_{jj} = \bar{\mathbf{g}}_j \cdot \bar{\mathbf{g}}_j = \hat{\mathbf{g}}_j \cdot \mathbb{F} \cdot \mathbb{F}^T \cdot \hat{\mathbf{g}}_j = \hat{\mathbf{g}}_j \cdot (\mathbb{E} + 2\mathbb{D}^{(G)}) \cdot \hat{\mathbf{g}}_j = (1+2d_{jj}^{(G)})\, \hat{\mathbf{g}}_j \cdot \hat{\mathbf{g}}_j = \hat{g}_{jj}(1+\varepsilon_{jj})^2 \tag{8.13f}$$

und $$\bar{g}^{jj} = \bar{\mathbf{g}}^j \cdot \bar{\mathbf{g}}^j = \hat{\mathbf{g}}^j \cdot \mathbb{F}^{T^{-1}} \cdot \mathbb{F}^{-1} \cdot \hat{\mathbf{g}}^j = \hat{\mathbf{g}}^j \cdot \mathbb{F}_f \cdot \mathbb{F}_f^T \cdot \hat{\mathbf{g}}^j / F_3^2 \overset{(8.10c)}{=} \hat{\mathbf{g}}^j \cdot (\mathbb{E} + 2\mathbb{D}_f^{(G)}) \cdot \hat{\mathbf{g}}^j / F_3^2 =$$

$$\overset{(8.10d)}{=} (1+\varepsilon_{fjj})^2\, \hat{\mathbf{g}}^j \cdot \hat{\mathbf{g}}^j / F_3^2 = \hat{g}^{jj}(1+\varepsilon_{fjj})^2 / F_3^2 \tag{8.13g}$$

---

[14] Betr. die Indexadditionen vgl. Fußn. 11 von §2

[15] Man beachte

$$[\hat{\mathbf{g}}_1 \cdot \mathbb{F}, \hat{\mathbf{g}}_2 \cdot \mathbb{F}, \hat{\mathbf{g}}_3 \cdot \mathbb{F}] = [\hat{\mathbf{g}}_1, \hat{\mathbf{g}}_2, \hat{\mathbf{g}}_3]\, F_3 \tag{8.13e}$$

nach dem Determinanten—Multiplikationssatz sowie

$(\mathbf{a} \cdot \mathbb{A}) \times (\mathbf{b} \cdot \mathbb{A}) = A_3\, (\mathbf{a} \times \mathbf{b})\, \mathbb{A}^{T^{-1}}$ nach [1],(2.39a).

beschrieben, so daß sich der lokale Konfigurationsoperator $\mathbb{F}$ im Sinne von [1], (2.31a) auch

als
$$\mathbb{F} = \sum_{j=1}^{3} \hat{\mathbb{g}}^{j} \circ \bar{\mathbb{g}}_{j} \quad \text{mit} \quad \mathbb{F}^{-1} = \sum_{j=1}^{3} \bar{\mathbb{g}}^{j} \circ \hat{\mathbb{g}}_{j} \tag{8.13h}$$

darstellen läßt (vgl. (2.71c,d)).

Werden materielle Größen $\Phi(P,t)$ wahlweise per

$$\Phi(P,t) = \begin{cases} \hat{\Phi}(\hat{\mathbb{r}},t) \\ \bar{\Phi}(\bar{\mathbb{r}},t) \ \text{mit} \ \bar{\mathbb{r}} = \hat{\mathbb{r}} + \mathbb{u} \end{cases} \tag{8.14a}$$

entweder mittels an den Punkten $\mathbb{r}(P,t_0) = \hat{\mathbb{r}}$ der Bezugskonfiguration definierter Lagrangescher Feldfunktionen oder aber mittels sog. <u>Eulerscher</u> <u>Feldfunktionen</u> ($\bar{\Phi}(\bar{\mathbb{r}},t)$) dargestellt, die denjenigen Raumpunkten $\mathbb{r}(P,t) = \bar{\mathbb{r}} = \hat{\mathbb{r}} + \mathbb{u}$ zugeordnet werden, die materielle Punkte (P) in der Momentankonfiguration einnehmen, so können an zwei (permanent[16]) infinitesimal benachbarten Punkten P, P' festzustellende (materielle) Änderungen $\partial_{P\to P'}\Phi$ wahlweise dargestellt werden als lineare Funktionen ihrer Abstände $d\hat{\mathbb{r}}$ bzw. $d\bar{\mathbb{r}}$ in der Bezugs- bzw. in der Momentankonfiguration. Dies, d. h.

$$\partial_{P\to P'}\Phi = d\hat{\mathbb{r}}_{P\to P'} \cdot (\hat{\nabla} \circ \hat{\Phi})_{\hat{\mathbb{r}},t} \equiv d\bar{\mathbb{r}}_{P\to P'} \cdot (\bar{\nabla} \circ \bar{\Phi})_{\bar{\mathbb{r}},t}\,, \tag{8.14b}$$

definiert den Zusammenhang zwischen den sog. "materiellen" bzw. räumlichen Operationen ($\hat{\nabla}$ bzw. $\bar{\nabla}$) in der Form

$$(\bar{\nabla} \circ \bar{\Phi})_{\bar{\mathbb{r}},t} = \hat{\mathbb{F}}^{-1}(\hat{\mathbb{r}},t) \cdot (\hat{\nabla} \circ \hat{\Phi})_{\hat{\mathbb{r}},t} = \left\{ (\hat{\mathbb{F}}^{-1} \cdot \hat{\nabla}) \circ \hat{\Phi} \right\}_{\hat{\mathbb{r}},t}\,, \tag{8.15a}$$

bzw. kürzer[17]
$$\bar{\nabla} \circ \Phi = \mathbb{F}^{-1} \cdot \hat{\nabla} \circ \Phi\,, \quad \bar{\nabla} = \mathbb{F}^{-1} \cdot \hat{\nabla}\,, \tag{8.15b}$$

wie man aus (8.14b) mit $d\bar{\mathbb{r}}_{P\to P'} = d\hat{\mathbb{r}}_{P\to P'} \cdot \mathbb{F}$ nach Koeffizientenvergleich hinsichtlich $d\hat{\mathbb{r}}_{P\to P'}$ feststellt.

Mit z. B. $(\hat{\nabla} \circ \hat{\Phi})_{\hat{\mathbb{r}},t} = \left[\sum \hat{\mathbb{g}}^{j} \circ \partial\hat{\Phi}/\partial q^{j} \right]_{\hat{\mathbb{r}},t}$ ergibt sich danach mit $\mathbb{F}^{-1}$ nach (8.13h) für $(\bar{\nabla} \circ \bar{\Phi})_{\bar{\mathbb{r}},t}$ die Prozedur

$$(\bar{\nabla} \circ \bar{\Phi})_{\bar{\mathbb{r}},t} = \left[\sum \bar{\mathbb{g}}^{j} \circ \partial\hat{\Phi}/\partial q^{j} \right]_{\hat{\mathbb{r}},t}. \tag{8.15c}$$

Mit der wegen (8.5c) geltenden Identität

$$\mathbb{F}^{-1} \cdot \hat{\nabla} \circ \Phi \equiv \frac{1}{F_3} \left[F_3 \mathbb{F}^{-1} \cdot \hat{\nabla} \circ \Phi \right] \overset{(8.5c)}{=} \frac{1}{F_3} \hat{\nabla} \cdot \left[F_3 \mathbb{F}^{T-1} \circ \Phi \right] = \frac{1}{F_3} \hat{\nabla} \cdot (\mathbb{F}_f \circ \Phi) \tag{8.15d}$$

---

16) Man erinnere sich, daß dies Voraussetzung für die Existenz der Größe $\mathbb{F}$ war

17) unter Fortfall der (korrespondierend) indizierten Koordinatenbezeichungen und mit der Verabredung im Fall von $\bar{\nabla} \circ \Phi$ bzw. $\hat{\nabla} \circ \Phi$ die jeweiligen Eulerschen bzw. Lagrangeschen Feldfunktionsversionen abzuleiten

bekommt man aus der koordinateninvarianten Definition

$$(\hat{\nabla}\circ\Phi)^{\wedge}_{\mathbb{r},t} = \lim_{\Delta\hat{V}\to 0}\frac{1}{\Delta\hat{V}}\int_{\Delta\hat{f}(\Delta\hat{V})} d\hat{\mathbf{f}}\circ\Phi \equiv \lim_{\Delta\hat{V}\to 0}\frac{1}{\Delta\hat{V}}\int_{\Delta\hat{f}(\Delta\hat{V})} d\hat{\mathbf{f}}\circ\hat{\Phi} \tag{8.15e}$$

der materiellen Operation im Sinne von (3.1) für die Prozedur der räumlichen Operation

$$(\bar{\nabla}\circ\bar{\Phi})_{\bar{\mathbb{r}},t} = \mathbb{F}^{-1}\cdot\hat{\nabla}\circ\Phi \overset{(8.15d,e)}{=} \frac{1}{F_3}\lim_{\Delta\hat{V}\to 0}\frac{1}{\Delta\hat{V}}\int_{\Delta\hat{f}(\Delta\hat{V})} d\hat{\mathbf{f}}\cdot\mathbb{F}_f\circ\Phi \equiv$$

$$\overset{(8.4b,c)}{\equiv} \frac{1}{F_3}\lim_{\Delta\hat{V}\to 0}\frac{1}{\Delta\hat{V}}\int_{\Delta\bar{f}(\Delta\bar{V})} d\bar{\mathbf{f}}\circ\Phi \equiv \lim_{\Delta\bar{V}\to 0}\frac{1}{\Delta\bar{V}}\int_{\Delta\bar{f}(\Delta\bar{V})} d\bar{\mathbf{f}}\circ\bar{\Phi}\,, \tag{8.15f}$$

- - - - -

also eine zur Prozedur (8.15e) der materiellen Operation strukturell analoge Anweisung, indem man noch $F_3\Delta\hat{V} = \Delta\bar{V}$ im Sinne von (8.4d) beachtet und im gestrichelten Formelteil die Feldgröße Φ in der - nach (8.14a) wertgleichen - Version $\bar{\Phi}$ verwendet.

Die Identität (8.15b) ist u. a. Grundlage für die Herstellung einer Beziehung zwischen dem Greenschen und dem Almansischen Verzerrungstensor ($\mathbb{D}^{(A)}$), der Dehnungen bzw. Schubwinkel (eines in $\hat{\mathbb{r}}$ "entspringenden") materiellen Linienelementenbüschels ($d\hat{\mathfrak{s}}_j$) der Bezugskonfiguration mit den (in $\bar{\mathbb{r}}$ "entspringenden") materiellen Linienelementen der Momentankonfiguration in Zusammenhang bringt. Indem man die Funktionsweise des Almansischen Tensors unter Benutzung von

$$d\bar{\mathfrak{s}}_j = d\hat{\mathfrak{s}}_j\cdot\mathbb{F} = d\hat{\mathfrak{s}}_j\cdot(\mathbb{E}+\hat{\nabla}\circ\mathbb{u}) = d\hat{\mathfrak{s}}_j + d\hat{\mathfrak{s}}_j\cdot\hat{\nabla}\circ\mathbb{u}^{18)} \equiv d\hat{\mathfrak{s}}_j + d\bar{\mathfrak{s}}_j\cdot\bar{\nabla}\circ\mathbb{u}$$

bzw.

$$d\hat{\mathfrak{s}}_j = d\bar{\mathfrak{s}}_j - d\bar{\mathfrak{s}}_j\cdot\bar{\nabla}\circ\mathbb{u} = d\bar{\mathfrak{s}}_j\cdot(\mathbb{E} - \bar{\nabla}\circ\mathbb{u}) \equiv d\bar{\mathfrak{s}}_j\cdot(\mathbb{E}-\mathbb{U}^*)$$

mit

$$\mathbb{U}^* = \bar{\nabla}\circ\mathbb{u} = \mathbb{F}^{-1}\cdot\mathbb{U} \tag{8.16a,b}$$

durch

$$d\hat{\mathfrak{s}}_j\cdot d\hat{\mathfrak{s}}_k = d\bar{\mathfrak{s}}_j\cdot(\mathbb{E}-\mathbb{U}^*)\cdot(\mathbb{E}-\mathbb{U}^*)^T\cdot d\bar{\mathfrak{s}}_k \equiv d\bar{\mathfrak{s}}_j\cdot(\mathbb{E}-2\mathbb{D}^{(A)})\cdot d\bar{\mathfrak{s}}_k \tag{8.16c}$$

definiert, gilt

$$\mathbb{D}^{(A)} = \frac{1}{2}(\mathbb{U}^*+\mathbb{U}^{*T} - \mathbb{U}^*\cdot\mathbb{U}^{*T}) = \frac{1}{2}(\mathbb{F}^{-1}\cdot\mathbb{U}+\mathbb{U}^T\cdot\mathbb{F}^{T^{-1}} - \mathbb{F}^{-1}\cdot\mathbb{U}\cdot\mathbb{U}^T\cdot\mathbb{F}^{T^{-1}}) =$$

$$= \frac{1}{2}\mathbb{F}^{-1}\cdot(\mathbb{U}\cdot\mathbb{F}^T + \mathbb{F}\cdot\mathbb{U}^T - \mathbb{U}\cdot\mathbb{U}^T)\cdot\mathbb{F}^{T^{-1}} \overset{19)}{=} \mathbb{F}^{-1}\cdot\mathbb{D}^{(G)}\cdot\mathbb{F}^{T^{-1}} \tag{8.16d}$$

bzw.

$$\mathbb{D}^{(A)} \overset{(8.16d,9)}{=} \mathbb{F}^{-1}\cdot\frac{1}{2}(\mathbb{F}\cdot\mathbb{F}^T-\mathbb{E})\cdot\mathbb{F}^{T^{-1}} = \frac{1}{2}(\mathbb{E}-\mathbb{F}^{-1}\cdot\mathbb{F}^{T^{-1}})\,. \tag{8.16e}$$

Die Identität $d\bar{\mathfrak{s}}_j\cdot\mathbb{D}^{(A)}\cdot d\bar{\mathfrak{s}}_k \overset{(8.16d)}{=} d\bar{\mathfrak{s}}_j\cdot\mathbb{F}^{-1}\cdot\mathbb{D}^{(G)}\cdot\mathbb{F}^{T^{-1}}\cdot d\bar{\mathfrak{s}}_k \overset{(8.4a)}{=} d\hat{\mathfrak{s}}_j\cdot\mathbb{D}^{(G)}\cdot d\hat{\mathfrak{s}}_k$ (8.16f)

---

18) Man benutze $d\hat{\mathfrak{s}}_j\cdot\hat{\nabla}\circ\mathbb{u} \overset{(8.4a)}{=} d\bar{\mathfrak{s}}_j\cdot\mathbb{F}^{-1}\cdot\hat{\nabla}\circ\mathbb{u} \overset{(8.15a)}{\equiv} d\bar{\mathfrak{s}}_j\cdot\bar{\nabla}\circ\mathbb{u}$

19) Man benutze $\mathbb{U}\cdot\mathbb{F}^T = \mathbb{U}\cdot(\mathbb{E}+\mathbb{U}^T) = \mathbb{U}+\mathbb{U}\cdot\mathbb{U}^T$, $\mathbb{F}\cdot\mathbb{U}^T = \mathbb{U}^T + \mathbb{U}\cdot\mathbb{U}^T$ und beachte (8.9)

verweist darauf, daß man den Almansischen Tensor (zwecks Ermittlung von Verzerrungsgrößen $((d\hat{s}_j \cdot \mathbb{D}^{(G)} \cdot d\hat{s}_k))$ in der Version $\bar{\mathbb{D}}^{(A)}$ (d. h. als in der Momentankonfiguration definierte Eulersche Feldgröße) operativ einsetzen muß. Die mit

$\mathbb{F} = \mathbb{D}^{(S)} \cdot \mathbb{R} = \sqrt{\mathbb{E}+2\mathbb{D}^{(G)}} \cdot \mathbb{R}$ Gl. (8.16d) gleichwertige Darstellung

$$\mathbb{D}^{(A)} = \mathbb{R}^T \cdot \mathbb{D}^{(S)-1} \cdot \mathbb{D}^{(G)} \cdot \mathbb{D}^{(S)-1} \cdot \mathbb{R} = \mathbb{R}^T \cdot \left[\sqrt{\mathbb{E}+2\mathbb{D}^{(G)}}^{\,-1} \cdot \mathbb{D}^{(G)} \cdot \sqrt{\mathbb{E}+2\mathbb{D}^{(G)}}^{\,-1}\right] \cdot \mathbb{R} \quad (8.16g)$$

verdeutlicht übrigens wieder die geometrische Bedeutung des Versors $\mathbb{R}$ nach (8.8c) als Operator, der die Drehung des (in der Bezugskonfiguration notierten) materiellen Hauptverzerrungsachsendreibeins in seine Momentanlage vermittelt: Nach (8.16g) gelten für die Hauptrichtungen $\bar{\mathbb{e}}_j^{(H)(A)}$ bzw. $\hat{\mathbb{e}}_j^{(H)(G)}$ der Tensoren $\mathbb{D}^{(A)}$ bzw. $\mathbb{D}^{(G)}$ die Zusammenhänge

$$\bar{\mathbb{e}}_j^{(H)(A)} = \hat{\mathbb{e}}_j^{(H)(G)} \cdot \mathbb{R} \equiv \mathbb{R}^T \cdot \hat{\mathbb{e}}_j^{(H)(G)} , \quad j = 1...3 . \quad (8.16h)$$

Die Hauptrichtungen des Almansischen Tensors $\mathbb{D}^{(A)}$ sind demgemäß identisch mit Denjenigen des (in [31] sog.) linken Streckungstensors

$$\mathbb{D}^{(S)*} = \mathbb{R} \cdot \mathbb{D}^{(S)} \cdot \mathbb{R}^T \quad (8.17a)$$

bzw. des Fingerschen Verzerrungstensors[20]

$$\mathbb{D}^{(F)} = \mathbb{R} \cdot \mathbb{D}^{(G)} \cdot \mathbb{R}^T = \frac{1}{2}(\mathbb{F}^T \cdot \mathbb{F} - \mathbb{E}) = \frac{1}{2}\left[\mathbb{U} + \mathbb{U}^T + \mathbb{U}^T \cdot \mathbb{U}\right] , \quad (8.17b)$$

die in der Theorie der isotropen Elastizität [31] und neuerdings in der Theorie der Eigenspannungen [32] als "deformatorische Zustandsgrößen" eingesetzt werden.

Als Folge von (8.15,16) lassen sich Identitäten in größerer Zahl entwickeln, so etwa aus

$$d\hat{s}_j \overset{(8.16a,b)}{=} d\bar{s}_j \cdot (\mathbb{E}-\mathbb{U}^*) \overset{(8.4a)}{=} d\hat{s}_j \cdot (\mathbb{E}+\mathbb{U}) \cdot (\mathbb{E}-\mathbb{U}^*)$$

die Identitäten

$$(\mathbb{E}+\mathbb{U}) \cdot (\mathbb{E}-\mathbb{U}^*) = \mathbb{E} , \quad \mathbb{E}-\mathbb{U}^* = (\mathbb{E}+\mathbb{U})^{-1} = \mathbb{F}^{-1} , \quad (8.18a,b)$$

und weil im Sinne von (8.6a,b) auch

$$\oint_{(\hat{l})} d\hat{s} = \oint_{(\bar{l})} d\bar{s} \cdot (\mathbb{E}-\mathbb{U}^*) = 0 \quad \text{für} \quad \oint_{(\bar{l})} d\bar{s} = 0$$

bzw.

$$\oiint_{(\hat{f})} d\hat{f} = \oiint_{(\bar{f})} d\bar{f} \cdot \mathbb{F}_f^{-1} = 0 \quad \text{für} \quad \oiint_{(\bar{f})} d\bar{f} = 0$$

gelten müssen, hat man analog (8.5a–d) nach Anwendung des Stokesschen bzw. Gaußschen Satzes

$$\bar{\nabla} \times (\mathbb{E}-\mathbb{U}^*) \overset{(8.18b)}{=} \bar{\nabla} \times \mathbb{F}^{-1} = (\mathbb{F}^{-1} \cdot \hat{\nabla}) \times \mathbb{F}^{-1} \equiv \hat{\nabla} \cdot \mathbb{F}^{T^{-1}} \times \mathbb{F}^{-1}$$

$$\equiv \hat{\nabla} \cdot (\mathbb{F}^{T^{-1}} \times \mathbb{F}^{-1}) - (\hat{\nabla} \cdot \mathbb{F}^{T^{-1}}) \times \mathbb{F}^{-1} =$$

20) in [31] linker Cauchy–Green–Tensor genannt

$$\overset{(8.5d)}{=} \hat{\nabla}\cdot(\mathbb{F}^{T^{-1}}\times\mathbb{F}^{-1}) + \frac{\hat{\nabla}F_3}{F_3}\mathbb{F}^{T^{-1}}\times\mathbb{F}^{-1} \equiv \hat{\nabla}\cdot(F_3\mathbb{F}^{T^{-1}}\times\mathbb{F}^{-1})/F_3 \overset{21)}{=} 0\,, \tag{8.19a}$$

bzw.

$$\bar{\nabla}\cdot\mathbb{F}_f^{-1} = 0\,, \tag{8.19b}$$

wobei sich letztere Beziehung mit $\mathbb{F}^{T^{-1}}\cdot\mathbb{F}^{T} = \mathbb{E}$ unter Benutzung von (8.4c,5d) als Identität unmittelbar erkennen läßt,

$$\bar{\nabla}\cdot\mathbb{F}_f^{-1} \overset{(8.4c)}{=} \bar{\nabla}\cdot(\mathbb{F}^T/F_3) \overset{(8.15b)}{=} (\mathbb{F}^{-1}\cdot\hat{\nabla})\cdot(\mathbb{F}^T/F_3) \equiv \hat{\nabla}\cdot(\mathbb{F}^{T^{-1}}\cdot\mathbb{F}^T/F_3) - (\hat{\nabla}\cdot\mathbb{F}^{T^{-1}})\cdot\mathbb{F}^T/F_3 \equiv$$

$$\equiv \hat{\nabla}\left[\frac{1}{F_3}\right] - (\hat{\nabla}\cdot\mathbb{F}^{T^{-1}})\cdot\mathbb{F}^T/F_3 \overset{(8.5d)}{\equiv} \hat{\nabla}\left[\frac{1}{F_3}\right] + \frac{\hat{\nabla}F_3}{F_3}\mathbb{F}^{T^{-1}}\cdot\mathbb{F}^T/F_3 = 0,$$

während die Identität (8.19a) auch als Folge der mit [1],(2.39a) erreichbaren algebraischen Identität[22]

$$\mathbb{x}\cdot\mathbb{A}\times\mathbb{A}^T = A_3\mathbb{A}^{-1}\times\mathbb{x}\,, \tag{8.20a}$$

aufzufassen ist, sofern man (in 8.20a) $\mathbb{x}\,||\,\hat{\nabla}$, $\mathbb{A}\,||\,\mathbb{F}^{T^{-1}}$, $\mathbb{A}^T\,||\,\mathbb{F}^{-1}$, $\mathbb{A}^{-1}\,||\,\mathbb{F}^T$ und $A_3\,||\,1/F_3$ setzt. Die entstehende Aussage

$$\hat{\nabla}\cdot(F_3\mathbb{F}^{T^{-1}}\times\mathbb{F}^{-1}) \overset{(8.20a)}{\equiv} \mathbb{F}^T\times\hat{\nabla} = (\mathbb{E} + \mathbb{u}\circ\hat{\nabla})\times\hat{\nabla} \equiv 0 \tag{8.20b}$$

substantiiert dann wieder die (materielle) Integrabilitätsbedingung (8.5b).
Die Identitäten (8.15b,d) zu

$$\bar{\nabla}\circ\Phi = \hat{\nabla}\cdot(\mathbb{F}_f\circ\Phi)/F_3 \quad \text{mit} \quad \mathbb{F}_f \overset{(8.4c)}{=} F_3\mathbb{F}^{T^{-1}} \tag{8.21a}$$

zusammenfassend[23], bekommt man insbesondere für räumliche Divergenzen bzw. Rotoren mit materiellen Ableitungen die Zusammenhänge

$$\left[(\mathbb{F}^{-1}\cdot\hat{\nabla})\cdot\Phi\right] = \bar{\nabla}\cdot\Phi \equiv \mathbb{E}\cdot\cdot\,\bar{\nabla}\circ\Phi = \hat{\nabla}\cdot(\mathbb{F}_f\cdot\Phi)/F_3\,, \tag{8.21b}$$

$$\left[(\mathbb{F}^{-1}\cdot\hat{\nabla})\times\Phi\right] = \bar{\nabla}\times\Phi \equiv \mathbb{E}\times\mathbb{E}\cdot\cdot\,\bar{\nabla}\circ\Phi = \hat{\nabla}\cdot(\mathbb{F}_f\times\Phi)/F_3\,, \tag{8.21c}$$

für räumliche Rotoren aber auch die Identitäten

---

21) wegen $\mathbb{U}^* = \bar{\nabla}\circ\mathbb{u}$ ist (8.19a) Ausdruck der "räumlichen" Integrabilitätsbedingung $\bar{\nabla}\times\bar{\nabla}\circ\mathbb{u} = 0$ mit (dann selbstverständlich!) $\mathbb{u} = \bar{\mathbb{u}}(\mathbb{r},t)$ in Eulerscher Darstellung.

22) Man forme die in [1],(2.39a) festgestellte Identität $(\mathbb{x}\cdot\mathbb{A})\times(\mathbb{y}\cdot\mathbb{A}) = (\mathbb{x}\times\mathbb{y})\cdot A_3\mathbb{A}^{T^{-1}}$ in

$$(\mathbb{x}\cdot\mathbb{A})\times(\mathbb{A}^T\cdot\mathbb{y}) \equiv \mathbb{x}\cdot(\mathbb{A}\times\mathbb{A}^T)\cdot\mathbb{y} = A_3\mathbb{A}^{-1}\cdot(\mathbb{x}\times\mathbb{y}) \equiv (A_3\mathbb{A}^{-1}\times\mathbb{x})\cdot\mathbb{y} \tag{8.20c}$$

um und verlange deren Gültigkeit für beliebige Vektoren $\mathbb{y}$. Transponieren von (8.20a) ergibt

$$\mathbb{x}\times(A_3\mathbb{A}^{T^{-1}}) = \mathbb{A}\times\mathbb{A}^T\cdot\mathbb{x} \tag{8.20d}$$

23) Hierin bedeuten Φ beliebig–stufige tensorwertige Größen. Mit den entsprechenden Eulerschen bzw. Lagrangeschen Darstellungsversionen bedeutet diese "Kurzschreibweise" konkret

$$(\bar{\nabla}\circ\bar{\Phi})_{\bar{\mathbb{r}},t} = \left[\hat{\nabla}\cdot(\hat{\mathbb{F}}_f\circ\hat{\Phi})/\hat{F}_3\right]_{\hat{\mathbb{r}},t} \tag{8.21a'}$$

$$\bar{\nabla}\times\Phi = \mathbb{F}_f^{-1}\cdot\left[\hat{\nabla}\times(\mathbb{F}\cdot\Phi)\right] = \mathbb{F}^{T}\cdot\left[\hat{\nabla}\times(\mathbb{F}\cdot\Phi)\right]/F_3 \tag{8.21d}$$

bzw.

$$\left[-(\bar{\nabla}\times\Phi^{T})^{T}\equiv\right]\ \Phi\times\bar{\nabla}\ \left[= -\left\{\mathbb{F}_f^{-1}\cdot(\hat{\nabla}\times\mathbb{F}\cdot\Phi^{T})\right\}^{T}\right] =$$

$$= \left[(\overline{\Phi\cdot\mathbb{F}^{T}})\times\hat{\nabla}\right]\cdot\mathbb{F}_f^{T^{-1}} = \left[(\overline{\Phi\cdot\mathbb{F}^{T}})\times\hat{\nabla}\right]\cdot\mathbb{F}/F_3\,, \tag{8.21e}$$

die sich auf (8.20a,b) abstützen[24].

Die Transformationsvorschrift (8.15a) betreffend räumliche Ableitungen ist schließlich noch durch eine sich auf Zeitableitungen beziehende Transformationsaussage zu komplettieren. Dazu wird der durch

$$\lim_{\Delta t\to 0}\frac{\Phi(P,t+\Delta t)-\Phi(P,t)}{\Delta t}\equiv\dot{\Phi}(P,t) \tag{8.23}$$

definierte Begriff der materiellen Zeitableitung eingeführt, die im Falle einer Lagrangeschen Repräsentation ($\Phi(P,t)=\hat{\Phi}(\hat{\mathbb{r}},t)$) durch

---

24) wie die Umformungsabfolge

$$\bar{\nabla}\times\Phi \equiv \bar{\nabla}\times(\mathbb{F}^{-1}\cdot\mathbb{F}\cdot\Phi) \overset{(8.15b)}{=} (\mathbb{F}^{-1}\cdot\hat{\nabla})\times(\mathbb{F}^{-1}\cdot\mathbb{F}\cdot\Phi)\equiv$$

$$\equiv \hat{\nabla}\cdot(\mathbb{F}^{T^{-1}}\times\mathbb{F}^{-1}\cdot\mathbb{F}\cdot\Phi) - (\hat{\nabla}\cdot\mathbb{F}^{T^{-1}})\times(\mathbb{F}^{-1}\cdot\mathbb{F}\cdot\Phi) =$$

$$\overset{(8.5d)}{=} \hat{\nabla}\cdot(\mathbb{F}^{T^{-1}}\times\mathbb{F}^{-1}\cdot\mathbb{F}\cdot\Phi) + \frac{\hat{\nabla}F_3}{F_3}\cdot\mathbb{F}^{T^{-1}}\times\mathbb{F}^{-1}\cdot\mathbb{F}\cdot\Phi =$$

$$= \frac{1}{F_3}\hat{\nabla}\cdot\left[F_3\mathbb{F}^{T^{-1}}\times\mathbb{F}^{-1}\cdot\mathbb{F}\cdot\Phi\right] \overset{(8.20b)}{\equiv} \frac{1}{F_3}\hat{\nabla}\cdot\left[F_3\mathbb{F}^{T^{-1}}\times\mathbb{F}^{-1}\cdot\overline{\mathbb{F}\cdot\Phi}\right] =$$

$$\overset{(8.20a)}{=} \left[\frac{\mathbb{F}^{T}}{F_3}\times\hat{\nabla}\right]\cdot(\overline{\mathbb{F}\cdot\Phi}) = \mathbb{F}^{T}\cdot\left[\hat{\nabla}\times(\mathbb{F}\cdot\Phi)\right]/F_3 \tag{8.22}$$

zeigt (vgl. die zweite Version von (8.21d)), wobei für die vorletzte Umformung (8.20a) mit $\mathbb{F}^{T^{-1}}\,||\,\mathbb{A}$, $\mathbb{F}^{-1}\,||\,\mathbb{A}^{T}$, $\mathbb{F}^{T}\,||\,\mathbb{A}^{-1}$, $1/F_3\,||\,A_3$ und $\hat{\nabla}\,||\,\varkappa$, d. h.

$$\hat{\nabla}\cdot(F_3\mathbb{F}^{T^{-1}}\times\mathbb{F}^{-1})\cdot\overline{\mathbb{F}\cdot\Phi} = (\mathbb{F}^{T}\times\hat{\nabla})\cdot(\overline{\mathbb{F}\cdot\Phi})$$

benutzt wurde.

$$\dot{\Phi}(P,t) =^{25)} \lim_{\Delta t\to 0} \frac{\hat{\Phi}(\hat{\mathbb{r}},t+\Delta t) - \hat{\Phi}(\hat{\mathbb{r}},t)}{\Delta t} \equiv \left[\frac{\partial\hat{\Phi}}{\partial t}\right]_{\hat{\mathbb{r}},t}, \qquad (8.24)$$

also durch die Prozedur der partiellen Zeitableitung darzustellen ist. Für die Notation der materiellen Zeitableitung in Termen einer Eulerschen Feld-Darstellung $\bar{\Phi}(\bar{\mathbb{r}},t)$ $(= \hat{\Phi}(\hat{\mathbb{r}}+\mathbb{u},t))$ berechnet man zunächst das Zeitdifferential $d_t\bar{\Phi}$ sogleich unter alleiniger Beibehaltung der hinsichtlich des Zeitdifferentials dt linearen Glieder , schreibt also

$$d_t\bar{\Phi} = \hat{\Phi}(\hat{\mathbb{r}}+\hat{\mathbb{u}}(\mathbb{r},t+dt),t+dt)) - \hat{\Phi}(\hat{\mathbb{r}}+\hat{\mathbb{u}}(\mathbb{r},t),t)) \qquad (8.25a)$$

mit $\hat{\mathbb{u}}(\hat{\mathbb{r}},t+dt) \approx^{26)} \hat{\mathbb{u}}(\hat{\mathbb{r}},t) + \hat{\mathbb{v}}(\hat{\mathbb{r}},t)dt = \mathbb{u}(P,t) + \mathbb{v}(P,t)dt \equiv \mathbb{u} + \bar{\mathbb{v}}(\bar{\mathbb{r}},t)dt$

weiter $d_t\bar{\Phi} = \bar{\Phi}(\mathbb{r}+\mathbb{u}+\bar{\mathbb{v}}\,dt,t+dt) - \bar{\Phi}(\mathbb{r}+\mathbb{u},t)) =^{27)} \left[\bar{\mathbb{v}}\cdot(\bar{\nabla}\circ\bar{\Phi})_{\bar{\mathbb{r}},t} + \left[\frac{\partial\bar{\Phi}}{\partial t}\right]_{\bar{\mathbb{r}},t}\right]dt \equiv \dot{\Phi}\,dt$,

und erhält so schließlich die berühmte Eulersche Ableitungsregel

$$\dot{\Phi} \left[\equiv \left[\frac{\partial\hat{\Phi}}{\partial t}\right]_{\hat{\mathbb{r}},t}\right] = \left[\frac{\partial\bar{\Phi}}{\partial t} + \bar{\mathbb{v}}\cdot(\bar{\nabla}\circ\bar{\Phi})\right]_{\bar{\mathbb{r}},t}, \qquad (8.25b)$$

die übrigens auch dann gültig bleibt, wenn man - wie dies in der Strömungsmechanik durchaus erwägenswert ist - eine lokale Konfigurationsgröße ($\mathbb{F}$) nicht definieren kann[28]. In solchen Fällen verlören allerdings Verzerrungstensoren wie auch die Transformationsvorschrift (8.4a) ihren Sinn.

8.1.1 Verzerrungsgeschwindigkeiten

sind Größen die festlegen, wie sich in einem materiellen Punkt P "entspringende" materielle Linienelemente $d\bar{s}_j, d\bar{s}_k$ hinsichtlich ihrer Größe bzw. relativen Lage zueinander zeitlich ändern. Verknüpft man diese Änderungsgrößen mit den Richtungsgrößen $\hat{\mathbb{e}}_j =$

---

25) Man bedenke, daß unter der Prozedur (8.22) die zeitliche Änderung $\dot{\Phi}$ an einem und demselben materiellen Punkt P zu verstehen ist, was sich in der Darstellung (8.23) in die Forderung "übersetzt", bei der Ableitungsprozedur die P kennzeichnende Größe $\hat{\mathbb{r}} = \mathbb{r}(P,t_0)$ konstant zu halten.

26) $\partial\hat{\mathbb{u}}/\partial t = \hat{\mathbb{v}}(\hat{\mathbb{r}},t)$ bedeutet die Geschwindigkeit des materiellen Punktes in Lagrangescher Darstellung.

27) Man bilde das vollständige Differential einer Funktion des Ortes und der Zeit für den Fall einer Ortskoordinaten–Änderung $d\bar{\mathbb{r}} = \bar{\mathbb{v}}dt$ und einer Zeitänderung dt.

28) Inwieweit nämlich bei Fluiden die Voraussetzung der "permanenten infinitesimalen Nachbarschaft" materieller Punkte ein allgemein realistisches geometrisches Konzept ist, muß als fraglich angesehen werden, da hier ein — mehr oder weniger allmählicher — Zerfall eines "anfänglich benachbarten Punktensembles" in ein Mosaik, d. h. unstetige Verschiebungsfelder denkbar sind. Für solche — nach Ansicht des Verfassers bei turbulenten Strömungen vorliegende — Fälle benötigt man gegenüber der klassischen Kontinuumsvorstellung sicherlich ambitioniertere kinematische Modellierungen (verallgemeinerte Cosserat–Modelle [15]), in denen "die Strömungsgeschwindigkeit" ($\mathbb{v}$) nur noch als ein Geschwindigkeitsmittelwert der Realgeschwindigkeiten eines in einer Raumeinheit befindlichen Punktmassen–Ensembles interpretiert wird.

$d\hat{\mathfrak{s}}_j/|d\hat{\mathfrak{s}}_j|$ der Bezugskonfiguration, so wird in der Regel die sog. G r e e n s c h e (materielle) V e r z e r r u n g s g e s c h w i n d i g k e i t $\dot{\mathbb{D}}^{(G)}$ (als Lagrange Feldgröße in der Version $\dot{\mathbb{D}}^{(G)} = \partial\hat{\mathbb{D}}^{(G)}/\partial t$) als Verknüpfungsoperator herangezogen. Mittels materieller Zeitableitung an (8.9f,g) wird der Zusammenhang zwischen Greenschen Verzerrungsgeschwindigkeitskomponenten und den (materiellen) Änderungen Cauchyscher Dehnungen (ε_{jj}) bzw. momentan zwischen zwei Linienelementen eingeschlossener Winkel $\alpha_{jk}(P,t,\hat{\mathbb{e}}_j,\hat{\mathbb{e}}_k) = \bar{\alpha}_{jk}$ aufgedeckt:

$$(\hat{\mathbb{e}}_j\cdot\mathbb{D}^{(G)}\cdot\hat{\mathbb{e}}_j)^{\cdot}\ {}^{29)}\!\equiv \hat{\mathbb{e}}_j\cdot\dot{\mathbb{D}}^{(G)}\cdot\hat{\mathbb{e}}_j \overset{(8.9f)}{=} \frac{1}{2}\left[(1+\varepsilon_{jj})^2-1\right]^{\cdot} = (1+\varepsilon_{jj})\dot{\varepsilon}_{jj} = \left[\varepsilon_{jj}+\frac{\varepsilon_{jj}^2}{2}\right]^{\cdot},$$

$$(\hat{\mathbb{e}}_j\cdot\mathbb{D}^{(G)}\cdot\hat{\mathbb{e}}_k)^{\cdot}\equiv \hat{\mathbb{e}}_j\cdot\dot{\mathbb{D}}^{(G)}\cdot\hat{\mathbb{e}}_j \overset{(8.9g)}{=}{}^{30)}\ \frac{1}{2}\left[(1+\varepsilon_{jj})(1+\varepsilon_{kk})\cos\bar{\alpha}_{jk}\right]^{\cdot}. \quad (8.26a,b)$$

Greensche und R i c h t e r s c h e (Streckungs—) Verzerrungsgeschwindigkeiten hängen wegen (8.9a) in der Form

$$\dot{\mathbb{D}}^{(G)} = \frac{1}{2}(\mathbb{D}^{(S)2} - \mathbb{E})^{\cdot} = \frac{1}{2}(\mathbb{D}^{(S)}\cdot\dot{\mathbb{D}}^{(S)} + \dot{\mathbb{D}}^{(S)}\cdot\mathbb{D}^{(S)}) \equiv$$

$$\equiv (\dot{\mathbb{D}}^{(S)}\cdot\mathbb{D}^{(S)})\cdot\cdot\overset{\langle 4\rangle}{\mathbf{M}} \equiv \dot{\mathbb{D}}^{(S)}\cdot\cdot(\mathbb{D}^{(S)}\cdot\overset{\langle 4\rangle}{\mathbf{M}}) \quad (8.27a)$$

bzw.

$$\dot{\mathbb{D}}^{(S)} = \dot{\mathbb{D}}^{(G)}\cdot\cdot(\mathbb{D}^{(S)}\cdot\overset{\langle 4\rangle}{\mathbf{M}})^{-1} \quad (8.27b)$$

mit dem vierstufigen Mischer

$$\overset{\langle 4\rangle}{\mathbf{M}} = (\overset{\langle 4\rangle}{\mathbb{E}} + \overset{\langle 4\rangle}{\mathbb{E}}_T)/2 \quad (8.27c)$$

miteinander zusammen, wobei der konkrete Vollzug der Inversion (8.27b) algebraisch nicht unkompliziert ist und unter Benutzung der von (8.27a) aus bildbaren weiteren Aggregate

$$\dot{\mathbb{D}}^{(G)}\cdot\mathbb{D}^{(S)} + \mathbb{D}^{(S)}\cdot\dot{\mathbb{D}}^{(G)},\quad \dot{\mathbb{D}}^{(G)}\cdot\mathbb{D}^{(S)2} + \mathbb{D}^{(S)2}\cdot\dot{\mathbb{D}}^{(G)},\quad \mathbb{D}^{(S)}\cdot\dot{\mathbb{D}}^{(G)}\cdot\mathbb{D}^{(S)},$$
$$\mathbb{D}^{(S)2}\cdot\dot{\mathbb{D}}^{(G)}\cdot\mathbb{D}^{(S)2},\quad \mathbb{D}^{(S)}\cdot\dot{\mathbb{D}}^{(G)}\cdot\mathbb{D}^{(S)2} + \mathbb{D}^{(S)2}\cdot\dot{\mathbb{D}}^{(G)}\cdot\mathbb{D}^{(S)}$$

mit Verwendung der Cayley—Hamiltonschen Gleichung erreicht werden kann. Mit von den Invarianten $(\mathbb{D}^{(S)})_\alpha$, $\alpha = 1...3$, abhängigen Skalaren ζ_{j0k}, j,k = 0...2 entsteht

$$\dot{\mathbb{D}}^{(S)} = \zeta_{000}\,\dot{\mathbb{D}}^{(G)} + \zeta_{101}\,\mathbb{D}^{(S)}\cdot\dot{\mathbb{D}}^{(G)}\cdot\mathbb{D}^{(S)} + \zeta_{202}\,\mathbb{D}^{(S)2}\cdot\dot{\mathbb{D}}^{(G)}\cdot\mathbb{D}^{(S)2} +$$
$$+ \zeta_{100}\,(\mathbb{D}^{(S)}\cdot\dot{\mathbb{D}}^{(G)} + \dot{\mathbb{D}}^{(G)}\cdot\mathbb{D}^{(S)}) + \zeta_{102}\,(\mathbb{D}^{(S)}\cdot\dot{\mathbb{D}}^{(G)}\cdot\mathbb{D}^{(S)2} + \mathbb{D}^{(S)2}\cdot\dot{\mathbb{D}}^{(G)}\cdot\mathbb{D}^{(S)}) +$$
$$+ \zeta_{200}(\mathbb{D}^{(S)2}\cdot\dot{\mathbb{D}}^{(G)} + \dot{\mathbb{D}}^{(G)}\cdot\mathbb{D}^{(S)2}),$$

d. h.

---

29) Man beachte, daß die Richtungsgrößen $\hat{\mathbb{e}}_j$ der Bezugskonfiguration (definitionsgemäß!) zeitunabhängig sind.

30) Im Falle einer Lagrangeschen Darstellung des Winkels ist $\dot{\alpha}_{jk} = \partial\hat{\alpha}_{jk}/\partial t$ zu bilden.

$$(\mathbb{D}^{(S)}\cdot \overset{<4>}{\mathbb{M}})^{-1} = \zeta_{000}\overset{<4>}{\mathbb{E}_T} + \zeta_{101}\mathbb{D}^{(S)}\cdot\overset{<4>}{\mathbb{E}_T}\cdot\mathbb{D}^{(S)} + \zeta_{202}\mathbb{D}^{(S)2}\cdot\overset{<4>}{\mathbb{E}_T}\cdot\mathbb{D}^{(S)2} +$$

$$+ 2\left[\zeta_{100}\mathbb{D}^{(S)} + \zeta_{200}\mathbb{D}^{(S)2} + \zeta_{102}\mathbb{D}^{(S)2}\cdot\overset{<4>}{\mathbb{E}_T}\cdot\mathbb{D}^{(S)2}\right]\cdot\cdot\overset{<4>}{\mathbb{M}}\,. \tag{8.27d}$$

Mit $\mathbb{D}^{(G)} = (\mathbb{F}\cdot\mathbb{F}^T - \mathbb{E})/2$ und $\dot{\mathbb{F}} = (\mathbb{E} + \hat{\nabla}\circ\mathbf{u})^{\cdot} =^{31)} \hat{\nabla}\circ\mathbf{v} = \mathbb{V}$ findet man

$$\dot{\mathbb{D}}^{(G)} = (\dot{\mathbb{F}}\cdot\mathbb{F}^T + \mathbb{F}\cdot\dot{\mathbb{F}}^T)/2 \equiv \mathbb{F}\cdot(\mathbb{F}^{-1}\cdot\dot{\mathbb{F}} + \dot{\mathbb{F}}^T\cdot\mathbb{F}^{T^{-1}})\cdot\mathbb{F}^T/2 \equiv$$

$$\equiv \mathbb{F}\cdot(\mathbb{F}^{-1}\cdot\hat{\nabla}\circ\mathbf{v} + \mathbf{v}\circ\hat{\nabla}\cdot\mathbb{F}^{T^{-1}})\cdot\mathbb{F}^T/2 \overset{(8.15b)}{=} \mathbb{F}\cdot\left[(\bar{\nabla}\circ\mathbf{v} + \mathbf{v}\circ\bar{\nabla})/2\right]\cdot\mathbb{F}^T \equiv \mathbb{F}\cdot\mathbb{C}^*\cdot\mathbb{F}^T \tag{8.28a}$$

bzw.
$$\mathbb{C}^* = \mathbb{F}^{-1}\cdot\dot{\mathbb{D}}^{(G)}\cdot\mathbb{F}^{T^{-1}}, \tag{8.28b}$$

also auch - man benutze $\mathbb{F} = \mathbb{D}^{(S)}\cdot\mathbb{R}$ -

$$\mathbb{R}\cdot\mathbb{C}^*\cdot\mathbb{R}^T = \mathbb{D}^{(S)-1}\cdot\dot{\mathbb{D}}^{(G)}\cdot\mathbb{D}^{(S)-1} \tag{8.28c}$$

mit der schon unter §3.3 referierten räumlichen Verzerrungsgeschwindigkeit

$$\mathbb{C}^* = \mathbb{C}^{*T} = (\bar{\nabla}\circ\mathbf{v} + \mathbf{v}\circ\bar{\nabla})/2 = (\mathbb{V}^* + \mathbb{V}^{*T})/2 =^{30)} \bar{\operatorname{def}}\,\mathbf{v}\,, \tag{8.28d}$$

die in der Mechanik der Reinerschen Fluide Zustandsvariable für die viskosen Spannungen bzw. die Dissipationsleistung ist.

Die Bedeutung der Komponenten von $\mathbb{C}^*$, wonach die Größen $\bar{c}_{jj}$ die auf die Momentankonfiguration ($d\bar{s}_j = d\hat{s}_j(1+\varepsilon_{jj})$) bezogenen Längenänderungsgeschwindigkeiten ($(d\bar{s}_j)^{\cdot}$) materieller Linienelemente ($d\bar{\mathbf{s}}_j = d\bar{s}_j\bar{\mathbf{e}}_j = d\hat{s}_j(1+\varepsilon_{jj})\bar{\mathbf{e}}_j$) und die Größen $\bar{c}_{jk}$ (mit $j\neq k$) im wesentlichen Schergeschwindigkeiten repräsentieren,[32] ist schon unter (3.19) recherchiert worden. Mit den auf die Ausgangskonfiguration bezogenen Verzerrungsänderungen stehen sie in dem Zusammenhang

$$\bar{c}_{jk} = \bar{\mathbf{e}}_j\cdot\mathbb{C}^*\cdot\bar{\mathbf{e}}_k \overset{(8.28b)}{=} \bar{\mathbf{e}}_j\cdot\mathbb{F}^{-1}\cdot\dot{\mathbb{D}}^{(G)}\cdot\mathbb{F}^{T^{-1}}\cdot\bar{\mathbf{e}}_k \overset{(8.11d)}{=} \hat{\mathbf{e}}_j\cdot\dot{\mathbb{D}}^{(G)}\cdot\hat{\mathbf{e}}_k/(1+\varepsilon_{jj})(1+\varepsilon_{kk}) \equiv$$

$$\overset{(8.26a,b)}{\equiv}\begin{cases} \dfrac{\dot{\varepsilon}_{jj}}{1+\varepsilon_{jj}} \equiv \dfrac{\dot{\varepsilon}_{jj}d\hat{s}_j}{(1+\varepsilon_{jj})d\hat{s}_j} = \dfrac{(d\bar{s}_j)^{\cdot}}{d\bar{s}_j} & \text{für } j=k \\[2ex] \dfrac{1}{2}\left[-\dot{\bar{\alpha}}_{jk}\sin\bar{\alpha}_{jk} + \dfrac{\left[(1+\varepsilon_{jj})(1+\varepsilon_{kk})\right]^{\cdot}}{(1+\varepsilon_{jj})(1+\varepsilon_{kk})}\cos\bar{\alpha}_{jk}\right] & \text{für } j\neq k\,. \end{cases} \tag{8.28e,f}$$

---

31) Die Größe $\mathbb{V}(P,t) = \hat{\mathbb{V}}(\hat{\mathbf{r}},t) = \hat{\nabla}\circ\dot{\mathbf{u}} = \hat{\nabla}\circ\partial\hat{\mathbf{u}}/\partial t \equiv \dot{\mathbb{F}}$ bezeichnet den sog. materiellen, die Größe $\bar{\nabla}\circ\mathbf{v} = \mathbb{F}^{-1}\cdot\mathbb{V} \equiv \mathbb{F}^{-1}\cdot\dot{\mathbb{F}} = \mathbb{V}^*$ den sog. räumlichen Geschwindigkeitsgradienten.

32) Was insbesondere für momentan orthogonale materielle Linienelemente mit $d\bar{\mathbf{s}}_j\cdot d\bar{\mathbf{s}}_k = 0$, d. h.

$\bar{\alpha}_{jk} = \pi/2$ deutlich wird, wofür aus (8.28f) $2\bar{c}_{jk} = -\dot{\bar{\alpha}}_{jk} \equiv \dot{\bar{\gamma}}_{jk}$ (8.29c)

erhalten wird unter Benutzung der Scherwinkel–Geschwindigkeit $\dot{\gamma}_{jk}$, die man als positiv definiert, sofern der (momentane) Winkel $\bar{\alpha}_{jk} = \pi/2$ verkleinert wird.

Die (momentanen) Hauptrichtungen $\bar{\mathbb{e}}_j^{(C)(H)}(P,t)$, j= 1...3, in Bezug auf die die Tensormatrix von $\mathbb{C}^*$ Diagonalform annimmt, heißen Hauptverzerrungsgeschwindigkeitsrichtungen. Wegen des mit der Diagonalisierung implizierten Verschwindens der Schergeschwindigkeiten bleibt ein nach den Hauptverzerrungsgeschwindigkeitsrichtungen orientierter (momentaner) Elementarquader während des darauffolgenden Zeitinkrementes (dt) als (wenn auch in den Kantenrichtungen gedehnter) Quader erhalten, so daß es Sinn macht, von einer Winkelgeschwindigkeit ω_C der (momentanen) Quader—Einheitskanten (des sog. "materiellen Hauptverzerrungsgeschwindigkeitsachsen—Dreibeins") zu sprechen. In §3.3 ist dies bereits dargelegt worden, desgl. der Zusammenhang

$$\omega_C = \bar{\nabla}\times\mathbb{v}/2 \tag{8.28g}$$

(vgl. (3.21b)). Wegen $(\mathbb{E}+2\mathbb{D}^{(G)})^{-1}\cdot(\mathbb{E}+2\mathbb{D}^{(G)}) = \mathbb{E}$, d. h.

$$\left[(\mathbb{E}+2\mathbb{D}^{(G)})^{-1}\right]^{\cdot} = -2(\mathbb{E}+2\mathbb{D}^{(G)})^{-1}\cdot\dot{\mathbb{D}}^{(G)}\cdot(\mathbb{E}+2\mathbb{D}^{(G)})^{-1} = -2(\mathbb{F}\cdot\mathbb{F}^T)^{-1}\cdot\dot{\mathbb{D}}^{(G)}\cdot(\mathbb{F}\cdot\mathbb{F}^T)^{-1} =$$
$$= -2\,\mathbb{F}^{T^{-1}}\cdot\mathbb{F}^{-1}\cdot\dot{\mathbb{D}}^{(G)}\cdot\mathbb{F}^{T^{-1}}\cdot\mathbb{F}^{-1} \overset{(8.28b)}{=} -2\,\mathbb{F}^{T^{-1}}\cdot\mathbb{C}^*\cdot\mathbb{F}^{-1}$$

notiert man schließlich in Ergänzung von (8.28b) für die Darstellung von $\mathbb{C}^*$ noch die Variante

$$\mathbb{C}^* = -\frac{1}{2}\,\mathbb{F}^T\cdot\left[(\mathbb{E}+2\mathbb{D}^{(G)})^{-1}\right]^{\cdot}\cdot\mathbb{F}. \tag{8.28h}$$

Unter Benutzung von (8.16d) werden per

$$\dot{\mathbb{D}}^{(G)} = (\mathbb{F}\cdot\mathbb{D}^{(A)}\cdot\mathbb{F}^T)^{\cdot} = \dot{\mathbb{F}}\cdot\mathbb{D}^{(A)}\cdot\mathbb{F}^T + \mathbb{F}\cdot\dot{\mathbb{D}}^{(A)}\cdot\mathbb{F}^T + \mathbb{F}\cdot\mathbb{D}^{(A)}\cdot\dot{\mathbb{F}}^T =$$
$$= \mathbb{F}\cdot(\dot{\mathbb{D}}^{(A)} + \mathbb{F}^{-1}\cdot\dot{\mathbb{F}}\cdot\mathbb{D}^{(A)} + \mathbb{D}^{(A)}\cdot\dot{\mathbb{F}}^T\cdot\mathbb{F}^{T^{-1}})\cdot\mathbb{F}^T \overset{33)}{=} \mathbb{F}\cdot(\dot{\mathbb{D}}^{(A)} + \mathbb{V}^*\cdot\mathbb{D}^{(A)} + \mathbb{D}^{(A)}\cdot\mathbb{V}^{*T})\cdot\mathbb{F}^T \tag{8.29a}$$

materielle Zeitableitungen des Greenschen $(\mathbb{D}^{(G)})$ und des Almansischen Tensors $(\mathbb{D}^{(A)})$ in Zusammenhang gebracht. Daraus, d. h. an

$$\hat{\mathbb{e}}_j\cdot\dot{\mathbb{D}}^{(G)}\cdot\hat{\mathbb{e}}_k/(1+\varepsilon_{jj})(1+\varepsilon_{kk}) \overset{34)}{=} \bar{\mathbb{e}}_j\cdot(\dot{\mathbb{D}}^{(A)} + \mathbb{V}^*\cdot\mathbb{D}^{(A)} + \mathbb{D}^{(A)}\cdot\mathbb{V}^{*T})\cdot\bar{\mathbb{e}}_k \tag{8.29b}$$

erkennt man, daß die Größe $\bar{\mathbb{e}}_j\cdot\dot{\mathbb{D}}^{(A)}\cdot\bar{\mathbb{e}}_k$, d. h. die materielle Zeitableitung $(\dot{\mathbb{D}}^{(A)})$ des Almansischen Tensors selbst, kein geeigneter Operator zur Beschreibung von Verzerrungsgeschwindigkeiten ist.[35] Zerlegt man den räumlichen Geschwindigkeitstensor $\mathbb{V}^*$ gemäß

$$\mathbb{V}^* = \mathbb{C}^* + \mathbb{W}^*\,, \quad \mathbb{V}^{*T} = \mathbb{C}^* - \mathbb{W}^* \tag{8.30a}$$

in den räumlichen Geschwindigkeitsdeformator $\mathbb{C}^*$ nach (8.28b) und den räumlichen Wirbeltensor

$$\mathbb{W}^* = \frac{1}{2}(\mathbb{V}^* - \mathbb{V}^{*T}) = \frac{1}{2}(\bar{\nabla}\circ\mathbb{v} - \mathbb{v}\circ\bar{\nabla}) = -\frac{1}{2}\,\mathbb{E}\times(\bar{\nabla}\times\mathbb{v}) = -\mathbb{W}^{*T}\,, \tag{8.30b}$$

---

33) Man benutze $\mathbb{F}^{-1}\cdot\dot{\mathbb{F}} = \mathbb{F}^{-1}\cdot\hat{\nabla}\circ\mathbb{v} = \mathbb{F}^{-1}\cdot\mathbb{V} = \mathbb{V}^*$

34) Man benutze $\hat{\mathbb{e}}_j\cdot\mathbb{F}/(1+\varepsilon_{jj}) = \bar{\mathbb{e}}_j$ nach (8.11d)

35) Wozu man eben Größen $\hat{\mathbb{e}}_j\cdot\dot{\mathbb{D}}^{(G)}\cdot\hat{\mathbb{e}}_k$ bzw. Kombinationen der Letzteren mit Verzerrungsgrößen benötigt.

(vgl. (3.21c)), so bekommt man nach (8.29a)

$$\dot{\mathbb{D}}^{(G)} - \mathbb{F}\cdot(\mathbb{C}^{*}\cdot\mathbb{D}^{(A)}+\mathbb{D}^{(A)}\cdot\mathbb{C}^{*})\cdot\mathbb{F}^{T} = \mathbb{F}\cdot(\dot{\mathbb{D}}^{(A)}+\mathbb{W}^{*}\cdot\mathbb{D}^{(A)} - \mathbb{D}^{(A)}\cdot\mathbb{W}^{*})\cdot\mathbb{F}^{T} \equiv \mathbb{F}\cdot\overset{\circ}{\mathbb{D}}{}^{(A)}\cdot\mathbb{F}^{T} \tag{8.31a}$$

und findet mit der sog. "J a u m a n n s c h e n Geschwindigkeitsversion" der Almansischen Verzerrungen

$$\overset{\circ}{\mathbb{D}}{}^{(A)} = \dot{\mathbb{D}}^{(A)} + \mathbb{W}^{*}\cdot\mathbb{D}^{(A)} - \mathbb{D}^{(A)}\cdot\mathbb{W}^{*} \tag{8.31b}$$

einen brauchbaren Operator, mit dem man per $\bar{\mathbb{e}}_j\cdot\overset{\circ}{\mathbb{D}}{}^{(A)}\cdot\bar{\mathbb{e}}_k$ auf Verzerrungsgeschwindigkeiten schließen kann.

Man erkennt dies anhand der aus (8.31a) herstellbaren Identitätenabfolge

$$\mathbb{F}\cdot\overset{\circ}{\mathbb{D}}{}^{(A)}\cdot\mathbb{F}^{T} \overset{(8.31a)}{\equiv} \dot{\mathbb{D}}^{(G)} - \mathbb{F}\cdot\mathbb{C}^{*}\cdot\underline{\mathbb{F}^{T}\cdot\mathbb{F}^{T^{-1}}\cdot\mathbb{F}^{-1}}\cdot\mathbb{F}\cdot\mathbb{D}^{(A)}\cdot\mathbb{F}^{T} -$$

$$- \mathbb{F}\cdot\mathbb{D}^{(A)}\cdot\underline{\mathbb{F}^{T}\cdot\mathbb{F}^{T^{-1}}\cdot\mathbb{F}^{-1}}\cdot\mathbb{F}\cdot\mathbb{C}^{*}\cdot\mathbb{F}^{T}\ {}^{36)} =$$

$$\overset{(8.16d,28b)}{\equiv} \dot{\mathbb{D}}^{(G)} - \dot{\mathbb{D}}^{(G)}\cdot(\mathbb{F}\cdot\mathbb{F}^{T})^{-1}\cdot\mathbb{D}^{(G)} - \mathbb{D}^{(G)}\cdot(\mathbb{F}\cdot\mathbb{F}^{T})^{-1}\cdot\dot{\mathbb{D}}^{(G)} =$$

$$\overset{(8.9)}{=} \dot{\mathbb{D}}^{(G)} - \dot{\mathbb{D}}^{(G)}\cdot(\mathbb{E}+2\mathbb{D}^{(G)})^{-1}\cdot\mathbb{D}^{(G)} - \mathbb{D}^{(G)}\cdot(\mathbb{E}+2\mathbb{D}^{(G)})^{-1}\cdot\dot{\mathbb{D}}^{(G)} \equiv$$

$$\equiv \dot{\mathbb{D}}^{(G)} - (\dot{\mathbb{D}}^{(G)}\cdot(\mathbb{E}+2\mathbb{D}^{(G)})^{-1}\cdot\mathbb{D}^{(G)})\cdot\cdot(\overset{<4>}{\mathbb{E}} + \overset{<4>}{\mathbb{E}}_{T}) \overset{37)}{=} \left[\dot{\mathbb{D}}^{(G)}\cdot(\mathbb{E}+2\mathbb{D}^{(G)})^{-1}\right]\cdot\cdot(\overset{<4>}{\mathbb{E}} + \overset{<4>}{\mathbb{E}}_{T})/2 \equiv$$

$$\equiv \dot{\mathbb{D}}^{(G)}\cdot\cdot\left[(\mathbb{E}+2\mathbb{D}^{(G)})^{-1}\cdot\overset{<4>}{\mathbf{M}}\right] \equiv \frac{1}{4}(\mathbb{E}+2\mathbb{D}^{(G)})^{-1}\cdot\left[(\mathbb{E}+2\mathbb{D}^{(G)})^{2}\right]^{\cdot}\cdot(\mathbb{E}+2\mathbb{D}^{(G)})^{-1}, \tag{8.31c}$$

mit der man in der Tat

$$\bar{\mathbb{e}}_j\cdot\overset{\circ}{\mathbb{D}}{}^{(A)}\cdot\bar{\mathbb{e}}_k = \bar{\mathbb{e}}_j\cdot\mathbb{F}^{-1}\cdot\left\{\dot{\mathbb{D}}^{(G)} - \left[\dot{\mathbb{D}}^{(G)}\cdot(\mathbb{E}+2\mathbb{D}^{(G)})^{-1}\cdot\mathbb{D}^{(G)}\right]\cdot\cdot(\overset{<4>}{\mathbb{E}} + \overset{<4>}{\mathbb{E}}_{T})\right\}\cdot\mathbb{F}^{T^{-1}}\cdot\bar{\mathbb{e}}_k =$$

$$= \hat{\mathbb{e}}_j\cdot\left\{\dot{\mathbb{D}}^{(G)} - \left[\dot{\mathbb{D}}^{(G)}\cdot(\mathbb{E}+2\mathbb{D}^{(G)})^{-1}\cdot\mathbb{D}^{(G)}\right]\cdot\cdot(\overset{<4>}{\mathbb{E}} + \overset{<4>}{\mathbb{E}}_{T})\right\}\cdot\hat{\mathbb{e}}_k \,/\, (1+\varepsilon_{jj})(1+\varepsilon_{kk}), \tag{8.31d}$$

d.h. die Jaumannsche Geschwindigkeitsversion des Almansischen Tensors als einen Operator erschließt, der — wenn auch in komplizierter Weise mit Verzerrungsgrößen kombiniert! — Verzerrungsgeschwindigkeiten beschreibt.

Wie die linke Seite von (8.31d) verdeutlicht, hat $\overset{\circ}{\mathbb{D}}{}^{(A)}$ — analog $\mathbb{D}^{(A)}$ — die Funktionsweise eines Eulerschen Operators, indem $\overset{\circ}{\mathbb{D}}{}^{(A)}$ Verzerrungsgeschwindigkeiten mit Richtungsgrößen der Momentankonfiguration korreliert. Notiert werden soll schließlich noch die Darstellung der Jaumannschen Geschwindigkeitsversion des Almansischen Tensors in Termen des räumlichen Geschwindigkeitsdeformators,

$$\overset{\circ}{\mathbb{D}}{}^{(A)} = \mathbb{C}^{*} - \mathbb{C}^{*}\cdot\mathbb{D}^{(A)} - \mathbb{D}^{(A)}\cdot\mathbb{C}^{*}, \tag{8.31e}$$

was man aus (8.31a) folgert, sofern man auf der linken Seite $\dot{\mathbb{D}}^{(G)} = \mathbb{F}\cdot\mathbb{C}^{*}\cdot\mathbb{F}^{T}$ nach (8.28b) setzt.

---

36) Die gestrichelten Terme (vom Werte $\mathbb{E}$) wurden hinzugefügt.

37) Man benutze $(\mathbb{E}+2\mathbb{D}^{(G)})^{-1}\cdot\mathbb{D}^{(G)} = \frac{1}{2}\cdot\left[\mathbb{E}-(\mathbb{E}+2\mathbb{D}^{(G)})^{-1}\right]$

Die als Folge von (8.16d) erhältliche Identität (8.31a), gilt übrigens allgemein:
Hängen zwei symmetrische Tensorfelder $\mathbb{A} = \mathbb{A}^T$, $\mathbb{B} = \mathbb{B}^T$ in der Form

$$\mathbb{A} = \mathbb{F}^{-1}\cdot\mathbb{B}\cdot\mathbb{F}^{T^{-1}} \tag{8.32a}$$

mit einander zusammen, so gilt

$$\dot{\mathbb{A}} = \dot{\mathbb{F}}^{-1}\cdot\mathbb{B}\cdot\mathbb{F}^{T^{-1}} + \mathbb{F}^{-1}\cdot\dot{\mathbb{B}}\cdot\mathbb{F}^{T^{-1}} + \mathbb{F}^{-1}\cdot\mathbb{B}\cdot\dot{\mathbb{F}}^{T^{-1}} \equiv$$

$$\equiv \dot{\mathbb{F}}^{-1}\cdot\mathbb{F}\cdot\mathbb{F}^{-1}\cdot\mathbb{B}\cdot\mathbb{F}^{T^{-1}} + \mathbb{F}^{-1}\cdot\dot{\mathbb{B}}\cdot\mathbb{F}^{T^{-1}} + \mathbb{F}^{-1}\cdot\mathbb{B}\cdot\mathbb{F}^{T^{-1}}\cdot\mathbb{F}^{T}\cdot\dot{\mathbb{F}}^{T^{-1}}$$

$$\overset{(8.32a)}{=} \dot{\mathbb{F}}^{-1}\cdot\mathbb{F}\cdot\mathbb{A} + \mathbb{F}^{-1}\cdot\dot{\mathbb{B}}\cdot\mathbb{F}^{T^{-1}} + \mathbb{A}\cdot\mathbb{F}^{T}\cdot\dot{\mathbb{F}}^{T^{-1}} \overset{38)}{=} -(\mathbb{C}^*+\mathbb{W}^*)\cdot\mathbb{A} + \mathbb{F}^{-1}\cdot\dot{\mathbb{B}}\cdot\mathbb{F}^{T^{-1}} - \mathbb{A}\cdot(\mathbb{C}^*-\mathbb{W}^*),$$

d.h. in der Tat

$$\mathbb{F}\cdot(\dot{\mathbb{A}}+\mathbb{W}^*\cdot\mathbb{A}-\mathbb{A}\cdot\mathbb{W}^*)\cdot\mathbb{F}^T \equiv \mathbb{F}\cdot\overset{\circ}{\mathbb{A}}\cdot\mathbb{F}^T = \dot{\mathbb{B}} - \underline{\mathbb{F}\cdot(\mathbb{C}^*\cdot\mathbb{A}+\mathbb{A}\cdot\mathbb{C}^*)\cdot\mathbb{F}^T} \tag{8.32b}$$

(vgl. (8.31a)) mit nunmehr allerdings[39]

$$\mathbb{F}\cdot\overset{\circ}{\mathbb{A}}\cdot\mathbb{F}^T = \dot{\mathbb{B}} - \left[\dot{\mathbb{D}}^{(G)}\cdot(\mathbb{E}+2\mathbb{D}^{(G)})^{-1}\cdot\mathbb{B}\right]\cdot\cdot(\overset{<4>}{\mathbb{E}} + \overset{<4>}{\mathbb{E}}_T) \equiv$$

$$\overset{40)}{\equiv} \frac{1}{2}\dot{\mathbb{B}} + \frac{1}{2}(\mathbb{E}+2\mathbb{D}^{(G)})\cdot\left[(\mathbb{E}+2\mathbb{D}^{(G)})^{-1}\cdot\mathbb{B}\cdot(\mathbb{E}+2\mathbb{D}^{(G)})^{-1}\right]^{\cdot}\cdot(\mathbb{E}+2\mathbb{D}^{(G)}). \tag{8.32c}$$

Mit
$$\mathbb{B} = \mathbb{F}\cdot\mathbb{F}^T\cdot\mathbb{Y}\cdot\mathbb{F}\cdot\mathbb{F}^T = (\mathbb{E}+2\mathbb{D}^{(G)})\cdot\mathbb{Y}\cdot(\mathbb{E}+2\mathbb{D}^{(G)}),$$

also
$$\mathbb{A} = \mathbb{F}^T\cdot\mathbb{Y}\cdot\mathbb{F}, \tag{8.32d}$$

findet man entsprechend

$$\mathbb{F}^{T^{-1}}\cdot\overset{\circ}{\mathbb{A}}\cdot\mathbb{F}^{-1} = \dot{\mathbb{Y}} + \mathbb{F}^{T^{-1}}\cdot(\mathbb{C}^*\cdot\mathbb{A}+\mathbb{A}\cdot\mathbb{C}^*)\cdot\mathbb{F}^{-1} =$$

$$= \frac{1}{2}\dot{\mathbb{Y}} + \frac{1}{2}(\mathbb{E}+2\mathbb{D}^{(G)})^{-1}\cdot\left[(\mathbb{E}+2\mathbb{D}^{(G)})\cdot\mathbb{Y}\cdot(\mathbb{E}+2\mathbb{D}^{(G)})\right]^{\cdot}\cdot(\mathbb{E}+2\mathbb{D}^{(G)})^{-1}$$

$$= \dot{\mathbb{Y}} + \left[(\mathbb{E}+2\mathbb{D}^{(G)})^{-1}\cdot\dot{\mathbb{D}}^{(G)}\cdot\mathbb{Y}\right]\cdot\cdot(\overset{<4>}{\mathbb{E}} + \overset{<4>}{\mathbb{E}}_T). \tag{8.32e}$$

Letztere Identität ist wesentlich für die Einsicht, daß die Jaumannsche Geschwindigkeitsversion des Eulerschen Spannungstensors (die sog. "Jaumannsche Spannungsgeschwindigkeit") ein brauchbares Spannungsänderungsmaß ist. (vgl. §8.2)

Die zur Darstellung von Flächenelementen-Zeitableitungen im Sinne von

$$d\dot{\mathbb{f}} = (d\hat{\mathbb{f}}\cdot\mathbb{F}_f)^{\cdot} \equiv d\hat{\mathbb{f}}\cdot\dot{\mathbb{F}}_f \tag{8.33a}$$

---

38) Man beachte $\dot{\mathbb{F}}^{-1}\cdot\mathbb{F} = -\mathbb{F}^{-1}\cdot\dot{\mathbb{F}} = -\mathbb{F}^{-1}\cdot\nabla\circ\mathbb{v} = -\bar{\nabla}\circ\mathbb{v} = -\mathbb{V}^* = -(\mathbb{C}^*+\mathbb{W}^*)$,

$$\mathbb{F}^T\cdot\dot{\mathbb{F}}^{T^{-1}} = -\dot{\mathbb{F}}^T\cdot\mathbb{F}^{T^{-1}} = -(\mathbb{F}^{-1}\cdot\dot{\mathbb{F}})^T = -\mathbb{V}^{*T} = -(\mathbb{C}^*-\mathbb{W}^*)$$

39) Man eleminiere in dem gestrichelten Term $\mathbb{C}^*$ nach Maßgabe von (8.28b), $\mathbb{A}$ nach Maßgabe von (8.32a) und benutze $\mathbb{F}^{T^{-1}}\cdot\mathbb{F}^{-1} = (\mathbb{F}\cdot\mathbb{F}^T)^{-1} = (\mathbb{E}+2\mathbb{D}^{(G)})^{-1}$

40) Man benutze die aus $(\mathbb{E}+2\mathbb{D}^{(G)})^{-1}\cdot(\mathbb{E}+2\mathbb{D}^{(G)}) = \mathbb{E}$ erreichbare Identität $\left[(\mathbb{E}+2\mathbb{D}^{(G)})^{-1}\right]^{\cdot}\cdot(\mathbb{E}+2\mathbb{D}^{(G)}) = -2(\mathbb{E}+2\mathbb{D}^{(G)})^{-1}\cdot\dot{\mathbb{D}}^{(G)}$ bzw.

$$(\mathbb{E}+2\mathbb{D}^{(G)})\cdot\left[(\mathbb{E}+2\mathbb{D}^{(G)})^{-1}\right]^{\cdot} = -2\dot{\mathbb{D}}^{(G)}\cdot(\mathbb{E}+2\mathbb{D}^{(G)})^{-1}.$$

aufscheinende materielle Flächenkonfigurationsgeschwindigkeit ($\dot{\mathbb{F}}_f$) läßt sich durch $\mathbb{F}_f$ selbst sowie den räumlichen Geschwindigkeitsgradienten $\mathbb{V}^* = \bar{\nabla}\circ\mathbb{v}$[41] ausdrücken. Dies zeigt man unter Benutzung von

$$(\mathbb{F}^{-1}\cdot\mathbb{F})^{\cdot} \equiv \dot{\mathbb{E}} = \mathbb{0} = \dot{\mathbb{F}}^{-1}\cdot\mathbb{F}+\mathbb{F}^{-1}\cdot\dot{\mathbb{F}} ,$$

d.h. $$\dot{\mathbb{F}}^{-1} = -\mathbb{F}^{-1}\cdot\dot{\mathbb{F}}\cdot\mathbb{F}^{-1} = -\mathbb{F}^{-1}\cdot(\hat{\nabla}\circ\mathbb{v})\cdot\mathbb{F}^{-1} = -(\bar{\nabla}\circ\mathbb{v})\cdot\mathbb{F}^{-1} = -\mathbb{V}^*\cdot\mathbb{F}^{-1}$$

bzw. $$\dot{\mathbb{F}}^{T^{-1}} = -\mathbb{F}^{T^{-1}}\cdot\mathbb{V}^{*T}, \quad \mathbb{F}^{T}\cdot\dot{\mathbb{F}}^{T^{-1}} = -\mathbb{V}^{*T} ,$$

weswegen $$\dot{\mathbb{F}}_f = (F_3\mathbb{F}^{T^{-1}})^{\cdot} = \dot{F}_3\mathbb{F}^{T^{-1}}+F_3\dot{\mathbb{F}}^{T^{-1}} = F_3\mathbb{F}^{T^{-1}}\cdot\left[\frac{\dot{F}_3}{F_3}\mathbb{E}+\mathbb{F}^{T}\cdot\dot{\mathbb{F}}^{T^{-1}}\right] \equiv$$

$$\overset{42)}{\equiv} \mathbb{F}_f\cdot\left[(\bar{\nabla}\cdot\mathbb{v})\mathbb{E}-\mathbb{V}^{*T}\right] = -\mathbb{F}_f\cdot\left[\overset{<4>}{\mathbb{E}}_T-\mathbb{E}\circ\mathbb{E}\right]\cdot\cdot\,\mathbb{V}^* , \tag{8.33b}$$

aber auch - man setze $\mathbb{V}^{*T} = \mathbb{C}^*-\mathbb{W}^*$ -

$$\dot{\mathbb{F}}_f = \mathbb{F}_f\cdot\left[\mathbb{W}^*-\mathbb{C}^*+(\mathbb{E}\cdot\cdot\,\mathbb{C}^*)\mathbb{E}\right] \tag{8.33g}$$

---

[41] vgl. Fußnote 30

[42] die Feststellung

$$\dot{F}_3/F_3 = \mathbb{E}\cdot\cdot(\hat{\nabla}\circ\mathbb{v}) = \bar{\nabla}\cdot\mathbb{v} = \mathbb{E}\cdot\cdot\,\mathbb{V}^* \overset{(8.28d)}{\equiv} \mathbb{E}\cdot\cdot\,\mathbb{C}^* \tag{8.33c}$$

ist mit F_3 nach (8.13e) zu treffen. Danach ist mit F_3 nach (8.13e) sowie $\dot{\mathbb{F}} = \hat{\nabla}\circ\mathbb{v}$, $\mathbb{F}^{-1}\cdot\hat{\nabla}\circ\mathbb{v} = \mathbb{V}^*$ und Beachtung von (8.13c) in der Tat

$$\frac{\dot{F}_3}{F_3} = \frac{[\hat{\mathfrak{g}}_1\cdot\dot{\mathbb{F}},\hat{\mathfrak{g}}_2\cdot\mathbb{F},\hat{\mathfrak{g}}_3\cdot\mathbb{F}]+[\hat{\mathfrak{g}}_1\cdot\mathbb{F},\hat{\mathfrak{g}}_2\cdot\dot{\mathbb{F}},\hat{\mathfrak{g}}_3\cdot\mathbb{F}]+[\hat{\mathfrak{g}}_1\cdot\mathbb{F},\hat{\mathfrak{g}}_2\cdot\mathbb{F},\hat{\mathfrak{g}}_3\cdot\dot{\mathbb{F}}]}{[\hat{\mathfrak{g}}_1\cdot\mathbb{F},\hat{\mathfrak{g}}_2\cdot\mathbb{F},\hat{\mathfrak{g}}_3\cdot\mathbb{F}]} \overset{(8.13c)}{=}$$

$$= \frac{[\bar{\mathfrak{g}}_1\cdot\mathbb{V}^*,\bar{\mathfrak{g}}_2,\bar{\mathfrak{g}}_3]+[\bar{\mathfrak{g}}_1,\bar{\mathfrak{g}}_2\cdot\mathbb{V}^*,\bar{\mathfrak{g}}_3]+[\bar{\mathfrak{g}}_1,\bar{\mathfrak{g}}_2,\bar{\mathfrak{g}}_3\cdot\mathbb{V}^*]}{[\bar{\mathfrak{g}}_1,\bar{\mathfrak{g}}_2,\bar{\mathfrak{g}}_3]} \overset{(8.13d)}{=} \sum_{j=1}^{3}\bar{\mathfrak{g}}_j\cdot\mathbb{V}^*\cdot\bar{\mathfrak{g}}^j$$

$$= \Big(\sum_{j=1}^{3}\bar{\mathfrak{g}}^j\circ\bar{\mathfrak{g}}_j\Big)\cdot\cdot\,\mathbb{V}^* = \mathbb{E}\cdot\cdot\,\mathbb{V}^* = \bar{\nabla}\cdot\mathbb{v} \equiv \mathbb{E}\cdot\cdot\,\mathbb{C}^* .$$

In Kombination mit der Forderung (8.6d) nach Masse—Erhaltung gilt dann auch — äquivalent zu (8.33c) —

$$\mathbb{E}\cdot\cdot\,\mathbb{C}^* = \bar{\nabla}\cdot\mathbb{v} = \dot{F}_3/F_3 = -\dot{\bar{\rho}}/\bar{\rho} \tag{8.33d}$$

bzw. $$\dot{\bar{\rho}} + \bar{\rho}\,\bar{\nabla}\cdot\mathbb{v} = 0 , \tag{8.33e}$$

und wenn man hierin $\dot{\bar{\rho}} = \dfrac{\partial\bar{\rho}}{\partial t} + \mathbb{v}\cdot\bar{\nabla}\,\bar{\rho}$ im Sinne der Eulerschen Ableitungsregel (8.25b) einsetzt,

$$\frac{\partial\bar{\rho}}{\partial t} + \bar{\nabla}(\bar{\rho}\mathbb{v}) = 0 \tag{8.33f}$$

in Übereinstimmung mit (3.24d'), sofern man dort $\dot{q}_m^{(e)} = 0$ und (präzisierter) $\bar{\nabla}$ anstelle von ∇ und $\bar{\rho}$ anstelle von ρ schreibt.

zu erschließen ist. Daher ist mit der Flächenelementen-Winkelgeschwindigkeit ω_{fj}

$$d\dot{\bar{\mathbf{f}}}^j \equiv (d\bar{f}^j\bar{\mathbf{e}}_f^j)^{\cdot} = d\dot{\bar{f}}^j\bar{\mathbf{e}}_f^j + d\bar{f}^j\dot{\bar{\mathbf{e}}}_f^j \overset{43)}{\equiv} d\dot{\bar{f}}^j\bar{\mathbf{e}}_f^j + d\bar{f}^j\omega_{fj}\times\bar{\mathbf{e}}_f^j \overset{(8.33\,a,b)}{=}$$

$$= d\hat{\mathbf{f}}^j\cdot\mathbb{F}_f\cdot\left[(\bar{\nabla}\cdot\mathbf{v})\mathbb{E}-\mathbb{V}^{*T}\right] = d\bar{\mathbf{f}}^j\cdot\left[(\bar{\nabla}\cdot\mathbf{v})\mathbb{E}-\mathbb{V}^{*T}\right] \equiv d\bar{f}^j\bar{\mathbf{e}}_f^j\cdot\left[(\bar{\nabla}\cdot\mathbf{v})\mathbb{E}-\mathbb{V}^{*T}\right], \quad (8.34a)$$

woraus zunächst - man multipliziere skalar $\bar{\mathbf{e}}_f^j$ -

$$d\dot{\bar{f}}^j/d\bar{f}^j = \frac{d\hat{f}^j(1+\varepsilon_{fjj})^{\cdot}}{d\hat{f}^j(1+\varepsilon_{fjj})} = \frac{\dot{\varepsilon}_{fjj}}{1+\varepsilon_{fjj}} = \bar{\nabla}\cdot\mathbf{v}-\bar{\mathbf{e}}_f^j\cdot\mathbb{V}^{*T}\cdot\bar{\mathbf{e}}_f^j \equiv \bar{\nabla}\cdot\mathbf{v}-\bar{\mathbf{e}}_f^j\cdot\mathbb{C}^*\cdot\bar{\mathbf{e}}_f^j \quad (8.34b)$$

erhalten wird, und (8.34a) vorerst in der Form

$$\dot{\bar{\mathbf{e}}}_f^j \equiv \omega_{fj}\times\bar{\mathbf{e}}_f^j = -\bar{\mathbf{e}}_f^j\cdot\left[\mathbb{V}^{*T}-(\bar{\mathbf{e}}_f^j\cdot\mathbb{C}^*\cdot\bar{\mathbf{e}}_f^j)\mathbb{E}\right]$$

reduziert werden kann[44]. Unter Benutzung von

$$\mathbb{V}^{*T} = \mathbf{v}\circ\bar{\nabla} \equiv \frac{1}{2}(\bar{\nabla}\circ\mathbf{v}+\mathbf{v}\circ\bar{\nabla})-\frac{1}{2}(\bar{\nabla}\circ\mathbf{v}-\mathbf{v}\circ\bar{\nabla}) \overset{(8.28\,d\,,30b)}{=} \mathbb{C}^*-\mathbb{W}^* = \mathbb{C}^*+\mathbb{E}\times(\bar{\nabla}\times\mathbf{v})/2$$

entsteht dann schließlich

$$\dot{\bar{\mathbf{e}}}_f^j \equiv \omega_{fj}\times\bar{\mathbf{e}}_f^j = \bar{\mathbf{e}}_f^j\cdot\left[\mathbb{W}^*-\mathbb{C}^*+(\bar{\mathbf{e}}_f^j\cdot\mathbb{C}^*\cdot\bar{\mathbf{e}}_f^j)\mathbb{E}\right] \overset{45)}{\equiv} \bar{\mathbf{e}}_f^j\cdot\left[\mathbb{W}^*+\mathbb{E}\times(\bar{\mathbf{e}}_f^j\times\mathbb{C}^*\cdot\bar{\mathbf{e}}_f^j)\right] \equiv$$

$$\equiv \left(\frac{\bar{\nabla}\times\mathbf{v}}{2} - \bar{\mathbf{e}}_f^j\times\mathbb{C}^*\cdot\bar{\mathbf{e}}_f^j\right)\times\bar{\mathbf{e}}_f^j\,, \quad (8.34c)$$

und setzt man die aus letzterer Gleichung nicht identifizierbare Winkelgeschwindigkeitskomponente $(\bar{\mathbf{e}}_f^j\cdot\omega_{fj})$ gleich der entsprechenden Komponente $(\bar{\mathbf{e}}_f^j\cdot(\bar{\nabla}\times\mathbf{v})/2)$ der halben Geschwindigkeitsrotation, so folgt aus (8.34c) nach vektorieller Multiplikation mit $\bar{\mathbf{e}}_f^j$

$$\omega_{fj} = (\bar{\mathbf{e}}_f^j\cdot\omega_{fj})\bar{\mathbf{e}}_f^j+\bar{\mathbf{e}}_f^j\times(\bar{\mathbf{e}}_f^j\cdot\mathbb{W}^*)-\bar{\mathbf{e}}_f^j\times\mathbb{C}^*\cdot\bar{\mathbf{e}}_f^j = \frac{\bar{\nabla}\times\mathbf{v}}{2} - \bar{\mathbf{e}}_f^j\times\mathbb{C}^*\cdot\bar{\mathbf{e}}_f^j\,. \quad (8.34d)$$

Entsprechende Beziehungen lassen sich auch für die Geschwindigkeit $\dot{\bar{\mathbf{e}}}_f^{j(S)}$ der Einheitsnormalen der Flächenelementen—Streckungskonfiguration entwickeln. Entsprechend den hier möglichen zwei verschiedenen Darstellungsversionen[46]

---

43) man setze $\dot{\bar{\mathbf{e}}}_f^j = \omega_{fj}\times\bar{\mathbf{e}}_f^j$

44) Man setze $d\dot{\bar{f}}_j/d\bar{f}_j$ nach (8.34b) in (8.34a) ein.

45) Man beachte $\bar{\mathbf{e}}_f^j\times\left[\bar{\mathbf{e}}_f^j\times(\mathbb{C}^*\cdot\bar{\mathbf{e}}_f^j)\right] = (\bar{\mathbf{e}}_f^j\cdot\mathbb{C}^*\cdot\bar{\mathbf{e}}_f^j)\bar{\mathbf{e}}_f^j-\bar{\mathbf{e}}_f^j\cdot\mathbb{C}^*$

46) Im ersteren Falle als Ausdruck einer "Rückdrehung" der momentanen Einheitsnormalen $(\bar{\mathbf{e}}_f^j)$ in die Streckungskonfiguration, im zweiten Falle als Ausdruck der Transformation von der Bezugs— in die Streckungskonfiguration.

$$\bar{\mathbb{e}}_f^{j(S)} = \begin{cases} \bar{\mathbb{e}}_f^j \cdot \mathbb{R}^T \\ \hat{\mathbb{e}}_f^j \cdot \mathbb{D}^{(S)}/(1+\varepsilon_{fjj}) \end{cases} \tag{8.35a}$$

ist $\dot{\bar{\mathbb{e}}}_f^{j(S)}$ wahlweise mit Zeitableitungen des Versorfeldes bzw. des Streckungstensorfeldes in Zusammenhang zu bringen. Im ersteren Falle ist

$$\dot{\bar{\mathbb{e}}}_f^{j(S)} = \dot{\bar{\mathbb{e}}}_f^j \cdot \mathbb{R}^T + \bar{\mathbb{e}}_f^j \cdot \dot{\mathbb{R}}^T = (\dot{\bar{\mathbb{e}}}_f^j + \bar{\mathbb{e}}_f^j \cdot \dot{\mathbb{R}}^T \cdot \mathbb{R}) \cdot \mathbb{R}^T \equiv (\dot{\bar{\mathbb{e}}}_f^j - \omega_{\mathbb{R}} \times \bar{\mathbb{e}}_f^j) \cdot \mathbb{R}^T , \tag{8.35b}$$

mit der durch

$$\dot{\mathbb{R}}^T \cdot \mathbb{R} = \mathbb{E} \times \omega_{\mathbb{R}} , \quad \omega_{\mathbb{R}} = -\frac{1}{2}(\mathbb{E} \times \mathbb{E}) \cdot\cdot (\dot{\mathbb{R}}^T \cdot \mathbb{R}) \equiv -\frac{1}{2}(\dot{\mathbb{R}}^T \cdot \mathbb{R}) \cdot\cdot (\mathbb{E} \times \mathbb{E})$$

definierten Winkelgeschwindigkeit $\omega_{\mathbb{R}}$ im Sinne von [1],(3.12d), während im zweiten Falle zweckmäßig von

$$d\bar{\mathbb{f}}^{j(S)} \overset{(8.11b)}{=} d\hat{\mathbb{f}}^j \cdot \mathbb{D}_f^{(S)} \overset{(8.10b)}{=} d\hat{\mathbb{f}}^j \cdot D_3^{(S)} \mathbb{D}^{(S)-1} \tag{8.35c}$$

ausgegangen wird. Zeitableitung ergibt

$$(d\bar{\mathbb{f}}^{j(S)})^{\cdot} = (d\bar{f}^{j(S)} \bar{\mathbb{e}}_f^{j(S)})^{\cdot} = \left[(1+\varepsilon_{fjj}) d\hat{f}^j \, \bar{\mathbb{e}}_f^{j(S)}\right]^{\cdot} \equiv$$

$$\equiv \left[\dot{\varepsilon}_{fjj} \bar{\mathbb{e}}_f^{j(S)} + (1+\varepsilon_{fjj}) \dot{\bar{\mathbb{e}}}_f^{j(S)}\right] d\hat{f}^j \overset{(8.35b)}{=} d\hat{f}^j \hat{\mathbb{e}}_f^j \cdot (D_3^{(S)} \mathbb{D}^{(S)-1})^{\cdot} \equiv$$

$$\equiv d\hat{f}^j \hat{\mathbb{e}}_f^j \cdot \left[\dot{D}_3^{(S)} \cdot \mathbb{D}^{(S)-1} + D_3^{(S)} (\mathbb{D}^{(S)-1})^{\cdot}\right] ,$$

d.h. — man benutze $(\mathbb{D}^{(S)-1})^{\cdot} = -\mathbb{D}^{(S)-1} \cdot \dot{\mathbb{D}}^{(S)} \cdot \mathbb{D}^{(S)-1}$ —

$$\dot{\bar{\mathbb{e}}}_f^{j(S)} = -\frac{\dot{\varepsilon}_{fjj}}{1+\varepsilon_{fjj}} \bar{\mathbb{e}}_f^{j(S)} + \frac{\hat{\mathbb{e}}_f^j \cdot D_3^{(S)} \mathbb{D}^{(S)-1}}{1+\varepsilon_{fjj}} \cdot \left[\frac{\dot{D}_3^{(S)}}{D_3^{(S)}} \mathbb{E} - \dot{\mathbb{D}}^{(S)} \cdot \mathbb{D}^{(S)-1}\right]$$

$$\overset{(8.11e,\,32c,34b)}{=} -\bar{\mathbb{e}}_f^{j(S)} \cdot \left[\dot{\mathbb{D}}^{(S)} \cdot \mathbb{D}^{(S)-1} - (\bar{\mathbb{e}}_f^j \cdot \mathbb{C}^* \cdot \bar{\mathbb{e}}_f^j) \mathbb{E}\right] . \tag{8.35d}$$

Gleichsetzen von (8.35b) mit (8.35d) ergibt schließlich einen Zusammenhang zwischen Versorgeschwindigkeit ($\omega_{\mathbb{R}}$), räumlichem Wirbeltensor ($\mathbb{W}^*$) und dem antimetrischen Teil der Verzerrungsgeschwindigkeitsgröße $\mathbb{D}^{(S)-1} \cdot \dot{\mathbb{D}}^{(S)}$.

Zunächst wird dazu Gl. (8.35b) unter Benutzung von $\dot{\bar{\mathbb{e}}}_f^j$ nach (8.34c) in

$$\dot{\bar{\mathbb{e}}}_f^{j(S)} - \bar{\mathbb{e}}_f^j \cdot \mathbb{R}^T (\bar{\mathbb{e}}_f^j \cdot \mathbb{C}^* \cdot \bar{\mathbb{e}}_f^j) = -\bar{\mathbb{e}}_f^j \cdot \mathbb{V}^{*T} \cdot \mathbb{R}^T + \bar{\mathbb{e}}_f^j \cdot (\mathbb{E} \times \omega_{\mathbb{R}}) \cdot \mathbb{R}^T$$

überführt und mit der aus (8.35d) und $\bar{\mathbb{e}}_f^{j(S)} = \bar{\mathbb{e}}_f^j \cdot \mathbb{R}^T$ erhältlichen Version

$$\dot{\bar{\mathbb{e}}}_f^{j(S)} - \bar{\mathbb{e}}_f^j \cdot \mathbb{R}^T (\bar{\mathbb{e}}_f^j \cdot \mathbb{C}^* \cdot \bar{\mathbb{e}}_f^j) = -\bar{\mathbb{e}}_f^j \cdot \mathbb{R}^T \cdot \dot{\mathbb{D}}^{(S)} \cdot \mathbb{D}^{(S)-1}$$

gleichgesetzt, womit

$$\mathbb{E} \times \omega_{\mathbb{R}} = \mathbb{V}^{*T} - \mathbb{R}^T \cdot \dot{\mathbb{D}}^{(S)} \cdot \mathbb{D}^{(S)-1} \cdot \mathbb{R} \equiv -(\mathbb{E} \times \omega_{\mathbb{R}})^T = -\mathbb{V}^* + \mathbb{R}^T \cdot \mathbb{D}^{(S)-1} \cdot \dot{\mathbb{D}}^{(S)} \cdot \mathbb{R}$$

und daher die (übrigens auch nach materieller Zeitableitung von $\mathbb{R} = \mathbb{D}^{(S)-1} \cdot \mathbb{F}$ erhältliche) Beziehung

$$\dot{\mathbb{R}}^T \cdot \mathbb{R} = \mathbb{E} \times \omega_{\mathbb{R}} \equiv \frac{1}{2}\left[(\mathbb{E} \times \omega_{\mathbb{R}}) - (\mathbb{E} \times \omega_{\mathbb{R}})^T\right] = -\mathbb{W}^* + \frac{1}{2} \mathbb{R}^T \cdot \left[\mathbb{D}^{(S)-1} \cdot \dot{\mathbb{D}}^{(S)} - \dot{\mathbb{D}}^{(S)} \cdot \mathbb{D}^{(S)-1}\right] \cdot \mathbb{R} \tag{8.35e}$$

entsteht, die man mit $\mathbb{W}^* = -\mathbb{E}\times(\bar{\nabla}\times\mathbb{v}/2)$ auch als

$$\mathbb{E}\times(\omega_{\mathbb{R}}-\frac{\bar{\nabla}\times\mathbb{v}}{2}) = \frac{1}{2}\,\mathbb{R}^{T}\cdot\left[\mathbb{D}^{(S)-1}\cdot\dot{\mathbb{D}}^{(S)}-\dot{\mathbb{D}}^{(S)}\cdot\mathbb{D}^{(S)-1}\right]\cdot\mathbb{R}$$

bzw. $$\mathbb{R}\cdot\left[\mathbb{E}\times(\omega_{\mathbb{R}}-\frac{\bar{\nabla}\times\mathbb{v}}{2})\right]\cdot\mathbb{R}^{T} \overset{47)}{\equiv} \mathbb{E}\times\left[(\omega_{\mathbb{R}}-\frac{\bar{\nabla}\times\mathbb{v}}{2})\cdot\mathbb{R}^{T}\right] = \frac{1}{2}\left[\mathbb{D}^{(S)-1}\cdot\dot{\mathbb{D}}^{(S)}-\dot{\mathbb{D}}^{(S)}\cdot\mathbb{D}^{(S)-1}\right] =$$

$$\overset{48)}{=} \frac{1}{2}\left[(\dot{\mathbb{D}}^{(S)}\cdot\mathbb{D}^{(S)-1})\cdot\cdot\,\mathbb{E}\times\mathbb{E}\right]\times\mathbb{E} \qquad (8.35f)$$

darstellen kann. Danach ist

$$\omega_{\mathbb{R}} = -\frac{1}{2}(\dot{\mathbb{R}}^{T}\cdot\mathbb{R})\cdot\cdot\,\mathbb{E}\times\mathbb{E} \equiv \frac{1}{2}(\mathbb{R}^{T}\cdot\dot{\mathbb{R}})\cdot\cdot\,\mathbb{E}\times\mathbb{E} = \frac{\bar{\nabla}\times\mathbb{v}}{2} + \frac{1}{2}(\dot{\mathbb{D}}^{(S)}\cdot\mathbb{D}^{(S)-1})\cdot\cdot\,\mathbb{E}\times\mathbb{R}\,, \qquad (8.35g)$$

und insbesondere für sog. <u>koaxiale Verzerrungsprozesse</u>, während der die materiellen Hauptverzerrungsrichtungen unveränderlich sind und daher $\dot{\mathbb{D}}^{(S)}\cdot\mathbb{D}^{(S)-1}$ ein symmetrischer Tensor ist,

$$\dot{\mathbb{R}}^{T}\cdot\mathbb{R} = -\mathbb{W}^*\,, \quad \omega_{\mathbb{R}} = -\frac{1}{2}(\dot{\mathbb{R}}\cdot\mathbb{R})\cdot\cdot\,\mathbb{E}\times\mathbb{E} = \frac{1}{2}\,\bar{\nabla}\times\mathbb{v}\,. \qquad (8.35h,i)$$

<u>8.1.2 Verträglichkeitsbedingungen</u>

sind Integrabilitätsbedingungen, die man geeignet so fordert, daß sie in Termen von Ableitungen von Verzerrungsgrößen ausgedrückt werden können. Für die klassische Kontinuumsmechanik fallen sie in Termen materieller Ableitungen des Greenschen Verzerrungstensors ($\mathbb{D}^{(G)}$) aus (3.41i,h) mit $\hat{\nabla}$ anstelle von ∇ und $\mathbb{F}$ anstelle von $\mathbb{A}$ an. So erscheinen also die

$$\nabla\times\nabla\circ\mathbb{F} = 0 \qquad (8.36a)$$

äquivalenten Integrabilitätsbedingungen, die notwendige Bedingungen dafür sind, daß sich Felder $\mathbb{F}(\hat{\mathbb{r}},t)$ durch (in der Bezugskonfiguration ($\hat{\mathbb{r}}$) erstreckte) pfadunabhängige Linienintegrale über deren Inkremente integrieren lassen, mit $(\mathbb{F}\cdot\mathbb{F}^{T})^{-1} = (\mathbb{E}+2\mathbb{D}^{(G)})^{-1}$ zunächst in der Form

$$\hat{\nabla}\times\overset{<3>}{\Gamma}_{F} - (\mathbb{E}\times\mathbb{E})\cdot\cdot\left\{\left[\overset{<3>}{\Gamma}_{F}\cdot(\mathbb{E}+2\mathbb{D}^{(G)})^{-1}\cdot\overset{<3>}{\Gamma}_{F}{}^{T}\right]\cdot\cdot\cdot\overset{<6>}{\mathbb{E}}_{T}\right\} = 0 \qquad (8.36b)$$

mit

$$\overset{<3>}{\Gamma}_{F} = (\hat{\nabla}\circ\mathbb{F})\cdot\mathbb{F}^{T}\,, \qquad (8.36c)$$

wobei, wie (2.74a) vermuten läßt, $\overset{<3>}{\Gamma}_{F}$ in Termen des Greenschen Tensors bzw. dessen Ableitungen auszudrücken ist. In der Tat bekommt man denn auch einerseits durch materielle Gradientenbildung

$$\hat{\nabla}\circ(\mathbb{F}\cdot\mathbb{F}^{T}) = (\hat{\nabla}\circ\mathbb{F})\cdot\mathbb{F}^{T} + \overset{\downarrow}{\hat{\nabla}}\circ\mathbb{F}\cdot\overset{\downarrow}{\mathbb{F}}{}^{T} = (\hat{\nabla}\circ\mathbb{F})\cdot\mathbb{F}^{T} + \overset{\downarrow}{\hat{\nabla}}\circ(\overset{\downarrow}{\mathbb{F}}\cdot\mathbb{F}^{T})^{T} \equiv$$

---

47) Man beachte die wegen $(\mathbb{a}\cdot\mathbb{A})\times(\mathbb{b}\cdot\mathbb{A}) = (\mathbb{a}\times\mathbb{b})\cdot\mathbb{A}^{T^{-1}}A_3$ (vergl. [1],(2.39a)) mit $\mathbb{R}^{T^{-1}} = \mathbb{R}$ und $R_3 = 1$ gültige Identität

$$\mathbb{y}\cdot(\mathbb{R}\times\mathbb{z})\cdot\mathbb{R}^{T} = \left[(\mathbb{y}\cdot\mathbb{R})\times\mathbb{z}\right]\cdot\mathbb{R}^{T} \equiv \left[(\mathbb{y}\cdot\mathbb{R})\times(\mathbb{z}\cdot\mathbb{R}^{T}\cdot\mathbb{R})\right]\cdot\mathbb{R}^{T} =$$
$$= \mathbb{y}\times(\mathbb{z}\cdot\mathbb{R}^{T}) = \mathbb{y}\cdot\mathbb{E}\times(\mathbb{z}\cdot\mathbb{R}^{T})$$

48) Man benutze im Sinne von [1],(6.40b) $\mathbb{D}^{(S)-1}\cdot\dot{\mathbb{D}}^{(S)}-\dot{\mathbb{D}}^{(S)}\cdot\mathbb{D}^{(S)-1} =$

$$= \mathbb{D}^{(S)-1}\cdot\dot{\mathbb{D}}^{(S)}\cdot\cdot(\overset{<4>}{\mathbb{E}} - \overset{<4>}{\mathbb{E}}_{T}) \equiv -(\mathbb{D}^{(S)-1}\cdot\dot{\mathbb{D}}^{(S)})\cdot\cdot\,\mathbb{E}\times\mathbb{E}\times\mathbb{E} \equiv (\dot{\mathbb{D}}^{(S)}\cdot\mathbb{D}^{(S)-1})\cdot\cdot\,\mathbb{E}\times\mathbb{E}\times\mathbb{E}$$

$$\equiv (\hat{\mathbb{V}}\circ\mathbb{F})\cdot\mathbb{F}^T + \hat{\mathbb{V}}\circ(\mathbb{F}\cdot\mathbb{F}^T)\cdot\cdot\overset{\langle 4\rangle}{\mathbb{E}}_T = \left[(\hat{\mathbb{V}}\circ\mathbb{F})\cdot\mathbb{F}^T\right]\cdot\cdot(\overset{\langle 4\rangle}{\mathbb{E}} + \overset{\langle 4\rangle}{\mathbb{E}}_T) =$$
$$\overset{(8.9)}{=} \hat{\mathbb{V}}\circ(\mathbb{E}+2\mathbb{D}^{(G)}) = 2\hat{\mathbb{V}}\circ\mathbb{D}^{(G)}\,, \qquad (8.36d)$$

während materielle Rotorbildung

$$2(\mathbb{D}^{(G)}\times\mathbb{V})\times\mathbb{E} = \left[(\mathbb{F}\cdot\mathbb{F}^T)\times\mathbb{V}\right]\times\mathbb{E} \equiv^{49)} \left[\mathbb{F}\cdot\mathbb{F}^T\times\hat{\mathbb{V}}\right]\times\mathbb{E} \equiv \left[\mathbb{F}\cdot\mathbb{F}^T\times\hat{\mathbb{V}}\right]\cdot\cdot\mathbb{E}\times\mathbb{E}\times\mathbb{E} =$$
$$=^{50)} -\left[\mathbb{F}\cdot\mathbb{F}^T\circ\hat{\mathbb{V}}\right]\cdot\cdot\left[\overset{\langle 4\rangle}{\mathbb{E}} - \overset{\langle 4\rangle}{\mathbb{E}}_T\right] \equiv^{51)} -\left[(\mathbb{V}\circ\mathbb{F})\cdot\mathbb{F}^T\right]\cdot\cdot\overset{\langle 4\rangle}{\mathbb{E}}_T\cdot\cdot\left[\overset{\langle 4\rangle}{\mathbb{E}} - \overset{\langle 4\rangle}{\mathbb{E}}_T\right] =$$
$$=^{52)} \left[(\mathbb{V}\circ\mathbb{F})\cdot\mathbb{F}^T\right]\cdot\cdot\left[\overset{\langle 4\rangle}{\mathbb{E}} - \overset{\langle 4\rangle}{\mathbb{E}}_T\right] \qquad (8.36e)$$

liefert, so daß — man addiere (8.36d) und (8.36e) — in der Tat

$$(\hat{\mathbb{V}}\circ\mathbb{F})\cdot\mathbb{F}^T \equiv \overset{\langle 3\rangle}{\Gamma}_F = \hat{\mathbb{V}}\circ\mathbb{D}^{(G)} + (\mathbb{D}^{(G)}\times\hat{\mathbb{V}})\times\mathbb{E} \equiv^{49)} \hat{\mathbb{V}}\circ\mathbb{D}^{(G)}\cdot\cdot\cdot\left[\overset{\langle 6\rangle}{\mathbb{E}} - \overset{\langle 6\rangle}{\mathbb{E}}_T + \overset{\langle 6\rangle}{\mathbb{E}}_T\cdot\cdot\overset{\langle 4\rangle}{\mathbb{E}}_T\right] \qquad (8.36f)$$

in Übereinstimmung mit (2.74a) aufgefunden wird[53].

Demnach ist wegen $\hat{\mathbb{V}}\times\hat{\mathbb{V}}\circ\mathbb{D}^{(G)} = 0$

$$\hat{\mathbb{V}}\times\overset{\langle 3\rangle}{\Gamma}_F \overset{(8.36f)}{=} (\hat{\mathbb{V}}\times\mathbb{D}^{(G)}\times\hat{\mathbb{V}})\times\mathbb{E} \qquad (8.36g)$$

und demgemäß folgt aus (3.41i)

$$(\hat{\mathbb{V}}\times\mathbb{D}^{(G)}\times\hat{\mathbb{V}})\times\mathbb{E} - (\mathbb{E}\times\mathbb{E})\cdot\cdot\left\{\left[\overset{\langle 3\rangle}{\Gamma}_F\cdot(\mathbb{E}+2\mathbb{D}^{(G)})^{-1}\cdot\overset{\langle 3\rangle}{\Gamma}{}_F^T\right]\cdot\cdot\cdot\overset{\langle 6\rangle}{\mathbb{E}}_T\right\} = 0\,, \qquad (8.36h)$$

und nach rechtsseitiger Doppeltskalarmultiplikation mit $\mathbb{E}\times\mathbb{E}$ unter Beachtung von $(\mathbb{E}\times\mathbb{E})\cdot\cdot(\mathbb{E}\times\mathbb{E}) = -2\mathbb{E}$ schließlich

---

49) Man beachte $\mathbb{F}^T\times\hat{\mathbb{V}} = (\mathbb{E}+\mathbb{u}\circ\hat{\mathbb{V}})\times\hat{\mathbb{V}} = 0$

50) Man beachte $-\mathbb{E}\times\mathbb{E}\times\mathbb{E} = \left[\overset{\langle 4\rangle}{\mathbb{E}} - \overset{\langle 4\rangle}{\mathbb{E}}_T\right]$ nach [1](6.40b),

weswegen $(\mathbb{D}^{(G)}\times\hat{\mathbb{V}})\times\mathbb{E} \equiv (\mathbb{D}^{(G)}\circ\hat{\mathbb{V}})\cdot\cdot\mathbb{E}\times\mathbb{E}\cdot\mathbb{E}\times\mathbb{E} = (\mathbb{D}^{(G)}\circ\hat{\mathbb{V}})\cdot\cdot\mathbb{E}\times\mathbb{E}\times\mathbb{E} =$

$= -(\mathbb{D}^{(G)}\circ\hat{\mathbb{V}})\cdot\cdot\left[\overset{\langle 4\rangle}{\mathbb{E}} - \overset{\langle 4\rangle}{\mathbb{E}}_T\right] = -(\hat{\mathbb{V}}\circ\mathbb{D}^{(G)})\cdot\cdot\cdot\overset{\langle 6\rangle}{\mathbb{E}}_T\cdot\cdot\left[\overset{\langle 4\rangle}{\mathbb{E}} - \overset{\langle 4\rangle}{\mathbb{E}}_T\right]$ ist.

51) Man benutze $\mathbb{F} = \hat{\mathbb{V}}\circ(\hat{\mathbb{r}}+\mathbb{u})$ und daher

$$\mathbb{F}\cdot\mathbb{F}^T\circ\hat{\mathbb{V}} = \hat{\mathbb{V}}\circ(\hat{\mathbb{r}}+\mathbb{u})\cdot\mathbb{F}^T\circ\hat{\mathbb{V}} \equiv \hat{\mathbb{V}}\circ\mathbb{F}\cdot(\hat{\mathbb{r}}+\mathbb{u})\circ\hat{\mathbb{V}} \equiv \hat{\mathbb{V}}\circ\mathbb{F}\cdot\mathbb{F}^T \equiv$$
$$\equiv \hat{\mathbb{V}}\circ(\mathbb{F}\cdot\mathbb{F}^T)^T = \hat{\mathbb{V}}\circ(\mathbb{F}\cdot\mathbb{F}^T)\cdot\cdot\overset{\langle 4\rangle}{\mathbb{E}}_T \equiv \left[(\hat{\mathbb{V}}\circ\mathbb{F})\cdot\mathbb{F}^T\right]\cdot\cdot\overset{\langle 4\rangle}{\mathbb{E}}_T$$

52) Man beachte $\overset{\langle 4\rangle}{\mathbb{E}}_T\cdot\cdot\left[\overset{\langle 4\rangle}{\mathbb{E}} - \overset{\langle 4\rangle}{\mathbb{E}}_T\right] = -\left[\overset{\langle 4\rangle}{\mathbb{E}} - \overset{\langle 4\rangle}{\mathbb{E}}_T\right]$

53) dort mit $\overset{\langle 3\rangle}{\Gamma}_D$ bezeichnet

$$\hat{\nabla}\times\mathbb{D}^{(G)}\times\hat{\nabla} + \frac{1}{2}(\mathbb{E}\times\mathbb{E})\cdot\cdot\left\{\left[\overset{\langle 3\rangle}{\Gamma}_{F}\cdot(\mathbb{E}+2\mathbb{D}^{(G)})^{-1}\cdot\overset{\langle 3\rangle}{\Gamma}{}_{F}^{T}\right]\cdots\overset{\langle 6\rangle}{\mathbb{E}}_{T}\right\}\cdot\cdot(\mathbb{E}\times\mathbb{E}) = 0\,, \tag{8.36i}$$

also in der Tat die Beziehung (2.77b), die dort die Forderung nach Verschwinden des Einstein—Tensors zum Ausdruck brachte. Eine entsprechende Beziehung in Termen räumlicher Ableitungen des Almansischen Verzerrungstensors geht mit

$$\mathbb{F}^{*} = \mathbb{E} - \mathbb{U}^{*} = \mathbb{E} - \bar{\nabla}\circ\mathbb{u} \tag{8.37a}$$

und

$$\mathbb{F}^{*}\cdot\mathbb{F}^{*T} = \mathbb{E} - 2\mathbb{D}^{(A)} \tag{8.37b}$$

aus von

$$-\,2\bar{\nabla}\circ\mathbb{D}^{(A)} = \bar{\nabla}\circ(\mathbb{F}^{*}\cdot\mathbb{F}^{*T}) = \left[(\bar{\nabla}\circ\mathbb{F}^{*})\cdot\mathbb{F}^{*T}\right]\cdot\cdot\left[\overset{\langle 4\rangle}{\mathbb{E}} + \overset{\langle 4\rangle}{\mathbb{E}}_{T}\right] \tag{8.37c}$$

sowie von $\quad -2(\mathbb{D}^{(A)}\times\bar{\nabla})\times\mathbb{E} = \left[(\mathbb{F}^{*}\cdot\mathbb{F}^{*T})\times\bar{\nabla}\right]\times\mathbb{E} \equiv^{54)} (\overline{\mathbb{F}^{*}\cdot\mathbb{F}^{*T}\times\bar{\nabla}})\times\mathbb{E}\,,$

was man analog (8.36e) weiter in

$$-2(\mathbb{D}^{(A)}\times\bar{\nabla})\times\mathbb{E} = -\,(\mathbb{F}^{*}\cdot\mathbb{F}^{*T}\circ\bar{\nabla})\cdot\cdot\left[\overset{\langle 4\rangle}{\mathbb{E}} - \overset{\langle 4\rangle}{\mathbb{E}}_{T}\right] =^{55)} \left[(\bar{\nabla}\circ\mathbb{F}^{*})\cdot\mathbb{F}^{*T}\right]\cdot\cdot\left[\overset{\langle 4\rangle}{\mathbb{E}} - \overset{\langle 4\rangle}{\mathbb{E}}_{T}\right] \tag{8.37d}$$

umformen kann. Daher bekommt man nach Addition von (8.37c) und (8.37d)

$$\overset{\langle 3\rangle}{\Gamma}_{F^{*}} = (\bar{\nabla}\circ\mathbb{F}^{*})\cdot\mathbb{F}^{*T} =^{56)} -\,\bar{\nabla}\circ\mathbb{D}^{(A)} - (\mathbb{D}^{(A)}\times\bar{\nabla})\times\mathbb{E}\,, \tag{8.37e}$$

d. h.

$$\bar{\nabla}\times\overset{\langle 3\rangle}{\Gamma}_{F^{*}} = -\left[\bar{\nabla}\times\mathbb{D}^{(A)}\times\bar{\nabla}\right]\times\mathbb{E}\,, \tag{8.37f}$$

was man nun in (3.41i,h) mit $\bar{\nabla}$ anstelle von ∇, $\overset{\langle 3\rangle}{\Gamma}_{F^{*}}$ anstelle von $\overset{\langle 3\rangle}{\Gamma}_{A}$ und $\mathbb{F}^{*}\cdot\mathbb{F}^{*T} = (\mathbb{E}-2\mathbb{D}^{(A)})$ anstelle von $\mathbb{A}\cdot\mathbb{A}^{T}$ einsetzt. Es entsteht

$$-\left[\bar{\nabla}\times\mathbb{D}^{(A)}\times\bar{\nabla}\right]\times\mathbb{E} - \frac{1}{2}\mathbb{E}\times\mathbb{E}\cdot\cdot\left\{\left[\overset{\langle 3\rangle}{\Gamma}_{F^{*}}\cdot(\mathbb{E}-2\mathbb{D}^{(A)})^{-1}\cdot\overset{\langle 3\rangle}{\Gamma}{}_{F^{*}}^{T}\right]\cdots\overset{\langle 6\rangle}{\mathbb{E}}_{T}\right\} = 0$$

und schließlich nach doppeltskalarer Rechtsmultiplikation mit $\mathbb{E}\times\mathbb{E}$

$$\bar{\nabla}\times\mathbb{D}^{(A)}\times\bar{\nabla} - \frac{1}{2}\mathbb{E}\times\mathbb{E}\cdot\cdot\left\{\left[\overset{\langle 3\rangle}{\Gamma}_{F^{*}}\cdot(\mathbb{E}-2\mathbb{D}^{(A)})^{-1}\cdot\overset{\langle 3\rangle}{\Gamma}{}_{F^{*}}^{T}\right]\cdots\overset{\langle 6\rangle}{\mathbb{E}}_{T}\right\}\cdot\cdot\mathbb{E}\times\mathbb{E} = 0 \tag{8.37g}$$

(vgl. 2.79a,b). Dieser der Integrabilitätsbedingung $\bar{\nabla}\times\bar{\nabla}\circ\mathbb{F}^{*} = 0$ äquivalente Befund substantiiert die notwendige Bedingung dafür, daß sich die Feldgröße $\mathbb{F}^{*} = \mathbb{E}-\bar{\nabla}\circ\mathbb{u}$ durch (längs der Momentankon

---

54) Man beachte $\mathbb{F}^{*T}\times\bar{\nabla} \overset{(8.37a)}{=} \mathbb{u}\circ\bar{\nabla}\times\bar{\nabla} = 0$

55) Man benutze $\mathbb{F}^{*} = \mathbb{E} - \bar{\nabla}\circ\mathbb{u} = \bar{\nabla}\circ(\mathbb{r} - \mathbb{u})$ und daher

$$(\overline{\mathbb{F}^{*}\cdot\mathbb{F}^{*T}\circ\bar{\nabla}}) = \bar{\nabla}\circ(\overline{\mathbb{r}} - \overline{\mathbb{u}})\cdot\mathbb{F}^{*T}\circ\bar{\nabla} \equiv \bar{\nabla}\circ\mathbb{F}^{*}\cdot(\overline{\mathbb{r}} - \overline{\mathbb{u}})\cdot\mathbb{F}^{*T}\circ\bar{\nabla} =$$

$$\overline{\bar{\nabla}\circ\mathbb{F}^{*T}}\cdot\mathbb{F}^{*T} = \left[(\bar{\nabla}\circ\mathbb{F}^{*})\cdot\mathbb{F}^{*T}\right]\cdot\cdot\overset{\langle 4\rangle}{\mathbb{E}}_{T}$$

56) in (2.82b) mit $-\overset{\langle 3\rangle}{\Gamma}_{A}$ bezeichnet

figuration ($\bar{\mathbb{r}}$) erstreckte) pfadunabhängige Linienintegrale über ihre Inkremente berechnen läßt.

Die der Integrabilitätsbedingung $\mathbb{\nabla}\times\mathbb{\nabla}\circ\mathbb{A} = 0$ äquivalente Beziehung (3.41h) mit $\overset{<3>}{\Gamma}_A$ nach (3.41g) ist auch für die Notation der Kompatibilitätsbedingungen für das — vom Translationsverschiebungsfeld $\mathbb{u}(\hat{\mathbb{r}},t)$ unabhängige — Versorfeld $\mathbb{R}(\hat{\mathbb{r}},t)$ bei Cosserat–Kontinua hilfreich.
Ausgangspunkt ist der Befund

$$\mathbb{R}\cdot\mathbb{R}^T = \mathbb{E}\,, \quad \text{d. h.} \quad (\partial_{\mathbb{r}}\mathbb{R})\cdot\mathbb{R}^T + \mathbb{R}\cdot\partial_{\mathbb{r}}\mathbb{R}^T = 0$$

bzw.

$$(\partial_{\mathbb{r}}\mathbb{R})\cdot\mathbb{R}^T = -\,\mathbb{R}\cdot\partial_{\mathbb{r}}\mathbb{R}^T \equiv -\left[(\partial_{\mathbb{r}}\mathbb{R})\cdot\mathbb{R}^T\right]^T ,$$

wonach $(\partial_{\mathbb{r}}\mathbb{R})\cdot\mathbb{R}^T$ antimetrisch, also mit einem Vektorinkrement $\partial_{\mathbb{r}}\psi$ als

$$(\partial_{\mathbb{r}}\mathbb{R})\cdot\mathbb{R}^T = -\,\partial_{\mathbb{r}}\psi\times\mathbb{E} \tag{8.38a}$$

darstellbar sein und dementsprechend mit

$$\partial_{\mathbb{r}}\mathbb{R} = d\hat{\mathbb{r}}\cdot\hat{\mathbb{\nabla}}\circ\mathbb{R}\,, \quad \partial_{\mathbb{r}}\psi = d\hat{\mathbb{r}}\cdot\Psi$$

aus (8.38a)

$$(\hat{\mathbb{\nabla}}\circ\mathbb{R})\cdot\mathbb{R}^T = -\,\Psi\times\mathbb{E} \tag{8.38b}$$

gefolgert werden muß mit einer zweistufigen Verzerrungsgröße Ψ, die Linienelemente $d\hat{\mathbb{r}}$ — im Sinne einer Pfaffschen Form — in zugehörige Inkremente $\partial_{\mathbb{r}}\psi$ abbildet (vgl. [33]). Einsetzen von $-\Psi\times\mathbb{E}$ anstelle von $\overset{<3>}{\Gamma}_A$ mit $\overset{<3>}{\Gamma}_A{}^T = \mathbb{E}\times\Psi^T$ und $\mathbb{A}\cdot\mathbb{A}^T = \mathbb{R}\cdot\mathbb{R}^T = \mathbb{E}$ in (3.41h) ergibt dann die der Integrabilitätsbedingung $\mathbb{\nabla}\times\mathbb{\nabla}\circ\mathbb{R} = 0$ äquivalente, in Termen der Verzerrungsableitungen ausgedrückte Version

$$-\,\hat{\mathbb{\nabla}}\times\Psi\times\mathbb{E} = \mathbb{E}\times\mathbb{E}\cdot\cdot\left\{-(\Psi\times\mathbb{E})\cdot\mathbb{E}\cdot\mathbb{E}\times\Psi^T\right\} = -\,\mathbb{E}\times\mathbb{E}\cdot\cdot\left[\Psi\times\mathbb{E}\times\Psi^T\right]$$

und nach doppeltskalarer Rechtsmultiplikation mit $\mathbb{E}\times\mathbb{E}$ unter Beachtung von $\mathbb{E}\times\mathbb{E}\cdot\cdot\mathbb{E}\times\mathbb{E} = -2\mathbb{E}$ schließlich

$$\hat{\mathbb{\nabla}}\times\Psi + \frac{1}{2}\,\mathbb{E}\times\mathbb{E}\cdot\cdot\left[\Psi\times\mathbb{E}\times\Psi^T\right]\cdot\cdot\mathbb{E}\times\mathbb{E} = 0\,. \tag{8.38c}$$

Gl. (8.38c) substantiiert die notwendige Bedingung dafür, ein Versorfeld durch (längs der Bezugskonfiguration erstreckte) pfadunabhängige Linienintegrale über seine Inkremente berechnen zu können.

8.2 Zur Existenz und Darstellung von Flußoperatoren

Die in der klassischen Kontinuumsmechanik einschl. Thermodynamik (zwecks Notation des durch Wärmeflüsse bzw. Spannungen gekennzeichneten sog. "kaloro-dynamischen" Status) benutzten Flußoperatoren sind Wärmeflußvektoren und Spannungstensoren. Die Aufdeckung derer Existenz ist Folge

1) der Forderung nach Gültigkeit entsprechender Erhaltungssätze und
2) deren Formulierung in Termen von
   a) auf Flächen- und Zeiteinheiten bezogenen, durch (Momentan-)Flächen transportierten Quantitäten, sog. "Flußgrößen",
   b) zur Masse proportionalen sog. "eingeprägten" Produktionsgrößen und schließlich

c) ebenfalls zur Masse proportionalen und aufgrund deren Speicherfähigkeit in der Masse angesammelten Akkumulationsgrößen.

Verdeutlicht werden soll dies verallgemeinernd durch die Betrachtnahme einer (p-1)-stufigen "Fluß-Quantität" $\overset{\langle p-1\rangle}{\mathbb{Q}}$, deren Bilanzierung zunächst an einem (momentanen) prismatischen Massenelement[57] nach Abb. 8.3 mit verschwindender Dicke ($\delta h \to 0$) unter den genannten Voraussetzungen das Reaktionsprinzip hervorbringt.

Da nämlich für $\delta\bar{h} \to 0$ sämtliche unter 2b) und 2c) genannten wie auch die längs des Prismenmantels transportierten Quantitäten gegenüber den beiden längs $d\mathbb{f}_1$ bzw. $d\mathbb{f}_2$ in der Zeiteinheit passierenden Quantitäten

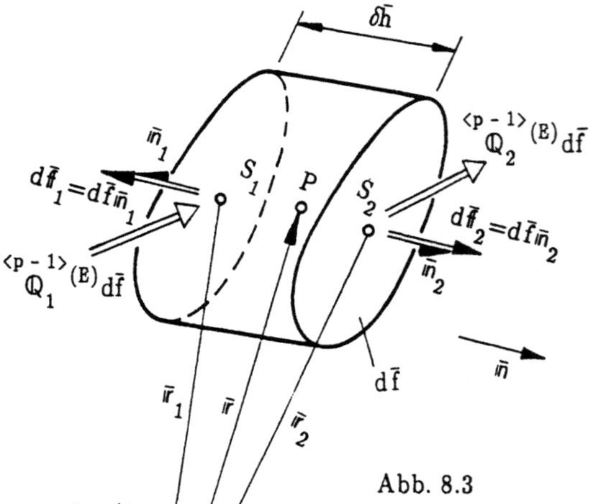

Abb. 8.3

$$\overset{\langle p-1\rangle}{d\mathbb{Q}_1}{}^{*} = \overset{\langle p-1\rangle}{\mathbb{Q}_1}{}^{(E)}d\bar{f} = \overset{\langle p-1\rangle}{\mathbb{Q}}{}^{(E)}(\mathbb{r}_1,t,\mathbb{n}_1)d\bar{f} \Rightarrow \overset{\langle p-1\rangle}{\mathbb{Q}}{}^{(E)}(\mathbb{r},t,-\mathbb{n})d\bar{f}$$

$$\overset{\langle p-1\rangle}{d\mathbb{Q}_2}{}^{*} = \overset{\langle p-1\rangle}{\mathbb{Q}_2}{}^{(E)}d\bar{f} = \overset{\langle p-1\rangle}{\mathbb{Q}}{}^{(E)}(\mathbb{r}_2,t,\mathbb{n}_2)d\bar{f} \Rightarrow \overset{\langle p-1\rangle}{\mathbb{Q}}{}^{(E)}(\mathbb{r},t,\mathbb{n})d\bar{f} \qquad (8.39a)$$

als von höherer Ordnung klein entfallen[58], verbleibt als $\overset{\langle p-1\rangle}{\mathbb{Q}}{}^{*}$-Erhaltungssatz in der Tat das Reaktionsprinzip

$$\overset{\langle p-1\rangle}{\mathbb{Q}_1}{}^{(E)} = \overset{\langle p-1\rangle}{\mathbb{Q}}{}^{(E)}(\mathbb{r},t,-\mathbb{n}) \equiv \overset{\langle p-1\rangle}{\mathbb{Q}}_{-n}{}^{(E)}(\mathbb{r},t) \overset{!}{=} -\overset{\langle p-1\rangle}{\mathbb{Q}_2}{}^{(E)} = -\overset{\langle p-1\rangle}{\mathbb{Q}}{}^{(E)}(\mathbb{r},t,\mathbb{n}) \equiv$$

---

57) mit Konvergenzpunkt P, vom Volumen $\Delta\bar{V} = \Delta V(P,t) = d\bar{f}\,\delta\bar{h}$ und mit den "Deckflächenelementen" $d\mathbb{f}_1 = d\bar{f}\;\mathbb{n}_1 \equiv -d\bar{f}\;\mathbb{n}$, $d\mathbb{f}_2 = d\bar{f}\;\mathbb{n}_2 \equiv d\bar{f}\;\mathbb{n}$, mit denen man den Satz vom Verschwinden der gerichteten Oberfläche eines Polyeders dadurch erfüllt, daß man den Flächenelementen-Vektoren $(d\mathbb{f}_1, d\mathbb{f}_2)$ Einheitsvektoren $(\mathbb{n}_1, \mathbb{n}_2)$ derart zuordnet, daß man sie (als vom Standpunkt des Massenelementes) äußere Normalen wählt.

58) indem man endliche Werte voraussetzt sowohl für die auf die Massen– und Zeiteinheiten bezogenen Produktions– bzw. Akkumulationsgrößen als auch für die auf die Flächen– und Zeiteinheiten bezogenen Flußgrößen

$$\overset{\langle p-1\rangle}{\mathbb{Q}}{}^{(E)}(\mathbb{r},t,\mathbb{n}) \equiv \overset{\langle p-1\rangle}{\mathbb{Q}}_{\bar{n}}(\mathbb{r},t) = \lim_{d\bar{f}_n \to 0} \frac{\overset{\langle p-1\rangle}{d\mathbb{Q}_{\bar{n}}}{}^{*}}{d\bar{f}_n}, \qquad (8.39c),$$

die — weil auf momentane Flächeneinheiten bezogen — den Charakter sog. Eulerscher Größen haben, was hinfort durch den zugefügten Index (E) gekennzeichnet wird. In (8.39b) wurden an $\overset{\langle p-1\rangle}{d\mathbb{Q}}{}^{*}$ bzw. an df noch der Index $\bar{n}$ zugefügt, eine Bezeichnungsweise, die sich im Folgenden als erforderlich erweisen wird.

$$\equiv - \overset{\langle p-1\rangle}{\mathbb{Q}}{}_n^{(E)}(\mathbb{r},t)\,, \tag{8.39b}$$

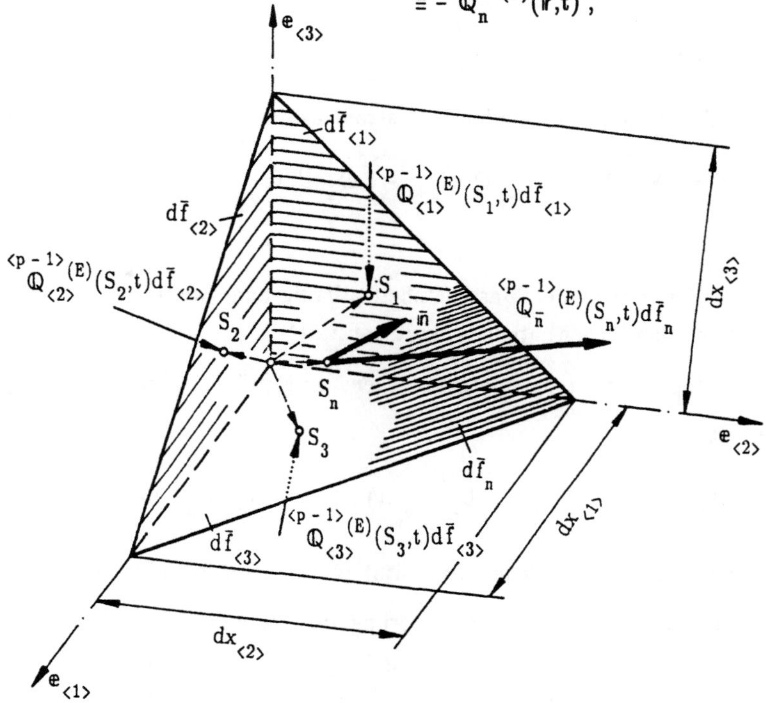

Abb. 8.4

wonach die Flußgrößen ungerade Funktionen der die Lage eines Flächenelementes im Raum charakterisierenden (momentanen) Einheitsnormalen $\mathbb{n}$ sein müssen. Verfügt man als positiv diejenige Flußgröße, die auf derjenigen "Flächenelementen"-Seite "abfließt", der die Normale $\mathbb{n}$ zugeordnet ist, so ergibt sich für die Durchfluß-Situation eines momentan tetraederförmigen Massenelementes dm (mit Konvergenzpunkt P) nach Abb. 8.4[59] folgender Befund:

Mit drei (auf die entsprechenden Flächeneinheiten $d\bar{f}_{\langle j\rangle} = 1$ bezogenen) Flußgrößen

$$\overset{\langle p-1\rangle}{\mathbb{Q}}{}_{\langle j\rangle}^{(E)}(S_j,t) = \overset{\langle p-1\rangle}{\mathbb{Q}}{}_{\langle j\rangle}^{(E)}(\mathbb{r}_{S_j},t)\,,\ j = 1...3\,,$$

ist der längs der drei Koordinaten-Flächenelemente $d\bar{\mathbb{f}}_{\langle j\rangle} = dx_{j-2}dx_{j-1}\mathbb{e}_{\langle j\rangle}$ in der Zeiteinheit stattfindende Quantitätszustrom als $\sum_{j=1}^{3} \overset{\langle p-1\rangle}{\mathbb{Q}}{}_{\langle j\rangle}^{(E)}(\mathbb{r}_{S_j},t)\, d\bar{f}_{\langle j\rangle}\,,$

---

59) das jetzt einmal, neben einer "Deckfläche" $d\bar{f}_n$ (mit Schwerpunkt $\bar{S}_n$ und Einheitsnormalen $\mathbb{n}$), — ohne Einschränkung der Allgemeinheit — als durch drei zueinander orthogonale Begrenzungsflächen $d\bar{f}_j$ (mit Schwerpunkten $\bar{S}_j$ und Einheitsnormalen $\bar{\mathbb{e}}_{\langle j\rangle}$) begrenzt angenommen wird, wobei Letztere als Koordinatenflächen—Elemente eines momentanen kartesischen Koordinatensystems angesehen werden.

die längs der Tetraeder-Deckfläche $d\mathbb{f}_n = \mathbb{n}\, d\bar{f}_n$ aus $dm = \bar{\rho} d\bar{V}$ abfließende Quantität als[60]

$$d\overset{\langle p-1\rangle}{\mathbb{Q}}{}_{\bar{n}}^{*(E)}(S_n,t) = \overset{\langle p-1\rangle}{\mathbb{Q}}{}_{\bar{n}}^{(E)}(\mathbb{r}_{S_n},t)\, d\bar{f}_n$$

und damit der für dm in der Zeiteinheit anfallende Zustromgewinn durch die Oberflächen

als
$$d\overset{\langle p-1\rangle}{\mathbb{Q}}{}_0^{*}(P,t) = \sum_{j=1}^{3} \overset{\langle p-1\rangle}{\mathbb{Q}}{}_{\langle j\rangle}^{(E)}(\mathbb{r}_{S_j},t)\, d\bar{f}_{\langle j\rangle} - \overset{\langle p-1\rangle}{\mathbb{Q}}{}_{\bar{n}}^{(E)}(\mathbb{r}_{S_n},t)\, d\bar{f}_n$$

darzustellen.

Zusammen mit dem in der Zeiteinheit der Masseneinheit allfällig anderweitig (d. h. nicht durch Zustrom durch dessen Oberflächen) applizierten Quantität[61]

$\overset{\langle p-1\rangle}{\mathbb{Q}}{}_e^{\cdot}(P,t)\, dm = \overset{\langle p-1\rangle}{\mathbb{Q}}{}_e^{\cdot}(\mathbb{r}_P,t)\bar{\rho}\, d\bar{V}$ (sog. massenbezogene eingeprägte Zufuhrgröße [60]))

wird also in der Zeiteinheit

$$d\overset{\langle p-1\rangle}{\mathbb{Q}}{}_\Sigma^{*} = \sum_{j=1}^{3} \overset{\langle p-1\rangle}{\mathbb{Q}}{}_{\langle j\rangle}^{(E)}(\mathbb{r}_{S_j},t)\, d\bar{f}_{\langle j\rangle} - \overset{\langle p-1\rangle}{\mathbb{Q}}{}_{\bar{n}}(\mathbb{r}_{S_n},t)\, d\bar{f}_n + \overset{\langle p-1\rangle}{\mathbb{Q}}{}_e^{\cdot}(\mathbb{r}_P,t)\bar{\rho}\, d\bar{V}$$

zugeführt, was zu einer von Null verschiedenen Quantität führt, wenn das Massenelement speichern kann. Also ist im Sinne einer $\overset{\langle p-1\rangle}{\mathbb{Q}}{}^{*}$-Bilanzierung am Massenelement

$$\sum_{j=1}^{3} \overset{\langle p-1\rangle}{\mathbb{Q}}{}_{\langle j\rangle}^{(E)}(\mathbb{r}_{S_j},t)\, d\bar{f}_{\langle j\rangle} - \overset{\langle p-1\rangle}{\mathbb{Q}}{}_{\bar{n}}^{(E)}(\mathbb{r}_{S_n},t)\, d\bar{f}_n + \overset{\langle p-1\rangle}{\mathbb{Q}}{}_e^{\cdot}(P,t)\,\bar{\rho}\, d\bar{V} \equiv \overset{\langle p-1\rangle}{\mathbb{Q}}{}_A^{\cdot}(P,t)\bar{\rho}\, d\bar{V} \tag{8.40}$$

die linke Seite von Gl. (8.40) identisch, mit derjenigen Quantität ($\overset{\langle p-1\rangle}{\mathbb{Q}}{}_A^{\cdot}(P,t)\bar{\rho}\, d\bar{V}$), die in der Zeiteinheit akkumulierbar, d. h. speicherbar ist.

Zur weiteren Reduktion von (8.40) beachtet man, daß die Koordinatenflächen-Schwerpunkte S_j relativ zum Deckflächen-Schwerpunkt S_n durch $d\mathbb{x}_{S_n \to S_j} = - d\bar{\mathbb{x}}_j/3 =$

$- d\bar{x}_{\langle j\rangle}\mathbb{e}_{\langle j\rangle}/3\,, \quad j = 1...3\,,$

lokalisiert und damit die Funktionswerte $\overset{\langle p-1\rangle}{\mathbb{Q}}{}_j^{(E)}(S_j,t)$, j=1...3, und $\overset{\langle p-1\rangle}{\mathbb{Q}}{}_j^{(E)}(S_n,t)$ bis auf in den Koordinatendifferentialen von höherer als erster Ordnung kleine Glieder in den Zusammenhang

---

[60]) hierin bezeichnen $\mathbb{r}_{S_j}$, j = 1...3 , bzw. $\mathbb{r}_{S_n}$ die Momentanlagen der jeweiligen Flächenelementen–Schwerpunkte

[61]) Man denke etwa im Falle der Impulsbilanz an Massenkräfte, im Falle der Entropiebilanz an durch Strahlungsabsorption der Masseneinheit zugeführte Wärmemengen bzw. an Wärmemengen, die lokal durch Dissipation mechanischer Energien enstehen.

$$\overset{\langle p-1\rangle}{\mathbb{Q}}{}^{(E)}_{\langle j\rangle}(\mathbb{r}_{S_j},t) = \overset{\langle p-1\rangle}{\mathbb{Q}}{}^{(E)}_{\langle j\rangle}(\mathbb{r}_{S_n},t) - \frac{d\bar{x}_j}{3}\left[\frac{\partial \overset{\langle p-1\rangle}{\mathbb{Q}}{}^{(E)}_{\langle j\rangle}}{\partial \bar{x}_j}\right]_{\mathbb{r}_{S_n},t}$$

gebracht werden können, womit unter Benutzung von $d\bar{f}_{\langle j\rangle} = d\bar{f}_n\, \mathbb{n}\cdot\bar{\mathbb{e}}_{\langle j\rangle}$, $d\bar{x}_j \cdot d\bar{f}_j/3 = d\bar{V}$, $j = 1...3$ Gl. (8.40) zunächst in

$$\underbrace{\left\{\mathbb{n}\cdot\left[\sum_{j=1}^{3}\bar{\mathbb{e}}_{\langle j\rangle}\circ \overset{\langle p-1\rangle}{\mathbb{Q}}{}^{(E)}_{\langle j\rangle}\right] - \overset{\langle p-1\rangle}{\mathbb{Q}}{}^{(E)}_{\bar{n}}\right\}_{\mathbb{r}_{S_n},t}}_{- - - - - - -} d\bar{f}_n +$$

$$\underbrace{\left\{\left[\bar{\rho}\,\overset{\langle p-1\rangle}{\dot{\mathbb{Q}}}_e - \rho\,\overset{\langle p-1\rangle}{\dot{\mathbb{Q}}}_A\right]_{\mathbb{r}_P,t} - \left[\sum_{j=1}^{3}\frac{\partial \overset{\langle p-1\rangle}{\mathbb{Q}}{}^{(E)}_{\langle j\rangle}}{\partial \bar{x}_j}\right]_{\mathbb{r}_{S_n},t}\right\}}_{-\cdot-\cdot-\cdot-} d\bar{V} = 0$$

umgeformt werden kann. In dieser bis auf in den Koordinatendifferentialen von vierter Ordnung kleine Größen korrekten Bilanz müssen die von zweiter bzw. dritter Ordnung kleinen Größen für sich verschwinden. Mit der Forderung nach Verschwinden der gestrichelten Klammer, d. h.

$$\overset{\langle p-1\rangle}{\mathbb{Q}}{}^{(E)}_{\bar{n}} \equiv \overset{\langle p-1\rangle}{\mathbb{Q}}{}^{(E)}(P,t,\mathbb{n}) = \mathbb{n}\cdot\sum_{j=1}^{3}\bar{\mathbb{e}}_{\langle j\rangle}\circ \overset{\langle p-1\rangle}{\mathbb{Q}}{}^{(E)}_{\langle j\rangle} = \mathbb{n}\cdot\overset{\langle p\rangle}{\mathbb{Q}}{}^{(E)}(P,t)\,, \tag{8.41a}$$

wird solchermaßen (zunächst in S_n und damit an allen Punkten, d. h. auch am Massenelementen-Konvergenzpunkt P) ein p-stufiger (Eulerscher) Flußoperator

$$\overset{\langle p\rangle}{\mathbb{Q}}{}^{(E)}(P,t) = \sum_{j=1}^{3}\bar{\mathbb{e}}_{\langle j\rangle}\circ \overset{\langle p-1\rangle}{\mathbb{Q}}{}^{(E)}_{\langle j\rangle}(P,t) \tag{8.41b}$$

etabliert, der die Flußquantitäten $\overset{\langle p-1\rangle}{\mathbb{Q}}{}^{(E)}(P,t,\mathbb{n})$ mit der Normalen ($\mathbb{n}$) der durchflossenen Flächeneinheit in Zusammenhang bringt, während die Forderung nach Verschwinden der strichpunktierten Klammern unter Benutzung der räumlichen Operation

$$\left[\sum_{j=1}^{3}\frac{\partial \overset{\langle p-1\rangle}{\mathbb{Q}}{}^{(E)}_{\langle j\rangle}}{\partial \bar{x}_j}\right]_{\mathbb{r}_{S_n},t} \equiv \left\{\left[\sum_{k=1}^{3}\bar{\mathbb{e}}_{\langle k\rangle}\frac{\partial}{\partial \bar{x}_{\langle k\rangle}}\right]\cdot\left[\sum_{j=1}^{3}\bar{\mathbb{e}}_{\langle j\rangle}\circ \overset{\langle p-1\rangle}{\mathbb{Q}}{}^{(E)}_{\langle j\rangle}\right]\right\}_{\mathbb{r}_{S_n},t} \equiv \left[\bar{\nabla}\cdot\overset{\langle p\rangle}{\mathbb{Q}}{}^{(E)}\right]_{\mathbb{r}_{S_n},t}$$

zunächst
$$-\left[\bar{\nabla}\cdot\overset{\langle p\rangle}{\mathbb{Q}}{}^{(E)}\right]_{\mathbb{r}_{S_n},t} = -\left\{\bar{\rho}\left[\overset{\langle p-1\rangle}{\dot{\mathbb{Q}}}_e - \overset{\langle p-1\rangle}{\dot{\mathbb{Q}}}_A\right]\right\}_{\mathbb{r}_P,t}$$

und mit
$$\left[\bar{\nabla}\cdot\overset{\langle p\rangle}{\mathbb{Q}}{}^{(E)}\right]_{\mathbb{r}_{S_n},t} = \left[\bar{\nabla}\cdot\overset{\langle p\rangle}{\mathbb{Q}}{}^{(E)}\right]_{\mathbb{r}_P,t} + \underline{d\bar{\mathbb{x}}_{P\to S_n}\cdot\left\{\bar{\nabla}\circ\left[\bar{\nabla}\cdot\overset{\langle p\rangle}{\mathbb{Q}}\right]\right\}_{\mathbb{r}_P,t}}$$

nach Vernachlässigung des von höherer Ordnung kleinen gestrichelten Anteils schließlich die (in allen Raumpunkten $\mathbb{r} = \mathbb{r}_p$ gültige[62]), lokale) Bilanz-Feldgleichung

$$-\bar{\nabla}\cdot \overset{\langle p\rangle}{\mathbb{Q}}^{(E)} + \bar{\rho}\, \overset{\langle p-1\rangle}{\mathbb{Q}}_e^{\cdot} = \bar{\rho}\, \overset{\langle p-1\rangle}{\mathbb{Q}}_A^{\cdot} \tag{8.42}$$

liefert, die bzw. eine entsprechende Anzahl solcherart Gleichungen Schlüssel zur kontinuumsmechanischen Analyse sind, sofern man vermittels Materialgleichungsanalysen die Operatoren $\overset{\langle p\rangle}{\mathbb{Q}}^{(E)\cdot}$ sowie die Akkumulationsgrößen $\overset{\langle p-1\rangle}{\mathbb{Q}}_A^{\cdot}$ als Funktionen bzw. Funktionale ein und derselben Gruppe von (i. allg. tensorwertigen) "Zustandsgrößen" darstellen kann[63]).

Flußgrößen werden in der Kontinuumsmechanik häufig auch auf Flächeneinheiten der Bezugskonfiguration bezogen, indem man die in der Zeiteinheit ein Momentan-Flächenelement ($d\bar{\mathbb{f}}_n$) passierende Quantität unter Benutzung von $d\bar{\mathbb{f}}_n = d\hat{\mathbb{f}}_n \cdot \mathbb{F}_f$ als

$$\overset{\langle p-1\rangle_*}{d\mathbb{Q}}_{\bar{n}} \overset{(8.41b)}{=} \overset{\langle p-1\rangle}{\mathbb{Q}}_{\bar{n}}^{(E)}\, d\bar{f}_n \overset{(8.41a)}{=} d\bar{\mathbb{f}}_n \cdot \overset{\langle p\rangle}{\mathbb{Q}}^{(E)} = d\hat{\mathbb{f}}_n \cdot \mathbb{F}_f \cdot \overset{\langle p\rangle}{\mathbb{Q}}^{(E)} \equiv$$

$$\equiv d\hat{\mathbb{f}}_n \cdot \overset{\langle p\rangle}{\mathbb{Q}}^{(L)} \equiv d\hat{f}_n\, \hat{\mathbb{n}} \cdot \overset{\langle p\rangle}{\mathbb{Q}}^{(L)}, \tag{8.43a}$$

notiert unter Benutzung eines sog. Lagrangeschen Flußoperators $\overset{\langle p\rangle}{\mathbb{Q}}^{(L)}$, der mit dem Eulerschen Operator in der Form

$$\overset{\langle p\rangle}{\mathbb{Q}}^{(L)} = \mathbb{F}_f \cdot \overset{\langle p\rangle}{\mathbb{Q}}^{(E)} = F_3\, \mathbb{F}^{T^{-1}} \cdot \overset{\langle p\rangle}{\mathbb{Q}}^{(E)} \tag{8.43b}$$

zusammenhängt und per

$$\lim_{d\hat{f}_n \to 0} \frac{\overset{\langle p-1\rangle_*}{d\mathbb{Q}}_{\bar{n}}}{d\hat{f}_n} \overset{(8.43a)}{=} \hat{\mathbb{n}} \cdot \overset{\langle p\rangle}{\mathbb{Q}}^{(L)} = \overset{\langle p-1\rangle}{\mathbb{Q}}_{\hat{n}}^{(L)} \tag{8.43c}$$

---

62) selbstverständlich unter der Voraussetzung nach den Raumkoordinaten differenzierbarer Felder $\overset{\langle p\rangle}{\mathbb{Q}}^{(E)}$. Werden Letztere — man denke etwa an Spannungs– und Verzerrungszustände in aus verschiedenen Materialien bestehenden Verbundkörpern — nur als stückweise differenzierbar vorausgesetzt bis auf Raumpunkte auf diesbezüglichen Unstetigkeitsflächen (U_1), gilt (8.42) innerhalb der durch Letztere eingegrenzten offenen räumlichen Intervalle. Inwieweit in letzteren Fällen Stetigkeit von $\bar{\mathbb{n}}_U \cdot \overset{\langle p\rangle}{\mathbb{Q}}^{(E)}$, also Gültigkeit des Reaktionsprinzips auch für Flächenelemente $d\mathbb{f}_U$ vorausgesetzt werden darf, hängt davon ab, inwieweit $\bar{\rho}\, \overset{\langle p-1\rangle}{\mathbb{Q}}_e^{\cdot}$ bzw. $\bar{\rho}\, \overset{\langle p-1\rangle}{\mathbb{Q}}_A^{\cdot}$ als endliche Größen angesehen werden können, vgl. Fußn. 57 u. §8.3.1.

63) In der klassischen Kontinuumsmechanik sind dies die sog. "thermisch–kinematischen Variablen", d. h. Temperaturen bzw. Verschiebungen, deren Gradienten den sog. "kaloro–dynamischen Variablen", d. h. Wärmeflußvektoren bzw. Spannungstensoren nach Maßgabe der in §9 referierten "Rahmenordnung" in Form von "Materialgleichungen" zugeordnet werden. Sofern die "eingeprägten Produktionsgrößen" $\overset{\langle p-1\rangle}{\mathbb{Q}}_e^{\cdot}$ nicht a priori vorgegeben sind, müssen auch diese als Funktion bzw. Funktionale der "Zustandsgrößen" vorgegeben sein.

sog. Lagrangesche Flußgrößen $\overset{\langle p-1\rangle}{\mathbb{Q}}{}_{\hat{n}}^{(L)}$ definiert.

Eine Formulierung der Bilanzgleichung (8.42) in Termen des zugehörigen Operators $\overset{\langle p\rangle}{\mathbb{Q}}{}^{(L)}$ ergibt wegen

$$\bar{\mathbb{V}}\cdot\overset{\langle p\rangle}{\mathbb{Q}}{}^{(E)} = \bar{\mathbb{V}}\cdot(\mathbb{F}_f^{-1}\cdot\overset{\langle p\rangle}{\mathbb{Q}}{}^{(L)}) \overset{(8.19b)}{=} (\mathbb{F}_f^{T^{-1}}\cdot\bar{\mathbb{V}})\cdot\overset{\langle p\rangle}{\mathbb{Q}}{}^{(L)} =$$

$$\overset{(8.4c)}{=} \frac{1}{F_3}(\mathbb{F}\cdot\bar{\mathbb{V}})\cdot\overset{\langle p\rangle}{\mathbb{Q}}{}^{(L)} \overset{(8.15b)}{=} \frac{1}{F_3}(\hat{\mathbb{V}}\cdot\overset{\langle p\rangle}{\mathbb{Q}}{}^{(L)}) \overset{(8.6d)}{=} \frac{\bar{\rho}}{\hat{\rho}}\hat{\mathbb{V}}\cdot\overset{\langle p\rangle}{\mathbb{Q}}{}^{(L)}$$

schließlich die wichtige Version

$$-\hat{\mathbb{V}}\cdot\overset{\langle p\rangle}{\mathbb{Q}}{}^{(L)} + \hat{\rho}\,\overset{\langle p-1\rangle}{\mathbb{Q}}{}_e^{\cdot} = \hat{\rho}\,\overset{\langle p-1\rangle}{\mathbb{Q}}{}_A^{\cdot}\,, \tag{8.43d}$$

die Ausdruck der Bilanzierung am Massenelement in Termen in dessen Bezugskonfiguration definierter Größen ist.

Die Wärmemengen- bzw. Entropiebilanz aber auch die Massenbilanz sind ein Anwendungsfall für p=1. Im ersteren Falle wird durch den als (Eulerscher) Wärmeflußvektor $\mathbb{q}^{(E)}$ bezeichneten Operator per

$$(d\,\overset{\langle 0\rangle}{\mathbb{Q}}{}_{\bar{n}}^{*(E)} =)\; d\bar{Q}_n = \bar{\mathbb{n}}\cdot\mathbb{q}^{(E)} d\bar{f}_n = d\bar{\mathbb{f}}_n\cdot\mathbb{q}^{(E)} \tag{8.44a}$$

ein Zusammenhang zwischen der in der Zeiteinheit durch ein momentanes Flächenelement ($d\bar{\mathbb{f}}_n$) (durch sog. Wärmeleitung) transportierten Wärmeenergie ($d\bar{Q}_n$) und dem Flächenelement ($d\bar{\mathbb{f}}_n$) hergestellt. Mit der durch thermisch-kinematische Variable bzw. deren Geschichte ausdrückbaren spezifischen Entropie $\mathscr{S}$ (je Masseneinheit) und der absoluten Temperatur T, der mit $\dot{Q}_e$ bezeichneten (etwa von Strahlungsabsorption u. ä. herrührenden) eingeprägten Wärmemenge je Masseneinheit und der sog. spezifischen Dissipationsleistung $\mathscr{D}^{\cdot}$ [64] gilt hier allerdings die kalorische bzw. Entropiebilanz-Feldgleichung

$$-\frac{\bar{\mathbb{V}}\cdot\mathbb{q}^{(E)}}{\bar{\rho}} + \dot{Q}_e + \mathscr{D}^{\cdot} = T\dot{\mathscr{S}}, \tag{8.44b}$$

(vgl. (8.88a,b)), die man zwecks Erhalt einer zu (8.42) analogen Struktur mit $\bar{\rho}/T$ zu multiplizieren hat. So entsteht wegen

$$\frac{\bar{\mathbb{V}}\cdot\mathbb{q}^{(E)}}{T} = \bar{\mathbb{V}}\cdot\left[\frac{\mathbb{q}^{(E)}}{T}\right] + \frac{\mathbb{q}^{(E)}}{T}\cdot\frac{\bar{\mathbb{V}}T}{T}$$

die mit (8.44b) identische und nunmehr - man setze $\overset{\langle p-1\rangle}{\mathbb{Q}}{}_A = \mathscr{S}$ - (8.42) analoge Version

---

[64] d. i. — bei Beschränkung auf thermisch—mechanische Umsetzungen — derjenige, auf die Masseneinheit bezogene Anteil an mechanischer Energie, der in der Zeiteinheit durch (innere) Reibungsphänomene sogleich in Wärme umgesetzt wird.

$$- \bar{\nabla}\cdot\mathfrak{s}^{(E)} + \bar{\rho}\Big[\underline{\frac{\dot{Q}_e}{T}} + \frac{1}{T}\Big(\mathscr{D}^{\cdot} - \underline{\frac{\mathfrak{s}^{(E)}\cdot\bar{\nabla}T}{\bar{\rho}}}\Big)\Big] = \bar{\rho}\,\dot{\mathscr{S}}, \tag{8.44c}$$

in der anstelle von $\mathbb{q}^{(E)}$ der sog. (Eulersche) Entropiefluß-Vektor

$$\Big[\overset{\langle p\rangle}{\mathbb{Q}}{}^{(E)}\Big] = \mathfrak{s}^{(E)} = \mathbb{q}^{(E)}/T \tag{8.44d}$$

aufscheint, der nun allerdings noch einen Anteil zum lokalen Produktionsterm (in (8.44d) gestrichelt) beiträgt.

Im Falle der Massenbilanz bemüht man anstelle von z. B. (8.33d) die hierzu identische Beziehung

$$\bar{\nabla}\cdot\bar{\mathbb{v}} \overset{(8.33c)}{=} -\dot{\bar{\rho}}/\bar{\rho} \equiv \bar{\rho}\Big[-\dot{\bar{\rho}}/\bar{\rho}^2\Big] = \bar{\rho}(1/\bar{\rho})^{\cdot}\,, \tag{8.44e}$$

um solchermaßen mit $\overset{\langle p\rangle}{\mathbb{Q}}{}^{(E)} = \mathbb{v}$, $\overset{\langle p-1\rangle}{\mathbb{Q}_e}{}^{\cdot} = 0$ und $\overset{\langle p-1\rangle}{\mathbb{Q}_A} = -1/\rho$ eine formale Analogie mit (8.42) herzustellen.

Ein Anwendungsfall p=2 ist die Impulsbilanzierung. Hier werden die Flußgrößen per

$$\overset{\langle p-1\rangle}{\mathbb{Q}_{\bar{n}}}{}^{(E)} = \overset{\langle 1\rangle}{\mathbb{Q}_{\bar{n}}}{}^{(E)} = -\,\mathfrak{s}_{\bar{n}}^{(E)} \tag{8.45a}$$

als (an momentanen Flächeneinheiten "angreifende") Eulersche Spannungsvektoren[65] ($\mathfrak{s}_{\bar{n}}^{(E)}$) interpretiert und die durch "Flächenelemente übertragenen" (Schnitt- bzw. Übertragungs-)Kräfte ($d\mathbb{k}_{f_n}$) als

$$\Big[\, d\overset{\langle 1\rangle}{\mathbb{Q}_{\bar{n}}}{}^{*(E)} \equiv -\, d\bar{\mathbb{k}}_{f_n} = \Big] -\mathfrak{s}_{\bar{n}}^{(E)} d\bar{f}_n \equiv \equiv -\bar{\mathbb{n}}\cdot\mathbb{S}^{(E)} d\bar{f} = -\, d\bar{\mathbb{f}}_n\cdot\mathbb{S}^{(E)} \tag{8.45b}$$

dargestellt unter Benutzung des Eulerschen (Kraft-)Spannungstensors ($\mathbb{S}^{(E)}$), mit dem man die Impulsbilanz-Feldgleichung (sog. Newton-Eulersche Feldgleichung) in der Form

$$\bar{\nabla}\cdot\mathbb{S}^{(E)} + \bar{\rho}\mathbb{k}_m = \bar{\rho}\dot{\mathbb{v}} \tag{8.45c}$$

notiert, worin $\mathbb{k}_m$ die (auf die Masseneinheit bezogenen und in deren Momentanplazierung ausgeübten) sog. Massenkräfte bedeuten und

$$\overset{\langle p-1\rangle}{\mathbb{Q}_A}{}^{\cdot} = \overset{\langle 1\rangle}{\mathbb{Q}_A}{}^{\cdot} = \dot{\mathbb{v}} \tag{8.45d}$$

gesetzt wird, indem man statuiert, daß sich nach Newton ein an der Masseneinheit in der Zeiteinheit akkumulierter Impuls in Form ihrer Beschleunigung ($\dot{\mathbb{v}}$) registrieren (und damit "kinematisieren") läßt.

Das in der klassischen Kontinuumsmechanik postulierte Unvermögen eines Massenelementes, zu dessen Masse (dm) proportionale Drehimpulse speichern und längs Flächenelementen zu Letzteren proportionale Momente übertragen zu können, führt als Folge einer

---

65) d. s. in "Flächeneinheiten der Momentankonfiguration übertragene" Kräfte

entsprechend (8.42) formulierten Drehimpuls-Bilanzgleichung[66] zum Postulat der Symmetrie des Eulerschen Spannungstensors

$$\mathbb{S}^{(E)} = \mathbb{S}^{(E)T} . \tag{8.45e}$$

Die Eulerschen Operationen ($\mathbb{q}^{(E)}, \mathbb{S}^{(E)}$) werden auch als Bilanzoperatoren bezeichnet, weil sie (als entsprechende kaloro–dynamischen Größen) in den (für die Massenelementen–Momentankonfiguration formulierten) Bilanzgleichungen (der Entropie– bzw. Impulsbilanzen) aufscheinen. Sie sind in Theorien endlicher Verformungen zu unterscheiden von den sog. "relativen" bzw. "effektiven" kaloro–dynamischen Operatoren, die in Materialgleichungsanalysen mit von der Bezugskonfiguration her registrierten (und mit den Richtungsgrößen der Bezugskonfiguration korrelierten) thermisch–kinematischen Größen (etwa Greenschen Verzerrungen, materiellen Temperaturgradienten) in Zusammenhang gebracht werden.

Werden durch (momentane) Flächenelemente ($d\bar{\mathbb{f}}_n$) übertragene Wärmemengen ($d\bar{Q}_n$) bzw. Schnittkräfte ($d\bar{\mathbb{k}}_{f_n}$) mit den Flächenelementen ($d\hat{\mathbb{f}}_n$) der Bezugskonfiguration in Zusammenhang gebracht, so werden solcherart Zuordnungen im Sinne von (8.43b) wegen $d\bar{\mathbb{f}}_n = d\hat{\mathbb{f}}_n \cdot \mathbb{F}_f$ und damit

$$d\bar{Q}_n = d\bar{\mathbb{f}}_n \cdot \mathbb{q}^{(E)} = d\hat{\mathbb{f}}_n \cdot \mathbb{F}_f \cdot \mathbb{q}^{(E)} \equiv d\hat{\mathbb{f}}_n \cdot \mathbb{q}^{(L)} \tag{8.46a}$$

bzw.

$$d\bar{\mathbb{k}}_{f_n} = d\bar{\mathbb{f}}_n \cdot \mathbb{S}^{(E)} = d\hat{\mathbb{f}}_n \cdot \mathbb{F}_f \cdot \mathbb{S}^{(E)} \equiv d\hat{\mathbb{f}}_n \cdot \mathbb{S}^{(L)} \tag{8.47a}$$

durch den sog. Lagrangeschen Wärmeflußvektor bzw. den Lagrangeschen Spannungstensor

$$\mathbb{q}^{(L)} = \mathbb{F}_f \cdot \mathbb{q}^{(E)} \overset{67)}{=} F_3\, \mathbb{F}^{T^{-1}} \cdot \mathbb{q}^{(E)} = F_3 \mathbb{q}^{(E)} \cdot \mathbb{F}^{-1} \tag{8.46b}$$

bzw.

$$\mathbb{S}^{(L)} = \mathbb{F}_f \cdot \mathbb{S}^{(E)} = F_3\, \mathbb{F}^{T^{-1}} \cdot \mathbb{S}^{(E)} \tag{8.47b}$$

vermittelt, (vgl. (8.43b)) für die - im Sinne von (8.43d) - gleichwertig zu (8.44b, 45c) die Bilanzgleichungen

$$-\frac{\hat{\mathbb{V}} \cdot \mathbb{q}^{(L)}}{\hat{\rho}} + \dot{Q}_e + \dot{\mathscr{D}} = T\, \dot{\mathscr{S}} \tag{8.46c}$$

bzw.

$$\hat{\mathbb{V}} \cdot \mathbb{S}^{(L)} + \hat{\rho}\mathbb{k}_m = \hat{\rho}\dot{\mathbb{v}} \tag{8.47c}$$

gelten. Eine in der Form

$$\mathbb{S}^{(K)} \equiv \mathbb{S}^{(L)} \cdot \mathbb{F}^{-1} = F_3 \mathbb{F}^{T^{-1}} \cdot \mathbb{S}^{(E)} \cdot \mathbb{F}^{-1} \tag{8.48a}$$

symmetrisierte Variante des Lagrangeschen Spannungstensors heißt Kappusscher bzw. 2.Piola-Kirchhoff-Tensor. Er vermittelt wegen

$$d\bar{\mathbb{k}}_{f_n} \cdot \mathbb{F}^{-1} \equiv d\mathbb{k}^{(K)}_{f_n} \equiv d\hat{f}_n \mathbb{s}^{(K)}_{\hat{n}} = d\hat{\mathbb{f}}_n \cdot \mathbb{S}^{(K)} \equiv d\hat{f}_n \hat{\mathbb{n}} \cdot \mathbb{S}^{(K)} \tag{8.48b}$$

---

[66] in der die Produktionsgröße $\overset{\langle 1 \rangle}{\mathbb{Q}}_e$ noch den schiefsymmetrischen Anteil ($\overset{\langle 3 \rangle}{\mathbb{E}} \cdot\cdot \mathbb{S}^{(E)}$) des zunächst noch nicht als symmetrisch unterstellten Kraftspannungstensors enthält.

[67] mit $F_3 = (\mathbb{F})_3 = \rho(P,t_0)/\rho(P,t) = \hat{\rho}/\bar{\rho}$

einen linearen Zusammenhang zwischen den Flächenelementen der Bezugskonfiguration und denjenigen an Letzteren angreifenden (fiktiven) (Kappusschen) Elementarkräften ($d\mathbb{k}_{f_n}^{(K)}$), die im Zusammenhang mit der lokalen Konfigurationstransformation $\Delta\mathfrak{V}(P,t_0) \Rightarrow \Delta\mathfrak{V}(P,t)$ wie materielle Linienelemente (vgl. (8.4a)) in die Momentankonfiguration ($d\bar{\mathbb{k}}_{f_n}$) überführt werden. In Termen Kappusscher Spannungen hat man - man setze (8.48a) in (8.47c) ein - als Impulsbilanz-Feldgleichung

$$\hat{\nabla}\cdot(\mathbb{S}^{(K)}\cdot\mathbb{F}) + \hat{\rho}\mathbb{k}_m = \hat{\rho}\dot{\mathbb{v}}\,. \tag{8.48c}$$

Entsprechend (8.39c,43c) bezeichnen

$$\lim_{d\bar{f}_n\to 0}\frac{d\bar{Q}_n}{d\bar{f}_n} = \bar{\mathbb{n}}\cdot\mathbb{q}^{(E)} = q_{\bar{n}}^{(E)}\,,\quad \lim_{d\hat{f}_n\to 0}\frac{d\bar{Q}_n}{d\hat{f}_n} = \hat{\mathbb{n}}\cdot\mathbb{q}^{(L)} = q_{\hat{n}}^{(L)} = (1+\varepsilon_{fnn})\,q_{\bar{n}}^{(E)} \tag{8.49a,b}$$

die auf die Flächeneinheit der Momentan- bzw. der Bezugskonfiguration bezogenen und in der Zeiteinheit in der Momentan-Konfiguration stattfindenden Eulerschen bzw. Lagrangeschen Wärmeflüsse,

$$\lim_{d\bar{f}_n\to 0}\frac{d\bar{\mathbb{k}}_{f_n}}{d\bar{f}_n} = \bar{\mathbb{n}}\cdot\mathbb{S}^{(E)} = \mathbb{s}_{\bar{n}}^{(E)}\,, \tag{8.50a}$$

$$\lim_{d\hat{f}_n\to 0}\frac{d\bar{\mathbb{k}}_{f_n}}{d\hat{f}_n} = \hat{\mathbb{n}}\cdot\mathbb{S}^{(L)} = \mathbb{s}_{\hat{n}}^{(L)} \equiv^{68)} (1+\varepsilon_{fnn})\lim_{d\bar{f}_n\to 0}\frac{d\bar{\mathbb{k}}_{f_n}}{d\bar{f}_n} = (1+\varepsilon_{fnn})\,\mathbb{s}_{\bar{n}}^{(E)} \tag{8.50b}$$

die als Eulersche bzw. Lagrangesche Spannungsvektoren benannten, auf die Flächeneinheit der Momentan- bzw. der Bezugskonfiguration bezogenen (momentanen) Schnittkraftintensitäten und schließlich

$$\mathbb{s}_{\hat{n}}^{(K)} \equiv \hat{\mathbb{n}}\cdot\mathbb{S}^{(K)} = \lim_{d\hat{f}_n\to 0}\frac{d\bar{\mathbb{k}}_{f_n}}{d\hat{f}_n}\cdot\mathbb{F}^{-1} = \lim_{d\hat{f}_n\to 0}\frac{d\mathbb{k}_{f_n}^{(K)}}{d\hat{f}_n} \equiv \mathbb{s}_{\hat{n}}^{(L)}\cdot\mathbb{F}^{-1} = \mathbb{s}_{\bar{n}}^{(E)}\cdot\mathbb{F}^{-1}(1+\varepsilon_{fnn}) \tag{8.51}$$

den Kappuschen Spannungsvektor ($\mathbb{s}_{\hat{n}}^{(K)}$).

Die Definition (8.48a) des 2.Piola–Kirchhoff–Tensors erscheint in diesem Stadium durchaus willkürlich und wird erst im Zusammenhang mit Spannungsarbeits–Formulierungen einsichtig (vgl. §8.5).
Zur Veranschaulichung diene die durch Eulersche (momentane) Spannungen und Verzerrungsgrößen dargestellte Komponenten–Angabe des 2.Piola–Kirchhoff–Tensors hinsichtlich einer in der Bezugskonfiguration (lokalen) orthonormalen Bezugsbasis $\hat{\mathbb{e}}_{\langle j\rangle}$. Weil in diesem Falle die Koordinaten–

---

68) ε_{fnn} bedeutet die durch $\varepsilon_{fnn} = \lim_{df_n\to 0}\frac{d\bar{f}_n - df_n}{df_n}$ definierte Flächenelementendehnung nach (8.10d)

linien—Tangentenrichtungen $\hat{\mathbf{e}}_{\langle j\rangle}$ identisch sind mit den Normalenrichtungen $\hat{\mathbf{e}}_{f\langle j\rangle}$ der entsprechenden Koordinatenflächenelemente bedeutet in der Relation

$$\mathbf{s}^{(K)}_{\langle j\rangle} = \hat{\mathbf{e}}_{f\langle j\rangle}\cdot\mathbb{S}^{(K)} \equiv \hat{\mathbf{e}}_{\langle j\rangle}\cdot\mathbb{S}^{(K)} \overset{(8.51)}{=} \mathbf{s}^{(E)}_{\bar{j}}\cdot\mathbb{F}^{-1}(1+\varepsilon_{fjj}) \tag{8.52a}$$

$\mathbf{s}^{(E)}_{\bar{j}}$ die Eulersche Spannung, die (momentan) in demjenigen Flächenelement herrscht, das in der Bezugskonfiguration die Einheitsnormale $\hat{\mathbf{e}}_{f\langle j\rangle} = \hat{\mathbf{e}}_{\langle j\rangle}$ aufwies. Zerlegt man $\mathbf{s}^{(E)}_{\bar{j}}$ in der Momentankonfiguration per

$$\mathbf{s}^{(E)}_{\bar{j}} = \sum_{k=1}^{3} \bar{\sigma}^{(E)}_{jk}\ \bar{\mathbf{e}}_k \tag{8.52b}$$

in diejenigen (momentanen) Richtungen ($\bar{\mathbf{e}}_k$), in die die Tangentenrichtungen ($\hat{\mathbf{e}}_{\langle k\rangle}$) der Bezugskonfiguration im Zusammenhang mit dem Übergang in die Momentankonfiguration überführt werden, so ist mit

$$\bar{\mathbf{e}}_k\cdot\mathbb{F}^{-1} \overset{(8.11d)}{=} \hat{\mathbf{e}}_k/(1+\varepsilon_{\langle kk\rangle}),\quad k = 1...3\ ,$$

aus (8.52a)

$$\mathbf{s}^{(K)}_{\langle j\rangle} = \sum_{j=1}^{3} \bar{\sigma}^{(E)}_{jk}\ \frac{1+\varepsilon_{f\langle jj\rangle}}{1+\varepsilon_{\langle kk\rangle}}\ \hat{\mathbf{e}}_k$$

d. h.

$$\bar{\sigma}^{(K)}_{\langle jk\rangle} = \hat{\mathbf{e}}_{\langle j\rangle}\cdot\mathbb{S}^{(K)}\cdot\hat{\mathbf{e}}_{\langle k\rangle} = \bar{\sigma}^{(E)}_{jk}\ \frac{1+\varepsilon_{f\langle jj\rangle}}{1+\varepsilon_{\langle kk\rangle}},\quad j,k = 1...3$$

bzw.

$$\mathbb{S}^{\langle K\rangle} \mathrel{\hat{=}} \begin{pmatrix} \frac{1+\varepsilon_{f\langle 11\rangle}}{1+\varepsilon_{\langle 11\rangle}}\bar{\sigma}^{(E)}_{11} & \frac{1+\varepsilon_{f\langle 11\rangle}}{1+\varepsilon_{\langle 22\rangle}}\bar{\sigma}^{(E)}_{12} & \frac{1+\varepsilon_{f\langle 11\rangle}}{1+\varepsilon_{\langle 33\rangle}}\bar{\sigma}^{(E)}_{13} \\ \frac{1+\varepsilon_{f\langle 22\rangle}}{1+\varepsilon_{\langle 11\rangle}}\bar{\sigma}^{(E)}_{21} & \frac{1+\varepsilon_{f\langle 22\rangle}}{1+\varepsilon_{\langle 22\rangle}}\bar{\sigma}^{(E)}_{22} & \frac{1+\varepsilon_{f\langle 22\rangle}}{1+\varepsilon_{\langle 33\rangle}}\bar{\sigma}^{(E)}_{23} \\ \frac{1+\varepsilon_{f\langle 33\rangle}}{1+\varepsilon_{\langle 11\rangle}}\bar{\sigma}^{(E)}_{31} & \frac{1+\varepsilon_{f\langle 33\rangle}}{1+\varepsilon_{\langle 22\rangle}}\bar{\sigma}^{(E)}_{32} & \frac{1+\varepsilon_{f\langle 33\rangle}}{1+\varepsilon_{\langle 33\rangle}}\bar{\sigma}^{(E)}_{33} \end{pmatrix}_{\langle \hat{\mathbf{e}}_j\rangle} \tag{8.52c}$$

erreichbar. Die Symmetrie von $\mathbb{S}^{(K)}$, d. h.

$$\frac{1+\varepsilon_{f\langle jj\rangle}}{1+\varepsilon_{\langle kk\rangle}}\bar{\sigma}^{(E)}_{jk} = \frac{1+\varepsilon_{f\langle kk\rangle}}{1+\varepsilon_{\langle jj\rangle}}\bar{\sigma}^{(E)}_{kj}\ , \tag{8.52d}$$

drückt die Momenten—Gleichgewichtsbedingung der am (verformten) Massenelement[69] angreifenden Oberflächenkräfte aus.

Der 2.Piola-Kirchhoff-Tensor hat in der Festkörpermechanik erhebliche Bedeutung, weil er, wie insbesondere (8.52c) verdeutlicht und auch in der (8.48a) äquivalenten Notation

---

69) mit in der Bezugskonfiguration quaderförmiger Gestalt

$$\mathbb{S}^{(E)} = \mathbb{F}^T \cdot \mathbb{S}^{(K)} \cdot \mathbb{F} / F_3 \tag{8.52e}$$

zum Ausdruck kommt, den dynamischen Momentanstatus ($\mathbb{S}^{(E)}$) - wenn auch in Kombination mit Verzerrungsgrößen - mit in der Bezugskonfiguration definierten Richtungsgrößen zu korrelieren erlaubt, weswegen Materialgleichungsanalysen unter Benutzung Greenscher Verzerrungen[70] ($\mathbb{D}^{(G)}$) als dynamischen Tensor meist den 2.Piola-Kirchhoff-Tensor benutzen, indem man so das Aufscheinen von Versoren in Materialgleichungen vermeidet. Selbstverständlich sind (analog der Benutzung des Streckungstensors $\mathbb{D}^{(S)} = \sqrt{\mathbb{E}+2\mathbb{D}^{(G)}}$) auch aus Greenschen Verzerrungen ($\mathbb{D}^{(G)}$) und 2.Piola-Kirchhoff-Spannungen ($\mathbb{S}^{(K)}$) gebildete Tensorfunktionen "brauchbare" dynamische Tensoren zwecks Einbau in "verdrehungsgliederfreie" Materialgleichungen, in denen Greensche bzw. Streckungsverzerrungen als kinematische Variable aufscheinen.

Eine solche Tensorfunktion ist der nach der Vorschrift

$$\mathbb{S}^{(R)} = \mathbb{D}^{(S)} \cdot \mathbb{S}^{(K)} \cdot \mathbb{D}^{(S)} / D_3^{(S)} \quad \text{bzw.} \quad \mathbb{S}^{(K)} = D_3^{(S)}\, \mathbb{D}^{(S)^{-1}} \cdot \mathbb{S}^{(R)} \cdot \mathbb{D}^{(S)^{-1}} \tag{8.53a,b}$$

gefertigte sog. relative Spannungstensor ($\mathbb{S}^{(R)}$), dessen Zusammenhang mit dem Eulerschen Tensor ($\mathbb{S}^{(E)}$) etwa unter Benutzung von (8.48a) mit $\mathbb{F} = \mathbb{D}^{(S)} \cdot \mathbb{R}$ in Form der Beziehung

$$\mathbb{S}^{(E)} = \mathbb{R}^T \cdot \mathbb{S}^{(R)} \cdot \mathbb{R} \quad \text{bzw.} \quad \mathbb{S}^{(R)} = \mathbb{R} \cdot \mathbb{S}^{(E)} \cdot \mathbb{R}^T \tag{8.53c,d}$$

anfällt[71], die die Funktionsweise dieses dynamischen Operators anschaulich verdeutlicht:
Angesichts der Tatsache, daß Invarianten und Hauptwerte beider Tensoren übereinstimmen und die Hauptrichtungen von $\mathbb{S}^{(E)}$ durch Drehung der Hauptrichtungen von $\mathbb{S}^{(R)}$ mit dem Versor $\mathbb{R}$ der (mittleren) Elementendrehung[72] hervorgebracht werden, repräsentiert $\mathbb{S}^{(R)}$ einen in der Elementen–Streckungskonfiguration herrschenden Spannungszustand, der die Eigenschaft hat, im Zusammenhang mit dem Übergang von der Streckungs– in die Elementen–Momentankonfiguration in den Eulerschen Momentanspannungszustand überzugehen. $\mathbb{S}^{(R)}$ repräsentiert also genau denjenigen Spannungszustand, der vom Element als (Verzerrungen bewirkende) effektive (auf momentane Flächeneinheiten bezogene) Beanspruchungsgröße "empfunden" wird, weil im Zusammenhang mit dem Übergang von der Streckungs– in die Momentankonfiguration aufgrund der "mitdrehenden Spannungen" ($\mathbb{S}^{(R)} \Longrightarrow \mathbb{S}^{(E)}$) die "individuelle" Elementen–Beanspruchungssituation nicht mehr verändert wird. Diesen Sachverhalt verifiziert man auch formal, indem man

$$\bar{\mathbb{e}}_j^f \cdot \mathbb{S}^{(E)} \cdot \bar{\mathbb{e}}_k = \bar{\mathbb{e}}_f^j \cdot \mathbb{R}^T \cdot \mathbb{S}^{(R)} \cdot \mathbb{R} \cdot \bar{\mathbb{e}}_k \overset{(8.11d,e)}{\equiv} \bar{\mathbb{e}}_f^{j(S)} \cdot \mathbb{S}^{(R)} \cdot \bar{\mathbb{e}}_k^{(S)} \tag{8.53e}$$

feststellt, d. h. den Befund , daß den Richtungstupeln $(\bar{\mathbb{e}}_f^j, \bar{\mathbb{e}}_k)$ bzw. $(\bar{\mathbb{e}}_f^{j(S)}, \bar{\mathbb{e}}_k^{(S)})$ in der Momentan– bzw. in der Streckungskonfiguration gleiche (auf Momentan–Flächeneinheiten bezogene) Spannungskomponenten zukommen.

Als Folge von (8.53b,c) ist festzustellen, daß für isotrope zweistufig–tensorwertige Funktionen $\mathbb{G} = \mathbb{G}^T$

---

[70] die Verzerrungen ebenfalls mit in der Bezugskonfiguration definierten Richtungsgrößen verknüpfen (vgl. (8.9f,g))

[71] Man beachte $F_3 = D_3^{(S)}$

[72] genauer: der Drehung des materiellen Hauptverzerrungsachsendreibeins

der Argumente $\mathbb{S}^{(R)}$ bzw. $\mathbb{S}^{(E)}$ der Zusammenhang

$$\mathbb{G}(\mathbb{S}^{(R)}) = \mathbb{R}\cdot\mathbb{G}(\mathbb{S}^{(E)})\cdot\mathbb{R}^T \tag{8.54a}$$

gilt, wie man anhand der Definition [1],(E.3.27) sogleich identifiziert. Dies gilt dann speziell auch für Tensorpolynome und insbesondere für deren Verjüngungen (Spurbildungen), was dann den bereits genannten Befund der Gleichheit der Invarianten verifiziert:

$$(\mathbb{S}^{(E)})_j = (\mathbb{S}^{(R)})_j\,, \quad j = 1...3. \tag{8.54b}$$

Erwähnt werden soll schließlich noch die im Hinblick auf Darstellungen der Spannungsleistung nützliche Einführung der auf die jeweilige Dichte bezogenen Spannungstensoren, also

$$\overset{\times}{\mathbb{S}}{}^{(E)} = \mathbb{S}^{(E)}/\bar{\rho}\,,\quad \overset{\times}{\mathbb{S}}{}^{(R)} = \mathbb{S}^{(R)}/\bar{\rho},\quad \overset{\times}{\mathbb{S}}{}^{(K)} = \mathbb{S}^{(K)}/\hat{\rho}\,,\quad \overset{\times}{\mathbb{S}}{}^{(L)} = \mathbb{S}^{(L)}/\hat{\rho}\,, \tag{8.55a-d}$$

(in [34] "Beanspruchungstensoren" genannt) für die mit $F_3 = D_3^{(S)} = \hat{\rho}/\bar{\rho} = \rho(P,t_0)/\rho(P,t)$ die Zusammenhänge

$$\overset{\times}{\mathbb{S}}{}^{(E)} \overset{(8.53c)}{=} \mathbb{R}^T\cdot\overset{\times}{\mathbb{S}}{}^{(R)}\cdot\mathbb{R} \overset{(8.48a)}{=} \mathbb{F}^T\cdot\overset{\times}{\mathbb{S}}{}^{(K)}\cdot\mathbb{F} \overset{(8.48a)}{=} \mathbb{F}^T\cdot\overset{\times}{\mathbb{S}}{}^{(L)},\quad \overset{\times}{\mathbb{S}}{}^{(R)} \overset{(8.53a)}{=} \mathbb{D}^{(S)}\cdot\overset{\times}{\mathbb{S}}{}^{(K)}\cdot\mathbb{D}^{(S)} \tag{8.55e,f}$$

gelten.

Physikalisch sinnvolle Operationen, mit denen man

8.2.1 Spannungsgeschwindigkeiten

definieren kann, müssen Solche sein, die kennzeichnen, daß ein Massenelement eine zeitliche Änderung seiner "individuellen Beanspruchungssituation" erfahren hat. Den anschaulich einfachsten Zugang zur Identifizierung einer diesbezüglichen Operation bietet die Vorstellung, ein Massenelement dm_P als einen im Massenelementen-Konvergenzpunkt fest verankerten und durch die Momentanbasen $\langle\, \bar{\mathbb{g}}_j\rangle$ bzw. $\langle\, \bar{\mathbb{g}}^j\rangle$ repräsentiert gedachten Beobachter B_P zu interpretieren und zu recherchieren, welcherart Beanspruchungsänderung Letzterer in seiner lokalen Umgebung, unabhängig von seiner (von ihm nicht wahrnehmbaren) Absolutbewegung wie auch der "Deformation seiner Beobachterbasis" registrieren würde. Ausgehend etwa von der Darstellung des Eulerschen Spannungstensors in der Form

$$\mathbb{S}^{(E)} = \sum_{j,k=1}^{3} \bar{\sigma}^{jk}\, \bar{\mathbb{g}}_j \circ \bar{\mathbb{g}}_k \tag{8.56a}$$

ist danach von dessen Zeitableitung

$$\dot{\mathbb{S}}^{(E)} = \sum_{j,k=1}^{3} \dot{\bar{\sigma}}^{jk}\, \bar{\mathbb{g}}_j \circ \bar{\mathbb{g}}_k + \sum_{j,k=1}^{3} \bar{\sigma}^{jk}\, (\dot{\bar{\mathbb{g}}}_j \circ \bar{\mathbb{g}}_k + \bar{\mathbb{g}}_j \circ \dot{\bar{\mathbb{g}}}_k). \tag{8.56b}$$

der Größenableitungsanteil

$$\left[\dot{\mathbb{S}}^{(E)}\right]_B = \sum_{j,k=1}^{3} \dot{\bar{\sigma}}^{jk}\, \bar{\mathfrak{g}}_j \circ \bar{\mathfrak{g}}_k \qquad (8.56c)$$

als derjenige Operator anzusehen, der die von B registrierbaren Spannungsänderungen ausdrückt, indem man argumentiert, daß der Beobachter die zeitliche Änderung seiner Bezugsbasen $\left[\langle \bar{\mathfrak{g}}_j\rangle , \langle \bar{\mathfrak{g}}^j\rangle\right]$ nicht wahrnehmen kann. So entsteht mit

$$\dot{\bar{\mathfrak{g}}}_j \overset{(8.13c)}{=} (\hat{\mathfrak{g}}_j \cdot \mathbb{F})^{\cdot} \equiv \hat{\mathfrak{g}}_j \cdot \dot{\mathbb{F}} = \hat{\mathfrak{g}}_j \cdot \mathbb{F}\cdot\mathbb{F}^{-1}\cdot\dot{\mathbb{F}} = \bar{\mathfrak{g}}_j \cdot \mathbb{F}^{-1}\cdot\dot{\mathbb{F}} =^{73)} \bar{\mathfrak{g}}_j \cdot \mathbb{V}^* \equiv \mathbb{V}^{*T}\cdot \bar{\mathfrak{g}}_j \quad (8.57)$$

aus (8.56b) zunächst

$$\left[\dot{\mathbb{S}}^{(E)}\right]_B = \dot{\mathbb{S}}^{(E)} - \mathbb{V}^{*T}\cdot\mathbb{S}^{(E)} - \mathbb{S}^{(E)}\cdot\mathbb{V}^* \qquad (8.57a)$$

und mit $\quad \mathbb{V}^* = \mathbb{C}^* + \mathbb{W}^*, \quad \mathbb{V}^{*T} = \mathbb{C}^* - \mathbb{W}^*$

schließlich weiter als Notation eines physikalisch sinnvollen Spannungsgeschwindigkeits-operators das Aggregat

$$\left[\dot{\mathbb{S}}^{(E)}\right]_B = \overset{\circ}{\mathbb{S}}{}^{(E)} - (\mathbb{S}^{(E)}\cdot\mathbb{C}^* + \mathbb{C}^*\cdot\mathbb{S}^{(E)}) \equiv \overset{\circ}{\mathbb{S}}{}^{(E)} - \mathbb{Z}^* \qquad (8.57b)$$

mit der Jaumannschen Spannungsgeschwindigkeit

$$\overset{\circ}{\mathbb{S}}{}^{(E)} = \dot{\mathbb{S}}^{(E)} + \mathbb{W}^*\cdot\mathbb{S}^{(E)} - \mathbb{S}^{(E)}\cdot\mathbb{W}^*, \qquad (8.57c)$$

und aus (8.32d,e) folgert man dann mit $\mathbb{S}^{(E)}$ anstelle von $\mathbb{A}$ und damit

$$\mathbb{F}^{T^{-1}}\cdot\left[\overset{\circ}{\mathbb{S}}{}^{(E)} - \left[\mathbb{S}^{(E)}\cdot\mathbb{C}^* + \mathbb{C}^*\cdot\mathbb{S}^{(E)}\right]\right]\cdot\mathbb{F}^{-1} \equiv \dot{\mathbb{Y}} \equiv \left[\mathbb{F}^{T^{-1}}\cdot\mathbb{S}^{(E)}\cdot\mathbb{F}^{-1}\right]^{\cdot} = \overset{(8.48a)}{=} \left[\mathbb{S}^{(K)}/F_3\right]^{\cdot},$$

d. h.

$$\left[\dot{\mathbb{S}}^{(E)}\right]_B = \mathbb{F}^T\cdot\left[\mathbb{S}^{(K)}/F_3\right]^{\cdot}\cdot\mathbb{F}, \qquad (8.57d)$$

mit

$$\bar{\mathfrak{g}}^j\cdot\left[\dot{\mathbb{S}}^{(E)}\right]_B\cdot\bar{\mathfrak{g}}^k = \dot{\bar{\sigma}}^{jk} = \bar{\mathfrak{g}}^j\cdot\mathbb{F}^T\cdot\left[\mathbb{S}^{(K)}/F_3\right]^{\cdot}\cdot\mathbb{F}\cdot\bar{\mathfrak{g}}^k \overset{(8.13d)}{=} \hat{\mathfrak{g}}^j\cdot\left[\mathbb{S}^{(K)}/F_3\right]^{\cdot}\cdot\hat{\mathfrak{g}}^k, \qquad (8.57e)$$

wonach dieses "Spannungsgeschwindigkeitsmodell" auch durch die - als Lagrangescher Operator einzusetzende[74] - Größe $\left[\mathbb{S}^{(K)}/F_3\right]^{\cdot}$ beschrieben werden kann.

Die unter Benutzung von

$$\sum_{k=1}^{3}\bar{\sigma}^{jk}\,\bar{\mathfrak{g}}_k = \bar{\mathfrak{g}}^j\cdot\mathbb{S}^{(E)} = \sqrt{\bar{g}^{jj}}\;\bar{e}^j_f\cdot\mathbb{S}^{(E)} \overset{(8.13g,50a)}{=} \sqrt{\hat{g}^{jj}}\,(1+\varepsilon_{fjj})\,\frac{d\bar{\mathbb{k}}_{fj}}{d\bar{f}_j} =$$

---

73) vgl. Fußn. 31

74) $\left[\mathbb{S}^{(K)}/F_3\right]^{\cdot}$ korreliert $\dot{\bar{\sigma}}^{jk}$, im Gegensatz zu $\left[\dot{\mathbb{S}}^{(E)}\right]_B$, mit Richtungsgrößen der Bezugskonfiguration!

$$= \sqrt{\hat{g}^{jj}}\,\frac{d\bar{\mathbb{k}}_{fj}}{d\hat{f}_j} \overset{(8.50b)}{=} \sqrt{\hat{g}^{jj}}\,\mathbb{s}^{(L)}_{\hat{j}} \tag{8.58a}$$

bzw. $$\left[\sum_{k=1}^{3}\bar{\sigma}^{jk}\,\bar{\mathbb{g}}_k\right]^{\cdot} \overset{(8.58a)}{=} \sqrt{\hat{g}^{jj}}\,\frac{d\dot{\bar{\mathbb{k}}}_{fj}}{d\hat{f}_j} = \sum_{k=1}^{3}\dot{\bar{\sigma}}^{jk}\,\bar{\mathbb{g}}_k + \sum_{k=1}^{3}\bar{\sigma}^{jk}\,\dot{\bar{\mathbb{g}}}_k \overset{(8.57)}{=}$$

$$= \sum_{k=1}^{3}\dot{\bar{\sigma}}^{jk}\,\bar{\mathbb{g}}_k + \sum_{k=1}^{3}\bar{\sigma}^{jk}\,\bar{\mathbb{g}}_k\cdot\mathbb{V}^* \overset{(8.58a)}{=} \sum_{k=1}^{3}\dot{\bar{\sigma}}^{jk}\,\bar{\mathbb{g}}_k + \sqrt{\hat{g}^{jj}}\,\frac{d\bar{\mathbb{k}}_{fj}}{d\hat{f}_j}\cdot\mathbb{V}^*,$$

d. h.

$$\sum_{k=1}^{3}\dot{\bar{\sigma}}^{jk}\bar{\mathbb{g}}_k = \sqrt{\hat{g}^{jj}}\left[\frac{d\dot{\bar{\mathbb{k}}}_{fj}}{d\hat{f}_j} - \frac{d\bar{\mathbb{k}}_{fj}}{d\hat{f}_j}\cdot\mathbb{V}^*\right] \overset{75)}{=} \sqrt{\hat{g}^{jj}}\left[\frac{d\bar{\mathbb{k}}_{fj}}{d\hat{f}_j}\cdot\mathbb{F}^{-1}\right]^{\cdot}\cdot\mathbb{F} =$$

$$\overset{(8.58a)}{=} \sqrt{\hat{g}^{jj}}\left[\mathbb{s}^{(L)}_{\hat{j}}\cdot\mathbb{F}^{-1}\right]^{\cdot}\cdot\mathbb{F} \tag{8.58b}$$

und damit letztlich für $\dot{\bar{\sigma}}^{jk}$ erreichbare Darstellung

$$\dot{\bar{\sigma}}^{jk} = \sqrt{\hat{g}^{jj}}\left[\mathbb{s}^{(L)}_{\hat{j}}\cdot\mathbb{F}^{-1}\right]^{\cdot}\cdot\mathbb{F}\cdot\bar{\mathbb{g}}^k \overset{(8.13d)}{=} \sqrt{\hat{g}^{jj}}\left[\frac{d\bar{\mathbb{k}}_{fj}}{d\hat{f}_j}\cdot\mathbb{F}^{-1}\right]^{\cdot}\cdot\hat{\mathbb{g}}^k \tag{8.58c}$$

veranschaulicht nochmals deren physikalische Bedeutung:
Da der Beobachter B die (absolut durch $\mathbb{F}$ gekennzeichnete) Konfigurationsänderung seiner Umgebung nicht wahrnehmen kann, lassen sich von ihm einerseits nur auf Flächeneinheiten der Ausgangskonfiguration bezogene Oberflächenkräfte (d. h. Lagrangesche Spannungen) registrieren und diese überdies auch nicht mit ihrem Absolutwert $(d\bar{\mathbb{k}}_{fj})$, sondern in ihrer invers transformierten Variante $(d\bar{\mathbb{k}}_{fj}\cdot\mathbb{F}^{-1})$, was dann bedeutet, daß er nur dann, wenn sich letztere Größe zeitlich ändert, Spannungsänderungen feststellen kann. Daß B, um letztlich $\dot{\bar{\sigma}}^{jk}$ identifizieren zu können, die von ihm als $\left[\frac{d\bar{\mathbb{k}}_{fj}}{d\hat{f}_j}\cdot\mathbb{F}^{-1}\right]^{\cdot}$ eingeschätzte Änderung des von ihm registrierten Spannungsvektors $\left[\frac{d\bar{\mathbb{k}}_{fj}}{d\hat{f}_j}\cdot\mathbb{F}^{-1}\right]$ in Komponenten der von ihm als unveränderlich eingeschätzten Basen $\langle\,\hat{\mathbb{g}}_k$ bzw. $\hat{\mathbb{g}}^k\rangle$ zerlegt, ist dann folgerichtig.[76)]

Neben (8.57b) sind in der Kontinuumsmechanik andere Spannungsgeschwindigkeitsmodelle gebräuchlich, so etwa - wie in [34] vorgeschlagen - Versionen, die sich auf die Beanspruchungsgrößen nach (8.55) beziehen, also

$$\left[\overset{\times}{\dot{\mathbb{S}}}{}^{(E)}\right]_{B'} = \left[\mathbb{S}^{(E)}/\bar{\rho}\right]^{\cdot}_{B'} = \overset{\times}{\dot{\mathbb{S}}}{}^{(E)} - \mathbb{V}^{*T}\cdot\overset{\times}{\mathbb{S}}{}^{(E)} - \overset{\times}{\mathbb{S}}{}^{(E)}\cdot\mathbb{V}^* \equiv$$

---

75) Man beachte $\mathbb{V}^* = \mathbb{F}^{-1}\cdot\dot{\mathbb{F}} = -\dot{\mathbb{F}}^{-1}\cdot\mathbb{F}$

76) der von der Bezugskonfigurations–Geometrie herrührende Faktor $\hat{g}^{jj}$ ist für diese Überlegung unwesentlich. Man denke etwa an eine kartesische Ausgangsbasis mit $\hat{g}^{jj} = 1$.

$$\equiv \left[\overset{\times}{\mathbb{S}}^{(E)}\right]^{\circ} - \left[\overset{\times}{\mathbb{S}}^{(E)}\cdot\mathbb{C}^* + \mathbb{C}^*\cdot\overset{\times}{\mathbb{S}}^{(E)}\right] \overset{77)}{=} \mathbb{F}^T\cdot\dot{\overset{\times}{\mathbb{S}}}^{(K)}\cdot\mathbb{F}\,, \tag{8.59a}$$

d.h.

$$\bar{\mathfrak{g}}^j\cdot\left[\dot{\overset{\times}{\mathbb{S}}}^{(E)}\right]_{B'}\cdot\bar{\mathfrak{g}}^k = (\bar{\sigma}^{jk}/\bar{\rho})^{\cdot} = \hat{\mathfrak{g}}^j\cdot\dot{\overset{\times}{\mathbb{S}}}^{(K)}\cdot\hat{\mathfrak{g}}^k = \dot{\sigma}^{(K)jk}/\hat{\rho}\,, \tag{8.59b}$$

worin

$$\left[\overset{\times}{\mathbb{S}}^{(E)}\right]^{\circ} = \dot{\overset{\times}{\mathbb{S}}}^{(E)} + \mathbb{W}^*\cdot\overset{\times}{\mathbb{S}}^{(E)} - \overset{\times}{\mathbb{S}}^{(E)}\cdot\mathbb{W}^* \tag{8.59c}$$

die Jaumannsche Geschwindigkeitsversion der Eulerschen Beanspruchungsgröße $\left[\overset{\times}{\mathbb{S}}^{(E)}\right]$ bedeutet. Wegen $\rho(\mathrm{P},t_0) = \hat{\rho}(\mathbb{r}) = \text{const.}$ und demgemäß

$$\dot{\overset{\times}{\mathbb{S}}}^{(K)} = \left[\mathbb{S}^{(K)}/\hat{\rho}\right]^{\cdot} = \dot{\mathbb{S}}^{(K)}/\hat{\rho} \tag{8.59d}$$

scheint hier direkt die Kirchhoffsche Spannungsgeschwindigkeit als physikalisch brauchbarer Operator auf. Vom Standpunkt des eingangs referierten Beobachtermodells muß von einem entsprechenden Beobachter *B'* angenommen werden, daß er Dichteänderungen seiner lokalen Umgebung wahrnehmen kann.

Direkt auf Jaumannsche Geschwindigkeitsversionen des Eulerschen Spannungs— bzw. Beanspruchungstensors als brauchbares Spannungsgeschwindigkeitsmaß führt ein "Beobachtermodell", wo angenommen wird, daß ein Beobachter B'' durchaus noch die "deformatorischen Änderungen" seiner Basen $\langle\, \bar{\mathfrak{g}}_j$ bzw. $\bar{\mathfrak{g}}^j \rangle$ registrieren kann, nicht allerdings deren (mittlere) Drehungen. So ist dann mit

$$\left[\dot{\bar{\mathfrak{g}}}_k\right]_{B''} = \left[\bar{\mathfrak{g}}_k\cdot\mathbb{V}^*\right]_{B''} = \left[\bar{\mathfrak{g}}_k\cdot(\mathbb{C}^*+\mathbb{W}^*)\right]_{B''} \rightarrow \bar{\mathfrak{g}}_k\cdot\mathbb{C}^* \tag{8.60a}$$

das Aggregat

$$\left[\dot{\mathbb{S}}^{(E)}\right]_{B''} = \left[\sum_{j,k=1}^{3} \bar{\sigma}^{jk}\,\bar{\mathfrak{g}}_j\circ\bar{\mathfrak{g}}_k\right]^{\cdot}_{B''} = \sum_{j,k=1}^{3} \dot{\bar{\sigma}}^{jk}\,\bar{\mathfrak{g}}_j\circ\bar{\mathfrak{g}}_k +$$

$$+ \sum_{j,k=1}^{3} \left\{\bar{\sigma}^{jk}\left(\left[\dot{\bar{\mathfrak{g}}}_j\right]_{B''}\circ\bar{\mathfrak{g}}_k + \bar{\mathfrak{g}}_j\circ\left[\dot{\bar{\mathfrak{g}}}_k\right]_{B''}\right)\right\} =$$

$$\overset{(8.56c)}{=} \left[\dot{\mathbb{S}}^{(E)}\right]_B + \mathbb{C}^*\cdot\mathbb{S}^{(E)} + \mathbb{S}^{(E)}\cdot\mathbb{C}^* \overset{(8.57b)}{=} \overset{\circ}{\mathbb{S}}^{(E)}\,, \tag{8.60b}$$

d. h. die Jaumannsche Spannungsgeschwindigkeit in der Tat Ausdruck der Wahrnehmung einer Spannungstensor—Änderung, wie sie B'' erscheint. Sind die Momentanbasen parallel zum momentanen Hauptverzerrungsgeschwindigkeitsachsen—Dreibein, so ist (8.60a,b) Ausdruck des Befundes, daß dessen (korrekt durch $\mathbb{W}^*$ zu beschreibende) Drehung nicht wahrgenommen werden kann.
Da man wegen

$$\mathbb{S}^{(E)}\cdot\mathbb{C}^* \equiv \mathbb{F}^T\cdot\mathbb{F}^{T^{-1}}\cdot\mathbb{S}^{(E)}\cdot\mathbb{F}^{-1}\cdot\mathbb{F}\cdot\mathbb{C}^* \overset{(8.52e)}{=} \mathbb{F}^T\cdot\mathbb{S}^{(K)}\cdot\mathbb{F}\cdot\mathbb{C}^*/F_3 \equiv$$

77) Man setze in (8.32d,e) $F_3\mathbb{S}^{(E)} = \hat{\rho}\mathbb{S}^{(E)}/\bar{\rho}$ und dividiere anschließend durch $\hat{\rho}$.

$$\equiv \mathbb{F}^T\cdot\mathbb{S}^{(K)}\cdot\underline{\mathbb{F}\cdot\mathbb{C}^*\cdot\mathbb{F}^T}\cdot\mathbb{F}^{T^{-1}}\cdot\mathbb{F}^{-1}\cdot\mathbb{F}/F_3 \overset{(8.28b)}{=} \mathbb{F}^T\cdot\mathbb{S}^{(K)}\cdot\dot{\mathbb{D}}^{(G)}\cdot(\mathbb{F}\cdot\mathbb{F}^T)^{-1}\cdot\mathbb{F}/F_3 =$$

$$\overset{(8.9)}{=} \mathbb{F}^T\cdot\left[\mathbb{S}^{(K)}\cdot\dot{\mathbb{D}}^{(G)}\cdot(\mathbb{E}+2\mathbb{D}^{(G)})^{-1}\right]\cdot\mathbb{F}/F_3\,,$$

d. h.

$$\mathbb{Z}^* \overset{(8.57b)}{=} \mathbb{S}^{(E)}\cdot\mathbb{C}^* + \mathbb{C}^*\cdot\mathbb{S}^{(E)} = \mathbb{F}^T\cdot\mathbb{Z}\cdot\mathbb{F}$$

mit

$$\mathbb{Z} = \mathbb{S}^{(K)}\cdot\dot{\mathbb{D}}^{(G)}\cdot(\mathbb{E}+2\mathbb{D}^{(G)}) + (\mathbb{E}+2\mathbb{D}^{(G)})\cdot\dot{\mathbb{D}}^{(G)}\cdot\mathbb{S}^{(K)}$$

und damit nach (8.57b)

$$\bar{\mathfrak{g}}^j\cdot\left[\dot{\mathbb{S}}^{(E)}\right]_B\cdot\bar{\mathfrak{g}}^k = \dot{\bar{\sigma}}^{jk} = \bar{\mathfrak{g}}^j\cdot\overset{\circ}{\mathbb{S}}^{(E)}\cdot\bar{\mathfrak{g}}^k - \underline{\hat{\mathfrak{g}}^j\cdot\mathbb{Z}\cdot\hat{\mathfrak{g}}^k}\,, \tag{8.60c}$$

d. h. feststellt, daß die Spannungsgeschwindigkeit $\dot{\bar{\sigma}}^{jk}$ dargestellt werden kann durch die entsprechende Jaumannsche Größe $\bar{\mathfrak{g}}^j\cdot\overset{\circ}{\mathbb{S}}^{(E)}\cdot\bar{\mathfrak{g}}^k$ und Terme $\hat{\mathfrak{g}}^j\cdot\mathbb{Z}\cdot\hat{\mathfrak{g}}^k = \hat{z}^{jk}$ – in (8.60c) gestrichelt –, die nur von Spannungen, Verzerrungen und Verzerrungsgeschwindigkeiten abhängen, kann man in Materialgleichungen, in denen auf Spannungsgeschwindigkeiten nicht verzichtet werden kann, ggfs. in entsprechender Kombination mit Spannungs–, Verzerrungs– und Verzerrungsgeschwindigkeitsgrößen, wie etwa (8.57b,60c) andeuten, die Jaumannsche Spannungsgeschwindigkeit als geeignete Zustandsgröße verwenden. Entsprechendes gilt für die relative Spannungsgeschwindigkeit, für die man nach (8.53d)

$$\dot{\mathbb{S}}^{(R)} = (\mathbb{R}\cdot\mathbb{S}^{(E)}\cdot\mathbb{R}^T)^{\cdot} = \mathbb{R}\cdot\left[\dot{\mathbb{S}}^{(E)} + \mathbb{R}^T\cdot\dot{\mathbb{R}}\cdot\mathbb{S}^{(E)} + \mathbb{S}^{(E)}\cdot\dot{\mathbb{R}}^T\cdot\mathbb{R}\right]\cdot\mathbb{R}^T =$$

$$\overset{(8.35e)}{=} \mathbb{R}\cdot\left[\mathbb{S}^{(E)} - \omega_{\mathbb{R}}\times\mathbb{S}^{(E)} + \mathbb{S}^{(E)}\times\omega_{\mathbb{R}}\right]\cdot\mathbb{R}^T =$$

$$\overset{(8.35f)}{=} \mathbb{R}\cdot\overset{\circ}{\mathbb{S}}^{(E)}\cdot\mathbb{R}^T + \underline{\frac{1}{2}\left[\dot{\mathbb{D}}^{(S)}\cdot\mathbb{D}^{(S)-1} - \mathbb{D}^{(S)-1}\cdot\dot{\mathbb{D}}^{(S)}\right]\cdot\mathbb{S}^{(R)}} +$$

$$+ \underline{\frac{1}{2}\,\mathbb{S}^{(R)}\cdot\left[\mathbb{D}^{(S)-1}\cdot\dot{\mathbb{D}}^{(S)} - \dot{\mathbb{D}}^{(S)}\cdot\mathbb{D}^{(S)-1}\right]} \tag{8.61a}$$

bzw. nach (8.53b)

$$\dot{\mathbb{S}}^{(R)} = \left[\mathbb{D}^{(S)}\cdot\mathbb{S}^{(K)}\cdot\mathbb{D}^{(S)}/D_3^{(S)}\right]^{\cdot} \tag{8.61b}$$

und schließlich in Termen von $\left[\dot{\mathbb{S}}^{(E)}\right]_B$

$$\dot{\mathbb{S}}^{(R)} = \mathbb{R}\cdot\left[\dot{\mathbb{S}}^{(E)}\right]_B\cdot\mathbb{R}^T + \underline{\mathbb{S}^{(R)}\cdot\mathbb{D}^{(S)-1}\cdot\dot{\mathbb{D}}^{(S)} + \dot{\mathbb{D}}^{(S)}\cdot\mathbb{D}^{(S)-1}\cdot\mathbb{S}^{(R)}} \tag{8.61c}$$

mit

$$\left[\dot{\mathbb{S}}^{(E)}\right]_B = \mathbb{R}^T\cdot\mathbb{D}^{(S)}\cdot\left[\mathbb{D}^{(S)-1}\cdot\mathbb{S}^{(R)}\cdot\mathbb{D}^{(S)-1}\right]^{\cdot}\cdot\mathbb{D}^{(S)}\cdot\mathbb{R} \tag{8.61d}$$

auffindet.[78] Auch der (mit Richtungsgrößen der Streckungskonfiguration zu korrelierende) Operator $\dot{\mathbb{S}}^{(\mathrm{R})}$ kennzeichnet also $\left[\dot{\mathbb{S}}^{(\mathrm{E})}\right]_B$ bis auf Terme (in (8.61c) gestrichelt), die nur von Spannungen, Verzerrungen und Verzerrungsgeschwindigkeiten abhängen und ist daher eine in Materialgleichungen verwendbare Spannungsgeschwindigkeits–Zustandsgröße.

Diese Ziffer beschließend, sei noch darauf hingewiesen, daß für isotrope Tensorfunktionen $\mathbb{G}(\mathbb{S}^{(\mathrm{E})}) = \mathbb{G}^{\mathrm{T}}(\mathbb{S}^{(\mathrm{E})})$ die Identität

$$\mathbb{G}(\mathbb{S}^{(\mathrm{E})})\cdot\cdot\dot{\mathbb{S}}^{(\mathrm{E})} = \mathbb{G}(\mathbb{S}^{(\mathrm{E})})\cdot\cdot\overset{\circ}{\mathbb{S}}{}^{(\mathrm{E})} \tag{8.62a}$$

gilt, weil der zu $\mathbb{S}^{(\mathrm{E})}$ koaxiale Tensor $\mathbb{G}(\mathbb{S}^{(\mathrm{E})})$ und damit auch $\mathbb{G}(\mathbb{S}^{(\mathrm{E})})\cdot\mathbb{S}^{(\mathrm{E})} \equiv \mathbb{S}^{(\mathrm{E})}\cdot\mathbb{G}(\mathbb{S}^{(\mathrm{E})})$ ein symmetrischer, wohingegen $\overset{*}{\mathbb{W}}$ ein antimetrischer Operator ist.[79] Als Spezialfall bekommt man daher z. B. für die materielle Zeitableitung einer skalarwertigen (von $\mathbb{S}^{(\mathrm{E})}$ bzw. $\mathbb{S}^{(\mathrm{R})}$ "isotrop" abhängenden) Funktion

$$\mathscr{W} = W(\bar{S}_1^{(\mathrm{E})},\bar{S}_2^{(\mathrm{E})},\bar{S}_3^{(\mathrm{E})}) \equiv W(\bar{S}_1^{(\mathrm{R})},\bar{S}_2^{(\mathrm{R})},\bar{S}_3^{(\mathrm{R})}) \tag{8.62b}$$

der drei Invarianten $\bar{S}_j^{(\mathrm{E}),(\mathrm{R})} = \mathbb{E}\cdot\cdot\mathbb{S}^{(\mathrm{E}),(\mathrm{R})j}$, j = 1...3, (sog. "Momente") des Eulerschen bzw. relativen Spannungstensors

$$\dot{\mathscr{W}} = \sum_{j=1}^{3}\frac{\partial W}{\partial\bar{S}_j^{(\mathrm{E})}}\dot{\bar{S}}_j^{(\mathrm{E})} \overset{80)}{\equiv} \left[\frac{\partial W}{\partial\bar{S}_1^{(\mathrm{E})}}\mathbb{E} + 2\frac{\partial W}{\partial\bar{S}_2^{(\mathrm{E})}}\mathbb{S}^{(\mathrm{E})} + 3\frac{\partial W}{\partial\bar{S}_3^{(\mathrm{E})}}\mathbb{S}^{(\mathrm{E})2}\right]\cdot\cdot\overset{\circ}{\mathbb{S}}{}^{(\mathrm{E})}. \tag{8.62c}$$

Solcherart Identitäten werden in der Theorie isotroper Maxwell–Körper eingesetzt, um auf der Basis, daß die Formänderungsenergie ($\mathscr{W}$) eine Zustandsfunktion der (Eulerschen bzw. relativen) Momentan–spannungen sei, mit Hilfe des ersten Hauptsatzes der Thermodynamik zuzüglich des sog. "Prinzips der Äquipräsenz"[81] zu einer in Termen der Jaumannschen Spannungsgeschwindigkeit formulierbaren Materialgleichung vorzustoßen [vgl. Bd III dieser Reihe].

Eine Verallgemeinerung der zu (8.57)ff führenden Gedankengänge führt übrigens allgemein auf eine Struktur von der Form

---

78) zur Realisierung von (8.61c) beachte man

$$\mathbb{R}\cdot\mathbb{S}^{(\mathrm{E})}\cdot\mathbb{C}^*\cdot\mathbb{R}^{\mathrm{T}} \equiv \mathbb{R}\cdot\mathbb{S}^{(\mathrm{E})}\cdot\mathbb{R}^{\mathrm{T}}\cdot\mathbb{R}\cdot\mathbb{C}^*\cdot\mathbb{R}^{\mathrm{T}} \overset{(8.53\mathrm{d},28\mathrm{c})}{=} \mathbb{S}^{(\mathrm{R})}\cdot\mathbb{D}^{(\mathrm{S})-1}\cdot\dot{\mathbb{D}}^{(\mathrm{G})}\cdot\mathbb{D}^{(\mathrm{S})-1} =$$
$$= \mathbb{S}^{(\mathrm{R})}\cdot\mathbb{D}^{(\mathrm{S})-1}\cdot\left[\frac{1}{2}(\mathbb{D}^{(\mathrm{S})^2} - \mathbb{E})^{\cdot}\right]\cdot\mathbb{D}^{(\mathrm{S})-1} = \frac{1}{2}\mathbb{S}^{(\mathrm{R})}\cdot\left[\dot{\mathbb{D}}^{(\mathrm{S})}\cdot\mathbb{D}^{(\mathrm{S})-1} + \mathbb{D}^{(\mathrm{S})-1}\cdot\dot{\mathbb{D}}^{(\mathrm{S})}\right],$$

weswegen

$$\mathbb{R}\cdot\overset{\circ}{\mathbb{S}}{}^{(\mathrm{E})}\cdot\mathbb{R}^{\mathrm{T}} \overset{(8.57\mathrm{b})}{=} \mathbb{R}\cdot\left[\dot{\mathbb{S}}^{(\mathrm{E})}\right]_B\cdot\mathbb{R}^{\mathrm{T}} + \mathbb{R}\cdot\left[\mathbb{S}^{(\mathrm{E})}\cdot\mathbb{C}^* + \mathbb{C}^*\cdot\mathbb{S}^{(\mathrm{E})}\right]\cdot\mathbb{R}^{\mathrm{T}} =$$
$$= \mathbb{R}\cdot\left[\dot{\mathbb{S}}^{(\mathrm{E})}\right]_B\cdot\mathbb{R}^{\mathrm{T}} + \frac{1}{2}\Big\{\mathbb{S}^{(\mathrm{R})}\cdot\left[\dot{\mathbb{D}}^{(\mathrm{S})}\cdot\mathbb{D}^{(\mathrm{S})-1} + \mathbb{D}^{(\mathrm{S})-1}\cdot\dot{\mathbb{D}}^{(\mathrm{S})}\right] +$$
$$+ \left[\mathbb{D}^{(\mathrm{S})-1}\cdot\dot{\mathbb{D}}^{(\mathrm{S})} + \dot{\mathbb{D}}^{(\mathrm{S})}\cdot\mathbb{D}^{(\mathrm{S})-1}\right]\cdot\mathbb{S}^{(\mathrm{R})}\Big\}$$

ist, was in (8.61a) eingesetzt wird.

79) Entsprechendes gilt für Eulersche Beanspruchungsgrößen $\overset{\times}{\mathbb{S}}{}^{(\mathrm{E})}$

80) vgl. [1], (7.14c)

81) und eines entsprechenden Dissipationsleistungs–Ansatzes

$$\Big[\overset{\langle\dot p\rangle}{\mathbb{Q}}{}^{(E)}\Big]_B \overset{82)}{=} \overset{\langle\dot p\rangle}{\mathbb{Q}}{}^{(E)} - \sum_{\nu=1}^{p} \overset{\langle 2\nu\rangle}{\mathbb{E}}_T \underbrace{\cdots\cdot}_{(\nu)} \Big[\mathbb{V}^{*T}\cdot \overset{\langle 2\nu\rangle}{\mathbb{E}}_T \underbrace{\cdots\cdot}_{(\nu)} \overset{\langle p\rangle}{\mathbb{Q}}{}^{(E)}\Big] =$$

$$\overset{83)}{=} \overset{\langle\dot p\rangle}{\mathbb{Q}}{}^{(E)} + \sum_{\nu=1}^{p} \overset{\langle 2\nu\rangle}{\mathbb{E}}_T \underbrace{\cdots\cdot}_{(\nu)} \Big[\mathbb{W}^{*}\cdot \overset{\langle 2\nu\rangle}{\mathbb{E}}_T \underbrace{\cdots\cdot}_{(\nu)} \overset{\langle p\rangle}{\mathbb{Q}}{}^{(E)}\Big] -$$

- -

$$- \sum_{\nu=1}^{p} \overset{\langle 2\nu\rangle}{\mathbb{E}}_T \underbrace{\cdots\cdot}_{(\nu)} \Big[\mathbb{C}^{*}\cdot \overset{\langle 2\nu\rangle}{\mathbb{E}}_T \underbrace{\cdots\cdot}_{(\nu)} \overset{\langle p\rangle}{\mathbb{Q}}{}^{(E)}\Big] \tag{8.63}$$

für eine physikalisch sinnvolle Geschwindigkeits—Version eines Operators $\overset{\langle p\rangle}{\mathbb{Q}}{}^{(E)}$, worin der erste Anteil (gestrichelt) als Jaumannsche Geschwindigkeitsversion $(\overset{\langle p\rangle}{\mathbb{Q}}{}^{(E)})^{\circ}$ zu interpretieren ist.

Für

8.3 kleine Verschiebungen

aus der Bezugskonfiguration heraus bekommt man für die Zusammenhänge zwischen Verzerrungs- bzw. Konfigurationsänderungsgrößen und materiellen Verschiebungsableitungen, nachdem man sämtliche nichtlinearen Verschiebungsglieder vernachlässigt hat,

$$\mathbb{D}^{(G)} \overset{(8.9)}{=} \frac{1}{2}(\mathbb{U}+\mathbb{U}^T + \mathbb{U}\cdot\mathbb{U}^T) \approx \frac{1}{2}(\mathbb{U}+\mathbb{U}^T) = \widehat{\operatorname{def}}\, \mathbf{u} \equiv \mathbb{D}\,, \tag{8.64a}$$

$$\mathbb{D}^{(S)} \overset{(8.12a)}{=} \sqrt{\mathbb{E}+2\mathbb{D}^{(G)}} \approx \mathbb{E}+\mathbb{D}^{(G)} \approx \mathbb{E}+\widehat{\operatorname{def}}\,\mathbf{u} \equiv \mathbb{E}+\mathbb{D}\,, \tag{8.64b}$$

$$\mathbb{D}^{(A)} \overset{(8.16d)}{=} \mathbb{F}^{-1}\cdot\mathbb{D}^{(G)}\cdot\mathbb{F}^{T^{-1}} = (\mathbb{E}+\mathbb{U})^{-1}\cdot\mathbb{D}^{(G)}\cdot(\mathbb{E}+\mathbb{U}^T)^{-1} \approx \widehat{\operatorname{def}}\,\mathbf{u} \equiv \mathbb{D}\,, \tag{8.64c}$$

$$\mathbb{R} \overset{(8.8a)}{=} \mathbb{D}^{(S)-1}\cdot\mathbb{F} \approx \Big[\mathbb{E}+\frac{1}{2}(\mathbb{U}+\mathbb{U}^T)\Big]^{-1}\cdot(\mathbb{E}+\mathbb{U}) \approx \Big[\mathbb{E}-\frac{1}{2}(\mathbb{U}+\mathbb{U}^T)\Big]\cdot(\mathbb{E}+\mathbb{U}) \approx$$

$$\approx \mathbb{E}+\frac{1}{2}(\mathbb{U}-\mathbb{U}^T) = \mathbb{E}+\frac{1}{2}(\hat{\nabla}\circ\mathbf{u}-\mathbf{u}\circ\hat{\nabla}) \equiv \mathbb{E}-\mathbb{E}\times\frac{\nabla\times\mathbf{u}}{2} \overset{(8.9b)}{\equiv} \mathbb{E}-\mathbb{E}\times\boldsymbol{\vartheta}\,, \tag{8.64d}$$

$$\hat{\rho}/\bar{\rho} \overset{(8.6d)}{=} F_3 = (\mathbb{E}+\mathbb{U})_3 \equiv 1+(\mathbb{U})_1+(\mathbb{U})_2+(\mathbb{U})_3 \approx 1+(\mathbb{U})_1 \approx$$

$$\approx 1+\mathbb{E}\cdot\cdot\mathbb{U} = 1+\hat{\nabla}\cdot\mathbf{u} = 1+\mathbb{E}\cdot\cdot\mathbb{D}\,, \tag{8.64e}$$

$$\mathbb{F}_f \overset{(8.10f)}{=} \Big[\sqrt{\mathbb{E}+2\mathbb{D}^{(G)}}\Big]_3(\mathbb{E}+2\mathbb{D}^{(G)})^{-1}\cdot\mathbb{F} \approx (\mathbb{E}+\mathbb{D}^{(G)})_3(\mathbb{E}+2\mathbb{D}^{(G)})^{-1}\cdot\mathbb{F} \approx$$

$$\approx (\mathbb{E}+\mathbb{D})_3(\mathbb{E}+2\mathbb{D})^{-1}\cdot\mathbb{F} \approx (1+\mathbb{E}\cdot\cdot\mathbb{D})(\mathbb{E}-2\mathbb{D})\cdot\mathbb{F} = (1+\hat{\nabla}\cdot\mathbf{u})(\mathbb{E}-\mathbb{U}-\mathbb{U}^T)\cdot(\mathbb{E}+\mathbb{U}) \approx$$

---

82) worin $\overset{\langle 2\rangle}{\mathbb{E}}_T = \mathbb{E}$ zu setzen ist.

83) man setze $\mathbb{V}^{*T} = \mathbb{C}^{*} - \mathbb{W}^{*}$

$$\approx (1 + \hat{\nabla}\cdot\mathbb{u})\mathbb{E} - \mathbb{U}^T \overset{84)}{=} (1+\hat{\nabla}\cdot\mathbb{u})\mathbb{E} - \mathbb{D} - \mathbb{E}\times\boldsymbol{\vartheta}\,, \tag{8.64f}$$

$$\dot{\mathbb{D}}^{(G)} \approx \dot{\mathbb{D}}^{(S)} \approx \dot{\mathbb{D}}^{(A)} = \dot{\mathbb{D}} \overset{(8.64a-c)}{=} \widehat{\mathrm{def}}\,\dot{\mathbb{u}} = \widehat{\mathrm{def}}\,\mathbb{v} = \frac{1}{2}(\hat{\nabla}\circ\mathbb{v} + \mathbb{v}\circ\hat{\nabla}) \equiv \mathbb{C} \overset{(8.28b)}{\approx} \mathbb{C}^*, \tag{8.64g}$$

$$\mathbb{W}^* \overset{(8.30b)}{=} \frac{1}{2}(\mathbb{V}^* - \mathbb{V}^{*T}) = -\mathbb{E}\times\frac{\bar{\nabla}\times\mathbb{v}}{2} = -\mathbb{E}\times\left[(\mathbb{F}^{-1}\cdot\hat{\nabla})\times\frac{\mathbb{v}}{2}\right] \approx -\mathbb{E}\times\frac{\hat{\nabla}\times\mathbb{v}}{2} =$$
$$= \frac{1}{2}(\mathbb{V} - \mathbb{V}^T) \equiv \mathbb{W} = \frac{1}{2}(\mathbb{U}-\mathbb{U}^T)^{\cdot} \equiv -\mathbb{E}\times\frac{\hat{\nabla}\times\dot{\mathbb{u}}}{2} \overset{(8.64e)}{=} -\mathbb{E}\times\dot{\boldsymbol{\vartheta}}\,, \tag{8.64h}$$

$$\dot{\mathbb{F}}_f \overset{(8.33b)}{=} \mathbb{F}_f\cdot\left[(\bar{\nabla}\cdot\mathbb{v})\mathbb{E} - \mathbb{V}^{*T}\right] \overset{(8.64g)}{\approx} \left[(1+\hat{\nabla}\cdot\mathbb{u})\mathbb{E} - \mathbb{U}^T\right]\cdot\left[(\hat{\nabla}\cdot\mathbb{v})\mathbb{E} - \dot{\mathbb{U}}^T\right] \approx$$
$$\approx (\hat{\nabla}\cdot\mathbb{v})\mathbb{E} - \dot{\mathbb{u}}\circ\hat{\nabla} = (\hat{\nabla}\cdot\mathbb{v})\mathbb{E} - \mathbb{v}\circ\hat{\nabla}\,, \tag{8.64i}$$

und schließlich als Kompatibilitätsbedingungen nach (8.36h)

$$\hat{\nabla}\times\mathbb{D}\times\hat{\nabla} = \mathrm{ink}\,\mathbb{D} = 0 \tag{8.64j}$$

(vgl. (3.44b)), während die hinsichtlich der Verzerrungs- bzw. Konfigurationsänderungsgrößen linearisierten Versionen der Zusammenhänge zwischen Eulerschen, relativen und Kappusschen Spannungstensoren[85]

$$\mathbb{S}^{(E)} \overset{(8.48a)}{=} \mathbb{F}^T\cdot\mathbb{S}^{(K)}\cdot\mathbb{F}/F_3 \equiv (\mathbb{E}+\mathbb{U}^T)\cdot\mathbb{S}\cdot(\mathbb{E}+\mathbb{U})/(1+(\mathbb{U})_1+(\mathbb{U})_2+(\mathbb{U})_3) \approx$$
$$\approx (1 - \hat{\nabla}\cdot\mathbb{u})\mathbb{S} + \mathbb{U}^T\cdot\mathbb{S} + \mathbb{S}\cdot\mathbb{U} = (1 - \hat{\nabla}\cdot\mathbb{u})\mathbb{S} + \mathbb{D}\cdot\mathbb{S} + \mathbb{S}\cdot\mathbb{D} + \boldsymbol{\vartheta}\times\mathbb{S} - \mathbb{S}\times\boldsymbol{\vartheta}\,, \tag{8.65a}$$

$$\mathbb{S}^{(R)} \overset{(8.53d)}{=} \mathbb{R}\cdot\mathbb{S}^{(E)}\cdot\mathbb{R}^T \overset{(8.64e)}{\approx} (\mathbb{E} - \mathbb{E}\times\boldsymbol{\vartheta})\cdot\mathbb{S}^{(E)}\cdot(\mathbb{E}+\mathbb{E}\times\boldsymbol{\vartheta}) \approx$$
$$\approx \mathbb{S}^{(E)} - \boldsymbol{\vartheta}\times\mathbb{S}^{(E)} + \mathbb{S}^{(E)}\times\boldsymbol{\vartheta} \overset{(8.65a)}{\approx} (1 - \hat{\nabla}\cdot\mathbb{u})\mathbb{S} + \mathbb{D}\cdot\mathbb{S} + \mathbb{S}\cdot\mathbb{D} \tag{8.65b}$$

bzw. $\overset{\times}{\mathbb{S}}{}^{(E)} = \dfrac{\mathbb{S}^{(E)}}{\bar{\rho}} \equiv \dfrac{\mathbb{S}^{(E)}}{\hat{\rho}}F_3 \approx (1+\hat{\nabla}\cdot\mathbb{u})\dfrac{\mathbb{S}^{(E)}}{\hat{\rho}} \overset{(8.65a)}{\approx} \overset{\times}{\mathbb{S}} + \mathbb{D}\cdot\overset{\times}{\mathbb{S}} + \overset{\times}{\mathbb{S}}\cdot\mathbb{D} + \boldsymbol{\vartheta}\times\overset{\times}{\mathbb{S}} - \overset{\times}{\mathbb{S}}\times\boldsymbol{\vartheta}$

mit
$$\overset{\times}{\mathbb{S}} = \mathbb{S}/\hat{\rho}\,, \tag{8.65c,d}$$

$$\overset{\times}{\mathbb{S}}{}^{(R)} = \frac{\mathbb{S}^{(R)}}{\bar{\rho}} \approx \overset{\times}{\mathbb{S}} + \mathbb{D}\cdot\overset{\times}{\mathbb{S}} + \overset{\times}{\mathbb{S}}\cdot\mathbb{D} \quad \text{mit} \quad \overset{\times}{\mathbb{S}} = \mathbb{S}/\hat{\rho} \tag{8.65e,f}$$

lauten, und mit $\mathbb{F} = \mathbb{E} + \hat{\nabla}\circ\mathbb{u} = \mathbb{E} + \mathbb{D} - \mathbb{E}\times\boldsymbol{\vartheta}$ aus (8.48b)

$$d\bar{\mathbb{k}}_{f_n} \overset{86)}{=} d\mathbb{k}^{(K)}_{f_n}\cdot\mathbb{F} = d\hat{\mathbb{f}}_n\cdot\mathbb{S}^{(K)}\cdot\mathbb{F} = d\hat{\mathbb{f}}_n\cdot\mathbb{S}\cdot(\mathbb{E}+\mathbb{D} - \mathbb{E}\times\boldsymbol{\vartheta}) \tag{8.65g}$$

---

84) mit $\mathbb{U}^T = (\mathbb{D} - \mathbb{E}\times\boldsymbol{\vartheta})^T = \mathbb{D} + \mathbb{E}\times\boldsymbol{\vartheta}$

85) Letztere jetzt ohne Index (K) geschrieben

86) mit den "an der Bezugskonfiguration angreifend" anzusehenden (fiktiven) Oberflächenkräften $d\mathbb{k}^{(K)}_{f_n}$

so wie aus (8.48c) als an der Momentankonfiguration verlangte Impulsbilanz in Termen in der Bezugskonfiguration definierter Größen

$$\hat{\mathbb{V}}\cdot\left[\mathbb{S}\cdot(\mathbb{E}+\mathbb{D}-\mathbb{E}\times\boldsymbol{\vartheta})\right]+\hat{\rho}\,\mathbb{k}_{m}=\hat{\rho}\dot{\mathbb{v}} \tag{8.65h}$$

aufgefunden wird. Die beiden letzteren Beziehungen sind - meist unter Vernachlässigung des Verzerrungsterms ($\mathbb{D}$) - für die Konstruktion sog. "Theorien zweiter Ordnung", insbesondere für baustatische Stabilitätstheorien von Bedeutung.

8.4 Globale Bilanzen

sind, zunächst räumlich differenzierbare Felder $\overset{\langle p\rangle}{\mathbb{Q}}$ in Betracht nehmend, aus den lokalen Bilanzen (8.42,43d) durch Integration über die Volumina der Bereiche $(\bar{B})$ bzw. $(\hat{B})$ zu entwickeln, die ein Kontinuum in der Momentan- bzw. der Bezugskonfiguration einnimmt. Multiplikation von (8.42) mit dem Volumenelement $d\bar{V}$ der Momentankonfiguration und Integration liefert mit $dm=\hat{\rho}d\hat{V}=\bar{\rho}d\bar{V}$ unter Benutzung des Gaußschen Satzes

$$\overset{\langle p-1\rangle}{\mathbb{Q}_{\Sigma}}=\sum_{j=1}^{n}\overset{\langle p-1\rangle}{\mathbb{Q}_{\Sigma j}}=\int\limits_{(m)}\overset{\langle p-1\rangle}{\dot{\mathbb{Q}}_{e}}\,dm-\int\limits_{(m)}\overset{\langle p-1\rangle}{\dot{\mathbb{Q}}_{A}}\,dm\equiv\overset{\langle p-1\rangle}{\dot{\mathbb{Q}}_{e\Sigma}}+\overset{\langle p-1\rangle}{\dot{\mathbb{Q}}_{A\Sigma}}\equiv$$

$$\equiv\begin{cases}\displaystyle\int\limits_{(\bar{B}(t))}\overset{\langle p-1\rangle}{\dot{\mathbb{Q}}_{e}}\,\bar{\rho}d\bar{V}-\int\limits_{(\bar{B}(t))}\overset{\langle p-1\rangle}{\dot{\mathbb{Q}}_{A}}\,\bar{\rho}d\bar{V}\\ \displaystyle\int\limits_{(\hat{B})}\overset{\langle p-1\rangle}{\dot{\mathbb{Q}}_{e}}\,\hat{\rho}d\hat{V}-\int\limits_{(\hat{B})}\overset{\langle p-1\rangle}{\dot{\mathbb{Q}}_{A}}\,\hat{\rho}d\hat{V},\end{cases} \tag{8.66a}$$

wobei $$\overset{\langle p-1\rangle}{\mathbb{Q}_{\Sigma j}}=\oiint\limits_{(\bar{f}_j)}\bar{\mathbb{n}}\cdot\overset{\langle p\rangle}{\mathbb{Q}}{}^{(E)}\,d\bar{f}=\oiint\limits_{(\bar{f}_j)}d\overset{\langle p-1\rangle_*}{\mathbb{Q}_{\bar{n}}}\equiv\oiint\limits_{(\bar{f}_j)}\hat{\mathbb{n}}\cdot\overset{\langle p\rangle}{\mathbb{Q}}{}^{(L)}\,d\hat{f}= \tag{8.66b}$$

die durch die Oberflächen $f_j{}^*(B)$ abfließenden Quantitäten und $\overset{\langle p-1\rangle}{\mathbb{Q}_{\Sigma}}$ den Gesamt-Abfluß bedeuten.

Insofern ist (8.66) den Feldgleichungsversionen (8.42,43d) äquivalent, die man — umgekehrt — auch aus (8.66) hätte entwickeln können durch Betrachtnahme einfach begrenzter Unterbereiche $(B_{[1]})$ von (B) und Zusammenziehen von $(B_{[1]})$ auf ein Massenelement.

Die Bilanz (8.66) gilt, unverändert für den Fall nur noch als räumlich stetig unterstellter Felder $\overset{\langle p\rangle}{\mathbb{Q}}{}^{(E)}$, wie auch für stückweise stetige Felder, sofern man "über die Unstetigkeitsflächen (U_0) hinweg" Gültigkeit des Reaktionsprinzips, d. h. (mit der jeweiligen Einheitsnormalen $\bar{\mathbb{n}}_U$ an die Unstetigkeitsfläche) zumindest Stetigkeit von $\bar{\mathbb{n}}_U\cdot\overset{\langle p\rangle}{\mathbb{Q}}{}^{(E)}$ voraussetzen darf (vgl. h. die ergänzenden Hinweise unter §8.4.2).

Die Frage, inwieweit die damit implizierte Gültigkeit des "Reaktionsprinzips über eine Unstetigkeitsfläche (U_0) hinweg" physikalisch haltbar ist, klärt die unter diesem Gesichtspunkt nochmals detaillierter recherchierte Herleitungsprozedur (8.39), wobei jetzt für das Element nach Abb. 8.3 angenommen wird, daß sein "mittlerer" (durch den Konvergenzpunkt P gelegter) Querschnitt ein Flächenelement der Unstetigkeitsfläche (U_0) sei. Mit den dem Punkt P zugeordneten Produktions— bzw. Akkumulationsgrößen $\bar{\rho}\,\overset{\langle p-1\rangle}{\dot{\mathbb{Q}}}_e$ bzw. $\bar{\rho}\,\overset{\langle p-1\rangle}{\dot{\mathbb{Q}}}_A$ entsteht als Erhaltungs—Version detaillierter

$$\underbrace{\left[\overset{\langle p-1\rangle}{\mathbb{Q}}{}^{(E)}(\mathbf{r},t,-\mathbf{n}_u)+\overset{\langle p-1\rangle}{\mathbb{Q}}{}^{(E)}(\mathbf{r},t,\mathbf{n}_u)\right]d\bar{f}_u}_{-\cdot-\cdot-}+\underbrace{\bar{\rho}\,\overset{\langle p-1\rangle}{\dot{\mathbb{Q}}}_e\,d\bar{f}_u\,\delta\bar{h}}_{---}=$$

$$=\underbrace{\bar{\rho}\,\overset{\langle p-1\rangle}{\dot{\mathbb{Q}}}_A\,d\bar{f}_u\,\delta\bar{h}}_{---}, \tag{8.67}$$

wenn man sogleich wieder die Flußgrößen—Mantelflächen—Anteile (als für $\delta\bar{h}\to 0$ gegenüber dem in (8.67) strichpunktierten Anteil von höherer Ordnung klein) vernachlässigt, und daraus in der Tat, wie in Fußn. 57 vermerkt, für $\delta\bar{h}\to 0$ das Reaktionsprinzip, sofern man in (8.67) endliche Werte $\bar{\rho}\,\overset{\langle p-1\rangle}{\dot{\mathbb{Q}}}_e$ bzw. $\bar{\rho}\,\overset{\langle p-1\rangle}{\dot{\mathbb{Q}}}_A$ unterstellen darf, was garantiert, daß die gestrichelten Anteile in (8.67) gegenüber dem strichpunktierten Term von höherer Ordnung klein werden. Die Sachlage ändert sich jedoch, wenn man nicht mehr von endlichen Werten $\bar{\rho}\,\overset{\langle p-1\rangle}{\dot{\mathbb{Q}}}_e$ bzw. $\bar{\rho}\,\overset{\langle p-1\rangle}{\dot{\mathbb{Q}}}_A$ ausgehen kann, weil nunmehr die Möglichkeit besteht, daß für $\delta\bar{h}\to 0$ im Sinne eines Grenzwertes endliche Größen $\bar{\rho}\,\overset{\langle p-1\rangle}{\dot{\mathbb{Q}}}_e\,\delta\bar{h}$. bzw. $\bar{\rho}\,\overset{\langle p-1\rangle}{\dot{\mathbb{Q}}}_A\,\delta\bar{h}$ in (8.67) verbleiben können, womit dann auch das Reaktionsprinzip "außer Kraft gesetzt" werden kann.

Globalbilanzen von der Form (8.66) und insbesondere das Reaktionsprinzip gelten also stets, wenn applizierte Zufuhrgrößen $(\bar{\rho}\,\overset{\langle p-1\rangle}{\dot{\mathbb{Q}}}_e)$ nicht singulär werden und sich im Massenelement akkumulierte Eigenschaften $(\bar{\rho}\,\overset{\langle p-1\rangle}{\mathbb{Q}}_A)$ (Dichte, Impuls, Energie) nicht unstetig zeitlich ändern.

Diese, gesondert unter §8.4.2 referierten Fälle zunächst ausschließend, soll hier noch eine Eulersche Variante von (8.66a) aufgelistet werden, die man als

8.4.1 Transportgleichung

bezeichnet. Dazu beschafft man sich zwecks Notation der massegebundenen Gesamt-Eigenschaftsänderung

$$\overset{\langle p-1\rangle}{\dot{\mathbb{Q}}}_{A\Sigma}=\int_{(\hat{B})}\overset{\langle p-1\rangle}{\dot{\mathbb{Q}}}_A\,dm=\int_{(\bar{B})}\overset{\langle p-1\rangle}{\dot{\mathbb{Q}}}_A\,\bar{\rho}\,d\bar{V}, \tag{8.68}$$

indem man $\overset{\langle p-1\rangle}{\dot{\mathbb{Q}}}_A$ als Eulersches Feld (also in der Version $\overset{\langle p-1\rangle}{\bar{\mathbb{Q}}}_A$) dargestellt annimmt, unter Benutzung der Eulerschen Ableitungsregel (8.25b) und der Feldgleichung (8.33f) der

Massenerhaltung zunächst die Version

$$\overset{\langle p-1\rangle}{\mathbb{Q}}{}^{\cdot}_{A\Sigma} = \int\limits_{(\bar{B})} \left[\frac{\partial \overset{\langle p-1\rangle}{\bar{\mathbb{Q}}}_A}{\partial t} + (\mathbb{w}\cdot\bar{\nabla}) \overset{\langle p \downarrow 1\rangle}{\bar{\mathbb{Q}}}_A \right] \bar{\rho}\, d\bar{V} =$$

$$\int\limits_{(\bar{B})} \left\{ \frac{\partial}{\partial t}\left[\bar{\rho}\, \overset{\langle p-1\rangle}{\bar{\mathbb{Q}}}_A\right] + \bar{\nabla}\cdot\left[\bar{\rho}\bar{\mathbb{w}} \circ \overset{\langle p-1\rangle}{\bar{\mathbb{Q}}}_A\right]\right\} d\bar{V} - \int\limits_{(\bar{B})} \left\{ \frac{\partial\bar{\rho}}{\partial t} + \bar{\nabla}\cdot(\bar{\rho}\bar{\mathbb{w}})\right\} \overset{\langle p-1\rangle}{\bar{\mathbb{Q}}}_A\, d\bar{V} =$$

$$\overset{(8.33f)}{=} \int\limits_{(\bar{B})} \left\{ \frac{\partial}{\partial t}\left[\bar{\rho}\, \overset{\langle p-1\rangle}{\bar{\mathbb{Q}}}_A\right] + \underline{\bar{\nabla}\cdot\left[\bar{\rho}\bar{\mathbb{w}} \circ \overset{\langle p-1\rangle}{\bar{\mathbb{Q}}}_A\right]}\right\} d\bar{V}\,, \tag{8.68a}$$

was nach Anwendung des Gaußschen Satzes auf den zweiten Term (gestrichelt) das sog. Reynoldsche Transporttheorem

$$\overset{\langle p-1\rangle}{\mathbb{Q}}{}^{\cdot}_{A\Sigma} = \underline{\int\limits_{(\bar{B})} \frac{\partial}{\partial t}\left[\bar{\rho}\, \overset{\langle p-1\rangle}{\bar{\mathbb{Q}}}_A\right] d\bar{V}} + \underline{\sum_{j=1}^{n} \oiint\limits_{(\bar{f}_j(\bar{B}))} \bar{\rho}(\mathbb{n}\cdot\bar{\mathbb{w}})\, \overset{\langle p-1\rangle}{\bar{\mathbb{Q}}}_A\, d\bar{f}} \tag{8.68b}$$

ergibt, wonach sich die materielle Änderung der einem Massenverband zuzuordnenden Gesamteigenschaft

$$\overset{\langle p-1\rangle}{\mathbb{Q}}_{A\Sigma} = \int\limits_{(m)} \overset{\langle p-1\rangle}{\mathbb{Q}}_A\, dm = \int\limits_{(\bar{B})} \bar{\rho}\, \overset{\langle p-1\rangle}{\bar{\mathbb{Q}}}_A\, d\bar{V} \tag{8.68c}$$

zusammensetzt aus den "im Innern" des Verbandes eintretenden (lokalen) Änderungen (in (8.68b) gestrichelt) und aus einem Anteil, der davon herrührt, daß die durch den Raum wandernden Bereichsoberflächen in der Zeiteinheit benachbarte räumliche Regionen (mit den daselbst definierten Eulerschen Feldwerten $\overset{\langle p-1\rangle}{\bar{\mathbb{Q}}}_A$) in den Massenverband "implementieren" bzw. "aus den Massenverband entlassen".

In Abb. 8.5 ist dies für eine durch den Raum driftende einfach begrenzte "Kontinuumswolke" (Momentanvolumen $\bar{V} = V(t)$, Oberfläche $\bar{f} = f(V(t))$) veranschaulicht worden, die während eines Zeitinkrementes δt durch Verschieben ihrer Oberfläche einen Raumbereich

$$\delta V = \delta t \oiint\limits_{f(V(t))} (\mathbb{n}\cdot\bar{\mathbb{w}})\, d\bar{f}$$ neu implementiert

bzw. "entläßt",[87] weswegen hierdurch aufgrund der daselbst definierten Eulerschen Feldwerte $\bar{\rho}\, \overset{\langle p-1\rangle}{\bar{\mathbb{Q}}}_A$ bis auf im Zeitdifferential von höherer Ordnung kleine Anteile die materielle Eigenschaft

$$\delta \mathbb{J}_K = \delta t \oiint\limits_{f(V(t))} \mathbb{n}\cdot\bar{\mathbb{w}}\, \bar{\rho}\, \overset{\langle p-1\rangle}{\bar{\mathbb{Q}}}_A\, d\bar{f} \equiv$$

$$\equiv \dot{\mathbb{J}}_K \delta t \tag{8.69a}$$

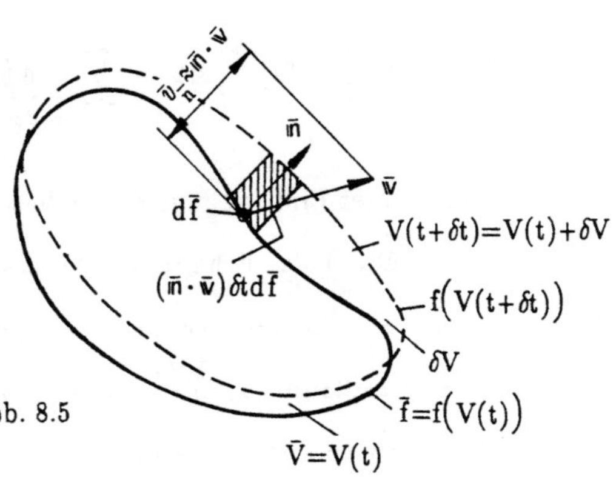

Abb. 8.5

---

[87] je nachdem, ob $\mathbb{n}\cdot\bar{\mathbb{w}}$ positiv oder negativ ist

"konvektiv" erworben wird, wozu nun noch die im "Kernbereich" der Wolke, der während δt im Innern des Kontinuumsbereiches verbleibt, die (lokale) Eigenschaftsänderung

$$\delta \mathbb{J}_L = \delta t \int_{V(t)} \frac{\partial}{\partial t} \left[\bar{\rho} \overset{\langle p-1 \rangle}{\bar{\mathbb{Q}}_A} \right] d\bar{V} \equiv \dot{\mathbb{J}}_L \delta t \tag{8.69b}$$

hinzugefügt werden muß, um solchermaßen per

$$\delta \overset{\langle p-1 \rangle}{\mathbb{Q}_{A\Sigma}} = \delta \mathbb{J}_K + \delta \mathbb{J}_L \equiv \overset{\langle p-1 \rangle}{\mathbb{Q}_{A\Sigma}}^{\cdot} \delta t \tag{8.69c}$$

bzw.

$$\overset{\langle p-1 \rangle}{\mathbb{Q}_{A\Sigma}}^{\cdot} = \dot{\mathbb{J}}_K + \dot{\mathbb{J}}_L \tag{8.69d}$$

(vgl. (8.68b)) die Gesamt–Eigenschaftsänderung zu beschreiben.

In der Strömungsmechanik wird (8.68b) — unter Aufgabe der Vorstellung von der "durch den Raum driftenden Kontinuumswolke" — auch als Bilanzaussage für einen festen Kontrollraum (mit festgehaltenen Oberflächen) interpretiert, indem ein "materieller Gesamtzuwachs" ($\overset{\langle p-1 \rangle}{\mathbb{Q}}^{\cdot}$) in $(\bar{B})$, sofern er nicht durch "massegebundenen Transport" (strichpunktierter Anteil von (8.68b)) aus $(\bar{B})$ "herausgeschafft" wird, im Innern von $(\bar{B})$ eine (durch den gestrichelten Term in (8.68b) beschriebene) Eigenschaftsänderung bewirkt.

Einsetzen von (8.68b) in (8.66a) ergibt schließlich das Transport-Theorem

$$\overset{\langle p-1 \rangle}{\mathbb{Q}_\Sigma} = \sum_{j=1}^{n} \overset{\langle p-1 \rangle}{\mathbb{Q}_{\Sigma_j}} = \int_{(\bar{B})} \overset{\langle p-1 \rangle}{\mathbb{Q}_e}^{\cdot} dm - \int_{(\bar{B})} \frac{\partial}{\partial t} \left[\bar{\rho} \overset{\langle p-1 \rangle}{\bar{\mathbb{Q}}_A} \right] d\bar{V} - \sum_{j=1}^{n} \oint\!\!\oint_{\bar{f}_j(\bar{B})} (\mathbb{n} \cdot \mathbb{w}) \bar{\rho} \overset{\langle p-1 \rangle}{\bar{\mathbb{Q}}_A} d\bar{f} , \tag{8.70}$$

bzw. die mit $\overset{\langle p-1 \rangle}{\mathbb{Q}_{\Sigma_j}}$ nach (8.66b) erhältliche Version

$$\int_{(\bar{B})} \left\{ \bar{\rho} \overset{\langle p-1 \rangle}{\mathbb{Q}_e}^{\cdot} - \frac{\partial}{\partial t} \left[\bar{\rho} \overset{\langle p-1 \rangle}{\bar{\mathbb{Q}}_A} \right] \right\} d\bar{V} - \sum_{j=1}^{n} \oint\!\!\oint_{\bar{f}_j(\bar{B})} \mathbb{n} \cdot \left[\bar{\rho} \bar{\mathbb{w}} \circ \overset{\langle p-1 \rangle}{\bar{\mathbb{Q}}_A} + \overset{\langle p \rangle}{\mathbb{Q}}^{(E)} \right] d\bar{f} = 0, \tag{8.70a}$$

die - nunmehr unter Einbeziehung der je Zeiteinheit eingeprägten bzw. Rand-Entitäten ($\overset{\langle p-1 \rangle}{\mathbb{Q}_e}^{\cdot}$ bzw. $\overset{\langle p-1 \rangle}{\mathbb{Q}_\Sigma}$) als "Erhaltungssatz" wie folgt zu interpretieren ist:

Zieht man von den in der Zeiteinheit an (raumfesten) Volumenelementen ($d\bar{V}$) eingeprägten (p–1)–stufigen Quantitäten ($\bar{\rho} \overset{\langle p-1 \rangle}{\mathbb{Q}_e}^{\cdot}$) sogleich Diejenigen $\left[\frac{\partial}{\partial t} \left(\bar{\rho} \overset{\langle p-1 \rangle}{\bar{\mathbb{Q}}_A} \right) \right]$ ab, die "an Ort und Stelle" in der Kontinuums–Masse absorbiert werden, verbleiben als Differenzen "freie" Quantitätsanteile (in (8.70a) gestrichelt), die in den Volumenelementen nicht gespeichert werden können und daher durch die Oberflächen "abtransportiert" werden müssen, und zwar einerseits durch "Konvektion"[88] $\left[(\mathbb{n}\cdot\bar{\mathbb{v}})\bar{\rho}\overset{\langle p-1\rangle}{\bar{\mathbb{Q}}_A}\right]$, indem die über die Oberflächen abfließende Masse die in ihr implementierten Quantitäten "mitführt" und andererseits durch einen — als verallgemeinertes Leitungsphänomen anzusehenden — Fluß—Vorgang $\left[\bar{\mathbb{n}}\cdot\overset{\langle p\rangle}{\bar{\mathbb{Q}}}{}^{(E)}\right]$, der nicht auf Massenkonvektionen basiert.

Umwandlung des Oberflächenintegralanteils nach dem Gaußschen Satz in ein Volumenintegral, Betrachtnahme eines einfach begrenzten Bereiches und Zusammenziehen auf ein (raumfestes) Volumenelement ergibt die Feldgleichung

$$\bar{\rho}\overset{\langle p-1\rangle}{\mathbb{Q}_e}{}^{\boldsymbol{\cdot}} - \bar{\nabla}\cdot\left[\overset{\langle p\rangle}{\bar{\mathbb{Q}}}{}^{(E)} + \bar{\rho}\bar{\mathbb{v}}\circ\overset{\langle p-1\rangle}{\bar{\mathbb{Q}}_A}\right] = \frac{\partial}{\partial t}\left[\bar{\rho}\overset{\langle p-1\rangle}{\bar{\mathbb{Q}}_A}\right], \tag{8.70b}$$

die, wie man sich wegen $\partial\bar{\rho}/\partial t + \bar{\nabla}(\bar{\rho}\bar{\mathbb{v}}) \overset{(8.33f)}{=} 0$ sowie $\overset{\langle p-1\rangle}{\mathbb{Q}_A}{}^{\boldsymbol{\cdot}} \overset{(8.25b)}{=} \dfrac{\partial\overset{p-1\rangle}{\bar{\mathbb{Q}}_A}}{\partial t} + \bar{\mathbb{v}}\cdot\bar{\nabla}\circ\overset{\langle p-1\rangle}{\bar{\mathbb{Q}}_A}$

leicht überzeugt, mit (8.42) identisch ist, so daß (8.42) auch gedeutet werden kann als entsprechender Bilanzsatz für eine raumfeste durchströmte Volumeneinheit.

In der klassischen Kontinuumsmechanik wird (8.70) auf Massenerhaltungssatz, Impulssatz, Drallsatz, Arbeitssatz der Mechanik, den ersten Hauptsatz der Thermodynamik und auf den kalorischen bzw. Entropiebilanzsatz angewendet. Es folgen

a) als Ausdruck der Massenerhaltung mit

$$\overset{\langle p-1\rangle}{\mathbb{Q}_e}{}^{\boldsymbol{\cdot}} = 0\,,\quad \overset{\langle p\rangle}{\mathbb{Q}} = 0,\quad \overset{\langle p-1\rangle}{\mathbb{Q}_A} = 1,\quad \overset{\langle p-1\rangle}{\mathbb{Q}_{A\Sigma}} = m \text{ und } \dot{m} = 0 \tag{8.71a-e}$$

aus (8.68,68a)

$$\dot{m} = 0 = \int\limits_{(\bar{B})} \frac{\partial\bar{\rho}}{\partial t}\,d\bar{V} + \sum_{j=1}^{n}\ \oiint\limits_{\bar{f}_j(\bar{B})} \bar{\mathbb{n}}\cdot\bar{\mathbb{v}}\bar{\rho}\,d\bar{f}\,, \tag{8.71f}$$

b) als Ausdruck des Impulssatzes, wonach per

$$\mathbb{k}_{\Sigma}^{(a)} = \int\limits_{(\bar{B})}\bar{\rho}\,\mathbb{k}_m d\bar{V} + \sum_{j=1}^{n}\ \oiint\limits_{\bar{f}_j(\bar{B})}\mathbb{n}\cdot\mathbb{S}^{(E)}d\bar{f} = \left[\int\limits_{(m)} dm\,\mathbb{v}\right]^{\boldsymbol{\cdot}} = \left[\int\limits_{(\bar{B})}\bar{\rho}\,\mathbb{v}\,d\bar{V}\right]^{\boldsymbol{\cdot}} =$$

$$\overset{(8.68b)}{=} \int\limits_{(\bar{B})}\frac{\partial}{\partial t}(\bar{\rho}\bar{\mathbb{v}})\,d\bar{V} + \sum_{j=1}^{n}\ \oiint\limits_{\bar{f}_j(\bar{B})}\bar{\rho}(\bar{\mathbb{n}}\cdot\bar{\mathbb{v}})\,\bar{\mathbb{v}}\,d\bar{f}\,, \tag{8.72}$$

die am Massenverband resultierend angreifende Kraft $\left(\mathbb{k}_{\Sigma}^{(a)}\right)$, bestehend aus Massen— und Oberflächenkräften, die Gesamt—Impulsänderung definieren, indem man in (8.66b)

[88] dies ist der erste Term im strichpunktierten Anteil von (8.70a)

$\overset{\langle p\rangle}{\mathbb{Q}}{}^{(E)} = -\,\mathbb{S}^{(E)}$, d. h. in (8.70) $\overset{\langle p-1\rangle}{\mathbb{Q}}_{\Sigma} = -\sum_{j=1}^{n} \oiint_{\bar f_j(\bar B)} \mathbb{n}\cdot\mathbb{S}^{(E)}\, d\bar f$ sowie $\overset{\langle p-1\rangle}{\mathbb{Q}}{}^{\cdot}_{e} = \mathbb{k}_m$

und in (8.68b) $\overset{\langle p-1\rangle}{\mathbb{Q}}_{A} = \bar{\mathbb{v}}$ setzt,

c) als Ausdruck des Drallsatzes, etwa in der Version

$$\mathbb{m}^{(a)}_{"0"\Sigma} = \int_{(\bar B)} \mathbb{r}\times\bar\rho\mathbb{k}_m\, d\bar V + \sum_{j=1}^{n} \oiint_{\bar f_j(\bar B)} \mathbb{r}\times(\mathbb{n}\cdot\mathbb{S}^{(E)})\, d\bar f = \left[\int_{(\bar B)} \mathbb{r}\times\bar{\mathbb{v}}\,\bar\rho\, d\bar V\right]^{\cdot},$$

wonach die auf einen raumfesten Punkt 0 bezogenen statischen Momente der Massen– und Oberflächenkräfte mit der zeitlichen Änderung des ebenfalls auf O bezogenen Drallvektors $\left[\int_{(\bar m)} \mathbb{r}\times\bar{\mathbb{v}}\, dm = \int_{(\bar B)} \mathbb{r}\times\bar{\mathbb{v}}\,\bar\rho\, d\bar V\right]$ identisch sein müssen, mit $\overset{\langle p-1\rangle}{\mathbb{Q}}_{A} = \mathbb{r}\times\bar{\mathbb{v}}$ und $\partial\mathbb{r}/\partial t =$[89] 0

$$\mathbb{m}^{(a)}_{"0"\Sigma} = \int_{(\bar B)} \mathbb{r}\times\frac{\partial}{\partial t}(\bar\rho\bar{\mathbb{v}})\, d\bar V + \sum_{j=1}^{n} \oiint_{\bar f_j(\bar B)} \bar\rho(\bar{\mathbb{n}}\cdot\bar{\mathbb{v}})\,\mathbb{r}\times\bar{\mathbb{v}}\, d\bar f\,, \tag{8.73}$$

d) als Ausdruck des (hier im Vorgriff[90] mitgeteilten) Arbeitssatzes der Mechanik, wonach per

$$\mathscr{L}_{a\Sigma} = \int_{(\bar B)} \bar\rho\mathbb{k}_m\cdot\bar{\mathbb{v}}\, d\bar V + \sum_{j=1}^{n} \oiint_{\bar f_j(\bar B)} \mathbb{S}^{(E)}\cdot\bar{\mathbb{v}}\, d\bar f = \mathscr{L}_{S\Sigma} + \dot{\mathscr{E}}_{\Sigma} \equiv$$

$$\equiv \int_{(\bar B)} \mathbb{S}^{(E)}\cdot\cdot\,\mathbb{C}^{*}\, d\bar V + \left[\int_{(\bar B)} \frac{\bar\rho}{2}\,\bar{\mathbb{v}}^2\, d\bar V\right]^{\cdot}$$

die Leistung $(\mathscr{L}_{a\Sigma})$ der Massen– und Oberflächenkräfte in sog. Spannungsleistung $\left(\mathscr{L}_{S\Sigma} = \int_{(\bar B)} \mathbb{S}^{(E)}\cdot\cdot\,\mathbb{C}^{*}\, d\bar V\right)$ und Änderung der kinetischen Energie $(\dot{\mathscr{E}}_{\Sigma})$ umgesetzt wird, indem man noch zwecks Darstellung von $\dot{\mathscr{E}}_{\Sigma}$ im Sinne von (8.68b) $\overset{\langle p-1\rangle}{\mathbb{Q}}_{A} = \bar{\mathbb{v}}^2/2$ benutzt,

$$\mathscr{L}_{a\Sigma} = \mathscr{L}_{S\Sigma} + \int_{(\bar B)} \frac{\partial}{\partial t}\left[\bar\rho\,\frac{\bar{\mathbb{v}}^2}{2}\right] d\bar V + \sum_{j=1}^{n} \oiint_{\bar f_j(\bar B)} \bar\rho(\bar{\mathbb{n}}\cdot\bar{\mathbb{v}})\,\frac{\bar{\mathbb{v}}^2}{2}\, d\bar f\,, \tag{8.74}$$

und schließlich als (8.44c) gleichwertige

---

[89] Hier muß $\mathbb{r}$ — im Sinne einer Eulerschen Darstellung — als Repräsentant (zeitunabhängiger!) Raumkoordinaten aufgefaßt werden

[90] vgl. § 8.5.1

e) Globale Entropiebilanz[91)]

$$\dot{\mathscr{S}}_{a\Sigma} = \int_{(m)} \left[\dot{\mathscr{S}} - \frac{1}{T} \left(\dot{\mathscr{D}} - \frac{\mathfrak{s}^{(E)} \cdot \bar{\nabla} T}{\bar{\rho}} \right) \right] dm =$$

$$= \int_{(\bar{B})} \left\{ \frac{\partial}{\partial t} \left[\bar{\rho} \bar{\mathscr{S}} \right] - \frac{1}{T} \left[\bar{\rho} \dot{\mathscr{D}} - \mathfrak{s}^{(E)} \cdot \bar{\nabla} T \right] \right\} d\bar{V} + \sum_{j=1}^{n} \oint\!\!\oint_{\bar{f}_j(\bar{B})} \bar{\rho} \mathbb{n} \cdot \mathbb{w} \bar{\mathscr{S}}\, d\bar{f} \tag{8.75a}$$

mit der durch

$$\dot{\mathscr{S}}_{a\Sigma} \equiv \int_{(m)} \frac{\dot{Q}_e}{T} dm - \sum_{j=1}^{n} \oint\!\!\oint_{\bar{f}_j(\bar{B})} \mathbb{n} \cdot \mathfrak{s}^{(E)}\, d\bar{f} \tag{8.75b}$$

definierten sog. äußeren Entropiezufuhr.

8.4.2 Stoßfront-Version der Transportgleichung

Insbesondere bei Gasströmungen werden als Verdichtungsstöße bezeichnete Vorgänge beobachtet, bei denen Druck, Dichte, Temperatur usw. an Fluidelementen zeitlich stark veränderlich sind, sich also de facto momentan um endliche Werte ändern. Für die diesbezüglichen Eulerschen Felder bedeutet dies ebenfalls lokal raumzeitlich starke Veränderlichkeiten, wobei es sich bei den "Raumbereichen starker Veränderlichkeit" um Gebiete handeln muß, deren Dicke von der Größenordnung der - große zeitliche Geschehensänderungen erlebenden - Fluidelemente sein müssen. In theoretischer Extrapolation idealisiert man diese Raumbereiche zu (i. allg. den Raum durchwandernden) sog. "Stoßfronten", über die hinweg man unstetige raumzeitliche Änderungen der jeweiligen Eulerschen Felder vorsieht.

Im Folgenden wird eine sich in einer Kontinuumswolke mit Normalengeschwindigkeit $\mathbb{n}_S \cdot \mathbb{u} = \bar{u}_n$ bewegende Stoßfrontfläche $F_S(t)$ vorgesehen (Abb. 8.6), beiderseits der - für eine ansonsten überall als räumlich stetig vorausgesetzte Eulersche Feldgröße $\bar{\rho}\, \overset{\langle p-1\rangle}{\bar{\mathbb{Q}}}_A$ mit ansonsten überall existierenden partiellen Zeitableitungen - endlich verschiedene Werte $(\bar{\rho}_1\, \overset{\langle p-1\rangle}{\bar{\mathbb{Q}}}_{A1})$ bzw. $(\bar{\rho}_2\, \overset{\langle p-1\rangle}{\bar{\mathbb{Q}}}_{A2})$ unterstellt werden.

91) Man integriere (8.44c) über das Momentanvolumen und benutze

$$\int_{(\bar{B})} \bar{\nabla} \cdot \mathfrak{s}^{(E)} d\bar{V} = \sum_{j=1}^{n} \oint\!\!\oint_{\bar{f}_j(\bar{B})} \mathbb{n} \cdot \mathfrak{s}^{(E)} d\bar{f} \quad \text{sowie} \quad \int_{(m)} \dot{\mathscr{S}} dm \equiv \left[\int_{(m)} \mathscr{S} dm \right]^{\cdot} \equiv$$

$$\equiv \left[\int_{(\bar{B})} \bar{\rho} \mathscr{S} d\bar{V} \right]^{\cdot} \overset{(8.68b)}{=} \int_{(\bar{B})} \frac{\partial}{\partial t} (\bar{\rho} \bar{\mathscr{S}})\, d\bar{V} + \sum_{j=1}^{n} \oint\!\!\oint_{\bar{f}_j(\bar{B})} \bar{\rho}\, \mathbb{n} \cdot \mathbb{w}\, \bar{\mathscr{S}} d\bar{f}$$

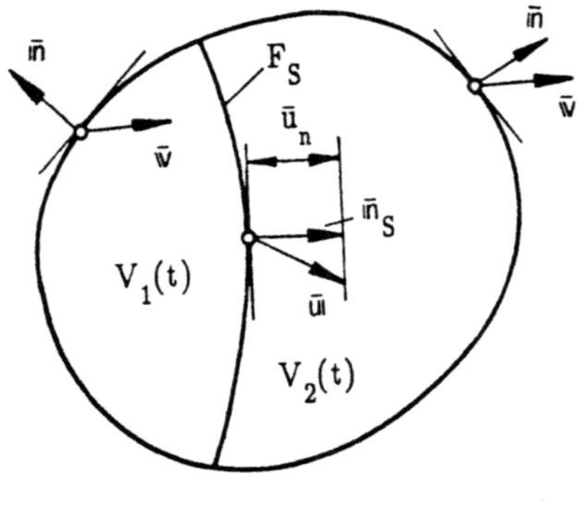

Abb. 8.6

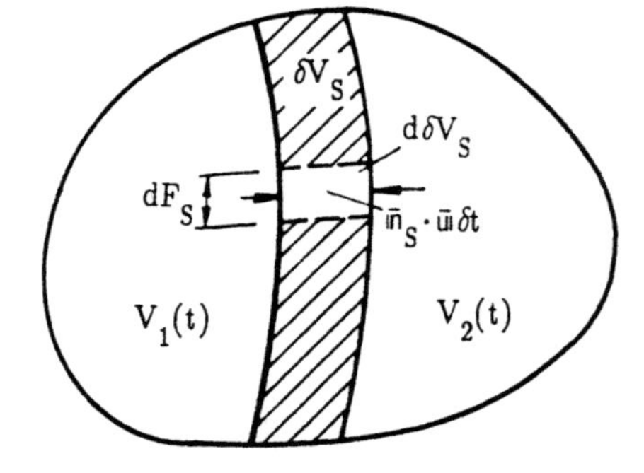

Abb. 8.7

Eine entsprechende Voraussetzung trifft man auch für das Eulersche Feld der Massen-elementen–Geschwindigkeiten, indem man mit der Inkaufnahme von Geschwindigkeitssprüngen – im Sinne einer "idealisierenden Überhöhung" – eine Verletzung der streng genommen an ein Kontinuum zu stellenden Forderung nach "permanenter Nachbarschaft" benachbarter Elemente duldet.
Betr. die Frage, inwieweit die in Termen Eulerscher Feldfunktionen (für eine nunmehr als einfach begrenzt angenommene Kontinuumswolke) für stetige Felder mit existierenden partiellen Zeitableitungen nach (8.69) in der Form

$$\dot{\overset{\langle p-1\rangle}{\mathbb{Q}}}_{A\Sigma} = \dot{\mathbb{J}}_L + \dot{\mathbb{J}}_K = \underbrace{\int\limits_{V(t)} \frac{\partial}{\partial t}(\bar{\rho}\,\overset{\langle p-1\rangle}{\bar{\mathbb{Q}}}_A)}\,d\bar{V} + \int\limits_{f(V(t))} (\mathbb{n}\cdot\mathbb{w})\,\bar{\rho}\,\overset{\langle p-1\rangle}{\bar{\mathbb{Q}}}_A\,d\bar{f} \tag{8.76a}$$

anfallende Darstellung für den Fall beiderseits einer Stoßfront (F_S) diskontinuierlicher Felder modifiziert werden muß, handelt es sich um eine erforderliche Detaillierung des lokalen Terms (in (8.76a) gestrichelt), da in diesem (scheinbar) auf der Stoßfront nicht definierte (allenfalls als "singulär" zu interpretierende) Zeitableitungen $\partial(\bar{\rho}\,\overset{\langle p-1\rangle}{\mathbb{Q}}_A)/\partial t$ enthalten sind. Daß das Aufscheinen der Letzteren jedoch vermieden werden kann, zeigt eine entsprechende Grenzwertbildung.
Dazu denkt man sich zunächst das Gesamtgebiet $V(t)$ in die durch die Stoßfront zerlegten Teilgebiete $V_1(t)$ und $V_2(t)$ und insbesondere $V_2(t)$ weiter in $V_2'(t) = V_2(t) + \delta V_S$ und in dasjenige Gebiet

$$\delta V_S = \int d\delta V_S = \delta t \int\limits_{(F_S)} \mathbb{n}_S \cdot \mathbb{u}\; dF_S$$

aufgeschlüsselt, das während des Zeitinkrementes δt von der (in $V_2(t)$ eindringenden) Stoßfront überdeckt wird (Abb. 8.7), und splittet die lokale Änderung $\delta\mathbb{J}_L$ von (8.69b) in drei Anteile

$$\delta\mathbb{J}_L = \delta\mathbb{J}_{L1} + \delta\mathbb{J}'_{L2} + \delta\mathbb{J}_{L,\delta V_S} \tag{8.76b}$$

auf. Darin sind unter den beiden ersten Anteilen entsprechend (8.69b) die Operationen

$$\delta\mathbb{J}_{L1} = \delta t \int\limits_{V_1(t)} \frac{\partial}{\partial t}(\bar{\rho}\,\overset{\langle p-1\rangle}{\bar{\mathbb{Q}}}_A)\,d\bar{V}\,, \quad \delta\mathbb{J}'_{L2} = \delta t \int\limits_{V_2'(t)} \frac{\partial}{\partial t}(\bar{\rho}\,\overset{\langle p-1\rangle}{\bar{\mathbb{Q}}}_A)\,d\bar{V} \tag{8.76c,d}$$

mit überall definierten Integranden zu verstehen, wobei betr. die in (8.76c) verlangte Integration wie auch betr. Diejenige, die man an der bis auf im Zeitdifferential von höherer Ordnung kleine Anteile an

$$\delta\mathbb{J}'_{L2} \approx \delta\mathbb{J}_{L2} = \delta t \int\limits_{V_2'(t)} \frac{\partial}{\partial t}(\bar{\rho}\,\overset{\langle p-1\rangle}{\bar{\mathbb{Q}}}_A)\,d\bar{V} \tag{8.76e}$$

auszuführen hat, die Stoßfläche $F_S(t)$ jeweils als eine offene Intervallgrenze anzusehen ist. Insofern werden also mit (8.76c,e) die Größen $\delta\mathbb{J}_{L1}$, $\delta\mathbb{J}_{L2}$ bis auf im Zeitdifferential von höherer als erster Ordnung kleine Glieder richtig beschrieben. Daß aber auch $\delta\mathbb{J}_{L,\delta V_S}$ (vorbehaltlich im Zeitdifferential von höherer Ordnung kleine Glieder) als eine zum Zeitdifferential δt proportionale Größe identifiziert werden kann, obwohl für die in δV_S befindlichen (raumfesten) Volumenelemente $d\delta V_S = \mathbb{n}_S\cdot\mathbb{u}\, dF_S\, \delta t$ eine endliche Änderung des lokalen Geschehens — von $\bar{\rho}_2 \overset{\langle p-1\rangle}{\bar{\mathbb{Q}}}_{A2}$ auf $\bar{\rho}_1 \overset{\langle p-1\rangle}{\bar{\mathbb{Q}}}_{A}$! — verzeichnet werden muß, ist hingegen Ausdruck des Befundes, daß die Volumenelemente $d\delta V_S$ selbst schon zum Zeitdifferential proportional sind und daher bis auf von höherer als erster Ordnung kleine Glieder für $\delta\mathbb{J}_{L,\delta V_S}$ in der Tat eine Struktur von der Form

$$\delta\mathbb{J}_{L,\delta V_S} = \delta t \int\limits_{(F_S)} (\mathbb{n}_S\cdot\mathbb{u})(\bar{\rho}_1 \overset{\langle p-1\rangle}{\bar{\mathbb{Q}}}_{A1} - \bar{\rho}_2 \overset{\langle p-1\rangle}{\bar{\mathbb{Q}}}_{A2})\, dF_S \tag{8.76f}$$

anfällt. So bekommt man also aus

$$\delta\mathbb{J}_L = \delta\mathbb{J}_{L1} + \delta\mathbb{J}'_{L2} + \delta\mathbb{J}_{L,\delta V_S} \equiv \dot{\mathbb{J}}_L\, \delta t$$

mit (8.76c,e,f) und Koeffizientenvergleich hinsichtlich δt nunmehr anstelle des in (8.76a) gestrichelt unterstrichenen Terms

$$\dot{\mathbb{J}}_L = \underline{\int\limits_{V(t)} \frac{\partial}{\partial t}(\bar{\rho} \overset{\langle p-1\rangle}{\bar{\mathbb{Q}}}_{A})\, d\bar{V}} + \int\limits_{(F_S)} (\mathbb{n}_S\cdot\mathbb{u})(\bar{\rho}_1 \overset{\langle p-1\rangle}{\bar{\mathbb{Q}}}_{A1} - \bar{\rho}_2 \overset{\langle p-1\rangle}{\bar{\mathbb{Q}}}_{A2})\, dF_S$$

und somit

$$\overset{\langle p-1\rangle}{\mathbb{Q}}{}^{\cdot}_{A\Sigma} = \underline{\int\limits_{V(t)} \frac{\partial}{\partial t}(\bar{\rho} \overset{\langle p-1\rangle}{\bar{\mathbb{Q}}}_{A})\, d\bar{V}} + \int\limits_{f(V(t))} (\mathbb{n}\cdot\mathbb{v})\, \bar{\rho} \overset{\langle p-1\rangle}{\bar{\mathbb{Q}}}_{A}\, d\bar{f} + \int\limits_{(F_S)} (\mathbb{n}_S\cdot\mathbb{u})(\bar{\rho}_1 \overset{\langle p-1\rangle}{\bar{\mathbb{Q}}}_{A1} - \bar{\rho}_2 \overset{\langle p-1\rangle}{\bar{\mathbb{Q}}}_{A2})\, dF_S, \tag{8.76g}$$

indem man den jeweils ersten Term (strichpunktiert) als Summe der über $V_1(t)$ bzw. $V_2(t)$ erstreckten Teiloperationen mit jeweils offener Intervallgrenze F_S versteht, und dementsprechend als Globalbilanz für eine von einer Stoßfront durchzogene einfach begrenzte Kontinuumswolke anstelle von (8.70)

$$\begin{aligned}\overset{\langle p-1\rangle}{\mathbb{Q}}_{\Sigma} &= \int\limits_{f(V(t))} \mathbb{n}\cdot \overset{\langle p\rangle}{\mathbb{Q}}{}^{(E)}\, d\bar{f} = \overset{\langle p-1\rangle}{\mathbb{Q}}{}^{\cdot}_{e\Sigma} - \overset{\langle p-1\rangle}{\mathbb{Q}}{}^{\cdot}_{A\Sigma} = \int\limits_{V(t)} \bar{\rho}\, \overset{\langle p-1\rangle}{\mathbb{Q}}{}^{\cdot}_{e}\, d\bar{V} - \\ &- \int\limits_{V(t)} \frac{\partial}{\partial t}(\bar{\rho} \overset{\langle p-1\rangle}{\bar{\mathbb{Q}}}_{A})\, d\bar{V} - \int\limits_{f(V(t))} (\mathbb{n}\cdot\mathbb{v})\, \bar{\rho} \overset{\langle p-1\rangle}{\bar{\mathbb{Q}}}_{A}\, d\bar{f} - \int\limits_{(F_S)} (\mathbb{n}_S\cdot\mathbb{u})(\bar{\rho}_1 \overset{\langle p-1\rangle}{\bar{\mathbb{Q}}}_{A1} - \bar{\rho}_2 \overset{\langle p-1\rangle}{\bar{\mathbb{Q}}}_{A2})\, dF_S.\end{aligned} \tag{8.77a}$$

Indem man $V(t)$ auf den Stoßfrontbereich ($\delta V_S \to 0$) zusammenzieht (Abb. 8.8), bekommt man mit

$$\lim_{V(t)\to\delta V_S\to 0} \int_{(V(t))} \frac{\partial}{\partial t}\Big(\bar{\rho}\, \overset{\langle p-1\rangle}{\bar{\mathbb{Q}}}_A\Big)\, d\bar{V} \to 0,$$

$$\lim_{V(t)\to\delta V_S\to 0} \int_{f(V(t))} \bar{\mathbb{n}}\cdot \overset{\langle p\rangle}{\bar{\mathbb{Q}}}{}^{(E)}\, d\bar{f} \to$$

$$\to^{92)} \int_{(F_S)} \Big(\bar{\mathbb{n}}_1\cdot \overset{\langle p\rangle}{\bar{\mathbb{Q}}}{}_1^{(E)} + \bar{\mathbb{n}}_2\cdot \overset{\langle p\rangle}{\bar{\mathbb{Q}}}{}_2^{(E)}\Big)\, dF_S =$$

$$= ^{93)} \int_{(F_S)} \bar{\mathbb{n}}_S\cdot\Big(\overset{\langle p\rangle}{\bar{\mathbb{Q}}}{}_2^{(E)} - \overset{\langle p\rangle}{\bar{\mathbb{Q}}}{}_1^{(E)}\Big)\, dF_S\,,$$

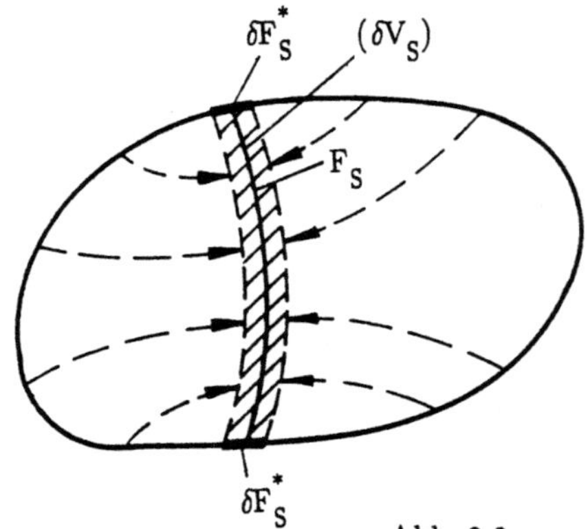

Abb. 8.8

$$\lim_{V(t)\to\delta V_S\to 0} \int_{f(V(t))} (\bar{\mathbb{n}}\cdot\bar{\mathbb{w}})\,\bar{\rho}\, \overset{\langle p-1\rangle}{\bar{\mathbb{Q}}}_A\, d\bar{f} \to^{94)} \int_{(F_S)} \Big[(\bar{\mathbb{n}}_S\cdot\bar{\mathbb{w}}_2)\,\bar{\rho}_2\, \overset{\langle p-1\rangle}{\bar{\mathbb{Q}}}_{A2} - (\bar{\mathbb{n}}_S\cdot\bar{\mathbb{w}}_1)\,\bar{\rho}_1\, \overset{\langle p-1\rangle}{\bar{\mathbb{Q}}}_{A1}\Big]\, dF_S\,,$$

also

$$\lim_{V(t)\to\delta V_S\to 0} \dot{\mathbb{Q}}_{A\Sigma} = \int_{(F_S)} \mathbb{n}_S\cdot\Big[\bar{\rho}_2(\bar{\mathbb{w}}_2 - \bar{\mathbb{u}})\circ \overset{\langle p-1\rangle}{\bar{\mathbb{Q}}}_{A2} - \bar{\rho}_1(\bar{\mathbb{w}}_1 - \bar{\mathbb{u}})\circ \overset{\langle p-1\rangle}{\bar{\mathbb{Q}}}_{A1}\Big]\, dF_S \qquad (8.77b)$$

und ggfs. $$\lim_{V(t)\to\delta V_S\to 0} \overset{\langle p-1\rangle}{\mathbb{Q}}{}^{\cdot}_{e\Sigma} = \lim_{\delta h\to 0} \int_{(F_S)} \bar{\rho}\, \overset{\langle p-1\rangle}{\mathbb{Q}}{}^{\cdot}_{e}\, \delta\bar{h}\, dF_S \to \int_{(F_S)} \overset{\langle p-1\rangle}{\mathbb{Q}}{}^{\cdot}_{eF}\, dF_S \qquad (8.77c)$$

mit möglicherweise existenten endlichen flächenbezogenen Zufuhrgrößen $\overset{\langle p-1\rangle}{\mathbb{Q}}{}^{\cdot}_{eF}$ aus (8.77a)

$$\int_{(F_S)} \Big\{\bar{\mathbb{n}}_S\cdot\Big[\Big(\overset{\langle p\rangle}{\bar{\mathbb{Q}}}{}_2^{(E)} + \bar{\rho}_2(\bar{\mathbb{w}}_2-\bar{\mathbb{u}})\circ \overset{\langle p-1\rangle}{\bar{\mathbb{Q}}}_{A2}\Big) - \Big(\overset{\langle p\rangle}{\bar{\mathbb{Q}}}{}_1^{(E)} + \bar{\rho}_1(\bar{\mathbb{w}}_1-\bar{\mathbb{u}})\circ \overset{\langle p-1\rangle}{\bar{\mathbb{Q}}}_{A1}\Big)\Big] - \overset{\langle p-1\rangle}{\mathbb{Q}}{}^{\cdot}_{eF}\Big\}\, dF_S = 0$$

(8.77d)

und daraus, indem "Quertransporte" innerhalb der Stoßfront als von höherer Ordnung klein ausgeschlossen werden, für die durch

$$\bar{\mathbb{n}}_S\cdot\Big[\overset{\langle p\rangle}{\bar{\mathbb{Q}}}{}^{(E)}\Big] \equiv \bar{\mathbb{n}}_S\cdot\Big[\overset{\langle p\rangle}{\bar{\mathbb{Q}}}{}_1^{(E)} - \overset{\langle p\rangle}{\bar{\mathbb{Q}}}{}_2^{(E)}\Big]\,, \qquad (8.78a,b)$$

---

92) Endliche Flußgrößen $\bar{\mathbb{n}}\cdot \overset{\langle p\rangle}{\bar{\mathbb{Q}}}{}^{(E)}$ unterstellend, werden die von den seitlichen Randflächen δF_S^* (mit $\delta F_S^* \to 0$ für $V(t) \to \delta V_S \to 0$) (Abb. 8.8) herrührenden Zufluß–Anteile als von höherer Ordnung klein gestrichen

93) man benutze $\bar{\mathbb{n}}_2 = -\bar{\mathbb{n}}_1 = \bar{\mathbb{n}}_S$

94) nach (entspr. Fußn. 91) Vernachlässigung der $\overset{\langle p-1\rangle}{\bar{\mathbb{Q}}}_A$–Konvektion längs δF_S^*

$$\mathbb{n}_S \cdot \left[\bar{\rho}(\mathbb{v}-\mathbb{u})\circ \overset{\langle p-1\rangle}{\bar{\mathbb{Q}}_A} \right] = \mathbb{n}_S \cdot \left[\bar{\rho}_1(\mathbb{v}_1-\mathbb{u})\circ \overset{\langle p-1\rangle}{\bar{\mathbb{Q}}_{A1}} - \bar{\rho}_2(\mathbb{v}_2-\mathbb{u})\circ \overset{\langle p-1\rangle}{\bar{\mathbb{Q}}_{A2}} \right]$$

definierten sog. "Sprunggrößen" die Stoßfrontbilanz (p-1)-stufiger Quantitäten

$$\mathbb{n}_S \cdot \left[\left[\overset{\langle p\rangle}{\mathbb{Q}}{}^{(E)} \right] + \underline{\left[\bar{\rho}(\mathbb{v}-\mathbb{u})\circ \overset{\langle p-1\rangle}{\bar{\mathbb{Q}}_A} \right]} \right] + \overset{\langle p-1\rangle}{\dot{\mathbb{Q}}_{eF}} = 0 \,. \tag{8.78c}$$

Darin ist der unterstrichelte Anteil das entsprechende Rudiment der Geschehensänderung $\overset{\langle p-1\rangle}{\dot{\mathbb{Q}}_A}$ an einer durch die Stoßflächeneinheit driftenden Kontinuumswolke (vgl. (8.77b)):

$$\left[\lim_{\delta V_S \to 0} \overset{\langle p-1\rangle}{\dot{\mathbb{Q}}_{A\Sigma}} \right]_{\Delta F_S = 1} = - \mathbb{n}_S \cdot \left[\bar{\rho}(\mathbb{v}-\mathbb{u})\circ \overset{\langle p-1\rangle}{\bar{\mathbb{Q}}_A} \right] . \tag{8.78d}$$

Ergänzende Angaben über Sprungrelationen als Konsequenz aus den Bilanzsätzen für Masse, Impuls, mechanische Energie, innere bzw. freie Energie bzw. Entropie findet man unter §9.5.

8.5 Energetische Aspekte

8.5.1 Der Arbeitssatz der klassischen Kontinuumsmechanik

wird durch identische Umformungsprozesse am Ausdruck für die (sog. äußere) Leistung[95]

$$\mathscr{L}_{a_\Sigma} = \dot{\mathscr{A}}_{a_\Sigma} = \int_{(\bar{B})} \bar{\rho}\mathbb{k}_m \cdot \mathbb{v}\, d\bar{V} + \sum_{j=1}^{n} \int_{\bar{f}_j(\bar{B})} \mathbb{n}\cdot \mathbb{S}^{(E)} \cdot \mathbb{v}\, d\bar{f} \tag{8.79a}$$

unter Benutzung des Gaußschen Satzes sowie der lokalen Impulsbilanz (8.45c) erhalten. Man bekommt wegen

$$\sum_{j=1}^{3} \int_{\bar{f}_j(\bar{B})} \mathbb{n}\cdot \mathbb{S}^{(E)} \cdot \mathbb{v}\, d\bar{f} = \int_{(\bar{B})} \bar{\nabla}\cdot(\mathbb{S}^{(E)}\cdot\mathbb{v})\, d\bar{V} \equiv \int_{(\bar{B})} \left[(\bar{\nabla}\cdot\mathbb{S}^{(E)})\cdot\mathbb{v} + \mathbb{S}^{(E)T} \cdot\cdot\, \bar{\nabla}\circ\mathbb{v} \right] d\bar{V} \equiv$$

$$\overset{(8.45c)}{=}{}^{96)} \int_{(\bar{B})} (\bar{\rho}\dot{\mathbb{v}} - \bar{\rho}\mathbb{k}_m)\cdot\mathbb{v}\, d\bar{V} + \int_{(\bar{B})} \mathbb{S}^{(E)} \cdot\cdot\, \frac{1}{2}(\bar{\nabla}\circ\mathbb{v} + \mathbb{v}\circ\bar{\nabla})\, d\bar{V} \equiv$$

---

95) bestehend aus der Leistung der Massenkräfte $(\bar{\rho}\mathbb{k}_m d\bar{V})$ und der Oberflächenkräfte $(\mathbb{n}\cdot\mathbb{S}^{(E)} d\bar{f})$

96) Man beachte $\mathbb{S}^{(E)} = \mathbb{S}^{(E)T}$ und daher $\mathbb{S}^{(E)T} \cdot\cdot\, \bar{\nabla}\circ\mathbb{v} \equiv \mathbb{S}^{(E)} \cdot\cdot\, \bar{\nabla}\circ\mathbb{v} \equiv \mathbb{S}^{(E)} \cdot\cdot\, (\bar{\nabla}\circ\mathbb{v})^T \equiv$
$\equiv \mathbb{S}^{(E)} \cdot\cdot\, \frac{1}{2}(\bar{\nabla}\circ\mathbb{v} + \mathbb{v}\circ\bar{\nabla}) \overset{(8.28d)}{=} \mathbb{S}^{(E)} \cdot\cdot\, \mathbb{C}^*$

$$\equiv^{97)} \int\limits_{(m)} \mathrm{dm}\, \mathbb{v}\cdot\dot{\mathbb{v}} - \int\limits_{(\bar{B})} \bar{\rho}\mathbb{k}_m\cdot\mathbb{v}\, \mathrm{d}\bar{V} + \int\limits_{(\bar{B})} \$^{(E)}\cdot\cdot\,\mathbb{C}^*\, \mathrm{d}\bar{V} \tag{8.79b}$$

schließlich

$$\mathscr{L}_{a_\Sigma} = \dot{\mathscr{A}}_{a_\Sigma} = \mathscr{L}_{\$_\Sigma} + \dot{\mathscr{E}}_\Sigma = \dot{\mathscr{A}}_{\$_\Sigma} + \dot{\mathscr{E}}_\Sigma \tag{8.80}$$

mit der kinetischen Energie

$$\mathscr{E}_\Sigma = \int\limits_{(m)} \frac{\mathrm{dm}}{2}\, \mathbb{v}^2 \tag{8.80a}$$

und der sog. Spannungsleistung

$$\mathscr{L}_{\$_\Sigma} = \dot{\mathscr{A}}_{\$_\Sigma} = \int\limits_{(\bar{B})} \$^{(E)}\cdot\cdot\,\mathbb{C}^*\, \mathrm{d}\bar{V} = \int\limits_{(m)} \frac{\$^{(E)}\cdot\cdot\,\mathbb{C}^*}{\bar{\rho}}\, \mathrm{dm} \equiv \int\limits_{(m)} \dot{\mathscr{A}}_\$\, \mathrm{dm} \tag{8.80b}$$

bzw. deren auf die Masseneinheit bezogenen (sog. spezifischen) Wert, der für das Folgende einheitlich in der Form

$$\dot{\mathscr{A}}_\$ = \mathscr{L}_\$ = \overset{\times}{\$}\cdot\cdot\,\dot{\mathbb{D}} \tag{8.81}$$

bezeichnet werden soll, worin unter $\overset{\times}{\$}$ und $\dot{\mathbb{D}}$ duale Paare von Beanspruchungs- bzw. Verzerrungsgeschwindigkeitstensoren zu verstehen sind, und zwar die Paare[98]

$$\overset{\times}{\$} = \overset{\times}{\$}{}^{(E)} = \frac{\$^{(E)}}{\bar{\rho}} \quad \text{und } \dot{\mathbb{D}} = \mathbb{C}^* \tag{8.81a}$$

bzw.

$$\overset{\times}{\$} = \overset{\times}{\$}{}^{(K)} = \frac{\$^{(K)}}{\hat{\rho}} \quad \text{und } \dot{\mathbb{D}} = \dot{\mathbb{D}}^{(G)} \tag{8.81b}$$

bzw.

$$\overset{\times}{\$} = \overset{\times}{\$}{}^{(R)} = \frac{\$^{(R)}}{\bar{\rho}}$$

und

$$\dot{\mathbb{D}} = \frac{1}{2}\,\mathbb{D}^{(S)-1}\cdot(\mathbb{D}^{(S)2})^{\cdot}\cdot\mathbb{D}^{(S)-1} = \frac{1}{2}\,(\dot{\mathbb{D}}^{(S)}\cdot\mathbb{D}^{(S)-1} + \mathbb{D}^{(S)-1}\cdot\dot{\mathbb{D}}^{(S)}) \tag{8.81c}$$

bzw.

$$\overset{\times}{\$} = \overset{\times}{\$}{}^{(L)} = \frac{\$^{(L)}}{\hat{\rho}} \quad \text{und } \dot{\mathbb{D}} = \dot{\mathbb{F}}^T = \mathbb{V}^T. \tag{8.81d}$$

Für spezielle Probleme benutzt man mit den sog. "Deviator-Zerlegungen"

$$\$^{(E)} = \$^{(E)'} + (\mathbb{E}\cdot\cdot\,\$^{(E)})\mathbb{E}/3 \equiv \$^{(E)'} - \bar{p}\,\mathbb{E} \tag{8.82a}$$

$$\mathbb{C}^* = \mathbb{C}^{*'} + (\mathbb{E}\cdot\cdot\,\mathbb{C}^*)\mathbb{E}/3 \overset{(8.33d)}{=} \mathbb{C}^{*'} - (\dot{\bar{\rho}}/\bar{\rho})\mathbb{E}/3 \tag{8.82b}$$

auch die wegen $\mathbb{E}\cdot\cdot\,\mathbb{C}^{*'} = 0$, $\mathbb{E}\cdot\cdot\,\$^{(E)'} = 0$ und $\mathbb{E}\cdot\cdot\,\mathbb{E} = 3$ mögliche Zerlegung

---

97) Man setze $\bar{\rho}\mathrm{d}\bar{V} = \mathrm{dm}$

98) Die Variante (8.81a) liest man unmittelbar an (8.80b) ab, die Variante (8.81b) bekommt man mit (8.28b,52e,6d), die Variante (8.81c) mit (8.53c,28c,27a), die Variante (8.81d) schließlich entsteht z. B. aus (8.81b) mit $\overset{\times}{\$}{}^{(K)} = \$^{(L)}\cdot\mathbb{F}^{-1}/\hat{\rho} = \$^{(K)T} = \mathbb{F}^{T^{-1}}\cdot\$^{(L)T}/\hat{\rho}$ nach (8.48a) und
$\dot{\mathbb{D}}^{(G)} = \frac{1}{2}(\mathbb{F}\cdot\mathbb{F}^T - \mathbb{E})^{\cdot} = \frac{1}{2}(\dot{\mathbb{F}}\cdot\mathbb{F}^T + \mathbb{F}\cdot\dot{\mathbb{F}}^T)$.

$$\dot{\mathscr{A}}_{\$} = \overset{\times}{\$}^{(E)'} \cdot\cdot \mathbb{C}^{*'} + \frac{\bar{p}\dot{\bar{\rho}}}{\bar{\rho}^2} \equiv \dot{\mathscr{A}}_{\$_G} + \dot{\mathscr{A}}_{\$_K} \tag{8.82c}$$

der Spannungsleistung in die sog. Kompressionsleistung

$$\dot{\mathscr{A}}_{\$_K} = \frac{\bar{p}\dot{\bar{\rho}}}{\bar{\rho}^2} = - \bar{p}(1/\bar{\rho})^{\cdot} \overset{99)}{=} \frac{1}{3} \overset{\times}{\$}^{(K)} \cdot\cdot (\mathbb{F}\cdot\mathbb{F}^T)\, \dot{F}_3/F_3 \tag{8.82d}$$

und in die Gestaltsänderungsleistung

$$\dot{\mathscr{A}}_{\$_G} = \overset{\times}{\$}^{(E)'} \cdot\cdot \mathbb{C}^{*'} = \dot{\mathscr{A}}_{\$} - \dot{\mathscr{A}}_{\$_K} \,. \tag{8.82e}$$

Im Hinblick auf eine Recherche, inwieweit der Arbeitssatz in die Schemata (8.42) bzw. (8.66,70) der lokalen bzw. globalen Bilanzen eingeordnet werden kann, multipliziert man (8.45c) skalar mit der Geschwindigkeit, erhält zunächst

$$\left[\bar{\nabla}\cdot\$^{(E)}\right]\cdot \mathbb{v} \equiv \bar{\nabla}\cdot\left[\$^{(E)}\cdot\mathbb{v}\right] - \$^{(E)T}\cdot\cdot(\bar{\nabla}\circ\mathbb{v}) = - \bar{\rho}\, \mathbb{k}_m\cdot\mathbb{v} + \bar{\rho}\, \mathbb{v}\cdot\dot{\mathbb{v}} \,,$$

beachtet wegen der Symmetrie von $\$^{(E)}$ die Identität

$$\$^{(E)T}\cdot\cdot(\bar{\nabla}\circ\mathbb{v}) = \$^{(E)}\cdot\cdot(\bar{\nabla}\circ\mathbb{v}) = \$^{(E)}\cdot\cdot\mathbb{C}^* = \bar{\rho}\, \dot{\mathscr{A}}_{\$}$$

und findet so als Feldgleichungsversion des Arbeitssatzes

$$\underline{\bar{\nabla}\cdot\left[\$^{(E)}\cdot\mathbb{v}\right]} + \bar{\rho}\,(\mathbb{k}_m\cdot\mathbb{v} - \dot{\mathscr{A}}_{\$}) = \bar{\rho}\, \mathbb{v}\cdot\dot{\mathbb{v}} = \bar{\rho}\,(\mathbb{v}^2/2)^{\cdot} \,, \tag{8.83a}$$

also in der Tat eine Struktur von der Form (8.42), indem man dort p = 1 und

$$\overset{<p>}{\mathbb{Q}}{}^{(E)} = \overset{<1>}{\mathbb{Q}}{}^{(E)} = - \$^{(E)}\cdot\mathbb{v} \,, \quad \overset{<p-1>}{\mathbb{Q}_A} = \overset{<0>}{\mathbb{Q}_A} = \mathbb{v}^2/2 \tag{8.83b,c}$$

und als Produktionsgröße

$$\overset{<p-1>}{\mathbb{Q}_e}{}^{\cdot} = \overset{<0>}{\mathbb{Q}_e}{}^{\cdot} = \mathbb{k}_m\cdot\mathbb{v} - \dot{\mathscr{A}}_{\$} \tag{8.83d}$$

setzt. Integration von (8.83a) über den Kontinuumsbereich liefert selbstverständlich wieder die Global—Version (8.80), die in das Schema (8.66 bzw. 8.70) mit den Setzungen (8.83b—d) implementiert ist.

8.5.2 Der erste Hauptsatz der klassischen Thermodynamik

postuliert das Prinzip der Energieerhaltung, wonach einem Massenverband in der Zeiteinheit applizierte Energiezuflüsse nicht "verloren gehen", sondern gespeichert werden. Für den Bereich thermisch-mechanischer Umsetzungen in der klassischen Kontinuumstheorie bestehen die Energieinputs aus der zugeführten mechanischen Leistung $\mathscr{L}_{a_\Sigma}$ nach (8.79a) und den in der Zeiteinheit zugeführten thermischen Energien

99) Man benutze

$$\bar{p} = - (\mathbb{E}\cdot\cdot\$^{(E)})/3 \overset{(8.48a)}{=} - \mathbb{E}\cdot\cdot\left[\mathbb{F}\cdot\$^{(K)}\cdot\mathbb{F}^T/F_3\right]/3 = - \$^{(K)}\cdot\cdot(\mathbb{F}\cdot\mathbb{F}^T)/(3F_3)$$

sowie

$$\mathbb{E}\cdot\cdot\mathbb{C}^* \overset{(8.33d)}{=} -\dot{\bar{\rho}}/\bar{\rho} = \dot{F}_3/F_3$$

$$\dot{Q}_{a_\Sigma} = \int\limits_{(\bar{B})} \bar{\rho}\dot{Q}_e \, d\bar{V} - \underline{\sum_{j=1}^{n} \int\limits_{\bar{f}_j(\bar{B})} \mathbb{n}\cdot \mathbb{q}^{(E)} d\bar{f}} =^{100)} \int\limits_{(m)} \left[\dot{Q}_e - \frac{\bar{\nabla}\cdot \mathbb{q}^{(E)}}{\bar{\rho}}\right] dm \equiv \int\limits_{(m)} \dot{Q}_a dm , \qquad (8.84)$$

die sich aus den in der Zeiteinheit in die Masseneinheit direkt (etwa durch Strahlungsabsorption) allfällig "von außen eingebrachten (sog. eingeprägten)" thermischen Energien ($\dot{Q}_e$) und den durch Leitung längs der Oberflächen zugeführten Beiträgen zusammensetzen, womit der erste Hauptsatz die Form

$$\mathscr{L}_{a_\Sigma} + \dot{Q}_{a_\Sigma} = \dot{\mathscr{U}}_\Sigma + \dot{\mathscr{E}}_\Sigma \qquad (8.85a)$$

annimmt, in der zum Ausdruck kommt, daß alle, über den jeweiligen Zuwachs an kinetischer Energie hinausgehenden äußeren Leistungszufuhren in Form einer Vermehrung der sog. inneren Energie ($\mathscr{U}_\Sigma$) des Massenverbandes gespeichert werden. Kombination von (8.84) mit dem Arbeitssatz der Mechanik (8.80) ergibt

$$\dot{\mathscr{U}}_\Sigma = \dot{\mathscr{A}}_{\$_\Sigma} + \dot{Q}_{a_\Sigma} , \qquad (8.85b)$$

wonach im Bereich thermisch-mechanischer Umsetzungen innere Energie im Zusammenhang mit Spannungsleistung und zugeführter Wärme akkumuliert wird. Mit der per

$$\mathscr{U}_\Sigma = \int\limits_{(m)} \mathscr{U} \, dm \qquad (8.86)$$

definierten, auf die Masseneinheit bezogenen sog. spezifischen inneren Energie folgt aus (8.85b)

$$\int\limits_{(m)} \left[\dot{\mathscr{U}} - \dot{\mathscr{A}}_{\$} - \dot{Q}_a\right] dm = 0 \qquad (8.87a)$$

mit den entsprechenden spezifischen Größen $\dot{\mathscr{A}}_{\$}$ bzw. $\dot{Q}_a$ nach (8.81a-d,84), was man für jeden Teilbereich von m fordert, um solchermaßen die Feldgleichungsversion des "ersten Hauptsatzes"

$$\dot{\mathscr{U}} = \dot{\mathscr{A}}_{\$} + \dot{Q}_a = \overset{\times}{\$}\cdot\cdot\mathbb{D} - \frac{\bar{\nabla}\cdot \mathbb{q}^{(E)}}{\bar{\rho}} + \dot{Q}_e \qquad (8.87b)$$

zu identifizieren bzw. die Version

$$\dot{\mathscr{U}} = \dot{\mathscr{A}}_{\$} - \dot{\mathscr{D}} + \left[\dot{\mathscr{D}} + \dot{Q}_e - \frac{\bar{\nabla}\cdot \mathbb{q}^{(E)}}{\bar{\rho}}\right] \equiv \dot{\mathscr{A}}_{\$} - \dot{\mathscr{D}} + \hat{\dot{Q}} \qquad (8.87c)$$

unter Einführung der auf die Masseneinheit bezogenen spezifischen Dissipationsleistung ($\dot{\mathscr{D}}$), die zufolge Reibungsphänomenen je Zeiteinheit in der Masseneinheit als in der Form von Wärme anfallender "mechanischer Energieverlust" in Betracht zu nehmen ist. Insofern stellt dann

---

100) man wandle den gestrichelten Term mit Hilfe des Gaußschen Satzes in ein Integral über das Momentanvolumen um und benutze $dm = \bar{\rho} d\bar{V}$

$$\overset{\wedge}{\dot{Q}} = \dot{Q}_a + \dot{\mathscr{D}} = \dot{Q}_e - \frac{\bar{\nabla}\cdot \mathbb{q}^{(E)}}{\bar{\rho}} + \dot{\mathscr{D}} \tag{8.88a}$$

den gesamten an der Masseneinheit in der Zeiteinheit festzustellenden Wärmemengenzuwachs dar, der im Sinne der hier im Vorgriff[101] notierten sog. (kalorischen bzw.) Entropiebilanzgleichung der klassischen Thermodynamik

$$\overset{\wedge}{\dot{Q}} = T\, \dot{\mathscr{S}} \tag{8.88b}$$

mit der absoluten Temperatur (T) und dem Zuwachs der (auf die Masseneinheit bezogenen sog. spezifischen) Entropie ($\mathscr{S}$) verknüpft wird. So entsteht durch Kombination von erstem Hauptsatz (8.87c) mit kalorischer Bilanzgleichung die Version

$$\dot{\mathscr{U}} = \dot{\mathscr{A}}_{\$} - \dot{\mathscr{D}} + T\, \dot{\mathscr{S}} = \overset{\times}{\$}\cdot\cdot \dot{\mathbb{D}} + \underline{T}\, \dot{\mathscr{S}} - \dot{\mathscr{D}} \tag{8.89}$$

bzw. die Version

$$\dot{\mathscr{F}} = \dot{\mathscr{A}}_{\$} - \mathscr{S}\dot{T} - \dot{\mathscr{D}} = \overset{\times}{\$}\cdot\cdot \dot{\mathbb{D}} - \underline{\mathscr{S}}\dot{\underline{T}} - \dot{\mathscr{D}} \equiv \overset{\times}{\mathfrak{s}} \odot \dot{\mathfrak{d}} - \dot{\mathscr{D}} \tag{8.89a}$$

unter Benutzung des als "freie Energie" bezeichneten "thermodynamischen Potentials"

$$\mathscr{F} = \mathscr{U} - \underline{T}\, \underline{\mathscr{S}} \tag{8.89b}$$

und den jeweils 7-komponentigen kaloro-dynamischen bzw. (hierzu "dualen") thermisch-kinematischen Zustandsvektoren

$$\overset{\times}{\mathfrak{s}} \mathrel{\hat{=}} (\overset{\times}{\$};\, -\mathscr{S}), \quad \mathfrak{d} \mathrel{\hat{=}} (\mathbb{D};\, T-T_0). \tag{8.89c,d}$$

Die Bedeutung der im Sinne von (8.89b) eingeführten freien Energie liegt darin, daß in der mit Letzterer formulierten Energiegleichung (8.89a) die Geschwindigkeit der thermischen Variablen (T) aufscheint im Gegensatz zu Gl. (8.89), die in Termen der Geschwindigkeit der kalorischen Variablen ($\mathscr{S}$) formuliert ist, daß also mit (8.89a) eine Energiegleichung in Termen der Geschwindigkeiten der thermisch-kinematischen Variablen ($\mathbb{D}$; $T-T_0$) erreicht wird, was sich im Hinblick auf Materialgleichungsanalysen[102], zu denen insbesondere auch die Forderung nach Kompatibilität mit dem ersten Hauptsatz der Thermodynamik gehört, als vorteilhaft erweist. Daß man durch Addition bzw. Subtraktion einer sog. "Endwert"—Arbeitsgröße[103] zu einer Energiegleichungsvariante gelangt, in der die Geschwindigkeiten der jeweils dualen Variablen vertauscht werden, gilt bekanntlich auch im Hinblick auf den Austausch der kinematischen Geschwindigkeitsgröße ($\dot{\mathbb{D}}$) durch Diejenige der dualen dynamischen Größe ($\overset{\times}{\$}$) und führt zur Definition der sog. "inneren Ergänzungsenergie", z. B

$$\mathscr{U}^{\circledast}\; (= \overset{\times}{\$}\cdot\cdot \mathbb{D} - \mathscr{U}) = \overset{\times}{\$}{}^{(K)}\cdot\cdot \mathbb{D}^{(G)} - \mathscr{U} \tag{8.90a}$$

bzw. der sog. "freien Ergänzungsenergie", z. B.

$$\mathscr{F}^{\circledast} = \overset{\times}{\$}{}^{(K)}\cdot\cdot \mathbb{D}^{(G)} - \mathscr{F}, \tag{8.90b}$$

mit denen man nach Einsetzen in (8.89,89a) die Energiebilanzen

---

101) vgl. §9.4

102) die in der Regel das Ziel haben, die kaloro—dynamischen Variablen ($\overset{\times}{\$}$; $\mathscr{S}$) als Funktionen bzw. Funktionale der thermisch—kinematischen Variablen ($\mathbb{D}$; $T-T_0$) darzustellen

103) im vorliegenden Falle durch Subtraktion von $T\,\mathscr{S}$ im Sinne von (8.89b)

$$\dot{\mathscr{U}}^{\circledast} = \mathbb{D}^{(G)} \cdot\cdot \overset{\times}{\$}^{(K)} - T\, \dot{\mathscr{S}} + \dot{\mathscr{D}} \quad \text{bzw.} \quad \dot{\mathscr{F}}^{\circledast} = \mathbb{D}^{(G)} \cdot\cdot \overset{\times}{\$}^{(K)} + \mathscr{S}\dot{T} + \dot{\mathscr{D}} \qquad (8.90c,d)$$

formulieren kann. Den Ergänzungsenergiegrößen analoge Strukturen in der Gasdynamik sind die sog. "Enthalpie" bzw. "freie Enthalpie" [7], [16]. Die mit dem

8.5.3 Zweiten Hauptsatz der Thermodynamik

realen Prozessen auferlegte Restriktion wird in der Kontinuumsmechanik in der "schwachen Version" der sog. "Clausius-Duhem-Ungleichung" [31], [34]

$$\dot{\mathscr{S}} + \frac{\bar{\nabla}\cdot \mathfrak{s}^{(E)}}{\bar{\rho}} - \frac{\dot{Q}_e}{T} \overset{(8.44c)}{=} \frac{1}{T}\left[\dot{\mathscr{D}} - \frac{\mathfrak{s}^{(E)}\cdot\bar{\nabla}T}{\bar{\rho}}\right] = \frac{\dot{\mathscr{D}}}{T} - \frac{\mathfrak{q}^{(E)}\cdot\bar{\nabla}T}{\bar{\rho}T^2} \geq 0 \qquad (8.91)$$

oder auch - gleichwertig - etwa durch

$$\frac{\dot{\mathscr{A}}_{\$}}{T} - \frac{\mathscr{U}\,\dot{T}}{T^2} - \frac{\mathfrak{q}^{(E)}\cdot\bar{\nabla}T}{\bar{\rho}T^2} \geq \left[\frac{\mathscr{F}}{T}\right]^{\cdot} \qquad (8.91a)$$

bzw. durch
$$\dot{\mathscr{S}} + \frac{\dot{\mathscr{A}}_{\$}}{T} - \frac{\dot{\mathscr{U}}}{T} - \frac{\mathfrak{q}^{(E)}\cdot\bar{\nabla}T}{\bar{\rho}T^2}\left[= \frac{\dot{\mathscr{D}}}{T} - \frac{\mathfrak{q}^{(E)}\cdot\bar{\nabla}T}{\bar{\rho}T^2}\right] \geq 0 \qquad (8.91b)$$

beschrieben[104] bzw. durch die nach Einsetzen von (8.91) in (8.75b) erhältliche globale Aussage

$$\dot{\mathscr{S}}_{a_\Sigma} \equiv \int_{(m)} \frac{\dot{Q}_e}{T}\, dm - \sum_{j=1}^{n} \int_{\bar{f}_j(\bar{B})} \bar{\mathbb{n}}\cdot \mathfrak{s}^{(E)}\, d\bar{f} \leq \int_{(m)} \dot{\mathscr{S}}\, dm \equiv \dot{\mathscr{S}}_{\Sigma}, \qquad (8.91c)$$

die mit $\dot{Q}_e = 0$, $\bar{\mathbb{n}}\cdot\mathfrak{q}^{(E)} = 0$ und damit auch $\bar{\mathbb{n}}\cdot\mathfrak{s}^{(E)} = \bar{\mathbb{n}}\cdot\mathfrak{q}^{(E)}/T = 0$ auf den Befund

$$\dot{\mathscr{S}}_{\Sigma} = \left[\int_{(m)} \mathscr{S} dm\right]^{\cdot} = \int_{(\bar{B})} \frac{\partial}{\partial t}(\bar{\rho}\mathscr{S})\, d\bar{V} + \sum_{j=1}^{n} \int_{\bar{f}_j(\bar{B})} \bar{\rho}\, \bar{\mathbb{n}}\cdot\bar{\mathbb{v}}\, \mathscr{S} d\bar{f} \geq 0 \qquad (8.91d)$$

führt, wonach die Gesamtentropie ($\mathscr{S}_\Sigma$) sog. "thermisch abgeschlossener Systeme" (auch

---

104) Die Darstellung (8.91b) identifiziert man mit $\dot{\mathscr{S}} = (\dot{\mathscr{U}} - \dot{\mathscr{A}}_{\$} + \dot{\mathscr{D}})/T$ nach (8.89), für die Darstellung (8.91a) differenziere man die rechte Seite von (8.91a) konkret aus, benutze also

$$\left[\frac{\mathscr{F}}{T}\right]^{\cdot} = \frac{\dot{\mathscr{F}}}{T} - \frac{\mathscr{F}\dot{T}}{T^2} \overset{(8.89a)}{=} \frac{\dot{\mathscr{A}}_{\$}}{T} - \mathscr{S}\frac{\dot{T}}{T} - \frac{\dot{\mathscr{D}}}{T} - \frac{\mathscr{F}\,\dot{T}}{T^2}.$$

Dann entsteht aus (8.91a) zunächst

$$\frac{\dot{T}}{T}\left[\frac{\mathscr{F} - \mathscr{U}}{T} + \mathscr{S}\right] + \frac{\dot{\mathscr{D}}}{T} - \frac{\mathfrak{q}^{(E)}\cdot\bar{\nabla}T}{\bar{\rho}T^2} \geq 0,$$

was wegen (8.89b) in der Tat mit (8.91) identisch ist. Zwecks Realisierung von (8.91b) setze man $\dot{\mathscr{U}}$ nach (8.89) ein.

"global-adiabatischer Systeme"[105]) nie abnehmen kann. Der Grund hierfür ist (8.91), d.h. die Tatsache, daß real ablaufende Prozesse stets mit Dissipation mechanischer Energie und mit Wärmeleitung einhergehen, wobei sich, was gelegentlich übersehen wird, auch Wärmeleiteffekte (wenn auch in der Regel nur schwach) auf die Bewegung von Systemen, ähnlich wie Reibungsphänomene ($\dot{\mathscr{D}}$) auswirken, also Wärmeleiteffekte etwa an einem als Folge von Anfangsstörungen bewegten thermisch-abgeschlossenen hyperelastischen System letztlich den Ruhezustand (sog. "Wärmetod") herbeiführen[106] (vgl. Bd. III dieser Reihe). Splitten von (8.91) in die beiden "stärkeren Versionen"

a) des sog. (mechanischen) "Dissipationspostulates"

$$\dot{\mathscr{D}} \geq 0 \tag{8.92a}$$

und in die Forderung

b)

$$\psi = \mathbb{q}^{(E)} \cdot \bar{\nabla} T \leq 0 \,, \tag{8.92b}$$

wonach Wärmeflüsse und Temperaturgradienten nie einen spitzen Winkel einschließen können, erleichtert - zuzüglich geeigneter Stetigkeits- bzw. Differenzierbarkeitsvoraussetzungen - Materialgleichungsanalysen, wie z. B. eine auf Noll zurückgehende Etablierung des Fourierschen Theorems mittels (8.92b) zeigt.

Weil wegen (8.92b) $\mathbb{q}^{(E)}$ — ggfs. neben anderen thermisch–kinematischen Variablen $(g_1,\ldots,g_n)$[107] — vom Temperaturgradienten $(\bar{\nabla}T)$ abhängen muß,

$$\mathbb{q}^{(E)} = \varphi(\bar{\nabla}T, g_1, \ldots g_n) \,, \tag{8.93a}$$

gilt dies auch für die "thermische Dissipationsfunktion" ψ, für die die Restriktion

$$\psi = \mathbb{q}^{(E)} \cdot \bar{\nabla} T = \psi(\bar{\nabla}T, g_1, \ldots g_n) \overset{(8.92b)}{\leq} 0 \tag{8.93b}$$

besagt, daß deren Darstellung im Unterraum der Temperaturgradienten — Komponenten im Gradienten–Nullpunkt den Größtwert Null annehmen muß. Setzt man Differenzierbarkeit nach $\bar{\nabla}T$ im Gradienten–Nullpunkt sowohl für ψ als auch für $\mathbb{q}^{(E)}$ voraus, so läßt sich der Befund (8.93b) als Extremalbedingung in der Form

---

105) Als global–adiabatische Zustandsänderung eines Systems bezeichnet man eine Solche, bei der kalorischer Austausch mit der Umgebung unmöglich ist.

106) sofern das System im Beobachterrahmen "gelagert" ist, ansonsten letztlich eine Galilei–Bewegung verbleibt.

107) die, als "Zustandsvariable" im Sinne der klassischen Thermodynamik aufzufassen, an dieser Stelle unter Hinweis auf §9.2 nicht weiter detailliert werden sollen, zu denen aber (selbstverständlich) auch die momentane Temperatur T der Masseneinheit gehört.

$$\left[\frac{\partial\psi}{\partial\bar{\nabla}T}\right]_{\bar{\nabla}T=0} = 0 = \left\{\frac{\partial}{\partial\bar{\nabla}T}\left[\mathbb{q}^{(E)}\cdot\bar{\nabla}T\right]\right\}_{\bar{\nabla}T=0} = \left[\frac{\partial\mathbb{q}^{(E)}}{\partial\bar{\nabla}T}\cdot\bar{\nabla}T + \mathbb{q}^{(E)}\right]_{\bar{\nabla}T=0} = \mathbb{q}^{(E)}\Big|_{\bar{\nabla}T=0} \equiv 0 \tag{8.93c}$$

notieren und demgemäß für $\mathbb{q}^{(E)}$ im Sinne des Fourierschen Theorems die Darstellung

$$\mathbb{q}^{(E)} = -\bar{\nabla}T\cdot\mathbb{\Lambda}^{(E)}(\bar{\nabla}T, g_1, \ldots g_n) \tag{8.93d}$$

extrahieren mit einem wegen

$$-\mathbb{q}^{(E)}\cdot\bar{\nabla}T = \bar{\nabla}T\cdot\mathbb{\Lambda}^{(E)}\cdot\bar{\nabla}T \overset{(8.92a)}{\geq} 0 \tag{8.93e}$$

positiv–definiten und für $\bar{\nabla}T \to 0$ nicht–singulären Materialtensor $\mathbb{\Lambda}^{(E)}$ (sog. Eulerscher Wärmeleittensor), anhand dessen Polarzerlegung ersichtlich wird, daß man (8.93e) sicher nur für symmetrische Größen $\mathbb{\Lambda}^{(E)} = \mathbb{\Lambda}^{(E)T}$ (Onsager–Symmetrie) erfüllen kann.

Mit $\mathbb{q}^{(L)} = F_3\mathbb{q}^{(E)}\cdot\mathbb{F}^{-1}$ und $\bar{\nabla}T = \mathbb{F}^{-1}\cdot\hat{\nabla}T = \hat{\nabla}T\cdot\mathbb{F}^{T^{-1}}$ nach (8.46b,15b) lautet die (8.93d) entsprechende Materialbeziehung in Termen an der Bezugskonfiguration definierter Größen

$$\mathbb{q}^{(L)} = -\hat{\nabla}T\cdot\mathbb{\Lambda}^{(L)} \tag{8.93f}$$

mit dem Lagrangeschen Wärmeleittensor[108]

$$\mathbb{\Lambda}^{(L)} \equiv \mathbb{\Lambda}^{(L)T} = F_3\mathbb{F}^{T^{-1}}\cdot\mathbb{\Lambda}^{(E)}\cdot\mathbb{F}^{-1} = \frac{\hat{\rho}}{\bar{\rho}}\mathbb{F}^{T^{-1}}\cdot\mathbb{\Lambda}^{(E)}\cdot\mathbb{F}^{-1} \tag{8.93g}$$

Folgerungen aus dem Dissipationspostulat (8.92a) sind die an der Masseneinheit

a) mit (8.44b)

$$\dot{\mathscr{S}} \geq \left[-\frac{\bar{\nabla}\cdot\mathbb{q}^{(E)}}{\bar{\rho}} + \dot{Q}_e\right]/T \overset{109)}{\equiv} \dot{Q}_a/T \quad \text{bzw.} \quad d\mathscr{S} \overset{107)}{\geq} dQ_a/T \tag{8.94a,b}$$

sowie z. B.

b,c) mit (8.89,89a)

$$\dot{\mathscr{U}} \leq \dot{\mathscr{A}}_{\$} + T\dot{\mathscr{S}}, \quad \dot{\mathscr{F}} \leq \dot{\mathscr{A}}_{\$} - \mathscr{S}\dot{T} \tag{8.94c,d}$$

---

[108] Die entsprechenden Beziehungen für isotrope Wärmeleitphänomene lauten mit einem isotropen Tensor

$$\mathbb{\Lambda}^{(E)}_{isotrop} = \lambda(|\bar{\nabla}T|, g_1, \ldots g_n)\mathbb{E}$$

(vgl [1], §E4.1, Formel (4.3b))

$$\mathbb{q}^{(E)} = -\lambda\bar{\nabla}T, \quad \mathbb{q}^{(L)} = -\lambda F_3\mathbb{F}^{T^{-1}}\cdot\mathbb{F}^{-1}\cdot\hat{\nabla}T$$
$$= -\lambda F_3(\mathbb{E}+2\mathbb{D}^{(G)})^{-1}\cdot\hat{\nabla}T \tag{8.93h,i}$$

mit der "Wärmeleitzahl" λ.

[109] darin bedeuten $\dot{Q}_a$ bzw. dQ_a die der Masseneinheit von außen zugeführten kalorischen Quantitäten.

erreichbare Befunde[110], worin in Letzterem der bereits von Sommerfeld [35] ausgesprochene Relaxationssatz der freien Energie

$$\dot{\mathscr{F}}\big|_{\dot{\mathbb{D}}=0,\dot{T}=0} \leq 0 \tag{8.94e}$$

enthalten ist, wonach die freie Energie bei sog. "konstant thermisch–kinematisch fortgesetzten Prozessen" nie zunehmen kann.[111]

Aus (8.94c,d) ergibt sich desweiteren:

d,e) Die während eines Zeitintervalls $t_1 ... t_2$ geleistete Spannungsarbeit ist nie negativ, d. h.

$$\int_{t_1}^{t_2} \dot{\mathscr{A}}_{\$}\, dt = \int_{t_1}^{t_2} \overset{\times}{\$}{}^{(K)} \cdot\cdot \dot{\mathbb{D}}^{(G)}\, dt \geq 0 \,, \tag{8.94f}$$

sofern während $t_1 \leq t \leq t_2$ ein (lokal–)isentroper bzw. isothermer Prozeß (mit $\mathscr{S} = \text{const.}$ bzw. $T = \text{const.}$) abgelaufen ist, zu dessen Beginn und Ende innere bzw. freie Energie gleich sind,

d. h. für $\mathscr{S} = \text{const.}$ für $t_1 \leq t \leq t_2$ und $\mathscr{U}(t_1) = \mathscr{U}(t_2)$

bzw. $T = \text{const.}$ für $t_1 \leq t \leq t_2$ und $\mathscr{F}(t_1) = \mathscr{F}(t_2)$. (8.94g,h)

Sind speziell $\mathscr{U}$ bzw. $\mathscr{F}$ eindeutige Funktionen der (Momentan–)Werte der Verzerrungen und der Entropie bzw. der Verzerrungen und der Temperatur,[112] weswegen dann

$$(\mathscr{U}(t_1))_{\mathscr{S}=\text{const}} = (\mathscr{U}(t_2))_{\mathscr{S}=\text{const}} \text{ bzw. } (\mathscr{F}(t_1))_{T=\text{const}} = (\mathscr{F}(t_2))_{T=\text{const}}$$

auch gleiche Verzerrungen

$(\mathbb{D}^{(G)}(t_1) = \mathbb{D}^{(G)}(t_2))$ bedingen, so liefert (8.94f) mit $\dot{\mathbb{D}}^{(G)} dt = d\mathbb{D}^{(G)}$

$$\left[\oint \overset{\times}{\$}{}^{(K)} \cdot\cdot d\mathbb{D}^{(G)} \right]_{\mathscr{S}=\text{const. bzw. } T=\text{const.}} \geq 0 \tag{8.94i,j}$$

für "Verzerrungs—Kreisprozesse" mit

$$\oint d\mathbb{D}^{(G)} = 0. \tag{8.94k}$$

---

110) entsprechende Befunde für Ergänzungsenergiegrößen bekommt man aus (8.90c,d,92a)

111) Dabei ist in der aus (8.89a) mit $\dot{\mathbb{D}} = 0$, $\dot{T} = 0$ erhältlichen Beziehung

$$\dot{\mathscr{F}}\big|_{\dot{\mathbb{D}}=0,\dot{T}=0} = (\overset{\times}{\$} \cdot\cdot \dot{\mathbb{D}} - \mathscr{S}\dot{T} - \dot{\mathscr{D}})_{\dot{\mathbb{D}}=0,\dot{T}=0} = - \dot{\mathscr{D}}\big|_{\dot{\mathbb{D}}=0,\dot{T}=0} \leq 0$$

die Aussage fixiert, daß Wärme infolge "innerer Dissipation" in der Masseneinheit durchaus auch dann entstehen kann, wenn sich Verzerrungszustand (und Temperatur) nicht ändern, wie dies z. B. für sog. Maxwell—Körper zutrifft (vgl. Bd. III dieser Reihe).

112) eine, etwa für ein sog. "thermodynamisch perfektes" Kelvinmaterial benutzte Annahme, vgl. Bd. III dieser Reihe.

Der darin enthaltene dissipationsfreie Spezialfall (mit $\dot{\mathscr{D}} = 0$)

$$\left[\left(\oint \overset{\times}{\$}^{(K)} \cdot\cdot \mathrm{d}\mathbb{D}^{(G)}\right]_{\mathscr{S}=\text{const. bzw. T=const.}} = 0 \text{ für } \left(\oint \mathrm{d}\mathbb{D}^{(G)} = 0\right. \tag{8.95a}$$

beschreibt die entsprechende Restriktion, der sog. hyperelastische Medien im Zusammenhang mit (lokal–) isentropen bzw. (lokal–)isothermen Prozessen unterliegen, wonach per Linienintegration im Zustandsraum der Verzerrungen pfadunabhängige, als isentrope (bzw. adiabatische[113]) bzw. isotherme Formänderungsenergie bezeichnete Energiegrößen

$$W\left[\mathbb{D}^{(G)},\left\{\begin{matrix}\mathscr{S}=\mathscr{S}_c\\ \mathrm{T}=\mathrm{T}_c\end{matrix}\right\}\right] = \int_{\mathbb{D}^{(G)}=0}^{\mathbb{D}^{(G)}} \overset{\times}{\$}^{(K)}\left[\mathbb{D}^{(G)},\left\{\begin{matrix}\mathscr{S}=\mathscr{S}_c\\ \mathrm{T}=\mathrm{T}_c\end{matrix}\right\}\right]\cdot\cdot\,\mathrm{d}\mathbb{D}^{(G)} \tag{8.95b}$$

anfallen, die dementsprechend per[109]

$$\overset{\times}{\$}^{(K)}\left[\mathbb{D}^{(G)},\left\{\begin{matrix}\mathscr{S}=\mathscr{S}_c\\ \mathrm{T}=\mathrm{T}_c\end{matrix}\right\}\right] = \left\{\begin{matrix}\mathrm{d}\,W(\mathbb{D}^{(G)},\mathscr{S}_c)/\mathrm{d}\mathbb{D}^{(G)}\\ \mathrm{d}\,W(\mathbb{D}^{(G)},\mathrm{T}_c)/\mathrm{d}\mathbb{D}^{(G)}\end{matrix}\right\} \tag{8.95c}$$

als "Potentiale" adiabatische bzw. isotherme Materialgleichungen hyperelastischer Medien definieren (s. a. Bd. III dieser Reihe).

---

113) Unter der Voraussetzung der Dissipationsfreiheit $\left(\dot{\mathscr{D}} = 0\right)$ folgert man aus (8.44b) $\dot{\mathscr{S}} = 0$ für $\dot{Q}_e - (\bar{\nabla}\cdot \mathbb{q}^{(E)})/\bar{\rho} = 0$, also (lokal–) isentrope Zustandsänderungen, wo der Masseneinheit resultierend keine Wärme beigebracht bzw. entzogen wird. Dabei ist durchaus noch vorgesehen, daß etwa für $\dot{Q}_e \neq 0$ ein "isokalorischer Ausgleich" durch gleichzeitig stattfindende Wärmeleitphänomene hergestellt wird oder aber im Falle $\dot{Q}_e = 0$ ergiebigkeitsloser Wärmefluß die Masseneinheit durchflutet. Insofern ist die Bezeichnung "adiabatisch" mißverständlich, mit der man die grundsätzliche Unfähigkeit eines kalorischen Austausches mit der Umgebung kennzeichnet.

§9 Ergänzungen zu §8

9.1 Allgemeine Erwägungen zur Systematik der Theorie der Materialgleichungen

In der klassischen Kontinuumstheorie muß die Aufgabe gelöst werden, die am Kontinuum als Folge vorgegebener kaloro-dynamischer Einflußnahmen[1] (KDE) verursachten Felder $\mathbb{u}(P,t) = \mathbb{r}(P,t) - \mathbb{r}(P,t_0)$ bzw. $\Delta T(P,t) = T(P,t) - T(P,t_0)$ der gegenüber einer Bezugssituation $\langle\, \mathbb{r}(P,t_0),\ T(P,t_0)\, \rangle$ entstehenden Verschiebungen bzw. Temperaturänderungen prognostizieren, also hierzu letztlich (zuzüglich entsprechender Rand- und Anfangswertaussagen) eine vektorwertige und eine skalarwertige Feldgleichung

$$\mathbb{l}_{\mathbb{u}}\langle \mathbb{u},(T-T_0);\mathrm{KDE}\rangle = 0\ , \quad l_T\langle \mathbb{u},(T-T_0);\mathrm{KDE}\rangle = 0 \qquad (9.1\mathrm{a,b})$$

formulieren zu können[2]. Recherchiert man unter dem Gesichtspunkt der Konstruktion zweier Aussagen von der Form (9.1a,b) die universellen Bilanz-Feldgleichungen

a) der Masse $\quad l_1\langle\, \hat{\rho},\bar{\rho},\mathbb{u}\, \rangle = 0 \quad$ (vgl. 8.6d) $\qquad$ (9.2a)

b) des Impulses[3] $\quad \mathbb{l}_2\langle\, \mathbb{S}^{(E)},\mathbb{u},\mathbb{k}_m\, \rangle$[4] $= 0 \quad$ (z. B. nach 8.45c) $\qquad$ (9.2b)

c) der Entropie $\quad l_3\langle\, \mathscr{S},\mathbb{q}^{(E)},\mathbb{u},T,\dot{Q}_e,\dot{\mathscr{D}}\, \rangle =$[4] 0 , vgl. (8.88), $\qquad$ (9.2c)

so erkennt man, daß allein mit Letzteren die Aufgabe (9.1a,b) nicht geleistet werden kann, weil in jeder dieser Gleichungen - neben den Feldgrößen $(\mathbb{u},T)$ - zusätzliche Unbekannte in Erscheinung treten[5]. Entsprechendes gilt für die Feldgleichungsversion (8.89) des ersten Hauptsatzes der Thermodynamik

---

1) d. s. Belastungen durch Massen— und Oberflächenkräfte und thermische Inputs durch Strahlungsabsorption bzw. Wärmeleitung durch die Körperoberflächen.

2) in den Notationen (9.1a,b) sind symbolisch nur die in den Feldgleichungen aufscheinenden Feldvariablen selbst aufgelistet worden, ohne zunächst im Einzelnen auch das Auftreten derer räumlicher bzw. zeitlicher Ableitungen bzw. die Möglichkeit hervorzuheben, daß die thermisch—kinematischen Variablen ggfs. auch als (raum—zeitliche) Funktionale anfallen können.

3) die Drehimpulsbilanz mit dem Resultat $\mathbb{S}^{(E)} = \mathbb{S}^{(E)T}$ nach (8.45e) wurde hier nicht mehr explizit aufgelistet.

4) da mittels (9.2a) per $\bar{\rho} = \hat{\rho}/(\mathbb{E}+\hat{\nabla}\circ\mathbb{u})_3 = l_\rho\langle\, \hat{\rho},\mathbb{u}\, \rangle$ die momentane Dichte $(\bar{\rho})$ durch das Verschiebungsfeld $(\mathbb{u})$ festzulegen ist, wurde in (9.2b,c) die dort an sich noch aufscheinende Momentandichte formal bereits nicht mehr als unbekannte Feldvariable aufgelistet. Allerdings stehen dann zur weiteren Reduktion des Problems nur noch die beiden Bilanzen (9.2b,c) zur Verfügung.

5) In der Impulsbilanz (9.2b) der Spannungstensor, in der Entropiebilanz (9.2c) der Wärmeflußvektor und die spezifische Entropie.

$$\mathrm{l}_4\langle \mathscr{U}, \$, \mathscr{S}; \mathbb{u},T; \dot{\mathscr{D}} \rangle =^{2)} 0\,, \tag{9.2d}$$

in der zusätzlich die innere Energie und die Dissipationsleistung als neue Unbekannte aufscheinen. Den Ausweg aus diesem "Fehlbestand" an Gleichungen hat zumindest teilweise die Konstruktionsweise (8.93) der Fourierschen Materialgleichung gewiesen, mittels derer man den Wärmeflußvektor zugunsten von Temperaturgradienten (und ggfs. weiterer thermisch-kinematischer Variabler eliminieren konnte, womit man nach Einsetzen in (9.2c) eine skalarwertige Feldgleichung

$$\mathrm{l}'_3\langle \mathscr{S}; \mathbb{u},T; \dot{Q}_e; \dot{\mathscr{D}} \rangle = 0 \tag{9.2c'}$$

erreicht, in der - neben ($\mathbb{u}$,T) - nurmehr Entropie und Dissipationsleistung ($\dot{\mathscr{D}}$) als "zusätzliche Variable" verblieben sind. Die Gleichungen (9.2b,c') zum Ansatzpunkt zur Erzeugung zweier Feldgleichungen von der Form (9.1a,b) nehmend, ist danach klar, daß man - neben (9.2b,c') weitere (sog. Material-)Gleichungen

$$\$^{(E)} = \mathbb{L}_{\$}\langle \mathbb{u}, T-T_0 \rangle\,, \quad \dot{\mathscr{D}} = L_{\dot{D}}\langle \mathbb{u}, T-T_0 \rangle\,, \quad \mathscr{S} = L_{\mathscr{S}}\langle \mathbb{u}, T-T_0 \rangle \tag{9.3a-c}$$

benötigt, um per
$$\mathbb{l}_2\langle \mathbb{L}_{\$}\langle \mathbb{u},T-T_0\rangle; \mathbb{k}_m\rangle \equiv \mathbb{l}_{\mathbb{u}}\langle \mathbb{u}; T-T_0; \mathbb{k}_m\rangle = 0$$
$$\mathrm{l}'_3\langle L_{\mathscr{S}}\langle \mathbb{u},T-T_0\rangle; \mathbb{u},T; \dot{Q}_e; L_{\dot{D}}\langle \mathbb{u},T-T_0\rangle\rangle \equiv \mathrm{l}_{\mathscr{S}}\langle \mathbb{u}; T-T_0; \dot{Q}_e\rangle = 0$$

schließlich die eingangs geforderte Darstellung erreichen zu können[6].

Die Erfordernis, den Satz der für alle Medien geltenden ("universellen") Bilanzgleichungen durch einen Satz "materialindividueller" Gleichungen arrondieren zu müssen, ist übrigens auch unter dem Gesichtspunkt eine Selbstverständlichkeit, daß Systeme als Folge gleicher kaloro—dynamischer Einflußnahmen je nach Materialbeschaffenheit bekanntlich verschieden reagieren. So machen es in der Tat erst die jeweils speziellen Materialbeziehungen möglich, das individuelle Verhalten eines Systems aus der Menge der universellen Bilanzgleichungen herauszuschälen.

Die Theorie der Materialgleichungen ist wesentlich erst seit Mitte dieses Jahrhunderts ausgebaut worden, eingeleitet durch die in [31] vorgestellte, auf der Benutzung sogenannter Geschichtsfunktionale basierenden Systematik, deren das Konzept des Zustandsbegriffes benutzende Verallgemeinerung [36] Grundlage modernerer Editionen [34] [37] wurde[7].

Allgemein akzeptierte Grundpostulate, in die - als Rahmenordnungen - Materialgleichungen eingebettet sein müssen, sind

1) das Prinzip des Determinismus, wonach ein während $t_A \leq \tau \leq t$ ablaufender thermisch-kinematischer Prozeß die am Ende des Prozesses an Massenelementen dm_p

---

6) Diese Verfahrensweise gleicht insofern dem Vorgehen in der klassischen Punktmechanik, als die Bilanzgleichung der Impulse

$$\mathbb{l}\langle \mathbb{k}; \mathbb{u} \rangle = \mathbb{k} - m\ddot{\mathbb{u}} = 0 \tag{9.4a}$$

nur dann den Verschiebungszustand ($\mathbb{u}$) einer Punktmasse zu identifizieren erlaubt, nachdem man (9.4a) — zuzüglich entsprechender Anfangsbedingungen — per

$$\mathbb{k} = \mathbb{l}_{\mathbb{k}}\langle \mathbb{u} \rangle \tag{9.4b}$$

ein "Kraftgesetz" zugeordnet hat.

7) wobei die Veranschaulichung dieses Konzeptes anhand einfacher eindimensionaler rheologischer Modelle in [34] als besonders instruktiv hervorzuheben ist.

aufscheinenden Werte der kaloro-dynamischen Größen $\mathfrak{S}(P,t) \hat{=} \{\mathbb{S}(P,t), \mathscr{S}(P,t)\}$ determinieren sollen,

2) das Prinzip der lokalen Wirkung, wonach zum Wert der an einem Massenelement dm_P festzustellenden kaloro-dynamischen Größen nur thermisch-kinematische Größen an Massenelementen $dm_{P'}$ beitragen, die sich in einer gewissen (Einfluß-)Umgebung (B_P) von dm_P befinden, wohingegen

3) das Prinzip der materiellen Objektivität nach [40], [31], welches in Stoffgleichungen für $\mathfrak{S}(P,t)$ letztlich Verzerrungstensoren als maßgebende kinematische Variable etabliert, nicht unumstritten ist [38], aber - obwohl problematisiert - auch in den neueren Publikationen zur Materialtheorie beibehalten wird.

Schließlich werden von Materialgleichungen

4) Befriedigung der thermodynamischen Hauptsätze und ggfs.

5) des Prinzips der Äquipräsenz [39] verlangt.

Benutzt man - als Ausdruck einer Materialgleichung für eine (kaloro-dynamische) Größe $\Phi(P,t)$, die durch den am Kontinuum zunächst durch die Felder $\langle \mathbb{r}(P',\tau), T(P',\tau) \rangle$, $t_A \leq \tau \leq t$, beschrieben gedachten thermisch-kinematischen Prozeß determiniert sein soll - eine die Prinzipien (1) und (2) zusammenfassende Notation von der Form

$$\Phi(P,t) \overset{8)}{=} \underset{t_A,(B_P)}{\overset{t}{\mathfrak{G}^*}} \langle \mathbb{r}(P',\tau), T(P',\tau); t \rangle \equiv$$

$$\overset{9)}{\equiv} \underset{t_A,(B_P)}{\overset{t}{\mathfrak{G}}} \langle \mathbb{r}(P,\tau); \Delta\mathbb{r}_{P\to P'}(\tau), T(P,\tau); \Delta_{P\to P'}T(\tau); t \rangle , \tag{9.5a}$$

so kann man Letztere unter entsprechenden Differenzierbarkeitsvoraussetzungen und Benutzung der Taylor-Entwicklungen

---

8) Hierin bedeuten $\mathbb{r}(P',\tau)$ die zu denjenigen Massenelementen $dm_{P'}$, zur Zeit τ weisenden Ortsvektoren, die innerhalb der — im Hinblick auf $\Phi(P,t)$ — relevanten Einflußumgebung (B_P) von dm_P liegen. Entsprechend sind $T(P',\tau)$ die jeweiligen Temperaturwerte. Das explizite Aufscheinen der Zeitvariablen (t) soll pauschal dem Phänomen der Materialalterung Rechnung tragen, wobei in speziellen Fällen das explizite Aufscheinen einer Zeitvariablen durch Benutzung von sog. "Kriechzeiten" als Zeitvariable entbehrlich wird. Die Indizierung t_A,t soll andeuten, daß der gesamte ab t_A abgelaufene Prozeß — z. B. im Sinne eines "Geschichtsfunktionals" — am Entstehen des Momentanwertes $\Phi(P,t)$ beteiligt ist, der Index B_P den (Raum—)Bereich andeuten, innerhalb dessen liegende Massenelemente $dm_{P'}$, aufgrund ihrer Prozeßwerte $\langle \mathbb{r}(P',\tau)\ T(P',\tau) \rangle$ zum Wert $\Phi(P,t)$ beitragen.

9) man benutze $\mathbb{r}(P',\tau) \equiv \mathbb{r}(P,\tau) + (\mathbb{r}(P',\tau) - \mathbb{r}(P,\tau)) \equiv \mathbb{r}(P,\tau) + \Delta\mathbb{r}_{P\to P'}(\tau)$,

$$T(P',\tau) \equiv T(P,\tau) + (T(P',\tau) - T(P,\tau)) \equiv T(P,\tau) + \Delta_{P\to P'}T(\tau)$$

$$\Delta\bar{\mathbb{r}}_{P\to P'} = \bar{\mathbb{r}}(P',\tau) - \bar{\mathbb{r}}(P,\tau) = (\hat{\mathbb{r}}+\mathbb{u})_{P',\tau} - (\hat{\mathbb{r}}+\mathbb{u})_{P,\tau} =^{10)} \hat{\mathbb{r}}_{P'} - \hat{\mathbb{r}}_P + \mathbb{u}(P',\tau) - \mathbb{u}(P,\tau) =$$

$$= \Delta\hat{\mathbb{r}}_{P\to P'} + \Delta\hat{\mathbb{r}}_{P\to P'}\cdot(\hat{\nabla}\circ\mathbb{u})_{P,\tau} + \frac{1}{2!}\Delta\hat{\mathbb{r}}_{P\to P'}\circ\Delta\hat{\mathbb{r}}_{P\to P'}\cdot\cdot(\hat{\nabla}\circ\hat{\nabla}\circ\mathbb{u})_{P,\tau} + \dots =$$

$$= \Delta\hat{\mathbb{r}}_{P\to P'}\cdot(\mathbb{E}+\hat{\nabla}\circ\mathbb{u})_{P,\tau} + \dots = \Delta\hat{\mathbb{r}}_{P\to P'}\cdot\mathbb{F}(P,\tau) + \frac{1}{2!}\Delta\hat{\mathbb{r}}_{P\to P'}\circ\Delta\hat{\mathbb{r}}_{P\to P'}\cdot\cdot(\hat{\nabla}\circ\mathbb{F})_{P,\tau} + \dots ,$$

$$T(P',\tau) = T(P,\tau) + \Delta\hat{\mathbb{r}}_{P\to P'}\cdot(\hat{\nabla}T)_{P,\tau} + \frac{1}{2!}\Delta\hat{\mathbb{r}}_{P\to P'}\circ\Delta\hat{\mathbb{r}}_{P\to P'}\cdot\cdot(\hat{\nabla}\circ\hat{\nabla}T)_{P,\tau} + \dots \equiv$$

$$\equiv T(P,\tau) + \Delta\hat{\mathbb{r}}_{P\to P'}\cdot\mathbb{f}_T(P,\tau) + \frac{1}{2!}\Delta\hat{\mathbb{r}}_{P\to P'}\circ\Delta\hat{\mathbb{r}}_{P\to P'}\cdot\cdot(\hat{\nabla}\circ\mathbb{f}_T)_{P,\tau} + \dots ,$$

zunächst auf

$$\Phi(P,t) = \mathop{\mathfrak{G}}_{t_A,(B_P)}^{t} \langle\, \bar{\mathbb{r}}(P,\tau);\ \Delta\hat{\mathbb{r}}_{P\to P'}\cdot\mathbb{F}(P,\tau) + \frac{1}{2!}\Delta\hat{\mathbb{r}}_{P\to P'}\circ\Delta\hat{\mathbb{r}}_{P\to P'}\cdot\cdot(\hat{\nabla}\circ\mathbb{F})_{P,\tau} + \dots;$$

$$T(P,\tau);\ \Delta\bar{\mathbb{r}}_{P\to P'}\cdot\mathbb{f}_T(P,\tau) + \frac{1}{2!}\Delta\hat{\mathbb{r}}_{P\to P'}\circ\Delta\hat{\mathbb{r}}_{P\to P'}\cdot\cdot(\hat{\nabla}\circ\mathbb{f}_T)_{P,\tau} + \dots ;\ t\rangle$$

$$\equiv^{11)} \mathop{\mathbf{H}_p}_{t_A}^{t} \langle\, \bar{\mathbb{r}}(P,\tau);\ \mathbb{F}(P,\tau),(\hat{\nabla}\circ\mathbb{F})_{P,\tau},\dots;T(P,\tau),\mathbb{f}_T(P,\tau),(\hat{\nabla}\circ\mathbb{f}_T)_{P,\tau},\dots;\ t\rangle \qquad (9.5b)$$

reduzieren, wonach vorerst als maßgebende Größen zwecks Determinierung von $\Phi(P,\tau)$ die Prozeßwerte der Plazierungen bzw. Temperaturen $\langle\ \bar{\mathbb{r}}(P,\tau),\ T(P,\tau)\ \rangle$ am "Aufpunkt" P selbst sowie deren Konfigurations- bzw. Temperaturgradienten beliebig hoher Ordnung beitragen können. Dieser sog. "nicht-lokalen Theorien vom Gradiententyp" entsprechende Befund wird in der (hier ausschließlich referierten) Theorie sog. einfacher Stoffe auf

$$\Phi(P,t) = \mathop{\mathfrak{G}}_{t_A,(B_P)}^{t} \langle\, \bar{\mathbb{r}}(P,\tau);\ \Delta\hat{\mathbb{r}}_{P\to P'}\cdot\mathbb{F}(P,\tau);\ T(P,\tau);\ \Delta\hat{\mathbb{r}}_{P\to P'}\cdot\mathbb{f}_T(P,\tau);\ t\rangle =$$

$$=^{11)} \mathop{\mathbf{\Phi}_p}_{t_A}^{t} \langle\, \bar{\mathbb{r}}(P,\tau);\ \mathbb{F}(P,\tau);\ T(P,\tau),\mathbb{f}_T(P,\tau);\ t\rangle \qquad (9.5c)$$

eingeschränkt, indem man argumentiert, daß die Einflußumgebung B_P hinreichend klein sei, um betreffend die Veränderlichkeit der Verschiebungs- und Temperaturfelder in der Umgebung von dm_p hinsichtlich $\Delta\hat{\mathbb{r}}_{P\to P'}$ linear approximieren zu dürfen, daß also als die "die Größe $\Phi(P,t)$ bewirkenden Agentien" allein die thermisch-kinematischen Prozesse am Massenelementen-Konvergenzpunkt P selbst, sowie Diejenigen sein sollen, denen die P infinitesimal benachbarten Punkte P' unterliegen.

Eine weitere Strukturierung der Formalien (9.5) erreicht man, indem man - was noch zu

---

10) mit $\hat{\mathbb{r}}_{P'} = \bar{\mathbb{r}}(P',t_0)$, $\hat{\mathbb{r}}_P = \bar{\mathbb{r}}(P,t_0)$, $\Delta\hat{\mathbb{r}}_{P\to P'} = \hat{\mathbb{r}}_{P'} - \hat{\mathbb{r}}_P$.

11) indem man sich etwa die innerhalb eines Bereiches B_P im Hinblick auf $\Phi(P,t)$ anfallenden Einflüsse "integriert" denkt. Der an der Bezeichnung $\mathbf{H}$ beibehaltene Index p soll noch auf die Möglichkeit eventueller Inhomogenität des Kontinuums hinweisen.

diskutieren ist - auf sog.

9.2 materiell objektive Größen

$\Phi(P,t)$ einschränkt, womit eine Eigenschaft umrissen wird, mit der beobachtervariante Formulierungen der Gestalt (9.5) in Form von "Funktionalgleichungen" miteinander verknüpft werden. Dabei beschränkt man auf den klassischen Fall der Betrachtnahme von Beobachtern B_K , $B_{K'}$, mit gleichen Längen- und Zeitmaßstäben, d. h. auf Solche, die durch sog. "Euklidische Transformationen" auseinander hervorgehen, repräsentiert die Beobachter durch jeweils im Beobachterstandpunkt installierte, etwa kartesische Koordinatenraster ($x_j^{(K)}$, $x_j^{(K')}$, j=1...3) mit Einheitsvektorbasen $\langle \mathbb{e}_j^{(K)} \rangle$ bzw. $\langle \mathbb{e}_j^{(K')} \rangle$, j = 1...3, und verlangt (zunächst) für

9.2.1 objektive Skalare:

Werden skalare Größen in jedem Beobachterrahmen (K, K') nach gleichartigen Meßvorschriften definiert, und etwa vom Beobachter B_K als im Sinne von (9.5a) in der Form

$$\overset{(K)}{\Phi}(P,t) = \underset{t_A,(B_P)}{\overset{t}{G}}{}^{*(K)} \langle \overset{(K)}{\mathbb{r}}(P',\tau), T(P',\tau), t\rangle \equiv^{12)}$$

$$\underset{t_A,(B_P)}{\overset{t}{G}}{}^{(K)} \langle \overset{(K)}{\mathbb{r}}(P,\tau); \Delta\overset{(K)}{\mathbb{r}}_{P\to P'}(\tau); T(P,\tau); \Delta_{P\to P'}T(\tau); t\rangle \tag{9.6a}$$

mit dem im (K)-Rahmen in der Form

$$\overset{(K)}{\mathbb{r}}(P',\tau) = \sum_{j=1}^{3} \overset{(K)}{\bar{x}}_j(P',\tau) \overset{(K)}{\mathbb{e}}_j \tag{9.6b}$$

registrierten kinematischen Prozeß korrelierbar angenommen, so gilt für eine entsprechend im (K')-Rahmen festzustellende Korrelation [13]

$$\overset{(K')}{\Phi}(P,t) = \underset{t_A,(B_P)}{\overset{t}{G}}{}^{(K')*} \langle \overset{(K')}{\mathbb{r}}(P',\tau),T(P',\tau);t \rangle =$$

$$=^{12)} \underset{t_A,(B_P)}{\overset{t}{G}}{}^{(K')} \langle \overset{(K')}{\mathbb{r}}(P',\tau), \Delta\overset{(K')}{\mathbb{r}}_{P\to P'}(\tau);T(P,\tau),\Delta_{P\to P'}T(\tau);t \rangle \tag{9.6c}$$

---

12) in der letzteren Formulierung für einfache Stoffe

13) wobei betr. die Auflistung der thermischen Prozeßgrößen unterstellt wird, das beide Beobachter jeweils gleiche Temperaturen ($\overset{(K)}{T}(P',\tau) = \overset{(K')}{T}(P',\tau) = T(P',\tau)$) messen.

mit
$$\overset{(K')}{\mathbb{r}}(P',\tau) = \sum_{j=1}^{3} \overset{(K')}{\bar{x}_j}(P',\tau)\overset{(K')}{\mathbb{e}_j} \tag{9.6d}$$

generell

a)
$$\overset{(K')}{\Phi}(P,t) = \overset{(K)}{\Phi}(P,t)\,, \tag{9.7a}$$

wonach objektive Skalare "Euklidisch-invariant" festgestellt werden [14], aber auch

b)
$$\overset{t}{\underset{t_A,(B_p)}{G}}{}^{(K)*}\langle\, \mathbb{r}(P',\tau),T(P',\tau);t\,\rangle = \overset{t}{\underset{t_A,(B_p)}{G}}{}^{(K')*}\langle\, \mathbb{r}(P',\tau),T(P',\tau);t\,\rangle \equiv$$
$$\equiv \overset{t}{\underset{t_A,(B_p)}{G}}{}^{*}\langle\, \mathbb{r}(P',\tau),T(P',\tau);t\,\rangle\,, \tag{9.7b}$$

wonach zwei verschiedene kinematische Prozesse, sofern sie sich in zwei Beobachterrahmen "gleich abbilden", auch zu gleichen in (K) bzw. (K') festzustellenden "Prozeßergebnissen" ($\overset{(K)}{\Phi} = \overset{(K')}{\Phi}$) führen sollen.

Mit Letzterer, als Ausdruck eines "Forminvarianzprinzips" anzusehenden Forderung, bekommt man dann die Funktionalgleichung

$$\left[\overset{(K')}{\Phi}(P,t) \overset{(9.6c)}{=}\right] = \overset{t}{\underset{t_A,(B_p)}{G}}{}^{(K')*}\langle\, \overset{(K')}{\mathbb{r}}(P',\tau),T(P',\tau);t\,\rangle =$$
$$\overset{(9.7b)}{=} \overset{t}{\underset{t_A,(B_p)}{G}}{}^{*}\langle\, \overset{(K')}{\mathbb{r}}(P',\tau),T(P',\tau);t\rangle \left[\overset{(9.7a)}{=} \overset{(K)}{\Phi}(P,t) = \overset{t}{\underset{t_A,(B_p)}{G}}{}^{(K)*}\langle\, \overset{(K)}{\mathbb{r}}(P',\tau),T(P',\tau);t\,\rangle\right] =$$
$$\overset{(9.7b)}{=} \overset{t}{\underset{t_A,(B_p)}{G}}{}^{*}\langle\, \overset{(K)}{\mathbb{r}}(P',\tau),T(P',\tau);t\,\rangle \tag{9.7c}$$

mit einer für alle Beobachterrahmen universellen Zuordnungsvorschrift G^* bzw. G (Forminvarianzprinzip), wobei (9.7c) unter Benutzung der Euklidischen Transformationsformalien noch weiter ausgeformt werden kann.

Letztere ermittelt man aus der Forderung, daß zwei Beobachter B_K, $B_{K'}$ den Abstand $|\overrightarrow{PP'}| = |\Delta\mathbb{r}|$ zweier materieller Punkte als gleich groß feststellen, also für die in den Beobachterrahmen (K, K') durch

$$\Delta\overset{(K)}{\mathbb{r}} = \sum_{j=1}^{3}\Delta\overset{(K)}{\bar{x}_j}\overset{(K)}{\mathbb{e}_j} \hat{=} \left\{\Delta\overset{(K)}{\bar{x}_1},\Delta\overset{(K)}{\bar{x}_2},\Delta\overset{(K)}{\bar{x}_3}\right\},\ \Delta\overset{(K')}{\mathbb{r}} = \sum_{j=1}^{3}\Delta\overset{(K')}{\bar{x}_j}\overset{(K')}{\mathbb{e}_j} \hat{=} \left\{\Delta\overset{(K')}{\bar{x}_1},\Delta\overset{(K')}{\bar{x}_2},\Delta\overset{(K')}{\bar{x}_3}\right\}$$

repräsentierten Koordinatendarstellungen

---

[14] obwohl die in den beiden Beobachterrahmen registrierten "kinematischen Prozeßbilder" ($\overset{(K)}{\bar{x}_j}(P',\tau)$ bzw. $\overset{(K')}{\bar{x}_j}(P',\tau)$, j = 1...3) verschieden sind

$$\left[\Delta \overset{(K)}{\bar{\mathbb{r}}}{}^2 =\right] \sum_{j=1}^{3} \Delta \overset{(K)}{\bar{x}}_j{}^2 = \sum_{j=1}^{3} \Delta \overset{(K')}{\bar{x}}_j{}^2 \left[= \Delta \overset{(K')}{\bar{\mathbb{r}}}{}^2\right] \tag{9.8a}$$

gelten sollen, was bekanntlich betr. die in den beiden Beobachterrahmen wahrgenommenen "Linienelementenbilder" zu den (Komponenten—)Transformationsformeln

$$\Delta \overset{(K')}{\bar{\mathbb{r}}} \overset{\wedge}{=} \left\{\Delta \overset{(K')}{\bar{x}}_1, \Delta \overset{(K')}{\bar{x}}_2, \Delta \overset{(K')}{\bar{x}}_3\right\} = \left\{\Delta \overset{(K)}{\bar{x}}_1, \Delta \overset{(K)}{\bar{x}}_2, \Delta \overset{(K)}{\bar{x}}_3\right\} \cdot \overset{(KK')}{\begin{pmatrix} q_{11} & \cdots & \\ \cdot & & (KK') \\ \cdot & \cdots & q_{33} \end{pmatrix}} \overset{\wedge}{=} \Delta \overset{(K)}{\bar{\mathbb{r}}} \cdot \overset{(KK')}{\mathbb{Q}} \tag{9.8b}$$

führt mit einem sog. orthogonalen Operator $\left(\overset{(KK')}{\mathbb{Q}}\right)$

$$\overset{(KK')}{\mathbb{Q}}{}^T = \left[\sum_{j=1}^{3} \overset{(K)}{\mathbb{e}}_j \circ \overset{(K')}{\mathbb{e}}_j\right]^T = \overset{(KK')}{\mathbb{Q}}{}^{-1} = \overset{(K'K)}{\mathbb{Q}} = \sum_{j=1}^{3} \overset{(K')}{\mathbb{e}}_j \circ \overset{(K)}{\mathbb{e}}_j \tag{9.8c}$$

(vgl. [1],§3), der i. allg. noch eine Funktion der (in beiden Beobachterrahmen als "gleich schnell fließend" angenommenen) Zeit (t) sein kann. Mit $\Delta\bar{\mathbb{r}} = \Delta\bar{\mathbb{r}}_{P\to P'} = \bar{\mathbb{r}}_{P'} - \bar{\mathbb{r}}_P$ folgt dann aus (9.8a)

$$\overset{(K')}{\bar{\mathbb{r}}}_{P'} = \overset{(K')}{\bar{\mathbb{r}}}_P + \left[\overset{(K)}{\bar{\mathbb{r}}}_{P'} - \overset{(K)}{\bar{\mathbb{r}}}_P\right] \cdot \overset{(KK')}{\mathbb{Q}}(t) \tag{9.8d}$$

als Transformationsformel für die in den beiden Beobachterrahmen definierten "Ortsvektorbilder" und insbesondere, indem man z. B. den Punkt P mit dem Ursprung $\left(\overset{(K)}{\bar{\mathbb{r}}} = 0\right)$ des (K)—Rahmens, also mit dem Beobachterstandpunkt von $\mathcal{B}_K$, identifiziert und dessen im (K')—Rahmen registrierte Bewegung mit $\overset{(K')}{\mathbb{r}}_K(t)$ bezeichnet

$$\overset{(K')}{\bar{\mathbb{r}}}_{P'}(t) = \overset{(K')}{\bar{\mathbb{r}}}_K(t) + \overset{(K)}{\bar{\mathbb{r}}}_{P'}(t) \cdot \overset{(KK')}{\mathbb{Q}}(t)\,. \tag{9.8e}$$

Der hiermit beschriebene Befund, daß die in einem Beobachterrahmen (K) registrierte Bewegung eines Körpers (repräsentiert durch die Bewegung $\overset{(K)}{\mathbb{r}}_{P'}(t)$ seiner Massenelemente $dm_{P'}$) für einen (mit gleicher Metrik ausgerüsteten) Beobachter $\mathcal{B}_{K'}$ als eine sog. "Starrbewegungsmodifikation" der Ersteren erscheint, insofern als $\mathcal{B}_{K'}$ — über die Wahrnehmung von $\mathcal{B}_K$ hinaus — eine Parallelverschiebung des Körpers (um $\overset{(K')}{\mathbb{r}}_K(t)$) mit überlagerter (Starr—)Drehung $\left(\overset{(K')}{\mathbb{r}}_{P'}(t) \cdot \overset{(KK')}{\mathbb{Q}}(t)\right)$ registriert,[15] ist Anlaß, die Funktionalgleichung (9.7c) — im Sinne einer sog. "aktiven Version"[16] des Prinzips der materiellen Objektivität — nunmehr ohne Bezugnahme auf einen zweiten Beobachterrahmen dahingehend deuten zu können, daß ein als Folge eines thermisch—kinematischen Prozesses aufscheinender objektiver Skalar unverändert bleibt, wenn man anstelle des Prozesses $\langle \bar{\mathbb{r}}(P',\tau), T(P',\tau) \rangle$ eine Starrbewegungsmodifikation $\langle \bar{\mathbb{r}}^{\Delta}(P',\tau),$

---

15) wobei das Aufscheinen einer orthogonalen Matrix $\left(\overset{(KK')}{\mathbb{Q}}\right)$ anstelle einer Versormatrix $\left(\overset{(KK')}{\mathbb{R}}\right)$ noch die möglicherweise verschiedene Orientierung der Beobachterbasen $\langle \overset{(K)}{\mathbb{e}}_j \rangle$ bzw. $\langle \overset{(K')}{\mathbb{e}}_j \rangle$ berücksichtigen läßt.

16) die auf verschiedene Beobachterbasen Bezug nehmende Version (9.7c) wird demgegenüber als passive Version des Prinzips der materiellen Objektivität bezeichnet.

$T^{\Delta}(P',\tau)$ ⟩ mit

$$\mathbb{r}^{\Delta}(P',\tau) = \mathbb{c}_0(\tau) + \mathbb{r}(P',\tau)\cdot\mathbb{Q}(\tau) \quad , \quad T^{\Delta}(P',t) = T(P',t) \qquad (9.9a,b)$$

(vgl. (9.8e)) in Betracht nimmt, worin $\mathbb{c}_0(t)$ einen beliebigen zeitabhängigen Vektor und $\mathbb{Q}(t)$ konkret allerdings[17] nur noch eine beliebige versorwertige Zeitfunktion bedeuten[18].

Einsetzen von (9.9a) in (9.7c) ergibt

$$\overset{t}{\underset{t\ A,(B_P)}{G^*}} \langle\, \mathbb{r}(P',\tau),\, T(P',\tau),\, t\rangle = \overset{t}{\underset{t\ A,(B_P)}{G^*}} \langle\, \mathbb{c}_0+\mathbb{r}(P',\tau)\cdot\mathbb{Q}(\tau),\, T(P',t),\, t\rangle \qquad (9.9c)$$

bzw. mit der Zuordnungsbezeichnung G im Sinne von (9.6a)

$$\overset{t}{\underset{t\ A,(B_P)}{G}} \langle\, \mathbb{r}(P,\tau);\, \Delta\mathbb{r}_{P\to P'}(\tau);\, T(P,\tau),\, \Delta_{P\to P'}T(\tau);\, t\,\rangle =$$

$$\overset{19)}{=} \overset{t}{\underset{t\ A,(B_P)}{G}} \langle\, \mathbb{c}_0+\mathbb{r}(P,\tau)\cdot\mathbb{Q}(\tau), \Delta\mathbb{r}_{P\to P'}(\tau)\cdot\mathbb{Q}(\tau), T(P,t), \Delta_{P\to P'}T(\tau);\, t\rangle\ , \qquad (9.9d)$$

woraus man mit den Setzungen

$$\mathbb{c}_0(\tau) + \mathbb{r}(P,\tau)\cdot\mathbb{Q}(\tau) \overset{20)}{=} 0, \quad \mathbb{Q}(\tau) = \mathbb{E}\ ,$$

bzw. $$\mathbb{c}_0(\tau) + \mathbb{r}(P,\tau)\cdot\mathbb{Q}(\tau) \overset{19)}{=} 0, \quad \mathbb{Q}(\tau) \text{ beliebig} \qquad (9.10a,b)$$

zunächst $$\Phi(P,t) = \overset{t}{\underset{t\ A,(B_P)}{G}} \langle\, \Delta\mathbb{r}_{P\to P'}(\tau);\, T(P,\tau),\, \Delta_{P\to P'}T(\tau);\, t\,\rangle =$$

$$= \overset{t}{\underset{t\ A,(B_P)}{G}} \langle\, \Delta\mathbb{r}_{P\to P'}(\tau)\cdot\mathbb{Q}(\tau);\, T(P,\tau),\, \Delta_{P\to P'}T(\tau);\, t\,\rangle \qquad (9.10c)$$

---

17) Man bedenke, daß die Betrachtnahme orthogonaler Tensoren ($\mathbb{Q}$) anstelle von Versoren ($\mathbb{R}$) zunächst nur den Sinn hatte, eine möglicherweise verschiedene Orientierung der Beobachterbasen $\langle \overset{(K)}{\mathbb{e}}_j\rangle$ bzw. $\langle \overset{(K')}{\mathbb{e}}_j \rangle$ zu berücksichtigen, ein Argument, das für Notationen in einem Beobachterrahmen entfällt. Die Beibehaltung von orthogonalen Tensoren in (9.9a) bedeutet, den im üblichen Sprachgebrauch durch Operationen ($\mathbb{c}_0(\tau)$, $\mathbb{Q}(\tau) = \mathbb{R}(\tau)$) umrissenen Begriff der Starrbewegungsmodifikation durch Inversions– bzw. Spiegelungstransformationen zu erweitern. Der hierbei unterlegte Sinn ist dann in der Forderung zu sehen, daß objektive Skalare unverändert bleiben bei Inversionen bzw. Spiegelungen der Gesamtanordnung.

18) einfachstes Beispiel ist die spezifische (auf die Masseneinheit bezogene) Formänderungsenergie $W(P,t)$ eines elastischen Körpers: sie verändert ihren Wert nicht, wenn man dem Deformationszustand eine Starrbewegung der Gesamtanordnung überlagert.

19) Man beachte $\Delta\mathbb{r}^{\Delta}_{P\to P'} = \mathbb{r}^{\Delta}(P',\tau) - \mathbb{r}^{\Delta}(P,\tau) \overset{(9.9a)}{=} \Delta\mathbb{r}_{P\to P'}(\tau)\cdot\mathbb{Q}(\tau)$

20) im Sinne der passiven Version des Prinzips der materiellen Objektivität bedeuten diese Setzungen, die Identifizierung des thermisch–kinematischen Prozesses von einem Beobachterrahmen aus vorzunehmen, für den der Aufpunkt P stets in Ruhe verharrt.

feststellt, wonach (in der ersten Version) - neben dem Temperaturfeld - nur die vom Aufpunkt (P) aus registrierten relativen Bewegungsdaten zum Momentanwert eines objektiven Skalars beitragen, der überdies (s. die zweite Version) unempfindlich sein muß gegenüber allfälligen (um den Aufpunkt P vollzogenen) Drehungen der Gesamtanordnung (und zwar inkl. entsprechender "Mitdrehung" des Temperaturfeldes, wie (9.9b) verlangt!). Mit den in (9.5a,b) verwendeten Bezeichnungen identifiziert man demgemäß für objektive Skalare deterministische Zuordnungen von der Form

$$\Phi(P,t) = \underset{t_A}{\overset{t}{\mathrm{H}_P}} \langle \mathbb{F}(P,\tau),(\hat{\nabla}\circ\mathbb{F})_{P,\tau},\ldots;T(P,\tau),\mathbf{f}_T(P,\tau),(\hat{\nabla}\circ\mathbf{f}_T)_{P,\tau},\ldots\rangle \equiv$$

$$\equiv \underset{t_A}{\overset{t}{\mathrm{H}_P}} \langle \mathbb{F}(P,\tau)\cdot\mathbb{Q}(\tau),(\hat{\nabla}\circ\mathbb{F})_{P,\tau}\cdot\mathbb{Q}(\tau),\ldots;T(P,\tau),\mathbf{f}_T(P,\tau),(\hat{\nabla}\circ\mathbf{f}_T)_{P,\tau},\ldots\rangle \tag{9.11}$$

und für einfache Stoffe im Sinne der Zuordnungen (9.5b,c), indem noch auf Betrachtnahme von Alterungseffekten und Inhomogenitäten des Kontinuums verzichtet wird,

$$\Phi(P,t) = \underset{t_A}{\overset{t}{\mathrm{H}}} \langle \mathbb{F}(P,\tau),T(P,\tau),\mathbf{f}_T(P,\tau)\rangle \equiv \underset{t_A}{\overset{t}{\mathrm{H}}} \langle \mathbb{F}(P,\tau)\cdot\mathbb{Q}(\tau),T(P,\tau),\mathbf{f}_T(P,\tau)\rangle \ . \tag{9.12a}$$

Mit schließlich der Setzung $\mathbb{Q}(\tau) = \mathbb{F}^{-1}(P,\tau)\cdot\mathbb{D}^{(S)}(P,\tau) \overset{(8.8a)}{=} \mathbb{R}^{-1}(P,\tau)$,
womit - vom Standpunkt einer passiven Version des Prinzips der materiellen Objektivität her - aus der Menge der mit dem Aufpunkt P bewegten Beobachter jeweils Diejenigen ausgesucht werden, von denen die Massenelementenverzerrungen als reine Streckungen wahrgenommen werden, gewinnt man aus (9.12a) schließlich die sog. "reduzierte Nollsche Form"

$$\Phi(P,t) = \underset{t_A}{\overset{t}{\Phi}} \langle \mathbb{D}^{(S)}(P,\tau),T(P,\tau),\mathbf{f}_T(P,\tau)\rangle \ , \tag{9.12b}$$

mit der ausgedrückt wird, daß in der Theorie einfacher Stoffe die einem Massenelement dm_P momentan zuzuweisenden Werte materiell objektiver Skalare durch die Prozesse der daselbst registrierten Verzerrungen, Temperaturen und (materiellen) Temperaturgradienten determiniert sind.

Als materiell objektive Skalare im Sinne von (9.12b) werden in der Theorie einfacher Stoffe innere bzw. freie Energie und insbesondere auch die Temperatur (T)[21] eingeschätzt, was allerdings in Fällen stark beschleunigter und rotierender Massenelemente selbst dann in Zweifel gezogen werden muß, wenn man — im Gegensatz zu relativistischen Vorstellungen — die Legitimität euklidischer Beobachterwechsel auch für große relative Beschleunigungen bzw. Rotationen der Beobachter nicht in Frage stellt. Grundsätzlich ist nämlich für die Temperatur (als ein Maß für die "mittlere kinetische Energie der Streubewegung" eines Partikelensembles[22] (m_n, $n = 1 \ldots N$) aufgefaßt [35]) streng nur nachzuweisen, daß sie eine galilei–invariante Größe ist. Streng nachzuweisen ist desweiteren lediglich Galilei–Invarianz nicht von der Geschwindigkeit abhängiger, in [34] als Speicherenergien bezeichneter Energiegrößen, zu denen auch

21) von der (vgl. (9.6a,c)) a priori angenommen wurde, daß sie beobachterinvariant wahrgenommen werde

22) als das man in diesem Falle ein "Massenelement der Kontinuumsmechanik" anzusehen hat.

thermische Energien gehören[23], desgleichen Galilei–Invarianz der im auf einen Inertialrahmen bezogenen Newtonschen Grundgesetz aufscheinenden Newtonkräfte und damit auch der Spannungen, so daß wegen

$$\dot{\mathcal{U}} \overset{(8.87b)}{=} \dot{\mathcal{A}}_{\$} + \dot{Q}_a \overset{24)}{\equiv} \frac{1}{\bar{\rho}}\left[\$^{(E)}\cdot\cdot(\mathbb{v}\circ\bar{\nabla})\right] + \dot{Q}_a \tag{9.13}$$

die innere Energie und auch die nach (8.89b) eingeführte freie Energie als galilei–invariant angesehen werden können,[25] sofern sie von einem Inertialrahmen aus als Folge daselbst registrierter thermisch–kinematischer Prozeßdaten festgestellt werden.

Eine Erweiterung im Hinblick auf die Forderungen nach euklidischer Invarianz von innerer bzw. freier Energie und Entropie hängt also — im Sinne der vorangehend benutzten Argumentationskette — davon ab, inwieweit man Temperaturen, Wärmemengen und Spannungen bzw. die hiermit definierten Oberflächenkräfte als euklidisch–invariant ansehen darf. Betreffend die Temperatur benötigt man sicherlich die Einschränkung auf (aus Inertialrahmen heraus vorgenommene) euklidische Transformationen mit mäßigen Winkelgeschwindigkeiten und auch betreffend die Spannungen und Speicherenergien ist Vorsicht geboten, weil es in der klassischen Theorie keine Erkenntnis darüber gibt, inwieweit — in Materialgleichungen! — Spannungen und Speicherenergien möglicherweise etwa für große Beschleunigungen merkbar von Letzteren abhängen könnten. Stellt man sich auf den Standpunkt, daß Temperaturen, Wärmemengen und Spannungen euklidisch–invariant sind, ist der Nachweis euklidisch–invarianter innerer bzw. freie Energie wie auch Entropie zumindest für nicht–polare Medien einfach. Hier jetzt z. B. vereinfacht nur eine aktive Transformation, d. h. eine Starrbewegungsmodifikation mit $\mathbb{v}^{\Delta} = \mathbb{v} + \omega(t)\times(\mathbb{r} - \mathbb{r}_0)$ betrachtend, ist wegen

$\mathbb{v}^{\Delta}\circ\bar{\nabla} = \mathbb{v}\circ\bar{\nabla} + \omega(t)\times\mathbb{E}$ und damit wegen $\$^{(E)\Delta}\cdot\cdot(\mathbb{v}^{\Delta}\circ\bar{\nabla}) = \$^{(E)\Delta}\cdot\cdot(\mathbb{v}\circ\bar{\nabla} + \omega(t)\times\mathbb{E}) \overset{26)}{\equiv}$ $\equiv \$^{(E)\Delta}\cdot\cdot\mathbb{v}\circ\bar{\nabla} \overset{27)}{\equiv} \$^{(E)}\cdot\cdot\mathbb{v}\circ\bar{\nabla}$ die Spannungsleistung gleich geblieben, was, zusammen mit der Invarianzforderung für $\dot{Q}_a$, dann im Sinne von (9.13) in der Tat für die Feststellung der Invarianz von innerer bzw. freier Energie ausreicht. Mit den letzteren Hinweisen ist auch klar, daß man, von Grundaxiomen nach euklidischer Invarianz von Spannungsleistung, Temperatur und Wärmezufuhr ($\dot{Q}_a$) aus, umgekehrt die innere bzw. freie Energie, die Entropie und auch die Wärmeflüsse und Spannungen[28] als euklidisch–invariant identifizieren kann [37].

9.2.2 Objektive Vektoren

sind solche, deren Skalarprodukte objektive Größen sind, für die also mit ihren auf die jeweiligen Beobachter-(etwa Orthonormal-)basen $(\langle \overset{(K)}{\mathbb{e}}_j \rangle, \langle \overset{(K')}{\mathbb{e}}_j \rangle)$ bezogenen Komponenten

---

[23] und damit auch die Dissipationsleistung, die in thermischer Form anfällt, womit dann auch — vgl. (8.88) — die Entropie als galilei–invariant angesehen werden kann.

[24] man benutze die Symmetrie des Spannungstensors

[25] Man ersetze in (9.13) $\mathbb{v}$ durch $\mathbb{v}+\mathbb{v}_0$ mit $\mathbb{v}_0 = \mathrm{const.}$ im Sinne einer Galilei–Transformation. Danach ist wegen $\bar{\nabla}\circ(\mathbb{v}+\mathbb{v}_0) \equiv \bar{\nabla}\circ\mathbb{v}$ und der Galilei–Invarianz der Spannungen in der Tat zunächst $\dot{\mathcal{U}}$ und daher auch $\mathcal{U} = \mathcal{U}_0 + \int_{t_0}^{t} \dot{\mathcal{U}}\,dt$ als von der Geschwindigkeit unabhängig, d. h. als galilei–invariant anzusehen. Auch die Dichte ist galilei–invariant.

[26] Man beachte die Symmetrie des Spannungstensors, der

[27] wenn er euklidisch–invariant sein soll, unabhängig von der Geschwindigkeit zu sein hat.

[28] Letztere beiden Größen in einem (in § 9.2.2, 3.2.3) noch zu detaillierenden Sinne.

$$\left.\begin{matrix}\overset{(K)}{\mathbb{a}}\\ \overset{(K)}{\mathbb{b}}\end{matrix}\right\}\cdot\overset{(K)}{\mathbb{e}}_j=\left\{\begin{matrix}\overset{(K)}{a}_j\\ \overset{(K)}{b}_j\end{matrix}\right. ,\qquad \left.\begin{matrix}\overset{(K')}{\mathbb{a}}\\ \overset{(K')}{\mathbb{b}}\end{matrix}\right\}\cdot\overset{(K')}{\mathbb{e}}_j=\left\{\begin{matrix}\overset{(K')}{a}_j\\ \overset{(K')}{b}_j\end{matrix}\right.$$

die Identität

$$\left[\overset{(K)}{\mathbb{a}}(P,t)\cdot\overset{(K)}{\mathbb{b}}(P,t)=\right]\sum_{j=1}^{3}\overset{(K)}{a}_j\overset{(K)}{b}_j=\overset{(K)}{\Phi}(P,t)\equiv^{29)}\underset{t_{A},(B_P)}{\overset{t}{G}}\overset{(K)}{\langle}\Delta\mathbb{r}_{P\to P'}(\tau);T(P,\tau),\Delta_{P\to P'}T(\tau);t\rangle\equiv$$

$$\equiv\sum_{j=1}^{3}\overset{(K')}{a}_j\overset{(K')}{b}_J=\overset{(K')}{\mathbb{a}}\cdot\overset{(K')}{\mathbb{b}}=\overset{(K')}{\Phi}(P,t)\equiv^{28)}\underset{t_{A},(B_P)}{\overset{t}{G}}\overset{(K')}{\langle}\Delta\mathbb{r}_{P\to P'}(\tau);T(P,\tau),\Delta_{P\to P'}T(\tau);t\rangle \tag{9.14}$$

gilt. Mit $\overset{(K)}{\mathbb{a}}=\overset{(K)}{\mathbb{b}}$ folgt daraus Betragsinvarianz objektiver Vektoren, die sich danach bei Beobachterwechsel als sog. euklidisch-invariante Größen in der Form

$$\overset{(K')}{\mathbb{a}}\hat{=}\left\{\overset{(K')}{a}_1,\overset{(K')}{a}_2,\overset{(K')}{a}_3\right\}=\left\{\overset{(K)}{a}_1,\overset{(K)}{a}_2,\overset{(K)}{a}_3\right\}\cdot\begin{pmatrix}\overset{(KK')_*}{q_{11}} & \cdots & \\ \vdots & & \vdots\\ & \cdots & \overset{(KK')_*}{q_{33}}\end{pmatrix}\hat{=}\overset{(K)}{\mathbb{a}}\cdot\overset{(KK')_*}{\mathbb{Q}}$$

mit einem orthogonalen Operator $\overset{(KK')_*}{\mathbb{Q}}$ transformieren müssen.

Dabei muß $\overset{(KK')_*}{\mathbb{Q}}=\overset{(KK')}{\mathbb{Q}}$ also mit der orthogonalen Linienelementen-Transformationen nach (9.8b) beschreibenden Operation identisch sein, weil Linienelemente wegen (9.8b), d.h.

$$\Delta\overset{(K')}{\mathbb{r}}\cdot\Delta\overset{(K')}{\mathbb{r}}=\Delta\overset{(K)}{\mathbb{r}}\cdot\overset{(KK')}{\mathbb{Q}}\cdot\overset{(KK')}{\mathbb{Q}}{}^{T}\cdot\Delta\overset{(K)}{\mathbb{r}}=\Delta\overset{(K)}{\mathbb{r}}\cdot\Delta\overset{(K)}{\mathbb{r}}$$

im Sinne von (9.14) objektiv sind und daher für objektive Vektoren

$$\overset{(K)}{\mathbb{a}}\cdot\Delta\overset{(K)}{\mathbb{r}}=\overset{(K')}{\mathbb{a}}\cdot\Delta\overset{(K')}{\mathbb{r}}$$

gelten muß, was in der Tat nur für $\overset{(KK')_*}{\mathbb{Q}}=\overset{(KK')}{\mathbb{Q}}$ d. h. für

$$\overset{(K')}{\mathbb{a}}(P,t)=\overset{(K)}{\mathbb{a}}(P,t)\cdot\overset{(KK')}{\mathbb{Q}}(t) \tag{9.15}$$

gesichert ist, so daß sich also die (durch deren jeweilige Komponenten beschriebenen) "Wahrnehmungsbilder" objektiver Vektoren bei Beobachterwechsel wie "Linienelemente" transformieren müssen.

Zu ergänzen ist (9.15) durch eine (9.7b) analoge Forminvarianz-Forderung, wonach eine deterministische Zuordnung

$$\left\{a_1,a_2,a_3\right\}=\underset{t_{A},(B_P)}{\overset{t}{\mathfrak{g}}}\langle\Delta\mathbb{r}_{P\to P'}(\tau);T(P,\tau),\Delta_{P\to P'}T(\tau);t\rangle \tag{9.16}$$

zwischen den in einem Beobachterrahmen erschlossenen "Vektorbildern" $\left\{a_1,a_2,a_3\right\}$ und

---

29) wegen (9.7b) wurde hier bereits nicht mehr zwischen $\overset{(K)}{G}$ und $\overset{(K')}{G}$ unterschieden

den im selben Beobacherrahmen erhobenen kinematischen Prozeßdaten $\Delta\bar{\mathbb{r}}_{P\to P'} \hat{=} \left\{\Delta\bar{x}_{1P\to P'}, \Delta\bar{x}_{2P\to P'}, \Delta\bar{x}_{3P\to P'}\right\}$ "universell" sei, insofern, als sie für alle Beobachterrahmen mit der formal gleichen Zuordnungsstruktur $\mathfrak{g}$ gelten solle[30]. Danach sind dann

$$\left[\overset{(K)}{\mathbb{a}} \hat{=}\right] \left\{\overset{(K)}{a_1}, \overset{(K)}{a_2}, \overset{(K)}{a_3}\right\} = \underset{t_A,(B_P)}{\overset{t}{\mathfrak{g}}} \langle \overset{(K)}{\Delta\bar{\mathbb{r}}}_{P\to P'}(\tau); T(P,\tau), \Delta_{P\to P'}T(\tau); t \rangle , \qquad (9.17a)$$

$$\left[\overset{(K')}{\mathbb{a}} \hat{=}\right] \left\{\overset{(K')}{a_1}, \overset{(K')}{a_2}, \overset{(K')}{a_3}\right\} = \underset{t_A,(B_P)}{\overset{t}{\mathfrak{g}}} \langle \overset{(K')}{\Delta\bar{\mathbb{r}}}_{P\to P'}(\tau); T(P,\tau), \Delta_{P\to P'}T(\tau); t \rangle , \qquad (9.17b)$$

so daß mit $\overset{(K')}{\Delta\bar{\mathbb{r}}} = \overset{(K)}{\Delta\bar{\mathbb{r}}} \cdot \overset{(KK')}{\mathbb{Q}}$ und $\overset{(K')}{\mathbb{a}} = \overset{(K)}{\mathbb{a}} \cdot \overset{(KK')}{\mathbb{Q}}$ für $\mathfrak{g}$ die Funktionalgleichung

$$\underset{t_A,(B_P)}{\overset{t}{\mathfrak{g}}} \langle \overset{(K)}{\Delta\bar{\mathbb{r}}}_{P\to P'}(\tau) \cdot \overset{(KK')}{\mathbb{Q}}(\tau); T(P,\tau), \Delta_{P\to P'}T(\tau); t \rangle =$$
$$\underset{t_A,(B_P)}{\overset{t}{\mathfrak{g}}} \langle \overset{(K)}{\Delta\bar{\mathbb{r}}}_{P\to P'}(\tau); T(P,\tau), \Delta_{P\to P'}T(\tau); t \rangle \cdot \overset{(KK')}{\mathbb{Q}}(t) \qquad (9.17c)$$

festgestellt wird, die man (in der engeren Auslegung des Begriffs der Starrbewegungsmodifikation, d.h. mit Benutzung von Versortransformationen) als im (K)-Rahmen definierte Vektorgleichung wie folgt interpretieren kann: Wird in der Form (9.17a) ein Vektor $(\mathbb{a})$[31] durch einen kinematischen Prozeß $\Delta\bar{\mathbb{r}}_{P\to P}(\tau)$[31] determiniert, dann ist $\mathbb{a}$ objektiv, wenn bei einer Starrbewegungsmodifikation $\Delta\bar{\mathbb{r}}^{\Delta}_{P\to P}(\tau) = \Delta\bar{\mathbb{r}}_{P\to P}(\tau) \cdot \mathbb{Q}(\tau)$[31] der Gesamtanordnung (um den jeweiligen materiellen "Aufpunkt P") die deterministische Zuordnung (9.17a) zu dem Befund führt, daß der Vektor $\mathbb{a}$ "mitgedreht" worden ist, also seine (relative) Lage zur Gesamtanordnung nicht geändert hat.

Mit $\Delta\bar{\mathbb{r}}_{P\to P'}(\tau) = d\hat{\mathbb{r}}_{P\to P'} \cdot \mathbb{F}(P,\tau)$, $\Delta_{P\to P'}T(\tau) = d\hat{\mathbb{r}}_{P\to P'} \cdot \hat{\nabla}T(\tau) = d\hat{\mathbb{r}}_{P\to P'} \cdot \hat{\mathbb{f}}_T(P,\tau)$ folgt aus (9.17c) für einfache Stoffe

$$\mathbb{a}(P,t) = \underset{t_A}{\overset{t}{\mathfrak{g}}} \langle d\hat{\mathbb{r}}_{P\to P'} \cdot \mathbb{F}(P,\tau); T(P,\tau); d\hat{\mathbb{r}}_{P\to P'} \cdot \mathbb{f}_T(P,\tau)\rangle \equiv \underset{t_A}{\overset{t}{\mathfrak{h}}} \langle \mathbb{F}(P,\tau); T(P,\tau); \mathbb{f}_T(P,\tau)\rangle \qquad (9.18a)$$

mit $$\underset{t_A}{\overset{t}{\mathfrak{h}}} \langle \mathbb{F}(P,\tau) \cdot \mathbb{Q}(\tau); T(P,\tau); \mathbb{f}_T(P,\tau)\rangle = \underset{t_A}{\overset{t}{\mathfrak{h}}} \langle \mathbb{F}(P,\tau); T(P,\tau); \mathbb{f}_T(P,\tau)\rangle \cdot \mathbb{Q}(t) , \qquad (9.18b)$$

weswegen man mit $\mathbb{F}(P,\tau) = \mathbb{D}^{(S)}(P,\tau) \cdot \mathbb{R}(P,\tau)$ und der speziellen Setzung $\mathbb{Q}(\tau) = \mathbb{R}^T(P,\tau)$ für materiell objektive Vektoren die reduzierte Zuordnung nach Noll [40]

---

30) weswegen in (9.16) keine Indizierung ((K),(K')) vorgenommen wurde

31) Die Indizierung (K) bzw. (KK') wird jetzt aus Raumgründen nicht mehr notiert.

$$\mathbb{a}(P,t)\cdot\mathbb{R}^T(P,t) = \mathbb{a}^{(\mathbb{R})}(P,t) = \underset{t_A}{\overset{t}{\mathbb{a}}}\,\langle\, \mathbb{D}^{(S)}(P,\tau);\ T(P,\tau);\ \mathbb{f}_T(P,\tau)\rangle \qquad (9.18c)$$

auffindet, wonach der einem Massenelement dm_p zuzuschreibende relative Wert

$$\mathbb{a}^{(\mathbb{R})}(P,t) = \mathbb{a}(P,t)\cdot\mathbb{R}^T(P,t) \qquad (9.18d)$$

eines objektiven Vektors durch den daselbst registrierten Verzerrungs-Temperatur und Temperaturgradientenprozeß determiniert wird.

Objektive Vektoren sind alle Kraftvektoren mit Ausnahme der sog. "Scheinkräfte" [41], die in den Fällen gegenüber Inertialrahmen (im Sinne von [41]) nicht galilei–bewegten Beobachterrahmen hinzugefügt werden müssen, damit das Newtonsche Grundgesetz mit von solcherart Beobachterrahmen her definierten Beschleunigungen unverändert erhalten bleiben kann. Da solcherart "Scheinkräfte", sog. Massenkräfte, also keine längs Oberflächen eingeleitete Kräfte sind[32], sind dementsprechend Spannungsvektoren uneingeschränkt als objektiv anzusehen, Wärmeflußvektoren — vgl. h. die problematisierenden Hinweise in § 9.2.1 — mit Sicherheit nur im Falle gegenüber einem Inertialrahmen nur mäßig beschleunigten und insbesondere rotierenden Körpern und euklidischen Transformationen mit mäßigen (relativen) Beobachter–Drehgeschwindigkeiten.

Unter diesem einschränkenden Aspekt sind auch momentane Temperaturgradienten $(\overset{(K)}{\bar{\nabla}}T)$ objektive Vektoren mit

$$\overset{(K')}{\mathbb{f}_T}(P,\tau) = \left[\overset{(K')}{\bar{\nabla}}T\right]_{P,\tau} = \left[\overset{(K)}{\bar{\nabla}}T\right]_{P,\tau}\cdot\overset{(KK')}{\mathbb{Q}}(\tau) = \overset{(K)}{\mathbb{f}_T}(P,\tau)\cdot\overset{(KK')}{\mathbb{Q}}(\tau)\,,$$

weil im Falle als objektiv einzuschätzender Temperaturen

$$d\overset{(K)}{\mathbb{r}}_{P\to P'}\cdot\left[\overset{(K)}{\bar{\nabla}}T\right]_{P,\tau} \equiv d_{P\to P'}T \equiv d\overset{(K')}{\mathbb{r}}_{P\to P'}\cdot\left[\overset{(K')}{\bar{\nabla}}T\right]_{P,\tau} \text{ mit } d\overset{(K')}{\mathbb{r}} = d\overset{(K)}{\mathbb{r}}\cdot\overset{(KK')}{\mathbb{Q}}(\tau)$$

sein, also in verschiedenen Beobachterrahmen die (inkrementelle) Temperaturdifferenz $(d_{P\to P'}T)$ zweier infinitesimal benachbarter Punkte P und P' als gleich festgestellt werden muß, was übrigens betr. die aktive Variante des Prinzips der materiellen Objektivität wieder bedeutet, im Fall der in Betracht zu nehmenden Starrbewegungsmodifikation der Gesamtanordnung auch das Temperaturfeld entsprechend "mitdrehen" zu müssen.

Kombination der nach (9.18c,d) mit $\mathbb{a} = \mathbb{q}^{(E)}$ für den Eulerschen Wärmeflußvektor $\mathbb{q}^{(E)}$ zu prognostizierenden deterministischen Zuordnung

---

32) Nichtsdestoweniger sieht die klassische Mechanik — neben den genannten Scheinkräften — auch objektive Massenkräfte vor. So ist etwa das Newtonsche Massenanziehungsgesetz, mit dem die auf ein Massenelement dm_p infolge Anziehung aller übrigen Massen wirkende Massenkraft in der Form

$$d\overset{(K)}{\mathbb{k}}(P,t) = \Gamma\, dm_p \int_{(m)} \Delta\overset{(K)}{\mathbb{r}}_{P\to P'}(t)\, dm \,/\, |\Delta\overset{(K)}{\mathbb{r}}_{P\to P'}|^3 \qquad (*)$$

ausgedrückt wird, objektiv, nämlich euklidisch invariant und forminvariant für alle durch Euklidische Transformation auseinander hervorgehende Beobachterrahmen (man setze $\Delta\overset{(K')}{\mathbb{r}} = \Delta\overset{(K)}{\mathbb{r}}\cdot\overset{(KK')}{\mathbb{Q}}(t)$; dann gilt (*) gleichermaßen mit im Beboachterrahmen (K') erhobenen kinematischen Daten für die hier als $d\overset{(K')}{\mathbb{k}}(P,t) = d\overset{(K)}{\mathbb{k}}(P,t)\cdot\mathbb{Q}(P,t)$ wahrgenommene Anziehungskraft). Auch die Erklärung der Objektivität von auf Fernkraftwirkungen basierenden Kräften auf Basis der aktiven Transformationsvariante bleibt prinzipiell richtig: Die Starrmodifikation des Bewegungsprozesses der "Gesamtanordnung" muß die für die Kraftwirkung auf dm_p als relevant eingeschätzte Einflußumgebung $\mathcal{B}_p$ umfassen, im Falle von (*) theoretisch einen hinreichend großen Anteil des Kosmos.

$$\mathbb{q}^{(E)}(P,t) = \mathop{\mathbf{q}^{(R)}}_{t_A}^{t}\langle \mathbb{D}^{(S)}(P,\tau),T(P,\tau),\mathbb{f}_T(P,\tau)\rangle \cdot \mathbb{R}(P,t) \tag{9.19}$$

mit $\mathbb{q}^{(E)}(P,t)$ nach (8.93d), also mit

$$\mathbb{q}^{(E)}(P,t) = -\left[\bar{\nabla}T\right]_{P,\tau}\cdot \mathbb{\Lambda}^{(E)}\,{}^{33)} = -\,\mathbb{f}_T(P,t)\cdot \mathbb{D}^{(S)-1}\cdot \mathbb{R}(P,t)\cdot \mathbb{\Lambda}^{(E)}$$

ergibt

$$\mathop{\mathbf{q}^{(R)}}_{t_A}^{t}\langle \mathbb{D}^{(S)}(P,\tau),T(P,\tau),\mathbb{f}_T(P,\tau)\rangle = -\,\mathbb{f}_T(P,t)\cdot \mathbb{D}^{(S)-1}(P,t)\cdot\left[\mathbb{R}\cdot \mathbb{\Lambda}^{(E)}\cdot \mathbb{R}^T\right]_{P,t} ,\tag{9.19a}$$

wonach für die Materialgröße

$$\mathbb{\Lambda}^{(R)}(P,t) \equiv \left[\mathbb{R}\cdot \mathbb{\Lambda}^{(E)}\cdot \mathbb{R}^T\right]_{P,t} \overset{(8.93g)}{\equiv} \left[\frac{\bar{\varrho}}{\rho}\mathbb{D}^{(S)}\cdot \mathbb{\Lambda}^{(L)}\cdot \mathbb{D}^{(S)}\right]_{P,\tau} \equiv$$

$$\mathop{\mathbf{\Lambda}^{(R)}}_{t_A}^{t}\langle \mathbb{D}^{(S)}(P,\tau),T(P,\tau),\mathbb{f}_T(P,\tau)\rangle\ , \tag{9.19b}$$

d. h. i. allg. vorzusehen ist, daß sie vom am Massenelement durch $\langle \mathbb{D}^{(S)}(P,\tau),T(P,\tau),\mathbb{f}_T(P,\tau)\rangle$, $t_A\ldots\tau \leq t$ gekennzeichneten thermisch–kinematischen Prozeß abhängen kann, ebenso wie die Dissipationsfunktion ψ nach (8.92b), für die man nun die Struktur

$$\psi = \mathbb{q}^{(E)}\cdot\bar{\nabla}T = \mathbb{q}^{(E)}\cdot\mathbb{F}^{-1}\cdot\hat{\nabla}T \equiv^{34)} \mathbb{q}^{(R)}\cdot\mathbb{D}^{(S)-1}\cdot\mathbb{f}_T =$$

$$= \mathbb{f}_T(P,t)\cdot\mathbb{D}^{(S)-1}(P,t)\cdot\mathop{\mathbf{\Lambda}^{(R)}}_{t_A}^{t}\langle \mathbb{D}^{(S)}(P,\tau),T(P,\tau),\mathbb{f}_T(P,\tau)\rangle\cdot\mathbb{D}^{(S)-1}(P,t)\cdot\mathbb{f}_T(P,t) \equiv$$

$$\equiv \mathop{\boldsymbol{\psi}}_{t_A}^{t}\langle \mathbb{D}^{(S)}(P,\tau),T(P,\tau),\mathbb{f}_T(P,\tau)\rangle \tag{9.19c}$$

prognostizieren kann. Die Gegenüberstellung von (9.19c) mit einer Darstellung von der Form (8.93b), die jetzt unter Hervorhebung der Momentanwerte $\mathbb{D}(P,t)$, $T(P,t)$, $\mathbb{f}_T(P,t)$ als

$$\psi(P,t) = \tilde{\psi}(\mathbb{D}(P,t),\ T(P,t),\ \mathbb{f}_T(P,t);\ g_1(P,t)\ldots g_n(P,t)) \tag{9.20a}$$

geschrieben werden soll, zeigt, daß man sich die in der klassischen Thermodynamik gebräuchlichen (in "nichtelastischen Fällen" über die thermisch–kinematischen Momentanwerte hinaus erforderlichen) "Zustandsvariablen" g_j, $j = 1\ldots n$, als durch den thermisch–kinematischen Prozeß determiniert vorzustellen hat, wie

$$g_j(P,t) = \mathop{\mathbf{g}_j}_{t_A}^{t}\langle \mathbb{D}(P,\tau),T(P,\tau),\mathbb{f}_T(P,\tau)\rangle\ ,\ j=1\ldots n \tag{9.20b}$$

ausdrücken soll.

---

33) Man benutze $\bar{\nabla}T = \mathbb{F}^{-1}\cdot\hat{\nabla}T = \mathbb{F}^{-1}\cdot\mathbb{f}_T \equiv \mathbb{f}_T\cdot\mathbb{F}^{T^{-1}} = \mathbb{f}_T\cdot\mathbb{D}^{(S)-1}\cdot\mathbb{R}$

34) Man benutze $\mathbb{q}^{(E)} = \mathbb{q}^{(R)}\cdot\mathbb{R}$ und $\mathbb{F}^{-1} = \mathbb{D}^{(S)-1}\cdot\mathbb{R}^T$

Die Hervorhebung des Zustandsbegriffes, d.h. das Arbeiten mit Zustandsvariablen[35] kennzeichnet, wie schon vermerkt, die Vorgehensweise in der moderneren Materialtheorie [40], [34], [37], die insofern prinzipiell wieder die Denkweise der klassischen Thermodynamik aufgreift, wo Materialgleichungsansätze von der Form (9.20a) über das Hilfsmittel sog. rheologischer Modelle entwickelt wurden und die Zustandsvariablen $g_1 \ldots g_n$ als Repräsentanten sog. "innerer Variabler" anschaulich zu deuten waren[36]. Von einer Darstellungsweise von der Form (9.20a) wird in §9.4 zwecks Realisierung der Entropiebilanzgleichung (8.46c) ausgegangen.

9.2.3 Materiell objektive Tensoren

werden als entsprechende Tensorprodukte materiell objektiver Vektoren aufgefaßt. Angesichts des z. B. für dyadische Produkte aufgrund von (9.15) geltenden Transformationsverhaltens

$$\overset{(K')}{\mathbb{a}} \circ \overset{(K')}{\mathbb{b}} = \overset{(K)}{\mathbb{a}} \cdot \overset{(KK')}{\mathbb{Q}} \circ \overset{(K')}{\mathbb{b}} \cdot \overset{(KK')}{\mathbb{Q}} = \overset{(KK')T}{\mathbb{Q}} \cdot \overset{(K)}{\mathbb{a}} \circ \overset{(K)}{\mathbb{b}} \cdot \overset{(KK')}{\mathbb{Q}}$$

sind also materiell objektive zweistufige Tensoren ($\mathbb{A}$) im Sinne von

$$\overset{(K')}{\mathbb{A}} = \overset{(KK')T}{\mathbb{Q}} \cdot \overset{(K)}{\mathbb{A}} \cdot \overset{(KK')}{\mathbb{Q}} = \overset{(K'K)T}{\mathbb{Q}} \cdot \overset{(K)}{\mathbb{A}} \cdot \overset{(K'K)}{\mathbb{Q}}$$

euklidisch invariant, werden durch thermisch-kinematische Prozesse in der Form

$$\mathbb{A}(P,t) = \underset{t_A,(B_p)}{\overset{t}{\mathbb{G}}} \langle \Delta\bar{\mathbb{r}}_{P\to P'}(\tau), T(P,\tau), \Delta_{P\to P'} T(\tau); t \rangle \tag{9.21}$$

definiert, wobei die Zuordnungsvorschrift $\mathbb{G}$ der Funktionalgleichung

$$\mathbb{A}^{\Delta}(P,\tau) = \underset{t_A,(B_p)}{\overset{t}{\mathbb{G}}} \langle \Delta\bar{\mathbb{r}}^{\Delta}_{P\to P'}(\tau), T(P,\tau), \Delta_{P\to P'} T(\tau); t \rangle \left[= \mathbb{Q}^T(t)\cdot\mathbb{A}(P,t)\cdot\mathbb{Q} = \right]$$

$$= \mathbb{Q}^T(t)\cdot \underset{t_A,(B_p)}{\overset{t}{\mathbb{G}}} \langle \Delta\bar{\mathbb{r}}_{P\to P'}(\tau), T(P,\tau), \Delta_{P\to P'} T(\tau); t \rangle \cdot\mathbb{Q}(t)$$

mit $\Delta\bar{\mathbb{r}}^{\Delta}_{P\to P'}(\tau) = \Delta\bar{\mathbb{r}}_{P\to P'}\cdot\mathbb{Q}(\tau)$ und $\mathbb{Q}^T = \mathbb{Q}^{-1}$

genügt. Danach muß für materiell objektive zweistufige Tensoren - im Sinne einer "aktiven" Prinzip-Formulierung - feststellbar sein, daß eine nach der Prozedur (9.21) berechnete Größe $\mathbb{A}^{\Delta}$ als Folge einer (um den jeweiligen "materiellen Aufpunkt" P vollzogenen) Starrdrehungsmodifikation eines thermisch-kinematischen Prozesses (inkl. Mit

---

[35] die man durch (jeweils materialindividuelle) sog. "Evolutionsgleichungen" von der Form

$$\dot{g}_j(P,t) = \tilde{g}_j(\mathbb{D}^{(S)}(P,t), T(P,t), \mathbb{f}_T(P,t); \dot{\mathbb{D}}^{(S)}, \dot{T}, \dot{\mathbb{f}}_T; g_1 \ldots g_n) \tag{9.20c}$$

mit dem thermisch–kinematischen Prozeß korreliert

[36] über solcherart Vorgehensweise wird in Bd. 3 dieser Reihe berichtet. Eine noch heute lesenswerte diesbezügliche Grundlagen–Darstellung findet der Leser in [42]

drehung des Temperaturfeldes) als "komponentenweise" gegenüber $\mathbb{A}$ gedrehte Größe anfällt, also in Bezug auf ein im Massenelementen-Konvergenzpunkt P installiertes "körperfestes Basissystem" unverändert geblieben ist. Für einfache Stoffe mit $\Delta\mathbb{r}_{P\to P'}(\tau) = d\hat{\mathbb{r}}_{P\to P'}\cdot\mathbb{F}(P,\tau)$ und $\Delta_{P\to P'}T(\tau) = d\hat{\mathbb{r}}_{P\to P'}\cdot\mathbb{f}_T(P,\tau)$ verbleibt

$$\mathbb{A}(P,t) = \mathop{\mathbf{H}}\limits_{t_A}^{t}\langle\,\mathbb{F}(P,\tau),T(P,\tau),\mathbb{f}_T(P,\tau)\rangle \tag{9.22a}$$

mit $\mathop{\mathbf{H}}\limits_{t_A}^{t}\langle\,\mathbb{F}(P,\tau)\cdot\mathbb{Q}(t),T(P,\tau),\mathbb{f}_T(P,\tau)\rangle = \mathbb{Q}^T(t)\cdot\mathop{\mathbf{H}}\limits_{t_A}^{t}\langle\,\mathbb{F}(P,\tau),T(P,\tau),\mathbb{f}_T(P,\tau)\rangle\cdot\mathbb{Q}(t)\,,$

$$\tag{9.22b}$$

wobei mit
$$\mathbb{F}(P,\tau) = \mathbb{D}^{(S)}(P,\tau)\cdot\mathbb{R}(P,\tau) \quad \text{und} \quad \mathbb{Q}(\tau) = \mathbb{R}^T(P,\tau) \tag{9.23a}$$

aus (9.22a,b) schließlich die reduzierte Nollsche Form

$$\mathbb{A}(P,t) \overset{(9.22a)}{=} \mathop{\mathbf{H}}\limits_{t_A}^{t}\langle\,\mathbb{F}(P,\tau),T(P,\tau),\mathbb{f}_T(P,\tau)\rangle =$$
$$\overset{(9.22b)}{=} \mathbb{Q}(t)\cdot\mathop{\mathbf{H}}\limits_{t_A}^{t}\langle\,\mathbb{F}(P,\tau)\cdot\mathbb{Q}(\tau),T(P,\tau),\mathbb{f}_T(P,\tau)\rangle\cdot\mathbb{Q}^T(t) =$$
$$\overset{(9.23a)}{=} \mathbb{R}^T(P,t)\cdot\mathop{\mathbf{H}}\limits_{t_A}^{t}\langle\,\mathbb{D}^{(S)}(P,\tau),T(P,\tau),\mathbb{f}_T(P,\tau)\rangle\cdot\mathbb{R}(P.t) \tag{9.23b}$$

erhalten wird, wonach der einem Massenelement dm_P zuzuweisende relative Tensor

$$\mathbb{A}^{(\mathbb{R})}(P,t) = \mathbb{R}(P,t)\cdot\mathbb{A}(P,t)\cdot\mathbb{R}^T(P,t) = \mathop{\mathbf{A}^{(\mathbb{R})}}\limits_{t_A}^{t}\langle\,\mathbb{D}^{(S)}(P,\tau),T(P,\tau),\mathbb{f}_T(P,\tau)\rangle \tag{9.23c}$$

durch den daselbst vorliegenden Verzerrungs-Temperatur- und Temperaturgradientenprozeß determiniert sein muß.

Objektive zweistufige Tensoren vermitteln lineare Zuordnungen zwischen objektiven Vektoren. Ein Beispiel ist der Eulersche Spannungstensor $\mathbb{S}^{(E)}$, der per

$$\mathbb{s}^{(E)}(P,t;\mathbb{n}) \equiv \mathbb{s}^{(E)}_{\bar{n}}(P,t) = \mathbb{n}(t)\cdot\mathbb{S}^{(E)}(P,t) \tag{9.24a}$$

(vgl. (8.50a)) einen Zusammenhang zwischen dem momentanen Eulerschen Spannungsvektor $(\mathbb{s}^{(E)}_{\bar{n}}(P,t))$ und dem durch den (materiellen) Punkt P gelegten (momentanen) Flächenelement (mit Flächennormalen $\mathbb{n}(t)$) herstellt. Darin sind sowohl $\mathbb{s}^{(E)}_{\bar{n}}$ als auch $\bar{\mathbb{n}}$ als materiell objektive Vektoren anzusehen, insofern als beide im Zusammenhang mit einer Starrmodifikation der Gesamtanordnung in

$$\mathbb{s}^{(E)\Delta}_{\bar{n}} = \mathbb{s}^{(E)}_{\bar{n}}\cdot\mathbb{Q}\,, \quad \mathbb{n}^{\Delta}_{n} = \mathbb{n}_{n}\cdot\mathbb{Q} \tag{9.24b}$$

überführt werden[37]. Einsetzen in (9.24a) ergibt

$$\mathbb{s}^{(E)}_{\bar{n}} \overset{(9.24b)}{\equiv} \mathbb{s}^{(E)\Delta}_{\bar{n}}\cdot\mathbb{Q}^T \overset{(9.24a)}{=} \mathbb{n}\cdot\mathbb{S}^{(E)} \overset{(9.24b)}{=} \mathbb{n}^{\Delta}_{n}\cdot\mathbb{Q}^T\cdot\mathbb{S}^{(E)}$$

---

37) wobei (9.24b) konkret ausdrückt, nach wie vor die (relativ zum Flächenelement gleich situierten) Spannungen am selben Flächenelement feststellen zu wollen

und daraus $\mathbb{s}_{\bar{n}}^{(E)\Delta} = \bar{\mathbb{n}}_n^{\Delta}\cdot\mathbb{Q}^T\cdot\mathbb{S}^{(E)}\cdot\mathbb{Q} \equiv \bar{\mathbb{n}}_n^{\Delta}\cdot\mathbb{S}^{(E)\Delta}$,

was besagt, daß die für jede Systemkonfiguration zu verlangende generelle Gültigkeit des Zuordnungsgesetzes (8.50a) vom Eulerschen Spannungstensor die Transformationseigenschaft

$$\mathbb{S}^{(E)\Delta} = \mathbb{Q}^T\cdot\mathbb{S}^{(E)}\cdot\mathbb{Q}$$

verlangt.

Der Eulersche Spannungstensor ist also euklidisch invariant und objektiv, weil in (9.24a) sowohl $\mathbb{s}_{\bar{n}}^{(E)}(P,t)$ als auch $\bar{\mathbb{n}}(t)$ objektiv sind, und damit gilt nach (9.23c) mit $\mathbb{S}^{(E)}$ anstelle von $\mathbb{A}$

$$\mathbb{S}^{(R)}(P,t) = \mathbb{R}(P,t)\cdot\mathbb{S}^{(E)}(P,t)\cdot\mathbb{R}^T(P,t) = \underset{t_A}{\overset{t}{\mathbf{S}^{(R)}}}\langle\, \mathbb{D}^{(S)}(P,\tau),T(P,\tau),\mathfrak{f}_T(P,\tau)\rangle\ , \qquad (9.25a)$$

was als Aussage zu werten ist, welcherart dynamische bzw. kinematische und thermische Größen in der Theorie der einfachen Stoffe (in Form von Materialgleichungen) miteinander korrelierbar sind. Werden als thermisch-kinematische Variable (neben $T(P,\tau)$ und $\mathfrak{f}_T(P,\tau) = \left[\hat{\nabla}T\right]_{P,\tau}$ Streckungsverzerrungen ($\mathbb{D}^{(S)}(P,\tau)$) bzw. Tensorfunktionen der Letzteren (etwa $\mathbb{D}^{(G)}(P,\tau)$) vorgesehen, so können mit Letzteren offenbar nicht Eulersche Spannungstensoren ($\mathbb{S}^{(E)}(P,t)$) in deterministischen Zuordnungen verknüpft werden, sondern zunächst nur die in (9.25a) definierten relativen Spannungstensoren $\mathbb{S}^{(R)}(P,t) = (\mathbb{R}\cdot\mathbb{S}^{(E)}\cdot\mathbb{R}^T)_{P,t}$. Wegen

$$\mathbb{S}^{(K)} \overset{(8.53b)}{=} D_3^{(S)}(P,t)\cdot\mathbb{D}^{(S)-1}(P,t)\cdot\mathbb{S}^{(R)}(P,t)\cdot\mathbb{D}^{(S)-1}(P,t) \equiv$$
$$\equiv \underset{t_A}{\overset{t}{\mathbf{S}^{(K)}}}\langle\, \mathbb{D}^{(S)}(P,\tau),T(P,\tau),\mathfrak{f}_T(P,\tau)\rangle \qquad (9.25b)$$

mit $\underset{t_A}{\overset{t}{\mathbf{S}^{(K)}}}\langle\, \mathbb{D}^{(S)}(P,\tau),T(P,\tau),\mathfrak{f}_T(P,\tau)\rangle = D_3^{(S)}(P,t)\cdot\mathbb{D}^{(S)-1}(P,t)\cdot\underset{t_A}{\overset{t}{\mathbf{S}^{(R)}}}\cdot\mathbb{D}^{(S)-1}(P,t)$ (9.25c)

erschließt man dann aber weiter, daß auch Zuordnungen zwischen Piola-Kirchhoff-Spannungen und den Größen $T(P,\tau)$, $\mathfrak{f}_T(P,\tau)$ und $\mathbb{D}^{(S)}(P,\tau)$ bzw. $\mathbb{D}^{(G)}(P,\tau)$ als Materialgleichungen in Frage kommen. Andersartige Variablenkombinationen sind in Materialgleichungen i. allg. "versorfrei" nicht möglich[38]; auch, wenn man anstelle $\mathbb{D}^{(S)}(\tau)$ bzw. Greenscher Verzerrungen auf die Momentankonfiguration bezogene Verzerrungsgrößen benutzt[39].

---

[38] wie (als ein Beispiel) die in $\mathbb{S}^{(E)}$ explizite Version von (9.25a) verdeutlicht

[39] In Spezialfällen kann dies aber durchaus möglich sein, etwa für elastisch–isotrope Medien, wo auch die von der Momentenkonfiguration aus per $\mathbb{D}^{(A)}(P,t)$, $T(P,t)$, $\bar{\mathfrak{f}}_T(P,\tau) = (\bar{\nabla}T)_{P,t}$ registrierten thermisch–kinematischen Momentanwerte mit den Eulerschen Momentanspannungen $\mathbb{S}^{(E)}(P,t)$ korrelierbar sind.

Die mit $\mathbb{a}^{\Delta} = \mathbb{a}\cdot\mathbb{Q} =^{40)} \sum_{j=1}^{3} a_j\, \mathbb{e}_j\cdot\mathbb{Q}$, $\mathbb{b}^{\Delta} = \mathbb{b}\cdot\mathbb{Q} =^{40)} \sum_{k=1}^{3} b_k\, \mathbb{e}_k\cdot\mathbb{Q}$

anstelle von

$$\mathbb{a}^{\Delta} \circ \mathbb{b}^{\Delta} = \mathbb{a}\cdot\mathbb{Q}\circ\mathbb{b}\cdot\mathbb{Q} = \mathbb{Q}^{T}\cdot\mathbb{a}\circ\mathbb{b}\cdot\mathbb{Q}$$

gleichermaßen erreichbare Aussage

$$\mathbb{a}^{\Delta} \circ \mathbb{b}^{\Delta} = \sum_{j,k=1}^{3} a_j b_k \left[\mathbb{e}_j\cdot\mathbb{Q}\right]\circ\left[\mathbb{e}_k\cdot\mathbb{Q}\right] \equiv$$

$$\equiv \sum_{j,k=1}^{3} a_j b_k\, \mathbb{e}_j\circ\mathbb{e}_k\cdot\cdot \sum_{\alpha,\beta=1}^{3} \mathbb{e}_\alpha\circ\mathbb{e}_\beta\circ\left[\mathbb{e}_\beta\cdot\mathbb{Q}\right]\circ\left[\mathbb{e}_\alpha\cdot\mathbb{Q}\right] \equiv \mathbb{a}\circ\mathbb{b}\cdot\cdot \overset{\langle 4\rangle}{\mathbb{Q}}$$

unter Benutzung eines vierstufigen orthogonalen Operators

$$\overset{\langle 4\rangle}{\mathbb{Q}} = \sum_{\alpha,\beta=1}^{3} \mathbb{e}_\alpha\circ\mathbb{e}_\beta\circ\left[\mathbb{e}_\beta\cdot\mathbb{Q}\right]\circ\left[\mathbb{e}_\alpha\cdot\mathbb{Q}\right] \equiv^{41)} \overset{\langle 6\rangle}{\mathbb{E}_T}\cdot\cdot\cdot\mathbb{Q}^{T}\circ\mathbb{Q} \equiv \mathbb{Q}\circ\mathbb{Q}^{T}\cdot\cdot\cdot \overset{\langle 6\rangle}{\mathbb{E}_T}$$

(vgl. [1]) weist den Weg, wie man im Falle höherstufiger (n–stufiger) Tensoren ($\overset{\langle n\rangle}{\mathbb{A}}$) euklidische Transformationen zu vollziehen hat, nämlich in der Form

$$\overset{\langle n\rangle}{\mathbb{A}}{}^{\Delta} = \overset{\langle n\rangle}{\mathbb{A}} \underbrace{\cdots\cdots}_{(n\text{-fach})} \overset{\langle 2n\rangle}{\mathbb{Q}}$$

mit einem 2ν–stufigen orthogonalen Tensor

$$\overset{\langle 2\nu\rangle}{\mathbb{Q}} = \sum_{\alpha,\beta,\ldots\nu=1}^{3} \mathbb{e}_\alpha\circ\mathbb{e}_\beta\circ\ldots\circ\mathbb{e}_\nu\circ(\mathbb{e}_\nu\cdot\mathbb{Q})\circ(\mathbb{e}_{\nu+1}\cdot\mathbb{Q})\circ\ldots(\mathbb{e}_\beta\cdot\mathbb{Q})\circ(\mathbb{e}_\alpha\cdot\mathbb{Q}) .$$

Höherstufige als zweistufige dynamische Tensoren scheinen in Kontinuumstheorien mit nicht–klassischer Kinematik (sog. verallgemeinerte Cosserat–Theorien) auf, aber auch in kinematisch klassisch formulierten Theorien, in denen höherstufige Konfigurationsgradienten als notwendige Repräsentanten des kinematischen Prozesses Berücksichtigung finden [13], [14].

Aus (9.25b,c) erschließt man, daß in Materialgleichungen einfacher Stoffe etwa auftretende Spannungsgeschwindigkeiten durch Zuordnungen zwischen der Piola-Kirchhoffschen Spannungsgeschwindigkeit $\dot{\mathbb{S}}^{(K)}(P,t)$ und dem thermisch kinematischen Prozeß[42] $\langle\, \mathbb{D}^{(G)}(P,\tau)$,-$T(P,\tau),\mathbb{f}_T(P,\tau)\rangle\ t_A \le \tau \le t$ beschrieben werden können müssen. Entsprechendes erschließt man wegen (8.61b) auch für in Termen der relativen Größe $\dot{\mathbb{S}}^{(R)}$ und wegen (8.61a) für in Termen der Größe $\mathbb{R}\cdot\overset{\circ}{\mathbb{S}}{}^{(E)}\cdot\mathbb{R}^{T}$ ausgedrückte Spannungsgeschwindigkeiten.

---

40) alle folgenden Notationen beziehen sich auf Orthonormalbasen

41) mit dem durch $\mathbb{a}\circ\mathbb{b}\circ\mathbb{c}\cdot\cdot\cdot \overset{\langle 6\rangle}{\mathbb{E}_T} \equiv \overset{\langle 6\rangle}{\mathbb{E}_T}\cdot\cdot\cdot\mathbb{a}\circ\mathbb{b}\circ\mathbb{c} = \mathbb{c}\circ\mathbb{b}\circ\mathbb{a}$ definierten sechsstufigen Transponierer, vgl. [1]

42) zu dem dann insbesondere auch momentane Prozeßgeschwindigkeiten gehören

9.3 Zu Fragen betr. das Prinzip der Äquipräsenz

Mit dem in [39] formulierten Prinzip der Äquipräsenz wird die Vermutung ausgesprochen, daß man in den, etwa für einfache Medien notierbaren Zuordnungen

$$\mathscr{U}(\mathrm{P,t}) = \underset{t_A}{\overset{t}{\mathscr{U}}} \langle \mathbb{D}^{(G)}(\mathrm{P},\tau),\mathrm{T}(\mathrm{P},\tau),\mathbf{f}_T(\mathrm{P},\tau)\rangle\ , \quad \mathscr{F}(\mathrm{P,t}) = \underset{t_A}{\overset{t}{\mathscr{F}}} \langle \mathbb{D}^{(G)}(\mathrm{P},\tau),\mathrm{T}(\mathrm{P},\tau),\mathbf{f}_T(\mathrm{P},\tau)\rangle$$

$$\mathscr{S}(\mathrm{P,t}) = \underset{t_A}{\overset{t}{\mathscr{S}}} \langle \mathbb{D}^{(G)}(\mathrm{P},\tau),\mathrm{T}(\mathrm{P},\tau),\mathbf{f}_T(\mathrm{P},\tau)\rangle\ , \tag{9.26a-c}$$

$$\mathbf{q}^{(R)}(\mathrm{P,t}) = \underset{t_A}{\overset{t}{\mathbf{q}^{(R)}}} \langle \mathbb{D}^{(G)}(\mathrm{P},\tau),\mathrm{T}(\mathrm{P},\tau),\mathbf{f}_T(\mathrm{P},\tau)\rangle = \mathbf{q}^{(E)}(\mathrm{P,t})\cdot \mathbb{R}^T(\mathrm{P,t})\ , \tag{9.26d}$$

$$\mathbb{S}^{(R)}(\mathrm{P,t}) = \underset{t_A}{\overset{t}{\mathbb{S}^{(R)}}} \langle \mathbb{D}^{(G)}(\mathrm{P},\tau),\mathrm{T}(\mathrm{P},\tau),\mathbf{f}_T(\mathrm{P},\tau)\rangle \equiv \mathbb{R}(\mathrm{P,t})\cdot \mathbb{S}^{(E)}(\mathrm{P,t})\cdot \mathbb{R}^T(\mathrm{P,t}) \tag{9.26e}$$

bzw.

$$\mathbb{S}^{(K)}(\mathrm{P,t}) = \underset{t_A}{\overset{t}{\mathbb{S}^{(K)}}} \langle \mathbb{D}^{(G)}(\mathrm{P},\tau),\mathrm{T}(\mathrm{P},\tau),\mathbf{f}_T(\mathrm{P},\tau)\rangle \tag{9.26f}$$

grundsätzlich jeweils den gleichen thermisch–kinematischen Variablensatz in Betracht zu nehmen hat, sofern nicht universelle Sätze dieser Vorgehensweise entgegenstehen. Daß die deterministischen Rahmenordnungen (9.26) dem Prinzip der Äquipräsenz entsprechen, ist, wie die zu (9.5c) führenden Überlegungen gezeigt haben, Ausdruck der Tatsache, betreffend den Einfluß des thermisch–kinematischen Prozesses auf die an einem Massenelement dm_P aufscheinenden Größen $\mathscr{U}(\mathrm{P,t})$, $\mathscr{F}(\mathrm{P,t})$, $\mathscr{S}(\mathrm{P,t})$, $\mathbf{q}^{(E)}(\mathrm{P,t})$, $\mathbb{S}^{(E)}(\mathrm{P,t})$ sowohl hinsichtlich der kinematischen als auch der thermischen Prozeßwerte die gleiche (sich auf die inkrementelle Umgebung des Massenelementen–Konvergenzpunktes P beschränkende) Einflußumgebung in Betracht genommen zu haben. Die Aufnahme der lokalen Konfigurations– bzw. Temperaturgradienten in den Prozeßvariablensatz erzwingen indessen aber auch zwei universelle Sätze, allerdings in verschiedener Hinsicht. Während Konfigurationsgradienten (und damit letztlich Verzerrungstensoren) in allen Materialgleichungen als Prozeßvariable wegen des Prinzips der materiellen Objektivität unverzichtbar sind, sind Temperaturgradienten (zumindest ihre Momentanwerte) wegen des thermischen Dissipationspostulates (8.92b) lediglich in Wärmeflußmaterialgleichungen unbedingt erforderlich, in Stoffgleichungen für $\mathscr{U}(\mathrm{P,t})$, $\mathscr{F}(\mathrm{P,t})$, $\mathscr{S}(\mathrm{P,t})$ und $\mathbb{S}^{(E)}(\mathrm{P,t})$ jedoch durchaus nicht. So ist bezüglich letzterer Größen die Frage berechtigt, ob sie nicht wesentlich allein durch den Temperaturprozeß $\mathrm{T}(\mathrm{P},\tau)$ am "materiellen Aufpunkt" (P) selbst determiniert werden und weniger von den inkrementellen[43] (durch $\mathbf{f}_T(\mathrm{P},\tau)$ beschriebenen) Abweichungen des Temperaturfeldes innerhalb eines Massenelementes (dm_P). Die in der Ingenieurmechanik der thermisch–mechanischen Phänomene gebräuchlichen Materialgleichungsansätze für $\mathscr{U}(\mathrm{P,t})$, $\mathscr{F}(\mathrm{P,t})$, $\mathscr{S}(\mathrm{P,t})$, $\mathbb{S}^{(E)}(\mathrm{P,t})$ enthalten denn auch als thermische Prozeßvariable nur die Temperatur $\mathrm{T}(\mathrm{P},\tau)$ selbst, was in der Tat auf einen zu vernachlässigenden (allfälligen) Einfluß des Temperaturgradienten $(\mathbf{f}_T(\mathrm{P},\tau))$ hinweist, obwohl andererseits die Fouriersche Materialgleichung (8.93d) allgemein akzeptiert und damit insofern das Prinzip der Äquipräsenz verletzt wird. Ange–

---

[43] Die physikalisch sinnvolle Forderung, in der Zeiteinheit durch Flächeneinheiten real nur endliche Wärmemengen transferieren zu können, verlangt nach (8.93d,f) endliche Werte $\mathbf{f}_T$, d.h. räumlich stetige Temperaturfelder.

sichts dieser Sachlage erscheint es erwägenswert, das Prinzip der Äquipräsenz zu ersetzen[44] durch eine entsprechend "extremierende Interpretation" des Prinzips der lokalen Wirkung, wonach in der thermisch–mechanischen Materialtheorie einfacher Stoffe die Einflußumgebung eines "materiellen Aufpunktes" (P) unter dem Gesichtspunkt der Kompatibilität mit allgemeinen Sätzen "so klein wie möglich" zu machen ist, was auf die Betrachtnahme eines von Fall zu Fall "kleinstmöglichen Prozeßvariablensatzes" hinausläuft: Betreffend die thermischen Variablen ist es — mangels allgemeiner Restriktionen — dann erlaubt, die Einflußumgebung B_P für $\mathcal{U}(P,t)$, $\mathcal{F}(P,t)$, $\mathcal{S}(P,t)$, $\mathbb{S}^{(E)}(P,t)$ auf den Massenelementen–Konvergenzpunkt P zu beschränken, für $\mathbb{q}^{(E)}(P,t)$ muß im Hinblick auf (8.93d) die Einflußumgebung auf die P infinitesimal benachbarten Punkte P' ausgedehnt werden. Betreffend die kinematischen Variablen verbietet sich eine primitivste Approximation einer alleinigen Betrachtnahme der Lage $\mathbb{r}(P,\tau)$ als relevante Prozeßgröße, da dann das Prinzip der materiellen Objektivität das unsinnige Resultat zeitigte, daß $\mathcal{U}(P,t)$, $\mathcal{F}(P,t)$, $\mathcal{S}(P,t)$, $\mathbb{S}^{(E)}(P,t)$ von den Formänderungen überhaupt nicht abhingen. Durch die Möglichkeit, die Aufpunktlage $\mathbb{r}(P,\tau)$ aus dem kinematischen Variablensatz heraustransformieren zu können, erzwingt also das Prinzip der materiellen Objektivität im Hinblick auf die letztgenannten Größen die Betrachtnahme auch der Kinematik der Umgebung von P, die dann in "kleinstmöglicher Weise" durch den Konfigurationsgradienten ($\mathbb{F}(P,\tau)$) beschrieben wird.

Eine Möglichkeit, von den Strukturen (9.26) für $\mathcal{U}(P,t)$, $\mathcal{F}(P,t)$, $\mathcal{S}(P,t)$, $\mathbb{S}^{(E)}(P,t)$ ausgehend, allgemein formal zu zeigen, daß der Temperaturgradientenprozeß $\mathbb{f}_T(P,\tau)$ aus dem Variablensatz gestrichen werden darf, existiert m. W. nicht. Allerdings kann man unter der Voraussetzung, daß beliebige voneinander unabhängige zeitliche Änderungen der Prozeßvariablen — experimentell — möglich seien, mit der vorläufigen Annahme, daß innere bzw. freie Energie, Spannungen und Wärmeflüsse (wie die thermische Dissipationsgröße ψ und damit auch der Wärmeleittensor $\mathbb{\Lambda}^{(R)}$ nach (9.19b)) nicht vom Prozeß $\mathbb{f}_T(P,\tau)$, $t_A \leq \tau \leq t$, sondern nur vom momentanen Temperaturgradienten $\mathbb{f}_T(P,t)$ abhängen sollen, mittels der Clausius–Duhem–Restriktion (8.91a) die Unabhängigkeit der freien Energie vom Temperaturgradienten nachweisen. Benutzt man nämlich die Ansätze

$$\mathcal{U}(P,t) \overset{!}{=} \underset{t_A}{\overset{t}{\mathfrak{U}}} \langle \mathbb{D}^{(G)}(P,\tau),T(P,\tau);\ \mathbb{f}_T(P,t)\rangle\ , \qquad \mathcal{F}(P,t) \overset{!}{=} \underset{t_A}{\overset{t}{\mathfrak{F}}} \langle \mathbb{D}^{(G)}(P,\tau),T(P,\tau);\ \mathbb{f}_T(P,t)\rangle \tag{9.27a,b}$$

mit

$$\dot{\mathcal{F}}(P,t) = (\dot{\mathcal{F}})_{\dot{\mathbb{f}}_T=0} + \dot{\mathbb{f}}_T\cdot\frac{\partial\,\mathcal{F}}{\partial\mathbb{f}_T} \tag{9.27c}$$

sowie

$$\left[\dot{\mathcal{A}}_{\mathbb{S}}\right]_{P,t} = \left[\overset{\times}{\mathbb{S}}^{(K)}\cdot\cdot\,\dot{\mathbb{D}}^{(G)}\right]_{P,t} \overset{!}{=} \underset{t_A}{\overset{t}{\overset{\times}{\mathbb{S}}^{(K)}}}\langle \mathbb{D}^{(G)}(P,\tau),T(P,\tau);\ \mathbb{f}_T(P,t)\rangle\cdot\cdot\,\dot{\mathbb{D}}^{(G)} \tag{9.27d}$$

und

$$\overset{\times}{\psi}(P,t) = \frac{\mathbb{q}^{(E)}\cdot\bar{\nabla}T}{\bar{\rho}T^2} \overset{(9.19c)}{=} \underset{t_A}{\overset{t}{\overset{\times}{\boldsymbol{\psi}}}}\langle \mathbb{D}^{(G)}(P,\tau),T(P,\tau);\ \mathbb{f}_T(P,t)\rangle\ , \tag{9.27e}$$

so entsteht aus (8.91a)

---

[44] In energetisch definierten klassischen sowie in nicht–klassischen Kontinuumstheorien vom Gradiententyp spielt das Prinzip der Äquipräsenz hingegen im Zusammenhang mit materialgleichungsmäßigen Einschätzungen der dort aufscheinenden sog. "produktneutralen Größen" eine sehr hilfreiche Rolle. [13],[14], [43].

$$\frac{\dot{\mathscr{A}}_{\$}}{T} - \frac{\mathscr{U}-\mathscr{F}}{T^2}\dot{T} - \frac{(\dot{\mathscr{F}})_{\dot{\mathfrak{f}}_T=0}}{T} - \underline{\frac{\dot{\mathfrak{f}}_T}{T} \cdot \frac{\partial \mathscr{F}}{\partial \mathfrak{f}_T}} - \overset{t}{\underset{t_A}{\overset{\times}{\psi}}} \geq 0, \tag{9.28}$$

woraus man in der Tat $\partial\mathscr{F}/\partial\mathfrak{f}_T = 0$, also Unabhängigkeit der freien Energie vom Temperaturgradienten abliest, weil ansonsten der in (9.28) einzige, $\dot{\mathfrak{f}}_T$ (linear) enthaltende Term (gestrichelt) die Restriktion — wegen der vorausgesetzten Beliebigkeit von $\dot{\mathfrak{f}}_T$ - zunichte machen könnte.

Hierwegen ist beispielsweise für sog. hyperelastische Medien, wofür (etwa) mit der (als Zustandsfunktion der Momentanwerte der thermisch—kinematischen Variablen vorausgesetzten) freien Energie

$$\mathscr{F}(P,t) = \mathscr{F}(\mathbb{D}^{(G)}(P,t),T(P,t)) \tag{9.29a}$$

die Materialgleichungen für Spannungen und Entropie (z. B.) in der Form

$$\$^{(K)}(P,t) = \left[\hat{\rho}\, \partial\mathscr{F}/\partial\mathbb{D}^{(G)}\right]_{P,t}, \mathscr{S}(P,t) = -\left[\partial\mathscr{F}/\partial T\right]_{P,t} \tag{9.29b,c}$$

hervorgebracht werden (vgl. Bd.III dieser Reihe), allgemein festzustellen, daß die Materialgleichungen für freie Energie, Entropie, innere Energie und Spannungen definitiv keine Temperaturgradienten enthalten können.

Ein entsprechender Nachweis ist auch noch für sog. "thermodynamisch—perfekte Maxwell—Körper" möglich, wofür man - neben der mit den Annahmen (9.27a,b,e) aus (9.28) zu folgernden Aussage $\partial\mathscr{F}/\partial\mathfrak{f}_T = 0$ - animmt, daß Dissipationsleistung, Entropie und Spannungen von den momentanen Prozeßgeschwindigkeiten $(\dot{\mathbb{D}}^{(G)}, \dot{T}, \dot{\mathfrak{f}}_T)$ nicht abhängen sollen. Aus der thermodynamischen Hauptgleichung (8.89a) folgert man dann zunächst für den Spezialfall $\dot{\mathbb{D}}^{(G)} = \dot{T} = 0$

$$\dot{\mathscr{F}}\,|_{\dot{\mathbb{D}}=\dot{T}=0} = -\dot{\mathscr{D}}\,|_{\dot{\mathbb{D}}=\dot{T}=0} \overset{!}{\equiv} -\dot{\mathscr{D}} \equiv -\dot{\mathscr{D}}\,|_{\dot{\mathbb{D}}=\dot{T}=\dot{\mathfrak{f}}_T=0}, \tag{9.30}$$

also, weil $\mathscr{F}$ entsprechend der Konsequenz aus (9.28) von $\mathfrak{f}_T(P,t)$ nicht abhängt, Unabhängigkeit der Dissipationsleistung vom Temperaturgradienten und desweiteren aus (8.89a) mit (9.30)

$$\dot{\mathscr{F}} - \dot{\mathscr{F}}\,|_{\dot{\mathbb{D}}=\dot{T}=0} = \overset{\times}{\$}^{(K)} \cdot\cdot\, \dot{\mathbb{D}}^{(G)} - \mathscr{S}\dot{T}, \tag{9.31}$$

und daraus

$$\frac{\partial}{\partial\mathfrak{f}_T}\left[\dot{\mathscr{F}} - \dot{\mathscr{F}}\,|_{\dot{\mathbb{D}}=\dot{T}=0}\right] = 0 = \frac{\partial\overset{\times}{\$}^{(K)}}{\partial\mathfrak{f}_T} \cdot\cdot\, \dot{\mathbb{D}}^{(G)} - \frac{\partial\mathscr{S}}{\partial\mathfrak{f}_T}\dot{T}, \tag{9.32}$$

was für beliebige Verzerrungs— bzw. Temperaturgeschwindigkeiten in der Tat nur für vom Temperaturgradienten unabhängige Materialgleichungen für Spannungen und Entropie und damit auch für die innere Energie zu befriedigen ist. In Bd. III dieser Reihe stehen zur Beschreibung thermodynamisch—perfekter Maxwell—Körper, wie dies das entsprechende rheologische Modell nahelegt, energetische Ansätze unter Benutzung der Spannungen als Zustandsvariable im Vordergrund.

9.4 Zur Entropiebilanz (8.44b)

Indem man, wie am Ende von §9.2.2 vermerkt, zwecks Realisierung der Entropiebilanzgleichung von einer durch Zustandsvariable
$\langle \mathbb{D}(P,t), T(P,t); g_1(P,t)...g_n(P,t)\rangle$ mit

$$g_j(P,t) = \underset{t_A}{\overset{t}{\mathfrak{g}_j}}\langle \mathbb{D}(P,\tau), T(P,\tau)\rangle$$

gekennzeichneten Materialbeschreibung ausgeht[45], entspricht die zu (8.44b) führende Nachweis-Prozedur der klassischen Vorgehensweise nach Caratheodory-Voigt [44], [45]. Damit man also den zunächst in der Gestalt einer allgemeinen Pfaffschen Form angenommenen Zusammenhang[46]

$$\overset{\curlywedge}{Q}(P,t) = c_T \dot{T} + \mathbb{C}_d \cdot\cdot \dot{\mathbb{D}} + \sum_{\nu=1}^{n} c_\nu \dot{g}_\nu \tag{9.33}$$

zwischen der der Masseneinheit je Zeiteinheit (resultierend) applizierten kalorischen Quantität und den Änderungen der Zustandsvariablen in der Tat als

$$\overset{\curlywedge}{Q}(P,t) = T(P,t)\, \dot{\mathscr{S}}(P,t) \tag{9.34a}$$

mit einer Zustandfunktion

$$\mathscr{S}(P,t) = \mathrm{S}\,(\mathbb{D}(P,t), T(P,t); g_1(P,t)...g_n(P,t) \equiv \underset{t_A}{\overset{t}{\mathscr{S}}}\ \langle \mathbb{D}(P,\tau), T(P,\tau)\rangle \tag{9.34b}$$

darstellen kann[47], bedarf es entsprechend [44] der folgenden zusätzlichen Voraussetzungen:

V1) Temperatur- und Wärmeflüsse sollen stetig sein.

V2) Es existiere eine "isokalorische Zustandsgleichung" dergestalt, daß sich für den Fall

$$\hat{Q}(P,t) = \hat{Q}(P,t_0) + \int_{t_0}^{t} \overset{\curlywedge}{Q}\, dt = \text{const.}\,, \tag{9.35a}$$

d. h. für $$\overset{\curlywedge}{Q} = 0 \quad \text{für } t_0 \leq \tau = t \tag{9.35b}$$

aus (9.33) ein finites Gesetz

$$f(g_1(P,t)...g_n(P,t); \mathbb{D}(P,t), T(P,t)) = f(g_1(P,t_0)...g_n(P,t_0); \mathbb{D}(P,t_0), T(P,t_0)) =$$
$$= \lambda(P,t_0) = \text{const.} \tag{9.35c}$$

integrieren lassen soll, was bedeutet, daß isokalorische Zustandsänderungen im durch

---

[45] und zwar, entsprechend der Vorgehensweise in technischen Materialtheorien, jetzt sogleich ohne Betrachtnahme der Temperaturgradienten als relevante Zustandsvariable. Zwecks unnötiger formaler Überfrachtung werden im Folgenden Verzerrungstensoren nur noch mit $\mathbb{D}$ ohne weitere Indizierung ($\mathbb{D}^{(G)}$, $\mathbb{D}^{(S)}$) bezeichnet

[46] mit von den Zustandsvariablen abhängigen Koeffizienten c_T, $\mathbb{C}_d$, c_ν, $\nu = 1...n$,

[47] was bedeutet, daß die in (9.33) aufscheinenden Koeffizienten Integrabilitätsbedingungen d.h.,

$$\frac{\partial}{\partial \mathbb{D}}\left[\frac{c_T}{T}\right] = \frac{\partial}{\partial T}\left[\frac{\mathbb{C}_d}{T}\right], \quad \frac{\partial}{\partial g_\nu}\left[\frac{c_T}{T}\right] = \frac{\partial}{\partial T}\left[\frac{c_\nu}{T}\right] \quad \text{usw.}$$

genügen müssen.

die Variablen $(g_1 \ldots g_n, \mathbb{D}, T)$ aufgespannten "Zustandsraum" auf "isokalorischen Flächen" stattfinden[48].

Jede Wärmemengenänderung $d\hat{Q}$ ist danach mit einem Übergang auf eine benachbarte isokalorische Fläche $\lambda + d\lambda = \text{const}$. verbunden, was man mit dem Caratheodoryschen "Lamellaransatz"

$$d\hat{Q} = H(g_1 \ldots g_n, \mathbb{D}, T)\, d\lambda \quad \text{bzw.} \quad \dot{\hat{Q}} = H\, \dot{\lambda} \tag{9.36a,b}$$

sicherstellt, der insofern bereits definitorisch die Existenz eines "integrierenden Nenners" (H) postuliert, wonach es stets möglich sein soll, eine in der Form $d\hat{Q}/H$ bzw. $\dot{\hat{Q}}/H$ reduzierte Zufuhrgröße per

$$d\hat{Q}/H = d\lambda \quad \text{bzw.} \quad \dot{\hat{Q}}/H = \dot{\lambda} \tag{9.36c}$$

mit der zeitlichen Änderung einer Zustandfunktion $(\lambda = f(g_1 \ldots g_n, \mathbb{D}, T))$ zu korrelieren. Der Nachweis, daß es sich bei diesem Nenner um eine universelle (sog. Carnotsche) Temperaturfunktion $C(T)$ und dann schließlich um die absolute Temperatur handelt, also

$$\dot{\hat{Q}} = H\, \dot{\lambda} \rightarrow C(T)\, \dot{\mathscr{S}} \rightarrow T\, \dot{\mathscr{S}}$$

festzustellen ist, stützt sich im wesentlichen auf V1, insbesondere auf die Annahme stetiger Temperaturfelder, mit der die Temperatur — als sog. Kontaktvariable — gegenüber sämtlichen übrigen Zustandsvariablen hervorgehoben wird.

In zu Caratheodorys Herleitung sinngemäßer Vorgehensweise betrachtet man zwei (stofflich—verschiedene) Massenelemente dm_1, dm_2 — während eines Zeitinkrementes t...t+dt — in thermischem (Wärmeleitung ermöglichenden) Verbund und erhält entsprechend (9.36a) für die auf Letztere entfallenden Wärmemengenänderungen

$$d\hat{Q}_j\, dm_j = H_j(g_1^{(j)} \ldots g_{n_j}^{(j)}, T, \mathbb{D}^{(j)})\, d\lambda^{(j)}\, dm_j\,, \quad j=1,2 \tag{9.37}$$

mit i. allg. verschiedenen Variablen $g_\alpha^{(j)}(P,t)$, $\alpha = 1 \ldots n_j$, $\mathbb{D}^{(j)}(P_j,t)$, jedoch — im Sinne der Forderung nach stetigen Temperaturfeldern — bis auf von höherer Ordnung kleine Anteile gleichen Momentantemperaturen $T(t) = T^{(1)}(P_1,t) = T^{(2)}(P_2,t)$[49]. Von der aus (9.37) durch Addition erhältlichen Beziehung

---

[48] Caratheodorys Grundgedanke ist dabei, daß es unmöglich sein soll, beliebige "Nachbar—Zustandspunkte" durch isokalorische Zustandsänderungen erreichen zu können, was nur möglich ist, wenn von einem Zustandspunkt aus erzeugbare "isokalorische Pfade" auf einer isokalorischen Fläche liegen und sich sämtliche isokalorischen Flächen weder durchdringen noch berühren.

[49] Insofern sollen also bis auf die Momentan—Temperatur $T(t)$ sämtliche übrigen Variablen keine Kontaktvariablen sein, als sie in beiden Elementen als voneinander endlich verschieden vorgesehen werden, was insbesondere auch den Sachverhalt impliziert, die — durch den jeweiligen Variablensatz $g_1^{(j)}(P_j,t) \ldots g_{n_j}^{(j)}(P_j,t)$ repräsentierten — thermisch—kinematischen Prozeßgeschichten beider Elemente vor Kontaktnahme (zur Zeit t) als vollkommen voneinander unabhängig ansehen zu dürfen. Daß dies insbesondere auch für die an beiden Elementen registrierten Temperaturprozesse $T^{(j)}(P,\tau)$, $j = 1,2$, $t_A \leq \tau < t$ gelten soll, von denen lediglich vorgesehen wird, daß sie zum Momentanzeitpunkt (t) den gleichen Wert (T(t)) aufweisen sollen, sei hier hervorgehoben. Auch von "kinematischen Kontaktbedingungen" etwa von der Form $\mathbb{D}^{(1)}(P,t) = \mathbb{D}^{(2)}(P,t)$ oder ähnlichen Aussagen, die etwa das Reaktionsprinzip betr. die zwischen den Elementen übertragenen Spannungen repräsentieren, wird hier abgesehen, im letzteren Falle unter dem Gesichtspunkt, kontaktflächenbezogene (d. h. von der zufälligen Wahl eines Kontaktflächenelementes abhängige) Nebenbedingungen zu vermeiden.

$$d\hat{Q}\,dm =^{50)} d\hat{Q}_1\,dm_1 + d\hat{Q}_2\,dm_2 = \sum_{j=1}^{2} H_j\,d\lambda_j\,dm_j \tag{9.38a}$$

für die dem "Verbundelement" $dm = dm_1 + dm_2$ resultierend zugeführte Wärmemenge[49] wird verlangt, daß sie analog (9.35c) für $d\hat{Q} = 0$ eine isokalorische Zustandsgleichung von der Form

$$f(g_1^{(1)}...g_{n_1}^{(1)}, \mathbb{D}^{(1)}; g_1^{(2)}...g_{n_1}^{(2)}, \mathbb{D}^{(2)}; T) = \lambda = \text{const.} \tag{9.38b}$$

auswerfe und demgemäß $d\hat{Q}\,dm$ analog (9.37) auch als

$$d\hat{Q}\,dm = H(g_1^{(1)}...g_{n_1}^{(1)}, \mathbb{D}^{(1)}; g_1^{(2)}...g_{n_2}^{(2)}, \mathbb{D}^{(2)}; T)\,d\lambda\,dm \tag{9.38c}$$

dargestellt werden kann.
Die hiernach durch Gleichsetzen von (9.38a) mit (9.38c) und $dm_1/dm = \mu$ erhältliche Beziehung

$$d\lambda = \mu \frac{H_1}{H} d\lambda_1 + (1-\mu) \frac{H_2}{H} d\lambda_2 \tag{9.38d}$$

wird zweckmäßig weiter diskutiert erst nach Durchführung einer Variablentransformation, nach der die Größen λ_j als unabhängige Zustandsvariable erscheinen. Anstelle der Zustandvariablen $g_1^{(j)}...g_{n_j}^{(j)},T,\mathbb{D}^{(j)}$, $j = 1,2$, soll nun also jeweils ein neuer Satz voneinander unabhängiger Zustandsvariabler $\gamma_1^{(j)}...\gamma_{\nu_j}^{(j)},T,\mathbb{D}^{(j)},\lambda_j$, $\nu_j = n_j-1$, $j=1,2$, den thermodynamischen Status jedes Teilelementes dm_j beschreiben[51], so daß in (9.38d) anstelle von H_1, H_2 und H gemäß

$$H_j(g_1^{(j)}...g_{n_j}^{(j)}), \mathbb{D}^{(j)}; T) = H_j^*(\gamma_1^{(j)}...\gamma_{\nu_j}^{(j)}), \lambda_j, \mathbb{D}^{(j)}; T)\ , \ j = 1,2$$

$$H(g_1^{(1)}...g_{n_1}^{(1)},\mathbb{D}^{(1)}; g_1^{(2)}...g_{n_2}^{(2)},\mathbb{D}^{(2)}; T) = H^*(\gamma_1^{(1)}...\gamma_{\nu_1}^{(1)},\lambda_1, \mathbb{D}^{(1)}; \gamma_1^{(2)}...\gamma_{\nu_2}^{(2)}, \lambda_2, \mathbb{D}^{(2)}; T)$$

nunmehr entsprechende Funktionen H_j^*, $j=1,2$, bzw. H^* der neuen Variablensätze in Betracht zu ziehen sind. Indem auch λ nach (9.38b) gemäß

$$\lambda = f(g_1^{(1)}...g_{n_1}^{(1)}, \mathbb{D}^{(1)}; g_1^{(2)}...g_{n_1}^{(2)}, \mathbb{D}^{(2)}; T) =$$
$$= f^*(\gamma_1^{(1)}...\gamma_{\nu_1}^{(1)}, \lambda_1, \mathbb{D}^{(1)}; \gamma_1^{(2)}...\gamma_{\nu_2}^{(2)}, \lambda_2, \mathbb{D}^{(2)}; T)$$

jetzt als von den neuen Sätzen unabhängiger Variablen abhängend angesehen werden soll, fließt aus (9.38d)

---

50) $d\hat{Q}$ bedeutet demnach die der Masseneinheit des Verbundelementes zugeführte Wärmemenge.

51) Für den elastischen Spezialfall mit allein den Momentanwerten $\mathbb{D}(P,t)$, $T(P,t)$ als Zustandsvariable bleibt die Vorgehensweise, eine der ursprünglichen Zustandsvariablen durch den Scharparameter λ der isokalorischen Flächen ersetzen zu wollen, grundsätzlich auch möglich. Dazu denke man sich den Verzerrungszustand ($\mathbb{D}$) durch das Tupel d_{jk} seiner sechs skalaren Verzerrungskomponenten repräsentiert. Mit der Einführung von λ in den "neuen Variablensatz" können dann nur noch fünf der sechs Verzerrungskomponenten als voneinander unabhängig angesehen werden. Wie auch immer, ist dies dann Ausdruck des Befundes, daß für $\lambda = $ const. zwischen Verzerrungen und Temperatur ein finiter (sog. adiabatischer) skalarwertiger Zusammenhang bestehen soll.

$$d\lambda = \frac{\partial f^*}{\partial \mathbb{D}^{(1)}} \cdot\cdot\, d\mathbb{D}^{(1)} + \sum_{j=1}^{\nu_1} \frac{\partial f^*}{\partial \gamma_j^{(1)}} d\gamma_j^{(1)} + \frac{\partial f^*}{\partial \mathbb{D}^{(2)}} \cdot\cdot\, d\mathbb{D}^{(2)} + \sum_{j=1}^{\nu_2} \frac{\partial f^*}{\partial \gamma_j^{(2)}} d\gamma_j^{(2)} +$$
$$+ \sum_{j=1}^{2} \frac{\partial f^*}{\partial \lambda_j} d\lambda_j + \frac{\partial f^*}{\partial T} dT \overset{(9.38d)}{=} \mu \frac{H_1^*}{H^*} d\lambda_1 + (1-\mu) \frac{H_2^*}{H^*} d\lambda_2 , \tag{9.39a}$$

wonach mittels Koeffizientenvergleich hinsichtlich der (beliebigen) Variablendifferentiale

$$\frac{\partial f^*}{\partial \mathbb{D}^{(1)}} = \frac{\partial f^*}{\partial \mathbb{D}^{(2)}} = \frac{\partial f^*}{\partial \gamma_j^{(1)}} = \frac{\partial f^*}{\partial \gamma_j^{(2)}} = \frac{\partial f^*}{\partial T} = 0 ,$$

also zunächst festgestellt wird, daß $\lambda\ (= f^*)$ und damit die Größen

$$\mu \frac{H_1^*}{H^*} = \frac{\partial f^*}{\partial \lambda_1} , \quad (1-\mu) \frac{H_2^*}{H^*} = \frac{\partial f^*}{\partial \lambda_2} \tag{9.39b,c}$$

– man führe in (9.39a) noch die Koeffizientenvergleiche hinsichtlich $d\lambda_1$, $d\lambda_2$ aus – nur noch von λ_1 und λ_2 abhängen können und die (9.38d) gleichwertige Darstellung

$$d\lambda = \mu \frac{H_1^*}{H^*} d\lambda_1 + (1-\mu) \frac{H_2^*}{H^*} d\lambda_2 \tag{9.39d}$$

Diejenige eines "vollständigen Differentials" ist. Weil also $H_1^*/H^* = H_1/H$ bzw. $H_2^*/H^* = H_2/H$ allein Funktionen von λ_1 und λ_2 sein können, lassen sich zunächst

$$\frac{\partial}{\partial \gamma_j^{(1)}} \left[\frac{H_1^*}{H^*} \right] = \frac{1}{H^*} \left[\frac{\partial H_1^*}{\partial \gamma_j^{(1)}} - \frac{H_1^*}{H^*} \frac{\partial H^*}{\partial \gamma_j^{(1)}} \right] = 0$$
$$\frac{\partial}{\partial \gamma_j^{(1)}} \left[\frac{H_2^*}{H^*} \right] = \frac{1}{H^*} \left[\frac{\partial H_2^*}{\partial \gamma_j^{(1)}} - \frac{H_2^*}{H^*} \frac{\partial H^*}{\partial \gamma_j^{(1)}} \right] = 0 , \quad j = 1,\ldots,\nu_1 \tag{9.40a,b}$$

sowie

$$\frac{\partial}{\partial \gamma_j^{(2)}} \left[\frac{H_1^*}{H^*} \right] = \frac{1}{H^*} \left[\frac{\partial H_1^*}{\partial \gamma_j^{(2)}} - \frac{H_1^*}{H^*} \frac{\partial H^*}{\partial \gamma_j^{(2)}} \right] = 0$$
$$\frac{\partial}{\partial \gamma_j^{(2)}} \left[\frac{H_2^*}{H^*} \right] = \frac{1}{H^*} \left[\frac{\partial H_2^*}{\partial \gamma_j^{(2)}} - \frac{H_2^*}{H^*} \frac{\partial H^*}{\partial \gamma_j^{(2)}} \right] = 0 , \quad j = 1,\ldots,\nu_2 \tag{9.40c,d}$$

und entsprechende Beziehungen betreffend die Ableitungen nach den Momentanwerten $\mathbb{D}^{(j)}(t)$, $j = 1,2$ der Verzerrungen verlangen. Berücksichtigt man hierin, daß H_1^* von den Zustandsparametern $\mathbb{D}^{(2)}(t)$, $\gamma_1^{(2)}(t),\ldots,\gamma_{\nu_2}^{(2)}(t)$ und entsprechend H_2^* von den Variablen $\mathbb{D}^{(1)}(t)$, $\gamma_1^{(1)}(t),\ldots,\gamma_{\nu_1}^{(1)}(t)$ als unabhängig anzusehen sind, so findet man aus (9.40b) und (9.40c)

$$\frac{\partial H^*}{\partial \gamma_j^{(1)}} = 0 , \quad \frac{\partial H^*}{\partial \gamma_j^{(2)}} = 0$$

und entsprechend

$$\frac{\partial H^*}{\partial \mathbb{D}^{(1)}} = 0\,, \quad \frac{\partial H^*}{\partial \mathbb{D}^{(2)}} = 0$$

und damit weiter aus (9.40a) bzw. (9.40d) auch

$$\frac{\partial H_1^*}{\partial \gamma_j^{(1)}} = 0\,, \quad \frac{\partial H_2^*}{\partial \gamma_j^{(2)}} = 0$$

und entsprechend

$$\frac{\partial H_1^*}{\partial \mathbb{D}^{(1)}} = 0\,, \quad \frac{\partial H_2^*}{\partial \mathbb{D}^{(2)}} = 0\,,$$

so daß demzufolge die Funktionen H_j^* bereits als von der Form

$$H_j^* = H_j^*(\lambda_j(t),\, T(t))\,, \quad j=1,2 \tag{9.41}$$

erkannt sind. Da neben (9.40) überdies

$$\frac{\partial}{\partial T}\left[\frac{H_1^*}{H^*}\right] = \frac{H_1^*}{H^*}\left[\frac{1}{H_1^*}\frac{\partial H_1^*}{\partial T} - \frac{1}{H^*}\frac{\partial H^*}{\partial T}\right] = 0\,, \quad \frac{\partial}{\partial T}\left[\frac{H_2^*}{H^*}\right] = \frac{H_2^*}{H^*}\left[\frac{1}{H_2^*}\frac{\partial H_2^*}{\partial T} - \frac{1}{H^*}\frac{\partial H^*}{\partial T}\right] = 0\,,$$

also

$$\frac{1}{H_1^*}\frac{\partial H_1^*}{\partial T} = \frac{1}{H_2^*}\frac{\partial H_2^*}{\partial T} = \frac{1}{H^*}\frac{\partial H^*}{\partial T}$$

festzustellen ist, worin z. B. $\frac{1}{H_1^*}\frac{\partial H_1^*}{\partial T}$ eine Funktion von λ_1 und T sein muß, während andererseits $\frac{1}{H_2^*}\frac{\partial H_2^*}{\partial T}$ nur eine Funktion von λ_2 und T sein kann, folgert man, daß beide Ausdrücke (und natürlich auch $\frac{1}{H^*}\frac{\partial H^*}{\partial T}$) einer und derselben (universellen) Temperaturfunktion gleich sein müssen. Mithin ist — als Folge von V2 und der Voraussetzung stetiger Temperaturfelder —

$$\frac{1}{H^*}\frac{\partial H^*}{\partial T} = \frac{\partial}{\partial T}(\ln H^*) = \Psi(T)$$

und nach Integration mit einer willkürlichen Funktion $\omega(\lambda)$

$$\ln H^* = \int \Psi(T)\, dT + \omega(\lambda)$$

bzw.

$$H^* = e^{\int \Psi(T) dT}\, e^{\omega(\lambda)} = C(T)\, \varphi(\lambda) \tag{9.42a}$$

erhältlich, so daß im Sinne von (9.36a)

$$d\hat{Q} = C(T)\, \varphi(\lambda)\, d\lambda = C(T)\, d\mathscr{S}, \quad \mathscr{S} = \int_{\lambda_0}^{\lambda} \varphi(\lambda)\, d\lambda \tag{9.42b}$$

geschrieben werden kann. Mit der Bedeutung von λ nach (9.35c) ist damit schließlich in der Tat eine als (spezifische) Entropie bezeichnete Größe

$$\mathscr{S}(P,t) = \int_{f=f_0}^{f} \varphi[f(g_1,\dots,g_n,\mathbb{D},T)]\, d[f(g_1,\dots,g_n,\mathbb{D},T)] = \mathrm{S}\,(g_1,\dots,g_n,\mathbb{D},T) =$$

$$= \mathrm{S}\left[\underset{t_A}{\overset{t}{\mathbf{g}_1}}\langle \mathbb{D}(\tau), T(t)\rangle \,, \dots, \underset{t_A}{\overset{t}{\mathbf{g}_n}}\langle \mathbb{D}(\tau), T(t)\rangle \,, \mathbb{D}(t), T(t)\right] = \underset{t_A}{\overset{t}{\mathscr{S}}} \langle \mathbb{D}(\tau),T(\tau) \rangle$$

etabliert, die durch den thermisch–kinematischen Prozeß $\langle \mathbb{D}(\tau),T(\tau) \rangle$ determiniert wird. Durch Anwendung von (9.42b) auf ein spezielles Medium, z. B. auf ein ideales Gas, reduziert man die sog. Carnotsche Funktion $C(T)$ zu

$$C(T) = T \tag{9.42c}$$

[7] und hat schließlich in der Tat

$$d\hat{Q} = T\, d\mathscr{S}, \text{ d. h. } \hat{\dot{Q}} = T\, \dot{\mathscr{S}}. \tag{9.43a}$$

Eine Erweiterung auf den Fall mehrerer Kontaktvariabler $\tau_1,\dots,\tau_n$ — man denke etwa an die Spannung in der Elektrodynamik — ergibt übrigens nach analoger Vorgehensweise

$$\hat{\dot{Q}} = C(\tau_1,\dots,\tau_n)\, \dot{\mathscr{S}} \tag{9.43b}$$

mit einer nunmehr als von sämtlichen Kontaktvariablen abhängig anzusehenden Carnotschen Funktion $C(\tau_1,\dots,\tau_n)$ [46]. In Ergänzung

9.5 zur Stoßfrontbilanz (8.78c,d)

sollen nachfolgend die aus (8.78c) als Folge der Bilanzsätze für Masse, Impuls, mechanische Energie und thermodynamische Potentiale erhältlichen Sprungrelationen aufgelistet werden. Mit der

a) Sprungrelation der Massenbilanz

folgert man mit (8.71a-e) nach (8.78d), daß der sog. "relative Massenfluß"

$$M_S = \bar{\rho}_j\, \mathbb{n}_S\cdot(\bar{\mathbb{v}}_j - \bar{\mathbb{u}})\,, \quad j=1,2\,, \tag{9.44a}$$

der sich wegen

$$\bar{u}_n = \mathbb{n}_S\cdot\bar{\mathbb{u}} \overset{(9.44a)}{=} \mathbb{n}_S\cdot \frac{\bar{\rho}_1\bar{\mathbb{v}}_1-\bar{\rho}_2\bar{\mathbb{v}}_2}{\bar{\rho}_1-\bar{\rho}_2} \equiv \mathbb{n}_S\cdot \frac{[\bar{\rho}\bar{\mathbb{v}}]}{[\bar{\rho}]} \tag{9.44b}$$

auch als

$$M_S \overset{(9.44a)}{=} \bar{\rho}_1(\mathbb{n}_S\cdot\bar{\mathbb{v}}_1-\bar{u}_n) \overset{(9.44b)}{=} \frac{\bar{\rho}_1\bar{\rho}_2}{\bar{\rho}_1-\bar{\rho}_2}\,\mathbb{n}_S\cdot(\bar{\mathbb{v}}_2-\bar{\mathbb{v}}_1) = \frac{\mathbb{n}_S\cdot(\bar{\mathbb{v}}_2-\bar{\mathbb{v}}_1)}{\dfrac{1}{\bar{\rho}_1}-\dfrac{1}{\bar{\rho}_2}} \equiv \mathbb{n}_S\cdot\frac{[\bar{\mathbb{v}}]}{[1/\bar{\rho}]} \tag{9.44c}$$

darstellen läßt, eine sog. "Stoßinvariante" sein muß. Die

b) Sprungrelation der Impulse

fließt aus (8.78c) mit

$$\overset{\langle p\rangle}{\mathbb{Q}}{}^{(E)} = -\,\$^{(E)},\ \mathbb{n}_S\cdot\left[\overset{\langle p\rangle}{\mathbb{Q}}{}^{(E)}\right] = -\,\mathbb{n}_S\cdot\left[\$^{(E)}\right] = -\left[\$_{\bar{n}}^{(E)}\right],$$

$$\overset{\langle p-1\rangle}{\mathbb{Q}}{}_{eF}^{\cdot} =^{52)} 0, \quad \overset{\langle p-1\rangle}{\bar{\mathbb{Q}}}{}_{A} = \bar{\mathbb{v}} \quad \text{als}$$

$$\left[\mathbb{s}_{\bar{n}}^{(E)}\right] = \mathbb{s}_{\bar{n}1}^{(E)} - \mathbb{s}_{\bar{n}2}^{(E)} = \left[\bar{\rho}\left[\mathbb{n}_S\cdot(\bar{\mathbb{v}}-\bar{\mathbb{u}})\right]\bar{\mathbb{v}}\right] =$$

$$\overset{(9.44a)}{=} M_S[\bar{\mathbb{v}}] = M_S(\bar{\mathbb{v}}_1-\bar{\mathbb{v}}_2) \overset{(9.44c)}{=} \mathbb{n}_S\cdot\frac{[\bar{\mathbb{v}}]\circ[\bar{\mathbb{v}}]}{[1/\bar{\rho}]}, \tag{9.45a}$$

weist also die Spannungsgröße

$$\mathbb{p}_S = \mathbb{s}_{\bar{n}j}^{(E)} - M_S \mathbb{v}_j, \quad j = 1,2 \tag{9.45b}$$

als Stoßinvariante aus. Von (9.45a) liefert die Normalkomponente

$$\mathbb{n}_S\cdot\left[\mathbb{s}_{\bar{n}}^{(E)}\right] = \left[\bar{\sigma}_{nn}^{(E)}\right] = \bar{\sigma}_{nn1}^{(E)} - \bar{\sigma}_{nn2}^{(E)} = M_S\mathbb{n}_S\cdot[\bar{\mathbb{v}}] \overset{(9.44c)}{=} M_S^2[1/\bar{\rho}] = \frac{(\mathbb{n}_S\cdot[\bar{\mathbb{v}}])^2}{[1/\bar{\rho}]} \tag{9.45c}$$

bzw.

$$\frac{\bar{\sigma}_{nn1}^{(E)} - \bar{\sigma}_{nn2}^{(E)}}{\bar{\rho}_1-\bar{\rho}_2} = \frac{\left[\bar{\sigma}_{nn}^{(E)}\right]}{[\bar{\rho}]} = -\frac{M_S^2}{\bar{\rho}_1\bar{\rho}_2} \leq 0, \tag{9.45d}$$

wonach grundsätzlich Normalspannungs- und Dichtesprung monoton (abnehmend) miteinander zusammenhängen müssen[53], während der lokal-planare (also in die jeweilige Stoßflächen-Tangentialebene $\mathbb{E}_{S2} = \mathbb{E} - \mathbb{n}_S\circ\mathbb{n}_S$ fallende) Anteil von (9.45a) Schubspannungs- und Tangentialgeschwindigkeitssprünge korreliert:

$$\left[\mathbb{s}_{\bar{n}}^{(E)}\right]\cdot\mathbb{E}_{S2} \equiv \left[\tau_{\bar{n}}^{(E)}\right] = M_S[\bar{\mathbb{v}}]\cdot\mathbb{E}_{S2} = M_S[\mathbb{v}_{(2)}] \tag{9.45e}$$

c) <u>Die Sprungrelation des Arbeitssatzes der Mechanik</u>

ergibt sich mit $\overset{\langle p\rangle}{\mathbb{Q}}{}^{(E)} = -\mathbb{S}^{(E)}\cdot\bar{\mathbb{v}}$, $\mathbb{n}_S\cdot\overset{\langle p\rangle}{\mathbb{Q}}{}^{(E)} = -\mathbb{n}_S\cdot\mathbb{S}^{(E)}\cdot\bar{\mathbb{v}} = -\mathbb{s}_{\bar{n}}^{(E)}\cdot\bar{\mathbb{v}}$,

$\overset{\langle p-1\rangle}{\bar{\mathbb{Q}}}{}_{A} = \bar{\mathbb{v}}^2/2 = \bar{\mathbb{v}}\cdot\bar{\mathbb{v}}/2$ sowie $\overset{\langle p-1\rangle}{\mathbb{Q}}{}_{e}^{\cdot} = \mathbb{k}_m\cdot\mathbb{v} - \dot{\mathscr{A}}_{\mathbb{S}}$ (vgl. (8.83b-d)) aus (8.78c) als

$$\left[\mathbb{s}_{\bar{n}}^{(E)}\cdot\bar{\mathbb{v}}\right] = -\dot{\mathscr{A}}_{\mathbb{S}F} + \mathbb{n}_S\cdot\left[\bar{\rho}(\bar{\mathbb{v}}-\bar{\mathbb{u}})\frac{\bar{\mathbb{v}}^2}{2}\right] \overset{(9.44a)}{=} -\dot{\mathscr{A}}_{\mathbb{S}F} + M_S[\bar{\mathbb{v}}^2/2], \tag{9.46a}$$

sofern man hier noch die Existenz einer flächenbezogenen Spannungsleistung (vgl. (8.77c))

$$\overset{\langle p-1\rangle}{\mathbb{Q}}{}_{eF}^{\cdot} = -\left[\lim_{V(t)\to\delta V_S\to 0}\left(\int_{V(t)} \mathbb{S}^{(E)}\cdot\cdot\,\mathbb{C}^*\,d\bar{V}\right)\right]_{\Delta F_S=1} \longrightarrow -\dot{\mathscr{A}}_{\mathbb{S}F} \tag{9.46b}$$

zuläßt,[54] wobei unter Benutzung der Zerlegungsformel

---

52) Man setze in (8.77b) $\bar{\rho}\,\overset{\langle p-1\rangle}{\mathbb{Q}}{}_{e}^{\cdot} = \bar{\rho}\mathbb{k}_m$ mit endlichen Massenkräften.

53) was als eine zu verlangende Materialrestriktion für Kontinua anzusehen ist, in denen sich Stoßfronten ausbilden bzw. fortpflanzen können sollen.

54) für endlich vorausgesetzte Massenkräfte $\mathbb{k}_m$ kann ein diesbezüglicher flächenbezogener Leistungsanteil nicht existieren, wohl aber muß ein Solcher für die Spannungsleistung erwogen werden angesichts der im Stoßfrontbereich als sicherlich singulär einzuschätzenden Verzerrungsgeschwindigkeiten ($\mathbb{C}^*$)

$$[\mathbb{a}\cdot\mathbb{b}] = \mathbb{a}_1\cdot\mathbb{b}_1 - \mathbb{a}_2\cdot\mathbb{b}_2 = \frac{1}{2}\left((\mathbb{a})\cdot[\mathbb{b}] + [\mathbb{a}]\cdot(\mathbb{b})\right) \tag{9.47}$$

mit $(\mathbb{a}) = \mathbb{a}_1 + \mathbb{a}_2,\quad [\mathbb{a}] = \mathbb{a}_1 - \mathbb{a}_2,\quad (\mathbb{b}) = \mathbb{b}_1 + \mathbb{b}_2,\quad [\mathbb{b}] = \mathbb{b}_1 - \mathbb{b}_2$ (9.47a-d)

für (9.46a) zunächst noch

$$\frac{1}{2}\left[(\mathbb{s}_{\bar{n}}^{(E)})\cdot[\bar{\mathbb{v}}] + [\mathbb{s}_{\bar{n}}^{(E)}]\cdot(\bar{\mathbb{v}})\right] = -\dot{\mathscr{A}}_{\$F} + \frac{1}{2}M_S\,(\bar{\mathbb{v}})\cdot[\bar{\mathbb{v}}]$$

und wegen (9.45a) schließlich

$$\frac{1}{2}(\mathbb{s}_{\bar{n}}^{(E)})\cdot[\bar{\mathbb{v}}] = \frac{1}{2}\left[\mathbb{s}_{\bar{n}1}^{(E)} + \mathbb{s}_{\bar{n}2}^{(E)}\right]\cdot(\bar{\mathbb{v}}_1 - \bar{\mathbb{v}}_2) = -\dot{\mathscr{A}}_{\$F} \tag{9.48a}$$

erreicht werden kann bzw.

$$\frac{1}{2}(\bar{\sigma}_{nn}^{(E)})\,\mathbb{n}_S\cdot[\mathbb{v}] + \frac{1}{2}(\boldsymbol{\tau}_{\bar{n}}^{(E)})\cdot[\mathbb{v}_{(2)}] \overset{(9.44c)}{=} \frac{1}{2}M_S(\bar{\sigma}_{nn}^{(E)})[1/\bar{\rho}] + \frac{1}{2}(\boldsymbol{\tau}_{\bar{n}}^{(E)})\cdot[\mathbb{v}_{(2)}] = -\dot{\mathscr{A}}_{\$F}, \tag{9.48b}$$

nachdem man den mittleren Spannungsvektor $(\mathbb{s}_{\bar{n}}^{(E)})/2$ noch in stoßflächennormale $(\bar{\sigma}_{nn}^{(E)})$ bzw. tangentiale (Schubspannungs-)Anteile $(\boldsymbol{\tau}_{n}^{(E)})$ zerlegt hat. Als

d) <u>Stoßfrontversion des ersten Hauptsatzes der Thermodynamik</u>

sind entsprechend dessen verschiedener Versionen (8.85-87) verschiedene Repräsentationen möglich. Benutzt man die Version (8.85a), so bekommt man nach Zusammenziehen des Kontinuumsvolumens auf die Stoßfront mit

$$\mathscr{L}_{a\Sigma} = \lim_{V(t)\to\delta V_S\to 0}\left[\int_{V(t)} \bar{\rho}\,\mathbb{k}_m\cdot\bar{\mathbb{v}}\,d\bar{V} + \int_{f(V(t))} \mathbb{n}\cdot\$^{(E)}\cdot\bar{\mathbb{v}}\,d\bar{f}\right] \longrightarrow$$

$$\longrightarrow^{55)} -\int_{(F_S)} \mathbb{n}_S\cdot\left[\$^{(E)}\cdot\bar{\mathbb{v}}\right] dF_S,$$

d. h.
$$\left[\mathscr{L}_{a\Sigma}\right]_{\Delta F_S=1} = -\mathbb{n}_S\cdot\left[\$^{(E)}\cdot\bar{\mathbb{v}}\right] = -\left[\mathbb{s}_{\bar{n}}^{(E)}\cdot\bar{\mathbb{v}}\right], \tag{9.49a}$$

$$\dot{Q}_{a\Sigma} = \lim_{V(t)\to\delta V_S\to 0}\left[\int_{V(t)} \bar{\rho}\,\dot{Q}_e d\bar{V} - \int_{f(V(t))} \mathbb{n}\cdot\mathbb{q}^{(E)}\,d\bar{f}\right] \longrightarrow^{56)} \int_{(F_S)} \mathbb{n}_S\cdot\left[\mathbb{q}^{(E)}\right] dF_S$$

d. h.
$$\left[\dot{Q}_{a\Sigma}\right]_{\Delta F_S=1} = \mathbb{n}_S\cdot\left[\mathbb{q}^{(E)}\right] = \left[q_{\bar{n}}^{(E)}\right], \tag{9.49b}$$

sowie mit

$$\left[\lim_{V(t)\to\delta V_S\to 0}(\mathscr{U}_\Sigma + \mathscr{E}_\Sigma)^{\cdot}\right]_{\Delta F_S=1} = \left[\lim_{V(t)\to\delta V_S\to 0}\left(\int_{V(t)} \bar{\rho}\left[\frac{\bar{\mathbb{v}}^2}{2} + \mathscr{U}\right] dV\right)^{\cdot}\right]_{\Delta F_S=1} =$$

55) singuläre Massenkräfte $(\mathbb{k}_m)$ werden ausgeschlossen und $\mathbb{n}_2 \to \mathbb{n}_S$, $\mathbb{n}_1 \to -\mathbb{n}_S$ gesetzt.

56) singuläre eingeprägte Wärmezufuhren $(\dot{Q}_e)$ werden ausgeschlossen

$$=^{57)} - \mathrm{n}_S \cdot [\bar\rho(\mathrm{v}-\mathrm{u})\left[\frac{\mathrm{v}^2}{2} + \mathcal{U}\right]] \overset{(9.44a)}{=} - M_S\left[\frac{\mathrm{v}^2}{2} + \mathcal{U}\right] \tag{9.49c}$$

schließlich den Befund

$$\left[\mathrm{s}_{\bar n}^{(E)} \cdot \bar{\mathrm{v}} - \mathrm{q}_{\bar n}^{(E)} - M_S\left[\frac{\mathrm{v}^2}{2} + \mathcal{U}\right]\right] = 0, \tag{9.49d}$$

wonach die auf die Stoßflächeneinheit bezogene Leistungsgröße

$$\mathscr{L} = \mathrm{s}_{\bar n j}^{(E)} \cdot \bar{\mathrm{v}}_j - \mathrm{q}_{\bar n j}^{(E)} - M_S\left[\frac{\mathrm{v}_j^2}{2} + \mathcal{U}_j\right], \quad j = 1,2 \tag{9.49e}$$

eine Stoßinvariante ist, während Einsetzen von (9.46a) in (9.49d) die Version

$$\left[M_S\, \mathcal{U} + \mathrm{q}_{\bar n}^{(E)}\right] =^{58)} \left[M_S\, (\mathscr{F} + T\mathscr{S}) + \mathrm{q}_{\bar n}^{(E)}\right] = - \dot{\mathscr{A}}_{\$F}\,. \tag{9.49f}$$

liefert.

Die letztere Version ist übrigens Ausdruck von (8.85b,87b), sofern

$$\left[\lim_{V(t)\to\delta V_S\to 0} \dot{\mathcal{U}}_\Sigma\right]_{\Delta F_S=1} \overset{(8.78d)}{=} - \mathrm{n}_S \cdot [\bar\rho(\bar{\mathrm{v}}-\bar{\mathrm{u}})\, \mathcal{U}] = - M_S[\mathcal{U}]$$

$$\left[\lim_{V(t)\to\delta V_S\to 0} \dot{Q}_{a\Sigma}\right]_{\Delta F_S=1} =^{59)} -\left[\lim_{V(t)\to\delta V_S\to 0} \int_{V(t)} \bar\nabla \cdot \mathrm{q}^{(E)}\, d\bar V\right]_{\Delta F_S=1} \longrightarrow$$

$$\longrightarrow \mathrm{n}_S \cdot \left[\mathrm{q}^{(E)}\right] = \left[\mathrm{q}_{\bar n}^{(E)}\right]$$

benutzt und $\left[\lim_{V(t)\to\delta V_S\to 0} \dot{\mathscr{A}}_{\$\Sigma}\right]_{\Delta F_S=1} \longrightarrow \dot{\mathscr{A}}_{\$F}$

gesetzt wird.

Elimination von $\dot{\mathscr{A}}_{\$F}$ in (9.49f) mittels (9.48b) ergibt dann noch die Version

$$M_S\left[[\mathcal{U}] - \frac{1}{2}(\bar\sigma_{nn}^{(E)})[1/\bar\rho]\right] + \left[\mathrm{q}_{\bar n}^{(E)}\right] - \frac{1}{2}(\tau_{\bar n}^{(E)}) \cdot [\mathrm{v}_{(2)}] = 0. \tag{9.49g}$$

Als

e) Sprunggrößen-Relation der Entropiebilanz

bekommt man aus (8.75) mit

$$\left[\lim_{V(t)\to\delta V_S\to 0} \dot{\mathscr{S}}_{a\Sigma}\right]_{\Delta F_S=1} =^{60)} - \mathrm{n}_S \cdot \left[s_2^{(E)} - s_1^{(E)}\right] = \mathrm{n}_S \cdot \left[s^{(E)}\right] =$$

---

57) Man benutze (8.78d) mit $\bar{Q}_A = \left[\mathcal{U} + \frac{\mathrm{v}^2}{2}\right]$

58) Man benutze $\mathcal{U} = \mathscr{F} + T\mathscr{S}$.

59) Man nehme in (8.84) endliche Einprägungen $(\dot{Q}_e)$ in Betracht und beachte wieder

$\mathrm{n}_1 \to - \mathrm{n}_S$, $\mathrm{n}_2 \to \mathrm{n}_S$

60) die (etwa durch Strahlungsabsorption bewirkte) massenbezogene Zufuhrgröße $\dot{Q}_e$ wurde als endlich unterstellt

$$= \mathbb{n}_S \cdot \left[\mathbb{q}^{(E)}/T\right] = \left[q_{\bar{n}}^{(E)}/T\right]$$

sowie mit $\left[\lim_{V(t)\to\delta V_S\to 0}\left(\int\limits_{(m)} \mathscr{S}^{\cdot}\, dm\right)\right]_{\Delta F_S=1} = \left[\lim_{V(t)\to\delta V_S\to 0}\left[\int\limits_{(m)} \mathscr{S}\, dm\right]^{\cdot}\right]_{\Delta F_S=1} =$

$$\left[\lim_{V(t)\to\delta V_S\to 0}\left(\int\limits_{V(t)} \mathscr{S}\bar{\rho}\, d\bar{V}\right)^{\cdot}\right]_{\Delta F_S=1} \overset{(8.78d)}{=} -\mathbb{n}_S \cdot \left[\bar{\rho}(\bar{\mathbb{v}}-\bar{\mathbb{u}})\, \bar{\mathscr{S}}\right] \overset{(9.44a)}{=} -M_S[\bar{\mathscr{S}}]$$

schließlich

$$\left[\frac{q_{\bar{n}}^{(E)}}{T} + M_S \bar{\mathscr{S}}\right] = -\left[\lim_{V(t)\to\delta V_S\to 0}\left(\int\limits_{V(t)} \bar{\rho}\left(\frac{\dot{\mathscr{D}}}{T} - \frac{\mathbb{q}^{(E)}\cdot\bar{\nabla}T}{\bar{\rho}T^2}\right)d\bar{V}\right]_{\Delta F_S=1} = -\zeta\,, \tag{9.50a}$$

wobei der zweite Hauptsatz der Thermodynamik $\zeta \geq 0$ (vgl. (8.91)) und demgemäß

$$-\left[\frac{q_{\bar{n}}^{(E)}}{T} + M_S \bar{\mathscr{S}}\right] = M_S\,(\bar{\mathscr{S}}_2 - \bar{\mathscr{S}}_1) + \left[\frac{q_{\bar{n}2}^{(E)}}{T_2} - \frac{q_{\bar{n}1}^{(E)}}{T_1}\right] \geq 0 \tag{9.50b}$$

bzw.

$$\frac{q_{\bar{n}2}^{(E)}}{T_2} + M_S\, \bar{\mathscr{S}}_2 \geq \frac{q_{\bar{n}1}^{(E)}}{T_1} + M_S\, \bar{\mathscr{S}}_1 \tag{9.50c}$$

verlangt.

Als Beispiel sollen die

9.6 Sprungrelationen in der Dynamik zäher Gase

unter Benutzung der hierfür verwendeten speziellen Stoffgleichungen referiert werden. In der Gasdynamik verknüpft man die Eulerschen Wärmeflüsse mit den momentanen (räumlichen) Temperaturgradienten isotrop in Form des Fourierschen Theorems,

$$\mathbb{q}^{(E)} = -\lambda\, \bar{\nabla}T\,, \tag{9.51}$$

und erachtet den "thermodynamischen Status" als durch zwei "thermodynamische Variable", etwa die Momentanwerte der Dichte $(\bar{\rho})$ und der Temperatur (T) beschreibbar in dem Sinne, daß mit Letzteren in der Form

$$\mathscr{F} = \mathscr{F}_{\rho T}(\bar{\rho},T) = \tilde{\mathscr{F}}_{\rho T}(\bar{\rho},1/T)\,,\quad \mathscr{S} = \mathscr{S}_{\rho T}(\bar{\rho},T) = -\frac{\partial \mathscr{F}_{\rho T}}{\partial T} = \frac{1}{T^2}\frac{\partial \tilde{\mathscr{F}}_{\rho T}}{\partial(1/T)}\,, \tag{9.52a,b}$$

$$\mathscr{U} = \mathscr{U}_{\rho T}(\bar{\rho},T) = \mathscr{F}_{\rho T} + T\,\mathscr{S}_{\rho T} = \mathscr{F}_{\rho T} - T\frac{\partial \mathscr{F}_{\rho T}}{\partial T} = -T^2\frac{\partial}{\partial T}\left[\frac{\mathscr{F}_{\rho T}}{T}\right] = \frac{\partial}{\partial(1/T)}\left[\frac{\tilde{\mathscr{F}}_{\rho T}}{T}\right] \tag{9.52c}$$

innere bzw. freie Energie und Entropie wie auch die als Enthalpie bzw. freie Enthalpie bezeichneten weiteren "thermodynamischen Potentiale"

$$\mathscr{I} = \mathscr{I}_{\rho T}(\bar{\rho},T) = \mathscr{U} + \frac{\bar{p}}{\bar{\rho}} = \mathscr{U}_{\rho T} + \frac{\bar{p}_{\rho T}}{\bar{\rho}} = \,, \tag{9.52d}$$

$$\mathscr{H} = \mathscr{H}_{\rho T}(\bar{\rho},T) = \mathscr{F} + \frac{\bar{p}}{\bar{\rho}} = \mathscr{F}_{\rho T} + \frac{\bar{p}_{\rho T}}{\bar{\rho}} = \mathscr{F}_{\rho T} + \bar{\rho}\frac{\partial \mathscr{F}_{\rho T}}{\partial \bar{\rho}} = \frac{1}{\bar{\rho}}\frac{\partial}{\partial \bar{\rho}}\left[\bar{\rho}\,\mathscr{F}_{\rho T}\right] \tag{9.52e}$$

sowie der "thermodynamische Druck"

$$\bar{p} = \bar{p}_{\rho T}(\bar{\rho},T) = \bar{\rho}^2\frac{\partial \mathscr{F}_{\rho T}}{\partial \bar{\rho}} \tag{9.52f}$$

als (Zustands–)Funktionen festzulegen seien. Letzterer definiert per

$$\mathbb{S}^{(E)} = -\bar{p}\,\mathbb{E} + \mathbb{S}_R^{(E)} \tag{9.53}$$

die im Fluid herrschenden (Eulerschen) Spannungen zusammen mit den Spannungen $\left(\mathbb{S}_R^{(E)}\right)$ der viskosen Reibung, die — im Sinne einer Reinerschen Zuordnung — in der Form

$$\mathbb{S}_R^{(E)} = \sum_{j=0}^{2} g_j\,\mathbb{C}^{*j}, \quad \mathbb{C}^* = \frac{1}{2}(\bar{\nabla}\circ\mathbb{w} + \mathbb{w}\circ\bar{\nabla}) \tag{9.53a,b}$$

isotrop mit den (räumlichen) Verzerrungsgeschwindigkeiten $(\mathbb{C}^*)$ korreliert werden[61] und deren Spannungsleistung als Dissipationsleistung anfällt:

$$\dot{\mathscr{D}} = \mathbb{S}^{(E)}\cdot\cdot\,\mathbb{C}^*/\bar{\rho} = \sum_{j=0}^{2} g_j\,\mathbb{C}^{*j}\cdot\cdot\,\mathbb{C}/\bar{\rho} \equiv \Phi_D(\bar{C}_1^*, \bar{C}_2^*, \bar{C}_3^*; \bar{\rho}, T)\ , \ \bar{C}_j^* = \mathbb{E}\cdot\cdot\,\mathbb{C}^{*j},\ j = 1...3. \tag{9.53c,d}$$

Die Zerlegung (9.53) und die (9.53) entsprechende Zerlegung

$$\dot{\mathscr{A}}_{\mathbb{S}} = \frac{\mathbb{S}^{(E)}\cdot\cdot\,\mathbb{C}^*}{\bar{\rho}} \overset{(9.53)}{=} \frac{\bar{p}\dot{\bar{\rho}}}{\bar{\rho}^2} + \dot{\mathscr{D}} \tag{9.53e}$$

der gesamten Spannungsleistung — man beachte $\mathbb{E}\cdot\cdot\,\mathbb{C}^* = \bar{\nabla}\cdot\mathbb{w} = -\dot{\bar{\rho}}/\bar{\rho}$ im Sinne von (3.20b) — finden ihre Entsprechungen in den Sprungrelationen für Impulssatz, Arbeitssatz bzw. ersten Hauptsatz der Thermodynamik insofern, als jetzt anstelle von (9.45d) mit $\bar{\sigma}_{nn}^{(E)} = -p + \bar{\sigma}_{nn_R}^{(E)}$,

$$\frac{[\bar{\sigma}_{nnR}^{(E)}] - [\bar{p}]}{[\bar{\rho}]} = -\frac{M_S^2}{\bar{\rho}_1\bar{\rho}_2} \tag{9.54a}$$

anstelle von (9.48b)

$$\dot{\mathscr{A}}_{\mathbb{S}F} = \frac{1}{2}M_S\,(\bar{p})[1/\bar{\rho}] - \frac{1}{2}\left[M_S(\bar{\sigma}_{nn_R}^{(E)})[1/\bar{\rho}] + (\tau_n^{(E)})[\mathbb{w}_{(2)}]\right] \equiv \frac{1}{2}M_S(\bar{p})[1/\bar{\rho}] + \dot{\mathscr{D}}_F \tag{9.54b}$$

mit einer flächenbezogenen Dissipationsleistung

$$\dot{\mathscr{D}}_F = -\frac{1}{2}\left[M_S(\bar{\sigma}_{nn_R}^{(E)})[1/\bar{\rho}] + (\tau_n^{(E)})[\mathbb{w}_{(2)}]\right] \tag{9.54c}$$

und anstelle von (9.49f) mit $\dot{\mathscr{A}}_{\mathbb{S}F}$ nach (9.54c)

$$M_S\left[[\mathscr{U}] + \frac{1}{2}(\bar{p})[1/\bar{\rho}]\right] = M_S\left[[\mathscr{F} + T\mathscr{S}] + \frac{1}{2}(p)[1/\bar{\rho}]\right] = -[q_{\bar{n}}^{(E)}] - \dot{\mathscr{D}}_F \tag{9.54d}$$

gelten, wobei man letztere Beziehung wegen

$$[\mathscr{U}] + \frac{1}{2}(\bar{p})[1/\bar{\rho}] \overset{(9.47)}{\equiv} [\mathscr{U}] + [\bar{p}/\bar{\rho}] - \frac{1}{2}[\bar{p}](1/\bar{\rho}) = [\mathscr{U} + \bar{p}/\bar{\rho}] - \frac{1}{2}[\bar{p}](1/\bar{\rho})$$

auch in Termen des Enthalpie–Sprunges $[\mathscr{J}] = [\mathscr{U} + \bar{p}/\bar{\rho}]$ formuliert vorfindet:

$$M_S\left[[\mathscr{J}] - \frac{1}{2}[\bar{p}](1/\bar{\rho})\right] = -[q_{\bar{n}}^{(E)}] - \dot{\mathscr{D}}_F\,. \tag{9.54e}$$

---

61) in (9.53a) werden die Skalare g_j, $j = 0...2$, als Zustandsfunktion der drei Invarianten bzw. der drei "Momente" $\bar{C}_j^* = \mathbb{E}\cdot\cdot\,\mathbb{C}^{*j}$, $j = 1...3$, sowie ggfs. der Momentanwerte der Dichte und der Temperatur aufgefaßt.

Von der Vorstellung ausgehend, daß die im Stoßbereich (δV_S) entstehende Dissipationswärme aus δV_S weniger durch Wärmeleitung als vielmehr durch Transport der erwärmten Fluidelemente abgeführt wird, daß also während des Stoßvorganges resultierend kalorische Quantitäten den Fluidelementen zugeführt werden, muß deren Entropie hierwegen (wie auch wegen der auf Leitung basierenden "thermischen Dissipation" ψ (vgl. (8.92b)) grundsätzlich anwachsen. Im Falle instationärer Phänomene mit $\bar{u}_n \neq 0$ und dementsprechend

$$M_S = \bar{\rho}_j \, \mathbb{n}_S \cdot (\bar{\mathbb{v}}_j - \bar{\mathbb{u}}) \overset{62)}{=} - |M_S| \tag{9.55a}$$

bedeutet dies, daß sich die Entropie der am Stoßfrontrande in $V_2(t)$ befindlichen Massenelemente nach Durchzug der Stoßfront von $\mathscr{S}_2$ auf den Wert $\mathscr{S}_1 > \mathscr{S}_2$ erhöht haben, d. h.

$$\mathscr{S}_1 - \mathscr{S}_2 = [\mathscr{S}] \geq 0 \tag{9.55b}$$

gelten muß. Im Falle stationärer Stoßphänomene mit $u_n = 0$ verlangt der zweite Hauptsatz hingegen, wenn man die Stoßflächen–Normale $\mathbb{n}_S$ durch

$$M_S = \bar{\rho}_j \, \mathbb{n}_S \cdot \bar{\mathbb{v}}_j > 0 \,, \quad j = 1,2 \tag{9.56a}$$

festlegt, also verabredet, daß Fluidelemente aus $V_1(t)$ nach Passieren der Stoßfront in $V_2(t)$ gelangen, was mit Entropieerhöhung einhergehen muß,

$$\mathscr{S}_2 - \mathscr{S}_1 = - [\mathscr{S}] > 0 \,. \tag{9.56b}$$

Sowohl (9.55b) als auch (9.56b) stehen zu (9.50c) übrigens nicht im Widerspruch, weil in beiden Fällen

$$[q_{\bar{n}}^{(E)}/T] = \frac{q_{\bar{n}1}^{(E)} T_2 - q_{\bar{n}2}^{(E)} T_1}{T_1 T_2} \leq - M_S \, [\mathscr{S}] \tag{9.56c}$$

erfüllt werden kann, indem man bedenkt, daß aus der Stoßfrontregion (wenn überhaupt) Dissipationswärme durch Leitung abgeführt wird, also sicherlich $q_{\bar{n}2}^{(E)} \geq 0$, $q_{\bar{n}1}^{(E)} \leq 0$ und daher $[q_{\bar{n}}^{(E)}/T] \leq 0$ gelten müssen.

Unter der Voraussetzung mit der Dichte zunehmender Schallgeschwindigkeit gilt für kleine longitudinale Stöße (mit $[\mathbb{v}_{(2)}] = \mathbb{E}_{2S} \cdot [\mathbb{v}] = 0$ und kleine Werte $\mathbb{n}_S \cdot [\bar{\mathbb{v}}] = [\mathbb{n}_S \cdot \bar{\mathbb{v}}]$) einerseits, daß

1) im Falle stationärer Stöße die Fluidelemente bei Durchtritt durch die Stoßfront verdichtet werden,
2) im Falle instationärer Stöße sich die Front in das weniger dichte Medium ausbreitet und daß man schließlich
3) solcherart Phänomene als quasi isentrop ablaufend ansehen darf.

Zunächst den Fall des

9.6.1 stationären Stoßes

mit
$$M_S \overset{(9.56a)}{>} 0 \tag{9.57a}$$

---

62) Damit die am Stoßfrontrande in $V_2(t)$ befindlichen (sich selbst mit $\mathbb{v}_2$ bewegenden!) Fluidelemente von der Stoßfront überlaufen werden können, also ein Stoßvorgang überhaupt stattfinden kann, muß $\mathbb{n} \cdot \bar{\mathbb{u}} > \mathbb{n}_S \cdot \bar{\mathbb{v}}_2$, und daher wegen $\rho_2 > 0$ in der Tat

$$M_S = \bar{\rho}_2 \, \mathbb{n}_S \cdot (\bar{\mathbb{v}}_2 - \bar{\mathbb{u}}) \left[\overset{(9.44a)}{=} \bar{\rho}_1 \mathbb{n}_S (\bar{\mathbb{v}}_1 - \bar{\mathbb{u}}) \right] < 0 \text{ sein.}$$

betrachtend, wird der diesbezügliche Nachweis auf (9.54d) abgestützt, wobei man einerseits für die linke Seite von (9.54d), nämlich für

$$\Phi = [\mathscr{U}] + \frac{1}{2}(\bar{p})[1/\bar{\rho}] = [\mathscr{U}] + p_1[1/\bar{\rho}] - \frac{1}{2}[p][1/\bar{\rho}] \tag{9.57b}$$

eine bis auf die dritten Potenzen der Sprunggröße

$$[1/\bar{\rho}] = [x] \tag{9.57c}$$

vorangetriebene Taylor—Entwicklung benutzt und andererseits die rechte Seite von (9.54d) mit zwei positiven Konstanten ϑ_n, $\vartheta_{(2)}$ in erster Näherung durch einen isotropen Ansatz von der Form

$$[q_{\bar{n}}^{(E)}] + \dot{\mathscr{D}}_F = \vartheta_n [\bar{n}_S \cdot \bar{v}]^2 + \vartheta_{(2)} [v_{(2)}]^2 \geq 0 \tag{9.57d}$$

approximiert, in dem man angesichts von (9.53c,d) die in der Stoßzone anfallende flächenbezogene Dissipationsleistung $\dot{\mathscr{D}}_F$ als (isotrope) Zustandsfunktion des Geschwindigkeitssprunges $[v]$ voraussetzt und überdies davon ausgeht, daß die in der Stoßzone anfallende Dissipationsleistung weniger durch Wärmeleitung als vielmehr durch Transport abgeführt, also die durch Wärmeleitung bewirkte Abfuhr aus der Stoßzone die Produktion $\dot{\mathscr{D}}_F$ keinesfalls überwiegen wird.

Für das Folgende anstelle der Temperatur T die Entropie $\mathscr{S}$ als Zustandsvariable benutzend[63] und anstelle der Dichte ρ deren reziproken Wert $x = 1/\bar{\rho}$ bekommt man mit $\mathscr{U} = \mathscr{U}_{x\mathscr{S}}(x, \mathscr{S})$, d. h.

$$[\mathscr{U}] = \mathscr{U}(x_1, \mathscr{S}_1) - \mathscr{U}(x_2, \mathscr{S}_2) \equiv \mathscr{U}(x_1, \mathscr{S}_1) - \mathscr{U}(x_2, \mathscr{S}_1) + \mathscr{U}(x_2, \mathscr{S}_1) - \mathscr{U}(x_2, \mathscr{S}_2) \quad \text{und}$$

---

63) Weil die in der Form

$$c_v = c_{v\rho T}(\bar{\rho}, T) = T\, \partial \mathscr{S}_{\rho T} / \partial T \tag{9.58a}$$

darzustellende spezifische Wärme c_v im Zusammenhang mit isochoren Zustandsänderungen positiv sein muß, hängen Entropie und Temperatur (für jeweils feste Dichte $\bar{\rho}$) umkehrbar—eindeutig miteinander zusammen und können daher als Zustandsvariable ausgetauscht werden. Wegen

$$\dot{\mathscr{F}} = \frac{\partial \mathscr{F}_{\rho T}}{\partial \bar{\rho}} \dot{\bar{\rho}} + \frac{\partial \mathscr{F}_{\rho T}}{\partial T} \dot{T} \overset{(9.52b,f)}{=} \frac{\bar{p}}{\bar{\rho}^2} \dot{\bar{\rho}} - \mathscr{S} \dot{T} \overset{(9.52c)}{\equiv} (\mathscr{U} - T\mathscr{S})^{\cdot},$$

also

$$\dot{\mathscr{U}} = \frac{\bar{p}\dot{\bar{\rho}}}{\bar{\rho}^2} + T\dot{\mathscr{S}} \equiv \frac{\partial \mathscr{U}_{\rho\mathscr{S}}}{\partial \bar{\rho}} \dot{\bar{\rho}} + \frac{\partial \mathscr{U}_{\rho\mathscr{S}}}{\partial \mathscr{S}} \dot{\mathscr{S}},$$

folgen dann nach Koeffizientenvergleich hinsichtlich der Variablengeschwindigkeiten die in Abhängigkeit von Dichte und Entropie als

$$\bar{p} = \bar{p}_{\rho\mathscr{S}}(\bar{\rho}, \mathscr{S}) = \bar{\rho}^2 \frac{\partial \mathscr{U}_{\rho\mathscr{S}}}{\partial \rho}, \quad T = T_{\rho\mathscr{S}}(\bar{\rho}, \mathscr{S}) = \frac{\partial \mathscr{U}_{\rho\mathscr{S}}}{\partial \mathscr{S}} \tag{9.58b,c}$$

darzustellenden Materialgleichungen für Dichte und Temperatur in Termen von $\mathscr{U}_{\rho\mathscr{S}}(\bar{\rho}, \mathscr{S})$, wobei (9.58c) die in der Temperatur explizite Version von $\mathscr{S}_{\rho T}(\bar{\rho}, T)$ nach (9.52b) ist. Mit $x = 1/\bar{\rho}$ und $\mathscr{U} = \mathscr{U}_{\rho\mathscr{S}}(\bar{\rho}, \mathscr{S}) = \mathscr{U}_{x\mathscr{S}}(x, \mathscr{S})$, also

$$\bar{\rho}^2 \frac{\partial \mathscr{U}_{\rho\mathscr{S}}}{\partial \bar{\rho}} = - \frac{\partial \mathscr{U}_{x\mathscr{S}}}{\partial x}, \tag{9.58d}$$

erhält man dann schließlich noch

$$\bar{p} = \bar{p}_{x\mathscr{S}}(x, \mathscr{S}) = - \partial \mathscr{U}_{x\mathscr{S}} / \partial x, \quad T = T_{x\mathscr{S}}(x, \mathscr{S}) = \partial \mathscr{U}_{x\mathscr{S}} / \partial \mathscr{S} \tag{9.58e,f}$$

$$\mathcal{U}(x_2,\mathcal{S}_1) - \mathcal{U}(x_2,\mathcal{S}_2) \equiv -\left[\mathcal{U}(x_2,\mathcal{S}_2) - \mathcal{U}(x_2,\mathcal{S}_1)\right] \approx \left[\frac{\partial \mathcal{U}}{\partial \mathcal{S}}\right]_{x_2,\mathcal{S}_1}[\mathcal{S}] \overset{(9.58f)}{=} T(x_2,\mathcal{S}_1)\,[\mathcal{S}]$$

sowie

$$\mathcal{U}(x_1,\mathcal{S}_1) - \mathcal{U}(x_2,\mathcal{S}_1) \equiv -\left[\mathcal{U}(x_2,\mathcal{S}_1) - \mathcal{U}(x_1,\mathcal{S}_1)\right] \approx \left[\frac{\partial \mathcal{U}}{\partial x}\right]_1[x] - \frac{1}{2}\left[\frac{\partial^2 \mathcal{U}}{\partial x^2}\right]_1[x]^2 +$$
$$+ \frac{1}{6}\left[\frac{\partial^3 \mathcal{U}}{\partial x^3}\right]_1[x]^3 \overset{(9.58e)}{=} -\bar{p}_1[x] + \frac{1}{2}\left[\frac{\partial \bar{p}}{\partial x}\right]_1[x]^2 - \frac{1}{6}\left[\frac{\partial^2 \bar{p}}{\partial x^2}\right]_1[x]^3$$

und entsprechend mit $\bar{p} = \bar{p}_{x\mathcal{S}}(x,\mathcal{S})$, d. h.

$$[p] = p(x_1,\mathcal{S}_1) - p(x_2,\mathcal{S}_2) \equiv \bar{p}(x_1,\mathcal{S}_1) - \bar{p}(x_2,\mathcal{S}_1) + \bar{p}(x_2,\mathcal{S}_1) - \bar{p}(x_2,\mathcal{S}_2) \approx$$
$$\approx \left[\frac{\partial \bar{p}}{\partial x}\right]_1[x] - \frac{1}{2}\left[\frac{\partial^2 \bar{p}}{\partial x^2}\right]_1[x]^2 + \left[\frac{\partial \bar{p}}{\partial \mathcal{S}}\right]_{x_2,\mathcal{S}_1}[\mathcal{S}]$$

in hinsichtlich $[x] = x_1 - x_2 = [1/\bar{\rho}] = 1/\bar{\rho}_1 - 1/\bar{\rho}_2$ kubischer Approximation mit $T_1 = T(x_1,\mathcal{S}_1)$

$$\Phi \approx \frac{1}{12}\left[\frac{\partial^2 \bar{p}}{\partial x^2}\right]_1[x]^3 + \underline{\left[T(x_2,\mathcal{S}_1) - \frac{1}{2}\left[\frac{\partial \bar{p}}{\partial \mathcal{S}}\right]_{x_2,\mathcal{S}_1}[x]\right]}[\mathcal{S}] \approx \frac{1}{12}\left[\frac{\partial^2 \bar{p}}{\partial x^2}\right]_1[x]^3 + T_1[\mathcal{S}]\,, \tag{9.59a}$$

nachdem man noch in der gestrichelten Klammer die Sprunggrößen—Terme als gegenüber $T(x_1,\mathcal{S}_1) = T_1$ klein vernachlässigt hat, und damit aus (9.54d) mit (9.57d) und mit

$[\mathbb{n}_S \cdot \bar{\mathbb{v}}] \overset{(9.44c)}{=} M_S[1/\bar{\rho}] = M_S[x]$ sowie den Abkürzungen $\beta_n = \vartheta_n/M_S > 0$, $\beta_{(2)} = \vartheta_{(2)}/M_S > 0$

$$-T_1[\mathcal{S}] = T_1(\mathcal{S}_2 - \mathcal{S}_1) \approx \frac{1}{12}\left[\frac{\partial^2 \bar{p}}{\partial x^2}\right]_1[x]^3 + \beta_n[x]^2 + \beta_{(2)}[\mathbb{v}_{(2)}]^2\,, \tag{9.59b}$$

und insbesondere für longitudinale Stöße mit $[\mathbb{v}_{(2)}] = 0$

$$T_1(\mathcal{S}_2 - \mathcal{S}_1) = \underline{\frac{1}{12}\left[\frac{\partial^2 \bar{p}}{\partial x^2}\right]_1}[x]^3 + \beta_n[x]^2\,, \tag{9.59c}$$

wonach der Entropiesprung von $[x]$ grundsätzlich nicht—linear abhängt und dementsprechend für kleine Sprunggrößen $[x]$ in der Tat von höherer Ordnung klein ist, was zur Annahme annähernd isentropen Ablaufes kleiner Sprungphänomene berechtigt[64]. Der Befund $\bar{\rho}_2 - \bar{\rho}_1 = -[\bar{\rho}] > 0$, wonach Fluidelemente bei Durchschreiten einer stationären Stoßfront verdichtet werden, fällt schließlich im Zusammenhang mit der Überprüfung der Restriktion $\mathcal{S}_2 - \mathcal{S}_1 = -[\mathcal{S}] > 0$ (vgl. (9.56b)) an, die mit $\mathcal{S}_2 - \mathcal{S}_1$ nach (9.59c) gewiß nur befriedigt werden kann, wenn der dortige erste Term (gestrichelt) als positiv zu identifizieren ist, wozu man eine (Material—)Aussage betreffend das Vorzeichen von

$$\left[\frac{\partial^2 \bar{p}_{x\mathcal{S}}}{\partial x^2}\right]_1 = \left[\frac{\partial}{\partial x}\left[\frac{\partial p_{x\mathcal{S}}}{\partial x}\right]\right]_1 \overset{(9.58d)}{=} \left[-\bar{\rho}^2\frac{\partial}{\partial \bar{\rho}}\left[-\bar{\rho}^2\frac{\partial p_{\rho\mathcal{S}}}{\partial \bar{\rho}}\right]\right]_1 =$$

---

64) mit $\beta_n = 0$ verifiziert (9.59c) den Befund der sog. "adiabatischen Stoßbedingung" Huigonots, wonach bei Vernachlässigung von Energiedissipation und Wärmeleitung der Entropiesprung von (mäßigen) Dichtesprüngen sogar kubisch abhängt.

$$= \left[\bar{\rho}^2 \frac{\partial}{\partial\bar{\rho}}\left[\bar{\rho}^2 \frac{\partial p_{\rho\mathscr{S}}}{\partial\bar{\rho}}\right]\right]_1 = \left[\bar{\rho}^2 \frac{\partial}{\partial\bar{\rho}}\left[\bar{\rho}^2 c^2\right]\right]_1 \tag{9.59d}$$

mit der Schallgeschwindigkeit

$$c = \sqrt{\partial\bar{p}_{\rho\mathscr{S}} / \partial\bar{\rho}} = c_{\rho\mathscr{S}}(\bar{\rho},\mathscr{S}) \tag{9.59e}$$

benötigt. Wird Letztere als mit der Dichte $(\bar{\rho})$ zunehmend, d. h. $\partial c_{\rho\mathscr{S}}/\partial\bar{\rho} > 0$ vorausgesetzt, so ist

$$\left[\frac{\partial^2\bar{p}_{x\mathscr{S}}}{\partial x^2}\right]_1 > 0 \, , \tag{9.59f}$$

womit dann (9.56b) gewiß nur für

$$[x]^3 = (x_1 - x_2)^3 = \left[\frac{1}{\bar{\rho}_1} - \frac{1}{\bar{\rho}_2}\right]^3 = \left[\frac{\bar{\rho}_2 - \bar{\rho}_1}{\bar{\rho}_1\bar{\rho}_2}\right]^3 > 0 \, ,$$

d h. nur für

$$\bar{\rho}_2 - \bar{\rho}_1 = -[\bar{\rho}] > 0 \, , \tag{9.59g}$$

zu befriedigen ist, weswegen der zweite Hauptsatz der Thermodynamik zuzüglich der Annahme $\partial c_{\rho\mathscr{S}}/\partial\bar{\rho} > 0$ in der Tat eine Verdichtung der Fluidelemente beim Stoßfront—Durchtritt verlangt.

Mittels der Materialgleichungen, etwa $T_{\rho\mathscr{S}}(\bar{\rho},\mathscr{S})$ bzw. $\bar{p} = \bar{p}_{\rho\mathscr{S}}(\bar{\rho},\mathscr{S})$ für Temperatur und thermodynamischen Druck, lassen sich dann schließlich die Temperatur— bzw. Druck—Sprunggrößen in Abhängigkeit von den Dichtesprüngen ausdrücken. Mit den thermodynamischen Eigenschaften eines idealen Gases z. B. mit den Materialgleichungen[65]

$$\mathscr{S}_{\rho T}(\bar{\rho},T) = \mathscr{S}_0 + c_v \ln\frac{T}{T_0} - (c_p - c_v)\ln\frac{\bar{\rho}}{\bar{\rho}_0}, \quad \bar{p}_{\rho T}(\bar{\rho},T) = (c_p - c_v)\bar{\rho}T \tag{9.60a,b}$$

bekommt man $c_v \ln\frac{T_2}{T_1} = \mathscr{S}_2 - \mathscr{S}_1 + (c_p - c_v)\ln\frac{\bar{\rho}_2}{\bar{\rho}_1} \geq 0$, d. h. $T_2 - T_1 \geq 0$

bzw. $\frac{\bar{p}_2}{\bar{p}_1} = \frac{\bar{\rho}_2 T_2}{\bar{\rho}_1 T_1} > 1$, d. h. $p_2 - p_1 \geq 0$,

wonach auch Temperatur und Druck der Fluidelemente nach Passieren der Stoßfront anwachsen.
Für

9.6.2 instationäre Stöße

mit $M_S = -|M_S| < 0$ (vgl. (9.55a)) und damit

$$[\mathscr{U}] + \frac{1}{2}(\bar{p})[1/\bar{\rho}] = [\mathscr{U}] + p_2[x] + \frac{1}{2}[\bar{p}][x] \overset{(9.54d)}{=} ([q_{\bar{n}}^{(E)}] + \dot{\mathscr{D}}_F)/|M_S| =$$

$$= \beta_n[x]^2 + \beta_{(2)}[w_{(2)}]^2 \, , \quad \beta_n = \vartheta_n|M_S| > 0, \quad \beta_{(2)} = \vartheta_{(2)}/|M_S| > 0 \, , \tag{9.61a}$$

findet man mit

$$[\mathscr{U}] \equiv \mathscr{U}(x_1,\mathscr{S}_1) - \mathscr{U}(x_2,\mathscr{S}_2) \equiv \mathscr{U}(x_1,\mathscr{S}_2) - \mathscr{U}(x_2,\mathscr{S}_2) + \mathscr{U}(x_1,\mathscr{S}_1) - \mathscr{U}(x_1,\mathscr{S}_2) \approx$$

---

65) Hierin bedeuten c_v bzw. $c_p > c_v$ (mit $c_p - c_v = \text{const.} \geq 0$) die auf die Masseneinheit bezogenen Werte der spezifischen Wärmen bei isochoren bzw. isobaren Zustandsänderungen

$$\approx \left[\frac{\partial \mathcal{U}}{\partial x}\right]_2 [x] + \frac{1}{2}\left[\frac{\partial^2 \mathcal{U}}{\partial x^2}\right]_2 [x]^2 + \frac{1}{6}\left[\frac{\partial^3 \mathcal{U}}{\partial x^3}\right]_2 [x]^3 + \left[\frac{\partial \mathcal{U}}{\partial \mathcal{S}}\right]_{x_1,\mathcal{S}_2} [\mathcal{S}] =$$

$$= -\bar{p}_2[x] - \frac{1}{2}\left[\frac{\partial \bar{p}}{\partial x}\right]_2 [x]^2 - \frac{1}{6}\left[\frac{\partial^2 \bar{p}}{\partial x^2}\right]_2 [x]^3 + T(x_1,\mathcal{S}_2)\,[\mathcal{S}]$$

und

$$[\bar{p}] \equiv \bar{p}(x_1,\mathcal{S}_1) - \bar{p}(x_2,\mathcal{S}_2) \equiv \bar{p}(x_1,\mathcal{S}_2) - \bar{p}(x_2,\mathcal{S}_2) + \bar{p}(x_1,\mathcal{S}_1) - \bar{p}(x_1,\mathcal{S}_2) \approx$$

$$\approx \left[\frac{\partial \bar{p}}{\partial x}\right]_2 [x] + \frac{1}{2}\left[\frac{\partial^2 \bar{p}}{\partial x^2}\right]_2 [x]^2 + \left[\frac{\partial \mathcal{U}}{\partial \mathcal{S}}\right]_{x_1,\mathcal{S}_2} [\mathcal{S}]$$

mit $\partial\bar{p}/\partial\mathcal{S} = -\partial^2\mathcal{U}/\partial x\partial\mathcal{S} = -\partial T/\partial x$ zunächst aus (9.61a)

$$\left[T(x_1,\mathcal{S}_2) - \frac{1}{2}\left[\frac{\partial T}{\partial x}\right]_{x_1,\mathcal{S}_2}[x]\right][\mathcal{S}] + \frac{1}{12}\left[\frac{\partial^2 \bar{p}}{\partial x^2}\right]_2 [x]^3 = \beta_n [x]^2 + \beta_{(2)}\,[\mathrm{w}_{(2)}]^2$$

und für Longitudinalstöße mit $\beta_{(2)} = 0$

$$\left[T(x_1,\mathcal{S}_2) - \frac{1}{2}\left[\frac{\partial T}{\partial x}\right]_{x_1,\mathcal{S}_2}[x]\right][\mathcal{S}] \approx T_2[\mathcal{S}] =^{66)} -\frac{1}{12}\left[\frac{\partial^2 \bar{p}}{\partial x^2}\right]_2 [x]^3 + \beta_n [x]^2\,, \tag{9.61b}$$

was mit $\partial^2 p/\partial x^2 > 0$ die Bedingung $[\mathcal{S}] = \mathcal{S}_1 - \mathcal{S}_2 > 0$ (vgl. (9.55b)) sicher nur für

$$[x]^3 = \left[\frac{1}{\rho_1} - \frac{1}{\rho_2}\right]^3 = \left[\frac{\bar{\rho}_2 - \bar{\rho}_1}{\bar{\rho}_1\bar{\rho}_2}\right]^3 < 0\,, \tag{9.61c}$$

d. h. in der Tat nur für

$$\rho_1 - \rho_2 = [\rho] > 0 \tag{9.61d}$$

befriedigen läßt, wonach sich instationäre Stöße in das weniger dichte Medium hinein ausbreiten, und zwar mit einer (relativen) Fortpflanzungsgeschwindigkeit, die mit $-M_S = \bar{\rho}_j \mathbb{n}_S\cdot(\mathbb{u}-\mathbb{w}_j) > 0$ aus (9.54a), d. h. aus

$$\frac{M_S^2}{\bar{\rho}_1\,\bar{\rho}_2} = \frac{\bar{\rho}_1}{\bar{\rho}_2}\left[\mathbb{n}_S\cdot(\mathbb{u}-\mathbb{w}_1)\right]^2 = \frac{\bar{\rho}_2}{\bar{\rho}_1}\left[\mathbb{n}_S\cdot(\mathbb{u}-\mathbb{w}_2)\right]^2 = \frac{[\bar{p}]}{[\bar{\rho}]} - \frac{[\bar{\sigma}^{(E)}_{nn\mathbb{R}}]}{[\bar{\rho}]}$$

mit $\bar{\rho}_1/\bar{\rho}_2 = 1 + [\bar{\rho}]/\bar{\rho}_2$ als

$$\mathbb{n}_S\cdot(\mathbb{u}-\mathbb{w}_2) = \frac{\bar{\rho}_1}{\bar{\rho}_2}\left[\mathbb{n}_S\cdot(\mathbb{u}-\mathbb{w}_1)\right] = \sqrt{1+[\bar{\rho}]/\bar{\rho}_2}\,\sqrt{\frac{[\bar{p}]}{[\bar{\rho}]} - \frac{[\bar{\sigma}^{(E)}_{nn\mathbb{R}}]}{[\bar{\rho}]}} \tag{9.61e}$$

festgestellt wird. Für den reibungsfreien Fall mit $[\bar{\sigma}^{(E)}_{nn\mathbb{R}}] = 0$ folgert man daraus mit der für positive (volumetrische) Wärmeausdehnung (α) und mit $[\bar{p}]_{\mathcal{S}_2} = \bar{p}(\bar{\rho}_1,\mathcal{S}_2) - \bar{p}(\bar{\rho}_2,\mathcal{S}_2)$ geltenden Drucksprungabschätzung

$$[\bar{p}] = \bar{p}_1 - \bar{p}_2 = \bar{p}(\bar{\rho}_1,\mathcal{S}_1) - \bar{p}(\bar{\rho}_2,\mathcal{S}_2) \equiv \bar{p}(\bar{\rho}_1,\mathcal{S}_1) - \bar{p}(\bar{\rho}_1,\mathcal{S}_2) + \bar{p}(\bar{\rho}_1,\mathcal{S}_2) - \bar{p}(\bar{\rho}_2,\mathcal{S}_2) =$$

66) mit $\beta_n = 0$ repräsentiert (9.61b) wieder die "adiabatische Stoßbedingung" Huigonots (vgl. Fußn. 64)

$$= \bar{p}(\bar{\rho}_1,\mathscr{S}_1) - \bar{p}(\bar{\rho}_1,\mathscr{S}_2) + [\bar{p}]_{\mathscr{S}_2} \approx \left[\frac{\partial \bar{p}_{\rho\mathscr{S}}}{\partial \mathscr{S}}\right]_{\bar{\rho}_1,\mathscr{S}_2} [\mathscr{S}] + [\bar{p}]_{\mathscr{S}_2} =$$

$$\overset{67)}{=} \left[\frac{\alpha T c^2}{c_p}\right]_{\bar{\rho}_1,\mathscr{S}_2} [\mathscr{S}] + [\bar{p}]_{\mathscr{S}_2} \geq [\bar{p}]_{\mathscr{S}_2}$$

schließlich

---

67) Weil mit $\mathscr{S} = \mathscr{S}_{\rho T}(\rho,T)$ aus

$$\hat{Q} = T\,\dot{\mathscr{S}} = T\left[\frac{\partial \mathscr{S}_{\rho T}}{\partial T}\dot{T} + \frac{\partial \mathscr{S}_{\rho T}}{\partial \rho}\dot{\rho}\right] \tag{*1}$$

a) für die spezifische Wärme c_v bei isochorer Zustandsänderung

$$\hat{Q}|_{\dot{\rho}=0} = T\frac{\partial \mathscr{S}_{\rho T}}{\partial T}\dot{T} \equiv c_v \dot{T}\,, \text{ d. h. } c_v = T\frac{\partial \mathscr{S}_{\rho T}}{\partial T}\,, \tag{*2}$$

b) für die spezifische Wärme c_p bei isobarer Zustandsänderung

$$\hat{Q}|_{\dot{p}=0} = \hat{Q}|_{\dot{\rho}=\dot{\rho}_T} = \hat{Q}|_{\dot{\rho}=-\alpha\dot{T}} \overset{(*1,2)}{=} \left[c_v - \alpha T\frac{\partial \mathscr{S}_{\rho T}}{\partial \rho}\right]\dot{T} \equiv c_p \dot{T}, \text{ d. h.}$$

$$T\frac{\partial \mathscr{S}_{\rho T}}{\partial \rho} = -\frac{c_p - c_v}{\alpha} \tag{*3}$$

mit der durch

$$\dot{p}|_{\dot{\rho}=\dot{\rho}_T=-\alpha\dot{T}} = \left[\frac{\partial p_{\rho T}}{\partial T} - \alpha\frac{\partial p_{\rho T}}{\partial \rho}\right]\dot{T} = 0, \text{ d. h.}$$

$$\alpha = \frac{\partial p_{\rho T}/\partial T}{\partial p_{\rho T}/\partial \rho} \tag{*4}$$

definierten (volumetrischen) Wärmedehnzahl (α) hervorgehen, bekommt man aus $p = p_{\rho T}(\rho,T) \equiv$ $\equiv p_{\rho\mathscr{S}}(\rho,\mathscr{S}_{\rho T}(\rho,T))$ einerseits

$$\frac{\partial p_{\rho T}}{\partial T} = \frac{\partial p_{\rho\mathscr{S}}}{\partial \mathscr{S}}\frac{\partial \mathscr{S}_{\rho T}}{\partial T} \overset{(*2)}{=} \frac{c_v}{T}\frac{\partial p_{\rho\mathscr{S}}}{\partial \mathscr{S}} \tag{*5}$$

und andererseits mit der Schallgeschwindigkeit $c = \sqrt{\partial p_{\rho\mathscr{S}}/\partial \rho}$

$$\frac{\partial p_{\rho T}}{\partial \rho} = \frac{\partial p_{\rho\mathscr{S}}}{\partial \rho} + \frac{\partial p_{\rho\mathscr{S}}}{\partial \mathscr{S}}\frac{\partial \mathscr{S}_{\rho T}}{\partial \rho} \overset{(*3)}{=} c^2 - \frac{\partial p_{\rho\mathscr{S}}}{\partial \mathscr{S}}\frac{c_p - c_v}{\alpha T}\,. \tag{*6}$$

Kombination von (*5) und (*6) liefert dann

$$\frac{\partial p_{\rho T}/\partial T}{\partial p_{\rho T}/\partial \rho} \overset{(*4)}{=} \alpha = \frac{c_v}{T}\frac{\partial p_{\rho\mathscr{S}}/\partial \mathscr{S}}{c^2 - \dfrac{c_p - c_v}{\alpha T}\dfrac{\partial p_{\rho\mathscr{S}}}{\partial \mathscr{S}}}$$

und daraus findet man schließlich

$$\partial p_{\rho\mathscr{S}}/\partial \mathscr{S} = \alpha T c^2/c_p > 0$$

$$\mathbb{n}_S\cdot(\bar{\mathbb{u}}-\bar{\mathbb{w}}_2) \geq \sqrt{1+[\bar{\rho}]/\bar{\rho}_2}\,\sqrt{\frac{[\bar{p}]_{\mathscr{S}_2}}{[\bar{\rho}]}} \geq \sqrt{\frac{[\bar{p}]_{\mathscr{S}_2}}{[\bar{\rho}]}} \overset{68)}{\geq} c_2 = c(\rho_2,\mathscr{S}_2)\,, \tag{9.61f}$$

wonach sich die Stoßfront in den ungestörten Bereich relativ zum Medium mit Überschallgeschwindigkeit ausbreitet (sog. Knallwellen).

Diese Ziffer beschließend, soll mit den unter §9.5 aufgelisteten Sprungrelationen noch

9.6.3 die Frage nach den in der klassischen Strömungsmechanik verwendbaren Randbedingungen [15], [47], [48]

recherchiert werden, indem davon ausgegangen wird, daß eine durch die Feldgleichungen der Bilanzen zuzüglich der Materialgleichungen gekennzeichnete kontinuumsmechanische Beschreibung korrekt ist, bis auf eine sehr dünne Grenzzone, in der eine Kontinuumstheorie infolge der zufälligen Wandrauhigkeiten nicht mehr sinnvoll formulierbar ist, für die aber (selbstverständlich die auch hier gültigen) globalen Bilanzsätze und insbesondere der zweite Hauptsatz der Thermodynamik die Möglichkeit bieten, die Feldgleichungen des Kontinuumsbereiches mit geeigneten Randbedingungen auszurüsten. Man bildet aus der Fluid—Grenzzone und einem infinitesimalen Wandstreifen im Sinne von Abb. 9.1 einen Grenzschalenbereich, der durch zur "mathematischen Wandfläche"[69] parallele Grenzflächen 1 und 2 begrenzt sei, und faßt dieses Gebilde als Objekt der Sprungrelationen im Sinne von § 9.5a—d auf[70], wobei als kinematische Randbedingung lediglich

$$\mathbb{n}_S\cdot(\mathbb{v}_1-\mathbb{v}_2) = \mathbb{n}_S\cdot[\Delta\mathbb{v}] =$$

$$\overset{71)}{=} \mathbb{n}_{Fl}\cdot(\mathbb{v}_{Fl}-\mathbb{v}_W) = 0, \tag{9.62}$$

also verfügt wird, daß die wandnormalen Komponenten der Strömungsgeschwindigkeit $(\mathbb{v}_{Fl})$ des Kontinuumsbereichs—Randes und der Wandgeschwindigkeit $(\mathbb{v}_W)$ übereinstimmen sollen. Im Sinne von (9.44c) ist dann

$$M_S = 0\,, \tag{9.62a}$$

weswegen nach (9.45a)

$$\left[\mathbb{s}^{(E)}_{\underline{n}}\right] = \mathbb{s}^{(E)}_{\underline{n}1} - \mathbb{s}^{(E)}_{\underline{n}2} = \mathbb{s}^{(E)}_{\underline{n}_{Fl}} - \mathbb{s}^{(E)}_{\underline{n}_W} = 0\,, \tag{9.62b}$$

d. h.

$$(\mathbb{s}^{(E)}_{\underline{n}})/2 = \mathbb{s}_{\underline{n}1} = \mathbb{s}_{\underline{n}2} = \mathbb{s}^{(E)}_{\underline{n}_{Fl}} = \mathbb{s}^{(E)}_{\underline{n}_W}\,, \tag{9.62c}$$

also stetiger Spannungsverlauf $\bar{\mathbb{n}}_S\cdot\bar{\mathbb{S}}^{(E)}$ im Grenzschalenbereich vorausgesetzt werden kann. Betreffend

---

68) In dem hier vorausgesetzten Fall mit der Dichte (ρ) zunehmender Schallgeschwindigkeit

$c = \sqrt{\partial p_{\rho\mathscr{S}}/\partial\rho}$, ist

$$[\bar{p}]_{\mathscr{S}_2}/[\bar{\rho}] = \left[\bar{p}_1(\bar{\rho}_1,\mathscr{S}_2) - \bar{p}_2(\bar{\rho}_2,\mathscr{S}_2)\right]/(\bar{\rho}_1-\bar{\rho}_2) \geq \left[\partial\bar{p}_{\rho\mathscr{S}}/\partial\bar{\rho}\right]_{\bar{\rho}_2,\mathscr{S}_2} = c_2^2$$

69) zu der die reale Wandfläche "im Mittel" abstrahiert wird.

70) idealisiert also den Grenzschalenbereich als eine relativ zur mathematischen Wandfläche ruhende Stoßfront

71) $\mathbb{n}_{Fl}$ bezeichnet die äußere Flächennormale des Fluid—Kontinuumsbereiches

die Auswertung von (9.48b) für den Grenzschalenbereich wird im Folgenden allein die in der Fluid–Grenzzone anfallende Spannungsleistung berücksichtigt, indem man die Wand als näherungsweise starr ansieht, also einen entsprechenden Spannungsleistungs–Anteil für den infinitesimalen Wandstreifen als von höherer Ordnung klein außer Betracht läßt. Dann ist nach (9.54b,c) wegen $M_S = 0$

$$2\,\dot{\mathscr{A}}_{\$F} \overset{(9.54b,c,62a)}{=} -\left(\tau_{\bar{n}}^{(E)}\right)\cdot\left[\mathbb{v}_{(2)}\right] = 2\,\dot{\mathscr{D}}_F\,, \tag{9.63a}$$

also die Spannungsleistung mit der entsprechenden flächenbezogenen Fluid–Dissipationsleistung identisch, die hier allein von den Fluid–Schubspannungen erbracht wird. Als Folge des Dissipationspostulats $\dot{\mathscr{D}}_F \geq 0$ ist daraus mit analoger Überlegung, die von (8.92b) zu (8.93d) geführt hat, eine Zuordnung von der Form

$$\left(\tau_{\bar{n}}^{(E)}\right)/2 \overset{(9.62c)}{=} \tau_{\bar{n}}^{(E)} = -\left[\mathbb{v}_{(2)}\right]\cdot\mathbb{A}_{R(2)} = \left(\mathbb{v}_{(2)_2} - \mathbb{v}_{(2)_1}\right)\cdot\mathbb{A}_{R(2)} =$$
$$= \left(\mathbb{v}_{(2)_W} - \mathbb{v}_{(2)_{Fl}}\right)\cdot\mathbb{A}_{R(2)} \tag{9.63b}$$

zu erschließen mit einem als Materialgröße aufzufassenden (jeweils lokal–planaren, d. h. in der Wand–Tangentialebene definierten) "Rauhigkeitstensor" $\mathbb{A}_{R(2)}$, wobei insbesondere der Fall der isotropen Rauhigkeit mit

$$\mathbb{A}_{R(2)} = \lambda_R\,\mathbb{E}_{(2)} \quad \text{mit } \lambda_R > 0\ \text{, d.h.}$$
$$\tau_{\bar{n}}^{(E)} = \tau_{\bar{n}_{Fl}}^{(E)} = \lambda_R\left(\mathbb{v}_{(2)_W} - \mathbb{v}_{(2)_{Fl}}\right),\quad \lambda_R > 0 \tag{9.63c}$$

anschaulich unmittelbar einleuchtet (Abb. 9.2):
Die auf den Rand des Fluid–Kontinuumsbereiches ausgeübte Schubspannung $\left(\tau_{\bar{n}_{Fl}}^{(E)}\right)$ ist Folge des Befundes, daß das Fluid am Kontinuumsbereichs–Rand von der bewegten Wand teilweise (aber eben i. allg. nicht vollständig!) "mitgerissen" wird. Sowohl $\mathbb{A}_{R(2)}$ als auch λ_R sind — entsprechend den in der Theorie zäher Gase in Betracht genommenen Zustandsvariablen — neben der Wandrauhigkeit[72] im allgemeinen noch von Dichte (oder Druck), Temperatur und der Geschwindigkeitsdifferenz

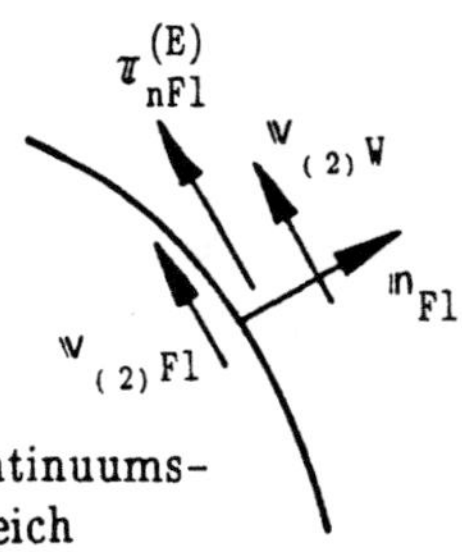

Abb. 9.2

$\left(\mathbb{v}_{(2)_W} - \mathbb{v}_{(2)_{Fl}}\right)$ abhängig anzusehen[73]. Mit der aus (9.54d) mit $M_S = 0$ und $\left(\tau_{\bar{n}}^{(E)}\right)/2 = \tau_{\bar{n}}^{(E)}$ erhältlichen Beziehung

$$\left[q_{\bar{n}}^{(E)}\right] = q_{\bar{n}1}^{(E)} - q_{\bar{n}2}^{(E)} = q_{\bar{n}_{Fl}} - q_{\bar{n}_W} = -\dot{\mathscr{D}}_F \overset{(9.63a)}{=} \tau_{\bar{n}}^{(E)}\cdot\left[\mathbb{v}_{(2)}\right] = \tau_{\bar{n}}^{(E)}\cdot\left(\mathbb{v}_{(2)_1} - \mathbb{v}_{(2)_2}\right) =$$
$$\overset{(9.63b)}{=} -\tau_{\bar{n}}^{(E)}\cdot\left(\mathbb{v}_{(2)_{Fl}} - \mathbb{v}_{(2)_W}\right) = -\left(\mathbb{v}_{(2)_{Fl}} - \mathbb{v}_{(2)_W}\right)\cdot\mathbb{A}_{R(2)}\cdot\left(\mathbb{v}_{(2)_{Fl}} - \mathbb{v}_{(2)_W}\right) \leq 0\,,$$

d.h.

$$q_{\bar{n}_W}^{(E)} - q_{\bar{n}_{Fl}}^{(E)} = \dot{\mathscr{D}}_F \geq 0\,,$$

---

72) Die dimensionslos als auf eine geeignete Systemabmessung (bei Rohren auf deren Durchmesser) bezogene "Körnung" k (Abb. 9.1) definiert wird.

73) konstante Rauhigkeitsziffern $\left(\lambda_R\right)$ wurden in [47], [48] verwendet.

wird schließlich festgestellt, daß die in der Grenzschale entstehende Reibungswärme per Leitung an die Umgebung abgegeben werden muß (Abb. 9.3).
Die Aussagen (9.62,63b,c) werden als Randbedingungen den Feldgleichungen einer Fluid—Kontinuumstheorie assoziiert, und zwar (näherungsweise) an der als mathematisch "glatt" angenommenen mittleren Wandfläche.
Randbedingungen von der Form (9.62,63b,c)[74] sind schon von Helmholtz [49] vorgeschlagen, in neuerer Zeit in [50], [47], [48] verwendet worden. Sie enthalten die Fälle der Wandhaftung bzw. der freien Oberfläche als Spezialfälle.

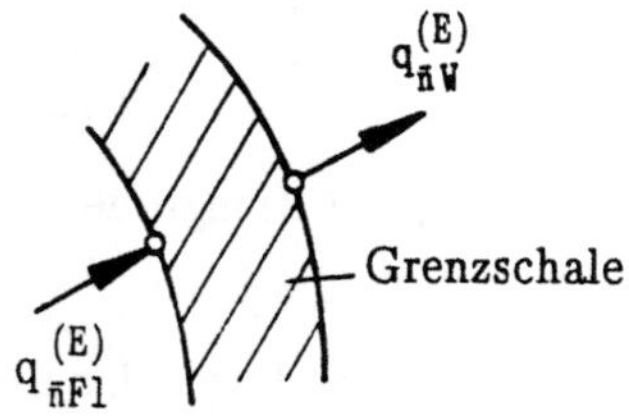

Abb 9.3

Im letzteren Fall, wo eine tangentiale Interaktion zwischen Wand und Fluid nicht stattfinden soll, ist $\Lambda_{R(2)} = 0$ zu setzen. Zur Randbedingung (9.52) tritt hier die lokal—planare dynamische Bedingung

$$\tau^{(E)}_{\bar{n}} = \bar{n}_{Fl}\cdot\left[-\bar{p}(\bar{\rho},T)\mathbb{E} + \mathbb{S}^{(E)}_{R}\right]\cdot\mathbb{E}_{(2)} = \bar{n}_{Fl}\cdot\mathbb{S}^{(E)}_{R} = 0 \qquad (9.64a)$$

hinzu, die unter Benutzung der Materialgleichung (9.53a) für $\mathbb{S}^{(E)}_{R}$ in Termen der Randwerte von (ggfs.) Dichte, Temperatur und des räumlichen Geschwindigkeitsdeformators auszudrücken ist. Nach Lösung des Feldgleichungs— und Randwertproblems fallen hier dann die Randgeschwindigkeiten $\mathbb{v}_{(2)Fl}$ als (nicht mehr vorgebbare) "Reaktionsgrößen" an. Umgekehrt verhält es sich im Falle der Wandhaftung, die mit $\mathbb{v}_{(2)W} = \mathbb{v}_{(2)Fl}$ und (9.62) zu der kinematischen ("Wandhaftungs"—) Aussage

$$\mathbb{v}_{Fl} = \mathbb{v}_{W} \qquad (9.64b)$$

zusammengefaßt werden kann. Damit trotz $\mathbb{v}_{(2)W} = \mathbb{v}_{(2)Fl}$ nach (9.63b) noch endliche Schubspannungen $\tau^{(E)}_{\bar{n}}$ möglich sein sollen, muß $\Lambda_{R(2)} \to \infty$ verlangt werden. Eine Berechnung der Randschubspannungen nach (9.63b) ist dann nicht mehr möglich. Sie fallen nach Lösung des Feldgleichungsproblems für das Randwertproblem (9.64b) als "Reaktionsgrößen" an.

9.7 Unstetigkeitsprobleme in der klassischen Festkörpermechanik unter der Voraussetzung stetiger Verschiebungsfelder

untersucht man zweckmäßig in Form eines in der Bezugskonfiguration registrierten Vorgangs, indem man das Phänomen einer real die Momentankonfiguration durchwandernden Unstetigkeitsfläche $(\bar{F}_U)$ durch eine ersatzweise die Bezugskonfiguration durchwandernde Unstetigkeitsfläche $(\hat{F}_U)$ äquivalent zu beschreiben sucht. Bezeichnen $\hat{n}_S$ die momentane Flächennormale einer solchen Unstetigkeitsfläche bzw. $\hat{\mathbb{E}}_{(2)S} = \mathbb{E} - \hat{n}_S \circ \hat{n}_S$ den jeweils zugehörigen momentanen planaren Anteil des Einheitstensors, mit denen der $\hat{\nabla}$-Operator in der Form

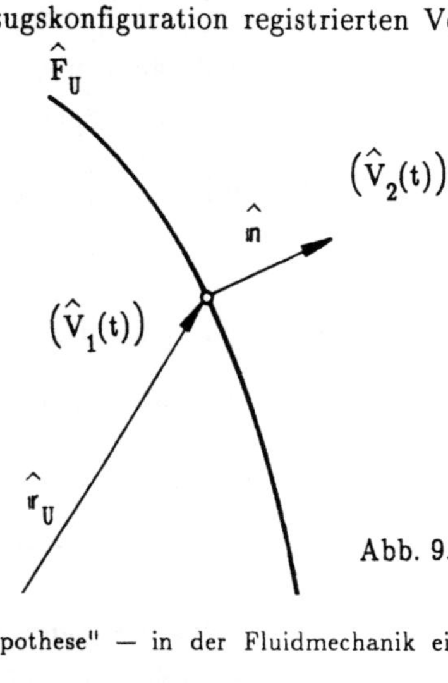

Abb. 9.4

[74] wobei Letztere de facto — anstelle der "Wandhaftungshypothese" — in der Fluidmechanik eine "Slip—Hypothese" etablieren.

$$\hat{\nabla} = \hat{\nabla}_{(2)} + \hat{\mathbb{n}}_S \frac{\partial}{\partial \hat{s}_n} \text{ mit } \hat{\nabla}_{(2)} = \hat{\mathbb{E}}_{(2)S} \cdot \hat{\nabla}, \quad \frac{\partial}{\partial \hat{s}_n} = \hat{\mathbb{n}}_S \cdot \hat{\nabla} \tag{9.65a,b}$$

zerlegt wird, so verlangt die Forderung nach Stetigkeit der Verschiebungen einerseits

a) $$\hat{\mathbb{u}}_1(\hat{\mathbb{r}}_U,t) \overset{75)}{=} \hat{\mathbb{u}}_2(\hat{\mathbb{r}}_U,t) \tag{9.66a}$$

für beliebige Lagen der Unstetigkeitsfläche, d. h. auch

$$\hat{\mathbb{u}}_1(\hat{\mathbb{r}}_U+\hat{U}_n\hat{\mathbb{n}}\, dt,t+ dt) = \hat{\mathbb{u}}_2(\hat{\mathbb{r}}_U+\hat{U}_n\hat{\mathbb{n}}\, dt,t+ dt)\ , \tag{9.66b}$$

wenn man mit $\hat{U}_n$ deren Normalgeschwindigkeit bezeichnet, so daß mit

$$\hat{\mathbb{u}}_j(\hat{\mathbb{r}}_U+\hat{U}_n\hat{\mathbb{n}}_S\, dt,t+ dt) \overset{76)}{=} \hat{\mathbb{u}}_j(\hat{\mathbb{r}}_U,t) + dt \left[\frac{\partial \hat{\mathbb{u}}_j}{\partial t} + \hat{U}_n\, \hat{\mathbb{n}}_S \cdot (\hat{\nabla} \circ \hat{\mathbb{u}})_j \right],\ j=1,2$$

aus (9.66b) unter Beachtung von (9.66a)

$$\frac{\partial \hat{\mathbb{u}}_1}{\partial t} - \frac{\partial \hat{\mathbb{u}}_2}{\partial t} = [\frac{\partial \hat{\mathbb{u}}}{\partial t}] \overset{77)}{=} [\hat{\mathbb{v}}] = - \hat{U}_n\, \hat{\mathbb{n}}_S \cdot \left[(\hat{\nabla} \circ \hat{\mathbb{u}})_1 - (\hat{\nabla} \circ \hat{\mathbb{u}})_2\right] =$$

$$= - \hat{U}_n \left(\left[\frac{\partial \hat{\mathbb{u}}}{\partial \hat{s}_n} \right]_1 - \left[\frac{\partial \hat{\mathbb{u}}}{\partial \hat{s}_n} \right]_2 \right) = - \hat{U}_n\, [\frac{\partial \hat{\mathbb{u}}}{\partial \hat{s}_n}] \tag{9.66c}$$

festgestellt wird, andererseits aber auch

b) $$(\hat{\nabla}_{(2)} \circ \hat{\mathbb{u}})_1 - (\hat{\nabla}_{(2)} \circ \hat{\mathbb{u}})_2 = [(\hat{\nabla}_{(2)} \circ \hat{\mathbb{u}})] = 0, \tag{9.67}$$

weil die Verschiebungen längs Unstetigkeitsflächen $(\hat{F}_U)$ stetig sein sollen.

Hierwegen erschließt man angesichts von $\hat{\nabla} \circ \hat{\mathbb{u}} = \hat{\nabla}_{(2)} \circ \hat{\mathbb{u}} + \hat{\mathbb{n}}_S \circ \frac{\partial \hat{\mathbb{u}}}{\partial \hat{s}_n}$

desweiteren

$$(\hat{\nabla} \circ \hat{\mathbb{u}})_1 - (\hat{\nabla} \circ \hat{\mathbb{u}})_2 \equiv [(\hat{\nabla} \circ \hat{\mathbb{u}})] = [(\hat{\nabla}_{(2)} \circ \hat{\mathbb{u}})] + \hat{\mathbb{n}}_S \circ [\frac{\partial \hat{\mathbb{u}}}{\partial \hat{s}_n}] \overset{(9.67)}{=} \hat{\mathbb{n}}_S \circ [\frac{\partial \hat{\mathbb{u}}}{\partial \hat{s}_n}], \tag{9.67a}$$

d. h. für den Zusammenhang zwischen den Sprungwerten der Konfigurationsgradienten und der Geschwindigkeiten

$$[\mathbb{F}] = [\mathbb{E}+\hat{\nabla} \circ \hat{\mathbb{u}}] = [\hat{\nabla} \circ \hat{\mathbb{u}}] = \hat{\mathbb{n}}_S \circ [\frac{\partial \hat{\mathbb{u}}}{\partial \hat{s}_n}] \overset{(9.66c)}{=} - \hat{\mathbb{n}}_S \circ [\frac{\partial \hat{\mathbb{u}}}{\partial t}] / \hat{U}_n = -\hat{\mathbb{n}}_S \circ [\hat{\mathbb{v}}] / \hat{U}_n\ , \tag{9.67b}$$

---

75) $\hat{\mathbb{u}}_1(\hat{\mathbb{r}},t)$ bzw. $\hat{\mathbb{u}}_2(\hat{\mathbb{r}},t)$ bedeuten die Lagrangeschen Felder der Verschiebungen in $\hat{V}_1(t)$ bzw. $\hat{V}_2(t)$, $\hat{\mathbb{r}}_U$ kennzeichnet die jeweilige Momentanlage eines Unstetigkeitsflächenpunktes (Abb. 9.4)

76) Man benutze die Formel für das vollständige Differential. $(\hat{\nabla} \circ \hat{\mathbb{u}})_1$ bzw. $(\hat{\nabla} \circ \hat{\mathbb{u}})_2$ bedeuten die jeweils links– bzw. rechtsseitig von $\hat{F}_U$ anfallenden Gradienten der Felder $\hat{\mathbb{u}}_j(\hat{\mathbb{r}},t)$, j=1,2.

77) Man beachte, daß die partiellen Zeitableitungen $(\partial \hat{\mathbb{u}}/\partial t)$ des Lagrangeschen Feldes der Massenelementen–Verschiebungen das Lagrangesche Feld $(\hat{\mathbb{v}})$ der Geschwindigkeiten ist.

aber auch die Identität

$$\hat{\mathbb{n}}_S \cdot [\mathbb{F}_f] = \hat{\mathbb{n}}_S \cdot [F_3 \mathbb{F}^{T^{-1}}] =^{78)} 0 \,, \tag{9.67c}$$

die einerseits den Befund des stetigen Übergangs der in der jeweiligen Unstetigkeitsflächen-Tangentialebene definierten Dehnungen bzw. Scherwinkel und damit auch der jeweiligen "Flächenelementendehnungen" zum Ausdruck bringt[79], darüber hinaus aber auch den Befund, daß man die momentane Flächennormale $\bar{\mathbb{n}}_S$ der die Momentankonfiguration durchwandernden Unstetigkeitsfläche $(\bar{F}_U)$ gleichermaßen unter Benutzung der (identischen!) jeweiligen links- bzw. rechtsseitigen Normalen $\hat{\mathbb{n}}_{S1} = \hat{\mathbb{n}}_{S2} = \hat{\mathbb{n}}_S$ der Unstetigkeitsfläche $(\hat{F}_U)$ berechnen darf.

Unter Benutzung von (*) (vgl. Fußn. 79) bekommt man nämlich

$$\bar{\mathbb{n}}_{S1} = \hat{\mathbb{n}}_S \cdot \left[\mathbb{F}_f/(1+\epsilon_{fs})\right]_1 \,, \quad \bar{\mathbb{n}}_{S2} = \hat{\mathbb{n}}_S \cdot \left[\mathbb{F}_f/(1+\epsilon_{fs})\right]_2 \tag{9.68a,b}$$

und damit wegen der Stetigkeit von ϵ_{fs}

$$\bar{\mathbb{n}}_{S1} - \bar{\mathbb{n}}_{S2} = [\bar{\mathbb{n}}_S] = \hat{\mathbb{n}}_S \cdot [\mathbb{F}_f/(1+\epsilon_{fs})] = \hat{\mathbb{n}}_S \cdot [\mathbb{F}_f]/(1+\epsilon_{fs}) \,,$$

was wegen (9.67c) den Sachverhalt

$$[\bar{\mathbb{n}}_S] = 0 \tag{9.68c}$$

in der Tat bestätigt. Entsprechend folgert man dann auch

---

78) Indem man unter Benutzung der Cayley—Hamiltonschen Gleichung

$$F_3 \mathbb{F}^{T^{-1}} = F_2 \mathbb{E} - F_1 \mathbb{F}^T + \mathbb{F}^{T^2}$$

mit $\mathbb{F} = \mathbb{E} + \hat{\nabla} \circ \hat{\mathbb{u}}$ die Formulierung

$$F_3 \mathbb{F}^{T^{-1}} = \left[1 + \hat{\nabla} \cdot \hat{\mathbb{u}} + \frac{1}{2}(\hat{\nabla} \cdot \hat{\mathbb{u}})^2 - \frac{1}{2}(\hat{\nabla} \circ \hat{\mathbb{u}}) \cdot\cdot (\hat{\nabla} \circ \hat{\mathbb{u}})\right] \mathbb{E} - (1 + \hat{\nabla} \cdot \hat{\mathbb{u}})\, \hat{\mathbb{u}} \circ \hat{\nabla} + (\hat{\mathbb{u}} \circ \hat{\nabla}) \cdot (\hat{\mathbb{u}} \circ \hat{\nabla})$$

auffinden kann, womit man desweiteren

$$\hat{\mathbb{n}}_S \cdot F_3 \mathbb{F}^{T^{-1}} \cdot \hat{\mathbb{E}}_{(2)S} = \hat{\mathbb{n}}_S \cdot (\hat{\mathbb{u}} \circ \hat{\nabla}_{(2)}) \cdot (\hat{\mathbb{u}} \circ \hat{\nabla}_{(2)} - (1 + \hat{\nabla}_{(2)} \cdot \hat{\mathbb{u}}) \mathbb{E})$$

und
$$\hat{\mathbb{n}}_S \cdot F_3 \mathbb{F}^{T^{-1}} \cdot \hat{\mathbb{n}}_S = 1 + \hat{\nabla}_{(2)} \cdot \hat{\mathbb{u}} + \frac{1}{2}\left[(\hat{\nabla}_{(2)} \cdot \hat{\mathbb{u}})^2 - (\hat{\nabla}_{(2)} \circ \hat{\mathbb{u}}) \cdot\cdot (\hat{\nabla}_{(2)} \circ \hat{\mathbb{u}})\right]$$

identifiziert, stellt man fest, daß in letzteren Ausdrücken allein (lokal—)planare Operationen aufscheinen, die wegen $[\hat{\nabla}_{(2)} \circ \hat{\mathbb{u}}] = 0$ über $\hat{F}_U$ hinweg stetig sind, was in der Tat (9.67c) verifiziert.

79) Wegen $\quad d\hat{\mathbb{f}} \cdot \mathbb{F}_f = d\hat{f}\, \hat{\mathbb{n}}_S \cdot \mathbb{F}_f = d\bar{\mathbb{f}} = d\bar{f}\, \bar{\mathbb{n}}_S = (1+\epsilon_{fs}) d\hat{f}\, \bar{\mathbb{n}}_S \qquad (*)$

und daher $(1+\epsilon_{fs})^2 = (\hat{\mathbb{n}}_S \cdot \mathbb{F}_f)^2$

ist in Anbetracht von (9.67c) stetiger Übergang der Dehnungen (ϵ_{fs}) momentan in einer Unstetigkeitsfläche $(\hat{F}_U)$ liegender materieller Flächenelemente unmittelbar zu folgern

$$[\hat{\mathbb{n}}_S] \overset{(9.68a,b)}{=} (1+\epsilon_{fs})\,\bar{\mathbb{n}}_S\cdot[\mathbb{F}_f^{-1}] = (1+\epsilon_{fs})\bar{\mathbb{n}}_S\cdot[\mathbb{F}^T/F_3] = (1+\epsilon_{fs})[\mathbb{F}/F_3]\cdot\bar{\mathbb{n}}_S = 0. \tag{9.68d}$$

Wegen (9.67c,68a,b) gilt desweiteren

$$\begin{aligned}[F_3] &\equiv \hat{\mathbb{n}}_S\cdot[F_3\mathbb{E}]\cdot\hat{\mathbb{n}}_S \equiv \hat{\mathbb{n}}_S\cdot[F_3\mathbb{F}^{T^{-1}}\cdot\mathbb{F}^T]\cdot\hat{\mathbb{n}}_S \overset{(9.67c)}{=} \hat{\mathbb{n}}_S\cdot F_3\mathbb{F}^{T^{-1}}\cdot[\mathbb{F}^T]\cdot\hat{\mathbb{n}}_S \equiv \\ &\equiv \hat{\mathbb{n}}_S\cdot\mathbb{F}_f\cdot[\mathbb{F}^T]\cdot\hat{\mathbb{n}}_S \overset{(9.68a,b)}{=} (1+\epsilon_{fs})\,\bar{\mathbb{n}}_S\cdot[\mathbb{F}^T]\cdot\hat{\mathbb{n}}_S \overset{(9.67b)}{=} (1+\epsilon_{fs})\,\bar{\mathbb{n}}_S\cdot[\hat{\mathbb{u}}\circ\hat{\nabla}]\cdot\hat{\mathbb{n}}_S = \\ &\overset{(9.67a)}{=} (1+\epsilon_{fs})\,\bar{\mathbb{n}}_S\cdot[\frac{\partial\hat{\mathbb{u}}}{\partial\hat{s}_n}] \overset{(9.66c)}{=} -(1+\epsilon_{fs})\,\bar{\mathbb{n}}_S\cdot[\mathbb{v}]/\hat{U}_n,\end{aligned} \tag{9.69a}$$

und, indem man schließlich mit einer im Folgenden in der Bezugskonfiguration als global konstant vorausgesetzten "Ausgangsdichte" $\hat{\rho} = \hat{\rho}_0$, d. h. $\bar{\rho}\ F_3 = \hat{\rho}_0$ und dementsprechend

$$[1/\bar{\rho}] = [F_3]/\hat{\rho}_0 \tag{9.69b}$$

setzt, ist der relative Massenfluß nach (9.44c) als

$$M_S = \frac{\bar{\mathbb{n}}_S\cdot[\mathbb{v}]}{[1/\bar{\rho}]} \overset{(9.69b)}{=} \hat{\rho}_0\frac{\bar{\mathbb{n}}_S\cdot[\mathbb{v}]}{[F_3]} \overset{(9.69a)}{=} -\hat{\rho}_0\,\hat{U}_n/(1+\epsilon_{fs}) \tag{9.69c}$$

darzustellen, so daß man hiermit und mit (9.66c) aus (9.45a) als Stoßfrontversion der Impulsbilanz die Version

$$\begin{aligned}(1+\epsilon_{fs})\cdot[\bar{\mathbb{s}}_n^{(E)}] &= (1+\epsilon_{fs})[\bar{\mathbb{n}}_S\cdot\$^{(E)}] \overset{(9.45a)}{=} (1+\epsilon_{fs})\,M_S[\mathbb{v}] \overset{(9.69c)}{=} -\hat{\rho}_0\,\hat{U}_n[\mathbb{v}] = \\ &\overset{(9.66c)}{=} \hat{\rho}_0\,\hat{U}_n^2\,[\frac{\partial\hat{\mathbb{u}}}{\partial\hat{s}_n}] = \hat{\rho}_0\,\hat{U}_n^2\,[\mathbb{F}^T]\cdot\hat{\mathbb{n}}_S\end{aligned} \tag{9.70a}$$

auffindet bzw. die Versionen

$$\hat{\mathbb{n}}_S\cdot[\$^{(K)}\cdot\mathbb{F}] = [\mathbb{s}_{\hat{n}}^{(K)}\cdot\mathbb{F}] = \hat{\rho}_0\,\hat{U}_n^2\,\hat{\mathbb{n}}_S\cdot[\mathbb{F}] = \hat{\rho}_0\,\hat{U}_n^2\,[\frac{\partial\hat{\mathbb{u}}}{\partial\hat{s}_n}] \tag{9.70b}$$

oder

$$\hat{\mathbb{n}}_S\cdot[(\$^{(K)} - \hat{\rho}_0\,\hat{U}_n^2\,\mathbb{E})\cdot\mathbb{F}] = 0\,, \tag{9.70c}$$

indem man noch mittels (8.48), d. h. mittels

$$\begin{aligned}(1+\epsilon_{fs})\,\bar{\mathbb{n}}_S\cdot[\$^{(E)}] &= (1+\epsilon_{fs})\bar{\mathbb{n}}_S\cdot[\frac{\mathbb{F}^T}{F_3}\cdot\$^{(K)}\cdot\mathbb{F}] \overset{(9.68d)}{=} (1+\epsilon_{fs})\bar{\mathbb{n}}_S\cdot\frac{\mathbb{F}^T}{F_3}\cdot[\$^{(K)}\cdot\mathbb{F}] = \\ &\overset{(9.68a,b)}{=} \hat{\mathbb{n}}\cdot[\$^{(K)}\cdot\mathbb{F}] = [\mathbb{s}_{\hat{n}}^{(K)}\cdot\mathbb{F}]\end{aligned} \tag{9.70d}$$

den zweiten Piola-Kirchhoff-Tensor ($\$^{(K)}$) bzw. die in der jeweiligen Unstetigkeitsflächen-Tangentialebene übertragenen Kappusschen Spannungen ($\mathbb{s}_{\hat{n}}^{(K)}$) einführt.

Die Sprungrelation des Arbeitssatzes führt analog (9.48a) auf eine Darstellung der nunmehr auf die Flächeneinheit der Unstetigkeitsfläche ($\hat{F}_U$) bezogenen Spannungsleistung $\hat{\dot{\mathcal{A}}}_{\$F}$ =

$(1+\epsilon_{fs})\, \dot{\mathscr{A}}_{\$F}$ in Termen der Kappusschen Spannungen und der Geschwindigkeitssprünge[80],

$$-\hat{\dot{\mathscr{A}}}_{\$F} = -(1+\epsilon_{fs})\dot{\mathscr{A}}_{\$F} = \frac{1}{2}(\$_{\hat{n}}^{(K)}\cdot\mathbb{F})\cdot[\mathbb{v}] = \frac{1}{2}(\hat{\mathbb{n}}_S\cdot\$^{(K)}\cdot\mathbb{F})\cdot[\mathbb{v}] =$$

$$\overset{(9.66c)}{=} -\frac{1}{2}\hat{U}_n(\$_{\hat{n}}^{(K)}\cdot\mathbb{F})\cdot[\frac{\partial\hat{\mathbb{u}}}{\partial\hat{s}_n}] = -\frac{1}{2}\hat{U}_n(\$_{\hat{n}}^{(K)}\cdot\mathbb{F})\cdot[\mathbb{F}^T]\cdot\hat{\mathbb{n}}_S, \tag{9.71}$$

der erste Hauptsatz der Thermodynamik in der Version (9.49f) läßt sich mit M_S nach (9.69c) unter Benutzung der auf die Flächeneinheit der Unstetigkeitsfläche $(\hat{F}_U)$ bezogenen Lagrangeschen Wärmeflußvektorkomponenten $q_{\hat{n}}^{(L)} = q_{\hat{n}}^{(E)}(1+\epsilon_{fs})$ in der Form

$$-\hat{\rho}_0\hat{U}_n[\mathscr{U}] + [q_{\hat{n}}^{(L)}] = -\hat{\dot{\mathscr{A}}}_{\$F} \tag{9.72a}$$

darstellen, und schließlich ist - man eliminiere $\hat{\dot{\mathscr{A}}}_{\$F}$ in (9.72a) mittels (9.71) -

$$[\mathscr{U}] - \frac{\hat{\mathbb{n}}_S}{2\hat{\rho}_0}\cdot(\$^{(K)}\cdot\mathbb{F})\cdot[\frac{\partial\hat{\mathbb{u}}}{\partial\hat{s}_n}] = [q_{\hat{n}}^{(L)}]/(\hat{\rho}_0\hat{U}_n) \tag{9.72b}$$

die zu (9.49g) analoge Formulierung in Termen in der Bezugskonfiguration definierter Größen, während die Sprunggrößen-Relation der Entropiebilanz einschließlich des zweiten Hauptsatzes der Thermodynamik die zu (9.50c) analoge Aussage

$$[\mathscr{S}] = \mathscr{S}_1 - \mathscr{S}_2 \geq [q_{\hat{n}}^{(L)}/T]/(\hat{\rho}_0\hat{U}_n) \tag{9.73}$$

liefert.

Als Beispiel hyperelastische Medien betrachtend, wo mit der als Zustandsfunktion des Konfigurationsgradienten $(\mathbb{F})$ und der Entropie $(\mathscr{S})$ in der Form $\mathscr{U} = \mathscr{U}_{F\mathscr{S}}(\mathbb{F},\mathscr{S})$ darstellbaren inneren Energie die Materialgleichungen für die Spannungen bzw. die Temperatur durch Gradientenbildung im Zustandsraum der Variablen $(\mathbb{F},\ \mathscr{S})$, d. h. per

$$\$^{(L)}/\hat{\rho}_0 = \$^{(K)}\cdot\mathbb{F}/\hat{\rho}_0 = \$_{F\mathscr{S}}^{(K)}(\mathbb{F},\mathscr{S})\cdot\mathbb{F}/\hat{\rho}_0 = \frac{\partial\mathscr{U}_{F\mathscr{S}}}{\partial\mathbb{F}},\quad T = T_{F\mathscr{S}}(\mathbb{F},\mathscr{S}) = \frac{\partial\mathscr{U}_{F\mathscr{S}}}{\partial\mathscr{S}} \tag{9.74a,b}$$

hervorgebracht werden können, bekommt man aus (9.72b) bei Vernachlässigung der Wärmeleiteffekte analog zur sog. "adiabatischen Stoßbedingung" Huigonots in der Gasdynamik

$$\mathscr{U}_1 - \mathscr{U}_2 - \frac{\hat{\mathbb{n}}_S}{2}\cdot\left(\left[\frac{\partial\mathscr{U}_{F\mathscr{S}}}{\partial\mathbb{F}}\right]_1 + \left[\frac{\partial\mathscr{U}_{F\mathscr{S}}}{\partial\mathbb{F}}\right]_2\right)\cdot\left(\left[\frac{\partial\hat{\mathbb{u}}}{\partial\hat{s}_n}\right]_1 - \left[\frac{\partial\hat{\mathbb{u}}}{\partial\hat{s}_n}\right]_2\right) = 0, \tag{9.74c}$$

woraus man analog (9.59,61) folgern kann, daß die Entropie–Sprungwerte $[\mathscr{S}] = \mathscr{S}_1 - \mathscr{S}_2$ für mäßige

---

80) Man setze in (9.48a)

$$\bar{\$}_n^{(E)} = \bar{\mathbb{n}}_S\cdot\$^{(E)} \overset{(9.68a,b)}{=} \frac{\hat{\mathbb{n}}_S\cdot F_3\mathbb{F}^{T^{-1}}}{1+\epsilon_{fs}}\cdot\$^{(E)} \equiv \frac{\hat{\mathbb{n}}_S}{1+\epsilon_{fs}}\cdot(F_3\mathbb{F}^{T^{-1}}\cdot\$^{(E)}\cdot\mathbb{F}^{-1}\cdot\mathbb{F}) =$$

$$\overset{(8.48a)}{=} \frac{\hat{\mathbb{n}}_S}{1+\epsilon_{fs}}\cdot\$^{(K)}\cdot\mathbb{F} \overset{(8.48b)}{=} \frac{\$_{\hat{n}}^{(K)}\cdot\mathbb{F}}{1+\epsilon_{fs}}$$

ein

Sprunggrößen $\hat{\mathbb{a}} = [\partial \hat{\mathbb{u}} / \partial \hat{s}_n]$ von Letzteren kubisch, bei Mitnahme der Wärmeleiteffekte in (9.72b) von $\hat{\mathbb{a}}$ quadratisch, also keinesfalls linear von $\hat{\mathbb{a}}$ abhängen, daß man also Unstetigkeitsprobleme für kleine Sprungwerte $|\hat{\mathbb{a}}|$ de facto als isentrope Vorgänge betrachten darf[81]. Für diesen

9.7.1 Fall kleiner Sprungwerte in homogenen hyperelastischen Medien

wird mit den für kleine Sprunggrößen $\hat{\mathbb{a}}$ geltenden Näherungen $\mathscr{S}_1 \approx \mathscr{S}_2 \approx \mathscr{S}$ sowie

$$[\$^{(K)} \cdot \mathbb{F}] = (\$^{(K)} \cdot \mathbb{F})_1 - (\$^{(K)} \cdot \mathbb{F})_2 = (\$^{(K)} \cdot \mathbb{F})_{\mathbb{F}_1, \mathscr{S}_1} - (\$^{(K)} \cdot \mathbb{F})_{\mathbb{F}_2, \mathscr{S}_2} \approx$$

$$\approx (\$^{(K)} \cdot \mathbb{F})_{\mathbb{F}_1, \mathscr{S}_2} - (\$^{(K)} \cdot \mathbb{F})_{\mathbb{F}_2, \mathscr{S}_2} \overset{(9.67b)}{=} (\$^{(K)} \cdot \mathbb{F})_{\mathbb{F}_2 + \hat{\mathbb{n}}_S \circ \hat{\mathbb{a}}, \mathscr{S}_2} - (\$^{(K)} \cdot \mathbb{F})_{\mathbb{F}_2, \mathscr{S}_2} \approx$$

$$\approx^{82)} \hat{\mathbb{a}} \circ \hat{\mathbb{n}}_S \cdot\cdot \left[\frac{\partial (\$^{(K)} \cdot \mathbb{F})}{\partial \mathbb{F}} \right]_{\mathbb{F}_2, \mathscr{S}_2} \overset{(9.74a)}{=} \hat{\rho}_0\, \hat{\mathbb{a}} \circ \hat{\mathbb{n}}_S \cdot\cdot \left[\frac{\partial^2 \mathscr{U}_{\mathbb{F}\mathscr{S}}}{\partial \mathbb{F}^2} \right]_{\mathbb{F}_2, \mathscr{S}_2} \tag{9.75}$$

aus (9.70b) unter Benutzung der Identität

$$\hat{\mathbb{n}}_S \cdot [\$^{(K)} \cdot \mathbb{F}] = \hat{\mathbb{n}}_S \cdot \left[(\$^{(K)} \cdot \mathbb{F})_1 - (\$^{(K)} \cdot \mathbb{F})_2 \right] = \hat{\rho}_0 \, (\hat{\mathbb{n}}_S \circ \hat{\mathbb{a}} \circ \hat{\mathbb{n}}_S) \cdot\cdot\cdot \left[\frac{\partial^2 \mathscr{U}_{\mathbb{F}\mathscr{S}}}{\partial \mathbb{F}^2} \right]_{\mathbb{F}_2, \mathscr{S}_2} \equiv$$

$$\equiv^{83)} \hat{\mathbb{a}} \circ \hat{\mathbb{n}}_S \circ \hat{\mathbb{n}}_S \cdot\cdot\cdot \left[\overset{\langle 6 \rangle}{\mathbb{E}_T} \cdot\cdot \overset{\langle 4 \rangle}{\mathbb{E}_T} \right] \cdot\cdot\cdot \left[\frac{\partial^2 \mathscr{U}_{\mathbb{F}\mathscr{S}}}{\partial \mathbb{F}^2} \right]_{\mathbb{F}_2, \mathscr{S}_2}$$

mit der für diesen Fall mit $\hat{U}_n^*$ bezeichneten Fortpflanzungsgeschwindigkeit der Befund

$$\hat{\mathbb{a}} \cdot \left[\mathbb{A}(\hat{\mathbb{n}}_S, \mathbb{F}_2, \mathscr{S}_2) - \hat{\rho}_0 \, \hat{U}_n^{*2} \, \mathbb{E} \right] = 0, \quad \text{bzw.} \quad [\mathbb{v}] \cdot (\mathbb{A} - \hat{\rho}_0 \, \hat{U}_n^{*2} \, \mathbb{E}) = 0 \tag{9.76a,b}$$

mit dem sog. "akustischen Tensor"

$$\mathbb{A}(\hat{\mathbb{n}}_S, \mathbb{F}_2, \mathscr{S}_2) = \hat{\mathbb{n}}_S \circ \hat{\mathbb{n}}_S \cdot\cdot \left[\overset{\langle 6 \rangle}{\mathbb{E}_T} \cdot\cdot \overset{\langle 4 \rangle}{\mathbb{E}_T} \right] \cdot\cdot\cdot \left[\hat{\rho}_0 \frac{\partial^2 \mathscr{U}_{\mathbb{F}\mathscr{S}}}{\partial \mathbb{F}^2} \right]_{\mathbb{F}_2, \mathscr{S}_2} \tag{9.76c}$$

festgestellt, der mit der üblicherweise benutzten Darstellung

---

[81] vgl. h. die Ergänzung am Ende von §9.7.3.

[82] Man benutze eine Taylor–Entwicklung und breche wegen der vorausgesetzten Kleinheit von $\hat{\mathbb{a}}$ nach dem linearen Gliede ab. Betr. die Ableitung $d\Psi/d\mathbb{F}$ einer zweistufig–tensorwertigen Funktion Ψ einer tensorwertigen Variablen $\mathbb{F}$ beachte man [1], §7.5, wonach das vollständige Differential $d\Psi$ durch die Operation $d\Psi = d\mathbb{F}^T \cdot\cdot (\partial\Psi/\partial\mathbb{F})$ zu beschreiben sein sollte. Die in (9.75) geübte Vorgehensweise setzt materielle Homogenität, d. h. globale Gültigkeit der Materialbeziehungen (9.74a,b) voraus.

[83] etwa auf eine Orthonormalbasis $\langle \mathbb{e}_j \rangle$ bezogen, definiert den zyklischen Permutator $\overset{\langle 6 \rangle}{\mathbb{E}_T} \cdot\cdot \overset{\langle 4 \rangle}{\mathbb{E}_T}$ die Struktur $\overset{\langle 6 \rangle}{\mathbb{E}_T} \cdot\cdot \overset{\langle 4 \rangle}{\mathbb{E}_T} = \sum_{i,j,k=1}^{3} \mathbb{e}_i \circ \mathbb{e}_j \circ \mathbb{e}_k \circ \mathbb{e}_i \circ \mathbb{e}_k \circ \mathbb{e}_j$

$$\mathcal{U} = \mathcal{U}_{D\mathcal{S}}(\mathbb{D}^{(G)}, \mathcal{S}) \tag{9.77a}$$

der inneren Energie als Zustandsfunktion der Greenschen Verzerrungen $(\mathbb{D}^{(G)})$ und der Entropie[84] wegen

$$\frac{\partial \mathcal{U}_{F\mathcal{S}}}{\partial \mathbb{F}} \overset{85)}{=} \frac{\partial \mathcal{U}_{D\mathcal{S}}}{\partial \mathbb{D}^{(G)}} \cdot \mathbb{F} = \mathbb{S}^{(K)}(\mathbb{D}^{(G)}, \mathcal{S}) \cdot \mathbb{F} / \hat{\rho}_0 \tag{9.77b}$$

und

$$\frac{\partial^2 \mathcal{U}_{F\mathcal{S}}}{\partial \mathbb{F}^2} = \overset{<4>}{\mathbb{E}_T} \cdot\cdot \left[\mathbb{F}^T \cdot \frac{\partial^2 \mathcal{U}_{D\mathcal{S}}}{\partial \mathbb{D}^{(G)2}} \cdot \mathbb{F}\right] + \frac{\partial \mathcal{U}_{D\mathcal{S}}}{\partial \mathbb{D}^{(G)}} \cdot \overset{<4>}{\mathbb{E}_T}, \tag{9.77c}$$

also

$$\left[\overset{<6>}{\mathbb{E}_T} \cdot\cdot \overset{<4>}{\mathbb{E}_T}\right] \cdot\cdot\cdot \frac{\partial^2 \mathcal{U}_{F\mathcal{S}}}{\partial \mathbb{F}^2} = \overset{<6>}{\mathbb{E}_T} \cdot\cdot\cdot \left[\mathbb{F}^T \cdot \frac{\partial^2 \mathcal{U}_{D\mathcal{S}}}{\partial \mathbb{D}^{(G)2}} \cdot \mathbb{F}\right] + \frac{\partial \mathcal{U}_{D\mathcal{S}}}{\partial \mathbb{D}^{(G)}} \circ \mathbb{E} \tag{9.77d}$$

auch in der Form

$$\mathbb{A}(\hat{\mathbb{n}}_S, \mathbb{F}_2, \mathcal{S}_2) = \hat{\rho}_0 \left\{\hat{\mathbb{n}}_S \circ \hat{\mathbb{n}}_S \cdot\cdot \overset{<6>}{\mathbb{E}_T} \cdot\cdot\cdot \left[\mathbb{F}^T \cdot \frac{\partial^2 \mathcal{U}_{D\mathcal{S}}}{\partial \mathbb{D}^{(G)2}} \cdot \mathbb{F}\right] + \left[\hat{\mathbb{n}}_S \cdot \frac{\partial \mathcal{U}_{D\mathcal{S}}}{\partial \mathbb{D}^{(G)}} \cdot \hat{\mathbb{n}}_S\right] \mathbb{E}\right\}_{\mathbb{F}_2, \mathcal{S}_2} =$$

$$= \left\{\hat{\mathbb{n}}_S \circ \hat{\mathbb{n}}_S \cdot\cdot \overset{<6>}{\mathbb{E}_T} \cdot\cdot\cdot \left[\mathbb{F}^T \cdot \frac{\partial \mathbb{S}^{(K)}_{D\mathcal{S}}}{\partial \mathbb{D}^{(G)}} \cdot \mathbb{F}\right] + \left[\hat{\mathbb{n}}_S \cdot \mathbb{S}^{(K)} \cdot \hat{\mathbb{n}}_S\right] \mathbb{E}\right\}_{\mathbb{F}_2, \mathcal{S}_2} \tag{9.78a}$$

---

[84] womit dann analog (9.29b) die Materialgleichung für die Piola–Kirchhoff–Spannungen als Funktion der Greenschen Verzerrungen und der Entropie aus $\mathbb{S}^{(K)} / \hat{\rho}_0 = \partial \mathcal{U}_{D\mathcal{S}} / \partial \mathbb{D}^{(G)}$ hervorgebracht wird (vgl. a. Bd. III dieser Reihe).

[85] Aus $\partial \mathcal{U} = d\mathbb{F}^T \cdot\cdot \frac{\partial \mathcal{U}_{F\mathcal{S}}}{\partial \mathbb{F}} \equiv d\mathbb{D}^{(G)} \cdot\cdot \frac{\partial \mathcal{U}_{D\mathcal{S}}}{\partial \mathbb{D}^{(G)}}$ folgt mit

$$d\mathbb{D}^{(G)} = \frac{1}{2} d(\mathbb{F} \cdot \mathbb{F}^T - \mathbb{E}) = \frac{1}{2}(d\mathbb{F} \cdot \mathbb{F}^T + \mathbb{F} \cdot d\mathbb{F}^T) \equiv \frac{1}{2}(\mathbb{F} \cdot d\mathbb{F}^T + (\mathbb{F} \cdot d\mathbb{F}^T)^T),$$

weil $\partial \mathcal{U}_{D\mathcal{S}} / \partial \mathbb{D}^{(G)}$ ein symmetrischer Tensor ist,

$$d\mathbb{F}^T \cdot\cdot \frac{\partial \mathcal{U}_{F\mathcal{S}}}{\partial \mathbb{F}} = (\mathbb{F} \cdot d\mathbb{F}^T) \cdot\cdot \frac{\partial \mathcal{U}_{D\mathcal{S}}}{\partial \mathbb{D}^{(G)}} \equiv \frac{\partial U_{D\mathcal{S}}}{\partial \mathbb{D}^{(G)}} \cdot\cdot (\mathbb{F} \cdot d\mathbb{F}^T) \equiv$$

$$\equiv \left[\frac{\partial \mathcal{U}_{D\mathcal{S}}}{\partial \mathbb{D}^{(G)}} \cdot \mathbb{F}\right] \cdot\cdot d\mathbb{F}^T \equiv d\mathbb{F}^T \cdot\cdot \left[\frac{\partial \mathcal{U}_{D\mathcal{S}}}{\partial \mathbb{D}^{(G)}} \cdot \mathbb{F}\right]$$

und damit in der Tat $\partial \mathcal{U}_{F\mathcal{S}} / d\mathbb{F} = (\partial \mathcal{U}_{D\mathcal{S}} / \partial \mathbb{D}^{(G)}) \cdot \mathbb{F} \equiv \mathbb{S}^{(K)}(\mathbb{D}^{(G)}, \mathcal{S}) \cdot \mathbb{F} / \hat{\rho}_0$ (vgl. Fußn. 82).

zu notieren[86] ist bzw. in der Form

$$\mathbb{A}(\hat{\mathbb{n}}_S,\mathbb{F}_2,\mathcal{S}_2) = \hat{\rho}_0 \left\{ \hat{\mathbb{n}}_S \cdot \overset{\langle 4\rangle}{\mathbb{E}}_T \cdot\cdot \left[\mathbb{F}^T \cdot \frac{\partial^2 \mathcal{U}_{D\mathcal{S}}}{\partial \mathbb{D}^{(G)2}} \cdot \mathbb{F}\right] \cdot\cdot \overset{\langle 4\rangle}{\mathbb{E}}_T \cdot \hat{\mathbb{n}}_S + \left[\hat{\mathbb{n}}_S \cdot \frac{\partial \mathcal{U}_{D\mathcal{S}}}{\partial \mathbb{D}^{(G)}} \cdot \hat{\mathbb{n}}_S\right]\mathbb{E}\right\}_{\mathbb{F}_2,\mathcal{S}_2} \equiv$$

$$\equiv \hat{\rho}_0 \hat{\mathbb{n}}_S \cdot \left\{ \overset{\langle 4\rangle}{\mathbb{E}}_T \cdot\cdot \left[\mathbb{F}^T \cdot \frac{\partial^2 \mathcal{U}_{D\mathcal{S}}}{\partial \mathbb{D}^{(G)2}} \cdot \mathbb{F}\right] \cdot\cdot \overset{\langle 4\rangle}{\mathbb{E}}_T + \frac{1}{2}\left[\overset{\langle 4\rangle}{\mathbb{E}} \cdot \frac{\partial \mathcal{U}_{D\mathcal{S}}}{\partial \mathbb{D}^{(G)}} + \frac{\partial \mathcal{U}_{D\mathcal{S}}}{\partial \mathbb{D}^{(G)}} \cdot \overset{\langle 4\rangle}{\mathbb{E}}\right]\right\}_{\mathbb{F}_2,\mathcal{S}_2} \cdot \hat{\mathbb{n}}_S, \qquad (9.78b)$$

indem man noch beachtet, daß $\partial^2 \mathcal{U}_{D\mathcal{S}} / \partial \mathbb{D}^{(G)^2}$ ein vollständig symmetrischer Tensor ($\overset{\langle 4\rangle}{\mathbb{C}} / \rho_0$) im Sinne von [1],(7.40b) ist und daher in der Form [1],(6.66) dargestellt werden kann.

Damit (9.76a,b) für von Null verschiedene Werte $\hat{\mathbb{a}} = [\partial \mathbb{u} / \partial \hat{s}_n]$ befriedigt werden kann, muß offenbar

$$\det(\mathbb{A} - \hat{\rho}_0 \hat{U}_n^{*2}\mathbb{E}) = 0 \qquad (9.79a)$$

gelten und $\hat{\mathbb{a}}/|\hat{\mathbb{a}}| = \mathbb{e}_A(\hat{\mathbb{n}}_S,\mathbb{F}_2,\mathcal{S}_2)$ als eine (eine sog. akustische Achse definierende) Eigenrichtung von $\mathbb{A}$ sowie $\rho_0 \hat{U}_n^{*2}$ als der zugehörige Haupt–(bzw. Eigenwert) interpretiert werden. Weil der akustische Tensor, wie man insbesondere an der Repräsentation (9.78b) erkennt, symmetrisch ist, existieren i. allg. drei zueinander orthogonale akustische Achsen $\left(\mathbb{e}_{Aj}^{(H)}, \ j=1...3\right)$ mit zugehörigen reellwertigen Eigenwerten $\rho_0 \hat{U}_{nj}^{*2}$, was, detaillierter, bedeutet, daß eine ein Flächenelement (charakterisiert durch $\hat{\mathbb{n}}_S$) durchwandernde (kleine) Sprunggröße $[\partial \hat{\mathbb{u}} / \partial \hat{s}_n]$ sich i. allg. so verhält, daß deren drei zueinander orthogonale Komponenten $[\partial \hat{\mathbb{u}} / \partial \hat{s}_n] \cdot \mathbb{e}_{Aj}^{(H)}$, j = 1...3 verschieden schnell, nämlich mit den ihnen jeweils zukommenden Geschwindigkeiten

$$\hat{U}_{nj}^{*} = \pm \sqrt{\mathbb{e}_{Aj}^{(H)} \cdot \frac{\mathbb{A}}{\rho_0} \cdot \mathbb{e}_{Aj}^{(H)}}\ , \ j = 1...3 \qquad (9.79b)$$

das Kontinuum durchwandern, real allerdings nur für im Sinne von

---

[86] zur Realisierung von (9.77c) benutze man die Identität

$$\partial\left[\frac{\partial \mathcal{U}_{F\mathcal{S}}}{\partial \mathbb{F}}\right] \equiv d\mathbb{F}^T \cdot\cdot \frac{\partial^2 \mathcal{U}_{F\mathcal{S}}}{\partial \mathbb{F}^2} \overset{(9.77b)}{=} d\mathbb{D}^{(G)} \cdot\cdot \frac{\partial^2 \mathcal{U}_{D\mathcal{S}}}{\partial \mathbb{D}^{(G)2}} \cdot \mathbb{F} + \frac{\partial \mathcal{U}_{D\mathcal{S}}}{\partial \mathbb{D}^{(G)}} \cdot d\mathbb{F}\ , \qquad (*)$$

beachte, daß $\partial^2 \mathcal{U}_{D\mathcal{S}} / \partial \mathbb{D}^{(G)^2}$ eine sog. vollständig–symmetrische Tetrade mit insbesondere der Eigenschaft $\partial^2 \mathcal{U}_{D\mathcal{S}} / \partial \mathbb{D}^{(G)^2} = \overset{\langle 4\rangle}{\mathbb{E}}_T \cdot\cdot \left[\partial^2 \mathcal{U}_{D\mathcal{S}} / \partial \mathbb{D}^{(G)^2}\right]$ (vgl. [1],(6.42b)) ist, womit (*) wegen $d\mathbb{D}^{(G)} = \frac{1}{2}(d\mathbb{F} \cdot \mathbb{F}^T) \cdot\cdot (\overset{\langle 4\rangle}{\mathbb{E}} + \overset{\langle 4\rangle}{\mathbb{E}}_T)$ (vgl. Fußn. 85) identisch in

$$d\mathbb{F}^T \cdot\cdot \frac{\partial^2 \mathcal{U}_{F\mathcal{S}}}{\partial \mathbb{F}^2} = (d\mathbb{F} \cdot \mathbb{F}^T) \cdot\cdot \frac{\partial^2 \mathcal{U}_{D\mathcal{S}}}{\partial \mathbb{D}^{(G)2}} \cdot \mathbb{F} + \frac{\partial \mathcal{U}_{D\mathcal{S}}}{\partial \mathbb{D}^{(G)}} \cdot d\mathbb{F} \equiv d\mathbb{F} \cdot\cdot \left[\mathbb{F}^T \cdot \frac{\partial^2 \mathcal{U}_{D\mathcal{S}}}{\partial \mathbb{D}^{(G)2}} \cdot \mathbb{F}\right] +$$

$$+ \left[d\mathbb{F}^T \cdot \frac{\partial \mathcal{U}_{D\mathcal{S}}}{\partial \mathbb{D}^{(G)}}\right]^T \equiv d\mathbb{F}^T \cdot\cdot \overset{\langle 4\rangle}{\mathbb{E}}_T \cdot\cdot \left[\mathbb{F}^T \cdot \frac{\partial^2 \mathcal{U}_{D\mathcal{S}}}{\partial \mathbb{D}^{(G)2}} \cdot \mathbb{F}\right] + d\mathbb{F}^T \cdot\cdot \left[\frac{\partial \mathcal{U}_{D\mathcal{S}}}{\partial \mathbb{D}^{(G)}} \cdot \overset{\langle 4\rangle}{\mathbb{E}}_T\right]$$

umgeformt und daraus wegen der Beliebigkeit von $d\mathbb{F}^T$ in der Tat (9.77c) gefolgert werden kann.

$$\mathbb{x}\cdot\mathbb{A}\cdot\mathbb{x}\begin{cases}=0 \text{ für } \mathbb{x}=0\\ >0 \text{ '' } \mathbb{x}\neq 0\end{cases}$$

positiv–definite akustische Tensoren $\mathbb{A}$, wofür mit $\mathbb{A}$ nach (9.78b) die Restriktion

$$(\mathbb{x}\circ\hat{\mathbb{n}}_S)\cdot\cdot\left(\hat{\rho}_0 \overset{<4>}{\mathbb{E}}_T\cdot\cdot\left[\mathbb{F}^T\cdot\frac{\partial^2\mathcal{U}_{D\mathcal{S}}}{\partial\mathbb{D}^{(G)2}}\cdot\mathbb{F}\right]\cdot\cdot\overset{<4>}{\mathbb{E}}_T\right)\cdot\cdot\hat{\mathbb{n}}_S\circ\mathbb{x}+\mathbb{x}^2\left[\hat{\mathbb{n}}_S\cdot\mathbb{S}^{(K)}\cdot\hat{\mathbb{n}}_S\right]\equiv$$

$$\equiv\hat{\rho}_0(\hat{\mathbb{n}}_S\circ\mathbb{x}\cdot\mathbb{F}^T)\cdot\cdot\frac{\partial^2\mathcal{U}_{D\mathcal{S}}}{\partial\mathbb{D}^{(G)2}}\cdot\cdot(\mathbb{F}\cdot\mathbb{x}\circ\hat{\mathbb{n}}_S)+\mathbb{x}^2\left[\hat{\mathbb{n}}_S\cdot\mathbb{S}^{(K)}\cdot\hat{\mathbb{n}}_S\right]\geq 0 \qquad (9.79c)$$

verlangt werden muß.
Als erstes zweier konkreter Beispiele soll hier

9.7.2 die Fortpflanzung kleiner Störungen[87] an einer (mit einer Kraft S_0) stark vorgespannten Saite

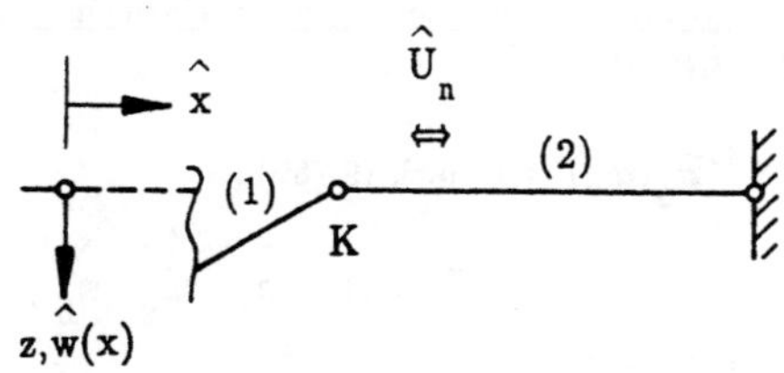

Abb. 9.5

untersucht werden unter der in der klassischen Theorie der vorgespannten Saite getroffenen Voraussetzung, die Spannkraft als konstant ansehen zu dürfen. Mit $\mathbb{u}=\hat{w}(x,t)\mathbb{e}_z$, und damit

$$\mathbb{D}^{(G)}=\frac{1}{2}\mathbb{e}_x\circ\mathbb{e}_x\left[\frac{\partial\hat{w}}{\underset{\frown}{\partial x}}\right]^2,$$

hat man unter der Voraussetzung, den Piola–Kirchhoff–Tensor

$$\frac{\mathbb{S}^{(K)}}{\underset{\frown}{\rho_0}}\overset{88)}{=}\frac{S_0}{\underset{\frown}{\rho_0 F}}\mathbb{e}_x\circ\mathbb{e}_x=\frac{\partial\mathcal{U}_{D\mathcal{S}}}{\partial\mathbb{D}^{(G)}}$$

als konstant ansehen zu sollen, die auf die Masseneinheit bezogene innere Energie bis auf eine Konstante als

$$\mathcal{U}_{D\mathcal{S}}=\frac{S_0}{\underset{\frown}{\rho_0 F}}\mathbb{e}_x\circ\mathbb{e}_x\cdot\cdot\mathbb{D}^{(G)}\overset{89)}{\equiv}\frac{S_0}{\mu}\mathbb{e}_x\circ\mathbb{e}_x\cdot\cdot\mathbb{D}^{(G)}$$

und daher $\partial^2\mathcal{U}_{D\mathcal{S}}/\partial\mathbb{D}^{(G)^2}=0$ vorauszusetzen, weswegen hier mit $\hat{\mathbb{n}}_S=\mathbb{e}_x$

$$\mathbb{A}\overset{(9.78a)}{=}\hat{\rho}_0(\hat{\mathbb{n}}_S\cdot\mathbb{e}_x\circ\mathbb{e}_x\cdot\hat{\mathbb{n}}_S\frac{S_0}{\mu})\,\mathbb{E}=\hat{\rho}_0\frac{S_0}{\mu}\mathbb{E}$$

---

87) nämlich eines durch $\left[\frac{\partial\hat{w}}{\underset{\frown}{\partial x}}\right]$ gekennzeichneten Knickes (K) nach Abb. 9.5 etwa in den ungestörten Bereich (2) hinein

88) F bedeutet die Querschnittsfläche der Saite in ihrer geraden Bezugskonfiguration

89) $\mu=\hat{\rho}_0 F$ bedeutet die Masse je Längeneinheit der Saite

ist, und die Bedingung (9.76a) wegen $\hat{\mathbb{a}} = [\frac{\partial \hat{w}}{\partial x}]\, \mathbb{e}_z$

zu $[\frac{\partial \hat{w}}{\partial x}]\, \mathbb{e}_z \cdot \left[\frac{S_0}{\mu} - \hat{U}_n^{*2}\right] \mathbb{E} = 0$

entartet und dementsprechend als Fortpflanzungsgeschwindigkeit etwa des Knicks in Abb. 9.5

$$\hat{U}_n^* = \pm \sqrt{S_0/\mu}$$

ergibt. Damit Letztere reellwertig ist, muß die Vorspannkraft (selbstverständlich) eine Zugkraft sein. Eine entsprechende Verallgemeinerung auf den zweidimensionalen Fall (z. B. pneumatische Hüllen) verlangt, daß der (jeweils lokal—planare Membran—) Vorspannungstensor $\mathbb{S}_0^{(K)}$ positiv—definit sein muß, was sicherstellt, daß in einer Membran in der (von kleinen Störungen betroffenen) Bezugskonfiguration überall Normal—Zug—Spannungen herrschen [29].

9.7.3 Die Fortpflanzung kleiner Störungen in einen in spannungsloser Bezugskonfiguration befindlichen Bereich hinein

führt mit $\mathbb{F}_2 = \mathbb{E}$ und $\mathbb{S}^{(K)}(\mathbb{F}_2, \mathscr{S}_2) = 0$ nach (9.78b) zu

$$\mathbb{A}(\hat{\mathbb{n}}_S, \mathbb{E}, \mathscr{S}_2) = \hat{\mathbb{n}}_S \cdot \overset{<4>}{\mathbb{C}}_0 \cdot \hat{\mathbb{n}}_S\,, \tag{9.80a}$$

mit der adiabatischen Materialtetrade

$$\overset{<4>}{\mathbb{C}}_0(\mathscr{S}_2) = \hat{\rho}_0\, \overset{<4>}{\mathbb{E}}_T \cdot\cdot \left[\frac{\partial^2 \mathscr{U}_{D\mathscr{S}}}{\partial \mathbb{D}^{(G)2}}\right]_{\mathbb{D}^{(G)}=0,\mathscr{S}_2} \cdot\cdot \overset{<4>}{\mathbb{E}}_T \overset{90)}{\equiv} \hat{\rho}_0 \left[\frac{\partial^2 \mathscr{U}_{D\mathscr{S}}}{\partial \mathbb{D}^{(G)2}}\right]_{\mathbb{D}^{(G)}=0,\mathscr{S}_2}, \tag{9.80b}$$

die zwecks Erhalt reellwertiger Fortpflanzungsgeschwindigkeiten, also positiv—definiter akustischer Tensoren, d. h. zwecks

$$\mathbb{a} \cdot \mathbb{A} \cdot \mathbb{a} \overset{(9.80a)}{=} (\mathbb{a} \circ \hat{\mathbb{n}}_S) \cdot\cdot \overset{<4>}{\mathbb{C}}_0 \cdot\cdot (\hat{\mathbb{n}}_S \circ \mathbb{a}) = (\mathbb{a} \circ \hat{\mathbb{n}}_S) \cdot\cdot \overset{<4>}{\mathbb{C}}_0 \cdot\cdot (\mathbb{a} \circ \hat{\mathbb{n}}_S) > 0 \text{ für } \mathbb{a} \neq 0\,,$$

zumindest die Hadamardsche Bedingung

$$\mathbb{X} \cdot\cdot \overset{<4>}{\mathbb{C}}_0 \cdot\cdot \mathbb{X} \begin{cases} = 0 \text{ für } \mathbb{X} = 0 \\ > 0 \;\;"\;\; \mathbb{X} \neq 0 \end{cases} \text{für dyadische Elemente } \mathbb{X} \tag{9.80c}$$

erfüllen muß. So findet man etwa für den elastisch—isotropen Fall mit

$$\overset{<4>}{\mathbb{C}}_{0_{\text{isotrop}}} = 2G\left[\overset{<4>}{\mathbb{E}}_S + \frac{\nu}{1-2\nu}\,\mathbb{E}\circ\mathbb{E}\right], \quad \mathbb{A}_{\text{isotrop}} \overset{(9.80a)}{=} \hat{\mathbb{n}}_S \cdot \overset{<4>}{\mathbb{C}}_{0_{\text{isotrop}}} \cdot \hat{\mathbb{n}}_S =$$

$$\overset{91)}{=} G\, \hat{\mathbb{E}}_{(2)S} + \frac{2G(1-\nu)}{1-2\nu}\, \hat{\mathbb{n}}_S \circ \hat{\mathbb{n}}_S\,,$$

---

90) Man beachte $\overset{<4>}{\mathbb{C}}_0 = \overset{<4>}{\mathbb{E}}_T \cdot\cdot \overset{<4>}{\mathbb{C}}_0 = \overset{<4>}{\mathbb{C}}_0 \cdot\cdot \overset{<4>}{\mathbb{E}}_T$

91) In der ersten Formel bedeutet $\overset{<4>}{\mathbb{E}}_S = (\overset{<4>}{\mathbb{E}} + \overset{<4>}{\mathbb{E}}_T)/2$ den vierstufigen Symmetrierer (vgl. [1], (6.69d)), der hier unglücklicherweise mit demselben Index (S) bezeichnet ist wie die Stoßnormale. Es sind

$$\hat{\mathbb{n}}_S \cdot \overset{<4>}{\mathbb{E}} \cdot \hat{\mathbb{n}}_S = \mathbb{E} \equiv \hat{\mathbb{E}}_{(2)S} + \hat{\mathbb{n}}_S \circ \hat{\mathbb{n}}_S\,, \quad \hat{\mathbb{n}}_S \cdot \overset{<4>}{\mathbb{E}}_T \cdot \hat{\mathbb{n}}_S = \hat{\mathbb{n}}_S \circ \hat{\mathbb{n}}_S\,, \text{ d. h.}$$

$$\hat{\mathbb{n}}_S \cdot \overset{<4>}{\mathbb{E}}_S \cdot \hat{\mathbb{n}}_S = \frac{1}{2}\hat{\mathbb{n}}_S \cdot (\overset{<4>}{\mathbb{E}} + \overset{<4>}{\mathbb{E}}_T) \cdot \hat{\mathbb{n}}_S = \frac{1}{2}\hat{\mathbb{E}}_{(2)S} + \hat{\mathbb{n}}_S \circ \hat{\mathbb{n}}_S \text{ sowie } \hat{\mathbb{n}}_S \cdot \mathbb{E}\circ\mathbb{E} \cdot \hat{\mathbb{n}}_S = \hat{\mathbb{n}}_S \circ \hat{\mathbb{n}}_S$$

worin $\hat{\mathbb{E}}_{(2)S}$ den in der jeweiligen Unstetigkeitsflächen—Tangentialebene definierten (lokal—)planaren Einheitsoperator bedeutet und G bzw. ν den Schubmodul bzw. die (adiabatische) Querdehnungszahl mit den Restriktionen

$$G > 0 \text{ und } \nu < 1/2 ,$$

um sicherzustellen, daß der akustische Tensor positiv—definit (und nicht—singulär) ist, aus (9.79a)

$$\det\left[G\,\hat{\mathbb{E}}_{(2)S} + \frac{2G(1-\nu)}{1-2\nu}\hat{\mathbb{n}}_S\circ\hat{\mathbb{n}}_S - \hat{\rho}_0\,\hat{U}_n^{*2}\,\mathbb{E}\right] = \left[G - \hat{\rho}_0\,\hat{U}_n^{*2}\right]^2\left[\frac{2G(1-\nu)}{1-2\nu} - \hat{\rho}_0\,\hat{U}_n^{*2}\right] = 0$$

mit den beiden Wurzeln

$$\hat{U}^{*2}_{n_{rot}} = G/\hat{\rho}_0\,,\quad \hat{U}^{*2}_{n_{div}} = \frac{2G(1-\nu)/\hat{\rho}_0}{1-2\nu}\,, \tag{9.81a,b}$$

die die Fortpflanzungsgeschwindigkeiten sog. transversaler bzw. longitudinaler Unstetigkeiten $\hat{\mathbb{a}}_{(2)} = \hat{\mathbb{a}}\cdot\hat{\mathbb{E}}_{(2)S} = [\partial\mathbb{u}/\partial s_n]\cdot\hat{\mathbb{E}}_{(2)S}$ bzw. $\hat{a}_n = \hat{\mathbb{a}}\cdot\hat{\mathbb{n}}_S = \hat{\mathbb{n}}_S\cdot[\partial\hat{\mathbb{u}}/\partial\hat{s}_n]$ definieren[92]. Daß die Fortpflanzungsgeschwindigkeiten nach (9.81), wie die dortige Indizierung andeutet, gleichermaßen Diejenigen sind, mit denen die Sprunggrößen $[\hat{\nabla}\times\hat{\mathbb{u}}]$ bzw. $[\hat{\nabla}\cdot\hat{\mathbb{u}}]$ der (materiellen) Verschiebungsrotoren bzw. Divergenzen durch das Kontinuum wandern, gründet sich auf die Weingartenschen Formeln, die wegen $[\hat{\nabla}_{(2)}\circ\hat{\mathbb{u}}] = 0$ aus der Identität

$$[\hat{\nabla}\circ\hat{\mathbb{u}}] = [\hat{\nabla}_{(2)}\circ\hat{\mathbb{u}}] + [\hat{\mathbb{n}}_S\circ\frac{\partial\hat{\mathbb{u}}}{\partial s_n}] = \hat{\mathbb{n}}_S\circ[\frac{\partial\hat{\mathbb{u}}}{\partial s_n}] = \hat{\mathbb{n}}_S\circ\hat{\mathbb{a}} \tag{9.82}$$

(vgl. (9.67a)) und daraus

$$\mathbb{E}\cdot\cdot[\hat{\nabla}\circ\hat{\mathbb{u}}] \equiv [\hat{\nabla}\cdot\hat{\mathbb{u}}] = \hat{\mathbb{n}}_S\cdot\hat{\mathbb{a}}\,,\quad \mathbb{E}\times\mathbb{E}\cdot\cdot[\hat{\nabla}\circ\hat{\mathbb{u}}] \equiv [\hat{\nabla}\times\hat{\mathbb{u}}] = \hat{\mathbb{n}}_S\times\hat{\mathbb{a}} \tag{9.82a,b}$$

unter Benutzung von

$$\hat{\mathbb{n}}_S\times(\hat{\mathbb{n}}_S\times\hat{\mathbb{a}}) \overset{93)}{=} -\hat{\mathbb{a}} + \hat{\mathbb{n}}_S(\hat{\mathbb{n}}_S\cdot\hat{\mathbb{a}})$$

als

$$\hat{\mathbb{a}} = [\frac{\partial\hat{\mathbb{u}}}{\partial s_n}] = \hat{\mathbb{n}}_S(\hat{\mathbb{n}}_S\cdot\hat{\mathbb{a}}) - \hat{\mathbb{n}}_S\times(\hat{\mathbb{n}}_S\times\hat{\mathbb{a}}) \overset{(9.82a,b)}{=} [\hat{\nabla}\cdot\hat{\mathbb{u}}]\,\hat{\mathbb{n}}_S - \hat{\mathbb{n}}_S\times[\hat{\nabla}\times\hat{\mathbb{u}}] \tag{9.82c}$$

aufgefunden werden[94] und wegen

$$\hat{\mathbb{n}}_S\cdot\hat{\mathbb{a}} = \hat{a}_n = \hat{\mathbb{n}}_S\cdot[\frac{\partial\hat{\mathbb{u}}}{\partial s_n}] \overset{(9.82c)}{=} [\hat{\nabla}\cdot\hat{\mathbb{u}}]\,,$$

$$\hat{\mathbb{E}}_{(2)S}\cdot\hat{\mathbb{a}} = \hat{\mathbb{a}}_{(2)} = \mathbb{E}_{(2)S}\cdot[\frac{\partial\hat{\mathbb{u}}}{\partial s_n}] \overset{(9.82c)}{=} -\hat{\mathbb{n}}_S\times[\hat{\nabla}\times\hat{\mathbb{u}}]$$

zum Ausdruck bringen, daß die transversalen bzw. longitudinalen Sprungwerte in der Tat durch die Sprungwerte der (materiellen) Verschiebungsrotoren bzw. Divergenzen zu kennzeichnen sind.

---

92) wobei (9.81a) eine Doppelwurzel und damit den Sachverhalt der (lokal—planaren) Isotropie des Ausbreitungsproblems transversaler Unstetigkeiten darstellt.

93) Man benutze den Entwicklungssatz für zweifache Vektorprodukte.

94) In Verallgemeinerung von (9.82c) gilt für beliebige stetige tensorwertige Größen Ψ (mit $[\Psi] = 0$)

$$[\,\partial\hat{\Psi}/\partial s_n\,] = \hat{\mathbb{n}}_S\circ[\hat{\nabla}\cdot\hat{\Psi}] - \hat{\mathbb{n}}_S\times[\hat{\nabla}\times\hat{\Psi}] \tag{9.82d}$$

und gleichermaßen in Termen auf die Momentankonfiguration bezogener Größen

$$[\,\partial\bar{\Psi}/\partial\bar{s}_n\,] = \bar{\mathbb{n}}_S\circ[\bar{\nabla}\cdot\bar{\Psi}] - \bar{\mathbb{n}}_S\times[\bar{\nabla}\times\bar{\Psi}] \tag{9.82e}$$

Betr. die in Fußn. 81 angekündigte Ergänzung benutzt man die für mäßige Sprunggrößen $\hat{\mathbb{a}} = [\partial\hat{\mathbb{u}}/\partial\hat{s}_n]$ wegen $\mathbb{F}_1 - \mathbb{F}_2 = [\mathbb{F}] = \hat{\mathbb{n}}_S \circ \hat{\mathbb{a}}$ (vgl. (9.67b)) geltenden Taylor–Approximationen

$$[\mathcal{U}] = \mathcal{U}(\mathbb{F}_1,\mathcal{S}_1) - \mathcal{U}(\mathbb{F}_2,\mathcal{S}_2) \equiv \mathcal{U}(\mathbb{F}_1,\mathcal{S}_1) - \mathcal{U}(\mathbb{F}_1,\mathcal{S}_2) + \mathcal{U}(\mathbb{F}_1,\mathcal{S}_2) - \mathcal{U}(\mathbb{F}_2,\mathcal{S}_2) \approx$$

$$\approx \mathcal{U}(\mathbb{F}_1,\mathcal{S}_1) - \mathcal{U}(\mathbb{F}_1,\mathcal{S}_2) + (\hat{\mathbb{a}}\circ\hat{\mathbb{n}}_S)\cdot\cdot\left[\frac{\partial\mathcal{U}}{\partial\mathbb{F}}\right]_2 + \frac{1}{2}(\hat{\mathbb{a}}\circ\hat{\mathbb{n}}_S\circ\hat{\mathbb{a}}\circ\hat{\mathbb{n}}_S)\cdot\cdot\cdot\cdot\left[\frac{\partial^2\mathcal{U}}{\partial\mathbb{F}^2}\right]_2 +$$

$$+ \frac{1}{6}(\hat{\mathbb{a}}\circ\hat{\mathbb{n}}_S\circ\hat{\mathbb{a}}\circ\hat{\mathbb{n}}_S\circ\hat{\mathbb{a}}\circ\hat{\mathbb{n}}_S)\cdot\cdot\cdot\cdot\cdot\cdot\left[\frac{\partial^3\mathcal{U}}{\partial\mathbb{F}^3}\right]_2 ,$$

$$\left[\frac{\partial\mathcal{U}}{\partial\mathbb{F}}\right] = \left[\frac{\partial\mathcal{U}}{\partial\mathbb{F}}\right]_{\mathbb{F}_1,\mathcal{S}_1} - \left[\frac{\partial\mathcal{U}}{\partial\mathbb{F}}\right]_{\mathbb{F}_2,\mathcal{S}_2} \equiv \left[\frac{\partial\mathcal{U}}{\partial\mathbb{F}}\right]_{\mathbb{F}_1,\mathcal{S}_1} - \left[\frac{\partial\mathcal{U}}{\partial\mathbb{F}}\right]_{\mathbb{F}_1,\mathcal{S}_2} + \left[\frac{\partial\mathcal{U}}{\partial\mathbb{F}}\right]_{\mathbb{F}_1,\mathcal{S}_2} - \left[\frac{\partial\mathcal{U}}{\partial\mathbb{F}}\right]_{\mathbb{F}_2,\mathcal{S}_2} \approx$$

$$\approx \left[\frac{\partial\mathcal{U}}{\partial\mathbb{F}}\right]_1 - \left[\frac{\partial\mathcal{U}}{\partial\mathbb{F}}\right]_{\mathbb{F}_1,\mathcal{S}_2} + (\hat{\mathbb{a}}\circ\hat{\mathbb{n}}_S)\cdot\cdot\left[\frac{\partial^2\mathcal{U}}{\partial\mathbb{F}^2}\right]_2 + \frac{1}{2}(\hat{\mathbb{a}}\circ\hat{\mathbb{n}}_S\circ\hat{\mathbb{a}}\circ\hat{\mathbb{n}}_S)\cdot\cdot\cdot\cdot\left[\frac{\partial^3\mathcal{U}}{\partial\mathbb{F}^3}\right]_2$$

und findet hiermit zunächst für die mit Φ bezeichnete linke Seite von (9.72b)

$$\Phi = [\mathcal{U}] - \frac{\hat{\mathbb{n}}_S}{2\hat{\rho}_0}\cdot(\mathbb{S}^{(K)}\cdot\mathbb{F})\cdot\left[\frac{\partial\hat{\mathbb{u}}}{\partial s_n}\right] \overset{(9.74a)}{=} [\mathcal{U}] - \frac{\hat{\mathbb{n}}_S}{2}\cdot\left(\frac{\partial\mathcal{U}}{\partial\mathbb{F}}\right)\cdot\hat{\mathbb{a}} =$$

$$= [\mathcal{U}] - (\hat{\mathbb{a}}\circ\hat{\mathbb{n}}_S)\cdot\cdot\left[\frac{\partial\mathcal{U}}{\partial\mathbb{F}}\right]_2 - \frac{1}{2}\hat{\mathbb{a}}\circ\hat{\mathbb{n}}_S\cdot\cdot\left[\frac{\partial\mathcal{U}}{\partial\mathbb{F}}\right]$$

die Näherung

$$\Phi = \mathcal{U}(\mathbb{F}_1,\mathcal{S}_1) - \mathcal{U}(\mathbb{F}_1,\mathcal{S}_2) - \frac{1}{2}\hat{\mathbb{a}}\circ\hat{\mathbb{n}}_S\cdot\cdot\left[\left[\frac{\partial\mathcal{U}}{\partial\mathbb{F}}\right]_{\mathbb{F}_1,\mathcal{S}_1} - \left[\frac{\partial\mathcal{U}}{\partial\mathbb{F}}\right]_{\mathbb{F}_1,\mathcal{S}_2}\right] -$$

$$- \frac{1}{12}(\hat{\mathbb{a}}\circ\hat{\mathbb{n}}_S\circ\hat{\mathbb{a}}\circ\hat{\mathbb{n}}_S\circ\hat{\mathbb{a}}\circ\hat{\mathbb{n}}_S)\cdot\cdot\cdot\cdot\cdot\cdot\left[\frac{\partial^3\mathcal{U}}{\partial\mathbb{F}^3}\right]_2 \approx$$

$$\approx \left[\mathrm{T}(\mathbb{F}_1,\mathcal{S}_2) - \frac{1}{2}\hat{\mathbb{a}}\circ\hat{\mathbb{n}}_S\cdot\cdot\left[\frac{\partial\mathrm{T}}{\partial\mathbb{F}}\right]_{\mathbb{F}_1,\mathcal{S}_2}\right][\mathcal{S}] - \frac{1}{12}(\hat{\mathbb{a}}\circ\hat{\mathbb{n}}_S\circ\hat{\mathbb{a}}\circ\hat{\mathbb{n}}_S\circ\hat{\mathbb{a}}\circ\hat{\mathbb{n}}_S)\cdot\cdot\cdot\cdot\cdot\cdot\left[\frac{\partial^3\mathcal{U}}{\partial\mathbb{F}^3}\right]_2 ,$$

nachdem man noch nach der Entropie entwickelt und nach dem ersten Gliede abgebrochen hat. Mit den entsprechenden Entwicklungen

$$\mathrm{T}(\mathbb{F}_1,\mathcal{S}_2) \approx \mathrm{T}(\mathbb{F}_2,\mathcal{S}_2) + (\hat{\mathbb{a}}\circ\hat{\mathbb{n}}_S)\cdot\cdot\left[\frac{\partial\mathrm{T}}{\partial\mathbb{F}}\right]_2 + \frac{1}{2}(\hat{\mathbb{a}}\circ\hat{\mathbb{n}}_S\circ\hat{\mathbb{a}}\circ\hat{\mathbb{n}}_S)\cdot\cdot\left[\frac{\partial^2\mathrm{T}}{\partial\mathbb{F}^2}\right]_2 +$$

$$+ \frac{1}{6}(\hat{\mathbb{a}}\circ\hat{\mathbb{n}}_S\circ\hat{\mathbb{a}}\circ\hat{\mathbb{n}}_S\circ\hat{\mathbb{a}}\circ\hat{\mathbb{n}}_S)\cdot\cdot\cdot\cdot\cdot\cdot\left[\frac{\partial^3\mathrm{T}}{\partial\mathbb{F}^3}\right]_2 ,$$

$$\left[\frac{\partial\mathrm{T}}{\partial\mathbb{F}}\right]_{\mathbb{F}_1,\mathcal{S}_2} = \left[\frac{\partial\mathrm{T}}{\partial\mathbb{F}}\right]_2 + (\hat{\mathbb{a}}\circ\hat{\mathbb{n}}_S)\cdot\cdot\left[\frac{\partial^2\mathrm{T}}{\partial\mathbb{F}^2}\right]_2 + \frac{1}{2}(\hat{\mathbb{a}}\circ\hat{\mathbb{n}}_S\circ\hat{\mathbb{a}}\circ\hat{\mathbb{n}}_S)\cdot\cdot\cdot\cdot\left[\frac{\partial^3\mathrm{T}}{\partial\mathbb{F}^3}\right]_2$$

entsteht dann schließlich mit $\mathrm{T}_2 = \mathrm{T}(\mathbb{F}_2,\mathcal{S}_2)$ und daher mit

$$\Phi = \left[\mathrm{T}_2 + \frac{1}{2}\hat{\mathbb{a}}\circ\hat{\mathbb{n}}_S\left[\frac{\partial\mathrm{T}}{\partial\mathbb{F}}\right]_2 - \frac{1}{12}(\hat{\mathbb{a}}\circ\hat{\mathbb{n}}_S\circ\hat{\mathbb{a}}\circ\hat{\mathbb{n}}_S)\cdot\cdot\cdot\cdot\left[\frac{\partial^3\mathrm{T}}{\partial\mathbb{F}^3}\right]_2\right][\mathcal{S}] -$$

$$- \frac{1}{12}(\hat{\mathbb{a}}\circ\hat{\mathbb{n}}_S\circ\hat{\mathbb{a}}\circ\hat{\mathbb{n}}_S\circ\hat{\mathbb{a}}\circ\hat{\mathbb{n}}_S)\cdot\cdot\cdot\cdot\cdot\cdot\left[\frac{\partial^3\mathcal{U}}{\partial\mathbb{F}^3}\right]_2 \qquad (9.83a)$$

a) aus der "adiabatischen Stoßbedingung" $\Phi = 0$ (vgl. (9.74c)), indem man im Entropiesprung–Koeffizienten sämtliche $\hat{\mathbb{a}}\circ\hat{\mathbb{n}}_S$ enthaltende Terme als gegenüber T_2 als von höherer Ordnung klein vernachlässigt

$$T_2[\mathscr{S}] - \frac{1}{12}(\hat{\mathsf{a}}\circ\hat{\mathsf{n}}_S\circ\hat{\mathsf{a}}\circ\hat{\mathsf{n}}_S\circ\hat{\mathsf{a}}\circ\hat{\mathsf{n}}_S)\cdots\cdots\left[\frac{\partial^3\mathscr{U}}{\partial\mathbb{F}^3}\right]_2 = 0\,, \tag{9.83b}$$

wonach hierfür Entropiesprünge von mäßigen Sprunggrößen $\hat{\mathsf{a}} = (\partial\hat{\mathsf{u}}/\partial\hat{s}_n)$ in der Tat kubisch abhängen. Im Falle einer

b) näherungsweisen Berücksichtigung der Wärmeleiteffekte wird, die thermische Dissipation vernachlässigend, von

$$[\mathscr{S}] = \frac{[q_{\hat{n}}^{(L)}/T]}{\hat{\rho}_0\hat{U}_n^*} = \left[\frac{q_{\hat{n}1}^{(L)}}{T_1} - \frac{q_{\hat{n}2}^{(L)}}{T_2}\right]/(\hat{\rho}_0\hat{U}_n^*) = \left[\frac{q_{\hat{n}2}^{(L)} + [q_{\hat{n}}^{(L)}]}{T_2 + [T]} - \frac{q_{\hat{n}2}^{(L)}}{T_2}\right]/(\hat{\rho}_0\hat{U}_n^*)$$

anstelle von (9.73) ausgegangen und diese Beziehung für kleine Temperatursprünge

$[T]/T_2 << 1$ d. h. für $1/\left[1+\frac{[T]}{T_2}\right] \approx 1 - \frac{[T]}{T_2}$ durch

$$[\mathscr{S}] = \left[\frac{[q_{\hat{n}}^{(L)}]}{T_2} - \frac{q_{\hat{n}1}^{(L)}}{T_2}\frac{[T]}{T_2}\right]/(\hat{\rho}_0\hat{U}_n^*) \tag{9.83c}$$

approximiert. Setzt man hierin

$$[\mathscr{S}] = \mathscr{S}(\mathbb{F}_1,T_1) - \mathscr{S}(\mathbb{F}_2,T_2) \approx [T]\left[\frac{\partial\mathscr{S}}{\partial T}\right]_2 + \hat{\mathsf{a}}\circ\hat{\mathsf{n}}_S\cdot\cdot\left[\frac{\partial\mathscr{S}}{\partial\mathbb{F}}\right]_2 =$$

$$= \frac{c_{d2}}{T_2}[T] + \hat{\mathsf{a}}\circ\hat{\mathsf{n}}_S\cdot\cdot\left[\frac{\partial\mathscr{S}}{\partial\mathbb{F}}\right]_2$$

mit der spezifischen Wärme $c_{d2} = T_2\left[\frac{\partial\mathscr{S}}{\partial T}\right]_2$ für mit konstanter Deformation einhergehender Zustandsänderung, so entsteht aus (9.83c)

$$\frac{[T]}{T_2^2}\left[\hat{\rho}_0\hat{U}_n^* c_{d2}T_2 + q_{\hat{n}1}^{(L)}\right] + \hat{\rho}_0\hat{U}_n^*\,\hat{\mathsf{a}}\circ\hat{\mathsf{n}}_S\cdot\cdot\left[\frac{\partial\mathscr{S}}{\partial\mathbb{F}}\right]_2 = \frac{[q_{\hat{n}}^{(L)}]}{T_2} \tag{9.83d}$$

und in ausgezeichneter Approximation

$$\hat{\rho}_0\hat{U}_n^*\left[\frac{c_{d2}}{T_2}[T] + \hat{\mathsf{a}}\circ\hat{\mathsf{n}}_S\cdot\cdot\left[\frac{\partial\mathscr{S}}{\partial\mathbb{F}}\right]_2\right] \approx \hat{\rho}_0\hat{U}_n^*[\mathscr{S}] \approx \frac{[q_{\hat{n}}^{(L)}]}{T_2}\,,$$

weil die in der Zeiteinheit durch Fluß anfallende Wärme $(q_{\hat{n}1}^{(L)})$ klein sein muß gegenüber der Wärmemenge $(\hat{\rho}_0\hat{U}_n^* c_{d2}T_2)$, die man einem Prisma mit Einheitsfläche und Höhe $\hat{U}_n^*\cdot 1$ zwecks Erwärmung um T_2 zuführen müßte. Mit $[\mathscr{S}] \approx [q_{\hat{n}}^{(L)}]/(\hat{\rho}_0\hat{U}_n^* T_2)$ bekommt man dann aus (9.72b) anstelle von (9.74c) für mäßige Sprungwerte $\hat{\mathsf{a}}$

$$\Phi - T_2[\mathscr{S}] = \left[\frac{1}{2}\hat{\mathsf{a}}\circ\hat{\mathsf{n}}_S\cdot\cdot\left[\frac{\partial\mathscr{S}}{\partial\mathbb{F}}\right]_2 - (\hat{\mathsf{a}}\circ\hat{\mathsf{n}}_S\circ\hat{\mathsf{a}}\circ\hat{\mathsf{n}}_S)\cdots\cdots\left[\frac{\partial^3 T}{\partial\mathbb{F}^3}\right]_2\right][\mathscr{S}] -$$

$$- \frac{1}{12}(\hat{\mathsf{a}}\circ\hat{\mathsf{n}}_S\circ\hat{\mathsf{a}}\circ\hat{\mathsf{n}}_S\circ\hat{\mathsf{a}}\circ\hat{\mathsf{n}}_S)\cdots\cdots\left[\frac{\partial^3\mathscr{U}}{\partial\mathbb{F}^3}\right]_2\Big] = 0\,,$$

wonach Entropiesprünge $[\mathscr{S}]$ von Verschiebungssprüngen $\hat{\mathsf{a}} = [\partial\hat{\mathsf{u}}/\partial\hat{s}_n]$ in der Tat allenfalls quadratisch abhängen können.

Ein Operator analog (9.76c,78) kennzeichnet übrigens auch unter der Voraussetzung stetiger Konfigurationsgradienten $\mathbb{F}$, d. h. $[\mathbb{F}] = 0$, also nunmehr auch $[\partial\hat{\mathbb{u}}/\partial\hat{s}_n] = 0$ bzw. $[\mathbb{v}] = 0$ (vgl. (9.67b,66c)), die Fortpflanzung von

9.7.4 Beschleunigungs–Sprunggrößen $([\dot{\mathbb{v}}])$ in homogenen hyperelastischen Medien,

deren Fortpflanzungsgeschwindigkeit jetzt mit $\overset{*}{\hat{U}}_n$ bezeichnet werden soll.
Aus dem vorangehend erarbeiteten Befund, daß ein allfälliger Entropiesprung von kleinen Sprunggrößen $(\hat{\mathbb{a}} = [\partial\hat{\mathbb{u}}/\partial\hat{s}_n])$ quadratisch bzw. kubisch abhängt, folgt für $\hat{\mathbb{a}} = 0$ auch $[\mathscr{S}] = 0$, also zusammenfassend, stetiger Übergang von $\mathbb{F}$ und $\mathscr{S}$, und damit angesichts von $\mathscr{U} = \mathscr{U}_{\mathbb{F}\mathscr{S}}(\mathbb{F}, \mathscr{S})$ sowie (9.74a,b) stetiger Übergang von $\mathscr{U}$, T, $\$^{(K)} \cdot \mathbb{F}$, d. h.

$$[\mathscr{U}] = 0, \ [T] = 0, \ [\$^{(L)}] = [\$^{(K)} \cdot \mathbb{F}] = 0 \,, \tag{9.84a-c}$$

weswegen hier jetzt die Impulsbilanz (9.70c) — als identisch erfüllte Beziehung! — zur Interpretation der Stoßfrontgeschwindigkeiten $(\overset{*}{\hat{U}}_n)$ in Termen der Hauptwerte eines akustischen Tensors im Sinne der Prozeduren (9.70c, 76c, 78a,b) ausfällt. Bevor wir indessen einen — allerdings nun aus der Sprungversion der Impulsbilanz—Feldgleichung zu extrahierenden — analogen Befund erarbeiten werden, sollen noch die mit (9.84a—c) zusammenhängenden weiteren Konsequenzen referiert werden. Dazu gehört der mit (9.84a,c) aus der Sprungversion (9.72b) des ersten Hauptsatzes festzustellende Befund

$$[q_{\hat{n}}^{(L)}] = \hat{\mathbb{n}}_S \cdot [\mathbb{q}^{(L)}] = 0 \,, \tag{9.84d}$$

wonach auch der Wärmefluß durch die Unstetigkeitsfläche und folglich auch — Beliebigkeit von $\hat{\mathbb{n}}_S$ vorausgesetzt — der Temperaturgradient stetig sein müssen,

$$[\hat{\nabla} T] = 0, \tag{9.84e}$$

sofern man Wärmeflüsse und Temperaturgradienten mittels des Fourierschen Theorems (8.93f) korreliert[95] und dabei (näherungsweise) den Wärmeleittensor als vom Temperaturgradienten unabhängig ansieht. Dann ist aber auch

$$[\mathbb{q}^{(L)}] = - [\hat{\nabla} T] \cdot \mathbb{\Lambda}^{(L)} = 0 \,, \tag{9.84f}$$

und mit der aus $\quad dT \equiv d\hat{\mathbb{r}} \cdot \hat{\nabla} T \equiv d\mathbb{F}^T \cdot\cdot \dfrac{\partial T_{F\mathscr{S}}}{\partial \mathbb{F}} + d\mathscr{S} \dfrac{\partial T_{F\mathscr{S}}}{\partial \mathscr{S}}$

95) die einzelnen Nachweisschritte hierzu sind:

a) wegen $[T] = 0$ ist auch $[\hat{\nabla}_{(2)} T] = 0$, d. h. $[\hat{\nabla} T] = \hat{\mathbb{n}}_S [\partial T/\partial\hat{s}_n]$;

b) hiermit folgt aus dem Fourierschen Gesetz zunächst
$[\mathbb{q}^{(L)}] = - [\hat{\nabla} T] \cdot \mathbb{\Lambda}^{(L)} = - [\partial T/\partial\hat{s}_n] \, \hat{\mathbb{n}}_S \cdot \mathbb{\Lambda}^{(L)}$
und desweiteren
$[q_{\hat{n}}^{(L)}] = \hat{\mathbb{n}}_S \cdot [\mathbb{q}^{(L)}] = - [\partial T/\partial\hat{s}_n] \, \hat{\mathbb{n}}_S \cdot \mathbb{\Lambda}^{(L)} \cdot \hat{\mathbb{n}}_S$
und damit wegen (9.84d) in der Tat $[\partial T/\partial\hat{s}_n] = 0$, d. h. $[\hat{\nabla} T] = 0$, indem man als Unstetigkeitsfläche eine "wärmeisolierende materielle Trennfläche" ausschließt

unter Benutzung von $d\mathbb{F}^T = d\hat{\mathbb{r}} \cdot \hat{\nabla} \circ \mathbb{F}^T = d\hat{\mathbb{r}} \cdot \hat{\nabla} \circ \hat{\mathbb{u}} \circ \hat{\nabla}$, $d\mathcal{S} = d\mathbb{r} \cdot \hat{\nabla}\mathcal{S}$ nach Koeffizientenvergleich hinsichtlich $d\hat{\mathbb{r}}$ erhältlichen Identität

$$\hat{\nabla} T = \hat{\nabla} \circ \hat{\mathbb{u}} \circ \hat{\nabla} \cdot\cdot \frac{\partial T_{F\mathcal{S}}}{\partial \mathbb{F}} + \hat{\nabla}\mathcal{S} \frac{\partial T_{F\mathcal{S}}}{\partial \mathcal{S}} \tag{9.84g}$$

folgert man schließlich noch aus (9.84e), weil wegen des stetigen Überganges von $\mathbb{F}$ und $\mathcal{S}$ auch die Größen $\partial T_{F\mathcal{S}} / \partial(\mathbb{F}, \mathcal{S})$ stetig sein müssen, zwischen den Sprunggrößen der Entropie– und Konfigurationsgradienten den Zusammenhang

$$[\hat{\nabla}\mathcal{S}] = - [\hat{\nabla} \circ \hat{\mathbb{u}} \circ \hat{\nabla}] \cdot\cdot \frac{\partial T_{F\mathcal{S}}}{\partial \mathbb{F}} \Big/ \frac{\partial T_{F\mathcal{S}}}{\partial \mathcal{S}} = - [\hat{\nabla} \circ \mathbb{F}^T] \cdot\cdot \frac{\partial T_{F\mathcal{S}}}{\partial \mathbb{F}} \Big/ \frac{\partial T_{F\mathcal{S}}}{\partial \mathcal{S}} \tag{9.84h}$$

mit insbesondere

$$\hat{\mathbb{n}}_S \cdot [\hat{\nabla}\mathcal{S}] = [\frac{\partial \mathcal{S}}{\partial \hat{s}_n}] = - [\frac{\partial \mathbb{F}^T}{\partial \hat{s}_n}] \cdot\cdot \frac{\partial T_{F\mathcal{S}}}{\partial \mathbb{F}} \Big/ \frac{\partial T_{F\mathcal{S}}}{\partial \mathcal{S}} \overset{96)}{=} - \left([\frac{\partial^2 \hat{\mathbb{u}}}{\partial \hat{s}_n^2}] \circ \hat{\mathbb{n}}_S\right) \cdot\cdot \frac{\partial T_{F\mathcal{S}}}{\partial \mathbb{F}} \Big/ \frac{\partial T_{F\mathcal{S}}}{\partial \mathcal{S}} . \tag{9.84i}$$

Mit zur Stetigkeitsbedingung der Verschiebungen

$$\left([\mathbb{u}]^{\cdot} = \right) 0 \overset{(9.66c)}{=} [\frac{\partial \hat{\mathbb{u}}}{\partial t}] + {}^*\hat{U}_n [\frac{\partial \hat{\mathbb{u}}}{\partial \hat{s}_n}] \equiv [\dot{\mathbb{u}}] + {}^*\hat{U}_n [\frac{\partial \hat{\mathbb{u}}}{\partial \hat{s}_n}] \tag{9.85a}$$

analoger Schlußweise folgen entsprechend

$$\left([\mathcal{S}, \mathcal{U}, T]^{\cdot} = \right) 0 = [\dot{\mathcal{S}}, \dot{\mathcal{U}}, \dot{T}] + {}^*\hat{U}_n [\frac{\partial}{\partial \hat{s}_n} (\mathcal{S}, \mathcal{U}, T)] \tag{9.85b}$$

sowie als Stetigkeitsbedingung für die Geschwindigkeiten

$$\left([\mathbb{v}]^{\cdot} = \right) 0 = [\frac{\partial \hat{\mathbb{v}}}{\partial t}] + {}^*\hat{U}_n [\frac{\partial \hat{\mathbb{v}}}{\partial \hat{s}_n}] \equiv [\dot{\mathbb{v}}] + {}^*\hat{U}_n [\frac{\partial \hat{\mathbb{v}}}{\partial \hat{s}_n}] \tag{9.86a}$$

und daraus schließlich

$$[\dot{\mathbb{v}}] \overset{(9.86a)}{=} - {}^*\hat{U}_n [\frac{\partial \hat{\mathbb{v}}}{\partial \hat{s}_n}] \overset{(9.85a)}{=}{}^{97)} - {}^*\hat{U}_n \frac{\partial}{\partial \hat{s}_n}\left[- {}^*\hat{U}_n [\frac{\partial \hat{\mathbb{u}}}{\partial \hat{s}_n}]\right] = {}^*\hat{U}_n^2 [\frac{\partial^2 \hat{\mathbb{u}}}{\partial \hat{s}_n^2}] , \tag{9.86b}$$

---

96) Man beachte $[\frac{\partial \mathbb{F}^T}{\partial \hat{s}_n}] = [\frac{\partial \hat{\mathbb{u}}}{\partial \hat{s}_n} \circ \hat{\nabla}] = [\frac{\partial \hat{\mathbb{u}}}{\partial \hat{s}_n} \circ (\hat{\nabla}_{(2)} + \hat{\mathbb{n}}_S \frac{\partial}{\partial \hat{s}_n})] = [\frac{\partial^2 \hat{\mathbb{u}}}{\partial \hat{s}_n^2}] \circ \hat{\mathbb{n}}_S$,

weil wegen $[\mathbb{F}] = 0$, also $[\frac{\partial \hat{\mathbb{u}}}{\partial \hat{s}_n}] = 0$ auch $[\frac{\partial \hat{\mathbb{u}}}{\partial \hat{s}_n}] \circ \hat{\nabla}_{(2)} = 0$ ist.

97) Daß diese Vorgehensweise korrekt ist, erkennt man an der für stetige Felder $\hat{\nabla} \circ \mathbb{u}$ analog (9.85) herstellbaren Identität

$$\left([\hat{\nabla} \circ \mathbb{u}]^{\cdot} = \right) 0 = [\hat{\nabla} \circ \dot{\mathbb{u}}] + {}^*\hat{U}_n [\frac{\partial(\hat{\nabla} \circ \mathbb{u})}{\partial \hat{s}_n}] \text{ bzw.}$$

$$[\hat{\nabla} \circ \dot{\mathbb{u}}] = [\hat{\nabla} \circ \mathbb{v}] = - {}^*\hat{U}_n [\frac{\partial(\hat{\nabla} \circ \mathbb{u})}{\partial \hat{s}_n}] \text{ und daher mit } \partial \hat{\mathbb{n}}_S / \partial \hat{s}_n = 0 \text{ an}$$

$$\hat{\mathbb{n}}_S \cdot [\hat{\nabla} \circ \mathbb{v}] \equiv [\frac{\partial \mathbb{v}}{\partial \hat{s}_n}] = - {}^*\hat{U}_n [\hat{\mathbb{n}}_S \cdot \frac{\partial(\hat{\nabla} \circ \mathbb{u})}{\partial \hat{s}_n}] = - {}^*\hat{U}_n [\frac{\partial^2 \mathbb{u}}{\partial \hat{s}_n^2}] .$$

womit sämtliche Sprungbilanzen (der Impulse der Energie und der Entropie[98]) ausgeschöpft sind.
Eine weitere Problemreduktion ist hier indessen, wie schon erwähnt, unter Benutzung der Sprungversionen der Feldgleichungsbilanzen der Impulse bzw. der Entropien unter Heranziehung der Weingartenschen Formeln (9.82d) möglich, mit denen man für die stetigen Größen $(\mathbb{S}^{(K)}\cdot\mathbb{F})$ bzw. $\mathbb{q}^{(L)}$ die Identitäten

$$\left[\frac{\partial}{\partial \hat{s}_n}(\hat{\mathbb{n}}_S\cdot(\mathbb{S}^{(K)}\cdot\mathbb{F}))\right] \equiv \hat{\mathbb{n}}_S\cdot\left[\frac{\partial}{\partial \hat{s}_n}(\mathbb{S}^{(K)}\cdot\mathbb{F})\right] \overset{(9.82d)}{=} [\hat{\nabla}\cdot(\mathbb{S}^{(K)}\cdot\mathbb{F})] \tag{9.87a}$$

bzw. $$\left[\frac{\partial}{\partial \hat{s}_n}(\hat{\mathbb{n}}_S\cdot\mathbb{q}^{(L)})\right] \equiv \hat{\mathbb{n}}_S\cdot\left[\frac{\partial}{\partial \hat{s}_n}\mathbb{q}^{(L)}\right] \equiv \left[\frac{\partial q_{\hat{n}}^{(L)}}{\partial \hat{s}_n}\right] \overset{(9.82d)}{=} [\hat{\nabla}\cdot\mathbb{q}^{(L)}] \tag{9.87b}$$

notieren kann. So findet man aus der Sprungversion der Entropiebilanz–Feldgleichung (8.46c)[99] mit $\hat{\rho} = \hat{\rho}_0 = \text{const.}$

$$-[\hat{\nabla}\cdot\mathbb{q}^{(L)}] = [\hat{\rho}_0\, T\, \dot{\mathscr{S}}] \overset{(9.84b)}{=} \hat{\rho}_0 T\, [\dot{\mathscr{S}}] \overset{(9.85b)}{=} -\hat{\rho}_0 T\, {}^{*}\hat{U}_n \left[\frac{\partial \mathscr{S}}{\partial \hat{s}_n}\right]$$

unter Benutzung von

$$-[\hat{\nabla}\cdot\mathbb{q}^{(L)}] \overset{(9.87b)}{=} -\left[\frac{\partial q_{\hat{n}}^{(L)}}{\partial \hat{s}_n}\right] \equiv -\left[\hat{\mathbb{n}}_S\cdot\frac{\partial \mathbb{q}^{(L)}}{\partial \hat{s}_n}\right] = \hat{\mathbb{n}}_S\cdot\left[\frac{\partial}{\partial \hat{s}_n}(\hat{\nabla}T\cdot\mathbf{\Lambda}^{(L)})\right] \equiv$$

$$\equiv \left[\frac{\partial(\hat{\nabla}T)}{\partial \hat{s}_n}\right]\cdot\mathbf{\Lambda}^{(L)}\cdot\hat{\mathbb{n}}_S = \left[\frac{\partial}{\partial \hat{s}_n}\left(\hat{\nabla}_{(2)}T + \hat{\mathbb{n}}_S\frac{\partial T}{\partial \hat{s}_n}\right)\right]\cdot\mathbf{\Lambda}^{(L)}\cdot\hat{\mathbb{n}}_S \equiv$$

$$\equiv \left[\hat{\nabla}_{(2)}\frac{\partial T}{\partial \hat{s}_n} + \hat{\mathbb{n}}_S\frac{\partial^2 T}{\partial \hat{s}_n^2}\right]\cdot\mathbf{\Lambda}^{(L)}\cdot\hat{\mathbb{n}}_S \overset{100)}{=} \left[\frac{\partial^2 T}{\partial \hat{s}_n^2}\right]\hat{\mathbb{n}}_S\cdot\mathbf{\Lambda}^{(L)}\cdot\hat{\mathbb{n}}_S$$

einerseits $$\left[\frac{\partial^2 T}{\partial \hat{s}_n^2}\right]\hat{\mathbb{n}}_S\cdot\mathbf{\Lambda}^{(L)}\cdot\hat{\mathbb{n}}_S = -\hat{\rho}_0 T\, {}^{*}\hat{U}_n\left[\frac{\partial \mathscr{S}}{\partial \hat{s}_n}\right] \tag{9.88a}$$

bzw. mit $[\partial\mathscr{S}/\partial\hat{s}_n]$ nach (9.84i) einen skalarwertigen Zusammenhang zwischen den Sprungwerten der zweiten Temperatur– bzw. Verschiebungs–Normalableitungen

$$\left[\frac{\partial^2 T}{\partial \hat{s}_n^2}\right]\hat{\mathbb{n}}_S\cdot\mathbf{\Lambda}^{(L)}\cdot\hat{\mathbb{n}}_S = \hat{\rho}_0\, T\, {}^{*}\hat{U}_n\left[\frac{\partial^2 \hat{\mathbb{u}}}{\partial \hat{s}_n^2}\right]\cdot\left[\frac{\partial T_{F\mathscr{S}}}{\partial \mathbb{F}}\right]^T\cdot\hat{\mathbb{n}}_S \Big/ \frac{\partial T_{F\mathscr{S}}}{\partial \mathscr{S}}, \tag{9.88b}$$

während aus der Sprungversion der Impulsbilanz–Feldgleichung (8.48c)[101]

$$[\hat{\nabla}\cdot(\mathbb{S}^{(K)}\cdot\mathbb{F})] \overset{(9.87a)}{=} \hat{\mathbb{n}}_S\cdot\left[\frac{\partial}{\partial \hat{s}_n}(\mathbb{S}^{(K)}\cdot\mathbb{F})\right] = \hat{\rho}_0\,[\dot{\mathbb{v}}] \overset{(9.86b)}{=} \hat{\rho}_0\, {}^{*}\hat{U}_n^2\left[\frac{\partial^2 \hat{\mathbb{u}}}{\partial \hat{s}_n^2}\right] \tag{9.89a}$$

eine Beziehung zur Identifizierung der Fortpflanzungsgeschwindigkeiten von Beschleunigungssprüngen zu

---

98) Wegen $[\mathscr{S}] = 0$ und (9.84d) ist (9.73) identisch erfüllt.

99) von Sprungwerten $[\dot{Q}_e]$ eingeprägter Wärmemengen wird abgesehen, Energiedissipation $(\dot{\mathscr{D}})$ findet nicht statt.

100) man beachte, daß wegen $[\hat{\nabla}T] \overset{(9.84e)}{=} 0$, d. h. $[\partial T/\partial\hat{s}_n] = 0$ auch $\hat{\nabla}_{(2)}[\partial T/\partial\hat{s}_n] = 0$ ist.

101) von Massenkraft–Sprungwerten wird abgesehen

entwickeln ist. Dazu benutzt man

$$\frac{\partial}{\partial \hat{s}_n}(\mathbb{S}^{(K)}\cdot \mathbb{F}) \overset{(9.74a)}{=} \hat{\rho}_0 \frac{\partial}{\partial \hat{s}_n}\left[\frac{\partial \mathcal{U}_{F\mathscr{S}}}{\partial \mathbb{F}}\right] \equiv \hat{\rho}_0\, \hat{\mathbb{n}}_S \cdot \left[\hat{\nabla}\circ \frac{\partial \mathcal{U}_{F\mathscr{S}}}{\partial \mathbb{F}}\right] =$$

$$=^{102)} \hat{\rho}_0 \hat{\mathbb{n}}_S \cdot \left[(\hat{\nabla}\circ\hat{\mathbb{u}}\circ\hat{\nabla})\cdot\cdot \frac{\partial^2 \mathcal{U}_{F\mathscr{S}}}{\partial \mathbb{F}^2} + \hat{\nabla}\mathscr{S}\circ \frac{\partial^2 \mathcal{U}_{F\mathscr{S}}}{\partial \mathbb{F}\,\partial \mathscr{S}}\right] =$$

$$= \hat{\rho}_0 \left\{\left[\frac{\partial}{\partial \hat{s}_n}(\hat{\mathbb{u}}\circ\hat{\nabla})\right]\cdot\cdot \frac{\partial^2 \mathcal{U}_{F\mathscr{S}}}{\partial \mathbb{F}^2} + \frac{\partial \mathscr{S}}{\partial \hat{s}_n}\frac{\partial^2 \mathcal{U}_{F\mathscr{S}}}{\partial \mathbb{F}\,\partial \mathscr{S}}\right\},$$

und bekommt wegen $[\partial^2 \mathcal{U}_{F\mathscr{S}}/\partial \mathbb{F}^2] = 0$, $[\partial^2 \mathcal{U}_{F\mathscr{S}}/\partial \mathbb{F}\ \partial \mathscr{S}] = 0$

$$\hat{\mathbb{n}}_S\cdot[\frac{\partial}{\partial \hat{s}_n}(\mathbb{S}^{(K)}\cdot\mathbb{F})] = \hat{\rho}_0\, \hat{\mathbb{n}}_S\cdot\left[[\frac{\partial}{\partial \hat{s}_n}(\hat{\mathbb{u}}\circ\hat{\nabla})]\cdot\cdot \frac{\partial^2 \mathcal{U}_{F\mathscr{S}}}{\partial \mathbb{F}^2} + [\frac{\partial \mathscr{S}}{\partial \hat{s}_n}]\frac{\partial^2 \mathcal{U}_{F\mathscr{S}}}{\partial \mathbb{F}\,\partial \mathscr{S}}\right] \equiv$$

$$\equiv \hat{\rho}_0 \left\{\left[\hat{\mathbb{n}}_S\circ[\frac{\partial}{\partial \hat{s}_n}(\hat{\mathbb{u}}\circ\hat{\nabla})]\right]\cdot\cdot\cdot \frac{\partial^2 \mathcal{U}_{F\mathscr{S}}}{\partial \mathbb{F}^2} + [\frac{\partial \mathscr{S}}{\partial \hat{s}_n}]\,\hat{\mathbb{n}}_S\cdot \frac{\partial^2 \mathcal{U}_{F\mathscr{S}}}{\partial \mathbb{F}\,\partial \mathscr{S}}\right\} \equiv$$

$$\overset{(9.84i)}{=}{}^{103)} \hat{\rho}_0\left\{\left[\hat{\mathbb{n}}_S\circ[\frac{\partial^2 \hat{\mathbb{u}}}{\partial \hat{s}_n^2}]\circ\hat{\mathbb{n}}_S\right]\cdot\cdot\cdot \frac{\partial^2 \mathcal{U}_{F\mathscr{S}}}{\partial \mathbb{F}^2} - \left[(\hat{\mathbb{n}}_S\circ[\frac{\partial^2 \hat{\mathbb{u}}}{\partial \hat{s}_n^2}]\circ\hat{\mathbb{n}}_S)\cdot\cdot \frac{\partial \mathrm{T}_{F\mathscr{S}}/\partial \mathbb{F}}{\partial \mathrm{T}_{F\mathscr{S}}/\partial \mathscr{S}}\right]\cdot \frac{\partial^2 \mathcal{U}_{F\mathscr{S}}}{\partial \mathbb{F}\,\partial \mathscr{S}}\right\} \equiv$$

$$\equiv \hat{\rho}_0\left[\hat{\mathbb{n}}_S\circ[\frac{\partial^2 \hat{\mathbb{u}}}{\partial \hat{s}_n^2}]\circ\hat{\mathbb{n}}_S\right]\cdot\cdot\cdot\left\{\frac{\partial^2 \mathcal{U}_{F\mathscr{S}}}{\partial \mathbb{F}^2} - \frac{\partial \mathrm{T}_{F\mathscr{S}}/\partial \mathbb{F}}{\partial \mathrm{T}_{F\mathscr{S}}/\partial \mathscr{S}}\circ \frac{\partial^2 \mathcal{U}_{F\mathscr{S}}}{\partial \mathbb{F}\,\partial \mathscr{S}}\right\} \equiv$$

---

102) Man verwende die aus $d\left[\frac{\partial \mathcal{U}_{F\mathscr{S}}}{\partial \mathbb{F}}\right] \equiv d\mathbb{F}^T\cdot\cdot \frac{\partial^2 \mathcal{U}_{F\mathscr{S}}}{\partial \mathbb{F}^2} + d\mathscr{S}\frac{\partial^2 \mathcal{U}_{F\mathscr{S}}}{\partial \mathbb{F}\,\partial \mathscr{S}} \equiv d\mathbb{r}\cdot\hat{\nabla}\circ\left[\frac{\partial \mathcal{U}_{F\mathscr{S}}}{\partial \mathbb{F}}\right]$ mit $d\mathbb{F}^T = d\hat{\mathbb{u}}\circ\hat{\nabla} \equiv d\mathbb{r}\cdot\hat{\nabla}\circ\hat{\mathbb{u}}\circ\hat{\nabla}$ und $d\mathscr{S} = d\mathbb{r}\cdot\hat{\nabla}\mathscr{S}$ nach Koeffizientenvergleich hinsichtlich $d\hat{\mathbb{r}}$ herstellbare Identität

$$\hat{\nabla}\circ \frac{\partial \mathcal{U}_{F\mathscr{S}}}{\partial \mathbb{F}} = (\hat{\nabla}\circ\hat{\mathbb{u}}\circ\hat{\nabla})\cdot\cdot \frac{\partial^2 \mathcal{U}_{F\mathscr{S}}}{\partial \mathbb{F}^2} + \hat{\nabla}\mathscr{S}\circ \frac{\partial^2 \mathcal{U}_{F\mathscr{S}}}{\partial \mathbb{F}\,\partial \mathscr{S}}.$$

103) Man benutze $\hat{\mathbb{u}}\circ\hat{\nabla} = \hat{\mathbb{u}}\circ\hat{\nabla}_{(2)} + \frac{\partial \hat{\mathbb{u}}}{\partial \hat{s}_n}\circ\hat{\mathbb{n}}_S$, also (mit $\partial\hat{\mathbb{n}}_S/\partial\hat{s}_n = 0$)

$$\frac{\partial}{\partial \hat{s}_n}(\hat{\mathbb{u}}\circ\hat{\nabla}) = \frac{\partial}{\partial \hat{s}_n}(\hat{\mathbb{u}}\circ\hat{\nabla}_{(2)} + \frac{\partial \hat{\mathbb{u}}}{\partial \hat{s}_n}\circ\hat{\mathbb{n}}_S) \equiv \frac{\partial \hat{\mathbb{u}}}{\partial \hat{s}_n}\circ\hat{\nabla}_{(2)} + \frac{\partial^2 \hat{\mathbb{u}}}{\partial \hat{s}_n^2}\circ\hat{\mathbb{n}}_S.$$

Daher ist wegen $[\mathbb{F}] = 0$ und damit $[\partial\hat{\mathbb{u}}/\partial\hat{s}_n] = 0$, also auch $[\partial\hat{\mathbb{u}}/\partial\hat{s}_n]\circ\hat{\nabla}_{(2)} = 0$ sowie wegen $[\hat{\mathbb{n}}_S] = 0$ in der Tat $[\frac{\partial}{\partial \hat{s}_n}(\hat{\mathbb{u}}\circ\hat{\nabla})] = [\frac{\partial^2 \hat{\mathbb{u}}}{\partial \hat{s}_n^2}]\circ\hat{\mathbb{n}}_S$

$$\stackrel{104)}{\equiv} \hat{\rho}_0 \Big[[\frac{\partial^2 \hat{\mathbb{u}}}{\partial \hat{s}_n^2}] \circ \hat{\mathbb{n}}_S \circ \hat{\mathbb{n}}_S \Big] \cdots \Big[\overset{<6>}{\mathbb{E}_T} \cdot\cdot \overset{<4>}{\mathbb{E}_T} \Big] \cdots \Big\{ \frac{\partial^2 \mathcal{U}_{F\mathscr{S}}}{\partial \mathbb{F}^2} - \frac{\partial T_{F\mathscr{S}} / \partial \mathbb{F}}{\partial T_{F\mathscr{S}} / \partial \mathscr{S}} \circ \frac{\partial T_{F\mathscr{S}}}{\partial \mathbb{F}} \Big\} \equiv [\partial^2 \hat{\mathbb{u}} / \partial \hat{s}_n^2] \cdot {}^*\mathbb{A}$$

aus (9.89a) schließlich

$$[\frac{\partial^2 \hat{\mathbb{u}}}{\partial \hat{s}_n^2}] \cdot \Big[{}^*\mathbb{A} - \hat{\rho}_0 {}^*\hat{U}_n^2 \, \mathbb{E} \Big] = 0 \text{ bzw. – man beachte (9.86b) – } [\dot{\mathbb{v}}] \cdot \Big[{}^*\mathbb{A} - \hat{\rho}_0 {}^*\hat{U}_n^2 \, \mathbb{E} \Big] = 0 \qquad (9.89b,c)$$

mit

$${}^*\mathbb{A} = \hat{\rho}_0 \, \hat{\mathbb{n}}_S \circ \hat{\mathbb{n}}_S \cdot\cdot \Big[\overset{<6>}{\mathbb{E}_T} \cdot\cdot \overset{<4>}{\mathbb{E}_T} \Big] \cdots \Big\{ \frac{\partial^2 \mathcal{U}_{F\mathscr{S}}}{\partial \mathbb{F}^2} - \frac{\partial T_{F\mathscr{S}} / \partial \mathbb{F} \circ \partial T_{F\mathscr{S}} / \partial \mathbb{F}}{\partial T_{F\mathscr{S}} / \partial \mathscr{S}} \Big\}, \qquad (9.90a)$$

wofür man unter Benutzung der als Zustandsfunktion des Konfigurationsgradienten und der Temperatur aufgefaßten freien Energie $\mathscr{F} = \mathscr{F}\langle \mathbb{F}, T \rangle = \mathscr{F}_{FT}$ einfacher auch

$${}^*\mathbb{A} = \hat{\rho}_0 \, \hat{\mathbb{n}}_S \circ \hat{\mathbb{n}}_S \cdot\cdot \Big[\overset{<6>}{\mathbb{E}_T} \cdot\cdot \overset{<4>}{\mathbb{E}_T} \Big] \cdots \frac{\partial^2 \mathscr{F}_{FT}}{\partial \mathbb{F}^2} = {}^*\mathbb{A} \langle \hat{\mathbb{n}}_S, \mathbb{F}, T \rangle =$$

$$\stackrel{105)}{=} \Big[\hat{\mathbb{n}}_S \circ \hat{\mathbb{n}}_S \cdot\cdot \overset{<6>}{\mathbb{E}_T} \cdots \Big[\mathbb{F}^T \cdot \frac{\partial \$_{DT}^{(K)}}{\partial \mathbb{D}^{(G)}} \cdot \mathbb{F} \Big] + (\hat{\mathbb{n}}_S \cdot \$^{(K)} \cdot \hat{\mathbb{n}}_S) \, \mathbb{E} \Big]_{\mathbb{F},T} \qquad (9.90b)$$

mit

$$\$_{DT}^{(K)} = \hat{\rho}_0 \, \partial \mathscr{F}_{DT} / \partial \mathbb{D}^{(G)} \stackrel{106)}{=} \hat{\rho}_0 \frac{\partial \mathscr{F}_{FT}}{\partial \mathbb{F}} \cdot \mathbb{F}^{-1}, \; \partial \$_{DT}^{(K)} / \partial \mathbb{D}^{(G)} = \hat{\rho}_0 \, \partial^2 \mathscr{F}_{DT} / \partial \mathbb{D}^{(G)2} \qquad (9.90c,d)$$

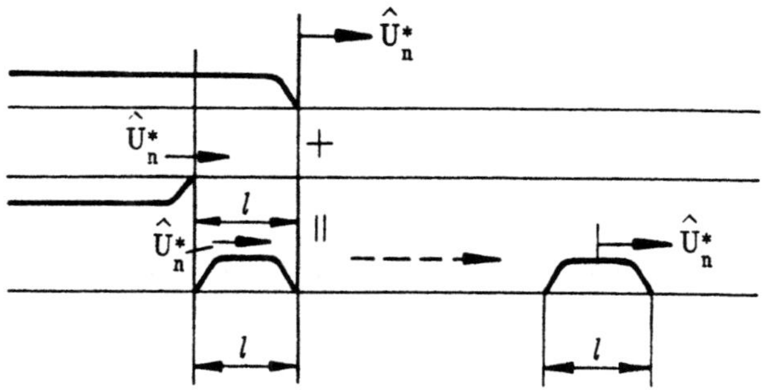

Abb. 9.6

104) Man benutze $\partial^2 \mathcal{U}_{F\mathscr{S}} / \partial \mathbb{F} \, \partial \mathscr{S} = \partial(\partial \mathcal{U}_{F\mathscr{S}} / \partial \mathscr{S}) / \partial \mathbb{F} \stackrel{(9.74b)}{=} \partial T_{F\mathscr{S}} / \partial \mathbb{F}$

105) Man benutze die für die freie Energie analoge Umformung (9.77c), die dort auf (9.78) geführt hat.

106) dies verifiziert man in zu (9.77b) analoger Weise.

schreiben kann.[107] Aufgrund von (9.89b,c) garantieren positiv—definite Tensoren $\overset{*}{\mathbb{A}}$ die Existenz reeller Fortpflanzung von Beschleunigungssprüngen, was dann z. B. etwa im Falle einer Störung der spannungslosen Bezugskonfiguration für den analog (9.80) mit $\mathbb{S}^{(K)} = 0$, $\mathbb{F} = \mathbb{E}$ als

$$\overset{*}{\mathbb{A}}(\hat{\mathbb{n}}_S,\mathbb{E},T) = \hat{\rho}_0\, \hat{\mathbb{n}}_S \cdot \left[\frac{\partial^2 \mathscr{F}_{DT}}{\partial \mathbb{D}^{(G)2}} \right]_{\mathbb{D}^{(G)}=0,T} \cdot \hat{\mathbb{n}}_S = \hat{\mathbb{n}}_S \cdot \overset{*\langle 4\rangle}{\hat{\mathbb{C}}_0} \cdot \hat{\mathbb{n}}_S \tag{9.90e}$$

anfallenden akustischen Tensor die Befriedigung der Bedingung

$$\mathbb{x} \cdot \overset{*}{\mathbb{A}} \cdot \mathbb{x} > 0 \quad \text{für } |\mathbb{x}| \neq 0$$

und damit für die sog. "isotherme Materialtetrade" $\overset{*\langle 4\rangle}{\mathbb{C}_0} = \hat{\rho}_0 \left[\frac{\partial^2 \mathscr{F}_{DT}}{\partial \mathbb{D}^{(G)2}} \right]_{\mathbb{D}^{(G)}=0,T}$

die Befriedigung der Hadamardschen Bedingung (9.80c) verlangt.

Da sich bei Durchzug einer inkrementellen Störung durch ein ansonsten in statischer Ruhelage befindliches hyperelastisches Kontinuum dessen Konfiguration und damit die an seinen materiellen Punkten definierten akustischen Tensoren de facto nicht ändern, überlaufen zwei zeitversetzte inkrementelle Störungen einen materiellen Punkt de facto mit derselben Geschwindigkeit. Für den Fall, daß der statische Konfigurationszustand eines homogenen hyperelastischen Mediums homogen und überdies z. B. homentrop ist, ($\mathbb{F}_{stat}(\hat{\mathbb{r}}) = \text{const.}$, $\mathscr{S}(\hat{\mathbb{r}}) = \text{const.}$) und damit auch überall gleiche akustische Tensoren $(\mathbb{A})$ vorgefunden werden, bedeutet dies, daß sich als zwei zeitversetzte entgegengesetzte Störungen auffaßbare (Eigen—)"Störungspakete", wie Abb. 9.6 andeuten soll, "kompaktbleibend", also als "dispersionsfreie Welle" mit ihren zugehörigen Fortpflanzungsgeschwindigkeiten durch das Kontinuum bewegen.

In der (isentropen) Theorie kleiner Verformungen $\mathbb{u} = \hat{\mathbb{u}}(\hat{\mathbb{r}},t)$ (z. B. aus der homentropen Bezugskonfiguration $\mathbb{F} = \mathbb{E}$ heraus) kennzeichnet diesen Sachverhalt die Feststellung, daß die hierfür

---

107) Ausgehend von $\mathscr{U} = \mathscr{F} + T\mathscr{S}$ setzt man konkreter
$\mathscr{U}_{F\mathscr{S}}\langle \mathbb{F}, \mathscr{S}\rangle = \mathscr{F}_{FT}\langle \mathbb{F}, T_{F\mathscr{S}}\langle \mathbb{F}, \mathscr{S}\rangle\rangle + T_{F\mathscr{S}}\langle \mathbb{F}, \mathscr{S}\rangle\, \mathscr{S}$ und bekommt zunächst wegen
$\partial\mathscr{F}_{FT}/\partial T = -\mathscr{S}(\mathbb{F},T) \equiv -\mathscr{S}_{FT}$ nach (9.29c)

$$\frac{\partial \mathscr{U}_{F\mathscr{S}}}{\partial \mathbb{F}} = \frac{\partial \mathscr{F}_{FT}}{\partial \mathbb{F}} + \frac{\partial T_{F\mathscr{S}}}{\partial \mathbb{F}} \frac{\partial \mathscr{F}_{FT}}{\partial T} + \frac{\partial T_{F\mathscr{S}}}{\partial \mathbb{F}} \mathscr{S} = \frac{\partial \mathscr{F}_{FT}}{\partial \mathbb{F}} \quad \text{und hiermit weiter}$$

$$\frac{\partial^2 \mathscr{U}_{F\mathscr{S}}}{\partial \mathbb{F}^2} = \frac{\partial}{\partial \mathbb{F}} \left[\frac{\partial \mathscr{F}_{FT}\langle \mathbb{F}, T_{F\mathscr{S}}\langle \mathscr{S}, \mathbb{F}\rangle\rangle}{\partial \mathbb{F}} \right] = \frac{\partial^2 \mathscr{F}_{FT}}{\partial \mathbb{F}^2} + \frac{\partial T_{F\mathscr{S}}}{\partial \mathbb{F}} \circ \frac{\partial^2 \mathscr{F}_{FT}}{\partial \mathbb{F}\, \partial T} =$$

$$= \frac{\partial^2 \mathscr{F}_{FT}}{\partial \mathbb{F}^2} - \frac{\partial T_{F\mathscr{S}}}{\partial \mathbb{F}} \circ \frac{\partial \mathscr{S}_{FT}}{\partial \mathbb{F}}.$$

Hierin ersetzt man $\partial\mathscr{S}_{FT}/\partial\mathbb{F}$ mittels der aus $\mathscr{S} = \mathscr{S}_{FT}\langle \mathbb{F}, T_{F\mathscr{S}}\langle \mathbb{F}, \mathscr{S}\rangle\rangle$ fließenden Identitäten

$$\frac{\partial \mathscr{S}}{\partial \mathscr{S}} = 1 = \frac{\partial \mathscr{S}_{FT}}{\partial T} \frac{\partial T_{F\mathscr{S}}}{\partial \mathscr{S}}, \quad \frac{\partial \mathscr{S}}{\partial \mathbb{F}} = 0 = \frac{\partial \mathscr{S}_{FT}}{\partial \mathbb{F}} + \frac{\partial T_{F\mathscr{S}}}{\partial \mathbb{F}} \frac{\partial \mathscr{S}_{FT}}{\partial T}$$

durch $$\frac{\partial \mathscr{S}_{FT}}{\partial \mathbb{F}} = -\frac{\partial T_{F\mathscr{S}}}{\partial \mathbb{F}} \frac{\partial \mathscr{S}_{FT}}{\partial T} = -\frac{\partial T_{F\mathscr{S}}}{\partial \mathbb{F}} \Big/ \frac{\partial T_{F\mathscr{S}}}{\partial \mathscr{S}}$$

und gelangt in der Tat zu $$\frac{\partial^2 \mathscr{F}_{FT}}{\partial \mathbb{F}^2} = \frac{\partial^2 \mathscr{U}_{F\mathscr{S}}}{\partial \mathbb{F}^2} - \frac{\partial T_{F\mathscr{S}}/\partial \mathbb{F} \circ \partial T_{F\mathscr{S}}/\partial \mathbb{F}}{\partial T_{F\mathscr{S}}/\partial \mathscr{S}}$$

mit $\mathbb{k}_m = 0$, $\mathscr{S} = \text{const} = \mathscr{S}_0$ und $\hat{\rho} = \text{const.} = \hat{\rho}_0$ in Spezialisierung von (8.48c) anfallende Feldgleichung

$$\left[\hat{\nabla}\cdot(\mathbb{S}^{(K)}\cdot\mathbb{F})\right]_{\mathbb{F}=\mathbb{E},\mathscr{S}_0} = \left[\hat{\nabla}\cdot\left(\hat{\rho}_0\,\frac{\partial\mathscr{U}_{F\mathscr{S}}}{\partial\mathbb{F}}\right)\right]_{\mathbb{F}=\mathbb{E},\mathscr{S}_0} \overset{108)}{\equiv} \left[(\hat{\nabla}\circ\mathbb{F}^T)\cdots\hat{\rho}_0\,\frac{\partial^2\mathscr{U}_{F\mathscr{S}}}{\partial\mathbb{F}^2}\right]_{\mathbb{F}=\mathbb{E},\mathscr{S}_0} \equiv$$

$$\overset{109)}{\equiv} (\hat{\nabla}\circ\hat{\mathbb{u}}\circ\hat{\nabla})\cdots\left[\hat{\rho}_0\,\frac{\partial^2\mathscr{U}_{F\mathscr{S}}}{\partial\mathbb{F}^2}\right]_{\mathbb{F}=\mathbb{E},\mathscr{S}_0} = (\hat{\mathbb{u}}\circ\hat{\nabla}\circ\hat{\nabla})\cdots\left[(\overset{<6>}{\mathbb{E}_T}\cdot\cdot\overset{<4>}{\mathbb{E}_T})\cdots\hat{\rho}_0\,\frac{\partial^2\mathscr{U}_{F\mathscr{S}}}{\partial\mathbb{F}^2}\right]_{\mathbb{F}=\mathbb{E},\mathscr{S}_0} =$$

$$= \hat{\rho}_0\,\frac{\partial^2\hat{\mathbb{u}}}{\partial t^2} \tag{9.91a}$$

durch "D'Alembertschen Lösungsstrukturen" befriedigt werden kann. So weist etwa der Befund, daß mit dem Lösungsansatz

$$\hat{\mathbb{u}}(\hat{\mathbb{r}},t) = \mathbb{f}_1(z_1) + \mathbb{f}_2(z_2) \text{ mit } z_{1,2} = \hat{\mathbb{n}}_S\cdot\hat{\mathbb{r}} \pm \hat{U}_n^* t \text{ und } \hat{\mathbb{n}}_S = \text{const.} \tag{9.91b,c}$$

wegen
$$\frac{\partial^2\hat{\mathbb{u}}}{\partial t^2} = \hat{U}_n^{*2}\sum_{j=1}^{2}\frac{d^2\mathbb{f}_j}{dz_j^2},\quad \hat{\mathbb{u}}\circ\hat{\nabla}\circ\hat{\nabla} \overset{110)}{=} \sum_{j=1}^{2}\frac{d^2\mathbb{f}_j}{dz_j^2}\circ\hat{\mathbb{n}}_S\circ\hat{\mathbb{n}}_S$$

nach Einsetzen in (9.91a)

$$\left[\sum_{j=1}^{2}\frac{d^2\mathbb{f}_j}{dz_j^2}\right]\cdot\left\{\left[(\hat{\mathbb{n}}_S\circ\hat{\mathbb{n}}_S)\cdot\cdot(\overset{<6>}{\mathbb{E}_T}\cdot\cdot\overset{<4>}{\mathbb{E}_T})\cdots\hat{\rho}_0\left(\frac{\partial^2\mathscr{U}_{F\mathscr{S}}}{\partial\mathbb{F}^2}\right)\right]_{\mathbb{F}=\mathbb{E},\mathscr{S}_0} - \hat{\rho}_0\hat{U}_n^{*2}\mathbb{E}\right\} =$$

$$\overset{(9.76c)}{=} \left[\sum_{j=1}^{2}\frac{d^2\mathbb{f}_j}{dz_j^2}\right]\cdot\left\{\mathbb{A}(\hat{\mathbb{n}}_S,\mathbb{E},\mathscr{S}_0) - \hat{\rho}_0\hat{U}_n^{*2}\mathbb{E}\right\} = 0 \tag{9.91d}$$

---

108) Man benutze die aus

$$\partial_{\mathbb{r}}\left[\frac{\partial\mathscr{U}}{\partial\mathbb{F}}\right] \equiv d\hat{\mathbb{r}}\cdot\left[\hat{\nabla}\circ\frac{\partial\mathscr{U}}{\partial\mathbb{F}}\right] \equiv \partial_{\mathbb{r}}\mathbb{F}^T\cdot\cdot\frac{\partial^2\mathscr{U}}{\partial\mathbb{F}^2} \equiv \left[d\hat{\mathbb{r}}\cdot(\hat{\nabla}\circ\mathbb{F}^T)\right]\cdot\cdot\frac{\partial^2\mathscr{U}}{\partial\mathbb{F}^2} \equiv d\hat{\mathbb{r}}\cdot(\hat{\nabla}\circ\mathbb{F}^T)\cdot\cdot\frac{\partial^2\mathscr{U}}{\partial\mathbb{F}^2}$$

nach Koeffizientenvergleich hinsichtlich des Koordinatendifferentials $(d\hat{\mathbb{r}})$ herstellbare Identität

$$\hat{\nabla}\circ\frac{\partial\mathscr{U}}{\partial\mathbb{F}} = (\hat{\nabla}\circ\mathbb{F}^T)\cdot\cdot\frac{\partial^2\mathscr{U}}{\partial\mathbb{F}^2}\text{, d. h.}$$

$$\hat{\nabla}\cdot\frac{\partial\mathscr{U}}{\partial\mathbb{F}} = \mathbb{E}\cdot\cdot\left[\hat{\nabla}\circ\frac{\partial\mathscr{U}}{\partial\mathbb{F}}\right] = \mathbb{E}\cdot\cdot\left[(\hat{\nabla}\circ\mathbb{F}^T)\cdot\cdot\frac{\partial^2\mathscr{U}}{\partial\mathbb{F}^2}\right] \equiv \left[\mathbb{E}\cdot(\hat{\nabla}\circ\mathbb{F}^T)\right]\cdots\frac{\partial^2\mathscr{U}}{\partial\mathbb{F}^2} \equiv (\hat{\nabla}\circ\mathbb{F}^T)\cdots\frac{\partial^2\mathscr{U}}{\partial\mathbb{F}^2}$$

109) Man setze $\mathbb{F} = \mathbb{E} + \hat{\nabla}\circ\hat{\mathbb{u}}$

110) Man benutze die aus

$$\partial_{\mathbb{r}}\mathbb{f}_j = (d\hat{\mathbb{r}}\cdot\hat{\nabla})\mathbb{f}_j \equiv \mathbb{f}_j(\hat{\nabla}\cdot d\hat{\mathbb{r}}) \equiv (\mathbb{f}_j\circ\hat{\nabla})\cdot d\hat{\mathbb{r}} = \frac{\partial\mathbb{f}_j}{\partial z_j}(\hat{\mathbb{n}}_S\cdot d\hat{\mathbb{r}}) \equiv \left[\frac{\partial\mathbb{f}_j}{\partial z_j}\circ\hat{\mathbb{n}}_S\right]\cdot d\hat{\mathbb{r}}$$

nach Koeffizientenvergleich hinsichtlich des Koordinatendifferentials $(d\hat{\mathbb{r}})$ herstellbare Identität

$$\mathbb{f}_j\circ\hat{\nabla} = \frac{d\mathbb{f}_j}{dz_j}\circ\hat{\mathbb{n}}_S \text{ und entsprechend } \mathbb{f}_j\circ\hat{\nabla}\circ\hat{\nabla} = \frac{d^2\mathbb{f}_j}{dz_j^2}\circ\hat{\mathbb{n}}_S\circ\hat{\mathbb{n}}_S$$

erreicht werden kann, — selbstverständlich für positiv—definite akustische Tensoren — auf die mögliche Existenz "ebener D'Alembertscher Wellen" hin[111].
Entsprechend liefert Einsetzen von

$$\hat{\mathbb{u}}(\hat{\mathbb{r}},t) = {}^*\mathbb{f}_1(z_1) + {}^*\mathbb{f}_2(z_2) \text{ mit } z_{1,2} = \hat{\mathbb{n}}_S \cdot \hat{\mathbb{r}} \pm {}^*\hat{U}_n t,\ \hat{\mathbb{n}}_S = \text{const.} \tag{9.92a,b}$$

in die für isotherme Zustandsänderungen aus einer homothermen undeformierten Bezugskonfiguration heraus geltende Feldgleichung

$$\left[\hat{\nabla}\cdot(\mathbb{S}^{(K)}\cdot\mathbb{F})\right]_{\mathbb{F}=\mathbb{E},T_0} \overset{112)}{=} \left[\hat{\nabla}\cdot\left(\hat{\rho}_0 \frac{\partial \mathscr{F}_{FT}}{\partial \mathbb{F}}\right)\right]_{\mathbb{F}=\mathbb{E},T_0} \equiv$$

$$\equiv (\hat{\mathbb{u}}\circ\hat{\nabla}\circ\hat{\nabla})\cdots\left[(\overset{<6>}{\mathbb{E}_T}\cdot\cdot\overset{<4>}{\mathbb{E}_T})\cdots\hat{\rho}_0 \frac{\partial^2 \mathscr{F}_{FT}}{\partial \mathbb{F}^2}\right]_{\mathbb{F}=\mathbb{E},T_0} = \hat{\rho}_0 \frac{\partial^2 \hat{\mathbb{u}}}{\partial t^2}$$

schließlich

$$\left[\sum_{j=1}^{2} \frac{d^{2*}\mathbb{f}_j}{dz_j^2}\right]\cdot\left[{}^*\mathbb{A}(\hat{\mathbb{n}}_S,\mathbb{E},T_0) - \hat{\rho}_0\, {}^*\hat{U}_n^2\, \mathbb{E}\right] = 0 \quad j=1,2 \tag{9.92c}$$

mit ${}^*\mathbb{A}$ nach (9.90b).
Da der mit den für einen homentropen und homothermen Ausgangszustand definierten Tensoren $\mathbb{A}$ bzw. ${}^*\mathbb{A}$ zu erzeugende Differenztensor

$$\mathbb{\Delta} = \mathbb{A} - {}^*\mathbb{A} \overset{(9.76c,90a)}{=} \hat{\mathbb{n}}_S\circ\hat{\mathbb{n}}_S\cdot\cdot(\overset{<6>}{\mathbb{E}_T}\cdot\cdot\overset{<4>}{\mathbb{E}_T})\cdots\left[\frac{\partial T_{F\mathscr{S}}}{\partial \mathbb{F}}\circ\frac{\partial T_{F\mathscr{S}}}{\partial \mathbb{F}}\right]/\left[\frac{\partial T_{F\mathscr{S}}}{\partial \mathscr{S}}\right] \equiv$$

$$\equiv \left[\hat{\mathbb{n}}_S\circ\hat{\mathbb{n}}_S\cdot\cdot\overset{<6>}{\mathbb{E}_T}\right]\cdots\left[\overset{<4>}{\mathbb{E}_T}\cdot\cdot\left[\frac{\partial T_{F\mathscr{S}}}{\partial \mathbb{F}}\circ\frac{\partial T_{F\mathscr{S}}}{\partial \mathbb{F}}\right]/\left[\frac{\partial T_{F\mathscr{S}}}{\partial \mathscr{S}}\right]\right] \equiv$$

$$\equiv \left[\hat{\mathbb{n}}_S\circ\hat{\mathbb{n}}_S\cdot\cdot\overset{<6>}{\mathbb{E}_T}\right]\cdots\left[\left(\frac{\partial T_{F\mathscr{S}}}{\partial \mathbb{F}}\right)^T\circ\frac{\partial T_{F\mathscr{S}}}{\partial \mathbb{F}}\right]/\left[\frac{\partial T_{F\mathscr{S}}}{\partial \mathscr{S}}\right] \equiv$$

$$\equiv \hat{\mathbb{n}}_S\cdot\frac{\partial T_{F\mathscr{S}}}{\partial \mathbb{F}}\circ\left(\frac{\partial T_{F\mathscr{S}}}{\partial \mathbb{F}}\right)^T\cdot\hat{\mathbb{n}}_S/\left[\frac{\partial T_{F\mathscr{S}}}{\partial \mathscr{S}}\right] \equiv \mathbb{\Delta}^T \tag{9.93a}$$

wegen

[111] Inwieweit Lösungsstrukturen von der Form (9.91b,c), mit denen man sich (ohne weitere (Randwert—)Vorgaben) die durch ebene Unstetigkeitsphänomene an einem unendlich ausgedehnten Kontinuum verursachten Ausbreitungsphänomene beschrieben denkt, für konkrete Randwertaufgaben zu detaillieren sind, findet man z. B. in [16], [51] für den konkreten Fall der Saite.

[112] Man benutze $\mathbb{S}^{(K)}\cdot\mathbb{F} = \hat{\rho}_0\, \partial\mathscr{F}_{FT}/\partial\mathbb{F}$

$$\frac{\partial T_{F\mathscr{S}}}{\partial \mathscr{S}} = 1 \Big/ \frac{\partial \mathscr{S}_{F\mathscr{S}}}{\partial T} \equiv^{113)} \frac{T}{c_d} > 0 \tag{9.93b}$$

positiv—definit ist, gilt generell

$$|{}^{*}U_n| < |U_n^{*}| , \tag{9.93c}$$

was übrigens in den Fällen (9.80c,90e) den Befund ausdrückt, daß die sog. "adiabatische Materialsteifigkeit" im (energetischen) Sinne von

$$\mathbb{X}\cdot\cdot\overset{<4>}{\mathbb{C}_0}\cdot\cdot\mathbb{X} > \mathbb{X}\cdot\cdot{}^{*}\overset{<4>}{\mathbb{C}_0}\cdot\cdot\mathbb{X} \tag{9.93d}$$

größer ist als die Isotherme[114].
Innerhalb eines hyperelastischen Körpers überall positiv—definite akustische Tensoren sind, dies soll hier noch angemerkt werden, für die

9.8 Stabilität der statischen Ruhelage hyperelastischer Systeme

notwendig [31], [52]. Die Forderung nach (infinitesimaler) Stabilität einer mittels der Impuls— und Entropiebilanz (8.48c,46c) mit $\dot{\mathbb{v}} = 0$, $\dot{\mathscr{S}} = 0$, $\dot{\mathscr{D}} = 0$, $\hat{\rho} = \hat{\rho}_0$ sowie mit $\mathbb{q}^{(L)} = -\hat{\nabla}T\cdot\mathbb{\Lambda}^{(L)}$ und $\mathbb{S}^{(L)} = \mathbb{S}^{(K)}\cdot\mathbb{F} = \hat{\rho}_0\ \partial\mathscr{F}_{FT}/\partial\mathbb{F}$ (vgl. (9.90c)) durch die Feldgleichungen der Elastostatik

$$\hat{\nabla}\cdot(\mathbb{S}^{(K)}\cdot\mathbb{F}) = \hat{\nabla}\cdot\left[\hat{\rho}_0\frac{\partial\mathscr{F}_{FT}}{\partial\mathbb{F}}\right] = -\hat{\rho}_0\,\mathbb{k}_m\,,\quad \mathbb{F} = \mathbb{E} + \hat{\nabla}\circ\mathbb{u}\,, \tag{9.94a}$$

$$-\hat{\nabla}\cdot\mathbb{q}^{(L)} = \hat{\nabla}\cdot(\hat{\nabla}T\cdot\mathbb{\Lambda}^{(L)}) = -\hat{\rho}_0\,\dot{Q}^{(e)} \tag{9.94b}$$

— zuzüglich entsprechender statischer Randbedingungen — beschriebenen statischen Ruhelage $\langle\,\hat{\mathbb{u}}(\hat{\mathbb{r}}),\ \hat{T}(\mathbb{r})\rangle$ wird durch den Sachverhalt beschrieben, daß (für unveränderte Randbedingungen und Massenkräfte!) die etwa als Folge kleiner Störungen $\delta\hat{\mathbb{u}}(\hat{\mathbb{r}},0) = \delta\hat{\mathbb{u}}_0(\hat{\mathbb{r}})$ der statischen Ruhelage bewirkten Bewegungen $\delta\hat{\mathbb{u}}(\hat{\mathbb{r}},t)$ beschränkt bleiben, also sog. freie (Eigen—)Schwingungen hervorrufen, d. h. Bewegungen unter dem Einfluß sog. "Totlasten" für skleronome Randbedingungen, wobei der Störungsprozeß im Sinne einer "ungünstigeren Abschätzung" als isotherm ablaufend angesehen wird[115]. Dies bedeutet einerseits, daß in der nun anstelle von (9.94a) geltenden Feldgleichung

---

113) Hierin bedeutet $T\,\dfrac{\partial\mathscr{S}_{FT}}{\partial T} \equiv T\,\dfrac{\partial\mathscr{S}_{DT}}{\partial T} = c_d(\mathbb{D}^{(G)},T)$ die (auf die Masseneinheit bezogene und) stets positive spezifische Wärme bei Erwärmung unter konstanter Deformation, vgl Bd. III dieser Reihe.

114) vgl. h. Bd. III dieser Reihe.

115) Weil sich ein in statischer Ruhelage befindliches hyperelastisches System wegen (9.93d) gegenüber Störungen $\delta\hat{\mathbb{u}}$ — wenn i. allg. auch nur geringfügig — bei Annahme (jeweils lokal—)isothermen Prozeßablaufs als "weniger steif" darstellt als im Falle, daß man (lokal—)adiabatischen Prozeß vorausgesetzt hätte.

$$\hat{\mathbb{V}}\cdot\left[\mathbb{S}^{(K)}\cdot\mathbb{F}+\delta(\mathbb{S}^{(K)}\cdot\mathbb{F})\right]=\hat{\rho}_0\,\hat{\mathbb{V}}\cdot\left[\frac{\partial\mathcal{F}_{FT}}{\partial\mathbb{F}}+(\hat{\delta\mathbb{u}}\circ\hat{\mathbb{V}})\cdot\cdot\frac{\partial^2\mathcal{F}_{FT}}{\partial\mathbb{F}^2}\right]=-\hat{\rho}_0\,\mathbb{k}^*_m+\hat{\rho}_0\,\delta\ddot{\mathbb{u}}\quad(9.95a)$$

$\mathbb{k}^*_m = \mathbb{k}_m$ gesetzt werden muß und andererseits, daß die von der Lösung $\hat{\mathbb{u}}(\hat{\mathbb{r}})$ befriedigten Randbedingungen durch die Zusatzlösung $\hat{\delta\mathbb{u}}(\hat{\mathbb{r}},t)$ nicht verändert werden dürfen, womit etwa längs Randflächengebieten $(\hat{f}_u)$, wo mit der statischen Lösung vorgegebene Verschiebungen realisiert werden mußten, für $\hat{\delta\mathbb{u}}(\hat{\mathbb{r}},t)$ die homogene geometrische Randwertaussage

$$\hat{\delta\mathbb{u}}(\hat{\mathbb{r}},t)=0 \text{ längs } (\hat{f}_u) \quad (9.95b)$$

längs Randflächengebieten $(\hat{f}_k)$, wo die statische Lösung vorgegebene Oberflächenlasten $d\bar{\mathbb{k}}_{fn} \overset{(8.48b)}{=} \hat{\mathbb{n}}\cdot\mathbb{S}^{(K)}\cdot\mathbb{F}\;d\hat{f}$ verifizieren mußte, für die Zusatzlösung die homogene dynamische Randwertaufgabe

$$\delta(d\bar{\mathbb{k}}_{fn})=\hat{\mathbb{n}}_S\cdot\delta(\mathbb{S}^{(K)}\cdot\mathbb{F})\,d\hat{f}=\hat{\rho}_0\,\hat{\mathbb{n}}_S\circ(\delta\mathbb{u}\circ\hat{\mathbb{V}})\cdots\frac{\partial^2\mathcal{F}_{FT}}{\partial\mathbb{F}^2}\,d\hat{f}=0 \text{ längs } (\hat{f}_k)\quad(9.95c)$$

auszusprechen ist[116]. Daher ist das Eigenschwingungsproblem — man subtrahiere (9.94a) von (9.95a) — durch die (hinsichtlich $\hat{\delta\mathbb{u}}$) lineare Feldgleichung

$$\hat{\mathbb{V}}\cdot\left[(\hat{\delta\mathbb{u}}\circ\hat{\mathbb{V}})\cdot\cdot\frac{\partial^2\mathcal{F}_{FT}}{\partial\mathbb{F}^2}\right]=\delta\ddot{\mathbb{u}} \quad \text{in } (\hat{B}) \quad (9.96a)$$

zuzüglich entsprechender homogener Randwertaufgaben von der Qualität (9.95b,c) und einer Anfangswertaufgabe etwa $\hat{\delta\mathbb{u}}(\mathbb{r},t_0) = \hat{\delta\mathbb{u}}_0(\hat{\mathbb{r}})$ gekennzeichnet. Damit als Lösung $\hat{\delta\mathbb{u}}(\hat{\mathbb{r}},t)$ in der Tat Schwingungen anfallen, muß (9.96a) durch einen Modalansatz

$$\hat{\delta\mathbb{u}}(\hat{\mathbb{r}},t)=\sum_{k=1}^{\infty}A_k\sin(\omega_k t+\alpha_k)\,\hat{\mathbb{e}}_k(\hat{\mathbb{r}}) \quad (9.96b)$$

gelöst werden können mit Integrationskonstanten[117] (A_k,α_k), mit Eigenfunktionen $(\hat{\mathbb{e}}_k(\hat{\mathbb{r}}))$, die den Feldgleichungen

$$\hat{\mathbb{V}}\cdot\left[(\hat{\mathbb{e}}_k\circ\hat{\mathbb{V}})\cdot\cdot\frac{\partial^2\mathcal{F}_{FT}}{\partial\mathbb{F}^2}\right]+\omega_k^2\,\hat{\mathbb{e}}_k=0,\quad k=1\ldots\infty \quad (9.97a)$$

---

116) anstelle vorgegebener Randverschiebungen bzw. Randlasten gilt das Folgende generell für den verallgemeinerten Fall sog. (lokal—)isoenergetischer Randbedingungen, wo gefordert wird, das am Rande generell die Skalarprodukte, die man aus Randlasten und Randverschiebungen bilden kann, verschwinden sollen.

117) zur Befriedung einer allgemeinen Anfangswertaufgabe

und den Orthogonalitätsbedingungen[118)]

$$\int\limits_{(\hat{B})} \hat{\mathfrak{e}}_j \cdot \hat{\mathfrak{e}}_k \, d\hat{V} = 0 \quad \text{für } j \neq k \tag{9.97b}$$

genügen, und schließlich mit durch

---

118) wie man mittels (9.97a), der für jede Eigenform zu fordernden Randbedingungen von der Qualität (9.95b,c) und den analog (9.77c) zum Ausdruck kommenden Symmetrieeigenschaften von $\partial^2 \mathcal{T}_{FT}/\partial \mathbb{F}^2$ nachweist. Denn es ergibt zunächst skalare Multiplikation von (9.97a) mit $\hat{\mathfrak{e}}_j(\hat{\mathbb{r}})$ und Integration über den Kontinuumsbereich unter Benutzung des Gaußschen Satzes

$$\omega_k^2 \int\limits_{(\hat{B})} \hat{\mathfrak{e}}_k \cdot \hat{\mathfrak{e}}_j \, d\hat{V} = - \int\limits_{(\hat{B})} \hat{\nabla} \cdot \left[(\hat{\mathfrak{e}}_k \circ \hat{\nabla}) \cdot\cdot \frac{\partial^2 \mathcal{T}_{FT}}{\partial \mathbb{F}^2} \right] \cdot \hat{\mathfrak{e}}_j \, d\hat{V} \equiv - \int\limits_{(\hat{B})} \hat{\nabla} \cdot \left[\hat{\mathfrak{e}}_k \circ \hat{\nabla} \cdot\cdot \frac{\partial^2 \mathcal{T}_{FT}}{\partial \mathbb{F}^2} \cdot \hat{\mathfrak{e}}_j \right] d\hat{V} +$$

$$+ \int\limits_{(\hat{B})} (\hat{\mathfrak{e}}_k \circ \hat{\nabla}) \cdot\cdot \frac{\partial^2 \mathcal{T}_{FT}}{\partial \mathbb{F}^2} \cdot\cdot (\hat{\mathfrak{e}}_j \circ \hat{\nabla}) \, d\hat{V} \equiv - \sum_{j=1}^{n_B} \int\limits_{\hat{f}_j^*(\hat{B})} \left[\overset{\downarrow}{\hat{\mathbb{n}}} \circ (\hat{\mathfrak{e}}_k \circ \hat{\nabla}) \right] \cdot\cdot \frac{\partial^2 \mathcal{T}_{FT}}{\partial \mathbb{F}^2} \cdot \hat{\mathfrak{e}}_j \, df +$$

$$+ \int\limits_{(\hat{B})} (\hat{\mathfrak{e}}_k \circ \hat{\nabla}) \cdot\cdot \frac{\partial^2 \mathcal{T}_{FT}}{\partial \mathbb{F}^2} \cdot\cdot (\hat{\mathfrak{e}}_j \circ \hat{\nabla}) \, d\hat{V} = \int\limits_{(\hat{B})} (\hat{\mathfrak{e}}_k \circ \hat{\nabla}) \cdot\cdot \frac{\partial^2 \mathcal{T}_{FT}}{\partial \mathbb{F}^2} \cdot\cdot (\hat{\mathfrak{e}}_j \circ \hat{\nabla}) \, d\hat{V} \,, \tag{*}$$

weil längs der Ränder $(\overset{\downarrow}{f_j^*}(\hat{B}))$ entweder die Verschiebungsgröße $\hat{\mathfrak{e}}_j$ im Sinne von (9.95b) oder die Randspannungsgrößen $\hat{\mathbb{n}} \circ (\hat{\mathfrak{e}}_k \circ \hat{\nabla}) \cdot\cdot\cdot (\partial^2 \mathcal{T}_{FT} / \partial \mathbb{F}^2)$ im Sinne von (9.95c) verschwinden müssen. Gl. (*) subtrahiert man von der analog (*) durch Indexvertauschung erreichbaren Gleichung

$$\omega_j^2 \int\limits_{(\hat{B})} \hat{\mathfrak{e}}_j \cdot \hat{\mathfrak{e}}_k \, d\hat{V} = \int\limits_{(\hat{B})} (\hat{\mathfrak{e}}_j \circ \hat{\nabla}) \cdot\cdot \frac{\partial^2 \mathcal{T}_{FT}}{\partial \mathbb{F}^2} \cdot\cdot (\hat{\mathfrak{e}}_k \circ \hat{\nabla}) \, d\hat{V}$$

und erhält schließlich

$$(\omega_k^2 - \omega_j^2) \int\limits_{(\hat{B})} \hat{\mathfrak{e}}_j \cdot \hat{\mathfrak{e}}_k \, d\hat{V} = 0 \,,$$

d. h. — wegen $\omega_k^2 \neq \omega_j^2$ — in der Tat die Orthogonalitätsbedingung (9.97b), nachdem man noch unter Benutzung von (9.77c) angesichts der Symmetrie bzw. der vollständigen Symmetrie von $\partial \mathcal{T}_{DT}/\partial \mathbb{D}^{(G)}$ bzw. $\partial^2 \mathcal{T}_{DT}/\partial \mathbb{D}^{(G)2}$ den Befund $(\hat{\mathfrak{e}}_k \circ \hat{\nabla}) \cdot\cdot \frac{\partial^2 \mathcal{T}_{FT}}{\partial \mathbb{F}^2} \cdot\cdot (\hat{\mathfrak{e}}_j \circ \hat{\nabla}) = (\hat{\mathfrak{e}}_j \circ \hat{\nabla}) \cdot\cdot \frac{\partial^2 \mathcal{T}_{FT}}{\partial \mathbb{F}^2} \cdot\cdot (\hat{\mathfrak{e}}_k \circ \hat{\nabla})$ nachgewiesen hat.

$$\omega_k^2 =^{119)} \frac{\int\limits_{(\hat{B})} \left\{\hat{\nabla}\cdot\left[(\hat{e}_k\circ\hat{\nabla})\cdot\cdot\;\frac{\partial^2 \mathscr{F}_{FT}}{\partial \mathbb{F}^2}\right]\right\}\cdot\hat{e}_k\, d\hat{V}}{\int\limits_{(\hat{B})} \hat{e}_k^2\, d\hat{V}} =^{120)} \frac{\int\limits_{(\hat{B})} (\hat{e}_k\circ\hat{\nabla})\cdot\cdot\;\frac{\partial^2 \mathscr{F}_{FT}}{\partial \mathbb{F}^2}\cdot\cdot(\hat{e}_k\circ\hat{\nabla})\, d\hat{V}}{\int\limits_{(\hat{B})} \hat{e}_k^2\, d\hat{V}},$$

$$k = 1\ldots\infty \qquad (9.98)$$

darzustellenden Eigenfrequenzen ω_k (k=1...∞), die als reellwertig gesichert sind, für positiv–definiten Zähler in (9.98), weswegen schließlich die Restriktion

$$\int\limits_{(\hat{B})} (\hat{e}_k\circ\hat{\nabla})\cdot\cdot\;\frac{\partial^2 \mathscr{F}_{FT}}{\partial \mathbb{F}^2}\cdot\cdot(\hat{e}_k\circ\hat{\nabla})\, d\hat{V} \geq 0\;,\;\; k = 1\ldots\infty \qquad (9.98a)$$

bzw. allgemein[121]

$$\int\limits_{(\hat{B})} (\delta\hat{\mathbb{u}}\circ\hat{\nabla})\cdot\cdot\;\frac{\partial^2 \mathscr{F}_{FT}}{\partial \mathbb{F}^2}\cdot\cdot(\delta\hat{\mathbb{u}}\circ\hat{\nabla})\, d\hat{V} > 0 \qquad (9.98b)$$

das (infinitesimale) Kriterium für statische Stabilität hyperelastischer Systeme ausdrückt. Erfüllt man (9.98b) durch die schärfere lokale Bedingung

$$(\delta\hat{\mathbb{u}}_k\circ\hat{\nabla})\cdot\cdot\;\frac{\partial^2 \mathscr{F}_{FT}}{\partial \mathbb{F}^2}\cdot\cdot(\delta\hat{\mathbb{u}}_k\circ\hat{\nabla}) > 0\;, \qquad (9.98c)$$

so scheint nun die Forderung nach positiv–definiten akustischen Tensoren $(\overset{*}{\mathbb{A}})$ im Zusammenhang mit der Betrachtnahme (spezieller) Vektorgradientenfelder auf, die sich als dyadische Produkte darstellen lassen, indem man mit $\delta\hat{\mathbb{u}}_k\circ\hat{\nabla} = \mathbb{a}_k\circ\mathbb{b}_k$ aus (9.98c) auf

$$(\mathbb{a}_k\circ\mathbb{b}_k)\cdot\cdot\left[\frac{\partial^2 \mathscr{F}_{FT}}{\partial \mathbb{F}^2}\right]\cdot\cdot(\mathbb{a}_k\circ\mathbb{b}_k) \equiv (\mathbb{a}_k\circ\mathbb{b}_k\circ\mathbb{a}_k\circ\mathbb{b}_k)\cdot\cdot\cdot\cdot\;\frac{\partial^2 \mathscr{F}_{FT}}{\partial \mathbb{F}^2} \equiv$$

$$\equiv \left[(\mathbb{a}_k\circ\mathbb{a}_k\circ\mathbb{b}_k\circ\mathbb{b}_k)\cdot\cdot(\overset{\langle 6\rangle}{\mathbb{E}}_T\cdot\cdot\overset{\langle 4\rangle}{\mathbb{E}}_T)\right]\cdot\cdot\cdot\cdot\frac{\partial^2 \mathscr{F}_{FT}}{\partial \mathbb{F}^2} \equiv$$

$$(\mathbb{a}_k\circ\mathbb{a}_k)\cdot\cdot\left\{(\mathbb{b}_k\circ\mathbb{b}_k)\cdot\cdot(\overset{\langle 6\rangle}{\mathbb{E}}_T\cdot\cdot\overset{\langle 4\rangle}{\mathbb{E}}_T)\cdot\cdot\cdot\frac{\partial^2 \mathscr{F}_{FT}}{\partial \mathbb{F}^2}\right\} \overset{(9.90b)}{\equiv} (\mathbb{a}_k\circ\mathbb{a}_k)\cdot\cdot\overset{*}{\mathbb{A}}(\mathbb{b}_k,\mathbb{F},\mathscr{S})/\hat{\rho}_0 \geq 0\;, \qquad (9.99)$$

d.h. in der Tat auf die Forderung nach positiv–definiten akustischen Tensoren geführt wird. So ist also die Forderung nach positiv–definiten akustischen Tensoren in der Tat ein notwendiger Aspekt, um lokale infinitesimale Stabilität hyperelastischer Kontinua sicherzustellen.

Ordnet man die nach (9.98) berechenbaren Eigenfrequenzen nach wachsenden Indexziffern im Sinne von $\omega_1 < \omega_2 < \omega_3$ ..., so ist bereits für

---

119) Man multipliziere (9.97a) mit $\hat{e}_k$ und integriere über den Kontinuumsbereich $(\hat{B})$

120) Man integriere wieder partiell analog (*) in Fußn. 118 und beachte die Randbedingungen (9.95b,c)

121) Man beachte, daß im Falle der Gültigkeit von (9.98a) angesichts von (9.96b) eine Erweiterung von (9.98a) im Sinne von (9.98b) für beliebige, also nicht nur jeweils zu einer Eigenform proportionale Störungsfelder $\delta\mathbb{u}(\mathbb{r},t)$ in der Tat zulässig ist.

$$\omega_1^2 > 0 \tag{9.100a}$$

im Sinne des Modalansatzes (9.96b) Beschränktheit sämtlicher Störbewegungen $\delta\hat{\mathbb{u}}(\hat{\mathbb{r}},t)$ garantiert, womit sich anstelle von (9.98b) konkret $\min \omega_k^2 = \omega_1^2 > 0$ bzw.

$$\int_{(\hat{B})} (\hat{\mathfrak{e}}_1 \circ \hat{\nabla}) \cdot\cdot \frac{\partial^2 \mathscr{F}_{FT}}{\partial \mathbb{F}^2} \cdot\cdot (\hat{\mathfrak{e}}_1 \circ \hat{\nabla})\, d\hat{V} > 0 \tag{9.100b}$$

als System—Stabilitätsbedingung herausschält.[122] Der den sog. "Indifferenzfall" kennzeichnende Befund $\omega_1^2 = 0$, d.h.

$$\int_{(\hat{B})} (\hat{\mathfrak{e}}_1 \circ \hat{\nabla}) \cdot\cdot \frac{\partial^2 \mathscr{F}_{FT}}{\partial \mathbb{F}^2} \cdot\cdot (\hat{\mathfrak{e}}_1 \circ \hat{\nabla})\, d\hat{V} = 0\,, \tag{9.100d}$$

wird in der Baustatik zur Limitierung sog. "kritischer Belastungen" $(\$_{krit}^{(K)})$ herangezogen. Durch (9.100c) wird einerseits ausgedrückt, daß ein System im Falle $\delta\hat{\mathbb{u}}(\hat{\mathbb{r}},t_0) = \delta\hat{\mathbb{u}}_0(\hat{\mathbb{r}}) = C_1\hat{\mathfrak{e}}_1(\hat{\mathbb{r}})$ und $\delta\dot{\hat{\mathbb{u}}}(\hat{\mathbb{r}},t_0) = \delta\hat{\mathbb{v}}_0(\hat{\mathbb{r}}) = 0$, also im Falle einer zur ersten Eigenform $(\hat{\mathfrak{e}}_1(\hat{\mathbb{r}}))$ proportionalen ("quasistatischen") Auslenkung aus seiner statischen Ruhelage $\langle\hat{\mathbb{u}}(\hat{\mathbb{r}})\rangle$ auch in der Nachbarlage $\langle\hat{\mathbb{u}}(\hat{\mathbb{r}})+C_1\hat{\mathfrak{e}}_1(\hat{\mathbb{r}})\rangle$ ruhend verbleibt, also die Nachbarlage als Gleichgewichtslage ebenfalls möglich ist,[123] andererseits aber auch, daß sich als Folge einer durch $\delta\hat{\mathbb{u}}(\hat{\mathbb{r}},t_0) = 0$ aber $\delta\dot{\hat{\mathbb{u}}}(\hat{\mathbb{r}},t_0) = \delta\hat{\mathbb{v}}_0(\hat{\mathbb{r}}) = \bar{C}_1\hat{\mathfrak{e}}_1(\hat{\mathbb{r}}) \neq 0$ gekennzeichneten Störung der Gleichgewichtskonfiguration $\langle\hat{\mathbb{u}}(\hat{\mathbb{r}})\rangle$ ein anfänglich

---

[122] was besagt, daß man (9.100b) konkret nur mittels eines zur ersten Eigenform $\hat{\mathfrak{e}}_1(\hat{\mathbb{r}})$ proportionalen Störfeldes zu prüfen braucht, die für $k = 1$ mit $\omega_1 = 0$ aus (9.97a) bzw. mit $\hat{\mathfrak{e}}_1$ anstelle von $\delta\hat{\mathbb{u}}$ durch die mit $\delta\ddot{\mathbb{u}} = 0$ spezialisierte (hinsichtlich $\hat{\mathfrak{e}}_1$ homogene lineare) Feldgleichung

$$\left\{\hat{\nabla}\cdot\left[(\hat{\mathfrak{e}}_1\circ\hat{\nabla})\cdot\cdot\frac{\partial^2 \mathscr{F}_{FT}}{\partial \mathbb{F}^2}\right]\right\}_{\$^{(K)}=\$_{krit}^{(K)}} = 0 \quad \text{in } (\hat{B}) \tag{9.100c}$$

und homogene Randbedingungen entsprechend (9.95b,c) (bis auf eine multiplikative Konstante) festgelegt ist.

[123] Diese Sichtweise steht gewöhnlich im Vordergrund baustatischer Stabilitätsaussagen.

beschleunigungsloser Bewegungsprozeß entwickelt[124]. Allerdings sollte noch auf den aus (9.101a,b, 96b) erkennbaren Befund hingewiesen werden, daß auch im Falle des durch (9.100d) limitierten Indifferenzfalles durchaus noch (in Form von harmonischen Schwingungen) beschränkte Bewegungen um die statische Ruhelage möglich sind, sofern die Anfangsstörungen keine Komponente "proportional zur ersten Eigenform" $(\hat{\mathfrak{e}}_1(\hat{\mathbb{r}}))$ aufweisen.

Der Fall $\omega_1^2 < 0$, d. h.

$$\int_{(\hat{B})} (\hat{\mathfrak{e}}_1 \circ \hat{\nabla}) \cdot\cdot \frac{\partial^2 \mathcal{F}_{FT}}{\partial \mathbb{F}^2} \cdot\cdot (\hat{\mathfrak{e}}_1 \circ \hat{\nabla})\, d\hat{V} < 0 , \qquad (9.100e)$$

kennzeichnet die Gleichgewichtslage $\langle \mathbb{u}(\hat{\mathbb{r}}) \rangle$ schließlich als labile Gleichgewichtslage, weil für imaginäre Eigenfrequenz ω_1 das erste Glied des Modalansatzes (9.96b) als Zeitfunktionen Hyperbelfunktionen auswirft, womit allgemeine Störbewegungen $\delta\hat{\mathbb{u}}(\hat{\mathbb{r}},t)$ nicht mehr (in der Größenordnung der Anfangsstörungen $\delta\hat{\mathbb{u}}(\hat{\mathbb{r}},t_0) = \delta\hat{\mathbb{u}}_0(\hat{\mathbb{r}})$ bzw. $\delta\hat{\mathbb{v}}(\hat{\mathbb{r}},t_0) = \delta\hat{\mathbb{v}}_0(\hat{\mathbb{r}})$) begrenzbar sind. Aber auch in diesem Falle sind durchaus noch beschränkte Störbewegungen möglich, sofern sie proportional zu Eigenformen

---

[124] Da man — etwa mit $t_0 = 0$ — mittels

$$\delta\hat{\mathbb{u}}(\hat{\mathbb{r}},t_0)\ (= \delta\hat{\mathbb{u}}_0(\hat{\mathbb{r}})) \overset{(9.96b)}{=} \sum_{k=1}^{\infty} A_k \sin \alpha_k\, \hat{\mathfrak{e}}_k(\hat{\mathbb{r}}) ,$$

$$\delta\dot{\hat{\mathbb{u}}}(\hat{\mathbb{r}},t_0) = \delta\hat{\mathbb{v}}_0(\hat{\mathbb{r}}) \overset{(9.96b)}{=} \sum_{k=1}^{\infty} A_k\, \omega_k \cos \alpha_k\, \hat{\mathfrak{e}}_k(\hat{\mathbb{r}}) ,$$

also die Integrationskonstanten A_k, α_k unter Beachtung von (9.97b) schließlich allgemein in der Form

$$A_k \sin \alpha_k = \int_{(\hat{B})} \delta\hat{\mathbb{u}}_0 \cdot \hat{\mathfrak{e}}_k\, d\hat{V} \Big/ \int_{(\hat{B})} \hat{\mathfrak{e}}_k^2\, d\hat{V} , \quad A_k\omega_k \cos \alpha_k = \int_{(\hat{B})} \delta\hat{\mathbb{v}}_0 \cdot \hat{\mathfrak{e}}_k\, d\hat{V} \Big/ \int_{(\hat{B})} \hat{\mathfrak{e}}_k^2\, d\hat{V} , \quad k = 1...\infty \qquad (9.101a,b)$$

als Fourierkoeffizienten der nach den Eigenfunktionen entwickelten Anfangsstörungen $(\delta\hat{\mathbb{u}}_0(\hat{\mathbb{r}}),\ \delta\hat{\mathbb{v}}_0(\hat{\mathbb{r}}))$ auffindet, bekommt man etwa

a) für den Fall $\delta\hat{\mathbb{u}}_0(\hat{\mathbb{r}}) = C_1 \hat{\mathfrak{e}}_1(\hat{\mathbb{r}})$, $\delta\hat{\mathbb{v}}_0(\hat{\mathbb{r}}) = 0$

$\alpha_k = \pi/2$, $k = 1...\infty$ und $A_1 = C_1$ sowie $A_k = 0$ für $k > 1$

d. h.

$$\delta\hat{\mathbb{u}}(\hat{\mathbb{r}},t) = C_1\, \hat{\mathfrak{e}}_1(\hat{\mathbb{r}}) \cos \omega_1 t \xrightarrow{\omega_1 \to 0} C_1\, \hat{\mathfrak{e}}_1(\hat{\mathbb{r}})$$

und stellt

b) für den Fall $\delta\hat{\mathbb{u}}_0(\hat{\mathbb{r}}) = 0$, $\delta\hat{\mathbb{v}}_0(\hat{\mathbb{r}}) = \bar{C}_1\, \hat{\mathfrak{e}}_1(\hat{\mathbb{r}})$

$\alpha_k = 0$, $k = 1...\infty$ und $A_1\omega_1 = \bar{C}_1$ sowie $A_k = 0$ für $k > 1$

d. h.

$$\delta\hat{\mathbb{u}}(\hat{\mathbb{r}},t) = \bar{C}_1 \frac{\sin \omega_1 t}{\omega_1}\, \hat{\mathfrak{e}}(\hat{\mathbb{r}}) \xrightarrow{\omega_1 \to 0} C_1 t\, \hat{\mathfrak{e}}_1(\hat{\mathbb{r}}) ,$$

also in der Tat eine (allerdings nur anfängliche) beschleunigungslose Bewegung fest, indem daran erinnert sei, daß $\delta\hat{\mathbb{u}}(\hat{\mathbb{r}},t)$ kleine Störungen sein sollen, ansonsten (9.95c,96a) nicht gelten würden.

$(\hat{\mathfrak{e}}_k)$ sind, deren zugehörige (höhere) Eigenfrequenzen (ω_k) sich als noch reellwertig erweisen.

Einsetzen von $\partial^2 \mathcal{F}_{FT}/\partial \mathbb{F}^2$ in der Strukturierung analog (9.77c) in (9.100b) ergibt mit $\mathbb{S}^{(K)} = \hat{\rho}_0 \, \partial \mathcal{F}_{DT}/\partial \mathbb{D}^{(G)}$ und

$$\hat{\rho}_0 \, \partial^2 \mathcal{F}_{DT}/\partial \mathbb{D}^{(G)2} = {}^{*}\overset{\langle 4 \rangle}{\mathbb{C}}$$

$$\int_{(\hat{B})} \left[(\hat{\nabla} \circ \hat{\mathfrak{e}}_1) \cdot \mathbb{F}^T\right] \cdot\cdot \, {}^{*}\overset{\langle 4 \rangle}{\mathbb{C}} \cdot\cdot \left[\mathbb{F} \cdot (\hat{\nabla} \circ \hat{\mathfrak{e}}_1)\right] d\hat{V} + \underline{\int_{(\hat{B})} \mathbb{S}^{(K)} \cdot\cdot \left[(\hat{\nabla} \circ \hat{\mathfrak{e}}_1) \cdot (\hat{\nabla} \circ \hat{\mathfrak{e}}_1)^T\right] d\hat{V}} > 0 \quad (9.102a)$$

als Stabilitätsbedingung, die für im Sinne von

$$\mathbb{X} \cdot\cdot \, {}^{*}\overset{\langle 4 \rangle}{\mathbb{C}} \cdot\cdot \mathbb{X} > 0 \quad \text{für } \mathbb{X} \neq 0 \quad (9.102b)$$

positiv–definite isotherme Materialtetraden und (in der Lage $\hat{\mathbb{u}}(\hat{\mathbb{r}})$ herrschende) positiv–definite (Vor–)Spannungszustände $(\mathbb{S}^{(K)})$ stets erfüllt ist.[125] Negative (d.h. Druck–)Vorspannungen können an einem System stabil nur ertragen werden, wenn das Material im Sinne von (9.102b) "stofflich stabil ist", und zwar insoweit als der in (9.102a) gestrichelte (dann negative) zweite Term den (in (9.102a)) ersten (sog. Steifigkeits–)Term betragsmäßig nicht überwiegt.

Der durch

$$\int_{(\hat{B})} \left[(\hat{\nabla} \circ \hat{\mathfrak{e}}_1) \cdot \mathbb{F}^T\right] \cdot\cdot \, {}^{*}\overset{\langle 4 \rangle}{\mathbb{C}} \cdot\cdot \left[\mathbb{F} \cdot (\hat{\nabla} \circ \hat{\mathfrak{e}}_1)\right] d\hat{V} + \int_{(\hat{B})} \mathbb{S}^{(K)}_{krit} \cdot\cdot \left[(\hat{\nabla} \circ \hat{\mathfrak{e}}_1) \cdot (\hat{\nabla} \circ \hat{\mathfrak{e}}_1)^T\right] d\hat{V} = 0 \quad (9.103a)$$

beschriebene Indifferenzfall definiert sog. kritische Spannungszustände $(\mathbb{S}^{(K)}_{krit})$[126] in Form einer skalarwertigen Limitierung, mit der man im Zustandsraum der Systembelastungen eine sog. "Stabilitätskarte" konstruieren kann. In der Baustatik üblicher ist die Benutzung sog. "Knicksicherheitskoeffizienten" (f), womit man per

$$\mathbb{S}^{(K)}_{krit}(\hat{\mathbb{r}}) = f \, \mathbb{S}^{(K)}_{G}(\hat{\mathbb{r}}) \quad (9.103b)$$

angibt, um welchen Faktor (f) man einen (vorgegebenen) Gebrauchslastenzustand (mit Spannungen $\mathbb{S}^{(K)}_{G}(\hat{\mathbb{r}})$) steigern kann, um solcherart schließlich die Indifferenzsituation herzustellen. Einsetzen von (9.103b) in (9.103a) ergibt

$$f = \frac{\int_{(\hat{B})} \left[(\hat{\nabla} \circ \hat{\mathfrak{e}}_1) \cdot \mathbb{F}^T\right] \cdot\cdot \, {}^{*}\overset{\langle 4 \rangle}{\mathbb{C}} \cdot\cdot \left[\mathbb{F} \cdot (\hat{\nabla} \circ \hat{\mathfrak{e}}_1)\right] d\hat{V}}{\int_{(\hat{B})} (- \, \mathbb{S}^{(K)}_{G}) \cdot\cdot \left[(\hat{\nabla} \circ \hat{\mathfrak{e}}_1) \cdot (\hat{\nabla} \circ \hat{\mathfrak{e}}_1)^T\right] d\hat{V}}, \quad (9.103c)$$

wobei

$$f \begin{cases} > 1 \text{ stabiles} \\ = 1 \text{ indiff.} \\ < 1 \text{ labiles} \end{cases} \text{Gleichgewicht der statischen Ruhelage } \hat{\mathbb{u}}(\hat{\mathbb{r}}) \quad (9.103d)$$

---

[125] Man bedenke, daß $(\hat{\nabla} \circ \mathfrak{e}_1) \cdot (\hat{\nabla} \circ \mathfrak{e}_1)^T$ ein positiv–definiter symmetrischer Tensor ist.

[126] bei deren Eintreten die Stabilität der statischen Ruhelage $(\hat{\mathbb{u}}(\hat{\mathbb{r}}))$ erlischt

anzeigt.[127)]

In primär statisch definierten Stabilitätstheorien werden die notwendigen Informationen häufig aus Eigenschaften des sog. elastischen Potentials

$$\Delta\Pi = \Delta\mathscr{W} - \Delta\mathscr{A}_a \tag{9.104}$$

bezogen, das als ein auf dem Körperbereich $(\hat{B})$ definiertes Funktional der gegenüber der statischen Ruhelage in Betracht genommenen Störungen $\hat{\mathfrak{e}}(\hat{\mathbb{r}})$ angegeben wird. In (9.104) bedeuten $\Delta\mathscr{A}_a$ die Arbeit der in der Gleichgewichtskonfiguration $\langle \hat{\mathbb{u}}(\hat{\mathbb{r}})\rangle$ angreifenden äußeren Lasten längs eines die Randbedingungen befriedigenden (Stör–)Verschiebungsfeldes $\hat{\mathfrak{e}}(\hat{\mathbb{r}})$, also

$$\Delta\mathscr{A}_a = \int\limits_{(\hat{B})} \hat{\rho}_0\, \mathbb{k}_m \cdot \hat{\mathbb{e}}\, d\hat{V} + \sum_{j=1}^{n_B} \int\limits_{\hat{f}^*_j(\hat{B})} \hat{\mathbb{n}}\cdot(\mathbb{S}^{(K)}\cdot\mathbb{F})\cdot\hat{\mathfrak{e}}\, df \tag{9.104a}$$

und $\Delta\mathscr{W}$ die entsprechende als Folge des Störfeldes am System gegenüber der Lage $\hat{\mathbb{u}}(\hat{\mathbb{r}})$ gespeicherte (isotherme) Formänderungsenergie, für die bei auf kleine Störungen beschränkte Recherchen in der Regel die Betrachtnahme der bis auf (hinsichtlich $\hat{\mathfrak{e}}(\hat{\mathbb{r}})$) von höherer als von zweiter Ordnung kleine Terme gültigen Approximation

$$\Delta\mathscr{W} = \int\limits_{(\hat{B})} \hat{\rho}_0 \Big[\mathscr{F}_{FT}(\mathbb{F}+\hat{\nabla}\circ\hat{\mathfrak{e}},T) - \mathscr{F}_{FT}(\mathbb{F},T)\Big]\, d\hat{V} \approx$$

$$\approx \int\limits_{(\hat{B})} \hat{\rho}_0 \left[(\hat{\mathfrak{e}}\circ\hat{\nabla})\cdot\cdot\left(\frac{\partial\mathscr{F}_{FT}}{\partial\mathbb{F}}\right)_{\mathbb{F},T} + \frac{1}{2}(\hat{\mathfrak{e}}\circ\hat{\nabla})\cdot\cdot\left(\frac{\partial^2\mathscr{F}_{FT}}{\partial\mathbb{F}^2}\right)_{\mathbb{F},T}\cdot\cdot(\hat{\mathfrak{e}}\circ\hat{\nabla})\right] d\hat{V} \tag{9.104b}$$

hinreicht. Weil man unter Benutzung des Gaußschen Satzes nach (9.104a)

$$\Delta\mathscr{A}_a = \int\limits_{(\hat{B})} \hat{\rho}_0\, \mathbb{k}_m\cdot\hat{\mathbb{e}}\, d\hat{V} + \int\limits_{(\hat{B})} \hat{\nabla}\cdot\left[\mathbb{S}^{(K)}\cdot\mathbb{F}\cdot\hat{\mathfrak{e}}\right] d\hat{V} =$$

$$= \int\limits_{(\hat{B})} \left[\hat{\rho}_0\mathbb{k}_m + \hat{\nabla}\cdot(\mathbb{S}^{(K)}\cdot\mathbb{F})\right]\cdot\hat{\mathfrak{e}}\, d\hat{V} + \int\limits_{(\hat{B})} (\hat{\mathfrak{e}}\circ\hat{\nabla})\cdot\cdot(\mathbb{S}^{(K)}\cdot\mathbb{F})\, d\hat{V} \equiv$$

$$\equiv \int\limits_{(\hat{B})} (\hat{\mathfrak{e}}\circ\hat{\nabla})\cdot\cdot(\mathbb{S}^{(K)}\cdot\mathbb{F})\, d\hat{V} = \int\limits_{(\hat{B})} \hat{\rho}_0\, (\hat{\mathfrak{e}}\circ\hat{\nabla})\cdot\cdot\left(\frac{\partial\mathscr{F}_{FT}}{\partial\mathbb{F}}\right)_{\mathbb{F},T} d\hat{V} \tag{9.104c}$$

angesichts der für die Lage $\hat{\mathbb{u}}(\hat{\mathbb{r}})$ gültigen Gleichgewichtsbedingung

$$\hat{\nabla}\cdot(\mathbb{S}^{(K)}\cdot\mathbb{F}) + \hat{\rho}_0\mathbb{k}_m = 0 \tag{9.104d}$$

---

127) Man setze $\mathbb{S}_G^{(K)}(\hat{\mathbb{r}}) = \mathbb{S}_{krit}^{(K)}/f$ in die Restriktionen

$$\int\limits_{(\hat{B})} \left[\hat{\nabla}\circ\hat{\mathfrak{e}}_1\cdot\mathbb{F}^T\right]\cdot\cdot\, {}^{*\langle 4\rangle}\!\mathbb{C}\cdot\cdot\left[\mathbb{F}\cdot(\hat{\mathfrak{e}}_1\circ\hat{\nabla})\right] d\hat{V} - \int\limits_{(\hat{B})} (-\mathbb{S}_G^{(K)})\cdot\cdot\left[(\hat{\nabla}\circ\mathfrak{e}_1)\cdot(\hat{\nabla}\circ\mathfrak{e}_1)^T\right] d\hat{V}$$

$$\left.\begin{matrix} >0 \\ =0 \\ <0 \end{matrix}\right\} \text{ für } \left\{\begin{matrix} \text{stabiles} \\ \text{indiff.} \\ \text{labiles} \end{matrix}\right\} \text{ Gleichgewicht} \qquad \begin{matrix} \text{nach (9.102a)} \\ \text{" (9.103a)} \\ \text{" (9.100e)} \end{matrix}$$

ein und beachte (9.103a).

erreicht, verbleibt für $\Delta\Pi$ das (hinsichtlich $\hat{\mathfrak{e}}(\hat{\mathbb{r}})$) homogen–quadratische Funktional

$$2\,\Delta\Pi/\hat{\rho}_0 \overset{(9.104\text{b,c})}{=} \int_{(\hat{B})} (\hat{\mathfrak{e}}\circ\hat{\mathbb{V}})\cdot\cdot\left(\frac{\partial^2 \mathscr{F}_{\text{FT}}}{\partial \mathbb{F}^2}\right)\cdot\cdot(\hat{\mathfrak{e}}\circ\hat{\mathbb{V}})\,d\hat{V} \tag{9.104e}$$

mit den Eigenschaften[128]

$$(\Delta\Pi)_{\mathfrak{e}=0} = 0, \quad \delta_{\mathfrak{e}}\Delta\Pi/\hat{\rho}_0 = \int_{(\hat{B})} (\hat{\mathfrak{e}}\circ\hat{\mathbb{V}})\cdot\cdot\left(\frac{\partial^2 \mathscr{F}_{\text{FT}}}{\partial \mathbb{F}^2}\right)_{\text{krit}}\cdot\cdot(\delta\hat{\mathfrak{e}}\circ\hat{\mathbb{V}})\,d\hat{V} = 0\,, \tag{9.105a,b}$$

wobei Letztere im Sinne des Prinzips der virtuellen Verrückungen[129] den Sachverhalt des Gleichgewichts beschreibt, und zwar einerseits die Trivialaussage $(\delta_{\mathfrak{e}}\Delta\Pi/\rho_0)_{\mathfrak{e}=0}$, wonach die Ausgangssituation $\hat{\mathbb{u}}(\hat{\mathbb{r}})$ eine Gleichgewichtskonfiguration sein sollte, aber auch die Aussage, daß (9.105b) auch für von Null verschiedene Störungen $\hat{\mathfrak{e}}(\hat{\mathbb{r}})$ gelten möge. Für diesen Fall wird für isoenergetische Randbedingungen nach partieller Integration die nichttriviale Aussage

$$\int_{(\hat{B})} \left[\hat{\mathbb{V}}\cdot\left((\hat{\mathfrak{e}}\circ\hat{\mathbb{V}})\cdot\cdot\frac{\partial^2 \mathscr{F}_{\text{FT}}}{\partial \mathbb{F}^2}\right)\right]\cdot\delta\hat{\mathfrak{e}}\,d\hat{V} = 0$$

und daraus für beliebig vorausgesetzte Verrückungsvariationen $\delta\hat{\mathfrak{e}}(\hat{\mathbb{r}})$

$$\hat{\mathbb{V}}\cdot\left((\hat{\mathfrak{e}}\circ\hat{\mathbb{V}})\cdot\cdot\frac{\partial^2 \mathscr{F}_{\text{FT}}}{\partial \mathbb{F}^2}\right) = 0 \quad \text{in } (\hat{B}) \tag{9.106}$$

in Übereinstimmung mit (9.96a) erhalten, sofern dort $\hat{\mathfrak{e}}$ anstelle von $\delta\hat{\mathbb{u}}$ und $\delta\check{\hat{\mathbb{u}}} = 0$ gesetzt wird. Demnach beschreibt die durch die homogene Feldgleichung (9.106) zuzüglich entsprechender homogener Randwertaufgaben von der Qualität (9.95b,c) umrissene Aufgabe die Indifferenzsituation der Ausgangslage $(\hat{\mathbb{u}}(\hat{\mathbb{r}}))$, d.h. den Befund, eine der Lage $\hat{\mathbb{u}}(\hat{\mathbb{r}})$ (infinitesimal) benachbarte Systemkonfiguration $(\hat{\mathbb{u}}(\hat{\mathbb{r}}) + C\,\hat{\mathfrak{e}}(\hat{\mathbb{r}})\,,\ C = \text{const})$ ebenfalls als Gleichgewichtskonfiguration konstatieren zu können. Daß dies für von Null verschiedene reellwertige Störungen nur möglich ist, für bestimmte Störungsform(en) $\hat{\mathfrak{e}} = \hat{\mathfrak{e}}_1(\hat{\mathbb{r}})$, die jeweils zugeordnet sind bestimmten "kritischen" Ausgangssituation(en) $(\partial^2\mathscr{F}/\partial\mathbb{F}^2)_{\text{krit}}$, nämlich Solchen, mit denen man die Bedingung

$$(2\,\Delta\Pi/\hat{\rho}_0 =) \int_{(\hat{B})} (\hat{\mathfrak{e}}_1\circ\hat{\mathbb{V}})\cdot\cdot\left(\frac{\partial^2 \mathscr{F}_{\text{FT}}}{\partial \mathbb{F}^2}\right)_{\text{krit}}\cdot\cdot(\hat{\mathfrak{e}}_1\circ\hat{\mathbb{V}})\,d\hat{V} \overset{130)}{=} 0 \tag{9.107a}$$

erfüllen kann, ist dann das Ergebnis der Analyse von (9.106, 95b,c), wonach letztlich die Indifferenzsituation (vgl. (9.107a) mit (9.104e)) auch zu beschreiben ist, durch den Sachverhalt, daß mindestens eine Störung $\hat{\mathfrak{e}}_1(\hat{\mathbb{r}})$ existieren muß, für die das quadratisch approximierte Funktional $\Delta\Pi$ nach (9.104e) verschwindet. Daß diese für baustatische Analysen von Stabilitätsproblemen oftmals

---

128) $\delta_{\mathfrak{e}}$ bezeichnet die Variationsableitungs–Operation.

129) in der für hyperelastische Medien möglichen Formulierung in der Version "vom stationären Wert des elastischen Potentials" (vgl. §10).

130) Man multipliziere die – mit $(\partial^2\mathscr{F}/\partial\mathbb{F}^2)_{\text{krit}}$ anstelle von $\partial\mathscr{F}_{\text{FT}}/\partial\mathbb{F}^2$ und mit $\hat{\mathfrak{e}}_1$ anstelle von $\hat{\mathfrak{e}}$ abgewandelte – Gleichung (9.106) mit $\hat{\mathfrak{e}}_1$, integriere über den Kontinuumsbereich und beachte die Randbedingungen etwa von der Qualität (9.95b,c).

favorisierte Aussage der von der Variationsrechnung her motivierten Forderung nach Verschwinden der zweiten Variation, d.h.

$$(\delta_e^2 \Delta\Pi)_{\substack{e=0,\\ \delta e=\delta C\hat{e}_1}} \overset{(9.105b)}{=} \int_{(\hat{B})} (\delta\hat{e}\circ\hat{\nabla})\cdot\cdot\left(\frac{\partial^2\mathscr{F}_{FT}}{\partial\mathbb{F}^2}\right)_{krit}\cdot\cdot(\delta\hat{e}\circ\hat{\nabla})\Big]\, d\hat{V} = 0\,, \qquad (9.107b)$$

wie ersichtlich, äquivalent ist, ist eine Eigenschaft homogen quadratischer Funktionale.
Die mit der Fundierung von Stabilitätsanalysen mittels eines Extremalproblems verbundenen Vorteile bestehen darin, daß man einerseits aus den Versionen (9.104e, 107a) für auf spezielle Deformationsannahmen basierende Kontinuumstheorien (etwa Stab–, Platten– bzw. Schalentheorien) die entsprechenden Funktionale $\Delta\Pi$ leicht herstellen und hiermit dann auch per $\delta(\Delta\Pi) = 0$ die dem jeweiligen Problem entsprechenden Feldgleichungen (zuzüglich der zugehörigen isoenergetischen Randwertaussagen) unmittelbar verfertigen kann, andererseits aber auch in der Möglichkeit, für Variationsprobleme unter Benutzung von Ritz– bzw. Kantorowitsch–Ansätzen Näherungslösungen zu erzeugen. So sind etwa die Aussagen (9.102a, 103c) zumindest noch näherungsweise richtig für annehmbar geschätzte Näherungen $\hat{e}_1^*(\hat{\mathbb{r}})$.

In der Baustatik werden aufgrund der hier tolerierten nur <u>kleinen</u> Verformungen Stabilitätsanalysen in der Regel an der als "unverformt" deklarieren "Montagekonfiguration" vorgenommen, in der man gleichwohl am "unverformten System" definierte Gebrauchlasten–Spannungszustände $\$_G = \$_{krit}/f$ als existent unterstellt, zu deren Ermittlung man – abgesehen von sog. "statisch bestimmten Stabsystemen" – i. allg. die klassische Elastizitätstheorie kleiner Verformungen benötigt. Dann sind mit $\mathbb{F} = \mathbb{E}$ und $\overset{*\langle 4\rangle}{\mathbb{C}} = \text{const}$ anstelle von (9.102a, 103a)

$$(\Delta\Pi =)\int_{(\hat B)}(\hat\nabla\circ\hat e_1)\cdot\cdot\overset{*\langle4\rangle}{\mathbb{C}}\cdot\cdot(\hat\nabla\circ\hat e_1)\,d\hat V + \int_{(\hat B)} \$^{(K)}_{krit}\cdot\cdot\left[(\hat\nabla\circ\hat e_1)\cdot(\hat\nabla\circ\hat e_1)^T\right] d\hat V \geqq 0 \qquad (9.108a)$$

Bedingungen für Stabilität bzw. für das Eintreten des Indifferenzfalles bzw.

$$f = \frac{\displaystyle\int_{(\hat B)}(\hat\nabla\circ\hat e_1)\cdot\cdot\overset{*\langle4\rangle}{\mathbb{C}}\cdot\cdot(\hat\nabla\circ\hat e_1)\,d\hat V}{\displaystyle\int_{(\hat B)}\widehat{(-\$_G)}\cdot\cdot\left[(\hat\nabla\circ\hat e_1)\cdot(\hat\nabla\circ\hat e_1)^T\right]\,d\hat V} \qquad (9.108b)$$

die formale Darstellung für den Knicksicherheitskoeffizienten. In (9.108) bedeutet $\hat e_1(\hat{\mathbb{r}})$ die erste Eigenform, die nach (9.97a) mit $\omega_1 = 0$, $(\hat\rho_0\partial\mathscr{F}_{DT}/\partial\mathbb{D}^{(G)})_{\mathbb{D}^{(G)}=0} = \$^{(K)}_{krit} \longrightarrow \$_{krit}$ und daher

$$\hat\rho_0\left[\frac{\partial^2\mathscr F_{FT}}{\partial\mathbb F^2}\right]_{\substack{\mathbb F=\mathbb E\\ \mathbb D^{(G)}=0}} \overset{(9.77b)}{\approx} \left[\hat\rho_0\, \overset{\langle4\rangle}{\mathbb E_T}\cdot\cdot\frac{\partial^2\mathscr F_{DT}}{\partial\mathbb D^{(G)2}} + \hat\rho_0\frac{\partial\mathscr F_{DT}}{\partial\mathbb D^{(G)}}\cdot\overset{\langle4\rangle}{\mathbb E_T}\right]_{\mathbb D^{(G)}=0}\Longrightarrow$$

$$\Longrightarrow \overset{\langle4\rangle}{\mathbb E_T}\cdot\cdot\overset{*\langle4\rangle}{\mathbb C} + \$_{krit}\cdot\overset{\langle4\rangle}{\mathbb E_T} = \overset{*\langle4\rangle}{\mathbb C} + \$_{krit}\cdot\overset{\langle4\rangle}{\mathbb E_T}$$

durch die Feldgleichung

$$\hat\nabla\cdot\left[(\hat\nabla\circ\hat e_1)\cdot\cdot\overset{*\langle4\rangle}{\mathbb C} + \$_{krit}\cdot(\hat\nabla\circ\hat e_1)\right] = 0 \quad\text{in } (\hat B) \qquad (9.108c)$$

zuzüglich entsprechender homogener Randwertaufgaben von der Qualität (9.95b,c) – bis auf einen im Hinblick auf (9.108a,b) unwesentlichen konstanten Multiplikator – festgelegt ist. Weil $\overset{*\langle4\rangle}{\mathbb C}$ ein vollständig–symmetrischer vierstufiger Tensor ist, kann in (9.108) überall auch

$$(\hat{\nabla}\circ\hat{\mathfrak{e}}_1)\cdot\cdot\,{}^{*}\overset{<4>}{\mathbb{C}} = \mathrm{def}\,\hat{\hat{\mathfrak{e}}}_1\cdot\cdot\,{}^{*}\overset{<4>}{\mathbb{C}}\ ,\quad (\hat{\nabla}\circ\hat{\mathfrak{e}}_1)\cdot\cdot\,{}^{*}\overset{<4>}{\mathbb{C}}\cdot\cdot(\hat{\nabla}\circ\hat{\mathfrak{e}}_1) = \mathrm{def}\,\hat{\hat{\mathfrak{e}}}_1\cdot\cdot\,{}^{*}\overset{<4>}{\mathbb{C}}\cdot\cdot\mathrm{def}\,\hat{\hat{\mathfrak{e}}}_1$$

gesetzt werden. Wegen

$$\hat{\nabla}\circ\hat{\mathfrak{e}}_1 = \frac{1}{2}\,\mathrm{def}\,\hat{\hat{\mathfrak{e}}}_1 - \frac{1}{2}\,\mathbb{E}\times(\hat{\nabla}\times\hat{\mathfrak{e}}_1)$$

begnügt man sich unter Vernachlässigung der Verzerrungsanteile oft auch mit

$$\$_{krit,G}\cdot\cdot\left[(\hat{\nabla}\circ\hat{\mathfrak{e}}_1)\cdot(\hat{\nabla}\circ\hat{\mathfrak{e}}_1)^T\right] \approx -\,\$_{krit,G}\cdot\cdot\,\frac{1}{4}\left[(\hat{\nabla}\times\hat{\mathfrak{e}}_1)\times\mathbb{E}\times(\hat{\nabla}\times\hat{\mathfrak{e}}_1)\right] =$$

$$= \frac{1}{4}\,\$_{krit,G}\cdot\cdot\left[(\hat{\nabla}\times\hat{\mathfrak{e}}_1)\circ(\hat{\nabla}\times\hat{\mathfrak{e}}_1) - (\hat{\nabla}\times\hat{\mathfrak{e}}_1)^2\mathbb{E}\right]$$

bzw. mit der in sog. "Theorien 2. Ordnung" verwendeten Approximation

$$\$_{krit}\cdot(\hat{\nabla}\circ\hat{\mathfrak{e}}_1) \approx -\,\$_{krit}\times\frac{\hat{\nabla}\times\hat{\mathfrak{e}}_1}{2}\,.$$

Obwohl die hiermit in Kauf zu nehmenden Ergebnisabweichungen konkret meist unbedeutend sind, haftet dieser Vorgehensweise der Mangel an, daß dann die Feldgleichungen (9.108c) zuzüglich der entsprechenden homogenen Randwertaussagen nicht mehr korrekt als Konsequenz des Variationsprinzips $\delta_{\mathfrak{e}}(\Delta\Pi) = 0$ zu folgern sind.

Als Beispiel wird eine allseits gelenkig gelagerte Sophie Germaine—Navier—Kirchhoff—(S.N.K.—)Platte betrachtet, die in der "unverformten Konfiguration" $\hat{\mathbb{r}} =^{131)} \hat{\mathbb{r}}_{(2)} + \hat{\mathbb{n}}\,z$ unter einem längs der Plattendicke (d) konstanten (Scheiben—)Spannungszustand

$$\$ = \$_{(2)}(\hat{\mathbb{r}}_{(2)}) = \mathbb{T}_{(2)}(\hat{\mathbb{r}}_{(2)})/d \quad \text{mit} \quad \hat{\mathbb{n}}\cdot\mathbb{T}_{(2)} = 0 \tag{9.109a}$$

stehe und die Frage nach deren Stabilität hinsichtlich einer Störung

$$\hat{\mathfrak{e}}_1(\hat{\mathbb{r}}) =^{132)} \hat{\mathfrak{e}}_1(\hat{\mathbb{r}}_{(2)} + \hat{\mathbb{n}}\,z) = w_1(\hat{\mathbb{r}}_{(2)})\hat{\mathbb{n}} - z\,\hat{\nabla}_{(2)}\,w_1\ ,\quad -d/2 \le z \le d/2 \tag{9.109b}$$

recherchiert. Für (linear—)elastisch isotropes Material muß hier entsprechend der Voraussetzung in der Theorie der S.N.K.—Platte, Formänderungsenergie im Plattenkontinuum nur als Folge ebener Spannungszustände speichern zu können,

$${}^{*}\overset{<4>}{\mathbb{C}} =^{133)} 2G\left[\overset{<4>}{\mathbb{E}}_{(2)S} + \frac{\nu}{1-\nu}\,\mathbb{E}_{(2)}\circ\mathbb{E}_{(2)}\right] = \frac{E}{1-\nu^2}\left[(1-\nu)\,\overset{<4>}{\mathbb{E}}_{(2)S} + \nu\,\mathbb{E}_{(2)}\circ\mathbb{E}_{(2)}\right] \tag{9.109c}$$

gesetzt werden, so daß man schließlich mit

---

131) $\hat{\mathbb{r}}_{(2)}\ (= x\,\mathbb{e}_x + y\,\mathbb{e}_y)$ definiere die materiellen Punkte der Plattenflächenmittelfläche, $\hat{\mathbb{n}}$ die Mittelflächennormale

132) womit die in der Theorie der S.N.K.—Platte benutzte verallgemeinerte Bernoullische Hypothese ausgedrückt wird. w_1 bedeuten darin die zur Flächennormalen $\hat{\mathbb{n}}$ (angenähert) parallelen Mittelflächenverschiebungen und $\hat{\nabla}_{(2)} = \mathbb{E}_{(2)}\cdot\hat{\nabla}$ mit $\mathbb{E}_{(2)} = \mathbb{E} - \hat{\mathbb{n}}\circ\hat{\mathbb{n}}$ die entsprechende planare Operation.

133) Hierin bedeutet $\overset{<4>}{\mathbb{E}}_{(2)S}$ den planaren vierstufigen Symmetrierer, etwa

$$\overset{<4>}{\mathbb{E}}_{(2)S} = \frac{1}{2}\sum_{j,k}\mathbb{e}_j\circ\mathbb{e}_k\circ(\mathbb{e}_k\circ\mathbb{e}_j + \mathbb{e}_j\circ\mathbb{e}_k) \text{ mit } j,k = x,y$$

bei einer Darstellung hinsichtlich einer in der Mittelfläche angeordneten kartesischen Orthonormalbasis $\langle\,\mathbb{e}_x, \mathbb{e}_y\rangle$.

$$\hat{\mathbb{V}} \circ \mathfrak{e}_1 = \left[\hat{\mathbb{V}}_{(2)} + \hat{\mathbb{n}} \frac{\partial}{\partial \hat{z}}\right] \circ \mathfrak{e}_1 \overset{(9.109b)}{=} \hat{\mathbb{V}}_{(2)} w_1 \circ \mathbb{n} + \hat{\mathbb{n}} \circ \hat{\mathbb{V}}_{(2)} w_1 - \hat{z} \hat{\mathbb{V}}_{(2)} \circ \hat{\mathbb{V}}_{(2)} w_1 \quad (9.110a)$$

unter Benutzung von

$$\int_{-d/2}^{d/2} \begin{Bmatrix} 1 \\ z_2 \\ z^2 \end{Bmatrix} d\hat{z} = \begin{Bmatrix} d \\ 0 \\ d^3/12 \end{Bmatrix}, \quad \int_{(\hat{B})} (\ ) \, d\hat{V} = \int_{(\hat{F})} \left[\int_{-d/2}^{d/2} (\ ) \, d\hat{z} \right] d\hat{F} \quad (9.110b,c)$$

nach Einsetzen in (9.108a) mit der sog. Plattensteifigkeit $N = Ed^3/(12(1-\nu^2))$, mit $\hat{\Delta}_{(2)} w_1 = \hat{\mathbb{V}}_{(2)} \cdot (\hat{\mathbb{V}}_{(2)} w_1)$ sowie mit der Voraussetzung $|\mathbb{T}_{(2)krit}| d^2 << N$ schließlich die Bedingungen

$$\Delta \Pi = N \int_{(F)} \left[(1-\nu)(\hat{\mathbb{V}}_{(2)} \circ \hat{\mathbb{V}}_{(2)} w_1) \cdot\cdot (\hat{\mathbb{V}}_{(2)} \circ \hat{\mathbb{V}}_{(2)} w_1) + \nu(\hat{\Delta}_{(2)} w_1)^2 \right] d\hat{F} +$$

$$+ \int_{(F)} \mathbb{T}_{(2)krit} \cdot\cdot (\hat{\mathbb{V}}_{(2)} w_1 \circ \hat{\mathbb{V}}_{(2)} w_1) \, d\hat{F} \begin{matrix} > 0 \\ = 0 \\ < 0 \end{matrix} \text{ für } \begin{Bmatrix} \text{stabiles} \\ \text{indiff.} \\ \text{labiles} \end{Bmatrix} \text{ Gleichgewicht} \quad (9.111)$$

der "unverbogenen Plattenkonfiguration" identifiziert. Hierin repräsentiert $w_1(\hat{\mathbb{r}}_{(2)})$ die erste Eigenlösung (sog. erste Beulfigur), deren Feldgleichung zuzüglich Randwertaussagen am elegantesten durch Nullsetzen der ersten Variationsableitung, d.h. aus

$$2\delta_{w_1}(\Delta \Pi) = N \int_{(F)} \left[(1-\nu)(\hat{\mathbb{V}}_{(2)} \circ \hat{\mathbb{V}}_{(2)} w_1) \cdot\cdot (\hat{\mathbb{V}}_{(2)} \circ \hat{\mathbb{V}}_{(2)} \delta w_1) + \nu(\hat{\Delta}_{(2)} w_1) \hat{\Delta}_{(2)} (\delta w_1) \right] d\hat{F} +$$

$$+ \int_{(F)} \mathbb{T}_{(2)krit} \cdot\cdot (\hat{\mathbb{V}}_{(2)} w_1 \circ \hat{\mathbb{V}}_{(2)} \delta w_1) \, d\hat{F} = 0 \quad (9.112a)$$

hervorgebracht wird. Nachdem man durch partielle Integration unter Benutzung des Gaußschen Satzes die Ableitungen der Verrückungsvariationen δw_1 beseitigt hat, verbleibt mit der in der Mittelebene liegenden Randliniennormalen $\mathfrak{e}_\perp$ (vgl. Abb. 6.7) vorerst

$$\delta_{w_1} \Pi = \int_{(F)} \left[N \hat{\Delta}_{(2)} \hat{\Delta}_{(2)} w_1 - \hat{\mathbb{V}}_{(2)} \cdot (\mathbb{T}_{(2)krit} \cdot (\hat{\mathbb{V}}_{(2)} w_1)) \right] \delta w_1 \, d\hat{F} +$$

$$+ \oint_{\hat{l}(\hat{F})} \mathfrak{e}_\perp \cdot \mathbb{M}^*_{(2)1} \cdot (\hat{\mathbb{V}}_{(2)} \delta w_1) \, ds + \oint_{\hat{l}(\hat{F})} \mathfrak{e}_\perp \cdot \left[{}_{(2)}\mathbb{Q}_1 \cdot \mathbb{n} - \mathbb{T}_{(2)krit} \cdot (\hat{\mathbb{V}}_{(2)} w_1) \right] \delta w_1 \, ds \,, \quad (9.112b)$$

worin $\mathbb{M}^*_{(2)1}$ bzw. ${}_{(2)}\mathbb{Q}_1$ Platten—Momenten— bzw. Querkrafttensor (vgl. Fußnote 85 u. 94 von § 6 sowie Abb. 6.8) bedeuten, die in der Theorie der S.N.K.—Platte in Form der Plattenmaterialgleichungen

$$\mathbb{M}^*_{(2)1} = N\left[(1-\nu) \hat{\mathbb{V}}_{(2)} \circ \hat{\mathbb{V}}_{(2)} w_1 + \nu \hat{\Delta}_{(2)} w_1 \mathbb{E}_{(2)} \right] \quad (9.113a)$$

$${}_{(2)}\mathbb{Q}_1 = - \hat{\mathbb{V}}_{(2)} \cdot \mathbb{M}^*_{(2)1} \circ \hat{\mathbb{n}} = - N(\hat{\mathbb{V}}_{(2)} \hat{\Delta}_{(2)} w_1) \circ \hat{\mathbb{n}} \quad (9.113b)$$

durch die Mittelflächenverschiebungen $(w_1(\hat{\mathbb{r}}_{(2)}))$ ausgedrückt werden. Mit der Zerlegung

$$\hat{\mathbb{V}}_{(2)} \delta w_1 = \mathfrak{e}_\perp \frac{\partial \delta w_1}{\partial s_\perp} + \mathfrak{e}_s \frac{\partial \delta w_1}{\partial s}$$

reduziert man unter Voraussetzung längs des Randes stetiger Platten—Torsionsmomente $\mathfrak{e}_\perp \cdot \mathbb{M}^*_{(2)1} \cdot \mathfrak{e}_s$ und Randverschiebungen δw_1 das erste Randlinien—Integral von (9.112b) noch auf

$$\oint_{l(F)} \mathbb{e}_\perp \cdot \mathbb{M}^*_{(2)1} \cdot (\hat{\nabla}_{(2)} \delta w_1)\, ds = \oint_{l(F)} \mathbb{e}_\perp \cdot \mathbb{M}^*_{(2)1} \cdot \mathbb{e}_\perp \frac{\partial \delta w_1}{\partial s_\perp} ds - \oint_{l(F)} \frac{\partial}{\partial s}(\mathbb{e}_\perp \cdot \mathbb{M}^*_{(2)1} \cdot \mathbb{e}_s)\delta w_1 ,$$

und hat dementsprechend im Sinne von (9.112) die Forderung

$$\delta_{w_1}(\Delta\Pi) = 0 = \int_{(F)} \left[N \hat{\Delta}_{(2)} \hat{\Delta}_{(2)} w_1 - \hat{\nabla}_{(2)} \cdot (\mathbb{T}_{(2)\,krit} \cdot (\hat{\nabla}_{(2)} w_1))\right] \delta w_1\, d\hat{F} +$$

$$+ \oint_{l(F)} \mathbb{e}_\perp \cdot \mathbb{M}^*_{(2)1} \cdot \mathbb{e}_\perp \frac{\partial \delta w_1}{\partial s_\perp} ds + \oint_{l(F)} \left\{\left[q_{\perp 1} - \frac{\partial}{\partial s}(\mathbb{e}_\perp \cdot \mathbb{M}^*_{(2)1} \cdot \mathbb{e}_s)\right] + \mathbb{t}_{\perp 1} \cdot \hat{\nabla}_{(2)} w_1\right\} \delta w_1 ds \quad (9.114)$$

zu befriedigen[134] für den Randbedingungen genügende aber ansonsten beliebige Verrückungsvariationen δw_1. Dabei fallen die Randbedingungen in "natürlicher Weise" an, indem man verlangt, daß jeder Integralausdruck von (9.114) einzeln zu verschwinden hat, also einerseits das Flächenintegral, weswegen aufgrund der Beliebigkeit von $\delta w_1(\hat{\mathbb{r}})$ die Feldgleichung

$$N \hat{\Delta}_{(2)} \hat{\Delta}_{(2)} w_1 - \hat{\nabla}_{(2)} \cdot (\mathbb{T}_{(2)\,krit} \cdot (\hat{\nabla}_{(2)} w_1)) = 0 \text{ in } (\hat{B}) \quad (9.115)$$

zu erschließen ist, und andererseits die beiden Randlinien–Integrale, von denen der hier vorgesehenen gelenkigen Randlagerung[135] wegen

$$(w_1)_{Rand} = 0 \quad (9.116a)$$

d.h. wegen

$$(\delta w_1)_{Rand} = 0 \quad (9.116b)$$

das Zweite identisch verschwindet, während das Erste (angesichts durchaus zugelassener) Rand–Normal–Ableitungen $((\partial \delta w_1 / \partial s_\perp)_{Rand})$ nur mit der Forderung

$$(\mathbb{e}_\perp \cdot \mathbb{M}^*_{(2)1} \cdot \mathbb{e}_\perp)_{Rand} = N \left\{(1-\nu) \frac{\partial^2 w_1}{\partial s_\perp^2} + \nu \Delta_{(2)} w_1\right\}_{Rand} = 0 \quad (9.116c)$$

zum Verschwinden zu bringen ist. So sind also die beiden Aussagen (9.116a,c) die für gelenkige gelagerte Platten der Feldgleichung (9.115) zu assoziierenden Randbedingungen, wovon die Letztere Verschwinden der Randbiegemomente ausdrückt.

Betrachtet man als konkretes Beispiel etwa eine gelenkig–gelagerte quadratische Platte (Kantenlänge a) unter einem mit

$$\mathbb{T}_{(2)\,krit} = \text{const} = - \begin{bmatrix} D_{xx_0} & 0 \\ 0 & D_{yy_0} \end{bmatrix} \langle \mathbb{e}_x, \mathbb{e}_y \rangle$$

beschriebenen feldweise konstanten Membran(—Haupt—)Druckbelastungszustand mit zu den Plattenrändern parallelen Hauptrichtungen, so ist die (erste) Eigenfunktion $w_1(x,y)$ mit

$\Delta_{(2)} = \partial^2/\partial x^2 + \partial^2/\partial y^2$ durch die Feldgleichung

$$N \Delta_{(2)} \Delta_{(2)} w_1 + D_{xx_0} \frac{\partial^2 w_1}{\partial x^2} + D_{yy_0} \frac{\partial^2 w_1}{\partial y^2} = 0 \quad (9.117a)$$

---

134) Hierin bedeuten $q_{\perp 1} = \mathbb{e}_\perp \cdot {}_{(2)}\mathbb{Q} \cdot \hat{\mathbb{n}}$ bzw. $\mathbb{t}_{\perp 1} = \mathbb{e}_\perp \cdot \mathbb{T}_{(2)1}$ die (jeweils auf die Längeneinheit bezogene) am Plattenrande angreifende (in Richtung $\hat{\mathbb{n}}$ weisende) Querkraft(—komponente) bzw. die Membrankraft.

135) die kinematisch dadurch gekennzeichnet wird, daß Randverschiebungen nicht auftreten dürfen $((\delta w_1)_{Rand} = 0)$, hingegen Rand–Normalableitungen $(\partial \delta w_1 / \partial s_\perp)_{Rand}$ zugelassen werden.

zuzüglich der Randwertaussagen

$$w_1 = 0 \;\text{ und }\; \mathbb{e}_x \cdot \mathbb{M}_{(2)1} \cdot \mathbb{e}_x = m_{xx_1} = 0 \quad \text{d. h.} \; \frac{\partial^2 w_1}{\partial x^2} = 0 \;\text{ für } x = 0 \text{ und } x = a \qquad (9.117b)$$

$$w_1 = 0 \;\text{ und }\; \mathbb{e}_y \cdot \mathbb{M}_{(2)1} \cdot \mathbb{e}_y = m_{yy_1} = 0 \quad \text{d. h.} \; \frac{\partial^2 w_1}{\partial y^2} = 0 \;\text{ für } y = 0 \text{ und } y = a \qquad (9.117c)$$

beschrieben. Mit der (9.117a—c) genügenden Lösung

$$w_1 = C \sin \frac{\pi x}{a} \sin \frac{\pi y}{a} \qquad (9.117d)$$

entsteht entweder durch Einsetzen von (9.117d) in (9.117a) oder aber durch Einsetzen von (9.117d) in die Indifferenzversion von (9.111)

$$\frac{D_{xx_0}}{N\pi^2/a^2} + \frac{D_{yy_0}}{N\pi^2/a^2} = 1 \,,$$

also als Indifferenz—Restriktion im durch die Membrandruckkräfte $\left(D_{xx_0}, D_{yy_0}\right)$ aufgespannten Zustandsraum die Gleichung einer Geraden (Abb. 9.7), die die Menge der in der unausgebeulten Lage stabil ertragbaren Membranbelastungen von Denjenigen trennt, für die die Stabilität der unausgebeulten Lage erloschen ist.

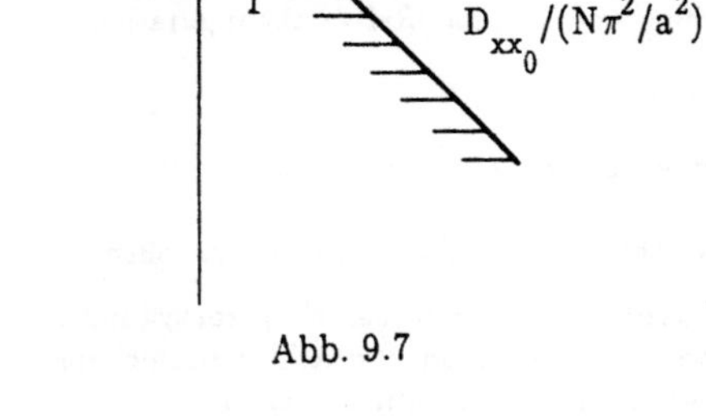

Abb. 9.7

§ 10 Energieprinzipien der Mechanik

10.1 Das Prinzip der virtuellen Verrückungen [16], [27]

ist ein Prinzip der Statik[1], präziser, eine den Gleichgewichtsbedingungen (zuzüglich des Reaktionsprinzips) äquivalente Energieaussage. Seine Repräsentation kann aus identischen Umformungsoperationen am Ausdruck für die sog. virtuelle Arbeit der äußeren Kräfte, in der klassischen Kontinuumsmechanik an der Struktur

$$\delta_u \mathscr{A}_{a\Sigma} = \int_{(\bar{B})} \bar{\rho}\mathbb{k} \cdot \delta\mathbb{u}\, d\bar{V} + \sum_{j=1}^{n_B} \oiint_{\bar{f}_j(\bar{B})} \bar{\mathbb{s}}_{\bar{n}}^{(E)} \cdot \delta\mathbb{u}\, d\bar{f} \overset{2)}{\equiv} \int_{(\hat{B})} \hat{\rho}\mathbb{k} \cdot \delta\mathbb{u}\, d\hat{V} + \sum_{j=1}^{n_B} \oiint_{\hat{f}_j(\hat{B})} \mathbb{s}_{\hat{n}}^{(K)} \cdot \delta\mathbb{u}\, d\hat{f} \qquad (10.1a)$$

entwickelt werden. In (10.1a) bedeuten die sog. "virtuellen Verrückungen" $\delta\mathbb{u} = \delta\hat{\mathbb{u}}(\hat{\mathbb{r}}) = \delta\bar{\mathbb{u}}(\bar{\mathbb{r}})$ infinitesimale kompatible, d.h. den Körperzusammenhang wahrende und ggfs. den Lagerungsverhältnissen entsprechende Verschiebungsfelder[3], die im übrigen - abgesehen von den genannten Restriktionen - beliebig sein können[4].

Die Benutzung des Variationssymbols δ bei der Bezeichnung $\delta\mathbb{u}(\mathbb{r})$ für virtuelle Verrückungen bringt die mögliche Interpretation einer virtuellen Verrückung als - kompatible - Variation eines (aktuellen) Verrückungszustandes $(\hat{\mathbb{u}}(\hat{\mathbb{r}}))$ im Sinne der Variationsrechnung (§ 7) zum Ausdruck, der Index u bei $\delta_u \mathscr{A}_a$ soll deutlich machen, daß es sich hierbei um einen durch Variation der Lage der Kraftangriffspunkte bewirkten Arbeitszuwachs handelt[5]. Anwendung des Gaußschen Satzes, d.h.

---

1) wo Körper in Ruhe oder gleichförmig–geradliniger Bewegung verharren.

2) in der ersteren Version mit den auf die Momentankonfiguration $(\bar{B})$ bezogenen (Eulerschen) Spannungen $(\bar{\mathbb{s}}_{\bar{n}}^{(E)})$, in der zweiten mit auf die Referenzkonfiguration $(\hat{B})$ bezogenen Kappusschen Spannungen $(\mathbb{s}_{n}^{(K)})$.
$\mathbb{k}$ bezeichnet die auf die Masseneinheit bezogenen Massenkräfte.

3) also solche, die inkl. ihrer ersten Ableitungen $(\hat{\nabla} \circ \delta\hat{\mathbb{u}})$ stetig sein sollen.

4) und insbesondere in keinem Zusammenhang mit der Körperbelastung zu stehen brauchen (aktuelle Verschiebungen), was nicht ausschließt, daß man virtuelle Verschiebungsfelder als durch geeignete Belastung verursachte aktuelle Verschiebungsfelder auffassen kann.

5) Die Kräfte werden hierbei — sie sollten ja von den virtuellen Verrückungen unabhängig sein — als konstant angesehen, womit übrigens die virtuelle Arbeit $\delta_u \mathscr{A}_a$ der äußeren Kräfte linear von den virtuellen Verrückungen abhängt. Im Gegensatz hierzu werden bei dem in §10.2 referierten Prinzip der virtuellen Kräfte die Belastungen bzw. Spannungen variiert.

$$\sum_{j=1}^{n_B} \oiint_{\hat{f}_j(B)} \hat{\mathbb{n}}\cdot\$^{(K)}\cdot\mathbb{F}\cdot\delta\mathbb{u}\,d\hat{f} = \int_{(\hat{B})} \left[\hat{\nabla}\cdot(\$^{(K)}\cdot\mathbb{F})\cdot\delta\hat{\mathbb{u}} + (\$^{(K)}\cdot\mathbb{F})^T\cdot\cdot(\hat{\nabla}\circ\delta\hat{\mathbb{u}})\right]d\hat{V}$$

auf (10.1a) ergibt mit

$$(\$^{(K)}\cdot\mathbb{F})^T\cdot\cdot(\hat{\nabla}\circ\delta\hat{\mathbb{u}}) \equiv (\$^{(K)}\cdot\mathbb{F})\cdot\cdot(\hat{\nabla}\circ\delta\hat{\mathbb{u}})^T \equiv \$^{(K)}\cdot\cdot\left[\mathbb{F}\cdot(\delta\hat{\mathbb{u}}\circ\hat{\nabla})\right] =^{6)}$$

$$= \$^{(K)}\cdot\cdot(\mathbb{F}\cdot\delta_u\mathbb{F}^T) \equiv (\$^{(K)}\cdot\mathbb{F})\cdot\cdot\delta_u\mathbb{F}^T \equiv^{7)} \$^{(K)}\cdot\cdot\frac{1}{2}(\mathbb{F}\cdot\delta_u\mathbb{F}^T + \delta_u\mathbb{F}\cdot\mathbb{F}^T) =^{8)} \$^{(K)}\cdot\cdot\delta_u\mathbb{D}^{(G)}$$

und $\qquad (\$^{(K)}\cdot\mathbb{F})\cdot\cdot\delta_u\mathbb{F}^T/\hat{\rho} \equiv \$^{(K)}\cdot\cdot\delta_u\mathbb{D}^{(G)}/\hat{\rho} \equiv^{9)} \$^{(E)}\cdot\cdot\overline{\operatorname{def}}\,\delta\mathbb{u}/\bar{\rho} = \delta_u\mathscr{A}_\$,$

und $\qquad \delta_u\mathscr{A}_{\$\Sigma} = \int_{(m)} \delta_u\mathscr{A}_\$\,dm\,, \quad dm = \hat{\rho}d\hat{V} = \bar{\rho}d\bar{V} \qquad (10.1b,c)$

zunächst

$$\delta_u A_{a\Sigma} = \int_{(\hat{B})} \left[\hat{\nabla}\cdot(\$^{(K)}\cdot\mathbb{F}) + \hat{\rho}\mathbb{k}\right]\cdot\delta\mathbb{u}\,d\hat{V} + \delta_u\mathscr{A}_{\$\Sigma} \qquad (10.2a)$$

und daher, sofern virtuelle Verrückungen aus einer Gleichgewichtskonfiguration $\bar{\mathbb{r}}_0$ [10] mit

$$\left\{\hat{\nabla}\cdot(\$^{(K)}\cdot\mathbb{F}) + \hat{\rho}\mathbb{k}\right\}_{\bar{\mathbb{r}}_0} = 0 \quad \text{in } (B) \qquad (10.2b)$$

heraus vorgenommen werden, das Prinzip der virtuellen Verrückungen

$$(\delta_u\mathscr{A}_{a\Sigma})_{\bar{\mathbb{r}}_0} = (\delta_u\mathscr{A}_{\$\Sigma})_{\bar{\mathbb{r}}_0}\,, \qquad (10.2c)$$

wonach im Gleichgewichtsfalle die (virtuelle) Änderung der äußeren Arbeit(-szufuhr)

$$\mathscr{A}_{a\Sigma} =^{11)} \int_{(\hat{B})} \hat{\rho}\mathbb{k}\cdot\overset{\Downarrow}{\mathbb{u}}\,d\hat{V} + \sum_{j=1}^{n_B}\oiint_{\hat{f}_j(B)} \mathbb{s}_n^{(K)}\cdot\overset{\Downarrow}{\mathbb{u}}\,d\hat{f} \qquad (10.2d)$$

---

6) mit $\delta_u\mathbb{F} = \delta(\mathbb{E}+\hat{\nabla}\circ\hat{\mathbb{u}}) = \hat{\nabla}\circ\delta\mathbb{u}$ (vgl. (8.4a))

7) mit $\$^{(K)} = \$^{(K)T}$ (vgl. (8.52d))

8) mit $\delta_u\mathbb{D}^{(G)} = \delta_u\frac{1}{2}(\mathbb{F}\cdot\mathbb{F}^T - \mathbb{E})$ (vgl. (8.9))

9) mit $\overline{\operatorname{def}}\,\delta\mathbb{u} = (\bar{\nabla}\circ\delta\mathbb{u} + \delta\mathbb{u}\circ\bar{\nabla})/2$

10) die etwa im Fall eines im Beobachterrahmen ruhenden Systems mit dem statischen Verschiebungsfeld $\hat{\mathbb{u}}(\hat{\mathbb{r}})$ durch $\bar{\mathbb{r}}_0 = \hat{\mathbb{r}} + \hat{\mathbb{u}}(\hat{\mathbb{r}})$ beschrieben wird

11) wobei die in (10.2d) gesetzten Doppelpfeile die Variationsprozedur im Sinne von (10.1a) andeuten sollen, was bedeutet, die Massenkräfte $(\hat{\rho}\mathbb{k})$ und Oberflächenkräfte $(\mathbb{s}_{\bar{n}}^{(E)}\,d\bar{f}) = \bar{\mathbb{n}}\cdot\$^{(E)}d\bar{f} \equiv \mathbb{s}_n^{(K)}d\hat{f} = \hat{\mathbb{n}}\cdot\$^{(K)}\cdot\mathbb{F}(d\hat{f})$ nicht variieren zu dürfen.

gleich der sog. Spannungsarbeits-Variation $(\delta_u \mathcal{A}_{\$\Sigma})_{\bar{\mathbb{r}}_0}$ sein muß.

Das Prinzip wird - neben (10.2d) - auch in den Versionen des "Prinzips der virtuellen Geschwindigkeiten" (§10.1.5) bzw. des "Prinzips der Laplace-transformierten virtuellen Verrückungen" (§10.1.6) angewendet und auf der Basis von Ritz- bzw. Kantorowitsch-Ansätzen näherungsweise ausgewertet, wobei die beiden letztgenannten Versionen auf der Betrachtnahme auch zeitabhängiger virtueller Verrückungen ($\delta \mathbb{u} = \widehat{\delta \mathbb{u}}(\widehat{\mathbb{r}},t)$) gründen. Solcherart Verallgemeinerungen haben - materialindividuell angepaßt - das Ziel, je nach vorliegender Stoffgleichung das Prinzip als ein Variationsproblem im Sinne von §7 formulieren zu können, wozu es eben erforderlich ist, die virtuelle Spannungsarbeit $(\delta_u \mathcal{A}_{\$\Sigma})$ als Variation einer skalaren (Energie-)Größe nach einer geeigneten (momentanen) kinematischen Zustandsgröße darstellen zu können.

Damit das Prinzip in der Version (10.2d) als ein das Verschiebungsfeld $\mathbb{u} = \widehat{\mathbb{u}}(\widehat{\mathbb{r}}) = \bar{\mathbb{u}}(\bar{\mathbb{r}})$ determinierendes Variationsproblem im Sinne von §7 formuliert werden kann, müssen die Spannungen etwa in der Form

$$\$^{(K)}(P,t) = S^{(K)}(\mathbb{D}^{(G)}(P),T(P)-T_0)$$

als Zustandfunktion der (Momentan-)Werte der Verzerrungen

$$\mathbb{D}^{(G)}(P,t) = \frac{1}{2}\left[\widehat{\nabla}\circ\widehat{\mathbb{u}}+\widehat{\mathbb{u}}\circ\widehat{\nabla}+(\widehat{\nabla}\circ\widehat{\mathbb{u}})\cdot(\widehat{\mathbb{u}}\circ\widehat{\nabla})\right] = \mathbb{D}^{(G)}\langle\mathbb{u}(P)\rangle$$

darstellbar sein und aus einem als

$$\Phi\langle\mathbb{u}(P)\rangle = \int_{\mathbb{D}_c}^{\mathbb{D}^{(G)}\langle\mathbb{u}(P)\rangle} \$^{(K)}(\mathbb{D},T-T_0)\cdot\cdot d\mathbb{D}/\widehat{\rho} \tag{10.3}$$

im Zustandsraum der Verzerrungen definierten (energetischen) Potential Φ durch daselbst vollzogene Verzerrungs-Gradientenbildung hervorgebracht werden können, was generell hyperelastisches Material (mit innerer bzw. freier Energie als Potential) voraussetzt (vgl. Ziff. 10.1.1). Dies schließt allerdings nicht aus, daß man, wenn auch i. allg. nur in Näherung, Energiepotentiale von der Qualität (10.3) und damit Variationsprobleme auch für spezielles nicht-elastisches Stoffverhalten formulieren kann, wie das Beispiel der finit angenäherten Henkyschen Theorie elastisch-idealplastischer Medien (vgl. Ziff. 10.1.4) zeigt.

Für

10.1.1 hyperelastische Medien

mit z. B.

$$\$^{(K)}(\mathbb{D}^{(G)},T-T_0)/\widehat{\rho} = \$^{(K)}_{DT}/\widehat{\rho} = \frac{\partial \mathcal{F}_{DT}}{\partial \mathbb{D}^{(G)}} \quad \text{mit} \quad \mathcal{F}_{DT} = \mathcal{F}(\mathbb{D}^{(G)},T-T_0) \tag{10.3a}$$

bzw.

$$\mathbb{S}^{(K)}\cdot\mathbb{F}/\hat{\rho} = \mathbb{S}^{(K)}_{FT}(\mathbb{F},T-T_0)/\hat{\rho} = \frac{\partial\mathcal{F}_{FT}}{\partial\mathbb{F}} \quad \text{mit} \quad \mathcal{F}_{FT} = \mathcal{F}(\mathbb{F},T-T_0) \tag{10.3b}$$

(vgl. (9.90c) und Fußnote 85 von § 9) und daher

$$\delta_u\mathcal{A}_{\mathbb{S}} \overset{(10.1b)}{=} (\mathbb{S}^{(K)}\cdot\mathbb{F}/\hat{\rho})\cdot\cdot\,\delta_u\mathbb{F}^T = \frac{\partial\mathcal{F}_{FT}}{\partial\mathbb{F}}\cdot\cdot\,\delta_u\mathbb{F}^T \equiv \delta_u\mathcal{F}_{FT} \tag{10.3c}$$

verifiziert man aus (10.2c) den etwa in Termen der freien Energie $\mathcal{F}_\Sigma = \int_{(m)} \mathcal{F}_{FT}\,dm$ formulierten Satz vom stationären Wert des elastischen Potentials (Π)

$$\delta_u\Pi_\Sigma = 0, \quad \text{mit} \quad \Pi_\Sigma = \mathcal{F}_\Sigma - \mathcal{A}_{a\Sigma} \tag{10.3d,e}$$

und $\mathcal{A}_{a\Sigma}$ nach (10.2d), wonach von allen denkbaren, die jeweiligen Randbedingungen befriedigenden Verschiebungsfeldern das wirklich Eintretende das elastische Potential extremal macht.
Daß diese Aussage der analytisch formulierten Problembeschreibung äquivalent ist, zeigt der konkrete Vollzug der in (10.3d) geforderten Operation, wonach mit

$$\delta_u\Pi_\Sigma = \int_{(m)} \delta_u\mathcal{F}_{FT}\,dm - \int_{(m)} \mathbb{k}\cdot\delta\mathbb{u}\,dm - \sum_{j=1}^{n_B} \oint\!\!\oint_{\hat{f}_j(\hat{B})} \mathbb{s}_n^{(K)}\cdot\delta\mathbb{u}\,d\hat{f} \tag{10.4a}$$

und mit

$$\begin{aligned}\delta_u\mathcal{F}_{FT}\,dm &= \hat{\rho}\frac{\partial\mathcal{F}_{FT}}{\partial\mathbb{F}}\cdot\cdot\,\delta_u\mathbb{F}^T\,d\hat{V} = \hat{\rho}\frac{\partial\mathcal{F}_{FT}}{\partial\mathbb{F}}\cdot\cdot(\delta\mathbb{u}\circ\hat{\mathbb{V}})\,d\hat{V} = \\ &\equiv \Big[\underline{\hat{\mathbb{V}}\cdot(\hat{\rho}\frac{\partial\mathcal{F}_{FT}}{\partial\mathbb{F}}\cdot\delta\mathbb{u})} - (\hat{\mathbb{V}}\cdot\hat{\rho}\frac{\partial\mathcal{F}_{FT}}{\partial\mathbb{F}})\cdot\delta\mathbb{u}\Big]d\hat{V}\end{aligned} \tag{10.4b}$$

nach Anwendung des Gaußschen Satzes betreffend den in (10.4b) gestrichelten Anteil die Forderung

$$\delta_u\Pi_\Sigma = -\int_{(\hat{B})}\Big[\hat{\mathbb{V}}\cdot(\hat{\rho}\frac{\partial\mathcal{F}_{FT}}{\partial\mathbb{F}}) + \hat{\rho}\mathbb{k}\Big]\cdot\delta\mathbb{u}\,d\hat{V} + \sum_{j=1}^{n_B}\oint\!\!\oint_{\hat{f}_j(\hat{B})}(\hat{\mathbb{n}}\cdot\hat{\rho}\frac{\partial\mathcal{F}_{FT}}{\partial\mathbb{F}} - \mathbb{s}_n^{(K)})\cdot\delta\mathbb{u}\,d\hat{f} = 0\,, \tag{10.4c}$$

erfüllt werden muß. Dann fällt aus der Forderung nach Verschwinden des Bereichsintegrals — als Eulersche Differentialgleichung des Extremalproblems (10.3d,e)! —

$$\hat{\mathbb{V}}\cdot(\hat{\rho}\frac{\partial\mathcal{F}_{FT}}{\partial\mathbb{F}}) + \hat{\rho}\mathbb{k} = 0 \quad \text{mit} \quad \mathbb{F} = \mathbb{E} + \hat{\mathbb{V}}\circ\mathbb{u}\,, \tag{10.4d,e}$$

d.h. die termisch—elastische Verschiebungsgleichung der Statik an, die man gleichermaßen nach Einsetzen der (in Termen von $\mathbb{F}$ und damit der Verschiebungen $\mathbb{u}$ ausgedrückten) Spannungs—Materialgleichung $\mathbb{S}^{(K)}\cdot\mathbb{F} \overset{(9.90c)}{=} \hat{\rho}\,\partial\mathcal{F}_{FT}/\partial\mathbb{F}$ in die Massenelementen—Gleichgewichtsbilanz $(\hat{\mathbb{V}}\cdot(\mathbb{S}^{(K)}\cdot\mathbb{F}) + \hat{\rho}\mathbb{k} = 0$, vgl. (8.48c) mit $\dot{\mathbb{v}} = 0)$ erhielte, während die Forderung nach Verschwinden der Oberflächenintegrale – gleichgültig ob Rand–Verrückungsvariationen möglich sind oder nicht![12] – identisch erfüllt wird unter dem Gesichtspunkt, daß die hyperelastische Materialgleichung (9.90c) auch an den Bereichsrändern gelte und demzufolge allfällige Randlasten $(\mathbb{s}_n^{(K)})$ durch (sog. dynamische) Randbedingungen von der Form

$$\mathbb{s}_n^{(K)} = \hat{\mathbb{n}} \cdot \hat{\rho} \frac{\partial \mathcal{F}_{FT}}{\partial \mathbb{F}}$$

durch die Verzerrungskinematik am Körperrande zu identifizieren sein sollen. Zur

10.1.2 Notation von Stabilitätsaussagen in Termen zweiter Variationen des elastischen Potentials für Systeme unter "Totlast"

bildet man - zweite Variationen der Randarbeit wie auch die Arbeit der Massenkräfte entfallen hier! -

$$\delta_u^2 \Pi_\Sigma \overset{(10.4a)}{\equiv} \int_{(m)} \delta_u^2 \mathcal{F}_{FT} \, dm = \int_{(m)} \delta_u \left[\frac{\partial \mathcal{F}_{FT}}{\partial \mathbb{F}} \right] \cdot\cdot \, \widehat{\delta \mathbb{u} \circ \nabla} \, dm \equiv \int_{(m)} \widehat{\delta \mathbb{u} \circ \nabla} \cdot\cdot \frac{\partial^2 \mathcal{F}_{FT}}{\partial \mathbb{F}^2} \cdot\cdot \widehat{\delta \mathbb{u} \circ \nabla} \, dm =$$

---

[12] In Analogie zu (7.9) folgt hier dann übrigens aus

$$\delta_u \Pi_\Sigma \overset{(10.4a)}{=} \int_{(\hat{B})} \hat{\rho} \frac{\partial \mathcal{F}_{FT}}{\partial \mathbb{F}} \cdot\cdot (\widehat{\delta \mathbb{u} \circ \nabla}) \, d\hat{V} - \int_{(\hat{B})} \mathbb{k} \cdot \delta \mathbb{u} - \sum_{j=1}^{n_B} \oiint_{\hat{f}_j(\hat{B})} \mathbb{s}_n^{(K)} \cdot \delta \mathbb{u} \, d\hat{f} = 0$$

für den Fall, daß Verrückungsvariationen am Rande beliebig sein dürfen, mit der dann speziell möglichen Wahl $\delta \mathbb{u} = \delta \mathbb{u}_0 + \hat{\mathbb{r}} \cdot \delta \mathbb{C}_0 = \delta \mathbb{u}_0 + (\hat{\mathbb{r}} + \mathbb{u}(\hat{\mathbb{r}}, t)) \cdot \delta \mathbb{C}_0$, mit $\delta \mathbb{u}_0 = \text{const.}$, $\delta \mathbb{C}_0 = \text{const.}$,

also $\quad \hat{\nabla} \circ \delta \hat{\mathbb{u}} = (\mathbb{E} + \hat{\nabla} \circ \mathbb{u}) \cdot \delta \mathbb{C}_0 = \mathbb{F} \cdot \delta \mathbb{C}_0$ und damit

$$\hat{\rho} \frac{\partial \mathcal{F}_{FT}}{\partial \mathbb{F}} \cdot\cdot (\widehat{\delta \mathbb{u} \circ \nabla}) = \hat{\rho} \frac{\partial \mathcal{F}_{FT}}{\partial \mathbb{F}} \cdot\cdot (\mathbb{F} \cdot \delta \mathbb{C}_0)^T \overset{(9.90c)}{=} (\mathbb{S}^{(K)} \cdot \mathbb{F}) \cdot\cdot (\delta \mathbb{C}_0^T \cdot \mathbb{F}^T) \equiv (\mathbb{F}^T \cdot \mathbb{S}^{(K)} \cdot \mathbb{F}) \cdot\cdot \delta \mathbb{C}_0^T$$

schließlich für beliebige Konstanten $\delta \mathbb{u}_0$, $\delta \mathbb{C}_0$

$$\delta_u \Pi_\Sigma = - \left\{ \int_{(\hat{B})} \mathbb{k} \, dm + \sum_{j=1}^{n_B} \oiint_{\hat{f}_j(\hat{B})} \mathbb{s}_n^{(K)} \, d\hat{f} \right\} \cdot \delta \mathbb{u}_0 +$$

$$+ \left\{ \int_{(\hat{B})} \mathbb{F}^T \cdot \mathbb{S}^{(K)} \cdot \mathbb{F} \, d\hat{V} - \int_{(\hat{B})} \hat{\mathbb{r}} \circ \mathbb{k} \, dm - \sum_{j=1}^{n_B} \oiint_{\hat{f}_j(\hat{B})} \hat{\mathbb{r}} \circ \mathbb{s}_n^{(K)} \, d\hat{f} \right\} \cdot\cdot \delta \mathbb{C}_0^T = 0 ,$$

also die Kräfte–Gleichgewichtsbedingung der an der Gesamtanordnung angreifenden äußeren Kräfte (gestrichelt) und für antimetrische Konstanten $\delta \mathbb{C}_0 = - \delta \mathbb{C}_0^T = \mathbb{E} \times \delta \varphi_0$, weil $\mathbb{F}^T \cdot \mathbb{S}^{(K)} \cdot \mathbb{F}$ ein symmetrischer Tensor ist, die Momentengleichgewichtsbedingung (man ersetze im strichpunktierten Anteil dann die dyadischen Produkte durch Vektorprodukte).

$$= ^{13)} \hat{\rho}_0 \int_{(\hat{B})} \delta\hat{\mathbf{u}} \circ \hat{\nabla} \cdot\cdot \frac{\partial^2 \mathscr{F}_{FT}}{\partial \mathbb{F}^2} \cdot\cdot \delta\hat{\mathbf{u}} \circ \hat{\nabla} \, d\hat{V}$$

und erkennt im Vergleich mit (9.98b ff.), daß im Rahmen sog. "infinitesimaler Kriterien"

$$\delta^2_u \Pi_\Sigma \begin{Bmatrix} > 0 \\ = 0 \\ < 0 \end{Bmatrix} \text{ die Bedingung für } \begin{Bmatrix} \text{Stabilität} \\ \text{Indifferenz} \\ \text{Labilität} \end{Bmatrix} \qquad (10.5)$$

der statischen Ruhelage eines hyperelastischen Systems kennzeichnet, ein Sachverhalt, der besonders einprägsam durch die energetischen Beschreibungen der Gleichgewichtssituationen einer auf einer Bahn geführten (schweren) Kugel (Abb. 10.1) verdeutlicht wird, wobei die potentielle Energie $\mathscr{U} = mg(z - z_0)$ der Kugel[14] an die Stelle des elastischen Potentials (Π_Σ) tritt [16], [27]. Danach beschreiben

$$\delta\mathscr{U} = mg\ \delta z = 0$$

Gleichgewichtslagen und insbesondere

$$\delta^2\mathscr{U} = mg\ \delta z^2 \begin{Bmatrix} > 0 \text{ stabiles} \\ = 0 \text{ indifferentes} \\ < 0 \text{ labiles} \end{Bmatrix} \text{Gleichgewicht} \qquad (10.6)$$

konsistent mit der Anschauung, daß Bewegungen als Folge kleiner (Anfangs-)Störungen der Gleichgewichtslage

a) im Falle eines Tal-Punktes (mit $\delta^2 z > 0$) beschränkt bleiben,

c) im Falle eines Kuppen-Punktes (mit $\delta^2 z < 0$) nicht mehr in der Größenordnung der Anfangsstörungen einschrankbar sind und schließlich

b) im Falle $\delta^2 z = 0$ die Kugel in eine (infinitesimal) benachbarte Gleichgewichtslage überführt wird.

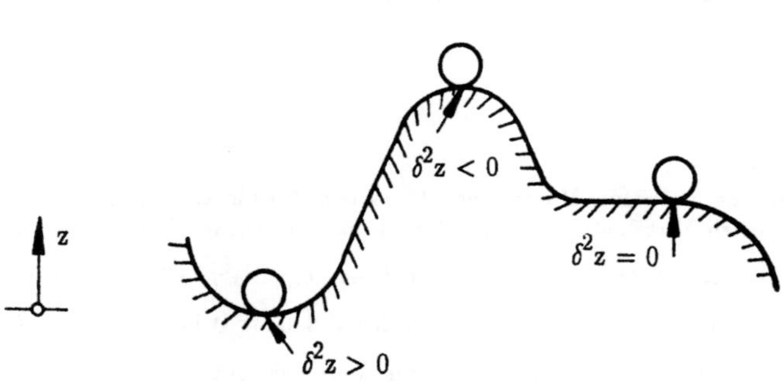

Abb. 10.1

---

13) In der letzteren Version wieder für den Fall in der Bezugskonfiguration global—konstanter Dichte $\hat{\rho} = \hat{\rho}_0$

14) mit der Kugelmasse m und der über einem Nullniveau gemessenen Höhenordinate z

Wie in § 7 vermerkt, sind Stab—Platten und Schalentheorien

10.1.3 auf Kantorowitsch—Ansätzen basierende Theorievarianten ,

von denen jetzt zwei für den elastisch—isotropen Fall und kleine Verformungen mit bilinear approximierter (spezifischer) freier Energie (je Masseneinheit) [III,(2.15a)]

$$\mathscr{F} =^{15)} \mathscr{F}_{DT} = \mathscr{F}_0 + \frac{1}{2\rho_0} \mathbb{D}\cdot\cdot \overset{\langle 4 \rangle}{\mathbb{C}} \cdot\cdot\mathbb{D} - (T-T_0)\,\mathscr{S}_0 - \frac{c_{d0}}{2T_0}(T-T_0)^2 - \mathbb{A}\cdot\cdot \overset{\langle 4 \rangle}{\mathbb{C}} \cdot\cdot\mathbb{D}\,\frac{T-T_0}{\rho_0} =$$

$$=^{16)} \frac{G}{\rho_0}\left[\operatorname{def} \mathbb{u}\cdot\cdot\operatorname{def} \mathbb{u} + \frac{\nu}{1-2\nu}(\operatorname{div} \mathbb{u})^2\right] - (T-T_0)\,\mathscr{S}_0 - \frac{c_{d0}}{2}(T-T_0)^2 - \frac{2G\alpha}{\rho_0}\frac{1+\nu}{1-2\nu}(T-T_0)\,(\nabla\cdot\mathbb{u})$$

(10.7)

referiert werden sollen. Für die

<u>10.1.3a Theorie des (homothermen) Bernoulli—Stabes nach (7.16)</u>

(Länge l, Querschnitt $F(x)$) wird der zunächst mit $T = T_0$ erhältliche Ausdruck für die (sog. spezifische) "isotherme Formänderungsenergie" (je Masseneinheit)

$$\mathscr{W}\langle \mathbb{u}\rangle = (\mathscr{F}_{DT})_{T=T_0} \overset{(10.7)}{=} \frac{G}{\rho_0}\left[\operatorname{def} \mathbb{u}\cdot\cdot\operatorname{def} \mathbb{u} + \frac{\nu}{1-2\nu}(\operatorname{div} \mathbb{u})^2\right] \qquad (10.8a)$$

auf Basis der Annahme eines einachsigen Spannungszustandes ($\mathbb{S} = \sigma_{xx}(x,y,z)\; \mathbb{e}_x \circ \mathbb{e}_x$) , wofür mit $\epsilon_{yy} = \epsilon_{zz} = -\nu\epsilon_{xx}$, $\gamma_{jk} = 0$, $j \neq k$, $j,k = x,y,z$ und mit $\epsilon_{xx} = \mathbb{e}_x \cdot \partial\mathbb{u}/\partial x$ näherungsweise

$$\mathscr{W}\langle \mathbb{u}\rangle = \frac{E}{2\rho_0}\,\epsilon_{xx}^2 \qquad (10.8b)$$

erreicht wird[17], unter Benutzung des Kantorowitsch—Ansatzes (7.16a) auf die Form

$$\mathscr{W}\langle \mathbb{u}\rangle = \frac{E}{2\rho_0}\frac{d\boldsymbol{\beta}_{(2)}}{dx}\cdot(\mathbb{e}_x\times\mathbb{r}_{(2)} \circ \mathbb{e}_x\times\mathbb{r}_{(2)})\cdot\frac{d\boldsymbol{\beta}_{(2)}}{dx}$$

gebracht (man beachte $\mathbb{e}_x \cdot \mathbb{w}_{(2)} = 0$), so daß man schließlich mit

---

15) Hierin bedeuten $\overset{\langle 4 \rangle}{\mathbb{C}}$ die isotherme Materialtetrade, $\mathbb{A}$ den Wärmeverzerrungstensor, $\mathbb{D} = \operatorname{def} \mathbb{u}$ den materiellen Verschiebungsdeformator, T das Temperaturfeld, c_{d0} die spez. Wärme für (verzerrungsänderungslose, reine) Temperatur—Zustandsänderungen, $\mathscr{F}_0$, $\mathscr{S}_0$ die Werte der der (homotherm mit T_0 temperierten, "undeformierten" d. h. durch $\operatorname{def} \mathbb{u} = 0$ beschriebenen) Bezugskonfiguration zugewiesenen freie Energie bzw. Entropie und ρ_0 die Ausgangsdichte

16) In der zunächst für anisotrope Medien angegebenen Formel setze man $\overset{\langle 4 \rangle}{\mathbb{C}} = 2G\,(\overset{\langle 4 \rangle}{\mathbb{E}}_S + \frac{\nu}{1-2\nu}\mathbb{E}\circ\mathbb{E})$, $\mathbb{A} = \alpha\mathbb{E}$ mit dem Schubmodul G, der isothermen Querdehnungszahl ν und dem Koeffizienten α der (linearen) Wärmeausdehnung sowie jetzt überall ∇ anstelle von $\hat{\nabla}$

17) die hierzu notwendigen Voraussetzung $\epsilon_{yy} = \epsilon_{zz} = -\nu\epsilon_{xx}$ erfüllt der Ansatz (7.16a) allerdings nicht.

$$\mathscr{I}_\Sigma = \int\limits_{(\hat{V})} \mathscr{W}\langle \mathbb{u}\rangle\, \hat{\rho}_0\, d\hat{V} = \frac{E}{2}\int\limits_{x=0}^{l} \frac{d\boldsymbol{\beta}_{(2)}}{dx}\cdot\Big\{\int\limits_{F(x)} (\mathbb{e}_x\times\mathbb{r}_{(2)}\circ\mathbb{e}_x\times\mathbb{r}_{(2)})dF\Big\}\cdot\frac{d\boldsymbol{\beta}_{(2)}}{dx}\,dx =$$

$$= \frac{1}{2}\int\limits_{x=0}^{l} \frac{d\boldsymbol{\beta}_{(2)}}{dx}\cdot E\,\mathbb{J}_{(2)}\cdot\frac{d\boldsymbol{\beta}_{(2)}}{dx}\,dx \tag{10.8c}$$

und $\mathbb{J}_{(2)}$ nach (7.16d), nachdem man noch die äußere Arbeit in der Form

$$\mathscr{A}_{a\Sigma} = \mathbb{q}_{(2)l}\cdot\overset{\Downarrow}{\mathbb{w}}_{(2)l} - \mathbb{q}_{(2)0}\cdot\overset{\Downarrow}{\mathbb{w}}_{(2)0} + \mathbb{m}_{(2)l}\cdot\overset{\Downarrow}{\boldsymbol{\beta}}_{(2)l} - \mathbb{m}_{(2)0}\cdot\overset{\Downarrow}{\boldsymbol{\beta}}_{(2)0} + \int\limits_{x=0}^{l}\mathbb{p}_{(2)}(x)\cdot\overset{\Downarrow}{\mathbb{w}}_{(2)}(x)\,dx \tag{10.8d}$$

durch die Randarbeiten der Querkräfte $(\mathbb{q}_{(2)\,l,0})$ bzw. Momente $(\mathbb{m}_{(2)\,l,0})$ sowie die Feldarbeit der in der Stabachse angreifend gedachten Schüttungslast $(\mathbb{p}_{(2)}(x))$ ausgedrückt hat, nach Einsetzen von (10.8c,d) in (10.3d,e) das Ersatzproblem

$$\delta_{w}\Pi_\Sigma = 0$$

mit

$$\Pi_\Sigma = \int\limits_{x=0}^{l}\Big\{\frac{E}{2}\frac{d\boldsymbol{\beta}_{(2)}}{dx}\cdot\mathbb{J}_{(2)}\cdot\frac{d\boldsymbol{\beta}_{(2)}}{dx} - \mathbb{p}_{(2)}\cdot\overset{\Downarrow}{\mathbb{w}}_{(2)}\Big\}dx -$$

$$- \mathbb{q}_{(2)l}\cdot\overset{\Downarrow}{\mathbb{w}}_{(2)l} + \mathbb{q}_{(2)0}\cdot\overset{\Downarrow}{\mathbb{w}}_{(2)0} - \mathbb{m}_{(2)l}\cdot\overset{\Downarrow}{\boldsymbol{\beta}}_{(2)l} + \mathbb{m}_{(2)0}\cdot\overset{\Downarrow}{\boldsymbol{\beta}}_{(2)0} \tag{10.9a}$$

und $\boldsymbol{\beta}_{(2)}(x) = \mathbb{e}_x\times d\mathbb{w}_{(2)}/dx$ nach (7.16b) folgert. Ausführen der Variationsableitung ergibt dann mit

$$\delta_{w}\int\limits_{x=0}^{l}\Big\{\frac{1}{2}\frac{d\boldsymbol{\beta}_{(2)}}{dx}\cdot\mathbb{J}_{(2)}\cdot\frac{d\boldsymbol{\beta}_{(2)}}{dx} - \mathbb{p}_{(2)}\cdot\overset{\Downarrow}{\mathbb{w}}_{(2)}\Big\}dx =$$

$$= \int\limits_{x=0}^{l}\Big\{\frac{d\boldsymbol{\beta}_{(2)}}{dx}\cdot\mathbb{J}_{(2)}\cdot\Big[\frac{d\delta_{w}\boldsymbol{\beta}_{(2)}}{dx}\Big] - \mathbb{p}_{(2)}\cdot\delta\mathbb{w}_{(2)}\Big\}dx =^{18)}$$

$$= \Big[\frac{d\boldsymbol{\beta}_{(2)}}{dx}\cdot\mathbb{J}_{(2)}\cdot\delta_{w}\boldsymbol{\beta}_{(2)}\Big]_0^l - \int\limits_0^l\Big\{\underline{\frac{d}{dx}\Big[\frac{d\boldsymbol{\beta}_{(2)}}{dx}\cdot\mathbb{J}_{(2)}\Big]\cdot\Big(\mathbb{e}_x\times\frac{\partial\delta\mathbb{w}_{(2)}}{\partial x}\Big)} - \mathbb{p}_{(2)}\cdot\delta\mathbb{w}_{(2)}\Big\}$$

$$=^{19)}\Big[\frac{d\boldsymbol{\beta}_{(2)}}{dx}\cdot\mathbb{J}_{(2)}\cdot\delta_{w}\boldsymbol{\beta}_{(2)} + \Big[\mathbb{e}_x\times\frac{d}{dx}\Big(\frac{d\boldsymbol{\beta}_{(2)}}{dx}\cdot\mathbb{J}_{(2)}\Big)\Big]\cdot\delta\mathbb{w}_{(2)}\Big]_0^l -$$

$$- \int\limits_0^l\Big[\mathbb{e}_x\times\frac{d^2}{dx^2}\Big(\frac{d\boldsymbol{\beta}_{(2)}}{dx}\cdot\mathbb{J}_{(2)}\Big) + \mathbb{p}_{(2)}\Big]\cdot\delta\mathbb{w}_{(2)}\,dx \tag{10.9b}$$

---

18) man integriere partiell und beachte (im gestrichelten Term) $\delta_{w}\boldsymbol{\beta} = \mathbb{e}_x\times\partial\delta\mathbb{w}_{(2)}/dx$

19) man integriere nochmals partiell

schließlich wegen $\mathbb{J}_{(2)} = \mathbb{J}^T_{(2)}$ und $\mathbb{p}_{(2)} \equiv - \mathbb{e}_x \times (\mathbb{e}_x \times \mathbb{p}_{(2)})$

$$\delta_w \Pi_\Sigma = \left[(E\mathbb{J}_{(2)} \cdot \frac{d\beta_{(2)}}{dx} - \mathbb{m}_{(2)}) \cdot \delta\beta_{(2)} + \left[\mathbb{e}_x \times \frac{d}{dx} (E\mathbb{J}_{(2)} \cdot \frac{d\beta_{(2)}}{dx}) - \mathbb{q}_{(2)} \right] \cdot \delta \mathbb{w}_{(2)} \right]_0^l -$$

$$- \int_0^l \mathbb{e}_x \times \left\{ \frac{d^2}{dx^2} (E\mathbb{J}_{(2)} \cdot \frac{d\beta_{(2)}}{dx}) - \mathbb{e}_x \times \mathbb{p}_{(2)} \right\} \cdot \delta \mathbb{w}_{(2)} \, dx = 0 \tag{10.9c}$$

für beliebige Verrückungsvariationen $\delta \mathbb{w}_{(2)}(x)$, was einerseits zwecks Verschwinden der Randwerte Gültigkeit der Stab—Materialgleichungen[20]

$$\mathbb{m}_{(2)} = E\mathbb{J}_{(2)} \cdot \frac{d\beta_{(2)}}{dx}, \quad \mathbb{q}_{(2)} = \mathbb{e}_x \times \frac{d\mathbb{m}_{(2)}}{dx} = \mathbb{e}_x \times \frac{d}{dx} \left[E\mathbb{J}_{(2)} \cdot \frac{d\beta_{(2)}}{dx} \right], \tag{10.9d,e}$$

verlangt und desweiteren Gültigkeit der Eulerschen Differentialgleichung

$$\frac{d^2}{dx^2} (E\mathbb{J}_{(2)} \cdot \frac{d\beta_{(2)}}{dx}) \equiv \frac{d^2}{dx^2} \left[E\mathbb{J}_{(2)} \cdot (\mathbb{e}_x \times \frac{d^2 \mathbb{w}_{(2)}}{dx^2}) \right] = \mathbb{e}_x \times \mathbb{p}_{(2)} \tag{10.9f}$$

(vgl. (7.16c)), die Verschwinden des Bereichsintegrals von (10.9c) sicherstellt. Da der Flächenträgheitsmomententensor $\mathbb{J}_{(2)}$ positive Hauptwerte hat, und demgemäß

$$\delta_w^2 \Pi_\Sigma \overset{(10.9a)}{=} \int_0^l E \, \delta_w \left[\frac{d\beta_{(2)}}{dx} \right] \cdot \mathbb{J}_{(2)} \cdot \delta_w \left[\frac{d\beta_{(2)}}{dx} \right] dx > 0$$

ist, definiert (10.9f) stabile Auslenkungen $\mathbb{w}_{(2)}(x)$. In der

10.1.3b Theorie der reinen (d.h. querkraftfreien) Wölbkrafttorsion

wird der Verschiebungsfeld—Ansatz (7.18a) der klassischen De Saint—Venantschen Theorie benutzt, jedoch hier mit der (streng genommen nicht kompatiblen) Erweiterung, den Torsionswinkel $\vartheta(x)$ als beliebige Funktion der Stabachsenordinate zuzulassen, womit in der Form

$$\epsilon_{xx} \overset{21)}{=} \vartheta''(x) \, \varphi^*(\mathbb{r}_{(2)}), \quad \epsilon_{yy} = \epsilon_{zz} = 0, \quad \gamma_{yz} = \frac{\partial u_y}{\partial z} + \frac{\partial u_z}{\partial y} = 0,$$

$$\mathbb{\gamma}_{(2)} = \gamma_{xy} \mathbb{e}_y + \gamma_{xz} \mathbb{e}_z = \left[\frac{\partial u_x}{\partial y} + \frac{\partial u_y}{\partial x} \right] \mathbb{e}_y + \left[\frac{\partial u_x}{\partial z} + \frac{\partial u_z}{\partial x} \right] \mathbb{e}_z = \vartheta'(x) \, (\nabla_{(2)} \varphi + \mathbb{e}_x \times \mathbb{r}_{(2)}), \tag{10.10a}$$

die Verzerrungen des Stab—Kontinuums, und nach Einsetzen in (10.8a) mit der Näherung — neben der Scherarbeit aus $\mathbb{\gamma}_{(2)}$ — allein die Arbeit der Normalspannungen $\sigma_{xx} \approx E\epsilon_{xx} = E\vartheta'' \, \varphi^*(\mathbb{r}_{(2)})$ zu berücksichtigen[22], die (spezifische) isotherme Formänderungsenergie auf

---

[20] mit denen Biegemomente $(\mathbb{m}_{(2)})$ bzw. Querkräfte $(\mathbb{q}_{(2)})$ mit den Biegelinien—Krümmungen $(d\beta_{(2)}/dx)$ verknüpft werden

[21] mit $\varphi^* = \varphi - \mathbb{r}_{(2)M} \cdot (\mathbb{e}_x \times \mathbb{r}_{(2)})$ und daher $\int_{(F)} \varphi^* dF = 0, \; \int_{(F)} \mathbb{e}_x \times \mathbb{r}_{(2)} \, \varphi^* dF = 0$ (10.10c–e)

[22] die, wegen (10.10d,e) und $\sigma_{xx} \approx E\vartheta'' \, \varphi^*$, im Stabquerschnitt weder Normalkräfte noch Biegemomente hervorrufen

$$\mathscr{W} \approx \frac{E}{2\rho_0}\epsilon_{xx}^2 + \frac{G}{2\rho_0}\gamma_{(2)}^2 = \frac{1}{2\rho_0}\left[E\vartheta''^2\varphi^{*2} + G\vartheta'^2(\nabla_{(2)}\varphi + e_x \times r_{(2)})^2\right] . \quad (10.10b)$$

reduziert werden. Dann ist

$$\mathscr{I}_{\rho T\Sigma} = \int_{(V)} \mathscr{W}\rho_0\, dV = \rho_0 \int_0^l \left[\int_{(F)} \mathscr{W} dF\right] dx =$$

$$= \int_0^l \left\{\frac{E}{2}\vartheta''^2 \int_{(F)} \varphi^{*2} dF + \frac{G}{2}\vartheta'^2 \int_{(F)} (\nabla_{(2)}\varphi + e_x \times r_{(2)})^2 dF\right\} dx \equiv \int_0^l \left[\frac{EC_w}{2}\vartheta''^2 + \frac{GJ_t}{2}\vartheta'^2\right] dx$$

(10.11)

mit dem De Saint Venantschen Torsionsflächenmoment

$$J_t = \int_{(F)} (\nabla_{(2)}\varphi + e_x \times r_{(2)})^2 dF \stackrel{23)}{\equiv} \int_{(F)} (e_x \times r_{(2)})\cdot(\nabla_{(2)}\varphi + e_x \times r_{(2)})\, dF \quad (10.11a)$$

und dem Wölbwiderstand

$$C_w = \int_{(F)} \varphi^{*2}\, dF \quad (10.11b)$$

(vgl. 7.18i,k), so daß unter Benutzung einer im Sinne einer nichtlokalen Kontinuumstheorie erweiterten Struktur

$$\mathscr{A}_{a\Sigma} = M_{Tl}\overset{\Downarrow}{\vartheta}_l - M_{T0}\overset{\Downarrow}{\vartheta}_0 + B_l\overset{\Downarrow}{\vartheta}_l' - B_0\overset{\Downarrow}{\vartheta}_0' + \int_0^l m_T(x)\,\overset{\Downarrow}{\vartheta}(x)\, dx$$

für die Arbeit der äußeren (Feld— und Rand—)Belastung[24] nach Einsetzen in (10.3d,e) das Ersatzproblem

$$\delta_\vartheta \Pi_\Sigma = 0, \quad \Pi_\Sigma = \int_0^l \left[\frac{EC_w}{2}\vartheta''^2 + \frac{GJ_t}{2}\vartheta'^2 - m_T(x)\,\overset{\Downarrow}{\vartheta}(x)\right] dx -$$

$$- M_{Tl}\overset{\Downarrow}{\vartheta}_l + M_{T0}\overset{\Downarrow}{\vartheta}_0 - B_l\overset{\Downarrow}{\vartheta}_l' + B_0\overset{\Downarrow}{\vartheta}_0' \quad (10.12a)$$

aufgefunden wird. Ausführung der Variationsableitung ergibt mit

---

23) weil $\Delta_{(2)}\varphi = 0$ und $\nabla_{(2)}\cdot(e_x \times r_{(2)}) = 0$ sind, ist

$$\int_{(F)} \nabla_{(2)}\varphi\cdot(\nabla_{(2)}\varphi + e_x \times r_{(2)})\, dF \equiv \int_{(F)} \nabla_{(2)}\cdot\left[\varphi(\nabla_{(2)}\varphi + e_x \times r_{(2)})\right] dF =$$

$$= \sum_{j=1}^{n_Z} \oint_{l_j(F)} e_{\perp_j}\cdot\varphi(\nabla_{(2)}\varphi + e_x \times r_{(2)})\, ds \equiv \sum_{j=1}^{n_Z} \oint_{l_j(F)} \varphi\left[\frac{\partial\varphi}{\partial s_\perp} - e_{s_j}\cdot r_{(2)}\right] ds \stackrel{(7.18c)}{\equiv} 0,$$

wobei die Umwandlung in Randlinienintegrale nach dem Gaußschen Satz erfolgte und $e_{\perp_j} \times e_x = -e_{s_j}$ beachtet wurde

24) wobei als Feldbelastung auf die Stablängeneinheit bezogene "Schüttungs—Torsionsmomente" $(m_T(x))$, als Randbelastung Stab—Endtorsionsmomente $(M_{T0,l})$ sowie hier sog. Bimomente $(B_{0,l})$ vorgesehen werden.

$$\delta_\vartheta \int_0^l \left[\frac{EC_w}{2} \vartheta''^2 + \frac{GJ_t}{2} \vartheta'^2 \right] dx = \int_0^l (EC_w \vartheta''\delta\vartheta'' + GJ_t \vartheta'\delta\vartheta')dx =$$

$$= \left[EC_w \vartheta''\delta\vartheta' + GJ_t \vartheta'\delta\vartheta \right]_0^l - \int_0^l \left[(EC_w\vartheta'')'\delta\vartheta' + (GJ_t\vartheta')'\delta\vartheta \right] dx =$$

$$\left[EC_w \vartheta''\delta\vartheta' - \left[(EC_w\vartheta'')' - GJ_t \vartheta' \right]\delta\vartheta \right]_0^l + \int_0^l \left[(EC_w\vartheta'')'' - (GJ_t\vartheta')' \right] \delta\vartheta \, dx = 0$$

schließlich

$$\delta_\vartheta \Pi_\Sigma = \left[(EC_w \vartheta''-B)\delta\vartheta' - \left[(EC_w\vartheta'')' - GJ_t \vartheta'+M_T \right]\delta\vartheta \right]_0^l +$$

$$+ \int_0^l \left[(EC_w\vartheta'')'' - (GJ_t\vartheta')' - m_T \right] \delta\vartheta \, dx = 0 \qquad (10.12b)$$

für beliebige Verdrehungsvariationen, weswegen die Stab—Materialgleichungen der Wölbkrafttorsion

$$M_T(x) = GJ_t\vartheta' - (EC_w\vartheta'')' \overset{25)}{\longrightarrow} GJ_t\vartheta' - EC_w\vartheta''' , \quad B(x) = EC_w \vartheta'' \qquad (10.12c,d)$$

sowie die Feldgleichung

$$(EC_w\vartheta'')'' \overset{25)}{\longrightarrow} EC_w\vartheta'''' = (GJ_t\vartheta')' + m_T(x) \overset{25)}{\longrightarrow} GJ_t\vartheta'' + m_T(x) \qquad (10.12e)$$

(vgl. (7.18h)) gelten müssen. Die (10.12e) zu assoziierenden vier Randbedingungen beziehen sich im Falle geometrischer Vorgaben auf ϑ bzw. ϑ' (d.h. auf Vorgaben betr. die Querschnittsdrehung bzw. die Axialverschiebungen $(u_x = \vartheta'\overset{*}{\varphi}(\mathbb{r}_{(2)}))$, die hier grundsätzlich nur als zur De Saint—Venant—Verwölbung $(\overset{*}{\varphi}(\mathbb{r}_{(2)}))$ proportionale Freiheit vorgesehen sind), im Falle dynamischer Vorgaben auf $M_T(x)$ bzw. $B(x)$ — in Termen von ϑ nach (10.12c,d) ausgedrückt —, d.h. auf Vorgaben betr. die Rand—Torsions— bzw. Bimomente, wobei letztere Vorgaben die Axialspannungen (σ_{xx}) betreffen, für die allerdings in dieser Theorie ebenfalls nur zur De—Saint—Venantschen Verwölbung $(\overset{*}{\varphi}(\mathbb{r}_{(2)}))$ proportionale Querschnitts—Verteilungen vorgesehen sind.

Die gewonnenen Ergebnisse anschaulich interpretierend, ist offenbar

$$M_{TS-V} = GJ_t\vartheta' \qquad (10.13a)$$

der De Saint—Venantsche Anteil an der Torsionsmomenten—Materialgleichung (10.12c), wie man mit

$$\boldsymbol{\tau}_{(2)} = G\, \boldsymbol{\gamma}_{(2)} \overset{(10.10a)}{=} G(\nabla_{(2)}\varphi + \mathbb{e}_x \times \mathbb{r}_{(2)})$$

anhand von

$$M_{TS-V} = \int_{(F)} (\mathbb{e}_x \times \mathbb{r}_{(2)}) \cdot \boldsymbol{\tau}_{(2)} \, dF \qquad (10.13b)$$

und mit J_t nach (7.18i, 10.11a) sogleich feststellt, während der zweite Anteil $(EC_w\vartheta'')'$ den

25) für prismatische Stäbe.

Torsionsmomenten–Anteil der sog. "sekundären Schubspannungen" $\mathbf{\tau}^*_{(2)}$ repräsentiert[26)], deren Existenz man aus Gleichgewichtsgründen, d.h. aufgrund der am Stab–Kontinuumselement in der Form

$$\nabla_{(2)} \cdot \mathbf{\tau}^*_{(2)} = -\, \partial\sigma_{xx}/\partial x = -\, E \frac{\partial\epsilon_{xx}}{\partial x} = -\, E\, \vartheta''' \varphi^*(\mathbf{r}_{(2)}) \tag{10.14a}$$

zu befriedigenden Gleichgewichtsbedingung der zur Stabachse parallelen Kräfte fordern muß. Dies erkennt man an der aufgrund des Gaußschen Satzes und der Randbedingungen[27)] $\mathbf{e}_\perp \cdot \mathbf{\tau}^*_{(2)} = 0$ längs $l_j(F)$ mit einer beliebigen skalaren Funktion $g(\mathbf{r}_{(2)})$ erzeugbaren Identität

$$\int_{(F)} \nabla_{(2)} \cdot (g\mathbf{\tau}^*_{(2)})\, dF \equiv \int_{(F)} \left[(\nabla_{(2)} g)\cdot \mathbf{\tau}^*_{(2)} + g(\nabla_{(2)} \cdot \mathbf{\tau}^*_{(2)})\right] dF = \sum_{j=1}^{n_Z} \oint_{l_j(F)} \mathbf{e}_\perp \cdot g\mathbf{\tau}^*_{(2)}\, ds = 0$$

$$\text{d.h.}\quad \int_{(F)} (\nabla_{(2)} g)\cdot \mathbf{\tau}^*_{(2)}\, dF = -\int_{(F)} g\,(\nabla_{(2)} \cdot \mathbf{\tau}^*_{(2)})\, dF \overset{(10\,.\,14a)}{=} E\,\vartheta''' \int_{(F)} g\varphi^*\, dF\,,$$

aus der insbesondere mit $g = \varphi^* = \varphi + (\mathbf{e}_x \times \mathbf{r}_{(2)M}) \cdot \mathbf{r}_{(2)}$ und (10.14a)

$$\int_{(F)} (\nabla_{(2)} \varphi^*)\cdot \mathbf{\tau}^*_{(2)}\, dF \left[\overset{(10.10c,13e)}{\equiv} \int_{(F)} (\nabla_{(2)} \varphi)\cdot \mathbf{\tau}^*_{(2)}\, dF\right] = E\vartheta''' \int_{(F)} \varphi^{*2}\, dF = EC_w\, \vartheta''' \tag{10.14b}$$

hervorgeht, indem man in letzterer Beziehung die Erweiterung

---

26) Daß sowohl das Feld der "De Saint–Venantschen Schubspannungen" $\mathbf{\tau}_{(2)} = G\, \mathbf{\gamma}_{(2)}$ als auch Dasjenige der sekundären Schubspannungen im Stabquerschnitt keine resultierende (Quer–)Kraft hervorrufen, erkennt man anhand der mittels des Gaußschen Satzes erzeugbaren Identität

$$\int_{(F)} (\overset{\downarrow}{\mathbf{r}}_{(2)} \circ \overset{\downarrow}{\nabla}_{(2)}) \cdot \overset{\downarrow}{\mathbf{f}}_{(2)}\, dF \equiv \int_{(F)} \left[\mathbf{r}_{(2)} (\nabla_{(2)} \cdot \mathbf{f}_{(2)}) + \mathbf{f}_{(2)}\right] dF = \sum_{j=1}^{n_Z} \oint_{l_j(F)} \mathbf{r}_{(2)} (\mathbf{e}_\perp \cdot \mathbf{f}_{(2)})\, ds = 0 \tag{10.13c}$$

für planare Vektorfelder $(\mathbf{f}_{(2)})$ mit verschwindender Normalkomponente $(\mathbf{e}_\perp \cdot \mathbf{f}_{(2)})$ längs der Querschnittsberandungen. Dann sind mit $\mathbf{f}_{(2)} = \mathbf{\tau}_{(2)}$ wegen $\nabla_{(2)} \cdot \mathbf{\tau}_{(2)} = 0$ sowohl

$$\int_{(F)} \mathbf{\tau}_{(2)}\, dF = 0 \tag{10.13d}$$

als mit $\mathbf{f}_{(2)} = \mathbf{\tau}^*_{(2)}$ wegen $\nabla_{(2)} \cdot \mathbf{\tau}^*_{(2)} \overset{(10\,.\,14a)}{=} -\, E\vartheta''' \varphi^*(\mathbf{r}_{(2)})$ und $\int_{(F)} \mathbf{r}_{(2)} \varphi^*\, dF = 0$ auch

$$\int_{(F)} \mathbf{\tau}^*_{(2)}\, dF = 0\,, \tag{10.13e}$$

d. h. beide Querschnitts–Schubspannungsfelder querkraftfrei, also in der Tat lediglich Repräsentanten von Torsionsmomenten.

27) Ebenso wie die De Saint–Venantschen Schubspannungen $\mathbf{\tau}_{(2)}$ sollen auch die Sekundär–Schubspannungen $\mathbf{\tau}^*_{(2)}$ die Querschnittsberandungen tangieren.

$$\underbrace{\int\limits_{(F)} (\nabla_{(2)}\varphi + e_x \times r_{(2)}) \cdot \tau^*_{(2)}\, dF} - \int\limits_{(F)} (e_x \times r_{(2)}) \cdot \tau^*_{(2)}\, dF = EC_W\, \vartheta''' \qquad (10.14c)$$

vornimmt und Verschwinden des gestrichelten Ausdruckes konstatiert, womit dann

$$M^*_T = \int\limits_{(F)} (e_x \times r_{(2)}) \cdot \tau^*_{(2)}\, dF = -EC_W\, \vartheta''' \qquad (10.14d)$$

als auf die Sekundär–Schubspannungen $(\tau^*_{(2)})$ zurückzuführender Torsionsmomentenanteil verbleibt und solchermaßen die Stab–Materialgleichung (10.12c) interpretiert ist.
Betr. den Nachweis des Verschwindens des in (10.14c) gestrichelten Ausdrucks, wonach die Felder der De Saint–Venantschen– und der Sekundär–Schubspannungen im Sinne von

$$\int\limits_{(F)} \tau_{(2)} \cdot \tau^*_{(2)}\, dF = 0 \qquad (10.14e)$$

zueinander orthogonal sein sollen, bedarf es einer konkreteren Fassung der Lösungsstruktur für $\tau^*_{(2)}$, die im Sinne des Darstellungssatzes (6.44a), d. h.

$$\tau^*_{(2)} = (\nabla_{(2)}\Phi(r_{(2)}) + e_x \times \nabla_{(2)}\Psi(r_{(2)}))\, E\vartheta''' \qquad (10.15a)$$

grundsätzlich auf <u>zwei</u> skalare Felder $(\Phi,\ \Psi)$ zu reduzieren ist, zu deren Ermittlung allerdings die Gleichgewichtsaussage (10.14a) nicht hinreicht, weil mit Letzterer (wegen $\nabla_{(2)} \cdot (e_x \times \nabla_{(2)}\Psi) \equiv 0$) nur für den Gradienten–Anteil von (10.15a) eine Feldgleichung, nämlich

$$\nabla_{(2)} \cdot (\nabla_{(2)}\Phi + e_x \times \nabla_{(2)}\Psi) \equiv \nabla_{(2)} \cdot (\nabla_{(2)}\Phi) = \Delta_{(2)}\Phi = -\varphi^*(r_{(2)}) \qquad (10.15b)$$

erreicht werden kann, wohingegen der Rotor–Anteil von (10.15a) zunächst unbeschrieben bleibt und nur durch eine weitere, nunmehr $(e_x \times \nabla_{(2)}) \cdot \tau^*_{(2)}$ betreffende, Feldaussage determiniert werden könnte. Behilft man sich in Analogie zur Theorie der dünnwandigen Querschnitte mit der Vorstellung, den Sekundärspannungen $\tau^*_{(2)}$ nach Maßgabe des Hookeschen Gesetzes

$$\tau^*_{(2)} = G\, \nabla_{(2)} u^*_x$$

– zu den Axialverschiebungen $u_x = \vartheta'\varphi^*$ hinzutretende![28] – sekundäre und in F stetige Axialverschiebungen u^*_x zuordnen zu können, so muß der Ansatz (10.15a) auf einen zirkulations– (und damit lokal–rotor–)freien Gradientenansatz

$$\tau^*_{(2)} = E\vartheta'''\nabla_{(2)}\Phi \qquad (10.15c)$$

mit $\Phi(r_{(2)})$ nach (10.15b) reduziert werden, womit zuzüglich der Randwertaussagen

$$\tau^*_{(2)} \cdot e_\perp = 0 \quad \text{bzw.} \quad \frac{\partial\Phi}{\partial s_\perp} = 0 \quad \text{längs } l_j(F),\ j = 1,\ldots,n_Z \qquad (10.15d)$$

$\Phi(r_{(2)})$ bis auf eine Konstante und $\tau^*_{(2)}$ vollständig festzulegen sind. Mit letzteren Befunden sowie mit der für die De Saint–Venant–Schubspannungen geltenden Aussagen

$$\nabla_{(2)} \cdot \tau_{(2)} = 0 \ \text{in } (F), \quad \tau_{(2)} \cdot e_\perp = 0 \ \text{längs } l_j(F),\ j = 1,\ldots,n_Z \qquad (10.15e,f)$$

ist dann schließlich der Nachweis von (10.14e) unter Benutzung des Gaußschen Satzes leicht zu führen, denn es ist in der Tat

[28] allerdings dann in der Dehnungsarbeit in (10.10b) (näherungsweise) nicht berücksichtigte!

$$\int_{(F)} \mathbb{\tau}_{(2)}\cdot\mathbb{\tau}^{*}_{(2)}\,dF \overset{(10.15c)}{=} E\vartheta''' \int_{(F)} \mathbb{\tau}_{(2)}\cdot\nabla_{(2)}\Phi\,dF \overset{(10.15e)}{\equiv} E\vartheta''' \int_{(F)} \nabla_{(2)}\cdot(\mathbb{\tau}_{(2)}\Phi)\,dF =$$

$$= E\vartheta''' \sum_{j=1}^{n_Z} \oint_{l_j(F)} \mathbb{e}_{\perp}\cdot\mathbb{\tau}_{(2)}\,\Phi\,ds \overset{(10.15f)}{=} 0$$

und damit die Darstellung von M^{*}_{T} nach (10.14d) bestätigt, womit man schließlich den Wölbwiderstand C_w in Termen von Φ auch als

$$C_w \overset{(10.14d,15c)}{=} -\int_{(F)} (\mathbb{e}_x\times\mathbb{r}_{(2)})\cdot\nabla_{(2)}\Phi\,dF = {}^{29)} \int_{(F)} (\nabla_{(2)}\varphi)\cdot(\nabla_{(2)}\Phi)\,dF \qquad (10.15g)$$

notieren kann.

Da die Sekundärschubspannungen nach (10.13e) keine resultierende (Quer—)Kraft erzeugen, muß man in der Querschnittsfläche eine Trennkurve (l_α) mit $\mathbb{\tau}^{*}_{(2)} = 0$ vorfinden, die den Querschnitt F in zwei Teilquerschnitte (F_α, F'_α) trennt (Abb. 10.2), in denen die Schubspannungen per

$$\mathbb{T}_\alpha = \int_{(F_\alpha)} \mathbb{\tau}^{*}_{(2)}\,dF = -\mathbb{T}'_\alpha = \int_{(F'_\alpha)} \mathbb{\tau}^{*}_{(2)}\,dF \qquad (10.16)$$

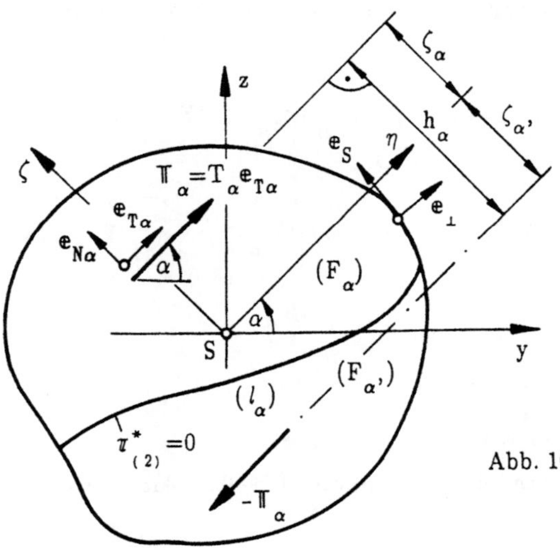

Abb. 10.2

zwei entgegengesetzt gleiche (Teil—)Querkräfte $(\mathbb{T}_\alpha = -\mathbb{T}'_\alpha)$ hervorrufen. Letztere können mit Hilfe der hier (wegen $\mathbb{\tau}^{*}_{(2)} = 0$ längs l_α) für die Teilflächen F_α, F'_α ebenfalls geltenden Identität (10.13c) auch als

$$\mathbb{T}_\alpha = \int_{(F_\alpha)} \mathbb{\tau}^{*}_{(2)}\,dF = -\int_{(F_\alpha)} \mathbb{r}_{(2)}(\nabla_{(2)}\cdot\mathbb{\tau}^{*}_{(2)})\,dF =$$

29) für die letztere Umformung beachte man das Verschwinden des gestrichelten Ausdruckes in (10.14c)

$$\overset{(10.14a)}{=} E\vartheta''' \int_{(F_\alpha)} \mathbb{r}_{(2)} \varphi^* \, dF \equiv -E\vartheta''' \int_{(F'_\alpha)} \mathbb{r}_{(2)} \varphi^* \, dF \tag{10.16a}$$

dargestellt werden. Weil nun

$$T_{\alpha y} = \mathbb{e}_y \cdot \mathbb{T}_\alpha \overset{(10.16a)}{=} E\vartheta''' \int_{(F_\alpha)} y\varphi^* \, dF \, , \quad T_{\alpha z} \overset{(10.16a)}{=} \mathbb{e}_z \cdot \mathbb{T}_\alpha = E\vartheta''' \int_{(F_\alpha)} z\varphi^* \, dF$$

sind, ist

$$\operatorname{tg} \alpha = \frac{T_{\alpha z}}{T_{\alpha y}} = \int_{(F_\alpha)} z\varphi^* \, dF \Big/ \int_{(F_\alpha)} y\varphi^* \, dF \neq f(x) \, , \tag{10.16b}$$

also die Neigung der jeweiligen Teil–Schubkraft $\mathbb{T}_\alpha \equiv -\mathbb{T}'_\alpha$ eine (für prismatische Stäbe) von der Stabachsenordinate (x) unabhängige (Querschnitts–)Konstante und aus der (10.16b) äquivalenten Formulierung

$$\int_{(F_\alpha)} (z - y \operatorname{tg} \alpha) \varphi^* \, dF \overset{30)}{=} \int_{(F_\alpha)} \zeta\varphi^* \, dF = 0 \tag{10.16c}$$

entnimmt man, daß die in F_α bzw. F'_α freigelegten Normalspannungen $(\sigma_{xx} = E\vartheta''\varphi^*)$ hinsichtlich der durch den Schwerpunkt gelegten und zu $\mathbb{T}_\alpha$ parallelen Achse kein statisches Moment aufweisen[31]. Daher können die in (F_α) freigelegten Normalspannungen allenfalls ein Moment

$$M_{\alpha\zeta} = -E\vartheta'' \int_{(F_\alpha)} \eta\varphi^* \, dF = -E\vartheta'' \int_{(F_\alpha)} (\mathbb{r}_{(2)} \cdot \mathbb{e}_{T\alpha})\varphi^* \, dF = -E\vartheta''\mathbb{e}_{T\alpha} \cdot \int_{(F_\alpha)} \mathbb{r}_{(2)} \varphi^* \, dF =$$

$$\overset{(10.15b)}{=} E\vartheta''\mathbb{e}_{T\alpha} \cdot \int_{(F_\alpha)} \mathbb{r}_{(2)} \nabla_{(2)} \cdot (\nabla_{(2)} \Phi) \equiv E\vartheta''\mathbb{e}_{T\alpha} \cdot \int_{(F_\alpha)} \left[\mathbb{r}_{(2)} \nabla_{(2)} \cdot (\nabla_{(2)} \Phi) - \nabla_{(2)} \Phi \right] dF =$$

30) Man benutze die Transformationsformeln

$$\eta = y \cos \alpha + z \sin \alpha$$
$$\zeta = -y \sin \alpha + z \cos \alpha \equiv \cos \alpha \, (z - y \operatorname{tg} \alpha)$$

31) und im übrigen in (F_α) auch keine resultierenden (Teil–)Längskraft hervorrufen, da

$$-\int_{(F_\alpha)} \varphi^* dF \overset{(10.15b)}{=} \int_{(F_\alpha)} \Delta_{(2)} \Phi \, dF = \int_{(F_\alpha)} \nabla_{(2)} \cdot (\nabla_{(2)} \Phi) \, dF = \sum_{j=1}^{n_{Z\alpha}} \oint_{l_j(F_\alpha)} \mathbb{e}_\perp \cdot \nabla_{(2)} \Phi \, dF =$$

$$= \sum_{j=1}^{n_{Z\alpha}} \oint_{l_j(F_\alpha)} \mathbb{e}_\perp \cdot \boldsymbol{\tau}^*_{(2)} \, dF = 0 \tag{10.16d}$$

ist, weil einerseits längs derjenigen Randlinien von (F_α), die äußere Randlinien des Gesamtquerschnittes (F) sind, (definitionsgemäß nach (10.15d)!) keine randnormalen Schubspannungskomponenten auftreten dürfen, andererseits eben aber auch nicht längs der — durch $\boldsymbol{\tau}^*_{(2)} = 0$ definierten — Trennlinie l_α.

$$=^{32)} -E\vartheta''\mathbb{e}_{T\alpha}\cdot\int\limits_{(F_\alpha)}\nabla_{(2)}\Phi\,dF \overset{(10.15c)}{=} -\mathbb{e}_{T\alpha}\cdot\int\limits_{\bar{x}=x_0}^{x}\left[\int\limits_{(F_\alpha)}\mathbb{T}^*_{(2)}\,dF\right]d\bar{x}+M_{\alpha\zeta 0}\equiv$$

$$\equiv -\int\limits_{\bar{x}=x_0}^{x}T_\alpha(\bar{x})\,d\bar{x}+M_{\alpha\zeta 0}\,, \tag{10.17a}$$

erzeugen, das hiernach eine Folge der in (F_α) freigelegten (Teil–Quer–)Kraft T_α der Sekundärschubspannungen ist, ein Sachverhalt, der am Beispiel des Doppel–T–Profils in [16] besonders anschaulich dargestellt wurde und, in Übertragung auf den vorliegenden Fall, für die Freimachungsskizze nach Abb. 10.3 aus der Gleichgewichtsbedingung

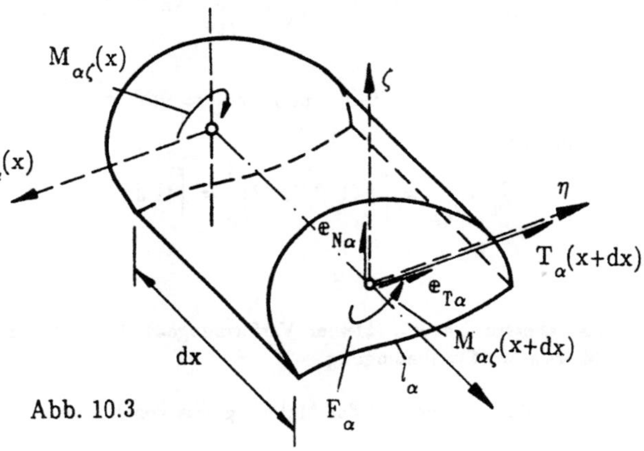

Abb. 10.3

$$M_{\alpha\zeta}(x+dx)-M_{\alpha\zeta}(x)\approx(dM_{\alpha\zeta}/dx)\,dx=-T_\alpha(x+dx)\,dx\approx-T_\alpha(x)\,dx$$

der um die Achse $\mathbb{e}_{N\alpha}$ drehenden Momente sogleich erschlossen werden kann.

Die in (F_α) bzw. in (F'_α) übertragenen Teil–Biegemomente $M_{\alpha\zeta}$ bzw. $M'_{\alpha\zeta}=-M_{\alpha\zeta}$ stellen (hinsichtlich des Gesamt–Querschnittes $F=F_\alpha+F'_\alpha$) eine biegemomentenneutrale Querschnitts–Lastgruppe dar, als deren "Bestimmungsstücke" man $M_{\alpha\zeta}$ $(=-M'_{\alpha\zeta})$ und den "Abstand" h_α der Wirkungsebenen von $M_{\alpha\zeta}$ und $M'_{\alpha\zeta}$ anzusehen hat. Nimmt man für den Abstand h_α den Abstand der beiden Scherkräfte $T_\alpha=\mathbb{e}_\alpha\cdot\mathbb{T}_\alpha$ und $T'_\alpha=-T_\alpha$ (Abb. 10.2), setzt also

$$h_\alpha=^{33)}\frac{M_T^*}{T_\alpha}\overset{(10.14d,16a)}{=}\frac{-EC_w\vartheta'''}{E\vartheta'''\mathbb{e}_{T\alpha}\cdot\int\limits_{(F_\alpha)}\mathbb{r}_{(2)}\varphi^*dF}=-\frac{C_w}{\mathbb{e}_{T\alpha}\cdot\int\limits_{(F_\alpha)}\mathbb{r}_{(2)}\varphi^*dF} \tag{10.17b}$$

32) Man beachte, daß im Sinne von Fußn. 31 längs sämtlicher Ränder von F_α die Schubspannungs–Normalkomponente verschwinden muß, weswegen der gestrichelte Anteil verschwindet, wie man nach Anwendung des Gaußschen Satzes sogleich feststellt.

33) indem man ausnutzt, daß das Kräftepaar $(T_\alpha,\ T'_\alpha=-T_\alpha)$ das Sekundärschubspannungs–Torsionsmoment M_T^* erzeugt.

und definiert als Intensitätsgröße für das Bimoment das Produkt $M_{\alpha\zeta}h_{\alpha}$, so entsteht

$$M_{\alpha\zeta}h_{\alpha} \overset{(10.17a,b)}{=} -E\vartheta''\mathbb{e}_{T\alpha}\cdot\int_{(F_\alpha)} \mathbb{r}_{(2)}\varphi^* dF \left[-\frac{C_w}{\mathbb{e}_{T\alpha}\cdot\int_{(F_\alpha)}\mathbb{r}_{(2)}\varphi^* dF}\right] = EC_w\vartheta'' = B(x) ,$$

(10.17c)

also in der Tat die Stab—Materialgleichung (10.12d). Daß die Randarbeiten $(B_{0,l}\,\vartheta'_{0,l})$ der Bimomente durch deren Produkte mit den Stabend—Drillungen $(\vartheta'_{0,l})$ richtig dargestellt werden, erklärt man einfacher mit den entsprechenden Randarbeiten der Normalspannungen, also mit

$$\delta_u \mathscr{A}_{\sigma_{xx}} = \int_{(F)} \sigma_{xx}\delta u_x\, dF\Big|_{x=l} - \int_{(F)} \sigma_{xx}\delta u_x\, dF\Big|_{x=0} ,$$

worin

$$\sigma_{xx} = E\vartheta''\varphi^* \quad \text{und} \quad \delta u_x = \delta\vartheta'\varphi^*$$

einzusetzen ist, und so in der Tat

$$\delta_u \mathscr{A}_{\sigma_{xx}} = \Big[EC_w\vartheta''\delta\vartheta'\Big]_0^l = \Big[B\,\delta\vartheta'\Big]_0^l \qquad (10.17d)$$

erreicht wird.
In einer

10.1.4 finit angenäherten Theorie (kleiner Verformungen) für elastisch—idealplastische Medien mit v. Mises'scher Fließbedingung

wird (innerhalb der Körper—Fließbereiche $\mathscr{V}_F$) das Materialgesetz von Henky

$$\mathbb{S} = K(\mathbb{E}\cdot\cdot\mathbb{D})\mathbb{E} + \sqrt{\frac{2}{3}}\,\sigma_F\frac{\mathbb{D}'}{\sqrt{\mathbb{D}'\cdot\cdot\mathbb{D}'}} , \quad \mathbb{D} = \operatorname{def}\mathbb{u} , \quad \mathbb{D}' = \mathbb{D} - \frac{(\mathbb{E}\cdot\cdot\mathbb{D})}{3}\mathbb{E} \qquad (10.18a)$$

verwendet[34], das korrekt aus dem Prandtl—Reuß—Gesetz allerdings nur für während des Fließzustandes konstanten Spannungsdeviator $\mathbb{S}' = \mathbb{S} - (\mathbb{E}\cdot\cdot\mathbb{S})\mathbb{E}/3 = \mathbb{S}'_0$ integriert werden kann [III]. Für diesen letzteren Fall läßt sich das per

$$\rho\,\delta_u\mathscr{A}_{\mathbb{S}} = \mathbb{S}\cdot\cdot\delta_u\mathbb{D} \overset{35)}{=} K(\mathbb{E}\cdot\cdot\mathbb{D})\mathbb{E}\cdot\cdot\delta_u\mathbb{D} + \sqrt{\frac{2}{3}}\,\sigma_F\frac{\mathbb{D}'\cdot\cdot\delta_u\mathbb{D}'}{\sqrt{\mathbb{D}'\cdot\cdot\mathbb{D}'}} =$$

$$= \delta_u\left[\frac{K}{2}(\mathbb{E}\cdot\cdot\mathbb{D})^2 + \sqrt{\frac{2}{3}}\,\sigma_F\sqrt{\mathbb{D}'\cdot\cdot\mathbb{D}'}\right] \equiv \delta_u\Phi_F \qquad (10.18b)$$

erhältliche Energiepotential

---

34) Hierin bedeuten $K = \frac{2G(1+\nu)}{3(1-2\nu)}$ den sog. Kompressionsmodul mit dem Schubmodul G und der Querdehnungsziffer ν und σ_F die einachsige Fließgrenzen—Spannung. Die Spannungen werden hier als "am unverformten System angreifend" verstanden, auf dessen (materielle) Koordinaten sich auch die Operationen grad, def, div beziehen sollen.

35) man beachte $\mathbb{D}'\cdot\cdot\delta_u\mathbb{D} = \mathbb{D}'\cdot\cdot\delta_u\mathbb{D}'$

$$\Phi_F = \left[\frac{K}{2} (\mathbb{E} \cdot\cdot \mathbb{D})^2 + \sqrt{\frac{2}{3}}\, \sigma_F \sqrt{\mathbb{D}' \cdot\cdot \mathbb{D}'} \right] / \rho \equiv \mathscr{W} + \mathscr{D} + 2\, \mathscr{W}_{G0} \qquad (10.18c)$$

(bis auf eine Konstante 2 $\mathscr{W}_{G0}$) deuten als Summe aus Formänderungsenergie

$$\mathscr{W} = \mathscr{W}_K + \mathscr{W}_{G0} \qquad (10.18d)$$

und der vom Beginn des Fließzustandes an erbrachten Dissipationsarbeit

$$\rho \mathscr{D} = \int_{\bar{\mathbb{D}}' = \$_0'/2G}^{\mathbb{D}'} \$' \cdot\cdot d\bar{\mathbb{D}}' \overset{(10.18a)}{=} \sqrt{\frac{2}{3}}\, \sigma_F \int_{\bar{\mathbb{D}}' = \$_0'/2G}^{\mathbb{D}'} \frac{\bar{\mathbb{D}}' \cdot\cdot d\bar{\mathbb{D}}'}{\sqrt{\bar{\mathbb{D}}' \cdot\cdot \bar{\mathbb{D}}'}} =$$

$$= \sqrt{\frac{2}{3}}\, \sigma_F \sqrt{\bar{\mathbb{D}}' \cdot\cdot \bar{\mathbb{D}}'} \Bigg|_{\bar{\mathbb{D}}' = \$_0'/2G}^{\mathbb{D}'} = \sqrt{\frac{2}{3}}\, \sigma_F \left[\sqrt{\bar{\mathbb{D}}' \cdot\cdot \bar{\mathbb{D}}'} - \sqrt{\frac{\$_0'}{2G} \cdot\cdot \frac{\$_0'}{2G}} \right] \overset{(10.18g)}{=}$$

$$= \sqrt{\frac{2}{3}}\, \sigma_F \sqrt{\bar{\mathbb{D}}' \cdot\cdot \bar{\mathbb{D}}'} - 2\rho\, \mathscr{W}_{G0}\,, \qquad (10.18e)$$

wobei die (auf die Masseneneinheit bezogene) Formänderungsenergie, wie (10.18d) ausweist, aufgespalten zu denken ist, in den (auch im Fließzustand durchaus noch als veränderlich unterstellbaren) Anteil

$$\mathscr{W}_K = K\, (\mathbb{E} \cdot\cdot \mathbb{D})^2 / (2\rho) \qquad (10.18f)$$

der elastischen Kompressionsarbeit und in den sog. Gestaltänderungsanteil $(\mathscr{W}_G)$ der Formänderungsenergie, der aufgrund der v. Mises'schen Fließbedingung, d.h. wegen

$$\mathscr{W}_G = \$_0' \cdot\cdot \$_0' / (4G\rho) \overset{!}{=} \sigma_F^2 / (6G\rho) \equiv \mathscr{W}_{G0} \qquad (10.18g)$$

über den Wert $\mathscr{W}_{G0}$ hinaus nicht mehr zu steigern ist.

Mithin wird nach Einsetzen von (10.18a) in (10.2c) als auf dem Fließbereich (B_F) definiertes Extremalproblem

$$\delta_u \Omega = 0\,, \quad \Omega = \int_{(m_F)} (\mathscr{W} + \mathscr{D}) dm - \mathscr{A}_{a\Sigma F} = \mathscr{W}_{\Sigma_F} + \mathscr{D}_{\Sigma_F} - \mathscr{A}_{a\Sigma F} \qquad (10.19a,b)$$

mit der nunmehr auf den Fließbereich (B_F) entfallenden äußeren Arbeitszufuhr $\mathscr{A}_{a\Sigma F}$[36] und

$$\mathscr{W}_{\Sigma_F} + \mathscr{D}_{\Sigma_F} \overset{37)}{=} \int_{(B_F)} \rho\, (\mathscr{W} + \mathscr{D})\, dV \qquad (10.19c)$$

erhalten, das, wie man durch Nullsetzen der Variationsableitung leicht feststellt, der Eulerschen Differentialgleichung

$$\nabla \cdot \left[K(\mathbb{E} \cdot\cdot \mathbb{D})\mathbb{E} + \sqrt{\frac{2}{3}}\, \sigma_F \frac{\mathbb{D}'}{\sqrt{\mathbb{D}' \cdot\cdot \mathbb{D}'}} \right] + \rho \mathbb{k} = 0 \quad \text{in } (B_F) \qquad (10.19d)$$

mit $\quad \mathbb{D} = \operatorname{def} \mathbb{u}\,, \quad \mathbb{E} \cdot\cdot \mathbb{D} = \operatorname{div} \mathbb{u}\,, \quad \mathbb{D}' = \operatorname{def} \mathbb{u} - \frac{1}{3} (\operatorname{div} \mathbb{u})\mathbb{E}$

---

36) zu der nun auch die längs der elastisch–plastischen Grenzflächen von den elastischen Bereichen (B_E) her implementierten Arbeitsanteile gehören!

37) Man benutze $dm = \rho dV$ mit (näherungsweise) Dichte (ρ) und Volumen (V bzw. dV) der "unverformten" Systemkonfiguration

und den (natürlichen) Randbedingungen längs der Oberflächen von B_F äquivalent ist, die sich auf Vorgaben betr. die Randverschiebungen bzw. die Randspannungen

$$\mathbb{s}_j = \mathbb{n}_j \cdot \mathbb{S} \text{ längs } f_j(B_F) \text{ mit } \mathbb{S} \text{ nach (10.18a)}$$

beziehen müssen. Werden Stetigkeit der Verschiebungen und Gültigkeit des Reaktionsprinzips längs der elastisch—plastischen Grenzflächen unterstellt, so heben sich die längs Letzterer wechselseitig in (B_E) bzw. (B_F) eingebrachten virtuellen Arbeiten gegenseitig auf, so daß in der Form

$$\delta_u(\mathscr{W}_\Sigma + \mathscr{D}_\Sigma - \mathscr{A}_{a\Sigma}) = 0 \tag{10.20a}$$

ein auf dem Gesamtbereich $(B = B_E + B_F)$ definiertes Extremalproblem zu formulieren ist mit der am Gesamtkörper (B) anfallenden äußeren Arbeit, der Gesamt—Formänderungsenergie

$$\mathscr{W}_\Sigma = \int_{(m_E)} (\mathscr{W}_K + \mathscr{W}_G)\,dm + \underline{\mathscr{W}_{G0} m_F} + \int_{(m_F)} \mathscr{W}_K\,dm =$$

$$= \int_{(B_E)} \left[G\,\mathbb{D}'\cdot\cdot\mathbb{D}' + \frac{K}{2}(\mathbb{E}\cdot\cdot\mathbb{D})^2\right] dV + \underline{\frac{\sigma_F^2}{6G\rho}\,m_F} + \frac{K}{2}\int_{(B_F)} (\mathbb{E}\cdot\cdot\mathbb{D})^2\,dV \tag{10.20b}$$

und der Dissipationsenergie

$$\mathscr{D}_\Sigma = \sqrt{\frac{2}{3}}\,\sigma_F \int_{(B_F)} \sqrt{\mathbb{D}'\cdot\cdot\mathbb{D}'}\,dV - \underline{2\,\mathscr{W}_{G0}\,m_F}\,, \tag{10.20c}$$

wobei man die gestrichelten Terme sogleich streichen kann, weil sie bei der Variation ohnehin verschwinden.

Wie schon unter 10.1 vermerkt, bleibt das Prinzip der virtuellen Verrückungen als Gleichgewichtsaussage auch mit zeitabhängig angenommenen virtuellen Verrückungen richtig. Im einfachsten Falle erreicht man unter Benutzung von mit

$$\delta\hat{\mathbb{u}}(\hat{\mathbb{r}},t) = (t-t_0)\,\delta\hat{\mathbb{v}}(\hat{\mathbb{r}}) \tag{10.21a}$$

eingeführten virtuellen Geschwindigkeiten $(\delta\hat{\mathbb{v}}(\hat{\mathbb{r}}) = \delta\bar{\mathbb{v}}(\bar{\mathbb{r}}))$ nach Einsetzen in (10.2c) und Herauskürzen von $(t-t_0)$ das

10.1.5 Prinzip der virtuellen Geschwindigkeiten

$$(\delta_v \mathscr{L}_{a\Sigma})_{\bar{\mathbb{r}}_0} = (\delta_v \mathscr{L}_{\mathbb{S}\Sigma})_{\bar{\mathbb{r}}_0} \tag{10.21b}$$

mit der virtuellen Spannungsleistung

$$\delta_v \mathscr{L}_{\mathbb{S}\Sigma} = \int_{(m)} \delta_v \mathscr{L}_{\mathbb{S}}\,dm$$

und[38]

$$\delta_v \mathscr{L}_{\mathbb{S}} = \mathbb{S}^{(E)}\cdot\cdot\overline{\text{def}\,\delta\bar{\mathbb{v}}}/\bar{\rho} = \mathbb{S}^{(E)}\cdot\cdot\delta\mathbb{C}^*/\bar{\rho} \tag{10.21c}$$

sowie der (äußeren) Leistungszufuhrgröße

---

[38] Jetzt hier in Termen der Eulerschen Spannungen $(\mathbb{S}^{(E)})$ und der räumlichen Verzerrungsgeschwindigkeiten $(\mathbb{C}^*)$ (vgl. (8.45,25d)) dargestellt

$$\mathscr{L}_a = \int_{(B)} \bar{\rho}\mathbb{k} \cdot \overset{\Downarrow}{\bar{\mathbb{v}}}\, dV + \sum_{j=1}^{n_B} \oiint_{\bar{f}_j(\bar{B})} \mathbb{s}_{\bar{n}}^{(E)} \cdot \overset{\Downarrow}{\bar{\mathbb{v}}}\, df\,, \tag{10.21d}$$

wobei sich diese Prinzip—Formulierung als Variationsproblem im Sinne von § 7.1 notieren läßt, sofern sich die Spannungen im Sinne von

$$\mathbb{S}^{(E)}/\bar{\rho} = \partial\Phi/\partial\mathbb{C}^* = \mathbb{S}^{(E)}(\mathbb{C}^*\langle\bar{\mathbb{v}}\rangle)/\bar{\rho} \tag{10.22a}$$

aus einem im Zustandsraum der Verzerrungsgeschwindigkeiten $(\mathbb{C}^*)$ definierten Potential $(\Phi(\mathbb{C}^*))$ ableiten lassen. Dann ist nämlich

$$\delta_v \mathscr{L}_\Sigma = \int_{(m)} \delta_v \mathscr{L}_{\mathbb{S}}\, dm = \int_{(m)} \frac{\mathbb{S}^{(E)} \cdot\cdot\, \delta\mathbb{C}^*}{\bar{\rho}}\, dm = \int_{(m)} \frac{\partial\Phi}{\partial\mathbb{C}^*} \cdot\cdot\, \delta\mathbb{C}^*\, dm =$$

$$= \delta_v \int_{(m)} \Phi\, dm = \delta_v \Phi_\Sigma\,, \tag{10.22b}$$

womit (10.21b) in das Extremalproblem

$$\delta_v \Pi = \delta_v(\Phi_\Sigma - \mathscr{L}_{a\Sigma}) = 0 \tag{10.22c}$$

überführt wird, wonach die wirklich eintretenden, die Feldgleichung

$$\bar{\nabla} \cdot \mathbb{S}^{(E)} + \bar{\rho}\, \mathbb{k} = \bar{\nabla} \cdot \left[\bar{\rho} \frac{\partial\Phi}{\partial\mathbb{C}^*}\right] + \bar{\rho}\, \mathbb{k} = 0 \tag{10.22d}$$

und die jeweiligen (sich auf die Randgeschwindigkeiten bzw. Randspannungen beziehenden) Randbedingungen befriedigenden Geschwindigkeiten $\bar{\mathbb{v}}(\bar{\mathbb{r}})$ das Funktional Π stationär machen. Näherungsweise Auswertungen von (10.22c) auf der Basis von Ritz— bzw. Kantorowitsch—Ansätzen ergeben einfachen Zugang etwa zu den Energieverlust—Beiwerten für Navier—Stokes—Fluide bei stationärer laminarer Durchströmung prismatischer Rohre, aber auch zu Problemen des quasistatischen Fließens starr—plastischer Medien nach v. Mises [III].

In beiden Fällen wird von inkompressiblem Materialverhalten mit $\bar{\nabla} \cdot \mathbb{v} = 0$ bzw. $\bar{\rho} = \text{const}$ ausgegangen, also[39] mit einem nicht durch die Verzerrungskinematik determinierbaren Kugeltensor—Anteil[40] $\bar{p} = -\mathbb{E} \cdot\cdot\, \mathbb{S}^{(E)}/3$ von einem Materialgesetz von der Form

$$\mathbb{S}^{(E)} = -\bar{p}\, \mathbb{E} + \mathbb{S}_R^{(E)'} \tag{10.23a}$$

mit einem Reibungsspannungstensor $\mathbb{S}_R^{(E)} = \mathbb{S}_R^{(E)'}$ der "deviatorisch" (d.h. "spurfrei" mit $\mathbb{E} \cdot\cdot\, \mathbb{S}_R^{(E)} = 0$) ist und mit dem räumlichen Verzerrungsgeschwindigkeitsdeviator $\mathbb{C}^* = \mathbb{C}^{*'}$ (mit $\mathbb{E} \cdot\cdot\, \mathbb{C}^* \equiv \bar{\nabla} \cdot \mathbb{v} = 0$) tensorlinear verknüpft wird, nämlich in der Form

$$\mathbb{S}_R^{(E)'} \overset{41)}{=} 2\mu\mathbb{C}^{*'} \qquad \text{für Navier—Stokes—Fluide bzw.}$$

$$\mathbb{S}_R^{(E)'} \overset{42)}{=} \sqrt{\frac{2}{3}}\, \sigma_F \frac{\mathbb{C}^{*'}}{\sqrt{\mathbb{C}^{*'} \cdot\cdot\, \mathbb{C}^{*'}}} \qquad \text{nach v. Mises .} \tag{10.23b,c}$$

Die im Sinne von (10.22a) hierzu zuzuordnenden Potentiale sind in der Form

---

39) entsprechend der Vorgehensweise bei der Behandlung des Problems der sog. internen Zwänge [31].

40) in der Fluidmechanik ist $\bar{p}$ als Flüssigkeitsdruck positiv, in der Plastizitätstheorie kann p durchaus auch negativ, die "mittlere Normalspannung" $\mathbb{E} \cdot\cdot\, \mathbb{S}^{(E)}$, also auch positiv sein.

41) mit der sog. absoluten Zähigkeit μ

42) mit der einachsigen (Eulerschen) Fließgrenzenspannung σ_F

$$\Phi = \begin{cases} \mu \mathbb{C}^{*'} \cdot\cdot \mathbb{C}^{*'}/\bar{\rho} & = \dot{\mathscr{D}}/2 \quad \text{(Navier–Stokes)} \\ \sqrt{\frac{2}{3}}\, \sigma_F \sqrt{\mathbb{C}^{*'} \cdot\cdot \mathbb{C}^{*'}}\,/\bar{\rho} = \dot{\mathscr{D}} & \text{(v. Mises)} \end{cases} \tag{10.23d,e}$$

durch die auf die Masseneinheit bezogenen (spezifischen) Dissipationsleistungen $\left(\mathbb{S}^{(E)'} \cdot\cdot \mathbb{C}^{*'}/\bar{\rho}\right)$ zu interpretieren[43] und demgemäß Φ_Σ als

$$\Phi_\Sigma = \int_{(m)} \Phi \mathrm{dm} = \int_{(B)} \begin{Bmatrix} \mu \mathbb{C}^{*'} \cdot\cdot \mathbb{C}^{*'} \\ \sqrt{\frac{2}{3}}\, \sigma_F \sqrt{\mathbb{C}^{*'} \cdot\cdot \mathbb{C}^{*'}} \end{Bmatrix} d\bar{V} = \begin{Bmatrix} \dot{\mathscr{D}}_\Sigma/2 \\ \dot{\mathscr{D}}_\Sigma \end{Bmatrix}. \tag{10.23f,g}$$

Als Beispiel soll das Ziehen eines Drahtes durch eine (kegelige) Spinndüse nach Abb. 10.4 — hier jetzt nur für vernachlässigte Mantelreibung —[44] mittels eines Ritz—Ansatzes für achsensymmetrische Strömung

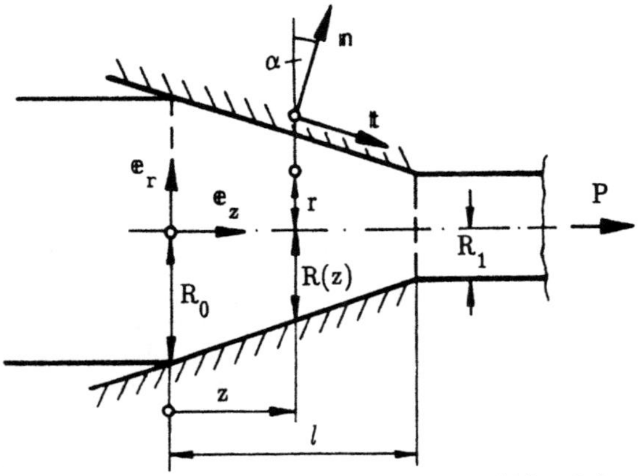

$R(z) = R_0 - \beta z$, $\beta = \mathrm{tg}\, \alpha = \frac{R_0 - R_1}{l}$

$\mathbb{n} = \{1;0;\beta\}/\sqrt{1+\beta^2}$

$\mathbb{t} = \{-\beta;0;1\}/\sqrt{1+\beta^2}$

(Zylinderkoordinaten-Darstellung $(\mathbb{e}_r, \mathbb{e}_\varphi, \mathbb{e}_z)$)

Abb. 10.4

$$\mathbb{v}(r,z) =^{45)} \frac{Q}{F(z)} \left\{-\beta \frac{r}{R(z)}\,;\, 0;\, 1\right\} \langle \mathbb{e}_r, \mathbb{e}_\varphi, \mathbb{e}_z \rangle \tag{10.24a}$$

untersucht werden, der sowohl die geometrische Randbedingung

$$\left\{\mathbb{n} \cdot \mathbb{v}\right\}_{\text{Rand}} = \mathbb{n} \cdot \mathbb{v}\left(R(z),z\right) = 0$$

des tangentialen Abgleitens am Düsenmantel[46] erfüllt als auch einen inkompressiblen Vorgang definiert,

---

[43] wegen $\bar{\nabla} \cdot \mathbb{v} = \mathbb{E} \cdot\cdot \mathbb{C}^* = 0$ und daher
$\mathbb{S}^{(E)} \cdot\cdot \delta\mathbb{C}^* = (\mathbb{S}^{(E)'} - p\mathbb{E}) \cdot\cdot \delta\mathbb{C}^* = \mathbb{S}^{(E)'} \cdot\cdot \delta\mathbb{C}^* = \mathbb{S}^{(E)'} \cdot\cdot \delta\mathbb{C}^{*'}$
sind die Spannungsleistungsvariationen in der Tat vollständig durch die entsprechenden Dissipationsleistungsvariationen beschrieben.

[44] betr. die Mitnahme von Reibungseffekten vgl. [42]

[45] mit dem die Querschnittsflächen $f(z) = \pi R^2(z)$ passierenden von z unabhängigen Volumenstrom Q.

[46] mit der Tangentialgeschwindigkeit

$$v_{t\mathrm{R}} = \left\{\mathbb{t} \cdot \mathbb{v}\right\}_{\text{Rand}} = v_z(z)\, \sqrt{1+\beta^2} = Q\, \sqrt{1+\beta^2}/F(z)$$

wie man anhand von

$$c_{rr} = \frac{\partial v_r}{\partial r} \equiv c_{\varphi\varphi} = \frac{v_r}{r} = -\frac{Q}{F(z)}\frac{\beta}{R(z)} \equiv \frac{Q}{F(z)}\frac{dR/dz}{R(z)} =$$

$$= \frac{Q}{F(z)}\frac{d}{dz}\left[\ln\frac{R}{R_0}\right] \equiv \frac{1}{2}\frac{Q}{F(z)}\frac{d}{dz}\left[\ln\frac{F(z)}{F_0}\right] \tag{10.24b}$$

und

$$c_{zz} = \frac{\partial v_z}{\partial z} = Q\frac{d}{dz}\left[\frac{1}{F}\right] = -\frac{Q}{F^2}\frac{dF}{dz} = -\frac{Q}{F}\frac{d}{dz}\left[\ln\frac{F(z)}{F_0}\right] = \frac{Q}{F(z)}\frac{2\beta}{R(z)}, \tag{10.24c}$$

d.h. von

$$\mathbb{E}\cdot\cdot\mathbb{C}^* = \bar{\nabla}\cdot\mathbb{v} = c_{rr} + c_{\varphi\varphi} + c_{zz} \overset{(10.24\,b,c)}{=} 0$$

feststellt. Da — neben den bereits ausgedrückten Verzerrungsgeschwindigkeitskomponenten im achsensymmetrischen Falle bei Zylinder–Koordinatendarstellung nur noch die Verzerrungsgeschwindigkeitsgröße

$$c_{rz} = \frac{1}{2}\left[\frac{\partial v_r}{\partial z} + \frac{\partial v_z}{\partial r}\right] = -\frac{\beta r Q}{2}\frac{d}{dz}\left[\frac{1}{F(z)\ R(z)}\right] = -\frac{\beta r Q}{2}\frac{d}{dz}\left(\frac{1}{\pi R^3}\right) = \frac{3}{2}\frac{\beta r Q}{\pi R^4}\frac{dR}{dz} =$$

$$= -\frac{3}{2}\frac{\beta^2 r Q}{\pi R^4} = -\frac{3}{2}\frac{Q}{F}r\frac{\beta^2}{R^2} \equiv -\frac{3}{2}\frac{Q}{F}\frac{\beta}{R}\beta\frac{r}{R}$$

anfällt, ist

$$\mathbb{C} = \mathbb{C}^* = -\frac{Q\beta}{F(z)\ R(z)}\begin{bmatrix} 1 & 0 & \frac{3}{2}\beta\frac{r}{R} \\ 0 & 1 & 0 \\ \frac{3}{2}\beta\frac{r}{R} & 0 & -2 \end{bmatrix}_{\langle \mathbb{e}_r, \mathbb{e}_\varphi, \mathbb{e}_z\rangle} \tag{10.24d}$$

der dem Geschwindigkeitsansatz (10.24a) entsprechende Verzerrungsgeschwindigkeitsansatz und dementsprechend mit $d\bar{V} = F(z)dz$ und der für kleine Neigungen β gültigen Näherung

$$\sqrt{\mathbb{C}^*\cdot\cdot\mathbb{C}^*} = \frac{Q\beta}{F(z)\ R(z)}\sqrt{6 + \frac{9}{2}\left[\beta\frac{r}{R}\right]^2} = \sqrt{6}\,\frac{Q\beta}{F(z)\ R(z)}\sqrt{1 + \frac{3}{4}\left[\beta\frac{r}{R}\right]^2} \approx$$

$$\approx \sqrt{6}\,\frac{Q\beta}{F(z)\ R(z)} \equiv -\sqrt{6}\,\frac{Q}{F(z)}\frac{dR/dz}{R} \equiv -\sqrt{6}\,\frac{Q}{F(z)}\frac{d}{dz}\left[\ln\frac{R}{R_0}\right] \equiv -\sqrt{\frac{3}{2}}\,\frac{Q}{F(z)}\frac{d}{dz}\left[\ln\frac{F(z)}{F_0}\right]$$

schließlich

$$\Phi_\Sigma = \mathscr{D}_\Sigma = -Q\,\sigma_F\int_{z=0}^{l}\frac{1}{F(z)}\frac{d}{dz}\left[\ln\frac{F(z)}{F_0}\right]F(z)\,dz = Q\,\sigma_F\ln\frac{F_0}{F_1} \tag{10.24e}$$

die Darstellung für die zugehörige Dissipationsleistung. Mit

$$\mathscr{L}_{a\Sigma} = \sigma_{zz_1}F_1 v_z = \sigma_{zz_1}Q$$

ist dann schließlich aus

$$\delta(\Phi_\Sigma - \mathscr{L}_{a\Sigma}) = \delta Q\left[\sigma_F\ln\frac{F_0}{F_1} - \sigma_{zz_1}\right] = 0,$$

d. h.

$$\sigma_{zz_1} = \sigma_F\ln\frac{F_0}{F_1},\quad P = \sigma_{zz_1}F_1 = \sigma_F F_1\ln\frac{F_0}{F_1}$$

für Axialspannungsverlauf bzw. Zugkraft P (vgl. [42]) und entsprechend, wenn man anstelle des Gesamtbereichs $(0 \leq \bar{z} \leq l)$ nur den Teilbereich $0 \leq \bar{z} \leq z$ in Betracht gezogen hätte

$$\sigma_{zz}(z) = \sigma_F \ln \frac{F_0}{F(z)} \tag{10.24f}$$

zu folgern. Mit dem nach Einsetzen von (10.24d,e) in (10.23c) erhältlichen Deviatorfeld

$$\mathbb{S}^{(E)'} = \frac{\sigma_F}{3} \begin{bmatrix} -1 & & \frac{3}{2}\beta\frac{r}{R} \\ & -1 & \\ \frac{3}{2}\beta\frac{r}{R} & & 2 \end{bmatrix} \Big/ \sqrt{1+\frac{3}{4}\left(\beta\frac{r}{R}\right)^2} \longrightarrow \frac{\sigma_F}{3}\begin{bmatrix} -1 & & \\ & -1 & \\ & & 2 \end{bmatrix} \tag{10.24g}$$

bekommt man aus (10.23a) für das Spannungsfeld

$$\mathbb{S}^{(E)} = \mathbb{S}^{(E)'} - p\mathbb{E} = \frac{\sigma_F}{3}\begin{bmatrix} -1 & & \\ & -1 & \\ & & 2 \end{bmatrix} - p\mathbb{E}, \tag{10.24h}$$

dessen (z,z)—Komponente per

$$\sigma_{zz} = \mathbb{e}_z \cdot \mathbb{S}^{(E)} \cdot \mathbb{e}_z = \frac{2}{3}\sigma_F - p \overset{(10.24f)}{=} \sigma_F \ln \frac{F_0}{F(z)}$$

das Feld der mittleren Spannungen, d.h.

$$p \approx p(z) = \sigma_F \left[\frac{2}{3} - \ln \frac{F_0}{F(z)}\right] \tag{10.24i}$$

und folglich dann auch Radial— bzw. Ringspannungen festlegt:

$$\mathbb{e}_r \cdot \mathbb{S}^{(E)} \cdot \mathbb{e}_r = \sigma_{rr} \approx \sigma_{rr}(z) = -\frac{\sigma_F}{3} - p = -\sigma_F\left[1 - \ln\frac{F_0}{F(z)}\right] = \sigma_{\varphi\varphi} = \mathbb{e}_\varphi \cdot \mathbb{S}^{(E)} \cdot \mathbb{e}_\varphi . \tag{10.24k}$$

In der hier erarbeiteten Lösung treten die für Näherungslösungen des Prinzips der virtuellen Verrückungen typischen Mängel auf, wonach (in Termen kinematischer Größen formulierte) Ritzansätze zu schlechteren Approximationen dynamischer Größen führen, insbesondere, wenn Ritzansätze die (mittels der entsprechenden Stoffgleichung in Termen kinematischer Größen zu formulierenden) dynamischen Randbedingungen verletzen. Dieser Fall liegt hier vor, da wegen

$$[\,\mathbb{n} \cdot \mathbb{S}^{(E)} \cdot \mathbb{t}\,]_R \equiv [\,\mathbb{n} \cdot \mathbb{S}^{(E)'} \cdot \mathbb{t}\,]_R \overset{(10.24g)}{=}{}^{47)}\ \sigma_F\,\beta/\sqrt{1+\beta^2} \neq 0$$

nicht nur nicht die Bedingung der Mantelreibungsfreiheit erfüllt, sondern sogar eine zur physikalisch zu erwartenden Mantelreibungs—Schubspannung entgegengesetzt gerichtete Größe ausgeworfen wird. Für kleine Spinndüsen—Neigungen $(\beta << 1)$ ist dieser Fehler tolerierbar.

10.1.6 Das Prinzip der Laplace—transformierten virtuellen Verrückungen

dient zur Formulierung quasistatischer Probleme[48] an viskoelastischen Strukturen als Extremalprobleme im Sinne von § 7. Um Faltungsintegrale zu vermeiden, müssen dabei

a) die Verformungen klein sein, um die Verzerrungen in der Form

$$\mathbb{D}(\mathbb{r},t) \overset{49)}{=} \operatorname{def} \mathbb{u}(\mathbb{r},t)$$

in Termen (materieller) Verschiebungsableitungen linear approximieren zu dürfen und

47) mit $\mathbb{n}$, $\mathbb{t}$, wie in Abb. 10.4. aufgelistet.

48) d. s. solcherart langsam zeitveränderliche Vorgänge, bei denen man die Impulsbilanz als Gleichgewichtsbilanz approximieren darf

49) t bzw. $\mathbb{r}$ bezeichnen die Zeit bzw. die Bezugsplazierung $(\mathbb{u} = 0)$, $\mathbb{S}(\mathbb{r},t)$ die auf Letztere bezüglichen Spannungen, grad, def, div Ableitungen nach $\mathbb{r}$. $\overset{<4>}{\mathbb{P}}_j$, $\overset{<4>}{\mathbb{Q}}_k$ bedeuten von Spannungen, Verzerrungen und Temperatur — sowie explizit von der Zeit — unabhängige Materialtetraden, $\mathbb{A}$ den Wärmeverzerrungstensor und $T(\mathbb{r},t)$ das Temperaturfeld.

b) auf linear–viskoelastische Medien beschränkt werden, wofür diesbezügliche Materialgleichungen Spannungen und deren Zeitableitungen mit Verzerrungen und deren Zeitableitungen etwa in der Form

$$\sum_{j=0}^{n} \overset{<4>}{\mathbb{P}}_j \cdot\cdot \frac{\partial^j \$}{\partial t^j} \overset{40)}{=} \sum_{k=0}^{n} \overset{<4>}{\mathbb{Q}}_k \cdot\cdot \frac{\partial^k}{\partial t^k}\Big[\mathbb{D} - \mathbb{A}(T-T_0)\Big] , \quad \mathbb{D} = \operatorname{def} \mathbb{u} , \tag{10.25,25a}$$

linear korrelieren.[48]

Grundlage für die Erzeugung eines Variationsprinzips ist die elastisch–viskoelastische Analogie nach Lee–Sternberg [59], wonach man durch Laplace–Transformation von (10.25) für geeignete Anfangsbedingungen (betr. die Spannungen und Verzerrungen zuzüglich derer entsprechend hoher Zeitableitungen) eine Struktur von der Form

$$\Big[\sum_{j=0}^{n} \omega^j \overset{<4>}{\mathbb{P}}_j\Big] \cdot\cdot \$^*(\mathbb{r},\omega) = \Big[\sum_{k=0}^{n} \omega^k \overset{<4>}{\mathbb{P}}_k\Big] \cdot\cdot \Big[\mathbb{D}^* - \mathbb{A}(T-T_0)^*\Big]_{\mathbb{r},\omega}$$

bzw.

$$\$^*(\mathbb{r},\omega) = \overset{<4>}{\mathbb{C}}{}^*(\omega) \cdot\cdot \Big[\mathbb{D}^* - \mathbb{A}(T-T_0)^*\Big]_{\mathbb{r},\omega} \tag{10.25b}$$

mit

$$\overset{<4>}{\mathbb{C}}{}^*(\omega) = \Big[\sum_{j=0}^{n} \omega^j \overset{<4>}{\mathbb{P}}_j\Big]^{-1} \cdot\cdot \Big[\sum_{k=0}^{n} \omega^k \overset{<4>}{\mathbb{P}}_k\Big] \tag{10.25c}$$

für die (sog. Laplace–transformierten) Größen

$$\$^*(\mathbb{r},\omega) = L\langle \$(r,t)\rangle \equiv \int_0^\infty \$(\mathbb{r},t)\, e^{-\omega t} dt ,$$

$$\mathbb{D}^*(\mathbb{r},\omega) = L\langle \mathbb{D}(r,t)\rangle \equiv \int_0^\infty \mathbb{D}(\mathbb{r},t)\, e^{-\omega t} dt = \operatorname{def} \mathbb{u}^*(\mathbb{r},\omega) = \operatorname{def} \int_0^t \mathbb{u}(\mathbb{r},t)\, e^{-\omega t}\, dt$$

$$(T-T_0)^* = \int_0^\infty (T-T_0)_{\mathbb{r},t}\, e^{-\omega t} dt \tag{10.25d-f}$$

erreichen kann[50], d.h. eine Solche, die formal einem linear–elastischen Materialgesetz gleicht. Daher gleicht auch die Verschiebungsgleichung für die Laplace–transformierten Verschiebungen $\mathbb{u}^*(\mathbb{r},\omega)$, die man nach Einsetzen von $\$^*(\mathbb{r},\omega)$ nach (10.25b) in die durch Laplace–Transformation aus der Gleichgewichtsbedingung $\nabla\cdot\$(\mathbb{r},t)+(\rho\mathbb{k})_{\mathbb{r},t}=0$ erhältliche Laplace–transformierte Version

$$\nabla\cdot\$^* + (\rho\mathbb{k})^* = 0 \ \text{ in } (B) \ \text{ mit } (\rho\mathbb{k})^* = \int_0^\infty \rho\mathbb{k}(\mathbb{r},t)\, e^{-\omega t} d\omega \tag{10.26a,b}$$

schließlich als

$$\nabla\cdot\Big\{\overset{<4>}{\mathbb{C}}{}^*(\omega)\cdot\cdot\Big[\operatorname{def}\mathbb{u}^*(\mathbb{r},\omega) - \mathbb{A}(T-T_0)^*_{\mathbb{r},\omega}\Big]\Big\} + (\rho\mathbb{k})^* = 0 \quad \text{in } (B) \tag{10.26c}$$

---

50) nämlich dann, wenn man die Anfangsbedingungen

$$\sum_{m=k}^{n-1} \overset{<4>}{\mathbb{P}}_{m+1} \frac{\partial^{m-k}\$}{\partial t^{m-k}}\Bigg|_{t=0} = \sum_{m=k}^{n-1} \overset{<4>}{\mathbb{Q}}_{m+1} \frac{\partial^{m-k}(\mathbb{D}-\mathbb{A}(T-T_0))}{\partial t^{m-k}}\Bigg|_{t=0}$$

fordern kann.

auffindet, Derjenigen, die man für die lineare Elastostatik kleiner Verformungen identifiziert, und dies bedeutet, daß man in Analogie zu § 10.1.1 mit

$$\overset{*}{\mathscr{A}}_{a\Sigma} = \int\limits_{(B)} (\rho \mathbb{k})^* \cdot \overset{\Downarrow}{\mathbb{u}}^* \,\mathrm{dV} + \sum_{j=1}^{n_B} \oiint\limits_{f_j(B)} \overset{*}{\mathbb{s}}_n \cdot \overset{\Downarrow}{\mathbb{u}}^* \,\mathrm{df} \tag{10.27a}$$

und einer, als freies Energie—Rudiment aufzufassenden Formänderungsenergiegröße

$$\overset{*}{\mathscr{W}}_{\Sigma} = \int\limits_{(m)} \overset{*}{\mathscr{W}} \,\mathrm{dm} \tag{10.27b}$$

mit
$$\overset{*}{\mathscr{W}} = \frac{1}{\rho}\left[\frac{1}{2}\,\mathrm{def}\,\mathbb{u}^* \cdot\cdot \overset{\langle 4\rangle *}{\mathbb{C}} \cdot\cdot \mathrm{def}\,\mathbb{u}^* - \mathrm{def}\,\mathbb{u}^* \cdot\cdot \overset{\langle 4\rangle *}{\mathbb{C}} \cdot\cdot \mathbb{A}(T-T_0)^*\right] \tag{10.27c}$$

ein Extremalproblem von der Form

$$\delta_u \overset{*}{\Pi}_{\Sigma} = 0, \quad \overset{*}{\Pi}_{\Sigma} = \overset{*}{\mathscr{W}}_{\Sigma} - \overset{*}{\mathscr{A}}_{a\Sigma} \tag{10.27d,e}$$

etablieren kann, dessen Eulersche Diffentialgleichung mit (10.26c) identisch ist. Nullsetzen der Oberflächenterme in (10.27d) liefert die zwecks eindeutiger Lösung von (10.26c) zu assoziierenden Randwertaussagen, wozu insbesondere Vorgaben des Randverschiebungsprogramms und demgemäß Vorgaben von der Form

$$\overset{*}{\mathbb{u}}(\mathbb{r}^{(R)},\omega) = \text{vorgeg. längs } f_j(B),\ j = 1,\ldots,n_B$$

gehören. Bei ausschließlichen Vorgaben des Randspannungsprogramms, d.h. Vorgaben von der Form

$$\overset{*}{\mathbb{s}}_n(\mathbb{r}^{(R)},\omega) = \mathbb{n}\cdot\overset{*}{\mathbb{S}} = \mathbb{n}\cdot\left[\overset{\langle 4\rangle *}{\mathbb{C}} \cdot\cdot (\mathbb{D}^* - \mathbb{A}(T-T_0))^*\right] = \\ = \text{vorgeg. längs } f_j(B)\,,\ j = 1,\ldots,n_B$$

werden indessen mit (10.26c, 25b) lediglich die Laplace—transformierten Spannungsfelder $\overset{*}{\mathbb{S}}(\mathbb{r},\omega)$ eindeutig festgelegt, die Laplace—transformierten Verschiebungsfelder dagegen nur bis auf eine (infinitesimale) Starrbewegung der Gesamtanordnung.

Betr. die näherungsweise Auswertung des Prinzips (10.27) mittels (Laplace—transformierter) Ritz— bzw. Kantorowitsch—Ansätze, die hier entsprechend den jeweiligen Randbedingungen letztlich als — mit der Laplace—Variablen ω parametrisierte — Funktionen der Ortskoordinaten $(\mathbb{r})$ erscheinen, ist zu bemerken, daß sie, je nach gewählter Ortsfunktion schließlich hinsichtlich des Parameters ω i. allg. verschieden anfallen können, was bedeutet, daß deren nach Rücktransformation

$$\mathbb{u}(\mathbb{r},t) = \mathbf{L}^{-1}\langle \mathbb{u}^*(\mathbb{r},\omega)\rangle$$

erhältliche "Original—Lösungen" im allg. auch hinsichtlich ihres zeitlichen Verlaufes von der Wahl der Ortsfunktionen in den Laplace—transformierten Ritz— bzw. Kantorowitsch—Ansätzen abhängen, daß sich also ein (Laplace—transformierter) Ortsfunktionen—Ansatz als ein Solcher erweist, der im Hinblick auf seine zugehörige "Original—Näherungslösung" auch eine näherungsweise z e i t l i c h e Prognose enthält.

Beispiele bestätigen dies schon für einfachste Fälle, etwa für den Fall des (mit Einzelkraft P) axial und (mit Schüttungslast $q(x)$) transversal belasteten Stabes nach Abb. (10.5)[51] aus Maxwell—Material mit der (wohl einfachsten) einachsigen Stoffgleichung[52]

$$\frac{\partial\epsilon}{\partial t} = \dot{\epsilon} = \frac{1}{E}\left[\frac{\partial\sigma}{\partial t} + \sigma\right] = \frac{1}{E}(\dot{\sigma} + \sigma)\,, \tag{10.28a}$$

51) der — obwohl hier als beiderseits gelenkig gelagert skizziert — nach (10.34—37) für allgemeine (isoenergetische) Randbedingungen untersucht wird.

52) die mit der Bedeutung von t als (dimensionslose) sog. "Kriechzeit" als Materialgesetz für Beton verwendet wird (vgl. III, dort mit φ bezeichnet).

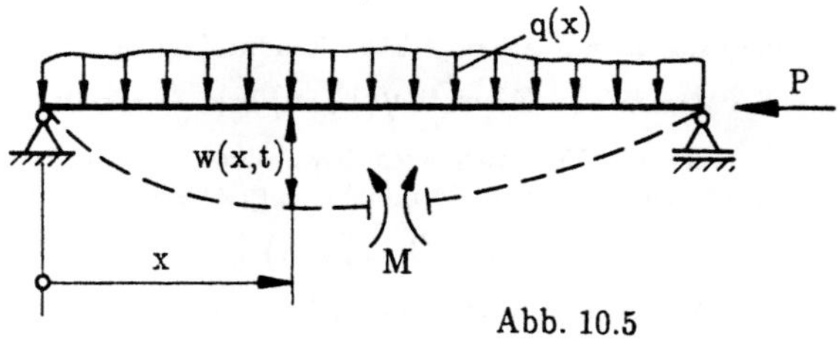

Abb. 10.5

die unter Benutzung der Bernoullischen Hypothese zur Stabmaterialgleichung

$$\dot{\kappa} = -\frac{\partial}{\partial t}\left[\frac{\partial^2 w}{\partial x^2}\right] = \frac{1}{EJ}(\dot{M} + M) \tag{10.28b}$$

für die einachsige Stab—Biegung verarbeitet werden kann.[53] Deren Laplace—Transformation ergibt wegen

$$(\dot{\kappa})^* = L\langle\dot{\kappa}\rangle = \int_0^\infty \dot{\kappa} e^{-\omega t} dt = \kappa e^{-\omega t}\Big|_0^\infty + \omega \int_0^\infty \kappa e^{-\omega t} dt \overset{45)}{=} -\kappa(0) + \omega\kappa^* \tag{10.28c}$$

und entsprechend $(\dot{M})^* \overset{54)}{=} -M(0) + \omega M^*$ mit der Anfangsbedingung $M(x,0) = EJ\kappa(x,0)$ schließlich

$$M^*(x,\omega) = EJ\frac{\omega}{1+\omega}\kappa^* = -EJ\frac{\omega}{1+\omega}\frac{d^2w^*}{dx^2} \equiv -EJ\frac{\omega}{1+\omega}w^{*\prime\prime} \tag{10.28d}$$

was in die Laplace—transformierte Gleichgewichtsbedingung

$$\frac{\partial^2 M}{\partial x^2} = -q(x) + P\frac{\partial^2 w}{\partial x^2}, \tag{10.29a}$$

nämlich in

$$\frac{d^2M^*}{dx^2} = -q^* + P\frac{d^2w^*}{dx^2} \overset{55)}{=} -\frac{q(x)}{\omega} + Pw^{*\prime\prime} \tag{10.29b}$$

einzusetzen ist und die Feldgleichung

$$\frac{\omega}{1+\omega}(EJ\, w^{*\prime\prime})^{\prime\prime} + Pw^{*\prime\prime} = q(x)/\omega \tag{10.30a}$$

ergibt, die als Eulersche Differentialgleichung des Variationsproblems

$$\delta_{w^*}\Pi^* = 0 \quad \text{mit} \tag{10.30b}$$

---

53) Darin bedeuten E den Elastizitätsmodul der "federnden Materialkomponente", J das Flächenträgheitsmoment, $w(x,t)$ die (transversalen) Durchbiegungen der Stabachse und $M(x,t)$ das Biegemoment.

54) unter der Annahme, daß κ bzw. M für $t \to \infty$ schwächer als mit $e^{\omega t}$ unendlich werden

55) mit $q^*(x,\omega) = \int_0^\infty q(x)e^{-\omega t}\,dt = -\frac{1}{\omega}q(x)\,e^{-\omega t}\Big|_0^\infty = q(x)/\omega$

$$\Downarrow$$

$$\Pi^* = \int_{x=0}^{l} \left[\frac{\omega}{1+\omega} \frac{EJ}{2} w^{*,,2} - \frac{P}{2} w^{*,2} - \frac{q(x)w^*(x)}{\omega} \right] dx \qquad (10.30c)$$

aufzufassen ist, wobei (10.30b,c) sogenannte isoenergetische Randbedingungen impliziert, wonach an den Rändern $(x=0,\ l)$ entweder die Momente $(-\ EJ\ w^{*''}\omega/(1+\omega))$ bzw. Querkräfte $(-Pw^{*'}-(EJw^{*''})'\omega/(1+\omega))$ oder die Verschiebungen bzw. deren Ableitungen verschwinden sollen. Wird zwecks Näherungslösung mit angenommener Formfunktion $g(x)$ ein Ritz–Ansatz

$$w^*(x,\omega) = C^*(\omega)\ g(x) \qquad (10.31)$$

verwendet und solchermaßen das Variationsproblem (10.30b,c) auf

$$d\Pi^*_{Ersatz}/dC^* = 0 \quad \text{mit} \qquad (10.32a)$$

$$\Pi^* = \frac{C^{*2}}{2}\left[\frac{\omega}{1+\omega} \int_{x=0}^{l} \frac{EJ}{2} g''^2 dx - P \int_{x=0}^{l} g'^2 dx \right] - \frac{C^*}{\omega} \int_{x=0}^{l} q(x)g(x)\, dx\ , \qquad (10.32b)$$

d. h. auf ein parametrisch–variables Ersatzproblem reduziert, so findet man

$$C^* = \frac{\alpha_g/\omega}{\frac{\omega}{1+\omega} f - 1} \quad \text{mit} \quad f = \frac{\int_0^l EJg''^2 dx}{P \int_0^l g'^2 dx} \quad \text{und} \quad \alpha_g = \frac{\int_0^l q(x)g(x)dx}{P \int_0^l g'^2 dx} \qquad (10.32c\text{-}e)$$

was man identisch in

$$C^* = -\ \alpha_g \left[\frac{1}{\omega} - \frac{f}{(f-1)\omega - 1} \right] \qquad (10.33a)$$

umformen kann und per Rücktransformation der Zeitfunktion[56)]

$$L^{-1}(C^*) = \alpha_g \left[\frac{f}{f-1} e^{\frac{t}{f-1}} - 1 \right] \qquad (10.33b)$$

zuzuordnen hat. So erkennt man denn an der Näherungslösung

$$w(x,t) = L^{-1}(w^*(x,\omega)) \overset{(10\,.\,31a)}{=} L^{-1}(C^*(\omega))g(x) =$$

$$\overset{(10\,.\,33b)}{=} \alpha_g \left[\frac{f}{f-1} e^{\frac{t}{f-1}} - 1 \right] g(x) \qquad (10.33c)$$

in der Tat, weil f nach (10.32d) von der Wahl von $g(x)$ abhängt, eine mit der Wahl von $g(x)$ verbundene näherungsweise Zeitprognose. Die Plausibilität letzteren Befundes wird übrigens durch die durchaus auch "konventionell" erreichbare exakte Lösung des Problems unterstrichen, wofür durch Einsetzen der aus (10.28b) erreichbaren Stab–Materialgleichung

---

56) Man benutze nach [60]

$$L^{-1}\left[\sum_{k=0}^{n} \frac{f_k(r)}{\omega^{k+1}} \right] = \sum_{k=0}^{n} f_k(r)\ t^k/(k!)$$

(Heavisidesche Potenzreihenlösung) sowie

$$L^{-1}\left[\frac{f(r)}{(\omega+\omega_k)^m} \right] = f(r)\ \frac{t^{m-1}}{(m-1)!} e^{-\omega_k t}$$

$$M(x,t) = - EJ\left[\frac{\partial^2 w}{\partial x^2} - e^{-t} \int_0^t \frac{\partial^2 w}{\partial x^2} e^{\tau}\, d\tau\right]$$

in (10.29a) die Feldgleichung

$$\frac{\partial^2}{\partial x^2}\left\{EJ\left[\frac{\partial^2 w}{\partial x^2} - e^{-t} \int_0^t \frac{\partial^2 w}{\partial x^2} e^{\tau}\, d\tau\right]\right\} + P\,\frac{\partial^2 w}{\partial x^2} = q(x) \tag{10.34a}$$

festzustellen ist, indem man für (10.34a) per

$$w(x,t) = \sum_{k=1}^{\infty} T_k(t)\, e_k(x) \tag{10.34b}$$

eine nach den Eigenfunktionen $(e_k(x))$ der elastischen Stabknickung entwickelte Lösung sucht,[57] und dabei feststellt, daß jeder Eigenform $(e_k(x))$ individuell jeweils eine Zeitfunktion $(T_k(t))$ zuzuordnen ist. Einsetzen von (10.34b) in (10.34a) weist dann nämlich mit $P_k/P = f_k$ unter Benutzung von (10.35a)

$$\sum_{k=1}^{\infty} \underline{\left[(f_k-1)T_k - f_k e^{-t} \int_0^t T_k(\tau)\, e^{\tau} d\tau\right]} e_k''(x) = - \frac{q(x)}{P} \tag{10.36a}$$

d. h. die gestrichelten Klammern als Fourier–Koeffizienten der Entwicklung von $q(x)/P$ nach den Eigenfunktionen (e_k) der elastischen Stabknickung aus, man erhält nach Multiplikation von (10.36a) mit e_j und Integration längs $0 \leq x \leq l$ wegen

$$\int_0^l e_k'' e_j\, dx = e_k' e_j \Big|_0^l - \int_0^l e_j' e_k'\, dx \overset{(10\,.\,35g)}{=} - \int_0^l e_j' e_k'\, dx = \begin{cases} 0 & \text{für } j \neq k \\ -\int_0^l e_j'^2\, dx & \text{für } j = k \end{cases}$$

die Gleichungskaskade

---

[57] wobei diese Eigenfunktionen mit den zugehörigen Eigenwerten P_k $(k=1,\ldots,\infty)$ die Feldgleichungen

$$(EJ\, e_k'')'' + P_k e_k'' = 0\,, \quad k = 1,\ldots,\infty, \quad (.)' = \frac{d(.)}{dx}\,, \tag{10.35a}$$

befriedigen müssen und dementsprechend für isoenergetische Randbedingungen, nämlich für

$$(EJ\, e_k'')e_k' \,\Big|_{0,l} = 0\,, \quad \left\{\left[(EJ\, e_k'')' + P_k e_k'\right] e_k\right\}_{0,l} = 0 \tag{10.35b,c}$$

den Orthogonalitätsbedingungen

$$\int_0^l EJ\, e_j'' e_k''\, dx = 0 \quad \text{bzw.} \quad \int_0^l e_j' e_k'\, dx = 0 \quad \text{für } j \neq k \tag{10.35d,e}$$

sowie

$$\int_0^l EJ\, e_k''^2\, dx = P_k \int_0^l e_k'^2\, dx\,,\ k = 1,\ldots,\infty \tag{10.35f}$$

genügen. Wegen (10.35d–f) gilt dann desweiteren unter nochmaliger Benutzung von (10.35a)

$$e_j e_k' \Big|_{0,l} = 0 \quad \text{sowohl für } j \neq k \text{ als auch für } j = k \tag{10.35g}$$

$$(f_j-1)T_j - f_j e^{-t}\int_0^t T_j e^{\tau} d\tau \equiv (f_j-1)\, e^{\frac{t}{f_j-1}} \frac{d}{dt}\left[e^{-\frac{f_j t}{f_j-1}} \int_{\tau=0}^{t} T_j e^{\tau} d\tau\right] =$$

$$= \int_0^l q\, e_j\, dx \,/\, \left[P \int_0^l e_j'^2\, dx\right] \equiv \alpha_j\,, \quad j = 1,\dots,\infty \tag{10.36b}$$

mit der Lösung

$$T_j = \alpha_j \left[\frac{f_j}{f_j-1} e^{\frac{t}{f_j-1}} - 1\right], \quad j = 1,\dots,\infty \tag{10.36c}$$

und erkennt schließlich durch Vergleich von

$$w(x,t) \overset{(10.34b,36c)}{=} \sum_{j=1}^{\infty} \alpha_j \left[\frac{f_j}{f_j-1} e^{\frac{t}{f_j-1}} - 1\right] e_j(x) \tag{10.36d}$$

mit der Struktur der Näherungslösung (10.33c) deren Charakter als eine eingliedrige Approximation. Entsprechend der hier vorausgesetzten linearen Theorie kleiner Verformungen haben Ergebnisse von der Form (10.33c, 36d) selbstverständlich nur für begrenzte Zeitwerte t einen Sinn. In der Theorie der Beton—Konstruktionen sind Lösungen von der Form (10.33c, 36d) jedoch durchaus brauchbar, da Beton als linearer Maxwell—Körper mit verfestigender viskoser Materialkomponente modelliert werden kann und die dabei (anstelle der Realzeit) benutzte (dimensionslose) Kriechzeit in der Regel den Wert 4 nicht überschreitet. [III]

Das

10.2 Prinzip der virtuellen Kräfte [16], [27]

basiert auf der mit einem Deformatorfeld $\mathbb{W} = \operatorname{def} \mathbb{w}$ und mit einem symmetrischen Tensorfeld $\delta\mathbb{H} = \delta\mathbb{H}^T$ erzeugbaren Identität

$$\mathbb{W} \cdot\cdot\, \delta\mathbb{H} = \operatorname{def} \mathbb{w} \cdot\cdot\, \delta\mathbb{H} \equiv \operatorname{grad} \mathbb{w} \cdot\cdot\, \delta\mathbb{H} = (\nabla \circ \mathbb{w}) \cdot\cdot\, \delta\mathbb{H} = \nabla \cdot (\mathbb{w} \cdot \delta\mathbb{H}) - \mathbb{w} \cdot (\nabla \cdot \delta\mathbb{H})\,,$$

$$\text{d. h.} \int_{(B)} \left[\mathbb{W} \cdot\cdot\, \delta\mathbb{H} + (\nabla \cdot \delta\mathbb{H}) \cdot \mathbb{w}\right] dV = \int_{(B)} \nabla \cdot (\delta\mathbb{H} \cdot \mathbb{w})\, dV \overset{(3.4c)}{=} \sum_{j=1}^{n_B} \oint\!\!\oint_{f_j(B)} (\mathbb{n} \cdot \delta\mathbb{H}) \cdot \mathbb{w}\, df\,, \tag{10.37a}$$

die man mit einem Vektorfeld $\delta\tilde{\mathbb{k}}$ noch in der Form

$$\int_{(B)} \left[\mathbb{W} \cdot\cdot\, \delta\mathbb{H} + (\nabla \cdot \delta\mathbb{H} + \delta\tilde{\mathbb{k}}) \cdot \mathbb{w}\right] dV = \int_{(B)} \mathbb{w} \cdot \delta\tilde{\mathbb{k}}\, dV + \sum_{j=1}^{n_B} \oint\!\!\oint_{f_j(B)} (\mathbb{n} \cdot \delta\mathbb{H}) \cdot \mathbb{w}\, df \tag{10.37b}$$

erweitern und schließlich mit der Nebenbedingung

$$\nabla \cdot \delta\mathbb{H} + \delta\tilde{\mathbb{k}} = 0 \quad \text{in } (B) \tag{10.38a}$$

als

$$\int_{(B)} \mathbb{w} \cdot \delta\tilde{\mathbb{k}}\, dV + \sum_{j=1}^{n_B} \oint\!\!\oint_{f_j(B)} (\mathbb{n} \cdot \delta\mathbb{H}) \cdot \mathbb{w}\, df = \int_{(B)} (\operatorname{def} \mathbb{w}) \cdot\cdot\, \delta\mathbb{H}\, dV \tag{10.38b}$$

schreiben kann, indem man (10.38a) als Gleichgewichtsbedingung und (10.38b) als Arbeits- bzw. Leistungsbilanz interpretiert. So gilt etwa mit $\mathbb{H}$ als (am unverformten System definiertem) Spannungstensor $\$$, der Massenkraft $\mathbb{k} = \tilde{\mathbb{k}}/\rho$, den an einem System eintretenden sog. "aktuellen" (kleinen) Verschiebungen $\mathbb{u}$ anstelle von $\mathbb{w}$ und mit den dann durch $\mathbb{D} = \operatorname{def} \mathbb{u} = \mathbb{D}^T$ beschriebenen (aktuellen) Verzerrungen

$$\delta_{\mathbb{k},\$} \mathscr{A}^{+}_{a_\Sigma} \equiv \int_{(B)} \mathbb{u} \cdot \delta\mathbb{k}\, \rho dV + \sum_{j=1}^{n_B} \oiint_{f_j(B)} \mathbb{u} \cdot (\mathbb{n} \cdot \delta\$)\, df = \int_{(B)} \mathbb{D} \cdot\cdot\, \delta\$\, dV \equiv \delta_{\$} \mathscr{A}^{+}_{\$_\Sigma} \tag{10.39a}$$

für alle sog. "virtuellen" (ggfs. im Sinne von §7 variierten) Spannungs- und Massenkraftfelder, die im Sinne von

$$\nabla \cdot \delta\$ + \rho\delta\mathbb{k} = 0\ , \quad \delta\$ = \delta\$^T \quad \text{in}\,(B) \tag{10.39b}$$

Gleichgewichtssysteme bilden, mit $\mathbb{H}$ als Eulerschem Spannungstensor ($\$^{(E)}$), mit aktuellen Geschwindigkeiten ($\mathbb{v}$) anstelle von $\mathbb{w}$ und mit $\overline{\operatorname{def}\, \mathbb{v}} = \mathbb{C}^* = \mathbb{C}^{*T}$ in Eulerscher Darstellung

$$\delta_{\mathbb{k},\$} \mathscr{L}^{+}_{a_\Sigma} = \int_{(B)} \mathbb{v} \cdot \delta\mathbb{k}\, \bar{\rho} d\bar{V} + \sum_{j=1}^{n_B} \oiint_{\bar{f}_j(\bar{B})} (\bar{\mathbb{n}} \cdot \delta\$^{(E)}) \cdot \mathbb{v}\, d\bar{f} = \int_{(B)} \mathbb{C}^* \cdot\cdot\, \delta\$^{(E)}\, d\bar{V} \equiv \delta_{\$} \mathscr{L}^{+}_{\$_\Sigma} \tag{10.40a}$$

mit
$$\bar{\nabla} \cdot \delta\$^{(E)} + \bar{\rho}\delta\mathbb{k} = 0, \quad \delta\$^{(E)} = \delta\$^{(E)T}\, \text{in}\,(\bar{B})\ , \tag{10.40b}$$

wobei man (10.39) bzw. (10.40) als Arbeits- bzw. Leistungsversionen des Prinzips der virtuellen Kräfte bezeichnet.

Entsprechend dem an (3.7) anschließenden Text verlangt die den Gaußschen Satz benutzende Umformung (10.37a) Gültigkeit des Reaktionsprinzips für die Größe $\mathbb{n} \cdot \delta\mathbb{H} \cdot \mathbb{w}$, d.h. daß mit beliebigen festen Richtungen $\mathbb{e}$ die Feldgröße $\mathbb{e} \cdot \delta\mathbb{H} \cdot \mathbb{w}$ räumlich stetig ist. Setzt man - wie dies bei Anwendung des Prinzips gefordert wird! - räumlich stetige Feldgrößen $\mathbb{e} \cdot \delta\mathbb{H}$, d.h. für die in (10.39,40) benutzten Spannungsfelder Gültigkeit des Reaktionsprinzips voraus, beschränkt also auf sog. "zulässige Gleichgewichtssysteme" ($\rho\delta\mathbb{k}$, $\delta\$$) [27], so können die Formulierungen (10.39,40) nur für den Fall auch stetiger aktueller Felder $\big(\mathbb{u}(\mathbb{r},t),\ \mathbb{v}(\bar{\mathbb{r}},t)\big)$ - mit zumindest stückweise stetigen Gradienten - Bestand haben. Insofern substantiert das Prinzip der virtuellen Kräfte (10.39,40) in Form einer Energieaussage den (Kompatibilitäts-)Befund, daß die aktuelle Kontinuumskinematik ($\mathbb{u},\mathbb{v}$) den Körperzusammenhang wahren soll.

Mit der Forderung nach Befriedigung des Reaktionsprinzips erfüllen zulässige Gleichgewichtssysteme $(\rho\delta\mathbb{k},\ \delta\$)$ unter dynamischen Aspekten sämtliche Kriterien aktueller Gleichgewichtssysteme und sind demzufolge generell als denkbare Aktuelle auffaßbar. Allerdings nicht in dem Sinne, daß sie etwa notwendig mit den in (10.39,40) aufscheinenden kinematischen Größen $(\mathbb{u},\ \mathbb{D})$ bzw. $(\mathbb{v},\ \mathbb{C}^*)$ in einem ursächlichen Zusammenhang stünden, was man schon daran erkennt, daß das Prinzip der virtuellen

Kräfte hinsichtlich der aktuellen Kinematik keine Einschränkung etwa auf statische Probleme enthält[58].

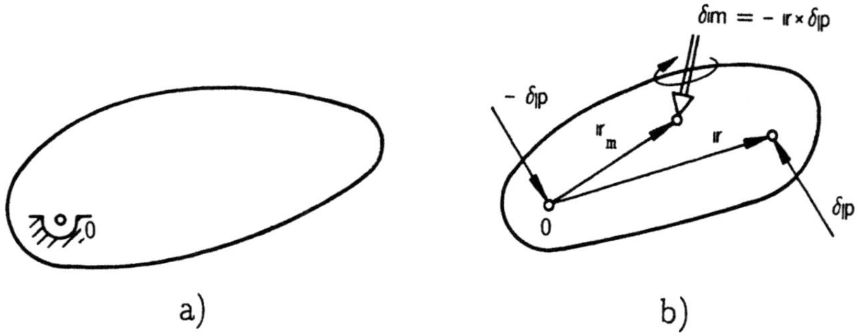

Abb. 10.6

Für eine Formulierung des Prinzips (10.39 bzw. 40) im Sinne eines Variationsprinzips nach § 7 muß es einerseits möglich sein, die Verzerrungsgrößen $\mathbb{D}$ bzw. $\mathbb{C}^*$ in Abhängigkeit von den Spannungen (und ggfs. den Temperaturfeldern) derart darstellen zu können, daß die Produkte $\mathbb{D}\cdot\cdot\,\delta\$$ bzw. $\mathbb{C}^*\cdot\cdot\,\delta\$^{(E)}$ als

$$\mathbb{D}(\$,T-T_0)\cdot\cdot\,\delta\$ = \delta_{\$} \int\limits_{\mathbb{D}=\mathbb{D}_0}^{\mathbb{D}(\$,\,T-T_0)} \mathbb{D}(\bar{\$},\,T-T_0)\cdot\cdot\,d\bar{\$} = \delta_{\$}\,[\,\rho\,\mathscr{W}^+(\$,\,T-T_0)] \tag{10.41a}$$

bzw.

$$\mathbb{C}^*(\$^{(E)}, T-T_0)\cdot\cdot\,\delta\$^{(E)} = \delta_{\$} \int\limits_{\mathbb{C}^*=\mathbb{C}^*_0}^{\mathbb{C}^*(\$^{(E)};T-T_0)} \mathbb{C}^*(\bar{\$}^{(E)},\,T-T_0)\cdot\cdot\,d\bar{\$}^{(E)} =$$

$$= \delta_{\$}[\,\bar{\rho}\Phi(\$^{(E)},\,T-T_0)]\,, \tag{10.41b}$$

d.h. als Spannungsvariationen entsprechender Potentiale[59] interpretiert werden können. Darüberhinaus muß aber auch sichergestellt sein, daß die mit Letzteren formulierbaren Variationsprobleme

$\delta_{\mathbb{k},\$}\,\Pi^+_{\Sigma} = 0$ mit

---

[58] So beantwortet man z. B. die Frage nach dem Geschwindigkeitsfeld $\mathbb{v}(\mathbb{r},t)$ eines in 0 drehbar gelagerten starren Körpers (Abb. 10.6a), indem man an Letzterem ein (aus einem in $\mathbb{r}_m$ angreifenden Moment $\delta\mathbb{m} = -\,\mathbb{r}\times\delta\mathbb{p}$ und aus einem Paar in 0 bzw. $\mathbb{r}$ angreifender Kräfte $-\delta\mathbb{p}$ bzw. $\delta\mathbb{p}$ bestehendes) Gleichgewichtssystem nach Abb. 10.6b in Ansatz bringt und dann mit $\mathbb{v}(0,t) = 0$ sowie $\mathbb{C}^* = 0$ und der Winkelgeschwindigkeit ω_m des Momentenangriffspunktes

$$\delta_k\,\mathscr{L}^+_{a\Sigma} = \delta\mathbb{p}\cdot\mathbb{v}(\mathbb{r},t) + \delta\mathbb{m}\cdot\omega_m = \delta\mathbb{p}\cdot\left[\mathbb{v}(\mathbb{r},t) - \omega_m\times\mathbb{r}\right] = \delta_k\,\mathscr{L}^+_{\$\Sigma} = 0,$$

d.h.

$$\mathbb{v}(\mathbb{r},t) = \omega_m\times\mathbb{r} = \omega(t)\times\mathbb{r}$$

mit der Winkelgeschwindigkeit (ω) des starren Körpers feststellt, indem man noch bedenkt, daß der Momentenangriffspunkt beliebig gewählt werden darf.

[59] wobei $\mathscr{W}^+(\$,T-T_0)$ das um die reinen Temperaturanteile verminderte Rudiment der (in Spannungen ausgedrückten) inneren Ergänzungsenergie elastischer Medien darstellt.

$$\Pi_\Sigma^+ = \mathscr{W}_\Sigma^+ - \mathscr{A}_{S\Sigma}^+ \text{ und } \mathscr{W}_\Sigma^+ = \int_{(m)} \mathscr{W}^+ \, dm \text{ mit } \mathscr{W}^+ \text{ nach (10.41a)} \qquad (10.42a\text{-}d)$$

sowie

$$\mathscr{A}_{a\Sigma}^+ = \int_{(B)} \overset{\Downarrow}{\mathbb{u}} \cdot \mathbb{k} \, \rho dV + \sum_{j=1}^{n_B} \oint\!\!\oint_{f_j(B)} \mathbb{u} \cdot \left[\mathbb{n} \cdot \overset{\Downarrow}{\delta \$}\right] df$$

bzw.

$$\delta_{\mathbb{k},\$} \, \dot{\Pi}_\Sigma^+ = 0 \text{ mit}$$

$$\dot{\Pi}^+ = \Phi_\Sigma - \mathscr{L}_{a\Sigma} \text{ und } \Phi_\Sigma = \int_{(m)} \Phi \, dm \text{ mit } \Phi \text{ nach (10.41.b)}$$

$$\text{sowie } \mathscr{L}_{a\Sigma} = \int_{(B)} \mathbb{v} \cdot \bar{\rho} \overset{\Downarrow}{\mathbb{k}} \, d\bar{V} + \sum_{j=1}^{n_B} \oint\!\!\oint_{\bar{f}_j(\bar{B})} \mathbb{v} \cdot \left[\mathbb{n} \cdot \overset{\Downarrow}{\$}^{(E)}\right] d\bar{f} \qquad (10.43a\text{-}d)$$

ausschließlich Gleichgewichtsprobleme definieren, weil eben die zugrundeliegenden "Basis—Prinzipien" (10.39,40) virtuelle G l e i c h g e w i c h t s —Systeme $(\rho\delta\mathbb{k}, \delta\$)$ verlangen, was bedeutet, die jeweiligen Lösungen der Variationsprobleme (10.42,43) eben nur in der Menge der Gleichgewichtssysteme suchen zu dürfen.

Aus (10.42) folgt für Systeme mit vorgegebener eingeprägter Belastung wegen $\delta_{\mathbb{k},\$} \mathscr{A}_a^+ = 0$ die in der sog. Kraftgrößenmethode der Ingenieurstatik ausgeschöpfte Feststellung [16], [27]

$$\delta_\$ \, \mathscr{W}_\Sigma^+ = 0 \, , \qquad (10.42e)$$

wonach von sämtlichen Spannungsfeldern, die für eine gegebene eingeprägte Belastung im Sinne des Gleichgewichtes möglich wären, Dasjenige wirklich eintritt, wofür die innere Ergänzungsenergie stationär wird. Daß das solchermaßen ausgezeichnete Spannungsfeld auch Dasjenige ist, dessen zugehöriger Verzerrungszustand ein kompatibles Verschiebungsfeld garantiert, erkennt man an der aus (10.42e) erhältlichen Eulerschen Differentialgleichung, die $\mathbb{D}$ als Deformatorfeld, d.h. letztlich für das wirklich eintretende Spannungsfeld Gültigkeit der Beltramischen Gleichung

$$\text{ink } \mathbb{D}(\$, T\text{-}T_0) = 0 \qquad (10.44a)$$

verlangt[60]. Um dies nachzuweisen, stellt man betr. die Ausführung der Anweisung (10.42e) im Sinne von § 7 unter Hervorhebung des Lösungsfeldes $\$$ zunächst sämtliche symmetrischen Felder in der Form

$$\mathbb{V}(\mathbb{r}) = \$(\mathbb{r}) + \epsilon \, \mathbb{X}(\mathbb{r})$$

zur Disposition, wobei $\mathbb{X}(\mathbb{r})$ die Menge aller den homogenen Gleichgewichts— und Randbedingungen, nämlich den Bedingungen

$$\nabla \cdot \mathbb{X} = 0 \text{ in } (B) \text{ und } \mathbb{n} \cdot \mathbb{X} = 0 \text{ längs } f_j(B), \, j = 1..n_B \qquad (10.44b,c)$$

genügenden Felder repräsentieren soll, und benutzt für Letztere entsprechend (§4.5.1) ink—Felder. In der Forderung

$$\delta_\$ \, \mathscr{W}_\Sigma^+ = \int_{(B)} \frac{\partial \mathscr{W}^+}{\partial \$} \cdot\cdot \, \delta\$ dm \overset{(10.41a)}{\equiv} \int_{(B)} \mathbb{D}(\$, T\text{-}T_0) \cdot\cdot \, \delta\$ dV = 0 \qquad (10.44d)$$

wird also für $\delta\$$ mit einem Spannungsfunktionentensor $\delta\mathbb{F}$ der Ansatz $\delta\$ = \text{ink } \delta\mathbb{F}$ verwendet und hiermit wegen

$$\mathbb{D} \cdot\cdot \text{ink } \delta\mathbb{F} = \mathbb{D} \cdot\cdot (\nabla \times \delta\mathbb{F} \times \nabla) \equiv \mathbb{D} \cdot\cdot (\overset{\downarrow}{\nabla} \times \delta\mathbb{F} \times \overset{\downarrow}{\nabla}) - (\nabla \times \mathbb{D}) \cdot\cdot (\nabla \times \delta\mathbb{F})$$

---

[60] die von den das jeweilige Gleichgewichtsproblem $(\nabla \cdot \$ + \rho\mathbb{k} = 0)$ und die längs $f_j(B)$, $j = 1..n_B$ vergebenen Spannungs—Randbedingungen $(\mathbb{n} \cdot \$ = \mathbb{s}_n = \text{vorgeg.})$ befriedigenden Spannungen unter Kompatibilitätsgesichtspunkten erfüllt werden müssen.

$$\equiv \mathbb{D}\cdot\cdot(\nabla\times\delta\mathbb{F}\times\nabla) - (\nabla\times\mathbb{D})\cdot\cdot(\nabla\times\delta\mathbb{F}) + (\nabla\times\mathbb{D}\times\nabla)\cdot\cdot\delta\mathbb{F}$$

die Forderung (10.44d) unter Benutzung des Gaußschen Satzes zunächst in

$$\delta_{\$}\,\mathscr{W}_{\Sigma}^{+} = \sum_{j=1}^{n_B} \oint\!\!\oint_{f_j(B)} \Big[\mathbb{D}\cdot\cdot\big((\nabla\times\delta\mathbb{F})\times\mathbb{n}\big) - (\nabla\times\mathbb{D})\cdot\cdot(\mathbb{n}\times\delta\mathbb{F})\Big]\,df +$$

$$+ \int_{(B)} (\text{ink } \mathbb{D})\cdot\cdot\delta\mathbb{F}\,dV \overset{(4.51c,52d)}{=} \sum_{j=1}^{n_B} \oint\!\!\oint_{f_j(B)} \Big(\mathbb{D}\cdot\cdot\delta\,{}_{(2)}\mathbb{T}^{T}_{Ges} + (\nabla\times\mathbb{D})\cdot\cdot\delta\,{}_{(2)}\mathbb{M}\Big)\,df +$$

$$+ \int_{(B)} \Big[\text{ink } \mathbb{D}\big(\$,T-T_0\big)\Big]\cdot\cdot\delta\mathbb{F}\,dV = 0 \tag{10.44e}$$

überführt mit entsprechenden Variationen $\big(\delta\,{}_{(2)}\mathbb{T}^{T}_{Ges},\ \delta\,{}_{(2)}\mathbb{M}\big)$ der Krustenschalen–Schnittlast–Tensoren, die — weil Randspannungen hier nicht variiert werden sollen! — den homogenen Gleichgewichtsbedingungen

$$\nabla_{(2)}\cdot\delta\,{}_{(2)}\mathbb{T}_{Ges} = 0\,,\quad \nabla_{(2)}\cdot\delta\,{}_{(2)}\mathbb{M} + \delta\,{}_{(2)}\mathbb{T}^{T}_{Ges}\cdot\cdot\mathfrak{E} = 0$$

(vgl. (4.51a,52c) genügen und demgemäß nach (6.49a,50b) mit zwei Schalen–Spannungsfunktionen–Vektoren $\delta\varphi$, $\delta\psi$ in der Form

$$\delta\,{}_{(2)}\mathbb{T}_{Ges} = \mathbb{n}\times\nabla_{(2)}\circ\delta\varphi\,,\quad \delta\,{}_{(2)}\mathbb{M} = \mathbb{n}\times\nabla_{(2)}\circ\delta\psi + \mathbb{n}\times\mathbb{E}_{(2)}\times\delta\varphi \tag{10.44f,g}$$

darzustellen sein müssen. Daher gelten unter Benutzung von $\oint\!\!\oint \mathbb{n}\times\nabla_{(2)}\otimes\Phi\,df = 0$ (vgl. (3.11a))

$$\oint\!\!\oint \mathbb{D}\cdot\cdot\delta\,{}_{(2)}\mathbb{T}^{T}_{Ges}\,df = \oint\!\!\oint \mathbb{D}\cdot\cdot(\delta\varphi\circ\mathbb{n}\times\nabla_{(2)})df \equiv$$

$$\equiv \oint\!\!\oint \Big[\mathbb{D}\cdot\cdot(\delta\varphi\circ\mathbb{n}\times\nabla_{(2)}) - \mathbb{D}\cdot\cdot(\delta\varphi\circ\mathbb{n}\times\nabla_{(2)})\Big]\,df = -\oint\!\!\oint \Big[(\mathbb{n}\times\nabla_{(2)})\cdot\mathbb{D}\Big]\cdot\delta\varphi\,df$$

sowie $\oint\!\!\oint (\nabla\times\mathbb{D})\cdot\cdot(\mathbb{n}\times\mathbb{E}_{(2)}\times\delta\varphi)df \equiv \oint\!\!\oint (\nabla\times\mathbb{D})\cdot\cdot(\mathbb{n}\times\mathbb{E}\times\delta\varphi)df =$

$$\overset{61)}{=} \oint\!\!\oint \Big\{\Big[(\mathbb{n}\times\nabla)\cdot\mathbb{D}\Big]\cdot\delta\varphi - (\nabla\times\mathbb{D})\cdot\cdot\mathbb{E}(\mathbb{n}\cdot\delta\varphi)\Big\}\,df \overset{62)}{=} \oint\!\!\oint \Big[(\mathbb{n}\times\nabla_{(2)})\cdot\mathbb{D}\Big]\cdot\delta\varphi\,df$$

und $\oint\!\!\oint (\nabla\times\mathbb{D})\cdot\cdot(\mathbb{n}\times\nabla_{(2)}\,\delta\psi)df \equiv \oint\!\!\oint \Big\{(\overline{\nabla\times\mathbb{D}})\cdot\cdot(\mathbb{n}\times\nabla_{(2)}\,\delta\psi) - \Big[(\overline{\nabla\times\mathbb{D}})\cdot\cdot(\mathbb{n}\times\nabla_{(2)}\,\delta\psi)\Big]\Big\}\,df =$

$$= -\oint\!\!\oint \Big[(\overline{\nabla\times\mathbb{D}})\cdot(\mathbb{n}\times\nabla_{(2)})\Big]\cdot\delta\psi\,df \equiv -\oint\!\!\oint \Big[(\overline{\nabla\times\mathbb{D}})\cdot(\mathbb{n}\times\nabla)\Big]\cdot\delta\psi\,df \equiv$$

$$\equiv \oint\!\!\oint (\nabla\times\mathbb{D}\times\nabla)\cdot\cdot\mathbb{n}\circ\delta\psi\,df\,,$$

womit (10.44e) letztlich auf die Forderung

$$\delta_{\$}\,\mathscr{W}_{\Sigma}^{+} = \int_{(B)} \Big[\text{ink } \mathbb{D}(\$,T-T_0)\Big]\cdot\cdot\delta\mathbb{F}\,dV + \sum_{j=1}^{n_B} \oint\!\!\oint_{f_j(B)} (\text{ink } \mathbb{D})\cdot\cdot\mathbb{n}\circ\delta\psi\,df = 0$$

---

61) Man benutze $\mathbb{n}\times\mathbb{E}\times\delta\varphi = \delta\varphi\circ\mathbb{n} - (\mathbb{n}\cdot\delta\varphi)\mathbb{E}$ nach [I,(2.66b)]

62) Man beachte, daß $\mathbb{E}\times\nabla$ ein antimetrischer Differentialoperator, hingegen $\mathbb{D}$ symmetrisch ist.

für beliebige Größen $\delta\mathbb{F}$, $\delta\psi$, d. h. in der Tat auf (10.44a) reduziert wird.

Anwendungsbeispiel von (10.42) für auch zugelassene Variationen eingeprägter Lasten ist der in der Elastostatik kleiner Verformungen gültige Castiglianosche Satz, wonach durch partielle Ableitung der inneren Ergänzungsenergie nach einer "Einzellastgröße"[63] ($\mathbb{L}$) die entsprechende "Verrückung"[63] ($\mathbb{v}$) des Lastangriffspunktes aufzufinden ist. Er gründet auf dem in der Statik gültigen Befund, den Spannungszustand und damit auch die innere Ergänzungsenergie letztlich in Abhängigkeit von den eingeprägten Belastungen darstellen zu können. In diesem Sinne sind dann

$$\delta_{\mathbb{L}}\mathscr{W}_{\Sigma}^{+} = \delta\mathbb{L} \cdot \frac{\partial\mathscr{W}_{\Sigma}^{+}}{\partial\,\mathbb{L}}$$

sowie

$$\delta_{\mathbb{L}}\,\mathscr{A}_{a\Sigma}^{+} \overset{63)}{=} \mathbb{v}\cdot\delta\mathbb{L}$$

die entsprechenden Variationen der inneren Ergänzungsenergie bzw. der äußeren Ergänzungsarbeit, weswegen (10.42), d. h.

$$\delta\mathbb{L}\cdot\left(\mathbb{v} - \frac{\partial\mathscr{W}_{\Sigma}^{+}}{\partial\,\mathbb{L}}\right) = 0$$

unter dem Gesichtspunkt der Beliebigkeit der Lastvariationen ($\delta\mathbb{L}$) in der Tat den Castiglianoschen Satz

$$\mathbb{v} = \partial\mathscr{W}_{\Sigma}^{+}/\partial\mathbb{L} \tag{10.45a}$$

liefert. Eine Einschränkung auf linear-elastisches Stoffverhalten enthält diese Aussage nicht, ebenso wie die generell mögliche Prozedur [16], [27]

$$\mathbb{v} = \left[\frac{\partial\mathscr{W}_{\Sigma}^{+}\langle\mathbb{q},\mathbb{L}\rangle}{\partial\,\mathbb{L}}\right]_{\mathbb{L}=0}, \tag{10.45b}$$

mit der man eine aktuelle Verrückungsgröße ($\mathbb{v}$) an einer Stelle berechnet, an der keine "duale Einzellastgröße" angreift[64].

---

[63] Unter Einzellastgrößen ($\mathbb{L}$) und hierzu duale Verrückungsgrößen ($\mathbb{v}$) werden solcherart dynamisch–kinematische Paare verstanden, deren Skalarprodukt energetische Inputs definieren. So hat etwa im Falle einer Einzelkraft $\mathbb{L}$ die duale Größe $\mathbb{v}$ die Bedeutung der Verschiebung des Kraftangriffspunktes, im Falle eines Einzelmomentes die Bedeutung der Verdrehung des Momentenangriffspunktes. Aber auch Lastgruppen können unter $\mathbb{L}$ verstanden werden mit dann entsprechender Bedeutung von $\mathbb{v}$ als entsprechende duale Verrückungsgruppe [56].

[64] Indem man — neben der gegebenen eingeprägten Belastung ($\mathbb{q}$) — an derjenigen Stelle, wofür $\mathbb{v} = \mathbb{v}_q$ gesucht wird, zusätzlich eine "Hilfskraft" $\mathbb{L}$ anbringt, hierfür die innere Ergänzungsenergie $\mathscr{W}_{\Sigma}^{+} = \mathscr{W}_{\Sigma}^{+}\langle\mathbb{q},\mathbb{L}\rangle$ berechnet, anschließend nach $\mathbb{L}$ ableitet und in der so erhaltenen Struktur schließlich $\mathbb{L} = 0$ setzt.

Ein einfaches Beispiel aus der Stabtheorie soll dies demonstrieren, wofür jetzt ein allgemeiner Zusammenhang

$w''(x) = f(M(x))$

zwischen Biegemomenten $(M(x))$ und Systemlinien–Krümmungen $(w''(x))$ angenommen und demgemäß mit den etwa aus einer Schüttungsbelastung $(q(x))$ herrührenden Biegemomenten $(M_q(x))$ für

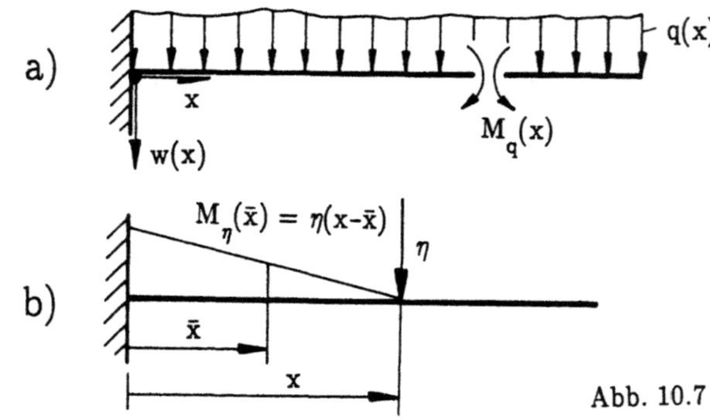

Abb. 10.7

z. B. Einspannung in $x = 0$ (mit $w(0) = 0$, $w'(0) = 0$) (Abb. 10.7a) die Biegelinie

$$w(x) \equiv w_0 + \int_{\bar{x}=0}^{x} \frac{dw}{d\bar{x}}\, d\bar{x} \equiv w_0 - \int_{\bar{x}=0}^{x} \frac{d}{d\bar{x}}(x-\bar{x}) \frac{dw}{d\bar{x}}\, d\bar{x} \equiv$$

$$w_0 + x \left[\frac{dw}{dx}\right]_{x=0} + \int_{\bar{x}=0}^{x} (x-\bar{x}) \frac{d^2w}{d\bar{x}^2}\, d\bar{x} \longrightarrow \int_{\bar{x}=0}^{x} (x-\bar{x}) \frac{d^2w}{d\bar{x}^2}\, d\bar{x} = \int_{\bar{x}=0}^{x} (x-\bar{x})\, f(M_q(\bar{x}))\, d\bar{x} \tag{10.46}$$

festgestellt wird. Behandelt man dasselbe Problem mit dem Prinzip der virtuellen Kräfte, so ist in der Formel für die innere Ergänzungsenergie

$$\mathscr{W}_\Sigma^{+} = \int_{\bar{x}=0}^{x} \left\{ \int_{0}^{M} f(\tilde{M})\, d\tilde{M} \right\} d\bar{x}$$

zunächst für die Biegemomente der aus $q(x)$ und der Einzelkraftbelastung η nach Abb. 10.7b bestehenden Gesamtbelastung

$$M = M(\bar{x}) = M_q(\bar{x}) + M_\eta(\bar{x}) = M_q(\bar{x}) + \eta \begin{cases} x-\bar{x} & \text{für } 0 \le \bar{x} \le x \\ 0 & \text{für } x \le \bar{x} \le l \end{cases}$$

zu setzen, nach η abzuleiten und anschließend $\eta = 0$ zu setzen. Man bekommt so in der Tat (vgl. (10.46))

$$w(x) = \left[\frac{\partial \mathscr{W}_\Sigma^{+}}{\partial \eta} \right]_{\eta=0} = \left\{ \int_{\bar{x}=0}^{l} f(M_q + M_\eta) \begin{Bmatrix} (x-\bar{x}) \\ 0 \end{Bmatrix} d\bar{x} \right\}_{\eta=0} \equiv \int_{\bar{x}=0}^{x} f(M_q(\bar{x}))(x-\bar{x})\, d\bar{x}\,.$$

Schließlich nochmals den Fall der v. Mises–Plastizität aufgreifend, ist wegen

$$\mathbb{S}^{(E)\prime} \cdot\cdot\, \mathbb{S}^{(E)\prime} = \frac{2}{3}\sigma_F^2 = \text{const.}\,, \quad \text{d. h. } \mathbb{S}^{(E)\prime} \cdot\cdot\, \delta\mathbb{S}^{(E)\prime} = 0 \text{ in } (B)$$

nach (10.23c) auch

$$\mathbb{C}^{*\prime} \cdot\cdot\, \delta\mathbb{S}^{(E)\prime} = 0, \text{ in } (B)\,,$$

desweiteren wegen $\bar{\nabla} \cdot \mathbf{w} = \mathbb{E} \cdot\cdot\, \mathbb{C}^*$ in (B) auch

$$\mathbb{C} \cdot\cdot\, (\delta p\, \mathbb{E}) = \delta p\, \mathbb{E} \cdot\cdot\, \mathbb{C}^* = \delta p\, (\bar{\nabla} \cdot \mathbf{w}) = 0 \ \text{ in } (B)\,,$$

also insgesamt

$$\int_{(B)} \mathbb{C}^* \cdot\cdot\, \delta\mathbb{S}^{(E)}\, dV = 0\,,$$

weswegen aus der Leistungsversion (10.40a) des Prinzips der virtuellen Kräfte

$$\delta_{\mathbb{k},\mathbb{S}} \overset{+}{\mathscr{A}}_{a\Sigma} = \int_{(B)} \mathbb{v} \cdot \delta\mathbb{k}\bar{\rho}\, d\bar{V} + \sum_{j=1}^{n_B} \oiint_{\bar{f}_j(\bar{B})} \mathbb{n} \cdot \delta\mathbb{S}^{(E)} \cdot \mathbb{v}\, d\bar{f} = 0\,, \tag{10.47}$$

d. h. der Befund hervorgeht, daß für das aktuelle Geschwindigkeitsfeld die virtuelle äußere Ergänzungsleistung(-svariation) verschwinden muß für alle Gleichgewichtssysteme von (variierten) Massen- und Oberflächenkräften.

Zwei Hinweise sollen diese Ziffer beschließen, nämlich

1) daß das Prinzip vom stationären Wert des elastischen Potentials für kleine Verformungen und das Prinzip vom stationären Wert des elastischen Ergänzungspotentials sog. duale Prinzipien sind in dem Sinne, daß man das letztere Prinzip aus dem Erstgenannten entwickeln kann, indem man dort die "Variationsvariable" $\mathbb{u}$ nach Maßgabe des (als Nebenbedingung fungierenden) elastischen Materialgesetzes durch die Spannungen ($\mathbb{S}$) ersetzt [22], und daß sich

2) im Falle quasistatischer Probleme an linear-viskoelastischen Medien analog 10.1.6 mit Vorteil eine Laplace-transformierte Version des Prinzips der virtuellen Kräfte insbesondere zwecks Erzeugung von Näherungslösungen auf der Basis von Ritz- bzw. Kantorowitsch-Ansätzen anbietet [61].

10.3. Das Prinzip von D'Alembert [16], [27]

postuliert in seiner (das Newtonsche Bewegungsaxiom und das Reaktionsprinzip substantiierenden) ursprünglichen Fassung "am bewegten System Gleichgewicht der (sog.) verlorenen Kräfte", wobei unter Letzteren - neben den äußeren Lasten - die sog. "negativen Massenbeschleunigungen" verstanden werden[65]. Abgesehen von Systemen starrer Körper [27], kommt das Prinzip von D'Alembert in der Regel in seiner sog. Lagrangeschen Fassung zur Anwendung, die als Anwendung des Prinzips der virtuellen Verrückungen auf die Statik der verlorenen Kräfte D'Alemberts zu interpretieren ist. Die diesbezügliche Verifikation des Prinzips erfolgt analog (10.1-2) mittels identischer Umformungsprozesse am Ausdruck für die virtuelle Arbeit der äußeren Kräfte, wobei nun allerdings anstelle von (10.2b) die Newton-Eulersche Feldgleichung

$$\hat{\nabla} \cdot (\mathbb{S}^{(K)} \cdot \mathbb{F}) + \hat{\rho}\mathbb{k} = \hat{\rho}\mathbb{b}$$

herangezogen und hiermit schließlich

$$\delta_u \mathscr{A}_{aV\Sigma} = \delta_u \mathscr{A}_{\mathbb{S}\Sigma} \tag{10.47a}$$

mit der sog. virtuellen Arbeit der verlorenen Kräfte

[65] d. s. die an den (mit $\mathbb{b}$ beschleunigten) Kontinuumselementen $dm = \hat{\rho}\, d\hat{V} = \bar{\rho}\, d\bar{V}$ angreifend anzusehenden Kraftgrößen $-dm\, \mathbb{b}$.

$$\delta_u \mathscr{A}_{aV\Sigma} \equiv \delta_u \mathscr{A}_{a\Sigma} - \int_{(m)} \mathbb{b} \cdot \delta \mathbb{u} \, dm = \int_{(m)} (\mathbb{k} - \mathbb{b}) \cdot \delta \mathbb{u} \, dm + \sum_{j=1}^{n_B} \oiint_{\hat{f}_j(B)} \mathbb{s}_{\hat{n}}^{(K)} \cdot \delta \mathbb{u} \, d\hat{f} =$$

$$= \int_{(m)} (\mathbb{k} - \mathbb{b}) \cdot \delta \mathbb{u} \, dm + \sum_{j=1}^{n_B} \oiint_{\bar{f}_j(\bar{B})} \mathbb{s}_{\bar{n}}^{(K)} \cdot \delta \mathbb{u} \, d\bar{f} \qquad (10.47b)$$

und mit $\delta_u \mathscr{A}_{\$\Sigma}$ nach (10.1.b,c) erhalten wird. Die virtuellen Verrückungen dürfen (auch hier) zeitabhängig sein, womit auch Leistungsversionen des Prinzips, etwa

$$\delta_{\mathbb{v}} \mathscr{L}_{aV\Sigma} = \delta_{\mathbb{v}} \mathscr{L}_{\$\Sigma} \qquad (10.48a)$$

mit

$$\delta_{\mathbb{v}} \mathscr{L}_{\$\Sigma} = \int_{(\bar{B})} \$^{(E)} \cdot\cdot\, \delta_{\mathbb{v}} \mathbb{C}^* \, d\bar{V} \,, \quad \delta_{\mathbb{v}} \mathscr{L}_{aV\Sigma} = \int_{(\bar{B})} \bar{\rho} (\mathbb{k} - \mathbb{b}) \cdot \delta \mathbb{v} \, d\bar{V} + \sum_{j=1}^{n_B} \oiint_{\bar{f}_j(\bar{B})} \mathbb{s}_{\bar{n}}^{(E)} \cdot \delta \mathbb{v} \, d\bar{f}$$

(10.48b,c)

zu formulieren sind, desgl. Laplace-transformierte Versionen analog 10.1.6, deren Auswertung mit Hilfe von Ritz- bzw. Kantorowitsch-Ansätzen im Hinblick auf einfache Rücktransformierbarkeit der Laplace-transformierten in Original-Lösungen allerdings nur für lineare Probleme anzuraten ist.

Mittels des D'Alembertschen Prinzips formulierte Probleme führen nur in Spezialfällen zu Extremalaussagen im Sinne von § 7 - auch wenn man der Arbeit der äußeren Belastungen bzw. der Spannungsarbeit ein Potential zuordnen kann! -, weil die virtuelle Arbeit bzw. Leistung der Massenbeschleunigungen i. allg. nicht als Verrückungs- bzw. Geschwindigkeitsvariation eines entsprechenden Potentials darzustellen ist.

Als ein Beispiel, wo die Erzeugung eines Extremalprinzips möglich ist, soll hier die Darstellung eines Rayleighschen Quotienten für die Eigenfrequenzen (kleiner) freier Schwingungen eines elastischen Körpers (um seine statische Ruhelage) referiert werden. Während die Spannungsarbeitsvariation gemäß

$$\delta_u \mathscr{A}_{\$\Sigma} \equiv \delta_u \mathscr{W}_{\Sigma} = \delta_u \left\{ \frac{1}{2} \int_{(V)} \operatorname{def} \mathbb{u} \cdot\cdot \overset{<4>}{\mathbb{C}} \cdot\cdot \operatorname{def} \mathbb{u} \, dV \right\} \qquad (10.49a)$$

mit der Variation der (in Termen der Auslenkungen $\mathbb{u}(\mathbb{r},t)$ aus der statischen Ruhelage ausgedrückten) Formänderungsenergie $(\mathscr{W}_{\Sigma})$ identifiziert werden kann, ist die Arbeitsvariation der verlorenen Lasten, die für isoenergetische Randbedingungen und mit $\mathbb{k} = 0$ die Form

$$\delta_u \mathscr{A}_{aV\Sigma} = - \int_{(m)} \mathbb{b} \cdot \delta \mathbb{u} \, dm = - \int_{(V)} \rho \, \ddot{\mathbb{u}} \cdot \delta \mathbb{u} \, dV \qquad (10.49b)$$

annimmt, zunächst nicht als vollständige (Verrückungs—)Variation eines (skalaren) Funktionals darzustellen. Verwendet man jedoch für $\mathbb{u}(\mathbb{r},t)$ einen Modalansatz

$$\mathbb{u}(\mathbb{r},t) = \mathbb{u}_k(\mathbb{r}) \sin(\omega_k t + \alpha_k)$$

und entsprechende virtuelle Verrückungen

$$\delta \mathbb{u}(\mathbb{r},t) = \delta \mathbb{u}_k(\mathbb{r}) \sin(\omega_k t + \alpha_k)$$

so läßt sich $\delta_u \mathscr{A}_{aV\Sigma}$ als

$$\delta_u \mathscr{A}_{aV\Sigma} = \omega_k^2 \int_{(V)} \rho \mathbb{u}_k \cdot \delta \mathbb{u}_k \, dV \sin^2(\omega_k t + \alpha_k) \equiv \omega_k^2 \delta_u \left\{ \frac{1}{2} \int_{(V)} \rho \mathbb{u}_k^2 \, dV \right\} \sin^2(\omega_k t + \alpha_k)$$

schreiben und demgemäß aus $\delta_u \mathscr{A}_{aV\Sigma} = \delta_u \mathscr{A}_{\$\Sigma}$ nach Herauskürzen von $\sin^2(\omega_k t + \alpha_k)$ das Extremalproblem

$$\delta_u \Omega = 0, \quad \Omega \langle \mathbb{u}_k \rangle = \int_{(V)} \operatorname{def} \mathbb{u}_k \cdot\cdot \mathbb{C} \cdot\cdot \operatorname{def} \mathbb{u}_k \, dV - \omega_k^2 \int_{(V)} \rho \omega_k^2 \, dV \qquad (10.50a,b)$$

extrahieren, wonach das homogen quadratische Funktional Ω für die wirklich eintretenden Amplitudenfunktionen extremal wird, und zwar den Wert Null annimmt.[66] Danach gilt korrekt zwischen den Eigenfunktionen $\mathbb{u}_k$ und der jeweils zugehörigen Eigenfrequenz der Zusammenhang

$$\omega_k^2 = \int_{(V)} \operatorname{def} \mathbb{u}_k \cdot\cdot \overset{\langle 4 \rangle}{\mathbb{C}} \cdot\cdot \operatorname{def} \mathbb{u}_k \, dV \Big/ \int_{(V)} \rho \mathbb{u}_k^2 \, dV \qquad (10.50c)$$

aber auch näherungsweise — weil eben $\delta_{\mathbb{u}} \Omega = 0$ eine Extremalaussage ist! — nach Rayleigh

$$\omega_k^2 \approx \int_{(V)} \operatorname{def} \overset{*}{\mathbb{u}}_k \cdot\cdot \overset{\langle 4 \rangle}{\mathbb{C}} \cdot\cdot \operatorname{def} \overset{*}{\mathbb{u}}_k \, dV \Big/ \int_{(V)} \rho \, \mathbb{u}_k^{*2} \, dV \qquad (10.50d)$$

mit einer (möglichst gut geschätzten) Approximation $\overset{*}{\mathbb{u}}_k$ der k.ten Eigenlösung, indem man sich das Problem

$$\delta_u \Omega = 0 \quad \text{mit} \quad \Omega = \Omega \langle \mathbb{u} \rangle \qquad (10.51a,b)$$

mittels eines Ritz—Ansatzes

$$\mathbb{u} \approx C \, \overset{*}{\mathbb{u}}_k \qquad (10.51c)$$

ausgewertet denkt[67].

Im Gegensatz zum Prinzip der virtuellen Verrückungen bzw. zum Prinzip von D'Alembert <u>müssen</u> die virtuellen Verrückungen beim

10.4. Prinzip von Hamilton [16], [27]

zeitabhängig sein, da dieses Prinzip aus der Menge der für einen Körper kinematisch möglichen Bewegungsprozesse, die eine (als vorgegeben angesehene) Systemkonfiguration (A) (zur Zeit t_A) in eine als (vorgegeben angesehene) Konfiguration (E) (zur Zeit t_E) zu überführen erlauben (Abb. 10.8), den wirklich eintretenden Bewegungsprozeß $\mathbb{r}(P,t)$ heraushebt.

---

[66] Dies ist eine Eigenschaft homogen—quadratischer Funktionale

[67] mittels (10.51c) erzeugt man aus (10.51a,b) das parametrisch—variable Ersatzproblem

$\hat{\Omega}(C) = \Omega \langle C \overset{*}{\mathbb{u}}_k \rangle = C^2 \Omega(\overset{*}{\mathbb{u}}_k) = C^2 \Omega^* \longrightarrow$ Extr.,

ersetzt also $\delta_u \Omega = 0$ durch die Extremalaussage $d\hat{\Omega}/dC = 2C\Omega^* = 0$, die mit $C \neq 0$ auf

$\Omega^* = \Omega \langle \overset{*}{\mathbb{u}}_k \rangle = 0$ und damit in der Tat auf (10.50d) führt.

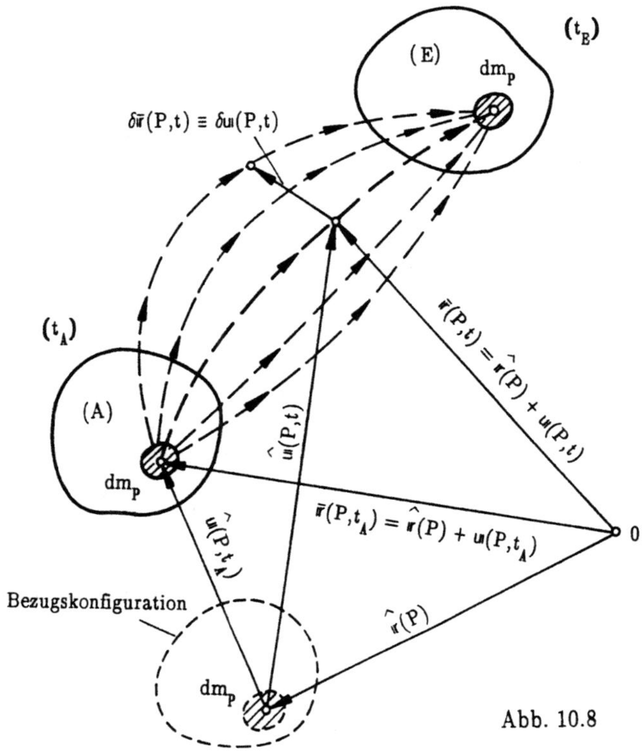

Abb. 10.8

Ausgangsgleichung für die Prinzip-Formulierung in der klassischen Mechanik ist die hierfür geltende Formel für die kinetische Energie

$$\mathscr{E}_\Sigma = \int_{(m)} \frac{dm}{2}\, \mathbf{v}^2 = \frac{1}{2} \int_{(m)} \dot{\mathbf{u}}^2(P,t)\, dm\,, \tag{10.52}$$

deren "Verrückungsvariation" zunächst als

$$\delta_u \mathscr{E}_\Sigma = \int_{(m)} \dot{\mathbf{u}} \cdot \delta\dot{\mathbf{u}}\, dm \equiv \int_{(m)} (\dot{\mathbf{u}} \cdot \delta\mathbf{u})^{\cdot}\, dm - \int_{(m)} \ddot{\mathbf{u}} \cdot \delta\mathbf{u}\, dm$$

und unter Benutzung des D'Alembertschen Prinzips (10.47), d.h. unter Benutzung der auch als "D'Alembertsche Zentralgleichung" bezeichneten Identität

$$-\int_{(m)} \ddot{\mathbf{u}} \cdot \delta\mathbf{u}\, dm = -\int_{(m)} \mathbf{b} \cdot \delta\mathbf{u}\, dm \overset{(10\,.\,47b)}{=} \delta_u \mathscr{A}_{aV\Sigma} - \delta_u \mathscr{A}_{a\Sigma} \overset{(10\,.\,47a)}{=} \delta_u \mathscr{A}_{\mathfrak{S}\Sigma} - \delta_u \mathscr{A}_{a\Sigma} \tag{10.52a}$$

desweiteren als

$$\delta_u \mathscr{E}_\Sigma = \delta_u \mathscr{A}_{\mathfrak{S}\Sigma} - \delta_u \mathscr{A}_{a\Sigma} + \int_{(m)} (\dot{\mathbf{u}} \cdot \delta\mathbf{u})^{\cdot}\, dm \tag{10.52b}$$

dargestellt werden kann. Letztere Beziehung liefert dann nach Integration über den Bewegungszeitraum $t_E \leq t \leq t_A$ bei Beachtung der Verfügungen

$$\delta\mathbf{u}(P,t_A) = \delta\mathbf{u}(P,t_E) = 0 \tag{10.52c}$$

schließlich das Hamiltonsche Prinzip

$$\int_{t_A}^{t_E} (\delta_u \mathscr{A}_{a\Sigma} - \delta_u \mathscr{A}_{\$\Sigma} + \delta_u \mathscr{E}_{\Sigma})\, dt = 0. \tag{10.52d}$$

Für die geometrischen Randbedingungen befriedigende virtuelle Verrückungen ist darin $\delta_u \mathscr{A}_{a\Sigma}$ auf die virtuelle Arbeit $(\delta_u \mathscr{A}_{a\Sigma}{}^{(E)})$ der eingeprägten Kräfte einzuschränken, und speziell findet man für elastische Körper in konservativer Umgebung mit $\delta_u \mathscr{A}_{a\Sigma}{}^{(E)} = -\delta_u U_{\Sigma}$ und $\delta_u \mathscr{A}_{\$\Sigma} = \delta_u \mathscr{W}_{\Sigma}$ unter Benutzung der mit dem Potential $(\mathscr{U})$ der äußeren Belastung und der (isothermen bzw. adiabatischen) Formänderungsenergie $(\mathscr{W}_{\Sigma})$ gebildeten sog. Lagrangeschen Funktion

$$\mathscr{L}_{\Sigma} = \mathscr{E}_{\Sigma} - (\mathscr{U}_{\Sigma} + \mathscr{W}_{\Sigma}) \tag{10.53a}$$

die Formulierung des Prinzips in Form einer Extremalaussage im Sinne von § 7

$$\delta_u \int_{t_A}^{t_A} \mathscr{L}_{\Sigma}\, dt = 0\,, \tag{10.53b}$$

deren zugehörige Eulersche Differentialgleichung(en) für parametrisch kinematisch unbestimmte Systeme ("mit endlich-vielen Freiheitsgraden") bekanntlich die Lagrangeschen Bewegungsgleichungen 2. Art sind, wie man durch Nullsetzen der Eulerschen Variationsableitung unter Beachtung von (10.52c) leicht feststellt [16, 27].

Die Parametrisierung einer Körperkinematik, womit eine Approximation der tatsächlichen Varietät eines Verrückungszustandes $(\hat{\mathbb{u}}(\hat{\mathbb{r}},t))$ durch eine endliche Anzahl von Verrückungsparametern vollzogen wird, ist generell als Ausdruck eines Ritz—Ansatzes zu verstehen. Für z. B. den Spezialfall, daß man etwa mit vorgegebenen (zweistufig—tensorwertigen) Verteilungsfunktionen $\Phi_k(\hat{\mathbb{r}})$ einen Ritz—Ansatz von der Form

$$\hat{\mathbb{u}}(\hat{\mathbb{r}},t) = \sum_{k=1}^{n} \mathbb{u}_k(t) \cdot \Phi_k(\hat{\mathbb{r}}) \tag{10.54a}$$

verwendet, in dem nurmehr die Verschiebungen $\mathbb{u}_k(t) = \hat{\mathbb{u}}(\hat{\mathbb{r}}_k,t)$, $k = 1,\ldots,n$, von n ausgezeichneten Körperpunkten als Variable aufscheinen, wird für $\mathscr{L}_{\Sigma}$ nach Integration über den Körperbereich $(\hat{V})$ letztlich eine Struktur von der Form

$$\mathscr{L}_{\Sigma} = \overset{*}{\mathscr{L}}_{\Sigma}(\mathbb{u}_1,\ldots,\mathbb{u}_n;\, \dot{\mathbb{u}}_1,\ldots,\dot{\mathbb{u}}_n) \tag{10.54b}$$

erreicht, hiermit die Extremalforderung (10.53b) zunächst in der Form

$$\int_{t_A}^{t_E} \Big[\sum_{k=1}^{n} \frac{\partial \overset{*}{\mathscr{L}}_{\Sigma}}{\partial \mathbb{u}_k} \cdot \delta\mathbb{u}_k + \underline{\frac{\partial \overset{*}{\mathscr{L}}_{\Sigma}}{\partial \dot{\mathbb{u}}_k} \cdot \delta\dot{\mathbb{u}}_k} \Big]\, dt = 0$$

und nach partieller Integration der zweiten Terme (gestrichelt) unter Beachtung von $\delta\mathbb{u}_k(t_A) = \delta\mathbb{u}_k(t_E) = 0$ desweiteren dann als

$$\int_{t_A}^{t_E} \sum_{k=1}^{n} \left[\frac{\partial \overset{*}{\mathscr{L}}_\Sigma}{\partial \mathrm{u}_k} - \frac{d}{dt} \left(\frac{\partial \overset{*}{\mathscr{L}}_\Sigma}{\partial \dot{\mathrm{u}}_k} \right) \right] \cdot \delta \mathrm{u}_k \, dt = 0$$

ausgedrückt und so schließlich wegen der Beliebigkeit der Verrückungsvariationen entsprechend dem Ansatz (10.54a) das System der Lagrangeschen Bewegungsgleichungen

$$\frac{\partial \overset{*}{\mathscr{L}}_\Sigma}{\partial \mathrm{u}_k} - \frac{d}{dt} \left(\frac{\partial \overset{*}{\mathscr{L}}_\Sigma}{\partial \dot{\mathrm{u}}_k} \right) = 0, \quad k = 1,\dots,n \tag{10.54c}$$

zur Berechnung der kinematischen Freiheiten $\mathrm{u}_k(t)$, $k = 1,\dots,n$ erschlossen. Die einfache Struktur der Gln. (10.54c) sollte nicht darüber hinwegtäuschen, daß es sich hierbei im Falle endlicher Verformungen um ein kompliziertes nichtlineares Differentialgleichungssystem handelt[68].

Zur Formulierung von Schalen—Platten— bzw. Stabproblemen mittels des Hamiltonschen Prinzips benötigt man geeignete Kantorowitsch—Ansätze, die den Verschiebungszustand des Schalen—Platten— bzw. Stabkontinuums im Sinne von § 7.2 letztlich auf Produkte reduzieren, bestehend aus den auf der Schalen— bzw. Plattenmittelebene bzw. längs der Stabachse definierten Freiheitsgradfeldern und aus geeigneten vorgegebenen längs der Schalen— bzw. Plattendicke bzw. auf dem Stabquerschnitt definierten, Verteilungsfunktionen. Nach Einsetzen dieser Produktdarstellungen in (10.52d) bzw. (10.53b) und anschließende Integration über die Schalen— bzw. Plattendicke bzw. über den Stabquerschnitt entstehen dann schließlich die entsprechenden Versionen des Prinzips für Schalen—Platten— bzw. Stabprobleme, in denen die jeweiligen Freiheitsgradfelder als zu variierende Größen aufscheinen. Des diesbezüglich erheblichen Aufwandes wegen soll hier aus Raumgründen auf die Detaillierung eines Beispiels unter Hinweis auf [62] verzichtet werden.

---

68) Man bedenke, daß die in der Formänderungsenergie aufscheinenden Greenschen Verzerrungen nichtlineare Funktionen des Verschiebungsgradienten sind und demzufolge schon im einfachsten Falle, daß die (spezifische) Formänderungsenergie eine bilineare Funktion der Greenschen Verzerrungen ist, unter Benutzung von (10.54a) im Formänderungsenergie—Anteil $\overset{*}{\mathscr{L}}$ vierte Potenzen der Verrückungsgrößen $\mathrm{u}_k(t)$ aufscheinen.

§E1 Konstruktion einer linearisierten Theorie elastischer Membranen

1. Allgemeine Hinweise zur Verformungsgeometrie

In Spezialisierung von §8 werden hier materielle Punkte (P) der Membranfläche per

$$\mathbb{r}(\mathrm{P},t_0) = \mathbb{r}(q^1,q^2) \left[= \mathbb{r}\,(q_{<1>},q_{<2>}\right] \tag{1.1a}$$

durch zwei die Fläche (F) in der (in der Regel "unverformt" angesehenen) Bezugskonfiguration kennzeichnende Variable beschrieben[1], Verschiebungen $\mathbb{u}(\mathrm{P},t) = \mathbb{u}(\mathbb{r},t)$ (in die Momentankonfiguration) als Lagrangesche Felder durch

$$\mathbb{u}(\mathrm{P},t) = \mathbb{r}(\mathrm{P},t) - \mathbb{r}(\mathrm{P},t_0) = \mathbb{u}(\mathbb{r},t) \tag{1.1b}$$

und schließlich die Zusammenhänge zwischen materiellen Linienelementen $(d\mathbb{s}_j$ bzw. $d\bar{\mathbb{s}}_j)$ in der Bezugs– bzw. Momentankonfiguration durch

$$d\bar{\mathbb{s}}_j = d\mathbb{s}_j \cdot (\mathbb{E}_{(2)} + \mathbb{\nabla}_{(2)} \circ \mathbb{u}) = d\mathbb{s}_j \cdot (\mathbb{E}_{(2)} + {}_{(2)}\mathbb{U}) = d\mathbb{s}_j \cdot {}_{(2)}\mathbb{F} \tag{1.2a}$$

(vgl. Abb. E.1.1) mit einem nunmehr[2] linksseitig (lokal—)planaren Konfigurationsoperator

$${}_{(2)}\mathbb{F}(\mathrm{P},t) =^{3)} (\mathbb{E}_{(2)} + \mathbb{\nabla}_{(2)} \circ \mathbb{u})_{\mathbb{r},t}\,. \tag{1.2b}$$

Eine (8.7a) analoge Zerlegung führt wegen

$$\begin{aligned} {}_{(2)}\mathbb{U} \equiv {}_{(2)}\mathbb{U}\cdot\mathbb{E} \equiv {}_{(2)}\mathbb{U}\cdot(\mathbb{E}_{(2)} + \mathbb{n} \circ \mathbb{n}) =^{4)} \mathbb{U}_{(2)} + \mathbb{n}\times(\mathbb{\nabla}_{(2)} \times \mathbb{u})\circ\mathbb{n} \equiv \\ \equiv^{5)} \mathbb{U}_{(2)} - \mathbb{E}_{(2)} \times \left[(\mathbb{\nabla}_{(2)} \times \mathbb{u})\cdot\mathbb{E}_{(2)}\right] \end{aligned} \tag{1.3a}$$

mit

$$\mathbb{U}_{(2)} \equiv {}_{(2)}\mathbb{U} \cdot \mathbb{E}_{(2)} = (\mathbb{\nabla}_{(2)} \circ \mathbb{u}) \cdot \mathbb{E}_{(2)} \tag{1.3b}$$

unter Benutzung von

$$\mathbb{U}_{(2)} = \frac{1}{2}(\mathbb{U}_{(2)} + \mathbb{U}^T_{(2)}) + \frac{1}{2}(\mathbb{U}_{(2)} - \mathbb{U}^T_{(2)}) = \mathbb{D}_{(2)} - \frac{1}{2}\,[\mathbb{n}\,\mathbb{\nabla}_{(2)}\,\mathbb{u}]\,\mathbb{E}_{(2)} \times \mathbb{n} \tag{1.3c}$$

---

1) zwecks Vermeidung formaler Überfrachtungen werden hier die auf die Bezugskonfiguration bezogenen Größen im Gegensatz zu §8 ohne übergesetzten Index $(\hat{\ })$ geschrieben

2) im Hinblick auf die jeweilige in P an die Bezugskonfiguration gelegte Membranflächen—Tangentialebene $\mathscr{V}_{(2)}(\mathrm{P},t_0)$

3) Mit der an $\mathscr{V}_{(2)}(\mathrm{P},t_0)$ definierten ("unverformten") Flächennormalen $\mathbb{n}\,(\mathrm{P},t_0) = \mathbb{n}(\mathbb{r})$ und der im dreidimensionalen Euklidischen Vektorraum $(\mathscr{V}_3)$ definierten Einheitsoperation $\mathbb{E}$ wird unter $\mathbb{E}_{(2)}(\mathrm{P},t_0) = \mathbb{E}_{(2)}(\mathbb{r}) = \mathbb{E} - \mathbb{n} \circ \mathbb{n}$ die in $\mathscr{V}_2(\mathrm{P},t_0)$ definierte lokal—planare Einheitsoperation verstanden, die in $\mathscr{V}_2(\mathrm{P},t_0)$ definierte lokal—planare Vektoren identisch abbildet. Der an $\mathbb{F}$ angebrachte Index (2) soll die linksseitige Planarität andeuten. Rechts angeschriebener Index (2) soll vollständig planare Größen kennzeichnen.

4) Man beachte $\mathbb{n} \cdot \mathbb{\nabla}_{(2)}(\overset{\downarrow}{\ }) = 0$ und damit $\mathbb{n} \times (\mathbb{\nabla}_{(2)} \times \mathbb{u}) = \mathbb{\nabla}_{(2)}(\overset{\downarrow}{\mathbb{u}} \cdot \mathbb{n}) - \overset{\downarrow}{\mathbb{u}}\,(\mathbb{n} \cdot \mathbb{\nabla}_{(2)})$ $= \mathbb{\nabla}_{(2)}(\overset{\downarrow}{\mathbb{u}} \cdot \mathbb{n}) \equiv (\mathbb{\nabla}_{(2)} \circ \mathbb{u}) \cdot \mathbb{n} = {}_{(2)}\mathbb{U} \cdot \mathbb{n}$

5) Weil mit einem (lokal-) planaren Vektor $\mathbb{a}_{(2)}$ die Größe $\mathbb{E}_{(2)} \times \mathbb{a}_{(2)}$ "rechtsseitig normal" sein muß, gilt
$\mathbb{E}_{(2)} \times \mathbb{a}_{(2)} \equiv (\mathbb{E}_{(2)} \times \mathbb{a}_{(2)}) \cdot \mathbb{n} \circ \mathbb{n} \equiv \mathbb{E}_{(2)} \cdot (\mathbb{a}_{(2)} \times \mathbb{n}) \circ \mathbb{n} \equiv \mathbb{a}_{(2)} \times \mathbb{n} \circ \mathbb{n} = -\,\mathbb{n} \times \mathbb{a}_{(2)} \circ \mathbb{n}$

mit $$\underset{(2)}{\mathbb{D}} = \frac{1}{2}(\underset{(2)}{\mathbb{U}} + \underset{(2)}{\mathbb{U}^T}) = \underset{(2)}{\mathbb{E}} \cdot \frac{1}{2}(\underset{(2)}{\nabla} \circ \mathbb{u} + \mathbb{u} \circ \underset{(2)}{\nabla}) \cdot \underset{(2)}{\mathbb{E}} \tag{1.3d}$$

korrekt (also auch für endliche Verformungen aus der Bezugskonfiguration heraus!) auf

$$\underset{(2)}{\mathbb{U}} = \underset{(2)}{\mathbb{D}} - \underset{(2)}{\mathbb{E}} \times \boldsymbol{\vartheta} \tag{1.4a}$$

mit dem in $\underset{(2)}{\mathcal{V}}(P,t_0)$ definierten lokal–planaren Deformator $\underset{(2)}{\mathbb{D}}$ nach (E1.3d) und dem Vektor

$$\boldsymbol{\vartheta}(\mathbb{r},t) = (\underset{(2)}{\nabla} \times \mathbb{u}) \cdot \underset{(2)}{\mathbb{E}} + \frac{1}{2}[\mathbb{n}\, \underset{(2)}{\nabla}\, \mathbb{u}]\, \mathbb{n} = \underset{(2)}{\nabla} \times \mathbb{u} - \frac{1}{2}[\mathbb{n}\, \underset{(2)}{\nabla}\, \mathbb{u}]\, \mathbb{n}\,. \tag{1.4b}$$

Analog §8 ist die Zerlegung

$$\underset{(2)}{\mathbb{F}} = \underset{(2)}{\mathbb{E}} + \underset{(2)}{\mathbb{U}} = \underset{(2)}{\mathbb{E}} + \underset{(2)}{\mathbb{D}} - \underset{(2)}{\mathbb{E}} \times \boldsymbol{\vartheta} \tag{1.5a}$$

bzw. $$d\bar{\mathbb{s}}_j \overset{(E1.5a)}{=} d\mathbb{s}_j \cdot \underset{(2)}{\mathbb{F}} = \underbrace{d\mathbb{s}_j \cdot (\underset{(2)}{\mathbb{E}} + \underset{(2)}{\mathbb{D}})} + \boldsymbol{\vartheta} \times d\mathbb{s}_j, \tag{1.5b}$$

die allerdings nur für den Fall infinitesimaler Verformungen – wo Starrdrehungen durch Vektorprodukte mit Drehvektoren beschrieben werden können – physikalisch gedeutet werden kann als (dann in der Reihenfolge vertauschbare) Abfolge einer in $\underset{(2)}{\mathcal{V}}(P,t_0)$ vollzogenen sog. "Streckungsoperation" (in (E1.5b) gestrichelt) und einer (mit $\boldsymbol{\vartheta}$ zu vollziehenden) Starrdrehung der infinitesimalen Umgebung von P. Für eine auch für endliche Verformungen gültige Interpretation der Zerlegung der durch $\underset{(2)}{\mathbb{F}}$ definierten lokalen Konfigurationsänderung in Streckungs– und Drehungsanteile benötigt man den polaren Zerlegungssatz

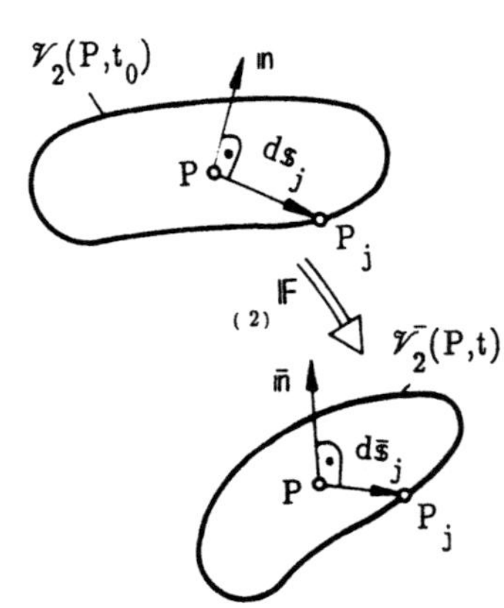

Abb. E1.1

$$\underset{(2)}{\mathbb{F}} = \underset{(2)}{\mathbb{D}^{(S)}} \cdot \underset{(2)}{\mathbb{R}} \tag{1.6}$$

mit einer (im Hinblick auf die Ausgangskonfiguration) linksseitig — planaren Versordyade[6] $\underset{(2)}{\mathbb{R}}$ (mit $\underset{(2)}{\mathbb{R}} \cdot \underset{(2)}{\mathbb{R}^T} = \underset{(2)}{\mathbb{E}}$) und dem aus

$$\underset{(2)}{\mathbb{F}} \cdot \underset{(2)}{\mathbb{F}^T} = \underset{(2)}{\mathbb{D}^{(S)}} \cdot \underset{(2)}{\mathbb{R}} \cdot \underset{(2)}{\mathbb{R}^T} \cdot \underset{(2)}{\mathbb{D}^{(S)}} = \underset{(2)}{\mathbb{D}^{(S)}}{}^2 \tag{1.7a}$$

in Abhängigkeit von den materiellen Verschiebungsableitungen in der Form

$$\underset{(2)}{\mathbb{D}^{(S)}} \equiv \underset{(2)}{\mathbb{D}^{(S)T}} = \sqrt{\underset{(2)}{\mathbb{F}} \cdot \underset{(2)}{\mathbb{F}^T}} \tag{1.7b}$$

darstellbaren (in $\underset{(2)}{\mathcal{V}}(P,t_0)$ definierten) sog. "Streckungstensor" $\underset{(2)}{\mathbb{D}^{(S)}}$, der als Tensorfunktion des sog. Greenschen Tensors $\underset{(2)}{\mathbb{D}^{(G)}}$ in der Form

$$\underset{(2)}{\mathbb{D}^{(S)}} = \sqrt{\underset{(2)}{\mathbb{E}} + 2\,\underset{(2)}{\mathbb{D}^{(G)}}} \tag{1.7c}$$

---

[6] die nur für Drehungen in $\underset{(2)}{\mathcal{V}}(P,t_0)$ belegener (lokal–planarer) Vektoren $\underset{(2)}{\mathbb{x}} = \mathbb{x} \cdot \underset{(2)}{\mathbb{E}}$ definiert ist.

mit

$$\begin{aligned}
\mathbb{D}^{(G)}_{(2)} \equiv \mathbb{D}^{(G)\,T}_{(2)} &= \tfrac{1}{2}\left({}_{(2)}\mathbb{F}\cdot{}_{(2)}\mathbb{F}^{T} - \mathbb{E}_{(2)}\right) = \tfrac{1}{2}\left[(\mathbb{E}_{(2)} + {}_{(2)}\mathbb{U})\cdot(\mathbb{E}_{(2)} + {}_{(2)}\mathbb{U}^{T}) - \mathbb{E}_{(2)}\right] = \\
&\overset{(E1.5\,a)}{=} \tfrac{1}{2}\left[(\mathbb{E}_{(2)} + \mathbb{D}_{(2)} - \mathbb{E}_{(2)}\times\vartheta)\cdot(\mathbb{E}_{(2)} + \mathbb{D}_{(2)} + \vartheta\times\mathbb{E}_{(2)}) - \mathbb{E}_{(2)}\right] = \\
&\overset{7)}{=} \mathbb{D}_{(2)} + \tfrac{1}{2}\left[(\mathbb{E}_{(2)} + \mathbb{D}_{(2)})\cdot(\vartheta\times\mathbb{E}_{(2)}) - (\mathbb{E}_{(2)}\times\vartheta)\cdot(\mathbb{E}_{(2)} + \mathbb{D}_{(2)})\right] + \\
&\qquad + \tfrac{1}{2}\left[\mathbb{D}^{2}_{(2)} - \mathbb{E}_{(2)}\cdot(\vartheta\circ\vartheta - \vartheta^{2}\,\mathbb{E}_{(2)})\cdot\mathbb{E}_{(2)}\right] \\
&\overset{8)}{=} \mathbb{D}_{(2)} + \tfrac{1}{2}\,\vartheta_{n}(\mathbb{D}_{(2)}\times\mathbb{n} - \mathbb{n}\times\mathbb{D}_{(2)}) + \tfrac{1}{2}(\mathbb{D}^{2}_{(2)} - \vartheta_{(2)}\circ\vartheta_{(2)} + \vartheta^{2}\,\mathbb{E}_{(2)}) \qquad (1.8a)
\end{aligned}$$

dargestellt werden kann. Letzterer, in $\mathcal{V}_{(2)}(P,t_0)$ definierte Operator, der die (Cauchyschen) Dehnungen

$$\varepsilon_{jj} = \lim_{ds_j\to 0}\frac{d\bar{s}_j - ds_j}{ds_j}, \quad ds_j = |d\mathbb{s}_j|,\ d\bar{s}_j = |d\bar{\mathbb{s}}_j| \qquad (1.8b)$$

materieller Linienelemente bzw. die in der "verformten (Momentan—)Konfiguration" $\bar{\mathcal{V}}_{(2)}(P,t)$ zwischen zwei Linienelementen $d\bar{\mathbb{s}}_j$, $d\bar{\mathbb{s}}_k$ eingeschlossene Winkel $\angle(d\bar{\mathbb{s}}_j, d\bar{\mathbb{s}}_k)$ bzw. deren als

$$\cos\angle(d\bar{\mathbb{s}}_j, d\bar{\mathbb{s}}_k) = \frac{d\bar{\mathbb{s}}_j\cdot d\bar{\mathbb{s}}_k}{|d\bar{\mathbb{s}}_j|\,|d\bar{\mathbb{s}}_k|} = \frac{d\bar{\mathbb{s}}_j\cdot d\bar{\mathbb{s}}_k}{(1+\varepsilon_{jj})(1+\varepsilon_{kk})\,ds_j\,ds_k} \qquad (1.8c)$$

notierbare Kosinus in Abhängigkeit von den in der (lokalen) Bezugskonfiguration $\mathcal{V}_{(2)}(P,t_0)$ definierten Richtungen $\mathbb{e}_j = d\mathbb{s}_j\,/\,ds_j$ bzw. $\mathbb{e}_k = d\mathbb{s}_k\,/\,ds_k$ in der Form

$$\varepsilon_{jj} \overset{9)}{=} \sqrt{1 + 2\mathbb{e}_j\cdot\mathbb{D}^{(G)}_{(2)}\cdot\mathbb{e}_j} - 1 \qquad (1.8d)$$

bzw.
$$\cos\angle(d\bar{\mathbb{s}}_j, d\bar{\mathbb{s}}_k) = \frac{\cos\angle(d\mathbb{s}_j, d\mathbb{s}_k) + 2\mathbb{e}_j\cdot\mathbb{D}^{(G)}_{(2)}\cdot\mathbb{e}_k}{\sqrt{(1 + 2\mathbb{e}_j\cdot\mathbb{D}^{(G)}_{(2)}\cdot\mathbb{e}_j)(1 + 2\mathbb{e}_k\cdot\mathbb{D}^{(G)}_{(2)}\cdot\mathbb{e}_k)}} \qquad (1.8e)$$

auszudrücken erlaubt, wird in der folgenden energetischen Analyse als, die Formänderungsenergie einer elastischen Membran kennzeichnende, Zustandsgröße verwendet.

---

7) Man benutze die unter Verwendung von [1] (2.52b) mögliche Umformung

$$(\mathbb{E}_{(2)}\times\vartheta)\cdot(\vartheta\times\mathbb{E}_{(2)}) \equiv \left[(\mathbb{E}_{(2)}\times\vartheta)\times\vartheta\right]\cdot\mathbb{E}_{(2)} = \left[\mathbb{E}_{(2)}\cdot(\vartheta\circ\vartheta) - \vartheta^{2}\,\mathbb{E}_{(2)}\right]\cdot\mathbb{E}_{(2)}$$

8) man beachte, daß für das Produkt $(\mathbb{E}_{(2)} + \mathbb{U}_{(2)})\cdot(\vartheta\times\mathbb{E}_{(2)})$ von $\vartheta\times\mathbb{E}_{(2)}$ nur dessen (linksseitig—) planarer Anteil von Bedeutung sein kann, also nur der Anteil $\vartheta_n\mathbb{n}\times\mathbb{E}_{(2)}$ mit $\vartheta_n = [\mathbb{n}\,\nabla_{(2)}\,\mathbb{u}]\,/\,2$ (vgl.E1.4b). In der letzteren Darstellung von (E1.8a) bedeutet $\vartheta_{(2)} = \mathbb{E}_{(2)}\cdot\vartheta$

=

$= (\nabla_{(2)}\times\mathbb{u})\cdot\mathbb{E}_{(2)}$

9) Zur Realisierung z.B. des Zusammenhanges (E1.8d) benutze man

$$d\bar{s}_j^{\,2} \overset{(E1.8b)}{\equiv} ds_j^2(1+\varepsilon_{jj})^2 = d\bar{\mathbb{s}}_j\cdot d\bar{\mathbb{s}}_j \overset{(E1.5b)}{\equiv} d\mathbb{s}_j\cdot{}_{(2)}\mathbb{F}\cdot{}_{(2)}\mathbb{F}^{T}\cdot d\mathbb{s}_j \equiv ds_j^2\,\mathbb{e}_j\cdot{}_{(2)}\mathbb{F}\cdot{}_{(2)}\mathbb{F}^{T}\cdot\mathbb{e}_j$$
$$= ds_j^2\,\mathbb{e}_j\cdot(\mathbb{E}_{(2)} + 2\mathbb{D}^{(G)}_{(2)})\cdot\mathbb{e}_j = ds_j^2\,(1+2\mathbb{e}_j\cdot\mathbb{D}^{(G)}_{(2)}\cdot\mathbb{e}_j)$$

kürze diese Beziehung durch ds_j^2 und radiziere. Analog wird (E1.8e) nachgewiesen.

Die Symmetrie von $\underset{(2)}{\mathbb{D}}^{(S)}$ bzw. $\underset{(2)}{\mathbb{D}}^{(G)}$ erlauben bekanntlich deren Diagonalisierung z.B. in der Form

$$\underset{(2)}{\mathbb{D}}^{(S)} = \sum_{j=1}^{2} (1 + \epsilon_{jj}^{(H)})\, \mathbb{e}_j^{(H)} \circ \mathbb{e}_j^{(H)} \quad \text{mit } \mathbb{e}_j^{(H)} \cdot \mathbb{e}_k^{(H)} = \delta_{jk} = \begin{cases} 0 \text{ für } j \neq k \\ 1 \;\;\text{"}\;\; j=k \end{cases} \tag{1.9a,b}$$

mit den sog. "Hauptdehnungen" $\epsilon_{jj}^{(H)}$, j=1,2 und den beiden in $\underset{(2)}{\mathscr{V}}(P,t_0)$ definierten "materiellen Hauptverzerrungsrichtungen" $\mathbb{e}_j^{(H)}$, j=1,2 , die in $\underset{(2)}{\mathscr{V}}(P,t_0)$ die zueinander orthogonalen Richtungen derjenigen zwei Linienelemente $d\mathbb{s}_j^{(H)}$, j=1,2 festlegen, die die Eigenschaft haben, auch in ihrer (in $\underset{(2)}{\bar{\mathscr{V}}}(P,t)$ belegenen) Momentankonfiguration $(d\bar{\mathbb{s}}_j^{(H)}$, j=1,2$)$ zueinander orthogonal zu sein. Für die durch

$$d\bar{\mathbb{s}}_j^{(H)} \equiv d\bar{s}_j^{(H)}\, \bar{\mathbb{e}}_j^{(H)} \equiv ds_j^{(H)} (1 + \epsilon_{jj}^{(H)})\, \bar{\mathbb{e}}_j^{(H)} \overset{(E1.2a)}{=} d\mathbb{s}_j^{(H)} \cdot \underset{(2)}{\mathbb{F}} \equiv ds_j^{(H)}\, \mathbb{e}_j^{(H)} \cdot \underset{(2)}{\mathbb{F}} =$$
$$\overset{(E1.6)}{=} ds_j^{(H)}\, \mathbb{e}_j^{(H)} \cdot \underset{(2)}{\mathbb{D}}^{(S)} \cdot \underset{(2)}{\mathbb{R}} \overset{(E1.8b,d)}{=} ds_j^{(H)} (1 + \epsilon_{jj}^{(H)})\, \mathbb{e}_j^{(H)} \cdot \underset{(2)}{\mathbb{R}} ,$$

d.h. durch

$$\bar{\mathbb{e}}_j^{(H)} = \mathbb{e}_j^{(H)} \cdot \underset{(2)}{\mathbb{R}} = \underset{(2)}{\mathbb{R}}^T \cdot \mathbb{e}_j^{(H)}, \; j=1,2 \tag{1.9c}$$

definierten Richtungen $\bar{\mathbb{e}}_j^{(H)}$, j=1,2 weiß man also, daß sie (ebenso wie die Richtungen $\mathbb{e}_j^{(H)}$, j=1,2 in $\underset{(2)}{\mathscr{V}}(P,t_0)$) in der "verformten Tangentialebene" $\underset{(2)}{\bar{\mathscr{V}}}(P,t)$ im Sinne von

$$\bar{\mathbb{e}}_j^{(H)} \cdot \bar{\mathbb{e}}_k^{(H)} = \delta_{jk} = \begin{cases} 0 \text{ für } j \neq k \\ 1 \;\;\text{"}\;\; j=k \end{cases}$$

zueinander orthogonal sind. Daher kann der in $\underset{(2)}{\bar{\mathscr{V}}}(P,t)$ definierte "planare Einheitsoperator" $\underset{(2)}{\bar{\mathbb{E}}} =$[10] $\mathbb{E} - \bar{\mathbb{n}} \circ \bar{\mathbb{n}}$ in der Form

$$\underset{(2)}{\bar{\mathbb{E}}} = \sum_{j=1}^{2} \bar{\mathbb{e}}_j^{(H)} \circ \bar{\mathbb{e}}_j^{(H)} \tag{1.9d}$$

konstruiert und unter Benutzung von (E1.9c) schließlich in der Gestalt

$$\underset{(2)}{\bar{\mathbb{E}}} = \sum_{j=1}^{2} \underset{(2)}{\mathbb{R}}^T \cdot \mathbb{e}_j^{(H)} \circ \mathbb{e}_j^{(H)} \cdot \underset{(2)}{\mathbb{R}} = \underset{(2)}{\mathbb{R}}^T \cdot \left[\sum_{j=1}^{2} \mathbb{e}_j^{(H)} \circ \mathbb{e}_j^{(H)} \right] \cdot \underset{(2)}{\mathbb{R}}$$
$$\overset{11)}{=} \underset{(2)}{\mathbb{R}}^T \cdot \underset{(2)}{\mathbb{E}} \cdot \underset{(2)}{\mathbb{R}} \overset{12)}{=} \underset{(2)}{\mathbb{R}}^T \cdot \underset{(2)}{\mathbb{R}} \tag{1.9e}$$

als Tensorfunktion von $\underset{(2)}{\mathbb{R}}$ ausgedrückt werden.

In Komplettierung der deformationsgeometrischen Analyse wird für die Aufdeckung des Zusammenhanges

$$\bar{\mathbb{n}} = \mathbb{n} \cdot \underset{(n)}{\mathbb{R}} \quad \text{mit} \quad \underset{(n)}{\mathbb{R}} \cdot \underset{(n)}{\mathbb{R}}^T = \mathbb{n} \circ \mathbb{n} \tag{1.10a,b}$$

zwischen "verformter" und "unverformter" Flächennormalen ($\bar{\mathbb{n}}$ bzw. $\mathbb{n}$) von der Beziehung

---

[10] $\bar{\mathbb{n}}$ bedeutet die (jeweils lokale) Flächennormale an die verformte Membranfläche

[11] mit dem in $\underset{(2)}{\mathscr{V}}(P,t_0)$ definierten (lokal–planaren) Einheitsoperator $\underset{(2)}{\mathbb{E}} = \mathbb{E} - \mathbb{n} \circ \mathbb{n}$

[12] Man beachte $\underset{(2)}{\mathbb{E}} \cdot \underset{(2)}{\mathbb{R}} = \underset{(2)}{\mathbb{R}}$, da $\underset{(2)}{\mathbb{R}}$ ohnehin "linksseitig planar" ist.

$$d\bar{\mathfrak{f}} = d\bar{\mathfrak{s}}_1 \times d\bar{\mathfrak{s}}_2 = (d\mathfrak{s}_1 \cdot {}_{(2)}\mathbb{F}) \times (d\mathfrak{s}_2 \cdot {}_{(2)}\mathbb{F}) \tag{1.11}$$

ausgegangen, die in eine Flächenelementen—Transformationsformel der Gestalt

$$d\bar{\mathfrak{f}} = (1+ \epsilon_f)\, d\mathfrak{f} \cdot {}_{(n)}\mathbb{R} \tag{1.11a}$$

mit der Flächenelementendehnung

$$\epsilon_f = \lim_{df \to 0} \frac{d\bar{f} - df}{df}, \quad d\bar{f} = |d\bar{\mathfrak{f}}|, \; df = |d\mathfrak{f}| \tag{1.11b}$$

umgearbeitet werden soll. Dazu benutzt man die mit $\mathbb{F}_{(2)} = {}_{(2)}\mathbb{F} \cdot \mathbb{E}_{(2)}$ und $\varphi_{(2)} \equiv {}_{(2)}\mathbb{F} \cdot \mathbb{n} \overset{(E1\,.\,5a)}{=} \mathbb{n} \times \vartheta \equiv \mathbb{n} \times \vartheta_{(2)}$ (1.11) gleichwertige Beziehung

$$d\bar{\mathfrak{f}} \overset{13)}{=} d\mathfrak{f} \cdot \left\{ (\mathbb{F}_{(2)})_2\, \mathbb{n} \circ (\mathbb{n} - \mathbb{F}^{-1}_{(2)} \cdot \varphi_{(2)}) \right\} \tag{1.11c}$$

bzw. mit $d\bar{\mathfrak{f}} = d\bar{f}\,\bar{\mathbb{n}} = df\,(1+\epsilon_f)\,\bar{\mathbb{n}}$ und $d\mathfrak{f} = df\,\mathbb{n}$

$$(1+\epsilon_f)\,\bar{\mathbb{n}} = (\mathbb{F}_{(2)})_2\,(\mathbb{n} - \mathbb{F}^{-1}_{(2)} \cdot \varphi_{(2)}) \tag{1.11d}$$

und daraus durch Betragbildung die in Termen eines Verzerrungstensors ausgewiesene Flächenelementendehnung (ϵ_f). Es ergibt sich

$$\begin{aligned}
1+\epsilon_f &= (\mathbb{F}_{(2)})_2 \sqrt{(\mathbb{n} - \mathbb{F}^{-1}_{(2)} \cdot \varphi_{(2)}) \cdot (\mathbb{n} - \mathbb{F}^{-1}_{(2)} \cdot \varphi_{(2)})} = \\
&= (\mathbb{F}_{(2)})_2 \sqrt{1+\varphi_{(2)} \cdot \mathbb{F}^{T-1}_{(2)} \cdot \mathbb{F}^{-1}_{(2)} \cdot \varphi_{(2)}} \equiv (\mathbb{F}_{(2)})_2 \sqrt{1+\varphi_{(2)} \cdot (\mathbb{F}_{(2)} \cdot \mathbb{F}^{T}_{(2)})^{-1} \cdot \varphi_{(2)}} = \\
&\overset{14)}{\equiv} \sqrt{(\mathbb{F}_{(2)} \cdot \mathbb{F}^{T}_{(2)})_2 + \varphi^2_{(2)}\,(\mathbb{F}_{(2)} \cdot \mathbb{F}^{T}_{(2)})_1 - \varphi_{(2)} \cdot \mathbb{F}_{(2)} \cdot \mathbb{F}^{T}_{(2)} \cdot \varphi_{(2)}} = \\
&\overset{15)}{\equiv} \sqrt{({}_{(2)}\mathbb{F} \cdot {}_{(2)}\mathbb{F}^{T})_2} = \sqrt{(\mathbb{D}^{(S)2}_{(2)})_2} = \sqrt{(\mathbb{E}_{(2)} + 2\mathbb{D}^{(G)}_{(2)})_2}
\end{aligned} \tag{1.11e}$$

und damit

$$\bar{\mathbb{n}} = \frac{(\mathbb{F}_{(2)})_2}{\sqrt{(\mathbb{E}_{(2)} + 2\,\mathbb{D}^{(G)}_{(2)})_2}}\,(\mathbb{n} - \mathbb{F}^{-1}_{(2)} \cdot \varphi_{(2)}) \equiv \mathbb{n} \cdot {}_{(n)}\mathbb{R}\,, \quad \varphi_{(2)} = \mathbb{n} \times \vartheta_{(2)} \tag{1.11f}$$

mit der allein Drehungen flächennormaler Vektoren definierenden Versordyade

---

13) mit der durch $\mathbb{F}_{(2)} \cdot \mathbb{F}^{-1}_{(2)} \equiv \mathbb{F}^{-1}_{(2)} \cdot \mathbb{F}_{(2)} = \mathbb{E}_{(2)}$ in $\mathscr{V}_{(2)}(P,t_0)$ definierten (lokal—)planaren Operation $\mathbb{F}^{-1}_{(2)}$

14) Für diese Umformung drücke man $(\mathbb{F}_{(2)} \cdot \mathbb{F}^{T}_{(2)})^{-1}$ nach Maßgabe der Cayley—Hamiltonschen Gleichung durch $\mathbb{E}_{(2)}$, $\mathbb{F}_{(2)} \cdot \mathbb{F}^{T}_{(2)}$ aus und beachte $(\mathbb{F}_{(2)})_2 = (\mathbb{F}^{T}_{(2)})_2$, sowie den Determinanten—Multiplikationssatz $(\mathbb{F}_{(2)} \cdot \mathbb{F}^{T}_{(2)})_2 \equiv (\mathbb{F}_{(2)})_2\,(\mathbb{F}^{T}_{(2)})_2 = (\mathbb{F}_{(2)})^2_2$

15) Daß der Radikand in der Tat mit der zweiten Invarianten

$$({}_{(2)}\mathbb{F} \cdot {}_{(2)}\mathbb{F}^{T})_2 = \frac{1}{2}\left[({}_{(2)}\mathbb{F} \cdot {}_{(2)}\mathbb{F}^{T})^2_1 - ({}_{(2)}\mathbb{F} \cdot {}_{(2)}\mathbb{F}^{T}) \cdot\cdot ({}_{(2)}\mathbb{F} \cdot {}_{(2)}\mathbb{F}^{T})\right]$$

des Tensors ${}_{(2)}\mathbb{F} \cdot {}_{(2)}\mathbb{F}^{T}$ identisch ist, läßt sich unter Benutzung von ${}_{(2)}\mathbb{F} = \mathbb{F}_{(2)} + \varphi_{(2)} \circ \mathbb{n}$ in kurzer Rechnung nachweisen.

$$ {}_{(n)}\mathbb{R} = \frac{(\mathbb{F}_{(2)})_2}{\sqrt{(\mathbb{E}_{(2)} + 2\,\mathbb{D}^{(G)}_{(2)})_2}}\; \mathbb{n} \circ (\mathbb{n} - \mathbb{F}^{-1}_{(2)} \cdot \varphi_{(2)}),\quad \varphi_{(2)} = \mathbb{n} \times \vartheta_{(2)}, \tag{1.11g} $$

für die, wie man unter Benutzung von (E1.11e) leicht nachweist, ${}_{(n)}\mathbb{R} \cdot {}_{(n)}\mathbb{R}^T = \mathbb{n} \circ \mathbb{n}$ gilt. Faßt man Letztere mit der aus (E1.6a) folgenden Versordyade der Linienelementendrehungen

$$ {}_{(2)}\mathbb{R} = \mathbb{D}^{(S)-1}_{(2)} \cdot {}_{(2)}\mathbb{F} = \sqrt{\mathbb{E}_{(2)} + 2\mathbb{D}^{(G)}_{(2)}}^{\,-1} \cdot (\mathbb{E}_{(2)} + {}_{(2)}\mathbb{U}) \tag{1.12a} $$

zu einem im dreidimensionalen Euklidischen Vektorraum $\mathscr{V}_3$ definierten Versor

$$ \mathbb{R} = {}_{(2)}\mathbb{R} + {}_{(n)}\mathbb{R} \quad \text{mit} \quad \mathbb{R} \cdot \mathbb{R}^T \overset{16)}{=} \mathbb{E} \tag{1.12b,c} $$

zusammen und führt anstelle des in $\mathscr{V}_{(2)}(P,t_0)$ definierten Streckungstensors die ebenfalls in $\mathscr{V}_3$ definierte Größe

$$ \mathbb{D}^{(S)} \equiv \sqrt{\mathbb{E} + 2\mathbb{D}^{(G)}_{(2)}} = \mathbb{n} \circ \mathbb{n} + \mathbb{D}^{(S)}_{(2)} \tag{1.12d} $$

ein, so kann der polare Zerlegungssatz einheitlich für (die Flächennormale einschließende) "materielle Tupel" $(d\mathbb{s}_j, \mathbb{n})$ in der Form

$$ \left.\begin{matrix} d\bar{\mathbb{s}}_j \\ \bar{\mathbb{n}} \end{matrix}\right\} = \left\{\begin{matrix} d\mathbb{s}_j \\ \mathbb{n} \end{matrix}\right\} \cdot \mathbb{D}^{(S)} \cdot \mathbb{R} = \left\{\begin{matrix} d\mathbb{s}_j^{(S)} \\ \mathbb{n}^{(S)} \end{matrix}\right\} \cdot \mathbb{R} \equiv \left\{\begin{matrix} d\mathbb{s}_j^{(S)} \\ \mathbb{n} \end{matrix}\right\} \cdot \mathbb{R} \tag{1.12e} $$

notiert werden.[17], womit dann auch die Frage des Zusammenhanges zwischen den Schnittlinien—Normalen $(\mathbb{e}_\perp)$ der Ausgangskonfiguration und Denjenigen $(\bar{\mathbb{e}}_\perp)$ der Momentankonfiguration leicht aufgeklärt werden kann. Man findet

$$ \bar{\mathbb{e}}_\perp = \frac{d\bar{\mathbb{s}} \times \bar{\mathbb{n}}}{|d\bar{\mathbb{s}} \times \bar{\mathbb{n}}|} = \frac{d\bar{\mathbb{s}} \times \bar{\mathbb{n}}}{|d\bar{\mathbb{s}}|} \overset{18)}{=} \frac{d\bar{\mathbb{s}} \times \bar{\mathbb{n}}}{(1+\epsilon_{\mathbb{e}\mathbb{e}})ds} \overset{(E1.12e)}{=} $$

$$ = \frac{(d\bar{\mathbb{s}} \cdot \mathbb{D}^{(S)} \cdot \mathbb{R}) \times (\mathbb{n} \cdot \mathbb{D}^{(S)} \cdot \mathbb{R})}{(1+\epsilon_{\mathbb{e}\mathbb{e}})ds} \overset{19)}{=} \frac{d\mathbb{s} \times \mathbb{n}}{ds\,(1+\epsilon_{\mathbb{e}\mathbb{e}})} \cdot (\mathbb{D}^{(S)} \cdot \mathbb{R})_3\,(\mathbb{D}^{(S)} \cdot \mathbb{R})^{T-1} = $$

---

16) Man benutze ${}_{(2)}\mathbb{R} \cdot {}_{(2)}\mathbb{R}^T = \mathbb{E}_{(2)}$, ${}_{(n)}\mathbb{R} \cdot {}_{(n)}\mathbb{R}^T = \mathbb{n} \circ \mathbb{n}$ sowie

$$ {}_{(2)}\mathbb{F} \cdot (\mathbb{n} - \mathbb{F}^{-1}_{(2)} \cdot \varphi_{(2)}) = (\mathbb{F}_{(2)} + \varphi_{(2)} \circ \mathbb{n}) \cdot (\mathbb{n} - \mathbb{F}^{-1}_{(2)} \cdot \varphi_{(2)}) = 0, \text{ weswegen} $$

$$ {}_{(2)}\mathbb{R} \cdot {}_{(n)}\mathbb{R}^T = 0 \quad \text{und damit auch} \quad ({}_{(2)}\mathbb{R} \cdot {}_{(n)}\mathbb{R}^T)^T = {}_{(n)}\mathbb{R} \cdot {}_{(2)}\mathbb{R}^T = 0 \quad \text{ist.} $$

17) Danach bedeutet der Übergang in die Streckungskonfiguration $(\mathbb{D}^{(S)})$ für die Flächennormale, daß sie dabei unverändert bleibt, also nach Vollzug der in $\mathscr{V}_2\,(P,\ t_0)$ stattfindenden Linienelementenstreckungen $(d\mathbb{s}_j \cdot \mathbb{D}^{(S)}_{(2)})$ auf den gestreckten Linienelementen senkrecht stehend verbleibt (vgl. Abb. E1.2)

18) Mit der Randlinienelementen—Dehnung $\epsilon_{\mathbb{e}\mathbb{e}} = \lim_{ds \to 0} (d\bar{s} - ds)/ds$

19) Man benutze [1] (2.38b)

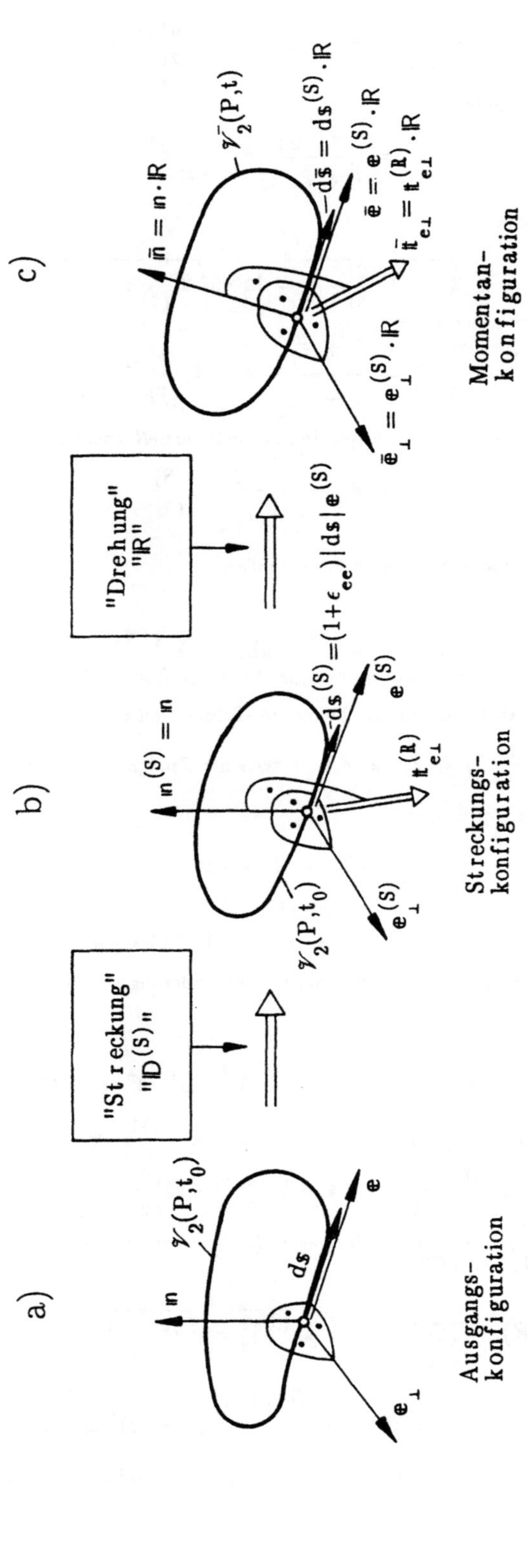
a)
n
V_2(P,t_0)
ds
e
e_⊥
Ausgangs-
konfiguration
"Streckung"
"D^(S)"
b)
n^(S) = n
ds^(S) = (1+ε_ee)|ds| e^(S)
e^(S)
t_e⊥^(R)
e_⊥^(S)
V_2(P,t_0)
Streckungs-
konfiguration
"Drehung"
"R"
c)
n̄ = n·R
V̄_2(P,t)
ds̄ = ds^(S)·R
ē = e^(S)·R
t̄_e⊥ = t_e⊥^(R)·R
ē_⊥ = e_⊥^(S)·R
Momentan-
konfiguration

Abb. E1.2

$$\overset{20)}{=} \frac{1+\epsilon_f}{1+\epsilon_{\mathbb{e}\mathbb{e}}}\, \mathbb{e}_\perp \cdot (\mathbb{E}_{(2)} + 2\mathbb{D}^{(G)}_{(2)})^{-1} \cdot {}_{(2)}\mathbb{F} \tag{1.13a}$$

und die hierzu inverse Darstellung

$$\mathbb{e}_\perp = \frac{1+\epsilon_{\mathbb{e}\mathbb{e}}}{1+\epsilon_f}\, \bar{\mathbb{e}}_\perp \cdot {}_{(2)}\mathbb{F}^T \tag{1.13b}$$

mit $(1+\epsilon_f)$ nach (E1.11e) und

$$1+\epsilon_{\mathbb{e}\mathbb{e}} = \sqrt{1 + 2\mathbb{e} \cdot \mathbb{D}^{(G)}_{(2)} \cdot \mathbb{e}} = \mathrm{d}\mathfrak{s} \cdot \sqrt{\mathbb{E}_{(2)} + 2\mathbb{D}^{(G)}_{(2)}} \cdot \mathrm{d}\mathfrak{s}/\mathrm{ds}^2 \cdot \tag{1.13c}$$

In (E1.13a) ist schließlich noch in der Form

$$\bar{\mathbb{e}}_\perp = \frac{1+\epsilon_f}{1+\epsilon_{\mathbb{e}\mathbb{e}}}\, \mathbb{e}_\perp \cdot \mathbb{D}^{(S)-2}_{(2)} \cdot {}_{(2)}\mathbb{F} = \frac{1+\epsilon_f}{1+\epsilon_{\mathbb{e}\mathbb{e}}}\, \mathbb{e}_\perp \cdot \mathbb{D}^{(S)-1}_{(2)} \cdot {}_{(2)}\mathbb{R} \equiv \mathbb{e}^{(S)}_\perp \cdot {}_{(2)}\mathbb{R} \tag{1.13d}$$

das Transformationsgesetz zwischen den "gestreckten Schnittlinien—Normalen" (vgl.Abb. E1.2)

$$\mathbb{e}^{(S)}_\perp = \mathbb{e}_\perp \cdot \frac{1+\epsilon_f}{1+\epsilon_{\mathbb{e}\mathbb{e}}}\, \mathbb{D}^{(S)-1}_{(2)} \tag{1.13e}$$

und Denjenigen $(\bar{\mathbb{e}}_\perp)$ der Momentankonfiguration enthalten.

In dem in der Form

$$\dot{\mathscr{A}}_{a\Sigma} = \dot{\mathscr{A}}_{a\Sigma f} + \dot{\mathscr{A}}_{a\Sigma \mathbb{R}} = \dot{\mathscr{E}}_\Sigma + \dot{\mathscr{W}}_\Sigma \tag{1.14}$$

für elastische Membranen zu formulierenden Energieerhaltungstheorem[21], wonach der gesamte äußere Leistungsinput $(\dot{\mathscr{A}}_{a\Sigma})$, bestehend aus der im Membran—Feldbereich eingeleiteten Leistung $(\dot{\mathscr{A}}_{a\Sigma f})$ und der Randleistungszufuhr $(\dot{\mathscr{A}}_{a\Sigma \mathbb{R}})$, in Zuwachs an kinetischer Energie $(\dot{\mathscr{E}}_\Sigma)$ und Formänderungsenergie $(\dot{\mathscr{W}}_\Sigma)$ umgesetzt werden muß, setzt man

$$\mathscr{W}_\Sigma = \int_{(f)} \mathscr{W}\,\mathrm{df} \tag{1.14a}$$

mit der als Zustandsfunktion der Greenschen Verzerrungen $(\mathbb{D}^{(G)}_{(2)})$ angenommen (auf die Flächeneinheit der Ausgangskonfiguration bezogenen sog.) spezifischen Formänderungsenergie

---

20) Man benutze $\mathrm{d}\mathfrak{s} \times \mathbb{n}/\mathrm{ds} = \mathbb{e}_\perp$, $(\mathbb{D}^{(S)} \cdot \mathbb{R})^{T-1} = (\mathbb{R}^T \cdot \mathbb{D}^{(S)})^{-1} = \mathbb{D}^{(S)-1} \cdot \mathbb{R}$,

also, weil $\mathbb{e}_\perp$ in $\mathscr{V}_2(P,t_0)$ liegt, $\mathbb{e}_\perp \cdot (\mathbb{D}^{(S)} \cdot \mathbb{R})^{T-1} = \mathbb{e}_\perp \cdot \mathbb{D}^{(S)-1} \cdot \mathbb{R} \equiv$

$\equiv \mathbb{e}_\perp \cdot \mathbb{D}^{(S)-1}_{(2)} \cdot \mathbb{R} \equiv \mathbb{e}_\perp \cdot \mathbb{D}^{(S)-1}_{(2)} \cdot {}_{(2)}\mathbb{R} \equiv \mathbb{e}_\perp \cdot \mathbb{D}^{(S)-2}_{(2)} \cdot \mathbb{D}^{(S)}_{(2)} \cdot {}_{(2)}\mathbb{R} \equiv$

$\equiv \mathbb{e}_\perp \cdot (\mathbb{E}_{(2)} + 2\,\mathbb{D}^{(G)}_{(2)})^{-1} \cdot {}_{(2)}\mathbb{F}$ sowie wegen $(\mathbb{R})_3 = 1$ in Anbetracht des Determinanten-Multiplikationssatzes

$(\mathbb{D}^{(S)} \cdot \mathbb{R})_3 = (\mathbb{D}^{(S)})_3\, (\mathbb{R})_3 = (\mathbb{D}^{(S)})_3 \equiv \sqrt{(\mathbb{D}^{(S)})_3^2} = \sqrt{(\mathbb{E}_{(2)} + 2\mathbb{D}^{(G)}_{(2)})_2} = 1 + \epsilon_f$,

indem man noch

$(\mathbb{D}^{(S)})_3^2 = (\mathbb{E} + 2\mathbb{D}^{(G)}_{(2)})_3 = (\mathbb{E}_{(2)} + 2\mathbb{D}^{(G)}_{(2)})_2 \overset{(E1.11e)}{=} (1+\epsilon_f)^2$ beachtet.

21) das hier für die Entwicklung der Verschiebungsgleichungen des Problems herangezogen werden soll.

$$\mathscr{W} = \mathscr{W}(\underset{(2)}{\mathbb{D}}^{(G)}) , \tag{1.14b}$$

bekommt demnach

$$\dot{\mathscr{W}}_\Sigma = \int_{(f)} \dot{\mathscr{W}}\, df = \int_{(f)} \frac{d\mathscr{W}}{d\underset{(2)}{\mathbb{D}}^{(G)}} \cdot\cdot \underset{(2)}{\dot{\mathbb{D}}}^{(G)}\, df \overset{22)}{=} \frac{1}{2} \int_{(f)} \frac{d\mathscr{W}}{d\underset{(2)}{\mathbb{D}}^{(G)}} \cdot\cdot \left[\underset{(2)}{\dot{\mathbb{U}}} \cdot \underset{(2)}{\mathbb{F}}^T + \underset{(2)}{\mathbb{F}} \cdot \underset{(2)}{\dot{\mathbb{U}}}^T\right] df$$
$$\overset{23)}{\equiv} \int_{(f)} \frac{d\mathscr{W}}{d\underset{(2)}{\mathbb{D}}^{(G)}} \cdot\cdot \left[\underset{(2)}{\mathbb{F}} \cdot \underset{(2)}{\dot{\mathbb{U}}}^T\right] df \equiv \int_{(f)} \left[\frac{d\mathscr{W}}{d\underset{(2)}{\mathbb{D}}^{(G)}} \cdot \underset{(2)}{\mathbb{F}}\right] \cdot\cdot \underset{(2)}{\dot{\mathbb{U}}}^T\, df =$$
$$= \int_{(f)} \left[\frac{d\mathscr{W}}{d\underset{(2)}{\mathbb{D}}^{(G)}} \cdot \underset{(2)}{\mathbb{F}}\right] \cdot\cdot (\dot{\mathbb{u}} \circ \underset{(2)}{\nabla})\, df \equiv \int_{(f)} \left\{\underset{(2)}{\nabla} \cdot \underline{\left[\frac{d\mathscr{W}}{d\underset{(2)}{\mathbb{D}}^{(G)}} \cdot \underset{(2)}{\mathbb{F}} \cdot \dot{\mathbb{u}}\right]} -\right.$$
$$\left. - \underset{(2)}{\nabla} \cdot \left[\frac{d\mathscr{W}}{d\underset{(2)}{\mathbb{D}}^{(G)}} \cdot \underset{(2)}{\mathbb{F}}\right] \cdot \dot{\mathbb{u}}\right\} df \overset{24)}{=} \oint_{l(f)} \mathbb{e}_\perp \cdot \left[\frac{d\mathscr{W}}{d\underset{(2)}{\mathbb{D}}^{(G)}} \cdot \underset{(2)}{\mathbb{F}}\right] \cdot \dot{\mathbb{u}}\, ds -$$
$$- \int_{(f)} \underset{(2)}{\nabla} \cdot \left[\frac{d\mathscr{W}}{d\underset{(2)}{\mathbb{D}}^{(G)}} \cdot \underset{(2)}{\mathbb{F}}\right] \cdot \dot{\mathbb{u}}\, df, \tag{1.14c}$$

bezeichnet mit der allgemeinen "konvektiven Struktur"

$$\dot{\mathscr{A}}_{a\Sigma f} = \int_{(f)} \bar{\mathbb{p}}_f \cdot \dot{\mathbb{u}}\, df \equiv \int_{(f)} \bar{\mathbb{p}}_{\bar{f}}(1+ \epsilon_f) \cdot \dot{\mathbb{u}}\, df \tag{1.15}$$

die Feld—Leistungszufuhr[25], setzt

$$\mathscr{E}_\Sigma \overset{26)}{=} \int_{(f)} \mu(\dot{\mathbb{u}}^2/2) df, \quad \dot{\mathscr{E}}_\Sigma = \int_{(f)} \mu\, \dot{\mathbb{u}} \cdot \ddot{\mathbb{u}}\, df \tag{1.16a,b}$$

und erhält hiermit zunächst aus (E1.14)

$$\dot{\mathscr{A}}_{a\Sigma\mathbb{R}} = \dot{\mathscr{E}}_\Sigma + \dot{\mathscr{W}}_\Sigma - \dot{\mathscr{A}}_{a\Sigma f} = \{\oint_{l(f)} \mathbb{e}_\perp \cdot \frac{d\mathscr{W}}{d\underset{(2)}{\mathbb{D}}^{(G)}} \cdot \underset{(2)}{\mathbb{F}} \cdot \dot{\mathbb{u}}\, ds -$$

---

22) Man benutze

$$\underset{(2)}{\dot{\mathbb{D}}}^{(G)} \overset{(E1.8a)}{=} \frac{1}{2}(\underset{(2)}{\dot{\mathbb{F}}} \cdot \underset{(2)}{\mathbb{F}}^T + \underset{(2)}{\mathbb{F}} \cdot \underset{(2)}{\dot{\mathbb{F}}}^T) = (\underset{(2)}{\dot{\mathbb{U}}} \cdot \underset{(2)}{\mathbb{F}}^T + \underset{(2)}{\mathbb{F}} \cdot \underset{(2)}{\dot{\mathbb{U}}}^T)$$

mit dem materiellen Verschiebungsgradienten $\underset{(2)}{\mathbb{U}} = \underset{(2)}{\nabla} \circ \mathbb{u}$ (vgl. E1.2a)

23) Man beachte, daß (wegen der Symmetrie von $\underset{(2)}{\mathbb{D}}^{(G)}$ auch) $d\mathscr{W}/d\underset{(2)}{\mathbb{D}}^{(G)}$ symmetrisch ist.

24) Man beachte, daß $d\mathscr{W}/d\underset{(2)}{\mathbb{D}}^{(G)}$ – ebenso wie $\underset{(2)}{\mathbb{D}}^{(G)}$ lokal—planar (d. h. in $\mathscr{V}_2\,(P, t_0)$) definiert ist, und wende auf den gestrichelten Term den Gaußschen Satz (6.13b) an. Die Beschränkung auf einfach (begrenzte und damit) zusammenhängende Membranen geschieht hier nur beispielhaft aus Raumgründen. Ansonsten müßte anstelle eines Randlinienintegrals die Summe aller Randlinienintegrale notiert werden.

25) Hierin bedeuten $\bar{\mathbb{p}}_f$ bzw. $\bar{\mathbb{p}}_{\bar{f}}$ die auf die Flächeneinheit der ("unverformten") Ausgangskonfiguration bzw. der Momentankonfiguration bezogenen Flächenbelastungen, wobei

$$\bar{\mathbb{p}}_f = (1+ \epsilon_f)\, \bar{\mathbb{p}}_{\bar{f}} \tag{1.15a}$$

mit der in (E1.11e) ausgewiesenen Flächenelementendehnung gilt.

26) mit der auf die unverformte Flächeneinheit bezogenen Membranmasse μ

$$- \int_{(f)} \left\{ \nabla_{(2)} \cdot \left[\frac{d\mathcal{W}}{d\mathbb{D}^{(G)}_{(2)}} \cdot {}_{(2)}\mathbb{F} \right] + \bar{\mathbb{p}}_f - \mu\, \ddot{\mathbb{u}} \right\} \cdot \dot{\mathbb{u}}\, df . \tag{1.17}$$

Mit einer in [13] dargestellten Schlußweise wird dann als Randleistungszufuhr der Ausdruck

$$\mathscr{A}_{a\Sigma\mathbb{R}} = \oint_{(f)} \mathbb{e}_{\perp} \cdot \frac{d\mathcal{W}}{d\mathbb{D}^{(G)}_{(2)}} \cdot {}_{(2)}\mathbb{F} \cdot \dot{\mathbb{u}}\, ds \tag{1.17a}$$

aufgedeckt, nach Einsetzen in (E1.17)

$$\int_{(f)} \left\{ \nabla_{(2)} \cdot \left[\frac{d\mathcal{W}}{d\mathbb{D}^{(G)}_{(2)}} \cdot {}_{(2)}\mathbb{F} \right] + \bar{\mathbb{p}}_f - \mu\, \ddot{\mathbb{u}} \right\} \cdot \dot{\mathbb{u}}\, df \tag{1.17b}$$

erreicht, die Gültigkeit letzterer Aussage auch für beliebige Teilbereiche von f, also

$$\left\{ \nabla_{(2)} \cdot \left[\frac{d\mathcal{W}}{d\mathbb{D}^{(G)}_{(2)}} \cdot {}_{(2)}\mathbb{F} \right] + \bar{\mathbb{p}}_f - \mu\, \ddot{\mathbb{u}} \right\} \cdot \dot{\mathbb{u}} = 0 \tag{1.17c}$$

gefordert und schließlich aus der Forderung nach Galilei–Invarianz von (E1.17c) die Feldgleichung

$$\nabla_{(2)} \cdot \left[\frac{d\mathcal{W}}{d\mathbb{D}^{(G)}_{(2)}} \cdot {}_{(2)}\mathbb{F} \right] + \bar{\mathbb{p}}_f = \mu\, \ddot{\mathbb{u}} \tag{1.18a}$$

extrahiert, die man als (lokale) Impulsbilanz, für ein Membranflächenelement in (sog. materieller) Lagrangescher Formulierung aufzufassen hat und die bei vorgegebenem Materialgesetz $\mathcal{W} = \mathcal{W}(\mathbb{D}^{(G)}_{(2)})$ bzw. $d\mathcal{W} / d\mathbb{D}^{(G)}_{(2)}$, nachdem man noch im Sinne von (E1.8a,2b) die Greenschen Verzerrungen durch die Verschiebungsableitungen ausgedrückt hat, die Verschiebungsgleichungen der Membrantheorie darstellen. Notiert man schließlich noch die Randleistungszufuhr allgemein als konvektive Struktur von der Form

$$\mathscr{A}_{a\Sigma\mathbb{R}} = \oint_{l(f)} \bar{\mathbb{t}}^{(K)}_{e\perp} \cdot \dot{\mathbb{u}}\, ds \tag{1.18b}$$

mit dem sog. Kappuss'schen Schnittkraftvektor[27] $\bar{\mathbb{t}}^{(K)}_{\mathbb{e}\perp}$ und vergleicht (E1.18b) mit (E1.17a), so etabliert man hiermit das (Lagrangesche) Feld des in $\mathcal{V}_{(2)}(P,t_0)$ definierten sog. "Kapuss'schen" bzw. "2. Piola–Kirchhoffschen" Membrankrafttensors

$$\mathbb{T}^{(K)}_{(2)}(\mathbb{r},t) =^{28)} d\mathcal{W}/d\mathbb{D}^{(G)}_{(2)} \tag{1.19a}$$

der die Bedeutung hat, per

$$\bar{\mathbb{t}}^{(K)}_{\mathbb{e}\perp}(\mathbb{e}_{\perp},P,t) = \bar{\mathbb{t}}^{(K)}_{e\perp}(\mathbb{e}_{\perp},\mathbb{r},t) = \mathbb{e}_{\perp} \cdot (\mathbb{T}^{(K)}_{(2)} \cdot {}_{(2)}\mathbb{F})_{\mathbb{r},t} \tag{1.19b}$$

die längs (durch P in der Momentankonfiguration $\bar{\mathcal{V}}_{(2)}(P,t)$ vorgenommenen) Schnitten $(d\bar{s})$ freigelegten und in die "verformte Tangentialebene" $\bar{\mathcal{V}}_{(2)}(P,t)$ fallenden Kappuss'schen Schnittkraftvektoren $\bar{\mathbb{t}}^{(K)}_{e\perp}$ mit den in der unverformten Konfiguration $\mathcal{V}_{(2)}(P,t_0)$ gemessenen Schnittlinien–Nor–

[27] d.i. die längs einer momentanen Membranschnittlinie freigelegte momentane Membrankraft, die auf die Schnittlängeneinheit der Ausgangskonfiguration bezogen wird.

[28] Mit vorgegebener Materialgleichung $\mathcal{W} = \mathcal{W}(\mathbb{D}^{(G)}_{(2)})$ repräsentiert (E1.19a) die Materialgleichung des Kappuss'schen Tensors in Termen der Greenschen Verzerrungen $(\mathbb{D}^{(G)}_{(2)})$.

malen $\mathbb{e}_{\perp} = d\mathbb{s}\times\mathbb{n}/|d\mathbb{s}|$ zu verknüpfen.[29] (Abb. E1.3)

Daß $\bar{\mathbb{t}}^{(K)}_{e\perp}$ eine Membranschnittlast ist, d. h. stets in der jeweiligen deformierten Tangentialfläche $\bar{\mathscr{V}}_{(2)}(P,t)$ liegt, erkennt man leicht mittels Skalarproduktbildung von $\bar{\mathbb{t}}^{(K)}_{e\perp}$ nach (E1.19b) mit dem zu $\bar{\mathscr{V}}_{(2)}(P,t)$ senkrechten Vektor

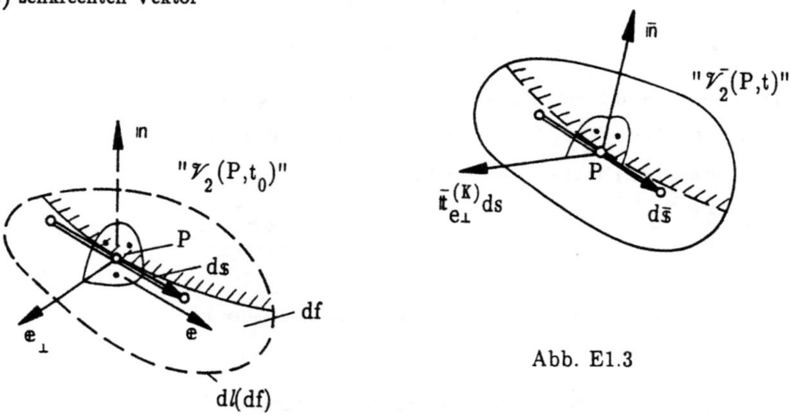

Abb. E1.3

$$d\bar{\mathbb{f}} = d\bar{\mathbb{s}}_1\times d\bar{\mathbb{s}}_2 \overset{(E1.11c,d)}{=} (\mathbb{n} - \mathbb{F}^{-1}_{(2)}\cdot\boldsymbol{\varphi}_{(2)})(\mathbb{F}_{(2)})_2 df \tag{1.20a}$$

des durch zwei Linienelemente $d\bar{\mathbb{s}}_j$, j = 1,2 repräsentierten "verformten Flächenelementes". Setzt man nämlich mit $_{(2)}\mathbb{F} = {}_{(2)}\mathbb{F}\cdot\mathbb{E}_{(2)} + {}_{(2)}\mathbb{F}\cdot\mathbb{n}\circ\mathbb{n} \overset{(E1.5a)}{=} \mathbb{F}_{(2)} + (\mathbb{n}\times\boldsymbol{\vartheta})\circ\mathbb{n} = \mathbb{F}_{(2)} + \boldsymbol{\varphi}_{(2)}\circ\mathbb{n}$

$$\bar{\mathbb{t}}^{(K)}_{e\perp} = \mathbb{e}_{\perp}\cdot(\mathbb{T}^{(K)}_{(2)}\cdot{}_{(2)}\mathbb{F}) = \mathbb{e}_{\perp}\cdot\mathbb{T}^{(K)}_{(2)}\cdot(\mathbb{F}_{(2)} + \boldsymbol{\varphi}_{(2)}\circ\mathbb{n}) \tag{1.20b}$$

und bildet das Skalarprodukt $\bar{\mathbb{t}}^{(K)}_{e\perp}\cdot d\bar{\mathbb{f}}$, so identifiziert man in der Tat wegen $\mathbb{F}_{(2)}\cdot\mathbb{n} = 0$, $\mathbb{n}\cdot\mathbb{F}^{-1}_{(2)} = 0$ und $\mathbb{F}_{(2)}\cdot\mathbb{F}^{-1}_{(2)} = \mathbb{E}_{(2)}$

$$\bar{\mathbb{t}}^{(K)}_{e\perp}\cdot d\bar{\mathbb{f}} \overset{(E1.11c)}{=} \mathbb{e}_{\perp}\cdot\mathbb{T}^{(K)}_{(2)}(\mathbb{F}_{(2)})_2 df\cdot(\mathbb{F}_{(2)} + \boldsymbol{\varphi}_{(2)}\circ\mathbb{n})\cdot(\mathbb{n} - \mathbb{F}^{-1}_{(2)}\cdot\boldsymbol{\varphi}_{(2)}) \equiv 0 \tag{1.20c}$$

d. h., daß die Membranschnittlasten stets in der jeweiligen <u>v e r f o r m t e n</u> Tangentialfläche $\bar{\mathscr{V}}_{(2)}(P,t)$ wirken.

Die Feldgleichungsproblematik beschließend, soll hier noch hingewiesen werden auf die besonders elegante Formulierung der Impulsbilanz in Termen des in der momentanen Tangentialfläche $\bar{\mathscr{V}}_{(2)}(P,t)$

---

29) wobei $\bar{\mathbb{t}}^{(K)}_{e\perp}$ eine auf die Schnittlängeneinheit der Bezugskonfiguration bezogene Kraftgröße, also $\bar{\mathbb{t}}^{(K)}_{e\perp}ds$ die in der Momentankonfiguration $\bar{\mathscr{V}}_2(P,t)$ längs $d\bar{\mathbb{s}}$ freigelegte Kraft ist. Der Zusammenhang der "Kappuss'schen Schnittkraft" $\bar{\mathbb{t}}^{(K)}_{e\perp}$ mit der (auf die Längeneinheit der Momentankonfiguration bezogenen sog. "Eulerschen Schnittkraft" $\bar{\mathbb{t}}^{(E)}_{e\perp}$ wird mit $\bar{\mathbb{t}}^{(E)}_{e\perp}d\bar{s} \equiv \bar{\mathbb{t}}^{(E)}_{e\perp}(1+\epsilon_{ee})ds \equiv \bar{\mathbb{t}}^{(K)}_{e\perp}ds$ in der Form $\bar{\mathbb{t}}^{(E)}_{e\perp} = \bar{\mathbb{t}}^{(K)}_{e\perp}/(1+\epsilon_{ee})$ hergestellt, worin ϵ_{ee} die Schnittlinienelementendehnung bedeutet.

definierten Eulerschen Membrankrafttensors $\bar{\mathbb{T}}^{(E)}_{(2)}$ unter Benutzung der (sog. "räumlichen") Operation $\bar{\nabla}_{(2)}$, die in der Form

$$ {}_{(2)}\mathbb{F}\cdot\bar{\nabla}_{(2)} \equiv \mathbb{D}^{(S)}_{(2)}\cdot {}_{(2)}\mathbb{R}\cdot\bar{\nabla}_{(2)} = \nabla_{(2)}\,,\quad \bar{\nabla}_{(2)} = {}_{(2)}\mathbb{F}^{T}\cdot(\mathbb{E}_{(2)} + 2\mathbb{D}^{(G)}_{(2)})^{-1}\cdot\nabla_{(2)} \qquad (1.21\text{a,b})$$

mit der "materiellen Operation" $(\nabla_{(2)})$ zusammenhängt,[30] wobei es von der in Fußn.30 gegebenen Definition her klar ist, daß es sich bei $\bar{\nabla}_{(2)}$ um eine Größe handeln muß, die — ebenso wie die Membran—Linienelemente $d\bar{\mathbb{s}}$ der Momentankonfiguration — algebraisch die Qualität eines in der verformten Tangentialebene $\bar{\mathscr{V}}_{(2)}(\mathrm{P,t})$ definierten Vektors haben muß, was folgerichtigerweise denn auch wegen des mittels (E1.11f) erreichbaren Befundes

$$ {}_{(2)}\mathbb{F}\cdot\bar{\mathbb{n}} = \bar{\mathbb{n}}\cdot{}_{(2)}\mathbb{F}^{T} \overset{(E1\,.\,11f)}{=} \frac{(\mathbb{F}_{(2)})_2}{\sqrt{(\mathbb{E}_{(2)} + 2\,\mathbb{D}^{(G)}_{(2)})_2}}(\mathbb{n} - \varphi_{(2)}\circ\mathbb{F}^{T-1}_{(2)})\cdot(\mathbb{F}^{T}_{(2)} + \mathbb{n}\circ\varphi_{(2)}) = 0 \quad (1.21\text{c})$$

aus der in $\bar{\nabla}_{(2)}$ expliziten Version[31] (E1.21b) in der Tat festzustellen ist:

---

30) die Beziehung (E1.21a) ist Folge der Forderung, daß (entprechend (8.14b)) die Differenz $d_{P\to P'}\Phi = \Phi(P',t) - \Phi(P,t)$ zweier zwei infinitesimal benachbarten Punkten $P = P(\mathbb{r})$ und $P' = P(\mathbb{r}+d\mathbb{s})$ zukommenden Größen Φ grundsätzlich als lineare Funktion ihres jeweiligen Abstandsdifferentials dargestellt werden können soll, also entweder als $d\mathbb{s}\cdot\nabla_{(2)}\circ\Phi$ oder aber — dies definiert die räumliche Operation $\bar{\nabla}_{(2)}$! — als $d\bar{\mathbb{s}}\cdot\bar{\nabla}_{(2)}\circ\Phi$. Daraus folgt unter Benutzung von $d\bar{\mathbb{s}} = d\mathbb{s}\cdot{}_{(2)}\mathbb{F}$

$$ d_{P\to P'}\Phi = d\mathbb{s}\cdot\nabla_{(2)}\circ\Phi = d\bar{\mathbb{s}}\cdot\bar{\nabla}_{(2)}\circ\Phi = d\mathbb{s}\cdot{}_{(2)}\mathbb{F}\cdot\bar{\nabla}_{(2)}\circ\Phi$$

bzw.

$$ d\mathbb{s}\cdot({}_{(2)}\mathbb{F}\cdot\bar{\nabla}_{(2)} - \nabla_{(2)})\circ\Phi = 0$$

und wegen der Beliebigkeit von $d\mathbb{s}$ in der Tat (E1.21a).

31) die man mit $d\bar{\mathbb{s}}_j\cdot\bar{\nabla}_{(2)}\circ\Phi \overset{(E1.12e)}{=} d\mathbb{s}_j\cdot\mathbb{D}^{(S)}\cdot\mathbb{R}\cdot\bar{\nabla}_{(2)}\circ\Phi = d\mathbb{s}_j\cdot\nabla_{(2)}\circ\Phi$, d.h. mit $\mathbb{D}^{(S)}\cdot\mathbb{R}\cdot\bar{\nabla}_{(2)} = \nabla_{(2)}$ bzw. $\bar{\nabla}_{(2)} = \mathbb{R}^{T}\cdot\mathbb{D}^{(S)-1}\cdot\nabla_{(2)}$ wegen $\mathbb{D}^{(S)-1} = \mathbb{n}\circ\mathbb{n} + \mathbb{D}^{(S)-1}_{(2)}$ und $\mathbb{R}^{T} = {}_{(2)}\mathbb{R}^{T} + {}_{(n)}\mathbb{R}^{T} \overset{(E1.12a,11g)}{=} {}_{(2)}\mathbb{F}^{T}\cdot\mathbb{D}^{(S)-1}_{(2)} + \frac{(\mathbb{F}_{(2)})_2}{\sqrt{(\mathbb{E}_{(2)} + 2\mathbb{D}^{(G)}_{(2)})_2}}(\mathbb{n} - \mathbb{F}^{-1}_{(2)}\cdot\varphi_{(2)})\circ\mathbb{n}$

schließlich unter Beachtung von $\mathbb{n}\cdot\mathbb{D}^{(S)-1}_{(2)} = 0$, $\mathbb{n}\cdot\nabla_{(2)} = 0$ und $\mathbb{D}^{(S)-2}_{(2)} = (\mathbb{E}_{(2)} + 2\,\mathbb{D}^{(G)}_{(2)})^{-1}$ hervorbringt: $\bar{\nabla}_{(2)} = \mathbb{R}^{T}\cdot\mathbb{D}^{(S)-1}\cdot\nabla_{(2)} \equiv \mathbb{R}^{T}\cdot\mathbb{D}^{(S)-1}_{(2)}\cdot\nabla_{(2)} \equiv {}_{(2)}\mathbb{R}^{T}\cdot\mathbb{D}^{(S)-1}_{(2)}\cdot\nabla_{(2)}$ $\equiv {}_{(2)}\mathbb{R}^{T}\,\mathbb{D}^{(S)}_{(2)}\cdot\mathbb{D}^{(S)-2}_{(2)}\cdot\nabla_{(2)} = {}_{(2)}\mathbb{F}^{T}\cdot(\mathbb{E}_{(2)} + 2\mathbb{D}^{(G)}_{(2)})^{-1}\cdot\nabla_{(2)}$.

Man hüte sich übrigens davor, die (richtige) Identität $(\mathbb{E}_{(2)} + 2\,\mathbb{D}^{(G)}_{(2)})^{-1} = ({}_{(2)}\mathbb{F}\cdot{}_{(2)}\mathbb{F}^{T})^{-1}$ weiter in $(\mathbb{E}_{(2)} + 2\,\mathbb{D}^{(G)}_{(2)})^{-1} = {}_{(2)}\mathbb{F}^{T^{-1}}\cdot{}_{(2)}\mathbb{F}^{-1}$ und hiermit (E1.21b) in $\bar{\nabla}_{(2)} = {}_{(2)}\mathbb{F}^{T}\cdot{}_{(2)}\mathbb{F}^{T-1}\cdot{}_{(2)}\mathbb{F}^{-1}\cdot\nabla_{(2)} = {}_{(2)}\mathbb{F}^{-1}\cdot\nabla_{(2)}$ umzuformen, weil die Operation ${}_{(2)}\mathbb{F}^{-1}$ für den (im $\mathscr{V}_3$ definierten!) Operator ${}_{(2)}\mathbb{F}$ wegen $\det{}_{(2)}\mathbb{F} = 0$ nicht erklärt ist.

$$\bar{\mathbb{n}} \cdot \bar{\nabla}_{(2)} \overset{(E1.21b,c)}{=} 0. \tag{1.21d}$$

Schlüssel der zu (E1.18a) äquivalenten Formulierung einer Bilanzgleichung in Termen der auf die Momentankonfiguration $\bar{\mathscr{V}}_{(2)}(P,t)$ bezogenen räumlichen Divergenzoperation ist die Identität

$$\left[(\bar{\nabla}_{(2)} + 2\,\bar{H}\,\bar{\mathbb{n}}) \cdot \frac{{}_{(2)}\mathbb{F}^T}{(1+\epsilon_f)}\right] d\bar{f} \equiv^{32)} \bar{\nabla}_{(2)} \cdot \left[\frac{{}_{(2)}\mathbb{F}^T}{1+\epsilon_f}\right] d\bar{f} =^{32)} \bar{\nabla}_{(2)} \cdot \left[\frac{{}_{(2)}\mathbb{F}^T}{1+\epsilon_f}\right] (1+\epsilon_f)\, df$$

$$\equiv^{33)} \oint_{d\bar{l}(d\bar{f})} d\bar{\mathbb{r}} \times \bar{\mathbb{n}} \cdot \frac{{}_{(2)}\mathbb{F}^T}{(1+\epsilon_f)} \equiv \oint_{d\bar{l}(d\bar{f})} d\bar{s}\, \bar{\mathbb{e}}_{\perp} \cdot \frac{{}_{(2)}\mathbb{F}^T}{(1+\epsilon_f)} =$$

$$\overset{(E1.13a)}{=} \oint_{dl(df)} ds\, \mathbb{e}_{\perp} \cdot (\mathbb{E}_{(2)} + 2\,\mathbb{D}^{(G)}_{(2)})^{-1} \cdot {}_{(2)}\mathbb{F} \cdot {}_{(2)}\mathbb{F}^T =^{34)} \oint_{dl(df)} d\mathbb{r} \times \mathbb{n} \cdot \mathbb{E}_{(2)} \overset{(6.13a)}{\equiv}$$

$$\equiv (\nabla_{(2)} + 2\,H\,\mathbb{n}) \cdot \mathbb{E}_{(2)}\, df =^{35)} \nabla_{(2)} \cdot \mathbb{E}_{(2)}\, df \overset{(6.6e)}{=} 2\,H\,\mathbb{n}\, df,$$

d.h.

$$\bar{\nabla}_{(2)} \cdot \left[\frac{{}_{(2)}\mathbb{F}^T}{1+\epsilon_f}\right] = \frac{2\,H\,\mathbb{n}}{1+\epsilon_f}, \tag{1.22a}$$

weshalb wegen $\mathbb{n} \cdot \mathbb{T}^{(K)}_{(2)} = 0$

$$\nabla_{(2)} \cdot (\mathbb{T}^{(K)}_{(2)} \cdot {}_{(2)}\mathbb{F}) \overset{(E1.21a)}{=} ({}_{(2)}\mathbb{F} \cdot \bar{\nabla}_{(2)}) \cdot (\mathbb{T}^{(K)}_{(2)} \cdot {}_{(2)}\mathbb{F}) \equiv \tag{1.22b}$$

$$\equiv (1+\epsilon_f) \left[\frac{{}_{(2)}\mathbb{F}}{1+\epsilon_f} \cdot \bar{\nabla}_{(2)}\right] \cdot (\mathbb{T}^{(K)}_{(2)} \cdot {}_{(2)}\mathbb{F}) \overset{(E1.22a)}{\equiv} (1+\epsilon_f)\, \bar{\nabla}_{(2)} \cdot \left[\frac{{}_{(2)}\mathbb{F}^T \cdot \mathbb{T}^{(K)}_{(2)} \cdot {}_{(2)}\mathbb{F}}{1+\epsilon_f}\right]$$

gilt und daher anstelle von (E1.18a) unter Benutzung von $\bar{\mathbb{p}}_{\bar{f}} \overset{(E1.15a)}{=} \bar{\mathbb{p}}_f/(1+\epsilon_f)$ äquivalent

$$\bar{\nabla}_{(2)} \cdot \bar{\mathbb{T}}^{(E)}_{(2)} + \bar{\mathbb{p}}_{\bar{f}} = \frac{\mu}{1+\epsilon_f}\, \ddot{\mathbb{u}} = \bar{\mu}\, \ddot{\mathbb{u}} \tag{1.22c}$$

---

32) Man beachte $\bar{\mathbb{n}} \cdot {}_{(2)}\mathbb{F}^T = 0$ nach (E1.21c) sowie $d\bar{f} = df(1+\epsilon_f)$

33) Man benutze die (Gaußsche) Identität (6.13a) für ein in der Momentankonfiguration befindliches Flächenelement $d\bar{f}$ mit der mittleren Krümmung $\bar{H}$.

34) Man setze $d\bar{s} = ds(1 + \epsilon_{\mathbb{e}\mathbb{e}})$, womit die Integration auf Diejenige längs des Umfanges des in $\mathscr{V}_2(P,t_0)$ befindlichen Flächenelementes transformiert wurde. Man beachte noch ${}_{(2)}\mathbb{F} \cdot {}_{(2)}\mathbb{F}^T = \mathbb{E}_{(2)} + 2\,\mathbb{D}^{(G)}_{(2)}$

35) Man benutze $\mathbb{n} \cdot \mathbb{E}_{(2)} = 0$

mit den auf die Flächeneinheit der Momentankonfiguration bezogenen Werten $\bar{\mu}$ bzw. $\mathbb{p}_{\bar{f}}$ der Membranmasse bzw. der Flächenbelastung und dem durch

$$\underset{(2)}{\mathbb{T}}^{(E)} = \frac{1}{1+\epsilon_f} \underset{(2)}{\mathbb{F}}^{T} \cdot \underset{(2)}{\mathbb{T}}^{(K)} \cdot \underset{(2)}{\mathbb{F}} \tag{1.23a}$$

definierten sog. Eulerschen Membrankrafttensor geschrieben werden kann. Daß letzterer, (in der jeweils lokalen) verformten Tangentialfläche $\underset{(2)}{\mathscr{V}^{-}}(P,t)$ definierte Operator[36] die in der Momentankonfiguration längs einer Schnittlängeneinheit $\Delta\bar{s} = 1$ freigelegten sog. "Eulerschen Membranschnittkräfte" $\bar{\mathbb{t}}^{(E)}_{e\perp}$ mit der auf $d\bar{\mathbb{s}}$ senkrechten (und ebenfalls in $\underset{(2)}{\mathscr{V}^{-}}(P,t)$ definierten) Schnittliniennormalen $\bar{\mathbb{e}}_{\perp}$ per

$$\bar{\mathbb{t}}^{(E)}_{e\perp} = \bar{\mathbb{e}}_{\perp} \cdot \underset{(2)}{\bar{\mathbb{T}}}^{(E)} \tag{1.23b}$$

verknüpft, weist man leicht nach, indem man die längs eines verformten Schnittlinienelementes $d\bar{\mathbb{s}}$ freigelegte Membrankraft $d\bar{\mathbb{t}}_{e\perp}$ wahlweise ausdrückt

a) entweder im Sinne von (E1.23b) durch

$$d\bar{\mathbb{t}}_{e\perp} \overset{(E1.23.b)}{=} \bar{\mathbb{t}}^{(E)}_{e\perp} d\bar{s} = \bar{\mathbb{e}}_{\perp} \cdot \underset{(2)}{\bar{\mathbb{T}}}^{(E)} d\bar{s} = \bar{\mathbb{e}}_{\perp} \cdot \underset{(2)}{\bar{\mathbb{T}}}^{(E)} (1+\epsilon_{\mathbb{e}\mathbb{e}}) ds$$
$$\overset{(E1.13.d)}{=} (1+\epsilon_f) \mathbb{e}_{\perp} \cdot (\underset{(2)}{\mathbb{E}} + 2\underset{(2)}{\mathbb{D}}^{(G)})^{-1} \cdot \underset{(2)}{\mathbb{F}} \cdot \underset{(2)}{\bar{\mathbb{T}}}^{(E)} ds \tag{1.23c}$$

oder aber

b) unter Benutzung von (E1.19b) durch

$$d\bar{\mathbb{t}}_{e\perp} = \bar{\mathbb{t}}^{(K)}_{e\perp} ds = \mathbb{e}_{\perp} \cdot \underset{(2)}{\mathbb{T}}^{(K)} \cdot \underset{(2)}{\mathbb{F}} ds \tag{1.23d}$$

und beide Ausdrücke gleichsetzt.

Daß die hierwegen aus

$$ds\, \mathbb{e}_{\perp} \cdot \{(1+\epsilon_f)(\underset{(2)}{\mathbb{E}} + 2\underset{(2)}{\mathbb{D}}^{(G)})^{-1} \cdot \underset{(2)}{\mathbb{F}} \cdot \underset{(2)}{\bar{\mathbb{T}}}^{(E)} - \underset{(2)}{\mathbb{T}}^{(K)} \cdot \underset{(2)}{\mathbb{F}}\} = 0$$

wegen der Beliebigkeit der Richtungen $\mathbb{e}_{\perp}$ zu folgernden Identitäten

$$(1+\epsilon_f)(\underset{(2)}{\mathbb{E}} + 2\underset{(2)}{\mathbb{D}}^{(G)})^{-1} \cdot \underset{(2)}{\mathbb{F}} \cdot \underset{(2)}{\bar{\mathbb{T}}}^{(E)} = \underset{(2)}{\mathbb{T}}^{(K)} \cdot \underset{(2)}{\mathbb{F}} \tag{1.23e}$$

bzw.[37]

---

36) Wegen $\mathbb{n} \cdot \underset{(2)}{\mathbb{F}}^{T} \equiv \underset{(2)}{\mathbb{F}} \cdot \mathbb{n} = 0$ nach (E1.21c) ist $\underset{(\bar{2})}{\bar{\mathbb{T}}}^{(E)}$ in der Tat in der verformten Konfiguration (jeweils lokal) planar.

37) Man multipliziere (E1.23e) zunächst rechtsseitig skalar mit $\underset{(2)}{\mathbb{F}}^{T}$, fasse dann $\underset{(2)}{\mathbb{F}} \cdot \underset{(2)}{\mathbb{F}}^{T}$ zu $(\underset{(2)}{\mathbb{E}} + 2\underset{(2)}{\mathbb{D}}^{(G)})$ zusammen und multipliziere nochmals rechtsseitig skalar mit $(\underset{(2)}{\mathbb{E}} + 2\underset{(2)}{\mathbb{D}}^{(G)})^{-1}$ unter Beachtung von $(\underset{(2)}{\mathbb{E}} + 2\underset{(2)}{\mathbb{D}}^{(G)}) \cdot (\underset{(2)}{\mathbb{E}} + 2\underset{(2)}{\mathbb{D}}^{(G)})^{-1} = \underset{(2)}{\mathbb{E}}$

$$\mathbb{T}^{(K)}_{(2)} \cdot \mathbb{E}_{(2)} \equiv \mathbb{T}^{(K)}_{(2)} = (1+\epsilon_f)(\mathbb{E}_{(2)} + 2\mathbb{D}^{(G)}_{(2)})^{-1} \cdot \mathbb{F}_{(2)} \cdot \bar{\mathbb{T}}^{(E)}_{(2)} \cdot \mathbb{F}^{T}_{(2)} \cdot (\mathbb{E}_{(2)} + 2\mathbb{D}^{(G)}_{(2)})^{-1}$$
$$\equiv^{38)} (1+\epsilon_f)\, \mathbb{D}^{(S)-1}_{(2)} \cdot \mathbb{R}_{(2)} \cdot \bar{\mathbb{T}}^{(E)}_{(2)} \cdot \mathbb{R}^{T}_{(2)} \cdot \mathbb{D}^{(S)-1}_{(2)} \tag{1.23f}$$

Gleichung (E1.23a) äquivalent sind, ist leicht einzusehen: In der zunächst aus (E1.23f) erhältlichen Darstellung

$$\mathbb{T}^{(R)}_{(2)} \equiv \mathbb{R}_{(2)} \cdot \bar{\mathbb{T}}^{(E)}_{(2)} \cdot \mathbb{R}^{T}_{(2)} = \frac{1}{1+\epsilon_f}\, \mathbb{D}^{(S)}_{(2)} \cdot \mathbb{T}^{(K)}_{(2)} \cdot \mathbb{D}^{(S)}_{(2)} \tag{1.23g}$$

multipliziert man linksseitig mit $\mathbb{R}^{T}_{(2)}$ und rechtsseitig mit $\mathbb{R}_{(2)}$, beachtet $\mathbb{R}^{T}_{(2)} \cdot \mathbb{R}_{(2)} = \bar{\mathbb{E}}_{(2)}$ nach (E1.9e) und findet so wegen $\mathbb{F}_{(2)} = \mathbb{D}^{(S)}_{(2)} \cdot \mathbb{R}_{(2)}$, $\mathbb{F}^{T}_{(2)} = \mathbb{R}^{T}_{(2)} \cdot \mathbb{D}^{(S)}_{(2)}$ in der Tat

$$\bar{\mathbb{E}}_{(2)} \cdot \bar{\mathbb{T}}^{(E)}_{(2)} \cdot \bar{\mathbb{E}}_{(2)} \equiv \bar{\mathbb{T}}^{(E)}_{(2)} = \frac{1}{1+\epsilon_f}\, \mathbb{R}^{T}_{(2)} \mathbb{D}^{(S)}_{(2)} \cdot \mathbb{T}^{(K)}_{(2)} \cdot \mathbb{D}^{(S)}_{(2)} \cdot \mathbb{R}_{(2)}$$
$$= \frac{1}{1+\epsilon_f}\, \mathbb{F}^{T}_{(2)} \mathbb{T}^{(K)}_{(2)} \cdot \mathbb{F}_{(2)} \equiv \mathbb{R}^{T}_{(2)} \cdot \mathbb{T}^{(R)}_{(2)} \cdot \mathbb{R}_{(2)} .$$

Der übrigens in (E1.23g) aufscheinende sog. "relative Membrankraft—Tensor" $\mathbb{T}^{(R)}_{(2)}$ hat die Bedeutung desjenigen (lokal in $\mathcal{V}_{(2)}(P,t_0)$ definierten) Operators, der per

$$\mathbb{t}^{(R)}_{e\perp} = \mathbb{e}^{(S)}_{\perp} \cdot \mathbb{T}^{(R)}_{(2)} \tag{1.24a}$$

die (in Abb. E1.2b schematisch skizzierten) sog. "relativen Membranschnittlasten" $\mathbb{t}^{(R)}_{e\perp}$ mit den in der Streckungskonfiguration definierten Schnittliniennormalen $(\mathbb{e}^{(S)}_{\perp})$ verknüpft. Relative Schnittlasten $\mathbb{t}^{(R)}_{e\perp}$ sind diejenigen auf die gedehnte Längeneinheit bezogenen aber in $\mathcal{V}_{(2)}(P,t_0)$ "wirkenden" Größen, die längs Linienelementen $d\mathbb{s}^{(S)} = d\mathbb{s} \cdot \mathbb{D}^{(S)}_{(2)}$ in der Streckungskonfiguration freigelegt und, wie Linienelemente, bei der anschließenden (mit dem Flächenelement gemeinsamen) Drehung $(\mathbb{R}_{(2)})$ in die verformte Momentankonfiguration $\bar{\mathcal{V}}_{(2)}(P,t)$ in die Eulerschen Schnittlasten $\bar{\mathbb{t}}^{(E)}_{e\perp}$ überführt werden. Denn die in der Streckungskonfiguration anfallende Schnittlinien—Normale $\mathbb{e}^{(S)}_{\perp}$ hängt mit $\bar{\mathbb{e}}_{\perp}$ in der Form

$$\bar{\mathbb{e}}_{\perp} \overset{(E1.13d)}{=} \mathbb{e}^{(S)}_{\perp} \cdot \mathbb{R}_{(2)} \tag{1.24b}$$

zusammen, so daß aus

$$\bar{\mathbb{t}}^{(E)}_{e\perp} \overset{(E1.23b)}{=} \bar{\mathbb{e}}_{\perp} \cdot \bar{\mathbb{T}}^{(E)}_{(2)} \equiv \mathbb{t}^{(R)}_{e\perp} \cdot \mathbb{R}_{(2)} \overset{(E1.24a)}{=} \mathbb{e}^{(S)}_{\perp} \cdot \mathbb{T}^{(R)}_{(2)} \cdot \mathbb{R}_{(2)} , \tag{1.24c}$$

also aus

$$\bar{\mathbb{e}}_{\perp} \cdot \bar{\mathbb{T}}^{(E)}_{(2)} \overset{(E1.24b)}{=} \mathbb{e}^{(S)}_{\perp} \cdot \mathbb{R}_{(2)} \cdot \bar{\mathbb{T}}^{(E)}_{(2)} \overset{(E1.24c)}{=} \mathbb{t}^{(R)}_{e\perp} \cdot \mathbb{R} \overset{(E1.24a)}{=} \mathbb{e}^{(S)}_{\perp} \cdot \mathbb{T}^{(R)}_{(2)} \cdot \mathbb{R}_{(2)}$$

bzw.
$$\mathbb{e}^{(S)}_{\perp} \cdot [\mathbb{R}_{(2)} \cdot \bar{\mathbb{T}}^{(E)}_{(2)} - \mathbb{T}^{(R)}_{(2)} \cdot \mathbb{R}_{(2)}] = 0$$

wegen der Beliebigkeit von $\mathbb{e}^{(S)}_{\perp}$

---

[38] in der letzteren Formulierung wurde $\mathbb{F}_{(2)} = \mathbb{D}^{(S)}_{(2)} \cdot \mathbb{R}_{(2)} = \sqrt{\mathbb{E}_{(2)} + 2\mathbb{D}^{(G)}_{(2)}} \cdot \mathbb{R}_{(2)}$ benutzt

$$\mathbb{R}^{T}_{(2)} \cdot \mathbb{R}_{(2)} \cdot \bar{\mathbb{T}}^{(E)}_{(2)} = \bar{\mathbb{E}}_{(2)} \cdot \bar{\mathbb{T}}^{(E)}_{(2)} \equiv \bar{\mathbb{T}}^{(E)}_{(2)} = \mathbb{R}^{T}_{(2)} \cdot \mathbb{T}^{(R)}_{(2)} \cdot \mathbb{R}_{(2)} \tag{1.24d}$$

bzw.

$$\mathbb{R}_{(2)} \cdot \mathbb{R}^{T}_{(2)} \cdot \mathbb{T}^{(R)}_{(2)} \cdot \mathbb{R}_{(2)} \cdot \mathbb{R}^{T}_{(2)} = \mathbb{E}_{(2)} \cdot \mathbb{T}^{(R)}_{(2)} \cdot \mathbb{E}_{(2)} \equiv \mathbb{T}^{(R)}_{(2)} = \mathbb{R}_{(2)} \cdot \bar{\mathbb{T}}^{(E)}_{(2)} \cdot \mathbb{R}^{T}_{(2)} \tag{1.24e}$$

gefolgert und damit in der Tat die dem Operator $\mathbb{T}^{(R)}_{(2)}$ zugeschriebene Eigenschaft bestätigt werden kann.

Weil die relativen — in der Streckungskonfiguration eines Membranflächenelementes angreifenden — Schnittlasten $\mathbb{t}^{(R)}_{e\perp}$, wie Linienelemente, zusammen mit dem Flächenelement in die Momentankonfiguration gedreht werden[39] und daher das Flächenelement während des der Streckung folgenden Drehungsprozesses "keine Änderung seiner individuellen Beanspruchungssituation empfindet", sind, entsprechend den Überlegungen in §8, auch — neben den 2. Piola–Kirchhoff–Schnittlasten[40] — die relativen Schnittlasten als geeignete in (verdrehungsgliederfreien) Materialgleichungen mit Verzerrungen zu verknüpfende dynamische Größen anzusehen.

1.1 **Näherungen**

1.1.1 Kleine Verzerrungen

Mit als klein gegenüber 1 zu unterstellenden Verzerrungen können

a) mit $\mathbb{D}^{(S)} \approx \mathbb{E}$, $\mathbb{D}^{(S)} \cdot \mathbb{R} \approx \mathbb{R}$ sämtliche Konfigurations–Transformationen $\mathscr{V}_{(2)}(P,t_0) \to \bar{\mathscr{V}}_{(2)}(P,t)$ als Versor–Transformationen approximiert, d. h. anstelle von (E1.12e)

$$\left.\begin{matrix} d\bar{\mathbb{s}}_j \\ \bar{\mathbb{e}}_\perp \\ \bar{\mathbb{n}} \end{matrix}\right\} \approx \left\{\begin{matrix} d\mathbb{s}_j \\ \mathbb{e}_\perp \\ \mathbb{n} \end{matrix}\right\} \cdot \mathbb{R} = \left\{\begin{matrix} \left\{\begin{matrix} d\mathbb{s}_j \\ \mathbb{e}_\perp \end{matrix}\right\} \cdot \mathbb{R}_{(2)} \\ \mathbb{n} \cdot {}_{(n)}\mathbb{R} \end{matrix}\right. , \tag{1.25a}$$

anstelle von (E1.21a,b)

$$\mathbb{V}_{(2)} \approx \mathbb{R}_{(2)} \cdot \bar{\mathbb{V}}_{(2)} , \quad \bar{\mathbb{V}}_{(2)} \approx \mathbb{R}^{T}_{(2)} \cdot \mathbb{V}_{(2)} \tag{1.25b}$$

gesetzt, im Sinne von (E1.23g)

$$\mathbb{T}^{(R)}_{(2)} \approx \mathbb{T}^{(K)}_{(2)} , \tag{1.25c}$$

also der relative mit dem 2. Piola–Kirchhoff–Membrankrafttensor identifiziert, Letzterer

b) anstelle der Materialgleichung (E1.19a) wegen $|\mathbb{D}^{(G)}_{(2)}| << 1$ durch

$$\mathbb{T}^{(K)}_{(2)} (\approx \mathbb{T}^{(R)}_{(2)}) = \frac{d\mathscr{W}}{d\mathbb{D}^{(G)}_{(2)}} \approx \left[\frac{d\mathscr{W}}{d\mathbb{D}^{(G)}_{(2)}}\right]_0 + \left[\frac{d^2\mathscr{W}}{d\mathbb{D}^{(G)2}_{(2)}}\right]_0 \cdot\cdot \mathbb{D}^{(G)}_{(2)} =^{41)} \overset{\langle 4 \rangle}{\mathbb{C}}_{(2)} \cdot\cdot \mathbb{D}^{(G)}_{(2)} \tag{1.25d}$$

mit einer in $\mathscr{V}_{(2)}(P,t_0)$ definierten (lokal–planaren) vollständig–symmetrischen Materialtetrade

$$\overset{\langle 4 \rangle}{\mathbb{C}}_{(2)} = (d^2\mathscr{W}/d\mathbb{D}^{(G)2}_{(2)})_{\mathbb{D}^{(G)}_{(2)}=0} \tag{1.25e}$$

---

39) und dann die Eulerschen Schnittlasten $\bar{\mathbb{t}}^{(E)}_{e\perp}$ darstellen!

40) die mit den relativen Schnittlasten in der Form (E1.23g) zusammenhängen

41) Verfügt man die Bezugskonfiguration $(\mathbb{D}^{(G)}_{(2)} = 0)$ als spannungsfrei, so ist $(d\mathscr{W}/d\mathbb{D}^{(G)}_{(2)})_0 = 0$ zu setzen, ansonsten existiert ein "Vorspannungstensor" $\mathbb{T}^{(K)}_0 = (\partial\mathscr{W}/\partial\mathbb{D}^{(G)}_{(2)})_0$

in linearer Weise mit den Verzerrungen $\left(\underset{(2)}{\mathbb{D}}^{(G)}\right)$ verknüpft,

c) anstelle von (E1.18a) mit $\underset{(2)}{\mathbb{F}} = \underset{(2)}{\mathbb{D}}^{(S)} \cdot \underset{(2)}{\mathbb{R}} \approx \underset{(2)}{\mathbb{R}}$ die Feldgleichung

$$\underset{(2)}{\nabla} \cdot \left(\underset{(2)}{\mathbb{T}}^{(R)} \cdot \underset{(2)}{\mathbb{R}}\right) + \bar{\mathbb{p}}_f = \mu \ddot{\mathbb{u}} \tag{1.25f}$$

benutzt und schließlich

d) die in der verformten Konfiguration $\bar{\mathcal{V}}(P,t)$ je Schnittlängeneinheit $(\Delta s \approx \Delta\bar{s} = 1)$ freigelegten Membranschnittkräfte anstelle von (E1.19b) angenähert als

$$\bar{\mathbb{t}}_{e\perp} \approx \mathbb{e}_\perp \cdot \underset{(2)}{\mathbb{T}}^{(K)} \cdot \underset{(2)}{\mathbb{R}} \approx \mathbb{e}_\perp \cdot \underset{(2)}{\mathbb{T}}^{(R)} \cdot \underset{(2)}{\mathbb{R}} \approx \bar{\mathbb{e}}_\perp \cdot \underset{(2)}{\mathbb{R}}^T \cdot \underset{(2)}{\mathbb{T}}^{(R)} \cdot \underset{(2)}{\mathbb{R}} \equiv \bar{\mathbb{e}}_\perp \cdot \underset{(2)}{\bar{\mathbb{T}}}^{(E)} \tag{1.25g}$$

beschrieben werden. Wegen (E1.25a) folgt aus (E1.24b)

$\mathbb{e}_\perp^{(S)} \overset{(E1.24b)}{\approx} \bar{\mathbb{e}}_\perp \cdot \underset{(2)}{\mathbb{R}}^T \overset{(E1.25a)}{\approx} \mathbb{e}_\perp$, was bedeutet, daß man hier die relativen Spannungen $\left(\mathbb{t}_{e\perp}^{(R)}\right)$ näherungsweise als an der unverformten Konfiguration $\underset{(2)}{\mathcal{V}}(P,t_0)$ angreifend ansieht. Die entsprechenden Beziehungen für

1.1.2 kleine Verzerrungen und kleine Drehungen

gehen mit

$$\underset{(2)}{\mathbb{D}}^{(G)} \approx \underset{(2)}{\mathbb{D}} \overset{42)}{=} \underset{(2)}{\mathbb{E}} \cdot \frac{1}{2}\left(\underset{(2)}{\nabla} \circ \mathbb{u} + \mathbb{u} \circ \underset{(2)}{\nabla}\right) \cdot \underset{(2)}{\mathbb{E}} = \frac{1}{2}\left(\underset{(2)}{\mathbb{U}} + \underset{(2)}{\mathbb{U}}^T\right) \tag{1.26a}$$

und $|\underset{(2)}{\mathbb{D}}| << 1$, also mit

$$\begin{aligned} 1+\epsilon_f &= \sqrt{\left(\underset{(2)}{\mathbb{E}} + 2\underset{(2)}{\mathbb{D}}^{(G)}\right)_2} \approx \sqrt{\left(\underset{(2)}{\mathbb{E}} + 2\underset{(2)}{\mathbb{D}}\right)_2} = \sqrt{1+2(\underset{(2)}{\mathbb{D}})_1 + 4(\underset{(2)}{\mathbb{D}})_2} \\ &\overset{43)}{\approx} 1+(\underset{(2)}{\mathbb{D}})_1 = 1+\underset{(2)}{\mathbb{E}} \cdot\cdot \underset{(2)}{\mathbb{D}} = 1+\underset{(2)}{\nabla} \cdot \mathbb{u} \end{aligned} \tag{1.26b}$$

aus den Formeln (E1.25) mit

$$\begin{aligned} \underset{(2)}{\mathbb{R}} &\overset{(E1\,.\,12a)}{=} \sqrt{\underset{(2)}{\mathbb{E}} + 2\underset{(2)}{\mathbb{D}}^{(G)}}^{\,-1} \cdot \left(\underset{(2)}{\mathbb{E}} + \underset{(2)}{\mathbb{U}}\right) \overset{44)}{\approx} \sqrt{\underset{(2)}{\mathbb{E}} + 2\underset{(2)}{\mathbb{D}}}^{\,-1} \cdot \left(\underset{(2)}{\mathbb{E}} + \underset{(2)}{\mathbb{D}} - \underset{(2)}{\mathbb{E}} \times \boldsymbol{\vartheta}\right) \\ &\approx \left(\underset{(2)}{\mathbb{E}} - \underset{(2)}{\mathbb{D}}\right) \cdot \left(\underset{(2)}{\mathbb{E}} + \underset{(2)}{\mathbb{D}} - \underset{(2)}{\mathbb{E}} \times \boldsymbol{\vartheta}\right) \overset{45)}{\approx} \underset{(2)}{\mathbb{E}} - \underset{(2)}{\mathbb{E}} \times \boldsymbol{\vartheta}\,, \end{aligned} \tag{1.26c}$$

---

42) für kleine Drehungen identifiziert man aus (E1.8a) $\underset{(2)}{\mathbb{D}}^{(G)} \approx \underset{(2)}{\mathbb{D}} + (\underset{(2)}{\mathbb{D}}^2/2)$, also $\underset{(2)}{\mathbb{D}}^{(G)}$ als (isotrope) Tensorfunktion des lokal–planaren Deformators $\underset{(2)}{\mathbb{D}}$, woraus für $|\underset{(2)}{\mathbb{D}}^{(G)}| << 1$ die Näherung $\underset{(2)}{\mathbb{D}}^{(G)} \approx \underset{(2)}{\mathbb{D}}$ aus den entsprechenden Hauptachsen–Komponentengleichungen unmittelbar hervorgeht.

43) Man entwickle die Wurzel und breche nach dem linearen Gliede ab.

44) Man setze $\underset{(2)}{\mathbb{D}}^{(G)} \approx \underset{(2)}{\mathbb{D}}$ und benutze $\underset{(2)}{\mathbb{E}} + \underset{(2)}{\mathbb{U}} = \underset{(2)}{\mathbb{E}} + \underset{(2)}{\mathbb{D}} - \underset{(2)}{\mathbb{E}} \times \boldsymbol{\vartheta}$ nach (E1.5a).

45) Man vernachlässige sämtliche nichtlinearen Verschiebungsanteile.

$$\underset{(n)}{\mathbb{R}} \overset{(E1.11g)}{=} \frac{(\underset{(2)}{\mathbb{F}})_2}{\sqrt{(\underset{(2)}{\mathbb{E}}+2\underset{(2)}{\mathbb{D}}^{(G)})_2}}\, \mathbb{n}\circ(\mathbb{n} - \underset{(2)}{\mathbb{F}}^{-1}\cdot \underset{(2)}{\boldsymbol{\varphi}}) =^{46)} (\underset{(2)}{\mathbb{R}}\cdot \underset{(2)}{\mathbb{E}})_2 \mathbb{n}\circ(\mathbb{n} - \underset{(2)}{\mathbb{F}}^{-1}\cdot \underset{(2)}{\boldsymbol{\varphi}})$$

$$\approx^{47)} \mathbb{n}\circ(\mathbb{n} - \underset{(2)}{\mathbb{F}}^{-1}\cdot \underset{(2)}{\boldsymbol{\varphi}}) \approx^{48)} \mathbb{n}\circ\mathbb{n} - \mathbb{n}\circ\underset{(2)}{\mathbb{F}}^{-1}\cdot(\mathbb{n}\times\boldsymbol{\vartheta}) =$$

$$=^{49)} \mathbb{n}\circ\mathbb{n} - \mathbb{n}\circ\mathbb{n}\times\boldsymbol{\vartheta}\,, \tag{1.26d}$$

d. h.
$$\mathbb{R} = \underset{(2)}{\mathbb{R}} + \underset{(n)}{\mathbb{R}} = \underset{(2)}{\mathbb{E}} + \mathbb{n}\circ\mathbb{n} - (\underset{(2)}{\mathbb{E}} + \mathbb{n}\circ\mathbb{n})\times\boldsymbol{\vartheta} = \mathbb{E} - \mathbb{E}\times\boldsymbol{\vartheta} \tag{1.26e}$$

mit
$$\boldsymbol{\vartheta} \overset{(E1.4b)}{=} \underset{(2)}{\nabla}\times\mathbb{u} - \frac{1}{2}[\mathbb{n}\underset{(2)}{\nabla}\,\mathbb{u}]\mathbb{n} \tag{1.26f}$$

hervor. So bekommt man z. B. anstelle von (E1.24d,e) nach Vernachlässigung der hinsichtlich $\boldsymbol{\vartheta}$ nichtlinearen Terme für die Zusammenhänge zwischen Eulerschen und relativen Spannungen

$$\underset{(2)}{\mathbb{T}}^{(E)} \approx \underset{(2)}{\mathbb{T}}^{(R)} + \boldsymbol{\vartheta}\times\underset{(2)}{\mathbb{T}}^{(R)} - \underset{(2)}{\mathbb{T}}^{(R)}\times\boldsymbol{\vartheta}\,,\quad \underset{(2)}{\mathbb{T}}^{(R)} = \underset{(2)}{\mathbb{T}}^{(E)} - \boldsymbol{\vartheta}\times\underset{(2)}{\mathbb{T}}^{(E)} + \underset{(2)}{\mathbb{T}}^{(E)}\times\boldsymbol{\vartheta}\,, \tag{1.27a}$$

anstelle von (E1.25d) als Materialgleichung

$$\underset{(2)}{\mathbb{T}}^{(K)} \approx \underset{(2)}{\mathbb{T}}^{(R)} \equiv \underset{(2)}{\mathbb{T}} = \underset{(2)}{\overset{\langle 4\rangle}{\mathbb{C}}}\cdot\cdot\underset{(2)}{\mathbb{D}} \tag{1.27b}$$

mit den "am unverformten System" definierten Membranschnittlasten $(\underset{(2)}{\mathbb{T}})$, anstelle von (E1.25g) mit $\underset{(2)}{\mathbb{R}}$ nach (E1.26c) für die in der verformten Konfiguration freigelegte Membranschnittkraft

$$\bar{\mathbb{t}}_{e\perp} \approx \mathbb{e}_{\perp}\cdot\underset{(2)}{\mathbb{T}}\cdot(\underset{(2)}{\mathbb{E}} - \underset{(2)}{\mathbb{E}}\times\boldsymbol{\vartheta}) = \mathbb{e}_{\perp}\cdot\underset{(2)}{\mathbb{T}} + \boldsymbol{\vartheta}\times(\mathbb{e}_{\perp}\cdot\underset{(2)}{\mathbb{T}})\,, \tag{1.27c}$$

die durch Drehen der am unverformten System definierten Größe $(\mathbb{t}_{e\perp} = \mathbb{e}_{\perp}\cdot\underset{(2)}{\mathbb{T}})$ in die Momentankonfiguration entsteht, und schließlich anstelle von (E1.25f) die Bilanzgleichung

$$\underset{(2)}{\nabla}\cdot(\underset{(2)}{\mathbb{T}} - \underset{(2)}{\mathbb{T}}\times\boldsymbol{\vartheta}) + \bar{\mathbb{p}}_f = \mu\ddot{\mathbb{u}}\,. \tag{1.27d}$$

Letztere Beziehungen werden zur Konstruktion einer sog.

---

46) Man benutze $\underset{(2)}{\mathbb{F}} = \underset{(2)}{\mathbb{F}}\cdot\underset{(2)}{\mathbb{E}} = \underset{(2)}{\mathbb{D}}^{(S)}\cdot\underset{(2)}{\mathbb{R}}\cdot\underset{(2)}{\mathbb{E}} = \sqrt{\underset{(2)}{\mathbb{E}}+2\underset{(2)}{\mathbb{D}}^{(G)}}\cdot\underset{(2)}{\mathbb{R}}\cdot\underset{(2)}{\mathbb{E}}$ und damit unter Beachtung des Determinanten—Multiplikationssatzes

$$\frac{(\underset{(2)}{\mathbb{F}})_2}{\sqrt{(\underset{(2)}{\mathbb{E}} + 2\underset{(2)}{\mathbb{D}}^{(G)})_2}} = (\underset{(2)}{\mathbb{R}}\cdot\underset{(2)}{\mathbb{E}})_2$$

47) Man setze mit $\underset{(2)}{\mathbb{R}}$ nach (E1.26c) $\underset{(2)}{\mathbb{R}}\cdot\underset{(2)}{\mathbb{E}} = (\underset{(2)}{\mathbb{E}} - \underset{(2)}{\mathbb{E}}\times\boldsymbol{\vartheta})\cdot\underset{(2)}{\mathbb{E}} \equiv \underset{(2)}{\mathbb{E}} - \vartheta_n\underset{(2)}{\mathbb{E}}\times\mathbb{n}$ und benutze die Näherung $(\underset{(2)}{\mathbb{E}} - \vartheta_n\underset{(2)}{\mathbb{E}}\times\mathbb{n})_2 = 1 + \vartheta_n^2 \approx 1$

48) Man beachte $\underset{(2)}{\boldsymbol{\varphi}} = \mathbb{n}\times\boldsymbol{\vartheta}$

49) Man benutze $\underset{(2)}{\mathbb{F}}^{-1} = [(\underset{(2)}{\mathbb{F}})_1\underset{(2)}{\mathbb{E}} - \underset{(2)}{\mathbb{F}}]/(\underset{(2)}{\mathbb{F}})_2$ und vernachlässige bereits sämtliche linearen Verformungsglieder, setze also $\underset{(2)}{\mathbb{F}}^{-1} \approx \underset{(2)}{\mathbb{E}}$

1.2 Linearen Membrantheorie zweiter Ordnung[50)]

herangezogen.
Die grundsätzliche Unzulänglichkeit der klassischen Membrantheorie[51)] kleiner Verformungen, die man auf der Basis einer "am unverformten System" formulierten Impulsbilanz

$$\mathbb{V}_{(2)}\cdot\mathbb{T}_{kl}+\mathbb{p}^{(0)}={}^{52)}\mu\,\ddot{\mathbb{u}}_{kl} \tag{1.28a}$$

nach Einsetzen einer Materialgleichung, etwa der Hookeschen Gleichung

$$\mathbb{T}_{kl}=\overset{\langle 4\rangle}{\mathbb{C}}\cdot\cdot\mathbb{D}_{kl}\equiv\mathbb{D}_{kl}\cdot\cdot\overset{\langle 4\rangle}{\mathbb{C}},\quad \mathbb{D}_{kl}=\mathbb{D}\langle\mathbb{u}_{kl}\rangle=\mathbb{E}_{(2)}\cdot\frac{1}{2}\left[\mathbb{V}_{(2)}\circ\mathbb{u}_{kl}+\mathbb{u}_{kl}\circ\mathbb{V}_{(2)}\right]\cdot\mathbb{E}_{(2)}, \tag{1.28b,c}$$

in Form der Verschiebungsgleichung

$$\mathbb{V}_{(2)}\cdot\left[\overset{\langle 4\rangle}{\mathbb{C}}\cdot\cdot\mathbb{D}\langle\mathbb{u}_{kl}\rangle\right]+\mathbb{p}^{(0)}=\mu\,\ddot{\mathbb{u}}_{kl} \tag{1.28d}$$

beschreibt, besteht bekanntlich darin, daß die aus (E1.28d) anfallende Lösungs—Mannigfaltigkeit eine allgemeine — in Termen von $\mathbb{u}_{kl}$ zu formulierende — vektorwertige Randwertaufgabe n i c h t zu befriedigen erlaubt[53)]. Dies gründet auf den Befund, daß die Normalkomponente der Feldgleichung (E1.28a), nämlich

$$\left[\mathbb{V}_{(2)}\cdot\mathbb{T}_{kl}\right]\cdot\mathbb{n}\equiv\mathbb{V}_{(2)}\cdot\left[\mathbb{T}_{kl}\cdot\mathbb{n}\right]-\mathbb{T}_{kl}\cdot\cdot(\mathbb{V}_{(2)}\circ\mathbb{n})=$$

$$={}^{54)}\mathbb{T}_{kl}\cdot\cdot\mathbb{K}=\mathbb{K}\cdot\cdot\overset{\langle 4\rangle}{\mathbb{C}}\cdot\cdot\mathbb{D}\langle\mathbb{u}_{kl}\rangle=-p_n^{(0)}+\mu\,\ddot{u}_{nkl} \tag{1.28e}$$

mit

$$p_n^{(0)}=\mathbb{n}\cdot\mathbb{p}^{(0)},\quad u_{nkl}=\mathbb{u}_{kl}\cdot\mathbb{n} \tag{1.28f,g}$$

nur e r s t e Ableitungen der Verschiebungen nach den Flächenkoordinaten (q^1,q^2) enthält, also Differentialgleichungen zweiter Ordnung nur für die beiden in $\mathscr{V}_2(P,t_0)$ formulierbaren Komponentengleichungen, d. h. für

$$\left[\mathbb{V}_{(2)}\cdot\mathbb{T}_{kl}\right]\cdot\mathbb{E}_{(2)}+\mathbb{p}^{(0)}_{(2)}=\mu\,\ddot{\mathbb{u}}_{(2)kl},\quad \mathbb{p}^{(0)}_{(2)}=\mathbb{p}^{(0)}\cdot\mathbb{E}_{(2)},\quad \mathbb{u}_{(2)kl}=\mathbb{u}_{kl}\cdot\mathbb{E}_{(2)} \tag{1.28h-k}$$

aufgefunden werden, wohingegen die Befriedigung einer allgemeinen, sich auf alle drei Verschiebungskomponenten beziehenden Randwertaufgabe ein aus d r e i skalaren Differentialgleichungen zweiter

---

50) So bezeichnet der Analogie der Vorgehensweise bei der Entwicklung einer diesbezüglichen Stabtheorie wegen.

51) hinfort durch Index kl bezeichnet

52) Hierin bedeutet $\mathbb{p}^{(0)}$ die "an der unverformten Membranfläche angreifende und auf deren Flächeneinheit bezogene (Schüttungs—)Last".
Um Index—Überfrachtungen zu vermeiden, wird für die in der "unverformten Membranflächen—Tangentialebene" $\mathscr{V}_2(P,t_0)$ definierten Größen $\mathbb{T}_{(2)}$, $\mathbb{D}_{(2)}$, $\overset{\langle 4\rangle}{\mathbb{C}}_{(2)}$ im Folgenden $\mathbb{T}$, $\mathbb{D}$, $\overset{\langle 4\rangle}{\mathbb{C}}$ geschrieben.

53) Dies schließt selbstverständlich nicht aus, daß in statischen Spezialfällen durch geeignete (etwa durch Randseilbegrenzungen realisierte) flexible und "nachstellbare" Randlagerungen, die aus der statischen Variante von (E1.28d) berechenbaren Verschiebungen am Membranrande mit den Verschiebungen flexibler Randelemente harmonisiert werden können. Ergebnis solcher — im Membranbau pneumatischer Konstruktionen bekannter — Maßnahmen ist die Verhinderung von (ansonsten unvermeidlichen) Randfaltungseffekten.

54) Man beachte $\mathbb{T}_{kl}\cdot\mathbb{n}=0$ und $\mathbb{V}_{(2)}\circ\mathbb{n}=-\mathbb{K}$

Ordnung bestehendes Feldgleichungssystem erfordern würde.
Dieser Sachverhalt[55] bedeutet, daß eine allgemeine Lösung des Membranproblems grundsätzlich nur auf der Basis "am verformten System formulierter" Feldgleichungen erreicht werden kann. Das Problem ist nun allerdings, daß bereits die einfachste — als "am verformten System" interpretierbare — Bilanzgleichungsvariante (E1.27d) mit $\mathbb{T} = \overset{<4>}{\mathbb{C}} \cdot\cdot \mathbb{D}\langle \mathbb{u} \rangle$ auf

$$\mathbb{V}_{(2)} \cdot \left[\overset{<4>}{\mathbb{C}} \cdot\cdot \mathbb{D}\langle \mathbb{u} \rangle - \underline{\mathbb{D}\langle \mathbb{u} \rangle \cdot\cdot \overset{<4>}{\mathbb{C}} \times \boldsymbol{\vartheta}} \right] + \bar{\mathbb{p}}_f = \mu \ddot{\mathbb{u}} , \qquad (1.29)$$

also auf eine nichtlineare Feldgleichung führt, weil $\boldsymbol{\vartheta} = \boldsymbol{\vartheta}\langle \mathbb{u} \rangle$ bereits linear von den Verschiebungen abhängt (vgl. E1.26f), sodaß zwecks Erhalt einer linearen Theorie in (E1.29) — und demnach auch in (E1.27c) — eine weitere Linearisierung vorgenommen werden muß, die sich auf den in (E1.29) gestrichelten Term zu beziehen hat. Zunächst den Fall einer

1.2.1 statischen Membrantheorie zweiter Ordnung

in Betracht nehmend, wo die Größen $\mathbb{u} = \mathbb{u}_{st}$, $\boldsymbol{\vartheta} = \boldsymbol{\vartheta}_{st}$, $\mathbb{T} = \mathbb{T}_{st}$ usw. durch

$$\mathbb{V}_{(2)} \cdot (\mathbb{T}_{st} - \mathbb{T}_{st} \times \boldsymbol{\vartheta}_{st}) + \bar{\mathbb{p}}_{fst} = 0 \qquad (1.30a)$$

$$\mathbb{T}_{st} = \overset{<4>}{\mathbb{C}} \cdot\cdot \mathbb{D}\langle \mathbb{u}_{st} \rangle , \quad \bar{\mathbb{t}}_{e\perp st} = \mathbb{e}_{\perp} \cdot (\mathbb{T}_{st} - \mathbb{T}_{st} \times \boldsymbol{\vartheta}_{st}) \qquad (1.30b,c)$$

festgelegt sind, geht man davon aus, daß — wenn die Feldlasten $\bar{\mathbb{p}}_{fst}$ gegenüber den am unverformten System angreifend gedachten Feldlasten $\mathbb{p}^{(0)}$ nur unwesentlich differieren — die Schnittlasten $\mathbb{T}_{st}$ nur insofern gegenüber den entsprechenden, durch die Gleichgewichtsbedingungen am unverformten System

$$\mathbb{V}_{(2)} \cdot \mathbb{T}_{kl} + \mathbb{p}^{(0)} = 0 \qquad (1.31)$$

definierten Membranschnittlasten $\mathbb{T}_{kl}$ der klassischen Membranstatik differieren, als nunmehr die Differenzen $\mathbb{T}_{st} - \mathbb{T}_{kl}$ Ausdruck der Tatsache sind, die Gleichgewichtsbedingungen am verformten System erfüllen zu müssen, daß also die Differenzen $\mathbb{T}_{st} - \mathbb{T}_{kl}$ "von der Größenordnung" der in (E1.31) nicht berücksichtigten Membranverrückungsgrößen $(\mathbb{u}_{st}, \boldsymbol{\vartheta}_{st})$ sein müssen. Mit Rücksicht auf deren — hier vorausgesetzte! — Kleinheit wird daher in (E1.30)

$$\mathbb{T}_{st} \times \boldsymbol{\vartheta}_{st} \equiv \left[\mathbb{T}_{kl} + (\mathbb{T}_{st} - \mathbb{T}_{kl}) \right] \times \boldsymbol{\vartheta}_{st} \approx \mathbb{T}_{kl} \times \boldsymbol{\vartheta}_{st} \qquad (1.32a)$$

gesetzt und hiermit das Gleichungssystem (E1.30) in Dasjenige der "Membranstatik zweiter Ordnung" nämlich in

$$\mathbb{T}_{st} = \overset{<4>}{\mathbb{C}} \cdot\cdot \mathbb{D}\langle \mathbb{u}_{st} \rangle , \quad \bar{\mathbb{t}}_{e\perp st} = \mathbb{e}_{\perp} \cdot (\mathbb{T}_{st} - \mathbb{T}_{kl} \times \boldsymbol{\vartheta}_{st}) , \qquad (1.32b\text{-}e)$$

$$\mathbb{V}_{(2)} \cdot (\mathbb{T}_{st} - \mathbb{T}_{kl} \times \boldsymbol{\vartheta}_{st}) + \bar{\mathbb{p}}_{fst} = 0 , \quad \epsilon_{fst} = \mathbb{V}_{(2)} \cdot \mathbb{u}_{st}$$

überführt, wobei die Feldgleichung (E1.32d) unter Benutzung von

$$\mathbb{V}_{(2)} \cdot (\mathbb{T}_{kl} \times \boldsymbol{\vartheta}_{st}) = (\mathbb{V}_{(2)} \cdot \mathbb{T}_{kl}) \times \boldsymbol{\vartheta}_{st} + (\mathbb{T}_{kl} \cdot \mathbb{V}_{(2)}) \cdot (\mathbb{E} \times \boldsymbol{\vartheta}_{st}) =$$

$$\overset{(E1\,.\,31)}{=} \boldsymbol{\vartheta}_{st} \times \mathbb{p}^{(0)} + (\mathbb{T}_{kl} \cdot \mathbb{V}_{(2)} \circ \boldsymbol{\vartheta}_{st}) \cdot\cdot \mathbb{E} \times \mathbb{E} \qquad (1.33f)$$

noch in

---

[55] der bekanntlich in der klassischen Schalentheorie kleiner Verformungen nötigt, dem durch (E1.28) definierten "Membranzustand" einen "Biegezustand" überlagern zu müssen, mit dem man die mittels der Membrantheorie nicht befriedigbaren Randbedingungen dann schließlich auch noch erfüllen kann,

$$\nabla_{(2)} \cdot \left[\overset{<4>}{\mathbb{C}} \cdot\cdot \mathbb{D}\langle \mathbb{u}_{st} \rangle \right] - \left[\mathbb{T}_{kl} \cdot \nabla_{(2)} \circ \boldsymbol{\vartheta}_{st} \right] \cdot\cdot \mathbb{E}\times\mathbb{E} + \bar{\mathbb{p}}_{fst} - \boldsymbol{\vartheta}_{st} \times \mathbb{p}^{(0)} = 0 \qquad (1.33g)$$

mit

$$\boldsymbol{\vartheta}_{st} = \boldsymbol{\vartheta}\langle \mathbb{u}_{st} \rangle = \nabla_{(2)} \times \mathbb{u}_{st} - \frac{1}{2} [\mathbb{n}\, \nabla_{(2)}\, \mathbb{u}_{st}] \,, \quad \epsilon_{fst} = \nabla_{(2)} \cdot \mathbb{u}_{st} \qquad (1.33h,i)$$

umgeformt werden kann[56].

Anschaulich interpretiert, bedeutet die Approximation $\mathbb{T}_{st} \times \boldsymbol{\vartheta}_{st} \approx \mathbb{T}_{kl} \times \boldsymbol{\vartheta}_{st}$, daß man bei Drehen der "relativen Schnittlasten" in die Momentankonfiguration $\mathscr{V}_{(2)}(P,t)$ nur den Drehungsanteil von $\mathbb{T}_{kl}$ berücksichtigt.

Von den nichtstatischen Problemen soll schließlich hier nur der Fall der

1.2.2 freien Membranschwingungen

um die statische Ruhelage $\mathbb{u}_{st}$, d. h. die durch Störung eingeleitete Membranbewegung unter dem Einfluß von sog. "Totlasten" für ansonsten skleronome Randbedingungen referiert werden. Aus der nunmehr mit $\mathbb{T}$, $\boldsymbol{\vartheta}$, ϵ_f, $\mathbb{p}_f$ anstelle von $\mathbb{T}_{st}$, $\boldsymbol{\vartheta}_{st}$, ϵ_{fst}, $\mathbb{p}_{fst}$ in Erweiterung von (E1.32d) zu benutzenden linearisierten Feldgleichung

$$\nabla_{(2)} \cdot (\mathbb{T} - \mathbb{T}_{kl} \times \boldsymbol{\vartheta}) + \bar{\mathbb{p}}_f = \mu\, \ddot{\mathbb{u}} \qquad (1.34a)$$

bekommt man mit

$$\mathbb{u}(\mathbb{r},t) = \mathbb{u}_{st}(\mathbb{r}) + \mathbb{u}_1(\mathbb{r},t) \quad , \; \boldsymbol{\vartheta}(\mathbb{r},t) = \boldsymbol{\vartheta}_{st}(\mathbb{r}) + \boldsymbol{\vartheta}_1(\mathbb{r},t) \qquad (1.34b)$$

$$\mathbb{T}(\mathbb{r},t) = \mathbb{T}_{st}(\mathbb{r}) + \mathbb{T}_1(\mathbb{r},t) \qquad (1.34c)$$

und

$$\mathbb{T}_{st}(\mathbb{r}) = \overset{<4>}{\mathbb{C}} \cdot\cdot \mathbb{D}\langle \mathbb{u}_{st}(\mathbb{r}) \rangle \,, \quad \mathbb{T}_1(\mathbb{r},t) = \overset{<4>}{\mathbb{C}} \cdot\cdot \mathbb{D}\langle \mathbb{u}_1(\mathbb{r},t) \rangle \,, \qquad (1.34d)$$

sowie mit der (für sog. "Totlast"–Flächenbelastung zu verlangenden) Bedingung

$$\bar{\mathbb{p}}_f = \bar{\mathbb{p}}_{fst} \qquad (1.34e)$$

schließlich als Feldgleichung für die Auslenkungen $\mathbb{u}_1(\mathbb{r},t)$ aus der statischen Ruhelage, nachdem man von (E1.34a) Gl. (E1.32d) subtrahiert hat

$$\nabla_{(2)} \cdot \left[\overset{<4>}{\mathbb{C}} \cdot\cdot \mathbb{D}\langle \mathbb{u}_1 \rangle - \mathbb{T}_{kl} \times \boldsymbol{\vartheta}_1 \right] = \mu\, \ddot{\mathbb{u}}_1 \,, \qquad (1.35)$$

deren Lösungen grundsätzlich homogenen Randbedingungen anzupassen sind.[57] Angesichts dessen und der Tatsache, daß auch die Feldgleichung (E1.35) homogen ist, existieren von Null verschiedene Lösungen bekanntlich nur in Form einer (unendlichen) Schar sog. Eigenschwingungslösungen $\hat{\mathbb{u}}_k(\mathbb{r}) \sin(\omega_k t + \alpha_k)$, $(k = 1 \ldots \infty)$, die ihren jeweiligen Eigenfrequenzen ω_k, $k = 1 \ldots \infty$, zugeordnet sind und die durch die für die sog. Eigenformen $\hat{\mathbb{u}}_k(\mathbb{r})$ geltenden Feldgleichungen von der Form

---

56) $-\mathbb{E}\times\mathbb{E} = \overset{<3>}{\mathfrak{E}}$ bedeutet den im $\mathscr{V}_3$ definierten dreistufigen Permutationstensor (vgl. [1] (6.27)).

57) Weil sich bei Betrachtnahme freier Schwingungen (definitionsgemäß!) die (bereits mit der statischen Lösung $\mathbb{u}_{st}(\mathbb{r})$ befriedigten!) Randvorgaben nicht ändern dürfen (sog. "skleronome Randbedingungen") ansonsten "randerregte Membranschwingungen" vorlägen.

$$\nabla_{(2)} \cdot \left[\overset{<4>}{\mathbb{C}} \cdot\cdot \mathbb{D}\langle \hat{\mathbf{u}}_k \rangle - \mathbb{T}_{kl} \times \boldsymbol{\vartheta}\langle \hat{\mathbf{u}}_k \rangle \right] = - \mu\, \omega_k^2\, \hat{\mathbf{u}}_k(\mathbf{r}) \tag{1.36}$$

determiniert werden, wie man durch Einsetzen des sog. Synchron— bzw. Eigenschwingungsansatzes

$$\mathbf{u}_1(\mathbf{r},t) = \hat{\mathbf{u}}_k(\mathbf{r}) \sin(\omega_k t+\alpha_k) \tag{1.36a}$$

in (E1.35) unter Benutzung von

$$\left.\begin{matrix} \mathbb{D}\langle \mathbf{u}_1 \rangle \\ \boldsymbol{\vartheta}\langle \mathbf{u}_1 \rangle \end{matrix}\right\} \overset{58)}{=} \left\{\begin{matrix} \mathbb{D}\langle \hat{\mathbf{u}}_k \rangle \\ \boldsymbol{\vartheta}\langle \hat{\mathbf{u}}_k \rangle \end{matrix}\right\} \sin(\omega_k t+\alpha_k)\,, \quad \ddot{\mathbf{u}} = -\omega_k^2\, \hat{\mathbf{u}}_k \sin(\omega_k t+\alpha_k) \tag{1.36b}$$

verifiziert. Hinsichtlich einer Lösung des Problems (E1.36) sollte man sich aber, angesichts der Tatsache, daß es sich hierbei i.allg. um ein System von — wenn auch linearen — Differentialgleichungen mit variablen Koeffizienten $\mathbb{T}_{kl} = \mathbb{T}_{kl}(\mathbf{r})$ handelt, keine Illusionen machen. Daher empfehlen sich hier (zumindest näherungsweise) Eigenfrequenzermittlungen auf der Basis Rayleighscher Quotienten unter Benutzung vorgeschätzter Eigenformen. Wesentlich ist, daß — um Faltungen der Membranfläche als Folge von Membrandruckspannungen auszuschließen — hinreichend große im Sinne von

$$\mathbf{x}_{(2)} \cdot \mathbb{T}_{Kl} \cdot \mathbf{x}_{(2)} \geq 0$$

positiv — definite Vorspannungstensoren $\mathbb{T}_{kl}$ (mit positiven Hauptwerten $t^{(H)}_{jjkl} = \mathbf{e}^{(H)}_{jkl} \cdot \mathbb{T}_{kl} \cdot \mathbf{e}^{(H)}_{jkl} \geqq 0,\ j=1,2$) erwogen werden müssen, um sicherzustellen, daß auch in einer verformten Konfiguration generell nur Zugspannungen auftreten[59]. Die Tatsache, daß mit zunehmender Vorspannung die Eigenschwingungen hochfrequenter und damit die (statischen) Stabilitätsverhältnisse an einer Membran verbessert werden, erkennt man u. a. an der Normalkomponenten — Gleichung von (E1.35), nämlich an

$$\mu\, \ddot{u}_n = \mathbf{n} \cdot \left\{ \nabla_{(2)} \left[\overset{<4>}{\mathbb{C}} \cdot\cdot \mathbb{D} - \mathbb{T}_{kl} \times \boldsymbol{\vartheta} \right] \right\} \equiv \nabla_{(2)} \cdot \left\{ \left[\overset{<4>}{\mathbb{C}} \cdot\cdot \mathbb{D} - \mathbb{T}_{kl} \times \boldsymbol{\vartheta} \right] \cdot \mathbf{n} \right\} -$$
$$- \left[\overset{<4>}{\mathbb{C}} \cdot\cdot \mathbb{D} - \mathbb{T}_{kl} \times \boldsymbol{\vartheta} \right]^T \cdot\cdot \nabla_{(2)} \circ \mathbf{n} \overset{60)}{=} \nabla_{(2)} \cdot \left[\mathbb{T}_{kl} \cdot (\mathbf{n} \times \boldsymbol{\vartheta}) \right] + \left[\overset{<4>}{\mathbb{C}} \cdot\cdot \mathbb{D} + \boldsymbol{\vartheta} \times \mathbb{T}_{kl} \right] \cdot\cdot \mathbb{K}$$
$$\overset{61)}{=} \nabla_{(2)} \cdot \left[\mathbb{T}_{kl} \cdot (\nabla_{(2)} u_n) + \mathbb{T}_{kl} \cdot \mathbb{K} \cdot \mathbf{u} \right] + \left[\overset{<4>}{\mathbb{C}} \cdot\cdot \mathbb{D} + \vartheta_n \mathbf{n} \times \mathbb{T}_{kl} \right] \cdot\cdot \mathbb{K}, \tag{1.37a}$$

besonders deutlich, sofern man auf Membranen mit schwacher Anfangskrümmung (mit $|\mathbb{K}| << 1$) beschränkt, wofür aus (E1.37a) die von der Theorie der ebenen Membranen her bekannte Näherung

$$\mu\, \ddot{u}_n = \nabla_{(2)} \cdot \left[\mathbb{T}_{kl} \cdot (\nabla_{(2)} u_n) \right] \tag{1.37b}$$

erhalten und somit — durch Abspaltung der flächennormalen Schwingungen (u_n) — eine teilweise Entkopplung des Gleichungssystems (E1.35) erreicht wird. Mit

---

58) Man beachte, daß die Operationen $\mathbb{D}\langle \mathbf{u} \rangle = \mathbb{E}_{(2)} \cdot \frac{1}{2} (\nabla_{(2)} \circ \mathbf{u} + \mathbf{u} \circ \nabla_{(2)}) \cdot \mathbb{E}_{(2)}$ bzw. $\boldsymbol{\vartheta}\langle \mathbf{u} \rangle = \nabla_{(2)} \times \mathbf{u} - \frac{1}{2} [\mathbf{n}\, \nabla_{(2)}\, \mathbf{u}] \mathbf{n}$ hinsichtlich $\mathbf{u}$ linear sind

59) weswegen es u.a. angeraten erscheint, bei zu erwartendem Sturm den Innendruck pneumatischer Konstruktionen zu erhöhen.

60) Man beachte $(\overset{<4>}{\mathbb{C}} \cdot\cdot \mathbb{D}) \cdot \mathbf{n} = 0$ und $\nabla_{(2)} \circ \mathbf{n} = - \mathbb{K}$

61) Man benutze $\mathbf{n} \times \boldsymbol{\vartheta} \overset{(E1\,.\,4b)}{=} \mathbf{n} \times (\nabla_{(2)} \times \mathbf{u}) = \nabla_{(2)} \overset{\downarrow}{(\mathbf{u} \cdot \mathbf{n})} \equiv \nabla_{(2)} (\mathbf{u} \cdot \mathbf{n}) - \nabla_{(2)} (\mathbf{u} \cdot \overset{\downarrow}{\mathbf{n}}) =$ $= \nabla_{(2)} u_n - (\nabla_{(2)} \circ \mathbf{n}) \cdot \mathbf{u} = \nabla_{(2)} u_n + \mathbb{K} \cdot \mathbf{u}$ und beachte $(\boldsymbol{\vartheta} \times \mathbb{T}_{kl}) \cdot\cdot \mathbb{K} \equiv \vartheta_n (\mathbf{n} \times \mathbb{T}_{kl}) \cdot\cdot \mathbb{K}$, weil $\mathbb{K}$ (lokal—) planar ist.

$$u_n = \hat{u}_{nj}(\mathbb{r}) \sin(\omega_j t + \alpha_j) \qquad (1.37c)$$

bekommt man nach Einsetzen in (E1.37b) und Herauskürzen von $\sin(\omega_j t + \alpha_j)$

$$\mathbb{V}_{(2)} \cdot \left[\mathbb{T}_{kl} \cdot (\mathbb{V}_{(2)} \hat{u}_{nj})\right] = -\mu\, \omega_j^2\, \hat{u}_{nj} \qquad (1.37d)$$

und hiermit schließlich für den Rayleighschen Quotienten[62]

$$\omega_j^2 = \int_{(f)} (\mathbb{V}_{(2)} \hat{u}_{nj}) \cdot \mathbb{T}_{kl} \cdot (\mathbb{V}_{(2)} \hat{u}_{nj})\, df \,/\, \left[\mu \int_{(f)} \hat{u}_{nj}^{\;2}\, df\right], \qquad (1.37e)$$

an dem man in der Tat unmittelbar erkennt, daß mit wachsender (positiv—definiter) Vorspannung $(\mathbb{T}_{kl})$ auch die Eigenfrequenzen zunehmen.
Als abschließendes

1.3 Beispiel

sollen die Formalien für eine orthotrope Kreiszylindermembran (Radius a) mit starren Endscheiben unter Innendruck (p) referiert werden. (Abb. E1.4)

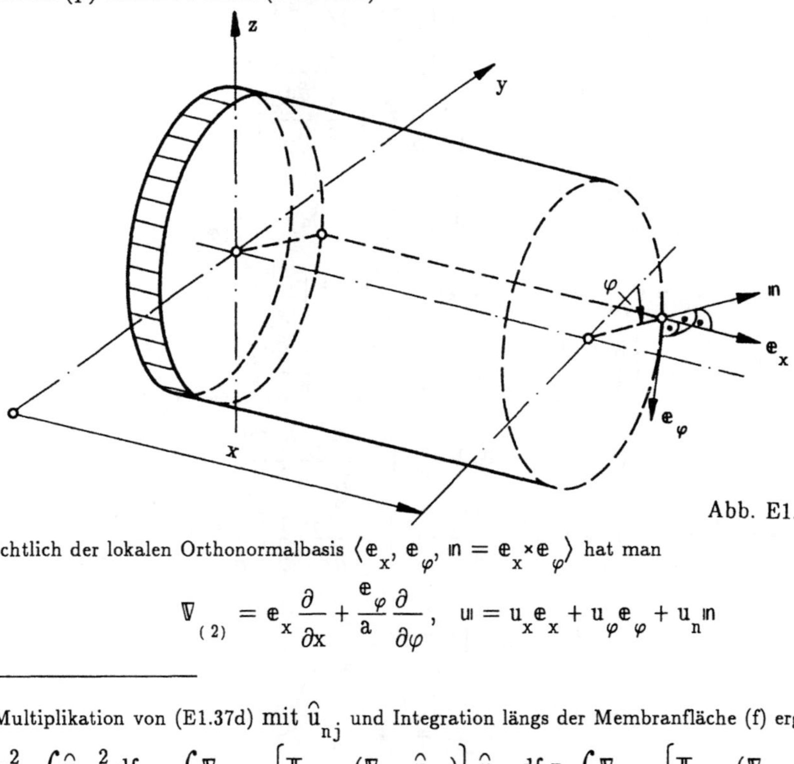

Abb. E1.4

Hinsichtlich der lokalen Orthonormalbasis $\langle \mathbb{e}_x, \mathbb{e}_\varphi, \mathbb{n} = \mathbb{e}_x \times \mathbb{e}_\varphi \rangle$ hat man

$$\mathbb{V}_{(2)} = \mathbb{e}_x \frac{\partial}{\partial x} + \frac{\mathbb{e}_\varphi}{a} \frac{\partial}{\partial \varphi}, \quad \mathbb{u} = u_x \mathbb{e}_x + u_\varphi \mathbb{e}_\varphi + u_n \mathbb{n}$$

---

[62] Multiplikation von (E1.37d) mit $\hat{u}_{nj}$ und Integration längs der Membranfläche (f) ergibt

$$-\mu\, \omega_j^2 \int_{(f)} \hat{u}_{nj}^{\;2}\, df = \int_{(f)} \mathbb{V}_{(2)} \cdot \left[\mathbb{T}_{kl} \cdot (\mathbb{V}_{(2)} \hat{u}_{nj})\right] \hat{u}_{nj}\, df \equiv \underline{\underline{\int_{(f)} \mathbb{V}_{(2)} \cdot \left[\mathbb{T}_{kl} \cdot (\mathbb{V}_{(2)} \hat{u}_{nj})\, \hat{u}_{nj}\right] df}} -$$

$$- \int_{(f)} (\mathbb{V}_{(2)} \hat{u}_{nj}) \cdot \mathbb{T}_{kl} \cdot (\mathbb{V}_{(2)} \hat{u}_{nj})\, df \equiv - \int_{(f)} (\mathbb{V}_{(2)} \hat{u}_{nj}) \cdot \mathbb{T}_{kl} \cdot (\mathbb{V}_{(2)} \hat{u}_{nj})\, df$$

und damit in der Tat (E1.37e), weil der gestrichelte Term nach Anwendung des Gaußschen Satzes für unverschieblichen Membranrand verschwindet.

$$\mathbb{V}_{(2)} \circ \mathbf{u} = {}_{(2)}\mathbb{U} \mathrel{\hat{=}} {}^{63)} \begin{pmatrix} \frac{\partial u_x}{\partial x} & \frac{\partial u_\varphi}{\partial x} & \frac{\partial u_n}{\partial x} \\ \frac{1}{a}\frac{\partial u_x}{\partial \varphi} & \frac{1}{a}\left[\frac{\partial u_\varphi}{\partial \varphi} + u_n\right] & \frac{1}{a}\left[\frac{\partial u_n}{\partial \varphi} - u_\varphi\right] \\ 0 & 0 & 0 \end{pmatrix}_{\langle \mathbf{e}_x, \mathbf{e}_\varphi, \mathbf{n}\rangle},$$

$$\mathbb{U}_{(2)} = {}_{(2)}\mathbb{U} \cdot \mathbb{E}_{(2)} \mathrel{\hat{=}} \begin{pmatrix} \frac{\partial u_x}{\partial x} & \frac{\partial u_\varphi}{\partial x} \\ \frac{1}{a}\frac{\partial u_x}{\partial \varphi} & \frac{1}{a}\left[\frac{\partial u_\varphi}{\partial \varphi} + u_n\right] \end{pmatrix}_{\langle \mathbf{e}_x, \mathbf{e}_\varphi\rangle},$$

$$\mathbb{D} = \frac{1}{2}\left[\mathbb{U}_{(2)} + \mathbb{U}^T_{(2)}\right] \mathrel{\hat{=}} \begin{pmatrix} \epsilon_{xx} & \frac{1}{2}\gamma_{x\varphi} \\ \frac{1}{2}\gamma_{x\varphi} & \epsilon_{\varphi\varphi} \end{pmatrix}_{\langle \mathbf{e}_x, \mathbf{e}_\varphi\rangle} \mathrel{\hat{=}}$$

$$\mathrel{\hat{=}} \begin{pmatrix} \frac{\partial u_x}{\partial x} & \frac{1}{2}\left[\frac{\partial u_\varphi}{\partial x} + \frac{1}{a}\frac{\partial u_x}{\partial \varphi}\right] \\ \frac{1}{2}\left[\frac{\partial u_\varphi}{\partial x} + \frac{1}{a}\frac{\partial u_x}{\partial \varphi}\right] & \frac{1}{a}\left(\frac{\partial u_\varphi}{\partial \varphi} + u_n\right] \end{pmatrix}_{\langle \mathbf{e}_x, \mathbf{e}_\varphi\rangle},$$

$$\epsilon_f = \mathbb{V}_{(2)} \cdot \mathbf{u} = \mathbb{E}_{(2)} \cdot\cdot \mathbb{D} = \frac{\partial u_x}{\partial x} + \frac{1}{a}\left[\frac{\partial u_\varphi}{\partial \varphi} + u_n\right],$$

$$\mathbb{V}_{(2)} \times \mathbf{u} \mathrel{\hat{=}} \left\{\frac{1}{a}\left[\frac{\partial u_n}{\partial \varphi} - u_\varphi\right]; -\frac{\partial u_n}{\partial x}; \frac{\partial u_\varphi}{\partial x} - \frac{1}{a}\frac{\partial u_x}{\partial \varphi}\right\}_{\langle \mathbf{e}_x, \mathbf{e}_\varphi, \mathbf{n}\rangle},$$

$$\mathbf{n} \cdot (\mathbb{V}_{(2)} \times \mathbf{u}) = [\mathbf{n}\ \mathbb{V}_{(2)}\ \mathbf{u}] = \frac{\partial u_\varphi}{\partial x} - \frac{1}{a}\frac{\partial u_x}{\partial \varphi},$$

$$\boldsymbol{\vartheta} = \mathbb{V}_{(2)} \times \mathbf{u} - \frac{1}{2}[\mathbf{n}\ \mathbb{V}_{(2)}\ \mathbf{u}]\,\mathbf{n} \mathrel{\hat{=}} \left\{\frac{1}{a}\left[\frac{\partial u_n}{\partial \varphi} - u_\varphi\right]; -\frac{\partial u_n}{\partial x}; \frac{1}{2}\left[\frac{\partial u_\varphi}{\partial x} - \frac{1}{a}\frac{\partial u_x}{\partial \varphi}\right]\right\}_{\langle \mathbf{e}_x, \mathbf{e}_\varphi, \mathbf{n}\rangle}$$

und

$$\mathbb{T}_{kl} \mathrel{\hat{=}} p\,a \begin{pmatrix} 1/2 & 0 \\ 0 & 1 \end{pmatrix}_{\langle \mathbf{e}_x, \mathbf{e}_\varphi\rangle}$$

wegen

$$t_{\varphi\varphi kl} = p\,a$$

im Sinne der "Kesselformel" sowie

$$t_{xxkl} = \frac{p\,\pi\,a^2}{2\,\pi\,a} = p\,a/2\,,$$

---

63) Man beachte $\partial \mathbf{e}_x/\partial\varphi = 0$, $\partial \mathbf{e}_\varphi/\partial\varphi = -\mathbf{n}$, $\partial \mathbf{n}/\partial\varphi = \mathbf{e}_\varphi$
$\partial \mathbf{e}_x/\partial x = 0$, $\partial \mathbf{e}_\varphi/\partial x = 0$, $\partial \mathbf{n}/\partial x = 0$

indem man die auf die Endscheiben ausgeübte Kraft $(p\pi a^2)$ durch den Membranumfang $(2\pi a)$ dividiert. Mit der Hypermatrix–Darstellung[64]

$$\overset{\langle 4\rangle}{\mathbb{C}} \;\hat{=}\; \begin{pmatrix} c_{xxxx} & 0 & 0 & c_{x\varphi x\varphi} \\ 0 & c_{xx\varphi\varphi} & c_{x\varphi x\varphi} & 0 \\ 0 & c_{x\varphi x\varphi} & c_{\varphi\varphi xx} & 0 \\ c_{x\varphi x\varphi} & 0 & 0 & c_{\varphi\varphi\varphi\varphi} \end{pmatrix} \langle \mathbb{e}_x, \mathbb{e}_\varphi \rangle$$

der Steifigkeitstetrade $\overset{\langle 4\rangle}{\mathbb{C}}$, deren "elastische Hauptachsen" hier als nach den Koordinatenrichtungen $(\mathbb{e}_x, \mathbb{e}_\varphi)$ ausgerichtet angenommen werden[65] findet man dann für den in (E1.34a) aufscheinenden Tensor

$$\mathbb{Z} = \overset{\langle 4\rangle}{\mathbb{C}} \cdot\cdot\, \mathbb{D} - \mathbb{T}_{kl} \times \boldsymbol{\vartheta} \;\hat{=}$$

$$\hat{=} \begin{pmatrix} z_{xx} & z_{x\varphi} & z_{xn} \\ z_{\varphi x} & z_{\varphi\varphi} & z_{\varphi n} \\ 0 & 0 & 0 \end{pmatrix} \langle \mathbb{e}_x, \mathbb{e}_\varphi, \mathbb{n} \rangle$$

mit

$$z_{xx} = c_{xxxx}\,\epsilon_{xx} + c_{xx\varphi\varphi}\,\epsilon_{\varphi\varphi}$$

$$z_{\varphi\varphi} = c_{xx\varphi\varphi}\,\epsilon_{xx} + c_{\varphi\varphi\varphi\varphi}\,\epsilon_{\varphi\varphi}$$

$$z_{x\varphi} = c_{x\varphi x\varphi}\,\gamma_{x\varphi} + (pa/2)\,\vartheta_n, \quad z_{xn} = -\,(pa/2)\,\vartheta_\varphi$$

$$z_{\varphi x} = c_{x\varphi x\varphi}\,\gamma_{x\varphi} - pa\,\vartheta_n, \quad z_{\varphi n} = pa\,\vartheta_x$$

und damit

$$\mathbb{V}_{(2)} \cdot \mathbb{Z} = \left\{ \frac{\partial z_{xx}}{\partial x} + \frac{1}{a}\frac{\partial z_{\varphi x}}{\partial \varphi};\; \frac{\partial z_{x\varphi}}{\partial x} + \frac{1}{a}\frac{\partial z_{\varphi\varphi}}{\partial \varphi} + \frac{z_{\varphi n}}{a};\; \frac{\partial z_{xn}}{\partial x} + \frac{1}{a}\frac{\partial z_{\varphi n}}{\partial \varphi} - \frac{z_{\varphi\varphi}}{a} \right\} \langle \mathbb{e}_x, \mathbb{e}_\varphi, \mathbb{n} \rangle .$$

Für die statische Ruhelage[66] wird sogleich Rotationssymmetrie, d. h. $u_\varphi = 0$, $u_x = u_x(x)$, $u_n = u_n(x)$, $\epsilon_{xx} = \dfrac{\partial u_x}{\partial x} \equiv \dfrac{du_x}{dx} \equiv u_x'(x)$, $\gamma_{x\varphi} = 0$, $\epsilon_{\varphi\varphi} = u_n/a$, $\vartheta_x = 0$, $\vartheta_\varphi = -\,u_n'$, $\vartheta_n = 0$ und damit

$$z_{xx} = c_{xxxx}\,u_x' + c_{xx\varphi\varphi}\,(u_n/a)\,, \quad z_{\varphi\varphi} = c_{xx\varphi\varphi}\,u_x' + c_{\varphi\varphi\varphi\varphi}\,(u_n/a),$$

$$z_{x\varphi} = 0\,, \qquad z_{xn} = pa\,u_n'/2\,, \quad z_{\varphi x} = 0\,, \quad z_{\varphi n} = 0$$

ausgenutzt, so daß schließlich mit $\bar{\mathbb{p}}_{fst} = p\,\mathbb{n}(1+\epsilon_f) = p\,\mathbb{n}\left[1 + u_x' + (u_n/a)\right]$

---

[64] Hinsichtlich dieser Notation vgl. [1],(6.34c)

[65] Sie weist also nur vier Elastizitätskonstanten c_{xxxx}, $c_{xx\varphi\varphi} = c_{\varphi\varphi xx}$, $c_{\varphi\varphi\varphi\varphi}$ und $c_{x\varphi x\varphi}$ auf

[66] Der die statische Ruhelage kennzeichnende Index "st" wird im Folgenden nicht mehr notiert.

aus (E1.32d) die beiden Differentialgleichungen[67]

$$\mathbb{e}_x \cdot (\nabla_{(2)} \cdot \mathbb{Z}) = c_{xxxx} u_x'' + c_{xx\varphi\varphi} (u_n'/a) = 0 \tag{1.38a}$$

$$\mathbb{n} \cdot (\nabla_{(2)} \cdot \mathbb{Z}) = (pa/2)\, u_n'' - c_{xx\varphi\varphi} (u_x'/a) - c_{\varphi\varphi\varphi\varphi} (u_n/a^2) = -p\left[1 + u_x' + (u_n/a)\right] \tag{1.38b}$$

erhalten werden. Integration von (E1.38a) liefert mit einer konstanten C zunächst

$$C = c_{xxxx} u_x' + c_{xx\varphi\varphi} (u_n/a) \equiv z_{xx} \equiv \mathbb{e}_x \cdot \bar{\mathbb{t}}_{ex} = pa/2\,, \tag{1.38c}$$

indem man beachtet, daß im Sinne von (E1.32c)

$$\bar{\mathbb{t}}_{ex} = \mathbb{e}_x \cdot (\mathbb{T} - \mathbb{T}_{kl} \times \vartheta) = \mathbb{e}_x \cdot \mathbb{Z} = \left\{ z_{xx}\,;\ 0\,;\ z_{xn} \right\} \langle \mathbb{e}_x, \mathbb{e}_\varphi, \mathbb{n} \rangle$$

die längs Schnittlinien x = const. freigelegte (Eulersche) Membrankraft und daher

$$\mathbb{e}_x \cdot \bar{\mathbb{t}}_{ex} = z_{xx} = c_{xxxx} \epsilon_{xx} + c_{xx\varphi\varphi}\, \epsilon_{\varphi\varphi} = c_{xxxx} u_x' + c_{xx\varphi\varphi} (u_n/a)$$

deren Axialkomponente sein muß, die der Endscheiben–Belastung das Gleichgewicht zu halten hat.[68] Einsetzen von u_x' nach (E1.38c) in (E1.38b) ergibt dann schließlich für die Radialverschiebungen die Differentialgleichung

$$\frac{d^2 u_n}{d\xi^2} - \lambda^2 (u_n - u_{n\infty}) = 0\,,$$

$$\xi = x/a\,, \tag{1.39a,b}$$

worin

$$\lambda^2 = \frac{2}{c_{xxxx}\, pa} \left[c_{xxxx} c_{\varphi\varphi\varphi\varphi} - (c_{xx\varphi\varphi})^2 - \right.$$

$$\left. - pa\,(1 - \frac{c_{xx\varphi\varphi}}{c_{xxxx}}) \right] \tag{1.39c}$$

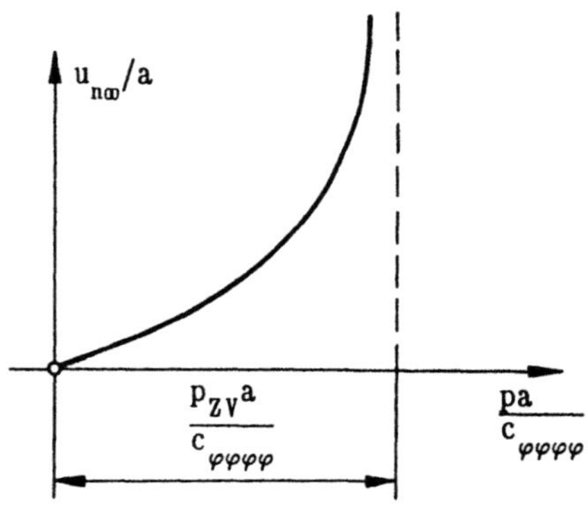

Abb. E1.6

und

$$u_{n\infty} = \frac{pa^2 \left[1 + \dfrac{pa}{2c_{xxxx}} - \dfrac{c_{xx\varphi\varphi}}{2} \right]}{\dfrac{c_{xxxx} c_{\varphi\varphi\varphi\varphi} - (c_{xx\varphi\varphi})^2}{c_{xxxx}} - pa\,(1 - \dfrac{c_{xx\varphi\varphi}}{c_{xxxx}})} \tag{1.39d}$$

die sog. "stationäre", sich in hinreichender Entfernung Δx (mit $\Delta x/a > 1$) von den Randscheiben einstellende, Radialverschiebung bedeutet. Aus der mit Integrationskonstanten C_1, C_2 ausgerüsteten allgemeinen Lösung

[67] Die Gleichung $\mathbb{e}_\varphi \cdot (\nabla_{(2)} \cdot \mathbb{Z}) = 0$ ist identisch erfüllt.

[68] $z_{xx} 2\pi a(1+\epsilon_{\varphi\varphi}) \approx z_{xx} 2\pi a = p\pi a^2$

$$u_n = u_{n\infty} + C_1 e^{-\lambda\xi} + C_2 e^{\lambda\xi} =^{69)} u_{n\infty} + C_1 e^{-\lambda\xi} + C_2^* e^{-\lambda(\frac{l}{a}-\xi)} \qquad (1.39e)$$

von (E1.39a) erkennt man nämlich, daß sie — neben der stationären Lösung $u_{n\infty}$ — aus zwei mit zunehmender Entfernung von den beiden Endscheiben $(x = 0,\ x = l)$ stark abklingenden Lösungsanteilen besteht, weil für reale Belastungszustände die Steifigkeitsgröße $c_{\varphi\varphi\varphi\varphi}$ die (Kessel—) Ringkraft (pa) größenordnungsmäßig überwiegt, also

$$c_{\varphi\varphi\varphi\varphi} / (pa) >> 1$$

ist und daher die beiden Exponentialfunktions—Lösungsanteile schon für in der Größenordnung des Zylinderradius liegende Randabstände $(\Delta x \approx a)$, wofür

$$\lambda \frac{\Delta x}{a} = \lambda >> 1$$

ist, praktisch bedeutungslos werden. Für $l / a >> 1$ bekommt man also die den Randbedingungen $u_n = 0$ für $x = 0$ und $x = l$ angepaßten Lösungen [29]

$$u_n(\xi) \approx u_{n\infty}\,(1 - e^{-\lambda\xi}) \text{ in der Umgebung von } \xi = 0 \text{ bzw. } x = 0,$$

$$u_n(\xi') \approx u_{n\infty}\,(1 - e^{-\lambda\xi'}) \text{ in der Umgebung von } x = l,$$

wie schematisch in Abb. E1.5 angedeutet. Interessant ist übrigens noch die Auftragung

$\frac{u_{n\infty}}{a} = f(\frac{pa}{c_{\varphi\varphi\varphi\varphi}})$, die für größere Innendrücke das Phänomen des sog. "Zunehmenden Versagens"[70] der Membrankonstruktion, d. h. $u_{n\infty} \to \infty$ für

$$\frac{p_{Zv} a}{c_{\varphi\varphi\varphi\varphi}} = (1 - \frac{(c_{xx\varphi\varphi})^2}{c_{xxxx} c_{\varphi\varphi\varphi\varphi}}) / (1 - \frac{c_{xx\varphi\varphi}}{c_{xxxx}})$$

tendenziell richtig erkennen läßt. Anschaulich zu erklären ist dieser Befund dergestalt, daß sich im Zusammenhang mit den durch p "anfänglich geweckten" Kesselkräften (pa) Ringdehnungen $\epsilon_{\varphi\varphi}(= u_n/a)$ einstellen, die zu einer Vergrößerung des Zylinderradius $a \to a + u_n$ und damit (bei gleichbleibendem Druck p) zu vergrößerten Kesselkräften $(p(a + u_n))$ führen usw. Der Effekt des zunehmenden Versagens akzentuiert sich noch bei "physikalisch unterlinearem Material" und ist übrigens jedem Luftballon — Verkäufer bekannt, der auf Jahrmärkten Ballons aus Preßluftflaschen füllt: Nur nach einiger Übung kann das Zerplatzen beim Füllen vermieden werden.

Von den Eigenschwingungen sollen hier nur die Radialschwingungen $u_n = u_n(x,\varphi,t)$ auf Basis der Näherung (E1.37b) untersucht werden. Mit dem Ansatz

$$u_n(x,\varphi,t) = \hat{u}_{n0}(x)\,\sin(\omega_0 t + \alpha_0) + \sum_{j=1}^{\infty} \hat{u}_{nj}(x)\,\sin(j\varphi)\sin(\omega_j t + \alpha_j)\,,$$

d.h. $$\nabla_{(2)} u_n \hat{=}^{71)} \Big\{\hat{u}'_{n0}(x)\,\sin(\omega_0 t + \alpha_0) + \sum_{j=1}^{\infty} \hat{u}'_{nj}(x)\,\sin(j\varphi)\sin(\omega_j t + \alpha_j);$$

$$\sum_{j=1}^{\infty} \frac{j\,\hat{u}_{nj}}{a} \cos(j\varphi)\sin(\omega_j t + \alpha_j)\Big\}_{<\mathbf{e}_x,\mathbf{e}_\varphi>}$$

---

69) Man führe mit der Zylinderlänge l per $C_2 = C_2^* e^{-\lambda l/a}$ eine neue Integrationskonstante C_2^* ein.

70) im Sinne der Definition von Stabilini (vgl.[57])

71) Striche deuten Ableitungen nach x an.

sowie

$$\mathbb{T}_{kl} \hat{=} \begin{bmatrix} pa/2 & 0 \\ 0 & pa \end{bmatrix}_{<\mathbb{e}_x, \mathbb{e}_\varphi>}$$

erhält man aus (E1.37b) nach Koeffizientenvergleich hinsichtlich $\sin(\omega_0 t + \alpha_0)$ bzw. $\sin(j\varphi)\sin(\omega_j t + \alpha_j)$ schließlich die gewöhnlichen Differentialgleichungen

$$-\mu\omega_0^2 \hat{u}_{n0}(x) = \frac{pa}{2}\hat{u}_{n0}'' \,, \qquad -\mu\omega_j^2 \hat{u}_{nj}(x) = \frac{pa}{2}(\hat{u}_{nj}'' - 2\frac{j^2}{a^2}\hat{u}_{nj}) \,, \; j=1...\infty$$

mit den Lösungen

$$\hat{u}_{n0} = C_{10}\cos \omega_0 \sqrt{\frac{2\mu}{pa}}\, x + C_{20}\sin \omega_0 \sqrt{\frac{2\mu}{pa}}\, x \,,$$

$$\hat{u}_{nj} = C_{1j}\cos \sqrt{\frac{2\mu\omega_j^2}{pa} - \frac{2j^2}{a^2}}\, x + C_{2j}\sin \sqrt{\frac{2\mu\omega_j^2}{pa} - \frac{2j^2}{a^2}}\, x \,, \; j=1...\infty \,,$$

die den Randbedingungen $\hat{u}_n = 0$ für $x = 0$ und $x = l$ anzupassen sind. Dies ergibt schließlich die rotationssymmetrischen Eigenschwingungsformen

$$\hat{u}_{n0k}(x) = C_{0k}\sin(k\pi \frac{x}{l}) \,, \; k = 1...\infty \,, \; C_{0k} = \text{const.},$$

die mit den Eigenfrequenzen

$$\omega_{0k} = k\omega_{01} \,, \text{ mit } \omega_{01} = \frac{\pi}{l}\sqrt{\frac{pa}{2\mu}}$$

schwingen, und die Schar der längs des Umfanges veränderlichen Eigenformen

$$\hat{u}_{njk} = C_{jk}\sin(j\varphi)\sin(k\frac{\pi x}{l}) \,, \; j,k = 1...\infty \,, \; C_{jk} = \text{const.}$$

mit den zugehörigen Eigenfrequenzen

$$\omega_{jk} = \sqrt{\frac{pa}{2\mu}}\sqrt{\frac{k^2\pi^2}{l^2} + \frac{2j^2}{a^2}} = \omega_{01}\sqrt{k^2 + \frac{2}{\pi^2}\left[\frac{l}{a}\right]^2 j^2} \,, \; j,k = 1...\infty.$$

Literatur

[1] R. Trostel, Mathematische Grundlagen der Technischen Mechanik I, Verl. Vieweg & Sohn, Braunschweig/Wiesbaden 1993

[2] M. Lagally, Vorlesungen über Vektorrechnung, Akad. Verl.-Ges. Leipzig 1956

[3] Duscheck-Hochrainer, Grundzüge der Tensorrechnung in analytischer Darstellung I-III, Verl. Springer, Wien 1955

[4] Raschewski, Riemannsche Geometrie und Tensoranalysis, übers. a. d. Russ., Berlin 1959

[5] W. Raack, Zu den Verträglichkeitsbedingungen der Scheibe in "Mechanik, Beiträge zu Theorie und Anwendungen", Festschrift TU-Berlin 1988, ISBN 3 7983 1225 7

[6] A. Krawietz, Zur Elimination der Verschiebungen bei großen Verformungen in "Beiträge zur Mechanik", Festschrift TU-Berlin 1993, ISBN 3 7983 1581 7

[7] R. Trostel, Mech. IV, 1, Strömungsmechanik, Schriftenreihe Physik. Ing. Wiss. Bd. 4, TU-Berlin 1985, ISBN 3 7983 0403 3

[8] K. Marguerre, Ansätze zur Lösung der Grundgl. der Elastizitätstheorie, ZAMM Heft 6/7, Bd. 35, 1955

[9] R. Rothe, Höhere Mathematik Bd. I-III, Verlag Teubner, Stuttgart 1952

[10] J. A. Schouten, Der Ricci-Kalkül, Grundlagen der mathem. Wissensch. in Einzeldarstellungen Bd. X, Verl. Springer Berlin 1924

[11] E. Kröner, Kontinuumstheorie der Versetzungen und Eigenspannungen, Ergebn. d. angew. Math. Bd. 5, Verl. Springer Berlin-Göttingen-Heidelberg 1958

[12] R. Rothe-W. Schmeidler, Höhere Mathematik Bd. 7, Verlag Teubner, Stuttgart 1960

[13] R. Trostel, Gedanken zur Konstruktion mechanischer Theorien in "Beiträge zu den Ingenieurwissenschaften" ("Sattler-Festschrift"), TU-Berlin 1985, ISBN 3 7983 1064 5

[14] G. Silber, Eine Systematik nichtlokaler Kelvinhafter Fluide vom Grade 3 auf der Basis eines klassischen Kontinuumsmodells, VDI-Fortschrittsberichte Reihe 18, Nr. 26, 1986

[15] R. Trostel, Gedanken zur Konstruktion mechanischer Theorien II, Forschungsbericht d. 2. Inst. f. Mechanik, FB 9, TUB, Berlin 1988

[16] I. Szabo, Höhere Technische Mechanik, z. B. 3. Aufl., Verl. Springer Berlin-Göttingen-Heidelberg 1960

[17] W. Kaufmann, Techn. Hydro- und Aeromechanik, z. B. 3. Aufl., Verl. Springer Berlin-Göttingen-Heidelberg 1963

[18] H. Schaefer, Die Spannungsfunktionen des dreidimensionalen Kontinuums; statische Deutung und Randwerte, Ing. Archiv XXVIII: Band, 1959 (Grammel-Festschrift)

[19] L. Föppl, Drang und Zwang Bd. III, Leibniz Verlag, München 1937

[20] G. Rieder, Topologische Fragen in der Theorie der Spannungsfunktionen, Abh. der Braunschweigischen Wiss. Ges. Bd. XII, 1960, S. 4 ff.

[21] H. Parkus, Instationäre Wärmespannungen, Verl. Springer Wien 1959

[22] R. Trostel, Genäherte Berechnung von Wärmespannungen mit Hilfe der Variationsprinzipien der Elastostatik, Ing. Archiv 1960, Heft 6

[23] Treffzt, Mathematische Elastizitätstheorie in Handbuch der Physik, Bd. VI , Kap. 2 "Mechanik elastischer Körper" Geiger Schell Hrsg.

[24] H. Schaefer, Die Spannungsfunktionen des dreidimensionalen Kontinuums und des elastischen Körpers, Z. angew. Math. Mech., Bd. 33 (1953) S. 356ff.

[25] Lekhnitskij, Theorie of Elasticity of an Anisotropic Body, MIR-Publishers, Moscow 1981

[26] Hütte, Mathem. Formeln u. Tafeln, Verl. Wilhelm Ernst & Sohn, Berlin 1959

[27] R. Trostel, Mech. III, Energieprinzipien der Mechanik, Schriftenreihe Physik. Ing.-Wiss. Bd. 3, TU-Berlin, 1987, ISBN 3 7983 0402 5

[28] Pauli, Relativitätstheorie, Editore Boringhieri, Torino 1963

[29] Otto-Trostel, Zugbeanspruchte Kontruktionen Bd. I, Ullstein-Fachverlag, Frankfurt/Berlin, 1962

[30] L. W. Kantorowitsch - W. I. Krylow, Näherungsmethoden der höheren Analysis, VEB Deutscher Verl. d. Wissensch. Berlin 1956

[31] C. Truesdell, W. Noll, The nonlinear field theories of mechanics in: Handbuch der Physik, Bd. III, 3, Verl. Springer, Berlin-Heidelberg-New York, 1965

[32] I. Stickforth, Grundl. d. Kontinuumsmechanik, Vorlesungen, Mechanikzentrum der Techn. Univ. Braunschweig 1981

[33] R. Sievert, Eine Systematik für elastisch-plastische Stoffgleichungen, Schriftenreihe Physik. Ing.-Wiss. Bd. 23, TU Berlin 1992, ISBN 3 7983 15175

[34] A. Krawietz, Materialtheorie, Verlag Springer Berlin-Heidelberg-New York 1986

[35] A. Sommerfeld, Vorl. über Theoret. Physik, Bd. V, Thermodynamik u. Statistik, Akad. Verl.-Ges. Leipzig 1962

[36] W. Noll, A new mathematical theory of simple materials, Arch. Rat. Mech. Anal. 48 (1972)

[37] A. Bertram, Axiomatische Einführung in die Kontinuumsmechanik, B.I. Wissenschafts-Verlag Mannheim/Wien/Zürich, 1989

[38] I. Müller, On the frame dependence of stresses and heat flux, Arch. Rat. Mech. Anal. 45,4

[39] C. Truesdell, Six Lectures on Modern Natural Philosophy, Verl. Springer Berlin-Heidelberg-New York, 1966

[40] W. Noll, On the Continuity of the Solid and Fluid States, Journal of Rat. Mech. and Anal. Vol. 4, No 1, 1955

[41] I. Szabo, Einf. in die Techn. Mechanik, z. B. 3. Auflage, Verl. Springer Berlin 1958

[42] A. M. Freudenthal, Inelastisches Verhalten von Werkstoffen, VEB Verl. Technik Berlin 1955

[43] C. Alexandru, Eine Systematik nicht-lokaler kelvinhafter Fluide vom Grade 2 auf der Basis eines Cosserat-Modells, Diss. TU Berlin 1988

[44] C. Caratheodory, Untersuchungen über die Grundlagen der Thermodynamik, Math. Annalen Bd. 67, 1909

[45] W. Voigt, Kompendium der Theoretischen Physik, Bd. 1, Verl. v. Veit & Comp., Leipzig 1895

[46] R. Trostel, Eine mögliche Verallgemeinerung der zweiten Hauptgleichung der Thermodynamik in "Beiträge zu den Theorien und Anwendungen der Mechanik", Szabo-Festschrift, Univ. Bibliothek der TU Berlin, Dez. 1976

[47] G. Atefi, Analytische Lösung der Oseenschen Differentialgleichung des quer angeströmten Zylinders bei Schlupf, Diss. TU Berlin 1990

[48] S. M. Nasseri, Geschwindigkeitsslip bei Strömungen längs fester Wände, Schriftenreihe Physik. Ing.-Wiss. Bd. 21, TU Berlin 1991

[49] M. Helmholtz, Sitzungsber. d. math.-naturwiss. Classe der K. Akad. d. Wiss., Wien 40(1860)

[50] A. B. Basset, Hydrodynamics, Cambridge, Deoghton, Bell & Co, 1988

[51] R. Trostel, Mech. II, Grundl. d. klass. Kinetik, Schwingungen eindimensionaler el. Kontinua, Schriftenreihe Physik. Ing.-Wiss. Bd. 2, TU Berlin 1994 ISBN 3 7983 1609 0

[52] J. Lehnert, Gleichgewichtsverzweigungen bei erlöschender Elliptizität, Diss. TU Berlin 1980

[53] W. S. Wlassow, Allgemeine Schalentheorie und ihre Anwendung in der Technik, Akademie-Verlag Berlin 1958

[54] K. Girkman, Flächentragwerke, z. B. 6. Auflage (Nachdr. 1986), Verlag Springer Wien-New York.

[55] A. Pucher, Einflußfelder elastischer Platten, Verl. Springer Wien-New York 1964

[56] A. Teichmann, Statik der Baukonstruktionen (Sammlung Göschen Bd. 119, 120, 121), Verl. De Gruyter Berlin, Bd. 119 1956, Bd. 120 1957, Bd. 121 1958

[57] K. Sattler, Lehrbuch der Statik, Bd. I (Teile A, B), (1969), Bd. II (Teile A, B), (1974, 75), Verl. Springer Berlin-Heidelberg-New York.

[58] C. Weber, Biegung und Schub in geraden Balken, Z. ang. Math. u. Mech. Bd. 4 (1924), S. 334 ff.
Eine in Termen der De Saint—Venant—Verwölbung explizite Darstellung der Schubmittelpunkts—Koordinaten für dünnwandige Querschnitte findet man in [57], Bd. IA, S. 72, die gleichermaßen richtig ist für das antiebene sog. Scher—Hauptproblem allgemeiner Querschnitte, wo Querdehnungseinflüsse unberücksichtigt bleiben (vgl. a. ein am 2. Inst. f. Mech. der TU Berlin 1963 verfertigtes unveröffentliches Vorlesungsmanuskript über antiebene Probleme der klassischen Elastostatik). In neuerer Zeit wurde das Problem des Querkraft—Schwerpunktes unter energetischen Aspekten nochmals aufgegriffen in

[58a] J. Stickforth, Über den Schubmittelpunkt, Ing. Arch. 56,6 (1986), S. 438ff

[59] E. H. Lee, Stress analysis in viscoelastic bodies, Quarterly of Applied Mathematics 13, 183 (1955)

[60] G. Doetsch, Handbuch der Laplace-Transformationen, Bd. I-III, Verl. Birkhäuser Basel/Stuttgart 1950

[61] H. A. Kuhr, Ermittlung von Näherungslösungen für viskoelastische Probleme mit Hilfe von Variationsprinzipien im Laplace-Raum, Dissertation TU Berlin, Juni 1966

[62] N. Tarnow, J.C. Simo K.K. Wong, Exakt energy-momentum conserving algorithms and sympletic schemes for nonlinear dynamics, Comp. Meth. in applied Mech. and Engineering, 1992

[63] E. Kröner, Das Fundamentalintegral der anisotropen elastischen Differentialgleichungen, Zeitschr. f. Physik Bd 136 (1953), S. 402ff.

Stichwortverzeichnis

GPSR Compliance

The European Union's (EU) General Product Safety Regulation (GPSR) is a set of rules that requires consumer products to be safe and our obligations to ensure this.

If you have any concerns about our products, you can contact us on ProductSafety@springernature.com

In case Publisher is established outside the EU, the EU authorized representative is:

Springer Nature Customer Service Center GmbH
Europaplatz 3
69115 Heidelberg, Germany

Batch number: 10584556

Printed by Printforce, the Netherlands